计算机科学丛书

原书第5版

计算机系统

核心概念及软硬件实现

[美] J. 斯坦利·沃法德（J. Stanley Warford） 著

贺莲 龚奕利 译

Computer Systems

Fifth Edition

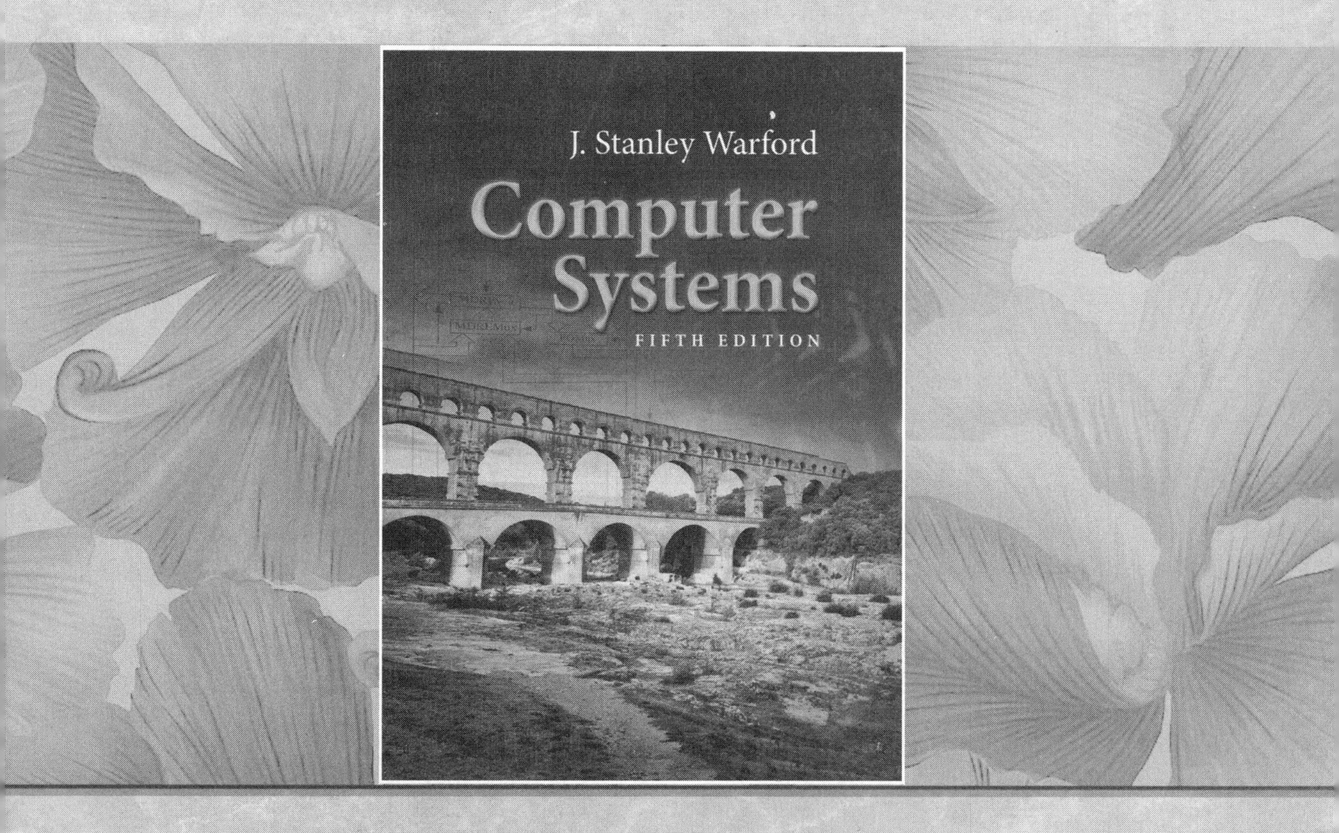

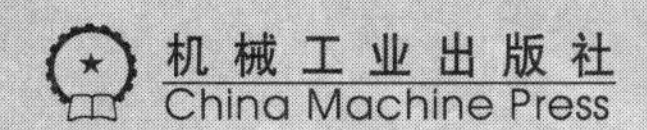

图书在版编目（CIP）数据

计算机系统：核心概念及软硬件实现（原书第5版）/（美）J. 斯坦利·沃法德（J. Stanley Warford）著；贺莲，龚奕利译．—北京：机械工业出版社，2019.1（2020.5 重印）
（计算机科学丛书）
书名原文：Computer Systems, Fifth Edition

ISBN 978-7-111-61684-9

I. 计…　II. ① J…　② 贺…　③ 龚…　III. 计算机系统　IV. TP303

中国版本图书馆 CIP 数据核字（2018）第 301850 号

本书版权登记号：图字　01-2016-3492

本书以计算机系统的七层结构为主线，涵盖逻辑门、微代码、指令集架构、操作系统、汇编、高级语言和应用，全面介绍计算机组成、汇编语言和计算机体系结构的核心思想及软硬件实现方法。新版采用 Pep/9 虚拟机，清晰地阐释了经典冯·诺依曼机器的基本概念，同时包含完整的程序示例和丰富的习题，在理论与实践相结合的基础上，注重内容的广度和深度。

本书适合作为高等院校计算机专业的课程教材，也可供相关技术人员阅读参考。

出版发行：机械工业出版社（北京市西城区百万庄大街 22 号　邮政编码：100037）

责任编辑：曲　熠　　　　责任校对：殷　虹

印　　刷：北京瑞德印刷有限公司　　　　版　　次：2020 年 5 月第 1 版第 2 次印刷

开　　本：185mm×260mm　1/16　　　　印　　张：36.75

书　　号：ISBN 978-7-111-61684-9　　　　定　　价：99.00 元

凡购本书，如有缺页、倒页、脱页，由本社发行部调换

客服热线：(010) 88378991　88361066　　　　投稿热线：(010) 88379604

购书热线：(010) 68326294　88379649　68995259　　　　读者信箱：hzjsj@hzbook.com

出版者的话

文艺复兴以来，源远流长的科学精神和逐步形成的学术规范，使西方国家在自然科学的各个领域取得了垄断性的优势；也正是这样的优势，使美国在信息技术发展的六十多年间名家辈出、独领风骚。在商业化的进程中，美国的产业界与教育界越来越紧密地结合，计算机学科中的许多泰山北斗同时身处科研和教学的最前线，由此而产生的经典科学著作，不仅擘划了研究的范畴，还揭示了学术的源变，既遵循学术规范，又自有学者个性，其价值并不会因年月的流逝而减退。

近年，在全球信息化大潮的推动下，我国的计算机产业发展迅猛，对专业人才的需求日益迫切。这对计算机教育界和出版界都既是机遇，也是挑战；而专业教材的建设在教育战略上显得举足轻重。在我国信息技术发展时间较短的现状下，美国等发达国家在其计算机科学发展的几十年间积淀和发展的经典教材仍有许多值得借鉴之处。因此，引进一批国外优秀计算机教材将对我国计算机教育事业的发展起到积极的推动作用，也是与世界接轨、建设真正的世界一流大学的必由之路。

机械工业出版社华章公司较早意识到"出版要为教育服务"。自1998年开始，我们就将工作重点放在了遴选、移译国外优秀教材上。经过多年的不懈努力，我们与Pearson、McGraw-Hill、Elsevier、MIT、John Wiley & Sons、Cengage等世界著名出版公司建立了良好的合作关系，从它们现有的数百种教材中甄选出Andrew S. Tanenbaum、Bjarne Stroustrup、Brian W. Kernighan、Dennis Ritchie、Jim Gray、Afred V. Aho、John E. Hopcroft、Jeffrey D. Ullman、Abraham Silberschatz、William Stallings、Donald E. Knuth、John L. Hennessy、Larry L. Peterson等大师名家的一批经典作品，以"计算机科学丛书"为总称出版，供读者学习、研究及珍藏。大理石纹理的封面，也正体现了这套丛书的品位和格调。

"计算机科学丛书"的出版工作得到了国内外学者的鼎力相助，国内的专家不仅提供了中肯的选题指导，还不辞劳苦地担任了翻译和审校的工作；而原书的作者也相当关注其作品在中国的传播，有的还专门为其书的中译本作序。迄今，"计算机科学丛书"已经出版了近500个品种，这些书籍在读者中树立了良好的口碑，并被许多高校采用为正式教材和参考书籍。其影印版"经典原版书库"作为姊妹篇也被越来越多实施双语教学的学校所采用。

权威的作者、经典的教材、一流的译者、严格的审校、精细的编辑，这些因素使我们的图书有了质量的保证。随着计算机科学与技术专业学科建设的不断完善和教材改革的逐渐深化，教育界对国外计算机教材的需求和应用都将步入一个新的阶段，我们的目标是尽善尽美，而反馈的意见正是我们达到这一终极目标的重要帮助。华章公司欢迎老师和读者对我们的工作提出建议或给予指正，我们的联系方法如下：

华章网站：www.hzbook.com

电子邮件：hzjsj@hzbook.com

联系电话：（010）88379604

联系地址：北京市西城区百万庄南街1号

邮政编码：100037

华章科技图书出版中心

译 者 序

本书以计算机层次结构为主线，从 LG1 逻辑门层到 App7 应用层，内容涵盖数字逻辑、计算机组成、汇编语言和计算机体系结构等方面，主要包括计算机组织结构、时序电路、布尔代数和逻辑门、进程和存储管理、信息表示、汇编语言、C 语言以及计算机系统。与之前的版本相比，本书使用的虚拟机从 Pep/8 变成了 Pep/9，两者在机器指令集上存在不同，此外，Pep/9 还采用了内存映射 I/O，改进了部分指令的助记符，扩展了 MIPS 内容。

本书内容翔实，着重于基础计算概念，强调解决问题，使用一致的机器模型，配以完整的程序示例，在理论与实践相结合的基础上，注重内容的广度和深度。本书章节结构明晰，适用于相关课程教学，在进行课程设计时，可以根据需要选择不同的章节进行组合。

感谢机械工业出版社华章公司的编辑姚蕾，由于她的热心推荐，我们才有幸翻译了这本优秀的专业书籍。

在翻译中我们秉持认真细致的态度，但是由于能力所限，还是会存在错误与疏漏，希望广大读者批评指正。

贺莲　龚奕利

2018 年 11 月于珞珈山

本书清晰详尽、循序渐进地揭示了计算机组成、汇编语言和计算机体系结构的核心思想。本书大部分以虚拟机 Pep/9 为基础，该虚拟机用于讲解经典冯·诺依曼机器的基本概念。这种方式的优点是，既教授了计算机科学的核心概念，又不会与相关课程的许多无关细节纠缠不清。该方式还为学生奠定了基础，鼓励他们思考计算机科学的基本主题。本书的范围也比较广泛，重点强调了与硬件及其相关软件的处理有关但却少有提及的计算机科学主题。

内容一览

计算机运行于多个抽象层，高抽象层上的编程只是其中的一部分。本书以图 P-1 所示的分层结构为基础，提出了计算机系统的统一概念。

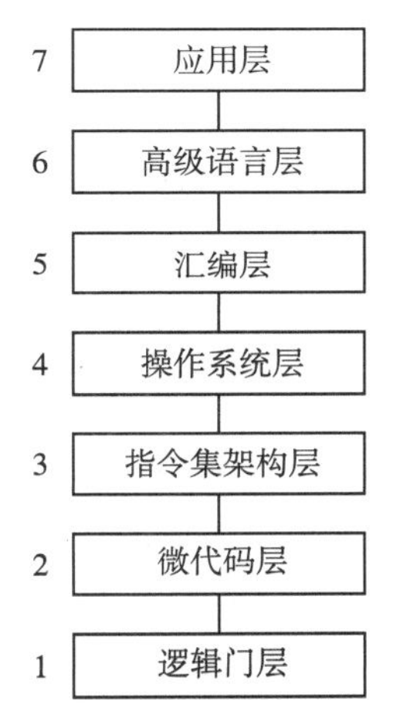

图 P-1　典型计算机系统的层次结构

按照图 P-1 的层次结构，本书分为七个部分：

App7 层	应用
HOL6 层	高级语言
ISA3 层	指令集架构
Asmb5 层	汇编
OS4 层	操作系统
LG1 层	逻辑门
Mc2 层	微代码

用文字描述时通常是按照从上到下的顺序，从最高层到最低层。把 ISA3 层放在 Asmb5 层之前，以及把 LG1 层放在 Mc2 层之前讨论是为了教学目的。对这两个特例来说，暂时将顺序变为从下往上会更加自然一些，因为这样一来在构建高层时可以使用低层模块。

App7 层。App7 层是关于应用程序的独立一章，叙述了抽象层次的思想与二进制信息，并为本书其他章节搭建了框架。这一章还以典型计算机应用程序示例的方式描述了一些关系数据库的概念。

HOL6 层。HOL6 层也是一章，回顾了 C 编程语言。这一章假设学生已经学习过一些命令式语言，比如 Java 或 Python，不一定是 C。如果必要的话，指导老师可以轻易地把 C 语言示例翻译为其他常见的 HOL6 层语言。

这一章的重点在于 C 内存模型，包括全局和局部变量、带参数的函数，以及动态分配的变量。此外，还讲解了递归，因为它要依赖运行时堆栈的内存分配机制。函数调用中的内存分配过程阐释得相当详细，而且后续章节还会在较低抽象层上回顾这个机制。

ISA3 层。ISA3 是指令集架构层。这一层用两章来描述 Pep/9——一种用于说明计算机概念的虚拟机。Pep/9 是一个小型的复杂指令集计算机（CISC），也是冯·诺依曼计算机。它的中央处理器（CPU）包含一个加法器、一个变址寄存器、一个程序计数器、一个栈指针寄存器和一个指令寄存器。它有八种寻址方式：立即数寻址、直接寻址、间接寻址、栈相对寻址、栈相对间接寻址、变址寻址、栈变址寻址和栈间接变址寻址。在模拟只读存储器（ROM）中，Pep/9 的操作系统可以从学生的文本文件中加载并执行十六进制格式的程序。学生可以在 Pep/9 模拟器上运行小程序，学习执行不会改变内存值的 ROM 存储指令。

学生将学习信息表示和位级计算机组成的基本原理。由于本书的中心主题是计算机各层间的相互关系，因此，Pep/9 相关章节展示了 ASCII 表示（ISA3 层）和 C 的 char 类型变量（HOL6 层）之间的关系。此外，这些章节还展示了补码表示（ISA3 层）和 C 的 int 类型变量（HOL6 层）之间的关系。

Asmb5 层。Asmb5 是汇编层，它把汇编器的概念表示为两个层次——汇编层和机器层——之间的翻译器。它引入了 Asmb5 符号和符号表。

这里是统一方法派上用场的地方。第 5 章和第 6 章将编译器表示为从高级语言到汇编语言的翻译器。前面学生已经学习了一种特定的 HOL6 层语言 C 和一种特定的冯·诺依曼型机器 Pep/9。这两章通过展示层次之间的对应关系来继续揭示它们之间的关系，其中包括：HOL6 层的赋值语句与 Asmb5 层的装入 / 存储指令；HOL6 层的循环和 if 语句与 Asmb5 层的分支指令；HOL6 层的数组与 Asmb5 层的变址寻址；HOL6 层的过程调用与 Asmb5 层的运行时栈；HOL6 层的函数和过程参数与 Asmb5 层的栈相对寻址；HOL6 层的 switch 语句与 Asmb5 层的跳转表；HOL6 层的指针与 Asmb5 层的地址。

统一方法之美就在于可以在较低层次上实现 C 章节中的例子。比如，第 2 章递归示例说明的运行时栈就直接对应于 Pep/9 主存的硬件栈。学生可以通过两个层次之间的手动翻译来理解编译过程。

这种方法为讨论计算机科学中的核心问题提供了一种很自然的环境。例如，本书介绍了 HOL6 层的结构化编程，可以和 Asmb5 层的非结构化编程的可能性进行对比。书中讨论了 goto 争议、结构化编程 / 效率之间的折中，给出了两个层次上语言的实际例子。

第 7 章向学生介绍了计算机科学理论。现在学生已经对如何将高级语言翻译为汇编语言有了直观的了解，那么，我们就要提出所有计算中最基本的问题：什么可以被自动化？理论在这里自然又合适，因为学生现在已经知道了什么是编译器（自动化翻译器）必须做的。他们通过识别 C 和 Pep/9 汇编语言的语言符号来学习语法分析和有限状态机——确定性的和非确定性的。这一章包含了两种小语言之间的自动翻译器，说明了词法分析、语法分析和代码生成。词法分析器是有限状态机的实现。还有比这更自然的介绍理论的方法吗？

OS4 层。OS4 层用两章来讲述操作系统。第 8 章是关于进程管理的，其中有两节讲解了 Pep/9 操作系统的概念，一节是装载器，另一节是陷阱处理程序。七条指令具有产生软件陷阱的未实现的操作码。操作系统将用户正在运行进程的进程控制块保存到系统栈，中断服务例程解释该指令。通过具体实现一个挂起进程来强化操作系统中运行和等待进程的经典状态转换图。第 8 章还描述了并发进程和死锁。第 9 章阐述了关于主存和磁盘存储器的存储管理。

LG1 层。LG1 层用两章来讲述组合电路与时序电路。从布尔代数的定理开始，第 10 章强调了计算机科学的数学基础的重要性。它展示了布尔代数和逻辑门之间的关系，然后描述了一些常用的逻辑设备，包括一个完整的 Pep/9 算术逻辑单元（ALU）的逻辑设计。第 11 章用时序电路的状态转换图讲解了有限状态机的基本概念，还描述了常见的计算机子系统，包括双向总线、内存芯片以及双端口存储器组。

Mc2 层。第 12 章描述了 Pep/9 CPU 的微程序设计控制部分，给出了一些示例指令和寻址方式的控制序列，还提供了有关其他指令和寻址方式的大量练习。这一章还介绍了装入 / 存储架构的概念，对比了 MIPS 精简指令集计算机（RISC）和 Pep/9 复杂指令集计算机（CISC）。此外，还通过对高速缓存、流水线、动态分支预测以及超标量机器的描述，介绍了一些性能问题。

教学建议

本书涵盖内容相当广泛，教师在设计课程时可以省略一些内容。我把第 1 ～ 7 章用于计算机系统课程，第 10 ～ 12 章用于计算机组成课程。

本书中，第 1 ～ 5 章必须顺序讲解，第 6 章和第 7 章可以按任意顺序讲授。我通常会省略第 6 章而直接讲第 7 章，开始一个大型软件项目——为 Pep/9 汇编语言的子集写汇编器，这样学生在一学期中有足够的时间完成它。第 11 章明显依赖于第 10 章，但这两章都与第 9 章无关，因此，第 9 章可以省略。图 P-2 是章节关系依赖示意图，总结了可以省略哪些章节。

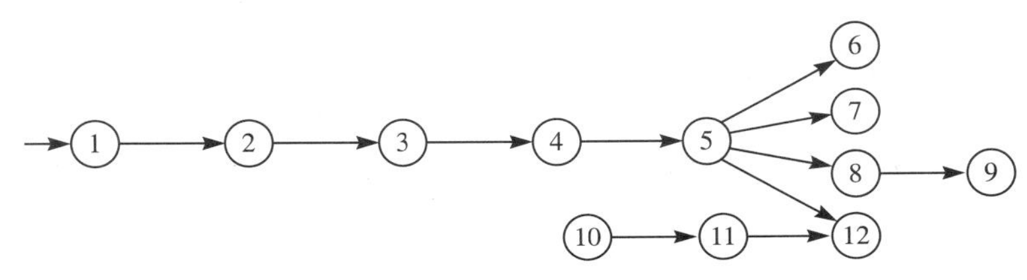

图 P-2　章节关系依赖图

第 5 版的变化

第 5 版中的每一章都有改进，主要集中在两个方面：一个是虚拟机从 Pep/8 变为 Pep/9；另一个是内容上的变化。第二点涉及面太大，无法一一列出，这里只给出其中的主要变化。

- *HOL6 语言*——第 5 版中的 HOL6 语言从 C++ 变为 C。C 作为系统编程语言更为常见，而且也更加适合计算机系统文本。上一版指出 C++ 的内存模型包括在内存固定位置分配的全局变量、在运行时栈上分配的局部变量与参数以及从堆分配的动态变量。但 C++ 是一种面向对象（OO）的语言，它的内存模型要复杂得多。相比 C++，上述模型用 C 语言表述要更加精确一些。变化体现在三个地方：示例程序的输入 / 输出（I/O）用 scanf() 和 printf() 替代了 cin 和 cout；在 C 的传递引用机制里，实际参数显式地使用地址运算符 &，形式参数则使用对应的指针类型；堆的内存分配用 malloc 替代了 new。
- *补充示例*——第 5 版把之前每一章的简要人物传记改为不同的补充示例，放在特殊格式的文本框中。每一个补充示例都是该章所描述概念的真实示例。大多数章节都是描述 Pep/9 虚拟机的，这些章节的补充示例给出了 Intel x86 架构中相应部分的实现。新补充示例提供了与该架构一致的运行实例，学生能更好地理解虚拟机概念与真实实现之间是如何对应的。
- *新主题与扩展主题*——第 1 章现在强调的是如何利用性能公式和带宽概念在空间和时间上量化二进制信息。QR 代码和颜色显示是这些概念的详细示例。第 3 章描述了 Unicode、UTF-32 和 UTF-8 编码。第 4 章讨论了大端顺序和小端顺序。第 7 章用 Java 而不是 C++ 语言实现示例翻译器。第 12 章的微代码示例使用了 Pep/9 CPU 模拟器新的 UnitPre 和 UnitPost 特性。双字节数据总线现在得到了模拟器的支持，这使得讨论主题可以扩展到内存对齐问题和新的 .ALIGN 伪指令。

Pep/9 取代了前两版所用的虚拟机 Pep/8。由于这两种机器指令集的不同，Pep/8 的源程序和目标程序不能与 Pep/9 的兼容。不过只有几条指令会受到影响，多数还是和原来一样，包括八种寻址方式。Pep/9 有下述变化：

- RET 代替了 RETn——Pep/8 有八种返回语句，分别为 RET0，RET1，…，RET7。RETn 从运行时栈释放 *n* 个字节，然后执行从函数调用的返回。这样做的理由是，返回之前总要释放局部变量，所以，如果汇编语言程序员不需要在返回前用 ADDSP 指令显式释放局部变量的话，程序就会更短一些。

  虽然这种 ISA 设计在体系结构原理上可能是合理的，但在教学上却存在缺陷。问题是学生必须学习两种不同的概念：数据的释放机制和控制流的返回机制。将这两种不同的概念组合在一条语句中，在学习时可能会造成混淆。现在，Pep/9 要求学生用 ADDSP 语句显式地释放局部变量。另一个格式上的优势是，函数结束时显式使用 ADDSP 释放局部变量直接与函数开始时用 SUBSP 分配局部变量相对应。

- 内存映射 I/O——对 Pep/8 指令集中的所有指令来说，最不切实际的就是用于字符输入 / 输出的 CHARI 和 CHARO。大多数真实计算机系统都把输入 / 输出映射到内存，Pep/9 现在就是这样设计的。在新指令集中没有原生的输入 / 输出指令。相反，Pep/8 的指令

  ```
  CHARI alpha,ad
  ```

  被如下 Pep/9 指令所替代，其中的 charIn 是输入设备。

  ```
  LDBA charIn,d ;Load byte to A from charIn
  STBA alpha,ad ;Store byte from A to alpha
  ```

  而 Pep/8 指令

  ```
  CHARO beta,ad
  ```

  也被如下 Pep/9 指令所替代，其中的 charOut 是输出设备。

  ```
  LDBA beta,ad ;Load byte to A from beta
  STBA charOut,d ;Store byte to charOut
  ```

  在上述指令中，ad 表示该指令的任意一种合法的寻址方式。符号 charIn 和 charOut 在 Pep/9 操作系统中定义，并作为机器向量保存在内存底部。它们的值会自动包含进汇编器的符号表中。

  内存映射 I/O 的一个缺点是，Pep/8 程序中的每一个 CHARI 和 CHARO 语句现在都需要编写为两条语句，这使得程序变长。不过，陷阱指令 DECI、DECO、STRO 与原来一样，这使得问题得以控制，因为原生 I/O 指令隐藏在它们的陷阱例程中。

  学生通过从输入设备地址装入以及向输出设备地址存储直接学习内存映射 I/O 是如何工作的，这是非常有利的。这个要求还说明了内存映射的概念和用法，在 Pep/8

中，这是学生想要避开的问题。此外，这与第 11 章的地址解码示例也有很好的关联，它展示了怎样把一个八端口 I/O 芯片连接到内存映射。

- 新的原生指令 CPBr——在 Pep/8 中，字节量必须用 CPr 比较，该指令比较两字节的对象。因此，比较也包括了高字节，有时在比较之前要清除寄存器的高字节。这使得进行字节比较的汇编代码有些复杂。

  CPBr 是新的字节比较指令，通过设置状态位而不再考虑寄存器的高字节。其结果代码更易于理解和编写。

- 改进的助记符——Pep/9 重新命名了比较指令、装入指令和存储指令的助记符，如图 P-3 所示。新方案保留了比较中的 CP、装入中的 LD 和存储中的 ST，同时又在这组指令中一致使用字母 W 表示字（这是现在需要的），字母 B 表示字节。这个命名规则一致性更强，并且针对学生有遗忘“字”（Pep 计算机中的双字节）含义的倾向，把字母 W 加到双字节指令的助记符中加强了对“字”的强调。

指令	Pep/9	Pep/8
比较字	CPWr	CPr
比较字节	CPBr	不可用
装入字	LDWr	LDr
装入字节	LDBr	LDBYTEr
存储字	STWr	STr
存储字节	STBr	STBYTEr

图 P-3　新的 Pep/9 指令助记符

- 新的陷阱指令 HEXO——在 Pep/9 指令集中，与 RETn 和字符 I/O 指令一起删除的还有陷阱指令 NOP2 和 NOP3，取而代之的是一条非一元陷阱指令 HEXO。HEXO 代表的是十六进制输出，存在于 Pep/7 中，现在在 Pep/9 中再次出现。它输出的一个字包含四个十六进制字符。
- 寻址方式的名称——Pep/9 将栈变址间接寻址改为栈间接变址寻址，相应的汇编器符号也从 sxf 改为 sfx。这个变化更准确地反映了寻址方式的语义，因为栈间接操作发生在变址操作之前。
- 扩展的 MIPS 内容——MIPS 架构仍然是与 Pep/9 CISC 模型形成对比的 RISC 模型。其内容得到了扩展，对所有的 MIPS 寻址方式、指令类型以及它们在 LG1 层上的实现进行了更加广泛和系统的描述。在说明 MIPS 架构的同时，第 5 版也包括了对 RISC 设计原则更加宽泛的阐述。

本书特性

本书有几个独特的方面，使之有别于其他计算机系统、汇编语言和计算机组成方面的书籍。

- 以概念为核心——许多教科书试图跟上领域的变化，包括最新的技术发展。比如，最新外围设备的通信协议规范。通常，这类书通篇都在描述性地解释“设备是如何工作的”。本书避开了这类资料，而只选择基础的计算概念，掌握了这些就有了理解当前和未来技术的基础。例如，在掌握空间 / 时间折中概念的时候，让学生实践数字电路设计问题的方案比单纯阅读笼统的描述要重要得多。再举一个例子，通过学习如何在 ISA 指令的微代码实现中合并周期来掌握硬件并行的概念，才是最好的。

- 强调解决问题——在讨论某个主题时，如果只是采用听讲或阅读的方式，那么学生能记住的内容就很少；如果采用的是实践的方式，他们能记住的就会更多。本书强调解决问题，全书章节后面有将近 400 道练习，其中很多练习有多个部分。这些练习不会让学生重复课本中的原话，而是要求量化地解答、分析或者设计系统某个抽象层次上的程序或数字电路。
- 一致的机器模型——Pep/9 机器是一个小型的 CISC 计算机，是描述系统所有层次的载体。学生可以清晰地看到抽象层次之间的关系，因为他们要在所有的层次上为这个机器编程或者设计数字电路。例如，当在 LG1 层设计 ALU 组件时，他们知道 ALU 在 ISA3 层的实现中应该在哪个位置。通过像编译器那样把 C 程序翻译成汇编语言，他们将学到优化编译器和非优化编译器之间的差别。在不同层次上都使用同样的机器模型对学习活动来说在效率上有很大的优势，因为模型从上至下都是一致的。不过本书也讲述了 MIPS 机器，对比了 RISC 设计原理和微程序设计的 CISC 设计。
- 完整的程序示例——许多计算机组成和汇编语言的书会受到代码片段综合征的影响。Pep/9 的内存模型、寻址方式和输入 / 输出特性使得学生能写出完整的程序，而不只是代码片段，这些程序执行和测试起来也很容易。真实的机器，特别是 RISC 机器，有复杂的函数调用协议，涉及寄存器分配、寄存器溢出和内存对齐限制之类的问题。Pep/9 是少数几种教学机之一（有可能是唯一一个），允许学生书写具有输入 / 输出的完整程序，可以使用全局变量和局部变量、全局数组和局部数组、传值调用和传引用调用、数组参数、具有转移表的 switch 语句、递归、具有指针的链式结构和堆。写完整程序的作业进一步实现了通过动手来学习的目标，而不是通过读代码片段来学习。
- 理论与实践相结合——有些读者注意到了，讲述语言翻译原理的第 7 章在计算机系统书中不常见。这种现象可悲地说明了计算机科学课程体系甚至计算机科学领域自身存在的理论和实践之间的鸿沟。既然本书讲述了 HOL6 层的 C 语言、Asmb5 层的汇编语言和 ISA3 层的机器语言，而且都有一个目标，即理解层次之间的关系，那么一个更好的问题是："为什么不能包括讲述语言翻译原理的一章呢？"本书尽可能地加入理论以支持实践。例如，介绍布尔代数并将其作为一个公理系统，配合练习来证明定理。
- 广度和深度——第 1 ～ 6 章中的内容对计算机系统或汇编语言编程的书来说是很典型的，第 8 ～ 12 章对计算机组成的书来说是很典型的。在一本书中包括这么广泛的内容是很独特的，而且还在一个完整机器的各个抽象层次上使用一致的机器模型。数字电路 LG1 层内容的深度也是很特别的，它使得 CPU 的组成部分不再神秘。例如，本书描述了 Pep/9 CPU 的复用器、加法器、ALU、寄存器、内存子系统和双向总线的实现。学生学习逻辑门层的实现后，没有概念上的空洞，而如果只是泛泛地描述，学生就只能选择相信而不能完全理解。

本书回答了这个问题："汇编语言编程和计算机组成在计算机科学课程体系中的位置是什么？"它提供了对无处不在的冯·诺依曼机器架构的深入理解。本书保持了独特的目标，即提供本领域内所有主要知识域的综合概述，包括软件和硬件的结合、理论和实践的结合。

计算机科学课程体系 2013

本书第 1 版出版于 1999 年，从那时开始本书的目标就是通过一个虚拟机器（初版中是 Pep/6）来讲解典型计算机系统全部七个抽象层之间的关系，从而统一呈现计算机系统。当时（甚至现在也是）本书的内容跨越了多个标准课程，增加了知识面的宽度，这样的做法同时牺牲了标准汇编语言、操作系统、计算机体系结构、计算机组成和数字电路设计课程中传统内容的深度。

最新的 ACM/IEEE 课程指南——计算机科学课程体系 2013[⊖]（CS2013）特别指出领域快速扩张带来的课程挑战：

> 与计算机科学教育领域相关的主题越来越多样化，以及计算与其他学科的日益融合给这一努力带来了特殊的挑战。在教学内容增加和保持建议在本科教育背景下具备可行性和可操作性之间平衡是相当困难的。

对这一挑战的应对之一就是指导方针的不断演进，而这恰好就是本书从第 1 版起就坚持贯彻的方向。CS2013 重组了之前的“知识体”，删除了一些旧领域，增加了一些新领域。指南中的一个新知识领域（Knowledge Area，KA）就是系统基础：

> 在以前的课程内容中，典型计算系统的交互层——从硬件构建块到架构组织，到操作系统服务，再到应用程序执行环境——都表示为独立的 KA。而新的系统基础 KA 则为其他 KA 展示了统一的系统视角和共同的概念基础……

CS2013 中新系统基础 KA 的目标与本书的目标是一致的，即为计算机科学的其他主题提出一个“统一的系统视角”和共同的概念基础。本书是一本成熟的教材，它难得地满足了最新计算机科学课程体系指南的这一重要新目标。

教辅资源

从出版商网站（go.jblearning.com/warford5e）可以获取下列资源。

Pep/9 汇编器和模拟器。Pep/9 机器在 MS Windows、Mac OS X 和 UNIX/Linux 系统上都可运行。汇编器的特性包括：

- 集成的文本编辑器。
- 在源代码中发现错误的地方插入错误消息。
- 对学生友好的、十六进制的机器语言目标代码。
- 能跳过汇编器，直接用机器语言编写代码。
- 能够重定义触发同步陷阱的未实现操作码的助记符。

模拟器的特性包括：

- 模拟的 ROM，存储指令不能修改 ROM 中的内容。
- 在模拟的 ROM 中烧入了一个小的操作系统，包括一个装载器和一个陷阱处理程序。
- 一个集成的调试器，允许设置断点、单步执行、CPU 跟踪和内存跟踪。

⊖ *Computer Science Curricula 2013, Curriculum Guidelines for Undergraduate Degree Programs in Computer Science*, The Joint Task Force on Computing Curricula, Association for Computing Machinery (ACM) IEEE Computer Society, December 20, 2013.

- 能以任何组合跟踪应用程序、装载器或操作系统的选项。
- 具备从无限循环中恢复的能力。
- 能够通过为未实现操作码设计新的陷阱处理程序来修改操作系统。
- 从应用程序中构建的每个示例都成为课堂演示的有用工具。

Pep/9 CPU 模拟器。包括 MS Windows、Mac OS X 和 UNIX/Linux 系统版本，可以用在计算机组成课程中。CPU 模拟器的特性包括：

- 颜色编码的展示通路，根据多路复用器的控制信号跟踪数据流。
- 操作的单周期模式，用 GUI 输入每个控制信号，立即展示信号的效果。
- 操作的多周期模式，学生可以在集成的文本编辑器中编写 Mc2 微代码序列并执行它们以便实现 ISA3 指令。
- 第 5 版的新特点：针对应用程序的每个微代码问题和每个示例的单元测试。

课程课件。一套完整的课件，每章约有 50 ～ 125 页 PDF 格式的课程幻灯片。幻灯片包括课本中所有的图和总结信息，通常以标号的形式给出。不过其中没有太多的例子，给教师展示示例和指导讨论留出了空间。

考试题目。提供一组考试题目，包括参考信息，例如 ASCII 表、指令集表等，供考试和自学之用。

数字电路实验。6 个数字电路实验，能够让学生在物理实验电路板上亲身体验。这些实验说明了第 10 章和第 11 章的组合和时序设备，使用了许多本书中没讲到的电路。学生可以自学实际的数字设计和实现概念，这些超出了本书的讲述范围。实验时可以按照书中讨论的主题顺序，从组合电路开始，然后是时序电路和 ALU。

答案手册。附录中有部分练习的答案，全部练习和编程题的答案对采用本书作为教材的教师开放。

若想了解指导教师如何获得访问上述资源的资格，请联系 Jones & Bartlett Learning 的代理商。

致谢

Pep/1 有 16 条指令、一个累加器和一种寻址方式。Pep/2 增加了变址寻址。John Vannoy 用 ALGOL W 语言写了两个模拟器。Pep/3 有 32 条指令，用 Pascal 语言编写，是学生软件项目，由 Steve Dimse、Russ Hughes、Kazuo Ishikawa、Nancy Brunet 和 Yvonne Smith 完成。Harold Stone 在早期审阅中提出许多对 Pep/3 架构的改进意见，后来被加到 Pep/4 中，并延续到后续的机器中。Pep/4 有特殊的栈指令、模拟 ROM 和软件陷阱。Pep/5 有更正交的设计，允许任何指令使用任何寻址方式。John Rooker 写了 Pep/4 系统和早期的 Pep/5 版本。Gerry St. Romain 实现了 Mac OS 版本和 MS-DOS 版本。Pep/6 简化了变址寻址方式，也包括了一组完整的条件分支指令。John Webb 用 BlackBox 开发系统编写了跟踪功能。Pep/7 把安装的内存从 4KiB 增加到了 32KiB。Pep/8 把寻址方式的数量从 4 增加到 8，安装的内存增加到 64KiB。Pep/8 汇编器和模拟器的 GUI 版本由一组学生用 Qt 开发系统和 C++ 实现和维护，小组成员包括 Deacon Bradley、Jeff Cook、Nathan Counts、Stuartt Fox、Dave Grue、Justin Haight、Paul Harvey、Hermi Heimgartner、Matt Highfield、Trent Kyono、Malcolm Lipscomb、Brady Lockhart、Adrian Lomas、Scott Mace、Ryan Okelberry、Thomas Rampelberg、Mike Spandrio、Jack Thomason、Daniel Walton、Di Wang、Peter Warford 和 Matt Wells。Ryan Okelberry 也参

与编写了 Pep/8 CPU 模拟器。Luciano d'Ilori 编写了汇编器的命令行版本。最新版本的 Pep/8 和 Pep/8 CPU 以及当前版本的 Pep/9 和 Pep/9 CPU 由 Emily Dimpfl 和本书作者用 Qt 重新编写。

Tanenbaum 的《Structured Computer Organization》[⊖]比其他任何一本书都更大地影响了本书的编写。本书扩展了 Tanenbaum 书中的层次结构，在上面增加了高级语言层和应用层。

许多书稿审阅者、学生和前一版本的用户极大地影响了本版本的终稿，他们是：Kenneth Araujo、Ziya Arnavut、Wayne P. Bailey、Leo Benegas、Jim Bilitski、Noni Bohonak、Dan Brennan、Michael Yonshiki Choi、Christopher Cischke、Collin Cowart、Lionel Craddock、William Decker、Fadi Deek、Peter Drexel、Gerald S. Eisman、Victoria Evans、Mark Fienup、Paula Ford、Brooke Fugate、Robert Gann、David Garnick、Ephraim P. Glinert、John Goulden、Dave Hanscom、Michael Hennessy、Paul Jackowitz、Mark Johnson、Michael Johnson、Amitava Karmaker、Michael Kirkpatrick、Peter MacPherson、Andrew Malton、Robert Martin、Johnon Maxfield、John McCormick、Richard H. Mercer、Jonathon Mohr、Randy Molmen、Hadi Moradi、John Motil、Mohammad Muztaba Fuad、Peter Ng、Bernard Nudel、Carolyn Oberlink、Nelson Passos、Wolfgang Pelz、James F. Peters III、James C. Pleasant、Eleanor Quinlan、Glenn A. Richard、Gerry St. Romain、David Rosser、Sally Schaffner、Peter Smith、Harold S. Stone、Robert Tureman、J. Peter Weston 和 Norman E. Wright。Joe Piasentin 提供了艺术方面的咨询。有两个人极大地影响了 Pep/8 的设计：一位是 Myers Foreman，有关指令集的很多想法都来自于他；另一位是 Douglas Harms，他提出很多改进意见，其中之一是 MOVSPA 指令，使得可以用传引用方式传递局部变量。

Jones and Bartlett Learning 的策划编辑 Laura Pagluica、产品主管 Amy Rose、制作编辑 Vanessa Richards 和编辑助理 Taylor Ferracane 提供了宝贵的支持，很高兴与他们一起工作。Kristin Parker 设计的吸引人的封面正符合本书的风格。

我很幸运工作于一所致力于在本科教学中追求卓越的学校。佩珀代因（Pepperdine）大学的 Ken Perrin 提供了富有创造性的环境和专业的支持，正是在这种环境中，本书得以孕育成形。妻子 Ann 给予我无尽的支持，我要为本书占用的时间向她道歉，并送上我由衷的感谢。

J. Stanley Warford
于加州马里布

[⊖] 这本书已由机械工业出版社出版，中文书名为《计算机组成：结构化方法》，第 6 版书号为 978-7-111-45380-2。——编辑注

目　录

Computer Systems, Fifth Edition

第四部分 汇编层（第 5 层）

第五部分 操作系统（第4层）

第一部分

应用层（第 7 层）

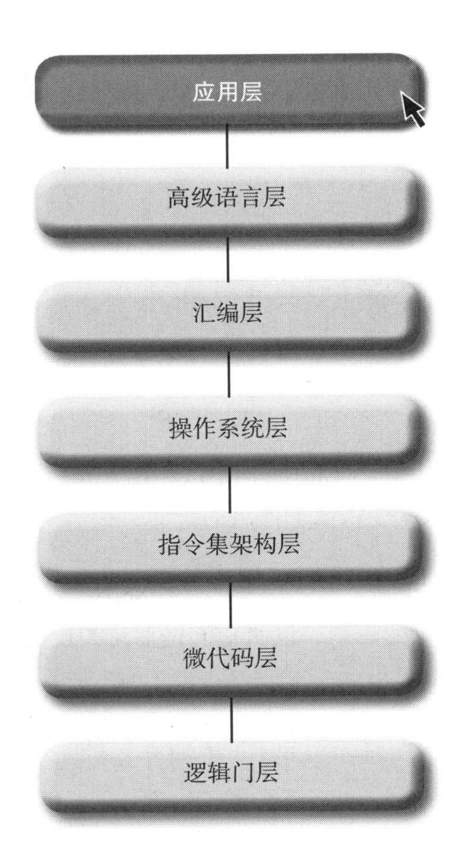

第 1 章
Computer Systems, Fifth Edition

计算机系统

计算机科学的基本问题是：什么能够被自动化？就像工业革命中研制出的机器使得手工劳作自动化了，计算机实现了信息处理的自动化。20 世纪 40 年代研发出电子计算机时，它们的设计者利用这些机器来自动求解数学问题。不过从那时起，计算机就被应用到了各种问题上，例如金融会计、电影制作和智能手机。计算机发展得如此迅猛，几乎每天都有新的计算机自动化领域出现。

本书的目的是展示计算机如何将信息处理自动化。从原则上来说，计算机所能做的一切，你都能做。计算机和人执行任务的主要区别在于计算机执行任务非常迅速。不过要利用它的速度，人们必须指导计算机，也就是对计算机进行编程。

要想理解计算机的本质，最好的方法是学习如何对机器编程。编写程序要求学习编程语言。在投入学习编程语言的细节之前，本章首先介绍抽象的概念（本书就是基于抽象这一主题的），然后描述计算机系统的硬件和软件组成，最后描述一个典型应用——数据库系统。

1.1 抽象层次

抽象层次这个概念在艺术以及自然和应用科学中都广泛存在。抽象的完整定义是多面的，对我们要讲述的领域来说，包括下面这些部分：

- 隐藏细节以展示物质的本质。
- 概要结构。
- 通过一连串的命令划分责任。
- 将一个系统细分成较小的子系统。

本书的主题就是把抽象应用到计算机科学中。不过，我们先从考虑其他一些非计算机科学领域中的抽象层次开始。从这些领域中得出的类比会扩展到上述抽象定义中的 4 个部分，再应用到计算机系统上。

抽象层次的 3 种常见图形化表示是：层次图；嵌套图；层次结构或树状图（如图 1-1 所示）。现在，我们分析每种抽象的表示，说明它们是如何类比的。这三张图也适用于贯穿本书的计算机系统中的抽象层次。

2
~
4

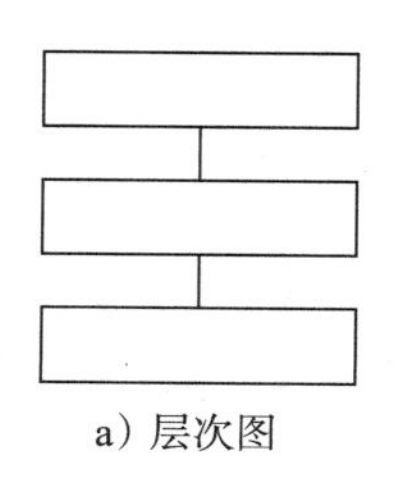
a）层次图

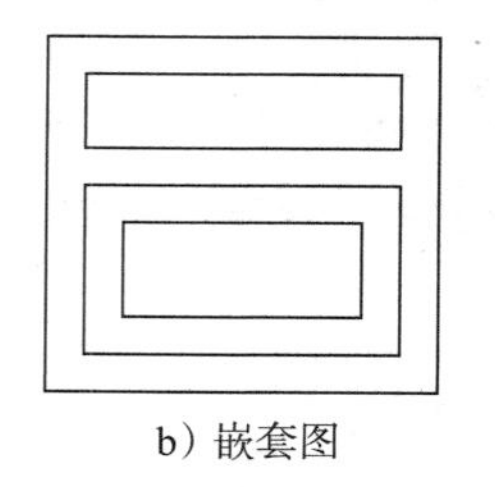
b）嵌套图

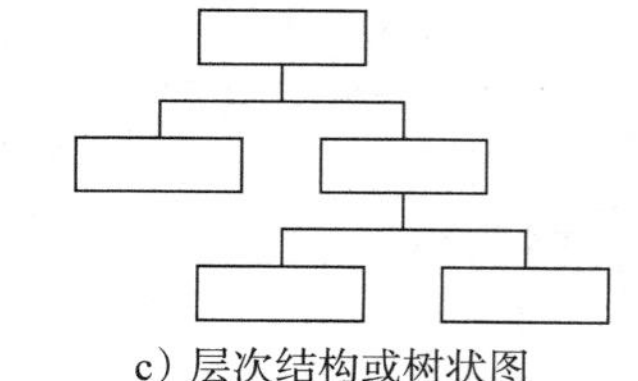
c）层次结构或树状图

图 1-1　抽象层次的三种图形化表示

如图 1-1a 所示，*层次图*是一组垂直排列的方框。最顶端的方框表示最高层次的抽象，最底端的方框表示最低层次的抽象。抽象的层数取决于所描述的系统。这张图表示一个三层抽象的系统。

图 1-1b 是*嵌套图*。与层次图一样，嵌套图也是一组方框。它总是由一个大的外层方框和一些嵌套在其中的其他方框组成。在这张图中，外层的大方框里直接嵌套了两个方框。这两个方框中，下面那个里面还嵌套了一个方框。嵌套图中最外层的方框对应于层次图中最顶层的方框。嵌套的方框对应于层次图中较低层次的方框。

在嵌套图中，方框是不重叠的。也就是说，嵌套图中绝不会有边界互相交叉的方框。一个方框总是完全包含另一个方框。

抽象层次的第三种图形化表示是*层次结构*或*树状图*，如图 1-1c 所示。在树状图中，大树枝从主干分支出来，较小的树枝从较大的树枝中分支出来，以此类推。树叶在链路的末端，附着在最小的树枝上。图 1-1c 这样的树状图，主干在顶端而不是底部。每个方框称为一个*结点*，唯一的顶端结点称为*根*。没有更低层相连的结点是*叶子*。图 1-1c 是一棵有着一个根结点和三个叶子结点的树。层次结构图中顶端的结点对应于层次图中的顶端方框。

1.1.1　艺术中的抽象

亨利 · 马蒂斯（Henri Matisse）是现代艺术史上的一位重要人物。1909 年，他制作了一尊女人后背的铜雕塑，名为《The Back Ⅰ》。4 年后，他又创作了一尊同样主题的作品，不过用了更简单的表现形式，并将此作品命名为《The Back Ⅱ》。又过了 4 年，他创作了《The Back Ⅲ》，13 年后又创作了《The Back Ⅳ》。图 1-2 展示了这 4 尊雕塑。

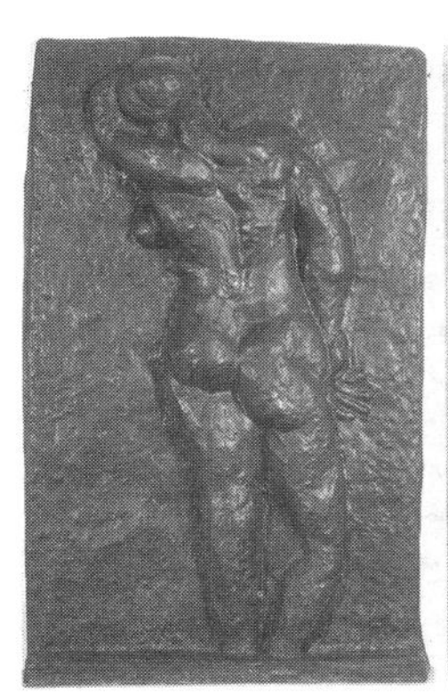

The Back Ⅰ，1909

The Back Ⅱ，1913

The Back Ⅲ，1917

The Back Ⅳ，1930

图 1-2　马蒂斯的铜雕塑。每件作品的表现手法越来越抽象

这些作品的一个显著特征是，在一件作品到另一件作品的发展中，艺术家不断地去除细节。第二尊雕塑中背部轮廓变得不怎么清晰，第三尊雕塑中右手手指被隐去，而在最为抽象的第四尊雕塑中，几乎不能识别出臀部。

马蒂斯追求表达性，他故意隐藏视觉上的细节而去展示主题的实质。1908 年他写道：

在一幅画中，每个可见的部分都扮演着赋予它的角色，无论是主要的还是次要的。画中所有那些没用的部分都是有害的。艺术作品必须在整体上是和谐的，因为在观赏者脑海中，

5

多余的细节会侵占主要元素的位置。㊀

隐藏细节是抽象层次这一概念的必要组成部分，它直接适用于计算机科学。在计算机科学术语中，《The Back Ⅳ》抽象层次最高，《The Back Ⅰ》层次最低。图1-3的层次图展示了这些层次的关系。

就像艺术家一样，计算机科学家必须认识到要素和细节之间的区别。按时间进程，马蒂斯的《The Back》系列是从最注重细节演变到最抽象。然而，在计算机科学中，解决问题的进程应该是从最抽象到最详细。本书的目标之一就是教你如何进行抽象思维，如何在对一个问题制定解决方案时忽略无关的细节。并不是说在计算机科学中细节不重要！细节是最重要的。不过在计算问题中，人们自然倾向于在开始阶段非常注重很多细节；而在计算机科学中解决问题时，要素应该比细节优先考虑。

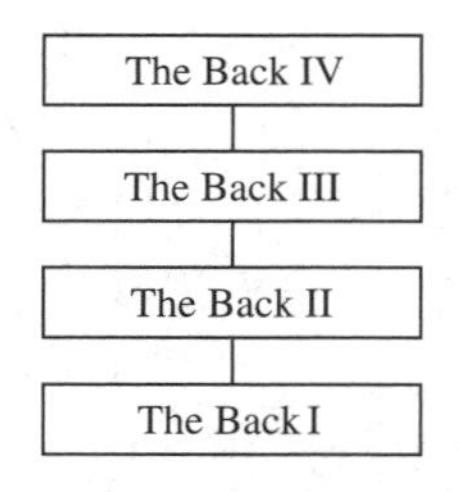

图1-3　马蒂斯雕塑中的抽象层次，《The Back IV》位于抽象的最高层

1.1.2　文档中的抽象

在概括书面文档的架构时，抽象层次的作用也是显而易见的。以美国宪法为例，它包括7章，每章又分为多节。下面的大纲展示了条款和章节的标题，它并不是宪法本身的一部分㊁，只不过是总结了各个部分的内容。

第一条　立法部门
- 第一款　国会
- 第二款　众议院
- 第三款　参议院
- 第四款　参议员和众议员的选举——国会会议
- 第五款　国会两院的权利与职责
- 第六款　参议员和众议员的报酬、特权及任职限制
- 第七款　法案通过的方式
- 第八款　国会权利
- 第九款　对联邦权利的限制
- 第十款　对各州的限制

第二条　行政部门
- 第一款　总统
- 第二款　总统的权利
- 第三款　总统的职责
- 第四款　行政和文职官员的免职

㊀ Alfred H. Barr, Jr., Matisse: His Art and His Public (New York: The Museum of Modern Art, 1951).

㊁ California State Senate, J. A. Beak, Secretary of the Senate, *Constitution of the State of California, the Constitution of the United States, and Related Documents* (Sacramento, 1967).

第三条　司法部门 　　第一款　联邦法院的司法权 　　第二款　联邦法院的管辖范围 　　第三款　叛国罪 第四条　各州和联邦政府 　　第一款　各州的官方法律 　　第二款　各州的公民 　　第三款　新的州 　　第四款　对各州保护的保证 第五条　修正案 第六条　总体保障 第七条　宪法的批准

7

宪法作为一个整体是最高层次的抽象。每个特定的条处理整体的一部分，这一条的某一款讲述一个特定的主题，抽象层次最低。这个大纲从逻辑上对这些主题进行了组织。

图 1-4 用嵌套图展示了宪法大纲的结构，外层的大方框代表整个宪法，它里面嵌套的 7 个小一点的方框代表“条”，每“条”里面的方框代表“款”。

这种对文档组织列大纲的方法在计算机科学中也是很重要的。按照大纲格式组织程序和信息的技术称为结构化程序设计（structured programming）。这和语文作文老师教你在写作细节之前先按照大纲的格式组织好报告是一样的道理，软件设计者先组织好程序大纲，再填写编程细节。

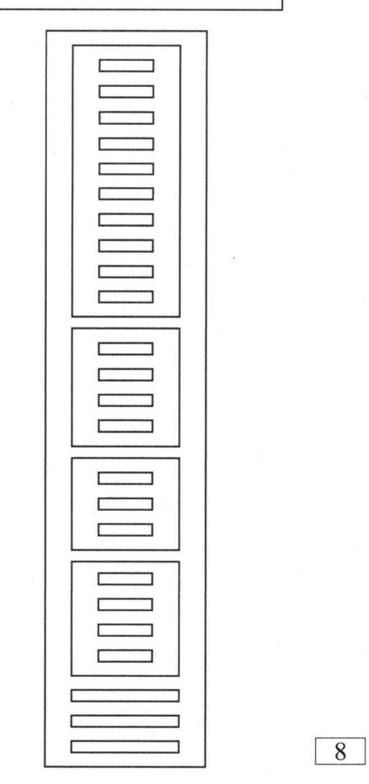

图 1-4　美国宪法的嵌套图

1.1.3　机构中的抽象

8

公司机构是另一个用到抽象层次概念的领域。例如，图 1-5 是一个假想的教材出版公司以层次结构图表示的部分组织结构。公司总裁在最高的层次，对整个机构的成功运营负责。4 个副总裁向总裁汇报，每个副总裁只负责一个主要的运营部门。在每个经理和副总裁下面还有更多的层次，本图中没有展示出来。

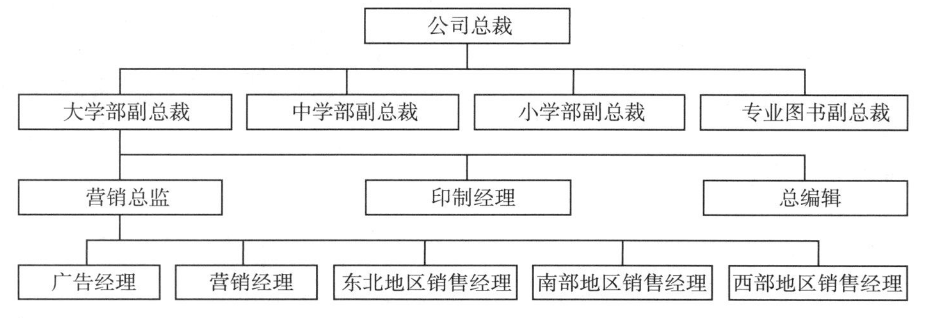

图 1-5　一个假想出版公司的简化组织示意图

机构组织结构图中的层级对应机构中相应的责任和权力。总裁代表整个公司的利益，给那些向她汇报的人授予相应的责任和权力。那些人再运用他们的权力去管理组织中其负责的部门，还可以向员工授予相应的责任。在企业中，每个人拥有的实际权力可能并不能由他们在官方结构图中的位置直接反映。图 1-6 的层次图显示了机构中的权力级别。在这条命令链上，副总裁向总裁汇报，总监向副总裁汇报，经理向总监汇报。

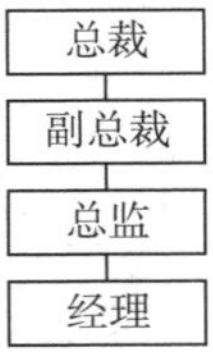

总裁
副总裁
总监
经理

图 1-6　图 1-5 所示机构的层次图

类比机构组织结构图反映机构的组织结构功能，计算机系统功能也可以按照类似的关系图反映出来。就像一个大的机构，一个大的计算机系统一般是按照层次结构来组织的。计算机系统中任何一部分都接收来自层次结构图中它的直接上级的命令。然后，它把需要执行的指令分发给层次结构中的直接下级。

1.1.4　机器中的抽象

另一个抽象层次的例子是和计算机系统非常类似的汽车。与计算机系统一样，汽车是一台人造机器。它由发动机、变速器、电气系统、制冷系统和底盘组成，每部分被进一步细分，其中电气系统包括电池、前照灯、稳压器以及其他一些部件。

和汽车相关的人位于不同的抽象层次。驾驶者位于最高的抽象层次，驾驶者了解如何驾驶汽车，例如怎样启动、怎样加速、怎样刹车。

抽象的下一层次是初级机械师。与一般的司机相比，他们知道更多发动机盖下面的细节，知道怎么换机油和火花塞，但他们不需要知道有关驾驶汽车的细节知识。

抽象的再下一层次是高级机械师，他们可以完整地拆卸发动机，拆解、修理并把它再组装到一起。如果只是简单地更换机油并不需要知道这些细节知识。

同样的道理，与计算机系统相关的人也位于不同的抽象层次，使用计算机不需要完全懂得计算机的每个抽象层次。你不需要成为机械师才能开车。同样，如果只想使用文字处理软件，你不需要成为经验丰富的程序员。

9

1.1.5　计算机系统中的抽象

图 1-7 展示了一个典型的计算机系统的层次结构。图中的每一层都有它自己的语言：

第 7 层（App7）：与应用程序有关的语言
第 6 层（HOL6）：与机器无关的编程语言
第 5 层（Asmb5）：汇编语言
第 4 层（OS4）：操作系统调用
第 3 层（ISA3）：机器语言
第 2 层（Mc2）：微指令和寄存器传输
第 1 层（LG1）：布尔代数和真值表

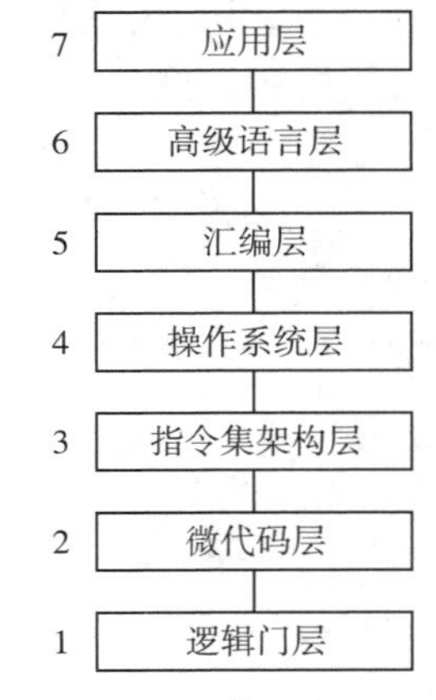

图 1-7　典型计算机系统的层次结构，有些系统没有第 2 层

用这些语言编写的程序指示计算机执行一定的操作。一个执行特定任务的程序可以用图 1-7 中任一层次的语言编写。与汽车一样，一个用某一层语言写程序的人，不必懂得任何更低层的语言。

发明计算机时，只有 LG1 和 ISA3 这两层。人们要想与这些机器通信，就必须在指令集架构层上用*机器语言*（machine language）对它们编程。机器语言对于机器来说很好，但是对于人类程序员来说单调乏味而且很不方便。于是 Asmb5 层的*汇编语言*（assembly language）应运而生，以便帮助人类程序员。

最早的计算机巨大且昂贵。当一个程序员占用计算机时，其他的用户就必须排队等候，这浪费了大量的时间。慢慢地，人们开发出了 OS4 层的*操作系统*（operating system），这样许多用户可以同时访问计算机。对于今天的个人计算机来说，即使只服务一个用户，操作系统仍然是管理程序和数据所必需的。

早期，每次当一家公司介绍一款新发布的计算机模型时，程序员就不得不学习那个模型的汇编语言。他们为旧机器所写的所有程序都不能在新机器上使用。于是，人们发明了 HOL6 层的*高级语言*（high-order language），这样程序可以不怎么改动就从一种计算机转移到另一种计算机上，而且用高级语言编程比用低级语言编程容易。你可能熟悉下面这些流行的 HOL6 层的语言：

- C，操作系统编程。
- C++，一般应用程序；在 C 的基础上增加了面向对象的特性。
- Python，Web 应用程序的脚本语言。
- Java，通用和 Web 应用程序。

10

计算机系统的广泛使用促使人们开发出了许多 App7 层的应用程序，这些程序也被称为 app。编写*应用程序*（application program）是为了解决特定类型的问题，比如撰写文档、统计分析数据或者将车辆导航到目的地。这使得你可以把计算机当作工具来使用而无须知道更低层上的操作细节。

最底层 LG1 由称作*逻辑门*（logic gate）的电子组件组成。在向更高层发展的过程中，人们发现在逻辑门层上设置一个新的层次是非常有用的，它能够帮助设计者构建 ISA3 层的机器。在现在的一些计算机系统中，使用 Mc2 层的*微程序设计*（microprogramming）来实现 ISA3 层的机器。Mc2 层是发明手持式计算器的一种重要工具。

学习本书的目的是与计算机进行有效的沟通。为了实现这个目标，你必须学习计算机语言。较高层的语言比低层的语言更人性化，更易于理解，这也正是人们发明它们的原因。

在学习本书时，你会通过不断审视较低层的抽象来了解计算机系统内部的工作原理。进入的层次越低，你就会发现越多在更高层中被隐藏的细节。在不断学习的过程中，你要牢记图 1-7。你要掌握大量貌似琐碎的细节，这是不可避免的。不过你要记住：计算机科学的美不在于细节的多样，而在于概念的统一。

1.2 硬件

我们构建计算机是为了解决问题。早期的计算机主要解决数学和工程问题，后来的计算机强调商业应用的信息处理，今天，计算机也控制各种诸如汽车发动机、机器人和微波炉之类的机器。计算机系统通过接收输入、处理输入并生成输出来解决这些领域的问题。图 1-8 说明了计算机系统的功能。

11

计算机系统由硬件和软件组成。*硬件*（hardware）是系统的物理组成部分，一旦设计好，更改它会很困难且昂贵。*软件*（software）是一组程序，它指示硬件进

输入 → 处理 → 输出

图 1-8 计算机系统的三种活动

行工作，比硬件容易修改。与只能解决一种问题的专用机器相比，计算机的价值在于它是可以解决许多不同问题的通用机器。通过给系统提供不同的指令集，即不同的软件，用相同的硬件可以解决不同的问题。

每台计算机有 3 个基本的硬件组件：

- 中央处理单元（CPU）
- 主存储器
- 磁盘

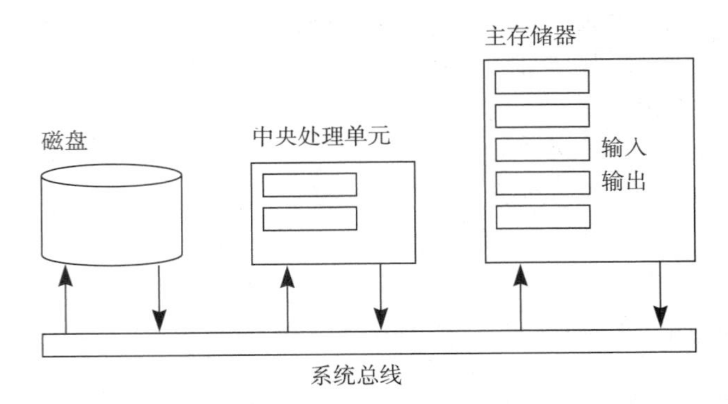

图 1-9　计算机系统三组件的框图

图 1-9 以框图的形式展示了这些组件。方框之间的线代表信息流。系统总线是一组连接组件的线路，信息通过系统总线（bus）从一个组件流向另一个组件。上述硬件组件列表是按照存储器容量递增的顺序给出的：CPU 的存储容量最小，磁盘的存储容量最大。而列表中速度的顺序则是递减的：CPU 的速度最快，磁盘的速度最慢。

1.2.1　中央处理单元

中央处理单元（Central Processing Unit，CPU）包括控制计算机所有其他部分的电路。12它包括一小组存储器，称为寄存器（register），在图 1-9 中表示为 CPU 方框中的两个小框。虽然图中只给出了两个寄存器，但通常它们的数量从 16 到 64 不等。CPU 电路中也永久固化有一组指令。这些指令完成的工作有：从主存储器获取信息到寄存器、加、减、比较、把信息从寄存器存储回主存储器等。指令执行的顺序不是固定不变的，这由 ISA3 层机器语言编写的程序来决定。

CPU 如何处理信息的一个例子是简单赋值语句 j=i+1 的执行，这条编程语句用 HOL6 层的语言（如 C 或 Java）编写。它将整数变量 i 加 1，再将和数赋值给 j。程序执行时，系统把变量 i 和 j 的值存储到主存储器。HOL6 层上只一条 j=i+1 语句，翻译到 ISA3 层就变为三条语句，这其中的每一条语句都是已经固化到 CPU 的一条指令。第一条指令从主存储器取 i 的当前值送到 CPU 寄存器，如图 1-10a 所示。信息流从主存储器的存储单元到系统总线，然后进入 CPU 的寄存器。第二条指令将寄存器中的值加 1，这条指令完全在 CPU 内执行，不涉及系统总线上的信息流。第三条指令把加 1 后的值存回主存储器中 j 的位置，如图 1-10b 所示。

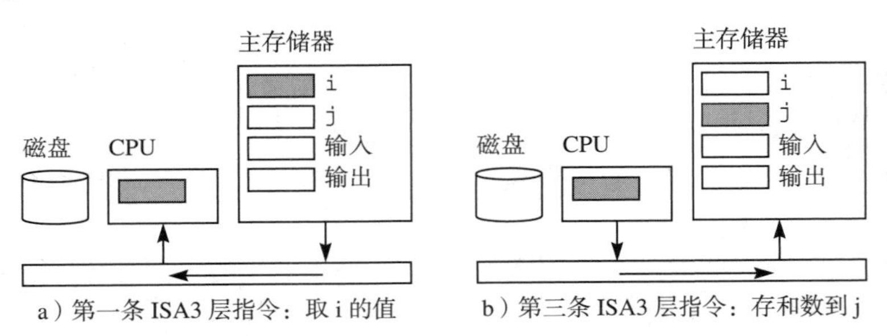

a）第一条 ISA3 层指令：取 i 的值　　b）第三条 ISA3 层指令：存和数到 j

图 1-10　执行 HOL6 层语句 j=i+1 的信息流

1.2.2　主存储器

与 CPU 一样，*主存储器*（main memory，简称主存）也有一组存储单元来存储信息。但它与 CPU 有两个地方不同。其一，存储单元的数量远远大于 CPU 中的单元数量。图 1-9 在主存中只显示了五个存储单元，但一部智能手机就可以拥有几亿个存储单元，而一台笔记本电脑则拥有超过 100 亿个存储单元。与这样庞大的数量相比，典型 CPU 中只有几十个寄存器。其二，CPU 有一组固化到电路中的指令对其寄存器中的数据进行处理。尽管主存的存储容量远大于 CPU 的存储容量，但它不能处理保存在其中的数值。它具备的唯一功能就是记住存储在存储单元中的数据值，并按照请求向 CPU 或磁盘提供这些数值。 13

主存保存四类信息：

- CPU 处理的数据
- CPU 执行的程序指令
- 从外部环境接收数据的输入连接
- 向外部环境发送数据的输出连接

数据存储的一个例子是图 1-10 中的 i 和 j 的整数值。在之后的执行中，如果程序的另一次计算需要 j 值，主存将原封不动地传递之前存储的数值。

当购买一个应用程序（比如文字处理器）的时候，将其下载到磁盘，一直到你想要使用该程序时，它都会被存储在磁盘上。当执行该应用程序时，计算机系统把程序的一个副本从磁盘发送到主存。不论是什么时候，主存都包含了在系统中正在执行的所有应用程序的副本。所以，除了图 1-10 中变量 i 和 j 的数值之外，主存还存储了应用程序的指令。由于 CPU 包含了执行应用程序指令的电路，因此计算机系统在执行指令之前，必须从主存中取指令。图 1-11 给出了取指令的信息流。该信息流与图 1-10a 类似，要经过系统总线，只不过信息来源不再是 i 的存储位置，而是指令的存储位置。该指令被复制到 CPU 的专用寄存器——*指令寄存器*（instruction register）中。CPU 中的电路设计用于分析并执行指令寄存器中的指令。

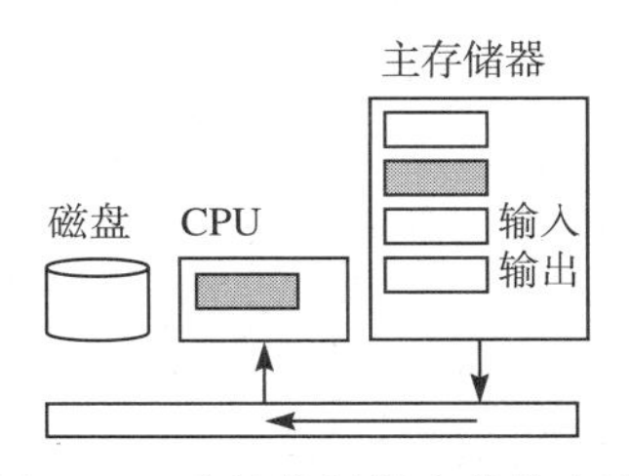

图 1-11　取被执行指令的信息流

主存中有一些单元被保留下来用于输入 / 输出连接，这种技术被称为*内存映射的输入 / 输出*，或*内存映射 I/O*。键盘是常见的映射到主存的输入设备。当在键盘上按下一个键时，键盘电路检测被按下的是哪个键，并将代表该按键符号的信息传送给主存的输入连接。然后键盘向 CPU 发出一个信号表示有按键被按下。CPU 响应该通知信号，从输入连接取出字符以便处理。图 1-12 展示了从键盘接收一个字符的信息流。与从主存中取数据或指令的信息流相同，输入信息流沿系统总线到达 CPU。唯一的区别是信息来自于固化到主存存储单元中的键盘输入连接。 14

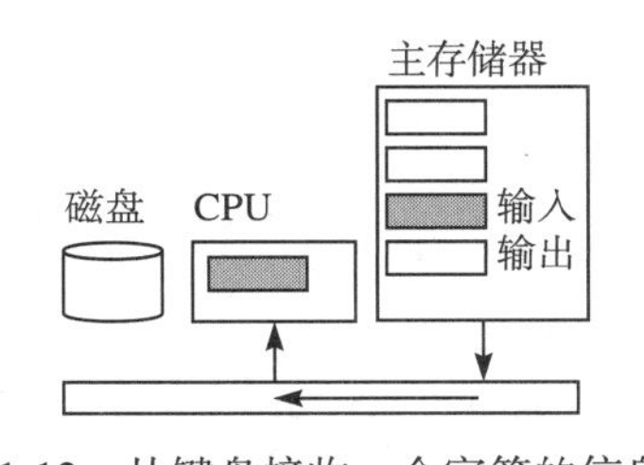

图 1-12　从键盘接收一个字符的信息流

图 1-12 可能给人这样一种印象，即计算机系统有一个很大的主存设备，而键盘是物理连接到这个设备的一个存储单元上。这对 ISA3 层的程序员而言是个方便的模型。要从输入设备获取数据，ISA3 层的程序员可以编写一条指令从输入连接取数据，这里用到的是与从

变量获取数据值一样的编写代码的技术。不过，LG1层上的硬件设计师使用了多个独立的设备来构建系统的主存，他们不会把键盘物理连接到单个中央存储设备的存储单元上，而是会把键盘连接到系统总线上，这样一来，在ISA3层程序员眼中就只有一个存储设备了。这种抽象对ISA3层程序员隐藏了LG1层的连接细节。

鼠标、触控板和触摸屏是另外三种常见的输入设备。在鼠标内部有一个小型发光二极管，它将一束光线投射到桌面上。光线反射回一个每秒采样1500次的传感器，鼠标里有一个数字信号处理器，它像一个被编程为只处理一项任务的微小计算机，探测桌面或者鼠标垫图像中的模式，并确定从上次采样到现在它们移动了多远。鼠标中的这个处理器从模式中计算鼠标的方向和速度，然后通过输入连接把这些数据发送到计算机，计算机再在显示器上显示光标图像。

计算机系统中最明显的输出设备是屏幕，其他设备还包括用于音频输出的扬声器和用于硬拷贝输出的打印机。在小型系统如手持式计算器中，主存对每个计算器能显示的数字或字母都有一个输出连接。计算器计算出要显示的数字后，就把该数字的每个字符都发送到相应的输出连接。比如，如果要显示的数字是263，计算机就把字符2发送到第一个输出连接，字符6发送到第二个输出连接，字符3发送到第三个输出连接。图1-13展示了数字中一个字符在系统总线上的信息流。

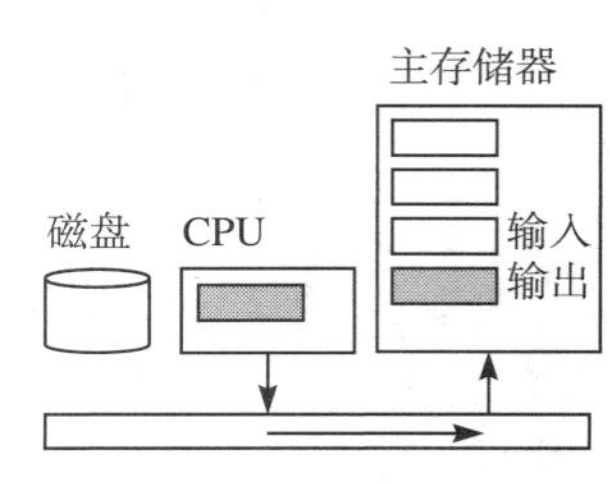

图1-13　发送数据到输出连接的信息流

平板电脑和个人计算机都是像素显示。像素即图像元素，是显示屏上一个独立的点。系统通过设定显示屏上每个独立像素的亮度和颜色来构成一幅图像。打印机则是通过适当混合墨水在纸上为每个像素着色来构成图像。理论上，可以让输出设备上的每个像素都在主存中有一个输出连接。但是，典型屏幕有大约1000万个像素，如果CPU的任务是连续不断地更新每个像素到正确的数值，它就没有足够的时间去执行其他的计算任务。[15]

因此，主存的显示输出连接不会直接连到显示器的每个像素，相反，它们与包含独立的专用处理器的I/O模块相连，这些处理器的唯一功能就是计算显示器上每个像素的颜色值。比如要在显示器上画一条线，CPU不需要计算所有像素的颜色值来呈现这条线，相反，它把直线的端点发送到输出连接，然后I/O模块就可以根据这个信息来计算并设置显示器上像素的颜色值。

1.2.3　磁盘

与CPU和主存一样，*磁盘*也用一组存储单元来保存信息。它与主存的差异有三点。第一，主存是*易失性*的。这是指，当关掉电源或断电时，主存中的数值会丢失。与之相反，磁盘是非易失性的。将信息存储到磁盘时，若关掉电源，等到再开启电源后，信息仍然存在。

第二，磁盘的存储容量大约是主存容量的1000倍。主存中的存储单元数量通常为数十亿，而磁盘中的单元数量通常为数万亿。

第三，虽然磁盘有巨大的存储容量，但它的速度却比主存慢。造成这种速度差异的原因是对两种存储器不同的访问方式。对主存的访问是*随机*的，实际上构成主存的电子部件通常被称为RAM（*随机访问存储器*）电路。假如刚刚从主存的一端取了一些信息，你还可以立即从另一端随机地获取信息，而不用在两端之间传递信息。

与之相反的是，磁盘的访问方式是*顺序*的。硬盘包含了旋转的盘片，其表面薄薄的磁性涂层用于保存信息。一个微型传感器掠过磁盘表面，从磁盘的中心向边缘移动，定位到信息保存的位置。如果你刚从靠近磁盘中心的位置得到信息，就不能从磁盘边缘获取信息，除非先将传感器向边缘移动，然后等待信息旋转到传感器下方。将传感器移动到正确位置所花的时间称为*寻道时间*，等待信息旋转到传感器下方所花的时间称为*延迟*（latency）。这些时间通常是几千分之一秒，而从 RAM 访问数值的时间一般是几十亿分之一秒。因此，磁盘比主存慢了大约 100 万倍。

16

固态硬盘（SSD）执行的功能与硬盘相同，但它全部电子化了，没有移动部件。它的存储容量没有硬盘大，可是由于没有移动部件，其速度却大约比硬盘快一百倍。出于同样的原因，它的可靠性也更高。不过，即便如此 SSD 比内存还是慢了数千倍。

图 1-14 展示了磁盘与主存通过系统总线传递的信息流。与之前图示信息流不同的是，CPU 不介入传送过程。磁盘与主存间不通过 CPU 寄存器的信息传输被称为*直接内存访问*（DMA）。磁盘有自己的专用处理器 *DMA 控制器*，其唯一的功能就是通过系统总线在磁盘与主存之间传输信息。CPU 向 DMA 控制器发送信号启动传输请求，然后，当 CPU 处理其寄存器中的信息时，DMA 控制器同时在总线上传输信息。传输结束后磁盘控制器向 CPU 发送信号。

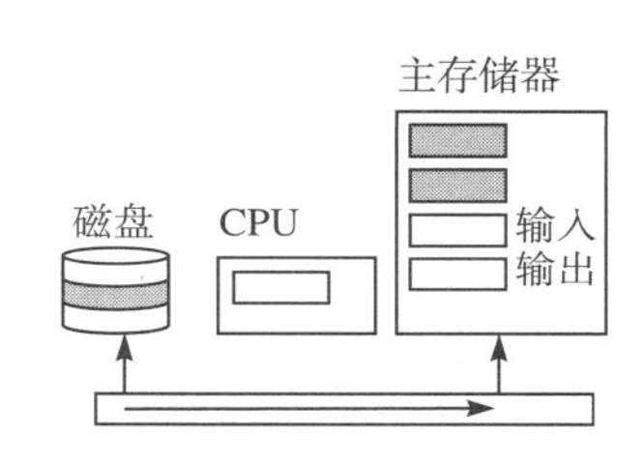

图 1-14 磁盘与主存间的直接内存访问

假设现有一个文档需在文字处理器中编辑，而文字处理器应用程序存储在磁盘上。当该应用程序启动时，系统用 DMA 传输把它的副本从磁盘发送到内存，如图 1-14 所示。之后，当打开文档时，系统完成同样的传输，把文档送入内存。在键盘上敲击一个按键并在显示屏上查看结果的信息流如图 1-12 和图 1-13 所示。保存文档时，系统实现的 DMA 传输与图 1-14 相似，只是传送方向相反，文档从内存传输到磁盘。

1.3 软件

算法（algorithm）是一组指令，按照适当的顺序执行，在有限的时间内解决一个问题。算法并不一定需要计算机。图 1-15 是一个用中文表达的算法，解决制作 6 份搅拌奶油冻的问题。

这份食谱说明了算法的两个重要性质，即有限数量的指令和在有限时间内执行。这个算法有 7 条指令：混合、搅拌、烹调、关火、冷却、添加和放凉。7 是一个有限的数量。算法中指令的数量不能是无限的。

尽管奶油冻算法的指令数量是有限的，但是它的执行有一个潜在的问题。食谱告诉我们一直蒸到蛋奶能够裹住金属汤匙，但是如果它一直不能裹住汤匙怎么办呢？那么如果严格遵照指令，我们就要一直蒸下去！一个有效的算法绝不能无休止地执行。它必须提供一个在有限时间内解决问题的方案。假设奶油总是能裹住汤匙，那么这个食谱就是真正的算法了。

17

程序（program）是在计算机上执行的算法。程序不能用自然语言编写，必须用计算机系统的 7 层之一的语言编写。

配料：

3 个轻微搅打的鸡蛋
1/4 杯砂糖
2 杯牛奶，煮沸
1/2 茶匙香草

算法：

将鸡蛋、白砂糖和 1/4 茶匙盐混合
倒入略微冷却的牛奶并缓慢搅拌
在已热但未沸腾的水上，用双层蒸锅蒸制，在此期间不断搅拌
只要奶油冻能裹住金属汤匙的表面就关火
立即冷却，将平底锅放入冷水，并搅拌 1 ～ 2 分钟
加入香草
放凉即可

图 1-15　制作搅拌奶油冻的算法

通用计算机可以解决不同种类的问题，从计算公司的工资表到修正备忘录中的拼写错误。我们能够对硬件编程让它做不同的事情，硬件的多功能正是来源于此。控制计算机的程序称为软件（software）。

软件分为两大类：

- 系统软件
- 应用软件

系统软件（system software）使应用设计者可以访问计算机。同样的道理，应用软件（applications software）使位于 App7 层的终端用户可以访问计算机。一般来说，系统软件工程师在 HOL6 层和更低层设计程序，这些程序处理计算机系统中应用程序员不想费心的许多细节。

18

1.3.1　操作系统

计算机最重要的软件是操作系统，操作系统（operating system）是使硬件可用的系统程序。每个通用计算机系统都包括硬件和一个操作系统。

为了有效地学习本书，你必须能够访问一台有操作系统的计算机。一些常用的商用操作系统包括 Microsoft Windows、Mac OS X、Linux、Android 和 iOS。Mac OS X 和 iOS 是 Unix 操作系统，Android 是基于 Linux 的，而 Linux 也是一种 Unix。

操作系统有 3 个通用功能：

- 文件管理
- 存储器管理
- 处理器管理

在 3 个功能中，对用户来说文件管理是最直观的。计算机新手要学会的第一件事情就是如何操作操作系统中的信息文件。

操作系统中的磁盘、目录和文件就好比办公室中的文件柜、文件夹和文件一样。在办公室中，文件柜保存文件夹，文件夹中放的是一组文件。在操作系统中，磁盘保存目录，每个目录下包含了一组文件。办公室工作人员为每个文件夹分配一个名称来表明该文件夹的内容，同时也易于从文件柜中挑选一个单独的文件。同样，计算机用户为目录分配一个名称来表明该目录的内容，同时也可以轻松地选择要在应用程序中打开的文件。

文件可以包含 3 种类型的信息：

- 文档
- 程序
- 数据

文档可以是公司备忘录、音乐、照片等。文件也可以存储计算机执行的程序。要执行程序时，首先要把它们从磁盘加载到主存中，如图 1-14 所示。一个正在执行程序的输入数据可以来自文件，而输出数据也可以发送到文件。

19

物理上文件散布在磁盘的表面。为了记录所有这些信息文件，操作系统维护文件的目录。目录是磁盘上所有文件的一个列表，目录中的每个条目都包括文件名字、大小、在磁盘上的物理位置和其他任何操作系统管理文件所需的信息。目录本身也存储在磁盘上。

图 1-16 展示了一个典型的文件系统，从用户的角度来看它是分层的。顶端的方框是根目录，在 Unix 系统中标记为 /。在它的下面有三个目录分别用于保存应用程序，应用程序使用的软件库以及每个用户在该计算机上的登录账户。每个用户又有独立的目录用于保存文档、音乐和照片等文件。

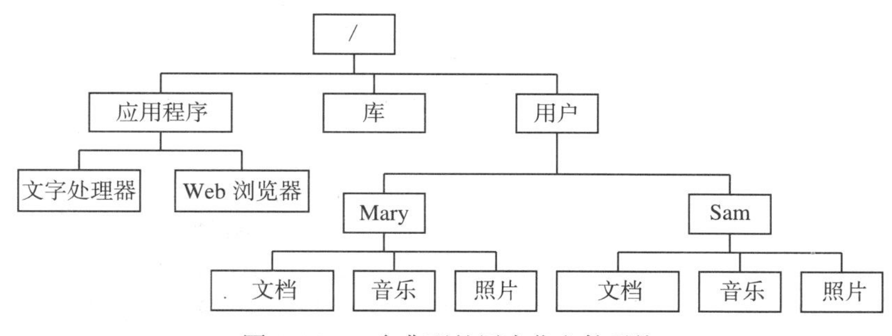

图 1-16　一个典型的层次化文件系统

操作系统向用户提供了一种操作磁盘上文件的方法。常见的操作系统命令包括：修改文件或目录名称，从磁盘删除文件，以及执行应用程序。有经验的程序员可以在终端应用程序上以命令行的形式来执行这些命令，而大多数用户则是以点击鼠标的方式来启动命令。你的操作系统是由一组系统程序员针对你的计算机编写的一个程序。当你发出从磁盘删除一个文件的命令时，系统程序会执行这条命令。你（作为用户）正在使用其他人（即系统程序员）写的一个程序。

1.3.2　软件分析与设计

软件，无论系统软件还是应用软件，和文学有很多共同点。两者都是人写的。尽管计算机也能读并执行程序，但人能阅读这两样东西。小说家和程序员都很有创造性，因为他们提出的解决方案并不是唯一的。当小说家想要表达某些东西时，总是有不止一种表达方式。好小说和坏小说之间的差别不仅体现在要表达的主题上，还体现于表达的方式上。同样，程序员要解决一个问题时，解决方案总有不止一种编程方法。好程序和坏程序之间的差别不仅体现在解决方案对问题解答的正确性上，还体现在程序的其他特性上，比如清晰程度、执行速度和对存储器的要求。

20

文学专业的学生要从事两项不同的活动——阅读和写作。阅读是分析，读其他人写的东西并分析它的内容。写是设计或综合，要表达一个观点，你需要做的是有效地传达这个观点。大多数人觉得写比读难多了，因为它要求有更多的创造力。这也正是大众中读者比作家多的原因。

类似地，作为一个软件专业的学生，你将分析和设计程序。要牢记程序的 3 个活动是输入、处理和输出。在分析时，给出的是输入和处理指令，问题是确定输出。在设计时，给出的是输入和预期的输出，问题是写出处理指令，这就是软件设计。图 1-17 展示了分析和设计之间的不同。

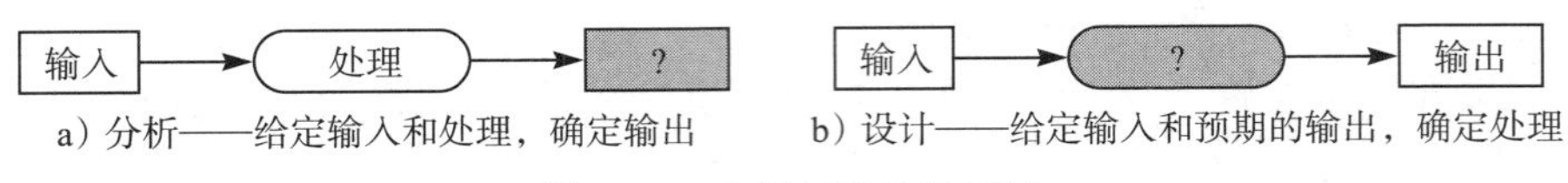

图 1-17　分析与设计的不同

如同文学中的阅读和写作，设计优秀软件比分析优秀软件困难很多。计算机专业的学生最熟悉的抱怨是“我能理解概念，但是我不会写程序。”这是一个很自然的抱怨，因为它反映了综合相对于分析的困难之处。我们的终极目标是让你既能够分析软件也能够设计软件。下面的几章将教你一些具体的软件设计技术。

不过，首先你得熟悉求解问题的一般性指导原则，它们同样适用于软件设计：

- 理解问题
- 概括解决方案
- 解决概括出的问题的各个部分
- 在计算机上测试你的解决方案

21

面对一个软件设计问题时，通过写下一些样本输入和相应的输出，可以测试你对问题的理解。如果你不知道怎么手工解决一个问题，就不可能通过计算机解决这个问题。要概述问题的解决方案，你必须把问题分解成几个子问题，因为子问题比原始问题小，更容易解决。

1.4　数字信息

我们生活在时空宇宙中，这里的每个事件都发生在一个特定的空间点和特定的时间点上。因此，宇宙中所有的计算也要包含空间和时间。计算机系统的空间是由芯片电路上的电子设备以及连接它们的线路构成的。计算花费的时间则是 CPU 执行程序指令的时间加上信息在系统组件间传输的时间。

1.4.1　空间量化

由于计算机是电子设备，因此，信息以电子信号的形式进行存储和处理。信号就是电子线路中的电压等级。每个信号要么是高电平，用数字 1 表示，要么是低电平，用数字 0 表示。由于信号只有两种可能的数值，它也被称为*二进制数字*或*位*（*比特*）。位是数字信息中最小的单位。计算机系统中的每一位都占据了电路中的空间，该电路由保持位的数值的电子元件组成。

大多数数据值表示的是数字或文本。要处理这样的数据，计算机系统需把数字和文本表示为位序列，而序列中的位数在某种程度上是任意的。对整数而言，与短的位序列相比，长的位序列能够存储更大的数值范围。对文本而言，长的位序列能存储更多的字符。计算机系统不同部分的位序列长度也不同。比如，CPU 中寄存器的长度一般是 32 位或 64 位，而主存中存储单元的长度则总是 8 位。

每一个位都有两个值，0 或者 1，因此，存储在 n 位序列中数值的个数是固定的，如下所示：

- n 位序列存储数值的个数为 2^n。

例如，图 1-18 给出了 3 位序列存储的所有可能的数值。因为 $2^3=8$，所以 3 位序列能存储 8 个数值。如果用 3 位序列来表示一个整数，那么这 8 个十进制数值就为 0，1，2，…，7。

22

十进制	二进制
0	000
1	001
2	010
3	011
4	100
5	101
6	110
7	111

图 1-18　3 位表示的 8 个数值

存储一个英文字符需要多少位？字母表里有 26 个字母，算上大小写就需要 2×26 个，即 52 个值。加上 10 个十进制数字 0～9，数值的个数上升为 62 个。再加上全部标点符号，比如？和！，大约十几个左右，总数达到 74 个。现在，6 位已经不够了，因为 2^6 等于 64，而我们最少需要存储 74 个值。7 位是足够的，因为 2^7 等于 128，超过了我们需要的 74 个存储值。美国信息交换标准代码（ASCII）指定了所有 128 个可能的二进制值，以及每个位模式对应的英文字符。把文本信息存储在计算机系统中是很普遍的。比如，计算机把小写字母 q 存储为 7 位序列 1110001，把小写字母 r 存储为 7 位序列 1110010。

一个 8 位的序列被称为字节（byte）。在所有的计算机系统中，一个主存的存储单元就是一个字节。要把一个 7 位字符放入一个 8 位的存储单元中，系统会在每个字符的 7 位编码的前面加上一个额外的 0。这样一来，q 就被保存为 0111 0001，而 r 就被保存为 0111 0010。经验法则如下：

- 一个 ASCII 字符占一个字节，即 8 位。

倍数	前缀	前缀字母
10^{-3}	milli-	m
10^{-6}	micro-	μ
10^{-9}	nano-	n
10^{-12}	pico-	p

图 1-19　科学记数法中的小数前缀

23

图 1-19 显示了代表小量的常见公制前缀。使用小量前缀的一个例子是把硬盘寻道时间表述为 12ms。图中所示前缀字母 m 是 milli- 的缩写，所以寻道时间应为 12 毫秒，即 12×10^{-3} 秒，或 0.012 秒。同样，如果存储设备的访问时间为 430ns，就等于是 430×10^{-9} 秒或 0.000 000 43 秒。

图 1-20a 中表示大数的十进制前缀在科学领域中也很常见。比如，45MW 就是指 45 兆瓦或 45×10^6 瓦。这些前缀同样常用于指定硬盘容量，但是，对其他指定存储容量就不那么常见了，因为这些设备的访问方式是二进制的。因此，计数时通常以 2 为基数，而不是以 10 为基数。为了区分这两个计数基值，二进制前缀改为在相应的十进制前缀的后面加上小写字母 i。图中二进制前缀中的 kilo- 指定为 kibi-，表示的数值为 2^{10} 或 1024；二进制 mega- 为 2^{20} 或 1024^2。图 1-20b 给出了十进制和相应二进制倍数的精确值。对第一个倍数来说，1000 和 1024 之间的误差小于 3%，因此你可以把二进制的 kilo- 或 kibi- 理解为 1000，尽管它稍微大一点。mega- 的误差要略大一些，但是也还是在 5% 以内。同样适用的还有 giga-、tera- 和 peta-，只不过 peta- 的误差约为 12.6%。

24

字节的缩写是大写字母 B，位的缩写是小写字母 b。举个例子，按照标准的 giga- 含义，容量为 780GB 的硬盘可以存储 780×10^9 个字节。相应的，8GiB 的主存可以存储 8×2^{30} 个字节，即 $8\times1\ 073\ 741\ 824$ 个字节，或 8.59×10^9 个字节。撰写本文的时候，二进制前缀在计算机行业中的使用还远不够普遍。在二进制前缀标准化之前，十进制前缀既用于十进制数也用于二进制数，两者并未区分开来。比如，在表示 8GiB 的主存容量时，一些制造商仍然使用的是 8GB。再比如，一些计算机工程师在说到 64KB 存储单元的时候，其实指的是 64KiB。

十进制倍数	十进制前缀	十进制前缀字母	二进制倍数	二进制前缀	二进制前缀字母
$10^3 = 1000$	kilo-	K	$2^{10} = 1024$	kibi-	Ki
$10^6 = 1000^2$	mega-	M	$2^{20} = 1024^2$	mebi-	Mi
$10^9 = 1000^3$	giga-	G	$2^{30} = 1024^3$	gibi-	Gi
$10^{12} = 1000^4$	tera-	T	$2^{40} = 1024^4$	tebi-	Ti
$10^{15} = 1000^5$	peta-	P	$2^{50} = 1024^5$	pebi-	Pi

a）十进制和二进制前缀

二进制倍数	十进制倍数	误差百分比
$10^3 = 1\,000$	$2^{10} = 1024$	2.4%
$10^6 = 1\,000\,000$	$2^{20} = 1\,048\,576$	4.9%
$10^9 = 1\,000\,000\,000$	$2^{30} = 1\,073\,741\,824$	7.4%
$10^{12} = 1\,000\,000\,000\,000$	$2^{40} = 1\,099\,511\,627\,776$	10.0%
$10^{15} = 1\,000\,000\,000\,000\,000$	$2^{50} = 1\,125\,899\,906\,842\,624$	12.6%

b）十进制数与二进制数之间的误差

图 1-20　科学记数法中的大数前缀

1.4.2　时间量化

和空间一样，计算机系统中所有的计算还需要时间。计算机系统中的时间由两部分组成，其一是计算时间，即 CPU 执行其指令集中一条指令所花费的时间；其二是传输时间，即信息从系统的一个组件移动到另一个组件所花费的时间。图 1-20a 中的二进制前缀从不用于指定时间。

以人类的标准来看，一条机器指令的执行速度是很快的。通常，CPU 的速度用 GHz 来衡量，它的含义是千兆赫兹，一种频率单位。1 赫兹是指每秒 1 个时钟周期。所以，GHz 就是每秒十亿时钟周期。例如，4.6 GHz CPU 的执行速度为每秒 46 亿个时钟周期。Mc2 层上的每条计算机指令都需要一个时钟周期来执行。但是 ISA3 层上的每条指令都是由 Mc2 层上的若干条指令构成。当你购买一个应用程序时，你得到的是一个 ISA3 层的指令程序。所以，当执行该应用程序中的一条 ISA3 层指令时，它要执行几条 Mc2 层指令，其中的每一条都需要一个时钟周期。

假设当前正在运行一个应用程序，点击按钮执行一个任务。下列系统性能公式用三项乘积来计算程序任务的总执行时间：

$$\frac{\text{时间}}{\text{程序}} = \frac{\text{指令数}}{\text{程序}} \times \frac{\text{时钟周期数}}{\text{指令}} \times \frac{\text{时间}}{\text{时钟周期}}$$

第一项是完成任务要执行的 ISA3 层指令数，第二项是执行一条 ISA3 层指令所需 Mc2 层指令的平均数，第三项是完成一个时钟周期所需的时间，它与频率的关系是：

$$T = \frac{1}{f}$$

25

这里的周期 T 是每个时钟周期所含的秒数，而 CPU 频率 f 是每秒的时钟周期数。在所有的科学计算中，系统性能公式中的三项单位相消得到乘积的单位：第一项的分子指令数与第二项的分母指令相消，第二项的分子时钟周期数与第三项的分母时钟周期相消，由此得到的结果就是一个程序消耗的时间。

各条 ISA3 层指令所占的时钟周期数差异相当大。有些 ISA3 层指令只有一个 Mc2 周期，比如两个整数的加法和减法指令，或者把一个数值从 CPU 的一个寄存器移动到另一个寄存器的指令。有些则由多个 Mc2 周期组成，比如，两个整数相乘需要四到五个周期。类似双精度值求余弦的复杂计算可能需要大约 100 个周期。给定程序任务中每条指令的平均时钟周期数依赖于完成该任务需要执行的 ISA3 指令组合。

例 1.1 假设 CPU 的频率为 2.5GHz，在应用程序上执行一个程序任务，需要执行 1600 万条 ISA3 指令。若每条 ISA3 指令平均执行 3.7 条 Mc2 指令，则该程序任务的执行时间是多少？

时间 / 程序
=< 系统性能公式 >
（指令数 / 程序）×（时钟周期数 / 指令）×（时间 / 时钟周期）
=< 用 $T=1/f$ 替换第三项 >
$(16\times10^6)\times(3.7)\times(1/(2.5\times10^9))$
=< 计算 >

求得时间为 23.7×10^{-3} 秒，即大约 0.024 秒。 ■

此例展示了如何计算执行程序任务花费的时间。计算机系统中与时间有关的另一个方面是信息从系统的一个组件移动到另一个组件需要的时间。通常，信息流的源和目的之间的连接被称为通道（channel）。通道可以是计算机系统内构成系统总线的电线，也可以是基站与手机之间的空间。通道的带宽是每单位时间可以携带的信息量。高带宽的通道每秒传输的信息量多于低带宽的通道。通道带宽一般用每秒位数（b/s）作单位，不过偶尔也会用每秒字节数（B/s）作单位。一个字节有 8 位，所以，假如通道带宽为 8.2MB/s，那么就等于 8×8.2 即 65.6Mb/s。

26

下面的带宽公式用两项的乘积来计算传输的总信息量：

$$\text{信息量}=\frac{\text{信息量}}{\text{时间}}\times\text{时间}$$

乘积的第一项是通道带宽，第二项是传输时间。

例 1.2 计算机系统中硬盘与主存之间的 DMA 通道带宽为 3Gb/s，若利用硬盘到主存的 DMA 传输从计算机的照片库中传送 400MB 缩略图数据库，所需时间是多少？

时间
=< 用带宽公式来求时间 >
信息 /（信息 / 时间）
=< 按每字节 8 位代入信息值 >
$8\times500\times10^6/3\times10^9$
=< 计算 >
1.33s ■

例 1.3 一打字员从计算机键盘上输入一些文本，打字速度为每分钟 35 个字。要满足打字员与计算机系统之间的信息流需要多大的通道带宽？假设平均一个字后面加一个空格符。

算上每个单词后面的空格符，打字员每分钟输入 36 个字符。

带宽

=<带宽定义>

信息量/时间

=<代入数值>

（8（b/字符）×36个字符）/（1（分钟）×60（秒/分钟））

=<计算>

4.8b/s ■

1.4.3 快速响应码

快速响应码（QR码）由日本发明，用于跟踪汽车行业的商品。但是，QR码的应用范围非常广泛，现在它用于存储各种类型的文本信息，这些信息通过带内置摄像头的移动设备扫描即可轻松获得。图1-21展示了两个QR码。图1-21a是网络URL的QR码，图1-21b是本章第一段文本的QR码。

27

a）一个网络URL的QR码　　b）本章第一段文本的QR码

图1-21　两个QR码

QR码是由各种颜色的浅色和深色方块构成的方阵，每一个方块都存储了一位信息。QR码中的一个方块称为模块。下面的讨论将把一个模块当作一位，如果它是黑色的，表示存储的是1，如果是白色的，表示存储的是0。QR码有40个版本，21×21位是版本1，25×25位是版本2，一直到177×177位是版本40。每一版本都是在前一个版本的每个维度上增加4位。图1-21a是29×29位的版本3，图1-21b是81×81位的版本11。版本号越大，存储的信息越多。图1-21b表示的编码存储了本章第一段的全部564个字符。

网格中用于校准和格式的七个保留部分如下：

- 探测图形
- 分隔符
- 深色模块
- 格式信息区
- 定位图形
- 校准图形（版本2或更高版本）
- 版本信息区（版本7或更高版本）

图1-22a展示的是图1-21aQR码版本3的前六个域，该版本没有保留版本信息区。

28

探测图形是7×7的方块，位于编码的三个角上，帮助扫描仪确定编码的方向。每个图形都由三层组成，最内层为一个3×3黑色方块，外面套一个5位宽的白色边框，最外层则是一个7位宽的黑色边框。整个探测图形占据的位数为7×7×3，即147位。分隔符是围绕探测图形内边界的白色边框，每一个占据15位，三个一共45位。深色模块是位于左下角探测图形分隔符的右上角的一个黑色位。分隔符侧边的阴影部分是格式信息区，一共30位。这四个保留域在编码中的位置总是不变的，占据的总位数为147+45+1+30，即223位。

定位图形帮助扫描仪识别网格中各个行和列。每个定位图形都是一条交替出现的1和

0，所占位数则依赖于编码的版本。版本越高，定位图形的位数越多。版本 3 是 29 × 29 位的网格，29 位减去每端被探测图形和分隔符占据的 8 位，得到每个定位图形有 13 位，两个图形就是 26 位。

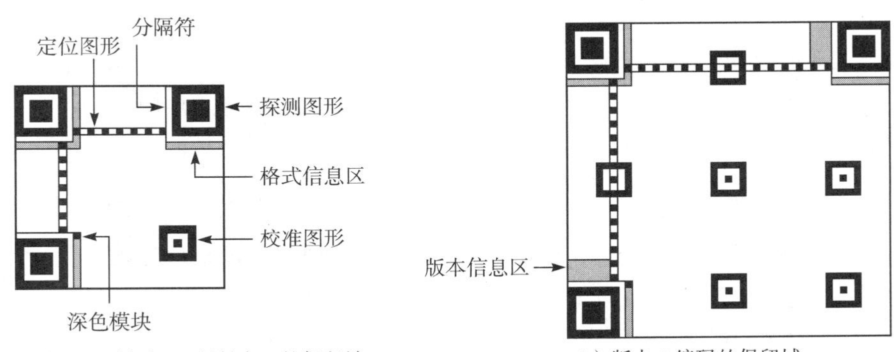

a）图 1-21a 所示 QR 码版本 3 的保留域　　b）版本 7 编码的保留域

图 1-22　QR 码中的保留域

每个校准图形都是一个 5 × 5 的方块，因此占据 25 位。但是，不同版本的校准图形个数会有不同，并且在位置上可能会与定位图形相交。图 1-22a 的版本 3 只有一个校准图形，且不与定位图形相交。而在图 1-21b 的 QR 码中你能找到 13 个校准图形，其中两个与顶端定位图形相交，两个与左侧定位图形相交。要计算可用于存储信息的位数，只需从网格的总位数中减去保留位数即可。对图 1-22a 的版本 3 来说，就是 29 × 29（或 841）减去前四个保留域的 223 位、定位图形的 26 位以及校准图形的 25 位之后得到的 567 位。

29

版本信息区只出现在版本 7 和更高版本中。如果有这个域，它会占据与右上角和左下角探测图形相连的两个 3 × 6 方块。图 1-22b 是版本 7 的 45 × 45 网格，其中有两个版本信息区，每一个都占了 18 位。这个版本还有 6 个校准图形，其中的两个与定位图形相交。在 25 位中每个相交的校准图形只占 20 位，因为中间的行或列已经被定位图形占用了。定位图形中交替的 0-1 模式并不受与之相交的校准图形的影响。

例 1.4　在图 1-22a 版本 7 的 QR 码中用于存储信息的有多少位？

用于信息的位数
=<总数减去保留位>
$45\times45-\text{fixed}-\text{timing}-\text{align}-\text{interalign}-\text{vinfo}$
=<代入数值>
$45\times45-223-2(45-2\times8)-4\times25-2\times20-2\times18$
=<计算>
1496 b

其中，fixed 是前四个保留域的位数；timing 是两个定位图形的位数；align 是四个不与定位图形相交的校准图形的位数；interalign 是两个与定位图形相交的校准图形的位数；vinfo 是两个版本信息区的位数。■

QR 码中有四种信息位：

- 模式指示器
- 字符计数指示器
- 纠错冗余位
- 数据位

模式指示器是一个四位的字符串，用于指明 QR 码表示的是哪种字符。数字模式用于只存储数字的编码；混合模式存储的序列包含大写英文字母、10 个十进制数字和一些标点符号；字节模式存储 ASCII 字符序列。其他还有两种模式，其中之一存储的是亚洲语言里的日文汉字字符。

[30]

字符计数指示器的长度从 8 位到 16 位不等，其位数取决于 QR 码的版本和模式。比如，版本 10 使用数字模式，字符计数器长度为 12 位，而版本 27 的字符计数器长度则为 14 位。不论字符计数器指示器有多少位，它表示的都是能存储的字符数。图 1-21a 中的 QR 码版本 3 用字节模式存储 URL 地址的 43 个 ASCII 字符，其字符计数器包含 8 位为 0010 1011，即二进制形式的整数 43。

无论什么时候存储和传输信息，都会出现错误。比如，当你在房间里移动移动设备时，无线信号可能会失真。或者，QR 码上有一点污渍遮盖了编码的图案，当该位本应为 0 时，扫描仪可能会将白色位上的污渍读为 1。处理这种错误的常用技术是给数据添加额外的位，使得接收器能检测错误是否发生，如果发生就改正它。9.4 节介绍了错误检测和纠正编码的工作原理。QR 码使用的错误纠正技术与蓝光光盘表面有划痕并导致读取错误时采用的技术是一样的。

图 1-23 给出了 QR 码的四种可能的纠错级别。最低纠错级 L 能在 7% 的编码被损坏的情况下恢复 QR 码中全部的文本。比它高一级的是 M 级，能在 15% 的编码被损坏时恢复全部的文本。最高纠错级 H 能应对编码被损坏 30% 的情况。纠错级越高，需要的冗余位越多，那么对给定的 QR 码版本来说，能用于存储数据的位就越少。在实际应用中，L 级和 M 级最常见。对编码信息来说，表示模式和字符计数指示器的位，以及用于纠错的冗余位都是开销，在确定 QR 码存储信息的数据位数时，必须将它们从信息位中除开。在存储 ASCII 码消息的字节模式中，L 级和 M 级的开销分别约为 20% 和 40%。

[31]

纠错级别	可纠错编码条件
L	7% 被损坏
M	15% 被损坏
Q	25% 被损坏
H	30% 被损坏

图 1-23　QR 码中四种纠错级别

例 1.5　在 QR 码 29 × 29 的版本 3 中能存储多少个 ASCII 字符？已知该版本中有一个校准图形，且不与定位图形相交，使用 L 级纠错，开销为 25%。

首先，计算信息位数：

可用信息位数
=< 总数减去保留位 >
　29 × 29 − fixed − timing − align
=< 代入数值 >
　29 × 29 − 223 − 2(29 − 2 × 8) − 25
=< 计算 >
　567 b

如果模式和字符计数指示器位数加上纠错冗余位数构成了 25% 的开销，那么 100%−25%=75% 的信息位可用于数据位。

最大字符数
=< 计算开销 >

（数据比例）×（字符数）
=< 代入数值 >
(1.00−0.25)×(567 b/8(b/char))
=< 计算 >
53.16
=< 四舍五入 >
53 个字符

图 1-21a 所示 QR 码的 URL 为版本 3，使用的是 L 级纠错。它有 49 个字符，只比字符数上限 53 少一点。■

1.4.4　图像

计算机系统中的图像包括计算机屏幕上的图像、纸质文档上的扫描图像和照相机捕捉到的照片图像。根据设备的不同，图像可以是黑白的、灰度的和彩色的。而与设备无关的是，所有的图像在计算机系统中都以二进制形式存储。

图 1-24 显示了字母 P 在四种不同设备上的渲染。图 a 中，字母图像占用了 5×8 像素的显示区域，图 b 中占用了 11×16 像素的区域。从这两个图中可以看出来，存储图像所用的像素越多，图像越精确。提高图像精确度的方法之一是增加每英寸像素的数量，直到人眼无法感知到单个像素。另一种提高精确度的方法是设计每个像素都能显示灰度，而不仅仅只是黑白两色。在图 c 中，字母图像的像素数量接近图 a，但其中一些像素显示了介于纯黑和纯白之间的各种灰度。同样，图 d 中图像的像素数量几乎与图 b 相等，但其显示的灰度使得它更精确，尤其是从远处看的时候。

32

a）黑白，5×8　　b）黑白，11×16　　c）灰度，6×9　　d）灰度，11×17

图 1-24　字母 P 的黑白和灰度渲染

黑白激光打印机具有同样的工作原理，它在纸张每个像素的位置上打出或不打出一个黑色的墨点。由于没有灰色墨粉，因此产品设计师就通过增加每英寸点数来提高精确度。一台典型的桌面激光打印机每英寸有 600 或 1200 像素，而商用排版机器每英寸有 2400 像素或者更多。为了打印出灰度，打印机在白色中夹杂黑点来沉积出图像，因此，从远处看，人眼观察到的就是灰色。文件扫描仪通常可以选择黑白扫描、灰度扫描或彩色扫描。当你在屏幕上查看一个扫描的灰度图像时，每个屏幕像素都可以显示独立的灰度。

与计算机系统中的所有信息一样，图像也是以二进制形式存储的。图 1-25a 显示了图 1-24a 中黑白图像的二进制存储。其存储网格中的每个单元都是一个单独的位，若相应的像素是黑色的，其值为 1，若为白色，则其值为 0。存储图像所需总位数即为存储网格总的单元数。5×8 的网格需要 40 位来存储图像，即 5 个字节。

存储图像的位深（bit depth）是指存储一个像素所需的位数。图 1-25a 中，由于每个像素一位，所以位深为 1。图 1-25b 显示的是图 1-24c 灰度图像的二进制存储，该图像的位深为 3，因为存储每个像素用了三位。图 1-18 的表格列出了一个三位存储单元的全部八种取值。图 1-25b 图像中的每一个像素都是这八种可能灰度值中的一个。比如，左下角像素是黑色的，其二进制取值为 111；右下角像素是白色的，其二进制取值为 000。最下一行左起第二个像素的二进制值为 010，显示为浅灰色；其上面的像素颜色略深，二进制值为 101。显示一个灰度图像所需的总位数等于像素数量乘以位深。

33

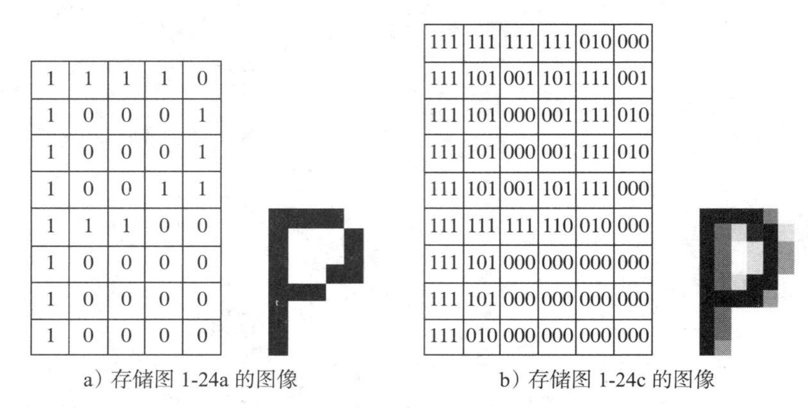

1	1	1	1	0
1	0	0	0	1
1	0	0	0	1
1	0	0	1	1
1	1	1	0	0
1	0	0	0	0
1	0	0	0	0
1	0	0	0	0

a）存储图 1-24a 的图像

111	111	111	111	010	000
111	101	001	101	111	001
111	101	000	001	111	010
111	101	000	001	111	010
111	101	001	101	111	000
111	111	111	110	010	000
111	101	000	000	000	000
111	101	000	000	000	000
111	010	000	000	000	000

b）存储图 1-24c 的图像

图 1-25 黑白图像与灰度图像的二进制存储

例 1.6 eReader 的灰度显示器为 1072 × 1448 像素，每个像素可以显示 16 种灰度。该设备的显示存储器大小为多少 KiB？

首先确定显示位深。由于每个像素能显示 16 种灰度，而 $2^4=16$，因此位深为 4。然后计算显示存储器的大小：

显示存储器的大小
=< 乘法 >
（像素个数）×（位深）
=< 代入数值 >
（1072 × 1448 像素）×4（b/ 像素）
=< 计算 >
6 209 024b
=< 转换为 KiB>
(6 209 024b) × (1B/8b) × (1KiB/1024B)
=< 计算 >
758 KiB ■

在彩色显示中，屏幕上的每个像素发出一种颜色，人眼捕获来自像素场的光线并将其聚焦在视网膜上。视网膜含有对光敏感的两种感光细胞，它具有约 600 万个对颜色敏感的锥形细胞，以及 1.2 亿个对颜色不敏感的棒状细胞，能在微光条件下形成视觉。这些细胞把光能转换为电信号，通过视觉神经传递给大脑。大脑将来自感光细胞的所有信号组合起来，在头脑中形成图像。严格说来，光线是没有颜色的，颜色只存在于人类的脑海中。当你在彩色显示器上看一幅逼真的景象时，像素发出的光点被感光细胞检测到，并经过大脑处理形成结果图像，这个图像与你在自然环境中看到并由大脑构建的图像非常接近。

34

在人类看来太阳光是白色的，但它其实是一系列颜色的混合体。雨天当太阳出来的时候，空气中的每一个水滴都是一个微型棱镜，它把混合在一起的颜色分解为可见光谱并形成彩虹。光谱中的每一种颜色都是一种纯色，其光线具有单一波长。图1-26展示了可见光谱中光线的波长，其范围从紫色的400nm（纳米）到红色的700nm。该光谱之外的颜色由纯色混合而成。比如，如果光线由纯红色和纯蓝色混合，大脑就会解释锥形细胞的信号，从而在脑海里形成紫色。

颜色	波长
紫色	400 ～ 450 nm
蓝色	450 ～ 495 nm
绿色	495 ～ 570 nm
红色	570 ～ 590 nm
橙色	590 ～ 620 nm
红色	620 ～ 700 nm

图1-26　可见光谱中的颜色

视网膜具有三种锥细胞，分别对可见光谱中短、中、长波长的光敏感。图1-27给出了每种锥形细胞敏感的波长范围。第一种是S-cone（短波长视锥细胞），它的敏感波长范围为400nm到540nm，430nm左右是其敏感峰值，相应的颜色为蓝紫色。第二种是M-cone（中波长视锥细胞），它的敏感峰值大约在540nm，对应颜色近似绿色。第三种是L-cone（长波长视锥细胞），其敏感波长范围更大，与前两种视锥细胞相比，它对红色更敏感。

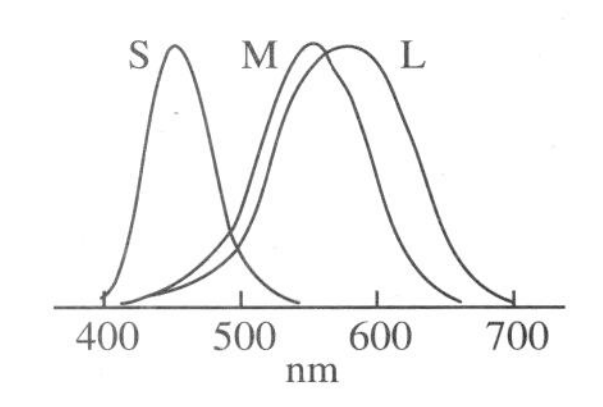

图1-27　视锥细胞敏感度与波长的函数关系

从图1-27可以看出，如果光源向人眼发出的是单纯580nm的光线，那么M-cone和L-cone都会检测到光线，并向大脑发出信号。大脑把这两种信号组合起来，在脑海里形成黄色。两种不同的光线形成相同的颜色也是可能的，比如，混合了纯红色和纯绿色的光线也能同样激活M-cone和L-cone，它们的组合信号与纯580nm光线发出的信号相同。在这种情况下，大脑会再次感知到黄色。

与灰度显示类似，彩色显示也是由像素网格构成的，不同的是，其中的每个像素都有三个子像素：一个发红光，一个发绿光，还有一个发蓝光。图1-28a展示了一个彩色像素，R代表红色子像素，G代表绿色子像素，B代表蓝色子像素。这种被称为RGB条纹的子像素布局是最常见的，而有些设备也有不同的子像素排列。显示器是方形像素的二维网格。图1-28b展示了彩色显示器16×8的范围，其中的每一个像素都有三个子像素。从远处看，人眼无法分辨单个子像素。视锥细胞从一个像素接收光线，就好像它是一个单独的光源，而其颜色则由红绿蓝三种分量的组合来决定。

35

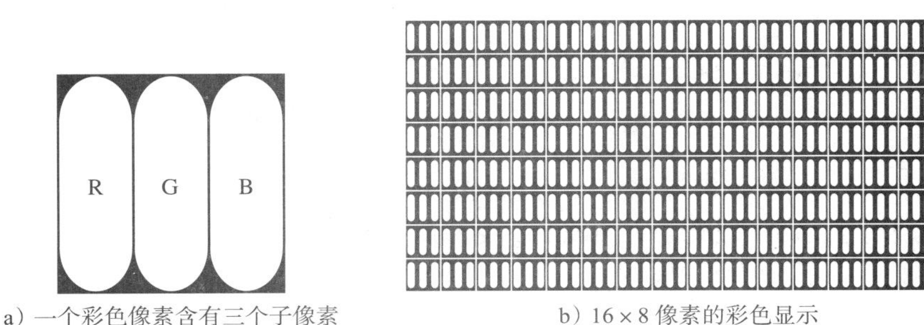

a）一个彩色像素含有三个子像素　　b）16×8像素的彩色显示

图1-28　彩色像素

当我们在自然条件下观察环境时，眼睛并不是仅仅接收红绿蓝三色的混合光线，而是可见光谱所有波长的混合光线。但是，当我们看计算机显示器上的场景时，眼睛接收到的只有来自红绿蓝三种子像素的混合光线。显示器上的场景显得真实，是因为每个像素的红绿蓝三色组合在我们的大脑中产生了对颜色的感知，它与真实世界中不同波长的混合光线所产生的感知非常相近。不过，单单依靠三种子像素来产生自然界中人眼可见的所有颜色是不可能的。人眼在显示器上能看见的颜色只能是由来自红绿蓝三种子像素的混合颜色在大脑中生成的。

就灰度图像而言，存储一个彩色图像所需的位数等于显示器上像素的个数乘以每个像素的位深。图 1-25b 中，因为每个位能显示八种灰度，所以该灰度图像是位深为 3。而在图 1-28b 中，每个彩色像素都含有三个子像素。如果每个子像素都能显示其颜色的八种灰度，那么每个像素的位数 3 还要再乘以 3，也就是等于 9。彩色像素的总位数有时也被称为色深（color depth，色彩深度）。在彩色显示中，每个子像素通常会有 256 级亮度，由于 256 等于 2^8，因此红绿蓝三种子像素分别都需要 8 位进行显示，其总位深为 24。图 1-29 给出了一个像素可能显示的一些颜色。该表以十进制的形式给出了亮度级，但和计算机系统中的所有信息一样，实际存储时也是以位为单位的。亮度 255 用八位存储时，其二进制值为 1111 1111；亮度 192 的存储值为 1100 0000；亮度 128 的存储值为 1000 0000。第 3 章将说明十进制与二进制之间的换算关系。

36

颜色	红色	绿色	蓝色
白色	255	255	255
银色	192	192	192
灰色	128	128	128
黑色	0	0	0
红色	255	0	0
褐红色	128	0	0
黄色	255	255	0
黄褐色	128	128	0
绿黄色	0	255	0
绿色	0	128	0
湖绿色	0	255	255
蓝绿色	0	128	128
蓝色	0	0	255
深蓝色	0	0	128
紫红色	255	0	255
紫色	128	0	128

图 1-29　位深为 24 的彩色像素可能显示的部分颜色

例 1.7　车载 GPS 系统的屏幕大小为 4.5 英寸 ×2.5 英寸，每英寸有 120 个彩色像素。已知每个子像素能显示 64 级亮度，问该显示存储器的容量为多少 KiB？

首先，确定显示器中像素的总数。

像素总数

=＜乘法＞

（宽度）×（高度）

=＜代入数值＞

（4.5 英寸 ×120 个像素 / 英寸）×（2.5 英寸 ×120 个像素 / 英寸）

=< 计算 >

162 000 个像素

37

因为每个子像素能显示 64 级亮度，而 $2^6=64$，所以，每个子像素的位数为 6。同时，每个像素有 3 个子像素，由此，位深 =3×6，即 18。显示存储器容量计算如下：

显示存储器容量

=< 乘法 >

（像素个数）×（像素位数）

=< 代入数值 >

（162 000 个像素）×18（位 / 像素）

=< 计算 >

2 916 000 b

=< 转换为 KiB>

(2 916 000b)×(1B/8b)×(1KiB/1024B)

=< 计算 >

356 KiB ■

彩色显示器不能产生所有的自然色彩，只能产生它们的近似颜色，这种做法在计算机系统的各个方面都非常常见。计算机的作用在于执行来自真实世界的任务，方法就是对真实世界的各个方面进行建模。但是这种真实世界的计算机模型总是处于近似的状态。

举个例子，一个位深 24 的彩色显示器，它的每个像素都能产生 2^{24}，即 16 777 216 种不同的颜色。人眼能分辨的颜色约为 10 000 000 种，因此，看起来就是彩色显示器可以产生人眼能看见的全部颜色。但其实这是不可能的，原因有两个。第一，当一个子像素只有一个亮度级别的差异时，人眼是无法区分这两个像素颜色的。这样一来，16 777 216 种颜色中可区分的颜色数量就小于人眼能分辨的 10 000 000 种颜色。第二，产生全部人眼能分辨颜色的唯一方法就是每个像素要有三个以上的子像素，并且它们的波长要包含整个可见光谱。

再举个例子，整数的一个数学特性是没有最大值。那么，整数值的个数就应该是无限个。但是，所有的计算机都是有限的。如果用 n 位的存储单元来存储一个整数，那么只能存储 2^n 个数值，而不是无限个数值。对给定的存储单元来说，最大整数值是存在的。因此，计算机中存储的整数的特性并不完全等同于数学整数的特性。

38

Intel Core i7 系统

本节在完整的 7 层抽象上介绍计算机系统。实际上，计算机系统很复杂，在每一层上都包含了大量的细节，这些细节数量太大，无法用介绍性的文字说清楚。因此，在每一层上我们都隐藏了相当多的细节信息。本节描述了每一层的简化模型，以此说明该层操作的基本原理。这些原理适用于所有的真实计算机系统，但模型本身只是近似于真实系统。本节是系列补充示例中的第一部分，这些示例用于解释一些被省略的细节，并展示这些原理是如何应用于真实系统的。

计算机出现的早期，各家制造商设计销售了许多不同的计算机系统。然而随着时代的发展，不同计算机系统的数量逐渐减少，时至今日，只有两个计算机系统主导了商业市场——Intel/AMD 系统和ARM系统。Intel和Advanced Micro Devices（AMD）是台式机和笔记本电脑常见的x86系列计算机系统的制造商。而像智能手机和平板电脑这样的移动设备，则被Advanced RISC Machines（ARM）系统占据了市场。首字母缩写ARM中的R本身也是缩写，代表的是精简指令集计算机（Reduced Instruction Set Computer，RISC）。与之对应的，x86系列使用的是复杂指令集计算机（Complex Instruction Set Computer，CISC）设计。本书第12章将介绍CISC和RISC设计的差异。

Intel Core i7系统是一组集成电路，也被称为计算机芯片组，它构成了许多Microsoft Windows和Apple OS X台式机与笔记本电脑的基础。图1-30展示了Core i7系统的一些细节，它们没有出现在相应的图1-9中。虚线框表示的是电路板上一个约两英寸见方的物理封装。这个封装包里面的集成电路与其底部的引脚格栅相连，然后电接触到电路板的表面。平台控制单元（PCH）是安装在电路板上的另一个组成部分。

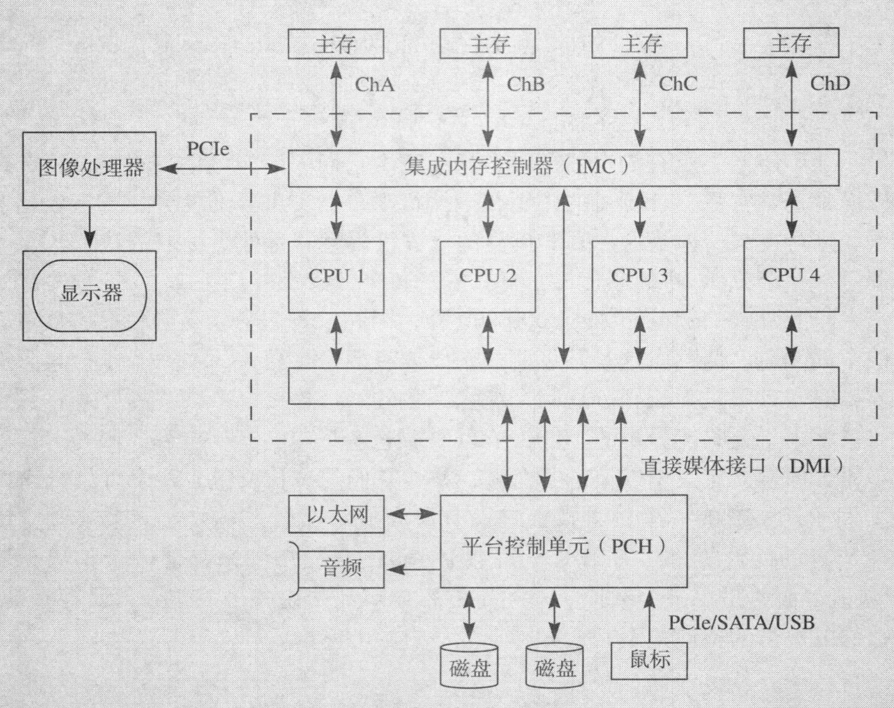

39

图1-30　Intel Core i7系统

当前系统与图1-9的简化模型最明显的差异是多个CPU的存在。单芯片通常包含多个被称为**内核**的中央处理单元，它们能并行执行。多个CPU同时执行能加速计算，就好比在一个任务上同时有多个人在工作，从而缩短任务完成的时间。Core i7包括一系列型号，按照型号不同，其内核数量从四个（如图1-30所示）到八个不等。

图1-9中所有外围设备和主存储器共享一个主系统总线，这是早期个人计算机系统的特征。图1-30中标注为**直接媒体接口**（DMI）的箭头对应于图1-9的系统总线。所有的外围设备都共享该总线，比如磁盘驱动器和连接到因特网的以太网卡，该总线又与相邻封装包中的CPU

相连。PCH控制DMI总线上的通信，它在设备之间切换，并调度总线通信。与图1-9相比，主存模块没有共享DMI系统总线，而是通过被称为通道的独立路径与CPU相连。四个主存通道分别标识为ChA、ChB、ChC和ChD。Core i7封装包内的集成内存控制器（IMC）能在主存模块和CPU之间进行任意连接。此外，每个CPU无法区分各个主存模块。IMC使得所有主存模块在每个CPU面前表现得像单一主存一样。

电路板上连接各子系统的是几种工业标准总线：外围组件快速互连（PCIe）、串行高级技术连接（SATA）和通用串行总线（USB）。PCIe通常连接固化在电路板上的两个子系统。SATA常用于把外部磁盘驱动器连接到电路板上。USB总线则常用于较小的外围设备，如触控板和U盘。还有其他两种常用总线没有出现在图1-30中，分别是Thunderbolt和高清晰多媒体接口（High-Definition Multimedia Interface，HDMI）。Thunderbolt是PCIe和另一种总线DisplayPort的组合体，最初是为了视频数据而研发的。它是一种高速总线，用于传输诸如视频编辑系统所需的大量数据。HDMI是一种接口，它在系统组件之间进行数字视频和音频信号的传输，最初被设计为家庭娱乐系统的主要互连链路，但现在也已经是计算机系统常用的输出端口了。

1.5 数据库系统

数据库系统是App7层最常见的应用之一。*数据库*（database）是包括相关联信息的文件汇集，而*数据库系统*（database system）（也称作*数据库管理系统*，DBMS）是一个让用户在数据库中添加、删除和修改记录的程序，它也允许对数据库进行查询。*查询*（query）是对信息的请求，所请求的信息通常来自数据库的不同部分。

举个数据库的例子，在线零售商维护有关其商品库存、价格、产品说明以及订单的信息。现在有个查询，请求列出在当天结束前优先发往特定国家的所有商品的订单数。为了生成这个列表，数据库系统将来自数据库中不同部分的信息组合起来，在这个例子中信息来自订单文件和客户地址文件。 40

1.5.1 关系

关系型数据库系统（relational database system）把信息存储在文件中，对外呈现表结构。每个表有固定的列数和可变的行数。图1-31是一个关系型数据库中信息的示例。每个表有一个名字。名为Sor的表包含姐妹会成员的信息，名为Frat的表包含兄弟会成员的信息。位于App7层的用户先固定每个表中垂直的列数，再在表体中输入信息。水平方向的行数是可变的，这样能够在表中增加或者删除人员。

在关系型数据库术语中，表称作*关系*（relation），列称为*属性*（attribute），行称为*元组*（tuple，与couple同韵）。在图1-31中，Sor和Frat是关系，（Nancy，Jr，Math，NY）是Sor的一个四元组，因为它有4个元素，而F.Major是Frat的一个属性。属性的*域*（domain）是该属性所有可能值的集合。S.Major和F.Major的域是集合{Hist，Math，CompSci，PolySci，English}。

Sor

S.Name	S.Class	S.Major	S.State
Beth	Soph	Hist	TX
Nancy	Jr	Math	NY
Robin	Sr	Hist	CA
Allison	Soph	Math	AZ
Lulwa	Sr	CompSci	CA

Frat

F.Name	F.Major	F.State
Emile	PolySci	CA
Sam	CompSci	WA
Ron	Math	OR
Mehdi	Math	CA
David	English	AZ
Jeff	Hist	TX
Craig	English	CA
Gary	CompSci	CA

图 1-31　一个关系型数据库的示例。这个数据库包括两个关系：Sor 和 Frat

1.5.2　查询

查询 Ron 的家乡州、查询姐妹会中所有二年级学生的名字，这些都是从该数据库进行查询的例子。查询一个列表、列出所有具有相同专业的兄弟会和姐妹会成员以及该专业的名字，是另一个查询的例子。

在这个小例子中，你可以手工搜索数据库来确定每个查询的结果。Ron 的家乡州是 OR，Beth 和 Allison 是姐妹会中二年级的学生。第三个查询制成表格稍微有点难度：Beth 和 Jeff 是历史专业；Nancy 和 Ron 是数学专业，Nancy 和 Mehdi 也是；Robin 和 Jeff 是历史专业等。

有趣的是，每个查询结果都可以用表格的形式列出来（见图 1-32）。第一个查询的结果是一个 1 列 1 行的表格，第二个查询的结果是一个 1 列 2 行的表格，而第三个查询的结果是一个 3 列 8 行的表格。关系型数据库是关系的汇集，而一个对关系型数据库的查询的结果本身也是一个关系！

41～42

查询结果本身就是关系这一事实是关系型数据库系统一个强大的理念。Apps7 层的用户把数据库看作关系的汇集，用户的查询就是请求从数据库现有的关系中衍生出另一个关系。

记住每层都有自己的语言。Apps7 层关系型 DBMS 的语言是一组对现有关系进行组合或者修改并产生新关系的命令。Apps7 层的用户使用这些命令生成想要的结果。图 1-33 展示了数据库、查询和结果之间的关系。数据库是输入，查询是一组 Apps7 层语言写的命令。就像在计算机系统中所有层次上一样，三者之间的关系都是一样的形式：输入、处理和输出。

本章并不描述市场上每种关系型数据库系统的每一种语言，这些语言大多都是被称为结构化查询语言（SQL）标准的变体。本章描述的是一种具备这样一些系统典型特征的简化语言。大多数关系型 DBMS 语言有许多强大的命令，而其中有 3 个命令是最基础的——select、project 和 join。

Result1

F.State
OR

Result2

S.Name
Beth
Allison

Result3

S.Name	F.Name	Major
Beth	Jeff	Hist
Nancy	Ron	Math
Nancy	Mehdi	Math
Robin	Jeff	Hist
Allison	Ron	Math
Allison	Mehdi	Math
Lulwa	Sam	CompSci
Lulwa	Gary	CompSci

图 1-32　对图 1-31 所示数据库进行 3 次查询的结果。每个结果都是一个关系

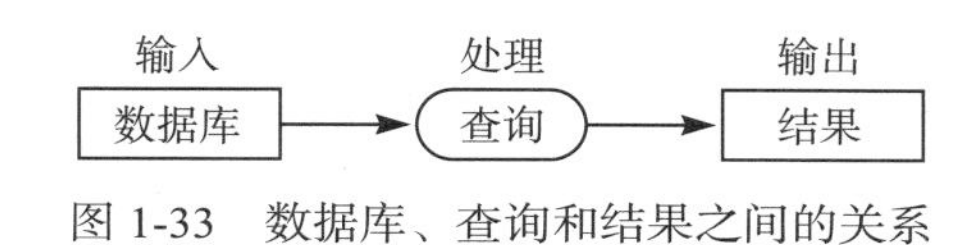

图 1-33　数据库、查询和结果之间的关系

select 和 project 语句类似，因为它们都是对单个关系进行操作，生成一个修改的关系。select 语句是从一个特定的表中提取满足语句中指定条件的行。project 语句是根据语句中指定的属性从一个特定的表中提取一组列。图 1-34 演示了如下两条语句的结果：

```
select Frat where F.Major = English giving Temp1
```

和

```
project Sor over S.Name giving Temp2
```

Temp1

F.Name	F.Major	F.State
David	English	AZ
Craig	English	CA

a) Select Frat where F.Major = English giving Temp1

Temp2

S.Name
Beth
Nancy
Robin
Allison
Lulwa

b) Project Sor over S.Name giving Temp2

Temp3

S.Class	S.State
Soph	TX
Jr	NY
Sr	CA
Soph	AZ

c) Project Sor over (S.Class, S.State) giving Temp3

图 1-34　select 和 project 操作符

project 语句可以指定多列，此时属性用圆括号括起来，并用逗号分隔。例如，

```
project Sor over (S.Class, S.State) giving Temp3
```

是从 Sor 关系中选出两个属性。

注意，图1-34c中的（Sr，CA）对是关系Sor（见图1-31）中的四元组（Robin，Sr，Hist，CA）和（Lulwa，Sr，CompSci，CA）都有的，但是这一对在关系Temp3中不重复出现。关系的一个基本性质就是在任何表中不能有重复的行。project操作符会检测重复行，不允许它们存在。从数学上说，关系就是元组的集合，集合中的元素不能有重复。

join与select和project不同，它的输入是两个表，而不是一个。第一个表的一列和第二个表的一列被指定作为join列。每个表的join列都必须有相同的域。两个表join的结果是一个更宽的表，除了join列只出现一次以外，它的列和两个表中原始的列完全相同；结果表的行就是两个原始表中在join列有相同元素的那些行。

例如，在图1-31中，S.Major列和F.Major有相同的域。语句

```
join Sor and Frat over Major giving Temp4
```

指定Major作为join列，关系Sor和Frat在这一列上进行合并。图1-35显示了两个表join后的行是那些专业相同的行。Sor的四元组（Robin，Sr，Hist，CA）和Frat的三元组（Jeff，Hist，TX）合并在Temp4中，因为它们的专业（Hist）是一样的。44

Temp4

S.Name	S.Class	S.State	Major	F.Name	F.State
Beth	Soph	TX	Hist	Jeff	TX
Nancy	Jr	NY	Math	Ron	OR
Nancy	Jr	NY	Math	Mehdi	CA
Robin	Sr	CA	Hist	Jeff	TX
Allison	Soph	AZ	Math	Ron	OR
Allison	Soph	AZ	Math	Mehdi	CA
Lulwa	Sr	CA	CompSci	Sam	WA
Lulwa	Sr	CA	CompSci	Gary	CA

图1-35　join操作符。该关系来自于语句join Sor and Frat over Major giving Temp4

1.5.3　语言结构

App7层语言的语句有如下格式：

```
select 关系 where 条件 giving 关系
project 关系 over 属性 giving 关系
join 关系 and 关系 over 属性 giving 关系
```

语言的保留字包括：

```
select    project
join      and
where     over
giving
```

正如前面的例子展示的那样，每个保留字在语言中都有特定的含义。在语言中标识对象的单词，例如Sor和Temp2用于标识关系，而F.state用于标识属性，都不是保留字。它们是App7层的用户随意生成的，称为标识符（identifier）。保留字和用户定义的标识符在典型计算机系统的所有层语言中都是很常见的。

你知道怎样用 select、project 和 join 语句来生成图 1-32 中的查询结果吗？第一个查询 Ron 的家乡州的查询语句是

```
select Frat where F.Name = Ron giving Temp5
project Temp5 over F.State giving Result1
```

45

第二个查询姐妹会中所有二年级学生名字的查询语句是

```
select Sor where S.Class = Soph giving Temp6
project Temp6 over S.Name giving Result2
```

第三个请求查询一个列表，表中列出专业一样的兄弟会和姐妹会的成员以及他们共同的专业，该查询的语句是

```
join Sor and Frat over Major giving Temp4
project Temp4 over (S.Name, F.Name, Major) giving
Result3
```

本章小结

计算机科学的基本问题是：什么能够被自动化？计算机把信息处理自动化了。本书的主题是计算机系统中的抽象层次。抽象包括隐藏细节以展示物质的本质，概要结构，通过一连串的命令划分责任，以及将一个系统细分成较小的子系统。一个典型计算机系统的 7 个抽象层次是：

第 7 层（App7）：应用层

第 6 层（HOL6）：高级语言层

第 5 层（Asmb5）：汇编层

第 4 层（OS4）：操作系统层

第 3 层（ISA3）：指令集架构层

第 2 层（Mc2）：微代码层

第 1 层（LG1）：逻辑门层

每层都有自己的语言，目的是隐藏更低层的细节。

计算机系统由硬件和软件组成。硬件的三个组成部分是中央处理单元、主存储器和磁盘存储器。在这三个部分中，磁盘的存储容量最大，但速度最慢；CPU 容量最小，但速度最快。主存的容量和速度都介于两者之间。

控制硬件的程序叫作软件。算法是一组指令，依照适当的顺序执行，在有限的时间内解决问题。程序是计算机上执行的算法。程序输入信息、处理信息并输出结果。给定输入和程序，软件就会分析并确定输出。给定输入和想要的输出，软件就会设计确定程序。操作系统是一种大型程序，向用户提供计算机的人机接口。它管理文件、主存和处理器。

46

数字信息的最小单位是二进制位，也称为比特。计算机系统中的每一位都要占用空间。所有存储在计算机系统中的信息，如数字、文本和图像等都是位的集合。8 位就是一个字节。用 n 位序列存储数值，则数值个数为 2^n。存储一个 ASCII 字符需要一个字节，即 8 位。

除了空间之外，计算机系统中所有的计算还要占用时间。计算机系统中的计算时间由两部分组成：CPU 执行指令集中一条指令所需要的时间，以及把信息从系统的一个组件传递到另一个组件所需要的传输时间。系统性能公式用三个项的乘积计算程序任务的总执行时间：

$$\frac{\text{时间}}{\text{程序}}=\frac{\text{指令数}}{\text{程序}}\times\frac{\text{时钟周期数}}{\text{指令}}\times\frac{\text{时间}}{\text{时钟周期}}$$

带宽公式用两个项的乘积计算传输的总信息量：

$$\text{信息量}=\frac{\text{信息量}}{\text{时间}}\times\text{时间}$$

乘积的第一项是通道带宽，第二项是传输时间。

QR 网格中一个方格存储 QR 码的一位信息。黑色方格表示二进制 1，白色方格表示二进制 0。网格内的方格越多，QR 码所含的信息量越大。计算机系统中的图像是一个像素网格。黑白图像的每个像素需要 1 位表示。灰度图像的位深指的是每个像素的位数，它决定了每个像素能够显示多少种灰度。彩色图像的每个像素需要三种子像素——红色、绿色和蓝色。

数据库系统是 App7 层最常见的一种应用。关系型数据库系统把信息存储在呈现为表结构的文件中，这个表称作关系。关系型数据库系统中的查询结果本身就是关系。关系型数据库系统中最基本的 3 个操作是 select、project 和 join。查询是这 3 种操作的组合。 47

练习

本书每章的最后都有一组练习和编程题。请在纸上手工完成这些练习。带星号练习的答案见本书的最后（对一些有多个部分的练习，可能只有部分答案）。编程题是要输入计算机中的程序，本章仅包括练习。

1.1 节

1. (a) 请画一个对应美国宪法的层次结构图。
   (b) 依照图 1-5，画一个对应假想出版公司的组织结构嵌套图。
2. 成吉思汗把他的战士以 10 人为一组组成十人队，由“什长”率领；10 个“什长”由 1 个“百夫长”率领；10 个“百夫长”由 1 个“千夫长”率领。
   *(a) 如果成吉思汗在最低层有 10 000 名战士，那么他手下总共有多少人？
   (b) 如果成吉思汗在最低层有 5763 名战士，那么他手下总共有多少人？假设如果可能，每个 10 人组应该包含 10 人，但是每层可能有一组会少于 10 人。
3. 在《圣经》中，《出埃及记》第 18 章讲述了作为以色列唯一法官的摩西由于要处理大量琐碎的案件而疲惫不堪。他的岳父叶特罗向他推荐了上诉法院的分层体系，在这个体系中，最底层的法官负责 10 个市民，5 个管理 10 个市民的法官将他们不能解决的疑难案件交由一个负责 50 个市民的法官处理；2 个负责 50 个市民的法官在一个负责 100 个市民的法官手下工作；10 个能负责 100 个市民的法官在一个负责 1000 个市民的法官手下工作，能负责 1000 个市民的法官向摩西汇报，这样摩西只需处理最棘手的案件。
   *(a) 如果市民人口正好是 2000 人（不包括法官），画出分层体系最上面的三层。
   (b) 在 (a) 中，包括摩西、所有法官和市民的总人口是多少？
   (c) 如果市民人口正好是 10 000 人（不包括法官），包括摩西、所有法官和市民的总人口是多少？
4. 完全二叉树的叶子结点都在同一层，而每个非叶子结点下面正好有 2 个结点。图 1-36 是一个三层的完全二叉树。
   *(a) 请画出一个四层的完全二叉树。
   *(b) 一个五层的完全二叉树总共有多少个结点？
   (c) 六层的呢？ 48

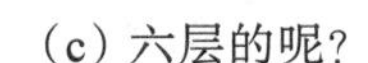

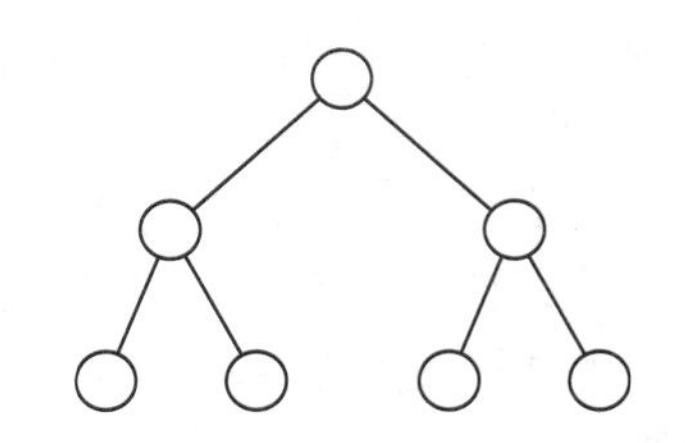

图 1-36　练习 4：三层的完全二叉树

(d) n 层的呢?

1.2 节

5. 判断真假。
   (a) 主存是易失性的。
   (b) 主存是顺序访问的。
   (c) 磁盘存储器是易失性的。
   (d) 磁盘存储器是顺序访问的。
   (e) 主存容量大于磁盘存储器容量。
   (f) 主存访问时间快于磁盘存储器。

1.3 节

6. (a) 什么是算法?
   (b) 什么是程序?
7. 根据你的操作系统回答问题。
   (a) 你的操作系统名称是什么?
   (b) 特定的字符不允许做文件名吗? 如果这样的字符用在文件名中，有问题吗?
   (c) 你的操作系统对文件名区分大小写字母吗?
8. 在你的操作系统中，怎样执行下面的步骤。
   (a) 建立一个新的用户账户。
   (b) 显示根目录下的文件名和子目录名。
   (c) 删除磁盘上的一个文件。
   (d) 更改一个文件的名字。
   (e) 复制一个文件。
   (f) 显示文件的大小。
   (g) 显示最近修改文件的时间。

1.4 节

9. 设应用程序完成一个任务需要执行 2000 万条指令，已知 CPU 的频率为 2.1GHz，求该任务的执行时间? 假设每条 ISA3 指令平均需执行 4.5 条 Mc2 指令。
10. 设应用程序完成一个任务需要执行 3000 万条指令，已知 CPU 的频率为 2.8GHz，求该任务的执行时间? 假设每条 ISA3 指令平均需执行 7.3 条 Mc2 指令。
11. 已知 DMA 通道带宽为 2.5GB/s，现将 600MB 数据库从磁盘传输到主存，求所需时间是多少?
*12. 一个打字员以每分钟 40 个单词的速度在键盘上输入文本。如果每个单词的平均长度是 5 个字符，那么每秒有多少比特从键盘传送到主存呢? 一个空格也是一个字符，假定平均每个单词后面有一个空格。
13. 一个打字员以每分钟 30 个单词的速度在键盘上输入文本。如果每个单词的平均长度是 6 个字符，那么每秒有多少比特从键盘传送到主存呢? 一个空格也是一个字符，假定平均每个单词后面有一个空格。

49

14. 版本 4 QR 码的网格中一共存储了多少位?
*15. (a) 版本 8 QR 码的 49×49 网格中，有多少位可以存储信息? 该版本有四个校准图形不与定位图形相交，有两个校准图形与定位图形相交，还有两个 18 位的版本信息区。
   (b) 如果模式、字符计数和 M 级纠错所占开销为 37%，那么该 QR 码可以存储多少个字符?
16. (a) 版本 10 QR 码的 57×57 网格中，有多少位可以存储信息? 该版本有四个校准图形不与定位图形相交，有两个校准图形与定位图形相交，还有两个 18 位的版本信息区。
   (b) 如果模式、字符计数和 L 级纠错所占开销为 22%，那么该 QR 码可以存储多少个字符?
17. (a) 台式激光打印机的分辨率为 300 点 / 英寸。如果每个点用存储器中的一位来存储，那么一个 8.5

英寸 ×11 英寸纸张的完整图像需要的存储空间是多少 MiB？

（b）如果打印机的分辨率为 1200 点 / 英寸，又需要多少 MiB？

18. eReader 的灰度显示器为 956×1290 像素，每个像素可以显示 32 种灰度。问该设备的显示存储器大小为多少 KiB？

19. 移动手机屏幕大小为 3.48 英寸 ×1.96 英寸，分辨率为 326 像素 / 英寸。

（a）像素总数是多少？

（b）如果每个色彩子像素都有 256 个亮度级，那么显示存储器的大小是多少 MiB？

20. 平板电脑屏幕大小为 7.5 英寸 ×5.8 英寸，分辨率为 326 像素 / 英寸。

（a）像素总数是多少？

（b）如果每个色彩子像素都有 256 个亮度级，那么显示存储器的大小是多少 MiB？

1.5 节

*21. 根据本章 1.5 节中的讨论，写出关系 Temp5 和 Temp6。

22. 写出对图 1-31 中的数据库进行下列查询的语句。

*（a）找出 Beth 的家乡州。

（b）列出英语专业的兄弟会成员。

（c）列出有相同家乡州的兄弟会和姐妹会成员以及家乡州的名字。

50 ~ 52

23.（a）写出生成图 1-32 中 Result2 的语句，但是要先用 project 命令，再用 select 命令。

（b）写出生成图 1-32 中 Result3 的语句，但是最后一条语句需是 join。

第二部分

Computer Systems, Fifth Edition

高级语言层（第 6 层）

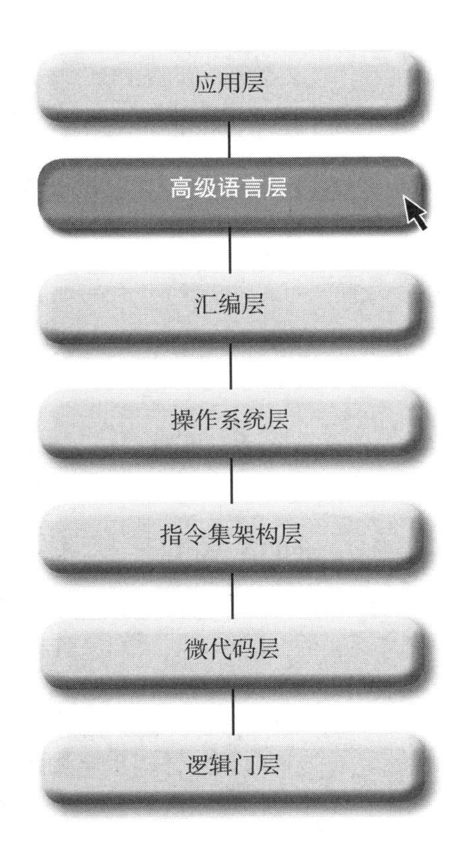

C

程序输入信息、处理信息并输出结果。本章展示了一个 C 程序怎样输入、处理和输出数值。本章讲述 HOL6 层的编程，我们假定你已经有一些用高级语言编程的经验，不一定非要是 C，例如可以是 C++、Java 或 Python。因为本书表达的概念对所有这些语言都是通用的，所以即便可能与你熟悉的语言有所不同，你也能够看懂本章讨论的内容。

2.1 变量

计算机能够直接执行的只有 ISA3 层（指令集架构层）上的机器语言语句。因此 HOL6 层的语句必须先被翻译到 ISA3 层，然后才能执行。图 2-1 展示了编译器的功能，它执行从 HOL6 层语言到 ISA3 层语言的翻译工作。这个图展示了到第 3 层的翻译，有些编译器是从第 6 层翻译到第 5 层，然后再要求从第 5 层翻译到第 3 层。

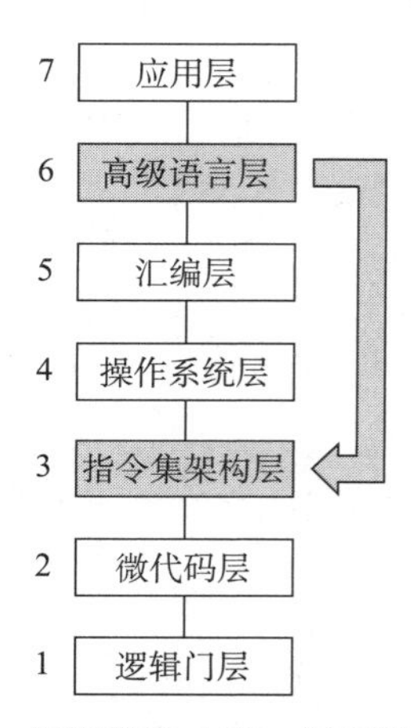

图 2-1 编译器的功能，把用第 6 层语言编写的程序翻译为等价的较低层语言描述的程序

2.1.1 C 编译器

为了执行本书中的程序，需要有一个 C 编译器。运行程序分为 3 个步骤：

- 在文本编辑器中用 C 语言写程序，这个版本叫作*源程序*。
- 调用编译器把源程序从 C 翻译或编译为机器语言，机器语言的版本叫作*目标程序*。
- 执行目标程序。

有些系统允许用一条命令去指定后面的两个步骤，通常叫作“运行”命令。无论是否分开编译和执行，HOL6 层的程序在执行前都必须进行翻译。

当你写源程序时，它像其他文本文档一样保存在磁盘文件中。编译器将生成另一个称为*代码文件*的目标程序文件。编译后目标程序在你的文件目录中是否可见取决于你的编译器。

54
~
56

如果想执行一个之前编译过的程序，就不需要再翻译它，只需直接执行目标程序即可。如果删掉了磁盘上的目标程序，总是可以通过再编译源程序来恢复它。但是翻译只能从高层到低层，如果删除了源程序，那么不能从目标程序恢复它。

C 编译器是软件，不是硬件。它存储在磁盘上的文件中。像所有的程序一样，编译器有输入、处理和生成输出这 3 个过程。从图 2-2 中可以看到编译器的输入是源程序，而输出是目标程序。

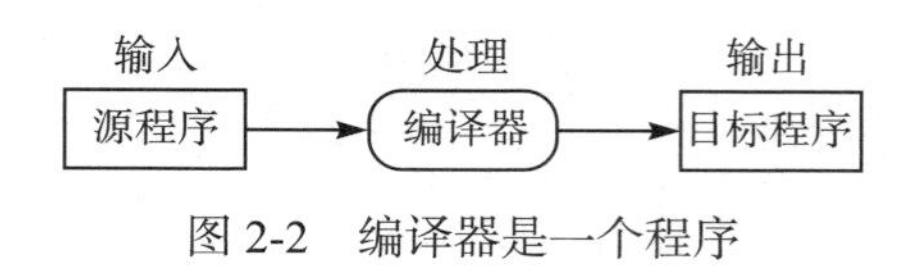

图 2-2 编译器是一个程序

2.1.2 机器无关性

ISA3 层语言是与机器相关的。使用 ISA3 层语言写的用于在 X 品牌计算机上执行的程序，是不能在 Y 品牌计算机上运行的。HOL6 层语言的一个重要性质就是它们与机器无关。如果用 HOL6 层语言写了一个程序用于在 X 品牌计算机上执行，那么只需稍加修改，它就可以在 Y 品牌计算机上运行。

图 2-3 展示了 C 怎样实现它的机器无关性。假设用 C 写了一个做统计分析的应用程序。既想把它卖给有 X 品牌计算机的人，也想把它卖给有 Y 品牌计算机的人。只有当这个统计程序是机器语言格式时才能执行。因为机器语言是与机器相关的，所以需要两个机器语言的版本：X 品牌一个，Y 品牌一个。因为 C 是一种常用的高级语言，所以应该有 X 品牌机器的 C 编译器和 Y 品牌机器的 C 编译器。如果这样的话，那么只需在一台机器上调用 X 品牌的 C 编译器生成 X 品牌机器语言版本，在另一台机器上调用 Y 品牌的 C 编译器生成 Y 品牌机器语言版本，而你需要做的就是只写一个 C 程序。

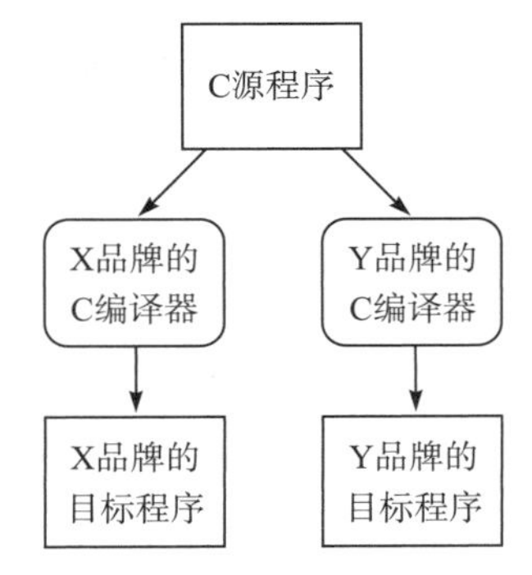

图 2-3 HOL6 层语言的机器无关性

2.1.3 C 的内存模型

C 编程语言有 3 种不同类型的变量：全局变量、局部变量和动态分配变量。变量的值存储在计算机的主存中，但是变量存储的位置则取决于变量的类型。3 种类型的变量分别对应存储器中 3 个特定的区域：

57

- 全局变量存放在内存中的固定位置。
- 局部变量和参数存放在运行时栈上。
- 动态分配变量存放在堆上。

全局变量的声明在所有函数的外面，且在程序的执行过程中位置保持不变。局部变量在函数中声明，函数被调用时它们出现，函数结束时它们消失。动态分配变量随着 malloc() 函数的执行出现，随着 free() 函数的执行消失。

栈是一个值的容器，通过压入（push）操作存入值，通过弹出（pop）操作取出值。存入和取出值的原则是后进先出，即当从栈中弹出一个值时，取出的是最后一个压入栈的值。正因如此，有时候栈也被称为 LIFO 表，LIFO 是“Last In, First Out”（后进先出）的首字母缩写。

每条执行的 C 语句是一个函数的一部分。C 函数有一个返回类型、一个名字和一个参数表。程序包括一个名为 main（主函数）的特殊函数，该函数被操作系统调用。通过执行主函数中的语句来执行程序。主函数中的语句有可能调用另一个函数。当执行一个函数时，按照如下顺序对运行时栈的空间进行分配：

- 压入返回值的存储空间。
- 压入实参。
- 压入返回地址。
- 压入局部变量的存储空间。

当函数结束时，按照相反的顺序释放运行时栈的存储空间：

- 弹出局部变量。
- 弹出返回地址，根据返回地址确定要执行的下一条语句。
- 弹出参数。
- 弹出返回值，按照调用语句指定方式进行使用。

不管一个函数是主函数，还是在另一个函数中被一条语句调用的函数，都会执行上述这些步骤。

58

本章的程序说明 C 编程语言的内存模型。后面的章节将展示编译器把同样的程序翻译到 Asmb5 层后的目标代码。

2.1.4　全局变量和赋值语句

每个 C 变量有 3 个属性：

- 名字。
- 类型。
- 值。

变量名是程序员任意确定的标识符。变量类型指定变量值的可能类型。图 2-4 展示的程序声明了两个全局变量，输入它们的值，对它们的值进行操作，然后输出结果。这个程序没有实际的意义，它的唯一目的就是说明 C 程序的一些特点。

```
// Stan Warford
// A nonsense program to illustrate global variables

#include <stdio.h>

char ch;
int j;

int main() {
   scanf("%c %d", &ch, &j);
   j += 5;
   ch++;
   printf("%c\n%d\n", ch, j);
   return 0;
}
```

输入

```
M 419
```

输出

```
N
424
```

59

图 2-4　全局变量赋值语句

图 2-4 的前两行是注释，编译器会忽略注释。C 源程序中的注释以两条斜杠 // 开始直到本行结束。程序接下来的一行是

```
#include <stdio.h>
```

它是一个编译器指令（compiler directive），使得程序能够使用函数库。在这个例子中，库文件 stdio.h 代表标准输入 / 输出（standard input/output），它包含了后面的程序使用的输入

函数 scanf() 和输出函数 printf()。所有要使用 scanf() 和 printf() 的程序都需要这条指令或者类似的指令。

程序中接下来的两行

```
char ch;
int j;
```

声明了两个全局变量。第一个变量的名字是 ch，它的类型是字符型，是由变量名前面的关键字 char 来指定的。和大多数变量一样，声明并不能确定它的值，而必须从一个输入语句获得值。第二个变量的名字是 j，类型是整型，由 int 指定。每个 C 程序都有一个包含可执行语句的主函数。在图 2-4 中，因为变量是在主程序外声明的，所以它们是全局变量。

程序中接下来的一行

```
int main() {
```

声明了主程序是一个返回一个整数的函数。C 编译器必须生成能在特定操作系统上执行的代码，由操作系统来解释返回值。标准惯例是，返回值为 0 表示程序执行中没有发生错误。如果发生了执行错误，则程序中断，然后返回一些非零的值，不会执行到 main() 的最后一条可执行语句。这种情况下，如何处理取决于操作系统和错误的类型。本书中所有的 C 程序都遵循通常的惯例：返回 0 作为主函数的最后一条可执行语句。

图 2-4 中第一条可执行语句是

```
scanf("%c %d", &ch, &j);
```

第一个参数 "%c %d" 是格式字符串，含有两个转换符 %c 和 %d。第二个和第三个参数分别是 &ch 和 &j，用于接收输入的值。标准输入设备可以是键盘或磁盘文件。在 Unix 环境下，默认输入设备为键盘。执行程序时，可以将输入重定向为来自磁盘文件。这条输入语句将输入流中的第一个值给 ch，将第二个值给 j。

60

格式化字符串中的转换指示符是占位符，与参数列表中其他参数按序对应。图 2-4 中，占位符 %c 对应参数 &ch，占位符 %d 对应参数 &j。占位符 %c 指示程序扫描到一个字符就送入变量 ch，占位符 %d 指示程序扫描到任意一个带符号十进制整数就送入变量 j。符号 & 是 C 的地址运算符，它是 scanf() 函数中的变量所必需的。由于函数会改变变量的值，所以需要的是变量在主存中的存储地址，而不是该变量的数值。

%c 和 %d 之间的空格告诉输入扫描程序忽略空白字符，比如空格和整数前面的制表符。输入时，可以在数字 419 前面加任意个空格，而输出不会变化。但是，如果空格出现在字符 M 的前面，程序将会出错，因为 ch 得到的是空格符。如果想在输入字符前面允许出现任意个空格，就需要在格式字符串的 %c 占位符前加一个空格。

第二条可执行语句是：

```
j += 5;
```

C 中的赋值运算符是 =，在英语中读作“gets”（意为获得，在中文里一般读作“等于”）。上面这条语句和下面的语句是等价的：

```
j = j + 5;
```

英文中读作“j gets j plus five”（意为 j 的值为 j 加上 5）。

和某些编程语言不同，C 把字符当作整数，可以对它们进行运算。下面这条可执行语句

```
ch++;
```

用增量运算符对 ch 加 1，它等价于赋值语句

```
ch = ch + 1;
```

接下来的可执行语句是

```
printf("%c\n%d\n", ch, j);
```

这个输出函数使用了格式字符串 "%c %d \n"，其中 %c 和 %d 仍然是占位符，分别对应于后面的参数 ch 和 j。标准输出设备可以是显示屏也可以是磁盘文件。在 Unix 环境下，默认的输出设备是显示屏。执行程序时，可以把输出重定向到一个磁盘文件。\ n 是换行符。这条输出语句把变量 ch 的值传送到输出设备，然后把光标移到下一行的开始位置，把变量 j 的值传送到输出设备，再把光标移到下一行的开始位置。函数 printf() 不在变量前使用 & 的原因是它不会改变变量的值。相反，它输出这些变量已有的值。

61

图 2-5 展示了图 2-4 所示程序在结束前的内存模型。全局变量 ch 和 j 的存储空间是在内存的固定位置上分配的，如图 2-5a 所示。

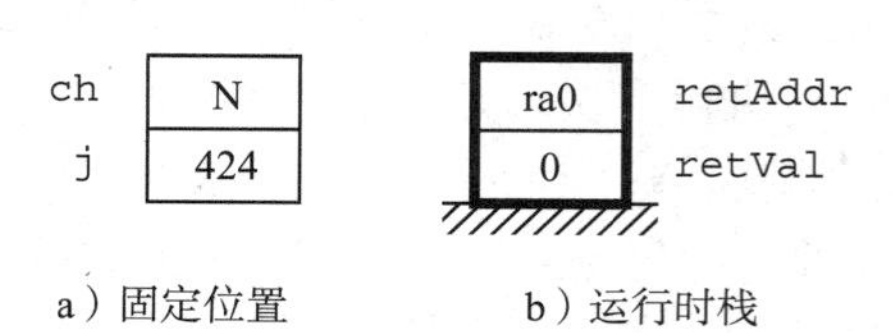

图 2-5　图 2-4 所示程序的内存模型

记住，当一个函数被调用时，运行时栈上分配了 4 项：返回值、参数、返回地址和局部变量。由于这个程序的主函数没有参数和局部变量，所以在运行时栈上仅分配了标记为 retVal 的返回值和标记为 retAddr 的返回地址的存储空间，如图 2-5b 所示。图中显示的返回地址值是 ra0，这是程序结束时操作系统将执行的指令的地址。对于 HOL6 层的我们来说，OS4 层操作系统的细节是隐藏的。

2.1.5　局部变量

全局变量在主存的固定位置进行分配，而局部变量则是在运行时栈上进行分配。在 C 程序中，局部变量在主程序内声明。图 2-6 所示的程序声明了一个常量和 3 个局部变量，3 个局部变量分别表示一门课程的两次考试分数和一个总分，总分是两次考试分数的平均分加上奖励分。

```
#include <stdio.h>

int main() {
   const int bonus = 10;
   int exam1;
   int exam2;
   int score;
   scanf("%d %d", &exam1, &exam2);
   score = (exam1 + exam2) / 2 + bonus;
   printf("score = %d\n", score);
   return 0;
}
```

输入

```
68 84
```

输出

```
score = 86
```

图 2-6　处理 3 个局部整型值的 C 程序

在第一个变量前面的是常量 bonus。与变量一样，常量有名字、类型和值。不过，与变量不同的是，常量的值不会改变。初始化运算符 = 将这个常量的值指定为 10。

62

图 2-6 中的第一条可执行语句是

```
scanf("%d %d", &exam1, &exam2);
```

它把输入流中的第一个值赋给 exam1，第二个值赋给 exam2。第二条可执行语句是

```
score = (exam1 + exam2) / 2 + bonus;
```

它把 exam1 和 exam2 的值相加得到的和除以 2 获得它们的平均值，再加上奖励分，接着把这个值赋给变量 score。因为 exam1、exam2 和 2 都是整数，所以除法运算符 / 代表整数除法。如果 exam1 和 exam2 之一被声明为浮点型，或者除数写作 2.0 而不是 2，那么除法运算符就代表浮点数除法。整数除法会截掉余数，而浮点数除法会保留小数部分。要输出浮点变量的值，需在格式字符串中使用 %f 转换符。

63

例 2.1　如果图 2-6 所示程序的输入是

```
68 85
```

那么输出仍然是

```
score = 86
```

考试分数和是 153。如果用 153 除以 2.0，得到浮点数值 76.5。但是，如果用 153 除以 2，运算符 / 代表整数除法，小数部分被截掉，或者说砍掉，得到 76。■

例 2.2　如果把 score 声明为双精度浮点型，如下所示：

```
double score;
```

并且通过将 2 改为 2.0 把除法强制为浮点数除法，如下所示：

```
score = (exam1 + exam2) / 2.0 + bonus;
```

那么当输入是 68 和 85 时，输出是

```
score = 86.5
```

■

两个数的浮点除法仅生成一个值，即商。然而，整数除法生成两个值——商和余数，两者都是整型。可以用 C 的模运算符 % 计算整型除法的余数。图 2-7 展示了一些整型除法和模运算的例子。

表达式	值	表达式	值
15/3	5	15%3	0
14/3	4	14%3	2
13/3	4	13%3	1
12/3	4	12%3	0
11/3	3	11%3	2

图 2-7　一些整数除法和模运算的例子

64

图 2-8 展示了图 2-6 所示程序中的局部变量的内存模型。计算机在运行时栈上给所有的局部变量分配存储空间。当 main() 执行时，返回值、返回地址、局部变量（exam1、exam2 和 score）被压入栈中。因为 bonus 不是变量，所以它不会入栈。

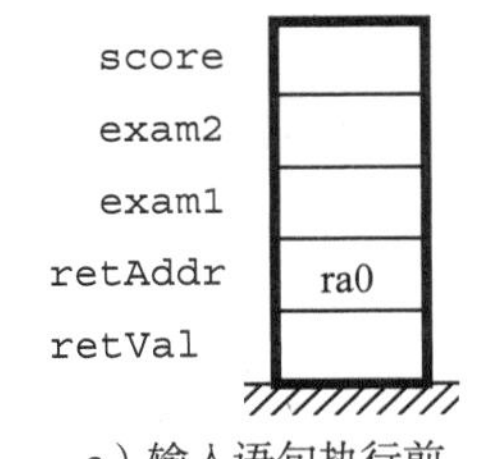

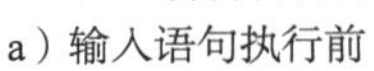
a）输入语句执行前

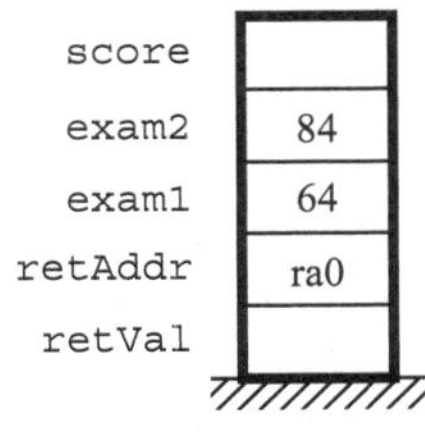

b）输入语句执行后

图 2-8　图 2-6 所示程序中的局部变量的内存模型

2.2 控制流

程序是按照一条语句接着一条语句的方式顺序执行的。有两种方式可以改变控制流，进而改变程序顺序：选择和循环。C 的 if 和 switch 语句用于选择，while、do 和 for 语句用于循环。每一条语句都执行一个可能改变控制流顺序的测试。最常见的测试是用图 2-9 所示的 6 种关系运算符之一进行的。

65

运算符	含义
==	等于
<	小于
<=	小于等于
>	大于
>=	大于等于
!=	不等于

图 2-9　关系运算符

2.2.1 if/else 语句

图 2-10 给出了一个 C 语言 if 语句的简单用法，用大于等于关系运算符 >= 执行测试。程序输入整型变量 num 的值，然后把它和整数常量 limit 进行比较，如果 num 的值大于等于 limit 的值（100），则输出单词 high，否则输出 low。没有 else 部分的 if 语句是合法的。

```
#include <stdio.h>

int main() {
   const int limit = 100;
   int num;
   scanf("%d", &num);
   if (num >= limit) {
      printf("high\n");
   }
   else {
      printf("low\n");
   }
   return 0;
}
```

输入

```
75
```

输出

```
low
```

图 2-10　C 语言的 if 语句

可以用图 2-11 所示的布尔运算符把数个关系测试结合起来。两个 & 号（&&）是 AND 运算符，两个竖线（||）是 OR 运算符，惊叹号（！）是 NOT 运算符。

符号	含义
&&	AND
||	OR
!	NOT

图 2-11　布尔运算符

例 2.3　如果 age（年龄）、income（收入）和 tax（缴税）是整型变量，if 语句

```
if ((age < 21) && (income <= 4000)) {
    tax = 0;
}
```

表示：如果年龄小于 21 且收入少于 $4000，则缴税值设置为 0。 ■ 66

图 2-10 的 if 语句中，每个选择只有一条语句。如果在一个选择中需要执行多于一条语句，那就必须用花括号 {} 把这些语句括起来，否则括号是可选的。

例 2.4 图 2-10 中的 if 语句可以这样写：

```
if (num >= limit)
   printf("high\n");
else
   printf("low\n");
```

输出语句不用花括号括起来。 ■

2.2.2 switch 语句

图 2-12 中的程序使用 C 的 switch 语句和用户玩一个竞猜小游戏，要求用户挑一个数字，然后根据输入的数字输出相应的消息。

```
#include <stdio.h>

int main() {
   int guess;
   printf("Pick a number 0..3: ");
   scanf("%d", &guess);
   switch (guess) {
      case 0: printf("Not close\n"); break;
      case 1: printf("Close\n"); break;
      case 2: printf("Right on\n"); break;
      case 3: printf("Too high\n");
   }
   return 0;
}
```

交互式输入 / 输出

```
Pick a number 0..3: 1
Close
```

图 2-12 C 语言的 switch 语句

用 if 语句也可以获得和 switch 语句相同的结果，然而等价的 if 语句不如 switch 语句效率高。 67

例 2.5 图 2-12 中的 switch 语句可以用逻辑上等价的嵌套的 if 语句写为

```
if (guess == 0) {
   printf("Not close\n");
}
else if (guess == 1) {
   printf("Close\n");
```

```
}
else if (guess == 2) {
   printf("Right on\n");
}
else if (guess == 3) {
   printf("Too high\n");
}
```

然而，这段代码不如 switch 语句效率高。使用这段代码，如果用户猜 3，那么所有 4 个测试都要执行。使用 switch 语句，如果用户猜 3，程序直接跳到 "Too high" 语句，而不必用 0、1 和 2 与 guess 比较。■

2.2.3 while 循环

图 2-13 的程序输入一个以星号“*”结尾的字符序列，输出除星号以外的全部字符，且一个单词占一行。有经验的 C 语言程序员不会用星号作为标记字符（sentinel character），因此这个例子没有实际意义。图 2-13 和本章中所有的程序都是为了在后面的章节中能够对它们在更低的抽象层次上进行分析。

在进入循环前，程序给全局变量 letter 输入第一个字符的值。语句

```
while (letter != '*')
```

将 letter 的值和星号字符进行比较。如果它们不相等，那么执行循环体，输出这个字符，或者另起一行，然后输入下一个字符。接着，控制流返回到循环顶部的条件判断。

如果 letter 是局部变量而不是全局变量，那么程序的输出还是一样。把变量声明为全局的还是局部的是一个软件设计问题。经验法则是：总是把变量声明为局部变量，除非有很好的原因不这么做。局部变量能增强软件系统的模块性，让长程序更容易阅读和调试。图 2-4 和图 2-13 中的全局变量不代表好的软件设计。以这种方式呈现是为了说明 C 的内存模型。后面的章节会展示 C 编译器怎样翻译本章中给出的程序。

```
#include <stdio.h>

char letter;

int main() {
   scanf("%c", &letter);
   while (letter != '*') {
      if (letter == ' ') {
         printf("\n");
      }
      else {
         printf("%c", letter);
      }
      scanf("%c", &letter);
   }
   return 0;
}
```

输入

```
Hello, world!*
```

输出

```
Hello,
world!
```

图 2-13　C 语言的 while 循环

68

2.2.4 do 循环

图 2-14 中的程序说明了 do 语句的使用。这个程序比较特殊，因为它没有输入，每次程序执行都生成同样的结果。这也是一个没有实际意义的程序，只是为了说明控制流。

一个警官的初始位置在 0 单位处，然后开始追一个初始位置在 40 单位的司机。每执行

循环体一次代表一个时间间隔，在此期间，警官行进 25 个单位，司机行进 20 个单位。语句

```
cop += 25;
```

是 C 中语句

```
cop = cop + 25;
```

的缩写形式。

与图 2-13 中的循环不一样，do 语句是在循环的底部进行测试，因此循环体能保证至少被执行一次。当语句

```
while (cop < driver);
```

执行时，它比较 cop 的值和 driver 的值。如果 cop 小于 driver，则控制流转到 do，于是循环体重复。

```
#include <stdio.h>

int cop;
int driver;

int main() {
   cop = 0;
   driver = 40;
   do {
      cop += 25;
      driver += 20;
   }
   while (cop < driver);
   printf("%d", cop);
   return 0;
}
```

输出

```
200
```

图 2-14　C 语言的 do 循环

69

2.2.5　数组和 for 循环

图 2-15 中的程序用来说明 for 循环和数组。程序分配了一个 4 个整数的局部数组，把值输入数组，然后以相反的顺序输出值。

语句

```
int vector[4];
```

声明变量 vector，该变量是一个由 4 个整数组成的数组。在 C 中，所有数组的第一个索引都是 0。因此，这个声明为数组元素

```
vector[0] vector[1] vector[2] vector[3]
```

分配存储空间。

声明中的数字指定要分配多少个元素，它总是比最后一个元素的索引大 1。在这个程序中，元素个数是 4，比最后一个元素的索引 3 大 1。

每个 for 语句都有一对圆括号，它里面分为 3 个部分，各部分之间用分号隔开。第一个部分赋初值，第二个部分是测试，第三个部分是递增。在这个程序中，对于 for 语句

```
for (j = 0; j < 4; j++)
```

```
#include <stdio.h>

int vector[4];
int j;

int main() {
   for (j = 0; j < 4; j++) {
      scanf("%d", &vector[j]);
   }
   for (j = 3; j >= 0; j--) {
      printf("%d %d\n", j, vector[j]);
   }
   return 0;
}
```

输入

```
2 26 -3 9
```

输出

```
3 9
2 -3
1 26
0 2
```

图 2-15　C 语言的数组和 for 循环

70

j=0 是赋初值，j<4 是测试，j++ 是递增。

当程序进入循环时，j 设置为 0，因为测试在循环的顶部，所以 j 的值和 4 进行比较。由于 j 小于 4，所以循环体

71

```
scanf("%d", &vector[j]);
```

执行。输入流中的第一个整数值被读入 vector[0]。控制返回到 for 语句，因为第三个部分的表达式是 j++，所以 j 递增 1。接着 j 的值和 4 比较，重复处理过程。

递减表达式

```
j--
```

是 C 中 j=j−1 的缩写，所以第二个循环是以相反的顺序打印值。

图 2-15 中 for 循环的编程风格不是 C 语言的首选。控制变量 j 很少被声明为全局变量。相反，它会包含在 for 语句的范围内，第一部分将被写为

```
for (int j = 0; j < 4; j++)
```

为了更好地讲解运行时栈上的全局和局部变量分配，本书没有使用首选的编码风格。如果采用首选风格，其分配过程描述起来会复杂很多。

2.3　函数

C 有两种函数：一种返回值为空，另一种返回值为非空类型。函数 main() 返回整型，不是空值。操作系统根据这个整数来确定程序是否正常结束。返回值为空的函数完成处理，不返回任何值。这种函数也被称为过程（procedure）。返回值为空的函数的常见用法是输入或输出一组值。

2.3.1　空函数和传值调用的参数

图 2-16 中的程序使用空函数打印一个数值的柱状图。程序把第一个值读入整型变量 numPts。在主程序中，全局变量 j 控制 for 循环执行 numPts 次。每次执行循环都调用空函数 printBar()。图 2-17 展示了图 2-16 中程序开始执行时的跟踪记录。

当调用一个空函数时，运行时栈中的分配按照以下顺序进行：

- 压入实际参数。
- 压入返回地址。
- 压入局部变量的存储空间。

```
#include <stdio.h>

int numPts;
int value;
int j;

void printBar(int n) {
   int k;
   for (k = 1; k <= n; k++) {
      printf("*");
   }
   printf("\n");
}

int main() {
   scanf("%d", &numPts);
   for (j = 1; j <= numPts; j++) {
      scanf("%d", &value);
      printBar(value);
      //ra1
   }
   return 0;
}
```

输入

```
12 3 13 17 34 27 23 25 29 16 10 0 2
```

输出

```
***
*************
*****************
**********************************
***************************
***********************
*************************
*****************************
****************
**********


**
```

图 2-16　打印柱状图的程序。该空函数打印一个柱形

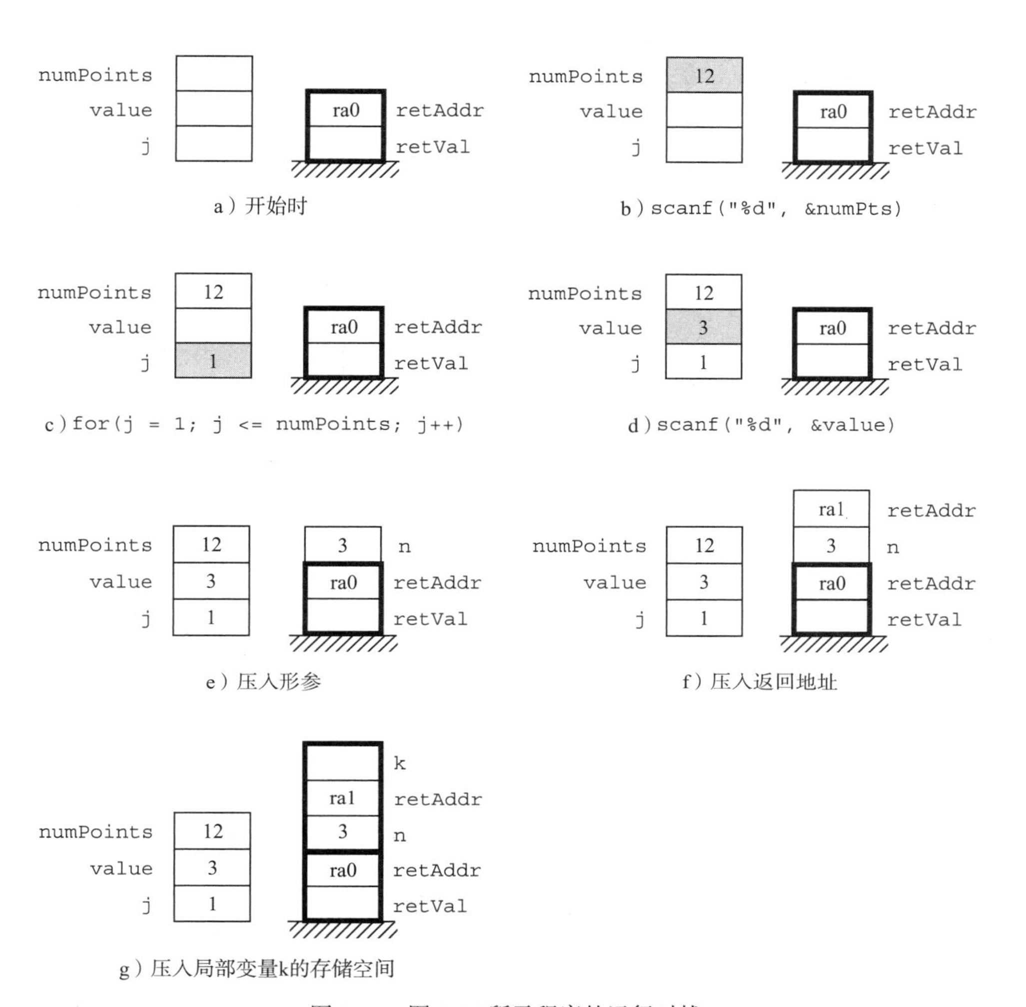

图 2-17　图 2-16 所示程序的运行时栈

72
~
74

非空函数的分配过程与之相同，但是没有初始时压入返回值的存储空间这一步。形式参数（简称形参）是函数声明中的参数。图 2-16 中，n 是形参。实际参数（简称实参）是函数调用中的参数。图 2-16 中，value 是实参。

图 2-17e 是图 2-16 所示程序分配过程的开始，程序压入形参 n 对应的实参 value 的值，结果就是形参 n 得到了实参 value 的值。在图 2-17f 中，压入返回地址。图 2-17g 中压入局部变量 k 的存储空间。分配过程完成后，列表中的最后一个局部变量 k 在栈的顶部。

被压入运行时栈的所有项目的集合称为栈帧（stack frame）或活跃记录（activation record）。在图 2-16 的程序中，该空函数的栈帧由 3 项组成：n、返回地址和 k。图中用 ra1 标识的返回地址是主程序中 for 语句结束处的地址。main() 函数的栈帧由两项组成：返回值和返回地址。

该过程打印柱状图的一根柱子后，控制返回到主程序。运行时栈上的项目按照与分配顺序相反的顺序进行释放。步骤如下：

- 弹出局部变量
- 弹出返回地址，并用其确定下一条要执行的指令
- 弹出参数

程序通过返回地址知道，在执行完空函数的最后一条语句后，接下来去执行主程序中的哪条语句。在主程序代码中，返回地址 ra1 标识的那条语句，是过程调用后面的一条语句。它表示的是，在分支返回到循环顶端的测试之前，j 执行递增的地方。

2.3.2　函数的例子

图 2-18 中的程序用函数计算一个整数的阶乘值。程序提示用户输入一个小的整数，把它作为参数传递给函数 fact()。

```
#include <stdio.h>

int num;

int fact(int n) {
   int f, j;
   f = 1;
   for (j = 1; j <= n; j++) {
      f *= j;
   }
   return f;
}

int main() {
   printf("Enter a small integer: ");
   scanf("%d", &num);
   printf("Its factorial is: %d\n", fact(num)); // ra1
   return 0;
}
```

交互式输入 / 输出

```
Enter a small integer: 3
Its factorial is: 6
```

图 2-18　用函数计算整数阶乘的程序

图 2-19 展示了图 2-18 中函数的分配过程，该函数返回实参的阶乘。图 2-19c 表明首先压入的返回值的存储空间。图 2-19d 展示压入的形参 n 对应的实参 num 的值了。图 2-19e 中压入返回地址。图 2-19f 和 g 压入局部变量 f 和 j 的存储空间。

这个函数的栈帧有 5 项。图中标记为 ra1 的返回地址表示主程序中 printf() 函数调用的地址。控制从该函数返回到调用该函数的语句。这与空函数是不同的，在空函数的调用中，控制是返回调用语句后面的那条语句。

2.3.3　传引用调用的参数

75
~
76

前面讲述的程序中的过程和函数都是通过值传递参数的。在传值调用中，形参获得实参的值。如果被调用的过程改变了它的形参值，调用程序中相应的实参值不变。被调用过程所做的任何改变都是对运行时栈上的值进行的，当栈帧释放后，任何被改变的值也随之释放。

如果一个过程意在改变调用程序中实参的值，那么就要使用传引用调用而不是传值调用。在传引用调用中，形参获得的是对实参的一个引用。如果被调用过程改变了其形参的值，那么调用程序中相应的实参也会改变。要指定一个参数为传引用调用，要用地址运算符

& 来传递实参的地址。相应的形参是一个指针，必须加前缀符号 *。在 C 语言中，指针即地址。

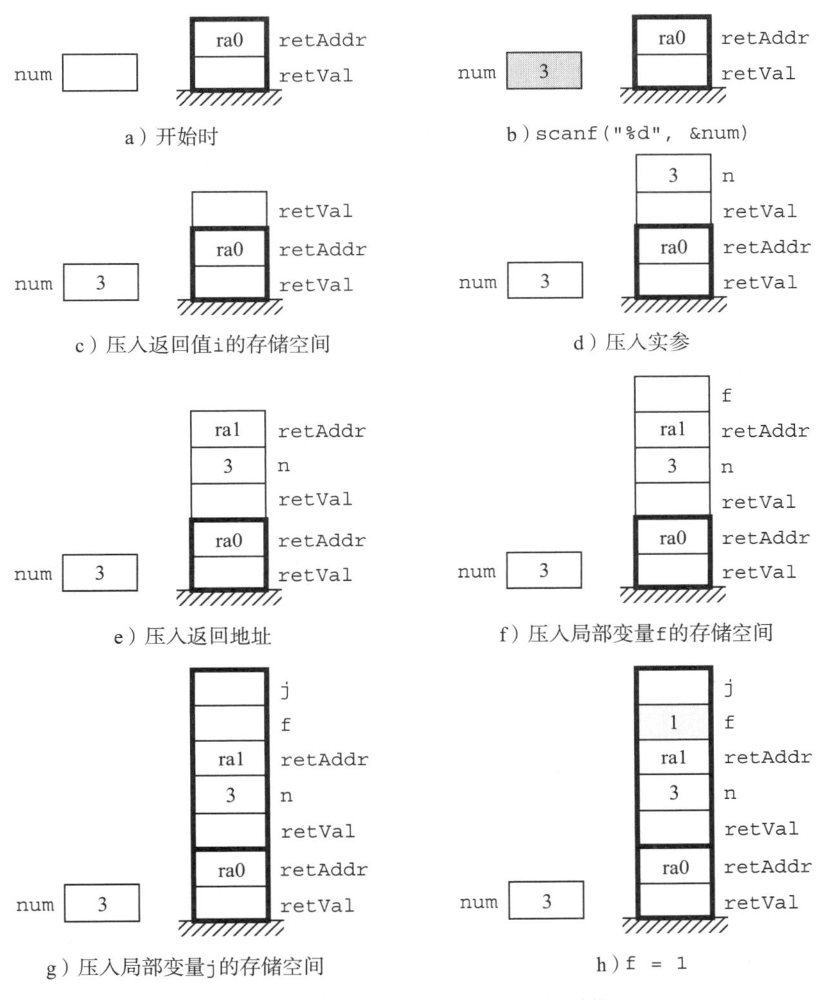

a）开始时　b）scanf("%d", &num)

c）压入返回值i的存储空间　d）压入实参

e）压入返回地址　f）压入局部变量f的存储空间

g）压入局部变量j的存储空间　h）f = 1

图 2-19　图 2-18 所示程序的运行时栈

77 ~ 78

图 2-20 中的程序用传引用调用改变 main() 中实参的值。它提示用户输入两个整数并对它们排序。它用一个空函数 order() 来调用另一个空函数 swap()。在 main() 中，对 order() 的调用以 &a 为实参，以 *x 为相应的形参。x 是一个指针，因此，也是一个地址。换句话说，x 是实参 a 的地址。当 order() 调用 swap() 时，实参必须是一个地址。由于 x 已经是地址了，所以在 order() 调用的实参列表中不用在它的前面加上地址运算符 &。

过程 order() 展示了如何访问被指向单元的值。if 语句的测试如下：

```
if (*x > *y)
```

由于 x 是一个指针，*x 是 x 指向的存储单元的值，所以，变量 x 是一个指向 int 的指针，表达式 *x 是一个 int。同样，*y 是 y 指向的存储单元的值。测试

```
if (x > y)
```

```
#include <stdio.h>

int a, b;

void swap(int *r, int *s) {
   int temp;
   temp = *r;
   *r = *s;
   *s = temp;
}

void order(int *x, int *y) {
   if (*x > *y) {
      swap (x, y);
   } // ra2
}

int main() {
   printf("Enter an integer: ");
   scanf("%d", &a);
   printf("Enter an integer: ");
   scanf("%d", &b);
   order(&a, &b);
   printf("Ordered they are: %d, %d\n", a, b); // ra1
   return 0;
}
```

交互式输入/输出

```
Enter an integer: 6
Enter an integer: 2
Ordered they are: 2, 6
```

图 2-20　对两个数排序的程序。空函数用传引用方式传递参数

将会出错，因为它测试的是 a 的地址是否大于 b 的地址，而不是 a 是否大于 b。

过程 swap() 也展示了运算符 * 如何对指针解引用。在参数列表中，形参

```
int *r
```

表示 r 是一个指向整数的指针。也就是说，r 是一个整数的地址。对赋值语句

```
temp = *r;
```

星号 * 对 r 解引用。因为 r 是指向整数的指针，*r 是其指向的整数，所以赋值语句把整数值 *r 赋给整数变量 temp。

图 2-21 展示了整个程序的分配和释放的顺序。图 2-21c 中 order() 的栈帧有 3 项。形参 x 和 y 是传引用调用的，有箭头从运行时栈上的 x 指向主程序中的 a，这表明 x 引用 a。也就是说，x 是 a 的地址。类似地，从 y 指向 b 的箭头表明 y 引用 b。ra1 标识的返回地址是 printf() 语句的地址，该语句在主程序中位于对 order() 的调用之后。

图 2-21d 中 swap 的栈帧有 4 项。r 引用 x，x 引用 a，因此 r 引用 a。箭头从运行时栈上的 r 指到 a，箭头同样从 x 指向 a。类似地，箭头从运行时栈上的 s 指向 b，箭头同样从 y 指向 b。ra2 标识的返回地址是函数 order() 最后一条语句的地址。swap() 中的语句交换 s 和 r 的值。因为 r 引用 a，s 引用 b，所以它们交换的是主程序中 a 和 b 的值。

79

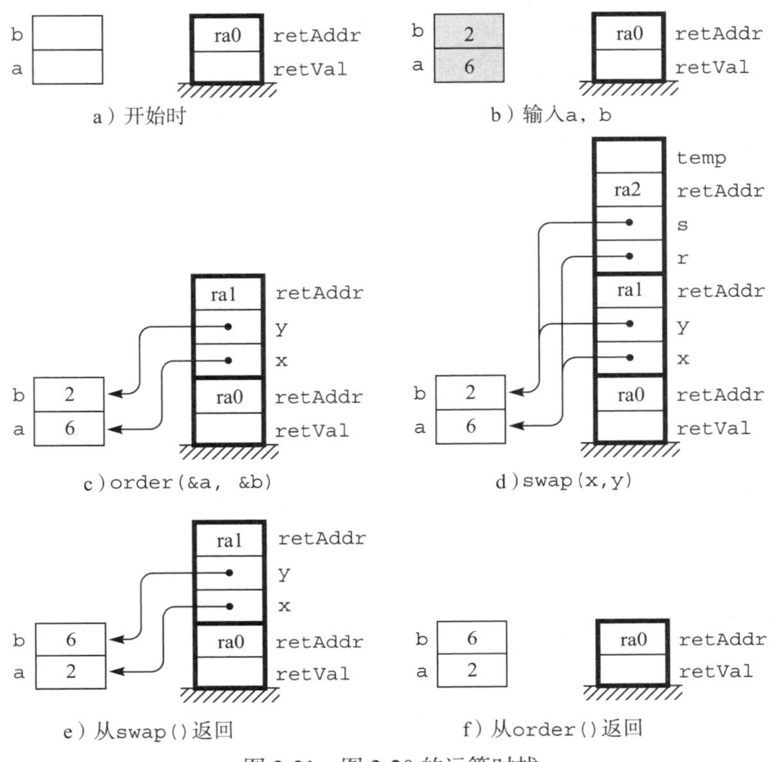

图 2-21　图 2-20 的运算时栈

当空函数结束时，要释放它的栈帧，栈帧中的返回地址告诉计算机接下来去执行哪条指令。图 2-21e 展示了从空函数 swap 返回的过程，释放其栈帧。swap 栈帧中的返回地址告诉计算机在释放该栈帧之后顺序执行 order() 中标号为 ra2 的语句。虽然图 2-20 中的代码 ra2 处并没有语句，但是空函数结尾处隐含有一个 return 语句，这在 HOL6 层是不可见的。

图 2-21f 展示了释放 order() 栈帧的过程。order() 栈帧中的返回地址告诉计算机在释放该栈帧之后，执行主程序中的 printf() 函数。

80

因为栈是 LIFO 结构，所以在函数结束时，最后一个被压入运行时栈的栈帧将第一个被弹出。因此返回地址将把控制返回到最近的调用函数。运行时栈的 LIFO 属性将是理解 2.4 节中递归的基础。

你可能已经注意到了，main() 函数总是返回整数，并且当前给出的所有程序都向操作系统返回 0。此外，截至目前，所有的主程序函数都没有参数。虽然主程序有参数是很常见的，但是本书中的主程序都没有。为了保持图的简单性，后面的图中都将省略主程序的 retVal 和 retAddr。实际的 C 编译器则必须处理这两者。

2.4　递归

你曾在字典中查找不认识单词的定义时，发现字典恰恰是以另一个不认识的单词来定义它的吗？接着你就查找第二个单词，发现它是用第一个单词来定义的吗？这是一个循环或间接递归的例子。字典的这个问题源于从一开始你就不知道第一个单词的意思。如果第二个单词用你认识的第三个单词来定义，就能得到满意的结果了。

数学上，函数的*递归定义*（recursive definition）是指函数使用其自身来定义自己。例如，假设函数 $f(n)$ 定义如下：

$$f(n)=nf(n-1)$$

若用这个定义来确定 $f(4)$，就在定义中用 4 代替 n：

$$f(4)=4\times f(3)$$

但是现在你不知道 $f(3)$ 是什么，那么在定义中用 3 代替 n，得到：

$$f(3)=3\times f(2)$$

把这个代进 $f(4)$ 的公式中，得到：

$$f(4)=4\times 3\times f(2)$$

但是，现在你不知道 $f(2)$ 是什么，定义告诉你它是 2 乘以 $f(1)$，那么求 $f(4)$ 的公式变为

81

$$f(4)=4\times 3\times 2\times f(1)$$

可以看到这个定义的问题：没有什么能够结束这个过程，你将无穷尽地计算 $f(4)$。

$$f(4)=4\times 3\times 2\times 0\times(-1)\times(-2)\times(-3)...$$

这就如同字典给了你一个无穷尽的定义串一样，每个单词都基于另一个你不认识的单词。为了完整，定义必须指定某个特定 n 的 $f(n)$ 值，那么前述过程就能终止，你可以计算出任何 n 的 $f(n)$。

下面是 $f(n)$ 的一个完整递归定义：

$$f(n)=\begin{cases}1 & n\leqslant 1\\ nf(n-1) & n>1\end{cases}$$

这个定义说明前述过程可以在 $f(1)$ 停止，$f(1)$ 被称为*基础*（basis）。因此，$f(4)$ 是

$$\begin{aligned}f(4)&=4\times f(4)\\&=4\times 3\times f(2)\\&=4\times 3\times 2\times f(1)\\&=4\times 3\times 2\times 1\\&=24\end{aligned}$$

你应该知道这就是阶乘函数的定义。

2.4.1 阶乘函数

C 语言中的*递归函数*（recursive function）是调用它自己的函数。没有什么用新语法的特殊递归语句需要学习。它在运行时栈上分配存储空间的方法和非递归函数是一样的。唯一的不同是递归函数包括一条调用它自己的语句。

图 2-22 中的函数递归地计算一个数的阶乘，它是 $f(n)$ 递归定义的一个直接应用。

图 2-23 给出了简化的该程序运行时栈的跟踪记录，它隐藏了主程序的栈帧。第一个函数调用来自主程序。图 2-23c 展示了第一次调用的栈帧，假设用户输入为 4。返回地址是 ra1，它代表主程序中 printf() 函数的地址。

该函数中第一条语句测试 n 是否为 1。因为 n 的值是 4，所以执行 else 部分。而 else 部分的语句

```
return n * fact(n - 1) // ra2
```

在返回语句的右边包含一个对函数 fact() 的调用。

```
#include <stdio.h>

int num;

int fact(int n) {
   if (n <= 1) {
      return 1;
   }
   else {
      return n * fact(n - 1); // ra2
   }
}

int main() {
   printf("Enter a small integer: ");
   scanf("%d", &num);
   printf("Its factorial is: %d\n", fact(num)); // ra1
   return 0;
}
```

交互式输入 / 输出

```
Enter a small integer: 4
Its factorial is: 24
```

图 2-22 递归计算阶乘的函数

这是一个递归调用，因为它在函数里调用它自己。这个调用和任何其他函数调用的事件序列是一样的。分配新的栈帧，如图 2-23d 所示。第二个栈帧中的返回地址是这个函数中调用语句的地址，由 ra2 来表示。

实参是 n−1，由于图 2-23c 中 n 的值是 4，所以它的值是 3。形参 n 是传值调用的，因此图 2-23d 顶部栈帧的形参 n 赋值为 3。

图 2-23d 展示了一个对递归调用来说很典型的奇特现象。图 2-22 的程序代码中函数 fact 的形参表中只声明了一个 n，但图 2-23d 中 n 出现了两次。n 的旧实例从主程序中获得值 4，而 n 的新实例从递归调用中获得值 3。

82
~
83

计算机暂停该函数的旧执行，并从头开始该函数的一个新执行。该函数的第一条语句是比较 n 是否等于 1，图 2-23d 中在运行时栈上有两个 n，应该比较哪个 n 呢？规则是：任何对局部变量或形参的引用指的都是顶部栈帧中的那个。因为 n 的值是 3，所以执行 else 部分。

但是现在函数又进行一次递归调用，分配第三个栈帧，如图 2-23e 所示，接着是第四个，如图 2-23f 所示。每次调用，最新分配的形参 n 的值都比旧值小 1，因为函数调用是

```
fact(n - 1)
```

最后，如图 2-23g 所示，n 的值为 1 。该函数给栈上标号为 retVal 的单元赋值为 1，跳过 else 部分，然后终止。这使得控制返回到它的调用语句。

递归返回的事件和非递归返回是一样的。retVal 包含返回值，返回地址说明接下来要执行哪条语句。图 2-23g 中，retVal 是 1，返回地址是该函数中的调用语句。释放顶部栈帧，调用语句

```
return n * fact(n - 1) // ra2
```

完成它的执行。该语句将 n 的值 2 乘以返回值 1，并把这个乘积赋给 retVal。这样 retVal 的

值就是2，如图2-23h所示。

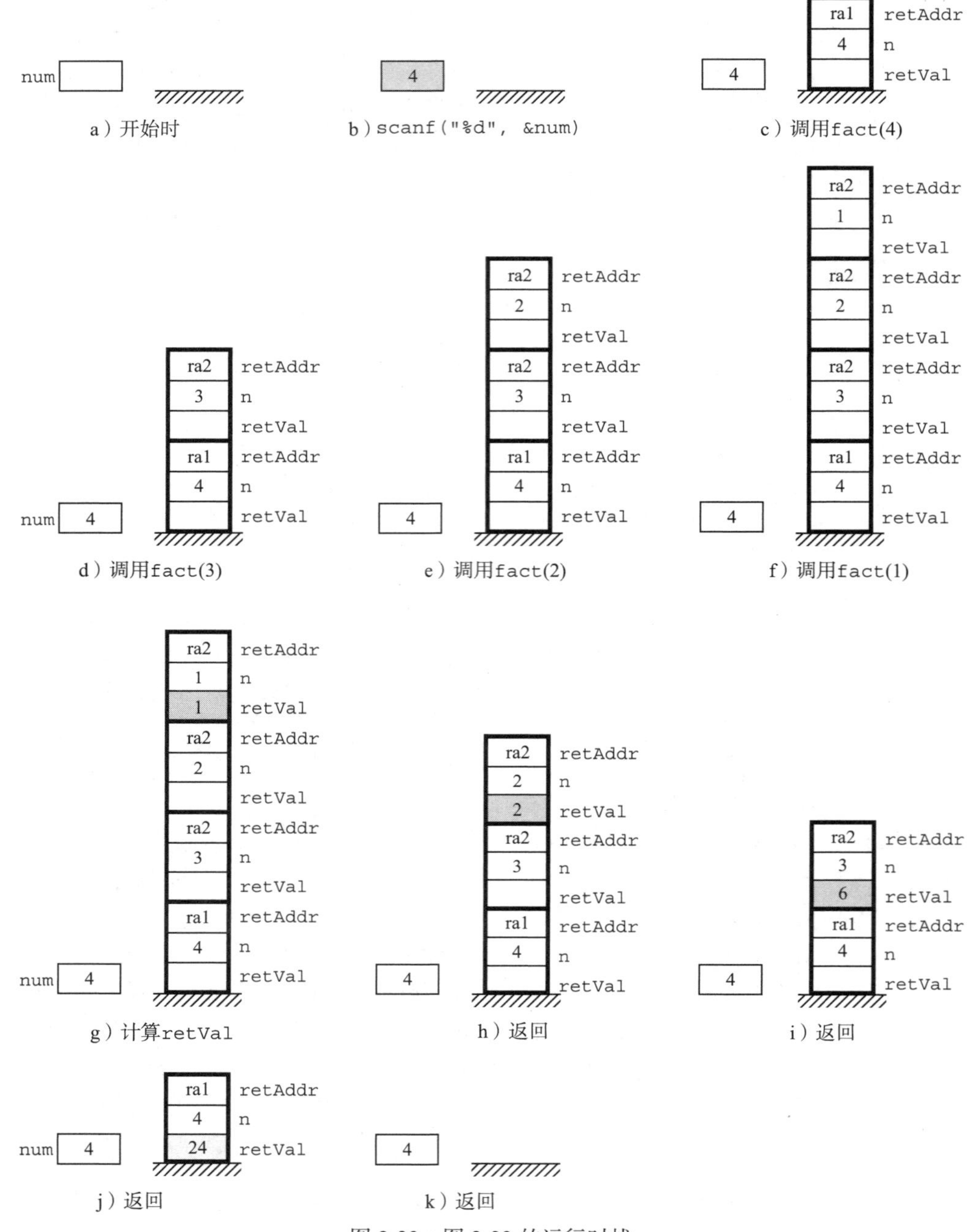

图2-23　图2-22的运行时栈

每次返回都执行同样的事件序列。图2-23i、j展示了从第二次调用返回的值是6，而第一次调用返回的值是24。图2-24展示了图2-22程序的调用序列。主程序调用函数fact，接着函数fact调用它自己3次。本例中，函数fact总共被调用了4次。

你可以看到，程序计算4的阶乘的方法与从它的递归定义计算$f(4)$的方法一样。计算$f(4)$从4乘以$f(3)$开始，接着必须暂停计算$f(4)$，转而计算$f(3)$。在得到$f(3)$的值之后，用4

乘以它就得到 $f(4)$。

类似地，程序必须暂停对该函数的一次执行，再次调用同一个函数。运行时栈跟踪记录变量的当前值，这样当函数实例再继续时，还能使用正确的变量值。

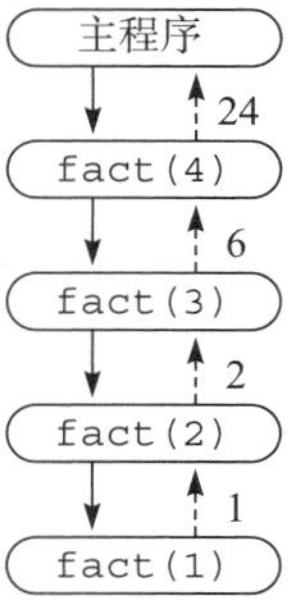

2.4.2 递归的思考方式

有两种不同的角度来看待递归：微观的和宏观的。图 2-23 是从微观的角度展示的，精确地给出了执行期间计算机内发生了什么。它考虑的是程序跟踪记录中运行时栈的细节。宏观的看法不考虑单独的每棵树，它考虑的是整个森林。

主程序
24
fact(4)
6
fact(3)
2
fact(2)
1
fact(1)

图 2-24 图 2-22 的调用序列。实箭头表示函数调用，虚箭头表示返回，每个返回箭头旁边的是返回值

84 ~ 85

为了理解 C 怎样实现递归，需要了解微观的角度。在学习 Asmb5 层怎样实现递归时，必须了解运行时栈的细节。如果只是想写递归函数，应该宏观而不是微观地思考。

写递归函数最难的地方是，必须假设可以调用正在写的过程。为此，你必须忘掉运行时栈，宏观地思考。

数学归纳法证明有助于进行宏观思考。归纳法证明的两个关键元素是：

- 建立基础。
- 给定 n 的公式，证明它对 n+1 是成立的。

同样，设计递归函数的两个关键元素是：

- 计算该函数的基础。
- 假设有 n−1 的函数，写出 n 的函数。

想象你正在写函数 fact()，写到了这里：

```
int fact(int n) {
   if (n <= 1) {
      return 1;
   }
   else {
```

不知该怎样写下去了。你已经计算了 n=1 时的基础函数，但是现在必须假设能调用函数 fact()，尽管这个函数还没有写完。必须假设 fact(n−1) 将返回阶乘的正确值。

这里是必须宏观思考的地方。如果开始想知道 fact(n−1) 怎样返回正确值，并且栈帧开始在你脑中跳跃，那么这样的思考是不对的。在归纳法证明中，必须假设有 n 的公式。同样，在写函数 fact() 时，必须假设能毫无问题地调用 fact(n−1)。

递归程序是基于分治策略的，如果能把一个大问题分解为小问题从而解决它，这个策略就很合适。每次递归调用都使问题变得越来越小，直到程序到达最小的问题，即基础，而基础问题是很容易解决的。

86

2.4.3 递归加法

这里有递归问题的另一个例子。假设 list 是一个整数数组，想要递归地求出表中所有整

数的和。

第一步是构想出以较小问题来解决大问题的解决方案。如果知道怎样求出 list[0] 和 list[n-1] 之间元素的和，简单地把这个和加上 list[n]，就能得到所有整数的和。

第二步是设计出具有适当参数的函数。这个函数通过调用它自己计算 n−1 个整数的和来计算 n 个整数的和。因此参数表里必须有一个参数指明数组中有多少个整数相加。应该得到如下的函数头：

```
int sum(int a[], int n) {
// Returns the sum of the elements of a between a[0]
and a[n].
```

怎样建立归纳基础呢？很简单，如果 n 等于 0，那么函数应该把 a[0] 和 a[0] 之间的元素求和，一个元素的和就是元素 a[0]。

现在可以写出

```
if (n == 0) {
   return a[0];
}
else {
```

现在，宏观地思考。可以假设 sum(a,n−1) 将返回 a[0] 和 a[n−1] 之间所有整数的和。要有信心！需要做的就是把这个和与 a[n] 相加。图 2-25 展示了已完成的程序中的这个函数。

```
#include <stdio.h>

int list[4];

int sum(int a[], int n) {
// Returns the sum of the elements of a between a[0] and a[n].
   if (n == 0) {
      return a[0];
   }
   else {
      return a[n] + sum(a, n - 1); // ra2
   }
}

int main() {
   printf("Enter four integers: ");
   scanf("%d %d %d %d", &list[0], &list[1], &list[2], &list[3]);
   printf("Their sum is: %d\n", sum(list, 3));
   return 0;
}
```

交互式输入 / 输出

```
Enter four integers: 3 2 6 4
Their sum is: 15
```

图 2-25　返回数组中前 n 个数字之和的递归函数

尽管写这个函数时没有从微观角度进行考虑，但是仍然可以跟踪记录运行时栈。图 2-26 展示了对 sum 前两次调用的栈帧。栈帧由返回值、参数 a 和 n 以及返回地址组成。因为这里没有局部变量，所以运行时栈上也没有为它们分配存储空间。

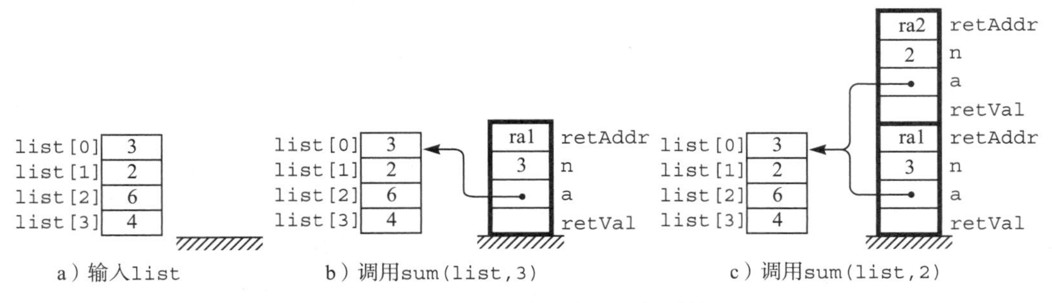

图 2-26　图 2-25 中程序的运行时栈

在 C 语言中，数组总是传引用调用的，其实参列表中没有地址运算符 &。图 2-25 的调用

```
sum(list, 3)
```

中，其实参 list 没有使用前缀的地址运算符 &，但它仍然是传引用调用。因此，过程 sum 中的变量 a 引用主程序中的 list。从字面上看，它包含了数组第一个元素的地址。程序中，a 包含了 list[0] 的地址。图 2-26b 和 c 中有箭头从栈帧中标号为 a 的单元指向标号为 list 的单元，这表示 a 引用 list。

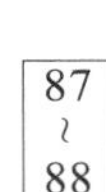

与没有索引的数组名称相反，有索引的数组名称表示的是数组中的单个元素，应将其视为单个变量。图 2-25 中，scanf() 调用中的实参 list[1] 使用了前缀地址运算符 &，这样就能通过传引用来调用它。总而言之，list [1] 是整数类型，在传引用调用时需要地址运算符；而 list 是数组类型，在传引用调用时，默认情况下不需要地址运算符。

2.4.4　二项式系数函数

递归函数的下一个例子有一个更加复杂的调用序列。这个函数计算二项式扩展的系数。考虑如下的扩展：

$$(x+y)^1=x+y$$
$$(x+y)^2=x^2+2xy+y^2$$
$$(x+y)^3=x^3+3x^2y+3xy^2+y^3$$
$$(x+y)^4=x^4+4x^3y+6x^2y^2+4xy^3+y^4$$

这些项的系数叫作二项式系数（binomial coefficient）。如果不带项只写出这些系数，就形成一个由数值组成的三角，称为帕斯卡三角（Pascal's triangle）。图 2-27 是一个最高到 7 次幂系数的帕斯卡三角。

从图 2-27 可以看到，每个系数是它正上方和左上方系数的和。例如，5 行 2 列的二项式系数 10 等于 4 加 6，6 在 10 的正上方，4 在 10 的左上方。

n 次幂 k 项二项式系数 $b(n, k)$ 的数学表达式是：

$$b(n, k)=b(n-1, k)+b(n-1, k-1)$$

它是一个递归定义，因为函数 $b(n, k)$ 以自己定义了自己。也可以看到，如果 k 等于 0 或者如果 n 等于 k，那么二项式系数的值就是 1。完整的数学定义包含了这两个基础情况，其表达式如下：

幂n \ 项数k	0	1	2	3	4	5	6	7
1	1	1						
2	1	2	1					
3	1	3	3	1				
4	1	4	6	4	1			
5	1	5	10	10	5	1		
6	1	6	15	20	15	6	1	
7	1	7	21	35	35	21	7	1

图 2-27　二项式系数的帕斯卡三角

89

$$b(n,k)=\begin{cases}1 & k=0\\ 1 & n=k,\\ b(n-1,k)+b(n-1,k-1) & 0<k<n\end{cases}$$

图 2-28 是递归计算二项式系数值的程序。该程序直接建立在 $b(n, k)$ 的递归定义之上。图 2-29 是运行时栈的跟踪记录。图 2-29b、c 和 d 展示了前 3 个栈帧的分配，分别代表调用 binCoeff(3,1)、binCoeff(2,1) 和 binCoeff(1,1)。第一个栈帧的返回地址是主程序中的调用程序，接下来两个栈帧的返回地址是 y1 赋值语句，即标号为 ra2 的那条语句。

90

```
#include <stdio.h>

int binCoeff(int n, int k) {
   int y1, y2;
   if ((k == 0) || (n == k)) {
      return 1;
   }
   else {
      y1 = binCoeff(n - 1, k); // ra2
      y2 = binCoeff(n - 1, k - 1); // ra3
      return y1 + y2;
   }
}

int main() {
   printf("binCoeff(3, 1) = %d\n", binCoeff(3, 1)); // ra1
   return 0;
}
```

输出

```
binCoeff(3, 1) = 3
```

图 2-28　二项式系数的递归计算

图 2-29e 展示了从 binCoeff(1,1) 的返回，y1 获得函数的返回值 1，接着 y2 赋值语句调用函数 binCoeff(1,0)。图 2-29f 展示 binCoeff(1,0) 执行期间的运行时栈，每个栈帧都有不同的返回地址。

这个程序的调用序列不同于前面那些递归程序的调用序列。那些程序是不断分配栈帧，直到运行时栈达到最大高度，然后不断释放栈帧直到运行时栈为空。这个程序则是分配运行时栈达到最大高度，但是不会连续释放栈帧，直到运行时栈为空。从图 2-29d 到图 2-29e 释放栈帧，但是从图 2-29e 到图 2-29f 分配栈帧；从图 2-29f 到图 2-29g 到图 2-29h 又释放栈帧，而从图 2-29h 到图 2-29i 又分配栈帧。为什么会这样呢？这是因为这个函数有两个递归调用而不是一个。如果基础判断为真，那么函数不执行递归调用；但如果基础判断为假，则函数执行两个递归调用，一个计算 y1，一个计算 y2。图 2-30 展示了该程序的调用序列。可以看到它是树状的。树的每个结点代表一个函数调用。除主程序外，每个结点要么有两个子结点，要么没有子结点，这分别对应于有两个递归调用或者没有递归调用。

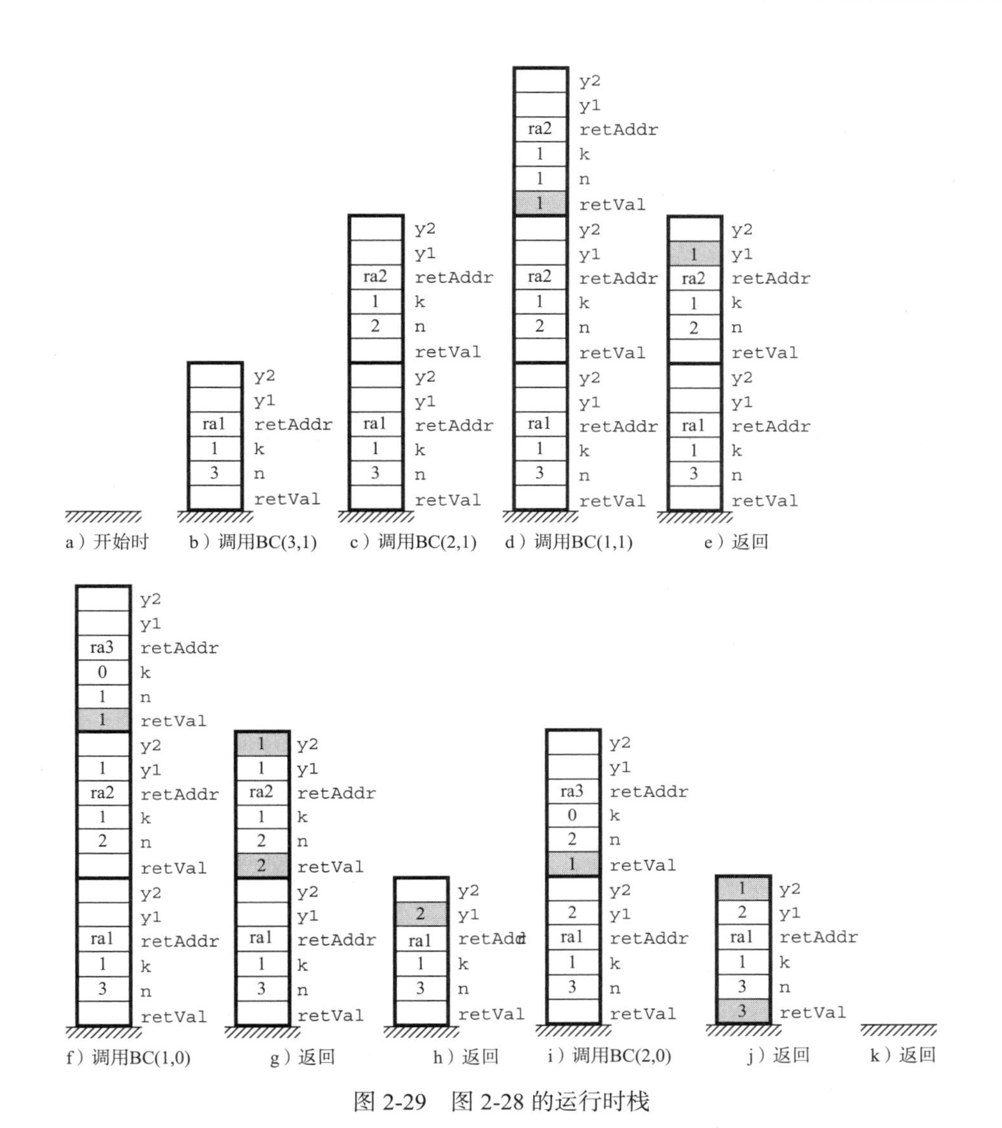

图 2-29 图 2-28 的运行时栈

参照图 2-30，调用和返回序列是：

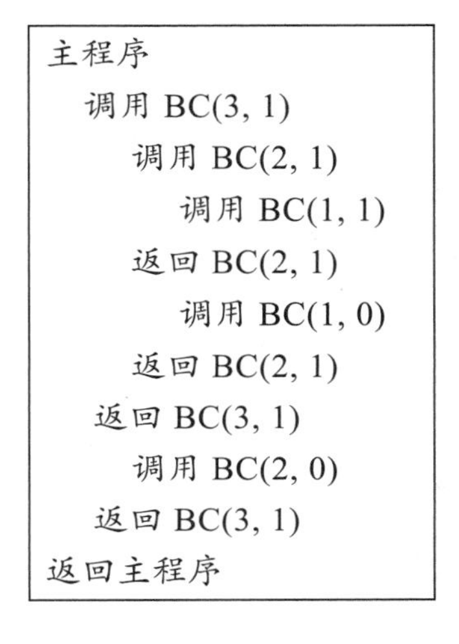

主程序
调用 BC(3, 1)
调用 BC(2, 1)
调用 BC(1, 1)
返回 BC(2, 1)
调用 BC(1, 0)
返回 BC(2, 1)
返回 BC(3, 1)
调用 BC(2, 0)
返回 BC(3, 1)
返回主程序

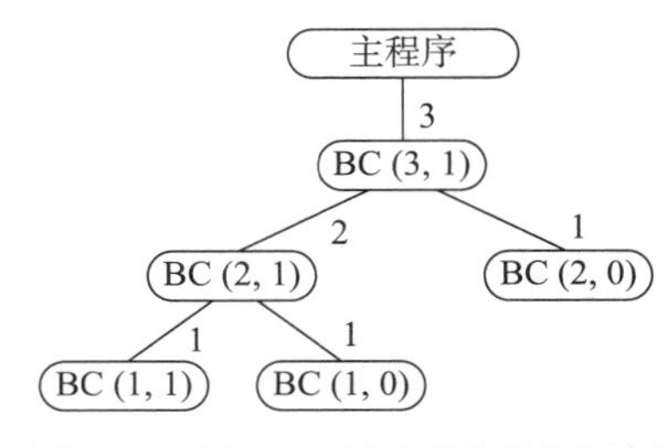

图 2-30 图 2-28 所示程序的调用树

使用这种缩进样式，一行到下一行为增加缩进就代表一次函数调用，而一行到下一行为减少缩进就代表一次函数返回。可以把调用树的执行顺序形象化，把调用树想象成海洋的海岸线。一艘船从主程序的左边沿着海岸线开始航行，并一直保持海岸在它的左边。船会按照结点被调用和返回相同的顺序访问结点，图 2-31 给出了访问路径。

91
~
92

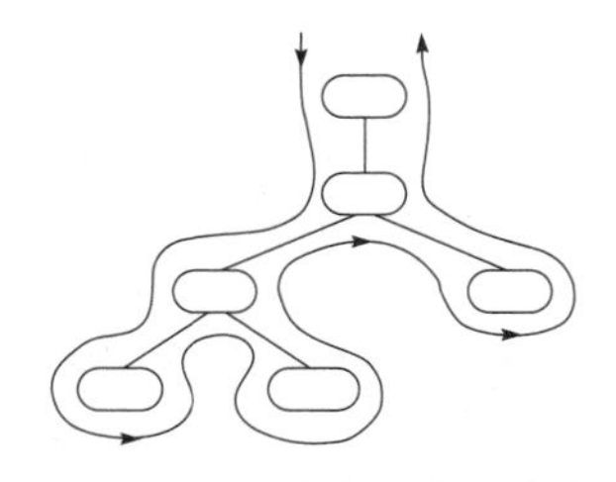

图 2-31　图 2-28 所示程序的执行顺序

当从微观的角度分析递归程序时，在构建运行时栈的跟踪记录之前，构建调用树更容易一些。一旦构建了调用树，就很容易看清楚运行时栈的行为。每当船在树中向下访问结点时，程序分配栈帧；每当船在树中向上访问结点时，程序释放栈帧。

可以根据调用树确定运行时栈的最大高度。只需记录到达调用树最低结点时分配的栈帧数量，这个数对应的就是运行时栈的最大高度。

按照执行顺序来画调用树不是最简单的方法。前面那个程序的执行序列从下面开始：

```
主程序
  调用 BC(3, 1)
     调用 BC(2, 1)
        调用 BC(1, 1)
```

93

不应该用这样的顺序来画调用树。下面这样开始比较容易一些：

```
主程序
  调用 BC(3, 1)
  返回 BC(3, 1)
  返回 BC(3, 1)
返回主程序
```

从程序代码可以看到，BC(3, 1) 会调用它自己两次：BC(2, 1) 一次，BC(2, 0) 一次。然后回到 BC(2, 1) 确定它的子结点，换句话说，就是要先确定本结点的所有子结点，然后再分析每个子结点的更深层次的调用。

相对于“深度优先”的构造方法，这是用“广度优先”的方法来构造树。在复杂的调用树中多次返回到较高层结点时，深度优先的问题就来了。你可能不记得该结点的执行状态是什么，也就不能确定它的下一个子结点是什么。如果一次性确定了一个结点的所有子结点，那么

```
#include <stdio.h>

void reverse(char *str, int j, int k) {
   char temp;
   if (j < k) {
      temp = str[j];
      str[j] = str[k];
      str[k] = temp;
      reverse(str, j + 1, k - 1);
   } // ra2
}

int main() {
   char word[5] = "star";
   printf("%s\n", word);
   reverse(word, 0, 3);
   printf("%s\n", word); // ra1
   return 0;
}
```

输出

```
star
rats
```

图 2-32　逆转局部数组元素的递归过程

就不需要记得所有结点的执行状态。

2.4.5 逆转数组元素顺序

图 2-32 是一个递归过程而不是一个函数。空函数 reverse() 不返回数值，只逆转本地字符数组的元素。C 语言允许程序员用包含在双引号中的字符串常量初始化一个字符数组。在主程序中，word 是一个局部字符数组，初始化为常量字符串 "star"。由于它是局部的，因此存储在运行时栈上 main() 的栈帧中。数组中元素的个数总是比字符串常量的字符数大 1，这是因为在字符串的末尾有一个额外的标记符号 \0。在这个程序中，word 有 5 个元素，四个字母加上一个标记符号。在 printf() 函数调用中，占位符 %s 使程序从数组 word 的第一个元素开始顺序输出，但不包括标记字符。

这个过程把数组 str 中 str[j] 和 str[k] 之间的字符顺序逆转。主程序是想逆转 's' 和 'r' 之间的字符，因此它调用 reverse()，参数 j 为 0，k 为 3。

这个过程通过把问题分解成更小的问题来解决。因为 0 小于 3，该过程知道要把 0 和 3 之间的字符逆转，所以它把 str[0] 和 str[3] 互换，接着递归调用自己来交换 str[1] 和 str[2] 之间的字符。如果 j 大于等于 k，就不需要交换，过程也就什么都不用做。图 2-33 展示了开始时运行时栈的跟踪记录。

94

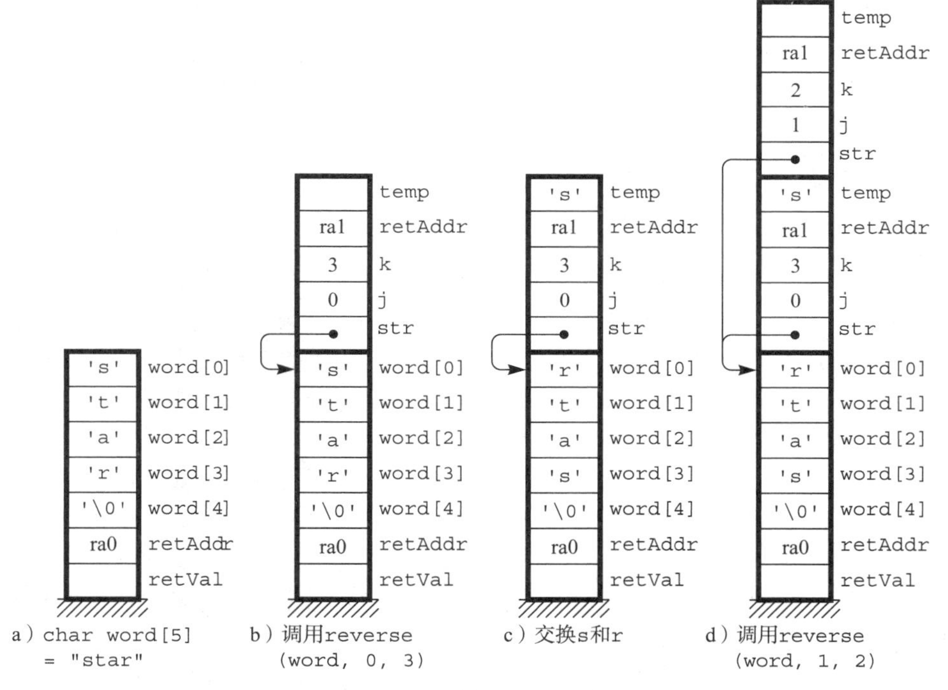

图 2-33 图 2-32 所示程序的运行时栈

2.4.6 汉诺塔

汉诺塔游戏是一个用递归技巧就能方便解决的经典计算机科学问题。这个游戏由 3 个柱子和一组直径不同的盘子组成。柱子编号为 1、2 和 3，每个盘子的中央有一个洞，能套在柱子上。游戏的初始设置是所有的盘子都套在一根柱子上，没有盘子直接放在直径比它小的盘子上。图 2-34 是 4 个盘子的初始设置。

要解决的问题是把所有盘子从起始的柱子移到另一根柱子，并遵循下列规则：

- 每次只可以移动一个盘子，只能把一根柱子顶部的盘子移动到另一根柱子顶部。
- 不能把大直径的盘子放在小直径盘子的上面。

图 2-34　汉诺塔问题示意图

解决这个问题的过程有 3 个参数 n、j 和 k，其中：

- n 是要移动的盘子数量。
- j 是起始柱子。
- k 是目标柱子。

j 和 k 是整数，用于标识柱子。给定 j 和 k 的值，中间柱子的编号可以用 6−j−k 计算表示，所谓中间柱子就是既不是起始柱子也不是目标柱子的柱子。例如，如果起始柱子是 1 而目标柱子是 3，那么中间柱子是 6−1−3=2。

95～96

要把 n 个盘子从柱子 j 移到柱子 k，首先检查是否 n=1，如果是，那么简单地把这个盘子从柱子 j 移到柱子 k 即可。但如果不是，就把问题分解为几个小部分：

- 把 n−1 个盘子从柱子 j 移到中间柱子。
- 把一个盘子从柱子 j 移到柱子 k。
- 把 n−1 个盘子从中间柱子移到柱子 k。

图 2-35 展示了把 4 个盘子从柱子 1 移动到柱子 3 的问题分解。

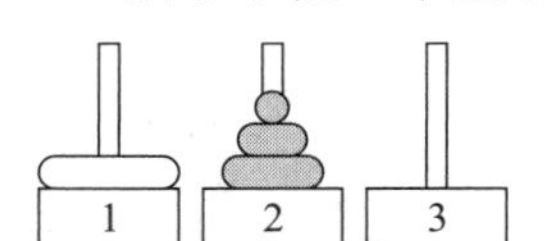

a）将3个盘子从柱子1移到柱子2

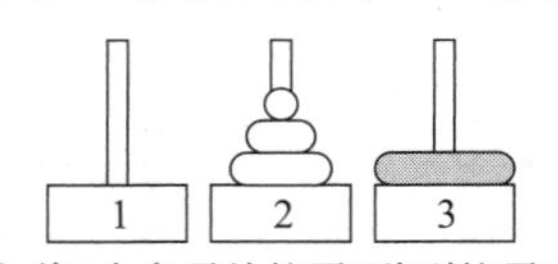

b）将1个盘子从柱子1移到柱子3

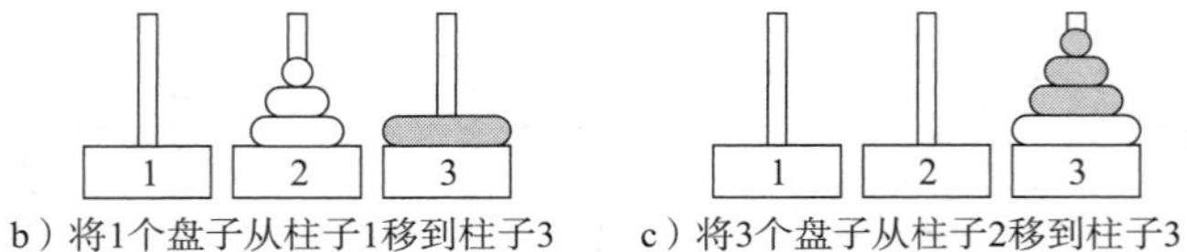

c）将3个盘子从柱子2移到柱子3

图 2-35　假设你能把 3 个盘子从一个柱子移动到另一个时，把 4 个盘子从柱子 1 移到柱子 3 的解决方案

假定初始 n 个盘子的堆放顺序是正确的，这样的操作过程保证盘子不会放在比它直径小的盘子上。例如，如图 2-35 所示，要把 4 个盘子从柱子 1 移到柱子 3，这个过程告诉你应该把最上面的 3 个盘子从柱子 1 移到柱子 2，把底部的一个从柱子 1 移到柱子 3，接着再把那 3 个从柱子 2 移到柱子 3。

把最上面的 3 个盘子从柱子 1 移到柱子 2，柱子 1 上就只剩下底部的一个盘子。这个盘子是直径最大的，因此在移动其他盘子的过程中，放在它上面的任何盘子都是更小的。为了把底部这个盘子从柱子 1 移到柱子 3，柱子 3 必须是空的。这样就不会把这个底部的盘子放在一个较小的盘子上。当把那 3 个盘子从柱子 2 移到柱子 3 上时，会把它们放在当前位于柱子 3 底部的最大的盘子上，这样 3 个盘子就被正确地放在柱子 3 上了。

这个过程是递归的。第一步要把 3 个盘子从柱子 1 移到柱子 2。为此，要把 2 个盘子从柱子 1 移到柱子 3，再把另一个盘子从柱子 1 移到柱子 2，接着把那 2 个盘子从柱子 3 移到柱子 2。图 2-36 展示了这个移动的序列。根据前述推理，能够正确地实施这些步骤。在把 2 个盘子从柱子 1 移到柱子 3 的过程中，可以把这两个盘子中的任意一个放在柱子 1 底部的两个盘子上，不用担心违反规则。

97

最终，可以把这个问题归约到只需移动一个盘子的基础步骤，而一个盘子的解决方案是容易的。本章结尾有一道问题就是对汉诺塔游戏的解决方案进行编程。

a）将2个盘子从柱子1移到柱子3

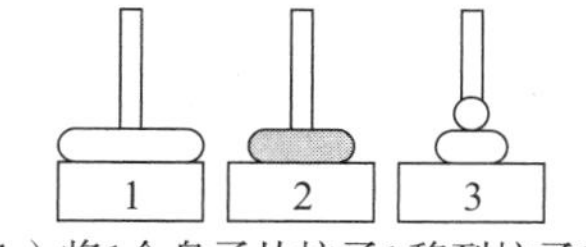

b）将1个盘子从柱子1移到柱子2

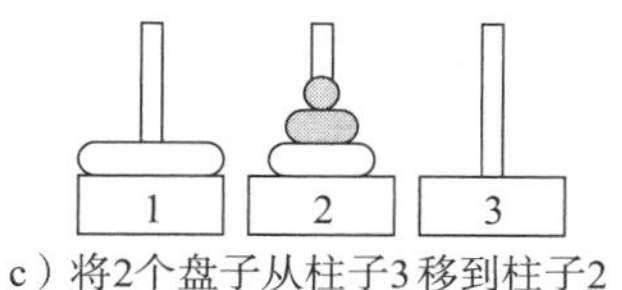

c）将2个盘子从柱子3移到柱子2

图 2-36 假设你能把 2 个盘子从一个柱子移动到另一个柱子时，把 3 个盘子从柱子 1 移到柱子 2 的解决方案

2.4.7 相互递归

在有些问题的最佳解决方案中，过程不直接调用自己，但是它们仍然是递归的。假设一个主程序调用过程 a，过程 a 包含一个对过程 b 的调用。如果过程 b 又包含一个对过程 a 的调用，那么 a 和 b 是相互递归的。尽管过程 a 不直接调用它自己，但是通过过程 b，它间接地调用了它自己。

和普通递归相比，相互递归的实现没有什么不同。运行时栈上分配栈帧的方式也是一样的，先分配返回值，然后是参数，接着是返回地址，再是局部变量。

不过，在 C 程序中，声明相互递归过程时有一个小问题。原因在于 C 语言要求程序的声明必须先于它的使用。如果过程 a() 调用过程 b()，那么在代码中 b() 的声明必须在 a() 的声明之前；但是如果过程 b() 调用过程 a()，那么在代码中 a() 的声明必须在 b() 的声明之前。问题是，如果每个过程都调用另一个，代码中每个过程都必须出现在另一个之前，这显然是不可能的。

针对这种情况，C 语言提供了*函数原型*（function prototype），它允许程序员写出第一个过程的头，而没有过程体。函数原型包括完整的形参列表，但在程序体的位置放一个分号（;）。在一个过程的函数原型之后，就可以是第二个过程的声明，然后是第一个过程的过程体。 98

例 2.6 这是刚才讨论的相互递归的过程 a() 和 b() 的架构：

```
常量、类型、主程序变量
void a(SomeType x);
void b(SomeOtherType y) {
  b 的过程体
}
void a(SomeType x) {
  a 的过程体
}
int main() {
  主程序的执行语句
}
```

如果 b() 对 a() 有一个调用，编译器将会核实实参的数量和类型是否与前面在函数原型里扫描的 a 的形参匹配。如果 a() 对 b() 有一个调用，那么这个调用会在 a() 的程序体中，因为 b() 在 a() 的代码块之前，因此编译器已经扫描了 b() 的声明。 ■

尽管相互递归不如递归常见，但有一些编译器是基于一种叫作*递归下降*（recursive descent）的技术，这个技术很大程度上使用了相互递归。看看 C 语句的结构，你就能明白为什么是这样。把一个 if 嵌套在一个 while 中，而这个 while 又嵌套在另一个 if 中，这是很有可能的。在使用递归下降技术的编译器里有一个过程用于翻译 if 语句，另一个过程用于翻译 while 语句。当正在翻译外层 if 语句的过程遇到 while 语句时，它将调用翻译 while 语句的过程。而当翻译 while 语句的过程遇到嵌套在里面的 if 语句时，它又调用翻译 if 语句的过程，因此是相互递归的。

2.4.8　递归的成本

本节例子的选取只基于一个标准：例子说明递归的能力。可以看到在使用递归的解决方案中，运行时栈需要大量的存储空间，同时也要花费时间分配和释放栈帧。递归解决方案在空间和时间上都是昂贵的。

如果一个问题有不用递归的简单解法，那么非递归方法通常优于递归方法。图 2-18 中计算阶乘的非递归函数肯定比图 2-22 的递归阶乘函数好。图 2-25 对数组元素求和与图 2-32 都可以不用递归，只用循环就可以很容易地编程。

99

二项式系数 $b(n, k)$ 有一个基于阶乘的非递归定义：

$$b(n, k)=\frac{n!}{k!(n-k)!}$$

如果非递归地计算阶乘，基于这个定义的程序可能比相应的递归程序效率高很多。两种方法的选择还有一个可以考虑的因素：非递归方法需要乘法和除法，而递归方法仅需要加法。

有些问题本质上就是递归的，仅用非递归方法解决非常困难。汉诺塔游戏问题的解决本质上就是递归的。你可以试着不用递归去解决它，看看到底会有多难。快速排序法是最知名的排序算法之一，也属于这种类型，用非递归方法对快速排序进行编程比用递归方法难得多。

集成开发环境

本章的 C 程序很简短，除了 main() 之外加上了很少的几个函数。而且这些附加函数全都包含在与主函数相同的文件内。典型的商业应用程序由几十或几百个附加函数组成，这使得单个文件不可能包含整个应用程序。

组织大型软件项目的通用惯例是将小组相关函数集中到单独的文件中。在 C 语言中，这样的函数集合文件有两种类型：扩展名为 .h 的头文件和扩展名为 .c 的源文件。例如，程序开头的 #include 语句指示编译器引入输入 / 输出库的头文件 stdio.h。头文件包含了每个函数声明的头部，即返回类型、函数名和形参列表。相应的源文件不仅包含了每个函数的头部，还包含了实现它的 C 代码。

集成开发环境（IDE）是给软件开发人员使用的应用程序，用于编写包含许多头文件和源文件的大型程序。典型的 IDE 具有用于编写源代码的集成文本编辑器和用于管理项目中的所有头文件和源文件的点击式界面。文本编辑器提供了源代码的语法高亮显示，以及关键字和标识符的代码补全。IDE 为编译器提供了图形用户界面，为程序输入 / 输出提供了集成窗口。

一些比较流行的 IDE 有 NetBeans、Eclipse、Qt Creator、Visual Studio 和 Xcode。NetBeans 是一个开源的 IDE，它起源于学生项目，并被发起 Java 编程语言的 Sun Microsystems 公司所接受。Oracle 收购 Sun 后，继续执行 NetBeans 项目，且仍然维护着它。Eclipse 也是开源 IDE，由 IBM 开发。NetBeans 和 Eclipse 都是用 Java 编写的，但为开发人员提供了不同编程语言的选择，包括 Java、C 和 C ++。Qt Creator 是另一个开源 IDE，由 Digia Plc 旗下的 Qt 公司维护。本书使用的 Pep / 9 软件是 Qt Creator 用 C ++ 编写的。与这些开源跨平台 IDE 不同的是，Visual Studio 和 Xcode 是专有的 IDE。Visual Studio 是 Microsoft 旗下的软件开发产品，主要用于 Windows 操作系统；Xcode 是 Apple 公司的产品，主要用于 OS X 和 iOS 操作系统。

图 2-37 显示了图 2-32 所示程序的 NetBeans IDE。左边标签为 Projects 的窗格用于访问项目中所有的文件。可以看到 IDE 管理了四个项目，正在访问标记为 fig0232 的项目。IDE 把头文件和源文件分开组织。程序员在右上角窗格中打开源文件，该窗格中集成了文本编辑器。通过点击即可编译运行程序，并在右下角窗格中生成输出。

IDE 的另一个集成功能是版本控制。当许多开发人员同时在一个软件项目上工作时，他们需要有一种方法来管理由于修改同一个源程序而导致的潜在冲突问题。版本控制系统对该问题的处理方法是，记录所有对代码的修改，并提供一种系统的、可记录的过程来解决全部冲突。最流行的两个版本控制系统是 Subversion（SVN）和 Git。其中，Git 更新，且使用范围更广。IDE 一般是通过其图形用户界面来提供对这些版本控制系统的访问。Pep/9 软件用 Git 来维护，可以从 GitHub 获得，GitHub 是互联网上的软件托管服务。

100

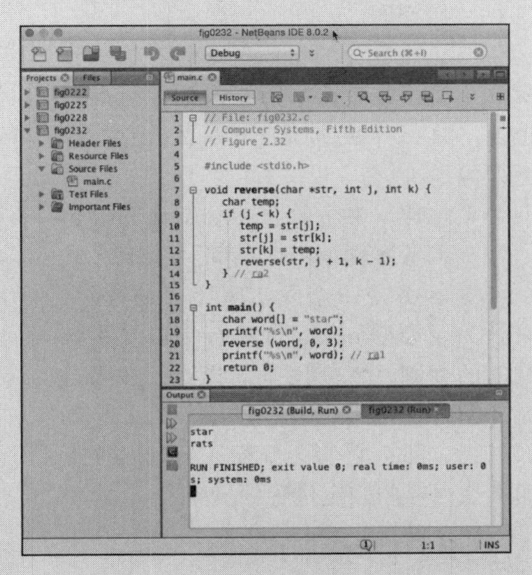

图 2-37 图 2-32 所示程序的 NetBeans IDE

101

2.5 动态内存分配

在 C 语言中，值存储在主存储器的 3 个不同区域：

- 全局变量存储在内存的固定位置。
- 局部变量和参数存储在运行时栈。
- 动态分配的变量和参数存储在堆中。

过程调用和返回时，不能控制堆的分配和释放，而是借助于指针变量来分配堆。堆的分配被称为*动态内存分配*，它不是通过过程调用在运行时栈上自动触发的。

2.5.1 指针

当声明一个全局或者局部变量时，要指定它的类型。例如，可以把类型指定为整数、字符或数组。类似地，当声明一个指针时，必须声明它所指向的类型。指针本身可以是全局变量，也可以是局部变量，但是它指向的值位于堆中，既不是全局变量也不是局部变量。

C 语言提供了两个函数来控制动态内存分配：

- malloc()，在堆中分配一块空间。

- free()，释放堆中的一块空间。

虽然用 free() 函数释放内存非常重要，但本书并不阐述它是怎样操作的。本书中使用指针的程序都是软件设计的不好例子，因为省略了释放的过程。这些程序的目的是展示 HOL6 层和 Asmb5 层之间的关系，到第 6 章，这个关系就会变得更明显，因为第 6 章会讲述程序的翻译。

malloc() 函数的参数是为其实参分配的内存字节数，它执行时做两件事情：

- 在堆中分配一个内存单元，大小等于其参数指定的字节数。
- 返回一个指针，指向新分配的存储空间。

与指针有关的赋值有两种：给指针赋一个值，或者给指针指向的单元赋一个值。第一种赋值叫*指针赋值*，它按照下列规则执行：

- 如果 p 和 q 是指针，赋值 p=q 使得 p 指向 q 指向的同一单元。

102

图 2-38 是一个无实际意义的程序，只是为了说明 malloc() 的行为以及指针赋值的规则。它使用全局指针，如果是局部指针，输出也是一样的。如果是局部指针，那么它们会分配在运行时栈上而不是内存的固定位置中。

```
#include <stdio.h>
#include <stdlib.h>
int *a, *b, *c;
int main() {
   a = (int *) malloc(sizeof(int));
   *a = 5;
   b = (int *) malloc(sizeof(int));
   *b = 3;
   c = a;
   a = b;
   *a = 2 + *c;
   printf("*a = %d\n", *a);
   printf("*b = %d\n", *b);
   printf("*c = %d\n", *c);
   return 0;
}
```

输出

```
*a = 7
*b = 7
*c = 5
```

图 2-38　一个说明指针类型的无实际意义的 C 语言程序

在全局指针的声明中

```
int *a, *b, *c;
```

变量名前的星号表示这个变量是一个指向整数的指针，而不是整数。图 2-39a 将一个指针的值图形化地表示为了一个小黑点。

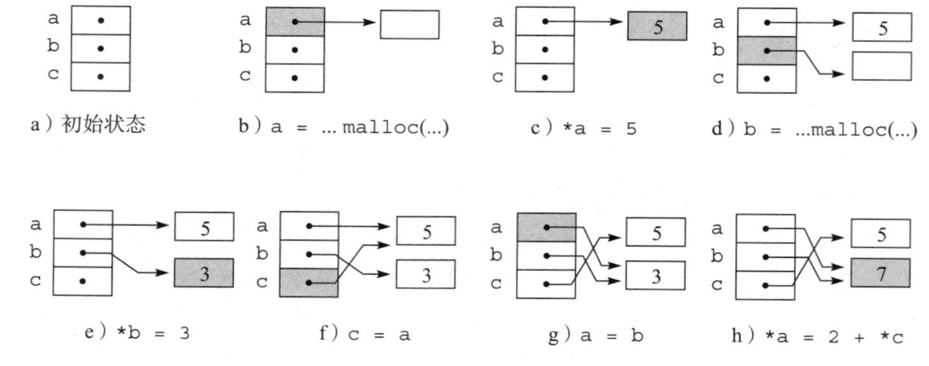

图 2-39　图 2-38 所示程序的跟踪记录

图 2-39b 说明了 malloc() 函数的行为。sizeof() 函数接受一个类型，返回的是保存一个具有该类型的数值所需的字节数。第一个赋值语句中的表达式（int *）是一个类型转换。由

于 malloc() 返回的是通用指针，所以需要类型转换把这个通用指针变成指向 int 的指针。结果就是，调用 malloc() 在堆上分配了一个足够大的单元来存储整数值，并返回一个指向该值的指针。这个赋值使得 a 指向新分配的单元。图 2-38c 展示了怎样访问指针指向的单元。因为 a 是指针，所以 *a 是指针 a 指向的单元。图 2-38f 说明了指针赋值规则。赋值 c=a 使 c 指向 a 指向的同一单元；类似地，赋值 a=b 使 a 指向 b 指向的那个单元。在图 2-38h 中，该赋值不是对指针 a 进行赋值，而是对指针 a 指向的单元进行赋值。

103

2.5.2　结构

结构是 C 语言中数据抽象的关键。它们允许程序员把基本类型的变量整合到一个单一的抽象数据类型中。数组和结构都是一组值，不过数组的所有单元要求类型必须是一样的，通过整型数值作为索引访问每个单元；而在结构中，各个单元可以是不同类型的。C 语言提供 struct 结构把多个值集合成一个组。C 语言程序员给每个称为字段的单元一个字段名。

图 2-40 所示的程序声明了一个名为 person 的 struct，它有 4 个字段，分别叫作 first、last、age 和 gender。该程序声明了一个叫 bill 的全局变量，其类型为 person，字段 first、last 和 gender 是 char 类型，字段 age 是 int 类型。

```
#include <stdio.h>

struct person {
   char first;
   char last;
   int age;
   char gender;
};
struct person bill;
int main() {
   scanf("%c%c%d %c", &bill.first, &bill.last, &bill.age, &bill.gender);
   printf("Initials: %c%c\n", bill.first, bill.last);
   printf("Age: %d\n", bill.age);
   printf("Gender: ");
   if (bill.gender == 'm') {
      printf("male\n");
   }
   else {
      printf("female\n");
   }
   return 0;
}
```

输入

```
bj 32 m
```

输出

```
Initials: bj
Age: 32
Gender: male
```

图 2-40　C 的结构

为了访问结构的字段，在变量和要访问的字段之间放一个点，例如．if 语句的测试条件

```
if (bill.gender == 'm')
```

将访问变量 bill 的名为 gender 的字段。

2.5.3　链式数据结构

程序员经常把指针和结构结合起来实现链式数据结构。struct 通常被称为结点，指针指向结点，结点中又有指针字段。在数据结构中，结点的指针字段作为指向另一个结点的链接。图 2-41 是一个实现链表（linked list）数据结构的程序，第一个循环输入一个整数序列，以特殊的标记符号值 −9999 结束，输入流中的第一个值放在链表的末端；第二个循环输出链表中的每个元素。图 2-42 是图 2-41 所示程序开始几条语句执行的跟踪记录。

104～105

```
#include <stdio.h>
#include <stdlib.h>

struct node {
   int data;
   struct node *next;
};
int main() {
   struct node *first, *p;
   int value;
   first = 0;
   scanf("%d", &value);
   while (value != -9999) {
      p = first;
      first = (struct node *) malloc(sizeof(struct node));
      first->data = value;
      first->next = p;
      scanf("%d", &value);
   }
   for (p = first; p != 0; p = p->next) {
      printf("%d ", p->data);
   }
   return 0;
}
```

输入

```
10 20 30 40 -9999
```

输出

```
40 30 20 10
```

图 2-41　一个输入和输出链表的 C 程序

指针值为 0 是一个特殊的值，它保证指针不指向任何单元。在 C 程序中，它通常用作一个链式结构的标记符号值。语句

```
first = 0;
```

106

把这个特殊的值赋给局部指针 first。图 2-42b 把这个值图形化地表示为一个虚线三角。

用星号来访问指针指向的单元，用点来访问结构的字段。如果一个指针指向一个 struct，那么要访问 struct 中的字段就必须同时使用星号和点。

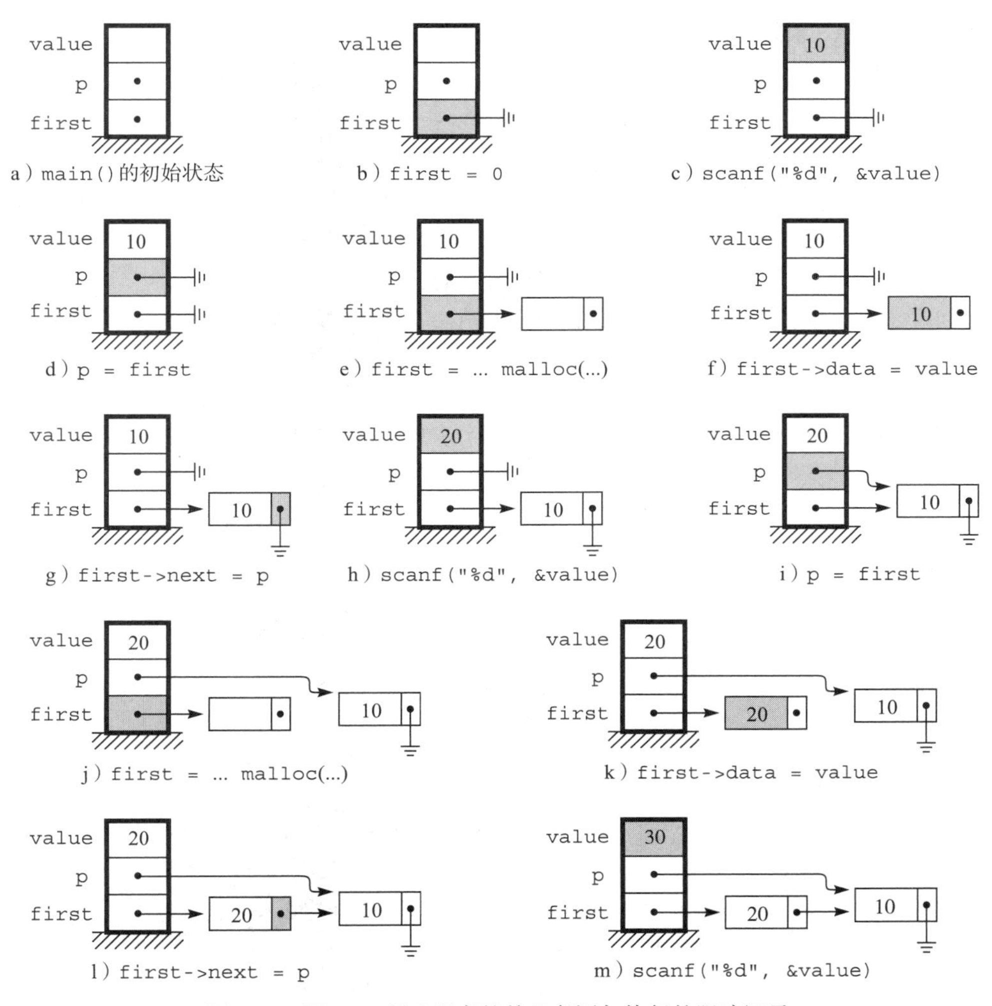

图 2-42　图 2-41 所示程序的前几条语句执行的跟踪记录

例 2.7　下列语句将变量 value 的值赋给变量 first 指向的结构的 data 字段：

107

```
(*first).data = value;
```

■

因为这种星号和点的组合太常用了，所以 C 语言提供了箭头运算符 ->，其格式是一个连接符紧接一个大于符号。例 2.7 中的语句可以用这个运算符简写为

```
first->data = value;
```

如图 2-42f、k 所示。该程序用同样的简写访问 next 字段，如图 2-42g、l 所示。

本章小结

在 C 语言中，值存储在主存储器的 3 个不同区域中：全局变量存放在内存中的固定位置；局部变量和参数存放在运行时栈；动态分配的变量存放在堆中。改变控制流一般顺序的方法有两种：选择和循环。C 语言的 if 和 switch 语句实现选择，while、do 和 for 语句实现循环。所有 5 种语句都用关系运算符测试条件的真伪。

运行时栈的 LIFO 特性用于实现函数和过程调用。函数的分配过程是：压入返回值的存

储空间，压入实参、压入返回地址、压入局部变量的存储空间。过程的分配过程除了不压入返回值的存储空间之外都是一样的。栈帧是由一次函数或过程调用中压入运行时栈的所有项组成的。

递归过程是一种调用自己的过程。为了避免无休止地调用自己，递归程序必须有一个 if 语句，作为停止递归调用的安全出口。微观和宏观是两种不同的思考递归的角度。微观角度考虑程序执行期间运行时栈的细节，而宏观角度基于更高的抽象层次，与数学归纳法证明相关。微观角度用于分析，宏观角度用于设计。

108

用 malloc() 函数在堆上分配存储空间称为*动态内存分配*。malloc() 函数在堆上分配一个内存单元，并返回一个指向该新分配单元的指针。结构是一组值，在 C 语言中表示为 struct，它不要求所有的值都是同一类型。每个值存储在一个字段中，每个字段有一个名字。链式数据结构由结点组成，这些结点都是结构，结构中有指针指向其他的结点。链表中的结点有一个值字段，还有一个通常名为 next 的字段，它指向链表中的下一个结点。

练习

2.4 节

1. 主程序第一次调用图 2-25 中的函数 sum()，从第二次开始它就自己调用自己。
   *(a) 将 main() 调用计算在内，该函数总共被调用了多少次？
   (b) 画出函数第三次被调用后主程序变量和运行时栈的情况。不要绘制 main() 的栈帧，应该有 3 个栈帧。
   (c) 画出从 (b) 调用返回前主程序变量和运行时栈的情况。应该有 3 个栈帧，不过内容和 (b) 的不同。
2. 下列练习包括五个部分：（1）假设给定调用语句来自主程序，以图 2-30 为例，画出图 2-28 中函数 binCoeff() 的调用树。（2）用 92 页[⊖]的缩进样式写出调用与返回顺序。（3）将主程序调用计算在内，该函数总共被调用了多少次？（4）不算主程序的栈帧，程序执行期间，运行时栈上栈帧的最大数量是多少？（5）程序执行期间，按照图 2-29 的样式，画出给定点的运行时栈。
   *(a) 来自主程序的调用语句 binCoeff(4, 1)。对（5）而言，画出从 binCoeff(2, 1) 返回前的运行时栈。
   (b) 来自主程序的调用语句 binCoeff(5, 1)。对（5）而言，画出从 binCoeff(3, 1) 返回前的运行时栈。
   109
   (c) 来自主程序的调用语句 binCoeff(3, 2)。对（5）而言，画出从 binCoeff(1, 0) 返回前的运行时栈。
   (d) 来自主程序的调用语句 binCoeff(4, 4)。对（5）而言，画出从 binCoeff(4, 4) 返回前的运行时栈。
   (e) 来自主程序的调用语句 binCoeff(4, 2)。对（5）而言，binCoeff（2,1）被调用两次，画出从第二次对该函数进行调用返回前的运行时栈。
3. 给出图 2-32 中逆转字符串数组字母顺序的程序的调用树，调用树的画法如图 2-30 所示，假设初始字符串为 "Backward"。包括来自 main() 的调用在内，函数 reverse() 被调用了多少次？包括 main() 的栈帧在内，在运行时栈上分配的栈帧的最大数量是多少？包括 main() 的栈帧在内，画出第三次调用函数 reverse() 后的运行时栈。
4. 斐波那契数列是
   0 1 1 2 3 5 8 13 21 …
   每个斐波那契数列中的数是数列中它前面两个数之和。数列最开始有两个数，递归地定义为

$$\mathrm{fib}(n)=\begin{cases}0 & n=0\\ 1 & n=1\\ \mathrm{fib}(n-1)+\mathrm{fib}(n-2) & n<1\end{cases}$$

   按照图 2-30 的样式，画出下列斐波那契数的调用树：

⊖ 此页码指的是英文原书页码，与书中页边标注的页码一致。——编辑注

（a）fib(3) （b）fib(4) （c）fib(5)

对上述每个调用，包括来自 main() 的调用，fib() 被调用了多少次？不包括 main() 的栈帧，在运行时栈上被分配的栈帧的最大数量是多少？

5. 对于编程题 14 中汉诺塔问题的解决方案，画出 4 个盘子情况的调用树。包括来自 main() 的调用，过程被调用了多少次？不包括 main() 的栈帧，运行时栈上栈帧的最大数量是多少？

6. 神秘数字递归地定义为

$$\text{myst}(n)=\begin{cases}2 & n=0\\ 1 & n=1\\ 2\times\text{myst}(n-1)+\text{myst}(n-2) & n>1\end{cases}$$

（a）按照图 2-30 的样式，画出 myst(4) 的调用序列。

（b）myst(4) 的值是什么？

110

7. 检查下面的 C 程序。（a）画出过程最后一次被调用后的运行时栈，需包括 main() 的栈帧。（b）程序的输出是什么？

```
#include <stdio.h>
void what(char *word, int j) {
   if (j > 1) {
      word[j] = word[3 - j];
      what(word, j - 1);
   } // ra2
}
int main() {
   char str[5] = "abcd";
   what(str, 3);
   printf("%s\n", str); // ra1
   return 0;
}
```

编程题

2.1 节

8. 写一个 C 程序，输入两个整数，输出它们的商和余数。要输出 % 符号，必须在格式字符串中写为 %%。

输入样本

```
13  4
```

输出样本

```
13/4 has value 3.
13%4 has value 1.
```

2.2 节

9. 写一个 C 程序，输入一个整数，输出这个整数是否是偶数。

输入样本

```
15
```

输出样本

```
15 is not even.
```

111

10. 写一个 C 程序，输入两个整数，输出这两个整数之间的整数之和。

输入样本

```
9  12
```

输出样本

```
The sum of the numbers between 9 and 12 inclusive is 42.
```

2.3 节

11. 写一个 C 函数

```
int rectArea (int len, int wid)
```

返回长为 len 宽为 wid 的矩形的面积。用一个输入为矩形的长和宽、输出为矩形面积的主程序测试它。在主程序中而不是函数中输出该值。

输入样本

```
6  10
```

输出样本

```
The area of a 6 by 10 rectangle is 60.
```

12. 写一个 C 函数

```
void rect(int *ar, int *per, int len, int wid)
```

计算长为 len 宽为 wid 的矩形的面积 ar 和周长 per。用一个输入为矩形的长和宽、输出为矩形面积和周长的主程序来测试它。在主程序中而不是函数中输出值。

输入样本

```
6  10
```

输出样本

```
Length: 6
Width: 10
Area: 60
Perimeter: 32
```

2.4 节

13. 写一个 C 程序，请用户输入一个小的整数，然后用递归函数返回练习 4 中定义的斐波那契值。不要使用循环。在主程序中而不是函数中输出值。

112

输入 / 输出样本

```
Which Fibonacci number? 8
The number is 21.
```

14. 写一个 C 程序打印汉诺塔问题的解决方案。要求用户输入游戏中盘子的数量，所有盘子初始是在哪根柱子上，要被移动到哪根柱子上。

输入 / 输出样本

```
How many disks do you want to move? 3
From which peg? 3
To which peg? 2

Move a disk from peg 3 to peg 2.
Move a disk from peg 3 to peg 1.
Move a disk from peg 2 to peg 1.
Move a disk from peg 3 to peg 2.
Move a disk from peg 1 to peg 3.
Move a disk from peg 1 to peg 2.
Move a disk from peg 3 to peg 2.
```

15. 写一个名为 rotateLeft()、返回值为空的递归函数，它有两个参数：一个数组和一个整数个数 n。函数循环左移一个数组的前 n 个整数。为了循环左移 n 个元素，要递归地循环左移前 n-1 个元素，然后交换最后两个元素。例如，循环左移 5 个元素：

```
50   60   70   80   90
```

先递归地循环左移前 4 个元素：

```
60    70    80    50    90
```

然后交换后两个元素：

```
60    70    80    90    50
```

写一个主程序来测试它，输入一个整数的个数，然后是要循环移动的整数数值。输出是原整数值和循环移动后的值。rotateLeft() 中不要使用循环，在主程序中而不是函数中输出值。

输入样本

```
5   50 60 70 80 90
```

输出样本

```
Original list: 50   60   70   80   90
Rotated list: 60   70   80   90   50
```

113

16. 写一个函数

```
int maximum (int list[], int n)
```

递归地找出 list[0] 和 list[n] 之间最大的整数。假设数列中至少有一个元素。用主程序测试它，输入是整数数量，接着是整数数值。输出是原整数值，接着是最大整数值。maximum 中不要使用循环。在主程序中而不是函数中输出值。

输入样本

```
5   50 30 90 20 80
```

输出样本

```
Original list: 50   30   90   20   80
Largest value: 90
```

2.5 节

17. 图 2-41 的程序生成了一个元素顺序与输入时相反的链表。修改程序的第一个循环，使生成的链表和输入顺序一致。不要改动第二个循环。

输入样本

```
10 20 30 40 -9999
```

输出样本

```
10 20 30 40
```

18. 二叉搜索树的结点声明如下：

```
struct node {
   node *left;
   int data;
   node *right;
};
```

left 是指向左子树的指针，right 是指向右子树的指针。编写一个 C 程序，输入一个整数序列，−9999 为标记符号，把它们插入二叉搜索树。用递归过程中序遍历搜索树，并以升序输出这些数值。

输入样本

```
40 90 50 10 80 30 70 60 20 -9999
```

输出样本

```
10 20 30 40 50 60 70 80 90
```

114

第三部分
Computer Systems, Fifth Edition

指令集架构层（第3层）

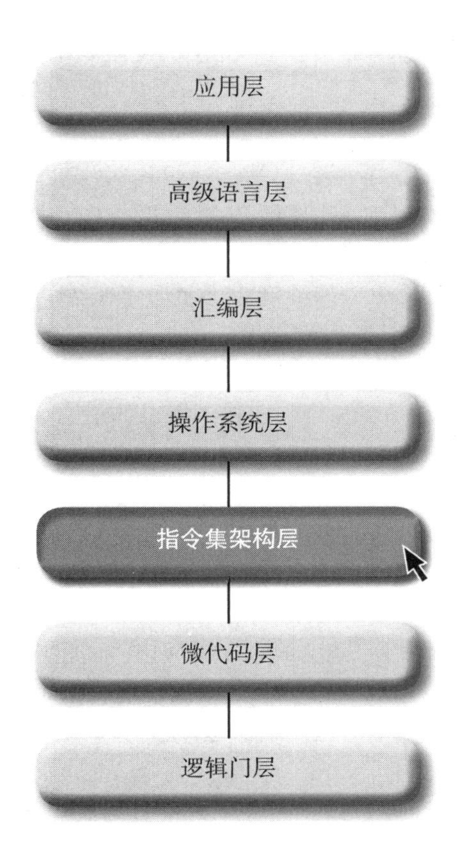

信息的表示

印刷字是人类最重要的发明之一。我们看到的本书页面上的文字代表存储在纸上的信息，在阅读时，这些信息就传递给我们。就像印刷的页面一样，计算机的内存用于存储信息。中央处理单元（CPU）能够从内存中获取信息，就像从页面上的文字中获取信息一样。

一些计算机术语就是来自这样的类比。CPU 从内存读取（read）信息，把信息写入（write）内存，这些信息被分隔为字（word）。在一些计算机系统中，一大组字，通常从几百到几千不等，又组成页（page）。

位于 HOL6 层的 C，信息以存储在内存中的变量或者磁盘中的文件中值的形式存在。本章将展示在 ISA3 层上信息是如何存储的。机器层的信息表示与高级语言级的表示大为不同。在 ISA3 层上，信息表示不太以人为本。我们在后面的章节讨论中间层 Asmb5 层和 OS4 层上的信息表示，以及它们与 HOL6 层和 ISA3 层的关系。

3.1 无符号二进制表示

早期的计算机是机电式的，即所有计算是通过称为继电器（relay）的移动开关来实现的。哈佛大学的 Howard H. Aiken（霍华德 · 艾肯）于 1944 年建造的 Mark I 计算机就是这种类型的机器。这个项目上，Aiken 获得了国际商用机器公司（IBM）总裁 Thomas J. Watson 的资金支持。当时，Mark I 计算机中的继电器比加法计算器中的机械齿轮计算速度快得多。

甚至在 Mark I 完成之前，艾奥瓦州立大学的 John V. Atanasoff 已经构造完成了一台用于解线性方程的电子计算机。1941 年，John W. Mauchly 访问 Atanasoff 的实验室，1946 年与宾夕法尼亚大学的 J. Presper Eckert 合作建造了著名的电子数值积分计算机（ENIAC）。相比于 Mark I 继电器的每秒 10 次，ENIAC 的 19 000 个真空管每秒可以执行 5000 次加法。与 ENIAC 一样，现代计算机也是电子的，不过执行计算的是集成电路（IC）而不是真空管。

3.1.1 二进制存储

116 ~ 118

电子计算机的内存不能直接存储数字和字母，它们只能存储电子信号。当 CPU 从内存读取信息时，它检测到一个信号，其电压等于两节手电筒电池产生的电压。

计算机内存有一个最显著的性质：每个存储位置包含一个高电平信号或者低电平信号，绝不会是两者之间的其他信号。存储位置就像是怀孕一样，要么怀了要么没怀，没有折中的可能。

数字（digital）这个词意味着存储在内存中的信号只能有固定数量的数值。二进制意味着仅有两个可能的值。实际上，现在市场上所有计算机都是二进制的，因此每个存储位置包含一个高电平或者一个低电平，每个位置的状态也被描述为开或关，或者描述为包含 1 或 0。

每个存储单元称为二进制数字（binary digit）或位（bit，也译作比特）。1 位只能是 1 或

0，绝不可能是其他诸如 2、3、A 或 Z 之类，这是基本概念。计算机内存中存储的每条信息，不管是你的信用卡透支总额还是你的街道地址，都是以二进制 1 和 0 的形式存储的。

实际上，计算机存储器中的位被组合在一起形成单元（cell）。例如，一台 7 位的计算机会以如图 3-1a 所示的每 7 位组成一组的方式存储它的信息。你可以把单元想作一组方框，每个方框包含一个 1 或 0，除此之外什么都没有。图 3-1b 展示了一个 7 位单元可能存储的一些二进制值，图 c 中的值是不可能的，因为有的方框中的数字不是 0 或 1。

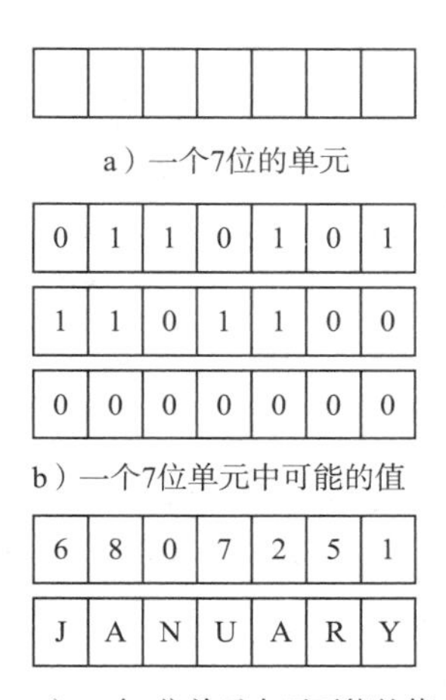

a）一个7位的单元

b）一个7位单元中可能的值

c）一个7位单元中不可能的值

图 3-1　主存中 7 位的内存单元

计算机系统中不同部分的每个单元位数也不同。实际上，所有现代计算机的主存和磁盘中的每个单元都有 8 位。一个 8 位单元被称为一个“字节”（byte）。而系统其他部分则有不同的位数。本章给出几个不同单元大小的例子来说明普适原理。

诸如数字和字母这样的信息必须以二进制的形式表示才能存储到内存中。用于存储信息的表示方式叫作*编码*（code）。本节给出存储无符号整数的编码，本章其他小节描述了存储其他类型数据的编码，下一章将分析内存中存储程序命令的编码。

3.1.2　整数

数字必须以二进制形式表示才能存储到计算机内存中。具体的编码视这个数字有小数部分还是整数而定。如果是整数，那么编码也取决于它永远是正的还是也可以为负。

无符号二进制（unsigned binary）用于表示永远为正的整数。在学习二进制之前，我们先复习十进制（decimal 或缩写 dec），然后按这个方法学习二进制。　119

十进制的发明也许是因为我们用 10 根手指计数和做加法，使用这个优雅规制写的算术书出现在公元 8 世纪的印度，它被翻译成阿拉伯文并最终被商人带到了欧洲，在这里它又从阿拉伯文翻译成拉丁文。因为那时人们认为它起源于阿拉伯，所以数字被称为阿拉伯数字，但是印度 – 阿拉伯数字应该是更准确的名字，因为它实际上起源于印度。

以 10 为底的阿拉伯数字计数如下（当然是向下读）：

0	7	14	21	28	35
1	8	15	22	29	36
2	9	16	23	30	37
3	10	17	24	31	38
4	11	18	25	32	⋮
5	12	19	26	33	
6	13	20	27	34	

从 0 开始，印度人接着发明了下一个数字 1 的符号，然后是 2，直到符号 9。这时，他们看着自己的手想到了一个神奇的点子。在最后一根手指后面，他们没有发明新的符号，而是用前面两个符号 1 和 0 一起表示下一个数字 10。

剩下的故事你都知道了。当到 19 时，他们看到 9 是他们创造的符号中最高的符号了，因此他们把它降到0同时把1增加到2，这样形成20。从29到30，最终99到100，不断地继续，都是同样的处理。

如果我们仅有8个指头而不是10个将会怎样呢？到了7，下一个数字用完了最后一根手指，我们不必发明一个新符号，下一个数字会以10来表示。以8为底（八进制，octal或缩写为oct）计数是这样的：

0	7	16	25	34	43
1	10	17	26	35	44
2	11	20	27	36	45
3	12	21	30	37	46
4	13	22	31	40	⋮
5	14	23	32	41	
6	15	24	33	42	

120
八进制中77的下一个数字是100。

比较十进制和八进制方法，你会注意到八进制的5（oct）和十进制的5（dec）是同样的数字，但八进制21（oct）和十进制21（dec）是不一样，反而和十进制17（dec）是一样的。数字以八进制表示看上去比它们实际上以十进制表示要显得大一些。

假如我们不是有10个或者8个指头而是有3个指头会怎样呢？规律是一样的，三进制计数是这样的：

0	21	112	210	1001	1022
1	22	120	211	1002	1100
2	100	121	212	1010	1101
10	101	122	220	1011	1102
11	102	200	221	1012	⋮
12	110	201	222	1020	
20	111	202	1000	1021	

最后，我们看看无符号二进制表示。计算机仅有两根手指，以2为底（二进制，binary，或简称bin）计数遵循与八进制和三进制完全相同的方法：

0	111	1110	10101	11100	100011
1	1000	1111	10110	11101	100100
10	1001	10000	10111	11110	100101
11	1010	10001	11000	11111	100110
100	1011	10010	11001	100000	⋮
101	1100	10011	11010	100001	
110	1101	10100	11011	100010	

二进制数看上去比它们实际的值要大很多，二进制数10110（bin）只是十进制的22（dec）。

3.1.3　基数转换

给定一个二进制数，有几种方法来确定它对应的十进制数。一种方法是简单地以二进制和十进制往上数到那个数，这种方法对小的数字非常有效。另一种方法是把二进制数每个为1的位的位置值都加起来。

例3.1　图3-2a展示了10110(bin)的位置值，最右边是1的位置值（称为*最低有效位*），每个位置值都两倍于它前面的那个位置值。图3-2b展示了得到22（dec）的加法。　■

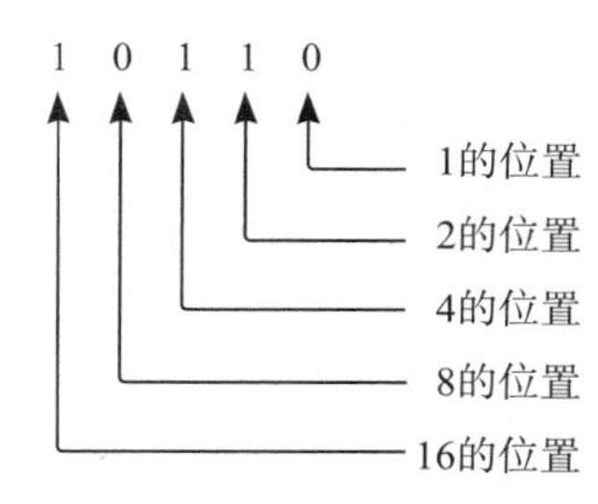

a）10110（bin）的位置值

0　1的位置= 0
1　2的位置= 2
1　4的位置= 4
0　8的位置= 0
1　16的位置= 16
22 (dec)

b）将10110（bin）转换为十进制数

图 3-2　将二进制数转换为十进制数

例 3.2　无符号二进制类似于我们熟悉的十进制。图 3-3 展示了 58 036（dec）的位置值。数字 58 036 代表 6 个 1，3 个 10，没有 100，8 个 1000 和 5 个 10 000。从最右边 1 的位置开始，每个位置值都 10 倍于它前面的位置值。在二进制中，每个位置值是两倍于它前面的那个位置值。■

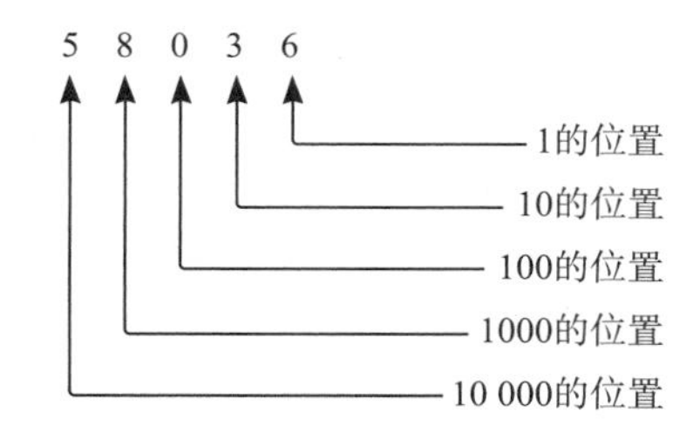

图 3-3　58036（dec）的位置值

121
~
122

无符号数值能方便地表示为数制基底的多项式（基底也称为数制的基数（radix））。图 3-4 给出了 10110（bin）和 58 036（dec）的多项式表示。最低有效位总是基数的 0 次方，即 1。接下来的有效位是基数的一次方，即基数本身。从多项式的结构可以看到每个位置值是前一个位置值乘以基数。

$$1 \times 2^4 + 0 \times 2^3 + 1 \times 2^2 + 1 \times 2^1 + 0 \times 2^0$$

a）二进制数10110

$$5 \times 10^4 + 8 \times 10^3 + 0 \times 10^2 + 3 \times 10^1 + 6 \times 10^0$$

b）十进制数58036

图 3-4　无符号数的多项式表示

在二进制中，只有 1 的位置的值是奇数，所有其他位置（2 的位置、4 的位置、8 的位置等）的值都是偶数。如果 1 的位置的值是 0，那么二进制数的值将是几个偶数值相加的和，因此一定是偶数。另一方面，如果二进制数的 1 的位置的值是 1，那么它的值就是把 1 和几个偶数值相加，因此一定是奇数。与在十进制中一样，通过检测 1 的位置的数字可以很容易地确定一个二进制数是奇数还是偶数。

确定十进制数等值的二进制数有点儿棘手。一种方法是连续地把这个数除以 2，保留余数的记录，余数的逆序就是这个二进制数。

例 3.3　图 3-5 把 22（dec）转换成二进制。22 除以 2 等于 11，余数为 0，把余数写在右列，接着 11 除以 2 等于 5 余 1。继续进行直到商为 0，这样形成一个余数列，从下往上读取余数就形成二进制数 10110。■

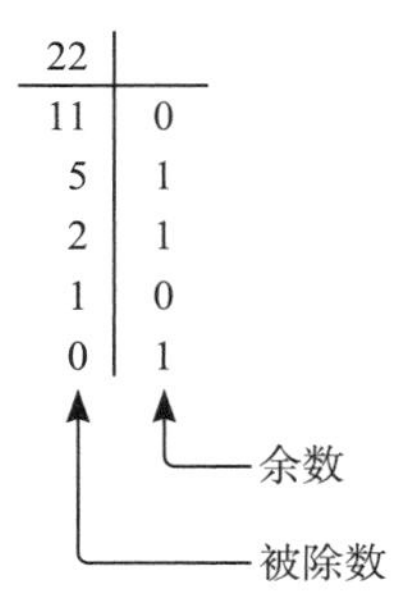

图 3-5　将十进制数转换为二进制数

注意：最低有效位是用原始数值除以 2 得到的余数，这与仅通过检测最低有效位确定一个二进制数是奇数还是偶数是一致的。如果原始数是偶数，除以 2 将得到余数 0，这个 0 将是最低有效位。相反，如果原始数是奇数，最低有效位将是 1。

3.1.4　无符号整数的范围

所有这些基于阿拉伯数字的计数方法都可以表示任意大的数字。然而，在一个真实计算机中每个单元的位数是有限的。图 3-6 展示了一个 7 位的单元是如何存储数 22（dec）的。注意开头的两个 0，它们不影响数值，但是对于指定内存位置的内容是必需的。对于 7 位的计算机来说，不带方框，这个数应该写作

0	0	1	0	1	1	0

图 3-6　7 位单元中的数 22(dec)

001 0110

开头的两个 0 仍然是必需的。本书在显示位串时，从右开始每 4 位一组，组间有一个空格（为了易读）。

123

无符号数值的范围取决于一个单元的位数。一个全 0 的序列代表最小的无符号值，全 1 的序列代表最大的。

例 3.4　一个 7 位的单元可以存储的最小无符号整数是

000 0000（bin）

可以存储的最大无符号整数是

111 1111（bin）

最小的是 0（dec），最大的是 127（dec）。一个 7 位单元不能存储大于 127 的无符号整数。■

3.1.5　无符号加法

无符号二进制数加法和无符号十进制加法一样，只不过更容易，因为只需学习 2 位加法法则而不是 10 个数字的加法法则。位加法法则是

0+0=0

0+1=1

1+0=1

1+1=10

我们熟悉的十进制中的进位方法也一样适用于二进制。如果一列中的两个数相加大于 1，那么必须进 1 到下一列。

例 3.5　假设有一个 6 位的单元，把 01 1010 和 01 0001 两个数相加，简单地从最低有效位列开始把一个数写在另一个上面：

```
      01 1010
ADD   01 0001
-------------
      10 1011
```

注意当到达从右数的第 5 列时，1+1 等于 10，必须写 0 并进 1 到下一列，在最后一列 1+0+0 得出和数中最左边的 1。

为了验证这个进位方法对二进制有效，把这两个数与它们的和都转换为十进制数：

01 1010(bin)=26(dec)

01 0001(bin)=17(dec)

10 1011(bin)=43(dec)

124

毫无疑问，在十进制中，26+17=43。■

例 3.6　这些例子显示了进位可以沿着连续的列传递：

```
         00 0011          00 1111
ADD      01 0001   ADD    00 1001
         -------          -------
         01 0100          01 1000
```

在第二个例子中，当到达从右数的第四列时，有一个来自前一列的进位，那么 1 + 1 + 1 等于 11，必须写 1 并进 1 到下一列。■

3.1.6　进位位

前面例子中的 6 位单元的表数范围是 00 0000 到 11 1111（bin），或 0 到 63（dec）。两个加数在表数范围内，而和不在该范围内是有可能的，其原因是和数太大了不能装进 6 位的存储单元。

为了标记出这种情况，CPU 有一个特殊的位称为*进位位*（carry bit），以字母 C 表示。当两个二进制数相加时，如果最左列（称为*最高有效位*）的和产生了一个进位，那么 C 被设置为 1，否则 C 为 0。换句话说，C 总是包含单元最左列产生的进位。在前面所有的例子中，和都在表数范围内，所以进位位为 0。

例 3.7　这里有两个展示进位位影响的例子：

```
         01 0110          10 1010
ADD      10 0010   ADD    01 1010
         -------          -------
C=0      11 1000   C=1    00 0100
```

在第二个例子中，CPU 进行 42+26 的运算，正确的结果是 68，但它太大不能装进 6 位的单元中。注意 6 位单元的表数范围是 0 到 63，因此只能存储最右的 6 位，得到不正确的结果 4，而进位位也被设置为 1，表示最左一列有进位。■

3.2　二进制补码表示

无符号二进制表示法仅适用于非负整数。如果计算机要处理负整数，那么它必须要用一种不同的表示法。

假设有一个 6 位的单元要存储 −5（dec）。因为 5（dec）是 101（bin），所以你可能想到图 3-7 所示的样子。但这是不可能的，因为包括首位在内的所有位都必须是 0 或 1。谨记计算机是二进制的。上面这种存储值要求每个方框可以存储 0 或 1 或破折号，这样的计算机必须是三进制而不是二进制。

125

−	0	0	1	0	1

图 3-7　尝试用二进制存储负数

解决这个问题的办法是保留单元的第一个方框来表示符号。这样，6 位单元将分为两个部分——1 位符号位和 5 位数值位，如图 3-8 所示。因为符号位必须是 0 或 1，所以一种可能是让符号位 0 表示正数，符号位 1 表示负数。那么 +5 可以表示为：

00 0101

−5 可以表示为：

10 0101

在这种表示法中，+5 和 −5 的数值位是相同的，仅仅是符号位不同。

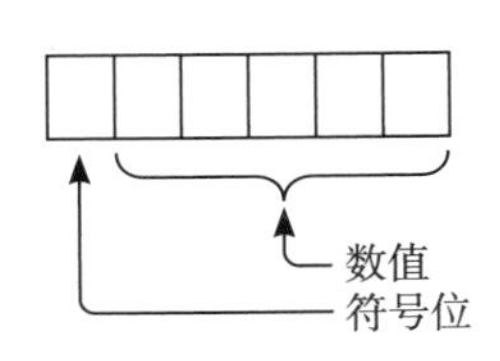

图 3-8　有符号整数的结构

然而，很少有计算机用前面这种编码，因为如果进

行十进制的 +5 加 −5，得到 0，但如果进行二进制的 00 0101 加 10 0101（符号位和所有），得到

```
       00 0101
ADD    10 0101
--------------
C=0    10 1010
```

这显然不等于 0。如果 CPU 硬件可以用无符号二进制加法的普通算法对包含符号位的完整数字 +5 和 −5 进行相加并得到 0，这会更加方便。

二进制补码（two’s complement）表示有这个特性，正数由符号位 0 和与无符号二进制表示一样的数值位组成。例如，十进制 +5（dec）仍然表示为 00 0101。

但是 −5（dec）的表示不是 10 0101，而是 11 1011，这样 +5 加 −5 就得到

```
       00 0101
ADD    11 1011
--------------
C=1    00 0000
```

注意 6 位的和都是 0，和我们期望的一样。

按照 6 位单元的二进制加法法则，11 1011 称为 00 0101 的*加法逆元*（additive reverse）。求加法逆元的运算称为*求补*（negation），缩写为 NEG。对一个数求补也称为取它的补码。

现在我们所需的是求一个数补码的法则。有个简单的法则是基于*反码*（ones’ complement），反码是把所有的 1 变为 0，0 变为 1 的二进制序列。反码也称为 NOT 运算。

例 3.8　假设一个 6 位单元，00 0101 的反码是

NOT 00 0101=11 1010 ■

找出补码法则的线索是把一个数和它的二进制反码相加的结果。因为 1 加 0 等于 1，0 加 1 等于 1，所以任意数和它的反码相加将生成一个全 1 的序列，然而把一个单独的 1 和全 1 的数相加就会得到一个全 0 的数。

126

例 3.9　00 0101 加上它的反码

```
       00 0101
ADD    11 1010
--------------
C=0    11 1111
```

得到是全 1，再把这个数加 1 得到

```
       11 1111
ADD    00 0001
--------------
C=1    00 0000
```

这个数是全 0 的。 ■

换句话说，把一个数加上它的反码，再加 1 就得到全 0 的数，因此一个二进制数的反码加 1 一定是它的补码。

例 3.10　将 00 0101 的反码加 1 得到它的补码。

NOT 00 0101=11 1010

```
       11 1010
ADD    00 0001
--------------
       11 1011
```

因此，00 0101 的补码是 11 1011，即

NEG 00 0101=11 1011

11 1011 的确是 00 0101 的负数，因为如前所示两者相加为 0。 ■ 127

不管一个数有多少位，对一个数求补的一般法则是：

- 一个数的补码等于它的反码加 1。

或者用 NEG 和 NOT 运算表示为

- NEG x=1+NOT x

在我们熟悉的十进制中，如果对一个负数值取负，那么将得到一个正值，代数表达式为

$-(-x)=x$

这里 x 为正值。如果求补码的法则是有效的，那么一个负数值的补码应该是相应的正值。

例 3.11 如果对 −5（dec）取补码会怎样？

NOT 11 1011=00 0100

```
     00 0100
ADD  00 0001
------------
     00 0101
```

瞧！如你所期望的，又得到了 +5（dec）。 ■

3.2.1 补码的表数范围

假定有一个 4 位单元以补码形式存储整数，那么这个单元能表示的整数范围是多少？

数值最大的正整数是 0111（bin），即 +7（dec）。这和在无符号二进制数中最大值为 1111 不同，因为第一位被保留作为符号位且一定是 0。在无符号二进制中，用 4 位单元可以存储的最大数是 +15（dec），所有 4 位都用于存储数值。在补码表示中，能存储的最大数只是 +7（dec），因为仅有 3 位用于数值。

十进制	二进制
−7	1001
−6	1010
−5	1011
−4	1100
−3	1101
−2	1110
−1	1111

图 3-9 4 位单元中取补码的结果

数值最大的负整数是什么呢？这个问题的答案可能不太显而易见。图 3-9 展示了最大到 7 的每个正整数的补码，在图中看到了什么规律没有？

我们注意到补码运算自动在负整数的符号位生成了一个 1，它本来就应该这样。偶数仍然以 0 结尾，奇数仍然以 1 结尾。

而且，如你所期望的，二进制 −6 加 1 得到 −5，类似地，二进制 −7 加 1 得到 −6。我们可以从 4 位挤出一个更大的负整数 −8。二进制 −8 加 1 得到 −7，因此 −8 应该用 1000 表示。图 3-10 是一个 4 位存储单元的完整有符号整数表。

十进制	二进制
−8	1000
−7	1001
−6	1010
−5	1011
−4	1100
−3	1101
−2	1110
−1	1111
0	0000
1	0001
2	0010
3	0011
4	0100
5	0101
6	0110
7	0111

图 3-10 4 位单元的有符号整数

128

−8（dec）有一个其他负整数没有的属性，如果取 −7 的补码会得到 +7，如下所示：

NOT 1001=0100

```
     0100
ADD  0001
---------
     0111
```

但如果取 −8 的补码，得到的还是 −8：

```
NOT 1000=0111
     0111
ADD  0001
---------
     1000
```

因为4位无法表示 +8。

我们已经确定了4位单元的二进制补码表数范围以二进制表示是1000到0111，或者以十进制表达是 −8 到 +7。

不管单元包含多少位，模式都是一样的。最大的正整数是一个0后面全是1，而数值最大的负整数是一个1后面全是0，它的数值比最大正整数大1。−1（dec）用全1表示。

例 3.12　6位补码表示的表数范围，用二进制表示是

10 0000 到 01 1111

或者十进制表示是

−32 到 31

129

和其他的负整数不同，10 0000 的补码就是它自己 10 0000。还可以看到 −1（dec）= 11 1111（bin）。■

3.2.2　基数转换

把一个负数从十进制转换为二进制分为两步。首先，把它的数值部分当作无符号表示转换为二进制；其次，按照补码的方式对它取反。

例 3.13　−7（dec）如何存储在10位单元中？首先，写出 +7 的二进制数值

+7 (dec)=00 0000 0111 (bin)

然后，取其补码。

```
NOT 00 0000 0111=11 1111 10000
       11 1111 1000
   ADD 00 0000 0001
   ----------------
       11 1111 1001
```

则有 −7（dec）为 11 1111 1001（bin）。■

在采用补码表示的计算机中，把一个数从二进制转换成十进制，总是首先检测符号位。如果是0，这个数是正数，可以按照无符号数表示进行转换；如果是1，这个数是负数，可选的方法有两种。一种是通过取反得到正数，然后再按照无符号数表示的法则，把它转换成十进制。

例 3.14　一个10位单元的内容为 11 1101 1010，它代表的十进制数是什么？符号位是1，因此这个数是负数，首先对这个数取反：

```
NOT 11 1101 1010=00 0010 0101
       00 0010 0101
   ADD 00 0000 0001
   ----------------
       00 0010 0110
```

00 0010 0110（bin）=32+4+2=38（dec）

因此原始的二进制数一定是 38 的负值，即

11 1101 1010（bin）=−38（dec）■

另一种方法是不用取补码，直接转换，即只用将原始二进制数中为 0 的那些位的位置值相加，再加 1。这个方法是正确的，因为取正整数补码的第一步就是按位取反。那些本来对正整数数值有贡献的 1 变为了 0，所以是 0 而不是 1 对负整数的数值有贡献。 130

例 3.15 图 3-11 显示的是 11 1101 1010（bin）的为 0 的位置，把这些位的位置值之和加 1 得到

1101 1010（bin）=−(1+32+4+1)=−38（dec）

这和前面方法得到的结果是一样的。■

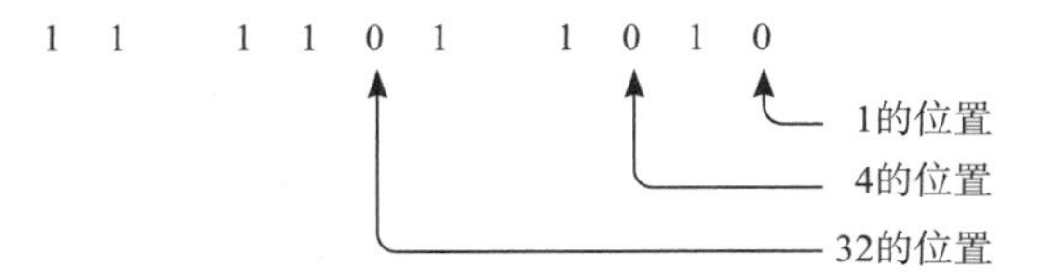

图 3-11　11 1101 1010（bin）中所有 0 的位置值

3.2.3　数轴

看待二进制表示的另一种方法是使用数轴。图 3-12 展示了 3 位单元的无符号二进制表示的数轴，能够表示 8 个数字。

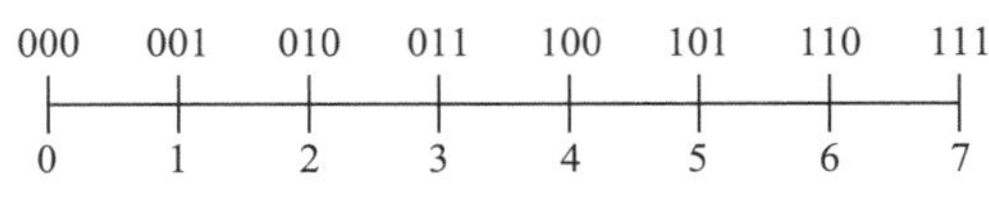

图 3-12　3 位无符号系统的数轴

可以通过在数轴上往右移动进行加法运算。例如，4 加 3，从 4 开始往右移动 3 个位置得到 7。如果尝试在数轴上 6 加 3，将超出最右端。如果用二进制进行这个加法，将得到不正确的结果，因为结果超出了范围：

```
      110
ADD   001
C=1   001
```

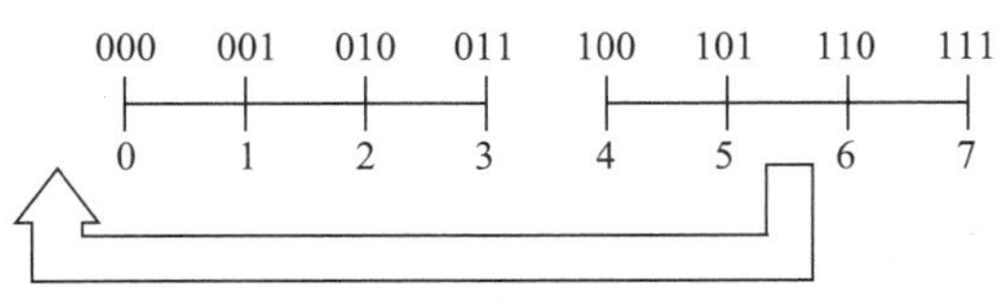

a）把数轴从中间断开

把无符号数轴在 3 和 4 之间断开，把右半部分移到左边，这样可以得到补码的数轴。图 3-13 显示了二进制数 111 现在和 000 相邻，之前是 +7（dec），现在是 −1（dec）。

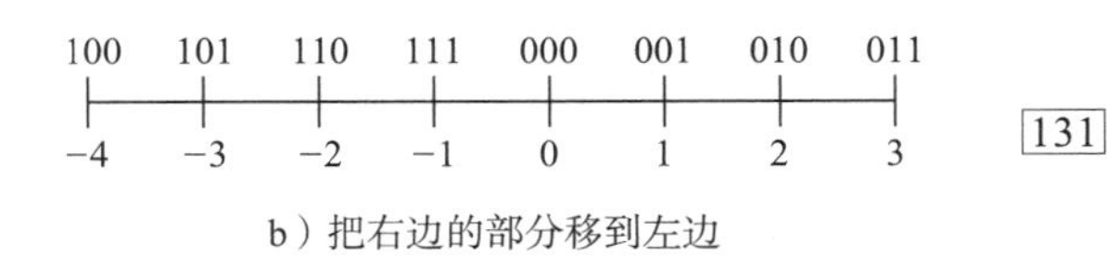

b）把右边的部分移到左边

图 3-13　3 位补码系统的数轴

131

即使有经过 0，加法仍然是通过在数轴上向右移动来进行的。−2 加 3，从 −2 开始向右移动 3 个位置得到 1。如果用二进制计算，答案在范围内，因此是正确的：

```
      110
ADD   011
C=1   001
```

这些位和无符号二进制 6 加 3 是一样的。我们注意到结果虽然在表数范围内，但是进位

位是 1。在补码表示中，进位位不再表示加法的结果是否是在范围内。

有时候，只考虑移动后的十进制数轴，可以完全避免二进制表示。图 3-14 展示了补码数轴，用等值的无符号十进制数代替二进制数。这个例子中，每个存储位置有 3 位，因此最多有 2^3 或 8 个数。

132

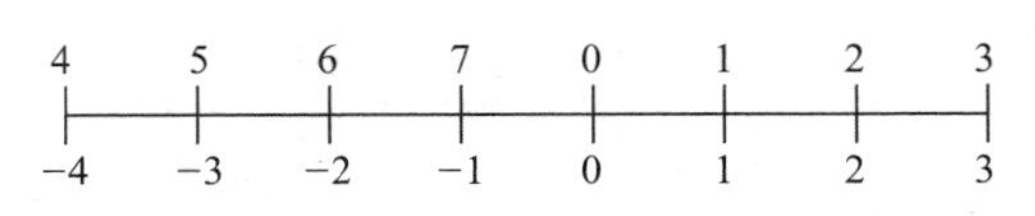

图 3-14　无符号十进制数的补码数轴

现在，从 0 到 3 的无符号数与有符号数是一样的。此外，通过减 8 可以从无符号数得到有符号负数：

$$7-8=-1$$
$$6-8=-2$$
$$5-8=-3$$
$$4-8=-4$$

例 3.16　假定有一个 8 位单元，有 2^8 或 256 个可能的整数值，非负数从 0 到 127。假设采用二进制补码表示，97 加 45 等于多少？以无符号二进制数计算，和等于

97+45=142（dec，无符号）

但用在补码表示中，这个和为

142−256=−114（dec，有符号）

注意，这样的结果完全避免了二进制表示。为了验证结果，首先把 97 和 45 转换为二进制并相加：

```
97 (dec) = 0110 0001 (bin)
45 (dec) = 0010 1101 (bin)

           0110 0001
      ADD  0010 1101
      ---------------
      C=1  1000 1110
```

符号位是 1，因此这是一个负数。现在，确定它的数值大小

```
NEG 1000 1110 = 0111 0010 (bin)
              = 114 (dec)
```

得出预期的结果。

3.2.4　溢出位

在 ISA3 层上二进制存储的一个重要特性就是每个值都没有与之相关的类型。在前面的例子中，和数 1000 1110 作为无符号数解释时，它是 142（dec），但作为补码表示解释时，它就是 −114（dec）。尽管位模式的值取决于它的类型，是无符号还是补码，但是硬件对两种类型不加以区分，只存储位模式。

133

当 CPU 对两个存储单元的内容相加时，它不管它们的类型，只采用位序列上的二进制加法法则。对于无符号二进制，如果和数超出表数范围，硬件只是简单存储（不正确的）结果，相应地设置 C 位并继续往下走。由软件来检测相加后的 C 位，看是否在最高位的那一列有进位发生，并按需采取适当的动作。

我们前面说过，在二进制补码表示中，进位位不再表示一个和是否在表数范围内。当运算结果超出表数范围时，我们称为出现了*溢出情况*（overflow condition）。为了为有符号数

标示这种情况，CPU 中有另一个用 V 表示的特殊位，叫作溢出位（overflow bit）。当 CPU 对两个二进制整数相加时，如果和超出补码表示的范围，那么 V 设置为 1，否则 V 设置为 0。

不论以何种方式解读位模式，CPU 总是执行同样的加法运算。与 C 位一样，如果发生了补码溢出，CPU 不会停下来，它将 V 位设置为 1，并继续它的下一步工作。由软件来检测加法后的 V 位。

例 3.17 这里有几个 6 位单元的例子，展示了进位位和溢出位的情况：

两个正数相加：		00 0011		01 0110
	ADD	01 0101	ADD	00 1100
	V=0	01 1000	V=1	10 0010
	C=0		C=0	
一个正数和一个负数相加：		00 0101		00 1000
	ADD	11 0111	ADD	11 1010
	V=0	11 1100	V=0	00 0010
	C=0		C=1	
两个负数相加：		11 1010		10 0110
	ADD	11 0111	ADD	10 0010
	V=0	11 0001	V=1	00 1000
	C=1		C=1	

注意 V 和 C 的值有可能是所有的组合。■

怎样才能知道发生了溢出情况呢？一种方法是把两个数转换到十进制，两者相加看它们的和是否超出了以十进制表示的范围。如果是，那就是发生了溢出。

134

硬件通过将符号位的进位与 C 位比较来检测是否溢出发生：如果两者不同，溢出发生，V 为 1；如果两者相同，V 为 0。

不将符号位的进位与 C 位比较，也可以通过查看加数与和的符号，直接确定是否发生了溢出。如果两个正数相加得到负数或者两个负数相加得到正数，那么就发生了溢出；一个正数和一个负数相加是不可能发生溢出的。

3.2.5 负数和零位

除了检测无符号整数溢出情况的 C 位和检测有符号整数溢出情况的 V 位外，CPU 还维护了另外两位，供软件在运算后进行检测。它们是 N 位和 Z 位：N 位用于检测负数结果，Z 位用于检测零结果。总的来说，这 4 个状态位的函数是：

- N=1，如果结果是负数。
  N=0，其他情况。
- Z=1，如果结果全是零。
  Z=0，其他情况。
- V=1，如果有符号整数溢出发生。
  V=0，其他情况。
- C=1，如果无符号整数溢出发生。
  C=0，其他情况。

由于 N 位是符号位的一个副本，所以硬件很容易确定它。而要确定 Z 位，硬件则要费点儿工夫，因为它必须确定结果的每个位是否都为 0。第 10 章展示了硬件怎样根据结果计算状态位。

例 3.18　这里有三个加法例子，展示了结果的 4 个状态位情况。

```
      01 0110           00 1000           00 1101
ADD   00 1100     ADD   11 1010     ADD   11 0011
N=1   10 0010     N=0   00 0010     N=0   00 0000
Z=0               Z=0               Z=1
V=1               V=0               V=0
C=0               C=1               C=1
```

■

135　C 语言和其他大多数 HOL6 层语言默认会在整数溢出时忽略 V 位。图 3-15 给出了一个程序，使用 limits.h 库头文件中的 INT_MAX，将 n 的值初始化为比其最大值小 2。该程序执行 6 次循环，每次 n 都递增 1。输出执行结果的计算机用 16 位单元存储整数，因此，其补码范围为 −2 147 483 648 ～ 2 147 483 647（十进制），或 1000 0000 0000 0000 ～ 0111 1111 1111 1111（二进制）。当程序将最大值加 1 时，C 位等于 0，V 位等于 1。溢出发生，但程序仍然继续执行，并把不正确的和数 1000 0000 0000 0000 解释为一个负数。6.2 节将说明在 Asmb5 层如何测试 V 位。

```
#include <stdio.h>
#include <limits.h>

int main() {
   int n = INT_MAX - 2;
   for (int i = 0; i < 6; i++) {
      printf("n == %d\n", n);
      n++;
   }
   return 0;
}
```

输出

```
n == 2147483645
n == 2147483646
n == 2147483647
n == -2147483648
n == -2147483647
n == -2147483646
```

图 3-15　C 程序中的整数溢出

3.3　二进制运算

因为计算机中所有信息都是以二进制形式存储的，所以 CPU 就用二进制运算来处理这些信息。前面章节提到了 NOT、ADD 和 NEG 这些二进制运算：NOT 是逻辑运算符，ADD 和 NEG 是算术运算符。本节我们再讲一些其他的在计算机 CPU 中可用的逻辑和算术运算符。136

3.3.1　逻辑运算符

我们熟悉逻辑运算 AND 和 OR。另一个逻辑运算符是异或，写作 XOR。若 p 为真，或者 q 为真，但不同时为真，那么 p 和 q 的异或逻辑值为真。即，p 一定真异于 q，或者 q 必须真异于 p。

二进制数字一个有趣的属性是可以把它们作为逻辑值来解读。在 ISA3 层，位为 1 表示真，位为 0 表示假。图 3-16 展示了 AND、OR 和 XOR 运算符在 ISA3 层的真值表。

在 HOL6 层，AND 和 OR 对值为真或假的布尔表达式进行运算，用在 if 语句和循环中来测试控制语句执行的条件。下面的 C 语句是 AND 运算符的一个例子

```
if ((ch >= 'a') && (ch <= 'z'))
```

p	q	p AND q
0	0	0
0	1	0
1	0	0
1	1	1

a）ISA3 层的 AND 真值表

p	q	p OR q
0	0	0
0	1	1
1	0	1
1	1	1

b）ISA3 层的 OR 真值表

p	q	p XOR q
0	0	0
0	1	1
1	0	1
1	1	0

c）ISA3 层的 XOR 真值表

图 3-16 ISA3 层上 AND、OR 和 XOR 运算符的真值表

图 3-17 是 AND、OR 和 XOR 在 HOL6 层的真值表，它和图 3-16 是一样的，ISA3 层的 1 对应 HOL6 层的 true（真），ISA3 层的 0 对应 HOL6 层的 false（假）。

p	q	p AND q
true	true	true
true	false	false
false	true	false
false	false	false

a）HOL6 层的 AND 真值表

p	q	p OR q
true	true	true
true	false	true
false	true	true
false	false	false

b）HOL6 层的 OR 真值表

p	q	p XOR q
true	true	false
true	false	true
false	true	true
false	false	false

c）HOL6 层的 XOR 真值表

图 3-17 HOL6 层上 AND、OR 和 XOR 运算符的真值表

由于不涉及进位，所以逻辑运算比加法更容易执行。对序列中的对应位进行逐位运算。逻辑运算对进位位和溢出位都没有影响。

例 3.19 一些 6 位单元的例子是

```
       01 1010           01 1010           01 1010
ADD    01 0001    OR     01 0001    XOR    01 0001
N=0    01 0000    N=0    01 1011    N=0    00 1011
Z=0               Z=0               Z=0
```

注意，如果把 1 与 1 做 AND 运算，结果是 1，没有进位。■

每个 AND、OR 和 XOR 运算用两组位来产生结果，不过 NOT 和 NEG 运算仅对一组位进行，因此称为*一元运算*（unary operation）。

3.3.2 寄存器传送语言

寄存器传送语言（RTL）的目的是精确指定硬件运算的结果。如果学习过逻辑学，你会熟悉 RTL 符号。图 3-18 展示了 RTL 符号。

运算	RTL 符号
AND	$\wedge$
OR	$\vee$
XOR	$\oplus$
NOT	$\neg$
Implies	$\Rightarrow$
Transfer	$\leftarrow$
Bit index	$\langle\ \rangle$
Informal description	{ }
Sequential separator	;
Concurrent separator	,

图 3-18 寄存器传送语言的运算及其符号表示

在逻辑学中，AND 和 OR 运算称为合取（conjunction）和析取（disjunction），NOT 运算符称为否定（negation）。蕴含（imply）运算符可以翻译为英语“if/then”（中文“如果 / 那么”）。传递（transfer）运算符是与 C 中赋值运算符 = 等效的硬件运算符。运算符左边的内存单元获得运算符右边的量。位索引运算符把内存单元当做数组，最左边的位是索引 0，与 C

137～138

索引数组元素一样。当形式化描述不够时，可以用非形式化的语言描述，用大括号括起来。

有两种分隔符：一个是顺序分隔符（sequential separator）（分号），用来分隔一个接一个发生的两个动作；另一个是并发分隔符（concurrent separator）（逗号）用来分隔同时发生的两个动作。

例 3.20 在例 3.19 的第 3 个计算中，假设第一个 6 位单元用 *a* 表示，第二个 6 位单元用 *b* 表示，结果为 *c*，那么 XOR 运算的 RTL 描述是

$$c \leftarrow a \oplus b; \mathrm{N} \leftarrow c < 0, \mathrm{Z} \leftarrow c=0$$

首先，*c* 获得 *a* 和 *b* 的异或，这个动作完成后，下面这两个动作同时发生：N 获得一个布尔值，Z 获得一个布尔值。当 $c<0$ 时，布尔表达式 $c<0$ 为 1，否则为 0。■

3.3.3　算术运算符

另外还有两个一元运算符：ASL 表示*算术左移*（arithmetic shift left）和 ASR 表示*算术右移*（arithmetic shift right）。如同 ASL 这个名字暗示的，单元中每位往左移动一个位置，最左边的位移动到进位位，而最右边的位得到 0。图 3-19 展示了一个 6 位单元的 ASL 运算的行为。

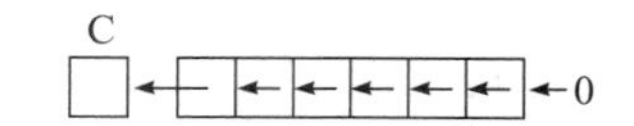

图 3-19　6 位单元的 ASL 运算的行为

例 3.21 下面是 3 个算术左移运算的例子。

ASL 11 1100=11 1000, N=1, Z=0, V=0, C=1

ASL 00 0011=00 0110, N=0, Z=0, V=0, C=0

ASL 01 0110=10 1100, N=1, Z=0, V=1, C=0 ■

这个运算称为*算术移位*，因为当这些位用作整数表示时，它的结果类似于算术操作。假设用无符号二进制表示，前面例子中 3 个整数在移动前是

60　3　22（dec，无符号）

移动后成为

56　6　44（dec，无符号）

139

ASL 的结果是原数的 2 倍。因为 120 超出 6 位单元能表示的整数范围，所以 ASL 不能把 60 翻倍。当把二进制序列看作无符号整数时，如果移动后进位位是 1，则发生溢出。

在十进制中，左移产生同样的结果，只是整数被乘以 10 而不是 2。例如，对 356 进行十进制的 ASL 会得到 3560，它是原数值的 10 倍。

如果把数解释为补码表示会是什么情况呢？那么移动前 3 个整数是

−4　3　22（dec，有符号）

移动后成为

−8　6　−20（dec，有符号）

同样，尽管是负数，ASL 的结果仍然是原数的 2 倍。这次，ASL 不能把 22 翻倍，假定用补码表示，44 就超出了范围。这个溢出情况使得 V 位被设置为 1。这个情形与加法运算中 C 位检测到无符号值溢出相似，需要用 V 位来检测有符号值的溢出。

对 6 位单元 r 进行算术左移的 RTL 描述为

$$\mathrm{C} \leftarrow r\langle 0\rangle, r\langle 0..4\rangle \leftarrow r\langle 1..5\rangle, r\langle 5\rangle \leftarrow 0;$$
$$\mathrm{N} \leftarrow r<0, \mathrm{Z} \leftarrow r=0, \mathrm{V} \leftarrow \{\text{overflow}\}$$

同时，C获得r最左边的位，r最左边的5位直接获得它们紧邻着的右边位的值，最右边一位获得0。移位之后，根据r的新值设置状态位N、Z和V。区分分号和逗号是很重要的：分号隔开两个事件，每个事件有3个部分；在每个部分内，逗号隔开同时发生的事件。大括号非形式化地表示当把值看作有符号整数时，根据结果是否溢出对V位进行设置。

在ASR运算中，组中每个位往右移动一个位置，最低有效位移到进位位，最高有效位保持不变。图3-20展示了一个6位单元的ASR运算的动作。ASR运算不会影响V位，因为一个数除以2时不会发生溢出。

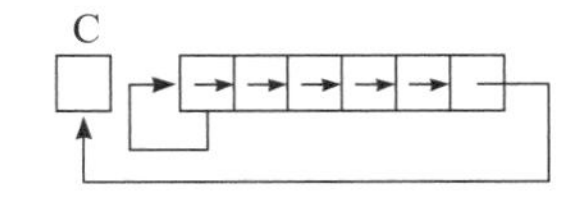

图3-20　6位单元的ASR运算的行为

例3.22 下面是4个算术右移的例子。

ASR 01 0100=00 1010, N=0, Z=0, C=0
ASR 01 0111=00 1011, N=0, Z=0, C=1
ASR 11 0010=11 1001, N=1, Z=0, C=0
ASR 11 0101=11 1010, N=1, Z=0, C=1 ■

140

ASR运算是特意为补码表示设计的，因为符号位保持不变，负数仍然是负数，正数仍然是正数。

往左移1位是原数乘以2，反之往右移1位是原数除以2。在前面例子中，移动前4个整数为

20　23　−14　−11（dec，有符号）

移动后是

10　11　−7　−6（dec，有符号）

偶数正好可以被2整除，因此ASR对它们的结果没什么疑问。当奇数除以2时，结果总是向下取整。例如，23÷2=11.5，11.5向下取整为11，同样，−11÷2=−5.5，−5.5向下取整为−6。注意，因为在数轴上−6在−5.5左边，因此它小于−5.5。

3.3.4　循环移位运算符

和算术运算符相比，循环移位运算符不会把二进制序列看作整数，因此循环移位运算不会影响N、Z和V位，而只会影响C位。有两种循环移位运算符：表示为ROL的循环左移和表示为ROR循环右移。图3-21展示了6位单元的循环移位运算符的行为。循环左移类似于算术左移，在循环左移中C位会循环移到单元的最右边位，而在算数右移中该位是补0的。循环右移是在相反的方向做同样的事情。

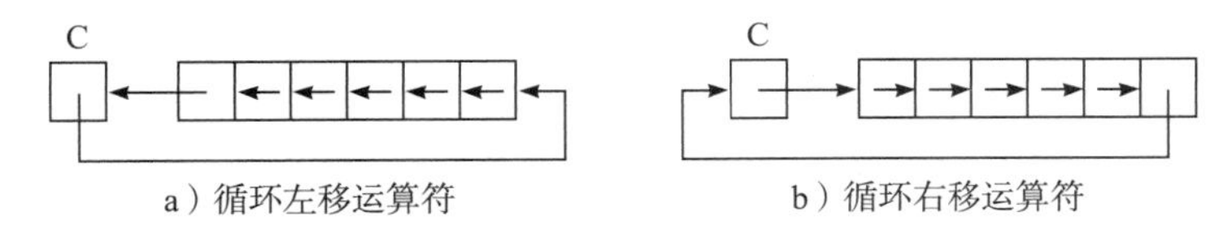

a）循环左移运算符　　b）循环右移运算符

图3-21　循环移位运算符的行为

6位单元循环左移的RTL描述是

$$C \leftarrow r\langle 0\rangle,\ r\langle 0..4\rangle \leftarrow r\langle 1..5\rangle,\ r\langle 5\rangle \leftarrow C$$

尽管进位位是ISA3层上唯一受循环左移影响的状态位，但在Mc2层上V位也会受到影响（将在第10章讨论）。

141

例 3.23 下面是 4 个循环移位运算的例子。

C=1, ROL 01 1101=11 1011, C=0

C=0, ROL 01 1101=11 1010, C=0

C=1, ROR 01 1101=10 1110, C=1

C=0, ROR 01 1101=00 1110, C=1

左边是循环移位前的 C 值，而右边是循环移位后的 C 值。■

3.4　十六进制与字符表示

前面章节中的二进制表示是整数表示，本节介绍另一种基数，将用于下一章中介绍的计算机。本章还将介绍这种计算机是如何存储字母信息的。

3.4.1　十六进制

假定一个人有 16 根手指而不是 10 根。那么发明阿拉伯数字时，会发生什么情况呢？记得 10 根手指模式是从 0 开始，一直继续发明新的符号 1、2，直到倒数第二根手指 9，接着在最后一根手指，把 1 和 0 结合在一起表示下一个数 10。

如果是 16 根手指，当达到 9 时，仍然还剩下不少的指头，必须继续发明新的符号，这些额外的符号通常用英文字母表开头的字母表示，因此以 16 为底（十六进制，或缩写为 hex）的计数是这样的：

0	7	E	15	1C	23
1	8	F	16	1D	24
2	9	10	17	1E	25
3	A	11	18	1F	26
4	B	12	19	20	
5	C	13	1A	21	
6	D	14	1B	22	

[142]

当十六进制数字包含许多位时，计数就有点儿麻烦。思考从 8BE7、C9D 和 9FFE 开始接下来的 5 个数字：

8BE7	C9D	9FFE
8BE8	C9E	9FFF
8BE9	C9F	A000
8BEA	CA0	A001
8BEB	CA1	A002
8BEC	CA2	A003

当写八进制数时，数字看上去有比它们实际要大的趋势；写成十六进制数时，效果是相反的，数字有看上去比它们实际要小的趋势。比较十六进制数的列表和十进制数的列表，可以看出 18（hex）实际上是 24（dec）。

3.4.2　基数转换

在十六进制中，每个位置值都是比它低一位的位置值的 16 倍。十六进制转换为十进制，可以简单地把位置值乘以该位置的数字，并相加。

例 3.24 图 3-22 给出了把 8BE7 从十六进制转换到十进制的过程。B 的十进制值是 11，E 的十进制值是 14。■

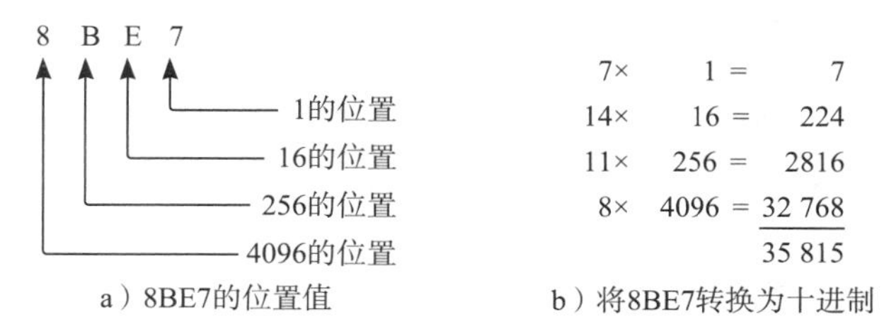

图 3-22 将十六进制数转换为十进制数

从十进制转换到十六进制的过程类似于从十进制转换到二进制的过程，不过不是一个接一个地除以 2，而是除以 16，并保存余数的记录，这些余数就是转换后的十六进制数。 143

对于小于 255（dec）或 FF（hex）的数，两种进制互相转换用图 3-23 所示的表格是很容易做到的。表中的主体是十进制数，左列和顶行是十六进制数。

	0	1	2	3	4	5	6	7	8	9	A	B	C	D	E	F
0_	0	1	2	3	4	5	6	7	8	9	10	11	12	13	14	15
1_	16	17	18	19	20	21	22	23	24	25	26	27	28	29	30	31
2_	32	33	34	35	36	37	38	39	40	41	42	43	44	45	46	47
3_	48	49	50	51	52	53	54	55	56	57	58	59	60	61	62	63
4_	64	65	66	67	68	69	70	71	72	73	74	75	76	77	78	79
5_	80	81	82	83	84	85	86	87	88	89	90	91	92	93	94	95
6_	96	97	98	99	100	101	102	103	104	105	106	107	108	109	110	111
7_	112	113	114	115	116	117	118	119	120	121	122	123	124	125	126	127
8_	128	129	130	131	132	133	134	135	136	137	138	139	140	141	142	143
9_	144	145	146	147	148	149	150	151	152	153	154	155	156	157	158	159
A_	160	161	162	163	164	165	166	167	168	169	170	171	172	173	174	175
B_	176	177	178	179	180	181	182	183	184	185	186	187	188	189	190	191
C_	192	193	194	195	196	197	198	199	200	201	202	203	204	205	206	207
D_	208	209	210	211	212	213	214	215	216	217	218	219	220	221	222	223
E_	224	225	226	227	228	229	230	231	232	233	234	235	236	237	238	239
F_	240	241	242	243	244	245	246	247	248	249	250	251	252	253	254	255

图 3-23 十六进制转换表

例 3.25 把 9C（hex）转换到十进制，查看 9 行和 C 列找到 156（dec）；把 125（dec）转换到十六进制，在表的主体中找到 125，从对应的左列和顶行得出 7D（hex）。■

如果计算机以二进制格式存储信息，那么为什么要学习十六进制呢？答案是，二进制和十六进制之间存在特殊关系，如图 3-24 所示。4 位有 16 种可能的组合，而正好有 16 个十六进制数字，每个十六进制数字代表这 4 位。

十六进制	二进制	十六进制	二进制	十六进制	二进制	十六进制	二进制
0	0000	4	0100	8	1000	C	1100
1	0001	5	0101	9	1001	D	1101
2	0010	6	0110	A	1010	E	1110
3	0011	7	0111	B	1011	F	1111

图 3-24　十六进制与二进制之间的关系

为了节约打印空间，位模式经常被写成十六进制形式。一个 16 位机器的手册可能会说某个内存位置包含 01D3，这要比说它包含 0000 0001 1101 0011 简短多了。

144

把无符号二进制转换到十六进制，从最右边开始把位划分为每 4 个一组，给每组一个图 3-24 对应的十六进制数字。把十六进制转换到无符号二进制，只需简单地把过程反过来即可。

例 3.26　写出 10 位无符号二进制数 10 1001 1100 的十六进制形式，从最右边的 4 位 1100 开始：

10 1001 1100（bin）=29C（hex）

由于 10 位不能刚好分为 4 个一组，所以在图 3-24 中查找最左边的数字时，在前面加 2 个 0。在本例中，最左边的十六进制数字来自

10（bin）=0010（bin）=2（hex）　■

例 3.27　对于 14 位单元

0D60（hex）=00 1101 0110 0000（bin）

注意，最末尾的十六进制 0 代表 4 个二进制 0，而最高位的十六进制 0 只代表 2 个二进制 0。　■

把十进制转换为无符号二进制，你可能想要用十六进制 – 十进制表作为中间步骤。通过查找图 3-23 中的十六进制值，不用任何计算，再根据图 3-24 把每个数字转换为二进制即可。

例 3.28　对于 6 位单元，

29（dec）=1D（hex）=01 1101（bin）

转换中的每一步都是一次简单的查表。　■

在机器语言程序代码或程序跟踪记录中，几乎不会把数字写成有负号的十六进制形式，而是把符号位隐含地包含在十六进制数字表示的位模式中。你必须牢记十六进制只是二进制序列的一个方便的缩写，硬件只存储二进制值。

例 3.29　如果一个 10 位的内存位置包含 37A（hex），那么通过思考下面的位模式可以得出十进制数。

145

37A（hex）=11 0111 1010（bin）

的符号位是 1，因此这个数是负数，转换为十进制是

37A（hex）=−134（dec）

注意，尽管可以解释成一个负数，但是十六进制数不会写成有负号的形式。　■

3.4.3　ASCII 字符

因为计算机内存是二进制的，所以字母字符必须要编码后才能存储到内存中。美国信息

交换标准代码（American Standard Code for Information Interchange，ASCII）是一个使用广泛的字母字符二进制编码。

ASCII包含所有大写和小写的英文字母、10个数字和特殊符号（例如，标点）。它的一些符号是不能打印的，主要用于在计算机之间传递信息或用于控制外围设备。

ASCII是一种7位的编码。因为7位有$2^7=128$种可能的组合，所以有128个ASCII字符，图3-25给出了所有这些字符。表中第一列是不可打印的字符，它们的意思列在表下，表中其余部分是可打印的字符。

字符	二进制表示	十六进制表示	字符	二进制表示	十六进制表示	字符	二进制表示	十六进制表示	字符	二进制表示	十六进制表示
空字符	000 0000	00	空格	010 0000	20	@	100 0000	40	`	110 0000	60
标题开始	000 0001	01	!	010 0001	21	A	100 0001	41	a	110 0001	61
正文开始	000 0010	02	"	010 0010	22	B	100 0010	42	b	110 0010	62
正文结束	000 0011	03	#	010 0011	23	C	100 0011	43	c	110 0011	63
传输结束	000 0100	04	$	010 0100	24	D	100 0100	44	d	110 0100	64
请求	000 0101	05	%	010 0101	25	E	100 0101	45	e	110 0101	65
收到通知	000 0110	06	&	010 0110	26	F	100 0110	46	f	110 0110	66
响铃	000 0111	07	'	010 0111	27	G	100 0111	47	g	110 0111	67
退格	000 1000	08	(	010 1000	28	H	100 1000	48	h	110 1000	68
水平制表符	000 1001	09	)	010 1001	29	I	100 1001	49	i	110 1001	69
换行	000 1010	0A	*	010 1010	2A	J	100 1010	4A	j	110 1010	6A
垂直制表符	000 1011	0B	+	010 1011	2B	K	100 1011	4B	k	110 1011	6B
换页	000 1100	0C	,	010 1100	2C	L	100 1100	4C	l	110 1100	6C
回车	000 1101	0D	-	010 1101	2D	M	100 1101	4D	m	110 1101	6D
不用切换	000 1110	0E	.	010 1110	2E	N	100 1110	4E	n	110 1110	6E
启用切换	000 1111	0F	/	010 1111	2F	O	100 1111	4F	o	110 1111	6F
数据链路转义	001 0000	10	0	011 0000	30	P	101 0000	50	p	111 0000	70
设备控制1	001 0001	11	1	011 0001	31	Q	101 0001	51	q	111 0001	71
设备控制2	001 0010	12	2	011 0010	32	R	101 0010	52	r	111 0010	72
设备控制3	001 0011	13	3	011 0011	33	S	101 0011	53	s	111 0011	73
设备控制4	001 0100	14	4	011 0100	34	T	101 0100	54	t	111 0100	74
拒绝接收	001 0101	15	5	011 0101	35	U	101 0101	55	u	111 0101	75
同步空闲	001 0110	16	6	011 0110	36	V	101 0110	56	v	111 0110	76
传输块结束	001 0111	17	7	011 0111	37	W	101 0111	57	w	111 0111	77
取消	001 1000	18	8	011 1000	38	X	101 1000	58	x	111 1000	78
介质中断	001 1001	19	9	011 1001	39	Y	101 1001	59	y	111 1001	79
替补	001 1010	1A	:	011 1010	3A	Z	101 1010	5A	z	111 1010	7A

图3-25 美国信息交换标准代码（ASCII）

字符	二进制表示	十六进制表示	字符	二进制表示	十六进制表示	字符	二进制表示	十六进制表示	字符	二进制表示	十六进制表示
换码（溢出）	001 1011	1B	;	011 1011	3B	[	101 1011	5B	{	111 1011	7B
文件分隔符	001 1100	1C	<	011 1100	3C	\	101 1100	5C	|	111 1100	7C
分组符	001 1101	1D	=	011 1101	3D	]	101 1101	5D	}	111 1101	7D
记录分离符	001 1110	1E	>	011 1110	3E	^	101 1110	5E	~	111 1110	7E
单元分隔符	001 1111	1F	?	011 1111	3F	_	101 1111	5F	删除	111 1111	7F

控制字符的缩写					
NUL	空字符	FF	换页	CAN	取消
SOH	标题开始	CR	回车	EM	介质中断
STX	正文开始	SO	不用切换	SUB	替补
ETX	正文结束	SI	启用切换	ESC	换码（溢出）
EOT	传输结束	DLE	数据链路转义	FS	文件分隔符
ENQ	请求	DC1	设备控制 1	GS	分组符
ACK	收到通知	DC2	设备控制 2	RS	记录分离符
BEL	响铃	DC3	设备控制 3	US	单元分隔符
BS	退格	DC4	设备控制 4	SP	空格
HT	水平制表符	NAK	拒绝接收	DEL	删除
LF	换行	SYN	同步空闲		
VT	垂直制表符	ETB	传输块结束		

图 3-25 （续）

例 3.30 二进制序列 000 0111 代表的是“响铃”，它使终端发出哔哔声。ACK（收到通知）和 NAK（拒绝接收）是另外两个不可打印的字符，它们用于某些数据传输协议。如果发送端通过通道发送的信息包被检测无错误，那么接收端就向发送端回送 ACK，然后发送端继续发下一个包。如果接收端检测出错误，它就向发送端回送 NAK，然后发送端重新发送在初始传输中损坏的包。■

例 3.31 名字 Tom 会以下列 ASCII 形式存储，

101 0100
110 1111
110 1101

146～147

如果将这个位序列发送到输出终端，就会显示“Tom”。■

例 3.32 街道地址 52 Elm 会以下列 ASCII 形式存储，

011 0101
011 0010
010 0000
100 0101
110 1100
110 1101

2 和 E 之间的空格是一个独立的 ASCII 字符。■

一行的结束

ASCII 标准是在20世纪60年代初开发的，目的是用于当时的电传打印机。使用ASCII码的流行设备是Teletype Model 33，一种机械打印机，将连续纸卷包裹在类似于打字机的圆柱形托架上。电传打印机通过电话线接收到ASCII码字符流，再将字符打印在纸上。

不可打印字符也被称为“控制符”，因为它们最初是用来对电传打印机进行机械控制的。特别是代表“换行”的ASCII控制符LF。当电传打印机接收到LF字符时，它就旋转托架使纸张前进一行。另一个控制符CR代表的是“回车”，它会使打印头移动到页面的最左边。由于这两个机械操作是让打印机启动新行开始所必需的，所以惯例是在发送给电传打印机的消息中始终用CR-LF标记新行的开始。

当早期的计算机公司，特别是数字设备公司（DEC）采用ASCII码时，他们保留这个CR-LF惯例来表示一行文本的结尾。这是相当方便的，因为许多早期的机器都使用电传打印机作为输出设备。IBM和Microsoft在开发PC DOS和MS-DOS操作系统时也采用了这个惯例。MS-DOS最终成为Microsoft Windows，但CR-LF惯例则一直保留至今，尽管必需使用它的旧式电传打印机已经消失。

Multics是一个早期的操作系统，它是Unix的前身。为了简化文本数据的存储和处理，它采用的约定是只用LF字符来表示行结尾。这个约定被Unix接受，并在Linux中得到沿用，现在还被OS X使用，因为它也是Unix。

图2-13的C程序从输入设备读取字符流，再将其进行输出，同时把字符串中每一个用\n代表的空格替换为换行符。换行符对应的是ASCII 中的LF控制符。图2-13所示的程序即使在Windows环境下也能运行工作。C标准规定如果在printf()串中输出\n符号，那么系统就会将其转换为程序运行所在操作系统使用的约定。在Windows系统中，\n符号在输出流中转换为两个字符：CR-LF。在Unix系统中，它还是LF。如果需要在C程序中显式处理CR字符，可以将其写为\r。

148

3.4.4 Unicode 字符

第一批电子计算机是用数字进行数学计算的。最终，它们也处理文本数据，而ASCII码则成为处理拉丁字母文本的普遍标准。随着全球普及计算机技术，使用各种语言字母处理文本产生了许多不兼容的系统。Unicode联盟的建立是为了收集和编目世界上所有的口语的全部字母，包括当代和古代的所有语言。这是建立标准系统的第一步，这个标准用于在世界范围内的交换、处理和显示这些自然语言文本。

严格来说，标准将字符组织成字母表，而不是语言。一个字母表可以用于多种语言。比如，扩展的拉丁语字母表可以用于许多欧洲和美洲语言。Unicode标准7.0版包含123个自然语言字母表、15个其他符号字母表。自然语言字母表的例子有巴厘岛语、切诺基语、埃及象形文字、希腊语、腓尼基语和泰语。其他符号字母表的例子有盲文图案、表情符号、数学符号和音乐符号。

所有字母表中的每一个字符都有一个唯一的标识号，一般用十六进制书写，称为码位（code point）。十六进制数字前面加上“U+”表示它是一个Unicode码位。对应于码位的是一个字形（glyph），它是符号在页面或屏幕上的图形表示。比如，在希伯来语字母表中，码点 U+05D1 具有字形 ב。

149

图 3-26 给出了 Unicode 标准中一些码位和字形的示例。CJK 统一字母表是针对中国、日本和韩国的书面语言的，这些语言使用共同的字符集，但又存在一些变化。这些亚洲文字系统中有数万个字符，都是基于一组通用的汉字。为了将不必要的重复减到最少，Unicode 联盟把这些符号合并成一个统一的字符集。汉字字符集的统一正在由来自中国、朝鲜、韩国、日本、越南以及其他国家的一组专家持续推进中。

Unicode字母表	码位	字形							
		0	1	2	3	4	5	6	7
Arabic	U+063_	ذ	ر	ز	س	ش	ص	ض	ط
Armenian	U+054_	Հ	Ձ	Ղ	Ճ	Մ	Յ	Ն	Շ
Braille Patterns	U+287_	⡰	⡱	⡲	⡳	⡴	⡵	⡶	⡷
CJK Unified	U+4EB_	亰	亱	亲	亳	亴	亵	亶	亷
Cyrillic	U+041_	А	Б	В	Г	Д	Е	Ж	З
Egyptian Hieroglyphs	U+1300_	𓀀	𓀁	𓀂	𓀃	𓀄	𓀅	𓀆	𓀇
Emoticons	U+1F61_	😐	😑	😒	😓	😔	😕	😖	😗
Hebrew	U+05D_	א	ב	ג	ד	ה	ו	ז	ח
Basic Latin (ASCII)	U+004_	@	A	B	C	D	E	F	G
Latin-1 Supplement	U+00E_	à	á	â	ã	ä	å	æ	ç

图 3-26 Unicode 字符集中的一些码位和字形

码位向后兼容 ASCII 码。比如，在图 3-25 的 ASCII 表中，拉丁字母 S 用 7 位存储为 101 0011（bin），即 53（hex）。那么，在 Unicode 编码中 S 的码位就是 U+0053。该标准要求 U+ 的后面至少要有 4 个十六进制位，如果需要的话要在数字前面补 0。

一个码位可以有多个字形。比如，根据其在单词中的位置，一个阿拉伯字母可以呈现出不同的字形。而另一方面，一个字形可以被用来表示两个码位。拉丁码位 U+0066 和 U+0069 分别表示 f 和 i，它们连起来表示的是连字字形 ﬁ。

Unicode 码空间的范围是 0 ～ 10 FFFF(hex)，或者 0 ～ 1 0000 1111 1111 1111 1111(bin)，又或者 0 ～ 1 114 111（dec）。在这些上百万的码位中，已经分配了约四分之一。有些值预留为专用，每个 Unicode 标准修订都为码位分配了更多的值。理论上，可以用一个 21 位的数字来表示每个码位。由于计算机内存通常是按 8 位的字节进行组织，所以可以用 3 个字节来存储每个码位，其中前三位没有使用。

然而，大多数计算机以 32 位（4 字节）或 64 位（8 字节）的块作为信息处理单位。因此，处理文本信息最有效的方法是将每个码位存储在 32 位单元中，即使前 11 位不被使用，并且始终设置为零。这种编码方法称为 UTF-32，其中 UTF 代表 Unicode 转换格式（Unicode Transformation Format）。UTF-32 总是需要八个十六进制字符来表示其四个字节。

例 3.33 要确定字母 z 在 UTF-32 中是如何存储的，首先在 ASCII 码表中查出其值为 7A（hex）。由于 Unicode 编码向后兼容 ASCII 码，因此字母 z 的码位就是 U+007A。则包含前缀零的 32 位二进制 UTF-32 编码形式如下：

0000 0000 0000 0000 0000 0000 0111 1010

150

由此可知，U+007A 的编码为 0000 007A（UTF-32）。 ■

例 3.34　表情符号 ☹ 的码位为 U+1F617，要确定其 UTF-32 编码只需加上数量正确的前缀零。其编码为 0001 F617（UTF-32）。 ■

虽然 UTF-32 在处理文本信息方面很有效率，但在存储和传输文本信息方面却效果不佳。如果一个文件主要存储 ASCII 码字符，那么四分之三的文件空间将会是零。UTF-8 是一种流行的编码标准，可以表示全部的 Unicode 字符。它用一到四个字节来存储一个字符，所以 UTF-8 占用的空间比 UTF-32 要小。基本多语言平面（basic multilingual plane）有 $64k_i$ 个码位，范围从 U+0000 到 U+FFFF，它几乎包含了所有现代语言的字符。UTF-8 可以用一到三个字节表示这些码位，且只用一个字节表示一个 ASCII 码字符。

图 3-27 给出了 UTF-8 的编码模式。第一列标识为“位数”，表示码位中位数的上限，不包括任何前导零。编码中的 x 代表码位最右边的位，它们分布在一到四个字节中。

位数	首码位	末码位	字节 1	字节 2	字节 3	字节 4
7	U+0000	U+007F	0xxxxxxx			
11	U+0080	U+07FF	110xxxxx	10xxxxxx		
16	U+0800	U+FFFF	1110xxxx	10xxxxxx	10xxxxxx	
21	U+10000	U+1FFFFF	11110xxx	10xxxxxx	10xxxxxx	10xxxxxx

图 3-27　UTF-8 编码模式

表中第一行对应的是 ASCII 字符，其位数上限为 7 位。一个 ASCII 字符存储在一个字节中，字节第一个位是 0，后面的 7 位与 ASCII 码的 7 位是相同的。解码 UTF-8 字符串的第一步是检查第一个字节的第一个位，如果为零，则第一个字符是 ASCII 字符，可以从 ASCII 表中确定，后一个字节是下一个字符的第一个字节。

如果第一个字节的第一位是 1，则第一个字符不在 U+0000 到 U+007F 范围内，就不是 ASCII 字符，那么它需要多占一个字节。在这种情况下，第一个字节中的前导 1 的数量等于该字符占用的总字节数。码位的一些位被存储在第一个字节中，还有一些存储在剩余的连续字节中。每个连续字节以字符串 10 开始，并存储码位中的六个位。 151

例 3.35　表情符号 ☹ 的码位为 U+1F617，要确定其 UTF-8 编码首先确定码位的位数上限。由图 3-27 可知，该码位在 U+10000 到 U+1FFFF 之间，因此码位最右边的 21 位需要占据 4 个字节。1F617（hex）的最右 21 位为

0 0001 1111 0110 0001 0111

添加足够多的前导 0 达到 21 位。图 3-27 的最后一行表示字节 1 存储了前三位，字节 2 存储随后的 6 位，字节 3 存储再随后的 6 位，字节 4 存储最后 6 位。据此重新划分上面的 21 位，得到

000 011111 011000 010111

由表可得，字节 1 的格式为 11110xxx，将前 3 个零插入 x 的位置得到 11110000，同理可得字节 3 和字节 4。那么四字节的结果位模式为

11110000 10011111 10011000 10010111

因此，U+1F617 编码得到 F09F 9897（UTF-8），这与例 3.34 中 UTF-32 的四字节编码是不同的。 ■

例 3.36　要确定 UTF-8 字节序列 70 C3 A6 6F 6E 的码位序列，首先把字节序列表示为二进制

01110000 11000011 10100110 01101111 01101110

由于前导位是0，因此可以立即判断出第一个、第四个和第五个字节是ASCII字符。查阅ASCII码表，可得这些字节对应的字母分别是p、o和n。第二个字节的前三位110表示有11位分布在两个（一对）字节中，如图3-27表格表体中第二行所示。第三个字节的前两位10与第二个字节是一致的，这个10表示该字节是一个延续字节。抽取第二个字节（一对字节中的第一个字节）最右边的5位和第三个字节（一对字节中的第二个字节）最右边的6位，得到11位：

00011 100110

加上前导零并重新分组后得到：

152 0000 0000 1110 0110

即码位U+00E6，其对应的Unicode字符为æ。由此，初始给出的5字节序列就是码位序列U+0070、U+00E6、U+006F和U+006E的UTF-8编码，其代表的字符串是“pæon”。 ■

图3-27显示UTF-8并不允许所有的位模式。比如，下列位模式在UTF-8编码文件中就是非法的。

11100011 01000001

因为第一字节的前四位1110表示该字节是连续三个字节中的第一个，但第二个字节的前导零又表示这个字节是一个ASCII字符，不是一个延续字节。如果在UTF-8编码的文件中检测到这种模式，那么数据已损坏。

UTF-8的主要优点是其自同步特性。解码器可以通过检查前缀位来唯一地识别序列中的任何字节类型。比如，如果前两位是10，就表示这是个延续字节。如果前四位是1110，就表示这是三字节序列中的第一个字节。这种自同步特性使得UTF-8解码器可以在数据发生损坏时恢复大部分文本。

UTF-8是万维网上最常见的编码标准，也已经成为多语言应用程序的默认标准。操作系统正在整合UTF-8，以便文件和文件可以用户的母语命名。现代编程语言（如Python和Swift）都内置了UTF-8，这样程序员就可以将变量命名为pæon，或者甚至于是☺😑。文本编辑器传统上只能处理纯ASCII文本，与之相反的是文字处理器，它总是格式友好的，处理UTF-8编码文本文件的能力也越来越强。

3.5 浮点数表示

本章前面几节描述的数值表示是对于整数值的。C语言有3种数值类型有小数部分：

- float 单精度浮点数
- double 双精度浮点数
- long double 扩展双精度浮点数

这些类型的值在ISA3层不能以补码二进制表示存储，因为存储必须提供存放数字中小

153 数点位置的方式。浮点数值用科学记数法的二进制版本来存储。

3.5.1 二进制小数

二进制小数有一个二进制小数点，它是十进制小数点的二进制版本。

例3.37 图3-28a展示了101.011（bin）的位置值。二进制小数点左边的位与图3-2无符号二进制表示中相应的位有相同的位置值。二进制小数点右边的位置值从1/2开始，每个

位置值是前一位的一半。图 3-28b 给出的加法表明得到的值是 5.375（dec）。■

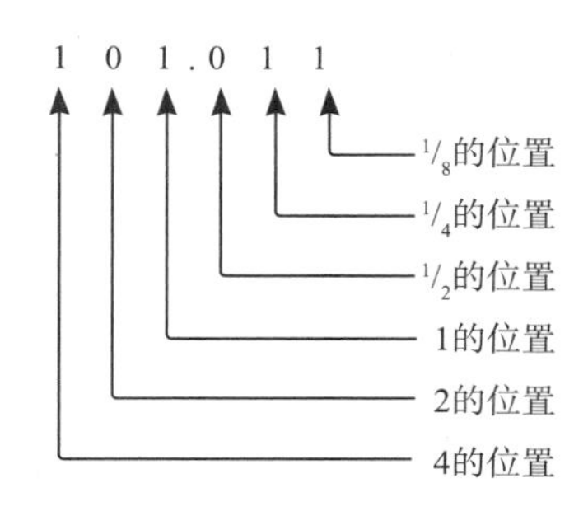

a）101.011（bin）的位置值

1　1/8的位置 = 0.125
1　1/4的位置 = 0.25
0　1/2的位置 = 0.0
1　1的位置 = 1.0
0　2的位置 = 0.0
1　4的位置 = 4.0
5.375 (dec)

b）把101.011（bin）转换为十进制

图 3-28　把二进制小数转换为十进制

图 3-29 是有小数部分数字的多项式表示。小数点左边一位的位置值总是基数的 0 次方，即 1。往左下一个有效位是基数的 1 次方，即基数本身。小数点右边一位的位置值是基数的 −1 次方，往右下一个有效位是基数的 −2 次方，右边每个位置值是它左边位位置值的 1/ 基数倍。

$$1\times 2^2+0\times 2^1+1\times 2^0+0\times 2^{-1}+1\times 2^{-2}+1\times 2^{-3}$$

a）二进制数101.011

$$5\times 10^2+0\times 10^1+6\times 10^0+7\times 10^{-1}+2\times 10^{-2}+1\times 10^{-3}$$

b）十进制数506.721

图 3-29　浮点数的多项式表示

154

确定二进制小数的十进制值分为两步。首先，用例 3.3 中无符号二进制数转换的方法转换二进制小数点左边的位。然后，用逐位翻倍的算法转换二进制小数点右边的位。

例 3.38　图 3-30 展示了把 6.585 937 5（dec）转化为二进制的过程。转换整数部分即在小数点左边得到 110（bin）；转换小数部分是把小数点右边的数字写在表格右列的头部，小数部分乘以 2，小数点左边的数字写在左列，小数部分写在右列。下次乘 2 时，不包括整数部分。例如，把 .171 875 乘 2 得到 0.343 75，而不是把 1.171 875 乘 2。左列从上到下的数字就是二进制小数部分从左到右的位，因此 6.585 937 5（dec）=110.100 101 1（bin）。■

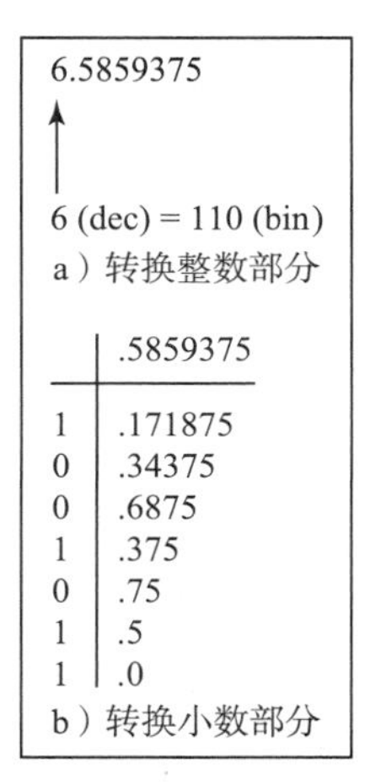

图 3-30　十进制转换为二进制

把小数部分从十进制转换到二进制的算法就像是把整数部分从十进制转换到二进制算法的镜像。图 3-5 给出了用逐位除以 2 的算法转换十进制整数的过程。除法的余数就是得到的数字位，顺序是从二进制小数点开始从右往左。用逐位乘以 2 的算法转换小数部分，乘法得到的整数部分是生成的数字位，顺序是从二进制小数点开始从左往右。

一个可以用有限位十进制表示的数，它的二进制数表示可能是无限位的。

例 3.39 图 3-31 展示的是把 0.2（dec）转换为二进制的过程。第一次乘 2 得到 0.4，反复几次后又得到了 0.4。显然这个过程不会终止，所以 0.2（dec）=0.001100110011...（bin），位模式 0011 会不断重复。■

由于所有计算机单元都只能存储有限的位，所以 0.2（dec）不能被精确存储，必定是一个近似值。我们应该意识到由于二进制表示值的固有舍入误差，所以如果用像 C 这样的 HOL6 层语言做加法 0.2 + 0.2，也许不会精确得到 0.4。正是由于这个原因，好的数值软件几乎不会检测两个浮点数是否完全相等，而是用软件维护了一个很小的非零容忍值，用以表示如果两个浮点数的差小于该值就被看作相等。如果容忍值是 0.0001，那么 1.382 64 和 1.382 67 会被认为是相等的，因为它们的差 0.000 03 小于容忍值 0.0001。

155

	.2
0	.4
0	.8
1	.6
1	.2
0	.4
0	.8
1	.6
⋮	⋮

图 3-31　一个具有无休止的二进制表达的十进制数

3.5.2　余码表示

可以用常见于十进制数的科学记数法的二进制版本来表示浮点数。一个以科学记数法表示的非零数是规格化的，如果它的第一个非零位正好在小数点左边。因为数字 0 没有第一个非零位，因此 0 不能被规格化。

例 3.40 十进制数 −328.4 的科学记数法规格化表示是 -3.284×10^2，10 的 2 次方的作用是把小数点往右移动 2 位。类似地，二进制数 −10101.101 的科学记数法规格化形式是 -1.0101101×2^4，2 的 4 次方的作用是把二进制小数点往右移动 4 位。■

例 3.41 二进制数 0.00101101 的科学记数法规格化表示是 1.01101×2^{-3}，2 的 -3 次方的作用是把二进制小数点往左移动 3 位。■

一般来说，浮点数可以是正数或负数，它的指数也可以是正整数或负整数。图 3-32 展示了存储浮点数值的一个内存单元。单元分为 3 个字段，第一个字段 1 位，用于存储该数的符号，第二个字段存储的位代表的是规格化二进制数的阶码（指数），第三个字段称为尾数（有效数字），存储代表数值大小的位。

阶码中存储的位越多，浮点数值的范围越大。尾数中存储的位数越多，数值表示的精度越高。常用表示形式是阶码 8 位，位数 23 位。为了展示浮点数格式的概念，本节的例子中阶码是 3 位，位数是 4 位。这些位数少得不切实际，但是却有助于在不用大量位数的情况下进行格式说明。

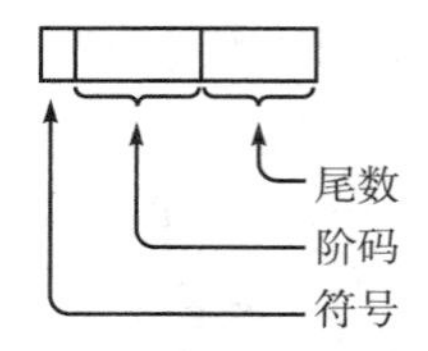

图 3-32　浮点数的存储

任何有符号整数的表示方法都可以用于存储阶码。你可能会想到用补码表示，因为大多数计算机存储有符号整数都用它。但是实际上没有用补码，而是用了有偏差的表示方法，后面很快会解释这个原因。

156

一个 5 位单元有偏差表示的例子是余 15 码（Excess 15）。单元存储数字的范围十进制表示为 −15 到 16，二进制表示为 00000 到 11111。把十进制转换到余 15 码是把十进制数值加 15，然后按照无符号数方式转换为二进制。从余 15 码转换为十进制是把它按照无符号数写作十进制数，然后减去 15。在余 15 码中，第一位表示一个值是正还是负，不过与补码表示不一样，1 表示正值，0 表示负值。

例 3.42 存储单元为 5 位，把十进制 5 转换到余 15 码，5+15=20。然后按照无符号数方法把 20 转换为二进制，20（dec）=10100（bin），因此 5（dec）=10100（余 15）。第一位是 1 表示是一个正值。 ■

例 3.43 把 00011 从余 15 码转换到十进制，把 00011 当作无符号值转换，00011（bin）= 3（dec），然后 3−15=−12，因此 00011（余 15 码）=−12（dec）。 ■

图 3-33 展示了一个 3 位单元以余 3 码表示和以补码表示存储整数的比较。每种表示法存储 8 个值，余 3 码的表数范围是 −3 到 4（dec），而补码的是 −4 到 3（dec）。

157

十进制	余 3 码	补码
−4		100
−3	000	101
−2	001	110
−1	010	111
0	011	000
1	100	001
2	101	010
3	110	011
4	111	

图 3-33 3 位单元存储的有符号整数

3.5.3 隐藏位

在图 3-32 中，保留一位来表示数的符号，但是没有位表示小数点。用一位来表示小数点是没有必要的，因为数以规格化的形式存储，系统可以假设第一个 1 就在小数点的左边。此外，由于小数点的左边总是有个 1，所以也完全不需要存储前导 1。要存储十进制数值，首先将其转换为二进制，写成规格化科学记数法的形式，用余码表示存储阶码，去掉前导 1，再把余下的有效位数存储到尾数字段。假设出现在小数点左侧，但又没有显式存储的那一个位被称为*隐藏位*（hidden bit）。

例 3.44 假设 3 位阶码采用余 3 码表示，尾数用 4 位表示，问如何存储 3.375？转换整数部分得到 3（dec）=11（bin）。转换小数部分得到 0.375（dec）=0.011（bin）。完整的二进制数为 3.375（dec）=11.011（bin），规格化二进制科学记数法形式为 1.1011×2^1。该数为正，因此符号位是 0。由图 3-33 可知阶码为 1（dec）=100（余 3）。去掉前导 1，小数点右边四位是 1011。所以，3.375 被存储为 0100 1011。 ■

当然隐藏位是假定的，而不是被忽略的。当从内存读取二进制浮点数值时，编译器假定没有存储隐藏位。它会生成代码插入隐藏位，然后再用数量完整的位来执行各种计算。浮点数硬件为了精度甚至会增加一些位，这些位被称为*保护位*（guard digit），它们存在于整个计算过程。计算完成后，系统会丢弃这些保护位和假设的隐藏位，尽可能多地存储二进制小数点右边的位作为尾数。

不存储前导 1 可以得到更高的精度。在上面的例子中，数值是 1.1011。使用隐藏位，去掉前导 1，将 .1011 存储到 4 位的尾数字段。在不使用隐藏位的表示中，在 4 位尾数字段中存储的是最高有效位 1.011，而强制丢弃最低有效值 0.0001。其结果数值只能是近似于十进制值 3.375。

由于任何内存单元都有有限个位，即使用了隐藏位，近似也是不可避免的。系统按照“就近舍入，对半取偶”的原则，舍入其要丢弃的最低有效位而达到近似。图 3-34 展示了该原则在十进制数和二进制数上的使用。23.499 被舍入为 23，因为该数距离 23 比距离 24 更近。同样，23.501 距离 24 比距离 23 更近。但是，23.5 距离 23 和 24 一样近，这就是“对半”。

158

它被舍入为 24，因为 24 是偶数。同样，二进制数 1011.1 与 1011 和 1100 的距离相同，这也是“对半”。它被舍入为 1100，因为 1100 是偶数。

十进制	十进制舍入结果	二进制	二进制舍入结果
23.499	23	1011.011	1011
23.5	24	1011.1	1100
23.501	24	1011.101	1100
24.499	24	1100.011	1100
24.5	24	1100.1	1100
24.501	25	1100.101	1101

图 3-34　就近舍入，对半取偶

例 3.45　假设 3 位阶码采用余 3 码表示，尾数用 4 位表示，问如何存储 −13.75？转换整数部分得到 13（dec）=1101（bin）。转换小数部分得到 0.75（dec）=0.11（bin）。完整的二进制数为 13.75（dec）=1101.11（bin），规格化二进制科学记数法形式为 1.10111×2^3。该数为负，因此符号位是 1。阶码为 3（dec）=110（余 3）。去掉前导 1，小数点右边五位是 10111。但是尾数部分只能存储四位，而 .10111 与 .1011 和 .1100 的距离是一样的，因此对半原则有效。由于 1011 是奇数，1100 是偶数，所以舍入结果为 .1100。由此，−13.75 被存储为 1110 1100。■

3.5.4　特殊值

有些实际值需要特殊看待，最明显的是 0，因为它的二进制表示中没有为 1 的位，因此它不能规格化表示，必须为它设置一个特殊的位模式。标准的做法是把阶码全置为 0，尾数也全置为 0。那么符号位呢？最常见的是 0 有两种表示：一个正 0，一个负 0。如果阶码 3 位，尾数 4 位，两种 0 的位模式是

1 000 0000（bin）=−0.0（dec）

159

0 000 0000（bin）=+0.0（dec）

不过，0 的存储还有其他解决方案。如果 +0.0 的位模式没有特殊指定，那么 0 000 0000 会被解读成有隐藏位，看作 1.0000×2^{-3}（bin）=0.125，如果这个值没有被保留为 0，那么这就是可以存储的最小正值。如果这个位模式为 0 保留，那么可存储的最小正值是略大的

0 000 0001=1.0001×2^{-3}（bin）=0.132 812 5

除了符号位是 1，数值最小负数的尾数应该是一样。可以存储的最大正整数的位模式应该具有最大阶码和最大尾数。具有最大数值大小的位模式是

0 111 1111（bin）=+31.0（dec）

图 3-35 是 0 有唯一特殊值的表示方式所对应的数轴。和整数表示一样，可以存储多大的值是有限制的。如果 9.5 乘以 12.0，这两者都在范围内，但是乘积的真实值 114.0 在正上溢区。

然而，和整数值不一样的是，实数轴有下溢区。如果 0.145 乘以 0.145，两者都在范围内，但乘积的真值 0.021 025 却在正下溢区，可以存储的最小正值是 0.132 815。

当计算以确切的精度进行时，近似的浮点数的数值计算结果要和预期保持一致。例如，

假设 9.5 乘以 12.0，结果应该存储什么呢？假设把最大值 31.0 作为近似结果存储。再假设该结果是一个更长计算的中间值，然后要计算它的一半是多少，将得到 15.5，这和正确的值相差甚远。

160

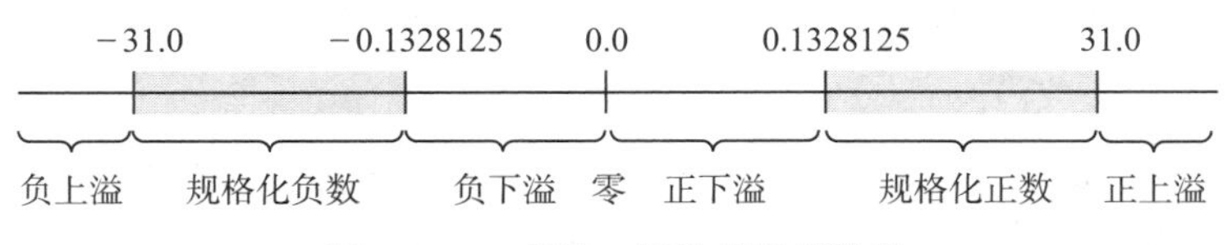

图 3-35 0 有唯一特殊值的实数轴

在下溢区有同样的问题。如果把 0.0 作为 0. 021 025 的近似值存储，然后再把它乘以 12.0，就会得到 0.0。这里存在被看上去合理的值误导的风险。

由上溢和下溢引起的这些问题，通过引入更多位模式的特殊值会有所改善。与 0 的表示一样，必须用一些特殊的位模式来表示这些特殊值，如果这些位模式不用来表示特殊值，就可以用来表示数轴上的值。除了 0 以外，有 3 个常用的特殊值：无穷大、非数（NaN）和非规格化数。图 3-36 列出了浮点数表示的四种特殊值以及它们的位模式。

特殊值	阶码	尾数
0	全 0	全 0
非规格化数	全 0	非 0
无穷大	全 1	全 0
非数	全 1	非 0

图 3-36 浮点数表示的特殊值

无穷大用于表示溢出区的值。如果运算结果溢出，那么就存储无穷大的位模式。如果再对这个位模式执行运算，结果就是预期的值——无穷。例如，3/∞=0，5+∞=∞，而无穷大的平方根是无穷大。除以 0 会得到无穷大，例如，3/0=∞，−4/0=−∞。如果实数做计算得到无穷大，那么就可以知道某个中间结果发生了溢出。

如果一个值不是一个数（即，非数），它的位模式称为 NaN。用 NaN 来表示非法的浮点运算，例如，取负数的平方根得到 NaN，0/0 也得到 NaN。任何至少有一个 NaN 操作数的浮点运算都得到 NaN，例如，7+NaN=NaN，7/NaN=NaN。

无穷大和 NaN 的位模式都使用了阶码的最大正值，即阶码字段是全 1。无穷大的尾数为全 0，NaN 的尾数可以是任何非零模式。把这些位模式保留给无穷大和 NaN 会减少可以存储的值的范围。对于 3 位阶码和 4 位尾数来说，最大数值的位模式和它们的十进制值是

1 111 0000 (bin)=−∞

1 110 1111 (bin) =−15.5(dec)

0 110 1111 (bin)=+15.5(dec)

0 111 0000 (bin)=+∞

161

在图 3-35 中，上溢出区的无穷大值，没有对应的下溢区的无穷小值。取而代之的是用一组被称为非规格化数的值来缓解下溢问题。图 3-37 给出了 3 位阶码，4 位尾数的二进制表示下的浮点数比例图，图中上方数轴是没有非规格化数值的，下方数轴是有非规格化数值的。该图显示了阶码字段为 000，001 和 010（余 3 码）的三个完整数值序列，这些阶码分别对应 −3，−2 和 −1（dec）。

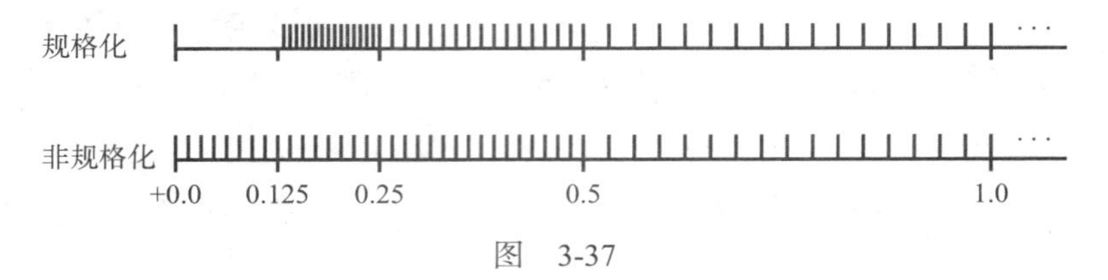

图 3-37

对于一般的规格化数，连续数值之间的差值随着阶码单位的增加而加倍。例如，在上方数轴上，0.125 到 0.25 之间的 16 个值对应的是用二进制科学记数法写出的数字乘以 2^{-3}；而 0.25 和 0.5 之间的 16 个值之间的距离增加为两倍，对应的是用二进制科学记数法写出的数字乘以 2^{-2}。

如果没有非规格化特殊值，+0.0 和最小的正值之间的差值与最小序列中的差值相比就太大了。非规格化特殊值使得第一个序列的连续值之间的间隔等于第二个序列连续值之间的间隔。当从右边接近 +0 时，这些值是均匀分布的。在图中未显示的左半部分数轴上，当从左边接近 −0.0 时，这些负值也是均匀分布的。

非规格化数值的这种行为被称为逐级下溢（gradual overflow）。有了逐级下溢，最小正值和 0 之间的差距减小了很多。其主要思想是，选取那些阶码字段全 0（余码表示）的非零值，把它们平均分布在下溢区中。

因为阶码字段全 0 是为非规格化数保留的，所以最小正规格化数是

$$0\ 001\ 0000=1.000\times 2^{-2}\ (\text{bin})=0.25\ (\text{dec})$$

162 如果阶码字段可以是 000，那么最小正规格化数是 0.132 812 5，我们现在的做法似乎把事情弄得更糟了。但是，非规格化数值分布在原来表示方法的下溢区间内，实际上是减小了下溢区的大小。

当阶码字段全是 0、尾数至少包含一个 1 时，要使用特殊的表示规则。若阶码是 3 位，尾数是 4 位，

- 假定二进制小数点左边的隐藏位为 0，而不是 1。
- 假定阶码以余 2 码而不是余 3 码的形式存储。

例 3.46 对于 3 位阶码、4 位尾数的表示方法来说，0 000 0110 表示的十进制数是多少？因为阶码是全 0，尾数至少包含一个 1，所以这个数是非规格化数，它的阶码是 000（余 2）=0−2=−2，它的隐藏位是 0，所以它的二进制科学记数表示是 0.0110×2^{-2}。因为这是非规格化数的特殊情况，所以阶码以余 2 码而不是余 3 码表示。将这个二进制值转换为十进制，得到 0.093 75。■

这样的表示会让下溢区的表示变得更好。计算具有最小数值的数，它是非规格化的。

1 000 0001 (bin)=−0.015625 (dec)
1 000 0000(bin) =− 0.0
0 000 0000 (bin)=+0.0
0 000 0001 (bin)=+0.015625 (dec)

如果没有非规格化数，最小正数是 0.132 812 5，因此实际上下溢区变小了很多。

图 3-38 展示了具有所有 4 种特殊值的 3 位阶码和 4 位尾数表示法的一些重要值。这些值按照数字从小到大的顺序排列。图 3-38 表明为什么要用余码来表示浮点数的阶码。忽略符号位，只考虑从 0.0 到 +∞ 的正数。可以看到，如果把最右边的 7 位看作一个简单的无符

号整数，那么从表示 0 的 000　0000 到表示 ∞ 的 111　0000，相邻的值都是加 1。如果对两个浮点数进行比较，比如这样一条 C 语句

```
if (x < y)
```

那么计算机不需要提取阶码字段或者插入隐藏位，只需要把最右边 7 位当作整数，进行比较，就能判断哪个浮点数有更大的数值。整数运算的电路要比浮点数运算的电路快很多，因此用余码表示阶码实际上提高了性能。 163

	二进制	科学记数法	十进制
非数	1 111 非零		
负无穷大	1 111 0000		$-\infty$
规格化负数	1 110 1111	-1.1111×2^{3}	−15.5
	1 110 1110	-1.1110×2^{3}	−15.0
	...	...	...
	1 011 0001	-1.0001×2^{0}	−1.0625
	1 011 0000	-1.0000×2^{0}	−1.0
	1 010 1111	-1.1111×2^{-1}	−0.96875
	...	...	...
	1 001 0001	-1.0001×2^{-2}	−0.265625
	1 001 0000	-1.0000×2^{-2}	−0.25
非规格化负数	1 000 1111	-0.1111×2^{-2}	−0.234375
	1 000 1110	-0.1110×2^{-2}	−0.21875
	...	...	...
	1 000 0010	-0.0010×2^{-2}	−0.03125
	1 000 0001	-0.0001×2^{-2}	−0.015625
负 0	1 000 0000		−0.0
正 0	0 000 0000		+0.0
非规格化正数	0 000 0001	0.0001×2^{-2}	0.015625
	0 000 0010	0.0010×2^{-2}	0.03125
	...	...	...
	0 000 1110	0.1110×2^{-2}	0.21875
	0 000 1111	0.1111×2^{-2}	0.234375
规格化正数	0 001 0000	1.0000×2^{-2}	0.25
	0 001 0001	1.0001×2^{-2}	0.265625
	...	...	...
	0 010 1111	1.1111×2^{-1}	0.96875
	0 011 0000	1.0000×2^{0}	1.0
	0 011 0001	1.0001×2^{0}	1.0625
	...	...	...
	0 110 1110	1.1110×2^{3}	15.0
	0 110 1111	1.1111×2^{3}	15.5
正无穷大	0 111 0000		$+\infty$
非数	0 111 非零		

图 3-38　阶码 3 位，尾数 4 位的浮点数值 164

对于负数，也有同样的模式。可以把最右的 7 位看作无符号整数，用以比较负数的数值大小。如果阶码用补码表示，浮点数就不会有这样的属性。

图 3-38 显示 −0.0 和 +0.0 是不同的。在这种底层抽象中，负 0 存储形式与正 0 不一样。但是，高层抽象的程序员期望实数集中只有一个 0，没有正负之分。举个例子，如果 x 的值计算出来是 −0.0，且 y 是 +0.0，那么程序员就希望 x 的值是 0，y 的值也是 0，而表达式（x ＜ y）为假。在这特殊情况下，即使位模式显示 x 是负数，y 是正数，计算机也应该编程返回假。系统对高层抽象的程序员隐藏了这一事实，即在底层抽象上零有两种表示。

对于非规格化数，要从十进制转换为二进制首先需要检查该十进制数是否在非规格化数范围内，以便决定其表示形式。由图 3-38 可知，阶码为 3 位，尾数为 4 位时，最小规格化正数值是 0.25。任何小于 0.25 的数值都以非规格化数的形式存储。

例 3.47 对于 3 位阶码、4 位尾数的表示方法来说，十进制数值 −0.078 是如何存储的？由于 0.078 小于 0.25，所以其表示是非规格化的，阶码全 0，隐藏位为 0。转为二进制得到 0.078（dec）=0.000100111…。因为阶码是全 0，用余 2 码表示阶码，乘数必须是 2^{-2}。在乘数为 2^{-2} 的二进制科学记数法中，0.000100111…=0.0100111… × 2^{-2}。如同所预期的，小数点左边是 0，该位是隐藏位。.0100111…的前四位保存到尾数字段，并舍入为 .0101。由此可得，−0.078 的浮点数表示为 1000 0101。■

3.5.5　IEEE 754 浮点数标准

电气电子工程师学会（IEEE）是一个由会员支持的专业协会，为各种工程领域提供服务，计算机工程就是其中之一。协会内有各种小组起草工业标准。在 IEEE 提出它的浮点数标准之前，每个计算机厂商都设计它们自己的浮点数值表示法，且互不相同。在网络普及前的早期，计算机之间的数据共享很少，因此这种情况尚可容忍。

165

即便没有大量的数据共享需求，标准的缺失也阻碍了数字计算的研究和发展。在两台不同的计算机上运行两个一样的程序，同样的输入可能产生不同的结果，原因是两台计算机采用了不同的近似值表示法。

1985 年 IEEE 设立了一个委员会来起草浮点数标准。最终产生了两个标准：854 更适用于手持计算器（与其他计算设备相比），而 754 则广泛应用于计算机。该标准在 2008 年作了少许修订。实际上，现在每个计算机厂商的计算机中的浮点数都遵循 IEEE 754 标准。

在本节前面讲述的浮点数表示法中，除了阶码字段和尾数字段的位数不同之外，其余的都和 IEEE 754 是一样的。图 3-39 展示了这个标准的两种格式。单精度格式阶码字段是 8 位单元，采用余 127 码表示（除了非规格化数，它们使用余 126 码），尾数是 23 位。这种格式对应于 C 语言的类型 float。双精度格式的阶码字段是 11 位单元，采用余 1023 码表示（除了非规格化数，它们使用余 1022 码），尾数是 52 位。它对应于 C 语言的类型 double。

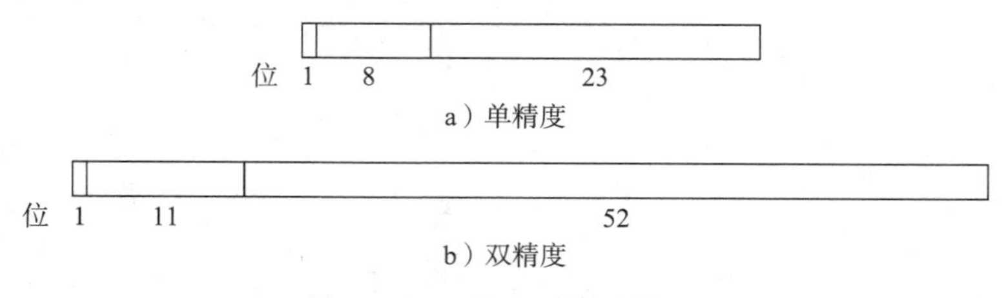

图 3-39　IEEE754 浮点数标准

有下列单精度格式的位值，正无穷大是

0 1111 1111 000 0000 0000 0000 0000 0000

写成4位一组的全32位模式为

0111 1111 1000 0000 0000 0000 0000 0000

166

它的十六进制简化表示为7F80 0000（hex）。最大的正值为

0 1111 1110 111 1111 1111 1111 1111 1111

或7F7F FFFF（hex）。正好是$2^{128}-2^{104}$，其值近似是2^{128}或3.4×10^{38}。最小的规格化正数是

0 0000 0001 000 0000 0000 0000 0000 0000

或0080 0000（hex）。正好是2^{-126}，近似于1.2×10^{-38}。最小的非规格化正数是

0 0000 0000 000 0000 0000 0000 0000 0001

或0000 0001（hex）。正好是2^{-149}，近似于1.4×10^{-45}。

例3.48　−47.25的单精度浮点数的十六进制表示是什么？整数47（dec）=101111（bin），小数0.25（dec）=0.01（bin），因此47.25（dec）=1.0111101 × 25。这个数是负数，因此第一位是1，阶码5通过5+127=132（dec）=1000 0100（余127）转换为余127码，尾数存储二进制小数点右边的0111101，因此位模式是

1 1000 0100 011 1101 0000 0000 0000 0000

十六进制表示为C23D 0000（hex）。■

例3.49　十六进制表示为3CC8 0000的二进制科学记数法是什么？它的位模式为

0 0111 1001 100 1000 0000 0000 0000 0000

符号位是0，因此这个数是正数，阶码是0111 1001（余127）=121（无符号）=121−127 =−6（dec），尾数的小数点右边是1001，隐藏位为1，因此这个数是1.1001×2^{-6}。■

例3.50　十六进制表示为0050 0000的二进制科学记数法是什么？它的位模式是

0 0000 0000 101 0000 0000 0000 0000 0000

符号位是0，因此它是正数，阶码字段全是0，因此它是非规格化数，阶码0000 0000（余126）=0（无符号）=0−126=−126（dec），隐藏位是0而不是1，因此这个数是0.101×2^{-126}。■

167

双精度格式具有更大的表数范围和更高的表数精度，因为它的阶码字段和尾数字段更长。最大的双精度值近似于2^{1023}，或1.8×10^{308}。最小的规格化正数近似于2.2×10^{-308}，最小的非规格化数近似于4.9×10^{-324}。

图3-37展示了非规格化特殊值，稍微修改一下就适用于IEEE　754。对单精度而言，阶码字段有8位。因此图中上方数轴的三个序列对应的乘数就是2^{-127}、2^{-126}和2^{-125}。尾数字段有23位，那么每个序列就有2^{23}=8 388 608个数值，而不是16个数值。没有发生变化的是，每个序列中连续值之间的距离是前一个序列连续值间距的两倍。

对双精度而言，阶码字段有11位。因此图中上方数轴的三个序列对应的乘数就是2^{-1023}、2^{-1022}和2^{-1021}。尾数字段有52位，那么每个序列就有2^{52}=4 503 599 627 370 496个数值，而不是16个数值。对非规格化数，当从右边接近+0.0时，左半部分的4.5千兆（quadrillion）个值是均匀分布的。

3.6　模型

模型是某些实体系统的简化表示。每个科学领域的工作人员，包括计算机科学，构建模

型并研究它们的性质，比如天文学家构建和研究的一些太阳系模型。

大约公元前 350 年，希腊的亚里士多德提出了一个模型，在这个模型中，地球位于宇宙的中心，环绕地球的是 55 个天球。太阳、月亮、行星和恒星每个都在一个天球上环绕天空。

这个模型和现实相符的程度如何呢？它能成功地解释天空的形状像球的顶部一样，也能解释行星大概的运行。千百年来，亚里士多德的模型被认为是准确的。

1543 年，波兰天文学家哥白尼出版了《De Revolutionibus》(天体运行论)，在这本书中，他建立了以太阳为中心的太阳系模型，行星围绕太阳做圆周运转。这个模型比地心模型更接近实体系统。

16 世纪后期，丹麦天文学家 Tycho Brahe 进行了一系列精确的天文观察，这些观察与哥白尼的模型有一定的差异。然后，1609 年，Johannes Kepler 设想了一个模型，在这个模型中，地球和所有行星围绕太阳运行，但轨道不是圆形而是扁平的圆形（即椭圆形）。这个模型成功地详细解释了 Tycho Brahe 观察到的行星的复杂运行。

168

上述每一个模型都是太阳系的一个简化表示。没有一个模型能够完全精确地描述真实的物理世界。现在我们知道，根据爱因斯坦的相对论，甚至 Kepler 的模型也是一个近似模型。没有模型是完美的，每个模型都是现实世界的一个近似。

当信息在计算机存储器中表示时，这个表示也仅仅是一个模型。如同太阳系的每个模型描述真实系统的某个方面比其他方面更加精确一样，一种表示方法描述信息的某个性质比其他性质更精确。

例如，正整数的一个性质是有无穷大的数。不管你写一个多大的整数，别人总能写出更大的数。计算机的无符号二进制表示不能很精确地描述这个性质，因为内存中存储整数的空间大小是有限制的。

我们知道 =1.4142136... 是无限不循环的。存储实数的表示方法是一个模型，对于像 2 的平方根这样的数，它只能存储近似数，它不能准确地表示 2 的平方根。由于模型的限制，计算机在任何时候解决问题总是会涉及近似。

计算机能模型化各种实体系统——库存清单、国民经济、账务系统和生物种群系统，不一而足。在计算机科学中，要模型化的通常是计算机本身。

实际上，计算机仅有的实体部分是在 LG1 层。从本质上说，计算机只是一个复杂的、有组织的大量电路和电子信号。在 ISA3 层，高电平信号被建模为 1，低电平信号被建模为 0。ISA3 层的程序员在使用模型时，不需要知道电子电路和信号。记住在 ISA3 层，单词 Tom 用 1 和 0 表示为

101 0100

110 1111

110 1101

HOL6 层的程序员在使用模型时，不需要知道位。实际上，在任何层，对计算机编程只需了解那一个层的计算机模型知识即可。

169

HOL6 层的程序员可以把计算机建模为 C 机器，这个模型接受 C 程序并用它来处理数据。当程序员指示机器

```
printf("Tom");
```

他不需要考虑计算机在 ISA3 层怎样被建模为二进制机器。类似地，当 ISA3 层程序员写位

序列时，他无须考虑在 LG1 层计算机怎样被建模为电路的组合。

这种逐级为计算机系统建模的方法并不是计算机科学独有的。考虑一个有 6 个分公司分布全国的大公司，公司总裁的模型是 6 个分公司，每个分公司有一个副总裁向他汇报，他通过看每个分公司的业绩来看全公司的业绩。当要求产品部门增加利润时，他无须考虑产品部门副总裁的模型。当副总裁给产品部门的每个小部门经理下达命令时，他无须考虑小部门经理的模型。让总裁亲自处理小部门层的事务几乎是不可能的，整个公司有太多小部门层的细节，不可能由一个人去管理。

App7 层的计算机用户就像总裁，他给 HOL6 层的程序员写的程序发出诸如"计算所有大二学生的平均分"的指令，他无须考虑 HOL6 层模型怎样发布指令。最终，这条 App7 层指令逐层向下传送到 LG1 层。最终结果是 App7 层的用户能够用非常简化的计算机模型控制大量的电子电路和信号。

本章小结

二进制数只可能是两个数值之一。在机器层上，计算机以二进制形式存储信息。位是二进制数字，不是 0 就是 1。非负整数使用无符号二进制表示。最右位是 1 的位置，它左边的一位是 2 的位置，再左边一位是 4 的位置，以此类推，每一位的位置值都是其右边一位位置值的两倍。有符号整数采用补码表示，其中第一位是符号位，剩余的位决定该数的数值大小。对于正数来说，补码表示与无符号表示相同；而对于负数来说，它的补码可以通过对应正数的反码加 1 得到。

170

每个二进制整数，无论有符号还是无符号，都有表数范围，这是由内存单元的位数决定的。单元的位数越小，表数范围就越有限。进位位 C 用来标识无符号整数是否超出表数范围，而溢出位 V 用来标识补码表示的数是否超出表数范围。二进制整数的运算包括 ADD、AND、OR、XOR 和 NOT。ASL 表示*算术左移*，实际上是对一个二进制值乘以 2；而 ASR 表示*算术右移*，是对一个二进制数除以 2。

十六进制数系统，基数为 16，提供了一种简洁的表示位模式的方法。十六进制的 16 个数字是 0、1、2、3、4、5、6、7、8、9、A、B、C、D、E 和 F。一个十六进制数字表示 4 位。美国信息交换标准代码，简称 ASCII，是一种存储字符的常见编码方式。它是一种 7 位编码，可以表示 128 个字符，包括英语字母表的大小写字母、十进制数字、标点符号和不可打印的控制字符。Unicode 字符集扩展了 ASCII 码，覆盖了全世界的语言。

浮点数的存储单元包括 3 个字段：1 位的符号字段、阶码字段和尾数字段。除了特殊数值外，数字以二进制科学记数法方式存储，二进制小数点左边的隐藏位假定为 1。阶码以余码表示方式存储。4 个特殊值是零、无穷大、NaN 和非规格化数。IEEE 754 标准将阶码和尾数字段的位数定义为单精度 8 位和 23 位，双精度 11 和 52 位。

各个抽象层次的基本问题是待处理信息的形式与表达它的语言之间的不匹配。机器语言书写的程序处理位，高级语言书写的程序处理数组和记录这样的对象。无论程序写在哪个层次上，信息必须装进某种语言能够识别的格式中。将信息和语言进行匹配是所有抽象层次上的基本问题，也是解决问题的建模过程中近似产生的根源。

171

练习

3.1 节

*1. 数出下列数字后面的 10 个数。

（a）八进制从 267 开始，
（b）三进制从 2102 开始，
（c）二进制从 10101 开始，
（d）五进制从 2433 开始。

2. 数出下列数字后面的 10 个数
（a）八进制从 466 开始，
（b）三进制从 1201 开始，
（c）二进制从 11011 开始，
（d）五进制从 3434 开始。

*3. 将下列数字从二进制转换到十进制，假定是无符号二进制表示：
（a）10010　（b）110　（c）1011
（d）1000　（e）11111　（f）1010101

4. 将下列数字从二进制转换到十进制，假定是无符号二进制表示：
（a）10110　（b）10　（c）10101
（d）10000　（e）1111　（f）11110000

*5. 将下列数字从十进制转换到二进制，假定是无符号二进制表示：
（a）25　（b）16　（c）1　（d）14　（e）5　（f）41

6. 将下列数字从十进制转换到二进制，假定是无符号二进制表示：
（a）12　（b）35　（c）3　（d）0　（e）27　（f）16

7. 采用无符号二进制表示，下列单元用二进制和十进制表示的表数范围是什么？
*（a）2 位单元　*（b）3 位单元　（c）4 位单元
（d）5 位单元　（e）n 位单元

*8. 执行下面的无符号整数加法运算，假定是 7 位单元。显示进位位的结果。

（a）
```
    010 1011
ADD 100 1001
C=
```
（b）
```
    101 1001
ADD 011 0111
C=
```
（c）
```
    111 1111
ADD 111 1111
C=
```
（d）
```
    111 1111
ADD 000 0001
C=
```

9. 执行下面的无符号整数加法运算，假定是 9 位单元。显示进位位的结果。

（a）
```
    0 0100 1011
ADD 0 1101 0001
C=
```
（b）
```
    1 0001 1101
ADD 0 1110 1000
C=
```
（c）
```
    1 1111 1111
ADD 0 0000 0001
C=
```
（d）
```
    1 1111 1111
ADD 1 1111 1111
C=
```

172

10. 根据 3.1 节，你可以通过看 1 的位置上的数字来确定二进制数是奇数还是偶数，这个规则对任何基数都可能吗？请解释。

11. 八进制和十进制之间的转换类似于二进制和十进制之间的转换。
*（a）写出图 3-4 所示的八进制数 70146 的多项式表示。
（b）使用图 3-5 的技巧，把 7291（dec）转换为八进制。

12. 为何 ISA3 层的程序员会混淆万圣节（Halloween）和圣诞节（Christmas）？提示：31（oct）等于什么？

3.2 节

*13. 将下列数从十进制转换到二进制，假定用 7 位补码二进制表示：
（a）49　（b）–27　（c）0

(d) –64　　(e) –1　　(f) –2

(g) 这台计算机二进制和十进制的表数范围是什么？

14. 将下列数从十进制转换到二进制，假定用 9 位补码二进制表示：

(a) 51　　(b) –29　　(c) –2

(d) 0　　(e) –256　　(f) –1

(g) 这台计算机二进制和十进制的表数范围是什么？

*15. 将下列数从二进制转换到十进制，假定是 7 位补码二进制表示：

(a) 001 1101　　(b) 101 0101　　(c) 111 1100

(d) 000 0001　　(e) 100 0000　　(f) 100 0001

16. 将下列数从二进制转换到十进制，假定是 9 位补码二进制表示：

(a) 0 0001 1010　　(b) 1 0110 1010　　(c) 1 1111 1100

(d) 0 0000 0001　　(e) 1 0000 0000　　(f) 1 0000 0001

*17. 执行下面的加法运算，假定是 7 位补码二进制表示。显示状态位的结果：

(a)
```
    010 1011
ADD 000 1110
N=
Z=
V=
C=
```

(b)
```
    111 1001
ADD 000 1101
N=
Z=
V=
C=
```

173

(c)
```
    100 0110
ADD 101 0101
N=
Z=
V=
C=
```

(d)
```
    110 0001
ADD 111 0101
N=
Z=
V=
C=
```

(e)
```
    000 1101
ADD 011 0100
N=
Z=
V=
C=
```

(f)
```
    100 1001
ADD 010 1011
N=
Z=
V=
C=
```

18. 执行下面的加法运算，假定是 9 位补码二进制表示。显示状态位的结果：

(a)
```
    01010 1100
ADD 0 0011 1010
N=
Z=
V=
C=
```

(b)
```
    1 1110 0101
ADD 0 0011 0101
N=
Z=
V=
C=
```

(c)
```
    1 0001 1011
ADD 1 0101 0100
N=
Z=
V=
C=
```

(d)
```
    1 1000 0101
ADD 1 1101 0110
N=
Z=
V=
C=
```

（e） 0 0011 0100
ADD 0 1101 0010
N=
Z=
V=
C=

（f） 1 0010 0111
ADD 0 1010 0111
N=
Z=
V=
C=

19. 用补码二进制表示，下列单元二进制和十进制表数范围是什么？
*（a）2 位单元 （b）3 位单元 （c）4 位单元
174
（d）5 位单元 （e）*n* 位单元

3.3 节

*20. 假定是 7 位单元，执行下面的逻辑运算：

（a） 010 1100
AND 110 1010
N=
Z=

（b） 000 1111
AND 101 0101
N=
Z=

（c） 010 1100
OR 110 1010
N=
Z=

（d） 000 1111
OR 101 0101
N=
Z=

（e） 010 1100
XOR 110 1010
N=
Z=

（f） 000 1111
XOR 101 0101
N=
Z=

（g） NEG 010 1100 （h） NOT 110 1010

21. 假定是 9 位单元，执行下面的逻辑运算：

（a） 0 1001 0011
AND 1 0111 0101
N=
Z=

（b） 0 0000 1111
AND 1 0111 0101
N=
Z=

（c） 0 1001 0011
OR 1 0111 0101
N=
Z=

（d） 0 0000 1111
OR 1 0111 0101
N=
Z=

（e） 0 1001 0011
XOR 1 0111 0101
N=
Z=

（f） 0 0000 1111
XOR 1 0111 0101
N=
Z=

（g） NEG 1 1001 0011 （h） NOT 1 0111 0101

*22. 假定是 7 位补码二进制表示，将下列数字从十进制转换到二进制，给出 ASL 运算的结果，再把它转换回十进制。用 ASR 运算再做一次。
（a）24 （b）37 （c）-26
（d）1 （e）0 （f）-1

175
23. 假定是 9 位补码二进制表示，将下列数字从十进制转换到二进制，给出 ASL 运算的结果，再把它转换回十进制。用 ASR 运算再做一次。

(a) 94　(b) 135　(c) – 62

(d) 1　(e) 0　(f) –1

24. (a) 写出 8 位单元算术右移的 RTL 描述。(b) 写出 8 位单元算术左移的 RTL 描述。

*25. 假定是 7 位单元，给定 C 位的初始值，给出下列各数的循环位移运算结果：

(a) C = 1, ROL 010 1101　(b) C = 0, ROL 010 1101

(c) C = 1, ROR 010 1101　(d) C = 0, ROR 010 1101

26. 假定是 9 位单元，给定 C 位的初始值，给出下列各数的循环位移运算结果：

(a) C = 1, ROL 0 0110 1101　(b) C = 0, ROL 0 0110 1101

(c) C = 1, ROR 0 0110 1101　(d) C = 0, ROR 0 0110 1101

27. (a) 写出 8 位单元循环右移的 RTL 描述。(b) 写出 8 位单元循环左移的 RTL 描述。

3.4 节

28. 从下面的数开始，往后数 5 个十六进制数：

*(a) 3AB7　(b) 6FD　(c) B9E

29. 将下列十六进制数转换到十进制：

*(a) 2D5E　(b) 2F　(c) 7

30. 本章提到了从十进制到十六进制的转换方法，但是没有给出例子。采用该方法把下列数从十进制转换到十六进制：

*(a) 26,831　(b) 4096　(c) 9

31. 把十进制数转换到二进制数的方法稍加改动，就能把十进制数转换到任何基数。

(a) 解释从十进制转换到八进制的方法。

(b) 解释从十进制转到基数 n 的方法。

*32. 假定是 7 位补码二进制表示，将下面的数从十六进制转换到十进制，记得要检查符号位：

(a) 5D　(b) 2F　(c) 40

33. 假定是 9 位补码二进制表示，将下面的数从十六进制转换到十进制，记得要检查符号位：

(a) 1B4　(b) 0F5　(c) 100

176

*34. 假定是 7 位补码二进制表示，写出下面十进制数的十六进制位模式：

(a) –27　(b) 63　(c) –1

35. 假定是 9 位补码二进制表示，写出下面十进制数的十六进制位模式：

(a) –73　(b) –1　(c) 94

*36. 将下面加密的 ASCII 消息解码（横着读）。

```
100 1000    110 0001    111 0110    110 0101
010 0000    110 0001    010 0000    110 1110
110 1001    110 0011    110 0101    010 0000
110 0100    110 0001    111 1001    010 0001
```

37. 将下面加密的 ASCII 消息解码（横着读）。

```
100 1101    110 0101    110 0101    111 0100
010 0000    110 0001    111 0100    010 0000
110 1101    110 1001    110 0100    110 1110
110 1001    110 0111    110 1000    111 0100
010 1110
```

*38. 下面包含 9 个字符的字符串是怎样以 ASCII 码存储的？

```
Pay $0.92
```

39. 下面包含 13 个字符的字符串是怎样以 ASCII 存储的？

(321)497-0015

40. 将下列 Unicode 码位转换为 UTF-8 码：
*(a) U+0542，亚美尼亚语Ղ　(b) U+2873，点字模式⡳
(c) U+4EB6，CJK 汉字字形亶　(d) U+13007，埃及象形文字𓀇

41. 解码下列 UTF-8 码：
(a) 56 6F 69 C3 A0　(b) 4B C3 A4 73 65　(c) 70 C3 A2 74 65

42. 你是和上斯洛波维亚打仗的下斯洛波维亚军队的首席通信官，为了获得斯洛波维亚的领地，你的间谍将潜入敌人的指挥中枢。你知道上斯洛波维亚正在策划一次重要的攻击，你也知道下列情况：(1) 攻击的时间是日落或日出，(2) 攻击将通过陆地、空中或者大海，(3) 攻击将会在 3 月 28、29、30、31 或者 4 月 1 日进行。你的间谍必须用二进制和你通信，设计一个合适的二进制编码用来传递这些信息，尽可能使用最少的位数。

43. 有时候八进制用于代替十六进制来表示位序列。
177
*(a) 一个八进制数代表多少位？
在下面的单元，如何用八进制来表示十进制数 −13？
(b) 15 位单元　(c) 16 位单元　(d) 8 位单元

3.5 节

*44. 把下列数从二进制转换到十进制：
(a) 110.101001　(b) 0.000011　(c) 1.0

45. 把下列数从二进制转换到十进制：
(a) 101.101001　(b) 0.000101　(c) 1.0

*46. 把下列数从十进制转换到二进制：
(a) 13.15625　(b) 0.0390625　(c) 0.6

47. 把下列数从十进制转换到二进制：
(a) 12.28125　(b) 0.0234375　(c) 0.7

48. 做一个类似图 3-33 的表，可以比较 4 位单元的所有余 7 码和补码。

49. (a) 用余 7 码表示，4 位单元以二进制和十进制表示的表数范围是什么？
(b) 用余 15 码表示，5 位单元以二进制和十进制表示的表数范围是什么？
(c) 用余 $2^{n-1}-1$ 码表示，n 位单元以二进制和十进制表示的表数范围是什么？

50. 假定是 3 位阶码字段和 4 位尾数字段，写出下列十进制值的位模式：
*(a) −12.5　(b) 13.0　(c) 0.43　(d) 0.1015625

51. 假定是 3 位阶码字段和 4 位尾数字段，下面位模式表示的十进制值是什么：
*(a) 0 010 1101　(b) 1 101 0110　(c) 1 111 1001
(d) 0 001 0011　(e) 1 000 0100　(f) 0 111 0000

52. 采用 IEEE 754 单精度浮点数表示，写出下面十进制值的十六进制表示：
(a) 27.1015625　(b) −1.0　(c) −0.0
(d) 0.5　(e) 0.6　(f) 256.015625

53. 采用 IEEE 754 单精度浮点数表示，下列十六进制数的二进制科学记数法表示是什么：
*(a) 4280 0000　(b) B350 0000　(c) 0061 0000
178
(d) FF80 0000　(e) 7FE4 0000　(f) 8000 0000

54. 采用 IEEE 754 单精度浮点数表示，写出下列数的十六进制表示：
(a) 正零
(b) 最小非规格化正数
(c) 最大非规格化正数
(d) 最小规格化正数

(e) 1.0
(f) 最大规格化正数
(g) 正无穷大

55. 采用IEEE 754双精度浮点数表示，写出下列数的十六进制表示：
(a) 正零
(b) 最小非规格化正数
(c) 最大非规格化正数
(d) 最小规格化正数
(e) 1.0
(f) 最大规格化正数
(g) 正无穷大

编程题

3.1节

56. 用C语言写一个程序，输入一个4位八进制数，打印它后面的10个八进制数。用`int octNum[4];`来定义一个八进制数，用octNum[0]存储最高的（即最左的）八进制位，`octNum[3]`为最低的八进制位。采用交互式输入来测试你的程序。

57. 用C语言写一个程序，输入一个8位二进制数，打印它后面的10个二进制数。用`int binNum[8];`来定义一个八进制数，用`binNum[0]`存储最高的（即最左的）位，`binNum[7]`为最低位。请用户输入第一个二进制数字，其中每位用至少一个空格分开。

58. 像习题57那样定义一个二进制数，编写一个函数

```
int binToDec(const int bin[])
```

179

把8位无符号二进制数转换为十进制非负整数。不要在函数中输出十进制整数。采用交互式输入来测试你的函数。

59. 像习题57那样定义一个二进制数，编写一个函数

```
void decToBin(int bin[], int dec)
```

把十进制非负整数转换为8位无符号二进制数。不要在函数中输出二进制数。采用交互式输入来测试你的函数。

60. 像习题57定义二进制数那样定义sum，bin1和bin2，编写一个空函数

```
void binaryAdd(int sum[], int *cBit,
               const int bin1[], const int bin2[])
```

来计算两个二进制数bin1和bin2的和sum。cBit是加法运算后进位位的值。不要在函数中输出进位位与和数。采用交互式输入来测试你的空函数。

3.2节

61. 像习题57那样定义一个二进制数，编写一个函数

```
int binToDec (const int bin[])
```

把8位补码二进制数转换为十进制有符号整数。不要在函数中输出十进制整数。采用交互式输入来测试你的函数。

62. 像习题57那样定义一个二进制数，编写一个函数

```
void decToBin(int bin[], int dec)
```

把十进制有符号整数转换为8位补码二进制数。不要在函数中输出二进制数。采用交互式输入来测

试你的函数。

3.3 节

63. 像习题 57 定义二进制数那样定义 bAnd、bin1 和 bin2，编写一个空函数

180

```
void binaryAnd(int bAnd[],
               const int bin1[], const int bin2[])
```

来计算两个二进制数 bin1 和 bin2 的 AND 运算值 bAnd。不要在函数中输出该二进制值。采用交互式输入来测试你的空函数。

64. 使用 OR 运算为习题 63 编写一个空函数，并重命名为 binaryOr()。

65. 像习题 57 那样定义一个二进制数，编写一个函数

```
void shiftLeft(int binNum[], int *cBit)
```

来对 binNum 执行算术左移运算，cBit 是位移后的进位位的值。不要在函数中输出移位后的数和进位位。采用交互式输入来测试你的函数。

66. 使用算术右移运算为习题 65 编写一个函数，并重命名为 shiftRight()。

3.4 节

67. 用 C 语言写一个程序，输入一个 4 位十六进制数，打印它后面的 10 个十六进制数。用 **int hexNum[4]** 定义一个十六进制数，十六进制的输入不论大小写，输出采用大写字母，例如，3C6f 是合法的输入，而输出应为 3C6F，3C70，3C71……。

68. 使用习题 67 中十六进制数的定义，编写一个函数

```
int hexToDec(const int hexNum[])
```

把 4 位十六进制数转换为十进制非负整数。不要在函数中输出十进制数。采用交互式输入测试你的函数。

69. 使用习题 67 中十六进制数的定义，编写一个函数

```
void decToHex(int hexNum[], int decNum)
```

把十进制非负整数转换为 4 位十六进制数。不要在函数中输出十六进制数。采用交互式输入测试你的函数。

70. 使用习题 67 中十六进制数的定义，编写一个函数

181

```
int hexToDec(const int hexNum[])
```

把 4 位十六进制数转换为十进制有符号整数。不要在函数中输出十进制数。采用交互式输入测试你的函数。

71. 使用习题 67 中十六进制数的定义，编写一个函数

```
void decToHex(int hex[], int dec)
```

把十进制有符号整数转换为 4 位十六进制数。不要在函数中输出十六进制数。采用交互式输入测试你的函数。

72. 用 C 语言编写一个函数，把一个任意基数的无符号数转换为十进制非负整数。例如，对于基数为 6 的 4 位数字，声明：

```
const int base = 6;
const int numDigits = 4;
int number[numDigits];
```

编写函数

```
void getNumber(int num[])
```

输入任意基数的无符号数。如果 base 值需要，使用大写字母输入。编写函数

```
int baseToDec(const int num[])
```

将这个任意基数的数转换为十进制非负整数。必须能够通过仅改变常量 base 就可以修改你的程序，使其用于其他不同基数的运算；必须能够通过仅改变常量 numDigits 就可以修改程序，使其用于不同的位数。

73. 采用与习题 72 一样的声明，编写函数

```
void decToBase(int baseNum[], int decNum)
```

将十进制非负整数转换为任意基数的数。编写函数

```
void putNumber(const int baseNum[])
```

输出任意基数的无符号数。如果 base 值需要，使用大写字母输入。必须能够通过仅改变常量 base 就可以修改你的程序，使其用于其他不同基数的运算；必须能够通过仅改变常量 numDigits 就可以修改程序，使其用于不同的位数。

182

计算机体系结构

建筑师把墙、门和天花板这些部件组合在一起形成建筑物。类似地，计算机架构师把输入设备、内存和 CPU 寄存器组合在一起形成计算机。

建筑物有各种形状和大小，计算机也是。这就提出一个问题：如果我们选择一台计算机，研究几十种流行的可用模型，那么当这些模型不可避免地被生产商停用时，我们的知识多多少少都会有些过时。同样，对于那些使用我们没有选择研究的计算机的人，这本书的价值也会较低。

但是还有另一种可能性。一本关于建筑学的书可以观察一栋假想的建筑物，同样道理，这本书可以探索一台虚拟的计算机，这台虚拟计算机包含类似于能在所有真实计算机上找到的特性。这种方法有它的优势和劣势。

虚拟计算机的一个好处是它可以被设计成仅用以说明适用于大多数计算机系统的基本概念，那么我们可以专注于要点而不用理会真实计算机各自的奇特属性。专注于基本原理也能避免知识过时，市场上各种计算机来来去去，基本原理总会继续适用。

学习虚拟计算机的主要劣势是，它的一些细节对在汇编语言层或指令集架构层使用特定真实机器工作的人来说关系不大。不过，如果理解了基本概念，就可以很容易地学会任何特定机器的细节。

对于这个两难困境没有 100% 满意的解决方案。我们选择虚拟计算机的方法是因为它能够阐释基本概念。我们假设的机器叫作 Pep/9 计算机。

4.1 硬件

Pep/9 硬件在指令集架构层（ISA3 层）主要由三部分组成：

- 中央处理单元（CPU）
- 具有输入 / 输出设备的主存储器
- 磁盘

图 4-1 的框图把每个组成部分用一个方框表示。总线是连接三个主要组成部分的一组线路，它承载方框之间传送的数据信号和控制信号。

183
~
184

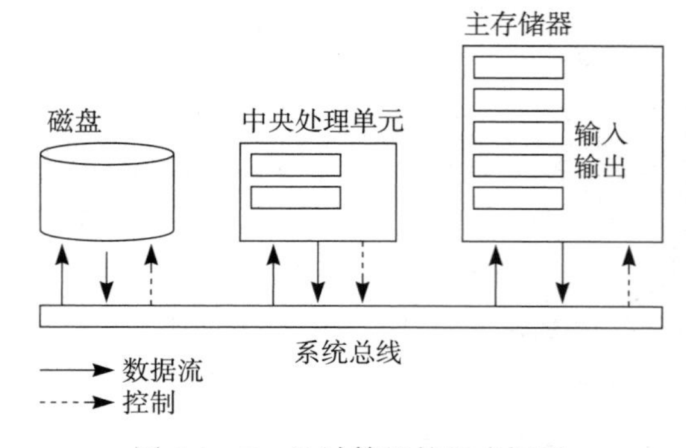

图 4-1 Pep/9 计算机的组成框图

4.1.1 中央处理单元

中央处理单元（CPU）包含 6 个专用内存单元，叫作寄存器。如图 4-2 所示，它们是

- 4 位状态寄存器（NZVC）
- 16 位累加器（A）

- 16位变址寄存器（X）
- 16位程序计数器（PC）
- 16位栈指针（SP）
- 24位指令寄存器（IR）

185

状态寄存器中的N、Z、V和C与3.1节和3.2节讨论的一样，分别是负、零、溢出和进位位。累加器是包含运算结果的寄存器。接下来的3个寄存器X、PC和SP，帮助CPU访问主存中的信息。变址寄存器用来访问数组的元素，程序计数器用来访问指令，栈指针用来访问运行时栈上的元素。指令寄存器保存从内存中取出的指令。

除了这6个寄存器外，CPU还包含执行Pep/9指令的所有电子器件（在图4-2中未显示）。

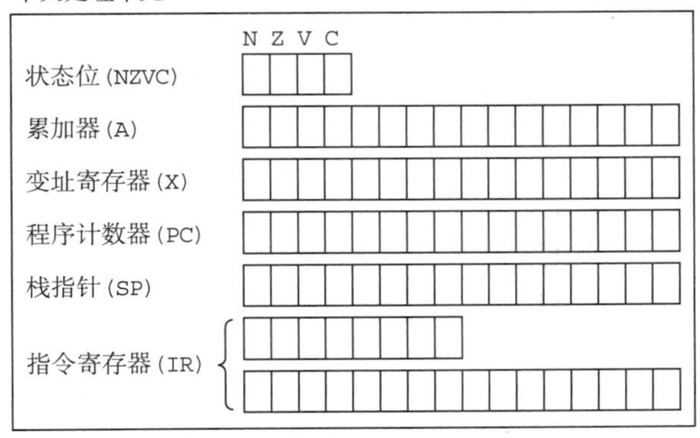

图 4-2 Pep/9 计算机的 CPU

4.1.2 主存储器

图4-3展示了Pep/9计算机的主存储器。它包含65 536个8位内存单元。一个8个位的组称为1字节(byte)。类似于邮箱上的数字地址，每字节都有一个地址，地址范围以十进制表示是从0～65535，十六进制表示是从0000～FFFF。主存储器有时称为核心存储器。

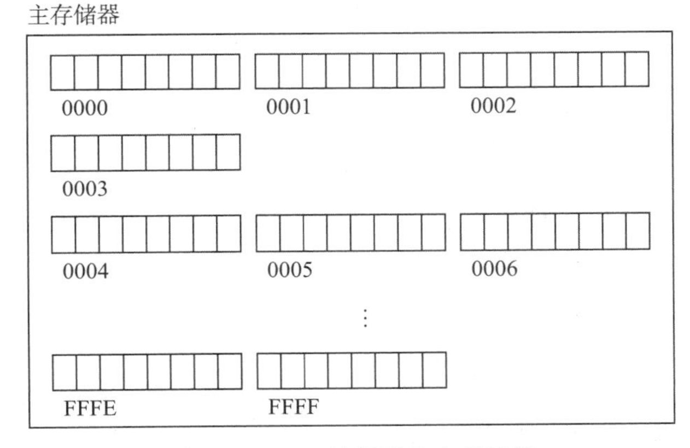

图 4-3 Pep/9 计算机的主存储器

图4-3在第一行展示了主存的前3个字节，第二行是接下来的字节，再下一行是接下来的3个字节，而在最后一行是最后2个字节。把一行内存看作包含1个、2个还是3个字节取决于问题的上下文。有时候，把一行看作一个字节更方便，而有时是2个或者3个更方便。当然，在物理计算机里，1个字节是存储于电子电路中的8个信号序列。字节在物理上的排列不会像图中所示的那样。

186

通常如图4-4所示的那样画主存是很方便的，把地址写在块的左边。尽管看上去每行方框的宽度相等，但是一行可以代表1个字节或者几个字节。方框边上的地址是本行最左边字节的地址。

可以通过地址序列知道一行包含多少字节。在图4-4中，第1行一定是3个字节，因为第2行的地址是0003；第2行一定是1个字节，因为第3行的地址是0004，比0003大1。类似地，第3行和第4行每行有3个字节，第5行有1字节，第6行有2个字节，从图4-4

看出，不可能知道第 7 行有多少字节。图 4-4 的前 3 行对应图 4-3 的前 7 个字节。

无论在纸上怎么画主存字节，都把小地址的字节称为内存的*顶部*，大地址的字节称为内存的*底部*。

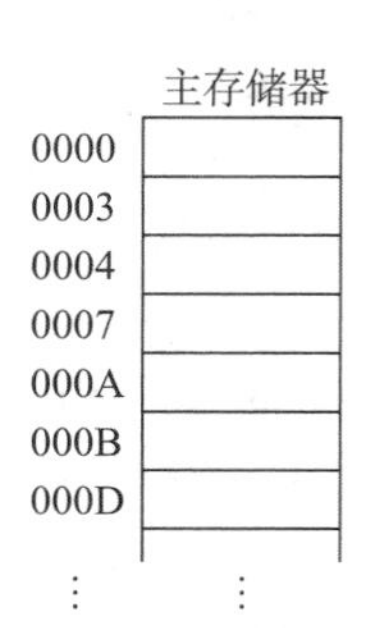

图 4-4　另一种描述主存储器的方式

大多数计算机厂商指定一个字是一定数量的字节。在 Pep/9 计算机中，一个字是两个相邻字节，因此，一个字包含 16 位。在 Pep/9 CPU 中的大多数寄存器是字寄存器。在主存中，一个字的地址是这个字第一个字节的地址。例如，图 4-5a 展示了地址为 000B 和 000C 的两个相邻字节，这个 16 位字的地址是 000B。

区别内存单元的内容和它的地址是非常重要的。Pep/9 计算机的内存地址长度是 16 位，因此图 4-5a 中字的二进制地址是 0000 0000 0000 1011，但是位于这个地址的字的内容是 0000 0010 1101 0001。不能把字的内容和它的地址搞混，它们是不同的。

为了节约纸面上的空间，字节或字的内容通常用十六进制表示。图 4-5b 给出了地址 000B 的字以十六进制表示的内容。在机器语言代码中，给出一组字节的第一个字节的地址，然后给出十六进制表示的内容，如图 4-5c 所示。用这种格式表示，尤其容易混淆字节的地址和它的内容。

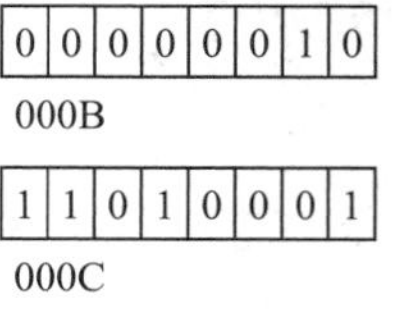

a）二进制表示的内容

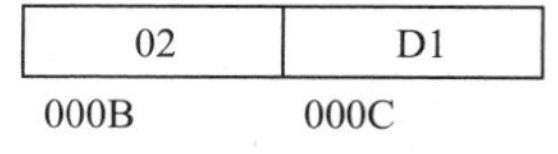

b）十六进制表示的内容

000B　　02D1

c）机器语言代码中的内容

图 4-5　内存位置的内容与其地址之间的差别

在图 4-5 的例子中，对内存单元的内容有多种解读方法。如果把位序列 0000 0010 1101 0001 看作补码表示的整数，那么第一个位就是符号位，这个二进制序列表示十进制数 721。如果把最右边 7 位看作 ASCII 码字符，那么这个二进制序列表示字符 Q。主存不会决定以何种方式来解读这个字节，它只记录二进制序列 0000 0010 1101 0001。

187

4.1.3　输入 / 输出设备

你可能想知道 Pep/9 硬件在哪里，你能不能真的接触它。答案是，这个硬件根本不存在！至少作为一台物理机器它是不存在的，不过作为一组可以在计算机系统上执行的程序，它是存在的。这些程序模拟这些章节描述的 Pep/9 虚拟机器的行为。

Pep/9 系统模拟两种输入 / 输出（I/O）模式：交互式和批处理。在执行程序之前，必须指定 I/O 模式。如果指定为交互式，输入来自键盘，输入和输出都将显示在终端窗口中。如果指定为批处理，则输入来自输入窗口，输出将转到输出窗口。批处理模式模拟文件的输入，因为输入窗口在程序执行之前就必须具有数据，就像输入文件要包含程序处理的数据一样。

Pep/9 模拟了一种通用的计算机系统设计，称为*内存映射 I/O*。输入设备以一个固定地址连接到主存储器中，输出设备以另一个固定地址连接到主存储器中。在 Pep/9 中，输入设备的地址是 FC15，输出设备的地址是 FC16。

188

4.1.4　数据和控制

图 4-1 中连接方框的实线是数据流线。数据从总线上地址为 FC15 的输入设备流向 CPU，也可以从 CPU 流向总线上地址为 FC16 的输出设备。数据不能跳过 CPU 直接从输入设备流向另一个内存位置，也不能跳过 CPU 直接从其他内存位置流向输出设备。大多数计算机系统具有被称为*直接存储器访问*（DMA）的机制，它允许数据直接在磁盘和主存储器之间流动而不经过 CPU。虽然这种设计很常见，但是 Pep/9 模拟器并没有提供此功能。

虚线是控制线。控制信号都是从 CPU 发出的，也就是说，CPU 控制计算机的所有其他部分。例如，要使数据从主存的输入设备沿着实数据流线流到 CPU，CPU 必须沿着虚控制线给内存传送一个发送信号。重要的是处理器是真正的中心，它控制计算机所有其他的部分。

4.1.5　指令格式

每种计算机都有它自己的指令集，固化在 CPU 中。厂商之间的指令集是不同的。许多厂商生产一个系列的型号，每个型号和本系列中其他型号具有相同的指令集，但是同一家公司制造的计算机指令集经常不一样。

Pep/9 计算机的指令集有 40 条指令，如图 4-6 所示。一条指令要么是一个字节，称为*指令指示符*（instruction specifier），要么是指令指示符后紧跟一个称为*操作数指示符*（operand specifier）的字。没有操作数指示符的指令叫作*一元指令*。图 4-7 给出了非一元指令和一元指令的结构。

指令指示符	指令
0000 0000	停止执行
0000 0001	从 CALL 返回
0000 0010	从陷阱返回
0000 0011	将栈指针（SP）传送到累加器（A）
0000 0100	将 NZVC 标志传送到累加器的位 12 ～位 15（A<12..15>）
0000 0101	将累加器的位 12 ～位 15（A<12..15>）传送到 NZVC 标志
0000 011r	寄存器 r 按位取反
0000 100r	寄存器 r 取反
0000 101r	寄存器 r 算术左移
0000 110r	寄存器 r 算术右移
0000 111r	寄存器 r 循环左移
0001 000r	寄存器 r 循环右移
0001 001a	无条件分支
0001 010a	如果小于等于分支
0001 011a	如果小于分支
0001 100a	如果等于分支
0001 101a	如果不等于分支
0001 110a	如果大于等于分支

图 4-6　Pep/9 的 ISA3 层指令集

指令指示符	指令
0001 111a	如果大于分支
0010 000a	如果 V 分支
0010 001a	如果 C 分支
0010 010a	调用子例程
0010 011n	未实现操作码，一元陷阱
0010 1aaa	未实现操作码，非一元陷阱
0011 0aaa	未实现操作码，非一元陷阱
0011 1aaa	未实现操作码，非一元陷阱
0100 0aaa	未实现操作码，非一元陷阱
0100 1aaa	未实现操作码，非一元陷阱
0101 0aaa	加到栈指针（SP）
0101 1aaa	从栈指针（SP）减去
0110 raaa	加到寄存器 r
0111 raaa	从寄存器 r 减去
1000 raaa	与寄存器 r 按位与
1001 raaa	与寄存器 r 按位或
1010 raaa	将一个字与寄存器 r 进行比较
1011 raaa	将一个字节与寄存器 r 位 8 ～位 15（r<8..15>）进行比较
1100 raaa	从主存装入一个字到寄存器 r
1101 raaa	从主存装入一个字节到寄存器 r 位 8 ～位 15（r<8..15>）
1110 raaa	寄存器 r 存储到主存字中
1111 raaa	寄存器 r 位 8 ～位 15（r<8..15>）存储到主存字节中

图 4-6 （续）

8 位指令指示符分为多个部分。第一部分叫作操作码，常称为 opcode。操作码是 4 ～ 8 位，例如，图 4-6 显示了把栈指针移到累加器的指令有 8 位操作码 0000 0011，而 SP 加法指令有 5 位操作码 01010。操作码少于 8 位的指令，根据指令的不同，它们的指令指示符细分为多个字段。图 4-6 用字母 a、r 和 n 来标识这些字段，每个字母可以为 0 或 1。

189 ~ 190

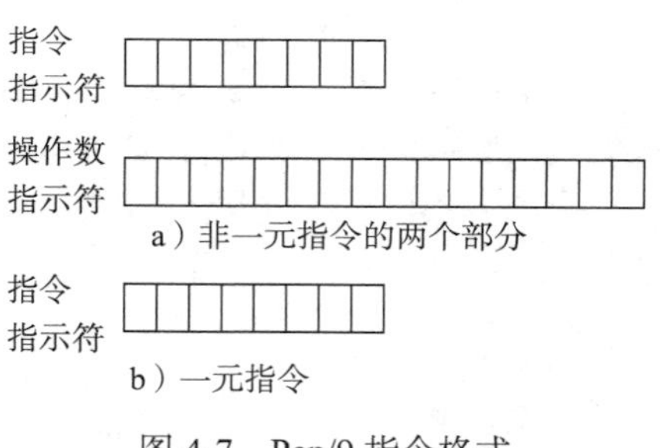

图 4-7　Pep/9 指令格式

例 4.1　图 4-6 给出“如果等于分支”指令的指令指示符为 0001 100a。因为字母 a 可以为 0 或 1，所以指令有两种版本：0001 1000 和 0001 1001。类似地，十进制输出陷阱指令有 8 种版本，它的指令指示符是 0011 1aaa，aaa 可以是从 000 到 111 的任意组合。■

图 4-8 总结了字母 a 和 r 在指令指示符中可能字段的含义。一般来说，字母 a 代表寻址方式，字母 r 代表寄存器。当 r 为 0 时，指令对累加器进行操作，当 r 为 1 时，指令对变址

寄存器进行操作。Pep/9 的非一元指令有 8 种可能的寻址方式：立即数、直接、间接、栈相对、栈相对间接、变址、栈变址和栈变址间接，后面的章节会描述寻址方式的含义。目前，只需要了解怎样使用图 4-7 和图 4-8 中的表格来确定一条给定的指令使用的是什么寄存器和寻址方式。一元陷阱指令中字母 n 的含义将在后面的章节中进行描述。 191

aaa	寻址方式
000	立即数
001	直接
010	间接
011	栈相对
100	栈相对间接
101	变址
110	栈变址
111	栈间接变址

a）aaa 寻址字段

a	寻址方式
0	立即数
1	变址

b）a 寻址字段

r	寄存器
0	累加器，A
1	变址寄存器，X

c）寄存器 r 字段

图 4-8　Pep/9 指令指示符字段

例 4.2　确定 1100 1011 指令的操作码、寄存器和寻址方式。从左边开始，根据图 4-6，操作码是 1100，操作码后面的 1 位是 r 位，值为 1，表示变址寄存器，r 位后面是 aaa 位，值为 011，表示栈相对寻址。因此这条指令使用栈相对寻址方式将内存中一个字装入变址寄存器中。 ■

对于非一元指令，操作数指示符表明指令要处理的操作数。根据指令指示符中的某些位，CPU 有多种不同的解读操作数指示符的方法。例如，可以把操作数指示符当作 ASCII 字符、补码表示的整数或者存储操作数的主存地址。

指令存储于主存中，一条指令的地址是该指令第一个字节的地址。

例 4.3　图 4-9 展示了存储于主存地址 01A3 和 01A6 的两条相邻的指令，01A6 的指令是一元指令，01A3 的指令则不是。

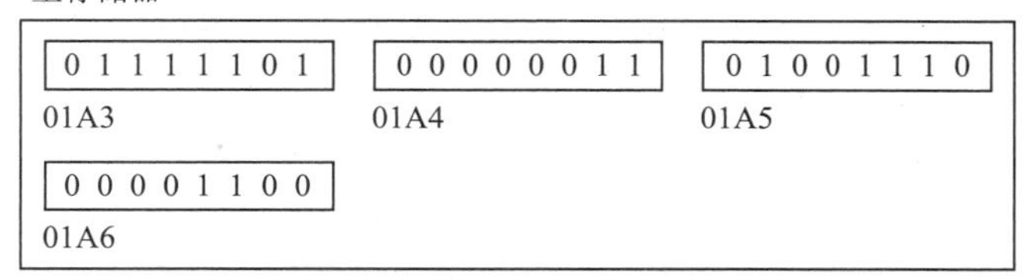

图 4-9　主存中的两条指令

在这个例子中，01A3 的指令表示如下：

操作码：0111

寄存器 r 字段：1

寻址 aaa 字段：101

操作数指示符：0000 0011 0100 1110 192

这里，所有的数都是二进制的。根据图 4-6 的操作码表，这是减法指令。寄存器 r 字段表明要操作的是变址寄存器而不是累加器。这条指令是把变址寄存器的内容减去操作数。aaa 寻址字段表示变址寻址，所以对操作数指示符做相应的解读。在本章中，我们的学习仅限于直接寻址，其他模式会在后面的章节中讲解。

01A6 的一元指令表示如下：

操作码：0000 110

寄存器 r 字段：0

操作码表示这条指令是做算术右移，寄存器 r 字段表明要进行右移的是累加器。因为这是个一元指令，所以没有操作数指示符。■

在例 4.3 中，下面的指令格式称为机器语言：

0111 1101 0000 0011 0100 1110

0000 1100

机器语言（machine language）是二进制序列（即 0 和 1 的序列），CPU 根据它的指令集操作码进行解读。机器语言代码会在内存地址后面用十六进制表示这两条指令，如下所示：

01A3　　FD034E

01A6　　0C

如果只有指令的十六进制表示，那么必须把它转换为二进制，检查指令指示符字段的内容来确定这条指令是做什么的。

4.2　直接寻址

本节讲解 ISA3 层上某些 Pep/9 指令的操作，包括这些指令如何以直接寻址方式进行操作。后面的章节将讲述其他寻址方式。

193

寻址字段决定了 CPU 怎样解读操作数指示符。aaa 寻址字段 001 表示直接寻址。如果采用直接寻址，CPU 会把操作数指示符解释为包含操作数的主存单元地址。用数学符号表示是

Oprnd = Mem[OprndSpec]

这里 Oprnd 表示操作数，OprndSpec 表示操作数指示符，Mem 表示主存。

方括号表示你可以把主存想象成一个数组，把操作数指示符想象成数组的索引。在 C 语言中，如果 v 是数组，i 是整数，则 v[i] 是由整数 i 的值所确定的数组中的“单元”。类似地，指令中的操作数指示符标识主存中包含操作数的单元。

接下来要说明的是某些 Pep/9 指令集的指令，每条指令的描述都会列出操作码，并举一个使用直接寻址的指令操作的例子。N、Z、V 和 C 的值都以二进制的形式给出，其他寄存器和内存单元的值是用十六进制表示的。在机器层，所有的值最终都是二进制的。在讲述完每条指令之后，本章结尾会展示怎样用它们一起组成机器语言程序。

4.2.1　停止指令

停止指令的指令指示符是 0000 0000。执行这条指令就是简单地让计算机停下来。Pep/9 是一台模拟的计算机，通过运行计算机上的 Pep/9 模拟器来执行它。模拟器有命令选项菜单供你选择，选项之一就是执行 Pep/9 程序。当 Pep/9 程序执行时遇到这条指令时，就会停止并把模拟器返回到命令选项菜单。停止执行指令是一元指令，它没有操作数指示符。

4.2.2　字装入指令

装入指令的指令指示符是 1100 raaa，它根据 r 的值，把 1 个字（2 字节）从内存单元装

入累加器或者变址寄存器。它影响 N 位和 Z 位。如果操作数是负数，就把 N 位置为 1；否则，把 N 位置为 0。如果操作数是 16 位 0，就把 Z 位置为 1；否则，把 Z 位置为 0。装入指令的寄存器传送语言（RTL）描述是

r ← Oprnd; N ← r < 0, Z ← r = 0

194

例 4.4　假定要执行指令的十六进制表示是 C1004A，图 4-10 给出了二进制表示。本例中寄存器 r 字段是 0，表示装入累加器而不是变址寄存器。aaa 寻址字段是 001，表示是直接寻址。

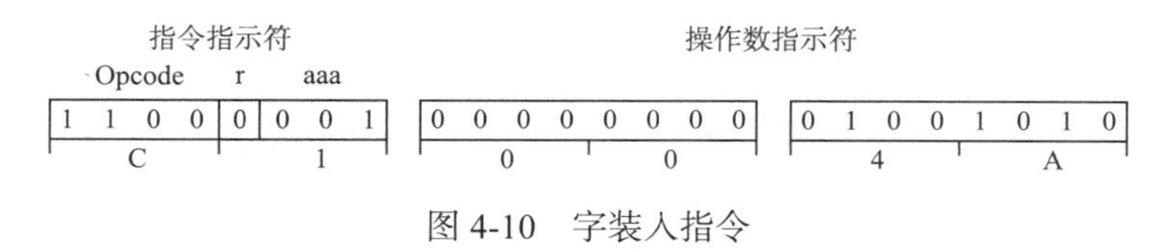

图 4-10　字装入指令

假定 Mem[004A] 的初始内容是 92EF，图 4-11 展示了执行装入指令后的结果。装入指令不会改变内存单元的内容，它把两个内存单元（地址 004A 和 004B）内容的副本发送到寄存器。无论指令执行前寄存器中是什么，在本例中是 036D，它都会被覆盖。由于被装入的位模式的符号位是 1，所以 N 位被置为 1。该位模式不是全 0，因此 Z 位被置为 0。装入指令对 V 和 C 位没有影响。

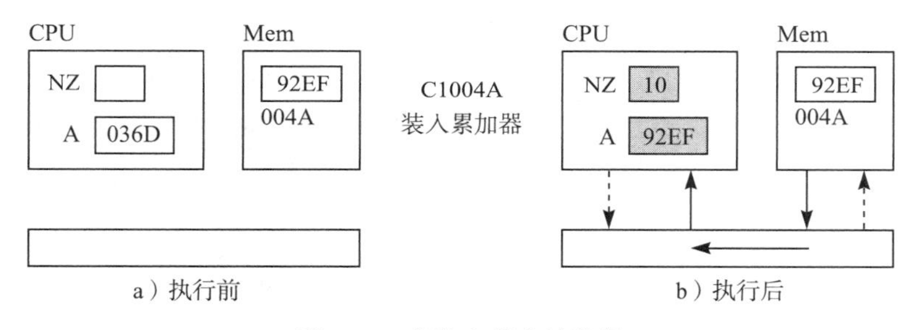

图 4-11　字装入指令的执行

图 4-11 展示了装入指令的数据流和控制流。如实线所示，数据流从总线上的主存到 CPU，然后再到寄存器。为了进行此次数据传送，CPU 必须向主存发送控制信号，如虚线所示，让它把数据放到总线上。CPU 也会告知主存到哪个地址取数据。■

195

4.2.3　字存储指令

字存储指令的指令指示符是 1110 raaa，它把 1 个字（2 字节）从累加器或者变址寄存器存储到内存单元。对于直接寻址，操作数指定信息存储的内存单元。存储指令的 RTL 描述是

Oprnd ← r

例 4.5　假定要执行指令的十六进制表示是 E9004A，图 4-12 是它的二进制表示。这次，寄存器 r 字段标明指令将作用于变址寄存器，寻址 aaa 字段 001 表示直接寻址。

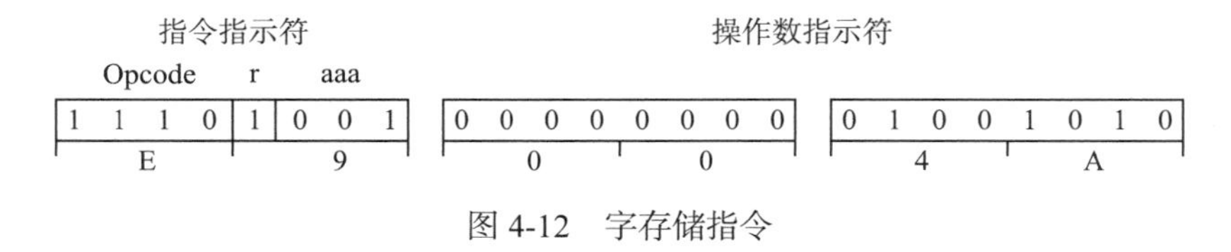

图 4-12　字存储指令

假定变址寄存器的初始内容是 16BC，图 4-13 展示了执行存储指令后的结果。存储指令不会改变寄存器的内容，它把寄存器内容的副本发送到两个内存单元（地址 004A 和 004B）。无论指令执行前内存单元中是什么，在本例中是 F082，它都会被覆盖。存储指令不影响任何状态位。■

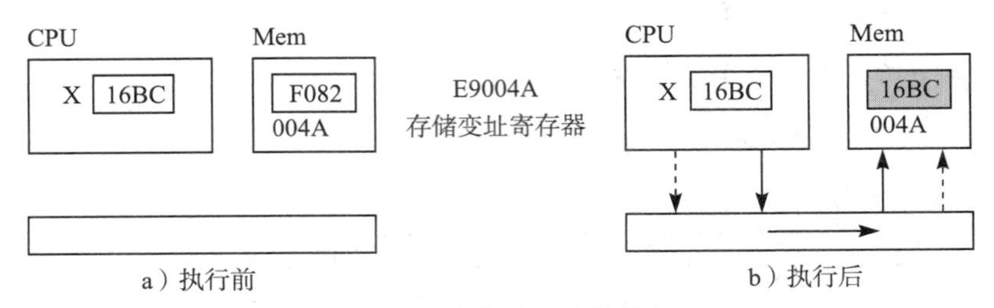

196

图 4-13　字存储指令的执行

4.2.4　加法指令

加法指令的指令指示符是 0111 raaa。类似于装入指令，加法指令中数据也从主存传送到 CPU 的寄存器 r 中。但是，对于加法指令，寄存器的初始内容不是简单地被来自主存的字内容改写，而是把这个字的内容和寄存器的内容相加，再把和放在这个寄存器中，并相应地设置 4 个状态位。与字装入指令一样的是内存字的内容被复制到 CPU，而它的原始内容不会改变。加法指令的 RTL 描述是

r ← r + Oprnd；N ← r < 0, Z ← r = 0, V ← { 溢出 }, C ← { 进位 }

例 4.6　假定要执行指令的十六进制表示是 69004A，图 4-14 是它的二进制表示。寄存器 r 字段表示指令将作用于变址寄存器，寻址 aaa 字段 001 表示直接寻址。

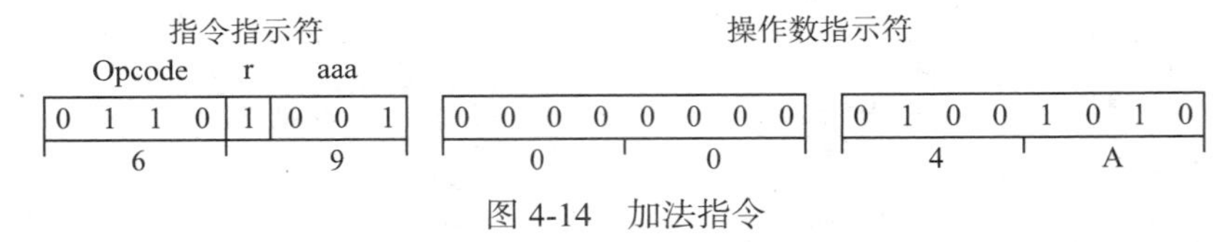

图 4-14　加法指令

197

假定变址寄存器的初始内容是 0005，Mem[004A] 是 −7（dec）=FFF9（hex），图 4-15 展示了执行加法指令后的结果。在十进制中，5 +（−7）是 −2，在图 4-15b 中显示为 FFFE（hex）。图中 NZVC 位以二进制显示，因为和是负数，所以 N 位是 1。由于和不为全 0，所以 Z 位是 0。没有溢出，因此 V 位是 0。最高位没有进位，因此 C 位是 0。■

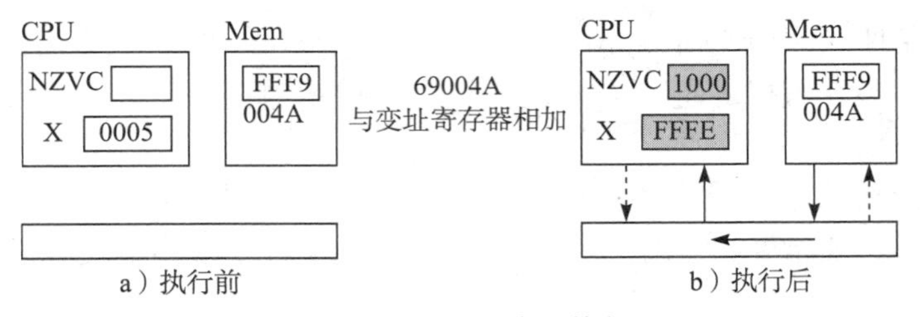

图 4-15　加法指令的执行

4.2.5　减法指令

减法指令的指令指示符是 0111 raaa，除了是把寄存器内容减去操作数外，它类似于加

法指令。结果放在寄存器中，操作数不会被改变。对于减法，C 位表示加上操作数的负数之后的进位。减法指令的 RTL 描述是

r ← r-Oprnd；N ← r < 0, Z ← r=0, V ← { 溢出 }, C ← { 进位 }

例 4.7　假定要执行指令的十六进制表示是 71004A，图 4-16 是它的二进制表示。寄存器 r 字段表示指令将作用于累加器。

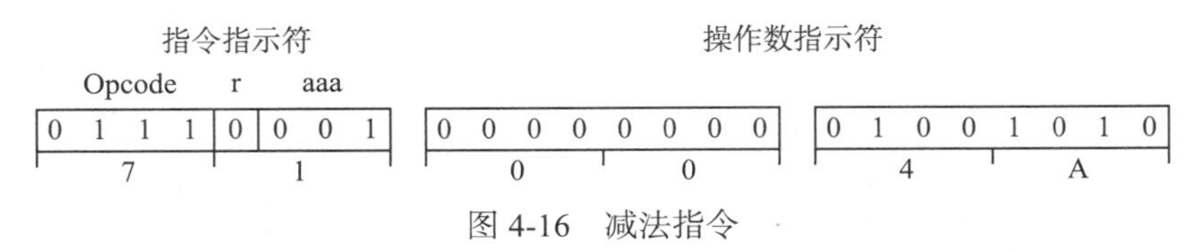

图 4-16　减法指令

假定累加器的初始内容是 0003，Mem[004A] 是 0009，图 4-17 显示了执行减法指令后的结果。在十进制中，3 减去 9 的差是 −6，在图 4-17b 中用十六进制表示为 FFFA（hex）。图中 NZVC 位以二进制显示，因为和是负数，所以 N 位是 1。由于和不是全 0，所以 Z 位是 0。没有溢出，因此 V 位是 0。3 加 −9 时没有进位，因此 C 位是 0。　■

198

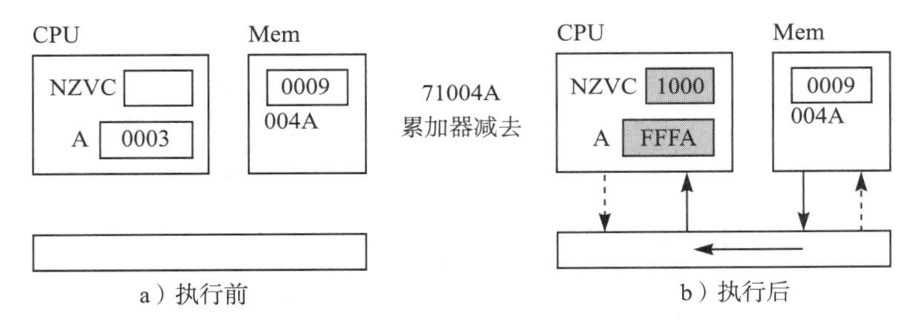

图 4-17　加法指令的执行

4.2.6　与和或指令

与（AND）指令的指令指示符是 1000 raaa，或（OR）指令的指令指示符是 1001 raaa，两条指令都类似于加法指令。这些指令对寄存器执行逻辑运算，而不是把操作数加到寄存器中。AND 运算可以帮助掩去位模式中不希望其值为 1 的位，OR 运算用于在位模式中往某些位上插入 1。这两条指令对 N 和 Z 位都有影响，但不会改变 V 和 C 位。与和或指令的 RTL 描述是

r ← r ∧ Oprnd；N ← r < 0, Z ← r = 0

r ← r ∨ Oprnd；N ← r < 0, Z ← r = 0

例 4.8　假定要执行指令的十六进制表示是 89004A，图 4-18 是它的二进制表示。操作码表示要执行与指令，寄存器 r 字段表示指令将作用于变址寄存器。

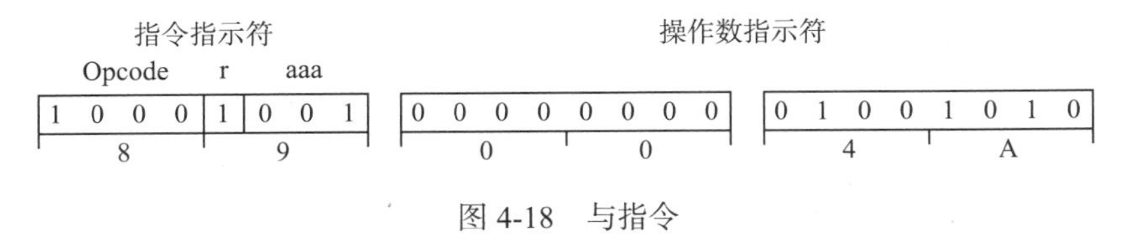

图 4-18　与指令

假定变址寄存器的初始内容是 5DC3，Mem[004A] 是 00FF，图 4-19 展示了执行与指令后的结果。在二进制中，00FF 是 0000 0000 1111 1111，Mem[004A] 每个值为 1 的位所对应

的变址寄存器的位不改变，每个值为 0 的位所对应的寄存器位被置为 0。图中以二进制展示 NZ 位，因为变址寄存器中被看作有符号整数的数值不为负，所以 N 位是 0。变址寄存器不全为 0，因此 Z 位是 0。■

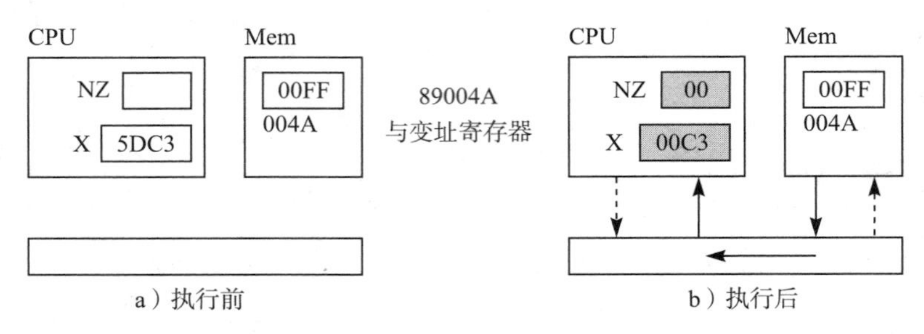

图 4-19　与指令的执行

例 4.9　图 4-20 展示了或指令的运算，除了指令指示符的操作码 99 是 1001 外（表示它是或指令），初始状态和例 4.8 一样。这次，Mem[004A] 每个值为 0 的位所对应的变址寄存器的位不会改变，每个值为 1 的位所对应的寄存器的位被置为 1。如果把变址寄存器当作有符号整数，其值不为负，因此 N 位是 0。■

199

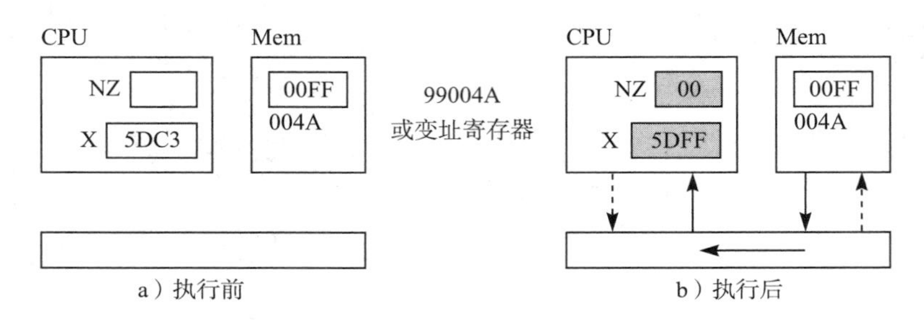

图 4-20　与指令的执行

4.2.7　按位取反和取负指令

按位取反指令的指令操作符是 0000 011r，取负指令的指令操作符是 0000 100r。两条指令都是一元的，它们没有操作数指示符。按位取反指令对寄存器执行 NOT 运算，即每位 1 变为 0，0 变为 1。它影响 N 和 Z 位。按位取反指令的 RTL 描述是

200

$r \leftarrow \neg r;\ N \leftarrow r < 0, Z \leftarrow r = 0$

取负指令把寄存器当作有符号整数并对它取负。16 位寄存器存储有符号整数的范围是 −32 768 到 32 767。取负指令影响 N、Z 和 V 位，因为没有对应的正值 32 768，所以当寄存器原始值是 −32 768 时，V 位置为 1。取负指令的 RTL 描述是

$r \leftarrow -r;\ N \leftarrow r < 0, Z \leftarrow r = 0,\ V \leftarrow$ { 溢出 }

例 4.10　假定要执行指令的十六进制表示是 06，图 4-21 是它的二进制表示。操作码表示要执行按位取反指令，寄存器 r 字段表示指令将作用于累加器。

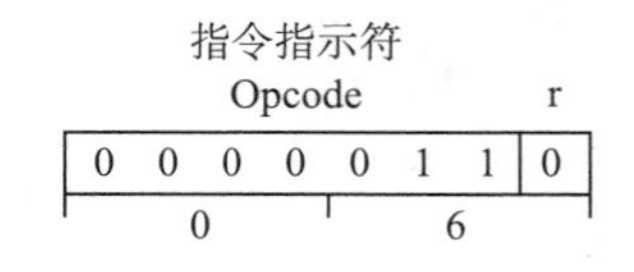

图 4-21　按位取反指令

假定累加器的初始内容是 0003（hex），即 0000 0000 0000 0011（bin），图 4-22 展示了执行取反指令的结果。NOT 运算将位模式变为 1111 1111 1111 1100，如果把它看作有符号整数，因为

累加器的数值为负，所以 N 位为 1。因为累加器不为全 0，所以 Z 位为 0。■

例 4.11 图 4-23 展示了取负指令的运算，除了指令指示符的操作码 1A 为 0001 101 外（表示它是取负指令），初始状态和例 4.10 一样。3 取负是 −3，即 1111 1111 1111 1101(bin)= FFFD（hex）。■

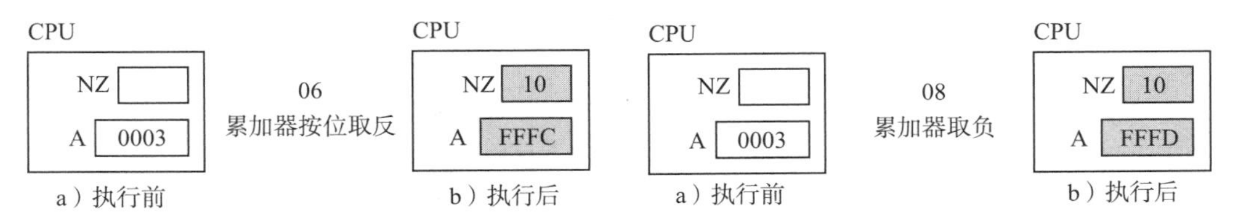

图 4-22　按位取反指令的执行　　　　图 4-23　取负指令的执行

201

4.2.8　字节装入和字节存储指令

这两条指令和接下来的两条都是字节指令，字节指令是对单个字节而不是一个字进行操作。字节装入指令的指令操作符是 1101 raaa，字节存储指令的指令操作符是 1111 raaa。装入字节指令把操作数装入累加器或变址寄存器的右半部分，影响 N 和 Z 位，保持寄存器左半部分不变。字节存储指令把累加器或者变址寄存器的右半部分存储到一个单字节内存单元，不影响任何状态位。字节装入指令的 RTL 描述是

r <8..15> ← byte Oprnd; N ← 0, Z ← r <8..15> = 0

字节存储指令的 RTL 描述是

byte Operand ← r <8..15>

例 4.12 假定要执行指令的十六进制表示是 D1004A，图 4-24 是它的二进制表示。本例中寄存器 r 字段是 0，表示装入累加器而不是变址寄存器。寻址 aaa 字段是 001，表示是直接寻址。

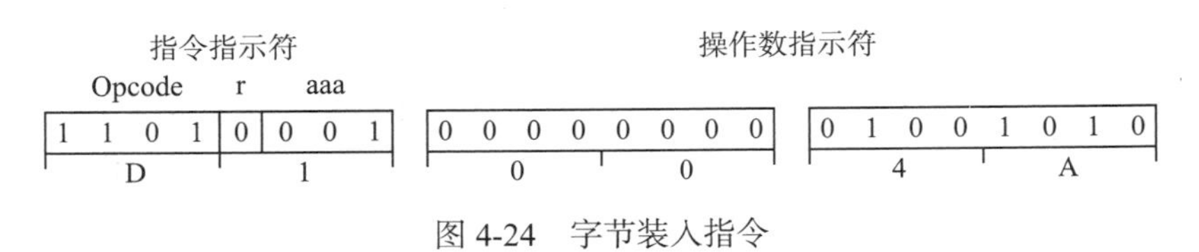

图 4-24　字节装入指令

假定 Mem[004A] 的初始内容是 92，图 4-25 展示了执行字节装入指令后的结果。该指令的 N 位总是设置为 0。由于装入累加器右半部分的 8 位不全为 0，Z 位也设置为 0。■

202

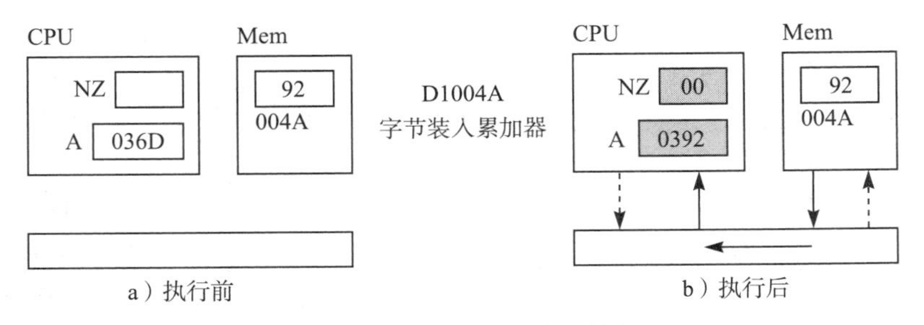

图 4-25　字节装入指令的执行

例 4.13 图 4-26 展示了执行字节存储指令后的结果。除了指令是字节存储而不是字节

装入外，初始状态和例 4.12 一样。累加器的右半部分为 6D，传送到地址 004A 的内存单元。■

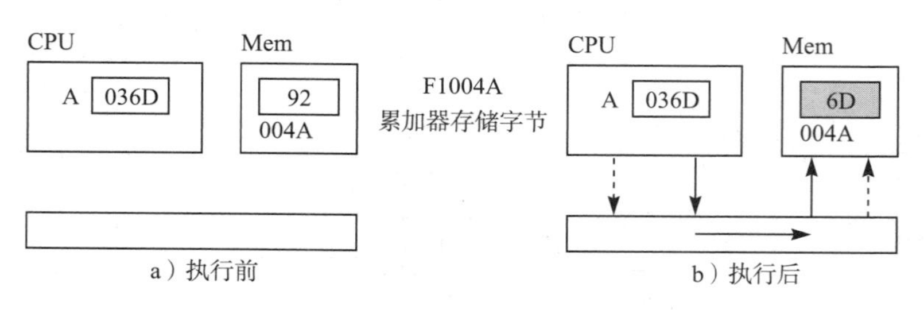

图 4-26　字节存储指令的执行

4.2.9　输入和输出设备

输入设备的地址是 FC15，它与 ASCII 字符输入设备相连，比如键盘。通过在地址 FC15 执行字节装入指令从输入设备获取一个字符。输出设备的地址是 FC16，它与 ASCII 字符输出设备相连，比如屏幕。通过在地址 FC16 执行字节存储指令向输出设备发送一个字符。

例 4.14　假设要执行指令的十六进制表示为 D1FC15，其含义是用直接寻址对输入设备执行字节装入指令。假定输入流中的下一个字符为 W，图 4-27 展示了执行该条指令的结果。输入流中的字符可以来自于键盘，也可以来自于文件。如图所示，键盘连接到地址为 FC15 的内存位置。用户按下 W 键，字母 W 的 ASCII 码 57（hex）被发送给累加器。

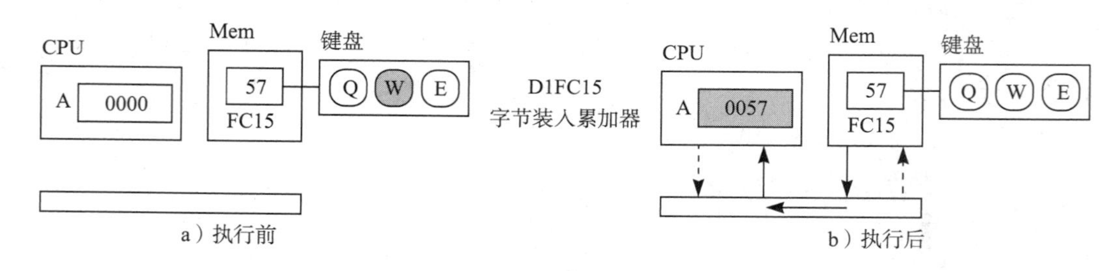

图 4-27　从输入设备装入字节的指令

从 CPU 到主存的虚线表示控制信号，它指示内存子系统把从地址 FC15 取出的字节放到系统总线上。内存子系统有专用输入电路，用于检测来自地址 FC15 的内存装入请求。然后执行全部必要的步骤，把输入流中的下一个字符送入 Mem[FC15]，再放到系统总线上。这是计算机系统中抽象层次的一个例子。对 ISA3 层程序员来说，字符从键盘传输到 Mem[FC15] 的细节被隐藏起来，这一层的程序员只需要知道，要想从输入流获取下一个 ASCII 字符，就从地址 Mem[FC15] 装入一个字节。■

203

例 4.15　假设要执行指令的十六进制表示为 F1FC16，其含义是用直接寻址对输出设备执行字节存储指令。假定累加器右半部分中的内容为 69（hex），即字母 i 的 ASCII 值，图 4-28 展示了执行该条指令的结果。如图所示，屏幕连接到地址为 FC16 的内存位置。字母 i 的 ASCII 值被送入 Mem[FC16]。和输入设备一样，内存子系统有专用电路检测一个字节什么时候被存储到 Mem[FC16]，并将其送入输出流显示到屏幕上。■

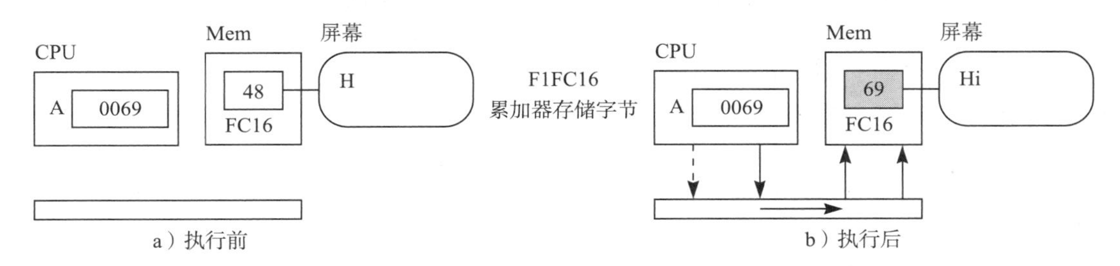

图 4-28　向输出设备存储字节的指令

4.2.10　大端顺序和小端顺序

关于信息在 CPU 寄存器与主存字节之间的传输有两种 CPU 设计理念。出现这个问题的原因在于主存总是按字节寻址，而 CPU 中的寄存器一般包含多个字节。设计问题是：字节序列按照什么顺序存储在主存中？选择有两个。CPU 可以把最高有效字节存放在最小地址，这称为*大端序*（big-endian order）；或者也可以把最低有效字节存放在最小地址，这称为*小端序*（little-endian order）。只要指令集中所有指令使用的是相同的顺序，那么选择这两种中的任何一个都可以。 204

计算机行业中没有占主导地位的标准，有些处理器用大端序，有些用小端序，还有的可以根据底层软件的设置在两种顺序之间切换。Pep/9 是大端序 CPU。图 4-13 展示了存储指令的执行结果。寄存器中的最高有效字节是 16，存放在最低地址 004A 上。寄存器中的下一个字节是 BC，存放在高地址 004B 上。图 4.11 展示的装入指令与存储指令是一致的。寄存器中的最高有效字节是 92，该值来自低字节地址 004A，下一个字节的 EF 来自高字节地址 004B。

与之不同，图 4-29 展示了装入指令在小端序 CPU 上的执行情况。低地址 004A 上的字节值为 92，装入了寄存器的最低有效字节。而来自下一个较高地址 004B 的字节值则在寄存器中装入了该低位字节的左边。图 4-30 显示了大端序和小端序 CPU 中，装入指令在 32 位寄存器上的执行结果。32 位寄存器包含 4 个字节，根据 CPU 是大端序还是小端序分别按照从最高有效字节到最低有效字节的顺序，或者是从最低有效字节到最高有效字节的顺序装入累加器。

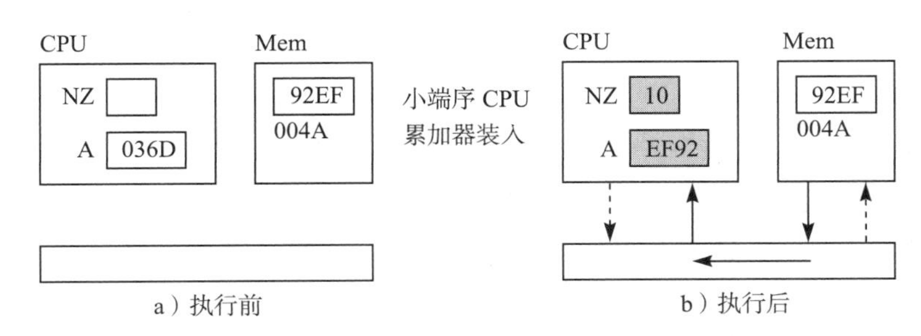

图 4-29　小端序 CPU 中的装入指令

	初始状态	大端序最终状态	小端序最终状态
Mem[019E]	89	89	89
Mem[019F]	AB	AB	AB
Mem[01A0]	CD	CD	CD
Mem[01A1]	EF	EF	EF
累加器		89 AB CD EF	EF CD AB 89

图 4-30　使用 32 位寄存器的装入指令

“端”这个字来自乔纳森·斯威夫特 1726 年的小说《格列佛游记》，两个有争端的王国，小人国（Lilliput）和大人国（Blefuscu），有着不同的打破鸡蛋的习俗。小人国的习惯是从小头打破鸡蛋，因此被称为*小端*，而大人国的习惯是从大头打破鸡蛋，因此被称为*大端*。这部小说是一种夸张地演绎，反映了无意义战争的荒唐。但这个术语是合适的，因为无论 CPU 是大端还是小端都是无关紧要的。

205

4.3 冯·诺依曼机器

在最早期的电子计算机中，每个程序都是手工接线的。要改变程序，线路必须要手工重连，这是单调又耗时的过程。3.1 节中描述的电子数值积分计算机（ENIAC）就是这种计算机，它的内存仅仅用来存储数据。

1945 年，约翰·冯·诺依曼在宾夕法尼亚大学的一份报告中提议美国军械部建造一台在主存中可以存储数据也可以存储程序的计算机。那时，存储程序是一个相当激进的理念。1949 年，Maurice V. Wilkes 在剑桥大学建造了电子延迟存储自动计算器（EDSAC），这是用冯·诺依曼的存储程序理念建造的第一台计算机。实际上，今天所有的商用计算机都是基于存储程序概念，程序和数据共享主存。尽管有人认为 J. Presper Eckert 在冯·诺依曼的论文发表的前几年就提出这个概念，但是这种计算机还是被称作*冯·诺依曼计算机*。

4.3.1 冯·诺依曼执行周期

Pep/9 计算机是一个典型的冯·诺依曼计算机。图 4-31 是执行一个程序所需步骤的伪代码描述。

206

```
Load the machine language program
Initialize PC and SP
do {
    Fetch the next instruction
    Decode the instruction specifier
    Increment PC
    Execute the instruction fetched
}
while (the stop instruction does not execute)
```

图 4-31　在 Pep/9 计算机上执行一个程序所需步骤的伪代码描述

这个 do 循环称作*冯·诺依曼执行周期*，一个周期包括 5 个操作：

- 从 MEM[PC] 中取指
- 译码被取指令
- 增加 PC
- 执行被取指令
- 重复

冯·诺依曼周期固化在 CPU 中，下面是执行过程中详细步骤的描述。

为了把机器语言程序装入主存，第一条指令要放在地址 0000（hex）。第二条指令放在与第一条相邻的地址。如果第一条指令是一元的，那么第二条指令的地址是 0001；否则第一条指令的操作数指示符会放在地址 0001 和 0002 的字节，那么第二条指令的地址将是 0003。类似地，第三条指令放在与第二条相邻的地址，整个机器语言程序就是这样装载到内存的。

为了初始化程序计数器和栈指针，PC 置为 0000（hex），SP 置为 Mem[FFF4]。程序计数器的目的是保存下一条要执行指令的地址。因为第一条指令装入主存的地址是 0000，所以 PC 必须要初始化为 0000。栈指针的目的是保存运行时栈顶部的地址。后面将解释 SP 为何设置为 Mem[FFF4]。

207

冯·诺依曼执行周期的第一个操作是取指令。要获取一条指令，CPU 检测 PC 中的 16 位，把它当作一个地址，到主存的这个地址获取下一条指令的指令指示符（1 字节）。把指令指示符的 8 位装入 CPU，放到指令寄存器（IR）的第一个字节。

冯·诺依曼执行周期的第二个操作是译码。CPU 从指令指示符中提取操作码，确定要执行哪条指令。根据操作码，如果有的话，就提取寄存器指示符和寻址字段。CPU 根据操作码就能知道指令是不是一元的，如果不是一元指令，那么就从内存获取操作数指示符（一个字），把它存储在 IR 的最后两个字节。

冯·诺依曼执行周期的第三个操作是增加 PC。如果指令是一元指令，CPU 对 PC 加 1，否则加 0003。不管 PC 加哪个数，相加后的值都是下一条指令的地址，因为在主存中指令是相邻的。

冯·诺依曼执行周期的第四个操作是执行。CPU 执行存储在 IR 中的指令，操作码告诉 CPU 执行 40 条指令中的哪一条。

冯·诺依曼执行周期的第五个操作是重复。除非刚刚执行的指令是停止指令，否则 CPU 返回到取指令操作。如果指令试图执行一个非法操作，Pep/9 也将在此时终止。有些指令不允许使用特定的寻址方式。使 Pep/9 终止的最常见的非法操作是试图以禁止的寻址方式执行指令。

图 4-32 是在 Pep/9 计算机上执行一个程序所需步骤的详细伪代码描述。

```
Load the machine language program into memory starting at address 0000.
PC ← 0000
SP← Mem[FFF4]
do {
    Fetch the instruction specifier at address er in PC
    PC ← PC + 1
    Decode the instruction specifier
    if (the instruction is not unary) {
        Fetch the operand specifier at address in PC
        PC ← PC + 2
    }
    Execute the instruction fetched
}
while ((the stop instruction does not execute) && (the instruction is legal))
```

图 4-32　在 Pep/9 计算机上执行一个程序所需步骤的详细伪代码描述

4.3.2　一个字符输出程序

Pep/9 系统可以从键盘输入，再输出到屏幕。这些 I/O 设备都是基于 ASCII 字符集的。当你按下一个键，代表一个 ASCII 字符的一字节信息从键盘输入后，被添加到位于 Mem[FC15] 的输入设备的输入流中。当 CPU 向位于 Mem[FC16] 的输出设备发送一个字节时，屏幕把这个字节解释为一个 ASCII 字符，并显示它。

在 ISA3 层，机器层，计算机通常只有字节类型的输入和输出指令。对字节的解释发生在输入和输出设备，而不在主存中。Pep/9 唯一的输入指令是字节装入，即把一个字节从输入设备装入到 CPU 中的一个寄存器；唯一的输出指令是字节存储，即把一个字节从 CPU 的寄存器传送到输出设备。因为通常会把这些字节解释成 ASCII 字符，所以 Pep/9 系统在 ISA3 层的 I/O 称作字符 I/O。 208

图 4-33 展示了一个简单的机器语言程序，它在输出设备上输出字符 Hi。它使用了三条指令：指令 1101 raaa 从主存地址装入一个字节；指令 1111 raaa 向输出设备存入一个字节；

以及停止指令 0000 0000。第一段代码展示的是二进制机器语言程序，主存存储这些 1 和 0 的序列。第一列是每行上位模式第一个字节的十六进制地址。

第二段代码展示了同一个程序的十六进制简写。尽管这个格式稍微易读一点儿，但是你要谨记内存存储的是位，而不是代码中那样的字面上的十六进制字符。第二段代码的每行都有注释，用分号与机器语言隔开。注释不会随程序装入内存。

```
地址        机器语言（bin）
0000        1101 0001 0000 0000 0000 1101
0003        1111 0001 1111 1100 0001 0110
0006        1101 0001 0000 0000 0000 1110
0009        1111 0001 1111 1100 0001 0110
000C        0000 0000
000D        0100 1000 0110 1001

地址        机器语言（hex）
0000        D1000D ;Load byte accumulator 'H'
0003        F1FC16 ;Store byte accumulator output device
0006        D1000E ;Load byte accumulator 'i'
0009        F1FC16 ;Store byte accumulator output device
000C        00     ;Stop
000D        4869   ;ASCII "Hi" characters

输出
Hi
```

图 4-33　输出字符 Hi 的机器语言程序

图 4-34 展示了计算机执行这个程序前三条指令的每一步。图 4-34a 是 Pep/9 计算机的初始状态，209 图中没有磁盘或输入设备，该程序没有用到的几个 CPU 寄存器也被省略了。初始时，主存单元和 CPU 寄存器的内容是未知的。

图 4-34b 是过程的第一步。程序装入主存，起始地址是 0000。程序来自哪里和什么把它放入的内存，这些细节将在后面的章节描述。

图 4-34c 是过程的第二步。程序计数器清空置为 0000（hex），图中没有显示对 SP 的初始化，因为这个程序不会用到栈指针。

图 4-34d 是执行周期的取指令部分。CPU 检测到 PC 中的位为 0000（hex），接着它给主存发信号让主存把这个地址的字节发送到 CPU。当 CPU 获得这个字节时，把它填入指令寄存器的第一部分。接着 CPU 对指令指示符解码，根据操作码确定指令不是一元指令，于是把操作数指示符也读入 IR。取指令不会改变地址 0000、0001 和 0002 的内容，主存只是把 210 这 24 位的内容复制到 CPU。

图 4-34e 显示执行周期的增加部分，CPU 给 PC 加上 0003。

图 4-34f 显示执行周期的执行部分，CPU 检测到 IR 的前 4 位为 1101，此操作码给电路发信号，执行字节装入指令。CPU 检测 r 字段，发现其值为 0，表示是累加器；检测 aaa 寻址字段，发现其值为 001，表示是直接寻址。接着 CPU 检测操作数指示符，其内容为 000D（hex），于是给主存发送控制信号，直接走到地址 000D，把这个地址的字节放到总线上。然后 CPU 从系统总线取得这个数值，并将它装入累加器的右半部分。

图 4-34g 显示执行周期的取指令部分。这次 CPU 检测到 PC 里的内容为 0003（hex），于是它取出地址 0003 处的一个字节内容的副本，发现指令不是一元指令，接着获取在地址 0004 处的一个字，这样做的结果是改变了 IR 的原始内容。

图 4-34h 是执行周期的 PC 增加部分，CPU 给 PC 加 0003 得到 0006（hex）。

图 4-34i 显示执行周期的执行部分。CPU 检测到 IR 的前 4 位为 1111，此操作码给电路

发信号，执行字节存储指令。CPU 检测 r 字段，发现其值为 0，表示是累加器；检测 aaa 寻址字段，发现其值为 001，表示是直接寻址。接着 CPU 检测操作数指示符，其内容为 FC16（hex），于是把累加器右半部分的字节放到总线上，并向主存发控制信号，把该值从总线存储到地址 FC16，这个地址就是输出设备。输出设备将这个字节解释为 ASCII 字符 H，并显示在屏幕上。

图 4-34j 显示执行周期的取指令部分，因为 PC 包含 0006（hex），所以这个地址的字节来到 CPU。这次当 CPU 检测操作码时，发现指令不是一元指令，因此它获取在地址 0007 处的一个字。

图 4-34k 显示执行周期的 PC 增加部分，CPU 给 PC 加 0003 得到 0009（hex）。

图 4-34l 显示执行周期的执行部分。和 f 一样，CPU 执行的是字节装入指令，但这次是从地址 000E 装入，该地址保存的是字母 i 的 ASCII 码。图中没有显示最后两条指令的执行情况：第一条指令把字母 i 发送到输出设备，第二条指令停止程序执行。

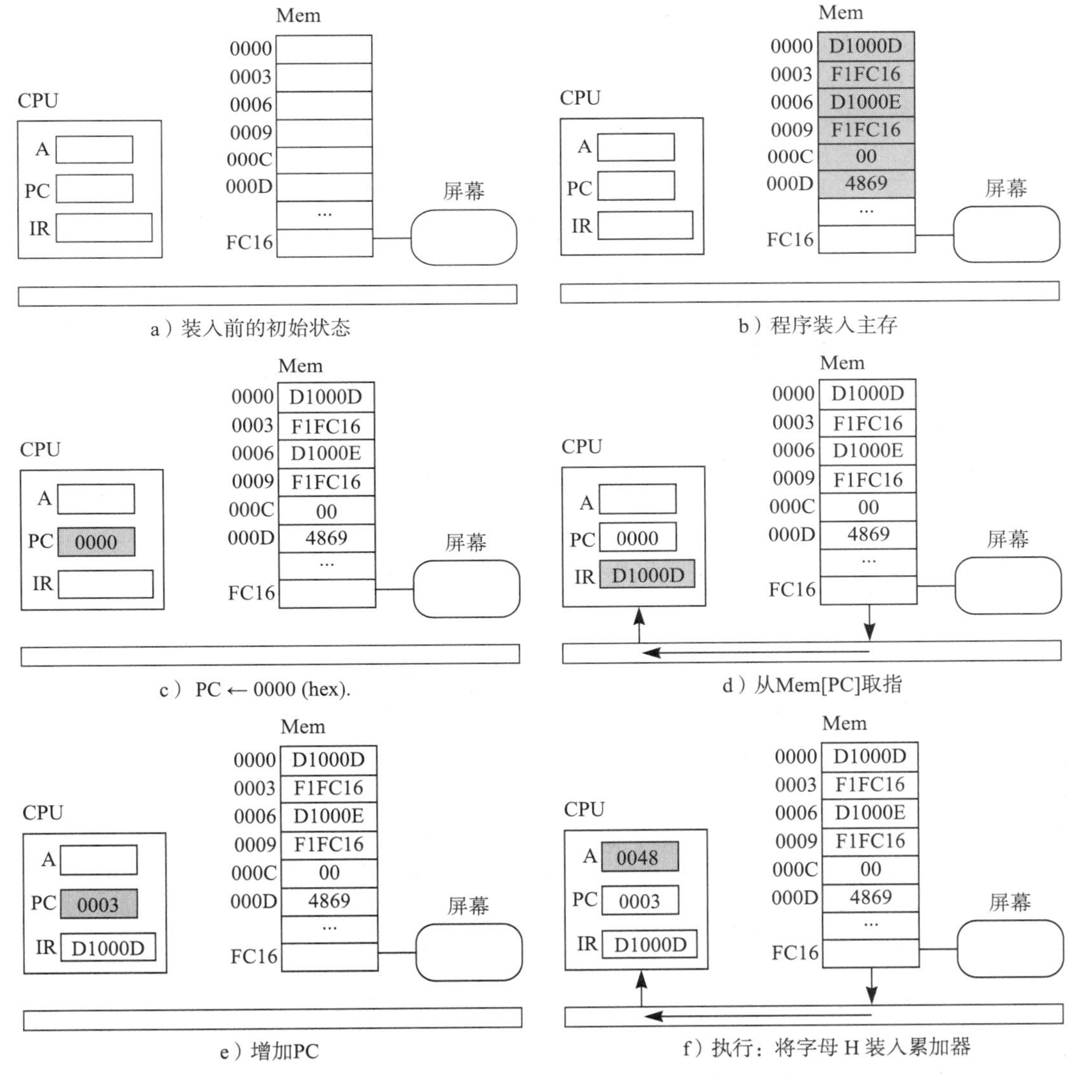

图 4-34　图 4-33 所示程序的冯·诺依曼执行周期

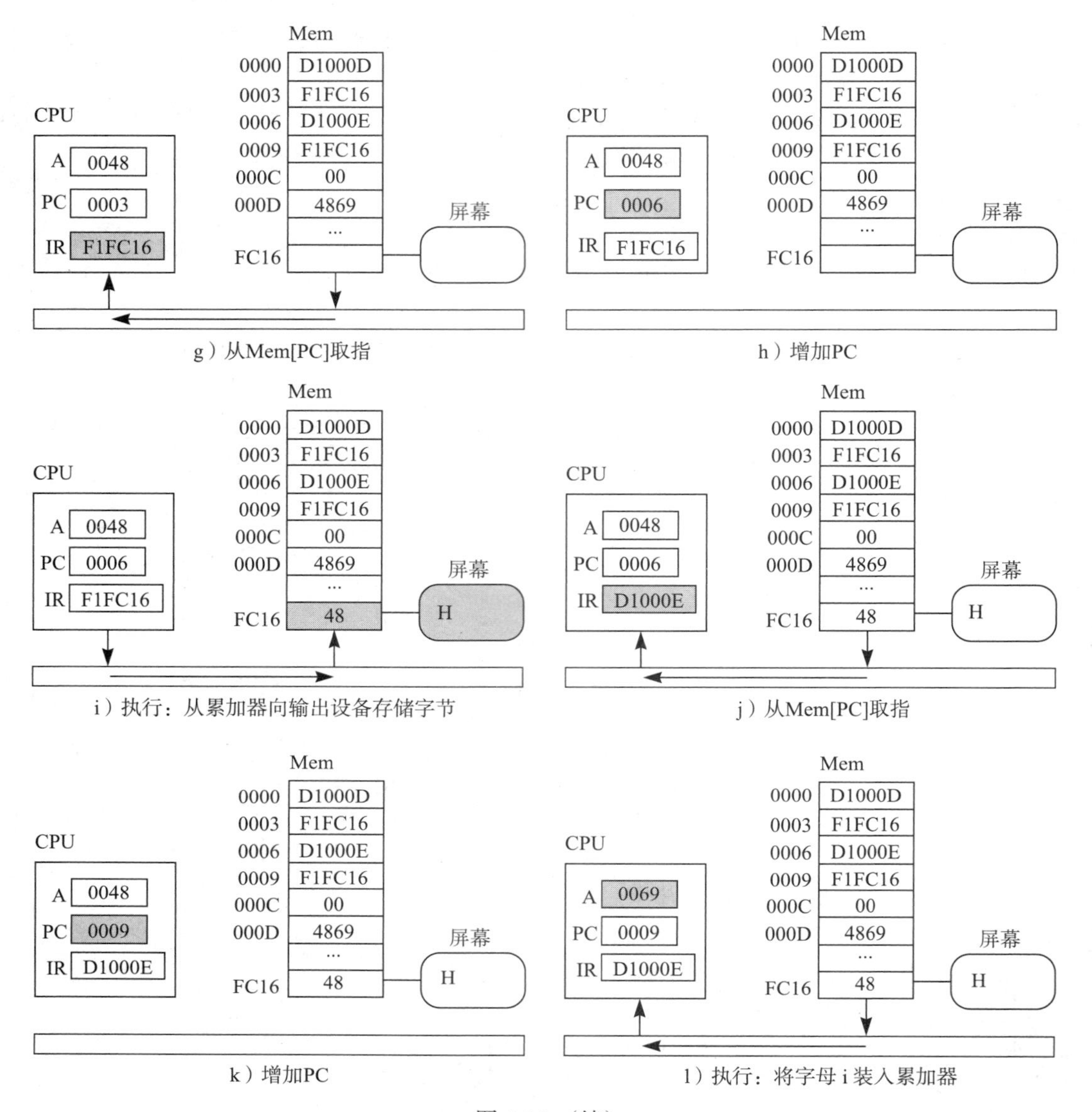

图 4-34（续）

211~213

仅仅输出两个字符看上去都是有点儿复杂的过程，但对于人类来说它执行得相当快，许多计算机执行周期的取指部分只需大约不到1纳秒的时间。因为执行周期的执行部分取决于指令的类型，因此执行复杂的指令可能需要很多纳秒，而执行简单的指令只需要几个纳秒的时间。

计算机不会给它电路中的电子信号附加任何含义。具体来说，主存不知道一个特定地址的位是代表数据还是指令，它只知道是1和0。

4.3.3 冯·诺依曼漏洞

在图4-33的程序中，地址0000到000C的位被CPU作为指令，000D和000E的位作为数据。因为程序员知道PC的初始值是0000，在每一个执行周期的循环会被加0001或0003，所以他把指令位放在开头。如果犯错遗漏了停止指令（操作码0000 0000），尽管程序员的本意是想要把下面的字节解释为数据，但执行周期将会继续获取下面的字节，把它当作下一条指令的指令指示符来解释。

因为程序和数据共享内存，所以机器层程序员在为它们分配内存时必须要小心仔细，否则会出现两种类型的问题：一种是 CPU 可能会把程序员想作为数据的位序列解释为指令，另一种是 CPU 把程序员想作为指令的位序列解释为数据。这两种类型的漏洞都发生在机器层。

虽然如果程序员不仔细，程序和数据共享内存会产生漏洞，但是这也带来了令人激动的潜在可能。程序只是存储在内存中的一组指令，因此程序员可以把一个程序看作另一个程序的数据。这使得写一个用于处理另一个程序的程序成为可能。编译程序、汇编程序和装载器采用的都是把其他程序当作数据这一观点。

4.3.4 一个字符输入程序

图 4-35 的程序从输入设备输入两个字符，再以逆序在输出设备输出。使用直接寻址方式的字符输入指令从输入设备获得字符。

地址	机器语言 (bin)
0000	1101 0001 1111 1100 0001 0101
0003	1111 0001 0000 0000 0001 0011
0006	1101 0001 1111 1100 0001 0101
0009	1111 0001 1111 1100 0001 0110
000C	1101 0001 0000 0000 0001 0011
000F	1111 0001 1111 1100 0001 0110
0012	0000 0000

地址	机器语言 (hex)	
0000	D1FC15	;Input first character
0003	F10013	;Store first character
0006	D1FC15	;Input second character
0009	F1FC16	;Output second character
000C	D10013	;Load first character
000F	F1FC16	;Output first character
0012	00	;Stop

输入
up

输出
pu

图 4-35 一个机器语言程序：输入两个字符并逆序输出

第一条指令 D1FC15，其操作码指明从输入设备装入一个字节到 Mem[FC15]，寄存器 r 字段表明是累加器，寻址 aaa 字段表明为直接寻址。它把来自输入设备的第一个字节放入累加器的右半部分。第二条指令 F10013，其操作码指明从累加器存储一个字节到 Mem[0013]。虽然这个字节没有显示在程序代码中，但它一定是可用的，因为主存的最高地址是 FFFF。

214

第三条指令 D1FC15 和第一条类似，输入第二个字符到累加器的右半部分。第四条指令 F1FC16，其操作码指明存储字节，寄存器 r 字段指明是累加器，寻址 aaa 字段指明为直接寻址。它从累加器发送一个字节到位于 Mem[FC16] 的输出设备。第五条指令 D10013 把之前存储在 Mem[0013] 的第一个字符装入累加器。倒数第二条指令 F1FC16 把第一个字符从累加器发送到位于 Mem[FC16] 的输出设备。最后一条指令停止程序执行。

215

4.3.5 十进制转换为 ASCII

图 4-36 展示了一个程序，它把两个一位数字相加，输出它们一位数的和。这个程序说明在机器层处理输出的不便性。

两个加数是 5 和 3，程序把它们存储在 Mem[000D] 和 Mem[000F]。第一条指令把 5 装入累加器，接着第二条指令把累加器加 3，此时和在累加器里。

216　现在问题出现了。我们想输出这个结果，但是 ISA3 层唯一的输出指令是把一个 ASCII 格式的字节存储到位于 Mem[FC16] 的输出设备。问题是结果为 0000 1000（bin），如果用字节存储指令输出它，会把它解释为退格键 BS，如图 3-25 的 ASCII 表所示。

因此，程序必须把十进制数 8，即 0000 1000（bin），转换为 ASCII 字符 8，即 0011 1000（bin）。ASCII 位与无符号二进制位不同，它在第三和第四位有两个 1。为了实现这个转换，程序用寄存器 OR 指令将累加器和掩码 0000 0000 0011 0000 进行或运算，在结果中插入两个额外的 1：

```
      0000 0000 0000 1000
OR    0000 0000 0011 0000
---------------------------
      0000 0000 0011 1000
```

现在累加器包含 ASCII 格式的正确的和，字节存储指令把这个字符发送到输出设备。

```
地址        机器语言（bin）
0000        1100 0001 0000 0000 0000 1101
0003        0110 0001 0000 0000 0000 1111
0006        1001 0001 0000 0000 0001 0001
0009        1111 0001 1111 1100 0001 0110
000C        0000 0000
000D        0000 0000 0000 0101
000F        0000 0000 0000 0011
0011        0000 0000 0011 0000

地址        机器语言（hex）
0000        C1000D ;A<-first number
0003        61000F ;Add the two numbers
0006        910011 ;Convert sum to character
0009        F1FC16 ;Output the character
000C        00     ;Stop
000D        0005   ;Decimal 5
000F        0003   ;Decimal 3
0011        0030   ;Mask for ASCII char

输出
8
```

图 4-36　一个机器语言程序：计算 5 加 3，并输出单字符结果

如果把 Mem[000F] 的字替换为 0009，那么程序会输出什么？尽管累加器中的和在执行累加器加法指令后是

14（dec）= 0000 0000 0000 1110（bin）

但遗憾的是，它不会输出 14。OR 指令会把这个位模式变为 0000 0000 0011 1110（bin），产生的输出是 >。因为 ISA3 层唯一的输出指令只能输出单个字节，所以程序不能输出包含大于 1 个字符的结果。在第 5 章中，我们将看到如何补救这个缺点。

4.3.6　一个自我修改程序

图 4-37 说明了基于冯·诺依曼设计原理的一个奇特的可能性。我们注意到这个程序从 0006 ～ 0017 和图 4-36 的从 0000 ～ 0011 是一样的，然而在这个程序开始的地方有两条指令是图 4-36 中没有的。因为指令往下移了 6 个字节，所以它们的操作数指示符也比前面程序的大了 6。除了有 6 个字节的调整外，从 0006 开始的指令会重复图 4-36 的处理过程。

尤其是，装入累加器指令把 5 装入累加器，加法指令对累加器加 3，OR 指令把 8（dec）变为 ASCII 的 8，累加器字节存储指令把 ASCII 字符 8 发送给位于 Mem[FC16] 的输出设备。但是，输出却是 2。

217　因为在冯·诺依曼计算机中程序和数据共享同一个内存，所以程序有可能把它自己当作数据并进行修改。第一条指令把字节 71（hex）装入累加器的右半部分，接着第二条指令把它放入 Mem[0009]。在这个修改之前 Mem[0009] 的内容是什么？是累加器加法指令的指令指示符。现在 Mem[0009] 的位是 0111 0001。当计算机在冯·诺依曼执行周期的取指部分得

到这些位时，CPU 检测到操作码为 0111，是寄存器减法指令，寄存器指示符表示是累加器，寻址方式位显示是直接寻址。指令从 5 减去 3 而不是加 3。

218

当然，这并不是一个非常实际的程序。如果想对两个数进行减法运算，可以简单地用减法指令代替加法指令，写图 4-36 的程序就可以了。但是它确实表明在冯·诺依曼计算机中，主存不会赋予它正在存储的位任何含义，它只知道 1 和 0，并不知道哪些是程序位、哪些是数据位、哪些是 ASCII 字符等。此外，CPU 遵循冯·诺依曼执行周期，相应地解释位，并不了解它们的历史。当获取在 Mem[0009] 的位时，它不知道也不在意这些位是怎么样到这里的，它只是简单地一再重复取指、译码、增加 PC 和执行。

地址　机器语言（bin）

```
0000    1101 0001 0000 0000 0001 1001
0003    1111 0001 0000 0000 0000 1001
0006    1100 0001 0000 0000 0001 0011
0009    0110 0001 0000 0000 0001 0101
000C    1001 0001 0000 0000 0001 0111
000F    1111 0001 1111 1100 0001 0110
0012    0000 0000
0013    0000 0000 0000 0101
0015    0000 0000 0000 0011
0017    0000 0000 0011 0000
0019    0111 0001
```

地址　机器语言（hex）

```
0000    D10019 ;Load byte accumulator
0003    F10009 ;Store byte accumulator
0006    C10013 ;A<-first number
0009    610015 ;Add the two numbers
000C    910017 ;Convert sum to character
000F    F1FC16 ;Output the character
0012    00     ;Stop
0013    0005   ;Decimal 5
0015    0003   ;Decimal 3
0017    0030   ;Mask for ASCII char
0019    71     ;Byte to modify instruction
```

输出

```
2
```

图 4-37　一个修改自身的机器语言程序，加法指令变成了减法指令

x86 架构

x86 处理器系列是指 Intel 从 1978 年推出的 8086 开始，一直到 80186/80286/80386/80486 系列、奔腾系列和 Core 系列。其 CPU 寄存器的大小不断变化，8086 为 16 位，80386 为 32 位，从 Pentium 4 开始为 64 位。这些处理器一般都是向后兼容的。比如，64 位处理器有 32 位执行模式，这样之前的软件可以不经修改就在新 CPU 上运行。

图 4-38 展示了典型的 32 位模式的寄存器。x86 处理器是小端序，对寄存器位编号时，其最低有效位编号为 0。除了 Pep/9 中的 NZVC 四个位之外，EFLAGS 寄存器还有很多状态位。图 4-39 给出了与 Pep/9 对应的四个状态位的位置。SF 代表符号标志，OF 代表溢出标志。

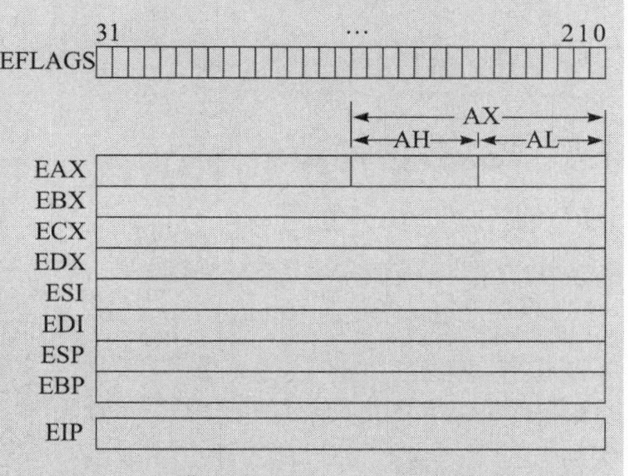

图 4-38　典型的 32 位 x86 CPU 寄存器

219

状态位	Intel 名称	EFLAGS 寄存器位置
N	SF	7
Z	ZF	6
V	OF	11
C	CF	0

图 4-39　x86 与 Pep/9 状态位对照表

x86 架构有四个通用累加器 EAX、EBX、ECX 和 EDX 对应于 Pep/9 的累加器。图 4-38 显示 EAX 寄存器最高的两个字节被称为 AX，在 AX 中，左边的字节名为 AH（A-high），右边的字节名为 AL（A-low）。其他累加器的名称以此类推。比如，ECX 寄存器最右边的字节称为 CL。

x86 架构有两个变址寄存器对应于 Pep/9 的 X 寄存器：ESI 是源变址寄存器，EDI 是目的变址寄存器。ESP 是栈指针，对应于 Pep/9 的栈指针寄存器 SP。EBP 是基址指针，指向当前栈帧的底部。Pep/9 没有与之对应的寄存器。EIP 在 Intel 中被称为指令指针，对应于 Pep/9 的程序计数器 PC。

图 4-40 给出了一条机器语言指令，它把 ECX 寄存器内容加上 EAX 寄存器内容，并把和数送入 ECX 寄存器。与所有冯·诺依曼机器一样，机器语言指令以操作码字段开始，本例中为 000000，它是加法指令的操作码。后面的字段对应于 Pep/9 的寄存器 r 字段和寻址 aaa 字段，但是其含义是特属于 x86 指令集的。s 字段中的 1 表示和数是 32 位的。如果 s 字段的值为 0，那么只能加一个字节。mod 字段中的 11 表示 r/m 字段是寄存器。reg 字段中的 000 与 d 字段中的 0 一起指定 EAX 寄存器，r/m 字段中的 001 与 d 字段中的 0 一起指定 ECX 寄存器。该指令的十六进制缩写为 01C1。

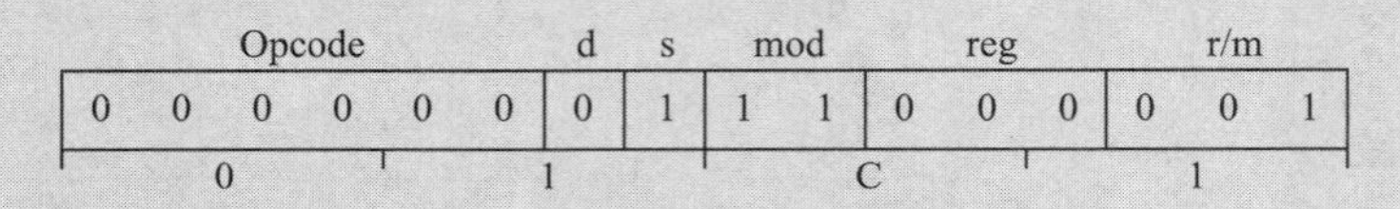

图 4-40　寄存器加法指令的 x86 指令格式

这只是 x86 指令集的一种格式。有些指令指示符有多种格式，它们有特殊的前缀字节，这些前缀字节会改变指令指示符的格式，还有一些则带有操作数指示符，其中就可能包含所谓的缩放索引字节。指令格式如此复杂的原因是，它从小型 CPU 演变而来，而且要能向后兼容。Pep/9 阐释了所有冯·诺依曼机器中机器语言的基本概念，但剔除了上述的复杂性。

220

4.4　ISA3 层的编程

ISA3 层编程就是写一组二进制指令。要执行二进制序列，首先要把它装入主存。操作系统负责把二进制序列装入主存。

操作系统就是一个程序。与任何其他程序一样，软件工程师必须设计、编写、测试和调试操作系统。大多数操作系统非常庞大和复杂，必须由一个工程师团队来编写。操作系统的主要功能是控制应用程序在计算机上的执行。因为操作系统本身也是一个程序，所以要执行操作系统，它也必须在主存中。因此在主存中不仅要存储应用程序，也要存储操作系统。

在 Pep/9 计算机中，主存的底部（主存高地址部分）保留给操作系统，顶部保留给应用程序。图 4-41 展示了 Pep/9 计算机系统的主存。如图所示，操作系统占用了从 FB8F 开始的主存，剩下的地址从 0000 到 FB8E 用于应用程序。

操作系统的装载器（loader）把应用程序装入主存，这样程序才能执行。那么什么来装入装载器呢？Pep/9 的装载器和操作系统的许多其他部分是永久存储在主存中的。

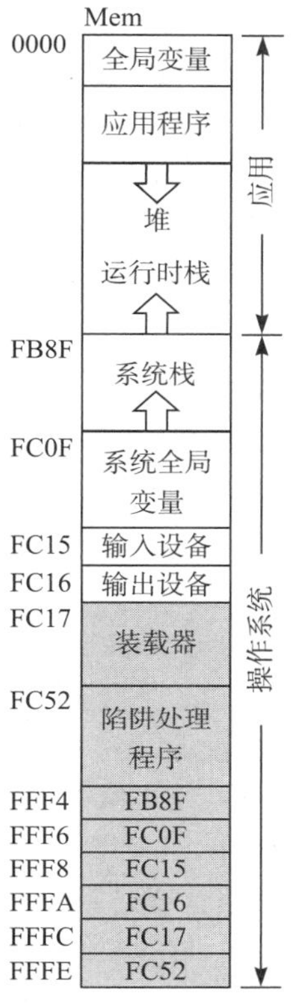

图 4-41　Pep/9 的主存，阴影部分是只读存储器

4.4.1　只读存储器

制造内存设备的电子电路元件有两种：读 / 写电路元件和只读电路元件。

在图 4-35 所示的程序中，当执行字节存储指令 F10013 时，CPU 把累加器右半部分的内容传送到 Mem[0013]，Mem[0013] 的原始内容被破坏，现在内存位置内容为 0111 0101（bin），字母 u 的二进制编码。当执行字节装入指令 D10013 时，0013 处的位就被送回累加器，以便将它们发送给输出设备。

内存位置 0013 的电路元件是读 / 写电路。字节存储指令对它进行了写操作，使它的内容发生改变，字节读取指令对它进行了一个读操作，把它内容的副本发送到累加器。如果 0013 的电路元件是只读电路，那么字节存储指令不会改变它的内容。

221

相对于串行设备，主存电路元件的两种类型——读 / 写和只读，都是随机存取设备。当字节装入指令对内存位置 0013 进行读操作时，它不需要从 0000 开始依序经过 0001、0002、0003 等直到 0013，它能直接找到位置 0013。因为它可以直接访问内存的任意位置，所以这种电路元件叫作*随机存取设备*。

只读内存设备称为 ROM。读 / 写内存设备应该称为 RWM，遗憾的是，它们称为 RAM，表示*随机存取内存*。很遗憾叫这个名字，因为只读和读 / 写设备都是随机存取设备。区别只读内存设备和读 / 写内存设备的特性是只读内存设备的内容不能被存储指令改变。由于在计算机行业中 RAM 这个词的使用是如此的普遍，所以我们也用它来指代读 / 写内存设备，但是在心里，我们知道 ROM 也是随机存取的。

主存中通常包含一些 ROM 设备。这些部分是包含永久二进制序列的 ROM，存储指令是不能改变的。此外，每天结束时关机和每天开始时开机，这些二进制序列都保持在 ROM 的电路中。如果关机，RAM 不会保留它的记忆，因此它又称为*易失的*（volatile）。

计算机厂商给内存系统购买 ROM 有两种方法。第一种方式是计算和厂商向电路厂商指定内存设备中希望的位序列，然后电路厂商相应地生产设备；或者是计算机厂商订购可编程只读内存（PROM）。这是一种全 0 的 ROM，计算机厂商可以把任意希望的位置永久地变为 1。用这样的方法，设备将包含适当的位序列。这个过程叫作“烧入”位模式。

4.4.2 Pep/9 操作系统

Pep/9 操作系统的大部分都已经烧入 ROM。图 4-41 中的阴影部分就是操作系统的 ROM 部分，它从 FC17 开始一直到 FFFF，这部分主存是永久不变的，存储指令不能改变它。如果掉电，又上电，操作系统的这个部分仍然在这里。从 FB8F 到 FC16 的区域是计算机操作系统的 RAM 部分。

222

操作系统的 RAM 部分用来存储系统变量和内存映射的 I/O 设备。当操作系统程序执行时，变量的值会改变。操作系统的 ROM 部分包含装载器，它是永久固定的。它的工作是把应用程序装入从地址 0000 开始的 RAM。在 Pep/9 虚拟机上，通过从模拟器程序菜单中选择装载器选项来调用装载器。

应用程序运行时栈的底部叫作*用户栈*，从内存位置 FB8F 开始，正好在操作系统的上面。CPU 中的栈指针寄存器存放栈顶的地址。当程序被调用时，会在栈上分配参数、返回地址和局部变量的存储空间，从较低的地址开始连续分配，因此栈在内存中是“向上生长的”。

操作系统的运行时栈从内存位置 FC0F 开始，它位于用户栈起始往下 128 字节的位置。当操作系统执行时，CPU 中的栈指针包含系统栈顶的地址。与用户栈一样，系统栈在内存中也是向上生长的。操作系统的栈绝不会超过 128 字节，因此系统栈不可能试图把它的数据存储在用户栈的范围内。

Pep/9 操作系统由两个程序组成：开始于地址 FC17 的装载器和开始于地址 FC52 的陷阱处理程序。看图 4-6 你会记得，在 ISA3 层操作码从 0010 011 到 0010 1 的指令是未实现的，陷阱处理程序把这 3 条指令实现给汇编语言程序员。第 5 章会讲述 Asmb5 汇编层的这些指令，第 8 章将展示在 OS4 操作系统层是如何实现它们的。

与操作系统这两个部分相关的是 ROM 最底部的 6 个字，它们被操作系统保留为特殊用途，称为*机器向量*，地址分别是 FFF4、FFF6、FFF8、FFFA、FFFC 和 FFFE，如图 4-41 所示。

当从 Pep/9 模拟器菜单选择装入选项时，发生了下列两个事件：

SP ← Mem[FFF6]

PC ← Mem[FFFC]

换句话说，内存位置 FFF6 的内容被复制到栈指针，内存位置 FFFC 的内容被复制到程序计数器。这两个事件发生后，执行周期开始。图 4-42 展示了这两个事件。

223

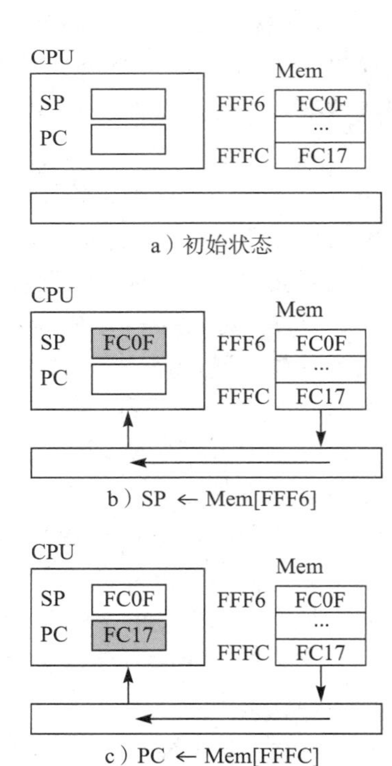

图 4-42　Pep/9 加载选项

选择装入选项会把栈指针和程序计数器初始化为存储在 FFF6 和 FFFC 中的预定值。地址 FFF6 的值正好是系统栈的底部 FC0F，也就是系统栈为空时栈指针的值。而地址 FFFC 的值正好是 FC17，实际上，它是装载器中要执行的第一条指令的地址。

写操作系统的系统程序员决定系统栈和装载器应该在什么位置。因为当选择装入选项时，Pep/9 计算机会从 FFF6 和 FFFC 获取向量，系统程序员会在这些位置放置适当的值。由于执行周期的第一步是取指令，所以选择装入选项后第一条要执行的指令就是装载器的第一条指令。

224

如果想修改操作系统，装载器不从 FC17 开始，假定从 7BD6 开始，当用户选择装入选项时，计算机仍将去 FFFC 获取向量，因此需要把 7BD6 放在地址 FFFC 处。

这种在特殊保留内存位置中存储地址的方案具有很好的灵活性，它允许系统程序员把装载器放在内存中任何方便的位置。一个更直接但是缺乏灵活性的方案是把计算机系统设计成当用户选择装入选项时，执行下列操作：

SP ← FC0F

PC ← FC17

如果选择装入选项会产生这两个事件，那么当前操作系统的装载器仍然能正确工作。但是修改操作系统会很困难。装载器不得不总是从 FC17 开始，系统栈会不得不总是从 FC0F 开始，系统程序员不能选择系统各个部分的放置位置。

4.4.3　使用 Pep/9 系统

所幸的是，要在 Pep/9 计算机上装入一个机器语言程序，不一定非要用二进制来编写这个机器语言程序，可以在文本文件中用 ASCII 十六进制字符进行编写。当装载器装入这个程序时会把它从 ASCII 转换到二进制。

图 4-43 中的代码展示了怎样准备一个机器语言程序以便装入。这是图 4-33 中的程序，输出 Hi。可以在文本文件中编写十六进制形式的二进制序列，不需要任何地址或注释。以小写的 zz 结束字节列表，装载器会把 zz 作为一个标记符号。装载器将把这些字节逐个送入内存中从 0000（hex）开始的地址中。

```
地址        机器语言（bin）
0000        D1000D ;Load byte accumulator 'H'
0003        F1FC16 ;Store byte accumulator output device
0006        D1000E ;Load byte accumulator 'i'
0009        F1FC16 ;Store byte accumulator output device
000C        00     ;Stop
000D        4869   ;ASCII "Hi" characters

Hex Version for the Loader
D1 00 0D F1 FC 16 D1 00 0E F1 FC 16 00 48 69 zz

输出
Hi
```

图 4-43　为装载器准备程序

Pep/9 装载器对机器语言程序的格式是非常挑剔的。为了正确地工作，文本文件中的第一个字符必须是十六进制字符，开头不允许有空行或空格，字节之间必须有且只能有一个空格。如果字节流要从新的一行开始，上一行的结尾一定不能有空格。

在编写完机器语言程序并用装载器选项把它装入之后，必须选择执行选项去运行它。当选择执行选项时，发生下面两个事件：

SP ← Mem[FFF4]

PC ← 0000

225

然后冯·诺依曼执行周期开始。因为PC的值是0000，所以CPU将从Mem[0000]处获取第一条指令，装载器刚好把应用程序的第一条指令放在这里。

图4-41表明Mem[FFF4]的内容是FB8F，这是用户栈的底部地址。本例中的应用程序不使用运行时栈。如果应用程序要用到运行时栈，因为SP被初始化为用户栈底部的地址，所以程序能够正确地访问栈。

好好享受你现在学到的知识吧！

本章小结

几乎所有的商用计算机都是基于冯·诺依曼设计原理的，这个原理中主存既存储数据也存储指令。冯·诺依曼机器的三个组成部分是中央处理单元（CPU）、包含内存映射I/O设备的主存和磁盘。CPU包含一组寄存器，其中一个寄存器是程序计数器（PC），它存储下一条要执行指令的地址。

226

CPU有一组固化在其中的指令集。一条指令由指令指示符和操作数指示符组成。指令指示符依次由操作码、可能有的寄存器字段和寻址方式字段组成。操作码用来确定要执行指令集中的哪条指令，寄存器字段用来确定哪个寄存器参与运算，寻址方式字段用来确定源或目的数据使用哪种寻址方式。

每种寻址方式对应于一种操作数指示符（OprndSpec）和操作数（Oprnd）之间的关系。对于直接寻址方式，操作数指示符是主存中操作数的地址，数学表示为：Oprnd = Mem[OprndSpec]。

要执行一个程序，需要把一组指令和数据装入主存，然后冯·诺依曼执行周期开始。冯·诺依曼执行周期由下列步骤组成：1）获取PC指定的指令；2）对指令指示符译码；3）增加PC；4）执行取出的指令；5）返回第一步重复进行。

由于主存既存储指令也存储数据，所以在机器层有可能出现两种类型的问题。可以把数据位解释为指令，或者可以把指令位解释成数据。此外还有一种可能性，把指令存储在主存中的直接后果是可以像处理数据一样处理程序。装载器和编译器是使用把指令位当作数据这一观点的重要程序。

操作系统是控制应用程序执行的一个程序，它必须与应用程序和数据一起位于主存中。在某些计算机中，操作系统的一部分烧入只读内存（ROM）中。ROM的一个特性是存储指令改变不了内存单元的内容。操作系统的运行时栈位于随机存取内存（RAM）中。机器向量是操作系统组成部分的地址，例如栈或者程序，它用于访问这个组成部分。装载器和陷阱处理程序是操作系统的两个重要功能单元。

练习

4.1节

*1.（a）Pep/9计算机的主存有多少字节？
　（b）有多少个字？
　（c）有多少位？
　（d）Pep/9的CPU中总共有多少位？

227

　（e）以位来度量，主存比CPU大多少倍？

2.（a）假定Pep/9的主存全都是一元指令，那么包含多少一元指令？

(b) 如果所有指令都不是一元指令，能容纳多少指令？

(c) 假定主存中全是一元和非一元指令，且它们的数量相同，那么总共能容纳多少指令？

*3. 回答有关机器语言指令 6AF82C 和 D623D0 的下列问题。

(a) 二进制表示的操作码是什么？

(b) 指令是做什么的？

(c) 二进制表示的寄存器 r 字段是什么？

(d) 它指定的是哪一个寄存器？

(e) 二进制表示的寻址 aaa 字段是什么？

(f) 它指定的是哪种寻址方式？

(g) 十六进制表示的操作数指示符是什么？

4. 对于机器语言指令 7B00AC 和 F70BD3，回答练习 3 中的问题。

4.2 节

*5. 假定 Pep/8 包含下列 4 个十六进制值：

A: 19AC

X: FE20

Mem[0A3F]: FF00

Mem[0A41]: 103D

如果下列每条语句执行前是这 4 个值，那么每条语句执行后 4 个十六进制值是什么？

(a) C10A3F　(b) D10A3F　(c) D90A41

(d) F10A41　(e) E90A3F　(f) 790A41

(g) 710A3F　(h) 910A3F　(i) 07

6. 对下列语句重复练习 5：

(a) C90A3F　(b) D90A3F　(c) F10A41

(d) E10A41　(e) 690A3F　(f) 710A41

(g) 890A3F　(h) 990A3F　(i) 06

4.3 节

7. 确定下列 Pep/9 机器语言程序的输出，左边一列是本行第一个字节的内存地址：

```
0000 D10013
0003 F1FC16
0006 D10014
0009 F1FC16
000C D10015
000F F1FC16
0012 00
0013 4A6F
0015 79
```

228

8. 如果输入是 tab，确定下列 Pep/9 机器语言程序的输出，左边一列是本行第一个字节的内存地址：

```
0000 D1FC15
0003 F1001F
0006 D1FC15
0009 F10020
000C D1FC15
000F F10021
0012 D10020
0015 F1FC16
0018 D1001F
```

```
001B F1FC16
001E 00
```

9. 确定下列 Pep/9 机器语言程序的输出，每部分左边一列是本行第一个字节的内存地址：

*(a)

```
0000 C1000A
0003 81000C
0006 F1FC16
0009 00
000A A94F
000C FFFD
```

(b)

```
0000 C10008
0003 06
0004 F1FC16
0007 00
0008 F0D4
```

4.4 节

10. 假定需要处理 Pep/9 内存中的 31 000 个整数，每个整数占用一个字。一个典型的程序中估计有 20% 的指令是一元指令，那么在这个处理数据的程序中最多能有多少条指令？要记住应用程序是与操作系统和数据共享内存的。

编程题

4.4 节

11. 写一个在输出设备上输出你名字的机器语言程序，要求名字的长度多于两个字符，它的格式要适合 Pep/9 模拟器的装载器并能够在上面执行。
12. 写一个在输出设备上输出 4 个字符 Frog 的机器语言程序，它的格式要适合 Pep/9 模拟器的装载器并能够在上面执行。
13. 写一个在输出设备上输出 3 个字符 Cat 的机器语言程序，它的格式要适合 Pep/9 模拟器的装载器并能够在上面执行。
14. 写一个把 3 个数 2、−3 和 6 相加的机器语言程序，在输出设备上输出和。以十六进制存储 −3。不要使用减法、取反或反转指令。程序的格式要适合 Pep/9 模拟器的装载器并能够在上面执行。
15. 写一个输入 2 个 1 位数，把它们相加，并输出 1 个 1 位数和。输入两个 1 位数时，它们之间不能有空格。程序的格式要适合 Pep/9 模拟器的装载器并能够在上面执行。
16. 以十六进制格式编写图 4-35 的程序用来输入到装载器。用 up 作为输入，在 Pep/9 模拟器上运行程序，验证它可以正确地工作。然后修改字节存储指令和字节装入指令，把结果存储在 Mem[FCAA]，再从 Mem[FCAA] 输出字符，输出是什么？请解释。

229 ~ 230

第四部分

Computer Systems, Fifth Edition

汇编层（第5层）

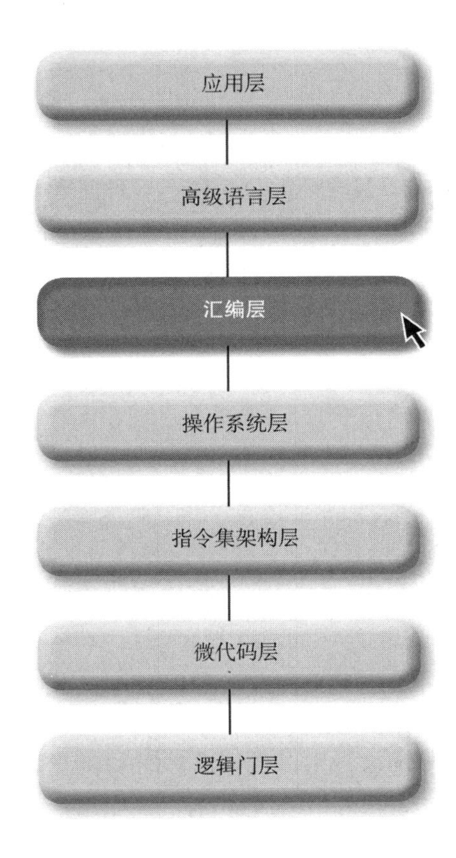

第 5 章

Computer Systems, Fifth Edition

汇编语言

ISA3 层的语言是机器语言，是 1 和 0 的序列，有时简写为十六进制的格式。计算机的先驱不得不使用机器语言编程，但是很快他们就开始厌恶这种很土的方式。为了编写二进制程序，就需要记住机器的操作码，且不得不频繁地查 ASCII 表和十六进制表，这些都毫无趣味。发明汇编层就是为了让程序员能免于二进制编程的单调乏味。

第 4 章讲述 ISA3 层，也就是机器层的 Pep/9 计算机。本章将讲述 Asmb5 层，也就是汇编层的 Pep/9。这两层之间是操作系统。记住抽象分层的目的是隐藏系统在更低层次的细节。本章阐述信息隐藏原理，你可以使用操作系统的陷阱处理程序而不需知道它的操作细节，即你将了解到陷阱处理程序做什么而不需知道它是怎样做的。我们在第 8 章讲述陷阱处理程序的内部工作原理。

5.1 汇编程序

Asmb5 层的语言叫作*汇编语言*，它提供了一种比二进制更加方便的编写机器语言程序的方法。图 4-33 的程序输出 Hi，包含两类位模式，一种是程序，一种是数据。冯·诺依曼设计原理直接导致这两种类型的产生，因为程序和数据共享内存，每种都需要一种二进制表示。

汇编语言包含两种类型的语句，分别对应这两种类型的位模式。助记符语句对应指令位模式，伪操作对应数据位模式。

5.1.1 指令助记符

假定内存中某个位置有机器语言指令

```
C0009A
```

它是装入寄存器 r 指令。寄存器 r 位为 0，表示是累加器而不是变址寄存器，寻址 aaa 字段是 000，表明是立即数寻址。

这条指令用 Pep/9 汇编语言来写是

232
~
234

```
LDWA 0x009A,i
```

助记符 LDWA 表示*将字装入累加器*，用以代替操作码 1100 和寄存器 r 字段 0。助记符是辅助记忆的工具。记住 LDWA 代表装入累加器指令要比记住操作码 1100 和寄存器 r 为 0 代表装入累加器指令更为容易。操作数指示符以十六进制形式书写，为 009A，前面加 0x，表示是*十六进制常量*。在 Pep/9 汇编语言中，通过在操作数指示符后放一个或多个字母来指定寻址方式，字母和操作数指示符之间以逗号分隔。图 5-1 展示了与 8 种寻址方式相对应的字母。

aaa	寻址方式	字母	aaa	寻址方式	字母
000	立即数	i	100	栈相对间接	sf
001	直接	d	101	变址	x
010	间接	n	110	栈变址	sx
011	栈相对	s	111	栈间接变址	sfx

图 5-1 Pep/9 汇编语言中指定寻址方式的字母

例 5.1 这里有一些例子，是用二进制机器语言和汇编语言编写的字装入寄存器 r 指令。LDWX 对应和 LDWA 一样的机器语言语句，除了对 LDWX 来说，寄存器 r 位为 1 而不是 0。

```
1100 0011 0000 0000 1001 1010   LDWA 0x009A,s
1100 0110 0000 0000 1001 1010   LDWA 0x009A,sx
1100 1011 0000 0000 1001 1010   LDWX 0x009A,s
1100 1110 0000 0000 1001 1010   LDWX 0x009A,sx
```

■

图 5-2 总结了在 Asmb5 层 Pep/9 指令集的 40 条指令，它给出了每个操作码对应的助记符以及指令的含义。寻址方式列说明允许哪些寻址方式或者指令是否是一元指令（U），状态位列说明指令执行会影响的状态位。

235

指令指示符	助记符	指令	寻址方式	状态位
0000 0000	STOP	停止执行	U	
0000 0001	RET	从 CALL 返回	U	
0000 0010	RETTR	从陷阱返回	U	
0000 0011	MOVSPA	把 SP 传送到 A	U	
0000 0100	MOVFLGA	把 NZVC 标志传送到 A（12..15）	U	
0000 0101	MOVAFLG	把 A（12..15）传送到 NZVC 标志	U	
0000 011r	NOTr	按位反转 r	U	NZ
0000 100r	NEGr	对 r 取反	U	NZV
0000 101r	ASLr	算术左移 r	U	NZVC
0000 110r	ASRr	算术右移 r	U	NZC
0000 111r	ROLr	循环左移 r	U	C
0001 000r	RORr	循环右移 r	U	C
0001 001a	BR	无条件分支	i, x	
0001 010a	BRLE	小于等于分支	i, x	
0001 011a	BRLT	小于分支	i, x	
0001 100a	BREQ	等于分支	i, x	
0001 101a	BRNE	不等于分支	i, x	
0001 110a	BRGE	大于等于分支	i, x	
0001 111a	BRGT	大于分支	i, x	
0010 000a	BRV	如果 V 为 1，则分支	i, x	
0010 001a	BRC	如果 C 为 1，则分支	i, x	
0010 010a	CALL	调用子例程	i, x	
0010 011n	NOPn	一元空操作陷阱	U	

图 5-2 Asmb5 层上的 Pep/9 指令集

236

指令指示符	助记符	指令	寻址方式	状态位
0010 1aaa	NOP	非一元空操作陷阱	i	
0011 0aaa	DECI	十进制输入陷阱	d, n, s, sf, x, sx, sfx	NZV
0011 1aaa	DECO	十进制输出陷阱	i, d, n, s, sf, x, sx, sfx	
0100 0aaa	HEXO	十六进制输出陷阱	i, d, n, s, sf, x, sx, sfx	
0100 1aaa	STRO	字符串输出陷阱	d, n, s, sf, x	
0101 0aaa	ADDSP	加到栈指针（SP）上	i, d, n, s, sf, x, sx, sfx	NZVC
0101 1aaa	SUBSP	从栈指针（SP）减去	i, d, n, s, sf, x, sx, sfx	NZVC
0110 raaa	ADDr	加到r上	i, d, n, s, sf, x, sx, sfx	NZVC
0111 raaa	SUBr	从r减去	i, d, n, s, sf, x, sx, sfx	NZVC
1000 raaa	ANDr	与r按位AND	i, d, n, s, sf, x, sx, sfx	NZ
1001 raaa	ORr	与r按位OR	i, d, n, s, sf, x, sx, sfx	NZ
1010 raaa	CPWr	与r进行字比较	i, d, n, s, sf, x, sx, sfx	NZVC
1011 raaa	CPBr	与r（8..15）进行字节比较	i, d, n, s, sf, x, sx, sfx	NZVC
1100 raaa	LDWr	从主存装入字到r	i, d, n, s, sf, x, sx, sfx	NZ
1101 raaa	LDBr	从主存装入字节到r（8..15）	i, d, n, s, sf, x, sx, sfx	NZ
1110 raaa	STWr	从r存储字到主存	d, n, s, sf, x, sx, sfx	
1111 raaa	STBr	从r（8..15）存储字节到主存	d, n, s, sf, x, sx, sfx	

图5-2（续）

图5-2还给出了6条新指令用于代替未实现操作码的指令：

NOPn　　一元空操作陷阱
NOP　　非一元空操作陷阱
DECI　　十进制输入陷阱
DECO　　十进制输出陷阱
HEXO　　十六进制输出陷阱
STRO　　字符串输出陷阱

这些新指令对Asmb5层的汇编语言程序员是可用的，但不是ISA3层指令集的一部分。OS4层的操作系统会向它们提供陷阱处理程序。在汇编层，你可以用它们来编程，仿佛它们就是ISA3层指令集的一部分，尽管实际上它们并不是。第8章会详细介绍操作系统是怎样提供这些指令的。不过用它们进行编程，并不需要知道实现它们的细节。

237

5.1.2　伪操作

伪操作（pseudo-ops）是汇编语言语句，它没有操作码，不对应Pep/9指令集40条指令中的任何一条。Pep/9汇编语言有9个伪操作：

.ADDRSS　　符号的地址
.ALIGN　　填充以对齐内存边界
.ASCII　　ASCII字节字符串
.BLOCK　　零字节块
.BURN　　初始ROM烧入
.BYTE　　一个字节值

.END　　　　汇编器标记
.EQUATE　　　将一个符号等同于一个常量值
.WORD　　　　一个字值

除了 .BURN、.END 和 .EQUATE 外，所有的伪操作都把数据位插入机器语言程序中。“伪”的意思是假，称它们为伪操作是因为它们产生的位不对应操作码，不像那 40 个指令助记符产生的位那样，它们不是真正的指令操作。伪操作也叫作*汇编器指示*（assembler directive），或者叫作*点命令*（dot command），因为汇编语言中这些指令前都有个点（.）。

接下来的 3 个程序展示怎样使用 .ASCII、.BLOCK、.BYTE、.END 和 .WORD 伪操作，其他伪操作后面讲述。

5.1.3 .ASCII 和 .END 伪操作

图 5-3 是用汇编语言而不是机器语言写的图 4-33 中的程序。与 C 不同，Pep/9 汇编语言是面向行的，即每条汇编语言语句必须包含在一行内，不能把一条语句持续到下一行，也不能把两条语句放在同一行中。

汇编器输入

```
;Stan Warford
;May 1, 2017
;A program to output "Hi"
;
LDBA     0x000D,d    ;Load byte accumulator 'H'
STBA     0xFC16,d    ;Store byte accumulator output device
LDBA     0x000E,d    ;Load byte accumulator 'i'
STBA     0xFC16,d    ;Store byte accumulator output device
STOP                 ;Stop
.ASCII   "Hi"        ;ASCII "Hi" characters
.END
```

汇编器输出

```
D1 00 0D F1 FC 16 D1 00 0E F1 FC 16 00 48 69 zz
```

程序输出

```
Hi
```

图 5-3　图 4-33 程序的汇编语言版：输出 Hi

注释以分号；开始，一直到本行末端。在一行中只有注释是允许的，但它必须以分号开始。这个程序的前 4 行都是注释行，后面的行也包含注释，不过是跟在汇编语言语句的后面。和 C 一样，汇编语言程序中至少应该包含名字、日期和程序的描述。不过本书为了节约篇幅，下面的程序不包含这样的程序头。

238

LDBA 是字节装入累加器指令的助记符，STBA 是字节存储累加器指令的助记符。语句

```
LDBA 0x000D,d
```

表示“用直接寻址方式从 Mem[000D] 装入一个字节”。

.ASCII 伪操作生成连续的 ASCII 字符字节。在汇编语言中，可以简单地写 .ASCII，然后在后面跟双引号括起来的一个 ASCII 字符串。若字符串中包含双引号，那么必须在它前面加一个反斜杠 \，若包含反斜杠，就要在它的前面再加一个反斜杠。在 n 前面加反斜杠可

以在字符串中插入一个换行符，在 t 前面加反斜杠将在字符串中插入一个制表符。

例 5.2　这是一个包含两个双引号的字符串：

239

```
"She said, \"Hello\"."
```

这是一个包含反斜杠符的字符串：

```
"My bash is \\."
```

这是一个有换行符的字符串：

```
"\nThis sentence will output on a new line."
```

■

使用 \x 特性，字符串常量中可以包含任何一个字节。当字符串常量中包含 \x 时，汇编器会预期接下来的两个字符是十六进制数字，指定了你想包含在字符串中的字节。

例 5.3　点命令

```
.ASCII "Hello\nworld."
```

和

```
.ASCII "Hello\x0Aworld\x2E"
```

生成同样的字节序列，即

```
48 65 6C 6C 6F 0A 77 6F 72 6C 64 2E
```

■

汇编语言程序必须以 .END 命令结束。它不会像 .ASCII 命令那样在程序中插入数据位，它仅表示汇编语言程序的结束。汇编器用 .END 作为标记符号，以便知道何时应该停止翻译。

5.1.4　汇编器

比较一下用汇编语言编写的程序与用机器语言编写的相同程序，由于在操作码的位置使用了助记符，所以汇编语言更容易理解，用 ASCII 字符直接写的字符 H 和 i 也更易读。

遗憾的是，不能简单地用汇编语言写一个程序，就指望计算机可以理解它。计算机只能通过执行冯·诺依曼运行周期（取指、译码、增加 PC、执行、重复）来执行程序，这是固化在 CPU 中的。如第 4 章所述，为了执行周期能正确地处理程序，它必须以二进制形式存储在从地址 0000 开始的主存中。因此在装入和执行前，汇编语言语句必须以某种方式被翻译成机器语言。

240

在早期，程序员用汇编语言写程序，然后手工把每条语句翻译成机器语言。这个翻译其实很简单，它只是查询指令的二进制操作码和在 ASCII 表中查询 ASCII 字符的二进制编码。类似地，用十六进制转换表把十六进制操作数转换为二进制格式。只有在翻译后，程序才可以装入并执行。

翻译长程序是一项无聊又单调的工作。很快程序员就意识到可以写一个计算机程序来做这个翻译工作，这样的程序叫作*汇编器*，图 5-4 说明了它的主要功能。

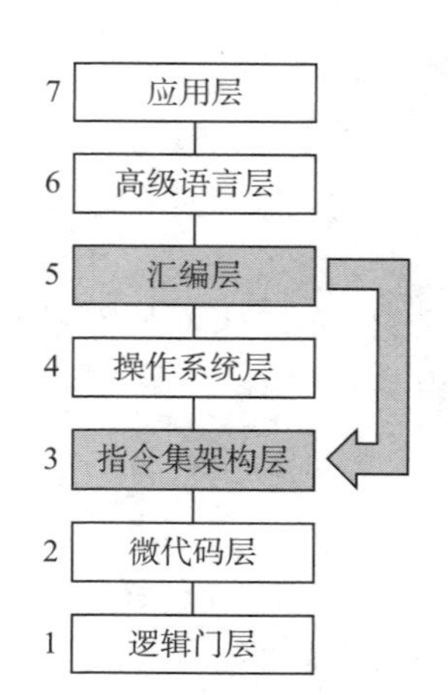

图 5-4　汇编器的功能

汇编器是这样的一个程序，它输入汇编语言程序，输出把这个程序翻译成适合装载器格式的机器语言。汇编器的输入称为*源程*

序，输出称为目标程序。图 5-5 展示了 Pep/9 汇编器处理图 5-3 汇编语言的效果。

认识到汇编器只是把程序翻译成适合装载器的格式是很重要的。它并不执行程序，翻译和执行是两个分离的过程，总是先进行翻译。

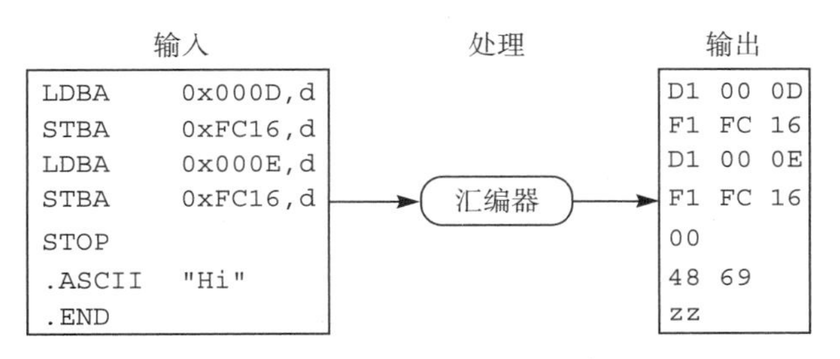

图 5-5 Pep/9 汇编器对图 5-3 程序的处理

因为汇编器本身是一个程序，所以必须用某种编程语言来编写。写出第一批汇编器的计算机先驱不得不使用机器语言来编写。否则，如果他们用汇编语言来写，由于那时还没有汇编器可用，他们就不得不手工再翻译成机器语言。重点是机器只能执行用机器语言写程序。

5.1.5 .BLOCK 伪操作

图 5-6 是图 4-35 中程序的汇编语言版本。它输入两个字符，按照相反的顺序输出它们。

241

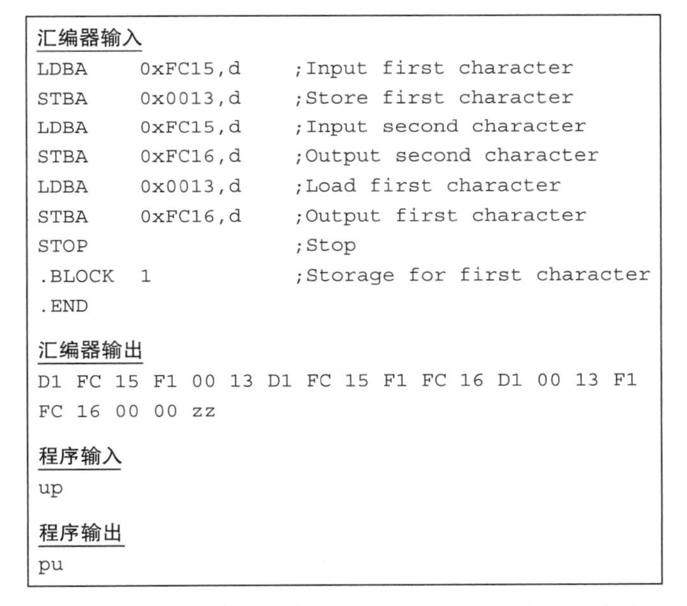

图 5-6 图 4-35 程序的汇编语言版：输入两个字符并逆序输出

从汇编器的输出可以看到第一条装入语句 LDBA 0xFC15，d 翻译成了 D1FC15，最后一条存储语句 STBA 0xFC16，d 翻译成了 F1FC16，再后面的 STOP 语句翻译成 00。

.BLOCK 伪操作生成接下来的一个全 0 字节。点命令

```
.BLOCK 1
```

意思是“生成一个 1 字节存储块”。汇编器把任何不以 0x 开头的数字解释为十进制整数，因此数字 1 被解释为十进制整数。汇编器预期 .BLOCK 后面是一个常量，然后产生这个数量字节的存储空间，并把它们置为 0。

5.1.6 .WORD 和 .BYTE 伪操作

图 5-7 和图 4-36 一样，计算 5 加上 3，它说明 .WORD 伪操作的用法。

242

和 .BLOCK 命令一样，.WORD 命令也是为装载器生成代码，但是有两点不同。首先，.WORD 命令总是生成一个字（2 字节）的代码，不能生成任意数量的字节；其次，程序员能指定字的内容。点命令

```
.WORD 5
```

的意思是“生成一个值为 5（dec）的字”。点命令

```
.WORD 0x0030
```

的意思是“生成一个值为 0030(hex) 的字”。

.BYTE 命令和 .WORD 命令的工作方式一样，除了它生成 1 字节的值而不是生成一个字的值。在这个程序中，可以把

```
.WORD 0x0030
```

替换为

```
.BYTE 0x00
.BYTE 0x30
```

243 它会生成同样的机器语言。

汇编器输入

```
LDWA    0x000D,d    ;A <- first number
ADDA    0x000F,d    ;Add the two numbers
ORA     0x0011,d    ;Convert sum to character
STBA    0xFC16,d    ;Output the character
STOP                ;Stop
.WORD   5           ;Decimal 5
.WORD   3           ;Decimal 3
.WORD   0x0030      ;Mask for ASCII char
.END
```

汇编器输出

```
C1 00 0D 61 00 0F 91 00 11 F1 FC 16 00 00 05 00
03 00 30 zz
```

程序输出

```
8
```

图 5-7　图 4-36 程序的汇编语言版：计算 5 加 3，并输出单字符结果

可以把这个汇编语言程序经过汇编器的输出和图 4-36 的十六进制机器语言进行比较，你会发现它们是一样的。把汇编器设计成让它产生的输出完全遵循装载器期望的格式，没有前导空行或空格。字节间只能有 1 个空格，每一行的结尾都没有空格。字节序列以 zz 结束。

5.1.7　使用 Pep/9 汇编器

执行图 5-6 中的程序，这个逆序输出两个输入字符的应用程序要求在计算机上运行图 5-8 所示的步骤。

首先把汇编器装入主存，把应用程序作为输入文件，此运行的输出是这个应用程序的机器语言版本，接着第二次运行就把这个输出装入主存。中间两个框里的所有程序必须是机器语言写的。

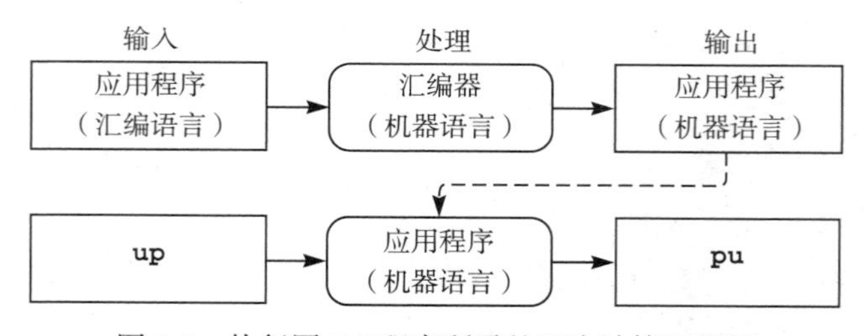

图 5-8　执行图 5-6 程序所需的两次计算机运行

Pep/9 系统除了有汇编器之外，还有一个模拟器。当执行汇编器时，必须提供给它一个之前用文本编辑器生成的汇编语言程序。如果你的程序没有错误，那么汇编器将生成适合装载器格式的目标代码，否则它将给出一条或多条错误信息并且不会生成代码。从一个没有错误的程序生成代码后，可以用第 4 章讲述的模拟器来使用它。

写汇编语言程序时，助记符或者点命令后面至少要有一个空格。除此之外，对空格没有其他限制。源程序可以大小写字母混用，例如图 5-6 中的源程序可以写为图 5-9 中那样，汇 244 编程序也会认为它是有效的，接受并生成正确的代码。

除了为装载器生成目标代码外，汇编器生成程序代码列表。汇编器代码列表把源程序转换成大小写字母和空格一致的格式。图 5-9 中展示的是无格式源程序的汇编器代码列表。

汇编器输入

```
       ldwa 0x000D,d    ;A <- first number
 ADda   0x000F,d ;Add the two numbers
       ORA    0x0011, d    ;Convert sum to character
  StBA    0Xfc16     ,     d    ;Output the character
       STop    ;Stop
  .WORD 5        ;Decimal 5
.worD      3    ;Decimal 3
     .WORD  0x0030  ;Mask for ASCII char
   .end
```

汇编器列表

```
----------------------------------------------------------------------
      Object
Addr  code       Mnemon  Operand       Comment
----------------------------------------------------------------------
0000  C1000D     LDWA    0x000D,d      ;A <- first number
0003  61000F     ADDA    0x000F,d      ;Add the two numbers
0006  910011     ORA     0x0011,d      ;Convert sum to character
0009  F1FC16     STBA    0xFC16,d      ;Output the character
000C  00         STOP                  ;Stop
000D  0005       .WORD   5             ;Decimal 5
000F  0003       .WORD   3             ;Decimal 3
0011  0030       .WORD   0x0030        ;Mask for ASCII char
0013             .END
----------------------------------------------------------------------
```

图 5-9 一个有效的源程序以及生成的汇编器代码列表

这个代码列表也展示了每一行生成的十六进制目标代码，以及装载器会把它装入的第一个字节的地址。注意 .END 命令不会生成任何目标代码。

本书接下来的汇编语言程序都是以汇编器代码列表的形式给出的，不过不包括这张图里有的、汇编器生成的列头部。第二列是机器语言目标代码，第一列是装载器会把代码装入主存中的地址。这是大多数汇编器使用的典型布局。这形象地展示了 ISA3 层机器语言和 Asmb5 层汇编语言之间的对应关系。

245

5.1.8 交叉汇编器

一个厂商生产的机器通常具有和另一个厂商生产的机器不一样的指令集，因此，一种品牌计算机的机器语言程序不能在另一种品牌的机器上运行。

如果用汇编语言给一种个人计算机写应用程序，通常要在这种计算机上进行汇编。用该汇编器所要转换成的语言编写的汇编器叫作*常驻汇编器*（resident assembler）。这种汇编器和应用程序运行在同样的机器上，图 5-8 中的汇编器和应用程序就是运行在同一台机器上的。

不过也有可能用 X 品牌机器的机器语言写成的汇编器把应用程序翻译成另一种 Y 品牌机器的机器语言。那么这个应用程序不能在翻译它的机器上执行，必须先把它从 X 品牌机器移到 Y 品牌机器上。

*交叉汇编器*生成的目标程序所适用的机器，不同于运行汇编器的机器。把应用程序的机器语言版本从 X 品牌机器的输出文件移到 Y 品牌机器的主存，这个过程称作*下载*（downloading），X 品牌机器叫作*宿主机*，Y 品牌机器叫作*目标机*。在图 5-8 中，第一次运行

是在宿主机上，第二次运行是在目标机上。

这种情况经常发生在当目标机器是某种小型特殊用途的计算机时，比如移动设备或者控制微波炉烹饪周期的计算机。汇编器是需要大量主存，以及输入 / 输出外围设备的程序。控制微波炉处理器的主存非常小，它的输入只是控制面板上的按键，也许还有来自于温度探测器的信号，它的输出包括数字显示和控制烹饪元件的信号。因为它没有输入 / 输出文件，所以它不能为自己运行汇编器。必须有一个更大宿主机为它把程序汇编成目标语言，然后它再从宿主机上下载该目标语言程序。

246

5.2 立即数寻址和陷阱指令

在直接寻址方式中，操作数指示符是操作数在主存中的地址。数学表达是

Oprnd = Mem[OprndSpec]

但是在立即数寻址方式中，操作数指示符就是操作数：

Oprnd = OprndSpec

采用直接寻址方式的指令包含操作数的地址，而采用立即数寻址方式的指令包含操作数本身。

5.2.1 立即数寻址

图 5-10 展示了怎样用立即数寻址方式来写图 5-3 中的程序。这个程序输出 Hi。

汇编器把装入字节指令

```
LDBA 'H',i
```

翻译成目标代码 D00048（hex），即二进制的

```
1101 0000 0000 0000 0100 1000
```

查找图 5-2 会发现 1101 0 是 LDBA 指令的操作码；寻址 aaa 字段是 000（bin），表示是立即数寻址。如图 5-1 所示，.i 表示立即数寻址。

字符常量用单引号扩起来，它们总是生成 1 字节的代码。在图 5-10 的程序中，字符常量放在操作数指示符里，操作数指示符占用 2 字节。这种情况下，字符常量位于这 2 字节中右边的那个字节中。

```
0000  D00048    LDBA    'H',i       ;Output 'H'
0003  F1FC16    STBA    0xFC16,d
0006  D00069    LDBA    'i',i       ;Output 'i'
0009  F1FC16    STBA    0xFC16,d
000C  00        STOP
000D            .END
```

输出

```
Hi
```

图 5-10　使用立即数寻址的程序：输出 Hi

汇编器就是这样把语句翻译成二进制的。但是当装载器把程序装入并执行第一条语句时会发生什么呢？如果寻址方式是直接寻址，那么 CPU 会把 0048 作为地址，指示主存把 Mem[0048] 放到总线上以便装入累加器。由于寻址方式是立即数寻址，所以 CPU 会把 0048 当作操作数本身（而不是操作数的地址），并把 48 直接放入累加器，而不执行内存取数。第三条指令对 0069 进行类似的操作。

247

与直接寻址相比，立即数寻址有两个优点。因为 ASCII 字符串和指令不需要分开存储，

所以程序可以更短。图 5-3 中的程序是 15 字节，而这个程序是 13 字节。因为操作数在指令寄存器中，对 CPU 来说是立即可用的，所以指令执行也更快。若用直接寻址方式，CPU 必须额外访问主存以获取操作数。

5.2.2 DECI、DECO 和 BR 指令

截至目前我们已经学到的汇编语言特性相比于机器语言有了很大的改进，但是仍有几个不尽如人意的地方。图 5-11 中的程序说明了这些地方，这个程序输入一个十进制的值，把它加 1，然后输出和。

```
0000  120005    BR     0x0005      ;Branch around data
0003  0000      .BLOCK 2           ;Storage for one integer
                ;
0005  310003    DECI   0x0003,d    ;Get the number
0008  390003    DECO   0x0003,d    ;and output it
000B  D00020    LDBA   ' ',i       ;Output " + 1 = "
000E  F1FC16    STBA   0xFC16,d
0011  D0002B    LDBA   '+',i
0014  F1FC16    STBA   0xFC16,d
0017  D00020    LDBA   ' ',i
001A  F1FC16    STBA   0xFC16,d
001D  D00031    LDBA   '1',i
0020  F1FC16    STBA   0xFC16,d
0023  D00020    LDBA   ' ',i
0026  F1FC16    STBA   0xFC16,d
0029  D0003D    LDBA   '=',i
002C  F1FC16    STBA   0xFC16,d
002F  D00020    LDBA   ' ',i
0032  F1FC16    STBA   0xFC16,d
0035  C10003    LDWA   0x0003,d    ;A <- the number
0038  600001    ADDA   1,i         ;Add one to it
003B  E10003    STWA   0x0003,d    ;Store the sum
003E  390003    DECO   0x0003,d    ;Output the sum
0041  00        STOP
0042            .END

输入
-479

输出
-479 + 1 = -478
```

图 5-11 一个程序：输入十进制值，加 1 并输出和

图 5-7 的第一条指令

```
LDWA 0x000D,d ;A <- first number
```

把 Mem[000D] 的内容放入累加器。要写这条指令，程序员必须知道第一个数字要存储在程序指令部分的后面、地址为 000D（hex）的地方。但把数据放到程序末尾的问题是，要到写完程序你才能知道程序指令部分的确切长度，而当写这条需要数据地址的指令时，还不知道数据的地址。

248

另一个问题是修改程序。假设想在程序中插入一条语句，这样的一个修改将会改变数据的地址，从而也要修改每条引用这些数据的指令以反映新的地址。如果把数据放在程序的上面，对于 Asmb5 层程序来说会更简单。此时，当你写一条引用数据的语句时，就已经知道数据的地址了。

图 5-7 所示程序的另一个不尽如人意的地方是，由于位于 Mem[FC16] 处输出设备的限制导致了对结果只能是单字符的限制。因为设备只能输出 1 字节的 ASCII 字符，所以很难对 ASCII 表示的超过一个数字的十进制值执行 I/O 操作。

249

图 5-11 中的程序解决了这两个问题。它输入一个整数，加 1，然后输出和。数据存储在程序开始的部分，并允许使用大的十进制值。

在 Pep/9 模拟器选择执行选项时，PC 获得值 0000（hex）。CPU 会把在 Mem[0000] 处的字节解释为第一条指令来执行。为了把数据放在程序的上部，我们需要一条指令，当 CPU 获取下一条指令时，这条指令会让 CPU 跳过数据字节。无条件分支指令 BR 就是这样的指令，它只是把指令的操作数放入 PC 中。在这个程序里，

```
BR 0x0005 ;Branch around data
```

把 0005 放入 PC。BR 指令的 RTL 描述是

PC ← Oprnd

在下一个执行周期的取指部分，CPU 会从地址 0005 而不是地址 0003 获取指令，如果没有修改 PC，就会去 0003 处取指令。

因为分支指令几乎总是使用立即数寻址方式，所以 Pep/9 汇编器不要求指定寻址方式。如果对分支指令不指定寻址方式，那么汇编器就假设是立即数寻址，并为寻址 a 字段生成 0。

BR 指令的正确操作取决于冯·诺依曼执行周期的细节。例如，你可能会好奇，为什么这个周期是取指、译码、*增加* PC、执行和重复，而不是取指、译码、执行、*增加* PC 和重复。图 4-34f 展示了当 PC 值为 0003 时，执行指令 D1000D 装入字节 H，0003 是指令 F1FC16 的地址。如果冯·诺依曼执行周期的执行部分在增加 PC 部分的前面，那么当在地址 0000 的指令 D1000D 执行时，PC 的值为 0000。相对于正在执行指令*之后*的指令而言，貌似 PC 对应于*正在执行*的指令更讲得通。

但为何冯·诺依曼执行周期不把执行放在增加 PC 的前面呢？这是因为如果那样，BR 就无法正确工作了。在图 5-11 中，PC 获得 0000，CPU 就会获取 BR 指令 120005，BR 执行，把 0005 放入 PC 中，接着 PC 将增加到 0008。此时，程序将转移到 0008 而不是 0005。因为指令集包含分支指令，所以冯·诺依曼执行周期的增加 PC 部分一定要在执行部分之前。

250

DECI 和 DECO 是两条操作系统提供给汇编层的指令，Pep/9 硬件不在机器层提供这两条指令。DECI 代表*十进制输入*，它把一个 ASCII 数字字符序列转换为一个字，对应于该数值的补码表示。DECO，即十进制输出，做相反的转换，把一个字长的补码值转换为 ASCII 字符序列。

DECI 允许在输入中有任何数量的前导空格和空行。第一个可打印的字符必须是十进制数字，+ 或者 −，接下来的数字必须是十进制数字。如果输入为 0，DECI 把 Z 置为 1，如果输入为负值，它把 N 置为 1。如果输入值超出范围，它把 V 置为 1。因为一个字是 16 位，2^{16}=32 768，所以范围是 −32 768 到 32 767（dec）。DECI 不影响 C 位。

如果值为负，DECO 输出 -，但是如果值为正，不输出 +。它不输出最前面的 0，只输出能正确表示该数值的尽可能少的字符。不能指定字段的宽度。DECO 不影响 NZVC 位。

在图 5-11 中，当面对输入序列 −479 时，语句

```
DECI 0x0003,d ;Get the number
```

把它转换为 1111 1110 0010 0001（bin），存储在 Mem[0003]。DECO 把二进制序列转换为 ASCII 字符串输出。

5.2.3 STRO 指令

你可能已经注意到了，图 5-11 中的程序需要 7 对 LDBA 和 STBA 指令来输出字符串“+1=”，每个输出的 ASCII 字符需要一对指令。图 5-12 中的程序说明了 STRO 指令，指令名字的含义是字符串输出。这又是一条在机器层触发陷阱的汇编层真实指令，它让你只用一条指令就能完整输出含有 7 个字符的字符串。

```
0000  120005   BR      0x0005       ;Branch around data
0003  0000     .BLOCK  2            ;Storage for one integer
               ;
0005  310003   DECI    0x0003,d     ;Get the number
0008  390003   DECO    0x0003,d     ;and output it
000B  49001B   STRO    0x001B,d     ;Output " + 1 = "
000E  C10003   LDWA    0x0003,d     ;A <- the number
0011  600001   ADDA    1,i          ;Add one to it
0014  E10003   STWA    0x0003,d     ;Store the sum
0017  390003   DECO    0x0003,d     ;Output the sum
001A  00       STOP
001B  202B20   .ASCII  " + 1 = \x00"
      31203D
      2000
0023           .END

输入
-479

输出
-479 + 1 = -478
```

图 5-12 与图 5-11 一样的程序，不过使用的是 STRO 指令

STRO 的操作数是一个连续的字节序列，序列中的每个字节都被解释为一个 ASCII 字符。序列的最后一个字节必须是全 0，STRO 把它解释为一个标记符号。这条指令从头开始输出字节字符串，直到但是不包括标记符号。在图 5-12 中，伪操作

```
.ASCII " + 1 = \x00"
```

用 \x00 生成这个标记符号字节。这个伪操作生成包括标记符号在内的 8 字节，但是 STRO 指令只输出 7 字节。即使可以把 .ASCII 伪操作放在程序开始的地方，并绕开它进行分支，我们的编码习惯始终还是把 ASCII 字符串放在程序的底部。

汇编器代码列表只在目标代码栏分配了 3 字节的空间，如果 .ASCII 伪操作中的字符串生成的字节数大于 3，那么汇编器代码列表会在后续的行继续目标代码。

5.2.4 解释位模式：HEXO 指令

第 4 章和第 5 章从低的抽象层次（ISA3）讲到高的抽象层次（Asmb5）。虽然 Asmb5 层的汇编语言隐藏了机器语言的细节，但细节仍然存在，尤其是机器最终还是基于取指、译码、增加 PC、执行、重复这个冯·诺依曼执行周期。用伪操作和助记符来产生数据位和指令位不会改变机器的属性。当指令执行时，它只是执行位，并不知道汇编器怎样生成这些位。图 5-13 展示了一个无实际意义的程序，它的唯一目的是用来说明这种情况。它用一种伪操作来产生数据位，而这些位会被指令以一种意想不到的方式来解释。

252

```
0000  120009   BR      0x0009     ;Branch around data
0003  FFFE     .WORD   0xFFFE     ;First
0005  00       .BYTE   0x00       ;Second
0006  55       .BYTE   'U'        ;Third
0007  0470     .WORD   1136       ;Fourth
               ;
0009  390003   DECO    0x0003,d   ;Interpret First as dec
000C  D0000A   LDBA    '\n',i
000F  F1FC16   STBA    0xFC16,d
0012  390005   DECO    0x0005,d   ;Interpret Second and Third as dec
0015  F1FC16   STBA    0xFC16,d
0018  D0000A   LDBA    '\n',i
001B  410005   HEXO    0x0005,d   ;Interpret Second and Third as hex
001E  D0000A   LDBA    '\n',i
0021  F1FC16   STBA    0xFC16,d
0024  D10006   LDBA    0x0006,d   ;Interpret Third as char
0027  F1FC16   STBA    0xFC16,d
002A  D10008   LDBA    0x0008,d   ;Interpret Fourth as char
002D  F1FC16   STBA    0xFC16,d
0030  00       STOP
0031           .END

输出
-2
85
0055
Up
```

图 5-13　说明位模式解释方式的无实际意义程序

在这个程序中，用

```
.WORD 0xFFFE ;First
```

生成了 First 的十六进制值，但是被

```
DECO 0x0003,d ;Interpret First as dec
```

解释成一个十进制数，并输出 -2。当然，如果程序员想要把位模式 FFFE 解释为十进制数，他也许会写这样的伪操作

253

```
.WORD -2 ;First
```

这个伪操作生成同样的目标代码，而且目标程序与原始程序相同。当 DECO 执行时，它不知道在翻译时位是怎样生成的，它只知道在执行时它们是什么。

十进制输出指令

```
DECO 0x0005,d ;Interpret Second and Third as dec
```

把位于地址 0005 的位解释为一个十进制数，输出 85。DECO 总是输出两个连续字节的十进制值。这种情况下，字节 0055（hex）= 85（dec）。实际情况是这 2 字节是由两个不同的 .BYTE 点命令生成的，一个是从十六进制常量 0x00 生成的，而另一个是从字符常量 'U' 生成的，而这些都没有关系。在执行时，唯一重要的是位是什么，而不是它们来自哪里。

十六进制输出指令

```
HEXO 0x0005,d ;Interpret Second and Third as hex
```

把从地址 0005 开始的两个字节解释为 4 个十六进制数字，并以不含空格的方式输出它们。同样，由什么伪操作产生这些位是不重要的。如果 HEXO 指令从地址 0006 开始输出，那么输出的就是 5504，而不是 0055。

指令对

```
LDBA 0x0006,d ;Interpret Third as char
STBA 0xFC16,d
```

把地址 0006 的位解释为一个字符。这一点也不奇怪，因为这些位是由 .BYTE 点命令用一个字符常量生成的。和预期的一样，输出了字母 U。

最后一对指令

```
LDBA 0x0008,d ;Interpret Fourth as char
STBA 0xFC16,d
```

输出字母 p。为什么呢？因为存储单元 0008 的位是 70（hex），它是 ASCII 字符 p 对应的位。这些位是从哪里来的？它们是

```
.WORD 1136 ;Fourth
```

生成位的后半部分。之所以这样是因为 1136（dec）= 0470（hex），而这个位模式的第二个字节是 70（hex）。

在所有这些例子中，指令只是经过冯·诺依曼执行周期。我们必须牢记翻译过程不同于执行过程，翻译在执行之前进行。翻译后，当指令执行时，位的来源就不重要了。唯一重要的是位是什么，而不是翻译阶段它们是从哪里来的。 254

5.2.5 反汇编器

汇编器把每条汇编语言语句都翻译成一条机器语言语句，这样的转换叫作一对一映射（one-to-one mapping）。一条汇编语言语句映射到一条机器语言语句。这和编译器不同，稍后我们会看到编译器的一对多映射。

给你一条汇编语言语句，总是可以确定它对应的机器语言语句。反过来呢？给你一个机器语言程序的位序列，你能确定这条机器语言来自哪条汇编语言语句吗？

答案是：不，你不能。尽管汇编语言到机器语言的转换是一对一的，但逆向转换却不是唯一的。对于二进制机器语言序列

```
0101 0111
```

就无法确定汇编语言程序员原来使用的是字符 W 的汇编器指示字，还是使用栈间接变址寻址方式的 ADDSP 助记符。不管源程序中是这两条汇编语言语句中的哪一个，汇编器都会生成完全一样的位序列。

此外，在执行时，主存不知道原始的汇编语句是什么，它只知道 CPU 通过执行周期处理的 1 和 0。

图 5-14 给出了生成相同机器语言的两个汇编语言程序，因此生成的输出也一样。当然，严谨的程序员不会写出第二个程序，因为它比第一个程序难理解多了。

汇编语言程序

```
0000  D10013    LDBA     0x0013,d
0003  F1FC16    STBA     0xFC16,d
0006  D10014    LDBA     0x0014,d
0009  F1FC16    STBA     0xFC16,d
000C  D10015    LDBA     0x0015,d
000F  F1FC16    STBA     0xFC16,d
0012  00        STOP
0013  50756E    .ASCII   "Pun"
0016            .END
```

汇编语言程序

```
0000  D10013    LDBA     0x0013,d
0003  F1FC16    STBA     0xFC16,d
0006  D10014    LDBA     0x0014,d
0009  F1FC16    STBA     0xFC16,d
000C  D10015    LDBA     0x0015,d
000F  F1FC16    STBA     0xFC16,d
0012  00        STOP
0013  50756E    ADDSP    0x756E,i
0016            .END
```

程序输出

```
Pun
```

图 5-14　产生相同目标程序以及相同输出的两个不同的源程序

因为有伪操作，所以反汇编映射不是唯一的。如果没有伪操作，从二进制目标代码还原出原始汇编语言语句就会只有一种可能的形式。伪操作用来把数据位，而不是指令位，插入内存中。数据和程序共享内存是反汇编映射不唯一的主要原因。

对于软件开发者来说，从目标程序恢复源程序很困难是一个有利于市场的好处。如果用汇编语言写了一个应用程序，你有两种方式销售它：一种是卖源程序，让客户对它进行汇编，那么客户就拥有源程序和目标程序；一种是你自己汇编，仅出售目标程序。

采用这两种方式，客户都有执行应用程序所必需的目标程序。但是如果客户也有源程序，他就可以很容易地修改源程序以适应他自己的目的。他甚至只需稍微费点儿功夫就可以改进这个源程序，把它作为一个增强版来销售，并和你形成直接竞争。修改机器语言程序就会困难很多。因此为了防止客户篡改程序，大多数商业软件产品只出售目标代码形式的产品。

255～256

开源软件运动是计算机行业近来的一个发展。这个理念是由于支持的问题，客户拥有源程序是有益的。如果只有目标程序，那么在发现了需要修补的漏洞，或者发现了一个需要增加的特性时，必须等待卖给你软件的公司修补漏洞或增加特性。如果拥有源程序，就可以自己修改使之适合你自己的需要。有些开源公司确实免费提供源代码，通过为产品提供软件支持获得收入。采用这种策略的一个例子是 Linux 操作系统，它可以免费从因特网获得。尽管这样的软件是免费的，但是使用它需要有较高水平的技能。

反汇编器（disassembler）是一个试图从目标程序恢复源程序的程序。因为反向汇编器映射的非唯一性，所以反汇编器不一定能百分百成功。本章中的程序把数据放在指令的前面或者指令的后面。在大型程序中，数据部分的放置通常会贯穿程序，这就使得在目标程序中辨别指令位和数据位很困难。反汇编器能够读取每个字节并数次输出它：一次解释为指令指示符，一次解释为 ASCII 字符，一次解释为二进制补码表示的整数等。然后，人们可以尝试去重构源程序，但这个过程非常单调乏味。

5.3 符号

前面一节介绍了分支指令 BR，用来绕开程序开头的数据。尽管这个技术减轻了手工确定数据单元地址的问题，但它不能完全消除这个问题。仍然必须通过十六进制计数来确定这些数据单元的地址，如果数据单元数量很大，就可能出错。而且，如果想修改数据部分，比如删除一条 .WORD 命令，这条删除的指令后面的所有数据单元的地址都将会改变。这样就必须修改所有引用了这些修改过的地址的指令。

汇编语言符号可以消除手工确定地址的问题。类似于 C 的标识符，汇编器让一个符号（symbol）和一个内存地址关联起来。在程序中任何需要引用这个地址的地方，都可以引用这个符号。如果通过增加或删除语句修改程序，那么当汇编这个程序时，汇编器将计算和这个符号相关联的新地址，这样就不需要重写通过符号引用了被改变的地址的语句。

257

5.3.1 带符号的程序

图 5-15 的汇编语言生成的目标代码和图 5-12 中的一样。它使用了 3 个符号，num、msg 和 main。

汇编器列表

```
-------------------------------------------------------------------------
      Object
Addr  code    Symbol   Mnemon  Operand       Comment
-------------------------------------------------------------------------
0000  120005           BR      main          ;Branch around data
0003  0000    num:     .BLOCK  2             ;Storage for one integer #2d
              ;
0005  310003  main:    DECI    num,d         ;Get the number
0008  390003           DECO    num,d         ;and output it
000B  49001B           STRO    msg,d         ;Output " + 1 = "
000E  C10003           LDWA    num,d         ;A <- the number
0011  600001           ADDA    1,i           ;Add one to it
0014  E10003           STWA    num,d         ;Store the sum
0017  390003           DECO    num,d         ;Output the sum
001A  00               STOP
001B  202B20  msg:     .ASCII  " + 1 = \x00"
      31203D
      2000
0023                   .END
-----------------------------------------------------------------------

Symbol table
--------------------------------------
Symbol     Value         Symbol    Value
--------------------------------------
main       0005          msg       001B
num        0003
--------------------------------------
```

输入

```
-479
```

输出

```
-479 + 1 = -478
```

图 5-15 一个计算十进制值加 1 的程序。除了使用符号之外，其他的部分与图 5-12 相同

符号的语法规则类似于 C 标识符的语法规则，第一个字符必须是字母，接下来的字符必须是字母或数字。符号的长度最多是 8 个字符，并且是区分大小写的。例如，Number 和 number 是不同的符号，因为大写字母 N 和小写字母 n 是不同的。

可以通过把它放在任何一个汇编语言行的前面来定义一个符号。当定义了一个符号时，必须用冒号：来结束，最后一个字符和冒号之间不能有空格。在这个程序中，语句

```
num: .BLOCK 2 ;Storage for one integer #2d
```

除了分配了一个 2 字节的块以外，还定义了一个字符 num。这一行中，冒号和伪操作之间有空格，但是汇编器并不要求一定要有空格。

当汇编器检测到符号定义时，就会在符号表中存储这个符号和它的值。这个值是内存中该行生成的目标代码的第一个字节将要被装入的地址。如果在程序中定义了一些符号，那么汇编器代码列表会输出一个符号表，其中的值以十六进制表示。图 5-15 展示了这个程序的符号表输出。从表中可以看到符号 num 的值是 0003（hex）。

当引用符号时，不能包括冒号。语句

```
LDWA num,d ;A <- the number
```

引用了符号 num。因为 num 的值是 0003（hex），所以这条语句生成的代码和语句

```
LDWA 0x0003,d ;A <- the number
```

生成的代码一样。类似地，因为 main 的值是 0005（hex），所以语句

```
BR main ;Branch around data
```

生成的代码和语句

```
BR 0x0005 ;Branch around data
```

258
~
259

生成的代码是一样的。

注意，符号的值是地址，而不是那个地址单元的内容。当程序执行时，Mem[0003] 将包含 −479（hex），它取自输入设备。num 的值仍然是 0003（hex），而不是 −479，这两者是不同的。可以把符号的值想象成来自于汇编器代码列表中包含该符号定义的那一行的地址列。

符号不仅把人们从手工计算地址的负担中解脱出来，而且也使程序更易读。在视觉上，num 比 0x0003 更易读。优秀的程序员会非常细心地为他们的程序挑选有意义的符号来增加程序的可读性。

5.3.2　一个冯·诺依曼示例

当在 Asmb5 层用符号编程时，很容易忘记计算机的冯·诺依曼本质。两个经典的冯·诺依曼漏洞（把指令当作数据操作和把数据当作指令来执行）仍然存在。

例如，思考下面的汇编语言程序：

```
this: DECO this,d
STOP
.END
```

你可能认为汇编器会拒绝第一条指令，因为它看上去在把它自己当作数据进行引用，这貌似没有意义。但是汇编器不会往前看执行的结果。因为语法是正确的，所以它相应地进行翻译，如图 5-16 的汇编器代码列表所示。

在执行期间，CPU 把 39 解释为采用直接寻址的十进制输出指令的操作码，把 Mem [0000] 的字 3900（hex）解释为十进制数字，并输出它的值 14 952。

260

认识到计算机硬件没有天生的智能也没有推理能力是很重要的。执行周期和指令集固化在 CPU 中。就像这个程序说明的那样，CPU 不知道它处理的位历史，它没有总体图，它只是一遍又一遍地执行冯·诺依曼循环。主存也是这样的，它不知道它存储过的位历史，它只是根据 CPU 的命令存储 1 和 0。任何智能或推理能力都来自于软件，而软件是人写的。

汇编器列表

```
0000  390000 this:  DECO   this,d
0003  00            STOP
0004                .END
```

输出

```
14592
```

图 5-16　一个无实际意义的程序：展示机器的底层冯·诺依曼本质

x86 汇编语言

图 5-8 展示了 Pep/9 系统的两个步骤：首先是汇编，把汇编语言翻译为机器语言；之后是装入，把机器语言放入主存以便执行。图 5-17 展示了典型系统中的另一个步骤，称为**链接**。这个步骤发生在汇编之后，装入之前。与汇编器和装载器一样，链接器也是一个把别的程序当作数据的程序。

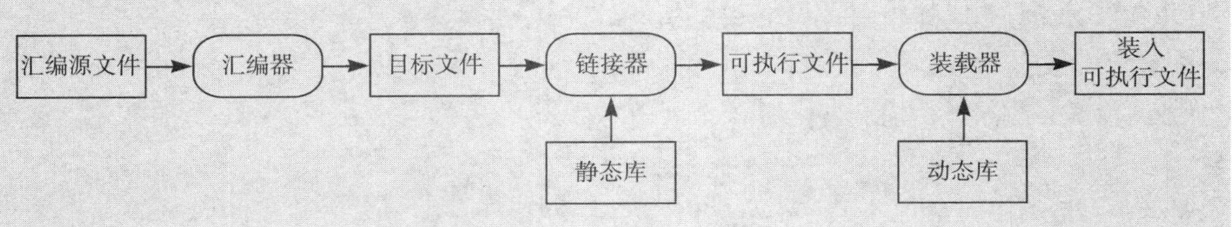

图 5-17　汇编语言程序执行的准备工作

如果希望汇编语言程序使用存储在静态库中的以前编写的模块，那么链接器是必需的。举个例子，汇编语言程序可以调用 printf() 函数来向输出流发送数值。printf() 的代码存储在静态库中，链接器把这个代码复制到目标文件中，并与由汇编语言程序生成的目标代码组合起来。在 Microsoft 系统中，静态库文件用扩展名 .lib 代表库。

Pep/9 装载器唯一的功能就是把目标文件装入主存。实际系统中，装载器还有另一个功能，即建立与动态库（也称为**共享库**）的链接。共享库背后的思想是：不在所有可执行文件中复制常用库的代码，以便减少系统中可执行文件大小。在 Microsoft 系统中，动态库文件用扩展名 .dll 代表动态链接库。

用 x86 汇编语言编程是很复杂的，因为同一个 x86 指令集有许多不同且不兼容的汇编语言。此外根据操作系统，还有许多不同且不兼容的目标文件格式。下面的例子把某些 Pep/9 汇编语言特性与 Visual Studio IDE 提供的 32 位模式 Microsoft 汇编器（MASM）特性进行了比较。

下面是 Pep/9 汇编器代码列表的代码片段，它用几个伪操作来分配存储空间：

```
0000  FFFE     first:  .WORD   0xFFFE
0002  00       second: .BYTE   0x00
0003  55       third:  .BYTE   'U'
0004  0470     fourth: .WORD   1136
0006  000000   fifth:  .BLOCK  4
      00
```

261

下面是来自 MASM 代码列表的代码片段，与上述代码片段是等价的：

```
00000000                .DATA
00000000 FFFE           first  WORD   0FFFEh
00000002 00             second BYTE   00h
00000003 55             third  BYTE   'U'
00000004 0470           fourth WORD   1136
00000006 00000000 fifth  DWORD ?
```

MASM 程序的数据部分以 .DATA 开始。BYTE 和 WORD 伪操作的前面没有点号，符号定义的后面也没有分号。十六进制常量用字母 h 表示结束。0FFFFh 前面的那个 0 是必需的，用来防止汇编器把 FFFFh 解释成一个符号。DOWRD 代表的是双字，含有 4 个字节。QOWRD 代表的是四字，含有 8 个字节。不再使用单独的 .BLOCK 伪操作来保留未初始化的存储空间，而是用？表示类型为 BYTE、WORD、DWORD 或 QWORD 的全 0 数值。

图 5-15 的 Pep/9 汇编器列表代码片段如下所示：

```
000E C10003 LDWA num,d ;A <- the number
0011 600001 ADDA 1,i   ;Add one to it
0014 E10003 STWA num,d ;Store the sum
```

本补充示例最后给出了来自 MASM 列表的代码片段，与上述代码片段是等价的。

mov 助记符既用于装入也用于存储。第一个参数始终表示的是目的，第二个参数始终表示的是源。对 add 指令而言，第一个参数 eax 既是源又是目的。从代码列表中可以看出，mov 指令长为 5 个字节，add 指令长为 3 个字节。mov 指令只能在两个寄存器之间或者寄存器与内存单元之间进行数据传送，不能在两个内存单元之间进行数据传送。在 Pep/9 代码中，num 被存储在 Mem[0003]，而在 MASM 代码中，它被存储在 Mem[0000000A]。

```
00000000 A1 0000000A   mov eax, num ;EAX <- the number
00000005 83 C0 01      add eax, 1   ;Add one to it
00000008 A3 0000000A   mov num, eax ;Store the sum
```

5.4　从 HOL6 层翻译

编译器把高级语言（HOL6 层）程序转换为较低级语言的程序，最终程序能被机器执行。有些编译器直接翻译成机器语言（ISA3 层），如图 5-18a 所示，这样程序就可以装入内存并执行。另一些编译器翻译成汇编语言（Asmb5 层），如图 5-18b 所示，接下来必须由汇编器把汇编语言程序再翻译成机器语言，然后才能装入和执行。

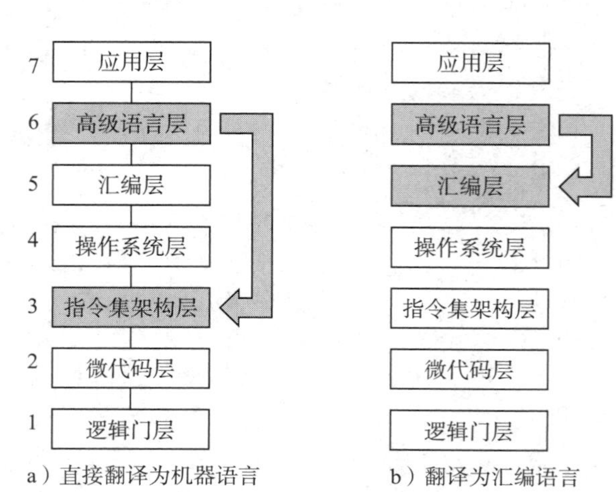

a）直接翻译为机器语言　　b）翻译为汇编语言

图 5-18　编译器的功能

与汇编器一样，编译器也是一个程序。它必须像其他程序一样地编写和调试。编译器的输入叫作*源程序*，不管输出是机器语言还是汇编语言都叫作*目标程序*。这和汇编器的输入 / 输出术语是一样的。

262

本节讲述从 C 到 Pep/9 汇编语言的翻译过程。它展示编译器怎样翻译 scanf()、printf() 和赋值语句，以及它是怎样在 C 层实施类型（type）的概念。第 6 章将继续讨论高级语言层（HOL6

层）和汇编语言层（Asmb5层）之间的关系。

5.4.1 Printf() 函数

图5-19中的程序展示了编译器怎样把一个简单的、只有一条输出语句的C程序翻译成汇编语言。

高级语言

```
#include <stdio.h>
int main() {
   printf("Hello, world!\n");
   return 0;
}
```

汇编语言

```
0000  490004              STRO    msg,d
0003  00                  STOP
0004  48656C msg:         .ASCII  "Hello, world!\n\x00"
      6C6F2C
      20776F
      726C64
      210A00
0013                      .END
```

输出

```
Hello, world!
```

图5-19 HOL6层和Asmb5层的printf()函数

编译器把一条C语句

```
printf("Hello, world!\n");
```

翻译为一条可执行的汇编语句

```
STRO msg,d
```

和一个点命令

```
msg: .ASCII "Hello, world!\n\x00"
```

这是一个一对二的映射。与汇编器相比，编译器的映射通常不是一对一的，而是一对多的。这个程序和后面的所有程序都把字符串常量放在程序的底部。对应于变量值的数据放在程序的顶部，对应于它们在HOL6程序中的放置位置。

编译器把C语句

```
return 0;
```

翻译为汇编语言语句

```
STOP
```

除了main()之外，C函数的return语句不翻译为STOP。这个对main()的return的翻译是一个简化。实际的C编译器必须生成在特定操作系统上执行的代码。由操作系统来解释main()函数的返回值。通常的惯例是返回值0表示程序的执行没有发生错误；如果发生了错误，程序返回某个非零值，但是这种情况下会发生什么取决于具体的操作系统。在Pep/9系

263
~
264

统中，从 main() 的返回对应于终止程序，因此从 main() 返回将总是被翻译成 STOP。第 6 章将展示编译器怎样翻译 main() 之外的其他函数的 return。

C 程序的其他部分甚至直接不翻译。例如，

```
#include <stdio.h>
```

根本不会在汇编语言程序中出现。实际的 C 编译器会用 # include 语句生成到操作系统及其库的正确接口。因为这里我们只做简单的介绍，所以 Pep/9 系统会忽略这种细节。

图 5-20 展示了编译这个程序的编译器的输入和输出。图 5-20a 部分是直接翻译为机器语言的编译器，目标程序可以装入和执行。图 5-20b 部分是翻译为 Asmb5 层汇编语言的编译器，在装入和执行前，还需要汇编为目标程序。

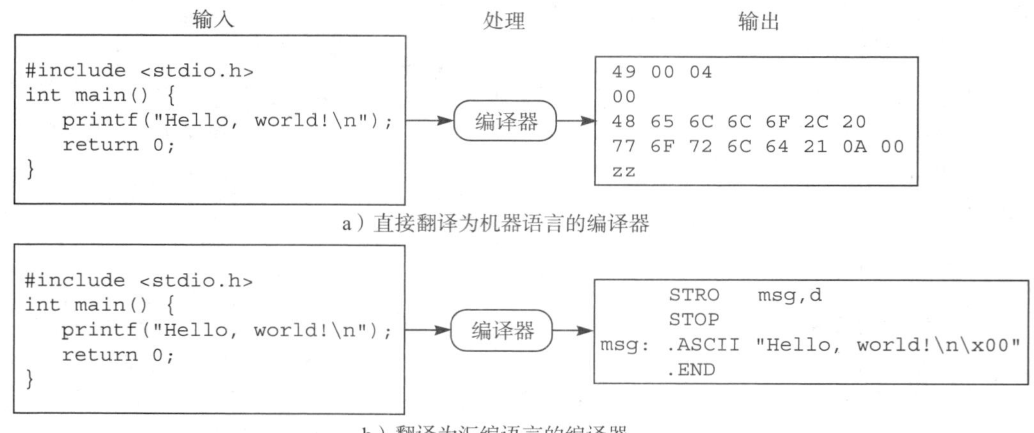

图 5-20　编译器对图 5-19 中的程序所做的行为

265

5.4.2　变量和类型

每个 C 变量有 3 个属性：变量名、变量类型和变量值。对每个声明的变量，编译器在机器语言程序中会保留一个或多个内存单元。高级语言中的变量在低级语言中就只是一个内存单元。HOL6 层程序通过名字（即 C 标识符）引用变量，而 ISA3 层程序通过地址引用它们。变量值是与 C 标识符相关联的地址处的内存单元的值。

编译器必须记住哪个地址对应 HOL6 层程序中的哪个变量名，它用一个符号表来建立变量名和地址之间的关联。

编译器的符号表类似于汇编程序的符号表，但是内在要复杂得多。C 中的变量名没有限制为最多 8 个字符，而 Pep/9 中的符号有这个限制。此外，编译器的符号表必须要存储变量类型以及它的关联地址。

直接翻译为机器语言的编译器不需要用汇编器进行二次翻译。图 5-21a 展示了这样一个编译器的符号表产生的映射。不过，本书中的程序说明了一个翻译为汇编语言的、假设的编译器的翻译过程，因为汇编语言比机器语言更易读。C 变量名对应于 Pep/9 汇编语言的符号，如图 5-21b 所示。

图 5-21b 中的对应关系，对于翻译为汇编语言的编译器来说是不太实际的。设想一个有两个变量 discountRate1 和 discountRate2 的 C 程序，因为这两个变量的长度都大于 8 个字符，所以编译器很难把这两个标识符映射到各自唯一的 Pep/9 符号。为了使 C 和汇编语言之

间的对应关系清晰，我们的例子会把C标识符限制为最多8个字符。真实的、翻译到汇编语言的编译器通常不会对变量名使用汇编语言符号。

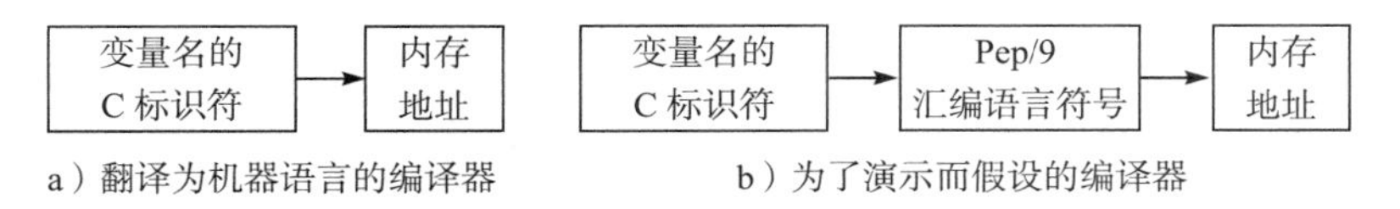

图5-21 编译器在HOL6层变量和ISA3层内存位置之间所做的映射

266

5.4.3 全局变量和赋值语句

图5-22中的C程序来自图2-4。它给出了HOL6层的全局变量的赋值语句和由编译器产生的相应的汇编语言程序。这里的目标程序包含注释，但是实际的编译器不会产生注释，因为人类程序员通常不需要读目标程序。

高级语言

```
#include <stdio.h>
char ch;
int j;
int main() {
   scanf("%c %d", &ch, &j);
   j += 5;
   ch++;
   printf("%c\n%d\n", ch, j);
   return 0;
}
```

汇编语言

```
0000  120006          BR      main
0003  00      ch:     .BLOCK  1          ;global variable #1c
0004  0000    j:      .BLOCK  2          ;global variable #2d
              ;
0006  D1FC15  main:   LDBA    charIn,d   ;scanf("%c %d", &ch, &j)
0009  F10003          STBA    ch,d
000C  310004          DECI    j,d
000F  C10004          LDWA    j,d        ;j += 5
0012  600005          ADDA    5,i
0015  E10004          STWA    j,d
0018  D10003          LDBA    ch,d       ;ch++
001B  600001          ADDA    1,i
001E  F10003          STBA    ch,d
0021  D10003          LDBA    ch,d       ;printf("%c\n%d\n", ch, j)
0024  F1FC16          STBA    charOut,d
0027  D0000A          LDBA    '\n',i
002A  F1FC16          STBA    charOut,d
002D  390004          DECO    j,d
0030  D0000A          LDBA    '\n',i
0033  F1FC16          STBA    charOut,d
0036  00              STOP
0037                  .END
```

图5-22 HOL6层和Asmb5层的全局变量赋值语句。该C程序来自图2-4

```
输入
M 419
输出
N
424
```

图 5-22 （续）

汇编语言代码列表表明有两个符号虽然被使用了，但是却明显没有进行定义：与 LDBA 指令一起使用的 charIn，与 STBA 指令一起使用的 charOut。汇编器自动把这两个符号包含到它的符号表中，程序员不需要显式地定义它们。图 4-41 的 Pep/9 计算机内存映射展示了操作系统内位于 Mem[FC15] 的输入设备，和位于 Mem[FC16] 的输出设备。第 8 章描述了 Pep/9 操作系统，图 8-2 显示 charIn 和 charOut 是在操作系统汇编语言程序中定义的。

如果修改了操作系统，则输入设备可能不再存在于 Mem[FC15]。但是它的位置仍然在位于 FFF8 的机器向量中。同样，输出设备的位置也始终在位于 FFFA 的机器向量中。汇编器从操作系统的符号表中获取 charIn 和 charOut 的值，该符号表依次设置下列机器向量：

Mem[FFF8] 为 charIn 的值

Mem[FFFA] 为 charOut 的值

执行时，虚拟机利用这些向量来获取输入和输出设备在内存映射中的位置。从现在开始，在访问内存映射的 I/O 设备时应使用符号 charIn 和 charOut，因为，不管如何修改操作系统，它们始终都会映射到正确的内存位置。

记住编译器是一个程序，它必须像其他程序一样进行编写和调试。一个翻译 C 程序的编译器可以用任何语言来编写，甚至是 C！下面的程序片段说明了这个交错的状态。它是把 C 源程序翻译成汇编语言目标程序的简化编译器的一部分。

```
typedef int HexDigit;
enum KindType {sInt, sBool, sChar, sFloat};
struct SymbolTableEntry {
   char symbol[32];
   HexDigit value[4];
   KindType kind;
};

SymbolTableEntry symbolTable[100];
```

267~268

符号表中的一个表项包含三部分：符号本身；它的值，即 Pep/9 内存中存储变量值的地址；存储的值的种类，即变量的类型。

图 5-23 展示了这个程序符号表中的表项。第一个变量的符号名是 ch，编译器通过生成 .BLOCK 命令在 Mem[0003] 分配 1 字节，在符号表中把它的类型存储为 sChar，表明这个变量是一个 C 字符。第二个变量的符号名是 j，编译器为这个值在 Mem[0004] 处分配 2 字节，把它的类型存储为 sInt，表明是一个 C 整型。编译器从 C 程序的变量声明得出变量类型。

	符号	值	类型
[0]	ch	0003	sChar
[1]	j	0004	sInt
[2]	⋮	⋮	⋮

图 5-23　翻译图 5-22 程序的假设编译器符号表

在代码生成阶段，编译器把

```
scanf("%c %d", &ch, &j);
```

翻译为

```
LDBA 0xFC15,d
STBA 0x0003,d
DECI 0x0004,d
```

编译的前一阶段会填充图5-23的符号表，此时，编译器会查阅符号表来确定LDBA、STBA和DECI指令操作数的地址。

注意，存储在符号表中的值并不是执行期间变量的值，而是存储值的内存地址。如果执行时用户给j输入419，那么存储在Mem[0004]的值将是01A3（hex），即419（dec）的二进制表示。在翻译时，符号表中符号j的值是0004而不是01A3。在翻译时C变量值是不存在的，它们只存在于执行时。 269

在HOL6层给一个变量赋值对应于在Asmb5层把值存储到内存。编译器把赋值语句

```
j += 5;
```

翻译为

```
LDWA j,d
ADDA 5,i
STWA j,d
```

这里，显示的是符号而不是地址。LDWA和ADDA执行赋值语句右边的计算，把计算结果放在累加器中。STWA把计算结果再赋值给j。

“值”这个词在翻译过程和执行过程中是有区别的。在翻译过程中，符号的值是一个地址；在执行过程中，变量的值是内存单元的内容。这个赋值语句说明了访问全局变量的一般规则：

- 一个变量的符号值是这个变量在执行时其值的地址。
- 用直接寻址方式访问执行时的变量值。

在本例中，全局变量j的符号值是地址0004，LDWA和STWA语句使用直接寻址方式访问执行时的变量值。

类似地，编译器把

```
ch++
```

翻译为

```
LDBA ch,d
ADDA 1,i
STBA ch,d
```

与j加5相同的指令，ADDA，对ch执行增量运算，同样，因为ch是全局变量，所以在翻译时它的值是地址0003，LDBA和STBA指令使用直接寻址方式访问执行时的变量值。 270

编译器把

```
printf("%c\n%d\n", ch, j);
```

翻译为

```
LDBA ch,d
STBA charOut,d
LDBA '\n',i
STBA charOut,d
DECO j,d
LDBA '\n',i
STBA charOut,d
```

用直接寻址输出全局变量 ch 和 j 的值。

编译器必须搜索符号表来建立像 ch 这样的符号和它的地址 0003 之间的关联。符号表是一个数组。如果它不按照符号名的字母顺序维护，那么要在表中定位 ch 就需要进行顺序搜索；如果符号名按照字母顺序排序，那么就可以使用二分查找。

5.4.4 类型兼容

为了了解在 HOL6 层是怎样保证类型兼容的，假设一个 C 程序中有两个变量，整型 j 和浮点型 y。同时假定有一台不同于 Pep/9 的计算机，它可以存储和处理浮点型值。该程序的编译器符号表可能会看上去像图 5-24。

	符号	值	类型
[0]	j	0003	sInt
[1]	y	0005	sFloat
[2]	⋮	⋮	⋮

图 5-24　包含浮点变量程序的编译器符号表

现在来考虑 C 中的运算 j%8。% 是模运算符，只限于对整数值进行运算。在二进制中执行 j%8，就是把除了最右边 3 位以外的所有其他位都置为 0。例如，如果 j 的值是 61（dec）= 0011 1101（bin），那么 j%8 的值是 5（dec）= 0000 0101（bin），就是把 0011 1101 除了最右边 3 位外的所有其他位都置为 0。

271

假定该 C 程序中有下面的语句：

```
j = j % 8;
```

编译器会查阅符号表并确定变量 j 的 kind 是 sInt，同时识别 8 是一个整型常量并确定 % 运算是合法的，接着它将生成目标代码

```
LDWA j,d
ANDA 0x0007,i
STWA j,d
```

现在假设该 C 程序中有下面的语句：

```
y = y % 8;
```

编译器会查阅符号表并确定变量 y 的 kind 是 sFloat，它确定 % 运算是不合法的，因为该运算仅适用于整型类型。它将生成出错信息

```
error: float operand for %
```

而不会生成目标代码。然而如果没有类型检测，将会生成下面的代码：

```
LDWA y,d
ANDA 0x0007,i
STWA y,d
```

虽然执行它不会生成有意义的结果，但实际上也确实没有什么能阻止汇编语言程序员写出这样的代码。

让编译器检测类型的兼容性有巨大作用。它可以防止编写无意义的语句，例如对浮点型变量执行 % 运算。当在 Asmb5 层直接用汇编语言编程时，没有类型兼容检测。所有数据都是由位组成的。当由于不正确的数据移位导致漏洞出现时，只能在运行时而不能在翻译时检测它们。也就是说，它们是逻辑错误而不是语法错误。众所周知，逻辑错误比语法错误更难以定位。

272

5.4.5　Pep/9 符号跟踪器

对应于 C 内存模型的 3 个部分，Pep/9 有 3 种符号跟踪特性：用于全局变量的全局跟踪器；用于参数和局部变量的栈跟踪器；用于动态分配变量的堆跟踪器。为了跟踪一个变量，程序员把跟踪标签嵌入与此变量相关的注释中，并单步调试程序。Pep/9 的集成开发环境会显示变量的运行时值。

有两种跟踪标签：

- 格式跟踪标签
- 符号跟踪标签

跟踪标签放在汇编语言注释中，对生成的目标代码没有影响。每个跟踪标签以 # 字符开始，向符号跟踪器提供在跟踪窗口中如何格式化和标记内存单元的信息。在汇编代码时，跟踪标签错误会作为警告，允许程序继续执行，只是跟踪功能关闭了。如果不纠正错误，就一直无法跟踪。

全局跟踪器允许用户指定跟踪哪个全局符号，只需要在声明全局变量的 .BLOCK 行的注释中放一个格式跟踪标签。例如，图 5-22 中的这两行，

```
ch: .BLOCK 1 ;global variable #1c
j:  .BLOCK 2 ;global variable #2d
```

包含格式跟踪标签 #1c 和 #2d。第一个格式跟踪标签可以解读为“1 字节，字符。”这个跟踪标签让符号跟踪器把符号 ch 本身和符号值指定的地址处的 1 字节内存单元的内容一起显示出来。类似地，第二个跟踪标签让符号跟踪器显示 j 指定的地址处的 2 字节单元，把单元的内容当作一个十进制整数。

合法的格式跟踪标签有：

#1c　　1 字节字符

#1d　　1 字节十进制

#2d　　2 字节十进制

#1h　　1 字节十六进制

#2h　　2 字节十六进制

273

全局变量不要求使用符号跟踪标签，因为 Pep/9 符号跟踪器会从放置跟踪标签的 .BLOCK 行获取该符号。但是局部变量要求使用符号跟踪标签，这将在第 6 章中讲述。

5.4.6　算术移位和循环移位指令

Pep/9 有两个算术移位指令和两个循环移位指令。这 4 条指令都是一元指令，它们的指令指示符、助记符和所影响的状态位如下所示：

0000 101r　　ASLr 算术左移 r　　NZVC

0000 110r　　ASRr 算术右移 r　　NZC

0000 111r　ROLr 循环左移 r　C

0001 000r　RORr 循环右移 r　C

算术移位和循环移位指令没有操作数指示符。每条指令根据 r 的值决定作用于累加器还是变址寄存器。如第 3 章所述，算术左移是有符号整数乘以 2，算术右移是有符号整数除以 2。循环左移是每位往左移动 1 位，最高有效位移到 C 位，C 位移到最低有效位；循环右移是每位往右移动 1 位，最低有效位移到 C 位，C 位移到最高有效位。

ASLr 指令的寄存器传送语言（RTL）描述是

C ← r<0>, r<0..14> ← r<1..15>, r<15> ← 0

N ← r < 0, Z ← r = 0, V ← { 溢出 }

ASRr 指令的 RTL 描述是

C ← r<15>, r<1..15> ← r<0..14>；N ← r < 0, Z ← r = 0

ROLr 指令的 RTL 描述是

C ← r<0>, r<0..14> ← r<1..15>, r<15> ← C

RORr 指令的 RTL 描述是

C ← r<15>, r<1..15> ← r<0..14>, r<0> ← C

例 5.4　假定要执行指令的十六进制形式为 0C，图 5-25 是它的二进制表示。操作码表明将执行 ASRr 指令，寄存器 r 字段表明指令将作用于累加器。

274

图 5-26 展示了假设累加器的初始内容为 0098（hex）=152（dec）时，执行 ASRA 指令的结果。ASRA 指令将位模式改变为 004C（hex）=76（dec），这个值是 152 的一半。因为累加器中的数为正，所以 N 位为 0；因为累加器不为全 0，所以 Z 位为 0；因为位移前最低有效位为 0，所以 C 位为 0。

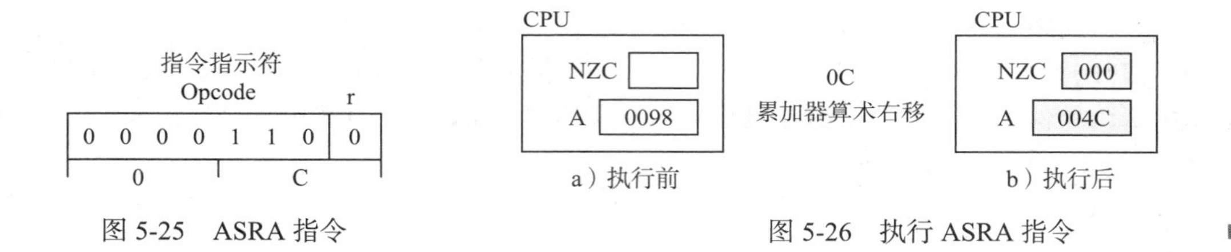

图 5-25　ASRA 指令

图 5-26　执行 ASRA 指令　■

5.4.7　常量和 .EQUATE

.EQUATE 是少数几个不生成目标代码的伪操作之一。此外，从目标代码地址获取符号值的标准机制在这里不起作用。.EQUATE 的操作说明如下：

- 它一定在定义符号的行中。
- 它使得符号的值等于跟在 .EQUATE 之后的值。
- 它不生成任何目标代码。

C 编译器用 .EQUATE 点命令翻译 C 常量。

除了变量是全局的而不是局部的之外，图 5-27 中的 C 程序和图 2-6 中的程序是一样的。它展示了怎样把一个 C 常量翻译为机器语言，同时也说明了 ASRA 汇编语言语句的使用。这个程序计算两次测验的平均分加上 10 分奖励分后得到的分值。

高级语言

```
#include <stdio.h>
const int bonus = 10;
int exam1;
int exam2;
int score;

int main() {
   scanf("%d %d", &exam1, &exam2);
   score = (exam1 + exam2) / 2 + bonus;
   printf("score = %d\n", score);
   return 0;
}
```

汇编语言

```
0000  120009           BR       main
              bonus:   .EQUATE  10          ;constant
0003  0000    exam1:   .BLOCK   2           ;global variable #2d
0005  0000    exam2:   .BLOCK   2           ;global variable #2d
0007  0000    score:   .BLOCK   2           ;global variable #2d
              ;
0009  310003  main:    DECI     exam1,d     ;scanf("%d %d", &exam1,
000C  310005           DECI     exam2,d     ; &exam2)
000F  C10003           LDWA     exam1,d     ;score = (exam1
0012  610005           ADDA     exam2,d     ; + exam2)
0015  0C               ASRA                 ; / 2
0016  60000A           ADDA     bonus,i     ; + bonus
0019  E10007           STWA     score,d
001C  490029           STRO     msg,d       ;printf("score = %d\n",
001F  390007           DECO     score,d     ; score)
0022  D0000A           LDBA     '\n',i
0025  F1FC16           STBA     charOut,d
0028  00               STOP
0029  73636F  msg:     .ASCII   "score = \x00"
      726520
      3D2000
0032                   .END

Symbol table
--------------------------------------
Symbol     Value        Symbol     Value
--------------------------------------
bonus      000A         exam1      0003
exam2      0005         main       0009
msg        0029         score      0007
--------------------------------------
```

输入

```
68 84
```

输出

```
score = 86
```

图 5-27 一个程序，编译器会把它的C常量翻译成机器语言

编译器把

```
const int bonus = 10;
```

翻译为

```
bonus: .EQUATE 10
```

275～276

图5-27中的汇编语言代码有两点值得注意。首先，含有 .EQUATE 的行在机器语言列中是没有代码的。由于没有代码，地址也就不适用了，所以甚至在地址列中都没有地址。这和 .EQUATE 不生成代码的规则相一致。其次，图5-27包括来自汇编器代码列表的符号表。从表中可以看到符号 bonus 的值为 000A（hex），即 10（dec）。相反，符号 exam1 的值为5，因为给它生成代码的 .BLOCK 点命令在地址 0005（hex）处。但 bonus 没有代码，它被 .EQUATE 点命令设置为 000A。

I/O 和赋值语句类似于前面的程序。Scanf() 翻译为 DECI，printf() 翻译为 DECO 或 STBA 翻译为 charOut，对于全局变量都采用直接寻址方式。一般来说，赋值语句翻译为

- 装入寄存器。
- 如果需要，对表达式求值。
- 存储寄存器。

为了计算表达式

```
(exam1 + exam2) / 2 + bonus
```

编译器生成代码把 exam1 的值装入累加器，再加上 exam2 的值，然后用 ASRA 指令把和除以 2。LDWA 和 ADDA 指令使用直接寻址，因为 exam1 和 exam2 是全局变量。

但编译器怎样生成加 bonus 的代码呢？它不能用直接寻址，因为没有目标代码对应于 bonus，因此也就没有地址。取而代之的是语句

```
ADDA bonus,i
```

使用立即数寻址。此时，操作数指示符 000A（hex）=10（dec）就是要加上的值。把 C 常量翻译到汇编语言的一般规则是：

277～278

- 用 .EQUATE 声明常量。
- 用立即数寻址访问常量。

在更为实际的程序中，score 的类型会是 float，要用实数除法运算来计算平均分。Pep/9 没有硬件支持实数，它的指令集也不包含整数乘法和除法指令。这些运算一定要用算术左移和算术右移指令编程来实现。

5.4.8　指令与数据的放置

本书的目的是展示典型计算机系统中抽象层次之间的关联。所以，Asmb5 层翻译出来的整体程序结构对应于被翻译的 HOL6 程序的结构。具体来说，在 Asmb5 程序和 HOL6 程序中，全局变量都出现在主程序的前面。实际的编译器并没有这个约束，经常会改变程序和数据的位置。图5-28是对图5-27中C程序的一个不同的翻译结果，这个翻译的一个好处是没有程序开始处跳转到主程序的那个分支语句。

```
0000  310020 main:    DECI    exam1,d      ;scanf("%d %d", &exam1,
0003  310022          DECI    exam2,d      ; &exam2)
0006  C10020          LDWA    exam1,d      ;score = (exam1
0009  610022          ADDA    exam2,d      ; + exam2)
000C  0C              ASRA                 ; / 2
000D  60000A          ADDA    bonus,i      ; + bonus
0010  E10024          STWA    score,d
0013  490026          STRO    msg,d        ;printf("score = %d\n",
0016  390024          DECO    score,d      ; score)
0019  D0000A          LDBA    '\n',i
001C  F1FC16          STBA    charOut,d
001F  00              STOP
               ;
               bonus:  .EQUATE 10          ;constant
0020  0000     exam1:  .BLOCK  2           ;global variable #2d
0022  0000     exam2:  .BLOCK  2           ;global variable #2d
0024  0000     score:  .BLOCK  2           ;global variable #2d
0026  73636F   msg:    .ASCII  "score = \x00"
      726520
      3D2000
002F                   .END

Symbol table
--------------------------------------
Symbol     Value       Symbol     Value
--------------------------------------
bonus      000A        exam1      0020
exam2      0022        main       0000
msg        0026        score      0024
--------------------------------------
```

图 5-28 图 5-27 中 C 程序的另一种翻译，指令和数据的放置不同

本章小结

汇编器是一个把汇编语言程序翻译为等效机器语言程序的程序。冯·诺依曼设计原理要求指令和数据都存储在主存中。对应于两种位序列，汇编语言语句有两种类型。对于程序语句，汇编语言用助记符代替操作码和寄存器 r 字段，十六进制代替二进制操作数指示符，助记符字母代替寻址方式。对于数据语句，汇编语言使用伪操作，也叫作点命令。

使用直接寻址方式时，操作数指示符是操作数的主存地址，而使用立即数寻址方式时，操作数指示符就是操作数，以数学方法表示为 Oprnd = OprndSpec。立即数寻址比直接寻址更好，因为立即数寻址的操作数不需要和指令分开存储。因为在指令寄存器中的操作数对 CPU 来说是立即可用的，所以这样的指令执行也更快。

汇编语言符号消除了程序中需要手工确定数据和指令地址的问题。符号的值是一个地址。当汇编器检测到一个符号定义时，会把该符号和它的值存储到符号表中。当需要使用某个符号时，汇编器会用符号的值代替符号。

279

高级语言层（HOL6 层）的变量对应于汇编层（Asmb5 层）的内存位置。在 HOL6 层，把表达式赋值给变量的赋值语句会在 Asmb5 层翻译为一个装入（load），后面跟一个表达式

求值，再跟一个存储（store）。HOL6 层的类型兼容通过编译器和它的符号表来实现，这个符号表要比汇编器的符号表复杂很多。在 Asmb5 层，唯一的类型是位，可以对任何位模式做任何操作。

练习

5.1 节

*1. 把下列机器语言指令转换为汇编语言，假设这些指令不是由伪操作生成的：

(a) 9AEF2A

(b) 03

(c) D7003D

2. 把下列机器语言指令转换为汇编语言，假设这些指令不是由伪操作生成的：

(a) 82B7DE

(b) 04

(c) DF63DF

*3. 把下列汇编语言指令转换为十六进制机器语言：

(a) `ASLA`

(b) `DECI 0x000F,s`

(b) `BRNE 0x01E6,i`

4. 把下列汇编语言指令转换为十六进制机器语言：

(a) `ADDA 0x01FE,i`

(b) `STRO 0x000D,sf`

(c) `LDWX 0x01FF,s`

*5. 把下列汇编语言伪操作转换为十六进制机器语言：

(a) `.ASCII "Bear\x00"`

(b) `.BYTE 0xF8`

280

(c) `.WORD 790`

6. 把下列汇编语言伪操作转换为十六进制机器语言：

(a) `.BYTE 13`

(b) `.ASCII "Frog\x00"`

(c) `.WORD -6`

*7. 预测下面汇编语言程序的输出：

```
LDBA  0x0015,d
STBA  0xFC16,d
LDBA  0x0014,d
STBA  0xFC16,d
LDBA  0x0013,d
STBA  0xFC16,d
STOP
.ASCII  "gum"
.END
```

8. 预测下面汇编语言程序的输出：

```
LDBA  0x000E,d
STBA  0xFC16,d
LDBA  0x000D,d
STBA  0xFC16,d
```

```
STOP
.ASCII  "is"
.END
```

9. 如果输入为 g，预测下面汇编语言程序的输出。如果输入为 A，预测下面汇编语言程序的输出。解释两个结果不同的原因：

```
LDBA  0xFC15,d
ANDA  0x000A,d
STBA  0xFC16,d
STOP
.WORD  0x00DF
.END
```

5.2 节

*10. 如果点命令变成下面这样，预测图 5-13 程序的输出：

```
.WORD 0xFFC7 ;First
.BYTE 0x00   ;Second
.BYTE 'H'    ;Third
.WORD 873    ;Fourth
```

281

11. 如果点命令变成下面这样，预测图 5-13 程序的输出：

```
.WORD 0xFE63 ;First
.BYTE 0x00   ;Second
.BYTE 'b'    ;Third
.WORD 1401   ;Fourth
```

12. 确定下列汇编语言的目标代码并预测输出：

*(a)

```
DECO  'm',i
LDBA  '\n',i
STBA  0xFC16,d
DECO  "mm",i
LDBA  '\n',i
STBA  0xFC16,d
LDBA  0x0026,i
STBA  0xFC16,d
STOP
.END
```

(b)

```
DECO  'Q',i
LDBA  '\n',i
STBA  0xFC16,d
DECO  0xFFC3,i
LDBA  '\n',i
STBA  0xFC16,d
LDBA  0x007D,i
STBA  0xFC16,d
STOP
.END
```

5.3 节

*13. 在下面的代码中，请确定符号 here 和 there 的值。写出十六进制目标代码（不需预测输出）。

```
        BR     there
here:   .WORD  9
there:  DECO   here,d
        STOP
        .END
```

14. 在下面的代码中，请确定符号 this、that 和 theOther 的值。写出十六进制目标代码（不需预测输出）。

```
          BR     theOther
this:     .WORD  17
that:     .WORD  19
theOther: DECO   this,d
          DECO   that,d
          STOP
          .END
```

282

*15. 在下面的代码中，请确定符号 this 的值。预测并解释汇编语言程序的输出：

```
this:   HEXO    this,d
        STOP
        .END
```

16. 在下面的代码中，请确定符号 this 的值。预测并解释汇编语言程序的输出：

```
this:   DECO    this,d
        STOP
        .END
```

5.4 节

17. 汇编器和编译器的符号表有哪些类似的地方？有哪些不同的地方？
18. C 编译器是怎样保证类型兼容的？
19. 假定你有一台 Pep/9 型计算机和下面的磁盘文件：
   - A 文件：用机器语言写的 Pep/9 汇编语言汇编器
   - B 文件：用汇编语言写的 C 到汇编语言的编译器
   - C 文件：从一个数据文件读入数字并输出中位数的 C 程序
   - D 文件：C 文件中求中位数程序的数据文件

   要计算中位数，需要图 5-29 所示让计算机运行 4 次，每次运行都包括一个输入文件，某个程序会处理它，并生成一个输出文件。前一次运行生成的输出文件可以作为后面运行的输入文件，或者作为要运行的程序。描述文件 E、F、G 和 H 的内容，用适当的文件字母标注图 5-29 中的空框。

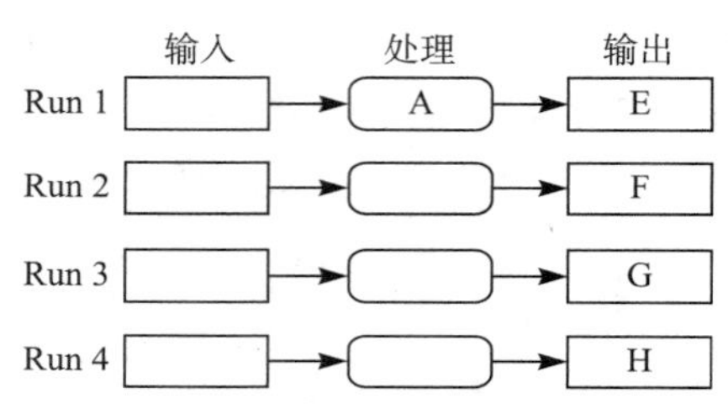

283

图 5-29　练习 19 的计算机运行情况

编程题

5.1 节

20. 写一个在屏幕上输出你名字的汇编语言程序。要求使用 .ASCII 伪操作在程序的底部存储字符。使用 LDBA 指令用直接寻址方式从名字字符串输出字符。输出的名字必须包含两个以上的字母。

5.2 节

21. 写一个在屏幕上输出你名字的汇编语言程序。要求对于你名字中的每个字母，LDBA 的操作数都使用字符常量立即数寻址。
22. 写一个在屏幕上输出你名字的汇编语言程序。要求对于你名字中的每个字母，LDBA 的操作数都使用十进制常量立即数寻址。
23. 写一个在屏幕上输出你名字的汇编语言程序。要求对于你名字中的每个字母，LDBA 的操作数都使用十六进制常量立即数寻址。

5.4 节

下面的 C 程序没有显示 include <stdio.h> 语句，程序编译是需要该语句的。

24. 写出对应于下面 C 程序的汇编语言程序：

```
int num1;
int num2;
```

```
int main () {
   scanf("%d %d", &num1, &num2);
   printf("%d\n%d\n", num2, num1);
   return 0;
}
```

25. 写出对应于下面 C 程序的汇编语言程序：

```
const char chConst = 'a';
char ch1;
char ch2;
int main () {
   scanf("%c%c", &ch1, &ch2);
   printf("%c%c%c\n", ch1, chConst, ch2);
   return 0;
}
```

284

26. 写出对应于下面 C 程序的汇编语言程序：

```
const int amount = 20000;
int num;
int sum;

int main () {
   scanf("%d", &num);
   sum = num + amount;
   printf("sum = %d\n", sum);
   return 0;
}
```

测试程序两次。第一次，给 num 输入一个值使得 sum 在 Pep/9 计算机允许的范围内。第二次，输入在允许范围内的 num 值，但是使 sum 超出范围。注意超出范围的条件不会导致错误信息，只是会给出一个不准确的值。解释这个值。

27. 写出对应于下面 C 程序的汇编语言程序：

```
int width;
int length;
int perim;

int main () {
   scanf("%d %d", &width, &length);
   perim = (width + length) * 2;
   printf("width = %d\n", width);
   printf("length = %d\n\n", length);
   printf("perim = %d\n", perim);
   return 0;
}
```

285

28. 写出对应于下面 C 程序的汇编语言程序：

```
char ch;

int main () {
   scanf("%c", &ch);
   ch--;
   printf("%c\n", ch);
   return 0;
}
```

29. 写出对应于下面C程序的汇编语言程序：

```
int num1;
int num2;

int main () {
   scanf("%d", &num1);
   num2 = -num1;
   printf("num1 = %d\n", num1);
   printf("num2 = %d\n", num2);
   return 0;
}
```

30. 写出对应于下面C程序的汇编语言程序：

```
int num;

int main () {
   scanf("%d", &num);
   num = num / 16;
   printf("num = %d\n", num);
   return 0;
}
```

31. 写出对应于下面C程序的汇编语言程序：

```
int num;

int main () {
   scanf("%d", &num);
   num = num % 16;
   printf("num = %d\n", num);
   return 0;
}
```

286

编译到汇编层

本书的主题是抽象层次的概念在计算机系统中的应用。本章继续这一主题，向你展示高级语言层和汇编层之间的抽象层次关系。本章审视 HOL6 层的 C 语言特性，展示编译器怎样把具有这些特性的程序翻译为等效的 Asmb5 层程序。

HOL6 层语言和 Asmb5 层语言的一个主要区别在于 Asmb5 层没有大量的数据类型。在 C 中，几乎可以任意组合定义整数、实数、数组、布尔和结构，但汇编语言只有位和字节。如果要用汇编语言定义一个结构数组，就必须相应地区分位和字节。如果在 HOL6 层编程，编译器会自动完成这个工作。

两者之间的另一个不同与控制流有关。C 用 if、while、do、for、switch 和函数语句来改变正常顺序的控制流，但汇编语言受冯·诺依曼基本设计所限，只能使用很原始的控制语句。本章将展示编译器必须怎样把几个原始的 Asmb5 层控制语句联合在一起来执行一条更强大的 HOL6 层控制语句。

287
~
288

6.1 栈寻址和局部变量

当程序调用函数时，程序为返回值、参数和返回地址在运行时栈上分配存储空间，然后函数给它的局部变量分配存储空间。栈相对寻址允许函数访问被压入栈中的信息。

可以把 C 程序中的 main() 看作操作系统调用的函数。你可能比较熟悉主程序有 argc 和 argv 两个参数，像下面这样：

```
int main(int argc, char* argv[])
```

用这样的方式声明 main() 函数，argv 和 argc 与返回地址和局部变量一起被压入运行时栈。

为了使事情更简单，本书总是把 main() 声明为不带参数，并忽略给整数返回值和返回地址分配存储空间这一事实。因此，在运行时栈上给 main() 分配的唯一存储空间就是给局部变量的。图 2-19a 展示了运行时栈上有返回值和返回地址的内存模型。图 2-23a 展示了这种简化的内存模型。

6.1.1 栈相对寻址

使用栈相对寻址，操作数和操作数指示符之间的关系是

$$\text{Oprnd} = \text{Mem}[\text{SP} + \text{OprndSpec}]$$

栈指针作为一个内存地址，操作数指示符会加上这个地址。图 4-41 展示了用户栈在主存中从地址 FB8F 开始向上增加。当一个条目被压入运行时栈时，它的地址小于栈顶条目的地址。

可以把操作数指示符想象成距离栈顶的偏移量。如果操作数指示符是 0，那么指令访问栈顶的值 Mem[SP]；如果操作数指示符是 2，那么就访问栈顶下面 2 字节的值 Mem[SP + 2]。

Pep/9 指令集有两条直接用于操控栈指针的指令：ADDSP 和 SUBSP（CALL、RET 和

RETTR 间接操控栈指针）。ADDSP 简单地把栈指针值增加一个值，SUBSP 将栈指针值减去一个值。ADDSP 的 RTL 描述是

$$SP \leftarrow SP + Oprnd$$

SUBSP 的 RTL 描述是

$$SP \leftarrow SP - Oprnd$$

这两条指令都不会改变状态位。

尽管可以对指针值进行加 / 减，但是不能用装入指令设置栈指针的值。没有 LDSP 指令。那么究竟怎样设置栈指针呢？当在 Pep/9 模拟器上选择执行选项时，会发生下列两个动作：

$$SP \leftarrow Mem[FFF4]$$
$$PC \leftarrow 0000$$

第一个动作把栈指针设置为内存位置 FFF4 的内容。这个位置位于操作系统的 ROM，它包含应用程序运行时栈顶部的地址。因此当选择执行选项时，能正确地初始化栈指针。Pep/9 操作系统会把 SP 默认初始化为 FB8F，应用程序绝不会把它设置为任何其他的值。通常情况下，应用程序只需要在把条目压入运行时栈时减少栈指针，在把条目弹出运行时栈时增加栈指针。

289

6.1.2　访问运行时栈

图 6-1 展示了怎样把数据压入栈、用栈相对寻址访问数据，以及从栈中弹出数据。程序把字符串 BMW 压入栈，接着压入十进制整数 335 和字符 "i"，然后输出这些条目，并把它们弹出栈。

```
0000  D00042   LDBA    'B',i        ;move B to stack
0003  F3FFFF   STBA    -1,s
0006  D0004D   LDBA    'M',i        ;move M to stack
0009  F3FFFE   STBA    -2,s
000C  D00057   LDBA    'W',i        ;move W to stack
000F  F3FFFD   STBA    -3,s
0012  C0014F   LDWA    335,i        ;move 335 to stack
0015  E3FFFB   STWA    -5,s
0018  D00069   LDBA    'i',i        ;move i to stack
001B  F3FFFA   STBA    -6,s
001E  580006   SUBSP   6,i          ;push 6 bytes onto stack
0021  D30005   LDBA    5,s          ;output B
0024  F1FC16   STBA    charOut,d
0027  D30004   LDBA    4,s          ;output M
002A  F1FC16   STBA    charOut,d
002D  D30003   LDBA    3,s          ;output W
0030  F1FC16   STBA    charOut,d
0033  3B0001   DECO    1,s          ;output 335
0036  D30000   LDBA    0,s          ;output i
0039  F1FC16   STBA    charOut,d
003C  500006   ADDSP   6,i          ;pop 6 bytes off stack
003F  00       STOP
0040           .END
```

输出

```
BMW335i
```

图 6-1　栈相对寻址

图 6-2a 给出了程序执行前栈指针（SP）和主存的值。机器根据 Mem[FFF4] 的向量把栈指针初始化为 FB8F。

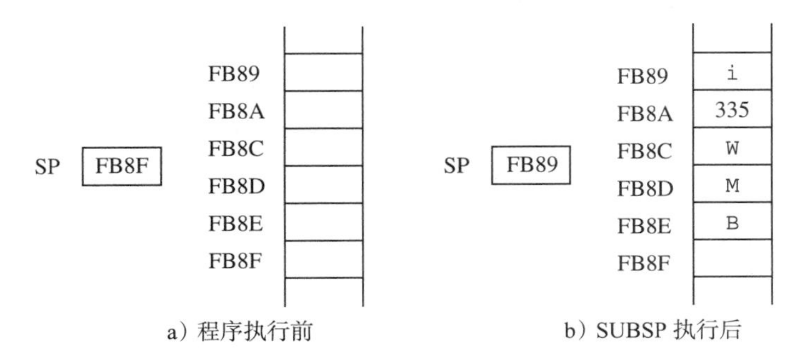

图 6-2　把 BMW335i 压入图 6-1 所示的运行时栈

前两条指令

```
0000 D00042 LDBA 'B',i ;move B to stack
0003 F3FFFF STBA -1,s
```

290

把 ASCII 字符 "B" 放入栈顶上面的那个字节，LDBA 把 "B" 字节放入累加器的右半部分，STBA 把它放入栈顶之上，存储指令采用栈相对寻址，操作数指示符为 -1（dec）= FFFF（hex）。因为栈指针的值是 FB8F，所以 "B" 存储在 Mem[FB8F + FFFF] = Mem[FB8E]。接下来的两条指令分别把 "M" 和 "W" 放在 Mem[FB8D] 和 Mem[FB8C]。

然而，十进制整数 335 占用 2 字节。程序必须把它存储在距离 "W" 地址 2 字节的地方，这就是为何存储 335 的指令是

```
0015 E3FFFB STWA -5,s
```

而不是 STWA -4，s 的原因。通常情况下，当把一个条目压入运行时栈时，必须要考虑每个条目占用的字节数，以及相应地设置好操作数指示符。

SUBSP 指令

```
001E 580006 SUBSP 6,i ;push 6 bytes onto stack
```

把栈指针减 6，如图 6-2b 所示，这就完成了入栈操作。

跟踪一个使用栈相对寻址的程序不需要知道栈指针的绝对值。如果栈指针被初始化为其他值，比如 FA18，入栈操作也会做同样的工作。这种情况下，"B"、"M"、"W"、335 和 "i" 会分别在 Mem[FA17]、Mem[FA16]、Mem[FA15]、Mem[FA13] 和 Mem[FA12]，栈指针最后会变成 FA12。尽管绝对内存位置不同，但是这些值相对于栈顶的位置都是相同的。

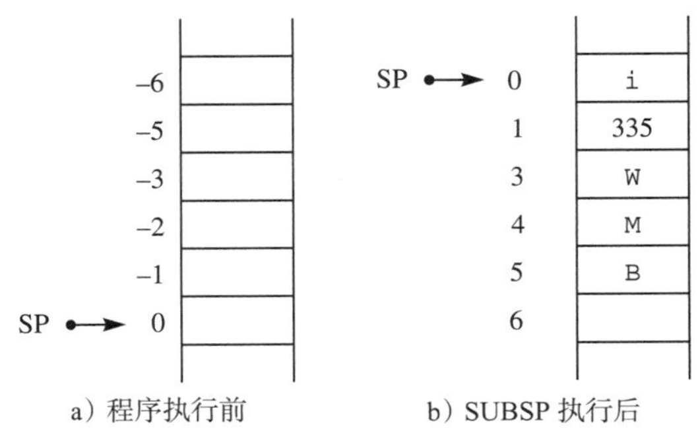

图 6-3　用相对寻址方式的图 6-2 的栈

图 6-3 是一个跟踪运行更便捷的方法，它利用了栈指针中的值是无关的这个事实。不是显示栈指针的值，而是给出指向内存单元的箭头，栈指针中存放着这个内存单元的

地址。不显示内存单元的地址，而是给出距离栈顶的偏移量。从现在开始，都会采用这种惯例来画运行时栈的状态图。

指令

```
0021 D30005 LDBA 5,s ;output B
```

从栈输出 ASCII 字符 "B"。注意，在 SUBSP 执行前，"B" 的栈相对地址是 -1，但是执行后变成了 5。因为栈指针变了，所以它的栈相对地址不同了。

291

```
0003 F3FFFF STBA -1,s
```

和

```
021 D30005 LDBA 5,s ;output B
```

访问相同的内存单元，因为当它们执行时，SP 的值是不同的。如图 6-3b 所示，同样也都用栈偏移量输出其他条目。

指令

```
003C 500006 ADDSP 6,i ;pop 6 bytes off stack
```

通过对 SP 加 6 在运行时栈上释放了 6 字节的存储空间。因为栈朝着更小地址的方向向上生长，所以通过减小栈指针值分配存储空间，通过增加栈指针值释放存储空间。

6.1.3　局部变量

前一章我们讲了编译器怎样翻译程序的全局变量。用 .BLOCK 点命令给全局变量分配存储空间，用直接寻址方式进行访问。然而，局部变量是在运行时栈上分配的，要翻译程序的局部变量，编译器要：

- 用 SUBSP 将局部变量入栈。
- 用栈相对寻址访问局部变量。
- 用 ADDSP 将局部变量出栈。

全局变量和局部变量之间的一个重要不同点是分配发生的时间。.BLOCK 点命令不是可执行语句，在程序执行前就给全局变量的存储保留了固定的位置。相反，SUBSP 是可执行语句，在程序执行期间，在运行时栈上创建局部变量的存储空间。

图 6-4 中的 C 程序来自图 2-6，除了变量被声明为 main() 的局部变量外，和图 5-26 中的程序是一样的。尽管程序的用户感受不到这个区别，但是编译器执行的翻译却非常不同。图 6-5 给出了这个程序的运行时栈。和图 5-27 中一样，bonus 是一个常量，用 .EQUATE 来定义。不过，局部变量也用 .EQUATE 定义。对于常量，.EQUATE 指定常量的值，但对于局部变量，.EQUATE 指定在运行时栈上的栈偏移量。例如，图 6-5 显示局部变量 exam1 的栈偏移量是 4，因此汇编语言程序使得符号 exam1 等于 4。在汇编语言代码中可以看到，.EQUATE 不会为局部变量生成任何代码。

292

main() 中可执行语句的翻译有两方面与全局变量不同。首先，SUBSP 和 ADDSP 在运行时栈上给局部变量分配和释放内存。其次，对变量的访问都使用栈相对寻址而不是直接寻址。除此之外，赋值和输出语句的翻译是一样的。

图 6-4 展示怎样写局部变量的调试跟踪标签。汇编语言程序用 .EQUATE 伪操作使用格式跟踪标签 #2d，告诉调试器 exam1、exam2 和 score 应该显示为 2 字节的十进制值。

高级语言

```
#include <stdio.h>

int main() {
   const int bonus = 10;
   int exam1;
   int exam2;
   int score;
   scanf("%d %d", &exam1, &exam2);
   score = (exam1 + exam2) / 2 + bonus;
   printf("score = %d\n", score);
   return 0;
}
```

汇编语言

```
0000  120003          BR      main
             bonus:   .EQUATE 10          ;constant
             exam1:   .EQUATE 4           ;local variable #2d
             exam2:   .EQUATE 2           ;local variable #2d
             score:   .EQUATE 0           ;local variable #2d
             ;
0003  580006 main:    SUBSP   6,i         ;push #exam1 #exam2 #score
0006  330004          DECI    exam1,s     ;scanf("%d %d", &exam1, &exam2)
0009  330002          DECI    exam2,s
000C  C30004          LDWA    exam1,s     ;score = (exam1 + exam2) / 2 + bonus
000F  630002          ADDA    exam2,s
0012  0C              ASRA
0013  60000A          ADDA    bonus,i
0016  E30000          STWA    score,s
0019  490029          STRO    msg,d       ;printf("score = %d\n", score)
001C  3B0000          DECO    score,s
001F  D0000A          LDBA    '\n',i
0022  F1FC16          STBA    charOut,d
0025  500006          ADDSP   6,i         ;pop #score #exam2 #exam1
0028  00              STOP
0029  73636F msg:     .ASCII  "score = \x00"
      726520
      3D2000
0032                  .END
```

图 6-4　一个具有局部变量的程序。这个 C 程序来自图 2-6

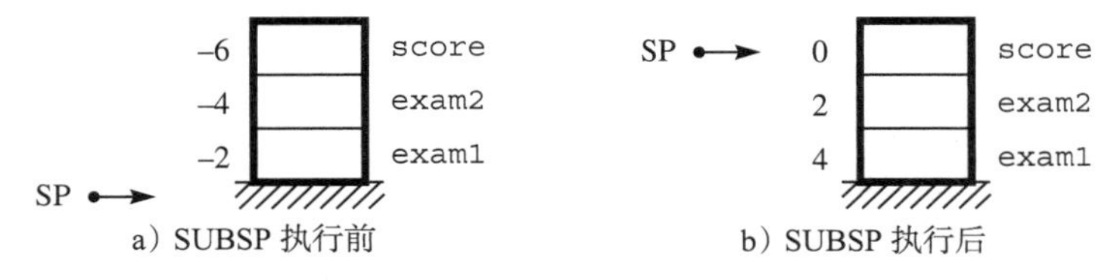

图 6-5　图 6-4 程序的运行时栈

用 SUBSP 指令将这些局部变量压入运行时栈，因此，为了调试程序，就要在 SUBSP 的注释中指定 3 个符号跟踪标签 #exam1、#exam2 和 #score。单步跟踪程序时，Pep/9 系统会在屏幕上显示一个图标，就像图6-5b运行时栈右边的单元符号标签。为了使调试器能够准确工作，注释字段中列出的符号跟踪标签的顺序必须与它们压入运行时栈的顺序一致。在这个程序中，exam1首先压入运行时栈，然后是exam2和score。此外，这个顺序必须和.EQUATE伪操作中的偏移量一致。

用ADDSP指令来从栈中弹出变量。同样，列出变量的顺序必须与弹出运行时栈的顺序相对应。因为变量弹出的顺序与压入的顺序相反，所以必须以与SUBSP指令相反的顺序列出来。在这个程序中，score首先弹出，接着是exam2和exam1。

尽管程序的执行不需要跟踪标签，但是它们可以用于记录程序。符号跟踪标签提供的信息对程序的阅读者来说是非常有价值的，因为它描述了SUBSP和ADDSP指令的目的。本章的汇编语言程序都包括为了记录之用的跟踪标签，你写程序时也应该这样写。

6.2　分支指令和控制流

Pep/9指令集有8个条件分支语句：

293~294

```
BRLE    小于等于分支
BRLT    小于分支
BREQ    等于分支
BRNE    不等于分支
BRGE    大于等于分支
BRGT    大于分支
BRV     V分支
BRC     C分支
```

每个条件分支检测4个状态位N、Z、V和C中的一个或者两个。如果条件为真，那么操作数放入程序计数器（PC），发生转移；如果条件为假，操作数不放入PC，条件分支后面的指令正常执行。可以把这想象成一个16位的结果和0000（hex）做比较。例如，BRLT检测结果是否小于0，如果N为1，则小于0；BRLE检测结果是否小于等于0，如果N为1或者Z为1，则小于等于0。每个条件分支指令的RTL描述如下：

BRLE　$N = 1 \vee Z = 1 \Rightarrow PC \leftarrow Oprnd$
BRLT　$N = 1 \Rightarrow PC \leftarrow Oprnd$
BREQ　$Z = 1 \Rightarrow PC \leftarrow Oprnd$
BRNE　$Z = 0 \Rightarrow PC \leftarrow Oprnd$
BRGE　$N = 0 \Rightarrow PC \leftarrow Oprnd$
BRGT　$N = 0 \wedge Z = 0 \Rightarrow PC \leftarrow Oprnd$
BRV　$V = 1 \Rightarrow PC \leftarrow Oprnd$
BRC　$C = 1 \Rightarrow PC \leftarrow Oprnd$

分支是否发生取决于状态位的值，其他指令的执行也会影响状态位。例如，

```
LDWA num,s
BRLT place
```

把num的内容装入累加器。如果装入的这个字是负数，即它的符号位为1，那么N位被置为1。BRLT检测N位并分支到位于place的指令。另一方面，如果装入累加器的不是负数，那么N位为0，当BRLT检测N位时，不会发生分支，接下来会执行BRLT后面的指令。

6.2.1 翻译 if 语句

图 6-6 展示了编译器怎样把 if 语句从 C 翻译成汇编语言。这个程序计算一个整数的绝对值。

高级语言

```
#include <stdio.h>

int main() {
   int number;
   scanf("%d", &number);
   if (number < 0) {
      number = -number;
   }
   printf("%d", number);
   return 0;
}
```

汇编语言

```
0000  120003          BR      main
              number: .EQUATE 0            ;local variable #2d
              ;
0003  580002  main:   SUBSP   2,i          ;push #number
0006  330000          DECI    number,s     ;scanf("%d", &number)
0009  C30000  if:     LDWA    number,s     ;if (number < 0)
000C  1C0016          BRGE    endIf
000F  C30000          LDWA    number,s     ;number = -number
0012  08              NEGA
0013  E30000          STWA    number,s
0016  3B0000  endIf:  DECO    number,s     ;printf("%d", number)
0019  500002          ADDSP   2,i          ;pop #number
001C  00              STOP
001D                  .END
```

图 6-6　HOL6 层和 Asmb5 层的 if 语句

汇编语言注释显示对应的高级语言程序。scanf() 函数调用翻译为 DECI，printf() 函数调用翻译为 DECO，赋值语句翻译为 LDWA、NEGA、STWA 序列。

编译器把 if 语句转换为 LDWA、BRGE 序列。LDWr 的 RTL 描述是

$$r \leftarrow \text{Oprnd}; N \leftarrow r < 0, Z \leftarrow r = 0$$

295
~
296

当执行 LDWA 时，如果装入累加器的值是正数或零，那么 N 位为 0。这个条件会跳过 if 语句主体。图 6-7a 展示了 HOL6 层的 if 语句结构，S1 代表 scanf() 函数调用，C1 代表条件 number<0，S2 代表语句 number=−number，而 S3 代表语句 printf() 函数调用。图 6-7b 展示了使用 Asmb5 层更加原始的分支指令的结构。C1 下面的点代表条件转移 BRGE。

```
S1
if (C1) {
   S2
}
S3
```

a）HOL6 层的结构

```
S1
C1
●──┐
S2 │
S3 ◄┘
```

b）Asmb5 层上同样的结构

图 6-7　图 6-6 中 if 语句的结构

限定复合语句的花括号 {} 在汇编语言中没有对应的内容。下面的序列

```
    语句 1
if (number) >= 0{
    语句 2
    语句 3
}
语句 4
```

翻译为

```
        语句 1
if:    LDA number, d
        BRLT endif
        语句 2
        语句 3
endif: 语句 4
```

6.2.2 优化编译器

你可能已经注意到图6-6有一个不是特别必要的装入语句。可以删除000F处的LDWA，因为前面在0009处装入的number的值仍然在累加器中。

问题是编译器该怎么做呢？答案取决于编译器。编译器是一个需要编写和调试的程序。假想需要设计一个把C翻译到汇编语言的编译器。当编译器检测到赋值语句时，编程产生下面的序列：装入累加器；如果需要，对表达式求值；把结果存储到变量。这样编译器就会生成图6-6那样的代码，在000F有LDWA语句。

可以想象如果要删除不必要的装入语句，对于编译器程序来说有多大的难度。当编译器检测到赋值语句时，它并不总是生成初始的装入语句，而是分析前面生成的指令，记住累加器的内容。如果它发现累加器的值和初始装入语句要放在那里的值一样，就不生成初始装入语句。在图6-6中，编译器需要记住，根据if语句生成的代码，number的值仍然在累加器中。

297

一个尽力使目标程序更短更快的编译器叫作*优化编译器*。可以想象设计优化编译器比设计非优化编译器难很多。不仅优化编译器更难编写，而且也需要更长时间编译，这是因为这种编译器必须更仔细地分析源程序。

优化编译器和非优化编译器哪个更好呢？这取决于使用编译器来干什么。如果是开发软件，为了测试和调试一个过程需要大量的编译，那么就需要一个翻译很快的编译器，也就是非优化编译器。如果是一个大型固定的程序，这个程序会被许多用户重复执行很多遍，那么需要目标程序更快地执行，因此这时需要优化编译器。大多数的编译器提供了多种选项，允许开发人员指定所需的优化级别。通常，正在开发和调试的软件使用非优化编译器，最后一次用优化编译器翻译给终端用户。

本章中的例子偶尔会呈现部分优化的目标代码，大多数赋值语句以非优化的形式呈现，例如图6-6中的赋值语句。

6.2.3 翻译if/else语句

图6-8说明了if/else语句的翻译。这个C程序和图2-10的程序一样。if语句体需要一个额外的无条件分支语句绕过else语句体。如果编译器省略0015的BR，输入就会是127，而输出将会是highlow。

高级语言

```
#include <stdio.h>

int main() {
   const int limit = 100;
   int num;
   scanf("%d", &num);
   if (num >= limit) {
      printf("high\n");
   }
   else {
      printf("low\n");
   }
   return 0;
}
```

汇编语言

```
0000  120003          BR      main
             limit:   .EQUATE 100         ;constant
             num:     .EQUATE 0           ;local variable #2d
             ;
0003  580002 main:    SUBSP   2,i         ;push #num
0006  330000          DECI    num,s       ;scanf("%d", &num)
0009  C30000 if:      LDWA    num,s       ;if (num >= limit)
000C  A00064          CPWA    limit,i
000F  160018          BRLT    else
0012  49001F          STRO    msg1,d      ;printf("high\n")
0015  12001B          BR      endIf
0018  490025 else:    STRO    msg2,d      ;printf("low\n")
001B  500002 endIf:   ADDSP   2,i         ;pop #num
001E  00              STOP
001F  686967 msg1:    .ASCII  "high\n\x00"
      680A00
0025  6C6F77 msg2:    .ASCII  "low\n\x00"
      0A00
002A                  .END
```

图 6-8　HOL6 和 Asmb5 层的 if/else 语句。这个 C 程序来自图 2-10

和图 6-6 不一样的是图 6-8 的 if 语句不会将变量的值和零比较，它用 CPWA 把变量值和另一个非零值进行比较，CPWA 表示*比较字累加器*。CPWA 对累加器减去操作数并相应地设置 NZVC 位。除了 SUBr 把结果存储在寄存器 r（累加器或变址寄存器），而 CPWr 忽略减法的结果外，CPWr 和 SUBr 是一样的。CPWr 的 RTL 描述是

$$T \leftarrow r - Oprnd; N \leftarrow T < 0, Z \leftarrow T = 0, V \leftarrow \{overflow\}, C \leftarrow \{carry\};$$
$$N \leftarrow N \oplus V$$

这里 T 表示临时值。

（这里对 N 位有一个调整，即 $N \leftarrow N \oplus V$，这在减法指令中是没有的。N 被 N 和 V 的异或运算代替。如果减法的结果产生溢出，那么 N 位就正常设置，而随后的条件分支指令可能会执行错误的分支。因此，如果 CPWr 减法操作溢出设置了 V 位，那么 N 位就会从其正常值取反，并且不会复制符号位。通过这种调整，比较操作扩展了有效比较的范围。即使有

298
~
299

溢出，N 也被设置为好像没有溢出一样，那么随后的条件分支就能按预期操作。）

这个程序计算 num-limit 并设置 NZVC 位。BRLT 测试 N 位，如果

```
num - limit < 0
```

即如果

```
num < limit
```

就设置 N。这是执行 else 部分的条件。

图 6-9 展示了这两层上的控制语句结构。图 6-9a 是 HOL6 层的控制语句，图 6-9b 是这个程序到 Asmb5 层的翻译。

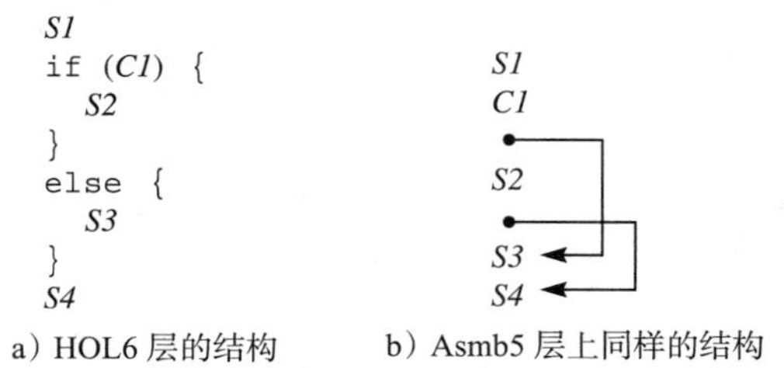

图 6-9　图 6-8 中 if/else 语句的结构

6.2.4　翻译 while 循环

循环需要分支到前面的指令。图 6-10 展示了 while 语句的翻译。这个 C 程序和图 2-13 的程序一样，它把输入的 ASCII 字符回显到输出，用换行符替换空格符，用 * 作为标记符号。如果输入是一行字符 Hello, world!*，则输出两行，一行是 Hello，另一行是 world！。

300

高级语言

```
#include <stdio.h>

char letter;

int main() {
   scanf("%c", &letter);
   while (letter != '*') {
      if (letter == ' ') {
         printf("\n");
      }
      else {
         printf("%c", letter);
      }
      scanf("%c", &letter);
   }
   return 0;
}
```

汇编语言

```
0000  120004          BR     main
0003  00     letter:  .BLOCK 1           ;global variable #1c
             ;
0004  D1FC15 main:    LDBA   charIn,d    ;scanf("%c", &letter)
0007  F10003          STBA   letter,d
000A  D10003 while:   LDBA   letter,d    ;while (letter != '*')
000D  B0002A          CPBA   '*',i
0010  18002E          BREQ   endWh
0013  B00020 if:      CPBA   ' ',i       ;if (letter == ' ')
0016  1A0022          BRNE   else
0019  D0000A          LDBA   '\n',i      ;printf("\n")
001C  F1FC16          STBA   charOut,d
```

图 6-10　HOL6 和 Asmb5 层的 while 语句。这个 C 程序来自图 2-13

```
001F  120025          BR      endIf
0022  F1FC16 else:    STBA    charOut,d    ;printf("%c", letter)
0025  D1FC15 endIf:   LDBA    charIn,d     ;scanf("%c", &letter)
0028  F10003          STBA    letter,d
002B  12000A          BR      while
002E  00     endWh:   STOP
002F                  .END
```

图 6-10 （续）

对 while 语句的测试是在循环顶部用条件分支实现的。这个程序检测一个字符值，它是 1 字节的量。每个 while 循环要以一个无条件分支结束，回到循环顶部的测试。002B 的无条件分支把控制带回开始处的测试。图 6-11 展示了在两层上的 while 语句结构。

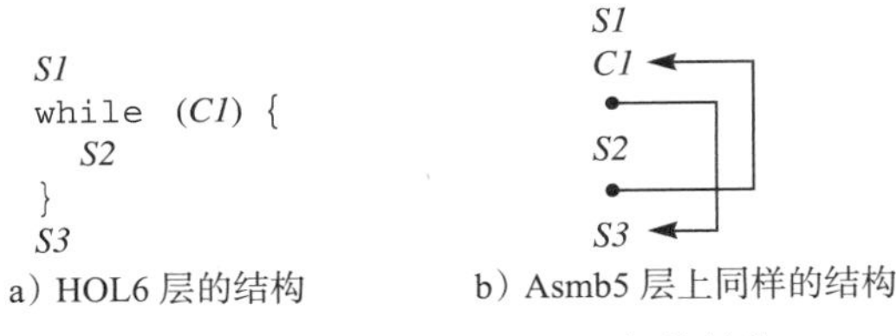

图 6-11 图 6-10 中 while 语句的结构

CPBr 的 RTL 描述是

$$T \leftarrow r\langle 8..15\rangle - \text{byte Oprnd}; N \leftarrow T < 0, Z \leftarrow T = 0, V \leftarrow 0, C \leftarrow 0$$

这里 T 表示的是一个 8 位的临时值。指令根据这个 8 位值设置状态位，而不考虑寄存器 r 的高位字节。即使累加器的高位字节中有一些为 1 的位，图 6-10b 的 CPBA 指令仍然可以正常工作。

LDBr 的 RTL 描述是

$$r\langle 8..15\rangle \leftarrow \text{byte Oprnd}; N \leftarrow 0, Z \leftarrow r\langle 8..15\rangle = 0$$

与 CPBr 一样，指令根据 8 位值设置状态位，而不考虑寄存器 r 的高位字节。如果需要检查 ASCII NUL 字节，可以把这个字节装入累加器，并直接执行 BREQ，而不使用比较字节指令。

6.2.5 翻译 do 循环

高速巡警停在一个标识后面，司机以 20 米 / 秒超速通过，当这个司机沿着公路驶离 40 米后，巡警以 25 米 / 秒的速度去追赶超速违法者，巡警在离标识多远的地方能追上超速者? 301

图 6-12 的程序模拟解决这个问题，它和图 2-14 的程序一样。cop 和 driver 的值是两者的位置，初始值分别是 0 和 40。do 循环的每次执行表示时间过去 1 秒，在此期间巡警行进 25 米，超速者行进 20 米，一直持续到巡警追上超速者。

do 语句的测试在循环的底部。在这个程序中，编译器把 while 转换成 LDWA、CPWA、BRLT 序列。如果 N 位被置为 1，BRLT 执行分支。由于 CPWA 计算两者之间的差异，即 cop−driver，所以如果

```
cop - driver < 0
```

即

```
cop < driver
```

N 位被置为 1。这是循环重复的条件。图 6-13 展示了在第 6 层和第 5 层的 do 语句结构。

高级语言

```
#include <stdio.h>

int cop;
int driver;

int main() {
   cop = 0;
   driver = 40;
   do {
      cop += 25;
      driver += 20;
   }
   while (cop < driver);
   printf("%d", cop);
   return 0;
}
```

汇编语言

```
0000  120007          BR      main
0003  0000    cop:    .BLOCK  2          ;global variable #2d
0005  0000    driver: .BLOCK  2          ;global variable #2d
              ;
0007  C00000  main:   LDWA    0,i        ;cop = 0
000A  E10003          STWA    cop,d
000D  C00028          LDWA    40,i       ;driver = 40
0010  E10005          STWA    driver,d
0013  C10003  do:     LDWA    cop,d      ;cop += 25
0016  600019          ADDA    25,i
0019  E10003          STWA    cop,d
001C  C10005          LDWA    driver,d   ;driver += 20
001F  600014          ADDA    20,i
0022  E10005          STWA    driver,d
0025  C10003  while:  LDWA    cop,d      ;while (cop < driver)
0028  A10005          CPWA    driver,d
002B  160013          BRLT    do
002E  390003          DECO    cop,d      ;printf("%d", cop)
0031  00              STOP
0032                  .END
```

图 6-12　HOL6 和 Asmb5 层的 do 语句。这个 C 程序来自图 2-14

```
S1
do {
   S2
}
while (C1)
S3
```

a）HOL6 层的结构

```
S1
S2 ◄─┐
C1   │
●────┘
S3
```

b）Asmb5 层上同样的结构

图 6-13　图 6-12 中 do 语句的结构

6.2.6　翻译 for 循环

for 语句类似于 while 语句，两者的测试都是在循环的顶部，编译器必须生成代码来初始化和递增控制变量。图 6-14 展示了编译器怎样生成 for 语句代码，它把 for 语句翻译成下列的 Asmb5 层序列：

- 初始化控制变量。
- 测试控制变量。
- 执行循环体。
- 递增控制变量。
- 分支到测试。

302~303

高级语言

```
#include <stdio.h>

int main() {
   int j;
   for (j = 0; j < 3; j++) {
      printf("j = %d\n", j);
   }
   return 0;
}
```

汇编语言

```
0000  120003          BR      main
              j:      .EQUATE 0          ;local variable #2d
              ;
0003  580002 main:    SUBSP   2,i        ;push #j
0006  C00000          LDWA    0,i        ;for (j = 0
0009  E30000          STWA    j,s
000C  A00003 for:     CPWA    3,i        ;j < 3
000F  1C002A          BRGE    endFor
0012  49002E          STRO    msg,d      ;printf("j = %d\n", j)
0015  3B0000          DECO    j,s
0018  D0000A          LDBA    '\n',i
001B  F1FC16          STBA    charOut,d
001E  C30000          LDWA    j,s        ;j++)
0021  600001          ADDA    1,i
0024  E30000          STWA    j,s
0027  12000C          BR      for
002A  500002 endFor:  ADDSP   2,i        ;pop #j
002D  00              STOP
002E  6A203D msg:     .ASCII  "j = \x00"
      2000
0033                  .END
```

图 6-14　HOL6 和 Asmb5 层的 for 语句

在这个程序中，CPWA 计算（j−3），如果 N 位为 0，即如果

304

```
j - 3 >= 0
```

也即

```
j >= 3
```

BRGE 分支出循环。

j 等于 0、1 和 2 时，循环体各执行一次。最后一次执行后，j 增加到 3，循环终止，而输出语句不会写数值 3。

6.2.7　面条代码

在汇编层，程序员可以写出和 C 中并不对应的控制结构。图 6-15 展示了一个可能的控制流，它在许多 HOL6 层语言中都不可能直接存在。检测条件 C1，如果为真，转移到一个测试条件为 C2 的循环中。

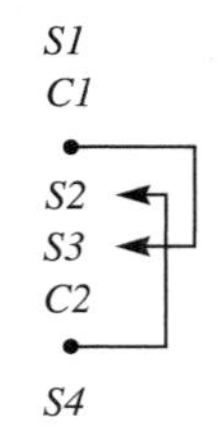

图 6-15　在许多 HOL6 层语言中都不可能直接存在的控制流

编译器生成的汇编语言程序通常比人们直接用汇编语言写的程序长。不仅如此，执行也更慢。如果程序员能比编译器写出更短更快的汇编语言程序，那么为什么人们还要用高级语言编程呢？一个原因是如第 5 章讲到的编译器进行类型检查的能力，另一个原因是如果允许程序员自由使用原始分支指令，这将给他们增加额外的负担。如果在 Asmb5 层写程序时不够仔细，分支指令会失去控制。

305　图 6-16 的程序是一个极端的例子，无限制地使用原始分支指令就会产生这些问题。由于没有注释和缩进以及分支类型不一致，所以程序很难理解。实际上这个程序执行一个非常简单的任务，你能看出它是什么吗？

```
0000  120009          BR      main
0003  0000    n1:     .BLOCK  2           ;#2d
0005  0000    n2:     .BLOCK  2           ;#2d
0007  0000    n3:     .BLOCK  2           ;#2d
              ;
0009  310005  main:   DECI    n2,d
000C  310007          DECI    n3,d
000F  C10005          LDWA    n2,d
0012  A10007          CPWA    n3,d
0015  16002A          BRLT    L1
0018  310003          DECI    n1,d
001B  C10003          LDWA    n1,d
001E  A10007          CPWA    n3,d
0021  160074          BRLT    L7
0024  120065          BR      L6
0027  E10007          STWA    n3,d
002A  310003  L1:     DECI    n1,d
002D  C10005          LDWA    n2,d
0030  A10003          CPWA    n1,d
0033  160053          BRLT    L5
0036  390003          DECO    n1,d
0039  390005          DECO    n2,d
003C  390007  L2:     DECO    n3,d
003F  00              STOP
0040  390005  L3:     DECO    n2,d
```

图 6-16　一个神秘的程序

```
0043  390007          DECO     n3,d
0046  120081          BR       L9
0049  390003  L4:     DECO     n1,d
004C  390005          DECO     n2,d
004F  00              STOP
0050  E10003          STWA     n1,d
0053  C10007  L5:     LDWA     n3,d
0056  A10003          CPWA     n1,d
0059  160040          BRLT     L3
005C  390005          DECO     n2,d
005F  390003          DECO     n1,d
0062  12003C          BR       L2
0065  390007  L6:     DECO     n3,d
0068  C10003          LDWA     n1,d
006B  A10005          CPWA     n2,d
006E  160049          BRLT     L4
0071  12007E          BR       L8
0074  390003  L7:     DECO     n1,d
0077  390007          DECO     n3,d
007A  390005          DECO     n2,d
007D  00              STOP
007E  390005  L8:     DECO     n2,d
0081  390003  L9:     DECO     n1,d
0084  00              STOP
0085                  .END
```

图 6-16 （续）

C 中的 if 语句或者循环体是一个语句块，有时它包含在用花括号 {} 括起来的复合语句中。其他的 if 语句和循环可以完全嵌套在这些块中。图 6-17a 是这种情形的示意图。嵌套在 if/else、switch、while、do 和 for 语句中的控制流称为*结构化控制流*。

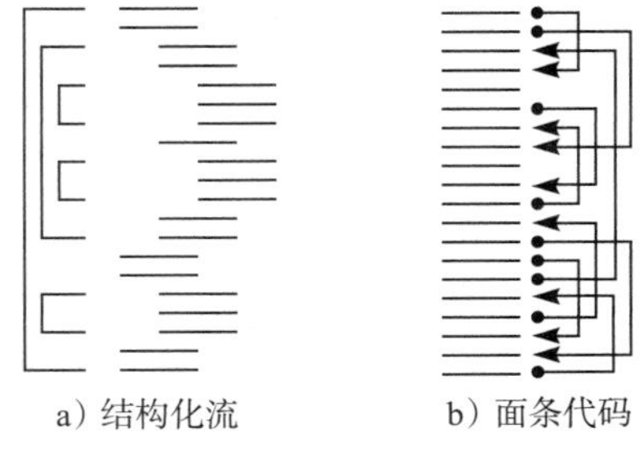

a）结构化流　　b）面条代码

图 6-17　两种不同类型的控制流

这个神秘程序中的分支不对应于 C 的结构化控制结构。尽管对于执行预期任务来说，这个程序的逻辑是正确的，但是由于分支语句到处转移，因此程序很难理解。这种程序叫作*面条代码*。如果从每条分支语句画一个到分支到语句的箭头，这张图看上去就像一碗面条，如图 6-17b 所示。

用非结构化分支有可能写出高效的程序，这样的程序比用结构化控制流的高级语言写的程序执行得更快，需要的内存更少。有些特殊的应用程序对效率有特别的要求，可以直接用汇编语言来编写。

理解执行时间和内存占用之间的平衡是一件难事。当程序难理解时，它们也就难写，难调试，难修改。这是个经济问题，编写、调试、修改都是需要大量劳力的工作，也是很昂贵的。你一定会问提高的这点效率是不是值得花费更高的成本。

6.2.8　早期语言的控制流

在结构化控制流出现前，计算机已经存在了很多年。在早期没有高级语言的时候，人人都用汇编语言编程。按今天的标准，那时计算机内存非常昂贵，CPU速度很慢，效率是至关重要的。由于还没有产生大型软件，所以还没有意识到程序的维护问题。

第一个广泛应用的高级语言是20世纪50年代开发的FORTRAN。因为那时的人们习惯使用分支指令，所以把它们也包括在这种语言中。FORTRAN中的无条件分支是

306 ~ 307

```
GOTO 260
```

这里260是另一条语句的语句号，称为goto语句。条件分支是

```
IF (NUMBER .GE. 100) GOTO 500
```

这里.GE.的意思是“大于等于”，这条语句比较变量NUMBER的值和100，如果大于等于100，那么下一条执行的语句就是编号500的语句，否则执行IF后面的那条语句。

相对于Asmb5层分支指令的FORTRAN分支语句IF是一个很大的改进，它不需要一个单独的比较指令来设置状态位。但是可以看到这个控制流和Asmb5层的分支还是非常类似的：如果测试为真，执行GOTO；否则，继续执行下一条指令。

随着更多的软件被开发出来，人们注意到把语句组成块，用在if语句和循环中会很方便。在这方面取得进步最著名的是1960年开发的Algol 60，这是第一个广泛应用块结构的语言，尽管它主要在欧洲流行。

6.2.9 结构化编程定律

前几节展示了高级语言结构化控制语句怎样被翻译为低层的原始分支语句，同时也展示了怎样在低层写出没有对应结构化结构的分支。这提出了一个有趣而实际的问题：可以用goto语句写出一些算法，用于执行结构化结构不能执行的处理吗？也就是说，如果限定使用结构化控制流，会有一些问题你无法解决，而如果允许使用非结构化的goto，这些问题就可以解决吗？

1966年，Corrado Bohm和Giuseppe Jacopini在一篇计算机科学杂志文章中回答了这个问题[⊖]。他们从数学上证明了任何含有goto语句的算法，不管多么复杂多么无结构，都可以用嵌套的if语句和while循环来编写。他们的结论称为*结构化编程定律*。

Bohm和Jacopini的论文高度理论化，起初没有引起太多的关注，因为程序员通常不希望限制他们使用goto语句的自由。Bohm和Jacopini展示了用if语句和while循环可以做什么，但是没有回答为什么程序员要这样限制自己。

308

不管怎样，人们开始尝试这个理念。他们会拿一个面条代码算法，试着用不带goto语句的结构化控制流来重写它。通常新写的程序比原来的更清晰，偶尔甚至更高效。

6.2.10 goto争论

Bohm和Jacopini的论文发表两年后，荷兰埃因霍温理工大学的Edsger W. Dijkstra给同一家杂志的编辑写信，信中阐述了他个人的观察：优秀的程序员比差劲的程序员更少使用goto语句。[⊜]

⊖ Corrado Bohm and Giuseppe Jacopini, “Flow-Diagrams, Turing Machines and Languages with Only Two Formation Rules,” *Communications of the ACM 9* (May 1966): 366–371.

⊜ Edsger W. Dijkstra, “Goto Statement Considered Harmful,” *Communications of the ACM 11* (March 1968): 147–648.

他的观点是，程序中大量使用 goto 语句表示质量很低。部分原文如下：

最近，我发现了为什么 goto 语句的使用有极其糟糕的影响，因此我确信应该从所有高级编程语言（即任何语言，也许除了纯机器代码外）中废除 goto 语句……goto 语句所处的位置太原始，太容易把程序搞得一团糟。

为了证明这些观点，Dijkstra 开发了用一套坐标来描述程序进展的理念。当人们想理解一个程序时，他必须在心理上，或许是无意识地，维护这套坐标。Dijkstra 展示了用结构化控制流比用非结构化 goto 语句维护这些坐标要简单得多，因此他能精确指出结构化控制流更容易理解的原因。

Dijkstra 知道废除 goto 语句这个理念并不新鲜，他提到了在这件事情上影响他的几个人，其中之一是致力于 Algol 60 语言的 Niklaus Wirth。

Dijkstra 的信引起了一场反对风暴，这就是现在著名的 goto 争论。理论上可以不用 goto 编程是一回事，但主张从 FORTRAN 这样的高级语言中废除 goto 完全是另外一回事。

旧的观念很难消失，不管怎样争论逐渐平息了。现在一般认为 Dijkstra 实际上是正确的。原因是成本。当软件经理开始和其他结构设计概念一起运用结构化控制流准则时，他们发现这样的软件开发、调试和维护花费很低，这使得额外的内存需求和执行时间变得有价值。

309

FORTRAN 77 是在 1977 年制定的一个更新的 FORTRAN 版本，goto 争论影响到了它的设计。它的块风格和带 ELSE 部分的 IF 语句都类似于 C，例如，

```
IF (NUMBER .GE. 100) THEN
   语句 1
ELSE
   语句 2
ENDIF
```

我们可以用 FORTRAN 77 编写没有 goto 的 IF 语句。

要记住，程序中不用 goto 不能保证程序有好的结构。在只需要 1 个或者 2 个嵌套时，有可能写出有 3 或 4 个 if 语句和 while 循环嵌套的程序。此外，如果任何层上的语言只包含 goto 语句来改变控制流，它也可以总是以结构化的方式来实现 if 语句和 while 循环。这正是 C 编译器把程序从 HOL6 层翻译到 Asmb5 层时做的事情。

6.3 函数调用和参数

C 函数调用把控制流改变到了函数的第一条可执行语句，在函数结束时，控制回到函数调用下面的语句。编译器用 CALL 指令实现函数调用，CALL 指令有在运行时栈存储返回地址的机制。它用 RET 实现返回到调用语句，RET 用保存在运行时栈的返回地址来确定接下来执行哪条指令。

6.3.1 翻译函数调用

图 6-18 展示了编译器如何翻译不带参数的函数调用，程序输出 3 个星号三角形。

CALL 指令把程序计数器的内容压入运行时栈，然后把操作数装入程序计数器。CALL 指令的 RTL 描述是：

$$SP \leftarrow SP-2;\ Mem[SP] \leftarrow PC;\ PC \leftarrow Oprnd$$

高级语言

```
#include <stdio.h>

void printTri() {
   printf("*\n");
   printf("**\n");
   printf("***\n");
   printf("****\n");
}

int main() {
   printTri();
   printTri();
   printTri();
   return 0;
}
```

汇编语言

```
0000  120019            BR      main
                ;
                ;******* void printTri()
0003  49000D printTri:STRO    msg1,d      ;printf("*\n")
0006  490010            STRO    msg2,d      ;printf("**\n")
0009  490014            STRO    msg3,d      ;printf("***\n")
000C  01                RET
000D  2A0A00 msg1:      .ASCII  "*\n\x00"
0010  2A2A0A msg2:      .ASCII  "**\n\x00"
      00
0014  2A2A2A msg3:      .ASCII  "***\n\x00"
      0A00
                ;
                ;******* int main()
0019  240003 main:      CALL    printTri    ;printTri()
001C  240003            CALL    printTri    ;printTri()
001F  240003            CALL    printTri    ;printTri()
0022  00                STOP
0023                    .END
```

图 6-18　HOL6 层和 Asmb5 层的过程调用

310 ~ 311

实际上，这个过程调用的返回地址被压入栈，然后执行一个到该过程的分支。

和分支指令一样，CALL 通常使用立即数寻址方式执行，这种情况下操作数就是操作数指示符。如果不指定寻址方式，Pep/9 汇编程序将假设使用立即数寻址。

RET 的 RTL 描述是：

$$PC \leftarrow Mem[SP];\ SP \leftarrow SP + 2$$

指令把返回地址从运行时栈顶部移到程序计数器。然后，给栈指针加 2，这是出栈操作。

在图 6-18 中，

```
0000 120019 BR main
```

把 0019 放入程序计数器，因此下一条要执行的语句是在 0019 的语句，即第一条 CALL 指令。对图 6-1 中程序的讨论解释了栈指针怎样初始化为 FB8F。图 6-19 展示了执行第一条

CALL 语句之前和之后的运行时栈。通常，栈指针的初始值是 FB8F。

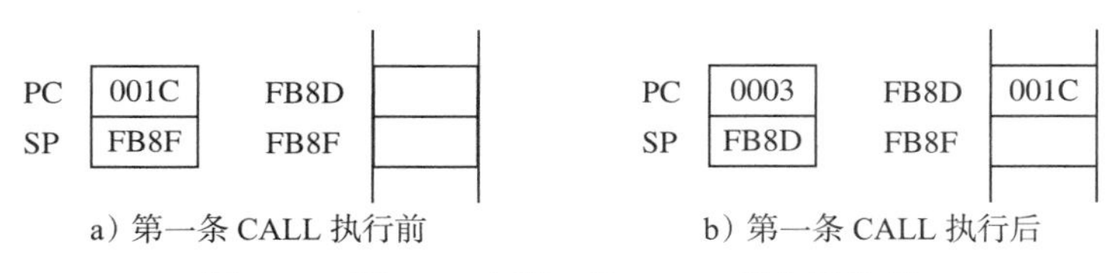

a）第一条 CALL 执行前　　b）第一条 CALL 执行后

图 6-19　图 6-18 中第一条 CALL 指令的执行

CALL 和 RET 的运行严重依赖于冯·诺依曼运行周期：取指、译码、增加 PC、执行和重复，特别是增加 PC 发生在执行前，结果就是正在执行的语句并不是地址在程序计数器中的语句，而是程序计数器增加前取出的那条语句，现在它放在指令寄存器中。这个为什么在 CALL 和 RET 的执行中非常重要呢？

图 6-19a 显示了在第一条 CALL 指令执行前，程序计数器的内容为 001C，这不是第一条 CALL 指令的地址，第一条 CALL 指令的地址是 0019。为什么不是呢？因为程序计数器在执行 CALL 前增加到了 001C，因此在执行第一条 CALL 指令期间，程序计数器包含的正好是位于 CALL 指令后面那条指令在主存中的地址。

第一条 CALL 指令执行时发生了什么呢？首先，SP ← SP - 2 对 SP 减 2，得到值 FB8D。其次 Mem[SP] ← PC 把程序计数器的值 001C 放入主存中地址 FB8D 的位置，即运行时栈顶部。最后 PC ← Oprnd 把 0003 放入程序计数器。因为操作数指示符是 0003，寻址方式是立即数寻址，所以结果如图 6-19b 所示。

冯·诺依曼周期继续下一个取指。但是现在程序计数器中是 0003，因此下一个要获取的指令是地址 0003 的指令，这是 printTri 程序的第一条指令，执行过程的输出指令，生成一个星号三角图案。

312

最后，地址 000C 的 RET 指令执行。图 6-20a 显示在执行 RET 之前程序计数器的内容是 000D，这可能看上去有点儿奇怪，因为 000D 甚至不是一条指令的地址，它是字符串“ *\x00”的地址。为什么会这样呢？因为 RET 是一个一元指令，CPU 会把程序计数器加 1。执行 RET 的第一步是 Mem[SP] ← PC 把 001C 放入程序计数器。然后，SP ← SP + 2 把栈指针改变回 FB8F。

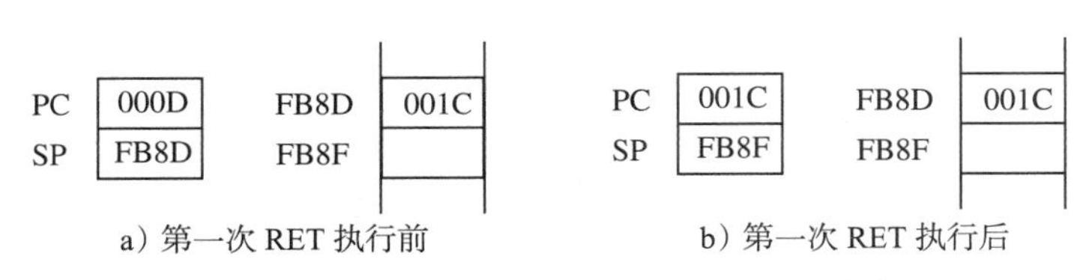

a）第一次 RET 执行前　　b）第一次 RET 执行后

图 6-20　第一次执行图 6-18 中的 RET 指令

冯·诺依曼周期继续下一个取指，但这时程序计数器包含第二条 CALL 指令的地址，发生和第一个调用一样的事件序列，在输出流生成另一个星号三角图案。第三个调用也是一样的情况，这之后执行 STOP 指令。注意在 STOP 指令执行后，程序计数器的值是 0023 而不是 0022，0023 是 STOP 指令的地址。

现在你应该明白冯·诺依曼周期中为什么 PC 增加在执行之前了吧。要在运行时栈存储返回地址，CALL 指令需要存储 CALL 后面那条指令的地址。只有 CALL 语句执行前程序计数器已经增加了才能做到这一点。

6.3.2　用全局变量翻译传值调用参数

在 C 中调用一个空函数时，分配过程是

- 压入实参。
- 压入返回地址。
- 压入局部变量的存储空间。

在 HOL6 层，在栈上执行这些操作的指令是隐藏的。程序员只写函数调用，执行时栈分配自动进行。

然而，在汇编层，翻译后的程序必须要有明确的指令来完成这些压栈操作。图 6-21 的程序和图 2-16 的程序一样，是一个输出柱状图的 HOL6 层程序，以及它对应的 Asmb5 层翻译程序。图中显示了压入参数必需的 Asmb5 层语句，而在 HOL6 层是不需要明确写出来的。

高级语言

```
#include <stdio.h>

int numPts;
int value;
int j;

void printBar(int n) {
   int k;
   for (k = 1; k <= n; k++) {
      printf("*");
   }
   printf("\n");
}

int main() {
   scanf("%d", &numPts);
   for (j = 1; j <= numPts; j++) {
      scanf("%d", &value);
      printBar(value);
   }
   return 0;
}
```

汇编语言

```
0000  120034             BR       main
0003  0000    numPts:    .BLOCK   2           ;global variable #2d
0005  0000    value:     .BLOCK   2           ;global variable #2d
0007  0000    j:         .BLOCK   2           ;global variable #2d
              ;
              ;******* void printBar(int n)
              n:         .EQUATE  4           ;formal parameter #2d
              k:         .EQUATE  0           ;local variable #2d
0009  580002  printBar:SUBSP    2,i           ;push #k
000C  C00001             LDWA     1,i         ;for (k = 1
000F  E30000             STWA     k,s
```

图 6-21　全局变量作为传值调用参数。C 程序来自图 2-16

```
0012  A30004 for1:    CPWA   n,s          ;k <= n
0015  1E002A          BRGT   endFor1
0018  D0002A          LDBA   '*',i        ;printf("*")
001B  F1FC16          STBA   charOut,d
001E  C30000          LDWA   k,s          ;k++)
0021  600001          ADDA   1,i
0024  E30000          STWA   k,s
0027  120012          BR     for1
002A  D0000A endFor1: LDBA   '\n',i       ;printf("\n")
002D  F1FC16          STBA   charOut,d
0030  500002          ADDSP  2,i          ;pop #k
0033  01              RET
             ;
             ;******* main()
0034  310003 main:    DECI   numPts,d     ;scanf("%d", &numPts)
0037  C00001          LDWA   1,i          ;for (j = 1
003A  E10007          STWA   j,d
003D  A10003 for2:    CPWA   numPts,d     ;j <= numPts
0040  1E0061          BRGT   endFor2
0043  310005          DECI   value,d      ;scanf("%d", &value)
0046  C10005          LDWA   value,d      ;move value
0049  E3FFFE          STWA   -2,s
004C  580002          SUBSP  2,i          ;push #n
004F  240009          CALL   printBar     ;printBar(value)
0052  500002          ADDSP  2,i          ;pop #n
0055  C10007          LDWA   j,d          ;j++)
0058  600001          ADDA   1,i
005B  E10007          STWA   j,d
005E  12003D          BR     for2
0061  00     endFor2: STOP
0062                  .END
```

图 6-21 （续）

main() 中的调用过程负责压入实参以及执行 CALL，CALL 把返回地址压入栈。printBar() 中的被调用过程负责在栈上给局部变量分配存储空间。被调用的过程执行后，必须释放局部变量的存储空间，通过执行 RET 弹出返回地址。在调用过程可以继续之前，一定要弹出实参。

313 ～ 314

总的来说，调用和被调用过程会完成如下操作：

- 调用者压入实参（执行 SUBSP）。
- 调用者压入返回地址（执行 CALL）。
- 被调用者为局部变量分配存储空间（执行 SUBSP）。
- 被调用者执行函数体。
- 被调用者弹出局部变量（执行 ADDSP）。
- 被调用者弹出返回地址（执行 RET）。
- 被调用者弹出实参（执行 ADDSP）。

注意这些操作的对称性，后三个操作以相反的顺序执行前 3 个操作的逆操作，这个顺序是栈的后进先出特性导致的。

HOL6 层主程序的全局变量（numPts、value 和 j）对应同样的 Asmb5 层符号，符号值分别是 0003、0005 和 0007，这是保存全局变量运行时值的内存单元地址。图 6-22a 显示了全局变量，左边原来写地址的地方现在写的是符号名。全局变量的值是第一次执行如下语句之后的值：

```
scanf("%d", &value);
```

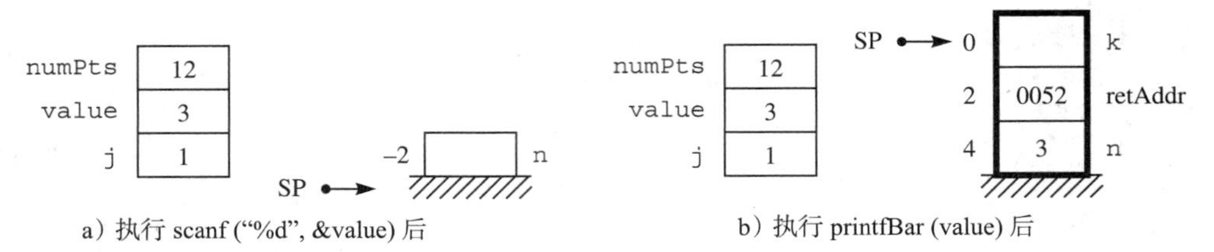

a）执行 scanf ("%d", &value) 后　　b）执行 printfBar (value) 后

图 6-22　全局变量作为传值调用参数

形参 n 和局部变量 k 在 Asmb5 层对应的是什么呢？不是绝对地址而是栈相对地址。过程 printBar 用

```
n: .EQUATE 4 ;formal parameter #2d
k: .EQUATE 0 ;local variable #2d
```

来定义它们。记住 .EQUATE 不会生成目标代码，翻译时汇编器不给它们保留存储空间，而是在运行时在栈上为 n 和 k 分配存储空间。十进制数 4 和 0 是过程执行期间 n 和 k 的栈偏移量，如图 6-22b 所示。过程以栈相对寻址方式来引用它们。

调用过程中与过程调用相对应的语句为

```
0046  C10005  LDWA   value,d
0049  E3FFFE  STWA   -2,s
004C  580002  SUBSP  2,i        ;push #n
004F  240009  CALL   printBar   ;printBar(value)
0052  500002  ADDSP  2,i        ;pop #n
```

315～316

因为参数是传值调用的全局变量，所以 LDWA 用直接寻址，它把变量 value 的运行时值放入累加器，接着 STWA 把它压入栈。偏移量是 -2，因为 value 是一个 2 字节的整数量，如图 6-22a 所示。

被调用过程中与过程调用相对应的语句为

```
0009  580002 printBar:SUBSP  2,i  ;push #k
...
0030  500002          ADDSP  2,i  ;pop #k
0033  01              RET
```

由于局部变量 k 是 2 字节的整数量，所以 SUBSP 减去 2。图 6-22a 展示了第一次输入全局变量 value 后、第一次过程调用前的运行时栈，它直接对应于图 2-17d。图 6-22b 展示了过程调用后的栈，直接对应于图 2-17g。注意在图 2-17 中标为 ra1 的返回地址，这里为 0052，是跟在 CALL 后面那条指令的机器语言地址。

n 的栈地址是 4，因为返回地址和 k 都占用 2 字节。如果有更多的局部变量，那么 n 的栈地址会相应地更大。编译器必须根据栈上数据的数量和大小来计算栈地址。

总之，要用全局变量翻译传值调用参数，编译器以如下方式生成代码：

- 生成采用直接寻址方式的装入指令，压入调用者的实参。
- 生成采用栈相对寻址方式的装入指令，压入被调用者的形参。

6.3.3 用局部变量翻译传值调用参数

除了 main() 的变量是局部变量而不是全局变量之外，图 6-23 的程序和图 6-21 的程序是完全一样的。尽管这个程序的行为很像图 6-21 的程序，但是内存模型和到 Asmb5 层的翻译是不同的。

高级语言

```
#include <stdio.h>

void printBar(int n) {
   int k;
   for (k = 1; k <= n; k++) {
      printf("*");
   }
   printf("\n");
}

int main() {
   int numPts;
   int value;
   int j;
   scanf("%d", &numPts);
   for (j = 1; j <= numPts; j++) {
      scanf("%d", &value);
      printBar(value);
   }
   return 0;
}
```

汇编语言

```
0000  12002E            BR      main
                ;
                ;******* void printBar(int n)
                n:       .EQUATE 4          ;formal parameter #2d
                k:       .EQUATE 0          ;local variable #2d
0003  580002  printBar:SUBSP   2,i          ;push #k
0006  C00001            LDWA    1,i          ;for (k = 1
0009  E30000            STWA    k,s
000C  A30004  for1:     CPWA    n,s          ;k <= n
000F  1E0024            BRGT    endFor1
0012  D0002A            LDBA    '*',i        ;printf("*")
0015  F1FC16            STBA    charOut,d
0018  C30000            LDWA    k,s          ;k++)
001B  600001            ADDA    1,i
001E  E30000            STWA    k,s
0021  12000C            BR      for1
0024  D0000A  endFor1:  LDBA    '\n',i       ;printf("\n")
0027  F1FC16            STBA    charOut,d
```

图 6-23 局部变量作为传值调用参数

```
002A  500002          ADDSP   2,i          ;pop #k
002D  01              RET
               ;
               ;******* main()
               numPts:  .EQUATE 4          ;local variable #2d
               value:   .EQUATE 2          ;local variable #2d
               j:       .EQUATE 0          ;local variable #2d
002E  580006 main:    SUBSP   6,i          ;push #numPts #value #j
0031  330004          DECI    numPts,s     ;scanf("%d", &numPts)
0034  C00001          LDWA    1,i          ;for (j = 1
0037  E30000          STWA    j,s
003A  A30004 for2:    CPWA    numPts,s     ;j <= numPts
003D  1E005E          BRGT    endFor2
0040  330002          DECI    value,s      ;scanf("%d", &value)
0043  C30002          LDWA    value,s      ;move value
0046  E3FFFE          STWA    -2,s
0049  580002          SUBSP   2,i          ;push #n
004C  240003          CALL    printBar     ;printBar(value)
004F  500002          ADDSP   2,i          ;pop #n
0052  C30000          LDWA    j,s          ;j++)
0055  600001          ADDA    1,i
0058  E30000          STWA    j,s
005B  12003A          BR      for2
005E  500006 endFor2: ADDSP   6,i          ;pop #j #value #numPts
0061  00              STOP
0062                  .END
```

图 6-23 （续）

可以看到图 6-21 和图 6-23 中的返回值为 void（空）的函数 printBar() 在 HOL6 层是一样的，因此编译器为这两个版本生成一样的 Asmb5 层目标代码并不奇怪。两个程序唯一的不同是 main() 的定义。图 6-24a 展示了主程序中 numPts、value 和 j 在运行时栈上的分配。图 6-24b 展示了 printTri 第一次被调用后的运行时栈。因为 value 是一个局部变量，所以编译器生成使用栈相对寻址方式的 LDWA value，s，将 value 的实际值压入形参 n 的栈单元。

317
~
319

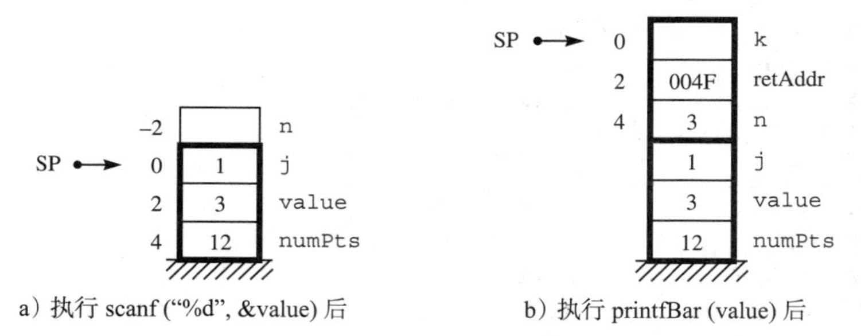

a）执行 scanf (“%d”, &value) 后　　b）执行 printfBar (value) 后

图 6-24　图 6-23 中函数调用的第一次执行

总之，为了用局部变量翻译传值调用参数，编译器以如下方式生成代码：

- 生成使用栈相对寻址方式的装入指令，压入调用者的实参。
- 生成使用栈相对寻址方式的装入指令，压入被调用者的形参。

6.3.4　翻译非空函数调用

调用函数时，分配过程是这样的：

- 为返回值分配存储空间。
- 压入实参。
- 压入返回地址。
- 为局部变量分配存储空间。

非空（non-void）函数调用的分配不同于过程（空函数）调用的分配，必须为返回的函数值分配额外的空间。

图 6-25 展示了一个递归计算二项式系数的程序，和图 2-28 的程序一样。它是基于系数的帕斯卡三角，如图 2-27 所示。二项式系数的递归定义是

$$b(n,k)=\begin{cases}1 & k=0\\ 1 & n=k\\ b(n-1,k)+b(\mathrm{n}-1,k-1) & 0<k<n\end{cases}$$

320

高级语言

```
#include <stdio.h>

int binCoeff(int n, int k) {
   int y1, y2;
   if ((k == 0) || (n == k)) {
      return 1;
   }
   else {
      y1 = binCoeff(n - 1, k); // ra2
      y2 = binCoeff(n - 1, k - 1); // ra3
      return y1 + y2;
   }
}
int main() {
   printf("binCoeff(3, 1) = %d\n", binCoeff(3, 1)); // ra1
   return 0;
}
```

汇编语言

```
0000  12006B           BR       main
                 ;
                 ;******* int binomCoeff(int n, int k)
                 retVal:  .EQUATE 10          ;return value #2d
                 n:       .EQUATE 8           ;formal parameter #2d
                 k:       .EQUATE 6           ;formal parameter #2d
                 y1:      .EQUATE 2           ;local variable #2d
                 y2:      .EQUATE 0           ;local variable #2d
0003  580004  binCoeff:SUBSP    4,i           ;push #y1 #y2
0006  C30006  if:      LDWA     k,s           ;if ((k == 0)
0009  180015           BREQ     then
000C  C30008           LDWA     n,s           ;|| (n == k))
```

图 6-25　HOL5 层和 Asmb5 层的递归非空函数。这个 C 程序来自图 2-28

```
000F  A30006          CPWA    k,s
0012  1A001F          BRNE    else
0015  C00001 then:    LDWA    1,i           ;return 1
0018  E3000A          STWA    retVal,s
001B  500004          ADDSP   4,i           ;pop #y2 #y1
001E  01              RET
001F  C30008 else:    LDWA    n,s           ;move n - 1
0022  700001          SUBA    1,i
0025  E3FFFC          STWA    -4,s
0028  C30006          LDWA    k,s           ;move k
002B  E3FFFA          STWA    -6,s
002E  580006          SUBSP   6,i           ;push #retVal #n #k
0031  240003          CALL    binCoeff      ;binCoeff(n - 1, k)
0034  500006 ra2:     ADDSP   6,i           ;pop #k #n #retVal
0037  C3FFFE          LDWA    -2,s          ;y1 = binomCoeff(n - 1, k)
003A  E30002          STWA    y1,s
003D  C30008          LDWA    n,s           ;move n - 1
0040  700001          SUBA    1,i
0043  E3FFFC          STWA    -4,s
0046  C30006          LDWA    k,s           ;move k - 1
0049  700001          SUBA    1,i
004C  E3FFFA          STWA    -6,s
004F  580006          SUBSP   6,i           ;push #retVal #n #k
0052  240003          CALL    binCoeff      ;binomCoeff(n - 1, k - 1)
0055  500006 ra3:     ADDSP   6,i           ;pop #k #n #retVal
0058  C3FFFE          LDWA    -2,s          ;y2 = binomCoeff(n - 1, k - 1)
005B  E30000          STWA    y2,s
005E  C30002          LDWA    y1,s          ;return y1 + y2
0061  630000          ADDA    y2,s
0064  E3000A          STWA    retVal,s
0067  500004 endIf:   ADDSP   4,i           ;pop #y2 #y1
006A  01              RET
             ;
             ;******* main()
006B  49008D main:    STRO    msg,d         ;printf("binCoeff(3, 1) = %d\n",
006E  C00003          LDWA    3,i           ;move 3
0071  E3FFFC          STWA    -4,s
0074  C00001          LDWA    1,i           ;move 1
0077  E3FFFA          STWA    -6,s
007A  580006          SUBSP   6,i           ;push #retVal #n #k
007D  240003          CALL    binCoeff      ;binCoeff(3, 1)
0080  500006 ra1:     ADDSP   6,i           ;pop #k #n #retVal
0083  3BFFFE          DECO    -2,s
0086  D0000A          LDBA    '\n',i
0089  F1FC16          STBA    charOut,d
008C  00              STOP
008D  62696E msg:     .ASCII  "binCoeff(3, 1) = \x00"
      ...
009F                  .END
```

图 6-25　（续）

321

322

函数使用 if 语句来测试基本的情况，测试条件使用了布尔运算符 OR。如果基本情况都不符合，它会递归调用自己两次——一次计算 $b(n-1, k)$，一次计算 $b(n-1, k-1)$。图 2-29 展示了主程序中一个以实参（3, 1）调用产生的运行时栈。函数接下来会被再调用两次，参数分别是（2, 1）和（1, 1），然后返回。再执行参数为（1, 0）的调用，接着是第二次返回，以此类推。图 6-26 展示了第二次返回后汇编层的运行时栈，它正好对应于图 2-29g 的 HOL6 层示意图。图 2-29g 中标号为 ra2 的返回地址在图 6-26 中是 0034，这是函数中第一次 CALL 后面指令的地址。类似地，图 2-29 中标号为 ra1 的地址在图 6-26 中是 0080。

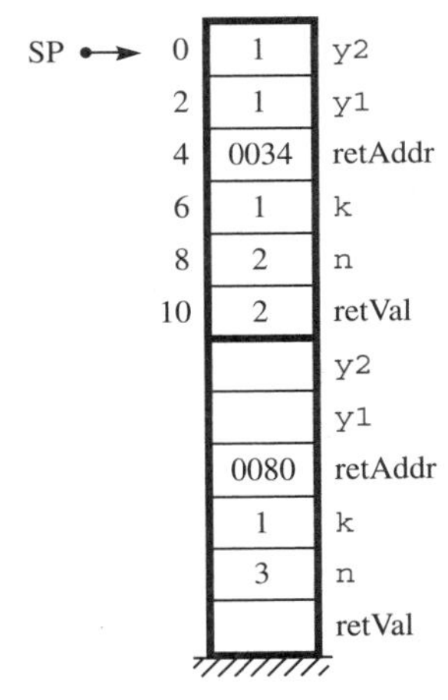

图 6-26　第二次返回后图 6-25 的运行时栈

主程序开始时，栈指针是初始值，第一个实参的栈偏移量是 -4，第二个实参的栈偏移量是 -6。如果是在一个过程调用（返回值为空的函数）中，两个实参的偏移量分别是 -2 和 -4。它们比前面对应的偏移量大 2，因为这个函数的返回值会在运行时栈上占 2 字节。007A 的 SUBSP 指令分配 6 字节，两个实参每个 2 字节，返回值 2 字节。

当函数将控制返回到 0080 的 ADDSP 时，函数的返回值位于栈上两个实参的下面。ADDSP 给栈指针加 6，弹出两个实参和返回值，于是指针指向返回值下面的那个单元。这样 DECO 用栈相对寻址方式输出这个值，使用偏移量 -2。

这个函数按照标准技术通过分配实参来调用它自己。对于第一次递归调用，它计算 $n-1$ 和 k，把这两个值和返回值的存储空间一起压入栈。返回后，序列

```
0034  500006 ra2:  ADDSP  6,i   ;pop #k #n #retVal
0037  C3FFFE       LDWA   -2,s  ;y1 = binomCoeff(n - 1, k)
003A  E30002       STWA   y1,s
```

弹出两个实参和返回值，将返回值赋给 y1。对于第二次调用，类似地把 $n-1$ 和 $k-1$ 压入，把返回值赋给 y2。

6.3.5　用全局变量翻译传引用调用参数

C 提供传引用调用参数，这样被调用过程可以改变调用过程中实参的值。图 2-20 展示了一个 HOL6 层的程序，使用传引用调用对两个全局变量 a 和 b 排序。图 6-27 给出了这个程序，以及编译器产生的目标程序。

323

高级语言

```
#include <stdio.h>

int a, b;

void swap(int *r, int *s) {
   int temp;
```

图 6-27　全局变量作为传引用调用参数。C 程序来自图 2-20

```
   temp = *r;
   *r = *s;
   *s = temp;
}

void order(int *x, int *y) {
   if (*x > *y) {
      swap(x, y);
   }  // ra2
}

int main() {
   printf("Enter an integer: ");
   scanf("%d", &a);
   printf("Enter an integer: ");
   scanf("%d", &b);
   order(&a, &b);
   printf("Ordered they are: %d, %d\n", a, b); // ra1
   return 0;
}
```

汇编语言

```
0000  12003F          BR      main
0003  0000    a:      .BLOCK  2          ;global variable #2d
0005  0000    b:      .BLOCK  2          ;global variable #2d
              ;
              ;******* void swap(int *r, int *s)
              r:      .EQUATE 6          ;formal parameter #2h
              s:      .EQUATE 4          ;formal parameter #2h
              temp:   .EQUATE 0          ;local variable #2d
0007  580002  swap:   SUBSP   2,i        ;push #temp
000A  C40006          LDWA    r,sf       ;temp = *r
000D  E30000          STWA    temp,s
0010  C40004          LDWA    s,sf       ;*r = *s
0013  E40006          STWA    r,sf
0016  C30000          LDWA    temp,s     ;*s = temp
0019  E40004          STWA    s,sf
001C  500002          ADDSP   2,i        ;pop #temp
001F  01              RET
              ;
              ;******* void order(int *x, int *y)
              x:      .EQUATE 4          ;formal parameter #2h
              y:      .EQUATE 2          ;formal parameter #2h
0020  C40004  order:  LDWA    x,sf       ;if (*x > *y)
0023  A40002          CPWA    y,sf
0026  14003E          BRLE    endIf
0029  C30004          LDWA    x,s        ;move x
002C  E3FFFE          STWA    -2,s
002F  C30002          LDWA    y,s        ;move y
0032  E3FFFC          STWA    -4,s
0035  580004          SUBSP   4,i        ;push #r #s
```

图 6-27 （续）

```
0038  240007          CALL    swap        ;swap(x, y)
003B  500004          ADDSP   4,i         ;pop #s #r
003E  01      endIf:  RET
              ;
              ;******* main()
003F  490073 main:    STRO    msg1,d      ;printf("Enter an integer: ")
0042  310003          DECI    a,d         ;scanf("%d", &a)
0045  490073          STRO    msg1,d      ;printf("Enter an integer: ")
0048  310005          DECI    b,d         ;scanf("%d", &b)
004B  C00003          LDWA    a,i         ;move &a
004E  E3FFFE          STWA    -2,s
0051  C00005          LDWA    b,i         ;move &b
0054  E3FFFC          STWA    -4,s
0057  580004          SUBSP   4,i         ;push #x #y
005A  240020          CALL    order       ;order(&a, &b)
005D  500004 ra1:     ADDSP   4,i         ;pop #y #x
0060  490086          STRO    msg2,d      ;printf("Ordered they are: %d, %d\n"
0063  390003          DECO    a,d         ;, a
0066  490099          STRO    msg3,d
0069  390005          DECO    b,d         ;, b)
006C  D0000A          LDBA    '\n',i
006F  F1FC16          STBA    charOut,d
0072  00              STOP
0073  456E74 msg1:    .ASCII  "Enter an integer: \x00"
      ...
0086  4F7264 msg2:    .ASCII  "Ordered they are: \x00"
      ...
0099  2C2000 msg3:    .ASCII  ", \x00"
009C                  .END
```

图 6-27 （续）

C 的传引用调用参数不同于传值调用参数，因为在调用过程中实参提供的是变量的引用而不是变量的值。在汇编层，把实参压入栈的代码会把实参的地址压入，对应于参数列表中的 & 地址运算符。当实参为全局变量时，它的地址就是它符号的值。这样压入全局变量地址的代码就是一个使用立即数寻址的装入指令。在图 6-27 中，获得 a 的地址的代码是

324 ~ 325

```
004B C00003 LDWA a,i ;move &a
```

符号 a 的值是 0003，这是 a 的值存储的地址。这个指令的机器代码是 C00003。C0 是装入累加器指令的指令指示符，寻址 aaa 字段为 000 表示立即数寻址。使用立即数寻址方式，操作数指示符就是操作数，因此这条指令把 0003 装入累加器，存储指令

```
004E E3FFFE STWA -2,s
```

再把 a 的地址压入运行时栈。

类似地，压入 b 的地址的代码是

```
0051 C00005 LDWA b,i ;move &b
```

它的机器代码是 C00005，这里 0005 是 b 的地址。这条指令用立即数寻址把 0005 装入累加器，然后后面的存储指令把它压入运行时栈。

在过程 order() 中，编译器把 HOL6 层上的 if 语句

```
if (*x > *y)
```

翻译成 Asmb5 层上的三条语句

```
0020  C40004 order:  LDWA  x,sf   ;if (*x > *y)
0023  A40002         CPWA  y,sf
0026  14003E         BRLE  endIf
```

装入和比较指令中的寻址方式为 sf，代表的是栈相对间接寻址（stack-relative deferred addressing）。

记住，栈相对寻址方式的操作数和操作数指示符之间的关系是

$$\text{Oprnd} = \text{Mem}[\text{SP} + \text{OprndSpec}]$$

栈相对间接寻址方式的操作数和操作数指示符之间的关系是

$$\text{Oprnd} = \text{Mem}[\text{Mem}[\text{SP} + \text{OprndSpec}]]$$

换句话说，Mem[SP + OprndSpec] 是操作数的地址，而不是操作数本身。

在前面的 LDWA 指令中，x 是操作数指示符，是保存在运行时栈的形参。它是 a 的地址，a 由调用者压入栈。在过程 order() 中，HOL6 层上的两个表达式 x 和 *x 在 Asmb5 层上对应于：

- HOL6 层的指针 x 在 Asmb5 层的 Mem[SP+x] 处，用栈相对寻址方式 s 来访问。
- HOL6 层的整数 *x 在 Asmb5 层的 Mem[Mem[SP+x]] 处，用栈相对间接寻址方式 sf 来访问。

过程 order() 调用 swap(x,y)。因为实参是 x 而不是 *x，过程 order() 只传递 swap() 要用的地址。语句

```
0029 C30004 LDWA x,s ;move x
```

用栈相对寻址把地址放入累加器。下一条指令把这个地址放入运行时栈。

326~327

在过程 order() 中，编译器必须翻译

```
temp = *r;
```

它必须把 *r 的值装入累加器，然后再存储到 temp。因为装入的是 *r 而不是 r，所以使用的是栈相对间接寻址而不是栈相对寻址。编译器翻译赋值语句生成如下目标代码：

```
000A  C40006  LDWA  r,sf    ;temp = *r
000D  E30000  STWA  temp,s
```

过程 swap() 的下一条赋值语句

```
*r = *s;
```

对两个变量都使用了 * 解引用操作符。因此，编译器生成的 LDWA 和 STWA 都使用栈相对间接寻址。

```
0010  C40004  LDWA  s,sf  ;*r = *s
0013  E40006  STWA  r,sf
```

图 6-28 展示了 HOL6 层和 Asmb5 层的运行时栈。a 的地址是 0003，main() 在调用 order() 时把它入栈，用于形参 x。过程 order() 在调用过程 swap() 时把相同的地址压入栈中。

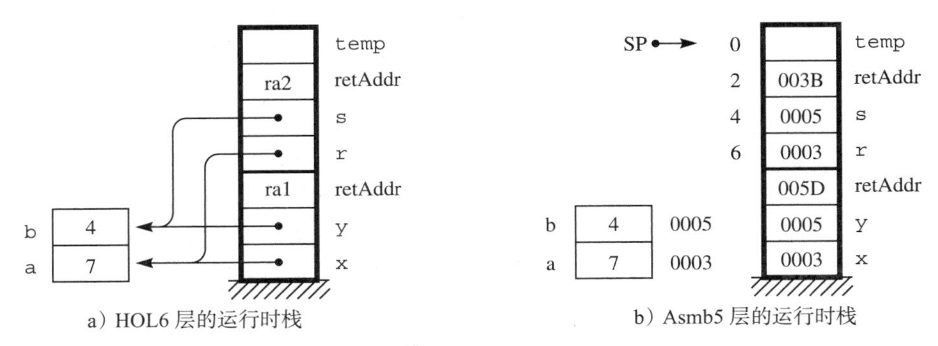

图 6-28　图 6-27 在 HOL6 层和 Asmb5 层的运行时栈

总之，为了用全局变量翻译传引用调用参数，编译器以如下方式生成代码：

- 生成使用立即数寻址方式的装入指令，获得调用者的实参。
- 生成使用栈相对寻址方式的装入指令，获得被调用者的形参 x。
- 生成使用栈相对间接寻址方式的装入指令，获得被调用者的解引用形参 x。

6.3.6　用局部变量翻译传引用调用参数

图 6-29 是一个计算给定长和宽的矩形周长的程序。主程序通过用户输入两个局部变量 width 和 height 给出长和宽，perim 是第三个局部变量。主程序调用一个名为 rect() 的过程（返回值为空的函数），通过传值调用传递 width 和 height，通过传引用调用传递 perim。图中给出了当用户键入 width 为 8，height 为 5 时的输入和输出。

328 ~ 329

高级语言

```
#include <stdio.h>

void rect(int *p, int w, int h) {
   *p = (w + h) * 2;
}

int main() {
   int perim, width, height;
   printf("Enter width: ");
   scanf("%d", &width);
   printf("Enter height: ");
   scanf("%d", &height);
   rect(&perim, width, height);
   // ra1
   printf("Perimeter = %d\n", perim);
   return 0;
}
```

汇编语言

```
0000  12000E          BR       main
                ;
                ;******* void rect(int *p, int w, int h)
                p:        .EQUATE 6           ;formal parameter #2h
                w:        .EQUATE 4           ;formal parameter #2d
```

图 6-29　局部变量作为传引用调用参数

```
             h:        .EQUATE 2            ;formal parameter #2d
0003  C30004 rect:     LDWA    w,s          ;*p = (w + h) * 2
0006  630002           ADDA    h,s
0009  0A               ASLA
000A  E40006           STWA    p,sf
000D  01               RET
             ;
             ;******* main()
             perim:    .EQUATE 4            ;local variable #2d
             width:    .EQUATE 2            ;local variable #2d
             height:   .EQUATE 0            ;local variable #2d
000E  580006 main:     SUBSP   6,i          ;push #perim #width #height
0011  490049           STRO    msg1,d       ;printf("Enter width: ")
0014  330002           DECI    width,s      ;scanf("%d", &width)
0017  490057           STRO    msg2,d       ;printf("Enter height: ")
001A  330000           DECI    height,s     ;scanf("%d", &height)
001D  03               MOVSPA               ;move &perim
001E  600004           ADDA    perim,i
0021  E3FFFE           STWA    -2,s
0024  C30002           LDWA    width,s      ;move width
0027  E3FFFC           STWA    -4,s
002A  C30000           LDWA    height,s     ;move height
002D  E3FFFA           STWA    -6,s
0030  580006           SUBSP   6,i          ;push #p #w #h
0033  240003           CALL    rect         ;rect(&perim, width, height)
0036  500006 ra1:      ADDSP   6,i          ;pop #h #w #p
0039  490066           STRO    msg3,d       ;printf("Perimeter = %d\n", perim);
003C  3B0004           DECO    perim,s
003F  D0000A           LDBA    '\n',i
0042  F1FC16           STBA    charOut,d
0045  500006           ADDSP   6,i          ;pop #height #width #perim
0048  00               STOP
0049  456E74 msg1:     .ASCII  "Enter width: \x00"
      ...
0057  456E74 msg2:     .ASCII  "Enter height: \x00"
      ...
0066  506572 msg3:     .ASCII  "Perimeter = \x00"
      ...
0073                   .END
```

输入 / 输出

```
Enter width: 8
Enter height: 5
Perimeter = 26
```

图 6-29 （续）

图 6-30 是程序在 HOL6 层的运行时栈。将此图和传引用调用全局变量的图 6-28a 进行比较，在那个程序里，形参 x、y、r 和 s 引用全局变量 a 和 b，在 Asmb5 层，a 和 b 在翻译时用 .EQUATE 点命令来分配，它们的符号就是它们的地址。然而，图 6-30 显示 perim 是在运行时栈上分配的。语句

```
000E 580006 main: SUBSP 6,i
```

给 perim 分配存储空间，用

```
perim: .EQUATE 4 ;local variable #2d
```

定义它的符号，该符号不是它的绝对地址。符号是相对于运行时栈顶部的地址，如图 6-31a 所示。符号的绝对地址是 FB8D，为什么呢？因为这是应用程序运行时栈的底部，如图 4-41 中的内存映射所示。

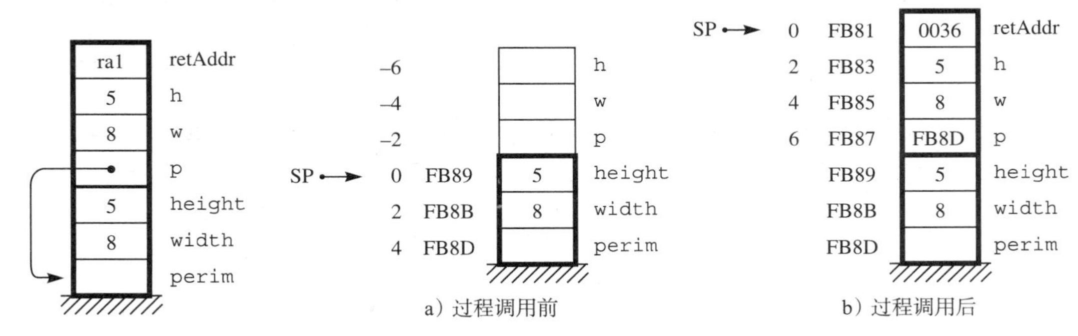

图 6-30　图 6-29 在 HOL6 层的运行时栈

图 6-31　图 6-29 在 Asmb5 层的运行时栈

因此，编译器不能像对全局变量一样生成下面的代码把参数 perim 压入栈中：

```
LDWA perim,i
STWA -2,s
```

如果它生成那样的指令，过程 rect() 就会修改 Mem[0004] 的内容，而 0004 并不是 perim 的位置。

330
~
331

perim 的绝对地址是 FB8D。在图 6-31a 中可以看到，通过将栈指针值加上 perim 的值 4，就会得到这个绝对地址。幸运的是，一元指令 MOVSPA 可以把栈指针的内容移到累加器，MOVSPA 的 RTL 描述是

$$A \leftarrow SP$$

为了压入 perim 的地址，编译器在图 6-29 中的 001D 生成如下的指令：

```
001D  03      MOVSPA             ;move &perim
001E  600004  ADDA    perim,i
0021  E3FFFE  STWA    -2,s
```

第一条指令把栈指针的内容移到累加器。那么累加器里就是 FB89。第二条指令把 perim 的值 4 加到累加器，得到 FB8D。第三条指令把 perim 的地址放到 p 的单元中，过程 rect() 把周长存放在这里，图 6-31b 显示执行的结果。

编译器翻译过程 rect() 中的 *p，就像所有的过程使用任何传引用调用的参数那样。也就是像在 000A 处，过程用栈相对间接寻址来存储值：

```
000A E40006 STWA p,sf
```

使用栈相对间接寻址方式，操作数的地址在栈上。操作数是

$$Oprnd = Mem[Mem[SP + OprndSpec]]$$

这个指令把操作数指示符 6 加到栈指针 FB81 上，得到 FB87。因为 Mem[FB87] 是 FB8D，所以把累加器的值存储在 Mem[FB8D]。

总之，为了用局部变量翻译传引用调用参数，编译器以如下方式生成代码：

- 为了获得调用者的实参，生成一元 MOVSPA 指令，然后是使用立即数寻址的 ADDA 指令。
- 为了获得被调用者的形参 x，生成使用栈相对寻址方式的装入指令。
- 为了获得被调用者的解引用形参 *x，生成使用栈相对间接寻址方式的装入指令。

332

6.3.7 翻译布尔类型

在汇编层存储布尔类型有多种方法。最适合 C 的方法是把值的 true/false（真 / 假）当作整数常量。这两个值是

```
const int true = 1;
const int false = 0;
```

图 6-32 的程序声明了一个布尔函数 inRange()。库 stdbool.h 像上面 true 和 false 声明的那样定义 bool 类型。

高级语言

```
#include <stdio.h>
#include <stdbool.h>

const int LOWER = 21;
const int UPPER = 65;

bool inRange(int a) {
   if ((LOWER <= a) && (a <= UPPER)) {
      return true;
   }
   else {
      return false;
   }
}

int main() {
   int age;
   scanf("%d", &age);
   if (inRange(age)) {
      printf("Qualified\n");
   }
   else {
      printf("Unqualified\n");
   }
   return 0;
}
```

333

图 6-32　布尔类型的翻译

```
汇编语言
0000  120023           BR      main
             true:     .EQUATE 1
             false:    .EQUATE 0
             ;
             LOWER:    .EQUATE 21          ;const int
             UPPER:    .EQUATE 65          ;const int
             ;
             ;******* bool inRange(int a)
             retVal:   .EQUATE 4           ;returned value #2d
             a:        .EQUATE 2           ;formal parameter #2d
0003  C00015 inRange:  LDWA    LOWER,i     ;if ((LOWER <= a)
0006  A30002 if:       CPWA    a,s
0009  1E001C           BRGT    else
000C  C30002           LDWA    a,s         ;&& (a <= UPPER))
000F  A00041           CPWA    UPPER,i
0012  1E001C           BRGT    else
0015  C00001 then:     LDWA    true,i      ;return true
0018  E30004           STWA    retVal,s
001B  01               RET
001C  C00000 else:     LDWA    false,i     ;return false
001F  E30004           STWA    retVal,s
0022  01               RET
             ;
             ;******* main()
             age:      .EQUATE 0           ;local variable #2d
0023  580002 main:     SUBSP   2,i         ;push #age
0026  330000           DECI    age,s       ;scanf("%d", &age)
0029  C30000           LDWA    age,s       ;move age
002C  E3FFFC           STWA    -4,s
002F  580004           SUBSP   4,i         ;push #retVal #a
0032  240003           CALL    inRange     ;inRange(age)
0035  500004           ADDSP   4,i         ;pop #a #retVal
0038  C3FFFE           LDWA    -2,s        ;if (inRange(age))
003B  180044           BREQ    else2
003E  49004B then2:    STRO    msg1,d      ;printf("Qualified\n")
0041  120047           BR      endif2
0044  490056 else2:    STRO    msg2,d      ;printf("Unqualified\n");
0047  500002 endif2:   ADDSP   2,i         ;pop #age
004A  00               STOP
004B  517561 msg1:     .ASCII  "Qualified\n\x00"
      ...
0056  556E71 msg2:     .ASCII  "Unqualified\n\x00"
      ...
0063                   .END
```

图 6-32 （续）

334

在位层上把 false（假）和 true（真）表示为 0000 和 0001（hex）有优势也有劣势。考虑对布尔量进行逻辑运算和相应的汇编指令 ANDr、ORr 和 NOTr。如果 p 和 q 是全局布尔变量，那么

```
p && q
```

翻译为

```
LDWA p,d
ANDA q,d
```

如果用这个目标代码 AND 0000 和 0001，得到预期的 0000，OR 运算 || 也能得到预期的结果。然而，NOT 运算会有问题，因为如果对 0000 进行 NOT，得到 FFFF 而不是 0001，同样对 0001 进行 NOT，得到的是 FFFE 而不是 0000。因此，在翻译 C 赋值语句

```
p = !q
```

时，编译器不会生成 NOT 指令，而是用异或运算 XOR，数学符号为⊕。它有一个非常有用的属性，如果对任意位值 b 和 0 进行 XOR，会得到 b，如果对任意位值 b 和 1 进行 XOR，得到 b 的逻辑负值。数学表达式为

$$b \oplus 0 = b$$
$$b \oplus 1 = \neg b$$

不幸的是，Pep/9 计算机指令集中没有 XORr 指令。如果它有这样的指令，编译器将给上面的赋值生成如下的代码：

```
LDWA q,d
XORA 0x0001,i
STWA p,d
```

335

如果 q 为 false，表示 0000（hex），0000 XOR 0001 等于 0001，与预期一样。同样，如果 q 为 true，表示 0001（hex），0001 XOR 0001 等于 0000。

直到 1999 年，C 语言标准库中都没有 bool 类型。老编译器使用的规则是布尔运算符对整数进行运算，把整数值 0 解释为 false，其他非零整数解释为 true。为了保证向后兼容，现在的 C 编译器维持了这一规则。

6.4　变址寻址和数组

HOL6 层的变量在 ISA3 层是一个内存单元。HOL6 层的变量通过变量名来引用，在 ISA3 层是通过地址。在 Asmb5 层，通过符号名来引用变量，而符号的值是内存单元的地址。

数组的值又是怎样呢？数组包含许多元素，由许多内存单元组成，这些内存单元是连续的、相互邻接的。在 HOL6 层，数组有数组名。在 Asmb5 层，对应符号的地址是数组第一个内存单元的地址。本节说明编译器怎样翻译分配和访问一维数组元素的源程序，翻译使用了多种变址寻址的形式。

336

图 6-33 总结了 Pep/9 的所有寻址方式。我们在前面的程序中说明了立即数、直接、栈相对和栈相对间接寻址。带有数组的程序使用变址、栈变址和栈间接变址寻址。标有 aaa 的那一列展示了在 ISA3 层的寻址 aaa 字段，标有字母的那一列展示了在 Asmb5 层寻址方式的汇编语言名称，标有操作符那一列展示了 CPU 根据操作数指示符（OprndSpec）怎样确定操作数。

寻址方式	aaa	字母	操作数
立即数	000	i	OprndSpec
直接	001	d	Mem[OprndSpec]
间接	010	n	Mem[Mem[OprndSpec]]
栈相对	011	s	Mem[SP+OprndSpec]
栈相对间接	100	sf	Mem[Mem[SP+OprndSpec]]
变址	101	x	Mem[OprndSpec+X]
栈变址	110	sx	Mem[SP+OprndSpec+X]
栈间接变址	111	sfx	Mem[Mem[SP+OprndSpec]+X]

图 6-33 Pep/9 的寻址方式

6.4.1 翻译全局数组

除了变量不是局部变量而是全局变量之外，图 6-34 的 C 程序和图 2-15 的程序是一样的。它给出了一个 HOL6 层程序，声明了有 4 个整数的全局数组 vector 和一个全局整数 j。主程序用一个 for 循环输入 4 个整数到数组，以逆序输出这 4 个整数和它们的索引。

高级语言

```
#include <stdio.h>

int vector[4];
int j;

int main() {
   for (j = 0; j < 4; j++) {
      scanf("%d", &vector[j]);
   }
   for (j = 3; j >= 0; j--) {
      printf("%d %d\n", j, vector[j]);
   }
   return 0;
}
```

汇编语言

```
0000  12000D           BR      main
0003  000000 vector:   .BLOCK  8            ;global variable #2d4a
      000000
      0000
000B  0000   j:        .BLOCK  2            ;global variable #2d
             ;
             ;******* main()
000D  C80000 main:     LDWX    0,i          ;for (j = 0
0010  E9000B           STWX    j,d
0013  A80004 for1:     CPWX    4,i          ;j < 4
```

图 6-34 全局数组

337

```
0016   1C0029             BRGE    endFor1
0019   0B                 ASLX                 ;two bytes per integer
001A   350003             DECI    vector,x     ;scanf("%d", &vector[j])
001D   C9000B             LDWX    j,d          ;j++)
0020   680001             ADDX    1,i
0023   E9000B             STWX    j,d
0026   120013             BR      for1
0029   C80003 endFor1:    LDWX    3,i          ;for (j = 3
002C   E9000B             STWX    j,d
002F   A80000 for2:       CPWX    0,i          ;j >= 0
0032   160054             BRLT    endFor2
0035   39000B             DECO    j,d          ;printf("%d %d\n", j, vector[j])
0038   D00020             LDBA    ' ',i
003B   F1FC16             STBA    charOut,d
003E   0B                 ASLX                 ;two bytes per integer
003F   3D0003             DECO    vector,x
0042   D0000A             LDBA    '\n',i
0045   F1FC16             STBA    charOut,d
0048   C9000B             LDWX    j,d          ;j--)
004B   780001             SUBX    1,i
004E   E9000B             STWX    j,d
0051   12002F             BR      for2
0054   00     endFor2:    STOP
0055                      .END
```

输入

```
60 70 80 90
```

输出

```
3 90
2 80
1 70
0 60
```

338

图 6-34 （续）

图 6-35 展示了整数 j 和数组 vector 的内存分配。和所有的全局整数一样，编译器把 HOL6 层的

```
int j;
```

翻译为 Asmb5 层的语句：

```
000B 0000 j: .BLOCK 2 ;global variable #2d
```

编译器把 HOL6 层的

```
int vector[4];
```

翻译为 Asmb5 层的语句：

```
0003  000000  vector:  .BLOCK  8  ;global variable #2d4a
      000000
      0000
```

由于数组有 4 个整数，所以分配 8 字节，每个整数 2 字节。从图 6-35 可以看到 0003 是

数组第一个元素的地址，第二个元素的地址是 0005，每个元素的地址比前一个元素的地址大 2 字节。

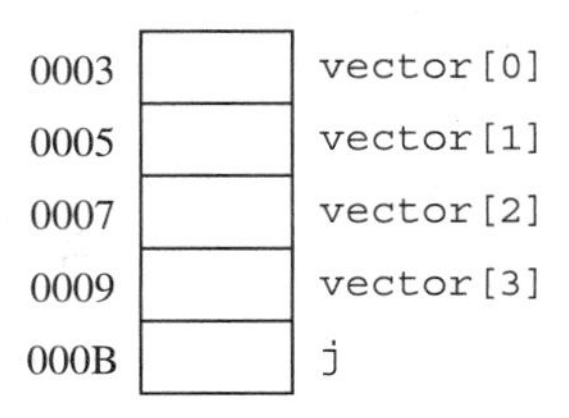

图 6-35　图 6-34 全局数组的内存分配

格式跟踪标签说明数组有多少个单元以及多少字节。应该把格式跟踪标签 #2d4a 读作“两字节十进制，4 单元数组”。使用这种说明，Pep/9 调试器将生成类似于图 6-35 那样的每个单元都有标记的数组示意图。

编译器照常翻译第一个 for 语句

```
for (j = 0; j < 4; j++)
```

由于 j 是全局变量，所以用直接寻址访问 j。但是怎样访问 vector[j] 呢？不能只是使用直接寻址，因为符号 vector 的值是数组第一个元素的地址。如果 j 的值是 2，它应该访问数组的第三个元素，而不是第一个。

答案是使用变址寻址。使用变址寻址时，CPU 计算操作数为

Oprnd = Mem[OprndSpec + X]

它将操作数指示符和变址寄存器相加，把和作为主存地址，然后从这个地址获取操作数。

在图 6-34 中，编译器将 HOL6 层的

```
scanf("%d", &vector[j]);
```

339

翻译为 Asmb5 层的

```
0019   0B       ASLX               ;two bytes per integer
001A   350003   DECI   vector,x    ;scanf("%d", &vector[j])
```

这是优化过的翻译结果。编译器分析前面生成的代码，确定变址寄存器包含的是现在 j 的值。非优化编译器会生成下面的代码

```
LDWX j,d
ASLX
DECI vector,x
```

假定 j 的值为 2，LDX 将 j 的值放入变址寄存器（或者，优化编译器确定现在的 j 值已经在变址寄存器里）。ASLX 将 2 乘以 2，把 4 放入变址寄存器。DECI 使用变址寻址。因此，这样计算操作数

Mem[OprndSpec + x]

Mem[0003 + 4]

Mem[0007]

它是图 6-35 中的 vector[2]。如果数组是字符数组，那么 ASLX 运算就不必要了，因为每个字符仅占 1 字节。一般来说，如果数组的每个单元占用 n 字节，那么 j 的值乘以 n 装入变址寄存器，用变址寻址访问数组元素。

类似地，编译器用变址寻址方式将 vector[j] 的输出翻译为

```
003E  0B      ASLX               ;two bytes per integer
003F  3D0003  DECO   vector,x
```

总之，为了翻译全局数组，编译器遵循如下规则生成代码：

- 用 .BLOCK tot 给数组分配存储空间，tot 是数组占用的总字节数。

● 用 LDWX 把变址放入变址寄存器来访问数组元素，生成代码把索引乘以每个单元的字节数（ASLX 对应于每个元素占两个字节的整数数组），使用变址寻址。

340

6.4.2 翻译局部数组

就像所有的局部变量一样，局部数组在程序执行期间在运行时栈上进行分配。SUBSP 指令给数组分配空间，ADDSP 指令释放空间。除了索引 j 和数组 vector 是 main() 的局部变量外，图 6-36 的程序和图 6-34 的程序是一样的。

高级语言

```
#include <stdio.h>

int main() {
   int vector[4];
   int j;
   for (j = 0; j < 4; j++) {
      scanf("%d", &vector[j]);
   }
   for (j = 3; j >= 0; j--) {
      printf("%d %d\n", j, vector[j]);
   }
   return 0;
}
```

汇编语言

```
0000  120003           BR       main
               ;
               ;******* main ()
               vector:  .EQUATE  2            ;local variable #2d4a
               j:       .EQUATE  0            ;local variable #2d
0003  58000A  main:    SUBSP    10,i         ;push #vector #j
0006  C80000           LDWX     0,i          ;for (j = 0
0009  EB0000           STWX     j,s
000C  A80004  for1:    CPWX     4,i          ;j < 4
000F  1C0022           BRGE     endFor1
0012  0B               ASLX                  ;two bytes per integer
0013  360002           DECI     vector,sx    ;scanf("%d", &vector[j])
0016  CB0000           LDWX     j,s          ;j++)
0019  680001           ADDX     1,i
001C  EB0000           STWX     j,s
001F  12000C           BR       for1
0022  C80003  endFor1: LDWX     3,i          ;for (j = 3
0025  EB0000           STWX     j,s
0028  A80000  for2:    CPWX     0,i          ;j >= 0
002B  16004D           BRLT     endFor2
002E  3B0000           DECO     j,s          ;printf("%d %d\n", j, vector[j])
0031  D00020           LDBA     ' ',i
0034  F1FC16           STBA     charOut,d
0037  0B               ASLX                  ;two bytes per integer
0038  3E0002           DECO     vector,sx
```

341

图 6-36　局部数组。用局部变量的图 6-34 的 C 程序

```
003B  D0000A           LDBA   '\n',i
003E  F1FC16           STBA   charOut,d
0041  CB0000           LDWX   j,s          ;j--)
0044  780001           SUBX   1,i
0047  EB0000           STWX   j,s
004A  120028           BR     for2
004D  50000A endFor2:  ADDSP  10,i         ;pop #j #vector
0050  00               STOP
0051                   .END
```

图 6-36 （续）

图 6-37 展示了图 6-36 中的程序在运行时栈上的内存分配。编译器把 HOL6 层的

```
int vector[4];
int j;
```

翻译成 Asmb5 层的

```
0003 58000A main: SUBSP 10,i ;push #vector #j
```

给 vector 分配 8 字节，给 j 分配 2 字节，总共 10 字节。用

```
vector:   .EQUATE 2   ;local variable #2d4a
j:        .EQUATE 0   ;local variable #2d
```

设置符号的值，这里 2 是 vector 第一个单元的栈相对地址，0 是 j 的栈相对地址，如图 6-37 所示。

342

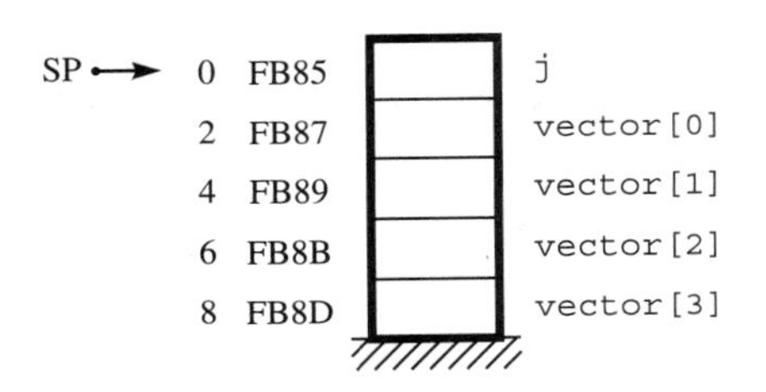

图 6-37 图 6-36 局部数组的内存分配

编译器是怎样访问 vector[j] 的呢？不能使用变址寻址，因为符号 vector 的值不是数组第一个元素的地址。需要使用栈变址寻址。使用栈变址寻址，CPU 这样计算操作数

$$Oprnd = Mem[SP + OprndSpec + X]$$

将栈指针、操作数指示符和变址寄存器相加，把这个和作为它从主存获取操作数的地址。

在图 6-36 中，编译器把 HOL6 层的

```
scanf("%d", &vector[j]);
```

翻译成 Asmb5 层的

```
0012   0B       ASLX                 ;two bytes per integer
0013   360002   DECI   vector,sx     ;scanf("%d", &vector[j])
```

和前面的程序一样，这是一个优化的翻译。非优化编译器将会生成下面的代码：

```
LDWX j,d
ASLX
DECI vector,sx
```

假定 j 的值为 2，LDWX 把 j 的值放入变址寄存器。ASLX 把 2 乘以 2，变址寄存器中的内容变为 4。DECI 使用栈变址寻址。这样，像下面这样计算操作数

$$Mem[SP + OprndSpec + X]$$
$$Mem[FB85 + 2 + 4]$$
$$Mem[FB8B]$$

343

它是图 6-37 中的 vector[2]。我们可以看到栈变址寻址是如何设计来为运行时栈上的数组服务的。SP 是栈顶地址，OprndSpec 是数组第一个单元的栈相对地址，因此 SP + OprndSpec 就是数组第一个单元的绝对地址。变址寄存器里存放的是 j（乘以数组每个单元的字节数），因此 SP + OprndSpec + X 的和是数组单元 j 的地址。

总之，为了翻译局部数组，编译器遵循如下规则生成代码：

- 用立即数寻址的 SUBSP tot 对数组进行分配，tot 是数组占用的总字节数。
- 用 LDWX 把变址放入变址寄存器来获得数组元素，生成代码把索引乘以每个单元的字节数（ASLX 对应于每个元素占两个字节的整数数组），使用栈变址寻址。

6.4.3　翻译作为参数传递的数组

在 C 中，数组名不使用方括号 []，它是数组第一个元素的地址。当要传递一个数组时，即使在实参列表中不用 & 指明，也是传递的数组第一个元素的地址。这个效果就与传引用调用数组一样。C 语言的设计者认为程序员几乎从来不会想去传值调用一个数组，因为这样的调用效率太低。由于栈必须包含整个数组，所以要求运行时栈必须有大量的存储空间。还会需要大量的时间，因为每个单元的值要复制到栈中。因此，C 中对数组默认的是传引用调用。

图 6-38 展示了编译器怎样翻译一个把局部数组作为参数传递的程序。主程序传递整数数组 vector 和整数 numItms 到过程 getVect() 和 putVect()，getVect() 把值输入到数组并把 numItms 设置为输入条目的数量值，putVect() 输出数组的值。

高级语言

```
#include <stdio.h>

void getVect(int v[], int *n) {
   int j;
   scanf("%d", n);
   for (j = 0; j < *n; j++) {
      scanf("%d", &v[j]);
   }
}

void putVect(int v[], int n) {
   int j;
   for (j = 0; j < n; j++) {
      printf("%d ", v[j]);
   }
   printf("\n");
}
int main() {
   int vector[8];
   int numItms;
   getVect(vector, &numItms);
   putVect(vector, numItms);
   return 0;
}
```

图 6-38　将局部数组作为参数传递

汇编语言

```
0000  120058            BR       main
                ;
                ;******* getVect(int v[], int *n)
                v:        .EQUATE 6           ;formal parameter #2h
                n:        .EQUATE 4           ;formal parameter #2h
                j:        .EQUATE 0           ;local variable #2d
0003  580002 getVect: SUBSP    2,i            ;push #j
0006  340004          DECI     n,sf           ;scanf("%d", n)
0009  C80000          LDWX     0,i            ;for (j = 0
000C  EB0000          STWX     j,s
000F  AC0004 for1:    CPWX     n,sf           ;j < *n
0012  1C0025          BRGE     endFor1
0015  0B              ASLX                    ;two bytes per integer
0016  370006          DECI     v,sfx          ;scanf("%d", &v[j])
0019  CB0000          LDWX     j,s            ;j++)
001C  680001          ADDX     1,i
001F  EB0000          STWX     j,s
0022  12000F          BR       for1
0025  500002 endFor1: ADDSP    2,i            ;pop #j
0028  01              RET
                ;
                ;******* putVect(int v[], int n)
                v2:       .EQUATE 6           ;formal parameter #2h
                n2:       .EQUATE 4           ;formal parameter #2d
                j2:       .EQUATE 0           ;local variable #2d
0029  580002 putVect: SUBSP    2,i            ;push #j2
002C  C80000          LDWX     0,i            ;for (j = 0
002F  EB0000          STWX     j2,s
0032  AB0004 for2:    CPWX     n2,s           ;j < n
0035  1C004E          BRGE     endFor2
0038  0B              ASLX                    ;two bytes per integer
0039  3F0006          DECO     v2,sfx         ;printf("%d ", v[j])
003C  D00020          LDBA     ' ',i
003F  F1FC16          STBA     charOut,d
0042  CB0000          LDWX     j2,s           ;j++)
0045  680001          ADDX     1,i
0048  EB0000          STWX     j2,s
004B  120032          BR       for2
004E  D0000A endFor2: LDBA     '\n',i         ;printf("\n")
0051  F1FC16          STBA     charOut,d
0054  500002          ADDSP    2,i            ;pop #j2
0057  01              RET
                ;
                ;******* main()
                vector:   .EQUATE 2           ;local variable #2d8a
                numItms:  .EQUATE 0           ;local variable #2d
0058  580012 main:    SUBSP    18,i           ;push storage for #vector #numItms
005B  03              MOVSPA                  ;move (&)vector
005C  600002          ADDA     vector,i
```

图 6-38 （续）

```
005F  E3FFFE         STWA    -2,s
0062  03             MOVSPA              ;move &numItms
0063  600000         ADDA    numItms,i
0066  E3FFFC         STWA    -4,s
0069  580004         SUBSP   4,i         ;push #v #n
006C  240003         CALL    getVect     ;getVect(vector, &numItms)
006F  500004         ADDSP   4,i         ;pop #n #v
0072  03             MOVSPA              ;move (&)vector
0073  600002         ADDA    vector,i
0076  E3FFFE         STWA    -2,s
0079  C30000         LDWA    numItms,s   ;move numItms
007C  E3FFFC         STWA    -4,s
007F  580004         SUBSP   4,i         ;push #v2 #n2
0082  240029         CALL    putVect     ;putVect(vector, numItms)
0085  500004         ADDSP   4,i         ;pop #n2 #v2
0088  500012         ADDSP   18,i        ;pop #numItms #vector
008B  00             STOP
008C                 .END
```

输入

```
5 40 50 60 70 80
```

输出

```
40 50 60 70 80
```

图 6-38　（续）

如图 6-38 所示，编译器将局部变量

```
int vector[8];
int numItms;
```

翻译成

344
~
346

```
                 vector:   .EQUATE 2       ;local variable #2d8a
                 numItms:  .EQUATE 0       ;local variable #2d
0057   580012   main:      SUBSP   18,i ;push #vector #numItms
```

SUBSP 指令在运行时栈上压入 18 字节，16 字节用于数组的 8 个整数，2 字节用于整数。点命令 .EQUATE 把符号设置成它们对应的栈偏移量，如图 6-39a 所示。

编译器要翻译

```
getVect(vector, &numItms);
```

首先生成把 vector 的第一个单元的地址压入栈中的代码

```
005B  03      MOVSPA             ;move (&)vector
005C  600002  ADDA    vector,i
005F  E3FFFE  STWA    -2,s
```

接着生成压入 numItms 地址的代码

```
0062  03      MOVSPA             ;move &numItms
0063  600000  ADDA    numItms,i
0066  E3FFFC  STWA    -4,s
```

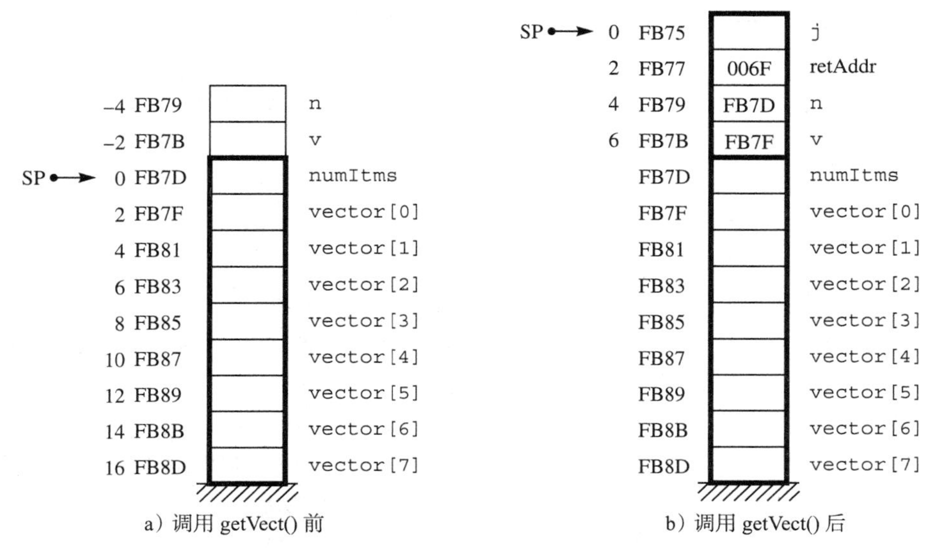

图 6-39　图 6-38 所示程序的运行时栈

尽管 C 程序中第一个实参是 vector 而不是 &vector，但是编译器会生成代码，用 MOVSPA 和 ADDA 指令压入 v 的地址。和往常一样，第二个实参 &numItms 有前缀的地址运算符 &，因此，编译器用同样的方法将它的地址入栈。请记住，C 的数组是一个特殊情况，默认用传引用调用，而不在实参表中使用 & 地址运算符。图 6-39b 说明 v 等于 FB7F，即 vector[0] 的地址；n 是 FB79，即 numItms 的地址。

图 6-39b 也展示了 getVect() 中参数和局部变量的栈偏移量。编译器相应地定义符号：

```
v: .EQUATE 6 ;formal parameter #2h
n: .EQUATE 4 ;formal parameter #2h
j: .EQUATE 0 ;local variable #2d
```

把输入语句翻译为

```
0006 340004 DECI n,sf ;scanf("%d", n)
```

这里使用栈相对间接寻址，因为 n 是传引用调用的，n 的地址在栈上。

但是编译器怎样翻译

```
scanf("%d", &v[j]);
```

347
～
348

呢？不能使用栈变址寻址方式，因为该数组的值不在 getVect() 的栈帧中。v 的值为 6，这表示数组第一个单元的地址在栈顶下面 6 字节的位置。该数组的值在 main() 的栈帧中。栈间接变址寻址就是设计用来访问这样的数组元素，数组的地址在顶部的栈帧中，但是实际的值并不在。CPU 用栈间接变址寻址来这样计算操作数：

$$\text{Oprnd} = \text{Mem}[\text{Mem}[\text{SP} + \text{OprndSpec}] + \text{X}]$$

栈指针和操作数指示符相加，把这个和作为数组第一个元素的地址，再把这个地址和变址寄存器相加。编译器把输入语句翻译成

```
0015   0B       ASLX            ;two bytes per integer
0016   370006   DECI  v,sfx     ;scanf("%d", &v[j])
```

这里 sfx 表示是栈间接变址寻址，编译器已经确定变址寄存器里包含 j 的当前值。

例如，假定 j 的值是 2，ASLX 指令把它乘以 2 得到 4，操作数的计算如下：

Mem[Mem[SP + OprndSpec] + X]

Mem[Mem[FB75 + 6] + 4]

Mem[Mem[FB7B] + 4]

Mem[FB7F + 4]

Mem[FB83]

它是 vector[2]，和图 6-39b 预期的一样。

在图 6-39 中过程 getVect() 和 putVect() 形参的名字是一样的。在 HOL6 层，参数名的范围，限制在函数体内。程序员知道在 getVect() 体中包含 n 的语句引用的是 getVect() 参数列表中的 n，而不是 putVect() 参数列表中的 n。然而，在 Asmb5 层，符号名的范围却是整个汇编语言程序。编译器不能给 putVect() 中的 n 使用与 getVect() 中 n 一样的符号，因为重复的符号定义会引起歧义。所有的编译器在将 HOL6 层的名字声明翻译到 Asmb5 层的符号时，必须有某种用来管理这些名字声明范围的机制。图 6-38 中的编译器通过给符号名附加数字 2 形成无二义性的标识符。因此编译器将 HOL6 层的 putVect() 中的变量名 n 翻译成 Asmb5 层的符号 n2，对 v 和 j 做同样的处理。

349

在过程 putVect() 中，数组作为参数传递，但 n 是传值调用。在准备过程调用时，和前面一样，将 vector 的地址压入栈，但这次是将 numItms 的值而不是地址压入栈。在过程 putVect() 中，使用栈相对寻址来访问 n2：

```
0032  AB0004  for2:  CPWX  n2,s   ;j < n
```

只是因为 n2 是传值调用。使用栈间接变址寻址来访问 v2

```
0038  0B      ASLX             ;two bytes per integer
0039  3F0006  DECO   v2,sfx    ;printf("%d ", v[j])
```

就像它在 getVect() 中一样。

在图 6-38 中，vector 是局部数组。如果它是全局数组，那么对 getVect() 和 putVect() 的翻译不会改变。使用栈间接变址寻址来访问 v[j]，它预期数组的第一个元素的地址在顶部的栈帧中。唯一的不同的是在准备调用时压入数组第一个元素地址的代码，与图 6-34 中的程序一样，全局数组的符号值是数组第一个单元的地址。因此要压入数组第一个单元的地址，编译器会生成一条使用立即数寻址的 LDWA 指令，后面跟一个栈相对寻址的 STWA 指令来进行压入。

总之，为了把数组作为参数传递，编译器遵循如下规则生成代码：

- 为了访问调用程序的实参，即数组的第一个元素的地址，或者 a）对于局部数组，用 MOVSPA，后面跟采用立即数寻址的 ADDA；或者 b）对于全局数组，使用立即数寻址的 LDWA。
- 用 LDWX 把变址放入变址寄存器来访问被调用程序的数组元素，生成代码把索引乘以每个单元的字节数（ASLX 对应于每个元素占两个字节的整数数组），使用栈间接变址寻址。

6.4.4　翻译 switch 语句

图 6-40 中的程序就是图 2-12 中的程序，它展示了编译器怎样翻译 C 的 switch 语句。这

个程序使用了一个有趣的变址寻址和无条件分支 BR 的结合。switch 语句和嵌套的 if 语句是不一样的。如果用户给 guess 输入 2，switch 语句不会将 guess 与 0 和 1 比较，而是直接分支到第三个选择。由于索引机制允许程序员不用遍历所有前面的元素而随机访问任意元素，所以数组是一个随机访问的数据结构。例如，要访问一个整数向量的第三个元素，可以直接写 vector[2] 而不用先遍历 vector[0] 和 vector[1]。主存实际上是 1 字节数组，字节的地址就对应于这个数组的索引。为了翻译 switch 语句，编译器分配一个叫作转移表（jump table）的地址数组。转移表中的每个表项是一段代码第一条语句的地址，每段代码对应 switch 语句的一种情况。使用变址寻址，程序能够直接分支情况 2（case 2）。

350～351

高级语言

```
#include <stdio.h>

int main() {
   int guess;
   printf("Pick a number 0..3: ");
   scanf("%d", &guess);
   switch (guess) {
      case 0: printf("Not close\n"); break;
      case 1: printf("Close\n"); break;
      case 2: printf("Right on\n"); break;
      case 3: printf("Too high\n");
   }
   return 0;
}
```

汇编语言

```
0000  120003           BR        main
               ;
               ;******* main()
               guess:   .EQUATE 0          ;local variable #2d
0003  580002   main:    SUBSP    2,i       ;push #guess
0006  490034            STRO     msgIn,d   ;printf("Pick a number 0..3: ")
0009  330000            DECI     guess,s   ;scanf("%d", &guess)
000C  CB0000            LDWX     guess,s   ;switch (guess)
000F  0B                ASLX               ;two bytes per address
0010  130013            BR       guessJT,x
0013  001B     guessJT: .ADDRSS case0
0015  0021              .ADDRSS case1
0017  0027              .ADDRSS case2
0019  002D              .ADDRSS case3
001B  490049   case0:   STRO     msg0,d    ;printf("Not close\n")
001E  120030            BR       endCase   ;break
0021  490054   case1:   STRO     msg1,d    ;printf("Close\n")
0024  120030            BR       endCase   ;break
0027  49005B   case2:   STRO     msg2,d    ;printf("Right on\n")
002A  120030            BR       endCase   ;break
002D  490065   case3:   STRO     msg3,d    ;printf("Too high\n")
0030  500002   endCase: ADDSP    2,i       ;pop #guess
0033  00                STOP
```

图 6-40　switch 语句的翻译。这个 C 程序来自图 2-12

```
0034   506963 msgIn:    .ASCII   "Pick a number 0..3: \x00"
       ...
0049   4E6F74 msg0:     .ASCII   "Not close\n\x00"
       ...
0054   436C6F msg1:     .ASCII   "Close\n\x00"
       ...
005B   526967 msg2:     .ASCII   "Right on\n\x00"
       ...
0065   546F6F msg3:     .ASCII   "Too high\n\x00"
       ...
006F                    .END

Symbol table
--------------------------------------
Symbol     Value         Symbol     Value
--------------------------------------
case0      001B          case1      0021
case2      0027          case3      002D
endCase    0030          guess      0000
guessJT    0013          main       0003
msg0       0049          msg1       0054
msg2       005B          msg3       0065
msgIn      0034
--------------------------------------
```

图 6-40 （续）

图 6-40 展示了汇编语言程序中在 0013 处的转移表。在 0013 生成的代码是 001B，这是情况 0（case 0）第一条语句的地址，在 0015 生成的代码是 0021，这是情况 1（case 1）第一条语句的地址，以此类推。编译器用 .ADDRSS 伪操作生成转移表，每个 .ADDRSS 命令后面必须跟一个符号，.ADDRSS 生成的代码是符号的值。例如，case2 是一个符号，它的值是 0027，这是如果 guess 的值为 2 时要执行代码的地址。因此，

```
.ADDRSS case2
```

在 0017 处生成的目标代码是 0027。

假定用户为 guess 的值输入 2，语句

```
000C CB0000 LDWX guess,s ;switch (guess)
```

把 2 放入变址寄存器，语句

```
000F 0B ASLX ;two bytes per address
```

将 2 乘以 2，变址寄存器中为 4，语句

```
0010 130013 BR guessJT,x
```

是变址寻址的无条件分支。操作数指示符 guessJT 的值是 0013，这是转移表第一个字的地址。对于变址寻址，CPU 这样计算操作数

Oprnd = Mem[OprndSpec + X]

因此 CPU 计算

Mem[OprndSpec + X]

Mem[0013 + 4]

Mem[0017]

0027

将 0027 作为操作数。BR 指令的 RTL 描述是

PC ← Oprnd

因此 CPU 把 0027 放在程序计数器。因为执行冯 · 诺依曼周期，所以下一条要执行的指令是在地址 0027 处的指令，这正好是情况 2（case 2）的第一条指令。

352 ~ 353

C 中的 break 语句被翻译成一条 BR 指令，分支到 switch 语句的末尾。如果在 C 程序中省略了 break，那么编译器也会省略这个 BR，控制将转移到下一个情况（case）中。

如果用户键入一个不在 0 ～ 3 范围内的数，那么就会发生运行时错误。例如，如果用户给 guess 键入 4，ASLX 指令将它乘以 2，那么变址寄存器中为 8，CPU 这样计算操作数

Mem[OprndSpec + X]

Mem[0013 + 8]

Mem[001B]

4100

因此将分支到内存单元 4100（hex）处。问题在于汇编程序给 STRO 指令生成 001B，这个 001B 不是作为分支地址来解释的。为了防止用户发生这样的事情，C 指定如果 guess 的值不是情况之一，那就任何事情都不做。它也给 switch 语句提供了一种 default 情况，用来处理前面没有出现过的情况。编译器一定要给 guess 生成一个初始的条件分支，用来处理其他情况没有覆盖到的值。本章结尾的习题会讨论 switch 语句的这个特性。

编译为 x86 汇编语言

Microsoft Visual Studio IDE 的 C 编译器一般会直接编译为机器代码。但是，它能够输出一种称为 Microsoft 宏汇编程序（MASM）的汇编语言，作为中间步骤，之后可以检查并与 C 源代码进行比较。下面的代码片段是图 6-10 中 C 程序的汇编语言翻译。

在这个 C 程序中有一个单一的全局变量声明为

```
char letter;
```

编译器把这个声明翻译为 MASM 的

```
_DATA SEGMENT
COMM _letter:BYTE
_DATA ENDS
```

它创建了汇编语言符号 _letter 来代表 C 程序中的全局变量 letter。全局变量保存在一个数据段中，这个数据段在内存的固定位置上。

编译器把循环测试

```
while (letter != '*')
```

翻译为图 6-41a 所示的代码段。

354

```
0003a  0f be 05 00 00
       00 00 00        movsx eax, BYTE PTR _letter
00041  83 f8 2a        cmp   eax, 42 ; 0000002aH
00044  74 62           je    SHORT $LN3@main
```

a）while 循环测试的翻译

```
0007c  a1 00 00 00 00 mov   eax, DWORD PTR _value
00081  50             push  eax
00082  e8 00 00 00 00 call  _printBar
00087  83 c4 04       add   esp, 4
```

b）printBar() 函数调用的翻译

图 6-41 C 翻译为 MASM

```
0001e   c7 45 f8 01 00 ; k = 1
        00 00          mov  DWORD PTR _k$[ebp], 1
00025   eb 09          jmp  SHORT $LN3@printBar
$LN2@printBar:         ; k++
00027   8b 45 f8       mov  eax, DWORD PTR _k$[ebp]
0002a   83 c0 01       add  eax, 1
0002d   89 45 f8       mov  DWORD PTR _k$[ebp], eax
$LN3@printBar:         ; k <= n
00030   8b 45 f8       mov  eax, DWORD PTR _k$[ebp]
00033   3b 45 08       cmp  eax, DWORD PTR _n$[ebp]
00036   7f 19          jg   SHORT $LN1@printBar
```

c）for 循环的翻译

```
0004f eb d6            jmp SHORT $LN2@printBar
$LN1@printBar:
```

d）分支到循环头部

图 6-41 （续）

和 Pep/9 代码清单一样，第一列是内存地址，第二列是十六进制的机器码，第三列是汇编语言助记符，其余列指定一个或多个操作数。

movsx 是带符号扩展的传送指令，把 letter 的值放入 EAX 寄存器。该语言用 PTR 来表示操作数的字节数，而不是针对不同大小的操作数给出不同的 mov 指令。cmp 是比较指令，它把 EAX 寄存器的内容与 42（dec），即 2A（hex），也就是 ASCII 字符 *，进行比较。和 Pep/9 一样，分号表示编译器为代码清单生成的注释的开始。十六进制常量用字母 H 结尾。je 是相等时跳转指令，它等同于 Pep/9 的 BREQ 指令。编译器生成符号 $LN3@main 作为分支目标，程序稍后会对其进行定义。

图 6-41b 的代码片段是 MASM 汇编代码的一个例子，图 6-21 的 C 程序中的函数调用

```
printBar(value)
```

355

生成了这段代码。

当 _value 压入运行时栈时，push 指令自动从栈指针 ESP 中减去 4。add 指令弹出栈中的这些字节。

虽然前面的代码片段接近于对应的 Pep/9 翻译，但是 printBar() 开头的设置代码要复杂得多。除了栈指针，还必须管理栈帧的基址指针。编译器在 printBar() 函数的开头为文本段中的形参 n 和局部变量 k 设置数值：

```
; COMDAT _printBar
_TEXT SEGMENT
_k$ = -8   ; size = 4
_n$ = 8    ; size = 4
_printBar PROC ; COMDAT
```

与 Pep/9 不同的是，相对于基址指针而不是栈指针的偏移量可以是负数。函数开头的设置代码需要九条指令，这里没有显示它们。

图 6-41c 的代码片段是函数内

```
for (k = 1; k <= n; k++)
```

的编译器翻译。

第一条语句把 k 初始化为 1。DWORD 表示双字，即 4 个字节。MASM 把括号 [] 当作加法运算符，因此，表达式 _k$[ebp] 表示的是寻址方式，其操作数是 Mem[EBP + OprndSpec]，_k$ 的值是某个操作数指示符。这个寻址方式等效于 Pep/9 的栈相对寻址，只不过用基址指针 EBP 代替了栈指针。

可以在目标代码中看到操作数指示符。符号 _k$ 的值是 -8（dec），在目标代码中为 1111 1000（bin）或 f8。同样，可以看到 _n$ 的值在目标代码中为 08。

jmp 是无条件跳转，等同于 Pep/9 的

BR。jg 是大于时跳转，等同于 Pep/9 的 BRGT。图 6-41d 中的两条语句在循环的尾部。第一条语句分支回到测试，第二条语句是终止循环的符号。

x86 的跳转指令使用 PC 相对寻址，这是一种常用寻址方式，但是为了保持翻译的简单性，Pep/9 没有使用它。PC 相对寻址中，操作数指示符不是目标地址，而是从 PC 当前值到目标所需的偏移量。换句话说，操作数是 PC+OprndSpec。

例 6.1 考虑图 6-41c 中位于 00025 的 jmp 指令。指令指示符是 eb，操作数指示符是 09。分支不是到 Mem[09]，而是到 Mem[PC+09]。该指令被取指后，程序计数器的值增加。x86 架构的程序计数器是 EIP，现在它的值是 00027。因此，分支会到 Mem[00027+09]，即 Mem[00030]，这里的加法是十六进制的。不出所料，分支的目标是 $LN3@printBar:，其地址为 00030。 ■

例 6.2 考虑图 6-41d 中位于 0004f 的 jmp 指令。该指令被取指后，程序计数器的值增加，现在它的值是 00051。从目标代码清单可以看出来，操作数指示符是 d6。它被看作是一个 8 位有符号数 1101 0110，符号位是 1，表示它是负数，即 -42(dec)。用适当的基数转换，把 -42(dec) 加到 00051(hex) 上，得到十六进制地址 00027。和预期的一样，分支目标是 $LN2@printBar:，即图 6-41c 中的地址 00027。

和 Pep/9 一样，x86 架构描述了一个复杂指令集（CISC）机器。从前面的目标代码可以看出来，x86 指令有许多不同的大小。第 12 章描述了 MIPS 机器，它是精简指令集（RISC）机器。RISC 机器的主要设计目标是所有指令具有相同的大小。第 12 章展示了 MIPS 机器如何为其分支指令使用 PC 相对寻址。 ■

6.5 动态内存分配

编译器的目的是为程序员创造一种高层次的抽象。例如，它让程序员思考单个 while 循环，而不是思考在机器上执行循环所必需的汇编层具体的条件分支。隐藏较低层次的细节是抽象的本质。

356

但程序控制的抽象仅仅是问题的一面，另一面是数据的抽象。在汇编层和机器层，唯一的数据类型是位和字节。前面的程序展示了编译器怎样翻译字符、整数和数组这些数据类型，这些类型中的每一种都可以是全局的，使用 .BLOCK 分配；或者是局部的，用 SUBSP 在运行时栈上分配。但是 C 程序还能包含结构和指针，这是许多数据结构的基本构件。在 HOL6 层，指针访问用 malloc() 函数在堆上分配的结构。本节展示一个 Asmb5 层上简单的堆操作，以及编译器怎样翻译包含指针和结构的程序。

6.5.1 翻译全局指针

图 6-42 展示了一个有全局指针的 C 程序，以及它到 Pep/9 汇编语言的翻译。这个 C 程序和图 2-38 中的程序是一样的。图 2-39 展示了当程序在 HOL6 层上执行时堆的分配。堆是不同于栈的内存区域。编译器，与操作系统合作，必须生成执行堆分配和释放的代码。

高级语言

```
#include <stdio.h>
#include <stdlib.h>

int *a, *b, *c;

int main() {
   a = (int *) malloc(sizeof(int));
   *a = 5;
   b = (int *) malloc(sizeof(int));
   *b = 3;
   c = a;
   a = b;
   *a = 2 + *c;
   printf("*a = %d\n", *a);
   printf("*b = %d\n", *b);
   printf("*c = %d\n", *c);
   return 0;
}
```

汇编语言

```
0000  120009            BR      main
0003  0000    a:        .BLOCK  2           ;global variable #2h
0005  0000    b:        .BLOCK  2           ;global variable #2h
0007  0000    c:        .BLOCK  2           ;global variable #2h
              ;
              ;******* main ()
0009  C00002  main:     LDWA    2,i         ;a = (int *) malloc(sizeof(int))
000C  240073            CALL    malloc      ;allocate #2d
000F  E90003            STWX    a,d
0012  C00005            LDWA    5,i         ;*a = 5
0015  E20003            STWA    a,n
0018  C00002            LDWA    2,i         ;b = (int *) malloc(sizeof(int))
001B  240073            CALL    malloc      ;allocate #2d
001E  E90005            STWX    b,d
0021  C00003            LDWA    3,i         ;*b = 3
0024  E20005            STWA    b,n
0027  C10003            LDWA    a,d         ;c = a
002A  E10007            STWA    c,d
002D  C10005            LDWA    b,d         ;a = b
0030  E10003            STWA    a,d
0033  C00002            LDWA    2,i         ;*a = 2 + *c
0036  620007            ADDA    c,n
0039  E20003            STWA    a,n
003C  490061            STRO    msg0,d      ;printf("*a = %d\n", *a)
003F  3A0003            DECO    a,n
0042  D0000A            LDBA    '\n',i
0045  F1FC16            STBA    charOut,d
0048  490067            STRO    msg1,d      ;printf("*b = %d\n", *b)
004B  3A0005            DECO    b,n
004E  D0000A            LDBA    '\n',i
0051  F1FC16            STBA    charOut,d
```

图 6-42　全局指针的翻译。这个 C 程序来自图 2-38

```
0054  49006D          STRO    msg2,d       ;printf("*c = %d\n", *c)
0057  3A0007          DECO    c,n
005A  D0000A          LDBA    '\n',i
005D  F1FC16          STBA    charOut,d
0060  00              STOP
0061  2A6120 msg0:    .ASCII  "*a = \x00"
      3D2000
0067  2A6220 msg1:    .ASCII  "*b = \x00"
      3D2000
006D  2A6320 msg2:    .ASCII  "*c = \x00"
      3D2000
             ;
             ;******* malloc()
             ;        Precondition: A contains number of bytes
             ;        Postcondition: X contains pointer to bytes
0073  C9007D malloc:  LDWX    hpPtr,d      ;returned pointer
0076  61007D          ADDA    hpPtr,d      ;allocate from heap
0079  E1007D          STWA    hpPtr,d      ;update hpPtr
007C  01              RET
007D  007F   hpPtr:   .ADDRSS heap         ;address of next free byte
007F  00     heap:    .BLOCK  1            ;first byte in the heap
0080                  .END

输出
*a = 7
*b = 7
*c = 5
```

图 6-42 （续）

当在 C 中用指针编程时，要用 malloc() 函数在堆上分配存储空间。当程序不再需要这些存储空间时，用 free() 函数释放它们。有可能在堆上分配多个内存单元，再从中间释放一个单元。内存管理算法必须能够处理这种情形。本书只是入门级介绍，为了描述简单，这里使用的说明堆的程序不显示释放过程。堆位于主存中应用程序的末尾。函数 malloc() 在堆上分配存储空间，因此堆是向下生长的。一旦内存被分配了，就不会被释放。Pep/9 的这个属性是不切实际的，但是比描述实际情况更易于理解。

357
≀
359

图 6-42 中的汇编语言程序展示了堆从 007F 开始，这是符号 heap 的值。分配算法维护一个叫作 hpPtr 的全局指针，它代表堆指针。语句

```
007D 007F hpPtr: .ADDRSS heap ;address of next free byte
```

将 hpPtr 初始化为当前堆中第一个字节的地址。应用程序向 malloc() 提供需要的字节数，malloc() 函数返回 hpPtr 的当前值，然后把 hpPtr 加上请求的字节数。因此 malloc() 函数保证 hpPtr 总是指向在堆中下一个可以被分配字节的地址。

函数 malloc() 的调用协议不同于其他函数的调用协议。对于其他函数，信息通过运行时栈上的参数进行传递；而对于 malloc() 函数，应用程序把要分配的字节数放入累加器，再执行 CALL 语句去调用 malloc() 函数。malloc() 函数为应用程序把当前的 hpPtr 值放入变址寄存器，因此成功执行 malloc() 的前提条件是累加器中包含要在堆上分配的字节数，后置条件是变址寄存器包含 malloc() 要在堆上分配的第一个字节的地址。

malloc() 函数的调用协议比其他函数的调用协议更高效。malloc() 的实现只要 4 行汇编语言代码，包括 RET 语句。语句

```
0073 C9007D malloc: LDWX hpPtr,d ;returned pointer
```

把堆指针的当前值放入变址寄存器。语句

```
0076 61007D ADDA hpPtr,d ;allocate from heap
```

给堆指针加上要分配的字节数。语句

```
0079 E1007D STWA hpPtr,d ;update hpPtr
```

把 hpPtr 更新为堆上第一个未分配字节的地址。

这个调用协议高效有两个原因。首先，它没有像其他函数那样很长的参数列表，应用程序只需向 malloc() 提供一个值。而其他函数的调用协议必须设计成能够处理任意数量的参数。比如，如果参数列表有 4 个参数，那么 Pep/9 的 CPU 中就没有足够的寄存器来全部保存它们，但是运行时栈可以存储任意数量的参数。其次，malloc() 不会调用任何其他的函数，尤其是没有递归调用。函数的调用协议一般来说要设计成允许函数调用其他函数，或者递归地调用函数自身，这样的调用必须要使用运行时栈，但是对于 malloc() 来说是不必要的。

360

图 6-43a 展示了这个 HOL6 层的 C 程序在第一个 printf() 语句之前的内存分配，它对应于图 2-39h。图 6-43b 展示了 Asmb5 层上同样的内存分配。全局指针 a、b 和 c 分别存储在 0003、0005 和 0007。与所有的全局变量一样，用 .BLOCK 语句对它们进行分配

```
0003 0000 a: .BLOCK 2 ;global variable #2h
0005 0000 b: .BLOCK 2 ;global variable #2h
0007 0000 c: .BLOCK 2 ;global variable #2h
```

HOL6 层的指针就是 Asmb5 层的地址，地址占用 2 字节，因此给每个全局指针分配 2 字节。指针有格式跟踪标签 #2h，因为指针是地址且一般以十六进制表示。

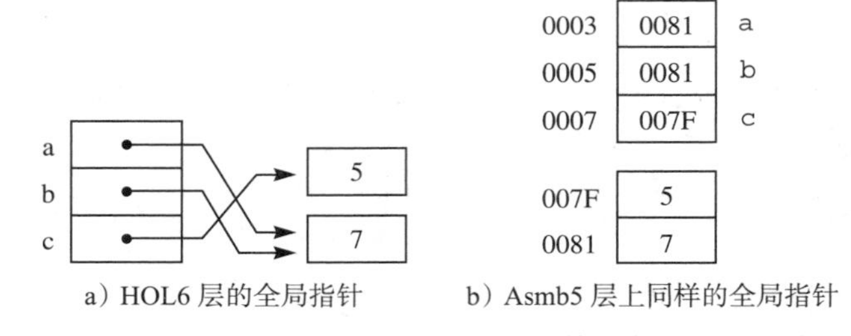

a）HOL6 层的全局指针　　b）Asmb5 层上同样的全局指针

图 6-43　图 6-42 的内存分配，正好在执行第一条 printf() 语句之前

编译器把语句

```
a = (int *) malloc(sizeof(int));
```

翻译成

```
0009  C00002  main:  LDWA  2,i      ;a = (int *) malloc …
000C  240073         CALL  malloc  ;allocate #2d
000F  E90003         STWX  a,d
```

LDWA 指令把 2 放入累加器。CALL 指令调用 malloc() 函数，malloc() 函数在堆上分配 2 字节的存储空间，再把指向已分配空间的指针放到变址寄存器中。注释有格式跟踪标签

#2d，因为 a 指向的单元包含了一个两字节的十进制数。STWX 指令把返回的指针存储在全局变量 a 中。因为 a 是全局变量，所以 STWX 使用直接寻址。在这一系列指令执行之后，a 的值是 007F，hpPtr 的值是 0081，因为它增加了 2。

编译器怎样翻译下面这条语句呢？

```
*a = 5;
```

当程序执行到此，全局变量 a 存放的是存储 5 的内存地址（这个执行点不对应于图 6-43，它是后面的情况）。字存储指令不能使用直接寻址把 5 放入 a，因为这样会把地址替换为 5，5 不是堆上已分配单元的地址。Pep/9 提供间接寻址方式，操作数是这样计算的：

361

Oprnd = Mem [Mem[OprndSpec]]

使用间接寻址，操作数指示符是内存中操作数的地址。编译器把赋值语句翻译为

```
0012  C00005  LDWA  5,i  ;*a = 5
0015  E20003  STWA  a,n
```

字存储指令（STWA）中的 n 表示间接寻址。程序此时这样计算操作数

Mem[Mem[OprndSpec]]
Mem[Mem[0003]]
Mem[007F]

这就是堆上的第一个单元。字存储指令把 5 存储在主存中地址为 007F 的位置。

编译器对全局指针赋值的翻译与对任何其他类型全局变量赋值的翻译是一样的。它用间接寻址把

```
c = a;
```

翻译为

```
0027  C10003  LDWA  a,d  ;c = a
002A  E10007  STWA  c,d
```

程序在此时，a 包含 007F，即堆上第一个单元的地址。赋值语句赋给 c 同样的值，即堆上第一个单元的地址，所以 c 指向 a 指向的同一单元。

对比访问全局指针和访问它指向的单元。编译器将

```
*a = 2 + *c;
```

翻译为

```
0033  C00002  LDWA  2,i  ;*a = 2 + *c
0036  620007  ADDA  c,n
0039  E20003  STWA  a,n
```

这里加法和字存储指令使用间接寻址方式。访问全局指针使用直接寻址，而访问全局指针指向的单元使用间接寻址。可以看到同样的规则适用于 printf() 语句的翻译。因为 printf() 输出 *a，即 a 指向的单元，所以 003F 的 DECO 指令使用间接寻址。

362

总之，为了翻译全局指针，编译器遵循如下规则生成代码：

- 用 .BLOCK 2 给指针分配存储空间，因为一个地址占用 2 字节。
- 用直接寻址的 LDWA 访问指针。
- 根据间接寻址访问单元中的类型，生成 LDWA 或 LDBA 以获得指针指向的单元内容。

6.5.2　翻译局部指针

除了指针 a、b 和 c 声明为局部变量而不是全局变量外，图 6-44 中的程序与图 6-42 中的程序是一样的。这两个程序的输出没有什么不同，但是内存模型是完全不同的，因为这个程序的指针是在运行时栈上分配的。

高级语言

```
#include <stdio.h>
#include <stdlib.h>

int main() {
   int *a, *b, *c;
   a = (int *) malloc(sizeof(int));
   *a = 5;
   b = (int *) malloc(sizeof(int));
   *b = 3;
   c = a;
   a = b;
   *a = 2 + *c;
   printf("*a = %d\n", *a);
   printf("*b = %d\n", *b);
   printf("*c = %d\n", *c);
   return 0;
}
```

363

汇编语言

```
0000  120003          BR      main
              ;
              ;******* main()
              a:      .EQUATE 4         ;local variable #2h
              b:      .EQUATE 2         ;local variable #2h
              c:      .EQUATE 0         ;local variable #2h
0003  580006  main:   SUBSP   6,i       ;push #a #b #c
0006  C00002          LDWA    2,i       ;a = (int *) malloc(sizeof(int))
0009  240073          CALL    malloc    ;allocate #2d
000C  EB0004          STWX    a,s
000F  C00005          LDWA    5,i       ;*a = 5
0012  E40004          STWA    a,sf
0015  C00002          LDWA    2,i       ;b = (int *) malloc(sizeof(int))
0018  240073          CALL    malloc    ;allocate #2d
001B  EB0002          STWX    b,s
001E  C00003          LDWA    3,i       ;*b = 3
0021  E40002          STWA    b,sf
0024  C30004          LDWA    a,s       ;c = a
0027  E30000          STWA    c,s
002A  C30002          LDWA    b,s       ;a = b
002D  E30004          STWA    a,s
0030  C00002          LDWA    2,i       ;*a = 2 + *c
0033  640000          ADDA    c,sf
0036  E40004          STWA    a,sf
0039  490061          STRO    msg0,d    ;printf("*a = %d\n", *a)
```

图 6-44　局部指针的翻译

```
003C  3C0004           DECO    a,sf
003F  D0000A           LDBA    '\n',i
0042  F1FC16           STBA    charOut,d
0045  490067           STRO    msg1,d       ;printf("*b = %d\n", *b)
0048  3C0002           DECO    b,sf
004B  D0000A           LDBA    '\n',i
004E  F1FC16           STBA    charOut,d
0051  49006D           STRO    msg2,d       ;printf("*c = %d\n", *c)
0054  3C0000           DECO    c,sf
0057  D0000A           LDBA    '\n',i
005A  F1FC16           STBA    charOut,d
005D  500006           ADDSP   6,i          ;pop #c #b #a
0060  00               STOP
0061  2A6120 msg0:     .ASCII  "*a = \x00"
      3D2000
0067  2A6220 msg1:     .ASCII  "*b = \x00"
      3D2000
006D  2A6320 msg2:     .ASCII  "*c = \x00"
      3D2000
             ;
             ;******* malloc()
             ;        Precondition: A contains number of bytes
             ;        Postcondition: X contains pointer to bytes
0073  C9007D malloc:   LDWX    hpPtr,d      ;returned pointer
0076  61007D           ADDA    hpPtr,d      ;allocate from heap
0079  E1007D           STWA    hpPtr,d      ;update hpPtr
007C  01               RET
007D  007F   hpPtr:    .ADDRSS heap         ;address of next free byte
007F  00     heap:     .BLOCK  1            ;first byte in the heap
0080                   .END
```

图 6-44 （续）

364

图 6-45 展示了图 6-44 中程序在执行第一条 printf() 语句前的内存分配，与所有局部变量一样，a、b 和 c 在运行时栈进行分配。图 6-44b 显示了它们距栈顶的偏移量分别为 4、2 和 0。因此，编译器将

```
int *a, *b, *c;
```

翻译为

```
a: .EQUATE 4  ;local variable #2h
b: .EQUATE 2  ;local variable #2h
c: .EQUATE 0  ;local variable #2h
```

因为 a、b 和 c 是局部变量，所以编译器用 SUBSP 给它们生成分配存储空间的代码，用 ADDSP 生成释放存储空间的代码。

编译器将

```
a = (int *) malloc(sizeof(int));
```

翻译为

```
0006  C00002  LDWA  2,i    ;a = (int *) malloc(sizeof(int))
```

365

```
0009 240073 CALL malloc ;allocate #2d
000C EB0004 STWX a,s
```

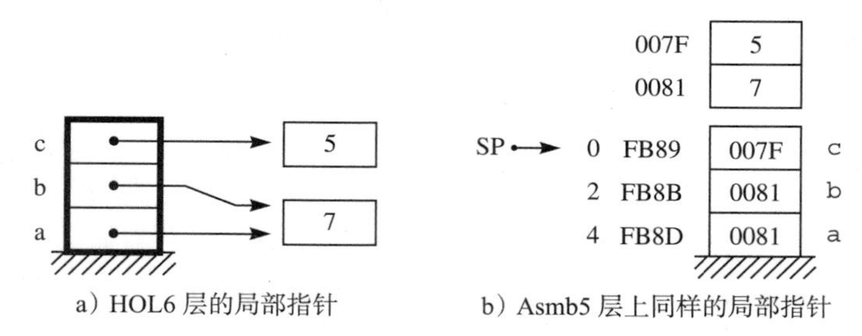

图 6-45　图 6-44 的内存分配，正好在执行第一条 printf() 语句之前

LDWA 指令把 2 放入累加器，为调用 malloc() 函数做准备，放入 2 是因为整数占用 2 字节。CALL 指令调用 malloc()，malloc() 在堆上分配 2 字节，把它们的地址放进变址寄存器。一般来说，给局部变量赋值用栈相对寻址，因此 STWX 语句用栈相对寻址把这个地址赋值给 a。

编译器怎样翻译下面这个赋值呢？

```
*a = 5;
```

a 是指针，把 a 指向的单元赋值为 5。a 也是一个局部变量。这种情形与图 6-27 和图 6-29 中程序的传引用调用参数一样，即操作数的地址在运行时栈上。编译器把赋值语句翻译为

```
000F  C00005  LDWA  5,i   ;*a = 5
0012  E40004  STWA  a,sf
```

这里，存储指令使用栈相对间接寻址。

编译器对局部指针赋值的翻译与对任何其他类型的局部变量赋值的翻译是一样的。它使用栈相对寻址把

```
c = a;
```

翻译为

```
0024  C30004  LDWA  a,s  ;c = a
0027  E30000  STWA  c,s
```

这时在程序中，a 包含 007F，即堆上第一个单元的地址。赋值语句给 c 同样的值，即堆上第一个单元的地址，所以 c 指向 a 指向的同一单元。

编译器将

```
*a = 2 + *c;
```

翻译为

```
0030  C00002  LDWA  2,i   ;*a = 2 + *c
0033  640000  ADDA  c,sf
0036  E40004  STWA  a,sf
```

366

这里加法指令使用栈相对间接寻址来访问 c 指向的单元，存储指令使用栈相对间接寻址来访问 a 指向的单元。同样的规则适用于 printf() 语句，这里 DECO 指令也使用栈相对间接寻址。

总之，为了访问局部指针，编译器遵循如下规则生成代码：

- 给指针分配存储空间时，为每个指针生成带两个字节的 SUBSP，因为一个地址占两个字节。
- 用栈相对寻址的 LDWA 访问指针。
- 用栈相对间接寻址的 LDWA 获得指针指向的单元。

6.5.3 翻译结构

在 HOL6 层，高级语言层，结构是数据抽象的关键。它允许程序员把原始类型的变量整合为一个抽象数据类型。编译器在 HOL6 层提供 struct 结构。在 Asmb5 汇编层，结构是一个连续的字节组，非常像数组字节。但是数组的所有单元都具有相同的类型，因此具有相同的大小，通过索引的整数值来访问每个单元。

使用结构，单元可以有不同的类型和不同的大小。C 程序员给每个称为字段的单元一个字段名。在 Asmb5 层，字段名对应于该字段距离结构第一个字节的偏移量。结构的字段名对应于数组的索引。访问结构的字段与访问数组的元素类似，这也就一点都不奇怪了。编译器不是把数组的索引放入变址寄存器，而是生成代码把字段距离结构第一个字节的偏移量放入变址寄存器。除了这一点不同外，访问结构字段的代码和访问数组元素的代码是一样的。

图 6-46 中的程序，声明了一个叫作 person 的 struct，person 有 4 个字段，first、last、age 和 gender。它和图 2-40 中的程序是一样的。它声明了一个叫作 bill 的全局变量，bill 的类型是 person。图 6-47 展示了这个结构在 HOL6 层和 Asmb5 层的存储空间分配。字段 first、last 和 gender 的类型是 char，每个字段占用 1 字节，字段 age 的类型是 int，占用 2 字节。图 6-47b 给出了结构每个字段的地址，地址左边是距离结构第一个字节的偏移量。除了没有对应于 SP 的到结构顶部的指针外，结构的偏移量类似于栈上元素的偏移量。

367

<u>高级语言</u>

```
#include <stdio.h>

struct person {
   char first;
   char last;
   int age;
   char gender;
};
struct person bill;

int main() {
   scanf("%c%c%d %c", &bill.first, &bill.last, &bill.age, &bill.gender);
   printf("Initials: %c%c\n", bill.first, bill.last);
   printf("Age: %d\n", bill.age);
   printf("Gender: ");
   if (bill.gender == 'm') {
      printf("male\n");
   }
   else {
      printf("female\n");
```

图 6-46　结构的翻译。该 C 程序来自图 2-40

```
    }
    return 0;
}
```

汇编语言

```
0000  120008                BR        main
              first:        .EQUATE 0  ;struct field #1c
              last:         .EQUATE 1  ;struct field #1c
              age:          .EQUATE 2  ;struct field #2d
              gender:       .EQUATE 4  ;struct field #1c
0003  000000  bill:         .BLOCK  5  ;globals #first #last #age #gender
      0000
              ;
              ;******* main()
0008  C80000  main:         LDWX      first,i       ;scanf("%c%c%d %c",
000B  D1FC15                LDBA      charIn,d      ;&bill.first,
000E  F50003                STBA      bill,x
0011  C80001                LDWX      last,i        ;&bill.last,
0014  D1FC15                LDBA      charIn,d
0017  F50003                STBA      bill,x
001A  C80002                LDWX      age,i         ;&bill.age,
001D  350003                DECI      bill,x
0020  C80004                LDWX      gender,i      ;&bill.gender)
0023  D1FC15                LDBA      charIn,d
0026  F50003                STBA      bill,x
0029  49006C                STRO      msg0,d        ;printf("Initials: %c%c\n",
002C  C80000                LDWX      first,i       ;bill.first,
002F  D50003                LDBA      bill,x
0032  F1FC16                STBA      charOut,d
0035  C80001                LDWX      last,i        ;bill.last)
0038  D50003                LDBA      bill,x
003B  F1FC16                STBA      charOut,d
003E  D0000A                LDBA      '\n',i
0041  F1FC16                STBA      charOut,d
0044  490077                STRO      msg1,d        ;printf("Age:  %d\n",
0047  C80002                LDWX      age,i         ;bill.age)
004A  3D0003                DECO      bill,x
004D  D0000A                LDBA      '\n',i
0050  F1FC16                STBA      charOut,d
0053  49007D                STRO      msg2,d        ;printf("Gender: ")
0056  C80004                LDWX      gender,i      ;if (bill.gender == 'm')
0059  D50003                LDBA      bill,x
005C  B0006D                CPBA      'm',i
005F  1A0068                BRNE      else
0062  490086                STRO      msg3,d        ;printf("male\n")
0065  12006B                BR        endIf
0068  49008C  else:         STRO      msg4,d        ;printf("female\n")
006B  00      endIf:        STOP
006C  496E69  msg0:         .ASCII    "Initials: \x00"
      ...
```

图 6-46　（续）

368

```
0077  416765 msg1:    .ASCII  "Age: \x00"
      ...
007D  47656E msg2:    .ASCII  "Gender: \x00"
      ...
0086  6D616C msg3:    .ASCII  "male\n\x00"
      ...
008C  66656D msg4:    .ASCII  "female\n\x00"
      ...
0094                  .END
```

369

输入

```
bj 32 m
```

输出

```
Initials: bj
Age: 32
Gender: male
```

图 6-46（续）

a）HOL6 层的全局结构

bill.first	b
bill.last	j
bill.age	32
bill.gender	m

b）Asmb5 层上同样的全局结构

0	0003	b
1	0004	j
2	0005	32
4	0007	m

图 6-47　图 6-46 的内存分配，正好在 scanf() 语句之后

编译器用 .EQUATE 点命令把

```
struct person {
   char first;
   char last;
   int age;
   char gender;
};
```

翻译为

```
first:    .EQUATE 0   ;struct field #1c
last:     .EQUATE 1   ;struct field #1c
age:      .EQUATE 2   ;struct field #2d
gender:   .EQUATE 4   ;struct field #1c
```

字段名等于字段距离结构 first 字节的偏移量。因为 first 是结构的第一个字节，所以 first 等于 0。由于 first 占用 1 字节，所以 last 等于 1。因为 first 和 last 共占用 2 字节，所以 age 等于 2。gender 等于 4，因为 first、last 和 age 总共占用 4 字节。编译器把全局变量

```
person bill;
```

翻译为

```
0003 000000 bill: .BLOCK 5 ;globals #first #last…
     0000
```

要访问全局结构的字段，编译器生成代码，把字段距离结构第一个字节的偏移量装入变

370

址寄存器，就像用变址寻址方式访问全局数组的单元一样，用同样的方式访问结构的字段。例如，编译器把对 &bill.age 的 scanf() 翻译为

```
001A  C80002  LDWX  age,i   ;&bill.age,
001D  350003  DECI  bill,x
```

装入指令用立即数寻址把字段 age 的偏移量装入变址寄存器，十进制输入指令用变址寻址来访问这个字段。

编译器类似地把

```
if (bill.gender == 'm')
```

翻译为

```
0056  C80004  LDWX  gender,i ;if (bill.gender == 'm')
0059  D50003  LDBA  bill,x
005C  B0006D  CPBA  'm',i
```

字装入指令把 gender 字段的偏移量装入变址寄存器。字节装入指令用变址寻址方式访问结构的字段，并把它放入累加器最右的字节。最后，比较指令比较 bill.gender 和字母 m。

总之，为了访问一个全局结构，编译器遵循如下规则生成代码：

- 结构的每个字段等于它距离结构第一个字节的偏移量。
- 用 .BLOCK tot 给结构分配存储空间，tot 是结构占用的总字节数。
- 通过生成用立即数寻址的 LDWX 把字段的偏移量装入变址寄存器，后面跟一条使用变址寻址方式的 LDBA 或 LDWA 指令来获得结构的字段。

访问全局结构的字段类似于访问全局数组的元素，与此方式相同，访问局部结构的字段类似于访问局部数组的元素。局部结构在运行时栈上分配，每个字段的名字等于它距离结构第一个字节的偏移量，局部结构的名字等于它距离栈顶的偏移量。编译器生成 SUBSP 给结构和任何其他局部变量分配存储空间，ADDSP 释放存储空间。通过用立即数寻址方式把字段的偏移量装入变址寄存器中，后面跟一个使用栈变址寻址方式的指令来访问结构的字段。本章后面有一道给学生出的习题，要求翻译一个有局部结构的程序。

371

6.5.4　翻译链式数据结构

程序员经常把指针和结构结合在一起来实现链式数据结构。struct 通常称为结点，指针指向结点，结点有一个指针字段。在数据结构中，结点的指针字段作为到另一个结点的链接。图 6-48 是一个实现了链式数据结构的程序，它和图 2-42 的程序是一样的。

高级语言

```
#include <stdio.h>
#include <stdlib.h>

struct node {
   int data;
   struct node *next;
};

int main() {
```

图 6-48　链表的翻译。该 C 程序来自图 2-42

```
   struct node *first, *p;
   int value;
   first = 0;
   scanf("%d", &value);
   while (value != -9999) {
      p = first;
      first = (struct node *) malloc(sizeof(struct node));
      first->data = value;
      first->next = p;
      scanf("%d", &value);
   }
   for (p = first; p != 0; p = p->next) {
      printf("%d ", p->data);
   }
   return 0;
}
```

372

汇编语言

```
0000  120003           BR      main
              data:    .EQUATE 0            ;struct field #2d
              next:    .EQUATE 2            ;struct field #2h
              ;
              ;******* main ()
              first:   .EQUATE 4            ;local variable #2h
              p:       .EQUATE 2            ;local variable #2h
              value:   .EQUATE 0            ;local variable #2d
0003  580006 main:     SUBSP   6,i          ;push #first #p #value
0006  C00000           LDWA    0,i          ;first = 0
0009  E30004           STWA    first,s
000C  330000           DECI    value,s      ;scanf("%d", &value);
000F  C30000 while:    LDWA    value,s      ;while (value != -9999)
0012  A0D8F1           CPWA    -9999,i
0015  18003F           BREQ    endWh
0018  C30004           LDWA    first,s      ;p = first
001B  E30002           STWA    p,s
001E  C00004           LDWA    4,i          ;first = (...) malloc(...)
0021  24006A           CALL    malloc       ;allocate #data #next
0024  EB0004           STWX    first,s
0027  C30000           LDWA    value,s      ;first->data = value
002A  C80000           LDWX    data,i
002D  E70004           STWA    first,sfx
0030  C30002           LDWA    p,s          ;first->next = p
0033  C80002           LDWX    next,i
0036  E70004           STWA    first,sfx
0039  330000           DECI    value,s      ;scanf("%d", &value)
003C  12000F           BR      while
003F  C30004 endWh:    LDWA    first,s      ;for (p = first
0042  E30002           STWA    p,s
0045  C30002 for:      LDWA    p,s          ;p != 0
0048  A00000           CPWA    0,i
```

图 6-48 （续）

```
004B  180066           BREQ    endFor
004E  C80000           LDWX    data,i        ;printf("%d ", p->data)
0051  3F0002           DECO    p,sfx
0054  D00020           LDBA    ' ',i
0057  F1FC16           STBA    charOut,d
005A  C80002           LDWX    next,i        ;p = p->next)
005D  C70002           LDWA    p,sfx
0060  E30002           STWA    p,s
0063  120045           BR      for
0066  500006 endFor:   ADDSP   6,i           ;pop #value #p #first
0069  00               STOP
             ;
             ;******* malloc()
             ;         Precondition: A contains number of bytes
             ;         Postcondition: X contains pointer to bytes
006A  C90074 malloc:   LDWX    hpPtr,d       ;returned pointer
006D  610074           ADDA    hpPtr,d       ;allocate from heap
0070  E10074           STWA    hpPtr,d       ;update hpPtr
0073  01               RET
0074  0076   hpPtr:    .ADDRSS heap          ;address of next free byte
0076  00     heap:     .BLOCK  1             ;first byte in the heap
0077                   .END
```

输入

```
10 20 30 40 -9999
```

输出

```
40 30 20 10
```

图 6-48 （续）

[373]

编译器把结构的字段

```
struct node {
   int data;
   node* next;
};
```

设置为它们距离 struct 第一个字节的偏移量，data 是第一个字段，偏移量是 0，next 是第二个字段，偏移量为 2，因为 data 占用了 2 字节。翻译为

```
data:  .EQUATE 0  ;struct field #2d
next:  .EQUATE 2  ;struct field #2h
```

[374]

编译器像翻译所有局部变量一样翻译这些局部变量

```
node *first, *p;
int value;
```

它把变量名设置为距离运行时栈顶部的偏移量，翻译为

```
first:  .EQUATE 4  ;local variable #2h
p:      .EQUATE 2  ;local variable #2h
value:  .EQUATE 0  ;local variable #2d
```

图 6-49b 展示了这些局部变量的偏移量。编译器在 0003 生成 SUBSP，给局部变量分配存储空间，在 0063 的 ADDSP 释放存储空间。

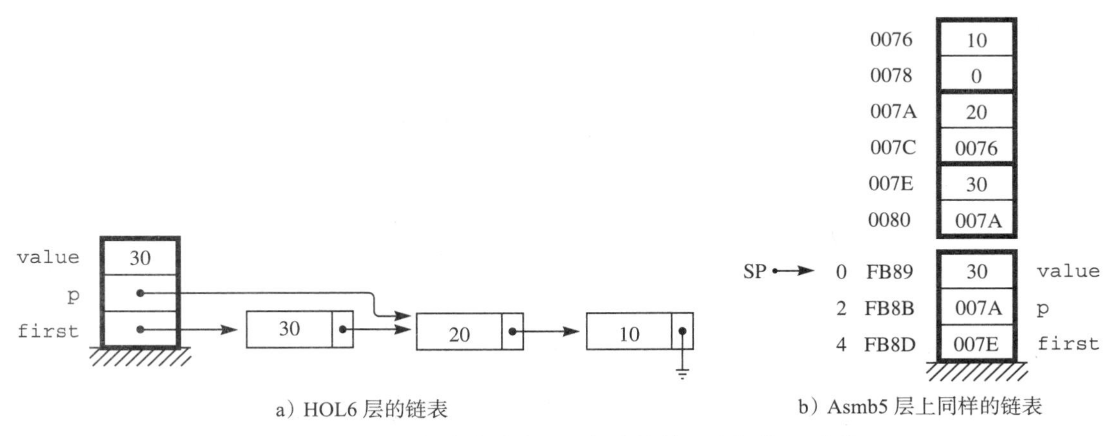

图 6-49 图 6-48 的内存分配，正好在从输入流扫描 40 之前。

当在 C 中使用 malloc() 时，计算机必须在堆上分配足够的内存来存储指针指向的条目。在这个程序中，一个结点占用 4 字节，因此，编译器通过在它生成的代码中调用 malloc() 分配 4 字节来将

```
first = (struct node *) malloc(sizeof(struct node));
```

翻译为

```
001E  C00004  LDWA  4,i        ;first = (struct node *) …
0021  24006A  CALL  malloc     ;allocate #data #next
0024  EB0004  STWX  first,s
```

375

在准备调用 malloc() 时，字装入指令把 4 放入累加器，调用指令调用 malloc()，malloc() 把被分配结点的第一个字节的地址放入变址寄存器。当分配一个结构时，要提供各个字段的符号跟踪标签，符号调试器会使用这些标签，在此情况下，就是 #data 和 #next。字存储指令用栈相对寻址完成给局部变量 first 赋值。

编译器是怎样生成访问局部指针所指向的结点字段的代码呢？记住指针是一个地址，局部指针意味着结点的地址在运行时栈上。此外，struct 的字段对应于数组的索引。如果数组第一个单元的地址在运行时栈上，那么用栈间接变址寻址访问数组元素，访问结点的字段也用同样的方法。把字段偏移量而不是索引值放入变址寄存器中。编译器将

```
first->data = value;
```

翻译为

```
0027  C30000  LDWA  value,s    ;first->data = value
002A  C80000  LDWX  data,i
002D  E70004  STWA  first,sfx
```

类似地，编译器将

```
first->next = p;
```

翻译为

```
0030  C30002  LDWA  p,s        ;first->next = p
0033  C80002  LDWX  next,i
0036  E70004  STWA  first,sfx
```

来看一看指向结点的局部指针怎样使用栈间接变址寻址，记住 CPU 这样计算操作数

Oprnd = Mem[Mem[SP + OprndSpec] + X]

它将栈指针和操作数指示符相加，把这个和作为第一个字段的地址，再把它加到变址寄存器上。用栈间接变址寻址执行了 0036 处的 STWA 之后，其计算状态如图 6-49b 所示。调用 malloc() 已经返回最新分配的结点地址 007E，把它存储在 first 中。这时 0030 处的 LDWA 指令已经把 p 的值 007A 放入累加器。0033 处的 LDWX 指令也已把 next 值，即偏移量 2 放入变址寄存器。0036 处的用栈间接变址寻址执行的 STWA 指令，操作数指示符是 4，即 first 值。操作数的计算为

376

Mem[Mem[SP + OprndSpec] + X]

Mem[Mem[FB89 + 4] + 2]

Mem[Mem[FB8D] + 2]

Mem[Mem[007E+ 2]

Mem[0080]

这是 first 指向的结点的 next 字段。

总之，为了访问局部指针指向的结点的字段，编译器遵循如下规则生成代码：

- 用 .EQUATE 使得结点的字段名等于字段距离结点第一个字节的偏移量。
- 用立即数寻址的 SUBSP tot 给结构分配存储空间，其中 tot 是结构占用的总字节数。
- 访问 p 指向的字段时，生成用栈相对寻址的 LDWX 把 p 的值装入变址寄存器，后面跟一条根据栈间接变址寻址单元中的类型生成的 LDWA 或 LDBA。

你应该能够确定编译器是怎样翻译全局指针指向的结点的程序了吧。本章末尾有一个给学生的练习就是归纳总结这个翻译规则，还有一道习题是翻译具有指向结点的全局指针的 C 程序。

本章小结

编译器用机器层的条件分支指令翻译高级语言层的 if 语句和循环。if/else 语句需要一个条件分支指令测试 if 条件，else 部分需要一个无条件分支指令。while 或 do 循环的翻译需要一个跳转到前面指令的分支。除此之外，for 循环还需要指令初始化和递增控制变量。

377

Bohm 和 Jacopini 证明的结构化编程定律认为任何包含 goto 的算法，不管多么复杂和无结构，都可以用嵌套 if 语句和 while 循环来编写。Dijkstra 那封著名的信中指明没有 goto 的程序不仅可行而且更好，并由此引发了针对 goto 的争论。

编译器在主存的固定位置分配全局变量，过程和函数在运行时栈上分配参数和局部变量。通过增大栈指针（SP），值被压入栈中；通过减小 SP，值弹出栈。子例程调用指令把程序计数器（PC）的内容，充当返回地址，压入栈中。子例程返回指令把返回地址从栈弹出到 PC。指令用直接寻址方式访问全局值，用栈相对寻址来访问运行时栈上的值。传引用调用的参数会把它的地址压入运行时栈中，然后用栈相对间接寻址来访问这样的参数。布尔变量的 false（假）存储为值 0，true（真）存储为值 1。

数组值存储在连续的主存单元中。用变址寻址访问全局数组的元素，用栈变址寻址来访问局部数组的元素。两种情况下，变址寄存器都包含数组元素的索引值，必须乘以每个单元所占字节数。作为参数传递的数组总是把数组第一个单元的地址压入运行时栈。用栈间接变址寻址来访问这个数组的元素。编译器用一个地址数组来翻译 switch 语句，该数组的元素

是每个 case 第一条语句的地址。地址数组被称为转移表。

指针和 struct 类型是数据结构的常用构件。指针是堆上一个内存单元的地址。函数 malloc() 在堆上分配内存。用间接寻址来访问全局指针指向的单元，用栈相对间接寻址来访问局部指针指向的单元。struct 有多个命名的字段，存储为一个连续的字节组。用变址寻址来访问全局 struct 的字段，变址寄存器包含字段距离 struct 第一个字节的偏移量。链式数据结构通常有一个指向 struct 的指针，这个 struct 称为结点，这个结点又含有指向另一个结点的指针。如果局部指针指向一个结点，那么使用栈间接变址寻址来访问该结点的字段。 378

练习

6.1 节

1. 请解释全局变量和局部变量 C 内存模型的不同点。它们是怎样分配和访问的？

6.2 节

2. 什么是优化编译器？什么时候使用？什么时候不使用？请解释。

*3. 图 6-14 中目标代码在 000C 处的 CPWA 测试 j 的值。由于程序从循环底部分支到那条指令，为什么编译器此时不在 CPWA 之前生成一条 LDWA j，d 语句？

4. 研究图 6-16 神秘程序的函数，用一句简短的话说明它是做什么的？

5. 阅读本章所引用的 Bohm、Jacopini 以及 Dijkstra 的论文，据此写一篇综述文章。

6.3 节

*6. 像图 6-19 那样画出图 6-18 中 001C 处的第二条 CALL 语句之前和之后的值。

7. 图 6-26 是第二次返回后的运行时栈。仿照该图，绘制第二次返回前的运行时栈。

6.4 节

*8. 在图 6.40 的 Pep/9 程序中，如果给 Guess 输入 4，在 0010 的分支之后执行什么语句？为什么？

9. 6.4 节没有展示怎样访问二维数组的元素。描述可以怎样存储二维数组，以及从这样的二维数组访问元素所需的汇编语言目标代码。

6.5 节

10. 访问全局指针指向结点的字段的翻译规则是什么？ 379

编程题

6.2 节

11. 将下列 C 程序翻译为 Pep/9 汇编语言：

```
#include <stdio.h>

int main() {
   int number;
   scanf("%d", &number);
   if (number % 2 == 0) {
      printf("Even\n");
   }
   else {
      printf("Odd\n");
   }
   return 0;
}
```

12. 将下列 C 程序翻译为 Pep/9 汇编语言：

```
#include <stdio.h>

const int limit = 5;

int main() {
   int number;
   scanf("%d", &number);
   while (number < limit) {
      number++;
      printf("%d ", number);
   }
   return 0;
}
```

13. 将下列C程序翻译为Pep/9汇编语言：

```
#include <stdio.h>

int main() {
   char ch;
   scanf("%c", &ch);
   if ((ch >= 'A') && (ch <= 'Z')) {
      printf("A");
   }
   else if ((ch >= 'a') && (ch <= 'z')) {
      printf("a");
   }
   else {
      printf("$");
   }
   printf("\n");
   return 0;
}
```

380

14. 将图6-12的C程序翻译为Pep/9汇编语言，但是把do循环的测试条件改为

```
while (cop <= driver);
```

15. 将下列C程序转换为Pep/9汇编语言：

```
#include <stdio.h>

int main() {
   int numItms, j, data, sum;
   scanf("%d", &numItms);
   sum = 0;
   for (j = 1; j <= numItms; j++) {
      scanf("%d", &data);
      sum += data;
   }
   printf("Sum: %d\n", sum);
   return 0;
}
```

<u>示例输入</u>

4 8 -3 7 6

<u>示例输出</u>

Sum: 18

6.3 节

16. 将下列 C 程序翻译为 Pep/9 汇编语言：

```
#include <stdio.h>

int myAge;

void putNext(int age) {
    int nextYr;
    nextYr = age + 1;
    printf("Age: %d\n", age);
    printf("Age next year: %d\n", nextYr);
}

int main () {
    scanf("%d", &myAge);
    putNext(myAge);
    putNext(64);
    return 0;
}
```

381

17. 将上面习题 16 中的 C 程序翻译成 Pep/9 汇编语言，但是把 myAge 声明成 main() 中的局部变量。

18. 将下列 C 程序转换为 Pep/9 汇编语言。它用递归位移相加（recursive shift-and-add）算法进行两个整数的乘法。mpr 代表乘数，mcand 代表被乘数。

```
#include <stdio.h>

int times(int mpr, int mcand) {
    if (mpr == 0) {
        return 0;
    }
    else if (mpr % 2 == 1) {
        return times(mpr / 2, mcand * 2) + mcand;
    }
    else {
        return times(mpr / 2, mcand * 2);
    }
}

int main() {
    int n, m;
    scanf("%d %d", &n, &m);
    printf("Product: %d\n", times(n, m));
    return 0;
}
```

19. 写一个把大写字母转换成小写字母的 C 程序。转换函数声明为

```
char toLower(char ch);
```

如果 ch 不是大写字母，函数返回 ch 不变。如果它是大写字母，则将“a”与“A”的差与 ch 相加，返回和数。(a) 编写一个以全局变量为实参的程序，并将你的 C 程序翻译为 Pep/9 汇编语言。(b) 编写一个以局部变量为实参的程序，并将你的 C 程序翻译为 Pep/9 汇编语言。

382

20. 写一个 C 程序，定义

```
int minimum(int j1, int j2)
```

返回 j1 和 j2 中较小的那个。(a) 编写一个以全局变量为实参的程序，并将你的 C 程序翻译为 Pep/9

汇编语言。(b) 编写一个以局部变量为实参的程序，并将你的 C 程序翻译为 Pep/9 汇编语言。

21. 把习题 2.13 中用递归函数计算斐波那契数列的 C 方案翻译成 Pep/9 汇编语言。
22. 把习题 2.14 中输出汉诺塔游戏指令的 C 方案翻译成 Pep/9 汇编语言。
23. 图 6-25 的递归二项式系数函数可以通过像下面那样忽略 y1 和 y2 进行简化：

```
int binCoeff(int n, int k) {
   if ((k == 0) || (n == k)) {
      return 1;
   }
   else {
      return binCoeff(n - 1, k) + binCoeff(n - 1, k - 1);
   }
}
```

写一个 Pep/9 汇编语言程序，调用这个函数。把从 binCoeff(n-1,k) 返回的值保存在栈上，在这个值上面给 binCoeff(n-1, k-1) 调用分配实参。图 6-50 展示了运行时栈的跟踪记录，这里的栈帧包含 4 个字 (retVal、n、k 和 retAddr)，阴影表示的字是函数调用的返回值，它展示从主程序中调用 binCoeff(3,1) 的跟踪记录。

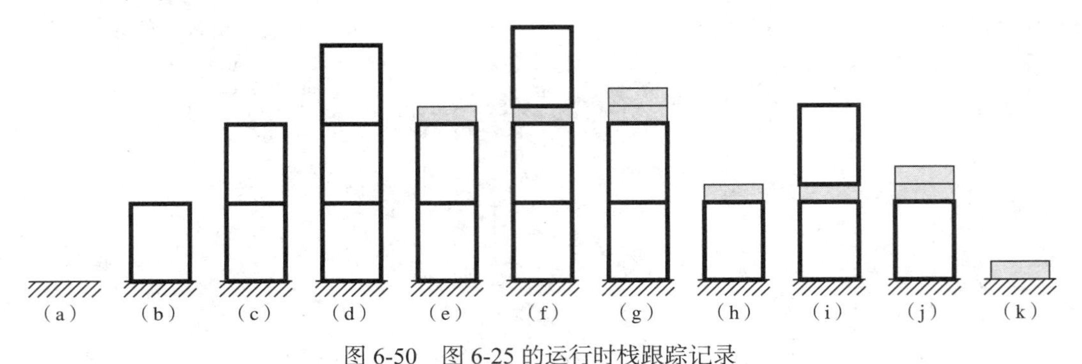

图 6-50　图 6-25 的运行时栈跟踪记录

24. 将下列 C 程序翻译为 Pep/9 汇编语言，它用递归位移相加算法进行两个整数的乘法。

```
#include <stdio.h>

int product, n, m;

void times(int *prod, int mpr, int mcand) {
   *prod = 0;
   while (mpr != 0) {
      if (mpr % 2 == 1) {
         *prod = *prod + mcand;
      }
      mpr /= 2;
      mcand *= 2;
   }
}

int main () {
   scanf("%d %d", &n, &m);
   times(&product, n, m);
   printf("Product: %d\n", product);
   return 0;
}
```

383

25. 将习题 24 中的 C 程序翻译为 Pep/9 汇编语言，但是把 product、n 和 m 声明为 main() 的局部变量。

26.（a）重写图 2-22 中计算递归阶乘的 C 程序，但是使用习题 24 中的 times() 过程来进行乘法运算。在 fact() 中用一个额外的局部变量来存储乘积。

（b）将你写的 C 程序翻译成 Pep/9 汇编语言。

6.4 节

27. 将下列 C 程序翻译为 Pep/9 汇编语言：

```
#include <stdio.h>

int list[16];
int j, numItems;
int temp;

int main() {
   scanf("%d", &numItems);
   for (j = 0; j < numItems; j++) {
      scanf("%d", &list[j]);
   }
   temp = list[0];
   for (j = 0; j < numItems - 1; j++) {
      list[j] = list[j + 1];
   }
   list[numItems - 1] = temp;
   for (j = 0; j < numItems; j++) {
      printf("%d ", list[j]);
   }
   printf("\n");
   return 0;
}
```

384

示例输入

```
5
11 22 33 44 55
```

示例输出

```
22 33 44 55 11
```

因为 < 运算符右边的算术表达式，第二个 for 循环的测试很难翻译。可以通过把这个测试转换成下面数学上等价的测试来简化翻译：

```
j + 1 < numItems;
```

28. 把习题 27 中的 C 程序翻译为 Pep/9 汇编语言，但是要把 list、j、numItems 和 temp 声明成 main() 中的局部变量。

29. 将下列 C 程序翻译为 Pep/9 汇编语言：

```
#include <stdio.h>

void getList(int ls[], int *n) {
   int j;
   scanf("%d", n);
   for (j = 0; j < *n; j++) {
      scanf("%d", &ls[j]);
   }
}
```

385

```
void putList(int ls[], int n) {
   int j;
   for (j = 0; j < n; j++) {
      printf("%d ", ls[j]);
   }
   printf("\n");
}

void rotate(int ls[], int n) {
   int j;
   int temp;
   temp = ls[0];
   for (j = 0; j < n - 1; j++) {
      ls[j] = ls[j + 1];
   }
   ls[n - 1] = temp;
}

int main() {
   int list[16];
   int numItems;
   getList(list, &numItems);
   putList(list, numItems);
   rotate(list, numItems);
   putList(list, numItems);
   return 0;
}
```

示例输入

```
5
11 22 33 44 55
```

示例输出

```
11 22 33 44 55
22 33 44 55 11
```

386

30. 将习题29中的C程序翻译为Pep/9汇编语言，但是把list和numItems声明为全局变量。
31. 将图2-25中用递归函数把一个数组中4个值相加的C程序翻译为Pep/9汇编语言。
32. 将图2-32用递归过程反转局部数组元素的C程序翻译为Pep/9汇编语言。用5对装入字节指令和存储字节指令把word初始化为“star”（包括0标记符号），用栈相对寻址的STRO翻译printf()语句。
33. 将下列C程序翻译为Pep/9汇编语言：

```
#include <stdio.h>

int main () {
   int guess;
   printf("Pick a number 0..3: ");
   scanf("%d", &guess);
   switch (guess) {
      case 0: case 1: printf("Too low"); break;
      case 2: printf("Right on"); break;
      case 3: printf("Too high");
   }
   printf("\n");
   return 0;
}
```

这个程序除了两种情况执行相同的代码外，和图 6-40 的程序是一样的。转移表必须正好有 4 个条目，但是程序必须只有 3 个情况符号和 3 种情况。

34. 将下列 C 程序翻译为 Pep/9 汇编语言：

```
#include <stdio.h>

int main () {
   int guess;
   printf("Pick a number 0..3: ");
   scanf("%d", &guess);
   switch (guess) {
      case 0: printf("Not close"); break;
      case 1: printf("Too low"); break;
      case 2: printf("Right on"); break;
      case 3: printf("Too high"); break;
      default: printf("Illegal input");
   }
    printf("\n");
    return 0;
 }
```

387

6.5 节

35. 将图 6-46 访问结构字段的 C 程序翻译为 Pep/9 汇编语言，但是把 bill 声明为 main() 的局部变量。
36. 将图 6-48 的对链表进行操作的 C 程序翻译为 Pep/9 汇编语言，但是把 first、p 和 value 声明为全局变量。
37. 在图 6-48 中 main() 的 return 语句前插入下面的 C 代码片段：

```
sum = 0; p = first;
while (p != 0) {
   sum += p->data;
   p = p->next;
}
printf("Sum: %d\n", sum);
```

将整个程序翻译为 Pep/9 汇编语言。把 sum 和其他局部变量一样声明如下：

```
struct node *first, *p;
int value, sum;
```

38. 将下面的代码片段插入到图 6-48 中 node 的声明和 main() 之间：

```
void reverse(struct node *list) {
   if (list != 0) {
      reverse(list->next);
      printf("%d ", list->data);
   }
}
```

把下面的代码片段插入到 main() 中 return 语句的前面：

```
printf("\n");
reverse(first);
printf("\n");
```

388

将整个程序翻译为 Pep/9 汇编语言。增加的代码以逆序输出链表。

39. 在图 6-48 中 main() 的 return 语句前插入下面的代码片段：

```
first2 = 0; p2 = 0;
```

```
for (p = first; p != 0; p = p->next) {
   p2 = first2;
   first2 = (struct node *) malloc(sizeof (struct node));
   first2->data = p->data;
   first2->next = p2;
}
for (p2 = first2; p2 != 0; p2 = p2->next) {
   printf("%d ", p2->data);
}
printf("\n");
```

把 first2 和 p2 与其他局部变量一样声明为：

```
struct node *first, *p, *first2, *p2;
int value;
```

将整个程序翻译为 Pep/9 汇编语言。增加的代码生成第一个表的副本，以逆序排列并输出它。

40. 将习题 2.18 的 C 程序翻译为 Pep/9 汇编语言。C 程序把一个无序整数列输入到一个二叉搜索树，该数列用 -9999 作为标记符号，用中序遍历输出它们。
41. 这道题目是一个项目，用 C 写出 Pep/9 计算机的模拟器。
   (a) 写出一个装载器，以标准格式的 Pep/9 目标文件作为输入，把它加载到模拟的 Pep/9 计算机的主存中。把主存声明为一个整数数组，如下所示：

   ```
   int Mem[65536]; // Pep/9 main memory
   ```

   把从标准输入来的一个字符串作为输入。写出一个内存转储（memory dump）函数，以代表该程序的十进制整数序列的形式输出主存的内容。例如，输入如图 4-42 所示：

   389

   ```
   D1 00 0D F1 FC 16 D1 00 0E F1 FC 16 00 48 69 zz
   ```

   那么程序应该把十六进制数转换为整数，把它们存储在 Mem 的前 15 个单元中。输出就应该是如下的对应整数值：

   ```
   209 0 13 241 252 22 209 0 14 241 252 22 0 72 105
   ```

   (b) 实现指令 LDBr、STBr 和 STOP，寻址方式为立即数和直接寻址。使用图 4-32 帮助你实现冯·诺依曼执行周期。如果指令存储一个字节到 Mem[FC16]，就把相应的字符输出到标准输出流。如果指令从 Mem[FC15] 装入一个字节，就从标准输入流输入相应的字符。例如，问题 (a) 中的输入对应的输出应该是 Hi。
   (c) 以原生指令的方式来实现 DECO。也就是说，不要实现 8.2 节描述的陷阱机制。
   (d) 实现指令 BR、LDWr、STWr、SUBSP 和 ADDSP，寻址方式为栈相对寻址。用 Pep /8 汇编器汇编图 6-1 的程序，然后把十六进制程序输入你的模拟器以测试你的实现。输出应为 BMW335i。
   (e) 实现指令 ADDr、SUBr、ASLr 和 ASRr。以原生指令方式实现指令 DECI 和 STR0。输入来自 C 的标准输入流，输出到 C 的标准输出流。执行图 6-4 的程序来测试你的实现。
   (f) 实现条件分支指令 BRLE、BRLT、BREQ、BRNE、BRGE、BRGT 和 BRV、一元指令 NOTr 和 NEGr，以及比较指令 CPWr 和 CPBr。执行图 6-6、图 6-8，图 6-10、图 6-12 和图 6-14 的程序来检验你的实现。
   (g) 实现指令 CALL 和 RET。执行图 6-18、图 6-21、图 6-23 和图 6-25 的程序来检验你的实现。
   (h) 实现指令 MOVSPA，寻址方式为栈相对间接。执行图 6-27 和 6-29 的程序来检验你的实现。
   (i) 实现变址、栈变址和栈间接变址寻址方式。执行图 6-34、图 6-36、图 6-38、图 6-40 和图 6-48 的程序来检验你的实现。

   390

   (j) 实现间接寻址方式。执行图 6-42 的程序来检验你的实现。

语言翻译原理

现在，你也是使用多语种的人了，因为你至少懂得 4 种语言了：汉语、C、Pep/9 汇编语言和机器语言。汉语是自然语言，而其他 3 种是人工语言。

要记住这一点。下面让我们先转到计算机科学的基本问题，即“什么能够被自动化？”我们用计算机来自动化所有的事情，从写工资支票到纠正文稿中的拼写错误。尽管计算机科学在自然语言翻译上还不算很成功，比如从德语翻译到英语，但在翻译人工语言方面，它已经非常成功了。我们已经学习了如何对 3 种人工语言 C、Pep/9 汇编语言和机器语言互相转换进行翻译。编译器和汇编器自动化了这些人工语言之间的翻译过程。

因为计算机系统的每一层都有自己的人工语言，所以这些语言之间的自动翻译是计算机科学的核心。计算机科学家已经提出了非常丰富的人工语言及其自动翻译过程的理论，本章的内容就是介绍这一理论，并展示它怎样应运于从 C 到 Pep/9 汇编语言的翻译。

句法和语义是人工语言的两个属性。计算机语言的**句法**（syntax）是一个程序要成为合法的语言程序必须要遵守的一套规则。**语义**（semantic）是合法程序背后的含义或逻辑。在操作上，翻译器程序可以成功地翻译句法正确的程序。语言的语义决定目标程序执行时，翻译后程序产生的结果。

自动翻译器中比较源程序和语言句法的部分叫作**分析器**（parser）。给源程序指定含义的部分叫作**代码生成器**（code generator）。大多数计算机科学理论应用于翻译过程的句法部分而不是语义部分。

这里是描述语言句法的 3 种常用技术：

- 语法
- 有限状态机
- 正则表达式

本章介绍语法和有限状态机，展示怎样构建软件有限状态机来帮助进行分析。最后一节讲述了一个完整的程序，包括代码生成，它实现了两种语言之间的自动翻译。由于篇幅限制，本章没有对正则表达式进行讲解。

391 ~ 392

7.1 语言、语法和语法分析

每种语言都有它的字符表。从形式上来说，每个字符表都是一组有限、非空的字符。例如，C 的字符表是非空集合

```
{ a, b, c, d, e, f, g, h, i, j, k, l, m, n,
  o, p, q, r, s, t, u, v, w, x, y, z, A, B,
  C, D, E, F, G, H, I, J, K, L, M, N, O, P,
  Q, R, S, T, U, V, W, X, Y, Z, 0, 1, 2, 3,
  4, 5, 6, 7, 8, 9, +, -, *, /, =, <, >, [,
  ], (, ), {, }, ., ,, :, ;, &, !, %, ', ",
  _, \, #, ?, ^, |, ~}
```

Pep/9 汇编语言的字符表除了标点符号之外其他是一样的，如下所示：

```
{ a, b, c, d, e, f, g, h, i, j, k, l, m, n,
  o, p, q, r, s, t, u, v, w, x, y, z, A, B,
  C, D, E, F, G, H, I, J, K, L, M, N, O, P,
  Q, R, S, T, U, V, W, X, Y, Z, 0, 1, 2, 3,
  4, 5, 6, 7, 8, 9, \, ., ,, :, ;, ', "}
```

另一个字符表的例子是实数语言的字符表，不是科学记数法表示的实数。它的字符表集合为

```
{ 0, 1, 2, 3, 4, 5, 6, 7, 8, 9, +, -, . }
```

7.1.1　连接

抽象数据类型是一个可能值的集合和一组作用于这些值的运算。注意，字符表就是值的集合。值的集合上的一种运算叫连接（concatenation），它简单地连接两个或者更多的字符成为字符串。C 字符表中的一个例子是把 ! 和 = 连接成为字符串 !=。在 Pep/9 汇编字符表中，可以把 0 和 x 连接成为 0x，即十六进制常数前缀。在实数语言中，可以把 −、2、3、. 和 7 连接成为 −23.7。

连接不仅适用于字符表中单个字符构成字符串，也适用于用字符串构成更大的字符串。从 C 字符表，可以连接 void、printBar 和（int n）来生成过程头

393

```
void printBar (int n)
```

字符串的长度是字符串中字符的个数。字符串 void 的长度是 4。长度为 0 的字符串叫空字符串，用希腊字母 ε 表示，区别于字母表中的英语字符。它有这样的连接性质

$$\varepsilon x = x\varepsilon = x$$

这里 x 是一个字符串。空字符串对描述句法规则非常有用。

在数学术语中，ε 是连接运算的单位元。一般来说，一个运算的单位元（identity element）i，在作用于一个值 x 时，不会改变 x 的值。

例 7.1　1 是乘法运算的单位元，因为

$$1 \cdot x = x \cdot 1 = x$$

true 是 AND 运算的单位元，因为

$$\text{true AND } q = q \text{ AND true} = q$$

■

7.1.2　语言

如果 T 是一个字符表，T 的闭包表示为 T*，它是通过连接 T 中的元素可能形成的所有字符串的集合。T* 是非常大的。例如，如果 T 是英语字符表中字符和标点符号的集合，那么 T* 会包括所有莎士比亚著作、英文圣经和所有曾经出版的英文百科全书的句子，还包括全世界历史上所有图书馆曾经用这些字符印刷的所有字符串。

它不仅包括有意义的字符串，也包括无意义的字符串。这里是英语字符表 T* 的一些元素：

```
To be or not to be, that is the question.
Go fly a kite.
Here over highly toward?
alkeu jfoj ,9nm20mfq23jk l?x!jeo
```

当 T 是实数语言的字符表时，T* 的一些元素可以是：

```
-2894.01
24
+78.3.80
--234---
6
```

394

你可以很容易地构建刚才提到的两个字符表的 T* 的很多其他元素。因为字符串可以无限长，所以任何字符表的闭包中元素个数是无限的。

什么是语言呢？在前面讲述的 T* 例子中，一些字符串是语言，一些不是。在英语的例子中，前两个字符串是有效的英语句子，即它们是语言。后两个不是语言。**语言**（language）是它字符表闭包的子集。可以用字符表中的字符组成的字符串通过连接构建无限多的字符串，但是其中只有一些包含在语言中。

例 7.2 思考下面 T* 中的两个元素，这里 T 是 C 语言字符表：

```
#include <stdio.h>
int main() {
   printf("Valid");
   return 0;
}
```

```
#include <stdio.h>
int main(); {
   printf("Valid");
   return 0;
}
```

T* 的第一个元素是 C 语言，但第二不是，因为它有一个句法错误。■

7.1.3　语法

要定义一种语言，需要一种方式能够说明 T* 中哪些元素是语言，哪些不是。**语法**（grammar）就是这样一种系统，它指明可以怎样连结字符表 T 的字符形成一种对该语言来说合法的字符串。形式上，语法包含 4 个部分：

- N，一个非终结字符表。
- T，一个终结字符表。
- P，一套产生式规则。
- S，初始符，为 N 的一个元素。

非终结字符表 N 的一个元素代表终结字符表 T 的一组字符。非终结符号通常用尖括号 <> 括起来。当阅读语言时，看到的是终结符，看不到非终结符号。产生式规则使用非终结符来描述语言的结构，这可能不像阅读语言那么明显。

395

例 7.3 C 语法中，非终结符 <compound-statement>（< 复合语句 >）可能代表下面一组终结符：

```
{
  int i;
  scanf("%d", &i);
  i++;
  printf("%d", i);
}
```

C 程序的代码始终是包含终结符而绝不会包含非终结符。我们肯定不会看到这样的 C 代码

```
#include <stdio.h>
main()
<compound-statement>
```

非终结符 <compound-statement > 用于描述 C 程序的结构。■

每种语法都有一个特殊的非终结符，叫作*初始符*（start symbol），S。注意 N 是一个集合，但 S 不是。S 是集合 N 的一个元素。初始符和产生式规则 P 一起，使我们能确定一个由终结符组成的字符串是否是该语言的一个合法句子。如果从 S 开始用产生式规则能产生该终结符组成的字符串，那么该字符串就是一个合法的句子。

7.1.4　C 标识符的语法

图 7-1 中的语法定义了 C 标识符。尽管 C 标识符可以使用任意的大写或小写字母或者数字，但是为了使例子简短，这个语法仅允许字母 a、b、c 和数字 1、2、3。这样的简化仍然能够使我们了解构成标识符的规则。第一个字符必须是字母，如果有的话，剩下的字符可以是字母或数字的任意组合。

N = { <identifier> , <letter> , <digit> }
T = { a , b , c , 1 , 2 , 3 }
P = the productions
　1. <identifier> → <letter>
　2. <identifier> → <identifier> <letter>
　3. <identifier> → <identifier> <digit>
　4. <letter> → a
　5. <letter> → b
　6. <letter> → c
　7. <digit> → 1
　8. <digit> → 2
　9. <digit> → 3
S = <identifier>

图 7-1　C 标识符的语法

这个语法有 3 个非终结符，即 <identifier>（< 标识符 >）、<letter>（< 字母 >）和 <digit>（< 数字 >）。初始符是 <identifier>，它是非终结符集合中的一个元素。

396

产生式规则的形式是

A → w

这里 A 是非终结符，w 是终结符和非终结组成的字符串。符号→表示“产生”。图 7-1 中的产生式规则 3 读作“标识符产生后面带数字的标识符”。

语法通过称为推导（derivation）的过程来指定语言。为了推导一个合法的语言句子，从初始符开始，根据产生式规则不断替代非终结符，直到得到由终结符组成的字符串。下面是根据语法推导出标识符 cab3 的情况，符号 => 表示“一步推导”：

<identi er>	=> <identier> <digit>	规则 3
	=> <identier> 3	规则 9
	=> <identier> <letter> 3	规则 2
	=> <identier> b 3	规则 5
	=> <identier> <letter> b 3	规则 2
	=> <identier> a b 3	规则 4
	=> <letter> a b 3	规则 1
	=> c a b 3	规则 6

397

每一步推导的后面是这个替换依据的产生式规则。例如，规则 2

<identifier> → <identifier><letter>

用于替换推导步骤

<identifier> 3 =><identifier><letter> 3

中的 <identifier>。应该把这步推导读作“identifier 后面跟着 3 一步推导为 identifier 后面跟着字母，字母后面跟着 3”。

推导运算的闭包类似于字符表的闭包运算，符号 =>* 表示“经过零步或多步推导”，可以把前面 8 步推导概括为：

<identifier> =>*c a b 3

这个推导证明 cab3 是一个合法的标识符，因为它能够从初始符 <identifier> 推导出来。一个语法定义的语言是由使用产生式规则可以从初始符推导出的所有字符串组成的。语法提供了判定是否属于一个语言的测试操作，如果是不能被推导出来的字符串，那么就不属于该语言。

7.1.5　有符号整数的语法

图 7-2 中的语法定义了有符号整数的语言，d 代表一个十进制数字。初始符 I 代表整数，F 是第一个字符，可以是任意符号，M 表示大小。

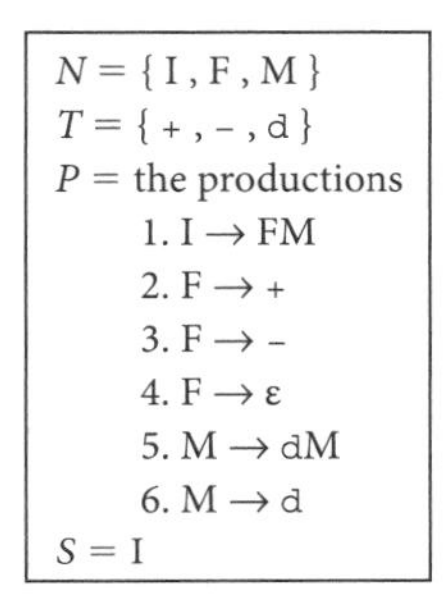

图 7-2　有符号整数的语法

有时候为了节省页面空间，产生式规则没有编号，放在一行上。这个语法的产生式规则可以写成这样

$$I \rightarrow FM$$
$$F \rightarrow + \mid - \mid \varepsilon$$
$$M \rightarrow d \mid dM$$

这里的竖线 | 是间隔运算符，读作“或”。最后一行读作“M 产生 d，或者 d 后面跟 M”。下面是这个语法的一些合法有符号整数的推导：

I ⇒ FM	I ⇒ FM	I ⇒ FM
⇒ F d M	⇒ F d M	⇒ F d M
⇒ F dd M	⇒ F dd	⇒ F dd M
⇒ F ddd	⇒ dd	⇒ F ddd M
⇒ -ddd		⇒ Fdddd
		⇒ +dddd

注意第二个推导的最后一步怎样用空字符串从 Fdd 推导出 dd，它使用了产生式 F → ε 和 ε d=d 的事实。这种带空字符串的产生式规则能很方便地表达一个事实：数值大小前面的正号或负号是可选的。

398

ddd+、+-ddd 和 ddd+dd 都是这种语法的非法字符串。试着用语法推导这些字符串来确认它们不属于该语言。你能根据产生式规则证明这几个字符串不属于该语言吗？

这两个语法示例中的产生式都有递归规则，用非终结符来定义它自己。图 7-1 中规则 3 根据 <identifier> 定义 <identifier>，如下所示：

<identifier> → <identifier><digit>

图 7-2 中规则 5 根据 M 定义 M，如下所示：

$$M \rightarrow dM$$

递归规则产生的语言具有无穷多合法的句子。要推导出一个具有任意长度的标识符，只要一直将 <identifier> 替换成 <identifier><digit> 即可。

与所有的递归定义一样，必须有一个安全出口作为定义的基础，否则对非终结符的替换就不会停下来。图 7-2 中 M → d 的规则给 M 的递归提供了基础。

7.1.6　上下文相关的语法

前面讲到的语法的产生式规则都是左边是单个的非终结符。图 7-3 中的语法有一些左边既有非终结符又有终结符的产生式规则。

这是一个使用该语法的终结字符串推导：

A ⇒ aABC	规则 1
⇒ aaABCBC	规则 1
⇒ aaabCBCBC	规则 2
⇒ aaabBCCBC	规则 3
⇒ aaabBCBCC	规则 3
⇒ aaabBBCCC	规则 3
⇒ aaabbBCCC	规则 4
⇒ aaabbbCCC	规则 4
⇒ aaabbbcCC	规则 5
⇒ aaabbbccC	规则 6
⇒ aaabbbccc	规则 6

$N = \{A, B, C\}$
$T = \{a, b, c\}$
P = the productions
1. A → aABC
2. A → abC
3. CB → BC
4. bB → bb
5. bC → bc
6. cC → cc

$S = A$

图 7-3　上下文相关的语法

399

这个推导中一个替换的例子是在步骤 aaabbbCCC => aaabbbcCC 使用了规则 5，规则 5 允许用 c 替换 C，但是只有当 C 的左边有 b 的时候才行。

在英语中，断章取义是指不考虑一句话周围的语句而引用它。规则 5 就是一个上下文相关规则的例子，它不允许用 c 替换 C，除非 C 有适当的上下文，即它正好在一个 b 的右边。

不严格地说，上下文相关语法（context-sensitive grammar）的产生式规则左边可以包含多于一个的非终结符。与之相比，每个产生式规则左边只有一个非终结符的语法，称为上下文无关（context-free）语法。（上下文相关和上下文无关语法的准确理论定义要比这些定义更为严格。为简单，本章使用前面的这种定义，不过我们应该知道该理论更严格的描述并不像我们定义的那样简单。）

abc、aabbcc 和 aaaabbbbcccc 是这种语法描述语言的一些合法字符串的例子。而 aabc 和 cba 是非法字符串的例子。可以试着推导出这些合法字符串，也可以尝试推导这些非法字符串以证明它们是不合法的。用这些规则做一些练习，你应该能了解这种语言是以一个或多个 a 开始，后面跟同样数量的 b，后面再跟同样数量的 c 的字符串集合。这种语言 L 用数学语言来表达为

$$L=\{a^n b^n c^n \mid n > 0\}$$

读作“语言 L 是字符串 $a^n b^n c^n$ 的集合，n 大于 0”。符号 a^n 表示 n 个 a 的连接。

7.1.7　语法分析问题

从语法推导出合法字符串是非常简单明了的。可以在当前中间字符串的右边任意选择一些非终结符，反复选择规则进行替换，直到得到一个终结符字符串。这样的随机推导可以得到该语言的许多字符串。

然而，自动翻译器是一项更难的任务。给翻译器一个终结符字符串，假设是某个人工语言的合法句子。在翻译器生成目标代码前，它必须确定终结符字符串是否确实是合法的。确

定字符串是否合法的唯一办法是从语法的初始符推导出它。翻译器必须尝试进行这样的推导，如果推导成功了就知道这个字符串是一个合法的句子。确定一个给定的终结符字符串是否是特定语法的合法句子的问题叫作*语法分析*（parsing），如图 7-4 所示。

400

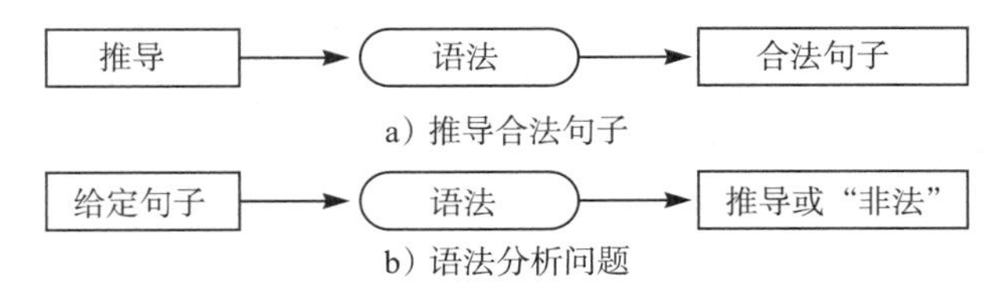

图 7-4　推导任意句子和语法分析给定句子的区别

对给定的字符串进行语法分析要比推导任意的合法字符串更难。语法分析问题就是某种形式的搜索。分析算法必须搜索出正确的替换序列，推导出给定的字符串。它不仅要在给定字符串是合法的情况下找到这个推导，它也必须能够发现给定字符串有可能不是合法的。如果你在房间里寻找一枚钻石戒指，但是找不到，并不表示戒指不在你的房间里。可能只是你没找到对的地方。类似地，如果试图找到给定字符串的推导，但是找不到，你怎么知道推导不存在呢？翻译器必须能够证明如果给定的字符串是非法的，一定不存在对应的推导。

7.1.8　表达式的语法

为了了解语法分析器可能遇到的困难，考虑图 7-5，它给出了描述算术中缀表达式的语法。假设给定的终结符字符串为

```
( a * a ) + a
```

给定该语法的产生式规则，要求对给定的字符串进行分析。正确的语法分析是：

E ⇒ E + T	规则 1
⇒ T + T	规则 2
⇒ F + T	规则 4
⇒ (E) + T	规则 5
⇒ (T) + T	规则 2
⇒ (T * F) + T	规则 3
⇒ (F * F) + T	规则 4
⇒ (a * F) + T	规则 6
⇒ (a * a) + T	规则 6
=> (a * a) + F	规则 4
=> (a * a) + a	规则 6

N = { E , T , F }
T = { + , * , (,) , a }
P = the productions
1. E → E + T
2. E → T
3. T → T * F
4. T → F
5. F → (E)
6. F → a

S = E

401

图 7-5　表达式的语法。非终结符 E 表示表达式，T 表示一个术语，F 表示表达式中一个因子

语法分析困难的原因是可能在前面的分析中就做出了错误的决定，虽然在当时看上去是可行的，但是会导致进入死路。例如，看见给定的字符串里有“(”，就立即选择规则 5。你可能会尝试这样进行分析

E ⇒ T	规则 2
⇒ F	规则 4
⇒ (E)	规则 5
⇒ (T)	规则 2

⇒(T*F)　　规则 3
⇒(F*F)　　规则 4
⇒(a*F)　　规则 6
⇒(a*a)　　规则 6

到目前为止，看上去是在朝着分析该原始表达式的目标上前进，因为随着推导的每一步，中间字符串看上去都更像原始的字符串了。不幸的是，却陷入了困境，因为没有办法推导出原始字符串中的+。

在到达这个死胡同之后，我们可能会得出结论：该给定的字符串是非法的，但是这是错的。因为找不到一个推导并不意味着这样的推导不存在。

语法分析有趣的一面是它可以表示为一棵树。初始符是树根。树的每个内部结点是一个非终结符，每个叶子结点是一个终结符。内部结点的孩子是在推导中用来替换父亲结点的产生式规则右边部分的符号。这种树称为*语法树*，原因显而易见。图7-6给出了采用图7-5所示语法的(a*a)+a的语法树。图7-7给出了采用图7-2中语法的dd的语法树。

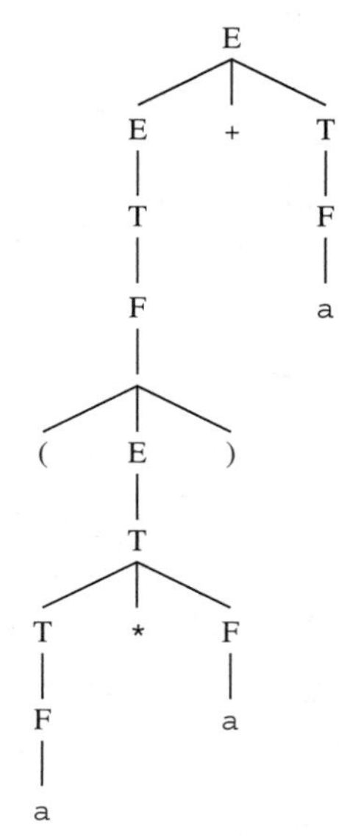

图7-6　图7-5中(a*a)+a的语法分析树

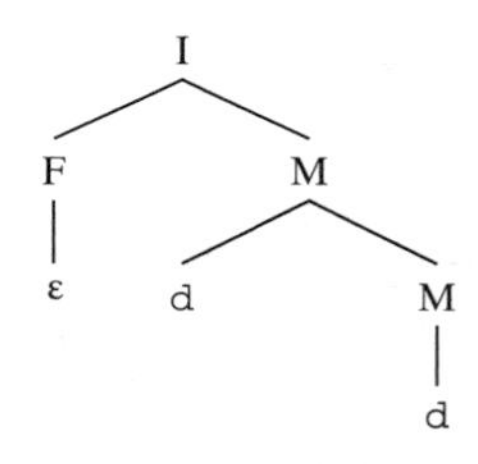

图7-7　图7-2中dd的语法分析树

7.1.9　C语法的一部分

图7-8中语法的产生式规则是C语言的一小部分。这种语言的基本数据类型只有整数和字符，不提供常量或类型声明，不允许引用参数，还省略了switch和for语句。尽管有诸多限制，但是它仍然给出了如何形式化定义一个真实语言语法的大致思路。

402

<translation-unit> →
　　<external-declaration>
　　| <translation-unit> <external-declaration>
<external-declaration> →
　　<function-definition>
　　| <declaration>
<function-definition> →
　　<type-specifier> <identifier> (<parameter-list>) <compound-statement>
　　| <identifier> (<parameter-list>) <compound-statement>
<declaration> → <type-specifier> <declarator-list> ;
<type-specifier> → `void` | `char` | `int`
<declarator-list> →
　　<identifier>
　　| <declarator-list> , <identifier>
<parameter-list> →
　　ε
　　| <parameter-declaration>
　　| <parameter-list> , <parameter-declaration>
<parameter-declaration> → <type-specifier> <identifier>

图7-8　C语言的一部分语法

```
<compound-statement> → { <declaration-list> <statement-list> }
<declaration-list> →
    ε
    | <declaration>
    | <declaration-list> <declaration>
<statement-list> →
    ε
    | <statement>
    | <statement-list> <statement>
<statement> →
    <compound-statement>
    | <expression-statement>
    | <selection-statement>
    | <iteration-statement>
<expression-statement> → <expression> ;
<selection-statement> →
    if ( <expression> ) <statement>
    | if ( <expression> ) <statement> else <statement>
<iteration-statement> →
    while ( <expression> ) <statement>
    | do <statement> while ( <expression> ) ;
<expression> →
    <relational-expression>
    | <identifier> = <expression>
<relational-expression> →
    <additive-expression>
    | <relational-expression> < <additive-expression>
    | <relational-expression> > <additive-expression>
    | <relational-expression> <= <additive-expression>
    | <relational-expression> >= <additive-expression>
<additive-expression> →
    <multiplicative-expression>
    | <additive-expression> + <multiplicative-expression>
    | <additive-expression> – <multiplicative-expression>
<multiplicative-expression> →
    <unary-expression>
    | <multiplicative-expression> * <unary-expression>
    | <multiplicative-expression> / <unary-expression>
<unary-expression> →
    <primary-expression>
    | <identifier> ( <argument-expression-list> )
<primary-expression> →
    <identifier>
    | <constant>
    | ( <expression> )
<argument-expression-list> →
    <expression>
    | <argument-expression-list> , <expression>
<constant> →
    <integer-constant>
    | <character-constant>
<integer-constant> →
```

图 7-8 （续）

403

404

```
    <digit>
    | <integer-constant> <digit>
<character-constant> → ' <letter> '
<identifier> →
    <letter>
    | <identifier> <letter>
    | <identifier> <digit>
<letter> →
    a | b | c | d | e | f | g | h | i | j | k | l | m |
    n | o | p | q | r | s | t | u | v | w | x | y | z |
    A | B | C | D | E | F | G | H | I | J | K | L | M |
    N | O | P | Q | R | S | T | U | V | W | X | Y | Z
<digit> →
    0 | 1 | 2 | 3 | 4 | 5 | 6 | 7 | 8 | 9
```

图 7-8 （续）

该语法的非终结符用尖括号 <> 括起来。任何没有用尖括号括起来的符号是终结字符，可以出现在 C 程序代码中。该语法的初始符是非终结符 <translation-unit>（< 翻译单元 >）。

用语法的产生式规则来描述编程语言的方法称为巴科斯范式（Backus Naur Form，BNF）。在 BNF 中，产生式符号→有时写作 ::=。设计于 1960 年的语言 Algol 60 使得 BNF 流行了起来。

下面这个示例是该语法的分析，表明如果 S1 是一个合法的 <expression>（< 表达式 >），那么

```
while (a <= 9 )
    S1;
```

也是合法的 <statement>。该语法分析包含了图 7-9 中的推导。

```
<statement>
    ⇒ <iteration-statement>
    ⇒ while ( <expression> ) <statement>
    ⇒ while ( <relational-expression> ) <statement>
    ⇒ while ( <relational-expression> <= <additive-expression> ) <statement>
    ⇒ while ( <additive-expression> <= <additive-expression> ) <statement>
    ⇒ while ( <multiplicative-expression> <= <additive-expression> ) <statement>
    ⇒ while ( <unary-expression> <= <additive-expression> ) <statement>
    ⇒ while ( <primary-expression> <= <additive-expression> ) <statement>
    ⇒ while ( <identifier> <= <additive-expression> ) <statement>
    ⇒ while ( <letter> <= <additive-expression> ) <statement>
    ⇒ while ( a <= <additive-expression> ) <statement>
    ⇒ while ( a <= <multiplicative-expression> ) <statement>
    ⇒ while ( a <= <unary-expression> ) <statement>
    ⇒ while ( a <= <primary-expression> ) <statement>
    ⇒ while ( a <= <constant> ) <statement>
    ⇒ while ( a <= <integer-constant> ) <statement>
    ⇒ while ( a <= <digit> ) <statement>
    ⇒ while ( a <= 9 ) <statement>
    ⇒ while ( a <= 9 ) <expression-statement>
    ⇒ while ( a <= 9 ) <expression> ;
    ⇒* while ( a <= 9 ) S1;
```

图 7-9　对图 7-8 的语法，while (a<=9) S1; 非终结符 <statement> 的推导

图 7-10 给出了这个分析对应的语法树。非终结符 <statement> 是树根，因为这个分析的目的是要证明该字符串是一个合法的 <statement>。

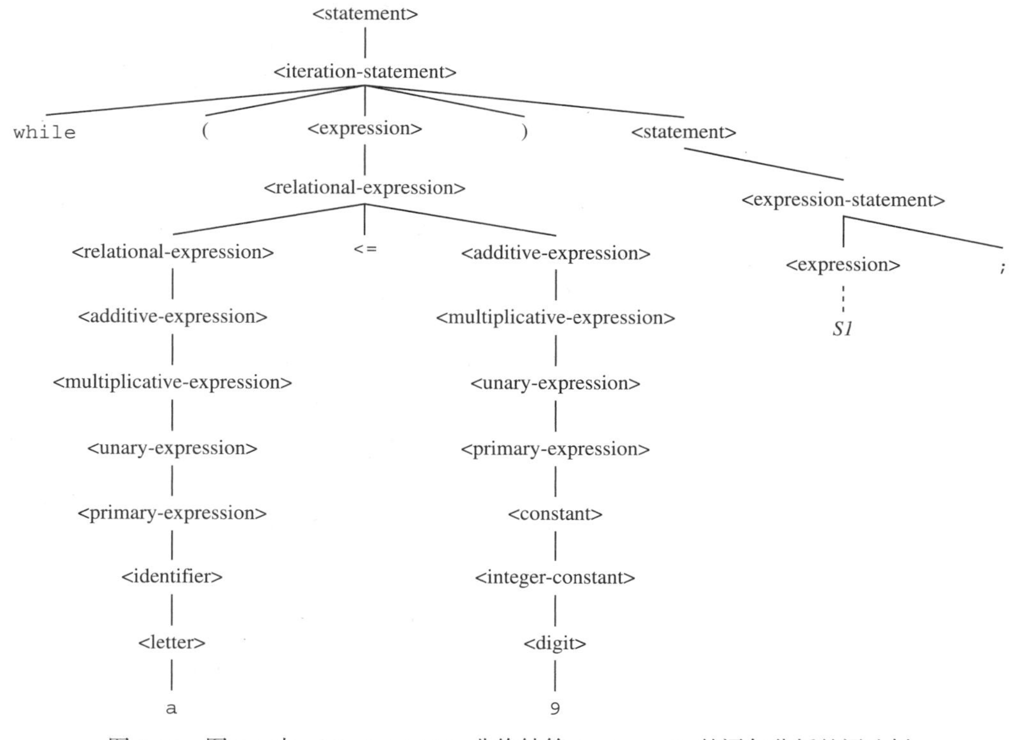

图 7-10　图 7-9 中 while (a<=9) S1; 非终结符 <statement> 的语句分析的语法树

记住这个例子，思考 C 编译器的任务。将编译器编写为包含一组产生式规则，类似于图 7-8 那样的规则。程序员向编译器提交一个包含源程序的文本文件，就是一个长长的终结符字符串。首先，编译器必须确定这个终结符字符串表示的是不是一个合法的 C <translation-unit>。如果是，那么编译器就必须生成相应的低级语言表示的目标代码。如果不是，编译器必须产生适当的语法错误提示。

405

标准 C 语法中有上百条产生式规则。想象 C 编译器的工作量吧！每次提交程序时，它都要在这些产生式规则中排序遍历。幸运的是，计算机科学理论发展至今已经能够使编译器的语法分析不那么困难。使用当前理论设计出的 C 编译器保证在程序分析中推导的每一步替换都能够选择正确的产生式。如果分析算法不能找到匹配源程序的 <translation-unit> 的推导，就能够证明这样的推导是不存在的，提交的源程序一定有语法错误。

对编译器来说，代码生成比语法分析更难一些。究其原因是目标代码必须运行在某个制造厂商生产的某种特定的机器上。因为每个厂商的机器架构都不同，指令集也不同，所以一种机器的代码生成技术可能不适用于另一种机器。不存在一种单一标准的基于理论概念的冯・诺依曼架构。这就导致没有出现太多关于代码生成的理论能够指导编译器设计者构建编译器。

7.1.10　C 的上下文相关性

从图 7-8 来看 C 语言貌似是上下文无关的。每个产生式规则的左边都只有一个非终结符。这与图 7-3 所示的上下文相关语法是不同的，上下文无关语法中允许产生式左边有多于一个的非终结符。外表看上去是很有欺骗性的。虽然 C 语法的这个子集和完整的 C 语言标准都是上下文无关的，但是 C 语言本身的某些方面是上下文相关的。

406～407

来看一看图 7-3 中的语法。它的产生式规则怎么保证字符串结尾的 c 的个数必须等于开头 a 的个数？规则 1 和 2 保证每生成一个 a，都会生成一个 C。规则 3 让 C 交换到 B 的右边。最后，规则 5 允许在 C 的左边有 b 的情况下，用 c 替代 C。没有办法用上下文无关语法描述这个语言，因为它需要规则 3 和 5 让 C 到字符串的末尾。

C 语言有上下文相关的一面，这在图 7-8 中没有表现出来。例如，<parameter-list>（< 形参列表 >）的定义允许任意数量的形参，而 <argument-expression-list>（< 实参表达式列表 >）的定义允许任意数量的实参。可以写一个 C 程序包含一个具有 3 个形参的过程，以及一个有 2 个实参的过程调用，这个程序可以用图 7-8 中的语法从 <translation-unit> 推导出来。但是如果想编译这个程序，编译器会报一个语法错误。

C 中形参的数量必须等于实参的数量，类似于图 7-3 中语法定义的字符串开头时的 a 的个数必须等于结尾处 c 的个数。要想对 C 的语法做出这个限制，就需要包括一些更为复杂的、上下文相关的规则。让编译器用上下文无关语法分析一个程序，之后再检查是否违反一些规则，这样更简单一些。通常借助于符号表来检查是否有违反这些语法不能描述的规则。

7.2　有限状态机

另一种描述语言中句子句法的方式是有限状态机（FSM）。以图的形式表示，有限状态机就是一个状态的有限集合，状态用圆圈表示，称为*结点*，状态间的转换用圆圈之间的弧表示。每条弧从一个状态开始，到另一个状态结束，在结束状态有一个箭头。每条弧上都还有一个标号，是该语言终结符表中的一个字符。

有限状态机中的一个状态被指定为起始状态，至少一个，也可以多个状态被指定为终止状态。在图中，起始状态有一个输入箭头，而终止状态用双圈表示。

数学上，这样一组以弧连接的结点称作图。当弧有方向时（FSM 就是这样），称为有向图（directed graph 或 digraph）。

408

7.2.1　用有限状态机分析标识符

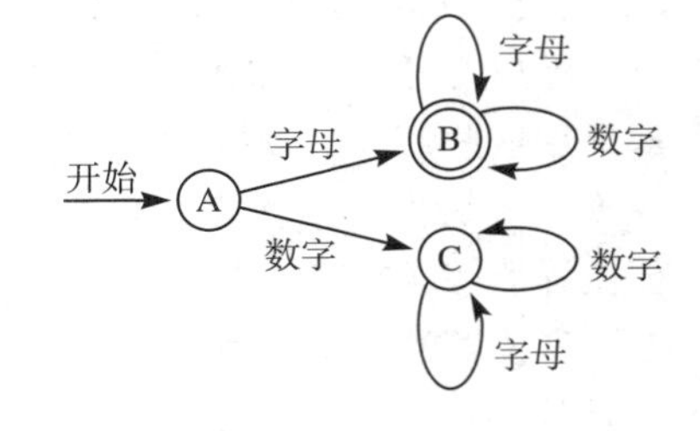

图 7-11　分析标识符的 FSM

图 7-11 给出了一个 FSM，它分析图 7-1 中语法定义的标识符。状态集合是 {A, B, C}，A 是起始状态，B 是终止状态。对一个字母有 A 到 B 的转换，对一个数字有 A 到 C 的转换，对一个字母或数字有 B 到 B 的转换，对一个字母或数字有 C 到 C 的转换。

要使用 FSM，可以假想输入字符串写在一张纸带上。从起始状态开始，从左至右扫描输入纸带上的字符。每次从纸带上扫描到下一个字符时，就转换到有限状态机的下一个状态上。只能使用弧上标识的字符与扫描进来的字符一致的那些转换。在扫描所有的输入字符之后，如果字符在终止状态中，那么这个字符串就是一个合法的标识符，否则就不是。

例 7.4　要分析字符串 cab3，需要做下面这样的转换：

当前状态：A　　输入：cab3　　扫描 c，转换到状态 B。

当前状态：B　　输入：ab3　　扫描 a，转换到状态 B。
当前状态：B　　输入：b3　　扫描 b，转换到状态 B。
当前状态：B　　输入：3　　扫描 3，转换到状态 B。
当前状态：B　　输入：　　检查是否是终止状态。

因为没有输入了，所以最后的状态是 B，是终止状态，cab3 就是一个合法的标识符。■

还可以用状态转换表来表示 FSM。图 7-12 是图 7-11 的 FSM 的状态转换表，表中列出了从一个给定的当前状态在给定输入符号时转换到的下一个状态。

409

当前状态	下一个状态	
	字母	数字
→A	B	C
(B)	B	B
C	C	C

图 7-12　图 7-11 中 FSM 的状态转换表

7.2.2　简化的有限状态机

通常通过消除 FSM 中的一些状态，对图进行简化会更方便，比如删除那种存在的唯一目的就是为非法输入字符提供转换的状态。这个状态机中的状态 C 就是这么一种状态。如果第一个字符是数字，那么不论其后跟了什么字符，字符串都不是合法标识符。状态 C 就是一个失败状态。一旦转换到状态 C，就永远没办法转换到其他的状态，输入字符串最终会被认定为非法。图 7-13 给出了图 7-11 的 FSM 的简化版本，没有了失败状态。

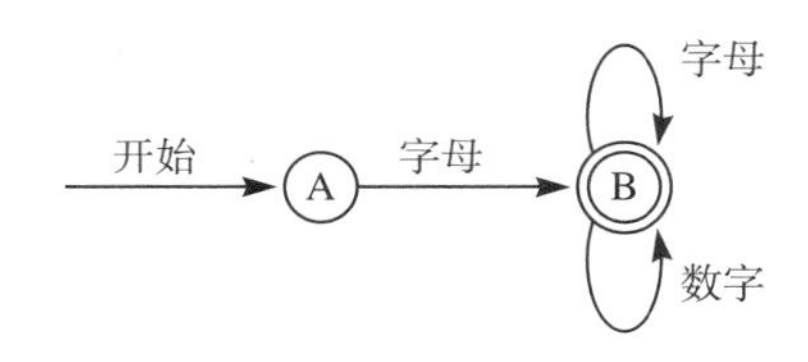

图 7-13　无失败状态的图 7-11 的有限状态机

用这个简化的状态机分析字符串时，在输入字符串中遇到非法字符时，没有办法进行转换。有两种方法能在简化的状态机中检测出非法句子：

- 没有输入，但是却不在一个终止状态中。
- 在某个状态中，但是该状态没有与下一个输入字符相对应的转换。

图 7-14 是图 7-13 对应的状态转换表。对于去掉的转换，简化状态机对应的状态转换表中没有对应的条目。注意，这张表在当前状态 A 的数字一栏中是没有内容的。本章余下部分中的状态机都使用简化的格式。

当前状态	下一个状态	
	字母	数字
→A	B	
(B)	B	B

图 7-14　图 7-13 中 FSM 的状态转换表

7.2.3　非确定性有限状态机

当使用语法分析句子时，对于一个推导步骤通常必须在多个产生式规则中选择用哪个进行替换。类似地，非确定性有限状态机要求在分析输入字符串时从多个转换中选择。图 7-15 是一个分析有符号整数的非确定性 FSM。称为非确定，因为至少有一个状态对于一个字符有多于一种转换。例如，状态 A 对于一个数字可以转换到 B 也可以转换到 C。对于状态 B 也有一些不确定性，如果下一个输入字符是一个数字，转换到 B 或者 C 都有可能。

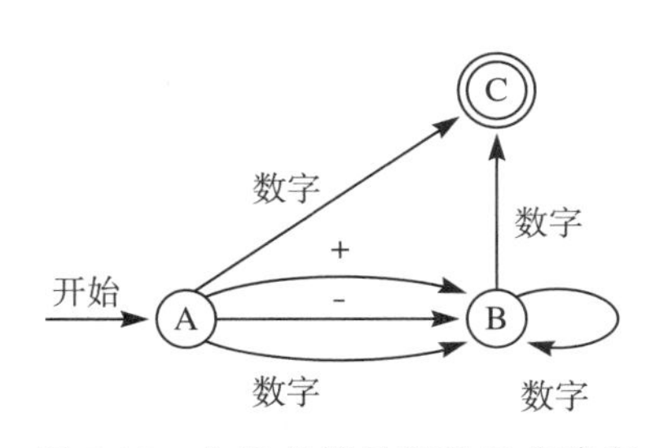

图 7-15　分析有符号整数的非确定性 FSM

410

例 7.5　用这个非确定性 FSM 来分析 +203，必须要做下面这样一些决策：

当前状态：A　　输入：+203　　扫描 +，转换到状态 B。
当前状态：B　　输入：203　　扫描 2，转换到状态 B。
当前状态：B　　输入：03　　扫描 0，转换到状态 B。
当前状态：B　　输入：3　　扫描 3，转换到状态 C。
当前状态：C　　输入：　　检查是否是终止状态。

因为没有输入又处于终止状态 C 中，所以这证明了输入字符串 +203 是一个合法的有符号整数。■

在用产生式规则进行分析时，有出现前面的分析可能做出不正确选择的风险。可能进入一个死胡同，没有替换能使得终结符和非终结符组成的中间字符串更接近给定的字符串。进入这样的死胡同并不一定就表示该字符串是非法的。所有的非法字符串在任何尝试中都会进入死胡同，但是如果在前面的推导中决策错误，合法的字符串也有可能产生死胡同。

对于非确定性有限状态机，同样有这个问题。对于图 7-15 中的状态机，如果在起始状态 A 中，下一个输入字符是 7，那就必须在转换到 B 还是 C 之间选择。假设选择转换到 C，然后发现还有一个输入字符要扫描。因为从 C 没有转换出来，所以这次分析尝试进入了死胡同。因此你得出结论，输入字符串是非法的；或者字符串是合法的，只是在前面某个地方做出了错误的选择。

411

图 7-16 是图 7-15 中状态机的状态转换表。非确定性很明显，数字栏中有多项（B，C），它们表示在尝试分析时需要进行选择。

当前状态	下一个状态		
	+	-	数字
→ A	B	B	B, C
B			B, C
Ⓒ			

图 7-16　图 7-15 中 FSM 的状态转换表

7.2.4　具有空转换的状态机

在产生式规则中引入空字符串会带来方便，同样，构建具有对空字符串转换的有限状态机也会带来方便。这样的转换称为空转换。图 7-18 是图 7-17 中的 FSM 的状态转换表。图 7-17 是一个 FSM，对应于图 7-2 中的语法，用来分析有符号整数。

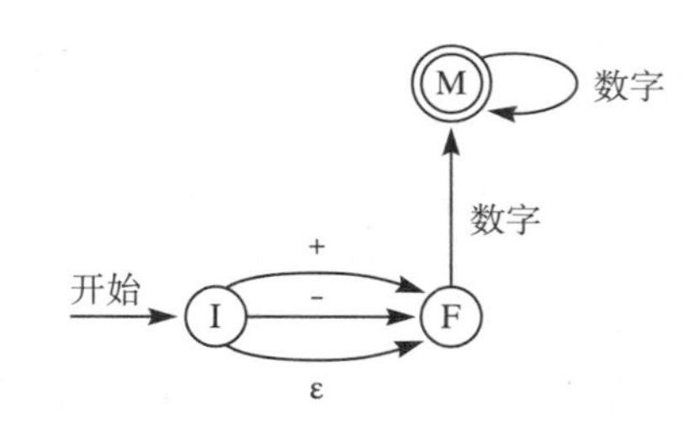

图 7-17　具有空转换的分析有符号整数的 FSM

当前状态	下一个状态			
	+	-	数字	ε
→ I	F	F		F
F			M	
Ⓜ			M	

图 7-18　图 7-17 中 FSM 的状态转换表

在图 7-17 中，F 是输入第一个字符后的状态，M 是数值状态，类似于语法中的非终结

符 F 和 M。同样，符号可以是 +、- 或者两者都不是，从 I 到 F 的转换可以接受 +、- 或 ε。 412

例 7.6 分析 32，做出如下决策：

当前状态：I	输入：32	扫描 ε，转换到状态 F。
当前状态：F	输入：32	扫描 3，转换到状态 M。
当前状态：M	输入：2	扫描 2，转换到状态 M。
当前状态：M	输入：	检查是否是终止状态。

接受 ε 从 I 到 F 的转换不消耗输入字符。当处于状态 I 时，可以做 3 件事情中的一件：a）扫描 +，进入状态 F；b）扫描 -，进入状态 F；或者 c）什么也不扫描（也就是，空字符串），进入状态 F。■

具有空转换的状态机总被认为是非确定性的。在例 7.6 中，非确定性来自当在状态 I 中而下一个字符是 + 时必须做出决策，必须决定是从 I 到 F 接受 +，还是从 I 到 F 接受 ε。这是不同的转换，因为虽然它们转换到同一个状态，但是剩下的输入字符串是不同的。

给定一个带有空转换的 FSM，总是可以把它变换为一个等价的、不带有空转换的有限状态机。消除空转换的算法分为两步：

- 如果有一个转换接受 ε 从 p 到 q，对于每个接受 a 从 q 到 r 的转换，增加一个接受 a 从 p 到 r 的转换。
- 如果 q 是一个终止状态，把 p 也变成终止状态。

这个算法使用 ε 的连接属性：

$$\varepsilon a = a$$

例 7.7 图 7-19 展示了如何从 a 中的状态机中消除空转换，得到等价的 b 中的状态机。 413 因为有一个接受 ε 从状态 X 到状态 Y 的转换，以及一个接受 a 从状态 Y 到状态 Z 的转换，所以构造一个接受 a 从状态 X 到状态 Z 的转换，就可以消除这个空转换了。如果在状态 X 中，可以直接接受 a 进入状态 Z，这和直接接受 ε 从 X 经过 Y 到达 Z，进入的状态和剩下的输入都是一样的。■

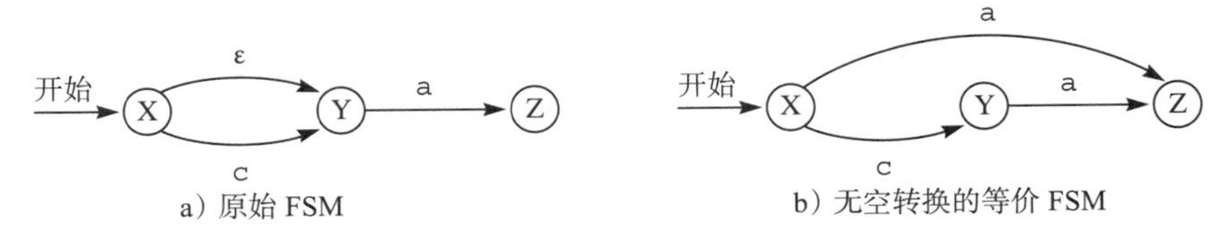

图 7-19 消除空转换

例 7.8 图 7-20 给出了对图 7-17 的 FSM 的变换。从 I 到 F 的空转换被替换为接受数字的从 I 到 M 的转换，因为有一个接受数字从 F 到 M 的转换。■

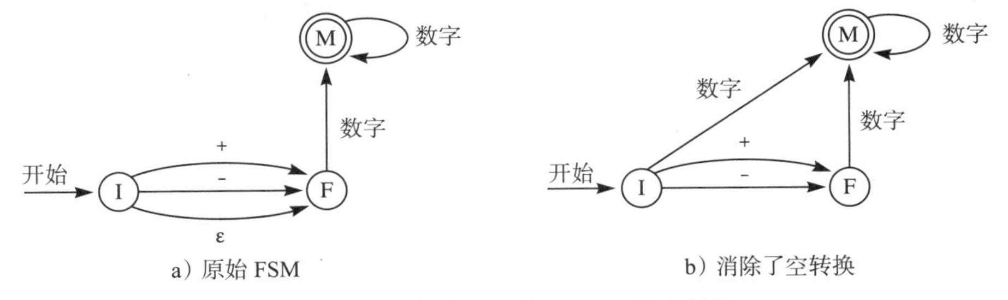

图 7-20 消除图 7.17 的 FSM 中的空转换

在例 7.8 中从 F 到 M 只有一个转换，所以从 I 到 F 的空转换只用替换为一个从 I 到 M 的转换。如果一个 FSM 有多个转换来自空转换的目标状态，那么在消除空转换时，就必须添加多条转换。

例 7.9 要消除图 7-21a 中 W 到 X 的空转换，需要用两个转换来替换它，一个是接受 a 的从 W 到 Y，另一个是接受 b 的从 W 到 Z。在这个例子中，因为 X 是图 7-21a 的终止状态，所以 W 就成为图 7-20b 中等价状态机的一个终止状态，与算法中的第二步保持一致。■

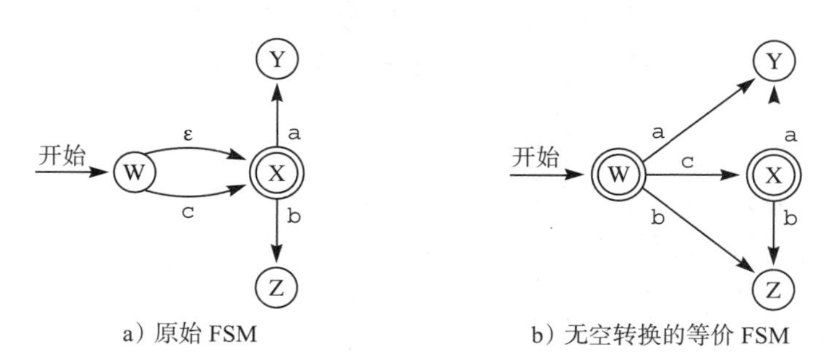

a）原始 FSM　　b）无空转换的等价 FSM

图 7-21　消除空转换

414

图 7-17 消除了空转换就得到一个确定性的状态机。不过，一般来说，消除所有的空转换并不能保证得到的 FSM 就是确定性的。虽然所有带有空转换的状态机都是非确定性的，但是不带有空转换的 FSM 仍然有可能是非确定性的。图 7-15 就是这样一个例子。

如果有选择的话，用确定性的 FSM 分析总比用非确定性的 FSM 好。使用确定性的状态机，对于合法的输入字符串是不可能做出错误的选择而进入死胡同的。一旦出现终止在死胡同里的情况，就可以得出结论该输入字符串是非法的。

计算机科学家已经证明每个非确定性的 FSM 都有一个等价的确定性的 FSM，也就是说，有一个确定性的状态机能够识别完全一样的语言。不过对这个很有用结论的证明超出了本书的范围，证明的大概思路就是说明如何从一个非确定性的状态机构造出等价的确定性的状态机。

7.2.5　多语言符号识别器

语言符号（token）是一个终结符的字符串，作为一个整体它有特殊的含义。这组字符通常对应于语言语法中的某个非终结符。例如，看看下面这个 Pep/9 汇编语言语句：

```
mask: .WORD 0x00FF
```

这个语句中的 token 是 mask:、.WORD、0x0 0FF。每个字符组都来自于汇编语言符号表，组合到一起具有特殊的含义。这里每个 token 的含义分别是符号定义、点命令和十进制常数。

从某种程度上说，可以任意选择哪个符号组来表示哪个 token。例如，可以选择字符串 0x 和 00FF 表示不同的 token，0x 是前缀，00FF 是数值。通常选择使得 FSM 的实现尽可能简单的 token 字符。

在翻译器中 FSM 常见的使用是在源字符串中识别 token。考虑汇编器在收到源字符串时的工作。假设汇编器已经确定 mask: 是符号定义，.WORD 是点命令，并且知道点命令后可以是一个十进制或十六进制常数，所以必须编程接受它们。需要 FSM 能够识别出两者。

图 7-22a 给出了分析十六进制常数和无符号整数的两个状态机。D 是第一个状态机的终止状态，F 是第二个分析无符号整数的状态机的终止状态。十六进制常数的首位是数字 0，其后是小写的 x 或大写的 X，然后再跟一个或多个十六进制数字，即 0 ～ 9、a ～ f 或 A ～ F。在第二个状态机中，数字范围是 0 ～ 9。 415

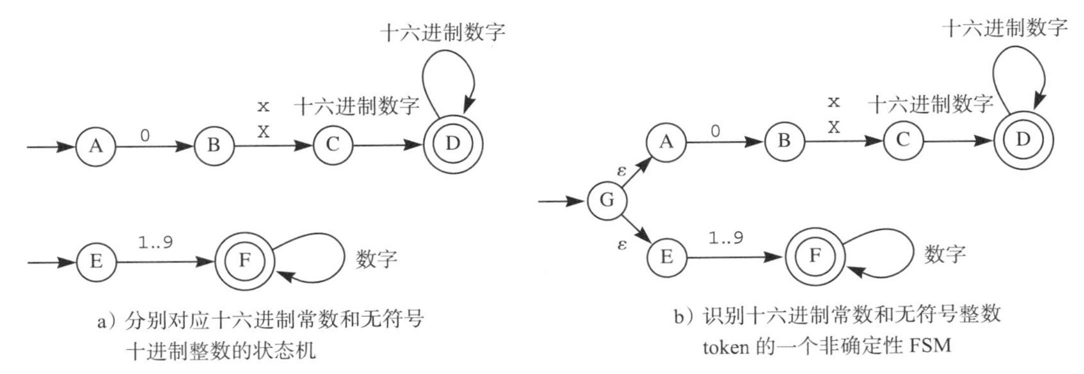

a）分别对应十六进制常数和无符号十进制整数的状态机

b）识别十六进制常数和无符号整数 token 的一个非确定性 FSM

图 7-22　把两个状态机合并得到一个能够识别两种 token 的 FSM

要构建一个能够识别十六进制常数和无符号整数的 FSM，首先要画一张新的合并后的状态机的起始状态，即图 7-22b 中的状态 G。然后再画出从新的起始状态到每个单独状态机中起始状态的空转换，在本例中是 G 到 A 和 G 到 E。结果就得到一个可以识别两种 token 的非确定性的 FSM。结束的终止状态表明已经识别出了该 token。分析完成后，如果终止在状态 D，就表明识别出的是十六进制常数，如果终止在状态 F 中，就表明识别出的是无符号整数。

要想让这个状态机的形式能更方便使用，就要消除空转换。图 7-23a 给出了图 7-22b 中 FSM 消除空转换后的状态机。消除空转换之后，状态 A 和 E 是不可达的。也就是说，无论输入字符串是什么，永远无法从起始状态到达这些状态。所以它们不会影响到分析，可以从状态机中去除，得到图 7-23b 所示的图。 416

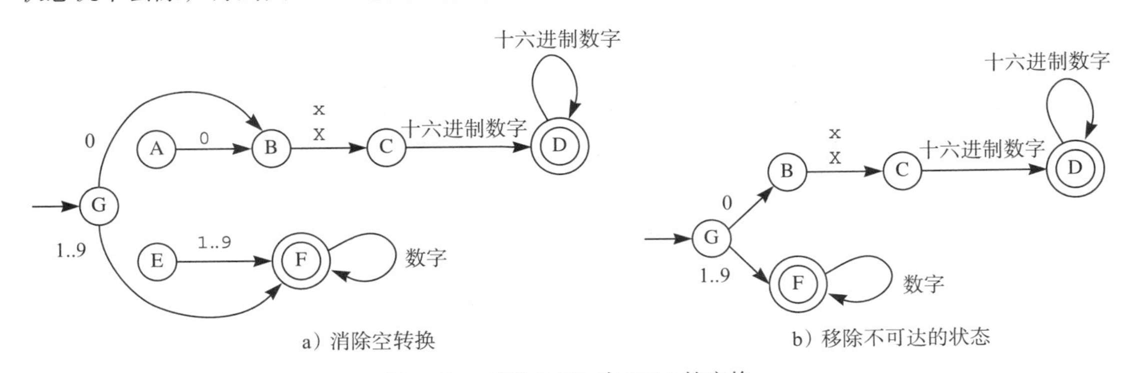

a）消除空转换

b）移除不可达的状态

图 7-23　对图 7-22b 中 FSM 的变换

下面是另一个例子，说明了翻译器需要识别出多个 token。思考在遇到下面这样两行源代码时汇编器的工作：

```
NOTE: LDWA this,d ;comment 1
      NOTA        ;comment 2
```

第一行上第一个 token 是符号定义，第二行上第一个 token 是一元指令的助记符。在每一行的开头，翻译器需要FSM能够识别出符号定义（它的形式是标识符后面跟一个分号）或助记符（它的形式是标识符）。图7-24就是这样一个多token FSM。

对于第一行，这个状态机做出如下转换：

接受N，从A到B
接受0，从B到B
接受T，从B到B
接受E，从B到B
接受:，从B到C

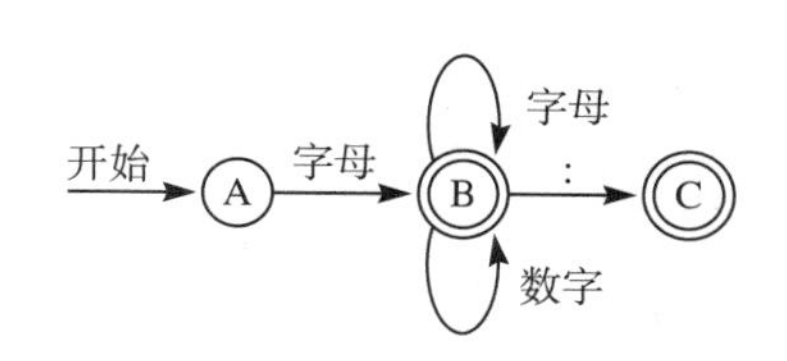

图7-24　分析Pep/9汇编语言标识符或符号定义的FSM

当停在终止状态C时，翻译器知道它识别出了一个符号定义。对于第二行，它做出如下转换：

接受N，从A到B
接受0，从B到B
接受T，从B到B
接受A，从B到B

因为接下来的输入符号不是分号，所以FSM不会转换到状态C。此时，翻译器知道它识别出了一个标识符，因为终止状态是B。

7.2.6　语法与有限状态机

语法和FSM在能力上是不相等的。在这两者中，语法比FSM更强大。也就是说，有些语言的句法规则如此复杂，即使它们能用语法来描述，也不能用FSM来描述。另一方面，任何一种语言如果它的句法规则简单到能用FSM来描述，那么也可以用语法来描述。

图7-1是标识符的语法，图7-13是标识符的FSM。形成合法标识符的规则是：第一个字符必须是字母，剩余字符必须是字母或数字。这些规则很简单，因此，既可以用语法来说明，也可以用FSM来说明。

417　图7-5是表达式的语法。表达式的语言非常复杂，从数学上来说，不可能指定一个FSM来分析表达式。表达式FSM的问题是可以有无限嵌套的圆括号。当FSM扫描到一个左括号时，它转换到的状态必须知道有一级嵌套。当FSM扫描到另一个左括号时，它转换到的状态必须知道现在是二级嵌套。然后，如果扫描到一个右括号，它就必须转换回表示一级嵌套的状态。FSM继续扫描左括号和右括号，并转换到适合各个嵌套级别的状态。对一个合法表达式的检测，其最后的状态必须是不包含嵌套的。

表达式嵌套的语法没有数学上的限制。因此，为了构建一个等效的FSM，就不能限制状态的数量。但是FSM的状态一定是有限的。所以，为表达式指定FSM是不可能的。

虽然对正则表达式的描述超出了本书的范围，但是它们究竟有多强大？事实证明，每个正则表达式都有一个等价的FSM，而每个FSM都有一个等价的正则表达式。因此，FSM和正则表达式在能力上是等价的，两者都不如语法强大。图7-25展示了语言语法的三种说明方法在能力上的关系。

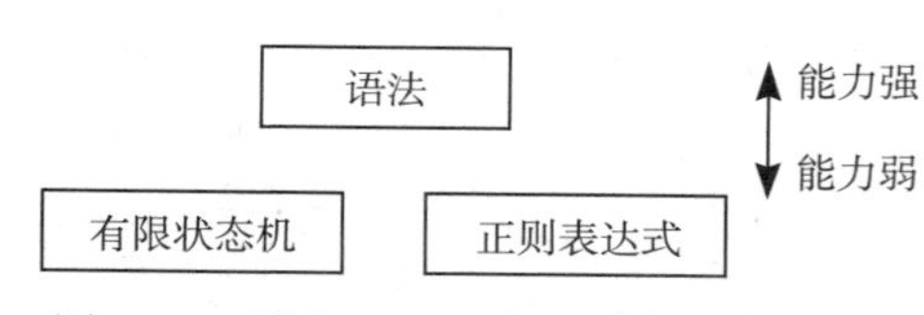

图7-25　语法、FSM和正则表达式的能力

7.3　实现有限状态机

本章剩余的部分将展示语言翻译器如何把一个源程序转换为目标程序。这里用 Java 语言而不是 C 来说明翻译技术。Java 语言的句法与 C 类似，具有面向对象的优点。Java 为输入和输出提供了丰富的图形用户界面（GUI）元素扩展库。本章的程序从单一输入窗口获取输入，其形式为一串终结符；并把翻译结果发送到标准输出窗口。从本书的软件可以获得没有显示的 GUI 编程细节。 418

Java 自身是基于 Java 虚拟机（JVM）的解释语言。图 7-26 展示了编译语言和解释语言的差异。图 7-26a 显示了编译语言的翻译过程，如 C 语言。计算过程中的每次运行都执行一个带有输入和输出的机器语言程序。第一次运行时，C 编译器把高级语言编写的源代码转换为机器语言的目标代码。第二次运行时，执行机器语言目标代码，处理应用程序的输入，生成应用程序的输出。

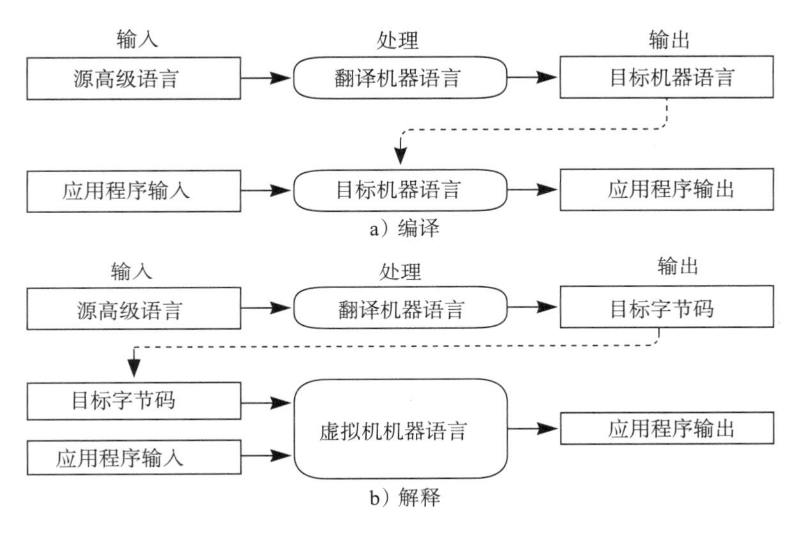

图 7-26　编译与解释之间的差异

图 7-26b 显示了解释语言的翻译过程，如 Java 和 Pep/9，两者都是基于虚拟机的。第一次运行时，目标代码是字节码，而不是机器语言。第二次运行时，目标代码不是直接执行的。相反，虚拟机带上两个输入源执行，一个是第一次运行产生的目标字节码，一个是应用程序输入。 419

解释的优点包括编译速度快和便于移植。编译为字节码更快是因为字节码比机器码的抽象层次更高，因此也就更容易翻译。图 2-3 显示了像 C 这样的编译语言是怎样实现其平台独立性的，语言维护者必须为每个平台配一个编译器。而对于像 Java 那样的解释语言，相同的编译器适用于所有的平台，语言维护者只需要为所有平台提供一个虚拟机。这比提供不同的编译器更简单。

解释的缺点是，其执行速度比编译慢。在执行期间，应用程序不会直接执行。相反，执行的是虚拟机。运行时，这一由虚拟机提供的额外的抽象层，使得解释程序的执行速度一般都慢于等效的编译程序的执行速度。

7.3.1　编译过程

编程语言的句法通常用形式语法来描述，这是翻译器分析算法的基础。不像图 7-8 中的语法那样描述所有的句法，形式语法通常只描述较高层次的抽象，把低层次留给正则表达式或有限状态机来描述。

图 7-27 描述了一个典型编译过程中的步骤。低层次的句法分析称为*词法分析*（lexical analysis），高层次的句法分析称为*语法分析*（parsing，这是 parse 更专业的含义，这个词有时也宽泛地用来包括所有的句法分析）。在大多数人工语言的翻译器中，词法分析器基于确定性的 FSM，输入是一个字符串。语法分析器通常基于语法，输入是来自词法分析器的 token 序列。

420

源程序 → 词法分析器（确定性 FSM） → 分析器（语法） → 代码生成器 → 目标程序

句法　　语义

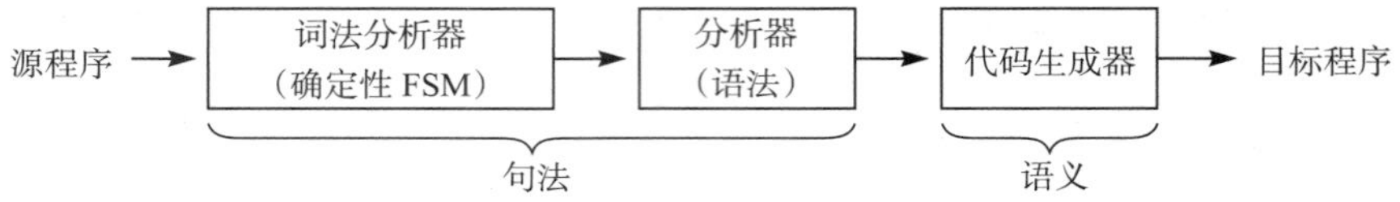

图 7-27　编译过程中的步骤

编译过程的每一个阶段都是从它前一个阶段获得输入，向它后一个阶段发送输出。对每个阶段的输入和输出来说：

- 词法分析器的输入是来自源程序终结符表的一个符号串。
- 词法分析器的输出和语法分析器的输入是语言符号流。
- 语法分析器的输出和代码生成器的输入是语法分析的语法树，以及 / 或以内部低级语言编写的源程序。
- 代码生成器的输出是目标程序。

词法分析器的非终结符是语法分析器的终结符。这样的符号的一个常见例子是标识符。词法分析器的 FSM 的终结符表包括单个的字母和数字，输入是这些字符组成的字符串，然后进行状态转换。如果输入是字符串 abc3，那么 FSM 声明说识别出了一个标识符，并且把该信息传递给语法分析器。语法分析器在分析语言的句子时，会把 <identifier>（< 标识符 >）作为终结符。

实现 FSM 的算法有一个枚举型变量，称为*状态变量*（state variable），它的可能值对应于 FSM 的可能状态。算法把状态变量初始化为机器的起始状态，在循环的每一次中获取终结符字符串的一个字符。每个字符都会导致状态的一次改变。有两种常见的实现技术：

- 查找表
- 直接编码

在这两种方法中，状态变量获取它下一个值的方式不同。查找表技术存储状态转换表，根据当前状态和输入字符查表获得下一个状态。直接编码技术在代码中检测当前状态和输入字符，直接把下一个状态赋值给状态变量。

7.3.2　查找表分析器

图 7-28 中的程序用查表技术实现了图 7-11 的 FSM。变量 FSM 是图 7-12 所示的状态转换表，它是一个二维整数数组。程序把输入字符分成字母或数字。因为 B 是终止状态，所以如果循环结束时状态是 B，那么程序会声称输入字符串是一个合法的标识符。

421

```
public static boolean isAlpha(char ch) {
   return ('a' <= ch && ch <= 'z') || ('A' <= ch && ch <= 'Z');
}

// States
static final int S_A = 0;
static final int S_B = 1;
static final int S_C = 2;
// Alphabet
static final int T_LETTER = 0;
static final int T_DIGIT = 1;
// State transition table
static final int[][] FSM = {
   {S_B, S_C},
   {S_B, S_B},
   {S_C, S_C}
};

public void actionPerformed(ActionEvent event) {
   String line = textField.getText();
   char ch;
   int FSMChar;
   int state = S_A;
   for (int i = 0; i < line.length(); i++) {
      ch = line.charAt(i);
      FSMChar = isAlpha(ch) ? T_LETTER : T_DIGIT;
      state = FSM[state][FSMChar];
   }
   if (state == S_B) {
      System.out.printf("%s is a valid identifier.\n", line);
   } else {
      System.out.printf("%s is not a valid identifier.\n", line);
   }
}
```

输入 / 输出

```
Enter a string of letters and digits: cab3
cab3 is a valid identifier.
```

输入 / 输出

```
Enter a string of letters and digits: 3cab
3cab is not a valid identifier.
```

图 7-28　用查找表技术实现图 7-11 的 FSM

图中所示的输入和输出是完整程序中 GUI 部件的反映，这里没有显示。输入来自一个对话框，其文本框的上方标有“Enter a string of letters and digits:”。当用户点击 Parse 按钮时，事件触发器执行函数 actionPerformed()。程序中的 String 类型是 Java 不可变的字符串类型。函数 getText() 从文本输入字段中检索用户输入，并将其赋给变量 line。for 循环用函

422

数 charAt() 逐个处理终结字符。根据当前状态和当前输入在 FSM 表中查找下一个状态。

该程序假设用户只会输入字母和数字。如果用户输入其他的字符，程序会把它当作数字。例如，如果用户输入 cab#，程序会认为它是个合法的标识符，而实际上它不是。在本章末尾，留给读者的一个习题就是改进 FSM 并实现它。

7.3.3　直接编码分析器

图 7-29 中的程序使用直接编码技术来分析整数，它是图 7-20b 中 FSM 的实现。函数 actionPerformed() 允许用户输入任意字符串。如果该字符串不是合法的整数，那么 parseNum 为 vaild 返回 false，程序会发出一条错误消息。否则，valid 为 true，number 是输入整数的正确的值。

423

```
public void actionPerformed(ActionEvent event) {
   String line = textField.getText();
   Parser parser = new Parser();
   parser.parseNum(line);
   if (parser.getValid()) {
      System.out.printf("Number = %d\n", parser.getNumber());
   } else {
      System.out.printf("Invalid entry.\n");
   }
}

public enum State {
   S_I, S_F, S_M, S_STOP
}
public class Parser {

   private boolean valid = false;
   private int number = 0;
   public boolean getValid() {
      return valid;
   }

   public int getNumber() {
      return number;
   }

   public boolean isDigit(char ch) {
      return ('0' <= ch) && (ch <= '9');
   }

   public void parseNum(String line) {
      line = line + '\n';
      int lineIndex = 0;
      char nextChar;
      int sign = +1;
      valid = true;
```

图 7-29　用直接编码技术实现图 7-20b 的 FSM

```
        State state = State.S_I;
        do {
            nextChar = line.charAt(lineIndex++);
            switch (state) {
                case S_I:
                    if (nextChar == '+') {
                        sign = +1;
                        state = State.S_F;
                    } else if (nextChar == '-') {
                        sign = -1;
                        state = State.S_F;
                    } else if (isDigit(nextChar)) {
                        sign = +1;
                        number = nextChar - '0';
                        state = State.S_M;
                    } else {
                        valid = false;
                    }
                    break;
                case S_F:
                    if (isDigit(nextChar)) {
                        number = nextChar - '0';
                        state = State.S_M;
                    } else {
                        valid = false;
                    }
                    break;
                case S_M:
                    if (isDigit(nextChar)) {
                        number = 10 * number + nextChar - '0';
                    } else if (nextChar == '\n') {
                        number = sign * number;
                        state = State.S_STOP;
                    } else {
                        valid = false;
                    }
                    break;
            }
        } while ((state != State.S_STOP) && valid);
    }
}
```

输入 / 输出

```
Enter a number: q
Invalid entry.
```

输入 / 输出

```
Enter a number: -58
Number = -58
```

图 7-29 （续）

424

虽然程序显示为一个代码清单，但它实际上来自三个不同的文件。本章的软件遵循每个类一个文件的 Java 编码惯例，且文件名与类名相同。比如，类 Parser 就在名为 Parser.java 的独立文件中，类 State 也在一个独立文件中。

425

函数 parseNum() 把换行符作为标记符号，无论用户输入多少个字符。如果用户没有在对话框中输入字符，而只是按下了 Parse 按钮，parseNum() 就会把换行符放在 line[0]。

这个过程有一个局部枚举型变量 state，它的可能值为 S_I、S_F 或 S_M，对应于图 7-20b 中 FSM 的状态 I、F 和 M。另外，还有一个状态称为 S_STOP，是用来终止循环的。函数把 valid 初始化为 true，把 state 初始化为起始状态 S_I。

do 循环模拟有限状态机中的转换，使用直接编码技术。switch 语句确定当前状态，每种情况中嵌套的 if 语句确定下一个字符，而代码中的赋值语句直接改变状态变量。

在简化的 FSM 中，有两种方式来停止程序，要么输入完处理，要么到达了一个状态，它对于下一个字符没有对应的转换。在后一种情况中，输入字符串是非法的。对应于这两种停止条件，有两种方式来退出 do 循环：当到达输入标记符号且当前状态为终止状态时，或者发现该字符串是非法时。

do 循环体至少被执行一次。即使被按下的是 Parse 键且文本输入字段为空，该代码也会正确执行。parseNum() 把换行符放在 line[0]，将 state 初始化为 I，进入 do 循环，立即把 nextChar 设置为换行符。然后 valid 置为 false，循环正确终止。

除了确定输入字符串是否合法外，parseNum() 还把字符串转换为适当的整数值。如果第一个字符是 + 或者数字，sign 置为 +1。如果第一个符号是 −，sign 置为 −1。在 I 或 F 状态中检测到的第一个数字会把 number 设置为对应的值。在 M 状态，每次检测到后续的数字时，number 的值会适当地变化。如果循环结束时判定是一个合法的数字，那么这个数值会乘以 sign。

计算正确的整数值是一个语义行为，而状态分配是一个句法行为。采用直接编码方式能够比较容易地在句法处理中加入语义处理，因为在句法代码中有明确的位置可以包含需要的语义处理。例如，在状态 I 中，如果字符为 −，sign 必须设置为 −1，很容易确定在句法代码中的哪个位置放入这样的赋值语句。

如果用户在合法的数字字符串前加上了一些空格，那么 FSM 会认为该字符串非法。接下来的这个程序会展示如何纠正这个不足。

7.3.4　输入缓冲区类

426

接下来的两个程序使用同样的技术从输入流获取字符。为了不在两个程序中重复输入处理的代码，本节展示了一个输入缓冲区类的实现，这两个程序都可以使用。这个类的实现存储在一个名为 InBuffer.java 的单独文件中。图 7-30 给出了这个输入缓冲区的实现。

正如在接下来两个程序中展示的那样，FSM 函数有时会发现来自输入流的一个字符终结了当前的 token，而对该函数接下来的调用中输入流还会需要它。从概念上说，这个函数必须把这个字符退回到输入流，这样接下来的调用才能再获取到它。BackUpInput() 提供了对缓冲区类的这样一种操作。虽然 FSM 函数需要访问来自输入缓冲区的字符，但是它并不直接访问缓冲区的属性。只有过程 getLine()、inputRemains()、advanceInput() 和 backUpInput() 访问缓冲区。这样设计的目的是为了向 FSM 函数提供一种更方便的输入流抽象结构。

```
public class InBuffer {

   private String inString;
   private String line;
   private int lineIndex;

   public InBuffer(String string) {
      inString = string + "\n\n";
      // To guarantee inString.length() == 0 eventually
   }

   public void getLine() {
      int i = inString.indexOf('\n');
      line = inString.substring(0, i + 1);
      inString = inString.substring(i + 1);
      lineIndex = 0;
   }

   public boolean inputRemains() {
      return inString.length() != 0;
   }

   public char advanceInput() {
      return line.charAt(lineIndex++);
   }

   public void backUpInput() {
      lineIndex--;
   }
}
```

图 7-30　图 7-32 和 7-35 程序包含的输入缓冲区类

本章其余的两个程序使用了多行输入。缓冲区的构造函数添加了两个换行符到输入 string，并把结果存储到 inString。行由换行符 \n 进行分隔。函数 getline() 从 inString 中删除第一行，用换行符做分隔符并将其放入 line。在开始的地方加入两个换行符可以保证从 inString 中删除的最后一行长度为 0。

7.3.5　多语言符号分析器

如果 C 编译器的语法分析器分析字符串

```
total =
```

它知道接下来的非终结符会是像 amount 这样的标识符或者像 100 这样的整数。因为它不知道接下来到底是哪种语言符号，所以它调用如图 7-31 所示的、能够识别两种语言符号的有限状态机。

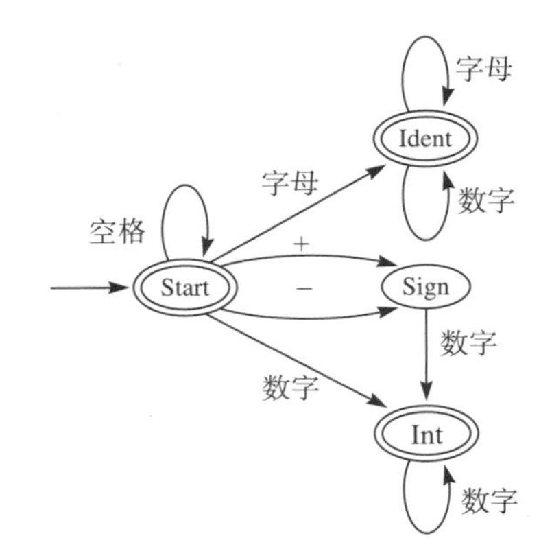

图 7-31　识别标识符和整数的程序的 FSM

标号为 Ident 的状态是识别标识符语言符号的终止状态，Int 是识别整数的终止状态。从 Start 到 Start 的转换接受的是空格符，也就是说，允许

427
~
428

在两种语言符号之前有空格。如果剩下的字符是行尾的空格符，那么 FSM 过程会返回空语言符号，这也正是为什么起始状态也是终止状态的原因。

图 7-32 展示了一个实现了图 7-31 中多语言符号识别器的程序两次运行的输入 / 输出。第一次运行有两行输入，第一行是 5 个非空语言符号，第二行是 6 个非空语言符号。下面是对图 7-32 中第一次运行的解释。

输入
```
Here is A47 48B
   C-49 ALongIdentifier +50 D16-51
```
输出
```
Identifier = Here
Identifier = is
Identifier = A47
Integer    = 48
Identifier = B
Empty token
Identifier = C
Integer    = -49
Identifier = ALongIdentifier
Integer    = 50
Identifier = D16
Integer    = -51
Empty token
```
a）第一次运行

输入
```
Here is A47+ 48B
   C+49

ALongIdentifier
```
输出
```
Identifier = Here
Identifier = is
Identifier = A47
Syntax error
Identifier = C
Integer    = 49
Empty token
Empty token
Identifier = ALongIdentifier
Empty token
```
b）第二次运行

图 7-32　识别标识符和整数的程序的输入 / 输出

状态机从起始状态开始，扫描第一个终结符 H，进入 Ident 状态。接下来的终结符 e、r 和 e 都继续转换到同一个状态。接下来的终结符是空格，从状态 Ident 没有接受终结符空格的转换。因为当前状态机是在标识符的终止状态中，所以得出扫描到一个标识符的结论。因为在当前这个状态无法接受终结符空格，所以把它放回输入，作为下一个语言符号的第一个终结符。然后，状态机声明扫描到了一个标识符。

状态机重新回到起始状态，用刚刚剩下的空格转换到 Start。更多的空格也都使得状态继续转换到 Start，之后字符 i 和 s 会使状态机识别出第二个标识符，如示例输出所示。类似地，会识别出 A47 也是一个标识符。

429

对于下一个语言符号，初始的 4 使得状态机进入 Int 状态，8 使得转换到同一个状态。现在，状态机的输入是 B，从状态 Int 没有接受终结符 B 的转换。因为当前状态机是在整数的终止状态中，所以得出扫描到一个整数的结论。因为在当前这个状态无法接受终结符 B，所以把它放回输入，作为下一个语言符号的第一个终结符。然后，状态机声明扫描到了一个整数。而在下一轮，B 会被识别为一个标识符。

状态机继续识别语言符号直到到达行尾，此时它识别出的是空语言符号。无论输入最后有没有末尾的空格，它总是会识别到空语言符号，因为缓冲区添加了两个换行符到输入字符串。

第二个输入的示例展示了状态机如何处理包含句法错误的字符串。在识别了 Here、is 和 A47 之后，在下一次调用中，该 FSM 得到 +，然后进入 Sign 状态。因为下一个字符是空格，Sign 状态没有接受空格的转换，所以 FSM 会返回非法的语言符号。

像所有的多语言符号识别器一样，这个状态机按照如下设计原则运行：

- 一旦进入终止状态就不会失败。如果该终止状态没有接受刚刚输入的终结符的转换，就是识别出了一个语言符号，退回最后一个输入。这个字符会作为下一个语言符号的第一个非终结符。

这个状态机能够正确处理一个空行（或者一个只有空格的行），一次调用就会返回空语言符号。

图 7-33 是语言符号类结构的统一建模语言（Unified Modeling Language，UML）图示。AToken 是一个抽象的语言符号，没有属性，包含一个公共的抽象操作 getDescriptopn()。操作前面的 + 号是 UML 中公共访问的标记。空心三角符号是 UML 中表示继承的符号。图 7-33 表明实体类 TEmpty、TInvalid、TInteger 和 Tidentifier 继承自 AToken。UML 按惯例把抽象类名和方法用斜体表示。

430

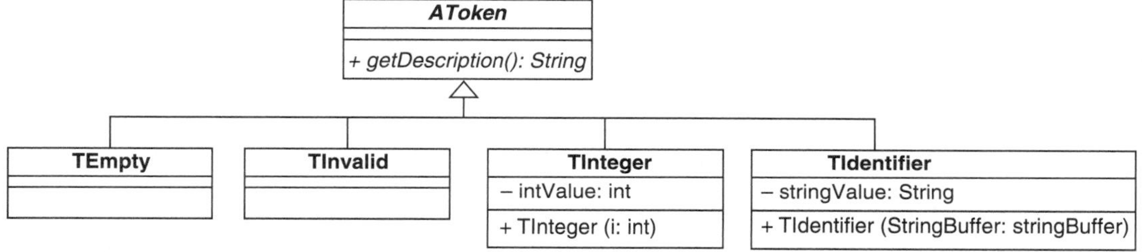

图 7-33　AToken 类结构的 UML 图示

每个实体类必须实现它们继承自超类的抽象方法。方法 getDescriptopn() 为图 7-32 所示的输出返回一个字符串。除了继承的方法，类 TInteger 还有一个私有属性 intValue，它存储语法分析器识别的整数值，还有一个公共的构造函数。属性前面的 - 号是 UML 中私有访问的符号。类似地，类 TIdentifier 也有一个类型为 String 的私有属性和自己的构造函数，其构造函数有一个 StringBuffer 类型的形参，它是 Java 可变字符串类型。

图 7-34 展示了图 7-30 的语言符号类结构对应的 Java 实现。它是 5 个不同的文件的代码片段集合，为了节省空间，没有显示 @Override 注释。

```
abstract public class AToken {
   public abstract String getDescription();
}

public class TEmpty extends AToken {
   public String getDescription() {
      return "Empty token";
   }
}

public class TInvalid extends AToken {
   public String getDescription() {
      return "Syntax error";
   }
}
```

图 7-34　图 7-33 中 AToken 类的 Java 实现

```
public class TInteger extends AToken {
   private final int intValue;
   public TInteger(int i) {
      intValue = i;
   }
   public String getDescription() {
      return String.format("Integer    = %d", intValue);
   }
}

public class TIdentifier extends AToken {
   private final String stringValue;
   public TIdentifier(StringBuffer stringBuffer) {
      stringValue = new String(stringBuffer);
   }
   public String getDescription() {
      return String.format("Identifier = %s", stringValue);
   }
}
```

431

图 7-34 （续）

图 7-35 是图 7-31 所示 FSM 的直接编码实现。它是 3 个 Java 类文件的代码片段集合。类 Tokenizer 的构造函数把 b 设置为使用输入字符串加载的缓冲区。方法 getToken() 返回一个抽象语言符号，其动态类型是实体类 TEmpty、TInvalid、TInteger 和 Tidentifier 中的一个。

```
public class Util {
   public static boolean isDigit(char ch) {
      return ('0' <= ch) && (ch <= '9');
   }
   public static boolean isAlpha(char ch) {
      return (('a' <= ch) && (ch <= 'z') || ('A' <= ch) && (ch <= 'Z'));
   }
}
public enum LexState {
   LS_START, LS_IDENT, LS_SIGN, LS_INTEGER, LS_STOP
}

public class Tokenizer {
   private final InBuffer b;
   public Tokenizer(InBuffer inBuffer) {
      b = inBuffer;
   }
   public AToken getToken() {
      char nextChar;
      StringBuffer localStringValue = new StringBuffer("");
      int localIntValue = 0;
      int sign = +1;
```

432

图 7-35　图 7-31 所示 FSM 的 Java 实现

```
        AToken aToken = new TEmpty();
        LexState state = LexState.LS_START;
        do {
           nextChar = b.advanceInput();
           switch (state) {
              case LS_START:
                 if (Util.isAlpha(nextChar)) {
                    localStringValue.append(nextChar);
                    state = LexState.LS_IDENT;
                 } else if (nextChar == '-') {
                    sign = -1;
                    state = LexState.LS_SIGN;
                 } else if (nextChar == '+') {
                    sign = +1;
                    state = LexState.LS_SIGN;
                 } else if (Util.isDigit(nextChar)) {
                    localIntValue = nextChar - '0';
                    state = LexState.LS_INTEGER;
                 } else if (nextChar == '\n') {
                    state = LexState.LS_STOP;
                 } else if (nextChar != ' ') {
                    aToken = new TInvalid();
                 }
                 break;
              case LS_IDENT:
                 if (Util.isAlpha(nextChar) || Util.isDigit(nextChar)) {
                    localStringValue.append(nextChar);
                 } else {
                    b.backUpInput();
                    aToken = new TIdentifier(localStringValue);
                    state = LexState.LS_STOP;
                 }
                 break;
              case LS_SIGN:
                 if (Util.isDigit(nextChar)) {
                    localIntValue = nextChar - '0';
                    state = LexState.LS_INTEGER;
                 } else {
                    aToken = new TInvalid();
                 }
                 break;
              case LS_INTEGER:
                 if (Util.isDigit(nextChar)) {
                    localIntValue = 10 * localIntValue + nextChar - '0';
                 } else {
                    b.backUpInput();
                    aToken = new TInteger(sign * localIntValue);
                    state = LexState.LS_STOP;
```

433

图 7-35 （续）

```
                }
                break;
            }
        } while ((state != LexState.LS_STOP) && !(aToken instanceof TInvalid));
        return aToken;
    }
}
```

图 7-35 （续）

使用 Java 类 StringBuffer() 来提高效率。方法 getToken() 维护一个可变的局部字符串值，用于处理标识符。方法 append() 通过添加 nextChar 来改变字符串。比把 nextChar 追加到局部字符串值的副本后更有效率。

图 7-36 展示了函数 actionPerformed()。该函数有一个单一的抽象语言符号，名为 aToken。外层的 while 循环对每一行输入都执行一次，而内层的 do 循环对一行中的每个语言符号都执行一次。输出依赖于多态分派来显示检测出来的语言符号。也就是说，主程序不显式地检测语言符号的动态类型来选择如何输出它的值，它只用它的抽象语言符号来调用 getDescription() 方法。

434

```
public void actionPerformed(ActionEvent event) {
    InBuffer inBuffer = new InBuffer(textArea.getText());
    Tokenizer t = new Tokenizer(inBuffer);
    AToken aToken;
    inBuffer.getLine();
    while (inBuffer.inputRemains()) {
        do {
            aToken = t.getToken();
            System.out.println(aToken.getDescription());
        } while (!(aToken instanceof TEmpty) && !(aToken instanceof TInvalid));
        inBuffer.getLine();
    }
}
```

图 7-36　图 7-35 所示语言符号识别器的 actionPerformed() 方法

7.4　代码生成

翻译是把某种输入字符表的字符串变换为某种输出字符表的字符串。这种翻译的典型阶段是词法分析、语法分析和代码生成。本节包括一个程序，它把一种语言翻译成另一种，用以说明一个简单自动翻译器的所有 3 个阶段。

7.4.1　语言翻译器

图 7-37 展示了翻译器的输入 / 输出，输入是源代码，输出是目标代码和格式化的程序代码清单。源语言和目标语言都是面向行的，汇编语言也是如此。

源语言的句法包括 C 函数调用，目标语言赋值语句的句法是使用赋值运算符 <-。输入语言的一个语句示例是

```
set (Time, 15)
```

对应的目标语句是

```
Time <- 15
```

```
输入
set (Time, 15)
set (   Accel, 3)
set (TSquared    , Time)
    MUL ( TSquared, Time)
set ( Position, TSquared)
mul (Position, Accel)
dIV(Position,2)
stop
end
输出
Object code:
Time <- 15
Accel <- 3
TSquared <- Time
TSquared <- TSquared * Time
Position <- TSquared
Position <- Position * Accel
Position <- Position / 2
stop

Program listing:
set (Time, 15)
set (Accel, 3)
set (TSquared, Time)
mul (TSquared, Time)
set (Position, TSquared)
mul (Position, Accel)
div (Position, 2)
stop
end
```

a）第一次运行

```
输入
set (Alpha,, 123)
set (Alpha)
sit (Alpha, 123)
set, (Alpha)
mul (Alpha, Beta
set (123, Alpha)
neg (Alpha, Beta)
set (Alpha, 123) x
输出
9 errors were detected.

Program listing:
ERROR: Second argument not an identifier or integer.
ERROR: Comma expected after first argument.
ERROR: Line must begin with function identifier.
ERROR: Left parenthesis expected after function.
ERROR: Right parenthesis expected after argument.
ERROR: First argument not an identifier.
ERROR: Right parenthesis expected after argument.
ERROR: Illegal trailing character.

ERROR: Missing "end" sentinel.
```

b）第二次运行

图 7-37　从一种语言到另一种语言翻译程序的输入 / 输出

435
~
436

字 set 是源语言的保留字，其他保留字包括 add、sub、mul、div、neg、abs 和 end。Time 是用户定义的标识符。标识符的定义规则与 C 语言相同。例如前面例子中的 15，语法也与 C 一样。

set 过程有两个参数，通过逗号隔开，用圆括号括起来。第一个参数必须是标识符，而第二个参数可以是标识符，也可以是整数常量。

翻译的另一个例子是

```
mul (TSquared, Time)
```

它的目标代码写作

```
TSquared <- TSquared * Time
```

与 set 过程一样，mul 过程调用的第一个参数必须是标识符。要翻译 mul 语句，翻译器必须重复它的第一个参数，它出现在赋值操作符的两边。

其他过程调用类似，除了 neg 和 abs，它们只有一个参数。对于 neg，翻译器在赋值运算符的右边用短横线作为参数的前缀；对于 abs，翻译器用一对竖线把参数包括起来。例如，源程序语句

```
neg (Alpha)
abs (Beta)
```

被翻译成

```
Alpha <- -Alpha
Beta <- |Beta|
```

保留字 end 是翻译器的标记符号，不会生成任何代码，类似于 Pep/9 汇编语言中的 .END。源程序行中可以出现任意数量的空格，但是标识符和整数中不能有空格。

如果输入程序中出现语法错误，翻译器不一定崩溃。在图 7-37 中，还有一次运行中，源文件里有各种错误。程序产生适当的错误信息帮助用户找到源程序中的问题（bug）。如果翻译器检测到任何错误，就会阻止输出目标代码。

这个程序基于句法的两阶段分析，如图 7-27 所示。不过没有像图中表明的那样用语法来描述分析问题，这个源语言的结构很简单，可以直接基于 FSM 构造分析器。

437

完整的翻译器 Java 项目包含 26 个类和 26 个关联的 .java 文件。图 7-38 是产生图 7-37 输出程序的开始部分代码片段。程序代码清单会继续在下面的图中给出。图 7-38 显示了翻译器使用的 3 个 Java 映射的设置。前两个映射中，一个是对一元指令的，另一个是对非一元指令的，用保留字的字符串表示作为关键字，返回枚举类型的助记符表示。第三个表用枚举类型的助记符值作为关键字查找字符串符号，并放到生成的代码中。这些映射使用源代码保留字的小写字符串表示。

```
public enum Mnemon {
   M_ADD, M_SUB, M_MUL, M_DIV, M_NEG, M_ABS, M_SET, M_STOP, M_END
}

public final class Maps {

   public static final Map<String, Mnemon> unaryMnemonTable;
   public static final Map<String, Mnemon> nonUnaryMnemonTable;
   public static final Map<Mnemon, String> mnemonStringTable;

   static {
      unaryMnemonTable = new HashMap<>();
      unaryMnemonTable.put("stop", Mnemon.M_STOP);
      unaryMnemonTable.put("end", Mnemon.M_END);

      nonUnaryMnemonTable = new HashMap<>();
      nonUnaryMnemonTable.put("neg", Mnemon.M_NEG);
      nonUnaryMnemonTable.put("abs", Mnemon.M_ABS);
      nonUnaryMnemonTable.put("add", Mnemon.M_ADD);
      nonUnaryMnemonTable.put("sub", Mnemon.M_SUB);
      nonUnaryMnemonTable.put("mul", Mnemon.M_MUL);
```

图 7-38　翻译器程序的查找映射

```
        nonUnaryMnemonTable.put("div", Mnemon.M_DIV);
        nonUnaryMnemonTable.put("set", Mnemon.M_SET);

        mnemonStringTable = new EnumMap<>(Mnemon.class);
        mnemonStringTable.put(Mnemon.M_NEG, "neg");
        mnemonStringTable.put(Mnemon.M_ABS, "abs");
        mnemonStringTable.put(Mnemon.M_ADD, "add");
        mnemonStringTable.put(Mnemon.M_SUB, "sub");
        mnemonStringTable.put(Mnemon.M_MUL, "mul");
        mnemonStringTable.put(Mnemon.M_DIV, "div");
        mnemonStringTable.put(Mnemon.M_SET, "set");
        mnemonStringTable.put(Mnemon.M_STOP, "stop");
        mnemonStringTable.put(Mnemon.M_END, "end");
    }
}
```

图 7-38 （续）

图 7-39 是抽象参数的 UML 图示，而图 7-40 是其 Java 实现。因为源代码中的参数可以是标识符，也可以是整数，所以程序中有一个通用的参数 AArg，它在运行时可以是 IdentArg 也可以是 IntArg。类 AArg 定义了一个抽象的方法 generateCode()，当必须输出参数值时，它有助于代码生成。

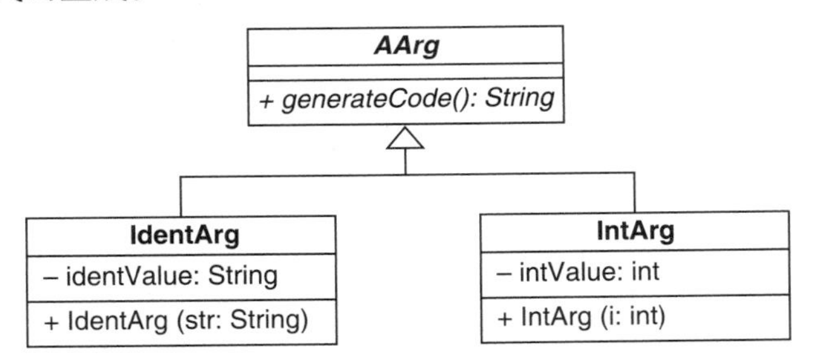

图 7-39 类结构 AArg 的 UML 图示

```
abstract public class AArg {
    abstract public String generateCode();
}

public class IdentArg extends AArg {
    private final String identValue;
    public IdentArg(String str) {
        identValue = str;
    }
    public String generateCode() {
        return identValue;
    }
}

public class IntArg extends AArg {
    private final int intValue;
```

图 7-40 图 7-39 中类 AArg 的 Java 实现

```
    public IntArg(int i) {
        intValue = i;
    }
    public String generateCode() {
        return String.format("%d", intValue);
    }
}
```

图 7-40 （续）

图 7-41 是抽象 token 的 UML 图示，而图 7-42 是其 Java 实现的部分代码清单。TLeftParen、TRightParen、TEmpty 和 TInvalid 的实现与 TComma 的实现完全相同，它们都没有在图中显示。这个 token 的结构类似于前一节中图 7-33 中的 token 结构。类 TIdentifier 和 TInteger 用 getter 方法来检索它们属性的值。

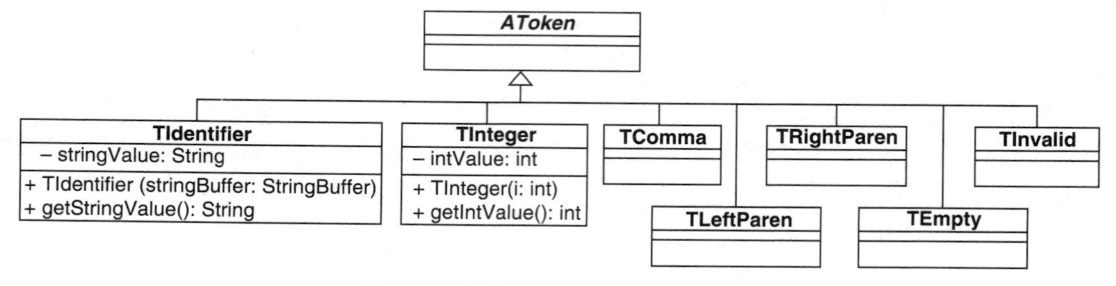

图 7-41　类结构 AToken 的 UML 图示

```
abstract public class AToken {
}

public class TIdentifier extends AToken {
    private final String stringValue;
    public TIdentifier(StringBuffer stringBuffer) {
        stringValue = new String(stringBuffer);
    }
    public String getStringValue() {
        return stringValue;
    }
}

public class TInteger extends AToken {
    private final int intValue;
    public TInteger(int i) {
        intValue = i;
    }
    public int getIntValue() {
        return intValue;
    }
}

public class TComma extends AToken {
}
```

图 7-42　图 7-41 中类 AToken 的 Java 实现

当词法分析器遇到保留字和参数时，它返回一个标识符。当它遇到保留字时，语法分析器需要在助记符映射中查找这个字，用 getStringValue() 来获取 token 的标识符值。

438～440

图 7-43 是抽象代码类 ACode 的 UML 图示，图 7-44 是它 Java 实现的完整代码清单。类 ACode 的对象表示一行源代码和其相应的目标代码。执行方法 generateCode() 返回这一行的目标代码的字符串表示；执行 genereateListing() 返回这一行的格式化源代码的字符串表示。所以，一个代码对象必须包含输出该行源代码和目标代码所需的所有数据。

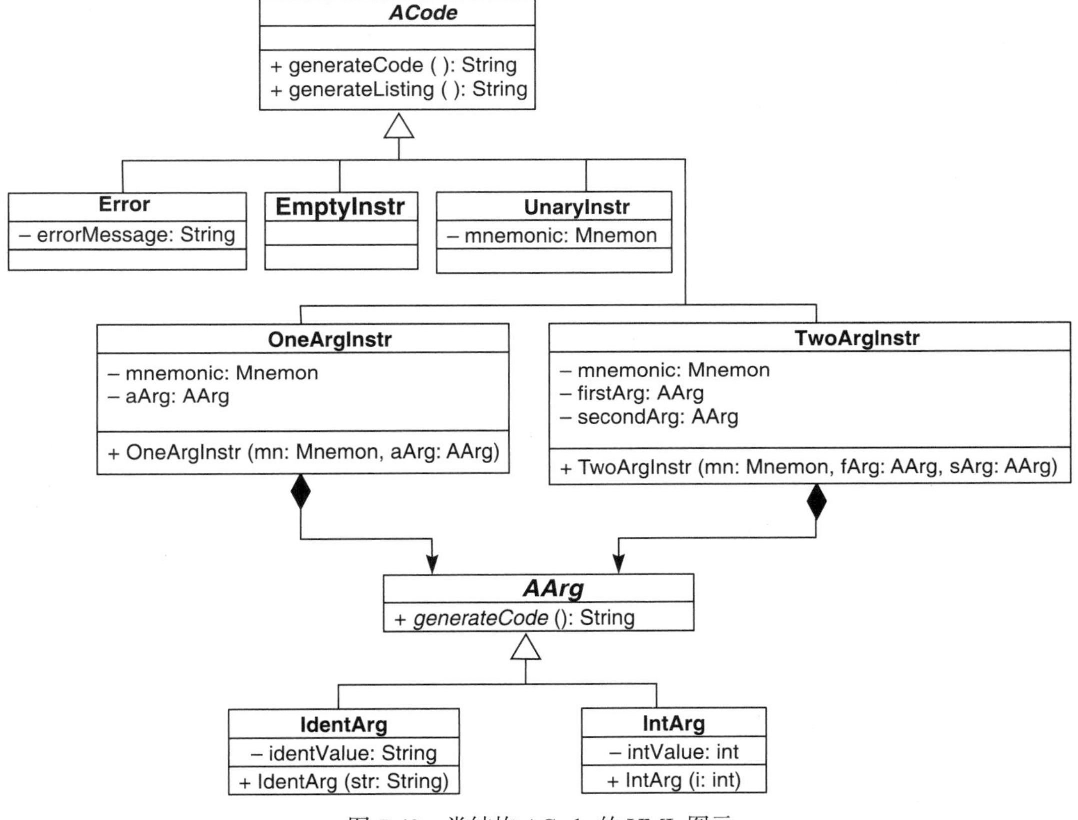

图 7-43　类结构 ACode 的 UML 图示

```
abstract public class ACode {
   abstract public String generateCode();
   abstract public String generateListing();
}

public class Error extends ACode {
   private final String errorMessage;
   public Error(String errMessage) {
      errorMessage = errMessage;
   }
   public String generateListing() {
      return "ERROR: " + errorMessage + "\n";
   }
```

图 7-44　图 7-43 中类 ACode 的 Java 实现

```
    public String generateCode() {
        return "";
    }
}

public class EmptyInstr extends ACode {
    // For an empty source line.
    public String generateListing() {
        return "\n";
    }
    public String generateCode() {
        return "";
    }
}

public class UnaryInstr extends ACode {
    private final Mnemon mnemonic;
    public UnaryInstr(Mnemon mn) {
        mnemonic = mn;
    }
    public String generateListing() {
        return Maps.mnemonStringTable.get(mnemonic) + "\n";
    }
    public String generateCode() {
        switch (mnemonic) {
            case M_STOP:
                return "stop\n";
            case M_END:
                return "";
            default:
                return ""; // Should not occur.
        }
    }
}

public class OneArgInstr extends ACode {
    private final Mnemon mnemonic;
    private final AArg aArg;
    public OneArgInstr(Mnemon mn, AArg aArg) {
        mnemonic = mn;
        this.aArg = aArg;
    }
    public String generateListing() {
        return String.format("%s (%s)\n",
                Maps.mnemonStringTable.get(mnemonic),
                aArg.generateCode());
    }
    public String generateCode() {
        switch (mnemonic) {
            case M_ABS:
                return String.format("%s <- |%s|\n",
```

图 7-44　（续）

```
                    aArg.generateCode(),
                    aArg.generateCode());
            case M_NEG:
                return String.format("%s <- -%s\n",
                    aArg.generateCode(),
                    aArg.generateCode());
            default:
                return ""; // Should not occur.
        }
    }
}
public class TwoArgInstr extends ACode {
    private final Mnemon mnemonic;
    private final AArg firstArg;
    private final AArg secondArg;
    public TwoArgInstr(Mnemon mn, AArg fArg, AArg sArg) {
        mnemonic = mn;
        firstArg = fArg;
        secondArg = sArg;
    }
    public String generateListing() {
        return String.format("%s (%s, %s)\n",
                Maps.mnemonStringTable.get(mnemonic),
                firstArg.generateCode(),
                secondArg.generateCode());
    }
    public String generateCode() {
        switch (mnemonic) {
            case M_SET:
                return String.format("%s <- %s\n",
                    firstArg.generateCode(),
                    secondArg.generateCode());
            case M_ADD:
                return String.format("%s <- %s + %s\n",
                    firstArg.generateCode(),
                    firstArg.generateCode(),
                    secondArg.generateCode());
            case M_SUB:
                return String.format("%s <- %s - %s\n",
                    firstArg.generateCode(),
                    firstArg.generateCode(),
                    secondArg.generateCode());
            case M_MUL:
                return String.format("%s <- %s * %s\n",
                    firstArg.generateCode(),
                    firstArg.generateCode(),
                    secondArg.generateCode());
            case M_DIV:
                return String.format("%s <- %s / %s\n",
```

图 7-44 （续）

```
                         firstArg.generateCode(),
                         firstArg.generateCode(),
                         secondArg.generateCode());
                default:
                    return ""; // Should not occur.
            }
        }
}
```

图 7-44 （续）

例如，图 7-43 展示了类 TwoArgInstr 的一个对象，它有两个属性 firstArg 和 secondArg，两者都是抽象参数。除此之外，该对象还有一个枚举类型的 mnemonic。考虑图 7-37a 的最后一行输入

441 ~ 445

```
dIV(Position,2)
```

这个代码对象的 mnemonic 等于 M_DIV，firstArg 是一个 identValue 等于"Position"的 IdentArg，secondArg 是一个 intValue 等于 2 的 IntArg。

实体代码类包含生成目标代码清单和格式化源代码清单的方法。对于前面的源代码行，翻译器在语法分析阶段生成类 TwoArgInstr 的一个对象，按照前面描述的设置属性 mnemonic、firstArg 和 secondArg。generateListing() 中的如下代码返回格式化代码清单的字符串：

```
public String generateListing() {
    return String.format("%s (%s, %s)\n",
            Maps.mnemonStringTable.get(mnemonic),
            firstArg.generateCode(),
            secondArg.generateCode());
}
```

它用 mnemonic 作为映射的关键字，查找保留字 div 的字符串表示。然后，为第一个和第二个参数调用 generateCode()，并在括号内对它们格式化。结果是字符串

446

```
div (Position, 2)
```

被格式化为标准样式。

generateCode() 中的如下代码返回目标代码的字符串：

```
case M_MUL:
    return String.format("%s <- %s * %s\n",
            firstArg.generateCode(),
            firstArg.generateCode(),
            secondArg.generateCode());
```

结果是字符串

```
Position <- Position / 2
```

第一个参数在目标代码中出现了两次，一次在赋值运算符的左边，一次在右边。

表示类合成的 UML 符号是实心菱形，在图 7-43 中 OneArgInstr 类的方框和 TwoArgInstr 类的方框下面。类合成的含义是"有一个"，区别于继承的含义"是一个"。OneArgInstr 对象"是一个"ACode 对象，而 OneArgInstr 对象"有一个"AArg 对象。

图 7-45 是词法分析器的一部分代码清单。除了能够识别图 7-41 所示的 7 种 token 之外，函数 getToken 与图 7-35 中的 getToken 函数类似。和前面一样，aToken 是由函数返回的抽象 token，它的动态类型可以是 aToken 的 7 个实体子类中的任何一个。 447

```
public enum LexState {
   LS_START, LS_IDENT, LS_SIGN, LS_INTEGER, LS_STOP
}

public class Tokenizer {
   private final InBuffer b;
   public Tokenizer(InBuffer inBuffer) {
      b = inBuffer;
   }

public class Tokenizer {
   private final InBuffer b;
   public Tokenizer(InBuffer inBuffer) {
      b = inBuffer;
   }
   public AToken getToken() {
      char nextChar;
      StringBuffer localStringValue = new StringBuffer("");
      int localIntValue = 0;
      int sign = +1;
      AToken aToken = new TEmpty();
      LexState state = LexState.LS_START;
      do {
         nextChar = b.advanceInput();
         switch (state) {
            case LS_START:
               if (Util.isAlpha(nextChar)) {
                  localStringValue.append(nextChar);
                  state = LexState.LS_IDENT;
               } else if (nextChar == '-') {
...
            case LS_INTEGER:
               if (Util.isDigit(nextChar)) {
                  localIntValue = 10 * localIntValue + nextChar - '0';
               } else {
                  b.backUpInput();
                  aToken = new TInteger(localIntValue);
                  state = LexState.LS_STOP;
               }
               break;
         }
      } while ((state != LexState.LS_STOP) && !(aToken instanceof TInvalid));
      return aToken;
   }
}
```

图 7-45 词法分析器

图 7-46 展示了一个描述源语言的确定性的 FSM。该状态机的转换接受来自词法分析器的 token，即图 7-41 中以 T 开头的字。终止状态 PS_FINISH 只能通过输入 token T_EMPTY 448

才能到达。如果输入行是空白行或该行只含有空格，那么就会从 PS_START 转换到 PS_FINISH。终结符字符串 end 和 stop 是仅有的两个使得状态从 PS_START 转换到 PS_UNARY 的标识符。对应于其他保留字（set、add、sub、mul、div、neg 和 abs）的标识符使得状态从 PS_START 转换到 PS_FUNCTION。在 PS_START 状态下检测到所有其他的标识符都是非法的。

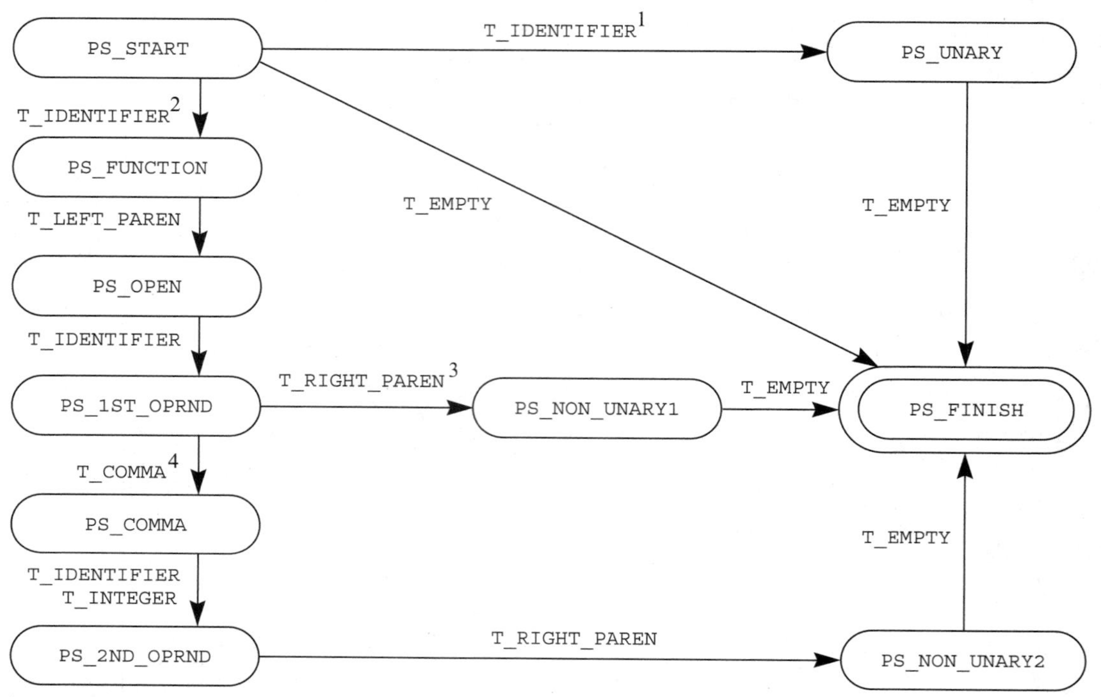

备注 1：仅标识符 `stop` 和 `end`。
备注 2：仅标识符 `set`、`add`、`sub`、`mul`、`div`、`neg` 和 `abs`。
备注 3：仅对助记符 `M_NEG` 和 `M_ABS`。
备注 4：仅对助记符 `M_SET`、`M_ADD`、`M_SUB` 和 `M_MUL`、`M_DIV`。

图 7-46　图 7-47 的语法分析器 processSourceLine 的 FSM

图 7-47 是实现图 7-46 中 FSM 的部分翻译器代码清单。类 Translator 有两个方法，私有方法 parseLine() 和公有方法 translate()，公有方法在每个源代码行执行一次的循环中调用 parseLine()。

449

```
public enum ParseState {
   PS_START, PS_UNARY, PS_FUNCTION, PS_OPEN, PS_1ST_OPRND, PS_NONUNARY1,
   PS_COMMA, PS_2ND_OPRND, PS_NON_UNARY2, PS_FINISH
}

public class Translator {
   private final InBuffer b;
   private Tokenizer t;
   private ACode aCode;
   public Translator(InBuffer inBuffer) {
```

图 7-47　实现图 7-46 中 FSM 的部分翻译器代码清单

```
      b = inBuffer;
   }
   // Sets aCode and returns boolean true if end statement is processed.
   private boolean parseLine() {
      boolean terminate = false;
      AArg localFirstArg = new IntArg(0);
      AArg localSecondArg;
      Mnemon localMnemon = Mnemon.M_END; // Useless initialization
      AToken aToken;
      aCode = new EmptyInstr();
      ParseState state = ParseState.PS_START;
      do {
         aToken = t.getToken();
         switch (state) {
            case PS_START:
               if (aToken instanceof TIdentifier) {
                  TIdentifier localTIdentifier = (TIdentifier) aToken;
                  String tempStr = localTIdentifier.getStringValue();
                  if (Maps.unaryMnemonTable.containsKey(
                          tempStr.toLowerCase())) {
                     localMnemon = Maps.unaryMnemonTable.get(
                             tempStr.toLowerCase());
                     aCode = new UnaryInstr(localMnemon);
                     terminate = localMnemon == Mnemon.M_END;
                     state = ParseState.PS_UNARY;
                  } else if (Maps.nonUnaryMnemonTable.containsKey(
                          tempStr.toLowerCase())) {
                     localMnemon = Maps.nonUnaryMnemonTable.get(
                             tempStr.toLowerCase());
                     state = ParseState.PS_FUNCTION;
                  } else {
                     aCode = new Error(
                             "Line must begin with function identifier.");
                  }
               } else if (aToken instanceof TEmpty) {
                  aCode = new EmptyInstr();
                  state = ParseState.PS_FINISH;
               } else {
                  aCode = new Error(
                          "Line must begin with function identifier.");
               }
               break;
...
            case PS_COMMA:
               if (aToken instanceof TIdentifier) {
                  TIdentifier localTIdentifier = (TIdentifier) aToken;
                  localSecondArg = new IdentArg(
                          localTIdentifier.getStringValue());
                  aCode = new TwoArgInstr(
                          localMnemon, localFirstArg, localSecondArg);
```

图 7-47（续）

450

```
                  state = ParseState.PS_2ND_OPRND;
               } else if (aToken instanceof TInteger) {
                  TInteger localTInteger = (TInteger) aToken;
                  localSecondArg = new IntArg(
                          localTInteger.getIntValue());
                  aCode = new TwoArgInstr(
                          localMnemon, localFirstArg, localSecondArg);
                  state = ParseState.PS_2ND_OPRND;
               } else {
                  aCode = new Error(
                         "Second argument not an identifier or integer.");
               }
               break;
...
            case PS_NON_UNARY2:
               if (aToken instanceof TEmpty) {
                  state = ParseState.PS_FINISH;
               } else {
                  aCode = new Error("Illegal trailing character.");
               }
               break;
         }
      } while (state != ParseState.PS_FINISH && !(aCode instanceof Error));
      return terminate;
   }

   public void translate() {
      ArrayList<ACode> codeTable = new ArrayList<>();
      int numErrors = 0;
      t = new Tokenizer(b);
      boolean terminateWithEnd = false;
      b.getLine();
      while (b.inputRemains() && !terminateWithEnd) {
         terminateWithEnd = parseLine(); // Sets aCode and returns boolean.
         codeTable.add(aCode);
         if (aCode instanceof Error) {
            numErrors++;
         }
         b.getLine();
      }
      if (!terminateWithEnd) {
         aCode = new Error("Missing \"end\" sentinel.");
         codeTable.add(aCode);
         numErrors++;
      }
      if (numErrors == 0) {
         System.out.printf("Object code:\n");
         for (int i = 0; i < codeTable.size(); i++) {
            System.out.printf("%s", codeTable.get(i).generateCode());
         }
      }
```

451

452

图 7-47 （续）

```
        if (numErrors == 1) {
            System.out.printf("One error was detected.\n");
        } else if (numErrors > 1) {
            System.out.printf("%d errors were detected.\n", numErrors);
        }
        System.out.printf("\nProgram listing:\n");
        for (int i = 0; i < codeTable.size(); i++) {
            System.out.printf("%s", codeTable.get(i).generateListing());
        }
    }
}
```

图 7-47 （续）

translate() 的第一行将一个代码表实例化为一个抽象代码对象列表。它维护检测到的错误数量，实例化 token 识别器，为其构造函数传递输入缓冲区。它还维护一个初始化为 false 的布尔标志，当检测到的 token 是 end 时，这个标志被设置为 true。它调用缓冲区的 getLine() 方法来获取源代码的第一行。为了重新建立循环常量，它调用 getLine() 作为循环体的最后一条语句。只要输入保持在缓冲区中，且布尔标志一直为 false，循环就会继续执行。

while 循环的第一条语句调用 parseLine()，它在检测到结束 token 时返回 true。作为副作用，它把翻译器类的 aCode 属性设置为它在语法分析中构造的实体代码对象。translate() 把这个实体代码对象保存到它的代码表中。如果代码是 Error 对象，那么错误数量增加。translate() 的其余代码通过循环遍历代码表并为每个代码对象调用 generateCode () 和 generateListing () 来输出目标代码和格式化的源代码清单。

图 7-47 中的 parseLine() 结构与图 7-45 中的 getToken() 结构是一样的，因为这两个函数都实现了一个 FSM。这两个函数都有一个名为 state 的状态变量，以及一个 do 循环，当检测到标记符号或发生错误时，循环终止。getToken() 循环的第一条语句是

```
nextChar = b.advanceInput();
```

它从缓冲区中取得下一个终结符。词法分析器的这个循环扫描足够多的终结符来组成一个 token。parseLine() 的第一条语句是

```
aToken = t.getToken();
```

453

它获取下一个 token。语法分析器的这个循环扫描足够多的 token 来组成一个源代码行。它和词法分析器循环做了同样的处理，但具有更高的抽象层次。词法分析器的非终结符就像语法分析器的终结符一样。

图 7-47 显示了 PS_START、PS_COMMA 和 PS_NON_UNARY2 情况下 FSM 语法分析器的代码片段。其他情况的代码与之类似。在 PS_START 情况下，语法分析器期望的是一个标识符或一个空 token。如果检测到的是一个标识符，它就把从该 token 得到的字符串作为关键字，检查一元和非一元指令的映射。如果映射有对应这个关键字的条目，就从映射中检索相应的助记符，并将这个助记符存储到用于其余语法分析的局部变量中。

如果检测到一元指令，则有实例化实体代码对象所需要的全部信息，通过语句

```
aCode = new UnaryInstr(localMnemon);
```

赋给 aCode。这就是前面说过的副作用。如果检测到 M_END，就把终结标志设置为 true，最终终止循环。

如果检测到非一元指令，则没有实例化实体代码对象所需要的全部信息。它只保存局部助记符以备后用，并用直接编码技术把下一个状态设置为 PS_FUNCTION。

在 PS_COMMA 情况下，语法分析器检测到逗号 token，并等待第二个参数，该参数可以是标识符，也可以是整数。如果是标识符，就用语句

```
localSecondArg = new IdentArg(
   localTIdentifier.getStringValue());
```

实例化一个新的第二个参数对象。参数的构造函数需要一个字符串，这个字符串由语法分析器从 token 获得。语法分析器之前已经用同样的方法实例化了第一个参数。现在，它用局部助记符和两个参数，通过语句

```
aCode = new TwoArgInstr(
   localMnemon, localFirstArg, localSecondArg);
```

实例化代码对象。如果第二个参数是整数，则代码与之类似。在这两个实例中，状态变量都按照图 7-46 的 FSM 设置为 PS_SECOND_OPRND。

图 7-48 是调用翻译器的 actionPerformed() 函数的完整代码。这个函数只有 3 个步骤。第一条语句用输入对话框中用户输入的源代码字符串来实例化输入缓冲区。第二条语句实例化翻译器，向其构造函数传递输入缓冲区，以便访问源代码。第三条语句调用空函数 translate()。

454

```
public void actionPerformed(ActionEvent event) {
   InBuffer inBuffer = new InBuffer(textArea.getText());
   Translator tr = new Translator(inBuffer);
   tr.translate();
}
```

图 7-48　产生图 7-37 所示输出的翻译器的 actionPerformed() 函数

执行自动翻译的三个阶段的函数分别是：

- 词法分析器：getToken()
- 语法分析器：processSourceLine()
- 代码生成器：generateCode()

词法分析器把来自输入缓冲区的终结字符流作为输入，向语法分析器提供输出生成的 token 流。翻译器为每行源代码调用语法分析器，语法分析器调用词法分析器。通常，语法分析器的输出和代码生成器的输入是语法分析器的词法树或用内部低级语言编写的源程序。而在这个翻译器中，语法分析器的输出和代码生成器的输入就只有用内部低级语言编写的源程序。这个低级语言是保存在 codeTable 中的代码对象列表。当语法分析完成后，translate() 通过遍历代码表并调用每个代码对象的代码生成函数来生成代码。

7.4.2　语法分析器特性

可以不用图 7-46 中的 FSM 来定义源语言的句法，而用语法来定义。这里，这个源语言的形式语法结构很简单。例如，set 语句的产生式规则为

<set-statement> → set (<identifier> , <argument>)

再用一条产生式规则把这里的 <argument>（< 实参 >）定义为 <identifier>（< 标识符 >）或 <integer>（< 整数 >）。与 C 中不同的是，这个语法不能包含递归定义。 455

因为源句法很简单，所以对该语言的语法分析可以基于确定性的 FSM。但是，大多数编程语言的语法分析器没有这么简单。虽然词法分析器通常可以基于有限状态机，但是语法分析器是比较少见能够基于 FSM 的，实际中大多数语言太复杂，没有办法使用这项技术。

因为一个真实语法的产生式规则总是会包含许多递归定义，所以分析算法也包含递归过程以反映语法的递归特性。这样的算法称作*递归下降分析器*（recursive descent parser）。

无论源语言的复杂度或者翻译器的分析技术如何，翻译程序中语法分析器与词法分析器的关系都是一样的：语法分析器的抽象层次高于词法分析器。词法分析器扫描字符，识别 token 并将其传递给语法分析器；语法分析器扫描 token，生成句法树或用内部低级语言编写的源程序。代码生成器用句法树或低级翻译来生成目标代码。

本章小结

计算机科学的基本问题是“什么能够被自动化？”人工语言的自动化翻译是计算机科学的核心。每种人工语言都有一个符号表。一个集合的闭包，T*，是连接 T 中元素能够形成的所有可能字符串的集合。语言是它的字符表闭包的一个子集。语法描述语言的句法，有 4 个部分：一个非终结符表、一个终结符表、一组产生式规则和一个起始符号。推导是语法确定语言合法句子的过程。为了推导出语言的一个句子，要从起始符号开始，用产生式规则做替换，直到得到一个终结符字符串。语法分析问题是确定推导序列，使之与一个给定的终结符字符串匹配。标准 C 语法有上百条产生式规则。上下文无关语法是限制产生式规则左边只能包含一个非终结符的语法。虽然 C 语法是上下文无关的，但是它的某些方面是上下文相关的。

有限状态机（FSM）也能描述语言的句法，由一组状态和状态之间的转换组成。每个转换都标明有一个输入终结符号，有一个状态是起始状态，至少有一个，也可能有多个终止状态。非确定性的 FSM 中从一个给定状态对于一个输入终结符，可能有多个转换。如果从起始状态出发，有一个转换序列接受句子中的符号，使得最后以终止状态结束，那么这个句子就是合法的。 456

FSM 的两种软件实现技术是查找表技术和直接编码技术。两种技术都包含由状态变量控制的循环，这个状态变量会被初始化为起始状态。循环的每次执行都对应于 FSM 中的一次转换。在查找表技术中，转换是由一个二维转换表确定的；而在直接编码技术中，转换是由循环体内的选择语句指定的。

自动翻译器的 3 个翻译阶段是词法分析器、语法分析器和代码生成器。词法分析器的输入是源程序的终结符流。词法分析器的输出，也就是语法分析器的输入，是 token 流。语法分析器的输出，也就是代码生成器的输入，是抽象的句法树或用内部低级语言编写的源程序。对于大多数高级语言来说，词法分析器基于 FSM，语法分析器基于上下文无关语法，代码产生器严重依赖于目标语言的特性。

练习

7.1 节

*1. 计算机科学的基本问题是什么？

2. 整数加法运算的单位元是什么？布尔数的 OR 运算的单位元是什么？
3. 用图 7-1 的语法推导出下面的字符串，画出相应的句法树。
   *(a) `abc123`　　(b) `a1b2c3`　　(c) `a321bc`
4. 用图 7-2 的语法推导出下面的字符串，画出相应的句法树。
   *(a) `-d`　　(b) `+ddd`　　(c) `d`
5. 用图 7-3 的语法推导出下面的字符串。

457

   *(a) `abc`　　(b) `aabbcc`
6. 对于下面每个字符串，说明是否能从图 7-5 的语法规则推导出来。如果可以，画出对应的句法树：
   *(a) `a + ( a )`　　(b) `a * ( + a )`　　(c) `a * ( a + a )`
   (d) `a * ( a + a ) * a`　　(e) `a + ( - a )`　　(f) `( ( ( a ) ) )`
7. 对于图 7-8 的语法，画出 <statement>（< 语句 >）对于下列字符串的句法树，假设 S1、S2、S3、S4、C1 和 C2 都是合法的 <expression>（< 表达式 >）：

*(a)
```
{ if ( C1 )
    S1 ;
  S2 ;
}
```

(b)
```
{ if ( C1 )
      if ( C2 )
          S1 ;
      else
          S2 ;
    S3 ;
}
```

(c)
```
{ if ( C1 )
      if ( C2 )
          S1 ;
        else
          S2 ;
      else
        S3 ;
      S4 ;
}
```

(d)
```
{ S1 ;
  while ( C1 )
  { if ( C2 )
        S2 ;
      S3 ;
  }
}
```

8. 对于图 7-8 的语法，画出 <statement>（< 语句 >）对于下列字符串的句法树，假设 alpha、beta 和 gamma 都是合法的 <identifier>（< 标识符 >），1 和 24 都是合法的 <constant>（< 常数 >）：
   *(a) `alpha = 1 ;`
   (b) `alpha = alpha + 1 ;`
   (c) `alpha = (beta * 1) ;`
   (d) `alpha = ((beta + 1) * (gamma + 24)) ;`
   (e) `alpha (beta) ;`

458

   (f) `alpha (beta, 24) ;`
9. 对于图 7-8 的语法，画出 <translatioin-unit>（< 翻译单元 >）对于下列字符串的句法树，假设 alpha、beta、gamma 和 main 都是合法的 <identifier>（< 标识符 >），C1、S1 和 S2 都是合法的 <expression>（< 表达式 >）：

```
int main()
{ int gamma;
  alpha (gamma);
```

```
  if (C1)
      S1;
  else
      S2;
}
```

10. 本练习提出的问题是“两个不同的语法能产生同一种语言吗？”图 7-49 和图 7-50 中的语法是不同的，它们有不同的非终结符集合和不同的产生式规则。用这两种语法做实验，推导一些终结符字符串。通过你的实验，描述这两种语法产生的语言。可以根据图 7-49 的语法推导出而用图 7-50 的语法推导不出来的合法终结符字符串吗？反过来呢？证明你的推测。

$N = \{A, B\}$
$T = \{0, 1\}$
P = 产生式规则
  1. A → 0 B
  2. B → 1 0 B
  3. B → ε
S = A

图 7-49　练习 10 的语法

$N = \{C\}$
$T = \{0, 1\}$
P = 产生式规则
  1. C → C 1 0
  2. C → 0
S = C

图 7-50　练习 10 的另一种语法

7.2 节

11. 对于图 7-51 给出的每个状态机，
  （1）说明这个 FSM 是确定性的还是非确定性的，
  （2）识别出所有不可达的状态。

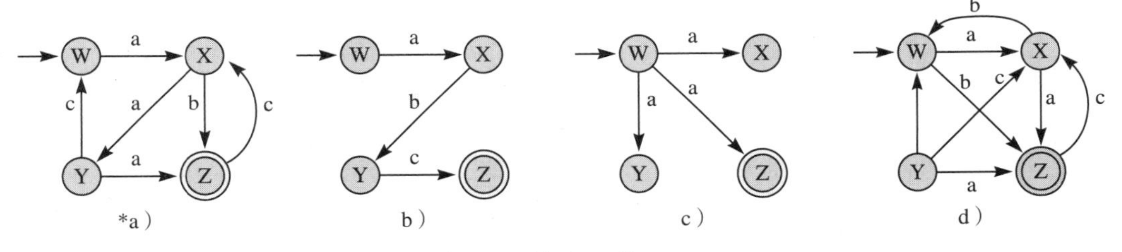

图 7-51　练习 11 的 FSM

12. 为图 7-52 中的每个有限状态机消除空转换，得到等价的状态机。

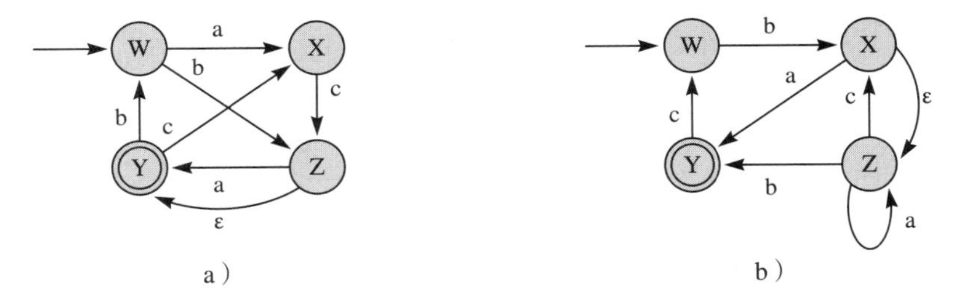

图 7-52　练习 12 的 FSM

13. 画一个确定性的 FSM，能够识别以下标准指定的 1 和 0 的字符串。每个 FSM 拒绝所有非 0 或 1 的字符。

459

*(a) 3 个字符的字符串，101。
  (b) 所有以 101 结尾的任意长度的字符串。例如，该 FSM 应该能够接受 1101，但是拒绝 1011。
  (c) 所有长度任意以 101 开头的字符串。例如，该 FSM 应该接受 1010，但是拒绝 0101。

（d）所有长度任意且至少包含一个 101 的字符串。例如，该 FSM 应该能够接受（a）、（b）和（c）中提到的所有字符串，以及像 1110000101111100111 这样的字符串。

7.4 节

14. 设计一个描述图 7-47 中翻译器的源语言的语法。

编程题

7.3 节

15. 按照本书所建议的那样，改进图 7-28 中的程序，在 Alphabet 中定义第三个枚举值 T_OTHER，它表示既不是字母又不是数字的符号。
16. 用图 7-28 中程序的查找表技术实现练习 13 中的每个 FSM。转换表中要把字符区分为 B_ONE、B_ZERO 或 B_OTHER。
17. 用图 7-29 中程序的直接编码技术实现练习 13 中的每个 FSM。写一个名为 parsePat() 的过程来分析对应于 parseNum() 的模式。类 Parser 中不能包含属性 number 或方法 getNumber()。
18. 十六进制数字是 '0'…'9'、'a'…'f' 或 'A'…'F'。一个十六进制常数是一个十六进制数字序列，例如 3、a、0d 和 FF4e。用直接编码技术实现一个有限状态机，就像图 7-29 中的一样，分析十六进制常数，并把它转换为非负整数。输入 / 输出应该与图 7-29 类似，非法输入会产生错误消息，合法十六进制输入字符串会产生非负整数值。

7.4 节

460

19. 为 Pep/9 汇编语言写一个汇编器。按照列出的顺序实现下面的里程碑节点。

（a）用方法 getToken() 编写类 Tokenizer 来实现图 7-53 的 FSM。使用图 7-30 中的类 InBuffer。为每个具体的 token 实现方法 getDescription()，并用图 7-36 中 actionPerformed() 所示的嵌套 do 循环输出 token。

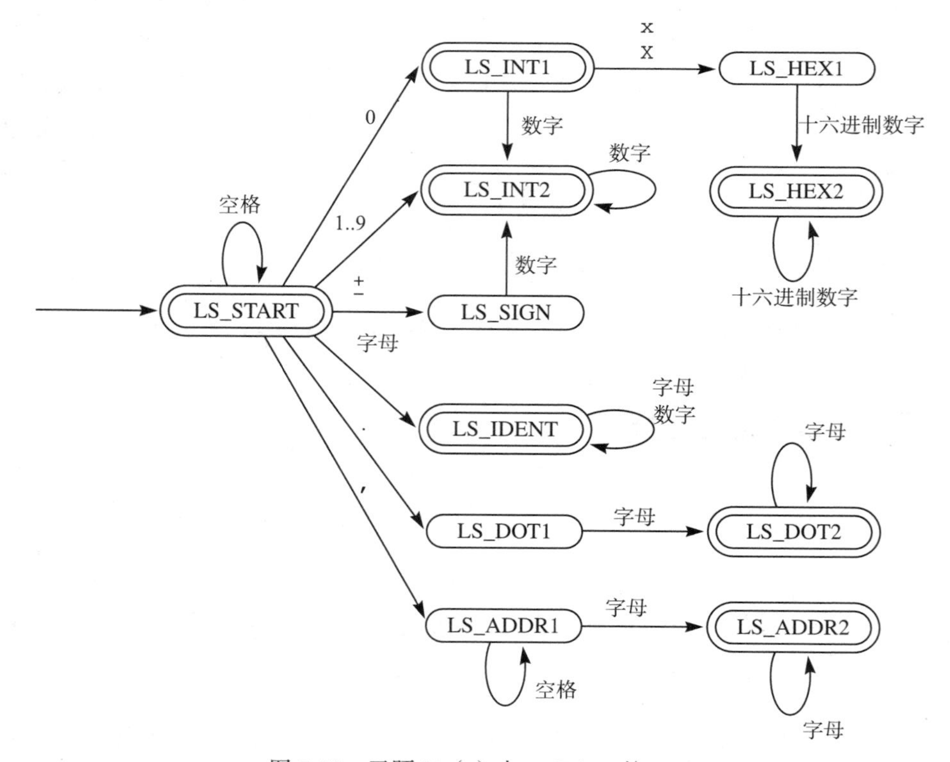

图 7-53　习题 19（a）中 getToken 的 FSM

整数存储在两个字节中。当整数被认为是无符号数时，其范围为 0 ～ 65 535；当被认为是有符号数时，其范围为 -32 768 ～ 32 767。你的程序必须接受 -32 768 ～ 65 535 范围内的整数，每次扫描一个十进制数字并更新总值时，都要在这个范围内检查。如果输入的十进制数字使得总值超出该范围，则返回非法 token。

461

十六进制常量也存储在两个字节中，但是是无符号的。一个十六进制常量的最大值为 65 535。每次扫描一个十六进制数字并更新总值时，检查其十进制数值是否在这个上限内。如果输入的十六进制数字使得总值超过该上限，则返回非法 token。每次扫描十六进制数字时都应该检查这个限制。不要检查位数小于 5 的十六进制数字，因为像 0x00F4B7 这样的数是合法的。

寻址方式必须与标识符一起存储在 Java String 属性中。语法分析器通过查找表把标识符转换为枚举类型。

一个常见的错误是在 switch 语句中调用 advanceInput()。请确保不要这样做。advanceInput() 只能在一个地方被调用，那就是 do 循环体的第一条语句。

以下是一个输入 / 输出示例。根据 FSM，所有 token 都是合法的。例如，没有点命令 .beta，也没有寻址方式 cat。但是，相应的 token 是合法的，语法分析器稍后在翻译中检测错误。

输入

```
alpha .beta
   b7 0x23ab ,SfX
,i , cat
-32768 65535
```

输出

```
Identifier = alpha
Dot command = beta
Empty token
Identifier = b7
Hexadecimal constant = 9131
Addressing Mode = SfX
Empty token
Addressing Mode = i
Addressing Mode = cat
Empty token
Integer = -32768
Integer = 65535
Empty token
```

462

(b) 设计对应于图 7-46 Pep/9 语法分析器的 FSM 的状态转换图。假设每个转换接受图 7-53 那些 token 中的一个。

(c) 本项目的这个阶段是根据（b）的 FSM 编写语法分析器。完成的代码类的 generateListing() 方法，输出源程序的格式化代码清单，而不是目标代码。你的程序应该处理如下指令：

- 一元指令：STOP，ASLA，ASRA
- 非一元指令：BR，BRLT，BREQ，BRLE，CPWA，DECI，DECO，ADDA,SUBA，STWA，LDWA
- 点命令：.BLOCK，.END
- 常量：十进制，十六进制

设计抽象参数 AArg，它有两个子类，分别对应于十六进制常量和十进制常量，每个都有一个整型属性，类似于图 7-40。像图 7-44 的代码类那样设计你的抽象代码类 ACode。非一元助记符的类必须有其指令指示符的抽象参数，以及其寻址方式的寻址助记符，寻址方式必须是如（a）说明的枚举类型。不要把寻址方式的枚举类型与其他枚举类型组合在一起，它们必须是分开的。设置单独的 Java 映射来查找一元助记标识符、非一元助记标识符、点命令和寻址方式。对于你的代码类，不要使用布尔属性来区分一元和非一元指令，相反，应该对它们使用不同的类。

不要使用图7-44中的名称 OneArgInstr 或 TwoArgInstr 来描述你的指令。在 Pep/9 汇编语言中，指令既可以是一元也可以是非一元的。不要使用图中名称 firstArg 或 secondArg 来描述助记符之后的条目。对于非一元指令，助记符之后的条目是操作数指示符和寻址方式。

如果检测到非法寻址方式或其他错误，就必须生成错误代码对象来处理错误。比如，不要使用非一元代码对象来生成任何错误消息。

463

当在 Edit 菜单中选择 Format From Listing 时，输出应符合 Pep/9 汇编器的标准精细打印格式。对十六进制常量而言，%X 格式占位符将会以十六进制格式输出整数值。查阅 Java 文档，研究字段宽度和前导零选项。对字符串而言，%s 格式占位符可以在用空格填充的字段中进行左对齐或右对齐。

（d）完成的代码类的 generateCode() 方法，以适合 Pep/9 装载器的格式发送汇编语言程序的十六进制目标代码。以下是一个输入 / 输出示例。你的代码生成器应该为每一行源码发出一行十六进制对，以易于直观地比较目标代码与源代码。

<u>输入</u>

```
BR    0x0007,  i
.BLOCK 4
deci     0x2   ,d
LDWA      +2,d
AdDa -5,   i
STWA       0x0004,d
    DECO     0x04,d
STOP
.END
```

<u>输出</u>

```
Object code:
12 00 07
00 00 00 00
31 00 02
C1 00 02
60 FF FB
E1 00 04
39 00 04
00
zz

Program listing:
BR        0x0007
.BLOCK    4
DECI      0x0002,d
LDWA      2,d
ADDA      -5,i
STWA      0x0004,d
DECO      0x0004,d
STOP
.END
```

464

要把一个十进制数转换为十六进制，可以利用一个事实，即 n 右移 8 位就得到 n/256。利用它可以输出整数 n 的第一个字节。同时，n%256 等于 8 位余数，利用它利用输出整数 n 的第二个字节。

目标代码中所有的十六进制对必须用且只用一个空格来分隔。目标代码中的任何行都不能在行尾包含尾随空格，且整个序列必须用小写的 zz 来结束。测试你的目标代码：从 Java 控制台复制十六进制代码，将其粘贴到 Pep/9 应用程序的目标代码窗格中，然后执行你的程序。

(e) 扩展这个汇编器，包括 Pep/9 指令集中所有 40 条指令。

(f) 扩展这个汇编器，生成这样的列表，把目标代码写在生成它的源代码行旁边。使用 Pep/9 汇编器标准的空格规则和大小写规则输出源代码行。

(g) 扩展这个汇编器，允许用单引号扩起字符常量。

(h) 扩展这个汇编器，允许点命令 .WORD 和 .BYTE。

(i) 扩展这个汇编器，允许点命令 .ASCII，字符串用双引号括起来。

(j) 扩展这个汇编器，允许源代码行包含以分号开始的注释。一行可以只包含一条注释，也可以一条合法指令后面跟一条注释。

(k) 扩展这个汇编器，允许使用符号。

465 ~ 466

第五部分

Computer Systems, Fifth Edition

操作系统（第4层）

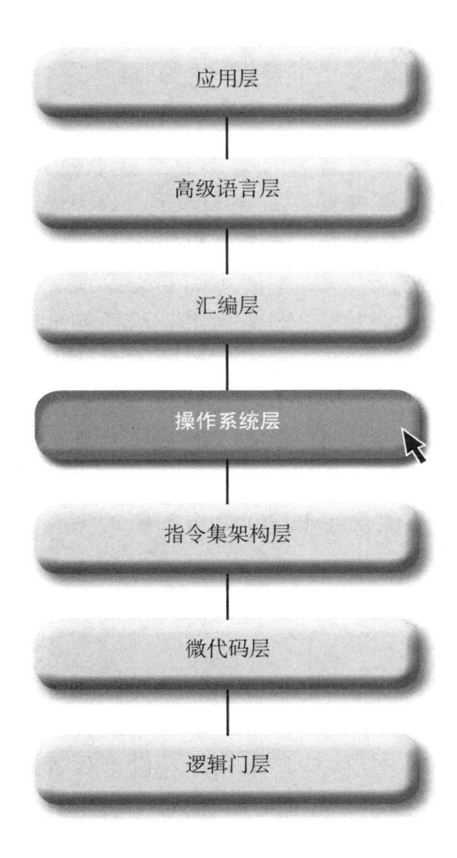

进 程 管 理

操作系统定义了一个比 ISA3 层机器更抽象的机器，更容易对它编程。其目的是向高级编程语言提供一个更加方便的环境，并更有效地分配系统资源。操作系统层位于汇编层和机器层之间。与一般的抽象一样，操作系统向更高层次的用户隐藏 ISA3 层机器的细节。

典型计算机系统的资源包括 CPU 时间、主存和磁盘存储器。本章讲述操作系统怎样分配 CPU 时间，接下来的第 9 章讲述它怎样分配主存和磁盘存储器。

操作系统一般分为 3 类：

- 单用户
- 多用户
- 实时

智能手机和平板电脑等移动设备具有单用户操作系统，这样的计算机通常是由单人拥有并操作，不与其他人共享。台式机和笔记本电脑具有多用户操作系统，可以为多人设置个人用户账户以便共享计算机。计算机中使用的实时系统专门用于控制设备，它们的输入来自传感器，输出是给设备的控制信号。例如，控制汽车发动机的计算机使用的就是实时系统。

Pep/9 操作系统是一个单用户操作系统，它展示了分配 CPU 时间所使用的一些技术，不过它没有说明主存和磁盘存储器的管理。本章的前两节包含了 Pep/9 操作系统的完整代码。

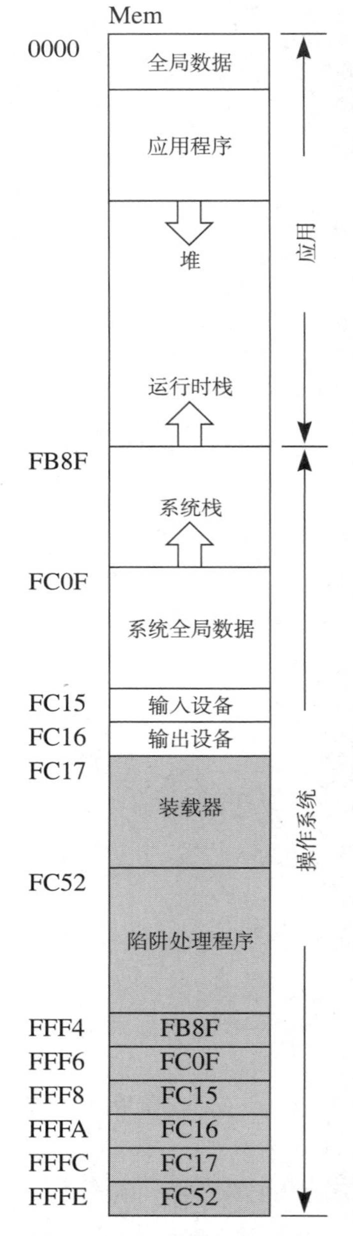

图 8-1 Pep/9 的内存映射，阴影部分是 ROM

8.1 装载器

操作系统的一个重要功能是管理用户提交的待执行作业。在多用户系统中，多个用户不断地提交作业，操作系统必须决定运行待执行作业中的哪个。在决定接下来执行哪个作业后，它必须把适当的程序装载到主存并把 CPU 的控制交给这个程序来执行。

468 ~ 470

8.1.1 Pep/9 操作系统

图 8-1 展示了 Pep/9 操作系统在主存中的位置。操作系统

的 RAM 部分包括了第一个字节被分配在 FC0E 的系统栈、位于 FC0F 到 FC14 的系统全局数据、位于 FC15 的输入设备和位于 FC16 的输出设备。操作系统的 ROM 部分如图中阴影部分所示，包括了位于 FC17 的装载器、位于 FC52 的陷阱处理程序和位于 FFF4 到 FFFE 的 6 个机器向量。虽然 Pep/9 操作系统说明了装载器的操作，但是它并没有说明操作系统决定运行哪个待执行作业的过程。

本章讲述的是 Pep/9 操作系统，它是用汇编语言编写的。一般的实现都是高级语言（通常是 C）和汇编语言混合写的，汇编语言是针对该操作系统控制的特定计算机的。通常情况下，系统的 95% 以上都是高级语言写的，汇编语言编写的不到 5%。汇编语言部分保留给操作系统中需要使用高级语言所没有的特性编程的部件，或者那些对效率有额外要求的部件，而这个要求甚至优化编译器也不能实现。

图 8-2 展示了 Pep/9 操作系统的全局常量和变量。符号 TRUE 和 FALSE 用 .EQUATE 命令声明，因此不会生成目标代码。它们的使用将贯穿程序剩下的部分。

```
             ;******* Pep/9 Operating System, 2015/05/17
             ;
             TRUE:    .EQUATE 1
             FALSE:   .EQUATE 0
             ;
             ;******* Operating system RAM
FB8F         osRAM:   .BLOCK  128        ;System stack area
FC0F         wordTemp:.BLOCK  1          ;Temporary word storage
FC10         byteTemp:.BLOCK  1          ;Least significant byte of wordTemp
FC11         addrMask:.BLOCK  2          ;Addressing mode mask
FC13         opAddr:  .BLOCK  2          ;Trap instruction operand address
FC15         charIn:  .BLOCK  1          ;Memory-mapped input device
FC16         charOut: .BLOCK  1          ;Memory-mapped output device
             ;
             ;******* Operating system ROM
FC17                  .BURN   0xFFFF
```

图 8-2 Pep/9 操作系统的全局常量和变量

符号 osRAM、wordTemp、byteTemp、addrMask、opAddr、charIn 和 charOut 都用 .BLOCK 命令来定义。通常情况下，.BLOCK 生成代码，且所有生成的代码都从 0000（hex）开始。从代码来看，这些 .BLOCK 没有生成代码，且 osRAM 从 FB8F 而不是 0000 开始。

这个奇怪的汇编器行为的原因在于 FC17 的 .BURN 命令。当在程序中含有 .BURN 时，汇编器会假定该程序将烧入 ROM，它会为跟在烧入指令后面的指令生成代码，而不会为它前面的指令生成代码。汇编器同时也假设 ROM 的最后一个字节被安装到 .BURN 指令指定的地址，而把内存的顶部留给应用程序使用。因此它计算符号表的地址，使得生成的最后一个字节的地址是烧入指令指定的地址。

在这段代码中，烧入指令指出最后一个字节应该在地址 FFFF 处。图 8-16（见 8.2.9 节）显示最后的字节 52（hex）确实在地址 FFFF 处，位于操作系统的末尾。因为 FFFF（hex）是 65 535（dec），所以 Pep/9 计算机的主存大小配置为 64KiB。可以修改 .BURN 指令中的值来改变操作系统的安装地址，而系统仍然能正常工作。比如，如果把值从 0xFFFF 改为 0x7FFF，并选择汇编和安装操作系统的选项，那么，ROM 的最后一个字节将位于位置 32Ki

471

减 1，而不是 64Ki 减 1。符号和机器向量全部都会重新计算，系统仍会正常运行。

8.1.2 Pep/9 装载器

图 8-3 展示了 Pep/9 装载器。要调用装载器，就要在模拟器上选择装载选项，这会触发下面两个事件：

SP ← Mem[FFF6]

PC ← Mem[FFFC]

因为 Mem[FFF6] 包含 FC0F，如图 8-1 和图 8-16 所示，所以栈指针（SP）被初始化为 FC0F。类似地，程序计数器（PC）被初始化为 FC17，即装载器第一条指令的地址。

472

```
                 ;******* System Loader
                 ;Data must be in the following format:
                 ;Each hex number representing a byte must contain exactly two
                 ;characters. Each character must be in 0..9, A..F, or a..f and
                 ;must be followed by exactly one space. There must be no
                 ;leading spaces at the beginning of a line and no trailing
                 ;spaces at the end of a line. The last two characters in the
                 ;file must be lowercase zz, which is used as the terminating
                 ;sentinel by the loader.
                 ;
FC17  C80000 loader:  LDWX    0,i          ;X <- 0
                 ;
FC1A  D1FC15 getChar: LDBA    charIn,d     ;Get first hex character
FC1D  B0007A          CPBA    'z',i        ;If end of file sentinel 'z'
FC20  18FC51          BREQ    stopLoad     ; then exit loader routine
FC23  B00039          CPBA    '9',i        ;If character <= '9', assume decimal
FC26  14FC2C          BRLE    shift        ; and right nybble is correct digit
FC29  600009          ADDA    9,i          ;else convert nybble to correct digit
FC2C  0A     shift:   ASLA                 ;Shift left by four bits to send
FC2D  0A              ASLA                 ; the digit to the most significant
FC2E  0A              ASLA                 ; position in the byte
FC2F  0A              ASLA
FC30  F1FC10          STBA    byteTemp,d   ;Save the most significant nybble
FC33  D1FC15          LDBA    charIn,d     ;Get second hex character
FC36  B00039          CPBA    '9',i        ;If character <= '9', assume decimal
FC39  14FC3F          BRLE    combine      ; and right nybble is correct digit
FC3C  600009          ADDA    9,i          ;else convert nybble to correct digit
FC3F  80000F combine: ANDA    0x000F,i     ;Mask out the left nybble
FC42  91FC0F          ORA     wordTemp,d   ;Combine both hex digits in binary
FC45  F50000          STBA    0,x          ;Store in Mem[X]
FC48  680001          ADDX    1,i          ;X <- X + 1
FC4B  D1FC15          LDBA    charIn,d     ;Skip blank or <LF>
FC4E  12FC1A          BR      getChar      ;
                 ;
FC51  00     stopLoad:STOP                 ;
```

473

图 8-3　Pep/9 操作系统的装载器

装载器从 FC17 开始，将变址寄存器清零，这是要装载的第一个字节的地址。从 FC1A 到 FC42 的代码从输入流获取接下来的两个十六进制字符送入累加器的低位字节。位于

FC45 的字节存储累加器指令把字节装入内存单元，单元地址由变址寄存器指定。位于 FC48 的增加变址寄存器指令把变址寄存器加 1，以便装入下一个字节。

装载器是一个单循环的形式，它输入一个字符，将它和标记字符 z 进行比较。如果该字符不是标记字符，那么程序检查它是否属于 '0' ～ '9'，如果不在这个范围内，那么最右的 4 位通过加 9 转换为正确的值。4 位又称为*四位元组*（nybble），是半字节。注意 ASCII 的 A 是 0100 0001（bin），因此它加上 9，和是 0100 1010，最右的半字节是十六进制数 A 的正确位模式，十六进制的 B 到 F 也是类似的情况。如果字符是在 '0' ～ '9' 中，那么最右半字节已经是正确的值了。

装载器把半字节 4 位移到左边，临时存储在 byteTemp 中。它输入第二个字符，类似地对半字节进行调整，用 FC3F 处的 ANDA 和 FC42 处的 ORA 把两个半字节合成为一个字节。可惜的是，Pep/9 没有字节 AND 或字节 OR 指令，所以，它必须使用这些操作的字版本。从图 8-2 可以看出，byteTemp 是 wordTemp 的最低有效字节，这也就是为什么 ORA 可以用 wordTemp 访问 byteTemp。STOP 指令会终止装载器，将控制返回给模拟器选项。

通常要装载的程序不是十六进制 ASCII 字符形式，它们已经是二进制形式，准备被装载了。Pep/9 的目标文件使用 ASCII 字符，因此可以直接用机器语言编程，用文本编辑器查看目标文件。

8.1.3 程序的终止

到目前为止，所有出现的应用程序都是以 STOP 指令终止的。在实际的计算机中很少执行 STOP 指令，C 编译器不会在程序末尾生成一个 STOP 指令，而是生成一个把控制返回操作系统的指令。如果程序运行在一台个人计算机上，那么操作系统会设置一个屏幕，等待请求另一个服务。如果程序运行在远程分时共享系统上，那么操作系统会继续处理其他用户的作业。无论哪种情况，计算机都不会只是简单地停下来。

因为仅有一个 CPU，所以它在执行操作系统作业和应用作业之间来回切换。图 8-4 展示了当操作系统装载和执行一系列作业时 CPU 使用的时间线，阴影部分代表用在执行操作系统上的时间。 474

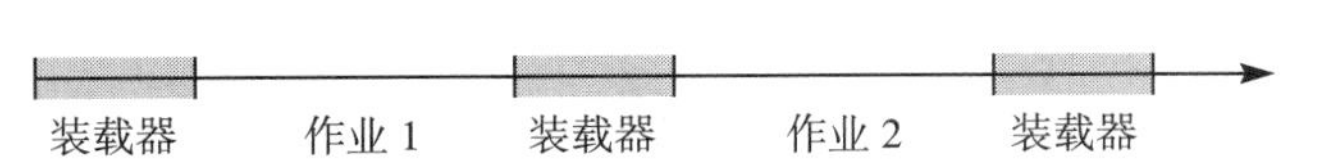

图 8-4 当操作系统加载和执行一系列作业时的 CPU 使用时间线

操作系统代表执行业务的必要的开销。当在商场购物时，购买商品的价格不只是反映商品的生产成本和运输到商场的成本，也反映了售货员的薪水、商场照明的电费、商场经理的附加福利等。类似地，计算机资源并不是 100% 地用于执行用户的程序，一部分资源必须保留给操作系统，目前我们考虑的资源是 CPU 时间。

8.2 陷阱

当在 Asmb5 层用汇编语言编程时，可能会用到 DECI、DECO、HEXO 和 STRO 这 4 条指令。图 4-6 显示了在 ISA3 机器层没有这样的指令，取而代之的是，当计算机取出具有这样一些操作码的指令时，硬件会执行陷阱。陷阱类似于子例程转移，但是要更复杂一些。执行的代码称为*陷阱例程*（trap routine）或者*陷阱处理程序*（trap handler）而不是子例程。操作系统通过执行从陷阱返回的指令 RETTR 而不是子例程返回的指令 RET 将控制交回给应用程序。

陷阱处理程序实现 4 条指令，就如同它们是 ISA3 机器层的一部分一样。记住操作系统的目的之一就是向高层编程提供方便的环境。Pep/9 操作系统提供的抽象机器是一个更加方便的机器，因为它包含这 4 条 ISA3 层没有的指令。除了 DECI、DECO、HEXO 和 STRO 外，操作系统还提供了两个一元陷阱指令和一个非一元陷阱指令，叫作空操作，助记符分别是 NOP0、NOP1 和 NOP。当执行这些指令时什么都不做，提供这些指令是为了让你能够对它们重编程，执行你自己选择的新指令。

475

8.2.1　陷阱机制

下面是陷阱指令的寄存器传输语言（RTL）描述：

Temp	←	Mem[FFF6]；
Mem[Temp − 1]	←	IR⟨0..7⟩；
Mem[Temp − 3]	←	SP；
Mem[Temp − 5]	←	PC；
Mem[Temp − 7]	←	X；
Mem[Temp − 9]	←	A；
Mem[Temp − 10]⟨4..7⟩	←	NZVC；
SP	←	Temp − 10；
PC	←	Mem[FFFE]

为了表述方便，Temp 表示临时值。Mem[FFF6] 包含 FC0F，即系统栈的地址。在第一个操作中，Temp 获得 FC0F，接下来的 6 个操作显示 CPU 把所有寄存器的内容都压入系统栈，从 IR 指令指示符开始，到 NZVC 标志位结束。接着栈指针被修改为指向新的系统栈顶部，程序计数器获得 Mem[FFFE] 的内容。

图 8-5 展示了像图 5-11 那样的陷阱的例子。图 5-11 中的程序包含下面的十进制输出陷阱：

476

```
003E 390003 DECO 0x0003,d ;Output the sum
```

这里的 003E 是该指令的地址，390003 是执行中触发该陷阱的目标代码。

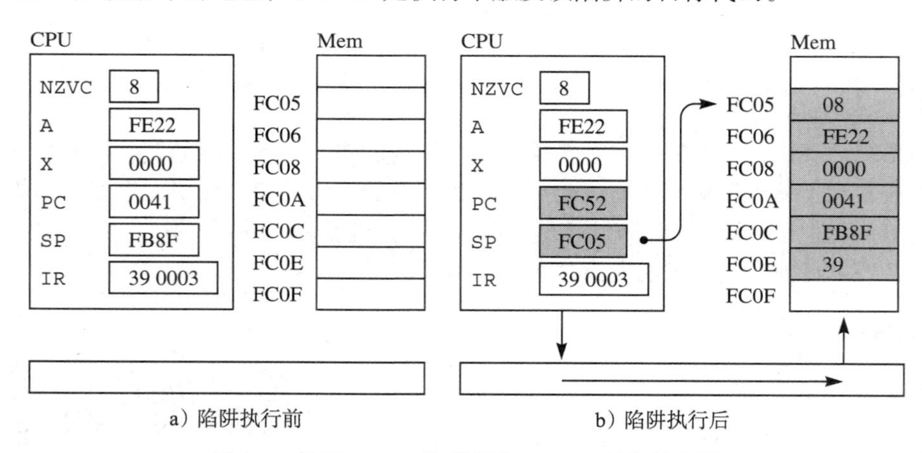

图 8-5　执行 DECO 陷阱指令 390003 触发的陷阱

图 8-5a 展示了陷阱执行前 CPU 的状态，图 8-5b 是陷阱执行后的状态。可以看到只有

IR 的指令指示符部分被压入栈，还可以注意到 4 个 NZVC 位正好位于 Mem[FC05] 处字节的右半部分，该字节的左半字节为零。SP 的值是 FC05，即新系统栈的顶部，PC 的内容是 Mem[FFFE]，即陷阱处理程序第一条指令的地址 FC52。图 8-16（见 8.2.9 节）展示了操作系统怎样用 .ADDRSS 命令在地址 FFF6 和 FFFE 设置机器向量。

8.2.2 RETTR 指令

执行时的程序叫作进程（process）。陷阱机制临时挂起一个进程，这样操作系统可以执行服务。主存中包含陷阱进程的寄存器副本的信息块叫作进程控制块（PCB）。这个例子的 PCB 存储在 Mem[FC05] 到 Mem[FC0E] 中，如图 8-5b 所示。

操作系统执行完它的服务后，最后必须把 CPU 的控制交回给被暂停的进程，这样该进程可以继续完成执行。在这个例子中，Pep/9 操作系统执行的服务是执行 DECO 指令。操作系统通过执行陷阱返回指令 RETTR 将控制交回给进程。

RETTR 的 RTL 描述是

$$
\begin{aligned}
&NZVC && \leftarrow && Mem[SP]\langle 4..7\rangle; \\
&A && \leftarrow && Mem[SP+1]; \\
&X && \leftarrow && Mem[SP+3]; \\
&PC && \leftarrow && Mem[SP+5]; \\
&SP && \leftarrow && Mem[SP+7]
\end{aligned}
$$

RETTR 把最上面的 9 个字节弹出栈放入 NZVC、A、X、PC 和 SP 寄存器中。除了不弹出 IR 外，它的操作顺序刚好和陷阱操作的顺序相反。下一条要执行的指令将是新 PC 的值指定的指令。最后修改的寄存器是 SP。

如果陷阱处理程序不修改 PCB 中的任何值，那么当进程恢复时，RETTR 将恢复 CPU 寄存器的原始值。尤其是 SP，就像在处理陷阱时一样，将重新指向应用程序栈的顶部。另一方面，陷阱处理程序对 PCB 中值的任何改变，在进程恢复时，都会反映在 CPU 寄存器中。 477

8.2.3 陷阱处理程序

图 8-6 展示了陷阱处理程序的进入点和退出点。oldIR 是根据陷阱机制存储在系统栈上的 IR 寄存器副本的栈地址。图 8-7a 展示了所有寄存器的栈地址。

```
                ;******* Trap handler
                oldIR:    .EQUATE 9              ;Stack address of IR on trap
                ;
FC52  DB0009 trap:     LDBX    oldIR,s         ;X <- trapped IR
FC55  B80028           CPBX    0x0028,i        ;If X >= first nonunary trap opcode
FC58  1CFC67           BRGE    nonUnary        ;  trap opcode is nonunary
                ;
FC5B  880001 unary:    ANDX    0x0001,i        ;Mask out all but rightmost bit
FC5E  0B               ASLX                    ;Two bytes per address
FC5F  25FC63           CALL    unaryJT,x       ;Call unary trap routine
FC62  02               RETTR                   ;Return from trap
                ;
FC63  FD6B   unaryJT: .ADDRSS opcode26         ;Address of NOP0 subroutine
FC65  FD6C            .ADDRSS opcode27         ;Address of NOP1 subroutine
```

图 8-6 Pep/9 操作系统中陷阱处理程序的进入点和退出点

```
                  ;
FC67  0D          nonUnary:ASRX                 ;Trap opcode is nonunary
FC68  0D                   ASRX                 ;Discard addressing mode bits
FC69  0D                   ASRX
FC6A  780005               SUBX     5,i         ;Adjust so that NOP opcode = 0
FC6D  0B                   ASLX                 ;Two bytes per address
FC6E  25FC72               CALL     nonUnJT,x   ;Call nonunary trap routine
FC71  02          return:  RETTR                ;Return from trap
                  ;
FC72  FD6D        nonUnJT: .ADDRSS opcode28     ;Address of NOP subroutine
FC74  FD77                 .ADDRSS opcode30     ;Address of DECI subroutine
FC76  FEEB                 .ADDRSS opcode38     ;Address of DECO subroutine
FC78  FF76                 .ADDRSS opcode40     ;Address of HEXO subroutine
FC7A  FFC2                 .ADDRSS opcode48     ;Address of STRO subroutine
```

478

图 8-6 （续）

当执行一条陷阱指令时，下一条要执行的指令在 FC52，即图 8-6 中的第一条指令。下面任何一条指令都能触发陷阱：

0010 011n，NOPn，一元空操作陷阱

0010 1aaa，NOP，非一元空操作陷阱

0011 0aaa，DECI，非一元十进制输入陷阱

0011 1aaa，DECO，非一元十进制输出陷阱

0100 0aaa，HEXO，非一元十六进制输出陷阱

0100 1aaa，STRO，非一元字符串输出陷阱

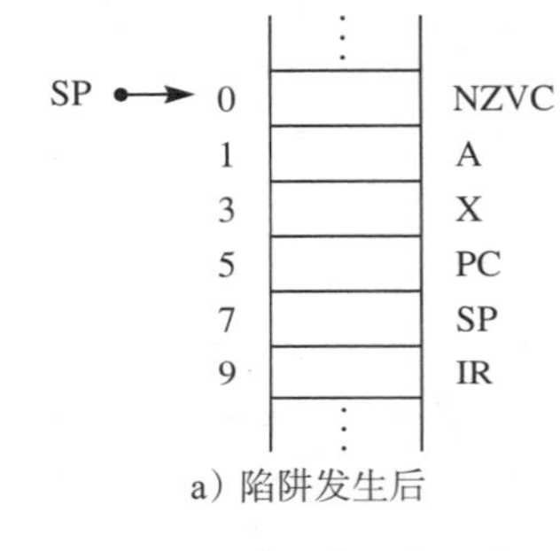

a）陷阱发生后

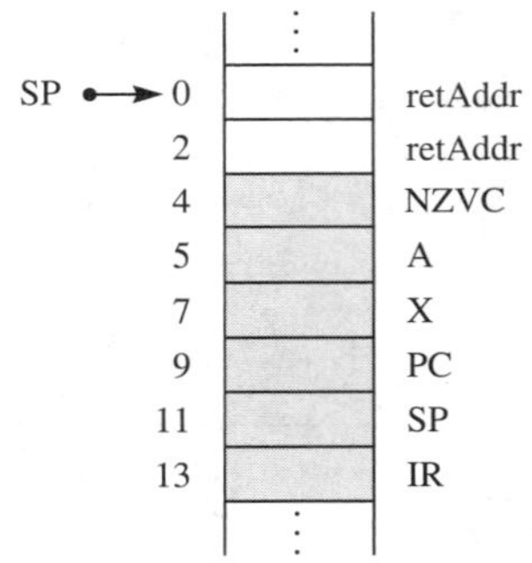

b）两个返回地址在运行时栈中，阴影部分是 PCB

图 8-7 CPU 寄存器副本的栈地址

图 8-6 中的代码确定哪一条指令触发了陷阱，并调用实现这条指令的特定处理程序。总共有 7 个陷阱处理程序，一元 NOPn 指令有 2 个，非一元指令有 5 个。记住冯·诺依曼循环的取指部分是把指令指示符放在指令寄存器（IR）中。陷阱发生后，引发陷阱的指令的指令指示符可以从系统栈上获取，因为根据陷阱机制，它被压到了栈上。图 8-6 中的代码访问被保存的指令指示符来确定哪一条指令触发了该陷阱。

在图 8-6 中第一条指令从被压入系统栈的 IR 副本获取操作码。NOP 指令有第一个非一元操作码 0010 1aaa，且 0010 1000（bin）等于 28（hex）。地址 FC55 处的 CPBX 指令将陷阱操作码和 28（hex）进行比较，如果陷阱操作码小于 28（hex），那么该陷阱指令是一元的，否则是非一元的。

如果陷阱指令是一元指令，那么它必定是下列两条指令之一：

0010 0110，NOP0，最右位是 0

0010 0111，NOP1，最右位是 1

地址 FC5B 的 ANDX 指令将屏蔽除了最右位外的所有位，这一位就足以确定两条指令中的哪条引发了该陷阱。地址 FC5F 的 CALL 指令使用图 6-40 中程序描述的采用变址寻址的

转移表技术。图 6-40 展示了编译器怎样用无条件分支指令 BR 和地址数组来翻译 C 的 switch 语句。图 8-6 的代码和图 6-40 的代码稍有不同，因为它使用了 CALL 而不是 BR，但原理是一样的。地址 FC63 的转移表是一个地址数组，数组中的每个元素是触发该陷阱的特定指令的陷阱处理程序的第一条语句的地址。因为执行 CALL，所以它把返回地址压入栈中。在一个特定的陷阱处理程序中，最后执行的指令是 RET，它将控制返回到 FC62。地址 FC62 处的指令是 RETTR，它从 PCB 恢复 CPU 寄存器，把控制返回该陷阱指令后面的那条指令。

479

对所有的非一元指令，从 FC67 到 FC7A 的指令做一样的事情。3 个 ASRX 指令丢弃寻址方式位，SUBX 指令进行调整，把变址寄存器的内容变为

0，如果陷阱 IR 包含 0010 1aaa，NOP

1，如果陷阱 IR 包含 0011 0aaa，DECI

2，如果陷阱 IR 包含 0011 1aaa，DECO

3，如果陷阱 IR 包含 0100 0aaa，HEXO

4，如果陷阱 IR 包含 0100 1aaa，STRO

与一元指令一样，地址 FC6E 处的 CALL 会分支到某条特定指令的陷阱处理程序。陷阱处理程序执行完该指令后，会把控制返回到地址 FC71 处的 RETTR 指令，RETTR 接着把控制交回给触发该陷阱的指令后面的那条指令。

8.2.4 陷阱寻址方式断言

不同的指令有不同的寻址方式。例如，图 5-2 说明 STWA 指令不能用立即数寻址，而 STRO 指令允许用直接、间接、栈相对、栈相对间接和变址寻址。因为 STWA 指令是固化到 CPU 中的，所以由硬件检测是否发生了寻址错误。但是陷阱指令如 STRO 不是 CPU 原生的，陷阱处理程序用软件来实现它们。那么问题来了，陷阱处理程序怎样检测陷阱指令是否试图使用非法的寻址方式呢？答案是使用图 8-8 中的寻址方式断言例程。

```
                ;******* Assert valid trap addressing mode
                oldIR4:   .EQUATE 13            ;oldIR + 4 with two return addresses
FC7C  D00001 assertAd:LDBA    1,i               ;A <- 1
FC7F  DB000D          LDBX    oldIR4,s          ;X <- OldIR
FC82  880007          ANDX    0x0007,i          ;Keep only the addressing mode bits
FC85  18FC8F          BREQ    testAd            ;000 = immediate addressing
FC88  0A     loop:    ASLA                      ;Shift the 1 bit left
FC89  780001          SUBX    1,i               ;Subtract from addressing mode count
FC8C  1AFC88          BRNE    loop              ;Try next addressing mode
FC8F  81FC11 testAd:  ANDA    addrMask,d        ;AND the 1 bit with legal modes
FC92  18FC96          BREQ    addrErr
FC95  01              RET                       ;Legal addressing mode, return
FC96  D0000A addrErr: LDBA    '\n',i
FC99  F1FC16          STBA    charOut,d
FC9C  C0FCA9          LDWA    trapMsg,i         ;Push address of error message
FC9F  E3FFFE          STWA    -2,s
FCA2  580002          SUBSP   2,i               ;Call print subroutine
FCA5  24FFDE          CALL    prntMsg
FCA8  00              STOP                      ;Halt: Fatal runtime error
FCA9  455252 trapMsg: .ASCII  "ERROR: Invalid trap addressing mode.\x00"
      ...
```

图 8-8 Pep/9 操作系统中的陷阱寻址方式断言

寻址方式断言例程必须访问存储在系统栈上的陷阱 IR。陷阱发生后，IR 的栈地址是 9，如图 8-7a 所示。不过，到调用陷阱寻址方式断言例程时，系统栈顶又增加了两个返回地址，一个地址来自图 8-6 的陷阱处理程序代码中的 CALL 指令，一个地址来自特定陷阱处理程序中的 CALL。图 8-7b 展示了寻址方式断言例程被调用后系统栈上的 PCB 和栈上的两个返回地址。陷阱 IR 的栈地址现在是 13 而不是 9，因为两个返回地址占用了 4 字节。

图 8-8 中的例程有如下前提和后置条件：

480

- 前提条件：addrMask 是位掩码，表示允许的寻址方式集合，陷阱指令的 PCB 在系统栈上。
- 后置条件：如果陷阱指令的寻址方式在允许的寻址方式集合中，那么控制就交回给陷阱处理程序，否则输出非法寻址方式信息，程序中止于致命的运行时错误。

寻址方式断言例程是某些 HOL6 语言 assert() 语句的 Asmb5 版本。在 C 中，断言相关的功能在 <assert.h> 库中，可以在程序中用 #include 编译器伪指令包含这个库。

陷阱处理程序使用断言例程，首先如图 8-2 中地址 FC11 所示设置全局变量 addrMask 的值，使之表示这条指令允许的寻址方式，接着如图 8-8 中地址 FC7C 所示调用 assertAd。断言例程假定使用一种称为*位图表示*的常用的集合表示法。在机器语言中，每位的值为 0 或者 1。允许寻址方式集合的位图表示将一种寻址方式和 addrMask 中的一位对应，如果该位是 0，那么相对应的寻址方式就不在集合中，如果某位的值为 1，那么对应的寻址方式在集合中。

图 8-9 展示了 STRO 指令的陷阱处理程序预先设置好的 addrMask 的最右一个字节，该指令允许使用直接、间接、栈相对、栈相对间接和变址寻址方式。这几种寻址方式对应的位值为 1，其他位为 0。从数学上说，这个掩码代表了集合 { 直接，间接，栈相对，栈相对间接，变址 }。

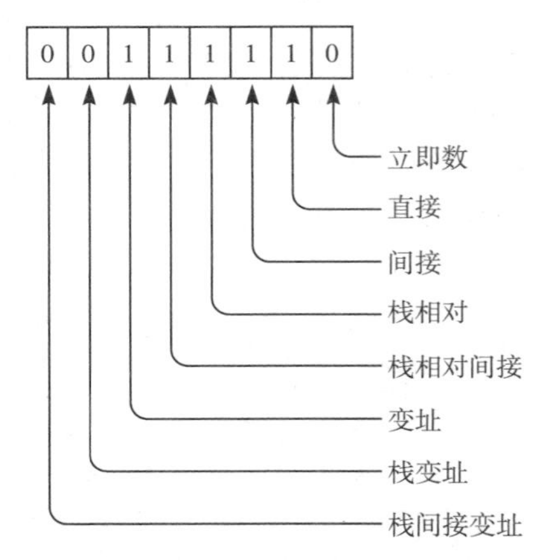

图 8-9　与 STRO 陷阱指令允许的寻址方式对应的 addrMask 位

为了说明图 8-8 中的断言例程怎样测试集合中的成员，假定 STRO 指令用栈相对间接寻址来执行，这样它的寻址 aaa 字段就是 100，这是被允许的寻址方式。首先，地址 FC7C 的 LDBA 语句把累加器的最右一个字节置为 0000 0001，接下来的两条语句根据陷阱指令的寻址 aaa 字段把变址寄存器置为 4（dec）。然后循环从 4 开始倒数到 0，每次循环把累加器中的那个 1 位往左移动一位，累加器最后的值是 0001 0000，这个 1 位就在对应于栈相对间接寻址的那个位置。地址 FC8F 的 ANDA 语句将图 8-9 的寻址掩码与累加器进行 AND 运算，因为从右数第 5 位的值是 1，所以结果为非零，控制返回到陷阱处理程序。如果不允许使用栈相对间接寻址，那么寻址掩码从右数第 5 位的值是 0，AND 运算的结果是 0，于是断言失败。

481～482

8.2.5　陷阱操作数地址计算

陷阱操作数地址计算是非一元陷阱处理程序调用的另一个例程。原生指令的寻址方式是固化到 CPU 的，但是陷阱指令以软件而不是硬件的方式实现，因此必须用软件方式来模拟

8 种寻址方式。图 8-10 展示了执行这个计算的例程。

```
               ;******* Set address of trap operand
               oldX4:   .EQUATE 7          ;oldX + 4 with two return addresses
               oldPC4:  .EQUATE 9          ;oldPC + 4 with two return addresses
               oldSP4:  .EQUATE 11         ;oldSP + 4 with two return addresses
FCCE  DB000D setAddr: LDBX     oldIR4,s    ;X <- old instruction register
FCD1  880007          ANDX     0x0007,i    ;Keep only the addressing mode bits
FCD4  0B              ASLX                 ;Two bytes per address
FCD5  13FCD8          BR       addrJT,x
FCD8  FCE8   addrJT:  .ADDRSS addrI        ;Immediate addressing
FCDA  FCF2            .ADDRSS addrD        ;Direct addressing
FCDC  FCFF            .ADDRSS addrN        ;Indirect addressing
FCDE  FD0F            .ADDRSS addrS        ;Stack-relative addressing
FCE0  FD1F            .ADDRSS addrSF       ;Stack-relative deferred addressing
FCE2  FD32            .ADDRSS addrX        ;Indexed addressing
FCE4  FD42            .ADDRSS addrSX       ;Stack-indexed addressing
FCE6  FD55            .ADDRSS addrSFX      ;Stack-deferred indexed addressing
               ;
FCE8  CB0009 addrI:   LDWX     oldPC4,s    ;Immediate addressing
FCEB  780002          SUBX     2,i         ;Oprnd = OprndSpec
FCEE  E9FC13          STWX     opAddr,d
FCF1  01              RET
               ;
FCF2  CB0009 addrD:   LDWX     oldPC4,s    ;Direct addressing
FCF5  780002          SUBX     2,i         ;Oprnd = Mem[OprndSpec]
FCF8  CD0000          LDWX     0,x
FCFB  E9FC13          STWX     opAddr,d
FCFE  01              RET
               ;
FCFF  CB0009 addrN:   LDWX     oldPC4,s    ;Indirect addressing
FD02  780002          SUBX     2,i         ;Oprnd = Mem[Mem[OprndSpec]]
FD05  CD0000          LDWX     0,x
FD08  CD0000          LDWX     0,x
FD0B  E9FC13          STWX     opAddr,d
FD0E  01              RET
               ;
FD0F  CB0009 addrS:   LDWX     oldPC4,s    ;Stack-relative addressing
FD12  780002          SUBX     2,i         ;Oprnd = Mem[SP + OprndSpec]
FD15  CD0000          LDWX     0,x
FD18  6B000B          ADDX     oldSP4,s
FD1B  E9FC13          STWX     opAddr,d
FD1E  01              RET
               ;
FD1F  CB0009 addrSF:  LDWX     oldPC4,s    ;Stack-relative deferred addressing
FD22  780002          SUBX     2,i         ;Oprnd = Mem[Mem[SP + OprndSpec]]
FD25  CD0000          LDWX     0,x
FD28  6B000B          ADDX     oldSP4,s
FD2B  CD0000          LDWX     0,x
FD2E  E9FC13          STWX     opAddr,d
```

图 8-10 Pep/9 操作系统中陷阱操作数地址计算

```
FD31  01              RET
              ;
FD32  CB0009 addrX:   LDWX    oldPC4,s     ;Indexed addressing
FD35  780002          SUBX    2,i          ;Oprnd = Mem[OprndSpec + X]
FD38  CD0000          LDWX    0,x
FD3B  6B0007          ADDX    oldX4,s
FD3E  E9FC13          STWX    opAddr,d
FD41  01              RET
              ;
FD42  CB0009 addrSX:  LDWX    oldPC4,s     ;Stack-indexed addressing
FD45  780002          SUBX    2,i          ;Oprnd = Mem[SP + OprndSpec + X]
FD48  CD0000          LDWX    0,x
FD4B  6B0007          ADDX    oldX4,s
FD4E  6B000B          ADDX    oldSP4,s
FD51  E9FC13          STWX    opAddr,d
FD54  01              RET
              ;
FD55  CB0009 addrSFX: LDWX    oldPC4,s     ;Stack-deferred indexed addressing
FD58  780002          SUBX    2,i          ;Oprnd = Mem[Mem[SP + OprndSpec] + X]
FD5B  CD0000          LDWX    0,x
FD5E  6B000B          ADDX    oldSP4,s
FD61  CD0000          LDWX    0,x
FD64  6B0007          ADDX    oldX4,s
FD67  E9FC13          STWX    opAddr,d
FD6A  01              RET
```

图 8-10 （续）

图 8-10 的例程有下列前提和后置条件：

- 前提条件：栈指令的 PCB 在系统栈上。
- 后置条件：opAddr 包含根据陷阱指令的寻址方式计算的操作数地址。

与图 8-8 中寻址方式断言例程一样，PCB 中寄存器副本的栈偏移量比陷阱刚发生时大了 4 字节，如图 8-7b 所示。这个例程用寻址方式断言例程中定义的 oldIR4，类似的还有 oldX4、oldPC4 和 oldSP4，分别用来访问保存的变址寄存器副本、程序计数器和栈指针。

从 FCCE 开始的前 4 条语句确定陷阱指令的寻址方式，并分支到该寻址方式对应的计算，使用的是转移表技术在 8 种可能性中进行选择。8 种选择中每一个的代码都通过检查陷阱发生时 CPU 的状态来计算操作数的地址。

每个计算的前两条指令都是

```
LDWX oldPC4,s
SUBX 2,i
```

因为陷阱指令是非一元的，所以陷阱发生时程序计数器指向 2 字节操作数指示符后面的那个字节。第一条指令把保存的程序计数器装入变址寄存器，第二条指令将它减去 2。这两条指令执行后，变址寄存器包含引发陷阱的指令中的操作数指示符的地址。

对于立即数寻址，操作数指示符就是操作数，因此地址 FCEE 的语句

```
STWX opAddr,d
RET
```

只是如要求的那样把操作数指示符的地址存储到 opAddr 中。

483
~
485

对于直接寻址，操作数指示符是操作数的地址，地址 FCF8 开始的第一条语句

```
LDWX 0,x
STWX opAddr,d
RET
```

用变址寄存器中地址所指向内存的内容替换变址寄存器。在指令执行前，变址寄存器包含的是操作数指示符的地址，在指令执行后，变址寄存器包含的是操作数指示符本身。因为操作数指示符是操作数的地址，所以把它存储在 opAddr 中。

对于间接寻址，操作数指示符是操作数地址的地址。和直接寻址一样，地址 FD05 开始的第一条语句

```
LDWX 0,x
LDWX 0,x
STWX opAddr,d
RET
```

用操作数指示符本身替换变址寄存器的内容，即操作数地址的地址。第二条指令获取操作数的地址，存储在 opAddr 中。

对于栈相对寻址，栈指针加上操作数指示符等于操作数的地址。地址 FD15 开始的第一条语句

```
LDWX 0,x
ADDX oldSP4,s
STWX opAddr,d
RET
```

把操作数指示符放进变址寄存器中，第二条指令把它加上栈指针的副本，结果就是操作数的地址，将其存储在 opAddr 中。

剩下的 4 种寻址方式用类似的技术来计算操作数的地址。栈相对间接寻址比栈相对寻址多一层间接的过程，要求多执行一条 LDWX 0,x。除了把操作数指示符加到变址寄存器上而不是加到栈指针上以外，变址寻址和栈相对寻址是一样的。栈变址寻址和栈间接变址寻址也是类似的变换。

486

8.2.6 空操作陷阱处理程序

图 8-11 展示了实现空操作陷阱处理程序的代码。因为空操作指令不做任何事情，所以陷阱处理程序除了执行 RET 把控制返回图 8-6 的出口点并最终返回给陷阱语句后面的语句外，不做任何其他处理。

提供空操作指令是为了允许我们编写自己的陷阱处理程序。本章末尾的习题会让你实现一些 Pep/9 指令集中没有的指令。Pep/9 汇编器让你重新定义陷阱指令的助记符。要写一个陷阱处理程序，把图 8-11 中的一个空操作指令的助记符变成新指令的助记符，接着编辑操作系统中的陷阱处理程序，在入口点插入你的代码即可。例如，要重新定义 NOP0，在 FD6B 插入你的处理程序的代码。处理程序最后一条可执行语句应该是 RET。

图 8-11 展示了地址 FD6D 处的非一元 NOP 的实现。图 5-2 说明了它唯一允许的寻址方式是立即数寻址，因此 addrMask 的值被置为 0000 0001，这里最后的 1 所在的位对应于立即数寻址，如图 8-9 所示。

487

```
                ;******* Opcode 0x26
                ;The NOP0 instruction.
FD6B   01       opcode26:RET
                ;
                ;******* Opcode 0x27
                ;The NOP1 instruction.
FD6C   01       opcode27:RET
                ;
                ;******* Opcode 0x28
                ;The NOP instruction.
FD6D   C00001   opcode28:LDWA     0x0001,i     ;Assert i
FD70   E1FC11            STWA     addrMask,d
FD73   24FC7C            CALL     assertAd
FD76   01                RET
```

图 8-11　NOP 陷阱处理程序

8.2.7　DECI 陷阱处理程序

本小节描述 DECI 指令的陷阱处理程序。DECI 必须对输入进行语法分析，把 ASCII 字符串转换成适当的补码表示的位。它使用图 8-12 的有限状态机（FSM），而图 8-13 是 DECI 陷阱处理程序的 FSM 的逻辑框架，state 是枚举类型，可能的值是 init、sign 或 digit。

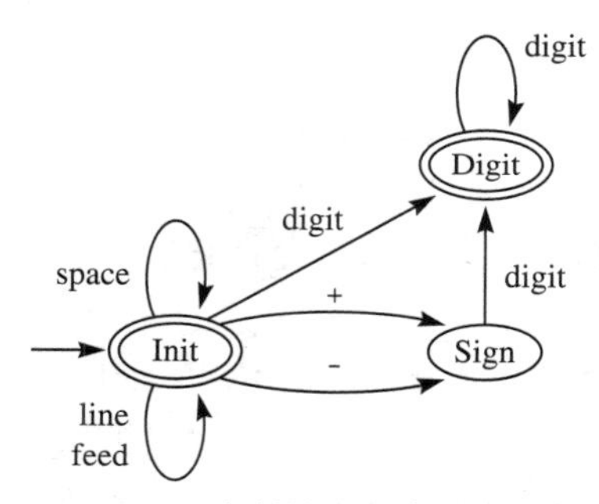

图 8-12　DECI 中断处理程序的有限状态机

```
isOvfl ← FALSE
state ← init
do
   LDBA charIn,d
   STBA asciiCh,s
   switch state
   case init:
       if (asciiCh == '+') {
           isNeg ← FALSE
           state ← sign
       }
       else if (asciiCh == '-') {
           isNeg ← TRUE
           state ← sign
       }
       else if (asciiCh is a digit) {
```

图 8-13　DECI 陷阱处理程序的程序逻辑

```
            isNeg ← FALSE
            total ← value(asciiCh)
            state ← digit
        }
        else if (asciiCh is not <SPACE> or <LF>) {
            Exit with DECI error
        }
    case sign:
        if (asciiCh is a digit) {
            total ← value(asciiCh)
            state ← digit
        }
        else {
            Exit with DECI error
        }
    case digit:
        if (asciiCh is a digit) {
            total ← 10 * total + value(asciiCh)
            if (overflow) {
                isOvfl ← TRUE
            }
        }
        else {
            Exit normally
        }
    end switch
while (not exit)
```

图 8-13 （续）

图 8-14 是 DECI 陷阱处理程序代码。从地址 FD77 开始的 4 条语句调用寻址方式断言例程和计算陷阱操作数地址的例程。在地址 FD83，处理程序在栈上分配了 7 个局部变量：total、asciiCh、valAscii、isOvfl、isNeg、state 和 temp，除了 asciiCh 之外，每个变量占 2 字节，因此 SUBSP 将栈指针减去 13。对于应用程序来说，SUBSP 是过程中第一条使用局部变量的可执行语句，必须在前面两个例程调用之后执行，因为这两个调用会访问来自 PCB 的数据，它们假定栈上只有两个返回地址，如图 8-7b 所示。

```
;******* Opcode 0x30
;The DECI instruction.
;Input format: Any number of leading spaces or line feeds are
;allowed, followed by '+', '-' or a digit as the first character,
;after which digits are input until the first nondigit is
;encountered. The status flags N,Z and V are set appropriately
;by this DECI routine. The C status flag is not affected.
;
oldNZVC: .EQUATE 15          ;Stack address of NZVC on interrupt
;
total:   .EQUATE 11          ;Cumulative total of DECI number
asciiCh: .EQUATE 10          ;asciiCh, one byte
valAscii:.EQUATE 8           ;value(asciiCh)
```

图 8-14 DECI 陷阱处理程序

```
               isOvfl:   .EQUATE 6           ;Overflow boolean
               isNeg:    .EQUATE 4           ;Negative boolean
               state:    .EQUATE 2           ;State variable
               temp:     .EQUATE 0
               ;
               init:     .EQUATE 0           ;Enumerated values for state
               sign:     .EQUATE 1
               digit:    .EQUATE 2
               ;
FD77  C000FE  opcode30:LDWA    0x00FE,i      ;Assert d, n, s, sf, x, sx, sfx
FD7A  E1FC11           STWA    addrMask,d
FD7D  24FC7C           CALL    assertAd
FD80  24FCCE           CALL    setAddr       ;Set address of trap operand
FD83  58000D           SUBSP   13,i          ;Allocate storage for locals
FD86  C00000           LDWA    FALSE,i       ;isOvfl <- FALSE
FD89  E30006           STWA    isOvfl,s
FD8C  C00000           LDWA    init,i        ;state <- init
FD8F  E30002           STWA    state,s
               ;
FD92  D1FC15  do:      LDBA    charIn,d      ;Get asciiCh
FD95  F3000A           STBA    asciiCh,s
FD98  80000F           ANDA    0x000F,i      ;Set value(asciiCh)
FD9B  E30008           STWA    valAscii,s
FD9E  D3000A           LDBA    asciiCh,s     ;A<low> = asciiCh throughout the loop
FDA1  CB0002           LDWX    state,s       ;switch (state)
FDA4  0B               ASLX                  ;Two bytes per address
FDA5  13FDA8           BR      stateJT,x
               ;
FDA8  FDAE    stateJT: .ADDRSS sInit
FDAA  FE08             .ADDRSS sSign
FDAC  FE23             .ADDRSS sDigit
               ;
FDAE  B0002B  sInit:   CPBA    '+',i         ;if (asciiCh == '+')
FDB1  1AFDC3           BRNE    ifMinus
FDB4  C80000           LDWX    FALSE,i       ;isNeg <- FALSE
FDB7  EB0004           STWX    isNeg,s
FDBA  C80001           LDWX    sign,i        ;state <- sign
FDBD  EB0002           STWX    state,s
FDC0  12FD92           BR      do
               ;
FDC3  B0002D  ifMinus: CPBA    '-',i         ;else if (asciiCh == '-')
FDC6  1AFDD8           BRNE    ifDigit
FDC9  C80001           LDWX    TRUE,i        ;isNeg <- TRUE
FDCC  EB0004           STWX    isNeg,s
FDCF  C80001           LDWX    sign,i        ;state <- sign
FDD2  EB0002           STWX    state,s
FDD5  12FD92           BR      do
               ;
FDD8  B00030  ifDigit: CPBA    '0',i         ;else if (asciiCh is a digit)
FDDB  16FDF9           BRLT    ifWhite
```

图 8-14 （续）

```
FDDE  B00039           CPBA    '9',i
FDE1  1EFDF9           BRGT    ifWhite
FDE4  C80000           LDWX    FALSE,i      ;isNeg <- FALSE
FDE7  EB0004           STWX    isNeg,s
FDEA  CB0008           LDWX    valAscii,s   ;total <- value(asciiCh)
FDED  EB000B           STWX    total,s
FDF0  C80002           LDWX    digit,i      ;state <- digit
FDF3  EB0002           STWX    state,s
FDF6  12FD92           BR      do
                ;
FDF9  B00020 ifWhite:  CPBA    ' ',i        ;else if (asciiCh is not a space
FDFC  18FD92           BREQ    do
FDFF  B0000A           CPBA    '\n',i       ;or line feed)
FE02  1AFEBE           BRNE    deciErr      ;exit with DECI error
FE05  12FD92           BR      do
                ;
FE08  B00030 sSign:    CPBA    '0',i        ;if asciiCh (is not a digit)
FE0B  16FEBE           BRLT    deciErr
FE0E  B00039           CPBA    '9',i
FE11  1EFEBE           BRGT    deciErr      ;exit with DECI error
FE14  CB0008           LDWX    valAscii,s   ;else total <- value(asciiCh)
FE17  EB000B           STWX    total,s
FE1A  C80002           LDWX    digit,i      ;state <- digit
FE1D  EB0002           STWX    state,s
FE20  12FD92           BR      do
                ;
FE23  B00030 sDigit:   CPBA    '0',i        ;if (asciiCh is not a digit)
FE26  16FE74           BRLT    deciNorm
FE29  B00039           CPBA    '9',i
FE2C  1EFE74           BRGT    deciNorm     ;exit normaly
FE2F  C80001           LDWX    TRUE,i       ;else X <- TRUE for later assignments
FE32  C3000B           LDWA    total,s      ;Multiply total by 10 as follows:
FE35  0A               ASLA                 ;First, times 2
FE36  20FE3C           BRV     ovfl1        ;If overflow then
FE39  12FE3F           BR      L1
FE3C  EB0006 ovfl1:    STWX    isOvfl,s     ;isOvfl <- TRUE
FE3F  E30000 L1:       STWA    temp,s       ;Save 2 * total in temp
FE42  0A               ASLA                 ;Now, 4 * total
FE43  20FE49           BRV     ovfl2        ;If overflow then
FE46  12FE4C           BR      L2
FE49  EB0006 ovfl2:    STWX    isOvfl,s     ;isOvfl <- TRUE
FE4C  0A     L2:       ASLA                 ;Now, 8 * total
FE4D  20FE53           BRV     ovfl3        ;If overflow then
FE50  12FE56           BR      L3
FE53  EB0006 ovfl3:    STWX    isOvfl,s     ;isOvfl <- TRUE
FE56  630000 L3:       ADDA    temp,s       ;Finally, 8 * total + 2 * total
FE59  20FE5F           BRV     ovfl4        ;If overflow then
FE5C  12FE62           BR      L4
FE5F  EB0006 ovfl4:    STWX    isOvfl,s     ;isOvfl <- TRUE
FE62  630008 L4:       ADDA    valAscii,s   ;A <- 10 * total + valAscii
FE65  20FE6B           BRV     ovfl5        ;If overflow then
```

图 8-14 （续）

```
FE68   12FE6E            BR        L5
FE6B   EB0006 ovfl5:     STWX      isOvfl,s       ;isOvfl <- TRUE
FE6E   E3000B L5:        STWA      total,s        ;Update total
FE71   12FD92            BR        do
              ;
FE74   C30004 deciNorm:LDWA        isNeg,s        ;If isNeg then
FE77   18FE90            BREQ      setNZ
FE7A   C3000B            LDWA      total,s        ;If total != 0x8000 then
FE7D   A08000            CPWA      0x8000,i
FE80   18FE8A            BREQ      L6
FE83   08                NEGA                     ;Negate total
FE84   E3000B            STWA      total,s
FE87   12FE90            BR        setNZ
FE8A   C00000 L6:        LDWA      FALSE,i        ;else -32768 is a special case
FE8D   E30006            STWA      isOvfl,s       ;isOvfl <- FALSE
              ;
FE90   DB000F setNZ:     LDBX      oldNZVC,s      ;Set NZ according to total result:
FE93   880001            ANDX      0x0001,i       ;First initialize NZV to 000
FE96   C3000B            LDWA      total,s        ;If total is negative then
FE99   1CFE9F            BRGE      checkZ
FE9C   980008            ORX       0x0008,i       ;set N to 1
FE9F   A00000 checkZ:    CPWA      0,i            ;If total is not zero then
FEA2   1AFEA8            BRNE      setV
FEA5   980004            ORX       0x0004,i       ;set Z to 1
FEA8   C30006 setV:      LDWA      isOvfl,s       ;If not isOvfl then
FEAB   18FEB1            BREQ      storeFl
FEAE   980002            ORX       0x0002,i       ;set V to 1
FEB1   FB000F storeFl:   STBX      oldNZVC,s      ;Store the NZVC flags
              ;
FEB4   C3000B exitDeci:LDWA        total,s        ;Put total in memory
FEB7   E2FC13            STWA      opAddr,n
FEBA   50000D            ADDSP     13,i           ;Deallocate locals
FEBD   01                RET                      ;Return to trap handler
              ;
FEBE   D0000A deciErr:   LDBA      '\n',i
FEC1   F1FC16            STBA      charOut,d
FEC4   C0FED1            LDWA      deciMsg,i      ;Push address of message onto stack
FEC7   E3FFFE            STWA      -2,s
FECA   580002            SUBSP     2,i
FECD   24FFDE            CALL      prntMsg        ;and print
FED0   00                STOP                     ;Fatal error: program terminates
              ;
FED1   455252 deciMsg:   .ASCII    "ERROR: Invalid DECI input\x00"
       ...
```

图 8-14 （续）

DECI 陷阱处理程序必须通过 PCB 访问 NZVC 位。图 8-6 中地址 FC6E 的 CALL 指令调用此处理程序，CALL 指令把 2 字节的返回地址压入栈。当处理程序访问陷阱发生时存储在栈上的 NZVC 值时，由于局部变量和返回地址的原因，它的栈地址将比陷阱刚刚发生后大 15。这就是为什么 oldNZVC 等于 15 而不是 0。

DECI 中断处理程序从地址 FD86 的 LDWA 语句开始，它的处理遵循图 8-13 的逻辑。

488～493

例程检测值超出范围的输入字符串，如果检测到了，就在陷阱期间把 PCB 中的 V 位设置为 1。当 RETTR 将控制返回给应用程序后，Asmb5 层程序员将能够检测执行 DECI 后的溢出。isOvfl 是一个布尔标志，指示是否发生了溢出。

地址 FD92 是 FSM 循环的开始，从 do 符号可以看出来。FD98 的 ANDA 屏蔽了最右 4 位以外其余的输入字符，留下的是十进制 ASCII 数字对应的二进制值。例如，ASCII 的 5 的二进制表示是 0011 0101，最右 4 位 0101 是十进制数相应的二进制值。地址 FD9E 处，累加器获得该 ASCII 字符，并在整个循环过程中保持它。地址 FDA8 的 stateJT 是 FSM 中 switch 语句的转移表。

从地址 FEAE 到 FE05 的代码是 state 为值 sInit 的情况，即 FSM 的起始状态。因为整个循环过程中累加器要保持 ASCII 字符用于比较，所以所有的赋值语句都是通过变址寄存器而不是累加器进行。例如，地址 FDB4 的 isNeg 赋值为 FALSE 是通过 LDWX 后面跟 STWX 而不是 LDWA 后面跟 STWA 来执行的。

从地址 FE08 到 FE20 的代码是 state 为值 sSign 的情况，从地址 FE23 到 FE71 是 state 为值 sDigit 的情况。Pep/9 没有把一个值乘以 10（dec）的指令，这段代码用多个左移运算来执行这个乘法。每个 ASLA 把值乘以 2，3 个 ASLA 运算将值乘以 8，把这个值加上原始值乘以 2 就得到这个值乘以 10 的值。每次执行 ASLA 运算和加法运算之后，该例程会检测溢出并相应地设置 isOvfl。

从地址 FE74 到 FF20 的代码在循环之外。在两种情况下算法会退出循环：正常退出或者检测到输入错误。如果正常退出，它会检测 isNeg 看数字串前面是否有负号，如果有，地址 FE83 的指令通过取补码将这个数取负。

数字 32 768（dec）等于 8000（hex），必须当作一种特殊情况来处理。如果输入是 −32 768，当地址 FE62 的 32 760 加 8 时，FSM 将把 isOvfl 设置为 true。问题是尽管 −32 768 在范围内，但 32 768 超出范围。该例程在地址 FE8D 为这种特殊情况调整 isOvfl。

从地址 FE90 到 FFB1 的代码调整进入陷阱时存储的 N、Z 和 V 标志位的副本。地址 FE93 的 ANDX 把 NZV 设置为 000。注意掩码是 01（hex），即 0000 0001（bin）。因为 C 是最右位，所以 AND 运算后它保持不变。地址 FE96 的 LDWA 把已分析的值放入累加器，并相应地设置 CPU 中 N、Z 和 V 位的当前值。代码把 PCB 中 N 和 Z 的副本设置成等于 CPU 中 N 和 Z 的当前值，根据先前分析中计算的 isOvfl 值设置 PCB 中 V 的副本。

494

现在已经输入和分析了该十进制值，陷阱处理程序必须要把它存储在内存中，存储地址是由引发陷阱的 DECI 的操作数指定的。FFB4 处的指令

```
LDWA total,s
STWA opAddr,n
```

执行这个存储。LDWA 把计算出的值装入累加器，STWA 用间接寻址把它存储到 opAddr，对于间接寻址方式操作数指示符是操作数地址的地址。回想先前在 FD80 处计算了操作数的地址，并存储在 opAddr 中，因此 opAddr 就是操作数地址的地址，它正是我们所需要的。

当输入字符串不能正常分析时，执行从 FFBE 到 FFD0 的代码，它会通过调用 prntMsg 输出错误信息。如图 8-16 所示，prntMsg 过程输出以空结尾的字符串并立即终止应用程序。

8.2.8　DECO 陷阱处理程序

图 8-15 是 DECO 指令的陷阱处理程序。这个程序输出 DECO 的操作数，输出格式等价

于 C 中对整数值的 printf() 函数调用。因为能存储的最大值是 32 767，所以这个例程最多输出 5 位数的字符。如果需要，会在数值前面加上负号，即 ASCII 连字符。

```
                ;******* Opcode 0x38
                ;The DECO instruction.
                ;Output format: If the operand is negative, the algorithm prints
                ;a single '-' followed by the magnitude. Otherwise it prints the
                ;magnitude without a leading '+'. It suppresses leading zeros.
                ;
                remain:   .EQUATE 0          ;Remainder of value to output
                outYet:   .EQUATE 2          ;Has a character been output yet?
                place:    .EQUATE 4          ;Place value for division
                ;
FEEB   C000FF   opcode38:LDWA     0x00FF,i   ;Assert i, d, n, s, sf, x, sx, sfx
FEEE   E1FC11            STWA     addrMask,d
FEF1   24FC7C            CALL     assertAd
FEF4   24FCCE            CALL     setAddr    ;Set address of trap operand
FEF7   580006            SUBSP    6,i        ;Allocate storage for locals
FEFA   C2FC13            LDWA     opAddr,n   ;A <- oprnd
FEFD   A00000            CPWA     0,i        ;If oprnd is negative then
FF00   1CFF0A            BRGE     printMag
FF03   D8002D            LDBX     '-',i      ;Print leading '-'
FF06   F9FC16            STBX     charOut,d
FF09   08                NEGA                ;Make magnitude positive
FF0A   E30000   printMag:STWA     remain,s   ;remain <- abs(oprnd)
FF0D   C00000            LDWA     FALSE,i    ;Initialize outYet <- FALSE
FF10   E30002            STWA     outYet,s
FF13   C02710            LDWA     10000,i    ;place <- 10,000
FF16   E30004            STWA     place,s
FF19   24FF44            CALL     divide     ;Write 10,000's place
FF1C   C003E8            LDWA     1000,i     ;place <- 1,000
FF1F   E30004            STWA     place,s
FF22   24FF44            CALL     divide     ;Write 1000's place
FF25   C00064            LDWA     100,i      ;place <- 100
FF28   E30004            STWA     place,s
FF2B   24FF44            CALL     divide     ;Write 100's place
FF2E   C0000A            LDWA     10,i       ;place <- 10
FF31   E30004            STWA     place,s
FF34   24FF44            CALL     divide     ;Write 10's place
FF37   C30000            LDWA     remain,s   ;Always write 1's place
FF3A   900030            ORA      0x0030,i   ;Convert decimal to ASCII
FF3D   F1FC16            STBA     charOut,d  ;  and output it
FF40   500006            ADDSP    6,i        ;Dallocate storage for locals
FF43   01                RET
                ;
                ;Subroutine to print the most significant decimal digit of the
                ;remainder. It assumes that place (place2 here) contains the
                ;decimal place value. It updates the remainder.
                ;
                remain2: .EQUATE 2           ;Stack addresses while executing a
                outYet2: .EQUATE 4           ;  subroutine are greater by two because
```

图 8-15　DECO 陷阱处理程序

```
            place2:  .EQUATE 6          ;  the retAddr is on the stack
            ;
FF44  C30002 divide:  LDWA    remain2,s   ;A <- remainder
FF47  C80000          LDWX    0,i         ;X <- 0
FF4A  730006 divLoop: SUBA    place2,s    ;Division by repeated subtraction
FF4D  16FF59          BRLT    writeNum    ;If remainder is negative then done
FF50  680001          ADDX    1,i         ;X <- X + 1
FF53  E30002          STWA    remain2,s   ;Store the new remainder
FF56  12FF4A          BR      divLoop
            ;
FF59  A80000 writeNum:CPWX    0,i         ;If X != 0 then
FF5C  18FF68          BREQ    checkOut
FF5F  C00001          LDWA    TRUE,i      ;outYet <- TRUE
FF62  E30004          STWA    outYet2,s
FF65  12FF6F          BR      printDgt    ;and branch to print this digit
FF68  C30004 checkOut:LDWA    outYet2,s   ;else if a previous char was output
FF6B  1AFF6F          BRNE    printDgt    ;then branch to print this zero
FF6E  01              RET                 ;else return to calling routine
            ;
FF6F  980030 printDgt:ORX     0x0030,i    ;Convert decimal to ASCII
FF72  F9FC16          STBX    charOut,d   ;  and output it
FF75  01              RET                 ;return to calling routine
```

图 8-15 （续）

通常，陷阱处理程序从 FEEB 开头的语句判断寻址方式是否合法，调用例程计算操作数的地址，给局部变量分配存储空间。和 DECI 陷阱处理程序相比，FEFA 的语句

```
LDWA opAddr,n
```

用装入指令而不是存储指令来访问操作数，因为 DECO 是一个输出语句而不是输入语句。和 DECI 处理程序一样，采用间接寻址方式通过 opAddr 访问操作数。

从 FEFD 到 FF09 的代码检测是否是负值。如果操作数为负，FF03 的字节装入和字节存储指令输出负号，接着后面的代码对操作数取负。在 FF0A，累加器包含操作数的数值，它存储在 remain 中，代表余数。

从 FF0D 到 FF34 的代码写出操作数数值的万位、千位、百位和十位。为了防止在最开头出现 0，将 outYet 初始化为 false，表示还没有输出任何数字字符。

子例程 divide 输出 place 位置值上的数字字符，减小 remain 用于下次调用。例如，如果在 FF19 处调用 divide 之前 remain 的值是 24 873，那么 divide 将输出 2，并将 remain 变为 4873，还把 outYet 设置为 true。

495~497

在输出字符 0 之前，divide 检测 outYet 是否已经输出了数字字符。如果 outYet 为 false，那么该字符是前导 0，不能输出；否则是中间的 0，可以输出。例如，如果在 FF22 处的调用之前 remain 是 761，那么 divide 什么都不输出，remain 继续保持为 761，outYet 也继续保持为 false。不管 outYet 的值是什么，从 FF37 开始的代码都写个位，因此如果原始操作数的值是 0，就输出 0。

从 FF44 到 FF75 的代码是输出 remain 最高有效位的子例程。它通过反复从 remain 减去 place 来确定输出值，记录减法的次数，直到 remain 小于 0。它的作用是计算 remain/place 输出的值。

8.2.9 HEXO 和 STRO 陷阱处理程序和操作系统向量

图 8-16 是 HEXO 和 STRO 指令的陷阱处理程序，在功能上类似于 DECO 陷阱处理程序。因为 STRO 是一条输出指令，所以首先用 FFCE 的指令

```
LDWA opAddr,d
```

获取操作数的地址，然后把要输出的字符串的地址压入运行时栈，调用 FFD7 的 prntMsg 子例程。实际上，字符串就是一个字符数组，所以这个处理类似于一个以数组作为参数传递的 C 程序的翻译。因此输出子例程在语句

```
LDBA msgAddr,sfx
```

中使用栈间接变址寻址方式来访问字符数组的一个元素。

```
                ;******* Opcode 0x40
                ;The HEXO instruction.
                ;Outputs one word as four hex characters from memory.
                ;
FF76  C000FF  opcode40:LDWA   0x00FF,i     ;Assert i, d, n, s, sf, x, sx, sfx
FF79  E1FC11           STWA   addrMask,d
FF7C  24FC7C           CALL   assertAd
FF7F  24FCCE           CALL   setAddr      ;Set address of trap operand
FF82  C2FC13           LDWA   opAddr,n     ;A <- oprnd
FF85  E1FC0F           STWA   wordTemp,d   ;Save oprnd in wordTemp
FF88  D1FC0F           LDBA   wordTemp,d   ;Put high-order byte in low-order A
FF8B  0C               ASRA                ;Shift right four bits
FF8C  0C               ASRA
FF8D  0C               ASRA
FF8E  0C               ASRA
FF8F  24FFA9           CALL   hexOut       ;Output first hex character
FF92  D1FC0F           LDBA   wordTemp,d   ;Put high-order byte in low-order A
FF95  24FFA9           CALL   hexOut       ;Output second hex character
FF98  D1FC10           LDBA   byteTemp,d   ;Put low-order byte in low order A
FF9B  0C               ASRA                ;Shift right four bits
FF9C  0C               ASRA
FF9D  0C               ASRA
FF9E  0C               ASRA
FF9F  24FFA9           CALL   hexOut       ;Output third hex character
FFA2  D1FC10           LDBA   byteTemp,d   ;Put low-order byte in low order A
FFA5  24FFA9           CALL   hexOut       ;Output fourth hex character
FFA8  01               RET
                ;
                ;Subroutine to output in hex the least significant nybble of the
                ;accumulator.
                ;
FFA9  80000F  hexOut:  ANDA   0x000F,i     ;Isolate the digit value
FFAC  B00009           CPBA   9,i          ;If it is not in 0..9 then
FFAF  14FFBB           BRLE   prepNum
FFB2  700009           SUBA   9,i          ;  convert to ASCII letter
FFB5  900040           ORA    0x0040,i     ;  and prefix ASCII code for letter
FFB8  12FFBE           BR     writeHex
```

图 8-16　HEXO 和 STRO 指令的陷阱处理程序

```
FFBB  900030 prepNum: ORA     0x0030,i     ;else prefix ASCII code for number
FFBE  F1FC16 writeHex:STBA    charOut,d    ;Output nybble as hex
FFC1  01              RET
             ;
             ;******* Opcode 0x48
             ;The STRO instruction.
             ;Outputs a null-terminated string from memory.
             ;
FFC2  C0003E opcode48:LDWA    0x003E,i     ;Assert d, n, s, sf, x
FFC5  E1FC11          STWA    addrMask,d
FFC8  24FC7C          CALL    assertAd
FFCB  24FCCE          CALL    setAddr      ;Set address of trap operand
FFCE  C1FC13          LDWA    opAddr,d     ;Push address of string to print
FFD1  E3FFFE          STWA    -2,s
FFD4  580002          SUBSP   2,i
FFD7  24FFDE          CALL    prntMsg      ;and print
FFDA  500002          ADDSP   2,i
FFDD  01              RET
             ;
             ;******* Print subroutine
             ;Prints a string of ASCII bytes until it encounters a null
             ;byte (eight zero bits). Assumes one parameter, which
             ;contains the address of the message.
             ;
             msgAddr: .EQUATE 2            ;Address of message to print
             ;
FFDE  C80000 prntMsg: LDWX    0,i          ;X <- 0
FFE1  C00000          LDWA    0,i          ;A <- 0
FFE4  D70002 prntMore:LDBA    msgAddr,sfx  ;Test next char
FFE7  18FFF3          BREQ    exitPrnt     ;If null then exit
FFEA  F1FC16          STBA    charOut,d    ;else print
FFED  680001          ADDX    1,i          ;X <- X + 1 for next character
FFF0  12FFE4          BR      prntMore
             ;
FFF3  01     exitPrnt:RET
             ;
             ;******* Vectors for system memory map
FFF4  FB8F            .ADDRSS osRAM        ;User stack pointer
FFF6  FC0F            .ADDRSS wordTemp     ;System stack pointer
FFF8  FC15            .ADDRSS charIn       ;Memory-mapped input device
FFFA  FC16            .ADDRSS charOut      ;Memory-mapped output device
FFFC  FC17            .ADDRSS loader       ;Loader program counter
FFFE  FC52            .ADDRSS trap         ;Trap program counter
```

图 8-16 （续）

机器向量是用 .ADDRSS 汇编伪指令建立的。把这个代码与图 8-1 和图 8-2 进行比较，你会看到 FFF4 处的向量是 osRAM 的地址，它是操作系统 RAM 顶部的字节。当用户选择模拟器的执行选项时，硬件将 SP 初始化为这个值，它是用户堆栈底部的字节。

FFF6 的向量是 wordTemp 的地址，它是第一个系统全局变量。图 8-2 显示 wordTemp 是预留给系统栈的 128 字节存储块下面的字节。当用户选择模拟器的装载选项时，硬件把 SP

初始化为这个值，当执行陷阱指令时，从这个点开始把 PCB 压入栈。

接下来，在 FFF8 和 FFFA 的两个向量是由符号 charIn 定义的输入设备地址以及由符号 charOut 定义的输出设备地址。在翻译时，应用程序汇编器自动把这些符号放入它的符号表中。在运行时，硬件模拟器用这些向量来了解 I/O 设备映射到内存的什么地方。

498 ～ 500

FFFC 的向量是装载器的地址，如图 8-3 所示。当用户选择装载选项时硬件将 PC 初始化为这个值。FFFE 的向量是中断处理程序进入点的地址，如图 8-6 所示。当执行陷阱指令时，硬件将 PC 初始化为这个值。

8.3　并发进程

记住进程是执行时的程序。8.2 节展示了操作系统在进程的执行过程中如何暂停它来提供服务。对于一个使用 DECI 和 DECO 的进程，它的 CPU 活动时间线如图 8-17 所示。阴影部分代表 CPU 执行陷阱服务例程的时间。这个图除展示了操作系统在进程结束前暂停它，然后在这个服务完成后继续此进程外，在形式上类似于图 8-4 的时间线。

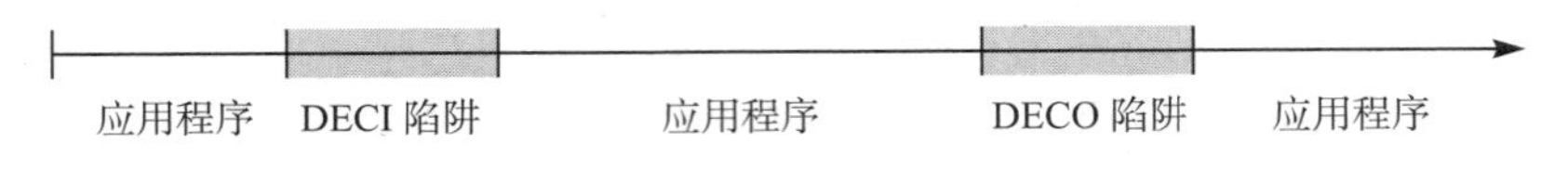

图 8-17　当操作系统执行一个包含 DECI 和 DECO 指令的程序时，CPU 使用的时间线

因为正在执行的进程是通过操作系统代码中未实现的操作码来启动这些陷阱的，所以 8.2 节中描述的陷阱叫作*软中断*（software interrupt）。它们也称为*同步中断*（synchronous interrupt），因为每次执行进程时中断同时发生，中断和代码是同步的，是可以预测的。

另一个启动同步中断的方法是执行一个操作系统调用。操作系统调用通常的汇编层助记符是 SVC，它代表*管理程序调用*（supervisor call）。操作数指示符一般作为系统调用的参数，告诉系统程序想请求哪个服务。例如，如果你想用与 C 中的 fflush（stdin）对等的函数来刷新缓冲区中流的内容，fflush() 的代码是 27，可以执行

501

```
SVC 27, i
```

8.3.1　异步中断

另一种类型的中断是*异步中断*（asynchronous interrupt），在执行期间，它的发生时间不可预测。异步中断的两个常见原因是：

- 超时
- I/O 完成

为了了解超时如何引发异步中断，考虑一个多用户系统，它允许多个用户同时访问计算机。如果计算机仅有一个 CPU，操作系统必须轮流把 CPU 分配给每个用户的作业——使用一种称为分时（time sharing）的技术。操作系统给用户作业分配称为*时间片*（time slice）的时间量，通常大约是 100ms（1/10 秒）。如果用户作业在这个时间内没有完成（这种情况称为*超时*），那么操作系统暂时停止这个作业，并给下一个作业分配另一个 CPU 时间量。

要实现分时，硬件必须提供一个闹钟，这样操作系统可以设置成在每个时段产生一个中断。这样的中断不可预测的原因是它取决于系统服务用户的请求有多忙。如果没有其他的作业等待使用 CPU，那么系统可以让你的作业运行得比标准时间片更长一些。如果另一个用户突然请求服务，那么操作系统会立刻暂停你的进程，并给正在请求的作业分配 CPU。此

时，该进程的中断时间点就不同于一个时间片超时时的时间点。

即使计算机有多个 CPU，异步中断也会以同样的方式发生。操作系统为系统中的每个 CPU 分配单独的时间片，并为每个 CPU 管理超时。

异步中断第二个常见的源是 I/O 完成。I/O 设备的一个基本属性是，相比于 CPU 的处理速度其速度很慢。如果一个正在运行的进程请求从键盘输入，用户的响应以秒计，而此期间 CPU 可以执行另一个进程的几十万条指令。即使进程从磁盘文件请求输入，也比从键盘输入快得多，但是在等待来自磁盘的信息时 CPU 仍然可以执行数千条指令。

为了不浪费 CPU 时间，如果看上去进程需要等待 I/O 完成，那么操作系统可以暂停请求 I/O 的进程。操作系统可以暂时把 CPU 分配给第二个进程，当知道 I/O 完成时，第一个进程可以立即重新获得 CPU。因为第二个进程不可能预测 I/O 设备何时将完成第一个进程的 I/O 操作，因此它不知道操作系统何时会中断它并把 CPU 交回给第一个进程。 502

可以在进程间切换以保持 CPU 繁忙的单 CPU 操作系统叫作*多道程序设计系统*（multiprogramming system）。要实现多道程序设计，硬件必须向 I/O 设备提供连接，当它们完成输入 / 输出操作时可以给 CPU 发送中断信号。

8.3.2 操作系统中的进程

操作系统的一个目的是高效分配系统资源。多道程序分时系统给系统中的作业分配 CPU 时间，目的是保持 CPU 尽可能地执行用户的作业而不是空闲等待 I/O。操作系统尽量公平地调度 CPU 时间，使得所有的作业都可以在合理的时间内完成。

在任何给定的时刻，操作系统都必须维护许多被暂停、正在等待 CPU 时间的进程。它通过给每个进程分配一个单独的 PCB 来维护所有这些进程，这个 PCB 类似于 Pep/9 系统的中断处理程序维护的 PCB。常见的做法是用链表中的指针把 PCB 连接在一起，称为*队列*（queue），图 8-18 展示的就是一个 PCB 队列。

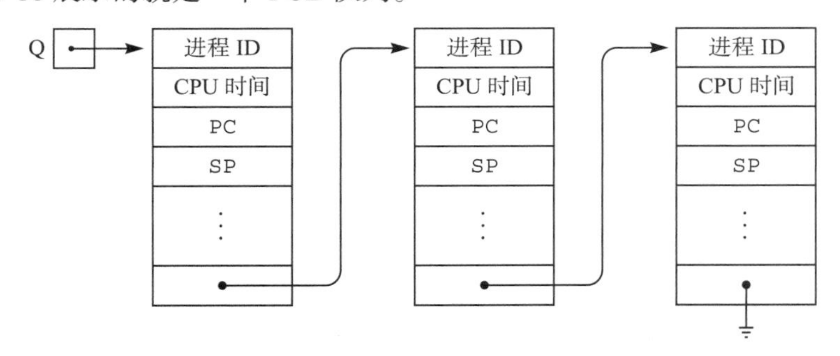

图 8-18 进程控制块的队列

每个 PCB 包含进程在最近一次中断时所有 CPU 寄存器值的副本。寄存器组必须包含程序计数器的副本，这样进程就可以从中断发生的位置继续执行。

PCB 包含一些可以帮助操作系统调度 CPU 的信息。一个例子是系统分配的唯一进程标识号，即图 8-18 中的进程 ID，它起到标识进程的作用。假设一个用户想在一个进程正常执行完之前终止它，他知道 ID 是 782，他可以发布 KILL(782) 命令，让操作系统搜索 PCB 队列，找出 ID 是 782 的 PCB，将它从队列中删除，并释放它。 503

另一个存储在 PCB 中的信息的例子是暂停的进程截至目前使用的 CPU 时间总量。如果 CPU 变为可用，操作系统必须决定暂停的进程中哪一个将得到 CPU，它可以用记录的时间做出一个公平的决定。

作业在系统中执行直至完成，要经过多个状态，如图 8-19 所示。这个图是以状态转换图的形式呈现的，是有限状态机的又一个例子。每个转移都标明了导致状态改变的事件。

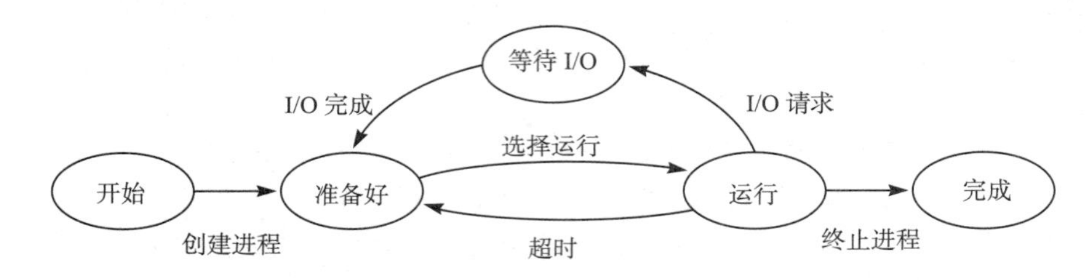

图 8-19　操作系统中作业的状态转换图

当用户提交了一个要处理的作业时，操作系统生成一个进程，即为它分配一个新的 PCB，并把它加入等待 CPU 时间的进程队列。它把程序装载到主存，并把 PCB 中 PC 的副本设置为进程的第一条指令的地址。这样作业就在准备好（ready）状态中了。

操作系统最终会让该作业得到一些处理时间。在时间片之后设置闹钟来产生中断，把寄存器副本从 PCB 放入 CPU。这样作业就在运行状态中了。

在运行状态中时，可能会发生 3 类事件：1）当闹钟中断时，如果运行的进程仍然在执行，就会超时。如果这样，操作系统就把这个进程的 PCB 放入准备好队列中，进程也就再次进入准备好状态。2）进程可能正常完成它的执行，这种情况下，它执行的最后一条指令是 SVC，请求操作系统终止这个进程。3）进程可能需要某种输入，这种情况下它执行 SVC 进行请求，操作系统会把这个请求转给适当的 I/O 设备，并把 PCB 放入另一个进程队列中，即等待 I/O 操作完成的队列。这样进程就在等待 I/O 状态中了。

504

进程在等待 I/O 状态中时，I/O 设备最终会用所请求的输入来中断系统。此时系统把输入放在内存的缓冲区中，把进程的 PCB 从等待 I/O 队列删除，并放入准备好队列。这样进程就在准备好状态中了，在这个队列中进程最后将得到更多的 CPU 时间，那时进程就可以访问缓冲区中的输入了。

8.3.3　多处理

对用户而言，作业只是从开始执行到结束。中断对用户而言是不可见的，就像 DECI 中断对 Asmb5 层的汇编语言程序员不可见一样。操作系统层的细节对更高抽象层的用户是不可见的。

用户唯一可以感受到的不同是，如果系统中有很多作业，那么执行该程序将会花更长的时间。提高速度的一种方法是给系统配备不止一个 CPU，多核芯片中每一个核都是一个独立的 CPU，这样的配置叫作*多处理系统*（multiprocessing system）。图 8-20 展示了一个有两个处理器的多处理系统。

在多处理中，因为 CPU 在进程间的切换非常迅速，所以看上去就像它们在并发地执行一样。操作系统在多处理中可以调度不止一个进程来并发执行，因为有多个处理器。

如果性能的提高能够正比于系统中处理器数量的增加，那就好了。遗憾的是，通常实际情况并不是这样。当给系统增加更多的处理器时，也对系统的通信链路增加了更多的要求。例如，如果把处理器连接到图 8-20 所示的公共总线上，那么总线可能会限制系统的性能。如果两个 CPU 同时请求从输入设备读入，那么其中一个 CPU 将不得不等待。增加越多的 CPU，就会越频繁地发生这样的冲突。

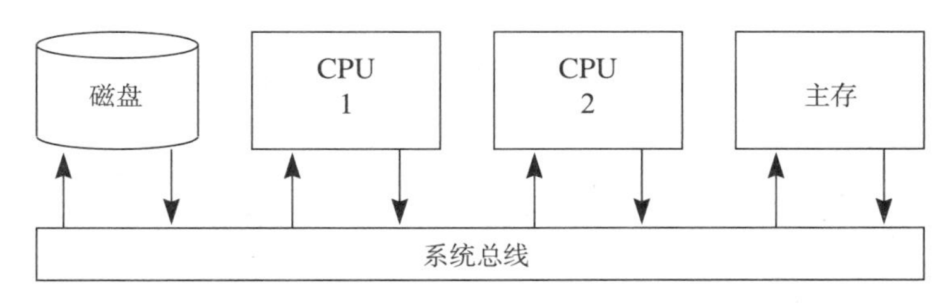

图 8-20　多处理系统框图

505

多处理器系统中固有的通信开销通常会导致图 8-21 所示的性能曲线。虚线说明理论上增加处理器能产生的最大好处。比如，对虚线而言，如果将处理器数量加倍，则性能也应翻倍，但实际上性能不会提升那么多。

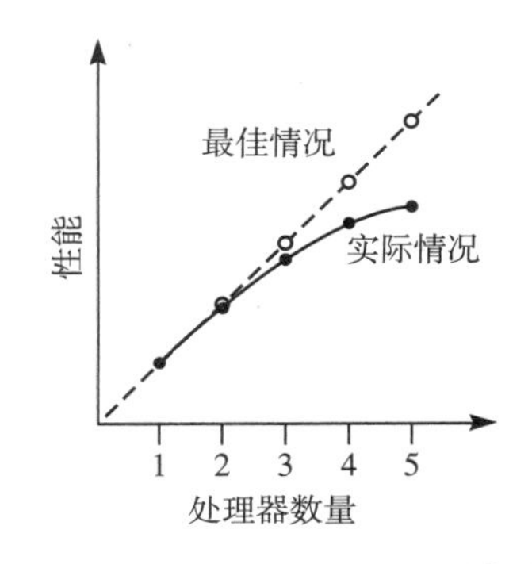

图 8-21　通过增加多处理系统中的处理器数量来提升性能

8.3.4　并发处理程序

到目前为止，我们考虑的所有进程都是相互独立的，每个进程属于不同的用户，并且进程之间没有交互。在这种情况下，计算结果不受中断发生时间的影响，中断唯一的影响是增加进程执行的总时间。

实际上，操作系统管理的进程通常需要和其他进程合作来执行它们的任务。图 8-22 中的程序描述了两个必须合作以避免产生错误结果的进程的情况。

C 语言层

进程 P1	进程 P2
...	...
numRes++	numRes++
...	...

汇编层

进程 P1	进程 P2
...	...
LDWA numRes,d	LDWA numRes,d
ADDA 1,i	ADDA 1,i
STWA numRes,d	STWA numRes,d
...	...

图 8-22　两个抽象层次上的并发进程

假设操作系统要管理一个航空线路的数据库，这个数据库的记录会同时被多个用户访问。每个航班在数据库中有一条记录，除了其他一些信息之外，该记录还包括这个航班已经被预订出去的座位数量。分布在城市中的多家旅行社代理会代表可能的用户访问该系统。因为不可能预测某个旅行社代理何时需要访问该系统，所以对数据库信息的请求从某种程度上说是随机的。

506

某天，两个不同代理的客户正好同时想预订相同的航班。操作系统给每个作业创建一个进程，叫作 P1 和 P2，图 8-22 展示了每个进程的代码片段。numRes 代表预订出去的数量，当 P1 和 P2 在系统里执行时，它是一个整型变量，值放在主存中。

假设两家代理在给他们的客户预订之前 numRes 的值是 47，交易完成后，numRes 应该是 49。在 C 语言层，每个进程想用赋值语句 numRes++ 把 numRes 增加 1。如果赋值语句是原子的（atomic），即不能分割的，那么不管哪个进程先执行赋值语句，C 语言层的代码片段都将会产生正确的结果。如果 P1 先执行，它将使 numRes 变为 48，P2 将使 numRes 变为 49；如果 P2 先执行，它将使 numRes 变为 48，P1 将使 numRes 变为 49。不管哪种情况，都会得到正确的值 49。

问题是，C 语言层的赋值语句不是原子的，它们被编译成 LDWA、ADDA 和 STWA，在一个任何汇编语言语句之间都有可能发生中断的系统中执行。图 8-23 展示了一个执行序列的跟踪记录，可以看到什么会出错。A（P1）是 P1 累加器的内容，当 P1 运行时它在 CPU 中，当 P1 暂停时它在 PCB 中。A（P2）是 P2 的累加器。

执行的语句	A(P1)	A(P2)	numRes
	?	?	47
(P1) LDWA numRes,d	47	?	47
(P1) ADDA 1,i	48	?	47
(P2) LDWA numRes,d	48	47	47
(P2) ADDA 1,i	48	48	47
(P2) STWA numRes,d	48	48	48
(P1) STWA numRes,d	48	48	48

图 8-23　图 8-22 序列的一种可能的执行跟踪记录

在这个序列中，P1 执行 LDWA，将 47 放入累加器，接着是 ADDA，将累加器增加到 48，然后操作系统中断 P1 将处理器时间给 P2。P2 执行它的所有 3 条语句，将内存中的 numRes 改为 48。当 P1 终于又继续执行时，它也将 numRes 设为 48。尽管每个进程都执行了它所有的语句，但最终结果是 numRes 为 48 而不是 49。

507

不管进程是在真正的并发多处理系统中，还是在貌似并发的多道程序系统中执行，都会发生这种问题。在多处理系统中，P1 和 P2 有可能正好同时执行 ADDA 语句，但是如果它们想同时执行 STWA 语句，当一个进程在向内存写入值时，硬件会强制另一个进程等待。从逻辑的角度来看，不管并发是真的还是假的，这种问题都会发生。

8.3.5　临界区

问题的根本原因是 P1 和 P2 共享部分主存，这部分包含 numRes 的值。无论何时并发进程共享一个变量，总是有这种可能：结果取决于中断发生的时间。要解决这个问题，我们就需要有一种方法来确保当一个进程访问共享变量时，另一个进程不能进行访问，要一直等到第一个进程结束访问后才可以。

两个进程中互斥的代码叫作*临界区*（critical section）。为了使并发程序能够正确执行，软件必须保证如果一个进程正在执行它临界区中的语句，那么另一个进程不能执行它临界区中的语句。为了解决图 8-22 中的问题，我们需要找到一种方法，把赋值语句放到临界区中，这样在汇编层就不会发生交错执行了。

临界区需要两段额外的代码，叫作*入口段*（entry section）和*出口段*（exit section）。P1 的入口段正好在它的临界区前面，它的功能是测试 P2 是否正在执行它的临界区，如果是，就推迟 P1 临界区的执行直到 P2 完成执行它的临界区。P1 的出口段正好在它的临界区后面，它的功能是告知 P2，P1 已经不在临界区，这样 P2 就可以进入它的临界区了。

图 8-22 中每个进程的 C 语言层代码片段都必须按照如下进行修改：

```
其余部分
入口段
numRes++    //临界区
出口段
其余部分
```

其余部分是代码中可以和其他进程一起并发执行且不会有错误影响的部分，而临界区是代码中必须互斥的部分。

508

下面的一些程序展示了入口段和出口段的实现，它们保护进程对临界区的访问。每个程序假设 P1 和 P2 是图 8-24 那样的通用格式。

done1 和 done2 是在其余部分某处被修改的（非共享的）局部布尔变量。

```
进程 P1                          进程 P2
do                               do
    entry section                    entry section
    critical section                 critical section
    exit section                     exit section
    remainder section                remainder section
while (! done1);                 while (! done2);
```

图 8-24　临界区程序的通用格式

8.3.6　第一次尝试实现互斥

图 8-25 的程序是我们第一次尝试设计入口段和出口段，它使用 turn 这个共享整型变量。入口段由 do 循环组成，它检测 turn 的值；出口段由赋值语句组成，它修改 turn 的值。尽管这里的代码没有给出来，但是假设在进程进入 do 循环前 turn 被初始化为 1 或 2。

```
进程 P1                          进程 P2
do                               do
    while (turn != 1)                while (turn != 2)
        ; //nothing                      ; //nothing
    critical section                 critical section
    turn = 2;                        turn = 1;
    remainder section                remainder section
while (!done1);                  while (!done2);
```

图 8-25　编程实现互斥的一次尝试

509

入口段中的 do 循环体是一个空 C 语句，它在汇编层不会生成代码。P1 的入口段代码被翻译成

```
Loop: LDWA turn,d
      CPWA 1,i
      BRNE Loop
```

假定 turn 被初始化为 1，两个进程同时尝试进入它们的临界区。不管怎样交错执行入口段中的汇编语句，P2 会持续循环，直到 P1 进入它的临界区。当 P1 完成它的临界区，它的出口段将把 turn 设置为 2，这之后 P2 就能够进入它的临界区了。

这个算法保证临界区是互斥的。只有当 turn 是 2 时，P2 才能在它的临界区中，在此期间 P1 不能在它的临界区中，反之亦然。当 P2 离开它的临界区后，将 turn 置为 1，这是 P1 可以进入临界区的信号。

尽管这个算法保证了互斥，但是它也要求进程严格交替执行它们的 do 循环，这可不太好。进程通过共享变量 turn 进行通信，它一直记录着谁该执行它的临界区。如果用户想让 P1 执行数次 do 循环而 P2 根本不执行，那么使用这样的入口段和出口段，这种情况是绝对不会发生的。

8.3.7　第二次尝试实现互斥

为了使一个进程能够执行它的 do 循环而不受另一个进程执行的限制（除去为了满足互斥

的要求），图8-26的程序使用了两个共享布尔变量enter1和enter2，假设enter1和enter2都初始化为false。

如果P2在它的其余部分，enter2一定为假，那么P1就可以想执行它的do循环多少次就执行多少次。它只需要将enter1设置为true，在while循环中测试enter2一次，执行它的临界区，将enter1设置为false，执行它的其余部分。它可以想怎么重复这个循环就怎么重复。类似地，如果P1在它的其余部分，P2也可以重复它的这个循环。

进程 P1	进程 P2
do	do
enter1 = TRUE;	enter2 = TRUE;
while (enter2)	while (enter1)
; //nothing	; //nothing
critical section	*critical section*
enter1 = FALSE;	enter2 = FALSE;
remainder section	*remainder section*
while (!done1);	while (!done2);

图8-26 编程实现互斥的另一次尝试

这样的实现保证了互斥。当P1把enter1设置为true时，就是给P2发信号告诉它正在尝试进入临界区。如果P2正好在稍早一点的时候在它的while测试中用

```
LDWA enter1,d
```

获取了enter1，那么P2不会立即知道P1的目的，P2可能已经在执行它的临界区了。不管怎样，如果P2在它的临界区中，那么enter2必定为true，P1的while循环将阻止P1同时也进入它的临界区。当P2最终退出时，它把enter2设置为假，这样就允许P1进入它的临界区。

510

协同执行进程的设计者面临的问题可能是非常微妙和意想不到的，这个算法就是一个这样的例子。尽管它像前面的程序一样，保证互斥而且不限制do循环的执行，但是它仍然有一个严重的漏洞。

图8-27展示了一个跟踪记录，P1设置enter1为true，然后遇到中断。P2设置enter2为true，然后开始执行它的while循环。因为enter1为true，所以while循环将继续执行一直到P2超时，P1恢复。因为enter2为true，所以P1也将会无限地循环。

执行的语句	enter1	enter2
	false	false
(P1) enter1 = TRUE;	true	false
(P2) enter2 = TRUE;	true	true
(P2) while (enter1);	true	true
(P1) while (enter2);	true	true

图8-27 图8-26所示程序的一个会产生死锁的跟踪记录

P1和P2两个进程都处于想进入临界区的状态。P1要等到P2进入执行它的临界区将enter2设置为false才能进入，但是P2要等到P1进入执行它的临界区将enter1设置为false才能进入。两个进程都在等待永远不会出现的事件，这种局面叫作死锁（deadlock）。死锁就像死循环，要避免出现这种情况。

511

8.3.8 Peterson互斥算法

我们需要一种解决方法，它保证互斥，允许每个进程外面的do循环无限制地执行，并且避免死锁的出现。图8-28是Peterson算法的实现，它结合图8-25和图8-26的特性来实现所有的目标，其基本思路是enter1和enter2提供如图8-26那样的互斥，即使在同一时间两个进程都想进入临界区，turn也只允许一个进入。enter1和enter2初始为false，turn初始为1或者2。

```
进程 P1                                   进程 P2
do                                        do
   enter1 = TRUE;                            enter2 = TRUE;
   turn = 2;                                 turn = 1;
   while (enter2 && (turn == 2))             while (enter1 && (turn == 1))
      ; //nothing                               ; //nothing
   critical section                          critical section
   enter1 = FALSE;                           enter2 = FALSE;
   remainder section                         remainder section
while (!done1);                           while (!done2);
```

图 8-28 Peterson 互斥算法

我们来看一看互斥是如何保证的。考虑 P1 和 P2 同时执行它们的临界区的情况，enter1 和 enter2 都将为 true。在 P1 中，while 测试意味着 turn 的值为 1，因为 enter2 为 true。但在 P2 中，while 测试意味着 turn 的值为 2，因为 enter1 为 true。这个矛盾表明 P1 和 P2 不可能同时执行它们的临界区。

但如果 P1 和 P2 想同时进入它们的临界区会怎样呢？在入口段有一些交错执行会导致它们同时执行临界区吗？答案是不会，即使有 AND 运算的 while 测试在汇编层不是原子的。有两个条件可以使 P1 通过 while 测试进入它的临界区：enter2 为 false 或者 turn 为 1。如果任一条件满足，不管另一个条件如何，P1 都可以进入临界区。

512

假设 P1 通过 while 测试，因为它用

```
LDWA enter2,d
```

获得 enter2 的值，enter2 的值为 false。只有 P2 在它的其余部分时，这才会发生。即使 P1 在装载 enter2 的值后被中断，然后 P2 设置 enter2 为 true，turn 为 1，P2 也不能进入它的临界区，因为 P1 已经设置 enter1 为 true 且 turn 现在为 1。

假设 P1 通过 while 测试，因为它用

```
LDWA turn,d
```

获得 turn 的值，turn 的值为 1。因为 P1 前面的指令把 turn 设置为 2，只有 P1 在它的前一条指令和 while 测试之间被中断，且 P2 将 turn 设为 1 时，才可能出现这种情况。但是接着，P2 又将被阻止通过它的 while 循环进入临界区，因为 P1 已经设置 enter1 为真且 turn 现在的值为 1。

我们来看一看为什么不会发生死锁。假设两个进程都陷入死锁，（在多处理系统中）并行或（在多道程序系统中）在不同的时间片中执行它们的 while 循环。P1 中的 while 测试意味着 turn 的值必须为 2，但是 P2 中的 while 测试意味着 turn 的值必须为 1。这个矛盾的情况表明两个进程不可能同时都在循环。

假设两个进程同时都想用

```
STWA turn,d
```

设置 turn。在多道程序设计系统中，因为必须在不同的时间片中执行，所以 P1 给 turn 的赋值一定会发生在 P2 的赋值之前或者之后。在多处理系统中，如果两个进程正好同时都想在主存中给 turn 赋值，那么当其中一个进程执行 STWA 时硬件会强制另一个进程等待。在两种系统中，先给 turn 赋值的进程将进入它的临界区，这样就不会发生死锁。

8.3.9　信号量

尽管图 8-28 中的程序解决了临界区问题并避免出现死锁，但是它的缺点是效率低。阻513止进程进入临界区的是 while 循环，循环的唯一目的是拖延进程直到它被中断，给另一个进程时间去完成执行它的临界区。因为进程以循环的方式被锁在自己的临界区之外，所以这样的循环叫作*旋转锁*（spin lock）。

旋转锁是对 CPU 时间的浪费，尤其是如果进程在多道程序设计系统中执行，并被分配一个新的时间片。如果把这个 CPU 时间分配给另一个进程执行一些有用的工作，那就会更有效率。*信号量*（semaphore）是大多数操作系统都提供的用以并发编程的共享变量，它们可以让程序员不用旋转锁来实施临界区。

信号量是一个整数型变量，它的值只能由操作系统调用来修改。对信号量 s 的 3 个操作是

- init(s)
- wait(s)
- signal(s)

这里 init()、wait() 和 signal() 是操作系统提供的过程。在汇编层，用带有适当操作数指示符的 SVC 来调用这些过程。信号量是带操作的抽象数据类型（ADT）的又一个例子，它的含义程序员是知道的，但它的实现隐藏在更低的抽象层中。（wait(s) 和 signal(s) 通常又分别写作 p(s) 和 v(s)。）

每个信号量 s 有一个关联的进程控制块队列，叫作 sQueue，它代表被暂停的进程。这几个操作的含义是

```
init(s)
s = 1;
sQueue = an empty list of process control blocks

wait(s)
s--
if (s < 0)
    Suspend this process by adding it to sQueue

signal(s)
s++
if (s ≤ 0)
    Transfer a process from sQueue to the ready queue
```

514每个操作都有一个重要的特性，那就是操作系统保证它们是原子的。例如，不可能两个进程同时执行 signal(s)，而 s 只增加了 1，像图 8-22 中的 numRes 那样。汇编层的赋值语句绝不会交叉执行。

图 8-29 是提供信号量的操作系统中作业的状态转换图。与处于准备好状态的进程是暂停的，它的 PCB 是在准备好队列中一样，处于等待 s 状态的进程是暂停的，它的 PCB 在 sQueue 中。这样的进程被阻止运行，因为它必须转换到准备好状态才能执行。

如果一个正在运行的进程执行 wait(s)，当 s 大于 0 时，wait(s) 只是将 s 减 1，进程继续执行；当 s 小于等于 0 时，正在运行的进程通过执行 wait(s) 会转换到等待 s 状态。当 s 大于等于 0 时，一个正在运行的进程执行 signal(s)，它只是将 s 加 1，进程继续执行；当 s 小于 0

时，正在执行 signal(s) 的进程会引发某个正在等待 s 的进程被操作系统挑选出来放到准备好状态中。执行 signal(s) 的进程继续运行。

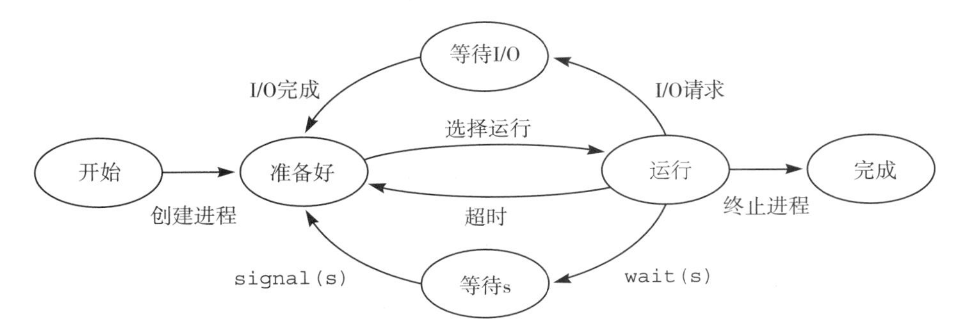

图 8-29 提供信号量的操作系统中作业的状态转换图

从 wait() 和 signal() 的定义来说，s 为负值表示一个或多个进程被阻塞在 sQueue 中，而 s 的数值就是被阻塞进程的数量。例如，如果 s 值为 −3，那么就有 3 个进程阻塞在 sQueue 中。

signal(s) 执行时，如果有多于一个进程被阻塞，那么操作系统尽力在选择进程转移到准备好状态这件事情上保持公平。通用的策略是使用先进先出（First In，First Out，FIFO）的调度策略，这样阻塞时间最长的进程会被送到准备好状态。FIFO 是队列区别于栈的特性，栈是后进先出（Last In，First Out，LIFO）。

图 8-29 仅展示了一个信号量等待状态。在提供信号量的系统中，程序员可以想声明多少个就声明多少个不同的信号量，操作系统会为每个信号量维护一个阻塞进程队列。 515

8.3.10 带信号量的临界区

如果操作系统提供信号量，那么对程序来说临界区就很容易了。图 8-30 的程序假设 mutEx 是一个用 init(mutEx) 初始化为 1 的信号量。

进程 P1	进程 P2
do	do
wait(mutEx);	wait(mutEx);
critical section	*critical section*
signal(mutEx);	signal(mutEx);
remainder section	*remainder section*
while (!done1);	while (!done2);

图 8-30 带信号量的临界区

第一个执行 wait(mutEx) 的进程将把 mutEx 从 1 变为 0，并进入它的临界区。如果其他进程在此期间执行 wait(mutEx)，那么将把 mutEx 由 0 变为 −1，操作系统将立即阻塞它。当第一个进程最终离开它的临界区时，将执行 signal(mutEx)，这将把另一个进程放入准备好状态中。

由于操作系统保证 wait() 和 signal() 是原子的，所以程序员不需要担心在入口段和出口段中的操作交错执行。因为系统会立即把第二个进程放在 mutEx 的等待队列中，所以也不会在旋转锁上浪费时间。当然，隐藏细节并不是消除细节。要提供信号量，操作系统设计者必须利用硬件的特性，还要使用和前面程序中一样的算法推理思路。信号量可以满足操作系统的两个目标：为高级编程提供方便的环境；高效地分配系统资源。

8.4 死锁

图 8-26 中的程序展示了并发处理如何在共享主存变量的两个进程之间产生死锁。当进 516

程共享其他资源时也可能会发生死锁。操作系统管理的资源包括打印机和磁盘文件。并发进程共享这些资源中的任意之一都有可能导致死锁。

举一个共享这些资源导致死锁的例子。假设计算机系统有一个带有两个文件的硬盘驱动器，进程 P1 请求文件 1 进行数据输入。操作系统为 P1 打开文件 1，P1 将占用这个文件直到不再需要它为止。然后，P2 可以请求从文件 2 输入，操作系统打开文件 2 并分配给该进程。

现在假设 P1 需要向 P2 正在访问的文件 2 写入数据。P1 请求访问文件 2，但操作系统不能满足这个请求，因为该文件已经为 P2 打开了。操作系统会阻塞 P1，直到文件 2 变为可用。同样，如果 P2 请求写文件 1，操作系统也会阻塞它，直到 P1 释放该文件。

在这种情况下，进程就处于死锁的状态。P1 不能前进直到 P2 释放文件 2 为止，P2 不能前进直到 P1 释放文件 1 为止。两个进程都在等待一个不可能发生的事件，将被操作系统暂停。

8.4.1　资源分配图

为了有效地管理资源，操作系统需要一种方式来发现可能的死锁。它采用了一种称为*资源分配图*（resource allocation graph）的结构。资源分配图是系统中进程和资源的图形化描述，展示了哪个资源分配给了哪个进程，哪个进程阻塞在了对哪个资源的请求上。

图 8-31 中的资源分配图就是 P1 和 P2 由于对磁盘文件 1 和磁盘文件 2 的请求形成了死锁。进程和资源是图中的结点，进程用圆圈表示，资源是方框里的实心圆点。有两种类型的边：分配边和请求边。

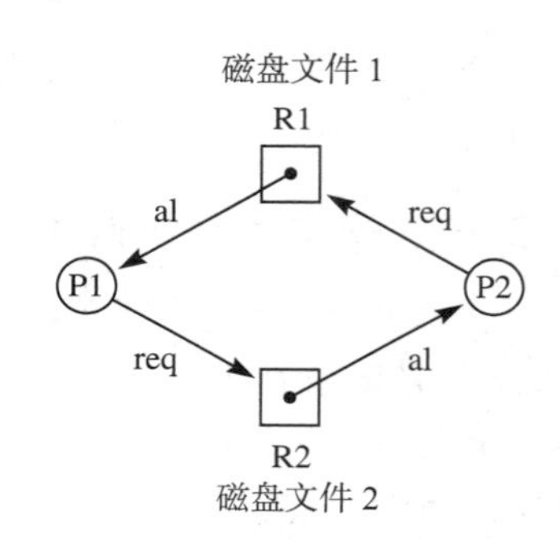

图 8-31　有死锁循环的资源分配图

分配边（allocation edge，al）是从资源到进程，表示该资源分配给了该进程。在图中，标记为 al 的从磁盘文件 1 到 P1 的边的含义是操作系统把文件 1 分配给了进程 P1。*请求边*（request edge，req）是从进程到资源，意思是进程被阻塞了，正在等待该资源。标记为 req 的从 P2 到文件 1 的边的含义是 P2 被阻塞在了对磁盘文件 1 的等待上。

边组成了一个闭合的路径，从 P1 到 R2 到 P2 到 R1 再回到 P1，死锁就很明显地能看出来。图中这样的一个闭合路径称为*循环*（cycle）。资源分配图中的循环表明一个进程阻塞在一个资源上，因为该资源分配给了另一个进程，而它阻塞在另一个资源上，以此类推，最后一个资源分配给了第一个进程。如果循环不能被打破，就出现了死锁。

517

有时一类中的资源是不做区分的，进程可以请求某类资源中的一个，而不关心具体是哪一个，因为资源都是等价的。比如，有一组相同的硬盘驱动器，或者一组相同的打印机。如果进程需要一个打印机而不在意是其中的哪一个，那么操作系统就可以把任意一个空闲的打印机分配给它。

资源分配图用长方形方框中的 n 个实心点表示同一类 n 个等价的资源。当操作系统分配一个该类资源时，分配边从代表一个资源的某个点发出。不过请求边指向方框，因为请求进程不在意它获得的是这类资源中的哪一个。

图 8-32a 中 R1 资源类中的两个资源都已经分配出去了，P1 有一个对该类资源未被满足

的请求，它不在意获得哪一个资源。

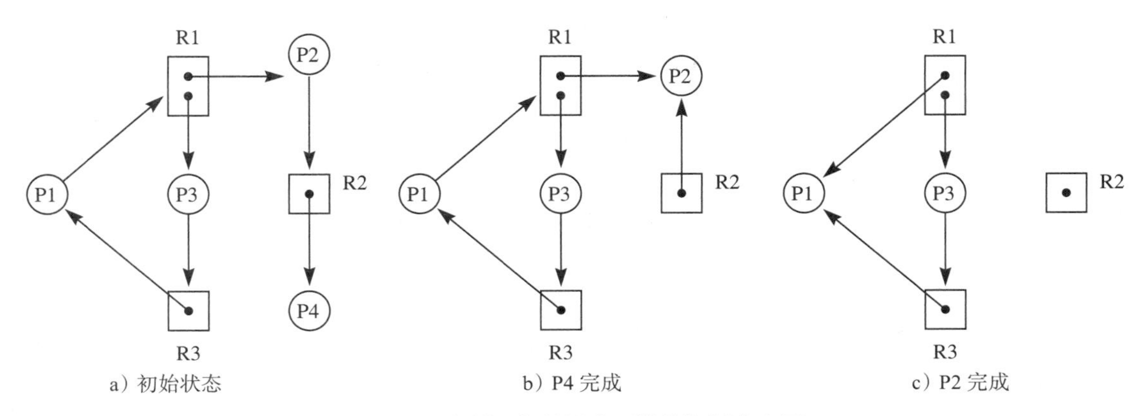

a）初始状态　b）P4 完成　c）P2 完成

图 8-32　有循环但是没有死锁的资源分配图

虽然这张图有循环（P1，R1，P3，R3，P1），但是没有死锁，因为这个循环是可以被打破的。资源分配图中任意一个进程如果没有请求边，那么它就没有被阻塞。这张图中 P4 是未被阻塞的，可以想象它最终会执行完毕，释放 R2。操作系统会满足 P2 对 R2 的请求，把从 P2 到 R2 的请求边改为从 R2 到 P2 的分配边，如图 8-32b 所示。

现在 P2 能够使用 R2 和 R1，可以运行完成，最终释放这些资源。当 P2 释放一个 R1 资源时，操作系统可以把该资源分配给 P1，得到图 8-32c。P1 拥有它需要的所有资源，可以运行完成，之后 P3 也可以完成了。所有的进程都可以完成，所以没有死锁。

在寻找循环的过程中，一定要考虑边的方向。你可能会把图 8-33 中的（R1，P1，R2，P2，R1）当作循环，但是它并不是。这里没有从 R2 到 P2 的边，也没有从 P2 到 R1 的边。循环是死锁的必要而非充分条件。在这张图中，没有循环，所以也没有死锁。

518

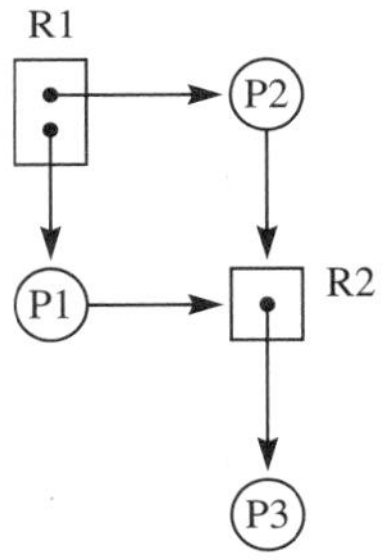

图 8-33　无循环因而也无死锁的资源分配图

8.4.2　死锁策略

操作系统可以采用下列 3 种通用策略之一来处理死锁：

- 预防
- 发现并恢复
- 无视

某个操作系统中可能有多种不同的策略。系统可以为一组资源使用一种策略，而为另外一组资源使用另一种策略。

预防策略是采用技术保证不会出现死锁。一种技术是要求运行完成所需的所有资源，在执行开始时作业请求和分配一次完成。如果 P1 同时获得 R1 和 R2，那么图 8-31 中的死锁是不会产生的。只有一个进程被分配了某个资源，然后又请求另外的资源，形成一个循环，才可能发生死锁循环。

发现并恢复策略允许发生死锁。采用这种策略时，操作系统将周期性地执行一个检测系统中死锁循环的程序。如果操作系统发现死锁，就拿走循环中一个进程所占用的一个资源。因为进程可能已经执行了一部分，所以操作系统通常必须终止该进程，除非稍后当该进程再获得该资源时，资源的状态还能重建。

所有这些策略都是有代价的。预防策略对用户有所限制，特别是，当进程所需资源依赖于输入而无法事先知道的时候。在发现并恢复策略中，发现和恢复算法需要占用 CPU 时间，这些时间就不能用在用户作业上。

第三种策略就是无视死锁。如果认为其他策略的代价都太大，而发生死锁的概率又很小，或者出现死锁的后果并不严重，选用这种策略就比较有效率。例如，某个分时系统会定期关机进行例行维护，每次关机时所有的作业都会被清除，包括那些死锁的作业。 519

本章小结

操作系统的目标是向高级编程提供方便的环境并高效地分配系统资源。操作系统的一项重要功能是管理用户提交要执行的作业。装载器是操作系统的一部分，它把作业放入内存进行执行。在作业完成执行之后，它把 CPU 的控制返回给操作系统，操作系统可以继续加载其他的应用程序。

陷阱处理程序为作业执行一些处理操作，向程序员隐藏低层的细节。当陷阱发生时，正在运行的作业的进程控制块（PCB）被存储起来，同时操作系统响应并服务该中断。PCB 由进程的状态组成，包括程序计数器、状态位和所有 CPU 寄存器的内容的副本。要继续执行该作业时，操作系统把 PCB 放回 CPU 中。异步中断的运行和过程调用类似，只不过中断是由操作系统发起，而不是由应用程序员的代码发起。

进程是执行时的程序。在多道程序设计系统中，CPU 在多个进程间切换。在多处理系统中，有不止一个 CPU。多道程序设计和多处理系统中都有并发执行的进程。要并发地执行协作的进程，操作系统必须能够保证对临界区的互斥访问，并避免死锁。Peterson 算法满足这两个要求。信号量是操作系统提供的整型变量，对它的操作包括 wait() 和 signal()，这些操作都是原子的或者说是不可分割的。信号量可以用来满足互斥和不出现死锁的要求。

当进程共享操作系统管理的资源时，也有可能出现死锁。资源分配图由代表资源和进程的结点组成，结点间的边表示资源分配和请求。如果资源分配图中包含有不能被打破的循环，就表示发生了死锁。

练习

8.1 节

520 1. 操作系统的两大目标是什么？

2. 图 8-3 中的装载器执行下列输入：

```
12 00 05 00 00 31 00 03 39 00 03 D0 00 0A F1 FC
16 49 00 15 00 54 68 61 74 27 73 20 61 6C 6C 2E
0A 00 zz
```

假设从 FC1A 到 FC4E 的循环执行到第 30 次，以 4 个十六进制数字的格式说明下列寄存器中的值：

*(a) 在 F61A 的 LDBA 之后的 A<8..15>
*(b) 在 FC2C 的 ASLA 之前的 A<8..15>
*(c) 在 FC2F 的 ASLA 之后的 A<8..15>
(d) 在 FC33 的 LDBA 之后的 A<8..15>
(e) 在 FC3F 的 ANDA 之后的 A<8..15>
(f) 在 FC42 的 ORA 之后的 A<8..15>
(g) 在 FC48 的 ADDX 之后的 X<8..15>

3. 对于循环第 32 次执行时的情况，再做一遍练习 2。

8.2 节

4. 图 8-34 的程序执行时，产生一个 DECI 中断。根据图 8-6，进入和退出该陷阱处理程序，以 4 个十六进制数字的格式说明下列寄存器中的值：

*(a) 在 FC52 的 LDBX 之后的 X<8..15>

(b) 在 FC69 的 ASRX 之后的 X

(c) 在 FC6A 的 SUBX 之后的 X

(d) 在 FC6E 的 CALL 之后的 PC

(e) 在 FC71 的 RETTR 之后的 PC

```
0000  120005          BR      main          ;Branch around data
0003  0000   num:     .BLOCK  2             ;Global variable
0005  310003 main:    DECI    num,d         ;Input decimal value
0008  390003          DECO    num,d         ;Output decimal value
000B  D0000A          LDBA    '\n',i
000E  F1FC16          STBA    charOut,d     ;Output message
0011  490015          STRO    msg,d
0014  00              STOP
0015  546861 msg:     .ASCII  "That's all.\x00"
      742773
      20616C
      6C2E00
0021                  .END
```

图 8-34 练习 4 的程序

521

*5. 对于 DECO 指令再做一遍练习 4。

*6. 对于 STRO 指令再做一遍练习 4。

7. 以输入 37 运行练习 4 中的程序。根据图 8-14 的 DECI 陷阱处理程序，以 4 个十六进制数字的格式说明（a）～（h）中寄存器的值，并回答（i）中的问题：

*(a) 在第一次执行 FD98 的 ANDA 之后的 A。

*(b) 在第二次执行 FD98 的 ANDA 之后的 A。

*(c) 在第一次执行 FDA1 的 LDWX 之后的 X。

(d) 在第二次执行 FDA1 的 LDWX 之后的 X。

(e) 在第一次执行 FDA5 的 BR 之后的 PC。

(f) 在第二次执行 FDA5 的 BR 之后的 PC。

(g) 在 FE96 的 LDWA 之后的 A。

(h) 在执行 FEB1 的 STBX 之前的 X，假设在陷阱发生之前进位位为 0。

(i) 在 FE74 的 LDWA 执行之前执行的是什么语句？

*8. 对于输入 -295 再做一遍练习 7。

9. 以输入 37 运行练习 4 中的程序。根据图 8-15 的 DECO 陷阱处理程序，以 4 个十六进制数字的格式说明下述寄存器的值：

*(a) 在 FE4A 的 LDWA 之后的 A

*(b) 在 FF0A 的 STWA 之前的 A

对于下面的问题，假设在 FF2B 的 CALL 调用的是子例程 divide：

*(c) 在 FF44 的 LDWA 之后的 A

(d) 在 FF59 的 CPWX 之前的 X

(e) 在 FF68 的 LDWA 之后的 A

对于下面的问题，假设在 FF34 的 CALL 调用的是子例程 divide：

(f) 在 FF44 的 LDWA 之后的 A

(g)在 FF59 的 CPWX 之前的 X
(h)在 FF6F 的 ORX 之后的 X

10. 对于输入 −2068 再做一遍练习 9。
11. 运行练习 4 中的程序，执行 STRO 指令。根据图 8-16 的 STRO 陷阱处理程序，以十六进制数字的格式说明下述寄存器的值：
(a)在 FFCE 的 LDWA 之后的 A
(b)在第一次执行 FFE4 的 LDBA 之后的 A<8..15>
(c)在第一次执行 FFED 的 ADDX 之后的 X
(d)在第 5 次执行 FFE4 的 LDBA 之后的 A<8..15>
522
(e)在第 5 次执行 FFFD 的 ADDX 之后的 X
12. 执行图 5-11 中地址 0005 处采用直接寻址方式的 DECI 指令，产生一个陷阱，陷阱处理程序调用图 8-10 的 setAddr 例程。以 4 个十六进制数字的格式说明变址寄存器的值：
(a)在 FCF2 的 LDWX 之后
(b)在 FCF5 的 SUBX 之后
(c)在 FCF8 的 LDWX 之后
13. 执行图 6-41 中地址 004B 处采用间接寻址方式的 DECO 指令，产生一个陷阱，陷阱处理程序调用图 8-10 的 setAddr 例程。以 4 个十六进制数字的格式说明变址寄存器的值：
(a)在 FCFF 的 LDWX 之后
(b)在 FD02 的 SUBX 之后
(c)在 FD05 的 LDWX 之后
(d)在 FD08 的 LDWX 之后
14. 执行图 6-4 中地址 0009 处采用栈相对寻址方式的 DECI 指令，产生一个陷阱，陷阱处理程序调用图 8-10 的 setAddr 例程。以 4 个十六进制数字的格式说明变址寄存器的值：
(a)在 FD0F 的 LDWX 之后
(b)在 FD12 的 SUBX 之后
(c)在 FD15 的 LDWX 之后
(d)在 FD18 的 ADDX 之后
15. 第二次执行图 6-36 中地址 0013 处采用栈变址寻址方式的 DECI 指令，产生一个陷阱，陷阱处理程序调用图 8-10 的 setAddr 例程。以 4 个十六进制数字的格式说明变址寄存器的值：
(a)在 FD42 的 LDWX 之后
(b)在 FD45 的 SUBX 之后
(c)在 FD48 的 LDWX 之后
(d)在 FD4B 的 ADDX 之后
(e)在 FD4E 的 ADDX 之后
16. 第二次执行图 6-38 中地址 0016 处采用栈变址间接寻址方式的 DECI 指令，产生一个陷阱，陷阱处理程序调用图 8-10 的 setAddr 例程。以 4 个十六进制数字的格式说明变址寄存器的值：
(a)在 FD55 的 LDWX 之后
(b)在 FD58 的 SUBX 之后
(c)在 FD5B 的 LDWX 之后
(d)在 FD5E 的 ADDX 之后
(e)在 FD61 的 LDWX 之后
(f)在 FD64 的 ADDX 之后

8.3 节

17. 图 8-23 中的交错执行序列可以简写为 112221，表示图 8-22 中 P1、P1、P2、P2、P2、P1 执行的语句。

(a) 有多少种可能的、不同的执行序列？用简写法列出每种可能的序列。对于每个序列，说明 numRes 是否有正确的值。

(b) 所有可能的序列中有百分之多少产生不正确的结果？

523

(c) 这个比例是否就是程序运行时可能得到不正确结果的概率？请解释。

18. 下面这段代码尝试实现临界区，类似于图 8-26 中的程序，除了入口段中语句的顺序不一样外：

```
进程 P1                        进程 P2
do                             do
   while (enter2)                 while (enter1)
      ; //nothing                    ; //nothing
   enter1 = TRUE                  enter2 = TRUE
   critical section               critical section
   enter1 = FALSE;                enter2 = FALSE;
   remainder section              remainder section
while (!done1);                while (!done2);
```

*(a) 这个算法能保证互斥吗？如果不能，给出一个执行序列使得两个进程能同时进入它们的临界区。

(b) 该算法能预防死锁吗？如果不能，给出能导致 P1 和 P2 死锁的执行序列。

19. 根据 wait() 和 signal() 的定义，解释 s 的大小是被阻塞进程的数量。

20. 如果 I 表示执行 init(s)，W 表示 wait(s)，而 S 表示 signal(s)。那么，IWWS 表示操作系统中某些进程的调用序列为 init(s)、wait(s)、wait(s) 和 signal(s)。对于下面每个调用序列，说明 s 的值和序列中最后一个调用执行后被阻塞的进程数量：

*(a) IW　　(b) IS　　(c) ISSSW

(d) IWWWS　　(e) ISWWWW

21. 假设 3 个并发的进程执行下面的代码：

```
进程 P1                     进程 P2                     进程 P3
do                          do                          do
   wait(mutEx);                wait(mutEx);                wait(mutEx);
   critical section            critical section            critical section
   signal(mutEx);              signal(mutEx);              signal(mutEx);
   remainder section           remainder section           remainder section
while (!done1);             while (!done2);             while (!done3);
```

524

解释该代码如何保证对这 3 个临界区的访问是互斥的。

22. 假设 s 和 t 是两个信号量，用 init(s) 和 init(t) 初始化。考虑下面两段并发进程代码：

```
进程 P1               进程 P2
wait(s);              wait(t);
wait(t);              wait(s);
critical section      critical section
signal(s);            signal(t);
signal(t);            signal(s);
remainder section     remainder section
```

*(a) 该算法保证互斥吗？如果不能，给出一个执行序列使得两个进程能同时进入它们的临界区。

(b) 该算法能预防死锁吗？如果不能，给出能导致 P1 和 P2 死锁的执行序列。

23. 考虑下面两段并发进程代码：

```
进程 P1          进程 P2
Statement 1      Statement 4
Statement 2      Statement 5
Statement 3      Statement 6
```

修改这段代码保证语句5在语句2之前执行。用信号量实现。

24. 下面每段代码在入口段或出口段中包含一个漏洞。说明每段代码是否仍能保证互斥。如果不能，给出会违反互斥的执行序列。说明是否会出现死锁。如果会，给出相应的执行序列。

*(a)

525

进程P1
```
do
   wait(mutEx);
   critical section
   signal(mutEx);
   remainder section
while (!done1);
```
进程P2
```
do
   signal(mutEx);
   critical section
   wait(mutEx);
   remainder section
while (!done2);
```

(b)

进程P1
```
do
   signal(mutEx);
   critical section
   wait(mutEx);
   remainder section
while (!done1);
```
进程P2
```
do
   signal(mutEx);
   critical section
   wait(mutEx);
   remainder section
while (!done2);
```

(c)

进程P1
```
do
   wait(mutEx);
   critical section
   signal(mutEx);
   remainder section
while (!done1);
```
进程P2
```
do
   wait(mutEx);
   critical section
   wait(mutEx);
   remainder section
while (!done2);
```

(d)

进程P1
```
do
   wait(mutEx);
   critical section
   signal(mutEx);
   remainder section
while (!done1);
```
进程P2
```
do
   wait(mutEx);
   critical section
   remainder section
while (!done2);
```

(e)

进程P1
```
do
   wait(mutEx);
   critical section
   signal(mutEx);
   remainder section
while (!done1);
```
进程P2
```
do
   critical section
   signal(mutEx);
   remainder section
while (!done2);
```

8.4节

25. 一个操作系统中有进程P1、P2、P3和P4，资源R1（一个）、R2（一个）、R3（2个）和R4（3个）。（1，1）、（2，2）、（1，2）表示P1请求R1，然后P2请求R2，然后P1请求R2。注意，前两个请求在资源分配图上生成两条分配边，但是第三个请求生成一条请求边，因为R2已经分配给了P2。画出下面每个请求序列执行后的资源分配图，说明每个资源分配图是否包含循环。如果有，说明是

526

否是死锁循环。

*(a) (1, 1), (2, 2), (1, 2), (2, 1)

*(b) (1, 4), (2, 4), (3, 4), (4, 4)

(c) (1, 1), (2, 1), (3, 1), (4, 1)

(d) (3, 3), (4, 3), (2, 2), (3, 2), (2, 3)

(e) (1, 2), (1, 3), (1, 4), (2, 2), (2, 3), (2, 4)

(f) (2, 1), (1, 2), (2, 3), (3, 3), (2, 2), (1, 3)

(g) (2, 1), (1, 2), (2, 3), (3, 3), (2, 2), (1, 3), (3, 1)

(h) (1, 4), (2, 3), (3, 3), (2, 1), (3, 4), (1, 3), (4, 4), (3, 1), (2, 4)

(i) (1, 4), (2, 3), (3, 3), (2, 1), (3, 4), (1, 3), (4, 4), (3, 1), (2, 4), (4, 3)

编程题

8.2 节

26. 实现一条新的一元指令，替代 NOP0，称为 ASL2，它把累加器左移 2 位。NZC 位应该与第二次位移后累加器中的值保持一致。如果第一次位移或第二次位移发生溢出，则 V 置位。使用 Pep/9 应用程序提供的测试程序来检测新指令的特性。
27. 实现一条新的非一元指令，代替 NOP，称为 ASLMANY，它的操作数是累加器左移的次数。只允许直接寻址。NZC 位应该与最后一次位移后累加器中的值保持一致。只要任何一次位移发生溢出，则 V 置位。使用 Pep/9 应用程序提供的测试程序来检测新指令的特性。
28. 实现一条新的非一元指令，替代 NOP，称为 MULA，它把累加器乘以操作数，结果放入累加器中。只允许直接寻址。使用习题 6.24 的递归位移相加算法。NZC 位应该与最后一次加法后累加器中的值保持一致。只要任何一次位移或加法发生溢出，则 V 置位。使用 Pep/9 应用程序提供的测试程序来检测新指令的特性。 527
29. 直接寻址就是立即数寻址再间接寻址，间接寻址就是直接寻址再间接寻址。把这个概念再进一步推论，两次间接寻址，也就是间接寻址再间接寻址。实现一条新指令，替代 NOP0，其助记符为 STWADI，代表 Store Word Accumulator Double Indirect（存储字累加器，两次间接寻址）。它使用两次间接寻址来存储累加器。不影响标志位。对于汇编器和 CPU 来说，NOP0 是一条一元指令，但是你的程序必须把它实现为非一元指令。需要对保存的 PC 加 1 以跳过操作数指示符。使用 Pep/9 应用程序提供的测试程序来检测新指令的特性。
30. 实现一条新的非一元指令，替代 NOP，称为 BOOLO，意思是输出布尔值。如果操作数为 0，输出 false，否则输出 true。允许立即数、直接和栈相对寻址。不影响标志位。使用 Pep/9 应用程序提供的测试程序来检测新指令的特性。
31. 实现一条新的一元指令，替代 NOP0，称为 STKADD，它把栈顶最高两项替换为它们的和。根据加法的结果设置 NZVC 标志位。使用 Pep/9 应用程序提供的测试程序来检测新指令的特性。
32. 实现一条新的非一元指令，替代 NOP，称为 XORA，它把操作数和累加器进行按位异或运算，并将计算结果存入累加器。只允许直接寻址。根据运算的结果设置 NZ 标志位，VC 标志位保持不变。使用 Pep/9 应用程序提供的测试程序来检测新指令的特性。
33. 本问题实现一条新的、处理浮点数的、非一元指令。假设浮点数与 IEEE754 的所有特殊值设定方法一致，但采用的格式是一个数占用 2 字节，其中包括了 1 位符号位，6 位指数位，9 位有效位和一个隐藏位。指数采用余 31 码表示，而非规格化数采用余 30 码。

    (a) 实现一条新的一元指令，替代 DECO，称为 BINFO，表示二进制浮点输出。允许和 DECO 同样的寻址方式。值 3540 (hex) 表示规格化数 1.101×2^{-5}，应该输出 1.101000000b011010，这里字母 b 表示是 2 的幂，b 后面的位序列是 −5 的余 31 码表示。值 0050 (hex)，表示非规格化数 528

$0.001\ 01 \times 2^{-30}$，应该输出为 0.001010000b−30，这里对非规格化数来说，幂总是为 −30。如果值为 NaN，那么就输出 NaN，正无穷大输出 inf，负无穷大输出 −inf。

（b）实现一条新的一元指令，替代 DECI，称为 BINFI，表示二进制浮点输入。允许和 DECI 同样的寻址方式。假设输入总是规格化二进制数。输入 1.101000000b011010，表示规格化数 1.101×2^{-5}，应该存储为 3540(hex)。

（c）实现一条新的一元指令，替代 NOP，称为 ADDFA，表示浮点累加器加法。允许与 ADDA 同样的寻址方式。对于规格化和非规格化数，都假设两个加数的指数字段是相同的，但是和的指数字段不一定要和初始的指数字段相同。你的实现需要在执行加法之前插入隐藏位，存储结果之前去除隐藏位。考虑操作数中的一个或者两个可能为 NaN 或者无穷大的情况。

529~530

（d）假设规格化数或者非规格化数的指数字段可能不相同的情况，再做一遍（c）部分的问题。

存储管理

操作系统的目的是为高级编程提供更加方便的环境，并有效分配系统资源。第 8 章介绍了操作系统如何为系统中的进程分配 CPU 时间，而本章将介绍它是如何分配存储空间的。存储空间主要分为两类：主存和外围存储器。磁盘存储器是最常见的外围存储器，也是本章将要描述的。

9.1 内存分配

没有在执行的程序通常存在磁盘文件中。要执行程序就需要主存空间和 CPU 时间。操作系统把程序从磁盘加载到主存，为程序分配空间；把程序计数器设置为加载到内存里的第一条指令的地址，为程序分配时间。

本章前两节讲述分配主存空间的 5 种技术：

- 单道程序设计（uniprogramming）
- 固定分区多道程序设计（fixed-partition multiprogramming）
- 可变分区多道程序设计（variable-partition multiprogramming）
- 分页（paging）
- 虚拟内存（virtual memory）

这些技术按照列出的顺序依次变得复杂，每一项都解决了一个性能问题，是对上一项技术的改进。本书没有讨论第六种技术——分段。

9.1.1 单道程序设计

最简单的内存分配技术是*单道程序设计*，Pep/9 操作系统就是这样的例子。操作系统驻留在内存的一端，应用程序在另一端。系统一次只执行一个作业。

因为每个作业都加载在同一个位置，所以翻译器也会相应地生成目标代码。例如 Pep/9 汇编器假设第一个字节加载到地址 0000 (hex)，然后从符号表计算符号地址。或者，如果程序包含一个 burn（烧入）伪指令，则汇编器假设最后一个字节将加载到该伪指令指定的地址。

531
~
532

单道程序设计有优点也有缺点。主要优点体现在大小方面。这样的系统可以很小，设计简单，因此不容易出错，执行起来几乎没有开销。应用程序一旦加载进来，就会 100% 占用处理器的时间，因为没有其他进程会中断它。单道程序设计系统适用于嵌入式系统，比如控制微波炉的系统。

单道程序设计的主要缺点是 CPU 时间利用率很低，而且作业调度很不灵活。相比起主存，磁盘存储器的访问时间较长。如果应用程序从磁盘读数据，CPU 会一直空闲，等待磁盘输入。这段时间如果能用来执行其他用户的作业就会更好。对于一台微型计算机来说，可以容忍浪费一些 CPU 时间，但是对于花费几十万的计算机来说就不能忍受了，特别是在多用户系统中，进程是并发执行的，那就更不能忍受了。

甚至在单一用户系统中，作业调度不灵活也是很讨厌的。用户可能想要启动两个程序，并在两者之间来回切换而不退出任何一个。例如，你可能想要运行一会儿字处理程序，然后再切换到画图程序画文档的插图，然后再切换回字处理程序继续刚才的文字编辑。

9.1.2 固定分区多道程序设计

多道程序设计允许并发运行多个应用，解决了 CPU 利用率不足的问题。要在两个进程间进行切换，操作系统就要把两个程序都加载进主存。当运行进程被暂停时，操作系统会把它的进程控制块存储起来，然后再把 CPU 交给另一个程序。

要实现多道程序设计，操作系统需要把主存划分成不同的分区，分别存储不同的正在执行的进程。在固定分区方案中，操作系统把内存分成几个大小和位置不会随时间改变的分区。图 9-1 给出了一种可能的划分，这是一个主存大小为 64 KiB 的固定分区多道程序设计系统。操作系统占用内存底部的 16KiB。它假设作业的大小并不都一样，所以把剩余的 48 KiB 划分为 2 个 4KiB 的分区、1 个 8KiB 的分区和 1 个 32KiB 的分区。

地址	分区
0	4
4	4
8	8
16	32
48	OS 16
64	

图 9-1 64KiB 主存的固定分区。分区的大小和地址以千字节（KiB）为单位，操作系统占用底部的 16KiB

为不同进程提供不同的内存分区会带来一个问题，那就是目标代码中的内存引用必须进行相应的调整。假设汇编语言程序员写了一个应用程序，大小为 20KiB，操作系统把它装载进一个 32KiB 的分区。如果汇编器假设目标代码会被加载进从地址 0 开始的内存，那么所有内存引用就都错了。

533

例如，假设代码开始的几行是

```
0000 040005         BR AbsVal
0003 0000   number: .BLOCK 2
0005 310003 AbsVal: DECI number,d
```

汇编器把符号 AbsVal 的值计算为 0005，因为 BR 是一条 3 字节指令，number 占用 2 个字节。现在的问题是 BR 分支跳转到 0005，这是第一个分区中进程的代码地址。不仅这个进程会运行错误，还有可能破坏其他进程的数据。操作系统需要保护进程不受其他并发进程的未授权篡改。

能够把程序加载到内存中任意位置的装载器称为*可重定位装载器*。8.1 节中讲述的 Pep/9 装载器不是可重定位的装载器，因为它把每个程序都加载到内存的同一位置，也就是 0000（hex）。

解决这个问题有几种方法。操作系统可以要求汇编语言程序员决定把程序加载到内存的什么位置。汇编器需要提供一个伪指令以允许程序员指定目标代码的第一个字节的地址。这样的伪指令常见的名字是 .ORG，意思是 origin（起点）。在这个例子中，32KiB 分区的起始地址是 16Ki 或者说 8000（hex）。代码的前几行改成如下形式：

```
        .ORG    0x8000
```

```
8000 048005          BR      AbsVal
8003 0000   number: .BLOCK 2
8005 318003 AbsVal: DECI     number,d
```

其效果就是把应用程序代码中的所有内存引用都加上 8000。

如果编译器为应用程序生成目标代码，那么程序员是没有内存地址概念的。翻译器需要和操作系统合作生成正确的目标代码中的内存引用。

9.1.3　逻辑地址

要求程序员或编译器事先指定将目标代码装载到哪里有几个缺点。应用程序的程序员不应该担心分区的大小和位置，这样的信息与程序员应该没有关系。这种方案背离了操作系统要为高级编程提供方便环境的目标。

534

它还背离了高效分配系统资源的目标。假设程序员指定把一个 3KiB 的程序加载到第二个 4KiB 的分区，它从地址 4Ki 开始，并且相应地设置 .ORG 伪指令。在系统运行过程中，即使第一个 4KiB 分区是空闲的，该作业还是有可能等待另一个占用第二个 4KiB 分区的作业才能加载。有未使用的内存就表示资源分配不够高效。

要解决这些问题，操作系统需支持程序员或编译器生成“好像”会被加载到地址 0 的目标代码。在这种假设下生成的地址称为*逻辑地址*（logical address）。如果程序被加载到地址不是 0 的分区中，那么操作系统必须把逻辑地址翻译成*物理地址*（physical address）。

下面公式描述的是物理地址、逻辑地址和程序加载到的分区第一个字节的地址之间的关系：

物理地址 = 逻辑地址 + 分区地址

在前面代码片段的例子中，number 的逻辑地址是 0003，而物理地址是 8003。

有两种可行的地址翻译技术。操作系统可以提供一个软件工具，把分区地址加到目标代码中的所有内存引用上。翻译器需要指定对目标代码中哪些部分进行调整，因为只通过检查原始目标代码，工具不能分辨哪些部分是内存引用。

另一种技术依赖于特殊的硬件，称为*基址和边界寄存器*。基址寄存器（base register）解决了地址翻译的问题，边界寄存器（bound register）解决的是保护的问题。图 9-2 展示了对前面的例子来说，基址和边界寄存器是怎么工作的。

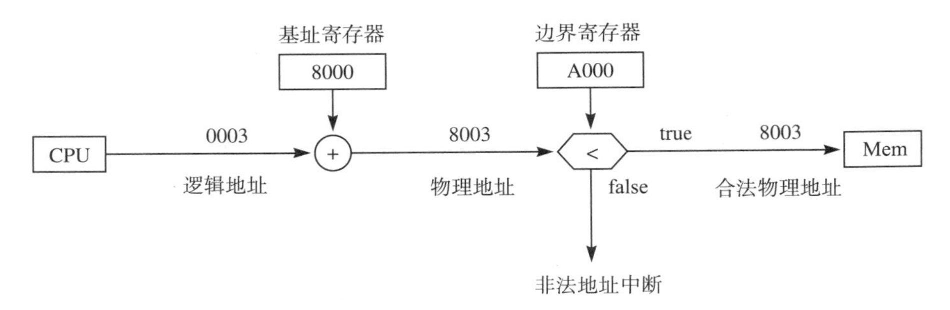

图 9-2　用基址和边界寄存器把逻辑地址翻译成物理地址

操作系统把使用未修改逻辑地址的目标程序加载到在地址 8000 的分区中，然后把基址寄存器加载为值 8000，边界寄存器加载为值 A000（hex）= 48 Ki，这是该程序加载到的分区的上界。操作系统把程序计数器设置为 0000，即第一条指令的逻辑地址，也就把 CPU 交给了该进程。

每当 CPU 发出一条内存读请求，硬件就把基址寄存器的内容加到 CPU 提供的地址上，形成物理地址。CPU 会把物理地址与边界寄存器的内容进行比较，如果物理地址小于边界寄存器，那么硬件会完成该内存访问；否则会生成非法地址中断，操作系统必须服务该中断。边界寄存器阻止进程侵入其他进程的内存分区。

535

这个例子中第一个内存读请求将来自于冯·诺依曼执行周期中的取指部分。CPU 会请求从 0000 获取一条指令，硬件会翻译成从 8000 取指。图 9-2 给出的是对 DECI 操作数指示符的逻辑地址 0003 的翻译。（实际上，在较低的抽象层次上，它是 DECI 陷阱处理程序中在 FEB7 处的 STWA 指令的操作数。）

为了切换到另一个进程，操作系统把基址寄存器设置为该进程加载到的分区的地址，把边界寄存器设置为第二个分区的地址。当操作系统从 PCB 恢复出 CPU 寄存器（包括程序计数器）时，进程会从它被挂起的地方继续执行。

考虑当操作系统必须调度作业来占用固定分区时所面临的问题。假设图 9-1 中所有分区都被占用了，除了 32KiB 的分区。如果有一个 4KiB 的作业请求执行，系统应该把它放入这个 32KiB 的分区中，还是应该继续等待更小的可用分区？假设把作业放进 32KiB 的分区中，然后有一个 4KiB 的进程终止。如果此时有一个 32KiB 的作业进入系统，系统就不能加载它了。反之，如果不把小作业调度到大分区中会更好一些，因为这样大作业就能在它一请求执行时就使用大分区了，而小作业也能很快被加载进来。操作系统不能预测进程什么时候结束或者什么时候请求执行，所以没有办法实现最优调度。

另一个问题是操作系统一开始该如何设立这些分区呢？在图 9-1 中，如果有一个 16KiB 的作业和一个 32KiB 的作业同时请求执行，那么系统只能加载一个，即使实际上用户内存可用空间总量是 48KiB。另一方面，如果操作系统把用户内存划分为两个大的分区，而有 6 个或 8 个 4KiB 的作业请求执行，那么除了两个作业外其他的都会被延迟。还是没有办法实现最优分区，因为操作系统不能预测未来。

536

9.1.4　可变分区多道程序设计

为了解决固定分区调度中固有的低效率，操作系统可以维护边界可变的分区，方法是只在作业加载进内存时才设立分区。分区的大小可以正好适合作业的大小，这样作业在进入系统时就会有更多内存可用。

当作业停止执行时，它占用的内存区域就可以供其他作业使用了。可供新到来的作业使用的内存区域称为洞（hole）。当操作系统把洞分配给后来的作业时，称为把洞填上了。与固定分区方案一样，操作系统调度作业使得任意时刻内存中的进程数最大。

图 9-3 给出了一个可用内存区域为 48KiB 的例子，此时尚未调度任何作业。图 9-4 是一个假想的、对图 9-3 所示用户内存进行请求的作业序列。当作业停止执行时，会释放它的内存供其他作业使用。

图 9-5 说明了调度过程。现在问题是必须解决选择标准的问题，也就是当新作业请求内存时先填哪个洞。图 9-5 使用的方法称为*最优适配算法*（best-fit algorithm）。在所有大于作业要求内存量的洞中，操作系统选择最小的那个。也就是说，系统选择最适合该作业的洞。

当 J1 请求 12 KiB 时，对于图 9-3 中的初始洞，只有一个洞能够用来分配内存。系统把最开始的 12KiB 分给 J1，剩下一个 36KiB 的洞。当 J2 请求 8KiB 时，系统把洞的前面一部分分配给它，对于 J3、J4 和 J5 来说过程类似，得到图 9-5a 所示的内存分配结果。

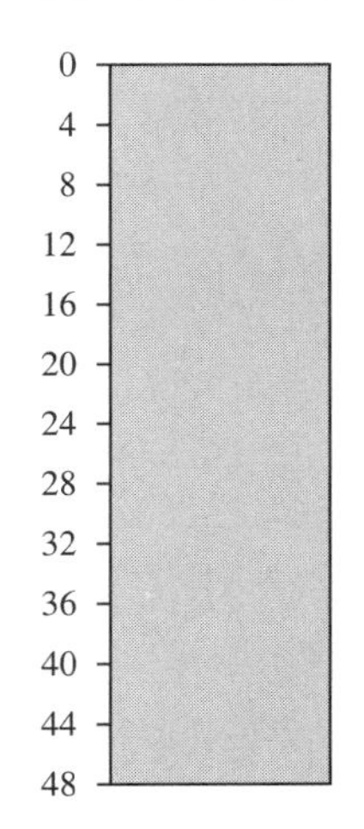

图 9-3 初始可用的用户内存。地址以千字节（KiB）为单位

作业	大小	动作
J1	12	Start
J2	8	Start
J3	12	Start
J4	4	Start
J5	4	Start
J1	12	Stop
J6	4	Start
J5	4	Stop
J7	8	Start
J8	8	Start

图 9-4 可变分区多道程序设计系统的一个作业执行序列。作业大小以千字节（KiB）为单位

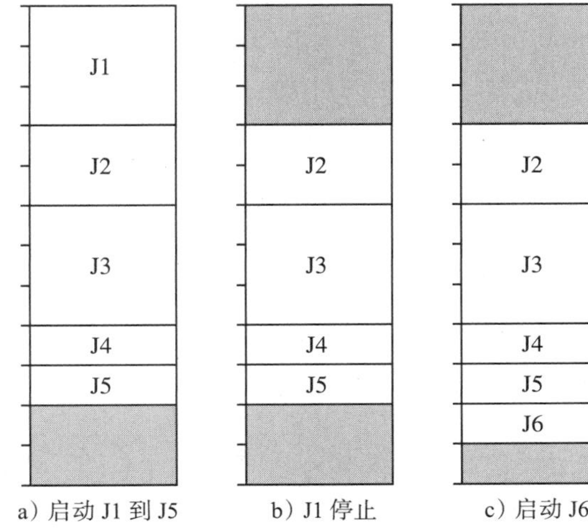

a）启动 J1 到 J5　b）J1 停止

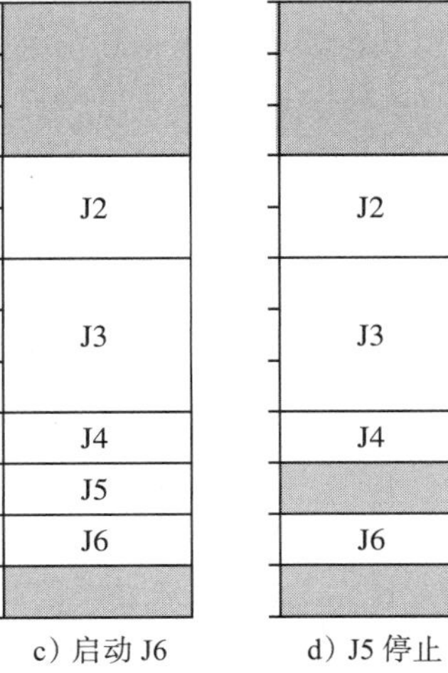

c）启动 J6　d）J5 停止

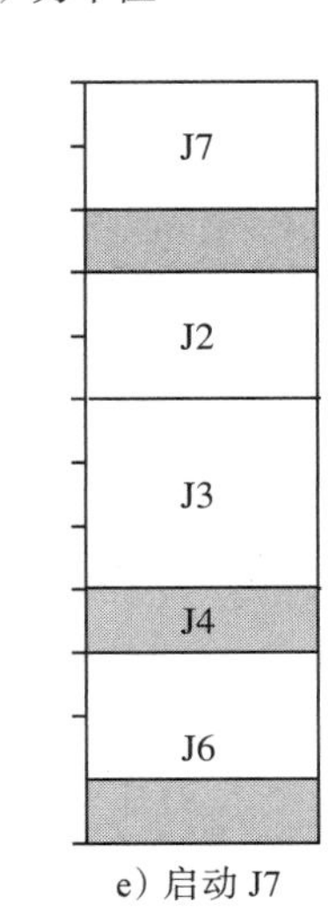

e）启动 J7

图 9-5 最优适配算法

图 9-5b 展示了当 J1 停止执行时的分配状况，此时会清除 J1 的 12KiB，在主存顶部生成了一个新的洞。当 J6 请求一个 4KiB 的区域时，操作系统可以选择将两个洞中的任意一个分配给它。根据最优适配算法，系统选择 8KiB 而不是 12KiB 的洞，因为较小的洞适配得更好。图 9-5c 给出了结果。

图 9-5d 是 J5 停止之后的分配情况，图 9-5e 是系统从顶部的洞给 J7 分配内存之后的情况。现在有三个小的洞分散在整个内存中，这种现象称为*碎片*（fragmentation）。即使 J8 想要 8KiB，可用内存的总量是 12KiB，J8 也不能运行，因为可用内存不是连续的。 537

当出现由于碎片内存而不能满足请求时，操作系统只能等待足够多的进程完成，才能有一块足够大的内存可用。在这个例子中，该请求很小，任意一个作业完成都能释放足够多的内存让 J8 得以加载。

在很拥挤的系统中运行着许多小作业，如果有一个大作业在等待，那么该请求可能要等待很长时间才能得到分配。这种情况下，操作系统可能需要花点儿时间移动一些进程，以得到一个足够大的洞来满足该请求。这个操作称为压缩（compaction）。

图 9-6a 是一种很直观的合并技术。操作系统把进程都移动到内存上部，消除它们之间的所有洞。另一种可行的合并方案是只移动必要的进程，从而得到一个满足请求的、足够大的洞。在图 9-6b 中系统只移动 J6，就可以得到一个足够加载 J8 的洞了。

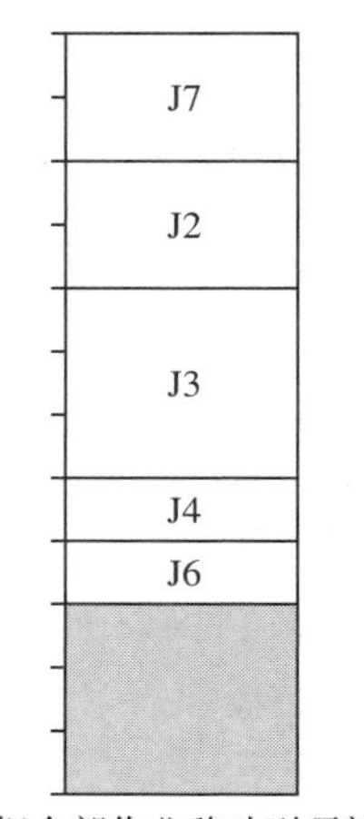

a）把全部作业移动到顶部

b）只移动 J6

图 9-6　合并主存

最优适配算法的思路是使用尽可能小的洞，把大的洞留给未来的调度，通过这种方式实现碎片最小化。另一种调度技术看上去可能不那么合理，叫作最先适配算法（first-fit algorithm）。该算法不是寻找最小的可能的洞，而是从主存顶部开始搜索，从能够容纳该请求的第一个洞开始分配内存。图 9-7 就是最先适配算法对图 9-4 中请求序列的跟踪记录。

538

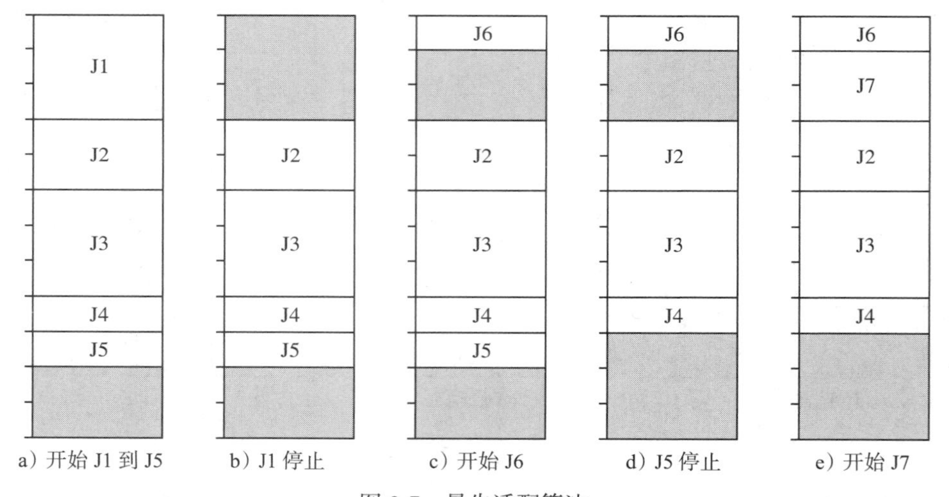

a）开始 J1 到 J5　b）J1 停止　c）开始 J6　d）J5 停止　e）开始 J7

图 9-7　最先适配算法

图 9-7a 和图 9-7b 与图 9-5 中的最优适配算法一样。在图 9-7c 中，J6 请求一个 4KiB 的分区，最先适配算法不会从内存底部最小的洞来分配，而是发现内存顶部的洞，并从它分配空间给 J6。

图 9-7d 中 J5 终止，图 9-7e 中，位于 J6 和 J2 之间的第一个可用的洞就能满足 J7 的 8KiB 请求。当 J8 请求 8KiB 时，有一个洞可用，系统不需要合并内存。

一个例子并不能说明最先适配比最优适配好。实际上，你可以设计一个请求和释放序列，使得使用最先适配比最优适配先需要合并。那么问题就是“平均起来效果是什么样的呢？”实际结果是在内存利用率上，两种算法中没有一种明显优于另一种。

最先适配算法效果不错的原因在于存储系统总是从内存顶部进行分配，就容易在主存底部形成较大的洞，如图 9-7 所示。

无论分配策略如何，在可变分区系统中，碎片是不可避免的。非连续的洞就意味着资源分配不够高效，虽然可以通过合并收回那些不可用的内存区域，但这仍然是一个很耗时的过程。

539

9.1.5 分页

分页是一种解决碎片问题的创造性方法，它不是把几个小的洞合并成一个大的洞供程序使用，而是把程序分解开去适合洞。程序不再是连续的，而是分开分散在整个主存中。

图 9-8 展示的是一个分页系统中正在执行的三个作业。将每个作业划分成页，将主存划分成帧（frame），帧的大小和页相同。该图给出了一个 64KiB 内存的前 12KiB 空间，帧的大小为 1KiB。页的大小总是 2 的幂，实际中通常 4KiB。

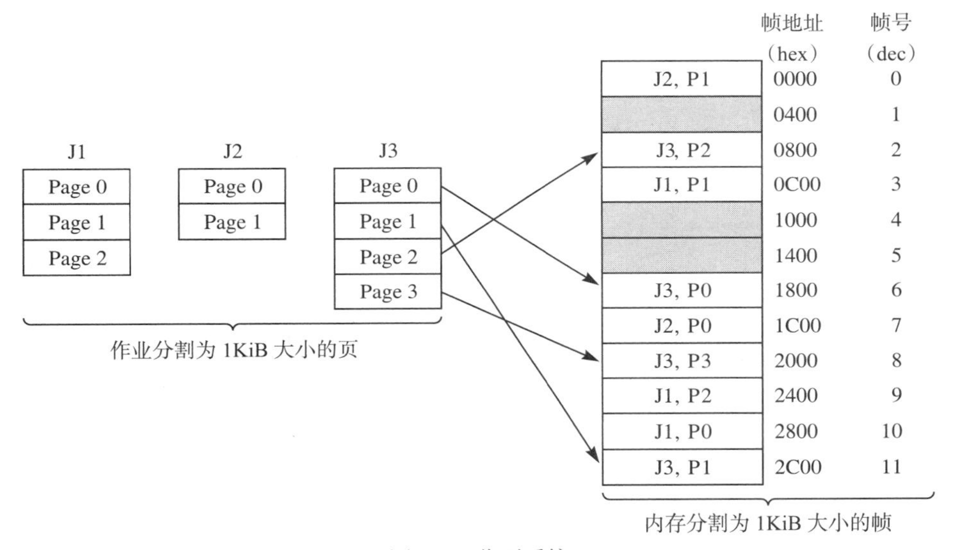

图 9-8 分页系统

作业 J3 的代码分布在主存四个非连续的帧中。位于 1800 的帧中的“J3，P0”表示作业 J3 的页 0，第二页在 2C00，第三页和第四页分别在 0800 和 2000。同样，作业 J1 和 J2 以类似方式分布在内存中。如果作业 J4 到达，需要 3 KB 内存，则操作系统可以把它分布到页 0400、1000 和 1400。系统不需要为新到来的作业而合并内存。

和前面多道程序设计内存管理技术一样，使用分页技术的应用程序会假设使用逻辑地址。操作系统必须在执行时把逻辑地址转换成物理地址。

540

图 9-9 展示的是图 9-8 所示分页系统中逻辑地址和物理地址的关系。因为页的大小是 1KiB，也就是 2^{10}，所以逻辑地址最右边的 10 位是距离页顶部的偏移量，最左边 6 位是页号。

例如地址 058F，二进制表示是 0000 0101 1000 1111。最左边 6 位是 0000 01，表示该地址对应的内存位置在页号 1 内；因为 01 1000 1111 是 399 (dec)，所以该逻辑地址表示距离页号 1 内第一个字节 399 个字节的位置。

参考图 9-8，这个字节的物理地址是距离地址为 2C00 的帧中第一个字节 399 字节的位置。

要把逻辑地址翻译为物理地址，操作系统必须把 6 位页号 0000 01 替换成 6 位帧号 0010 11，偏移量保留不变。

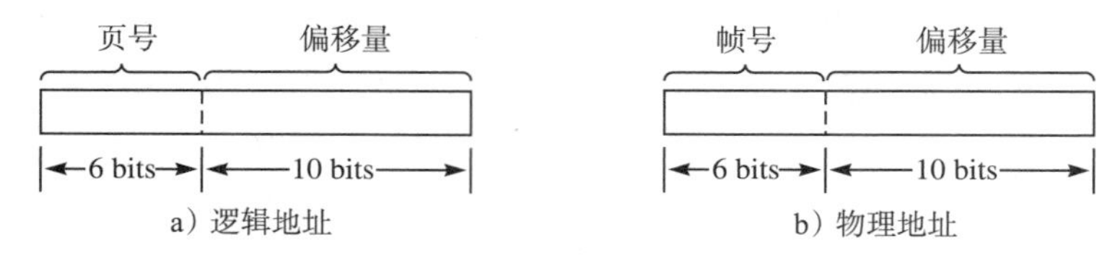

图 9-9　分页系统中的逻辑地址和物理地址

在前面的内存管理方案中，一个基址寄存器足以把逻辑地址翻译成物理地址。而分页需要一组帧号，作业的每一页都对应一个帧号。这样的帧号集合称为页表（page table）。图 9-10 给出的是图 9-8 中作业 J3 关联的页表。页表中的每个表项都是用以替换逻辑地址中页号的帧号。

541

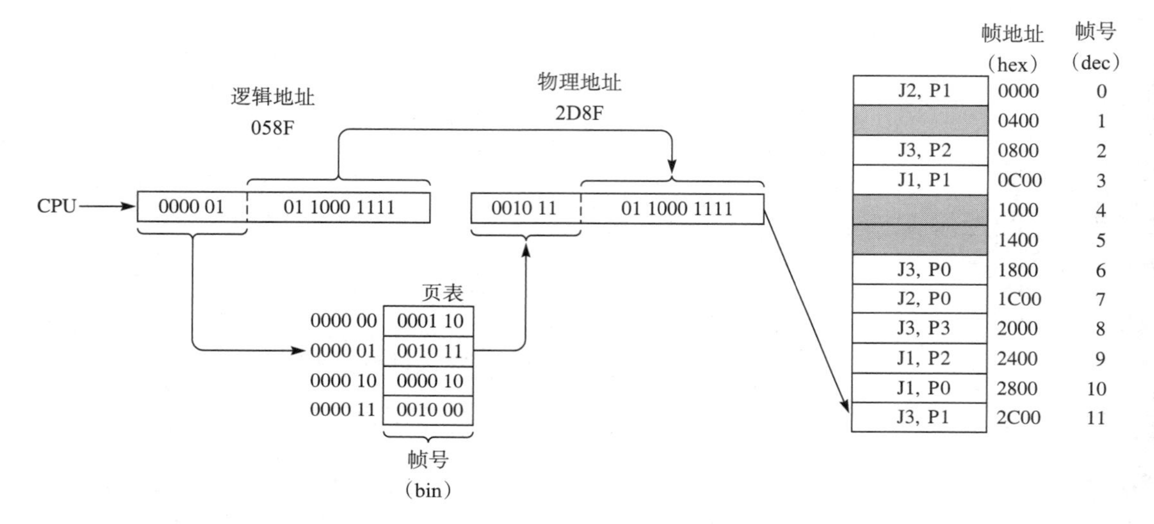

图 9-10　将带页表的逻辑地址翻译成物理地址

假设作业 J3 执行如下语句

```
LDBA 0x058F,d
```

它会使 CPU 请求从逻辑地址 058F 读内存。操作系统抽出前 6 位 0000 01，然后把它们作为页表地址，一个特殊的硬件内存存储着该作业的帧号。从页表中读出的帧号替换逻辑地址中的页号，得到物理地址。

CPU 发出的指令是读取地址 058F 的内容，但实际上是从物理地址 2D8F 读出了一个字节。程序以为它自己被加载到一片从地址 0000 开始的、连续的内存区域，操作系统通过为每个被加载进内存的作业提供一个页表来维护这种假象。这完完全全是个“骗局”，实际上进程在时间上不断中断，在空间上也是分散的，根本不知道自己被“欺骗”了。

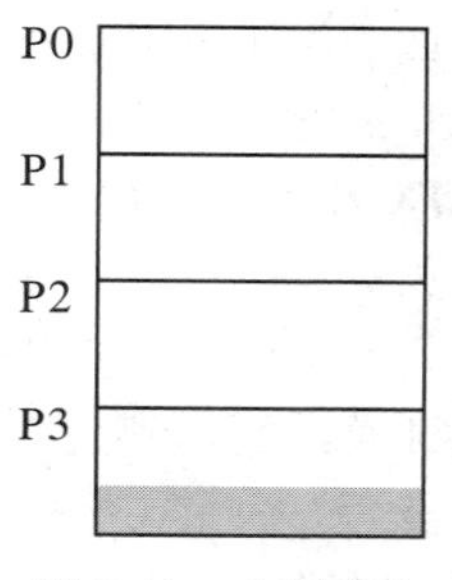

图 9-11　内部碎片

分页也没有消除碎片，意识到这一点非常重要。作业的大小很少能刚好是页大小的整数倍，这样一来最后一页中就会有一些内存未被使用，图 9-11 展示的是作业 J3 的情况。作业最后一页中未被使用的内存称为*内部碎片*（internal fragmentation），区别于可变分区策略中操作系统可见的外部碎片。

542

页的大小越小，平均来说内部碎片就越少。不幸的是，这也是需要权衡折中的。页的大小越小，对给定大小的主存，帧数就越多，因此页表就越长。因为每次内存引用都要访问页表，页表通常设计成尽可能快的电路，这是很昂贵的，所以页表必须保持较小以降低成本。

9.2 虚拟内存

看上去好像已经很难再改进分页系统的内存利用率了，但是实际上人们又把分页的概念进一步提升了。考虑一个大型程序的结构，比如说可能会装满50页。要执行这个程序，真的有必要把50页同时全部装进主存吗?

9.2.1 大程序的行为

大多数大程序都是由几十个过程组成的，其中有些可能根本不会执行。例如负责处理输入错误情况的过程，如果输入没有错误，它就不会被执行。再如初始化数据等其他过程，可能只执行一次，在剩下的时间里都不再需要执行。

大程序中常见的控制结构是循环。当循环体反复执行时，只有循环内的代码需要驻留在内存中，循环外部（从执行的角度看）距离很远的代码不需要放在内存中。

程序可能还包括很大的从未访问的数据区域。例如，如果在C中声明了一个结构数组，但是不知道程序运行时会遇到多少个这样的结构，可能就会分配比预计多一些的个数。包含这些不会被访问的结构的页就不需要加载。

对典型大程序的分析表明，只把程序中活跃的页加载进内存是可行的。活跃的页包含反复执行的代码和反复访问的数据。

活跃页的集合称为*工作集*（working set）。随着程序的进展，工作集中会加入新的页，也会有旧的页退出。例如，在执行开始的时候，包含初始化过程的页就在工作集中，随后工作集会包括处理过程的页，而不含有初始化过程的页。

543

9.2.2 虚拟内存

记住，在较高抽象层次上的程序员以为程序是在逻辑地址从0开始且连续的内存中执行的。假设系统每次只从正在执行的作业加载几个页，但同时仍然保持这个假象，程序员就可能编写根本不能一次性装入主存的超大程序，但是这样的程序仍然能够执行。用户看到的不是已经安装好的有限的内存，而是一个虚拟内存，只受到虚拟地址和磁盘容量的限制。

例如，在较老的Pep/7计算机中，地址是16位的，因此理论上可以访问2^{16}字节（64KiB）的内存。不过实际上只安装了32KiB内存。应用程序从0000开始，不能装超过31 000（dec）字节，否则就落入操作系统的内存区域了。系统安装少于地址位数允许的内存是很常见的，之后用户可以购买更多的内存来升级系统。

假设Pep/7计算机安装了一个支持虚拟内存的操作系统。程序的物理内存被限制为3000字节，但是程序员还是想执行64KiB的程序。操作系统把执行程序所需的页面从磁盘加载到内存帧。当一个页含有要执行的语句或要访问的数据时，就需要加载它，操作系统会去除一个不再活跃的页，替换为需要加载的页。程序员看到程序在一个64KiB的虚拟地址空间中执行，实际上物理地址空间只有32KiB。

图 9-12 展示了如何扩展分页系统以实现虚拟内存系统。系统中有 3 个作业，J1 有 10 页，J2 有 2 页，J3 有 4 页。注意，物理内存只包含 8 帧，但是即使 J1 大于物理内存，它仍然可以执行。操作系统需要一个特殊的硬件，为每个作业保存一张页表，还有一张帧表，每个表项对应一个帧。为了说明简单，帧号用十进制给出。

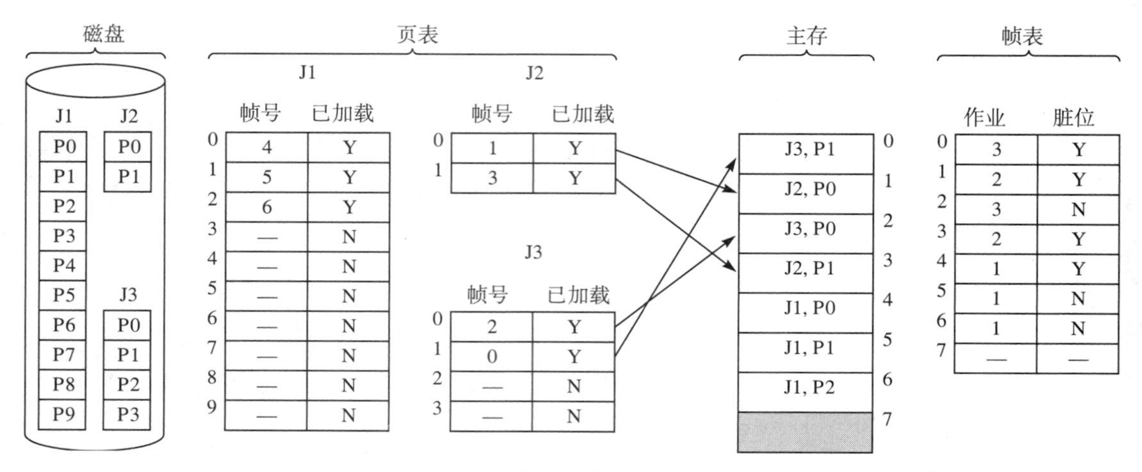

图 9-12　虚拟内存的一种实现

页表把逻辑地址翻译成物理地址，如图 9-10 所示。不过在虚拟内存系统中，虽然作业在运行，但是它的有些页并没有加载到内存中。页表中每个页都有额外的一位告诉操作系统该页是否已加载。如果页已经加载到内存中了，则该位为 1，否则为 0。图 9-12 用 Y 表示 1，是 yes 的意思，用 N 表示 0，即 no。

帧表是为了帮助操作系统为各个作业从主存中分配帧。第一项表示分配给该帧的作业，第二项这 1 位称为*脏位*（dirty bit），它的功能稍后解释。

544

9.2.3　按需分页

图 9-12 说明作业 J1 和 J3 并没有把所有页都加载进主存。假设 J3 在执行页 P1 中的代码，P1 被加载进帧 0，接下来就要执行一条 LDWA 指令，它的操作数在 P2 中。操作系统怎么知道 J3 需要把 P2 加载进内存呢？因为操作系统不能预测未来，只有 J3 实际执行到 LDWA 语句时，它才能知道这一点。

在把逻辑地址翻译为物理地址的过程中，硬件要访问 J3 的页表，以确定物理地址的帧号。因为加载位为 N，所以发生一个称为*缺页*（page fault）的中断。操作系统会干预并服务该中断。

当缺页发生时，操作系统搜索帧表，确定系统中是否还有空的帧。图 9-12 显示帧 7 是可用的，所以操作系统可以把 P2 加载到该帧中，再更新帧表，记录帧 7 包含 J3 的页，也更新 J3 的页表，将 P2 记录在帧 7 中，并把加载位设置为 Y。

当操作系统从中断返回时，它会把程序计数器设置为导致缺页的指令地址，即重新执行该指令。这次，当硬件访问 J3 的页表时，不会再发生中断了，LDWA 指令的操作数会被放入累加器中。

545

那么，什么时候操作系统要把一页加载进主存？答案很简单，就是当程序需要它的时候。在前面的例子中，J3 通过缺页中断机制请求加载 P2。分页机制和按需分页的区别在于按需分页只在有需求的时候才把页载入内存，如果从来不需要某个页，那么就永远也不会载入它。

9.2.4 替换页

当J3需要P2被加载时，操作系统没有问题，因为主存中还有空的帧。不过假设作业请求页的时候，所有帧都被填满了，这时，操作系统必须选择一个已经加载进来的页，把它替换出去，释放它的帧给新请求的页。

被替换的页之后可能还会加载，并可能加载到不同帧中。要保证再次加载的状态和替换前的状态相同，操作系统可能需要保存页的状态，在页被替换时把它写回磁盘。在有些情况下，也可能在被替换时不必把页写回磁盘。

图9-12中，J1有10页存储在磁盘上，其中3页已经加载进了主存。当J1执行LDWA和ASLA这样的指令时，不会修改主存中页的状态。LDWA引发一个内存读，并把操作数放进累加器中。ASLA会改变累加器的值，该动作不涉及内存读或内存写。这两条指令都不会引起内存写。

但是当J1执行像STWA这样的指令时，会改变主存中页的状态。STWA把累加器的内容放在操作数的位置上，在进程中进行内存写。如果操作数在帧4的P0中，P0在主存中的状态就会改变。磁盘上的P0页和主存中当前的P0就不完全一致了。如果没有执行过存储指令，那么该页在磁盘上的映像和主存中该页的副本会完全一样。

在缺页发生时，操作系统会选择一个页进行替换，如果磁盘上的映像仍然是内存中该页的一个副本，那么就不需要把该页写回磁盘。为了帮助操作系统决定是否需要写回，帧表的硬件中包含了一个特殊位——脏位。

当页被初次加载到空帧中时，操作系统把脏位设置为0，在图9-12中用N表示。如果有存储指令引起写内存，硬件会把该帧的脏位置为1，在图中用Y表示。称这样的页为脏页，是因为它已经不再处于原始的干净状态。如果选择替换某个页，操作系统会检查脏位，决定是否必须在用新页覆盖该帧之前把该页写回磁盘。 546

9.2.5 页替换算法

在按需分页系统中，操作系统有两项内存管理任务：给作业分配帧，以及当发生缺页且所有帧都满了时，选择替换的页。

一种合理的帧分配策略是假设大作业需要比小作业更多的帧，系统可以按比例分配帧。如果J1是J2的两倍，则执行时需要的帧就应该是J2的两倍。

假设作业执行时的帧数是固定的，操作系统怎么决定缺页发生且该作业的所有帧都满了时，该替换哪个页呢？两种可行的页替换算法是先进先出（First In，First Out，FIFO）和最近最少被使用（Least-Recently Used，LRU）。

图9-13展示的是FIFO页替换算法的行为，在这个系统中一个作业被分配了三个帧。当作业执行时，CPU向主存发送连续的读写请求流。每个地址的第一组位是页号，如图9-9和9-10所示。页引用是执行作业所产生的页号序列。

图9-13表明在第一个请求发生前有三个空页可用。作业请求P6时发生缺页，在图中用F表示，然后P6被加载进一个帧中。

当作业请求P8时又发生缺页，P8被加载到一个空帧中。图中的方框不表示某个特指的帧，可见 P6 向下移动了一个方框以放入 P8，在实际计算机中，P6 是不会移动到另一个帧中的。

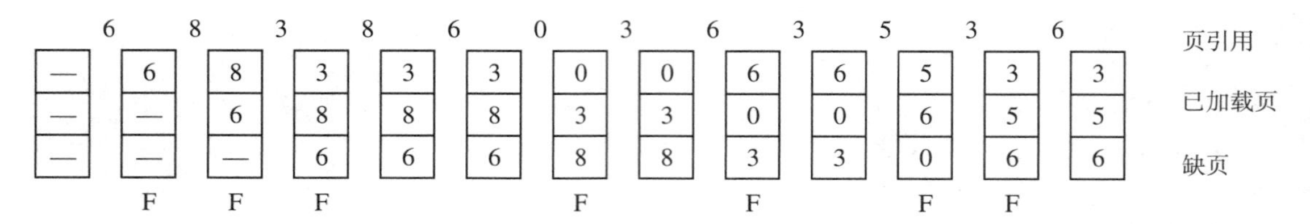

图 9-13　使用三个帧的 FIFO 页替换算法

对 P3 的引用会再次引发缺页，但是接下来对 P8 的引用就不会了，因为 P8 仍然在加载页集合中。类似地，对 P6 的引用也不会产生缺页。

547

对 P0 的引用会导致缺页中断，响应该中断必须要选择一个替换页。FIFO 算法会替换最先进入帧集合的页。因为图中把已有的页往下移，然后放入新的页，所以最先加载的页在底部，即 P6。操作系统会用 P0 替换 P6。

当作业有三个帧时，给定的 12 个页引用引发了 7 次缺页。如果作业有更多的帧，页引用序列应该会产生更少的缺页。图 9-14 给出的是 FIFO 算法对同一个页引用序列但是有四个帧的执行情况。如预期的那样，这个序列产生的缺页次数较少。

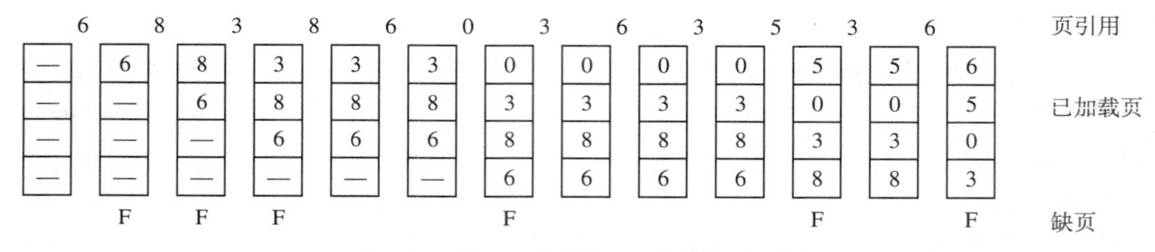

图 9-14　使用 4 个帧的 FIFO 页替换算法

通常来说，如果帧数增加，缺页次数会减少，如图 9-15a 所示，像前面两个例子说明的那样。不过在按需分页系统发展的早期，人们发现了一个很奇怪的现象，对于一个给定的页引用序列，FIFO 页替换算法实际上可能在使用更多帧的情况下，却产生更多的缺页。

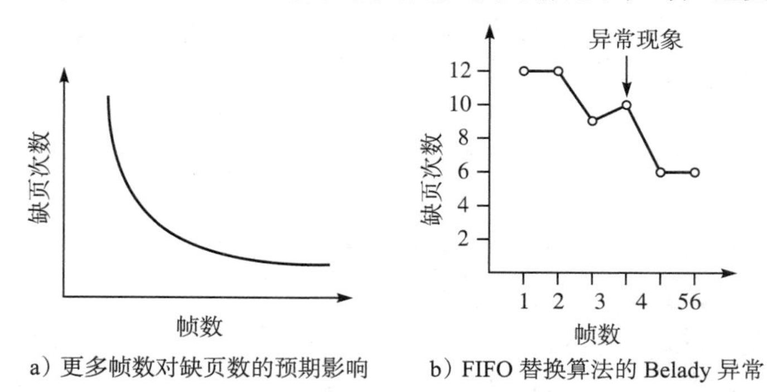

a）更多帧数对缺页数的预期影响　　b）FIFO 替换算法的 Belady 异常

图 9-15　帧数对缺页次数的影响

具有这样属性的页引用序列是

0, 1, 2, 3, 0, 1, 4, 0, 1, 2, 3, 4

图 9-15b 是该序列帧数与缺页次数的关系图，结果显示 4 个帧的缺页数比 3 个帧更多。

这种现象称为 Belady 异常（Belady's anomaly），是根据发现者 L. A. Belady 的名字命名的。

FIFO 算法选择在帧集合里存在时间最长的页，这看上去是个合理的标准。当作业执行时，会进入新的代码和数据区域，来自旧区域的页就不再需要了，所以会替换最老的页。

但是再仔细想想，考虑页最近一次被引用距离当前的时间比考虑页已经在帧集合里的时间可能更好一些。LRU 背后的思想是，最近引用的页比未引用的页更可能在不远的将来被引用。

548

图 9-16 说明的是对图 9-13 中同样的页引用序列，LRU 页替换算法是怎样工作的。请求 P6、P8 和 P3 会得到同 FIFO 算法一样的状态。接下来请求 P8 会把该页带到顶部的方框里，表明 P8 现在是最近使用过的。后续的请求 P6 会把 P6 带到顶部，把 P8 和 P3 往下移。图中的方框按照前面的使用顺序排序，最远被使用的页在底部。

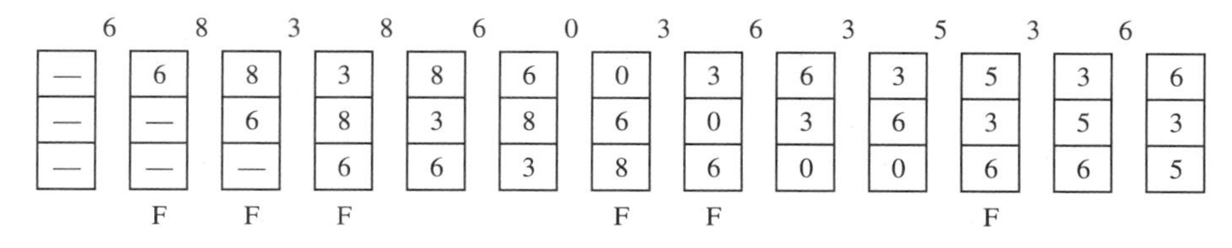

图 9-16 使用三个帧的 LRU 页替换算法

对于这个序列，LRU 算法产生的缺页比 FIFO 算法少一个，不过一个例子并不能说明 LRU 优于 FIFO，因为也有可能构造出一个序列，使 FIFO 产生的缺页次数比 LRU 少。

实际中，操作系统根据具体计算机可用的硬件特性会有独特的页替换算法。大多数的页替换算法都类似于 LRU，对于真实作业的页请求序列，LRU 的效果通常比 FIFO 更好。从理论上看 LRU 更好一些的一个证明就是 Belady 异常不会发生在 LRU 替换中。

前面例子中的页引用序列只说明了页替换算法，这并不实际。对于一个按需分页的系统，要想高效，缺页率必须保持在每 100 000 次内存引用中会有大约一次缺页。

一个设计合理的、基于按需分页的虚拟内存系统能够满足操作系统的两个目标。它为高级编程提供了方便的环境，因为程序员编写代码时不需要受到物理内存的限制。另一方面，它能高效地分配内存，因为只有在需要的时候，作业的页才会加载进内存。

9.3 文件管理

549

操作系统还要负责维护磁盘上的文件。文件是一种抽象数据类型（ADT）。对于系统的用户来说，文件包含数据序列，可以由程序或者操作系统命令进行管理。对文件常用的操作包括：

- 创建新文件
- 删除文件
- 重命名文件
- 打开文件进行读
- 从文件读出下一块数据

操作系统要连接起 HOL6 层或 Asmb5 层程序员看到的文件的逻辑组织和文件在磁盘上的物理组织。

9.3.1 磁盘驱动器

图 9-17 展示的是磁盘驱动器的物理特性。图 9-17a 说明硬盘驱动器是由几个覆盖着磁

记录物质的盘片组成的，盘片附着在中央转轴上，转轴通常以每分钟 7200 转的速度旋转。靠近每个磁盘表面的地方有一个读 / 写头，它连接到一个机械臂，机械臂可以在盘片表面沿着半径方向移动读 / 写头。

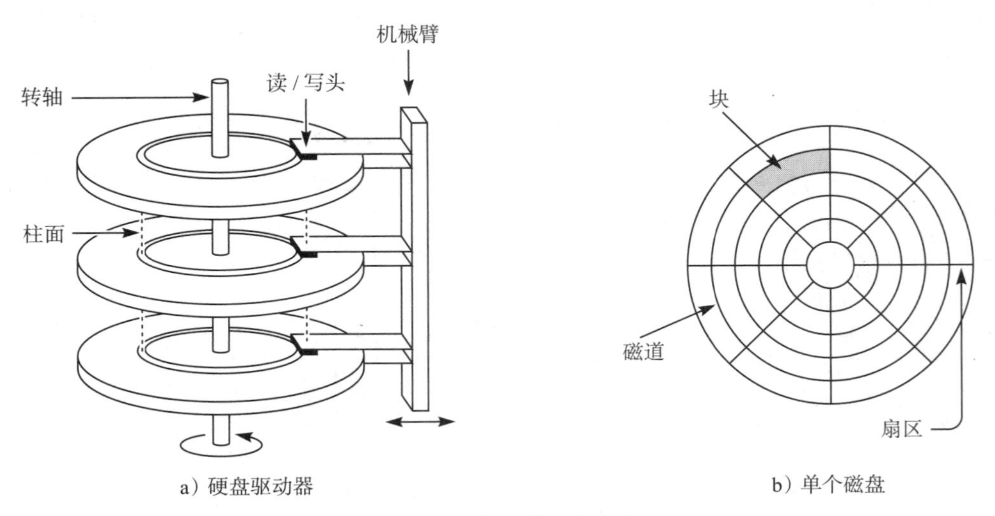

a）硬盘驱动器　　b）单个磁盘

图 9-17　磁盘驱动器的物理特性

550

图 9-17b 给出的是一个单独的磁盘。如果机械臂固定在一个位置，那么当磁盘旋转时，读 / 写头下面扫过的区域形成一个环。每个环是一个磁道，它存储着位序列。磁道又划分成馅饼（pie）形状的扇区。块是一个盘片表面的一个磁道的一个扇区。柱面是机械臂位置固定在某个位置时，所有盘片表面上对应磁道的集合。块地址包括三个组成部分：柱面号、盘片表面号和扇区号。

在硬盘驱动器中，读 / 写头是浮在表面之上的，中间有一小层空气垫。硬盘中的磁头碰撞（head crash）是机械故障，磁头擦到了盘片表面，破坏记录物质。

从给定的块读出信息的过程分为四步：1）机械臂把读 / 写头移动到指定柱面；2）电子电路选择指定盘片表面对应的读 / 写头；3）等待一段时间，等指定块移动到读 / 写头下；4）读一个块必须要求整个块经过读 / 写头。第 2 步是一个电子功能，相比起其他 3 个步骤，发生的时间可以忽略不计。

与 3 个机械步骤相对应的时间分别是：

- 寻道时间
- 延迟
- 传输时间

寻道时间（seek time）是机械臂移动到指定柱面花费的时间，延迟（latency）是读 / 写头到位之后块到达读 / 写头的时间；而传输时间（transmission time）是块经过读 / 写头的时间。访问一个块所需的时间是这三段时间之和。

9.3.2 文件抽象

在较高抽象层次上的用户不需要担心物理磁道和扇区。操作系统要隐藏物理组织的细节，只向用户展示文件的逻辑组织，把文件作为一种 ADT。

例如，在 C 中执行如下语句

```
fscanf(fp, "%d", &myData)
```

这里 fp 的类型是 FILE*，可以把 fp 逻辑上看成数据项的线性序列，当前位置处于序列中的某个位置。函数 fscanf() 获取在当前位置的数据项，再把当前位置向前移到序列中下一个数据项处。

物理上，文件中的数据项可以在不同的磁道和盘片上，而且，硬件不维护当前物理位置，读语句的逻辑行为是由操作系统软件控制的。 551

9.3.3　分配技术

本节最后将讲述三种物理层上的存储分配技术：连续、链接和索引。每种技术都要求操作系统维护一个目录，记录文件的物理位置。这个目录和其他文件一起存储在磁盘上。

如果每个文件都足够小并能装进一个块中，那么文件系统维护起来就很简单，目录只需包含磁盘上所有文件的列表，目录中的每个表项会记录文件的名字和文件存储的块的地址。

如果文件太大不能装进一个块中，那么操作系统必须为它分配多个块。采用**连续分配**（contiguous allocation）时，操作系统要使文件的物理组织与逻辑组织匹配，把文件连续地放在一个磁道相邻的块中。

如果文件太大放不进一个磁道中，系统会继续往第二个磁道里放。在单面磁盘中，第二个磁道在同一个盘面上与第一个磁道相邻。在双面磁盘中，第二个磁道在第一个磁道的同一柱面上。如果文件还是太大装不进一个柱面，则将文件继续放在相邻的柱面上。

图 9-18 是连续分配的示意图。每一行 8 个块代表每个磁道分为 8 个扇区，和图 9-17b 一样。每个块上的数字是块地址，是指定块地址所需三个数字的简写形式。块 0 包含目录。 552

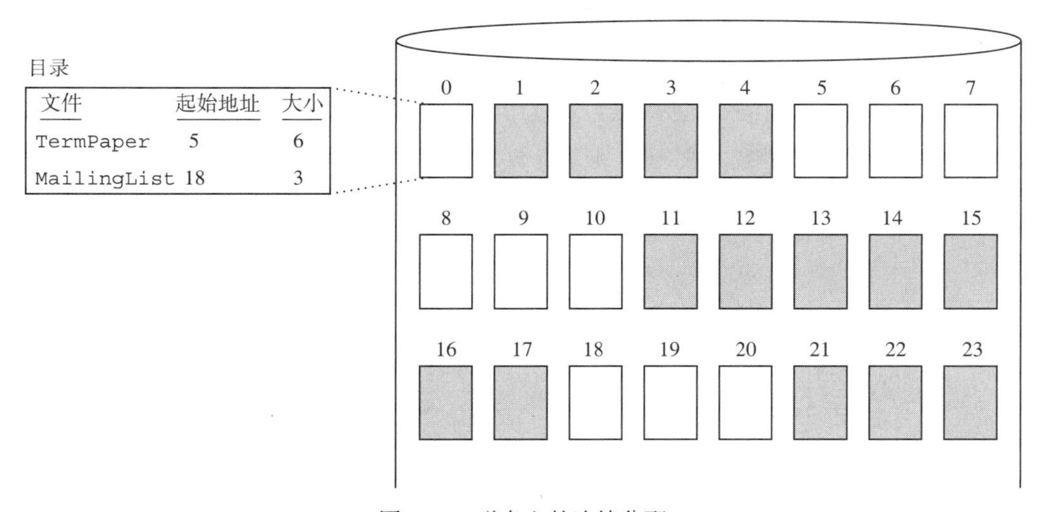

图 9-18　磁盘上的连续分配

目录列出了每个文件的名字、起始地址和大小。文件 TermPaper 从块 5 开始，包括 6 个块，最后三个块从第二个磁道继续。系统为什么不把块 1 ～ 6 分配给该文件呢？如果另一个文件先前占用了块 1 ～ 4，然后又被用户从磁盘删除了，就可能出现图中所示的情况。

图 9-18 中占用和未占用的磁盘存储模式非常类似于图 9-5 和 9-7 中占用和未占用的主存模式。实际上存储管理的问题都是一样的。当文件创建后被删除，存储都会出现碎片。有可能因为有太多分散在磁盘上的小洞而无法创建一个新文件。为了给新文件腾出空间，操作系

统提供磁盘合并工具，用来移动磁盘上的文件以制造出一个大的洞，如图 9-6 所示。

和主存一样，磁盘的合并操作也是非常耗时的。为了避免合并，操作系统可以把文件存储在物理上分散在磁盘上的块中。图 9-19 中的链接分配技术就是系统用以维护这类文件的一种方式。

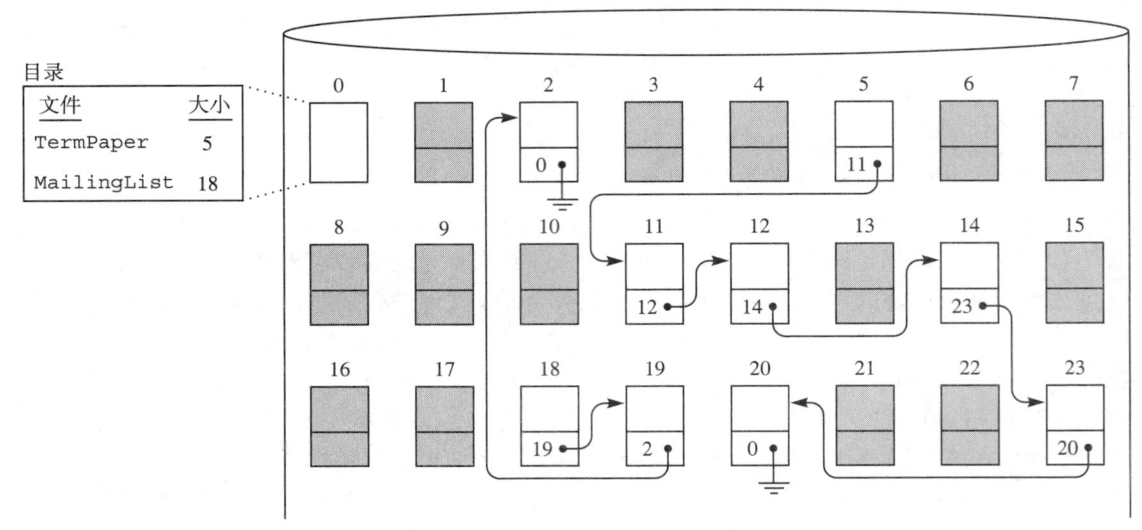

553

图 9-19　磁盘上的链接分配

这个目录包含文件第一块的地址。每个块的最后几个字节保留给下一块的地址。整个块序列形成了一个链表。最后一个块的链接字段值为空（nil），作为标记字符。

链接技术的一个缺点是很容易受到故障的影响。在图 9-19 中，因为硬件故障或是软件漏洞块，假设块 12 的链接字段中有一个字节被破坏了。那么，操作系统还能访问文件的前三块，但是没有办法知道后三块在哪里。

图 9-20 中的索引分配技术把所有地址都放进目录里一个称为索引（index）的链表中，这样一来，即使索引中地址 12 中的一个字节损坏了，操作系统只会丢失那一个块。

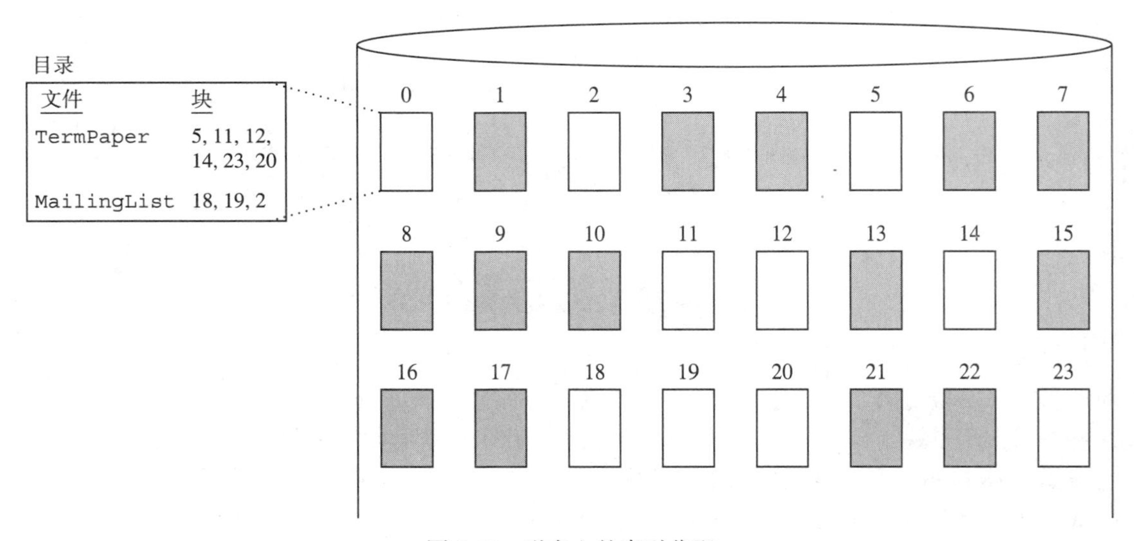

图 9-20　磁盘上的索引分配

连续分配相对于非连续分配的主要优点是速度。如果文件存储在一个柱面中，就只需要在开始访问时等待寻道和延迟时间，整个文件的读取速度只受到传输时间的制约。即使文件不止在一个柱面上，在读完第一个柱面后，也只需要等一个很短暂的、到相邻柱面的寻道时间。

如果一个文件的块分散在整个磁盘上，则每访问一个块都需要经历寻道时间和延迟时间。即使是使用非连续分配策略，定期重新组织一下文件的物理布局，使块尽量连续，也是很值得的。这个操作称为磁盘清理（defragmenting）。

554

9.4 错误检测与纠错码

要想可靠，计算机系统必须能够处理物理错误，这在真实世界里是不可避免的。例如，如果你通过因特网发送了一封电子邮件，传输线路上的一些静电可能会改变一个或几个位，结果接收者收到的位模式和你发送的不完全一致。再举个例子，系统从主存发送一些数据到磁盘驱动器，由于短暂的机械问题，存储到磁盘上的位模式可能会改变。

对于这类错误有两种解决方法：

- 检测错误并重传或丢弃接收到的消息
- 纠正错误

这两种方法使用的都是给消息增加冗余位的技术，用以检测或纠正错误。

9.4.1 错误检测码

假设想要传送一条有关天气情况的消息，有四种可能性：晴朗、多云、下雨和下雪。发送者和接收者约定好用下面的位模式来对信息编码：

00，晴朗

01，多云

10，下雨

11，下雪

如果下雨，发送者就发送 10。但是在传输线上最后的 0 跳变成 1，那么接收者收到 11，会错误地认为是下雪。

检测是否发生了错误最简单的方法是，使用发送者和接收者共同确认的某种计算方法向消息中添加一个冗余位，称为奇偶位（parity bit）。最常见的方法是设置奇偶位为 0 或 1，使得 1 的总数为偶数。采用这种方法，发送者和接受者同意使用下述位模式，其中奇偶位用下划线标明：

000，晴朗

011，多云

101，下雨

110，下雪

555

现在假设发送者发送 101 的下雨消息。如果出现错误把 0 变成了 1，那么接收者会收到 111，并知道发生了错误，因为 111 不是一个事先确定好的位模式。接收者可以请求重传，或者丢弃收到的消息。

注意，错误发生在奇偶位和错误发生在某个数据位一样，接收的消息都是没有用的。例如，如果接收者收到 111，他不知道错误发生在发送 011 时第 1 位错了，还是发送 101 时第

2 位错了，抑或是发送 110 时第 3 位错了，他只知道发生了错误。

发送者和接收者也可商量使用奇校验。奇校验是指校验位的计算是为了让 1 的总数为奇数。对于发送者和接收者来说，他们只需要决定采用什么样的奇偶计算。

如果传输中出现了两个错误会怎么样呢？比如不仅是 0 变成 1，而且最后一个 1 也变成了 0，接收者收到 110。但是现在 110 是一个约定好的模式，那么接收者会错误地认为该消息是下雪的意思。

位模式的集合 {000, 011, 101, 110} 称为*编码*（code），集合中一个单独的模式（例如 101）称为*编码字*（code word）。上述编码不能发现两位错，它是一位错检测编码。错误编码会基于一个很现实的假设，即发生一位错的概率要远远小于 1.0，因而发生两位错的概率要远远小于发生一位错的概率。没有哪种编码能 100% 肯定检测出所有错误，因为总有可能同时出现多个错误刚好把一个编码字变为另一个编码字。错误码仍然有用，因为它们能处理大部分错误事件。

9.4.2 编码要求

假设要检测一位或两位错，显然需要更多的奇偶位。问题是“需要多少奇偶位？”并且“该如何设计编码呢？”答案涉及一种距离的概念。两个长度相同的编码字之间的*海明距离*（hamming distance）定义为它们位不相同的位置的个数。这是根据 Richard Hamming 的名字命名的，1950 年他在贝尔实验室研究并得出了这项理论。

例 9.1 编码字多云 011 和下雨 101 之间的海明距离是 2，因为它们有两个位置上的位不相同，即第一位和第二位。 ■

看看天气编码 {000, 011, 101, 110} 可以发现，所有两个代码字之间的距离都是 2。可见能够检测一位错的编码，两个代码字之间的距离不能为 1。假设有这样两个编码字 A 和 B，如果发送者发送 A，传输中发生了一位错，把 A 和 B 不同的那一位反转了，接收者会以为发送的是 B。该编码无法检测出这样的一位错。

556

编码距离（code distance）是编码中任意一对编码字之间最小的海明距离。

例 9.2 编码 {00110, 11100, 01010, 11101} 的编码距离为 1。虽然几个编码字之间的距离不全为 1，例如 00110 和 11101 的海明距离为 4，但是有一对字之间的距离仅为 1，即 11100 和 11101。如果用这个编码发送天气信息，还是不能保证能够发现所有可能的一位传输错误。 ■

要设计一个好的编码，添加奇偶位的方法要使得编码距离尽可能大。要想发现一位错，编码距离必须至少为 2。如果要发现两位错，编码距离应该为多少呢？不能为 2，因为那意味着存在一对编码字 A 和 B 之间的海明距离为 2，如果发送者发送 A，传输中出现的错误刚好把使得 A 区别于 B 的两位反转，接收者就会以为发送的是 B。

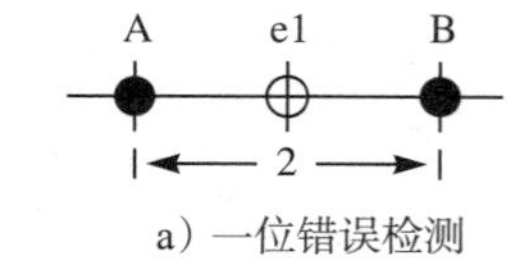

a）一位错误检测

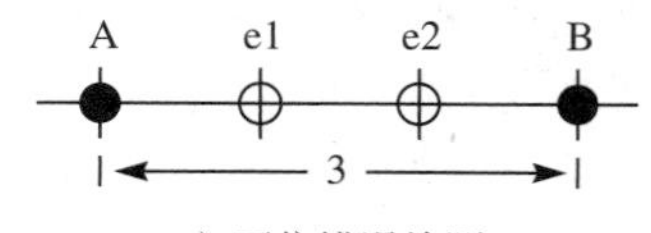

b）两位错误检测

图 9-21 错误检测码的最小海明距离

图 9-21 是这个概念的示意图。A 是发送的编码字，B 是最接近 A 的编码字，两者之间的空心圆表示并未发送但是由于传输错误有可能接收到的字。图 9-21a 中，发生一位错可能出现 e1，图 9-21b 中一位错会出

现 e1，两位错会出现 e2。

总的来说，要发现 d 位错，编码距离必须满足如下公式

$$编码距离 = d + 1$$

例如，要检测三位错，编码距离必须至少为 4，原因是距离 A 最近的字至少为 $d+1$，那么就不可能反转 A 的 d 位把它变成另一个编码字。

距离的概念对纠错码也有用。假设对天气消息采用如下编码：

00000，晴朗

01101，多云

10110，下雨

11011，下雪

557

如果收到 11110，如何判断？可以说发送的是 00000（晴朗），发生了四位错。但是这是一个合理的结论么？不是，因为 11110 更接近 10110，这是下雨的编码字。如果这样判断，假设的就是发生了一位错，发生一位错的概率要远高于发生四位错的概率。

一般来说，设计纠错编码要添加足够多的奇偶位，使得编码距离足够大，这样接收者才能纠正错误。接收者纠错的方法是计算收到的字和每个编码字的海明距离，选择最接近接收到的字的编码字，这里的“近”是通过海明距离来定义的。

图 9-22 是纠错概念的示意图。同前面一样，A 是发送的编码字，B 是最接近 A 的编码字，空心圆是由于传输错误而接收到的字。图 9-22a 给出的情况是编码能够纠正一位错。编码距离是 3，所以即使出现了一位错，接收到的 e1 仍然距离 A 比距离 B 更近，所以接收者会认为发送的是 A。如果发送 A，并且出现两位错，收到了 e2，接收者会错误地认为发送的是 B。

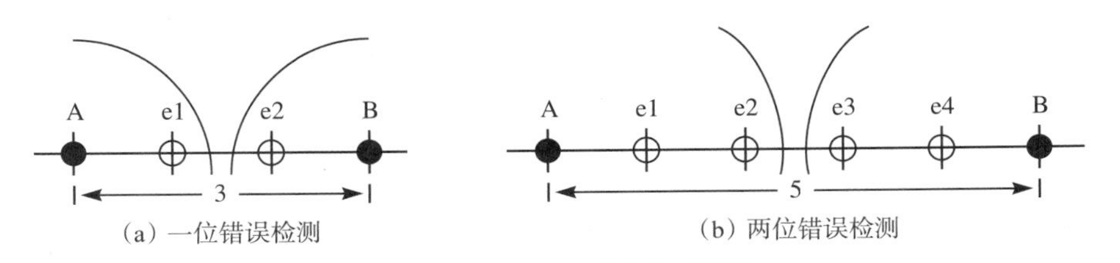

图 9-22 纠错码的最小海明距离

图 9-22b 展示的是能够纠正两位错的编码。如果发送 A 且出现两位错，则收到 e2，e2 距离 A 比 B 更近。只有当距离为 5 时才能做到纠正两位错。

总的来说，要纠正 d 位错，编码距离必须满足下面的公式

$$编码距离 = 2d + 1$$

例如，要纠正三位错，编码距离必须至少为 7。这是由接收方的决定过程导致的：如果接收方收到的字接近 A，就认为发送的是 A，而接收到的字接近 B，就认为发送的是 B。A 和 B 之间的距离必须能够容纳这两组接收到的字，这也就是公式中 d 乘以 2 的原因。同时距离也必须是奇数，所以公式中要 +1。如果距离是偶数，就会出现接收到的字离 A 和 B 一样远，那么接收者就没有办法判断发送哪个字的概率比较高了。

558

纠正一位错的编码同样可以用来检测两位错，因为它们的编码距离都是 3。这取决于接收者想怎样处理错误。可以假设没有发生两位错并纠正这个错误，也可以更保守一些，假设可能发生了两位错，丢弃该消息或者请求重传。

9.4.3　纠正一位错误编码

前面一节中我们描述了检测和纠正错误编码所需要的编码距离。还有一个问题是如何挑选编码字以满足要求的编码距离。实际上人们已经设计出了许多不同的能够纠正多位错误的编码方案，本节将讨论纠正一位错误编码的效率并讲解一种构建此类编码的系统方法。

图 9-23a 给出了一个编码字的结构，有 m 个数据位和 r 个奇偶位，该编码字共 $n=m+r$ 位。编码字如果是 n 位，那么接收到可能的位模式有 2^n 种。图 9-23b 是一种分类方案，可以把这些字分为没有错误和有一位错误的类。图中给出的是 n=6 时的情况，e1、e2、e3、e4、e5 和 e6 是六种可能收到的字，和 A 有一位不同。如果收到这其中的一个，接收者会认为发送的是 A。类似地，e7、e8、e9、e10、e11 和 e12 是与 B 距离为 1 的可能收到的字。也有可能收到其他不包含在这些组里的字，对应于传输中出现多于一个位错误的事件，但是这种情况下收到的字与任何编码字的距离不会小于等于 1。

559

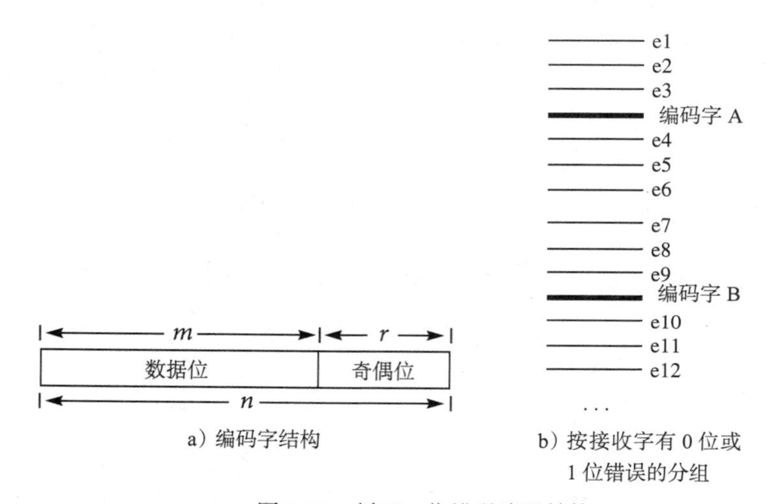

a）编码字结构　　b）按接收字有 0 位或 1 位错误的分组

图 9-23　纠正一位错误编码结构

一般来说有 n 个字与 A 的距离为 1，所以包括 A 在内第一组中字的总数是（$n+1$）。类似地，B 组、C 组里也都有（$n+1$）个字，以此类推。每个编码字有一个组，如果有 2^m 个编码字，那么就有 2^m 个组，所以图 9-23b 中字的总数为（$n+1$）2^m。可能还有其他一些收到的字不在图 9-23b 中，但是总数不可能超过 2^n。因此，

$$(n+1)2^m \leqslant 2^n$$

用 $n=m+r$ 进行替换，两边都除以 2^m，得到

$$m+r+1 \leqslant 2^r$$

这个公式说明了在具有 m 位数据位的消息中，要纠正一位错误需要多少个奇偶位 r。

使得上述公式为等号关系的编码称为*完美编码*（perfect code），一个例子就是 m=4，r=3。把奇偶位和数据位一起传输增加了传输时间，对于这种编码，每传 4 位数据，就要传额外的 3 位奇偶位。所以，纠错码增加了 3/4 = 75% 的传输时间开销。如果需要传输一个很长的位流，就要把流分割成很多块，再为每一个块添加奇偶位。块越大，开销越小。计算机总是在发送字节流，所以块的大小总是 2 的幂。图 9-24 给出了几组 m 值为 2 的幂时 m 和 r 之间的关系。

560

海明设计了一种非常聪明的方法来决定纠正一位错误编码的奇偶位，它的思想是不要把奇偶位放到编码字的最后，而是把它们分散到编码字中。该技术的优点是接收者可以直接计算出哪一位出错，而不用计算接收到的字与所有编码字之间的距离。图9-25给出的是 m=8，r=4 的情况下奇偶位的位置。位的位置从左往右依次编号，奇偶位的位置分别是1、2、4、8，即2的幂。这里的示例中，传输的数据是1001 1100，但是这些位在编码字中不是连续存储的。

数据位 m	奇偶位 r	开销百分比
4	3	75
8	4	50
16	5	31
32	6	19
64	7	11
128	8	6

图9-24 纠正一位错误编码的开销

1	2	3	4	5	6	7	8	9	10	11	12
		1		0	0	1		1	1	0	0

图9-25 在8位数据位的纠正一位错误编码中4位奇偶位的位置分布

每个位的位置编号可以写成唯一的2的幂相加之和，如下所示：

1=1　　5=1+4　　9=1+8
2=2　　6=2+4　　10=2+8
3=1+2　　7=1+2+4　　11=1+2+8
4=4　　8=8　　12=4+8

要确定在位置1的奇偶位的值，注意它出现在位置1、3、5、7、9和11的求和公式的右边。使用偶校验的话，要把该奇偶位设置为使得这些位置中1的总个数为偶数。位置3、7和9是1，所以1的个数是奇数，因此在位置1的奇偶位的值应该设置为1。每个奇偶位要检测的位置分别是：

奇偶位1检测1，3，5，7，9，11
奇偶位2检测2，3，6，7，10，11
奇偶位4检测4，5，6，7，12
奇偶位8检测8，9，10，11，12

你可以自己计算一下编码字中其他几个奇偶位，验证结果111100101100。

现在假设发送了该编码字，在传输过程中位置10的值发生了错误，接收者收到的是111100101000，据此计算出的奇偶位为101100111000，可以看出位置2和8上接收到的奇偶位和计算出来的奇偶位是不同的。因为2+8=10，所以可知在位置10的位错了，把位置10的值反转，就纠正了错误。这种纠错技术的好处是接收者不需要把接收到的字与所有编码字进行比较以确定它离哪个编码字最近。

561

9.5 RAID存储系统

在计算机发展早期，磁盘体积大且昂贵。随着技术的进步，磁盘体积变小，数据容量增加，也没有那么贵了，最后磁盘变得非常便宜，要存储大量数据时，可以把多个驱动器组装成一个驱动器阵列，这样比构造一个超大的驱动器更划算。这样的驱动器组合称为*廉价磁盘冗余阵列*（Redundant Array of Inexpensive Disks，RAID）系统。

RAID的思想是相对于只有一个转轴的大磁盘驱动器来说，磁盘阵列有更多转轴，每个都有自己的一组读/写头，可以并发操作，以此提高性能。同时，冗余也可以用来纠正和检测错误，增加系统的可靠性。RAID控制器向操作系统提供了一层抽象，使得磁盘阵列看上去像一个很大的磁盘。相应地，也可以由软件来提供这层抽象，作为操作系统的一部分。

组织磁盘阵列有几种不同的方式，最常见方案的行业标准术语是：

- RAID 0 级：非冗余条带化
- RAID 1 级：镜像
- RAID 01 和 10 级：条带化和镜像
- RAID 2 级：内存风格的错误校验码（ECC）
- RAID 3 级：位交叉奇偶校验
- RAID 4 级：块交叉奇偶校验
- RAID 5 级：块交叉分布奇偶校验

每种组织方式都有各自的优点和缺点，适用于不同的场景。本节接下来将介绍上述各种等级的 RAID。

9.5.1　RAID 0 级：无冗余条带化

图 9-26 是 RAID 0 级的组织结构。本来应该存储在连续块中的数据被分成了条带，分布在阵列中的几个磁盘上。图 9-18 中块 0 ～ 7 在一条磁道上，8 ～ 15 在下一条磁道上，以此类推。一个条带包括几个块，例如，如果每个条带 2 个块，那么图 9-18 中的块 0 和块 1 存在条带 0 上，块 2 和块 3 存在条带 1 上，以此类推。

562

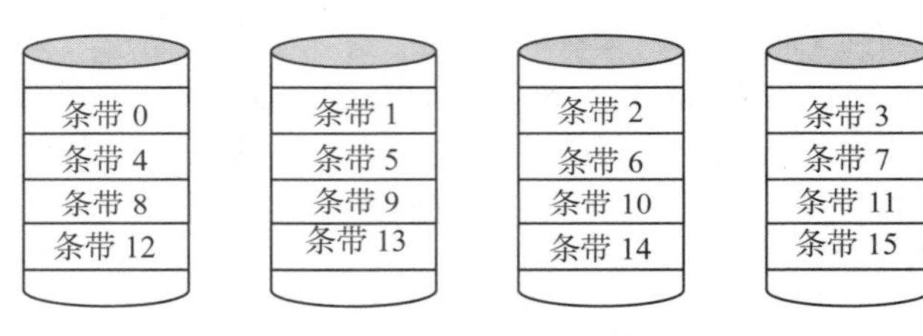

图 9-26　RAID 0 级：无冗余条带化

操作系统看到的是图 9-18 所示的逻辑磁盘，而实际物理磁盘如图 9-26 所示。如果操作系统请求磁盘读块 0 ～ 7，RAID 系统会并行地读条带 0 ～ 3，并发可降低访问时间。如果要服务一个读块 0 ～ 10 的请求，也就是条带 0 ～ 5，则第一块磁盘需要顺序传输条带 0 和条带 4，第二块磁盘也同样需要顺序传输条带 1 和条带 5。这样的组织架构需要至少两块硬盘。

0 级的优点是提高了性能，但是如果大多数读 / 写请求的都是同一个块或者同一个条带，0 级的问题就显现出来了，因为这种情况下没有并发性。同时，它也不像其他级一样有冗余，所以可靠性不是很高。假设所有磁盘质量都相同，那么四块磁盘同时运行出现故障的概率比只运行一块磁盘出现故障的概率要高。

9.5.2　RAID 1 级：镜像

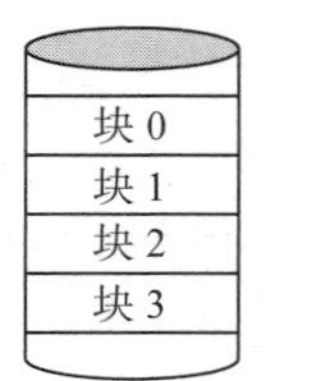

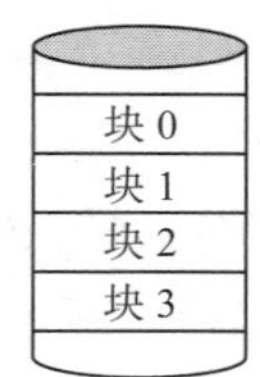

图 9-27　RAID 1 级：镜像

对磁盘做镜像是指在另一块独立的磁盘上维护这块磁盘的完全一致的映像，如图 9-27 所示。不做条带划分，只是严格复制，提供冗余以防磁盘驱动器故障。

563

磁盘写要求写到两个磁盘上，不过这可以并行，所以写性能不会比写一个磁盘差很多。对于磁盘读，控制器可以选择从具有最短寻道时间和延迟的磁盘读。所以磁盘读的性能比只有一个磁盘要好。如果一个磁盘坏掉了，在更换它的同时，另一个磁盘可以继续运行。当替换磁盘装好之后，可以复制好的磁盘，很容易备份好新盘。只有两个磁盘的时候，通常会采用镜像；如果有四个磁盘，通常使用 01 级的条带化，这样能够带来性能提升，效果更好。

9.5.3 RAID 01 和 10 级：条带化和镜像

可通过两种方式把 RAID 0 级和 1 级结合起来，从而同时具备两者的优势。第一种称为 RAID 01 级，或 0+1、0/1、镜像的条带，如图 9-28a 所示。采用镜像的条带方式，只需镜像复制 0 级条带化的磁盘结构。第二种是 RAID 10 级，或 1+0、1/0、条带化的镜像，如图 9-28b 所示。不是用冗余的磁盘复制 0 级的磁盘，而是让所有磁盘结对做镜像，然后再在这些镜像之间做条带化。

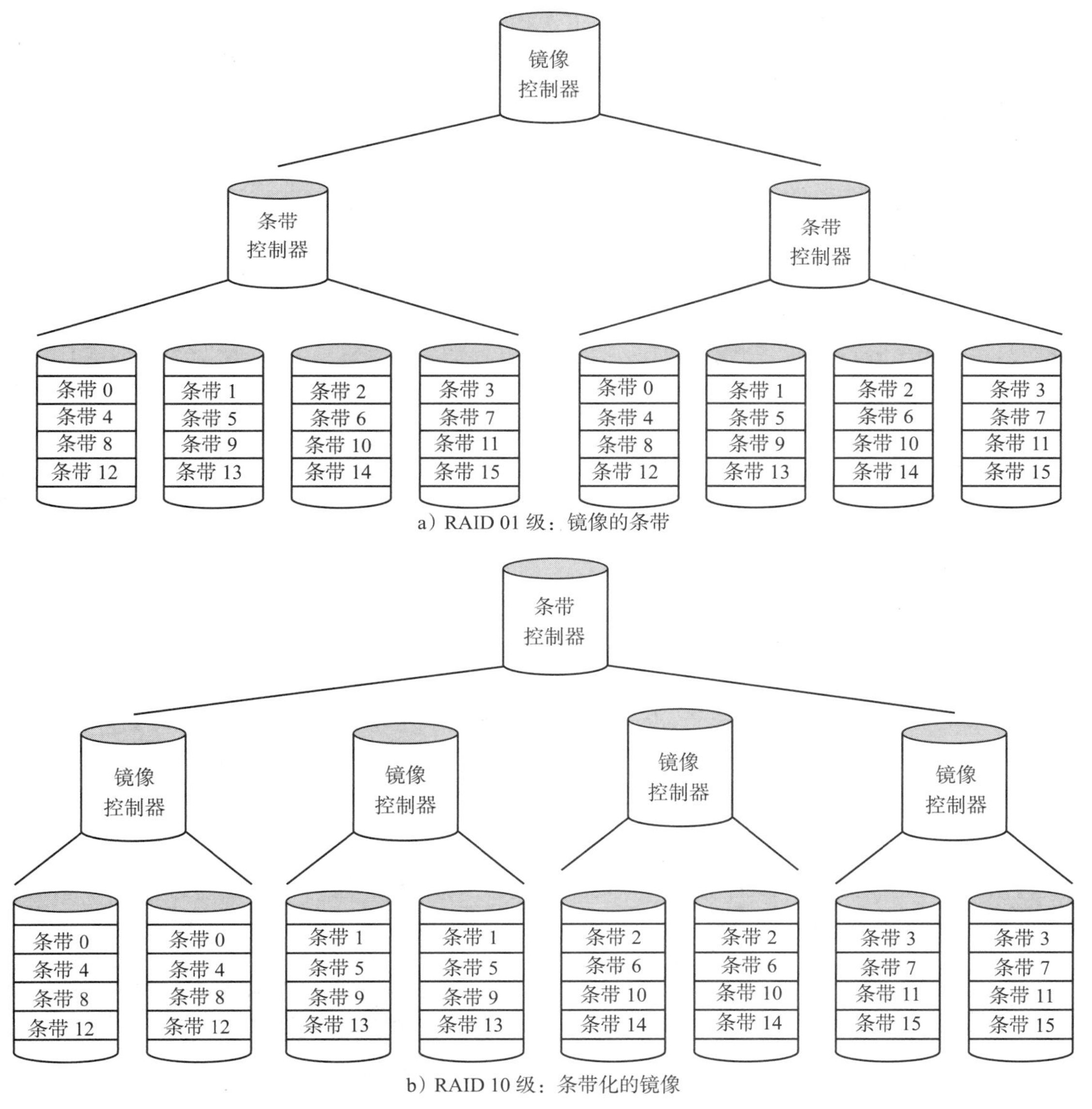

图 9-28 将 RAID 0 级和 1 级组合起来

RAID 10 级实现起来比 01 级代价高一些。图 9-28a 中的 01 级，每个条带控制器形成一个系统，使得四个条带化的磁盘对镜像控制器来说看上去像一个磁盘。镜像控制器是使得两个镜像磁盘对计算机来说看上去像一个磁盘的系统。而图 9-28b 中的 10 级，每个镜像控制器使得两个互为镜像的磁盘对于条带控制器来说像一个磁盘。条带控制器使得四个条带化的磁盘对于计算机来说看上去像一个磁盘。在这里例子中有八个磁盘，对于 01 级来说需要三个控制器，而对于 10 级来说需要五个控制器。

10 级相对于 01 级的优势是可靠性。假设有一块物理磁盘坏了，比如说第三块。图 9-28a 中，首先第一个条带控制器会向镜像控制器报错，然后镜像控制器会使用右边的镜像磁盘，直到故障盘被替换。实际上在整个故障期间，左边四个物理磁盘都是不工作的。在图 9-28b 中，第三块盘损坏会导致第二个镜像控制器只使用第四块盘（第二块镜像磁盘），直到故障盘被替换。在故障期间，只有一块物理磁盘是不工作的。

在两种情况中，计算机看到的 RAID 磁盘的服务都是不间断的，看上去可靠性好像是一样的。但是如果有两块盘同时坏掉，问题就来了。图 9-28a 中，如果一块坏盘在左边的条带磁盘中，另一块在右边，那么 RAID 磁盘整个出现故障。如果两块坏盘在同一组条带磁盘中，那么 RAID 磁盘还能工作。图 9-28b 中，只有同一对镜像磁盘都坏了，RAID 磁盘才不能工作，这个事件发生的概率要小于 01 级 RAID 故障的概率。本章后面有关于这个问题量化分析的练习。

564~565

与 01 级相比，10 级还有一个优势是在故障盘被替换后做镜像拷贝的时间更短。图 9-28a 中，镜像控制器把每个条带磁盘当作一个整体，而不是四块独立的磁盘。每次修复时，镜像控制只能把整个好的条带服务器（即四块盘）的内容都复制到修复好的条带磁盘上。而在 10 级中，所有镜像都在一对磁盘上完成，修复一块故障盘只需要拷贝一块磁盘的内容。

低端 RAID 系统通常支持 01 级，而高端系统既支持 01 又支持 10。采用这样的系统，就能既获得条带化的性能优势，又获得镜像的可靠性优势。在有些情况下读性能甚至好于 0 级。考虑这样一个场景，01 级系统，读请求条带 0 ～ 5。条带 0 ～ 3 可以从第一组驱动器上并发读，条带 4 和条带 5 可以从镜像上并发读。01 级和 10 级都要求偶数个硬盘，最少需要四块。

9.5.4　RAID 2 级：内存风格的 ECC

镜像的存储开销是巨大的，达到 100%，因为每块盘都被复制了。图 9-24 是纠正一位错误编码（single-Error-Correcting Code，ECC），它的开销更小，通常用在高可靠的存储系统中。用三个奇偶位纠错四个数据位，开销降到 75%。它使用 2 级系统，在位级别上划分条带。图 9-29 给出了每个半字节在前四个磁盘上的分布。后三个磁盘是纠正一位错误编码的奇偶校验位。

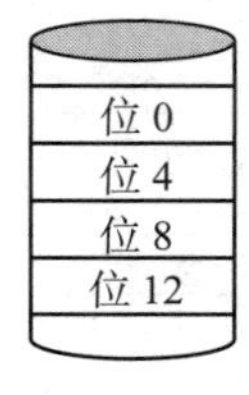

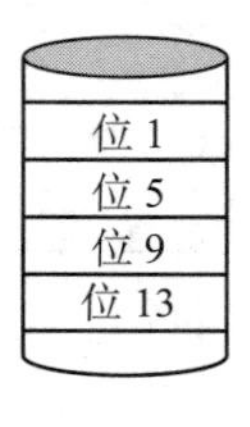

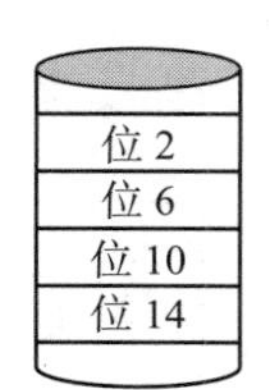

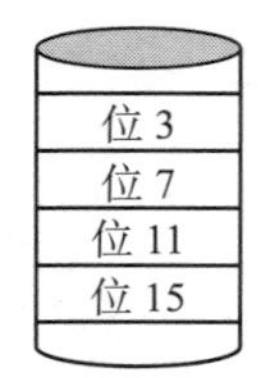

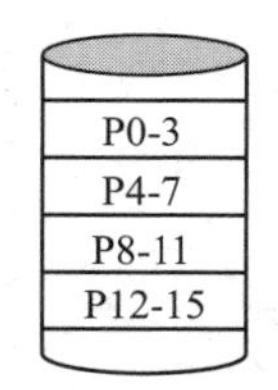

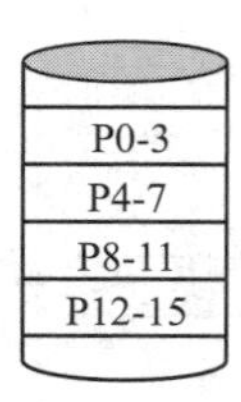

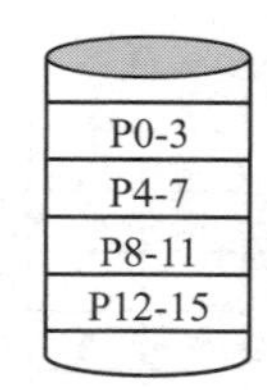

图 9-29　RAID 2 级：内存风格的 ECC

为了保持性能，驱动器的旋转必须同步。完成一次磁盘写，磁盘控制器计算每个半字节的奇偶校验位，写数据的同时写入校验磁盘。读的时候，控制器从数据计算出校验位，把它们和从校验盘中读出的位进行比较，如果有错误就进行修正。 566

这种方案用在一些比较老的超级计算机上，通常是32个数据位和6个奇偶校验位，以保证开销较小。今天，便宜的磁盘都有内部位级纠错能力，所以2级系统在商业上不再使用了。

9.5.5 RAID 3级：位交叉奇偶校验

到目前为止，磁盘阵列中最常见的故障是阵列中有一块磁盘损坏，而磁盘控制器可以发现这样的故障，所以系统知道故障在哪里。如果在位级做条带化，那么假如知道哪一位坏掉了，只用一个奇偶位就可以纠正该错误。例如，假设要修复半字节1001，使用偶校验，奇偶位是0，那么存储10010。图9-30显示1001分别存在位0、位1、位2、位3，而奇偶位0存在P0-3。

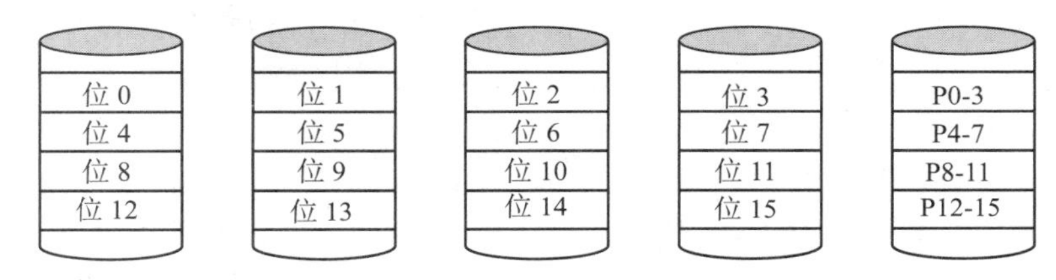

图9-30 RAID 3级：位交叉奇偶校验

假设第四块盘坏了，所以知道位3、7、11、15等不可用了。需要读的数据是100x0，x是必须纠正的位。因为使用的是偶校验，所以1的个数必须为偶数，所以x必定为1。知道错误发生在哪里有助于将纠正一位错误编码的开销降低到1个奇偶位。

虽然3级系统比2级系统提高了效率，但还是有一些缺点。3级系统的故障磁盘恢复非常费时。使用镜像，只需把剩下的好盘的内容克隆到替换盘，但是对于位交叉奇偶校验，新替换的磁盘上的位必须从其他磁盘上的位计算而来，因此必须先访问这些位。重建通常是由控制器自动完成的。

只有当磁盘故障需要纠错并恢复替代盘的时候，才会使用奇偶盘。所以，每次写请求都要更新奇偶位。因为每个磁盘驱动器在位级都有自己的ECC，所以每次读请求时不需访问奇偶盘（除非有驱动器坏了）。3级系统的访问时间并不比单个磁盘的访问时间长，但是2级和3级要求每次读/写请求都访问每块数据盘，所以无法获得较大条带带来的并发性。 567

9.5.6 RAID 4级：块交叉奇偶校验

3级和4级的唯一区别是条带的大小。3级中条带是1位大小的，而4级中条带是一个或多个块。图9-30中P0-3代表1位，但在图9-31中P0-3表示整个条带。

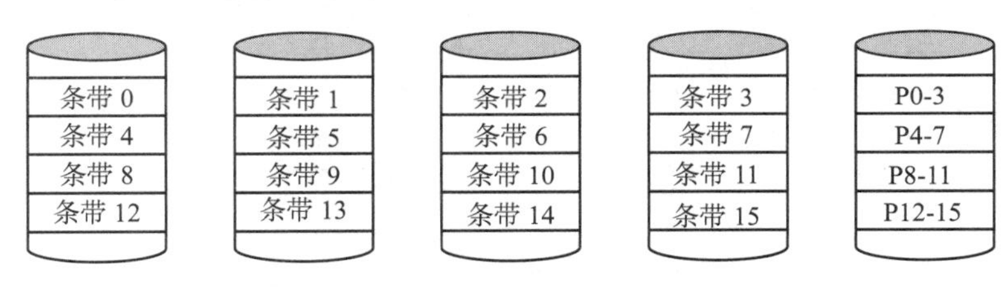

图9-31 RAID 4级：块交叉奇偶校验

例如，如果每个条带是1KiB大小，那么一个文件在条带上的分布如下：

条带0：位0～1023

条带1：位1024～2047

条带2：位2048～3071

条带3：位3072～4095

P0-3的第1位是位0、1024、2048和3072的奇偶校验位，P0-3的第2位是1、1025、2049和3073的奇偶校验位；以此类推。因为条带不是位级别上的，与2级和3级不同，所以磁盘的旋转不需要同步。

4级相比起3级来说，对于小的随机读请求更有优势。如果每个文件的条带都分布在不同的磁盘上，那么寻道、延迟和传输都可以并行发生。在3级系统中，即使只是读一个小文件，也要求所有数据驱动器都保持一致工作，多个小文件必须顺序地读。

虽然比起镜像组织来，4级的开销已经大幅减少，但是它最大的问题是写请求。如果要写一个跨越条带0～3的文件，可以计算P0-3的奇偶位，在写数据的同时写入奇偶校验磁盘。但是假设要写的文件只包含在条带0内，那么要改变条带0就必须改变P0-3，而P0-3除了是条带0的校验盘，同时也是条带1、2和3的校验盘。看上去需要读条带1、2、3和新的条带0一起计算新的校验位。不过有更有效的方法，不需要读条带1、2和3，只需读出旧的条带0和旧的P0-3。对于新旧数据条带中每个位的位置，如果新的位不同于旧的位，那么就会把1的数量从偶数变为奇数（或从奇数变为偶数），所以必须反转P0-3中对应的位。如果新值和旧值相同，相应的奇偶位就可以保持不变。对于四个数据磁盘，这项技术可以把磁盘读次数从3减为2。

568

即使采用这样的技术，每次写请求都会要求对奇偶盘进行一次写，不管请求有多小，因此奇偶盘会成为性能瓶颈。

9.5.7　RAID 5级：块交叉分布奇偶校验

5级系统能消除奇偶盘成为瓶颈的现象。它不会把所有奇偶位都存储在一个盘上，而是把奇偶信息分散在所有盘上，这样就没有一块盘需要负责整个阵列的奇偶信息了。

图9-32给出了一种常见的组织架构，称为*左对称奇偶校验分布*，把奇偶信息分布到所有磁盘上。它的优点是如果顺序读一组条带，会先访问所有磁盘一次，然后再访问第二次。图中假设按照条带0、1、2、3、4的顺序访问，会依次访问第一、第二、第三、第四和第五块磁盘。如果把条带4放到图中条带5的位置，就需要按顺序访问第一、第二、第三和第一块磁盘，也就是访问了第一块磁盘两次，却一次都没有访问第五块磁盘。可以看到无论从哪个条带开始访问，这个属性都是成立的。

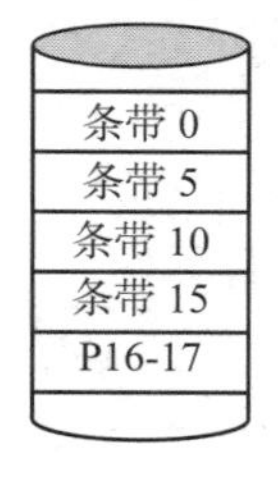

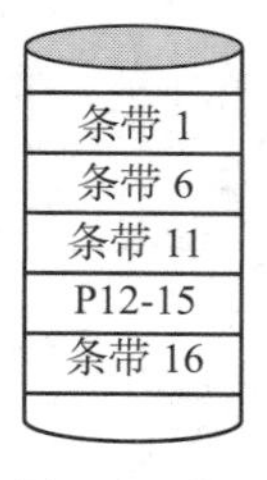

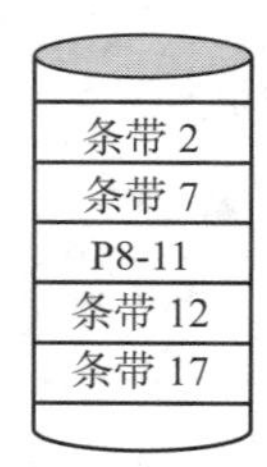

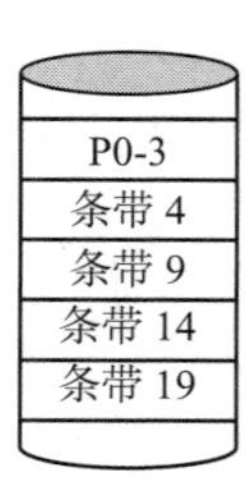

图9-32　RAID 5级：块交叉分布奇偶校验

5级RAID是高可靠性、高性能、高容量和低存储开销的理想组合，是目前最流行的高端 RAID 系统。最流行的低端系统可能是 RAID 0 级，它并不是一个真正意义上的 RAID，因为没有冗余，所以也没有增强可靠性。 569

本章小结

操作系统以 CPU 利用率的方式分配时间，以主存和磁盘分配的方式分配存储。分配主存有五种技术：单道程序设计、固定分区多道程序设计、可变分区多道程序设计、分页和虚拟内存。采用单道程序设计，从头到尾都只有一个作业在执行，该作业占用整个主存。固定分区多道程序设计允许几个作业并发执行，要求操作系统在执行任务前决定内存分区的大小。可变分区多道程序设计允许根据作业的要求调整分区的大小，减轻了固定分区多道程序设计中固有的低效率问题。最优适配和最先适配是处理可变分区多道程序设计的碎片问题的两种策略。

分页通过把程序分段装进内存的洞里，减轻了碎片问题。程序不再连续，而是分段并分散在主存中。作业被划分为大小相等的页，主存也被划分成同样大小的帧。程序员看到的逻辑地址借助于页表被翻译为物理地址。页表包含存储在主存中的每个页的帧号。

按需分页也称为*虚拟内存*，直到作业需要某一页时才把它装载进内存。执行并不要求整个程序都装进主存，相反，只有称为*工作集*的活跃页才装进内存。当被引用的页面不在内存中就会发生缺页。先进先出（FIFO）和最近最少被使用（LRU）是两种算法，用来决定当新页需要一个帧来存放时，应将主存中的哪一页替换出去。通常人们会期望随着内存帧数的上升缺页数应该下降，但是 Belady 异常表明采用 FIFO 替换算法时，帧数的增加可能会导致缺页数量的增加。

磁盘访问时间由三部分组成：寻道时间，这是机械臂移到指定柱面花费的时间；延迟，这是当机械臂到位后，块旋转到读 / 写头的时间；传输时间，这是块经过读 / 写头的时间。磁盘管理的三项技术是连续、链接和索引。和主存一样，磁盘存储也有碎片的问题。

可以往数据位中添加一些冗余位以检测或纠正数据传输或存储中可能发生的错误。两个编码字之间的海明距离是不同位的个数。接收者通过选择距离接收到的字海明距离最近的编码字来纠正错误。通过正确选择冗余位放置的位置，可以不用把接收到的字与所有编码字都做比较就纠正一位错误。 570

廉价磁盘冗余阵列（RAID）是一组磁盘，在操作系统看来就好像是一个大的磁盘。RAID 系统的两个优势是性能和可靠性：性能来源于系统中有多转轴实现的并发数据访问；可靠性来源于冗余磁盘驱动器实现的错误纠正和错误检测。

练习

9.1 节

1. 采用图 9-4 中的格式，设计一个作业执行序列，使得最先适配算法比最优适配算法先需要合并压缩。画出每种算法在需要合并之前主存的碎片情况。
2. 图 9-10 是一个分页系统的页表，它起到和多道程序设计系统中基址寄存器一样的翻译逻辑地址的作用。图中没有给出边界寄存器对应的功能是如何完成的。
   *(a) 要保护其他进程的内存空间不受非法访问，分页系统是否需要边界值表？每页一个还是一个边界寄存器就足够了？请解释。
   (b) 修改图 9-10，加上不受其他进程非法访问的内存保护机制。

3. 假设一个分页系统的页大小是512字节。
   (a) 如果大多数文件都很大，比512字节大很多，那么每个文件的平均内部碎片大小是多少（以字节为单位的未使用空间）？解释你的推理。
   (b) 如果大多数文件都远小于512字节，那么（a）部分中问题的答案是什么？
   (c) 如果以未使用空间的比率而不是未使用字节数来表示碎片，那么（b）问题的答案又该是什么？

9.2 节

571

4. 一个计算机具有12位地址和划分为16个帧的主存。内存管理使用按需分页。
   *(a) 虚拟内存有多少字节？
   (b) 每页中有多少字节？
   (c) 逻辑地址和物理地址的偏移量是多少位？
   (d) 一个作业的页表中最多有多少表项？
5. 对一个具有 n 位地址和内存划分为 2^k 个帧的计算机，回答练习4中的问题。
*6. 图9-12中哪些页磁盘映像和内存中的页是完全一致的？
7. 图9-15b展示的是Belady异常，针对书中给出的页引用序列进行验证。以图9-13中的格式展示帧的内容。
*8. 设计一个12个页引用的序列，使得FIFO页替换算法比LRU算法好。
9. 采用FIFO页替换算法针对图9-13的页引用序列，画出类似图9-15b所示的图。在同一个图上，绘制LRU算法的数据。
*10. 如果操作系统能够预测未来，它会选择能使下一次缺页尽可能迟发生的页面来替换。这样的算法称为OPT，即*最优页替换算法*。这是一个很有用的理论算法，因为它代表你能做到的最好情况。当设计者衡量页替换算法的性能时，会试着尽量接近OPT的性能。对于图9-13和图9-16中的序列，OPT会引起的缺页次数是多少？和FIFO和LRU相比如何？

9.3 节

11. 假设一块磁盘每分钟旋转5 400转，每个盘面分为16个扇区。
   * (a) 可能的最大延迟时间是多少？什么情况下会发生？
   (b) 可能的最小延迟时间是多少？什么情况下会发生？
   (c) 根据（a）和（b），平均延迟时间是多少？
   (d) 一个块的传输时间是多少？

9.4 节

12. * (a) 存储一个0～9的十进制数字需要多少数据位？
   * (b) 检测出一位错需要多少奇偶校验位？
   (c) 写出一个使用偶校验的一位错误检测码。奇偶位用下划线标出。

572

   (d) 你的编码的编码距离是多少？
13. (a) 要检测出五位错，编码距离至少为多少？
   (b) 要纠正五位错，编码距离至少为多少？
14. (a) 图9-24中哪些表项表示完美编码？
   (b) 补充图9-24中的表，包括 m=4 和 m=128 之间的所有完美编码，还要写出开销值。
   (c) 关于把数据位数限制为2的幂会带来的开销，可以得出什么结论？
15. (a) 存储一个0～9的十进制数字需要多少数据位？
   (b) 纠正出一位错需要多少奇偶校验位？
   (c) 写出一个使用偶校验的一位错误检测码。奇偶位用下划线标出。
   (d) 你的编码的编码距离是多少？
16. 传输8个数据位的一组数据，使用图9-25中的一位错误纠错码。对于收到的下列每个位模式，说明是否发生错误。如果发生请纠正。

*(a) 1 0 0 1 1 0 1 0 1 0 0 1　　(b) 1 1 0 1 0 0 1 1 0 0 1 0

(c) 0 0 0 0 1 0 1 1 0 1 0 0　　(d) 1 0 1 1 0 0 1 0 0 1 0 0

9.5 节

17. 图 9-28 中的 RAID 系统有 8 个物理磁盘。
    (a) 如果用 6 个物理磁盘，对于 01 级和 10 级系统，各需要多少个镜像控制器和条带控制器？
    (b) 通常有 $2n$ 个磁盘（图 9-28 中是 $n=4$），对于 01 级和 10 级系统，各需要多少个镜像控制器和条带控制器？
18. (a) 图 9-28 给出的是具有 8 个物理磁盘的 RAID 01 级和 10 级系统。画出四个物理磁盘相应的 01 级和 10 级系统。
    (b) 假设坏了两个磁盘。序列 BBGG 意思是第一个和第二个磁盘坏了，第三个和第四个是好的。在这种情况下，RAID 01 级系统是好的，因为坏的两个磁盘是在同一组条带化的磁盘上，而 RAID 10 级就不能正常工作了，因为坏掉的两个磁盘在同一组先做镜像的磁盘中。有 2 个 B 和 2 个 G 的四个字母的组合有多少种变化？
    (c) 画出每种变化并确定对 01 级和 10 级来说，此时 RAID 系统是否能正常工作。
    (d) 如果两个磁盘故障，根据（c）部分，确定 01 级和 10 级 RAID 能够正常工作的概率。哪种 RAID 系统更可靠？
    (e) 通常有 $2n$ 个磁盘（图 9-28 中是 $n=4$），有 2 个 B 和 $2n-2$ 个 G 的 $2n$ 个字母有多少种组合？
    (f) 在（e）部分中，有多少种组合会导致 01 级或 10 级系统失效？
    (g) 如果有两个磁盘故障，根据（f）部分，确定 01 级和 10 级 RAID 故障的概率。
    (h) 根据（g）部分，说明图 9-28 中 RAID 磁盘失效的概率，在两个磁盘故障的情况下，对 01 级来说是 4/7，10 级是 1/7。
19. 有一个 RAID 4 级系统、八个数据盘和一个奇偶盘。
    (a) 如果不使用旧数据和旧奇偶值，写一个数据条带需要多少磁盘读和磁盘写？
    (b) 如果使用旧数据和旧奇偶值，写一个数据条带需要多少磁盘读和磁盘写？

573
~
574

逻辑门（第1层）

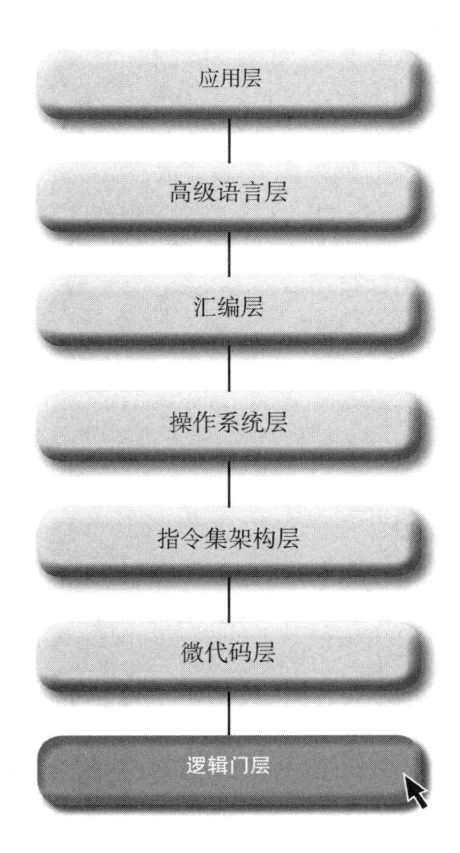

第 10 章

Computer Systems, Fifth Edition

组合电路

我们终于要讲到典型计算机系统的最底层了。每个抽象层都隐藏了上一层用户不需要的细节，LG1 层的细节对 ISA3 层，即指令集架构层的用户来说是隐藏的。要记住 ISA3 层用户看到的是使用机器语言的冯·诺依曼机器，LG1 层设计者的工作是构建 ISA3 层机器。最后三章讲述 LG1 层语言和设计原理，这些内容对于构建冯·诺依曼机器是必需的。

本书中的图都会有指令集架构层和逻辑门层之间的微代码层。一些设计者在机器中选择省略微代码层而直接从 LG1 层构建 ISA3 层机器，还有一些设计者则选择使用微代码层。

这两种设计方法的优点和缺点是什么呢？答案和我们在第 7、第 6 和第 5 层遇到的一样。假定需要给 App7 层的用户设计一个应用程序，你是愿意用 HOL6 层的 C 来编写，然后把它编译到较低的层上，还是愿意直接用 Asmb5 层的 Pep/9 汇编语言来编写呢？因为 C 在较高的抽象层级，一条 C 语句能做多条 Pep/9 语句的工作，所以 C 程序要比等效的 Pep/9 程序短很多，因此也更容易设计和调试。但是需要用编译器把 C 程序翻译到较低的层级，而且优秀的汇编语言程序员通常能生成甚至比优化编译器产生的目标代码还要简短和快速的代码。汇编程序可以执行得更快，但是很难设计和调试，因此开发成本高昂。

在第 7 层、第 6 层和第 5 层要权衡的是开发成本和执行速度，在第 3 层、第 2 层和第 1 层也是一样。通常，包括 Mc2 层的系统要比省略它的系统简单并且成本更低，但是它们通常比直接从 LG1 层构建的系统执行得更慢。最近的设计趋势是用小指令集构建简单但快速的冯·诺依曼机器，称为精简指令集计算机（Reduced Instruction Set Computer，RISC）。RISC 机器的一个重要特性就是它省略了 Mc2 层。

逻辑门层下有两个层级是很有趣的，如图 10-1 所示，但在本书中不做描述。在电子设备层（第 0 层），设计者连接晶体管、电阻和电容形成 LG1 层的逻辑门。在物理层（第 −1 层），应用物理学家构建电子工程师构成门电路所需的晶体管，而计算机架构师用门来构建冯·诺依曼机器。物理层下没有别的层次，它是所有科学的基础。

576 ~ 578

层次	名称
2	微代码层
1	逻辑门层
0	电子设备层
−1	物理层

图 10-1　逻辑门层以下的层次

第 0 和第 −1 层的语言是一组数学公式，对本层的对象行为建模。你也许熟悉其中的一些。第 0 层包括欧姆定律（Ohm's law）、基尔霍夫定律（Kirchoff's rule）以及电子设备的电压电流特性。第 −1 层包括库仑定律（Coulomb's law）、牛顿定律（Newton's law）和一些量子力学定律。在所有层次上，从 App7 层的关系数据库计算到 −1 层的牛顿定律，形式化数学都是对系统行为建模的工具。

10.1　布尔代数和逻辑门

电路（circuit）是物理上由线路连接起来的设备集合。LG1 层电路有两种基本类型：组合电路和时序电路。可以把任一种电路类型表示成一个叫作黑盒（black box）的长方块，有固定数量的输入线和输出线。图 10-2 展示了一个三输入二输出的电路。

每条线路携带一个信号，其值可以为 1 或 0。在电子学上，信号 1 是一个小电压，通常大约是 3V，信号 0 是 0V。电路被设计成只能检测和产生这样两种二元值。

可以把图 10-2 看成一种说明输入 – 处理 – 输出结构的方式，在计算机系统的所有层级都能看到。电路执行处理，把输入转换为输出。

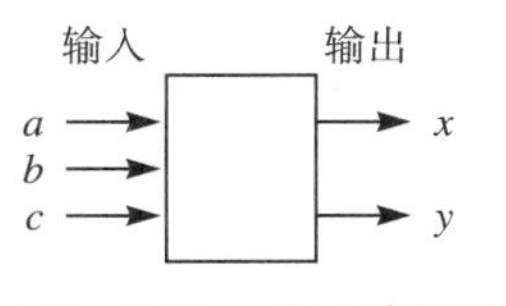

图 10-2 表示一个电路的黑盒

10.1.1 组合电路

对于组合电路（combinational circuit），输入决定输出。例如在图 10-2 中，如果今天输入是 a=1，b=0，c=1（缩写为 abc=101），得到输出 xy=01；明天输入是 abc=101，还是得到输出 xy=01。在数学上，x 和 y 是 a、b 和 c 的函数，即 $x=x(a, b, c)$ 和 $y=y(a, b, c)$。

时序电路则不然。如果对时序电路输入 abc=101，可能有时会得到 xy=01，但是几微秒后得到 xy=11。第 11 章会解释这种看上去没有什么意义的行为是怎样发生的，以及对于构建计算机而言这种行为为什么是不可或缺的。

描述组合电路行为的三种最通用的方法是：

- 真值表；
- 布尔代数表达式；
- 逻辑图。

本节剩余部分将描述这些表示方法。

579

10.1.2 真值表

表示组合电路的三种方法中，真值表要比代数表达式和逻辑图的抽象层次更高。真值表说明组合电路做什么，而不是说明怎样做。真值表只是列出输入值每种可能组合的输出（这就是组合电路名称的由来）。

例 10.1 图 10-3 是一个三输入二输出组合电路的真值表。因为有 3 个输入，每个输入有两种可能的值，因此这个表有 2^3=8 个条目。通常情况下，n 输入组合电路的真值表有 2^n 个条目。■

a	b	c	x	y	a	b	c	x	y
0	0	0	0	0	1	0	0	0	1
0	0	1	1	0	1	0	1	0	0
0	1	0	0	0	1	1	0	0	0
0	1	1	1	1	1	1	1	0	0

图 10-3 三输入二输出组合电路的真值表

例 10.2 图 10-4 是另一个由真值表说明组合电路的例子，它是一个四输入的电路，其真值表中有 16 个条目。■

图 10-2 的黑盒图尤其适合组合电路的真值表表示。人们看不到涂黑的盒子里面是什么样的，同样也看不到电路怎样生成真值表定义的函数。

a	b	c	d	x	y	a	b	c	d	x	y	a	b	c	d	x	y	a	b	c	d	x	y
0	0	0	0	0	0	0	1	0	0	0	1	1	0	0	0	0	0	1	1	0	0	0	1
0	0	0	1	0	0	0	1	0	1	1	1	1	0	0	1	0	0	1	1	0	1	1	1
0	0	1	0	0	0	0	1	1	0	0	0	1	0	1	0	0	0	1	1	1	0	0	0
0	0	1	1	0	0	0	1	1	1	1	0	1	0	1	1	0	0	1	1	1	1	1	0

图 10-4　四输入二输出组合电路的真值表

10.1.3　布尔代数

根据布尔代数定律写出的代数表达式不仅说明组合电路做什么，而且说明它是怎样做的。布尔代数在某些方面类似于我们熟悉的实数代数，但是在其他方面是不一样的。实数代数的四个基本运算是加、减、乘、除，布尔代数的三个基本运算是 OR（符号为“+”）、AND（符号为“·”）和“求补”（符号为“′”）。AND 和 OR 是二元运算，求补是一元运算。

布尔代数的 10 个基本属性是

$x+y=y+x$	$x\cdot y=y\cdot x$	交换律
$(x+y)+z=x+(y+z)$	$(x\cdot y)\cdot z=x\cdot(y\cdot z)$	结合律
$x+(y\cdot z)=(x+y)\cdot(x+z)$	$x\cdot(y+z)=(x\cdot y)+(x\cdot z)$	分配律
$x+0=x$	$x\cdot 1=x$	恒等律
$x+(x')=1$	$x\cdot(x')=0$	互补律

其中，x、y 和 z 是布尔变量。和实数代数一样，表达式中插入圆括号表示哪些运算要先执行。为了简化，避免表达式中出现过多括号，布尔运算有如图 10-5 所示的优先级结构。使用这种优先级规则，分配律变成

$$x+y\cdot z=(x+y)\cdot(x+z)\qquad x\cdot(y+z)=x\cdot y+x\cdot z$$

互补律变成

$$x+x'=1\qquad x\cdot x'=0$$

优先级	运算符
最高	求补
	AND
最低	OR

图 10-5　布尔运算符的优先级规则

实数代数和布尔代数属性之间的一个显著不同是分配律。对于实数，乘法在加法上有分配律，例如

$$2\cdot(3+4)=2\cdot 3+2\cdot 4$$

但是加法在乘法上没有分配律，例如

$$2+3\cdot 4=(2+3)\cdot(2+4)$$

是不成立的。然而在布尔代数中，“+”代表 OR，“·”代表 AND，OR 在 AND 上没有分配律。

布尔代数的定律有实数代数没有的对称性，每个布尔属性都有对偶性（dual property）。做如下操作：

- 交换“+”和“·”
- 交换 1 和 0

就能得到对偶的表达式。分配律的两种形式就是对偶表达式的一个例子。在分配律

$$x+(y\cdot z)=(x+y)\cdot(x+z)$$

中，如果交换“+”和“·”运算符，就会得到

$$x \cdot (y+z)=(x \cdot y)+(x \cdot z)$$

这是另一个分配律表达式。布尔代数的每个基本属性都有相应的对偶性。

结合律也使得表达式可以进一步简化。因为执行两个 OR 运算的顺序是不重要的，你可以把

$$(x+y)+z$$

写成没有括号的

$$x+y+z$$

这也适用于 AND 运算。

581

10.1.4 布尔代数定理

因为布尔代数和我们熟悉的实数代数有不同的数学结构，所以布尔代数的定理初看之下可能显得很特殊。接下来要讨论从布尔代数的 10 个基本属性证明出来的定理，它们在组合电路的分析和设计中非常有用。

幂等性（idempotent property）表明

$$x+x=x$$

证明这个定理需要一系列的替换步骤，每一步都基于布尔代数的 10 个基本属性之一：

$x+x$
= < 恒等律 >
$(x+x) \cdot 1$
= < 互补律 >
$(x+x) \cdot (x+x')$
= < 分配律 >
$x+(x \cdot x')$
= < 互补律 >
$x+0$
= < 恒等律 >
x

对偶性为

$$x \cdot x=x$$

对偶定理的证明和上述步骤完全一样，每个替换都基于原证明中对应步骤的对偶属性：

$x \cdot x$
= < 恒等律 >
$(x \cdot x)+0$
= < 互补律 >
$(x \cdot x)+(x \cdot x')$
= < 分配律 >
$x \cdot (x+x')$
= < 互补律 >
$x \cdot 1$
= < 恒等律 >
x

582

幂等性质的证明展示了布尔代数中对偶性的一个重要应用。一旦证明了一个定理，那么就可以立即断言它的对偶定律也一定成立。因为 10 个基本属性中的每一个都有对偶属性，所以对应的证明在结构上和原证明是相同的，只不过每一步都基于原始步骤的对偶属性。

这里有三个更有用的定理及它们的对偶定理。证明定理的数学规则是可以在证明中使用任何公理或以前已经证明了的定理。要证明下面第一个定理，可以使用任何基本属性和幂等性。要证明第二个定理，可以使用任何基本属性、幂等性和已经证明了的第一个定理，等等。第一个定理

$$x+1=1 \qquad x \cdot 0=0$$

称作*零元定理*。0 是 AND 运算符的零元，1 是 OR 运算符的零元。第二个定理

$$x+x \cdot y=x \qquad x \cdot (x+y)=x$$

称作*吸收律*，因为 y 被吸收到 x 中。第三条定理

$$x \cdot y+x' \cdot z+y \cdot z=x \cdot y+x' \cdot z$$

$$(x+y) \cdot (x'+z) \cdot (y+z)=(x+y) \cdot (x'+z)$$

称作*合意*（consensus）*定理*。这几个定理的证明作为章末练习。

10.1.5　互补证明

x 的补是 x'。要证明表达式 y 是表达式 z 的补，必须证明 y 和 z 遵循同样的互补属性，就像 x 和 x' 一样，即

$$y+z=1 \qquad y \cdot z=0$$

互补证明的一个例子是*德·摩根定律*（De Morgan's law），它表明

$$(a \cdot b)'=a'+b'$$

要证明 $a \cdot b$ 的补是 $a'+b'$，必须证明

583

$$(a \cdot b)+(a'+b')=1 \qquad (a \cdot b) \cdot (a'+b')=0$$

这个证明的第一部分如下

$(a \cdot b)+(a'+b')$

= < 交换律 >

$(a'+b')+(a \cdot b)$

= < 分配律 >

$[(a'+b')+a] \cdot [(a'+b')+b]$

= < 交换律和结合律 >

$[b'+(a+a')] \cdot [a'+(b+b')]$

= < 互补律 >

$[b'+1] \cdot [a'+1]$

= < 零元定理，$x+1=1$ >

$1 \cdot 1$

= < 恒等律，$(x \cdot 1=1)[x:=1]$ >

1

证明的第二部分如下

$(a \cdot b) \cdot (a'+b')$

= < 分配律 >

$(a \cdot b) \cdot a' + (a \cdot b) \cdot b'$

= < 交换律和结合律 >

$b \cdot (a \cdot a') + a \cdot (b \cdot b')$

= < 互补律 >

$b \cdot 0 + a \cdot 0$

= < 零元定理，$x \cdot 0 = 0$>

$0 + 0$

= < 恒等律，$(x + 0 = x)[x := 0]$>

0

德・摩根第二定律

$$(a + b)' = a' \cdot b'$$

直接从对偶性得出。

德・摩根定律可推广到多个变量的情况。对于3个变量，该定律是

$$(a \cdot b \cdot c)' = a' + b' + c' \qquad (a + b + c)' = a' \cdot b' \cdot c'$$

多于两个变量的一般性定理的证明作为章末练习。

584

另一个互补定理是 $(x')' = x$，x' 的补是 x，因为 $x' + x = 1$，其证明如下

$x' + x$

= < 交换律 >

$x + x'$

= < 互补律 >

1

以及 $x' \cdot x = 0$，其证明如下

$x' \cdot x$

= < 交换律 >

$x \cdot x'$

= < 互补律 >

0

还有一个互补定理是 $1' = 0$，1是0的补，因为 $1 + 0 = 1$，其证明如下

$1 + 0$

= < 恒等律，$(x + 0 = x)\ [x := 1]$>

1

以及 $1 \cdot 0 = 0$，其证明如下

$1 \cdot 0$

= < 交换律 >

$0 \cdot 1$

= < 恒等律，$(x \cdot 1 = x)\ [x := 0]$>

0

可以直接得出对偶定理 $0' = 1$。

10.1.6 逻辑图

组合电路的第三种表示方法是逻辑门的互联。因为逻辑图中连接门的线路表示连接电路

板或集成电路上物理设备的物理线路，所以这种表现形式最接近于硬件。

每个布尔运算由一个门符号来表示，如图10-6所示。AND和OR门有两条输入线，标识为a和b；反相器只有一条输入线，输出是x，这对应于求补是一元运算的事实。图中也展示出了每个门对应的布尔表达式和真值表。

585

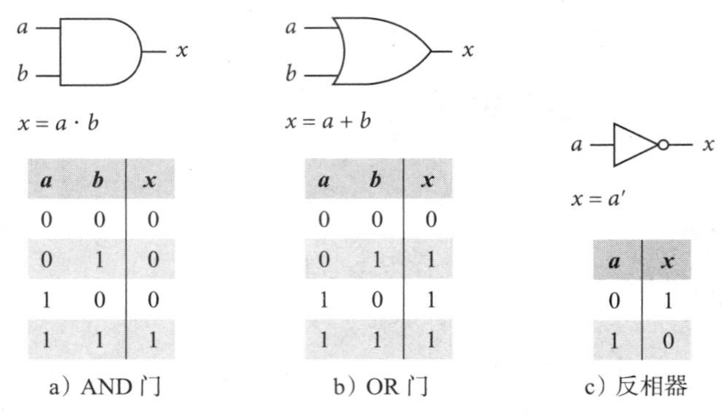

a	b	x
0	0	0
0	1	0
1	0	0
1	1	1

a）AND门

a	b	x
0	0	0
0	1	1
1	0	1
1	1	1

b）OR门

a	x
0	1
1	0

c）反相器

图10-6　三类基本的逻辑门

任何布尔函数都能只用AND、OR和求补运算写出来，并由此构建任何组合电路，只需图10-6中的三个基本门。实际中还有几个其他常用的门，图10-7给出了其中的三个。

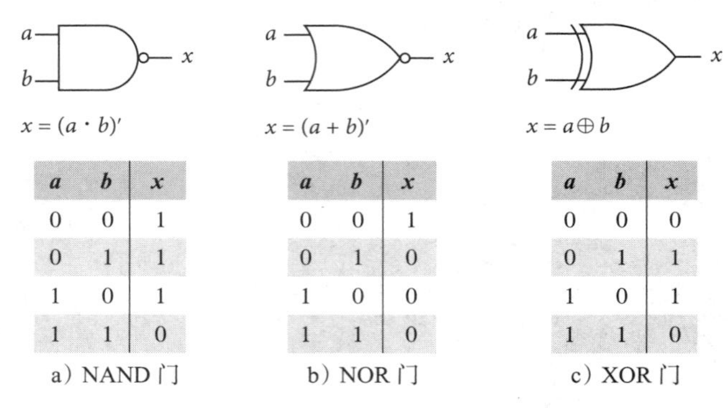

a	b	x
0	0	1
0	1	1
1	0	1
1	1	0

a）NAND门

a	b	x
0	0	1
0	1	0
1	0	0
1	1	0

b）NOR门

a	b	x
0	0	0
0	1	1
1	0	1
1	1	0

c）XOR门

图10-7　三类常见的逻辑门

NAND（Not AND，与非）门等价于AND门后跟一个反相器，如图10-8所示。类似地，NOR（Not OR，与或）门等价于OR门后跟一个反相器。在电子学上，构建NAND门往往比构建AND门容易。实际上经常用NAND门后跟反相器来构建AND门。NOR门也要比OR门更常用。

586

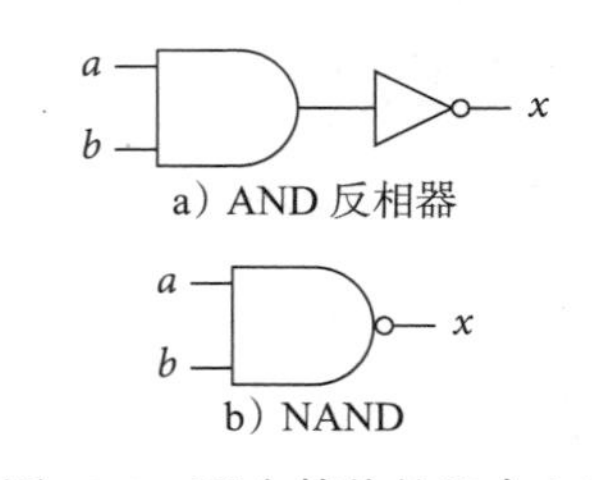

图10-8　两个等价的组合电路

XOR（exclusive OR）表示异或，而OR有时称为包含或（inclusive OR）。如果任一输入或者两个输入都为1，那么OR门的输出为1。如果只有一个输入为1，那么XOR门的输出为1；如果两个输入都是1，那么XOR门输出为0。XOR运算的代数符号是⊕，$a \oplus b$的代数定义是

$$a \oplus b = a \cdot b' + a' \cdot b$$

XOR运算符的优先级高于OR但是低于AND，如图10-9所示。

优先级	运算符
最高	求补
	AND
	XOR
最低	OR

图10-9　XOR运算符的优先级

例 10.3 表达式

$$a+b\oplus c\cdot d$$

完全加上括号得到 $a+(b\oplus(c\cdot d))$。根据 XOR 的定义展开后，表达式变为

$$a+b\cdot(c\cdot d)'+b'\cdot(c\cdot d)$$

■

也可以使 AND 和 OR 有 2 个以上的输入。图 10-10 展示了一个三输入 AND 门和它的真值表。只有当所有输入均为 1 时，AND 门的输出才为 1。只有当所有输入均为 0 时，OR 门的输出才是 0。

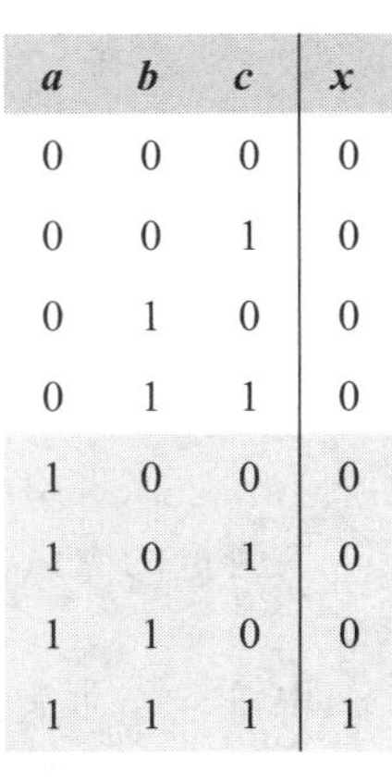

a	b	c	x
0	0	0	0
0	0	1	0
0	1	0	0
0	1	1	0
1	0	0	0
1	0	1	0
1	1	0	0
1	1	1	1

图 10-10 三输入的 AND 门

10.1.7 其他表示方式

你可能已经看出 AND 门、OR 门和反相器的真值表与 C 布尔表达中 AND、OR 和 NOT 运算的真值表具有相似性。它们的真值表是一样的，NOT 对应反相器，C 的真值和假值分别对应布尔代数的 1 和 0。

布尔代数的数学结构非常重要，因为它不仅适用于组合电路，而且也适用于语句逻辑。C 用语句逻辑来确定包含在 if 和循环语句中的条件的真假。人工智能中一组很重要的编程语言甚至更加广泛地使用了语句逻辑，用这些语言编写的程序通过一种称为*逻辑编程*（logic programming）的技术来模拟人的推理。布尔代数是这个领域的主要组成部分。

布尔代数的另一种表示方式是使用集合运算。如果把一个布尔变量看作一个集合，OR 运算看作集合的并，AND 运算看作集合的交，求补运算看作集合的补，0 看作空集，1 看作全集，那么所有布尔代数的性质和定理也适用于集合。

587

例 10.4 定理

$$x+1=1$$

说明全集和任何其他集合的并集是全集。 ■

例 10.5 图 10-11 展示的是用集合论的文氏图（Venn diagram）来解释吸收律

$$x+x\cdot y=x$$

图 10-11a 给出的是集合 x，图 10-11b 是 x 和 y 的交集，也就是既在 x 又在 y 中的所有元素的集合。这个集合和 x 的并集如图 10-11c 所示。可以看到图 10-11a 中的区域和图 10-11c 中的区域是相同的，这说明了吸收律。 ■

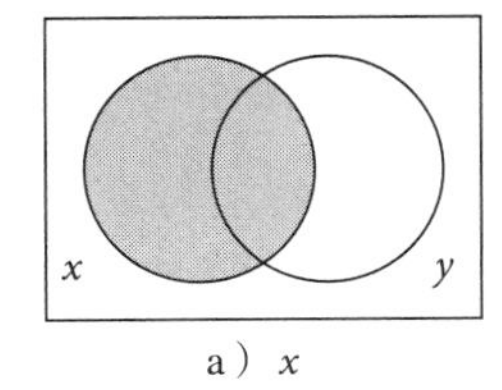

a）x

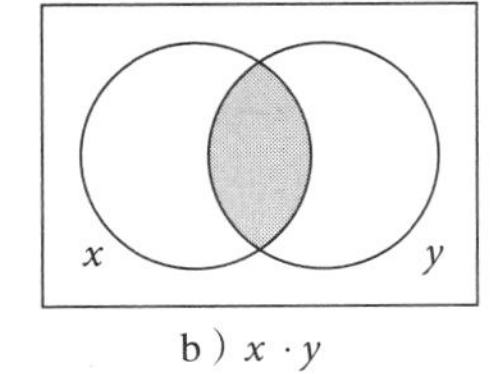

b）$x\cdot y$

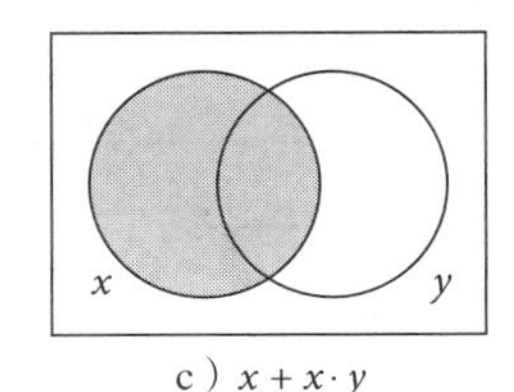

c）$x+x\cdot y$

图 10-11 吸收律的集合论解释

以布尔代数来解释组合电路的描述，以及它作为语句逻辑的基础，表明它是计算机科学中大部分理论和应用的数学基础。它还能描述集合论，也表明了它在其他数学领域里的重要性。

10.2　组合分析

每个布尔表达式有一个对应的逻辑图，每个逻辑图有一个对应的布尔表达式。用数学术语来说，两者之间是一一对应的关系。然而，给定一个真值表会有几种不同的实现方式。图 10-12 展示了一个真值表，有几个对应的布尔表达式和逻辑图。

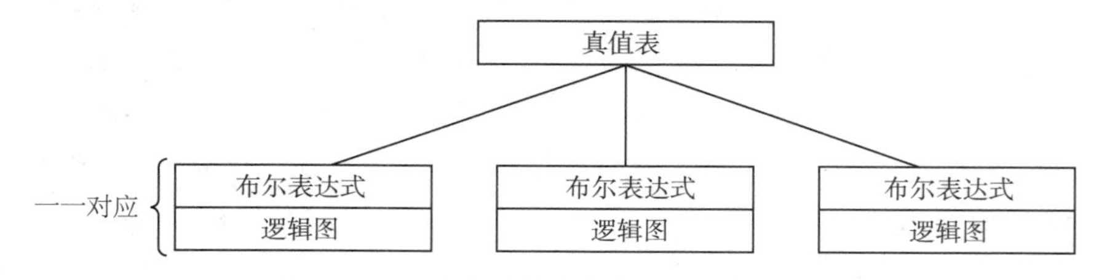

图 10-12　一个给定的真值表可以有多种实现

588

本节讲述组合电路三种表示方式之间的对应关系。

10.2.1　布尔表达式和逻辑图

布尔表达式由用 AND、OR 和反相运算组合在一起的一个或多个变量组成。电路输入的数量等于变量的数量。本节和下节都专注于单输出电路，本章最后一节会涉及多于一个输出的电路。

画出给定布尔表达式的逻辑图，就是给每个 AND 运算画 AND 门，给每个 OR 运算画 OR 门，给每个求补运算画反相器。根据表达式将一个门的输出连接到另一个门的输入。该组合电路的输出是某一个门的输出，这个门的输出没有连接到另一个门的输入。

例 10.6　图 10-13 展示了对应布尔表达式 $a + b' \cdot c$ 的逻辑图。

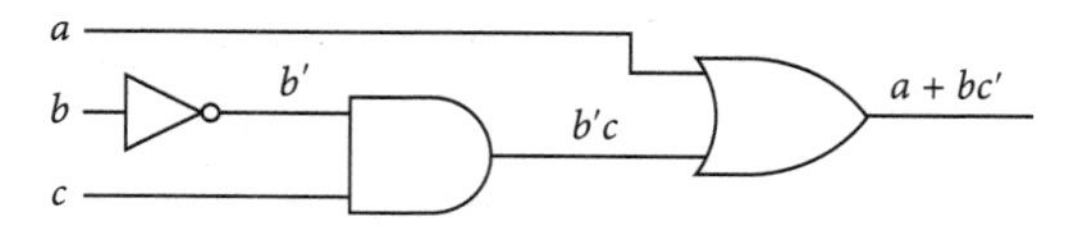

图 10-13　布尔表达式 $a + b' \cdot c$ 的逻辑图

从现在开始，我们将忽略 AND 运算的符号，把这个布尔表达式写成

$$a + b'c$$

在每个门的输出上标出它对应的表达式。■

当表达式有括号时，必须首先构建括号内的子图。

例 10.7　图 10-14 是三变量表达式

$$((ab + bc')\,a)'$$

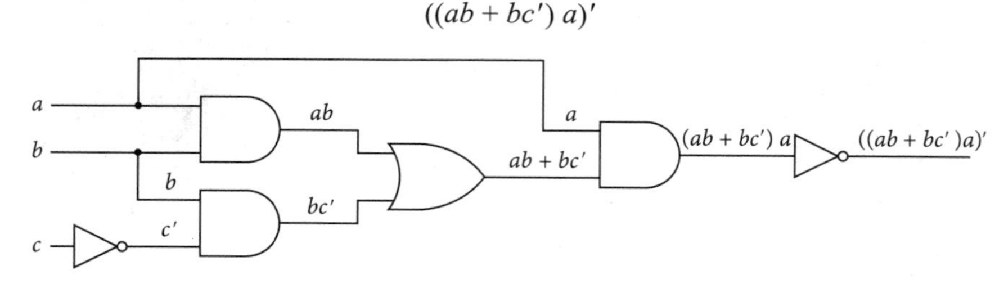

图 10-14　布尔表达式 $((ab+bc')a)'$ 的逻辑图

的逻辑图，首先用一个 AND 门形成 ab，用另一个 AND 门形成 bc'，这两个门的输出进行

OR 运算，然后和 a 进行 AND 运算。因为要对整个表达式求补，因此反相器是最后的门。■ 589

图 10-14 中的两个小黑点是结合点，在结合点处两条线路物理上是相连接的。回想一下，变量 a 提供的物理信号是电压，当输入 a 来的信号到达结合点时，它不像河里的水在河道里遇到分叉那样，一些水分叉流到一条路径上，另一些水分叉流到另一条路径上。在逻辑图中，不存在一部分信号去一个 AND 门的输入，另一部分信号去另一个 AND 门的输入这种情况，从 a 来的信号完全复制到两个门的输入上。

对于具有一定物理知识的人来说，产生这种现象的原因是电压是电势的度量。导线的电阻很低，根据欧姆定律，这意味着在导线上的电势改变可以忽略不计，所以沿着任何物理上连接的线路，电压是恒定不变的。因此不管有没有结合点，电压信号在任何点都是一样的。（对不懂物理知识的人来说，这可能是一个学习的动机！）

任何来自变量的信号都能利用结合点进行复制。任何变量的补都能用反相器生成，变量的补同样也能通过结合点复制。在逻辑图中经常忽略，即不显示变量复制的结合点和变量反相器。也就是可以假设任何变量和它的补都可以作为任何门的输入。

例 10.8 图 10-15 是图 10-14 利用这个假设后的简略版，它也认可 AND 门后面跟反相器等同于 NAND 门。■

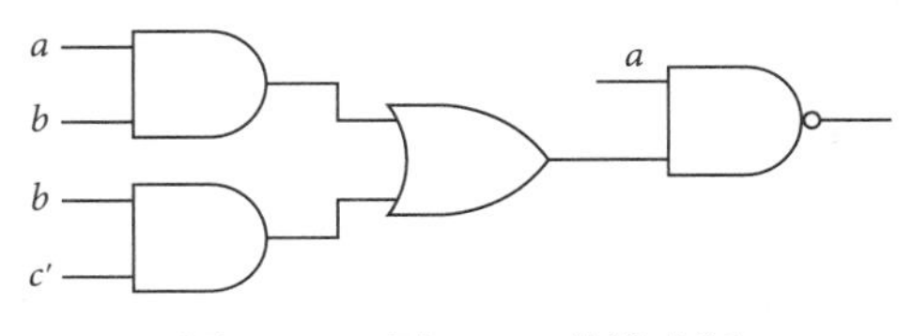

图 10-15　图 10-14 的简略版

这个简略图的缺点是，此网络实际上有三输入这种情形，但没有图 10-14 中表现得明显。

例 10.9 图 10-16 展示的是四输入布尔表达式

$$(a'bc \oplus c + a + d)'$$

590

的逻辑图。要注意异或运算符的优先级低于 AND，但是高于 OR。

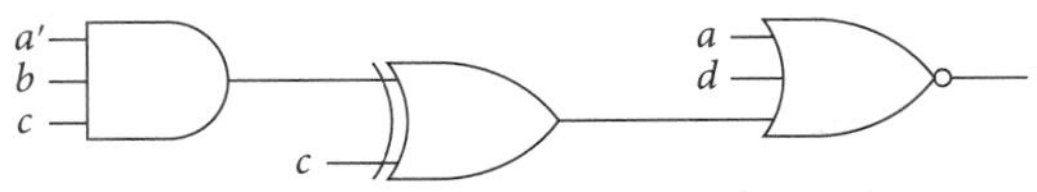

图 10-16　布尔表达式 $(a'bc \oplus c + a + d)'$ 的逻辑图

要根据给定的逻辑图写出布尔表达式，就是简单地把每个门的输出用适当的子表达式标识出来。如果没有给布尔表达式而是给了图 10-16 的逻辑图，那么应该从用 $a'bc$ 标识 AND 门的输出做起。XOR 门的输出应该标识为 $a'bc \oplus c$，它通过 NOR 门生成完整的布尔表达式。

10.2.2　真值表和布尔表达式

根据真值表生成布尔表达式的一种方法是把没有括号的表达式写成几个 AND 项的 OR，每个 AND 项对应真值表中的一个 1。

例 10.10 $a \oplus b$ 的真值表有两个 1，对应的布尔表达式是

$$a \oplus b = a'b + ab'$$

如果 a 为 0、b 为 1，那么第一个 AND 项将会是 1；如果 a 为 1、b 为 0，那么第二个 AND 项将会是 1。不论哪种情况，这两项的 OR 将会是 1。此外，任何其他 a 值和 b 值的组合将使这两个 AND 项都为 0，所以布尔表达式为 0。■

591

例 10.11 图 10-3 显示当 abc=001 和 abc=011 时，x 为 1；abc 为其他组合时，x 为 0。对应的布尔表达式为

$$x=a'b'c+a'bc$$

当且仅当 abc=001 时，第一个 AND 项 $a'b'c$ 为 1，当且仅当 abc=011 时，第二个 AND 项为 1，除了这两个条件以外，这两项的 OR 都将为 0，和真值表一样。■

例 10.12 图 10-4 中 x 的真值表是四个变量的例子，对应的表达式为

$$x=a'bc'd+a'bcd+abc'd+abcd$$

有 4 种 a、b、c 和 d 的组合会得出真值表里的 1。■

对偶技术能够把表达式写成几个 OR 项的 AND，每个 OR 项对应真值表中的 0。

例 10.13 图 10-17 的表达式是

$$x=(a+b'+c')(a'+b'+c)$$

a	b	c	x
0	0	0	1
0	0	1	1
0	1	0	1
0	1	1	0
1	0	0	1
1	0	1	1
1	1	0	0
1	1	1	1

图 10-17　三变量的真值表

如果 abc=011，那么第一个 OR 项为 0；如果 abc=110，那么第二个 OR 项为 0。满足这两个条件中的任意一个，OR 项的 AND 就为 0。abc 的所有其他组合会使两个 OR 项为 1，表达式的值为 1。■

给定一个布尔表达式，构建对应真值表最直接的方式是，计算出变量所有可能组合的表达式的值。

例 10.14 构建

$$x(a,b)=(a\oplus b)'+a'$$

的真值表需要计算

$$x(0,0)=(0\oplus 0)'+0'=1$$
$$x(0,1)=(0\oplus 1)'+0'=1$$
$$x(1,0)=(1\oplus 0)'+1'=0$$
$$x(1,1)=(1\oplus 1)'+1'=1$$

这个例子需要计算两个变量 a 和 b 的四种可能组合的值。■

如果表达式包含多于两个变量，有时候利用布尔代数的属性和定理把布尔表达式转换成

59

几个 AND 项的 OR 要更容易些，由此可以写出真值表。

例 10.15 图 10-16 的表达式简化为

$(a'bc \oplus c + a + d)'$

= < $\oplus$的定义 >

$(a'bcc' + (a'bc)'c + a + d)'$

= 〈互补律，$cc' = 0$；零元定理，$x \cdot 0 = 0$〉

$((a'bc)'c + a + d)'$

= 〈德·摩根定律〉

$((a + b' + c')c + a + d)'$

= 〈分配律、互补律和恒等律〉

$(ac + b'c + a + d)'$

= 〈吸收律，$a + ac = a$〉

$(a + b'c + d)'$

= 〈德·摩根定律〉

$a'(b'c)'d'$

= 〈德·摩根定律〉

$a'(b + c')d'$

= 〈分配律〉

$a'bd' + a'c'd'$

真值表有 16 项。检查真值表，在 abd=010（两项）和 acd=000（两项）的地方插入 1，所有其他项是 0，结果如图 10-18 所示。由于 abd=010 的其中一项也满足 acd=000，因此有 3 个 1 而不是 4 个。

a	b	c	d	x
0	0	0	0	1
0	0	0	1	0
0	0	1	0	0
0	0	1	1	0
0	1	0	0	1
0	1	0	1	0
0	1	1	0	1
0	1	1	1	0
1	0	0	0	0
1	0	0	1	0
1	0	1	0	0
1	0	1	1	0
1	1	0	0	0
1	1	0	1	0
1	1	1	0	0
1	1	1	1	0

图 10-18 图 10-16 表达式的真值表

这项技术避免了计算原始表达式 16 次。实际上这个任务可能没有刚开始看上去那么困难。只要稍微想一下，就能根据 d 为 1 时的原始表达式推论出不管 a、b 和 c 的值是什么，括号内的表达式一定是 1，它的反一定是 0。类似情况，当 a 为 1 时表达式一定为 0。这样就只剩下 ad=00 的四种情况了。

10.2.3 两级电路

每个布尔表达式都可以转换成 AND-OR 表达式，这一事实对组合电路的处理速度有重要的实际影响。当改变门的一个输入信号时，输出不会马上做出响应。信号会通过门的内部电子元件，存在时间上的延迟。门输出对输入改变做出响应要花费的时间称作门延迟（gate delay）。采用不同制造工艺的门具有不同的门延迟。制造延迟短的门要更贵一些，这种门比延迟长的门需要更多的电能来运行。虽然不同设备技术导致门延迟差异很大，但典型的门延迟是 2ns（nanosecond，纳秒）。

593

十亿分之二秒对于等待输出好像不是一段很长的时间，但是如果一个电路有一长串的门，必须循环进行处理，那么这段时间就有可能很长了。假设信号以近似 3.0×10^8m/s 的光速通过线路，也就是 1ns 通过 30cm。典型门延迟 2ns 内，信号能通过 60cm 的线路。相比于集成电路或电路板的尺寸，这是相当长的距离，所以实际上门延迟决定了网络处理速度。

例 10.16　思考图 10-16 的电路，如果门延迟是 2ns，b 的一个变化传过 AND 门需要 2ns，传过 XOR 门需要 2ns，传过 NOR 门需要 2ns，即需要 6ns 的传播时间（忽略经过反相器的传播延迟）。

现在考虑用布尔代数把这个电路写成 AND-OR 形式的表达式：

$$x=(a'bc \oplus c + a + d)'$$
$$=a'bd' + a'c'd'$$

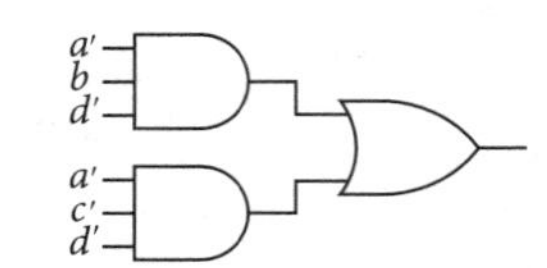

图 10-19　等效于图 10-16 电路的两级 AND-OR 电路

图 10-19 展示的是相应的电路。因为输入的改变只需要 2 个门延迟就传播到输出，因此叫作*两级电路*。■

将处理时间从 6ns 缩短到 4ns，意味着 33% 的速度提升，效果非常显著。因为任何布尔表达式都能转换成 AND-OR 表达式，而 AND-OR 表达式又对应两级 AND-OR 电路，所以任何函数都可以用最多有两个门延迟处理时间的组合电路来实现。

同样的理论也适用于对偶原则。总是可以把布尔表达式转换成 OR-AND 表达式，OR-AND 表达式对应两级电路，这样的两级电路最多有两个门延迟的处理时间。要得到布尔表达式的 OR-AND 表达式，可以首先得到 AND-OR 表达式的补，然后使用德·摩根定律即可。

例 10.17　图 10-20 是图 10-17 的表达式

$$x=(a + b' + c')(a' + b' + c)$$

的两级 OR-AND 电路。回想一下，每个 OR 项对应真值表中的一个 0。■

594

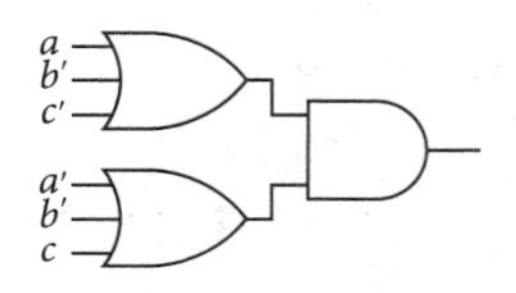

图 10-20　图 10-17 的两级 OR-AND 电路

例 10.18　图 10-13 的表达式是

$$x=a + b'c$$

要把这个表达式转换成 OR-AND 表达式，首先写出它的补

$$x'=(a + b'c)'$$
$$=a'(b'c)'$$
$$=a'(b + c')$$
$$=a'b + a'c'$$

这是一个 AND-OR 表达式。再使用德·摩根定律把 x 写成

$$x=(x')'$$
$$=(a'b + a'c')'$$
$$=(a'b)'(a'c')'$$
$$=(a + b')(a + c)$$

这就是一个 OR-AND 表达式了。■

通常三级或更多级的电路比等价的两级电路所需的门更少。因为门占用集成电路的物理空间，所以尽管两级电路能达到更快的处理速度，但代价是为更多的门提供额外的空间。

这也是计算机科学中一个空间 / 时间折中的例子。值得注意的是从高抽象层次的软件到低抽象层次的硬件，都有这样的空间 / 时间问题，这确实是一个基本问题。

10.2.4　无处不在的 NAND

表达式 $(abc)'$ 表示一个三输入 NAND 门，德・摩根定律表述为

$$(abc)'=a'+b'+c'$$

可以把第二个表达式想象成一个 OR 门的输出，这个 OR 门在执行 OR 运算前把每个输入反相。逻辑图偶尔把 NAND 门画成反相输入的 NOR，如图 10-21a 所示。

a）由反相输入的 OR 门构成的 NAND 门　　b）由反相输入的 AND 门构成的 NOR 门

图 10-21　等价门

从对偶表达式得出

$$(a+b+c)'=a'b'c'$$

NOR 门等价于反相输入的 AND 门，如图 10-21b 所示。

595

将这个理念进一步运用到两级电路。考虑

$$abc+def=((abc)'(def)')'$$

的等价表达式，这也可以从德・摩根定律得出。第一个表达式表示一个两级 AND-OR 电路，而第二个表示的是一个两级的 NAND-NAND 电路。图 10-22 展示的是这些等价的电路。

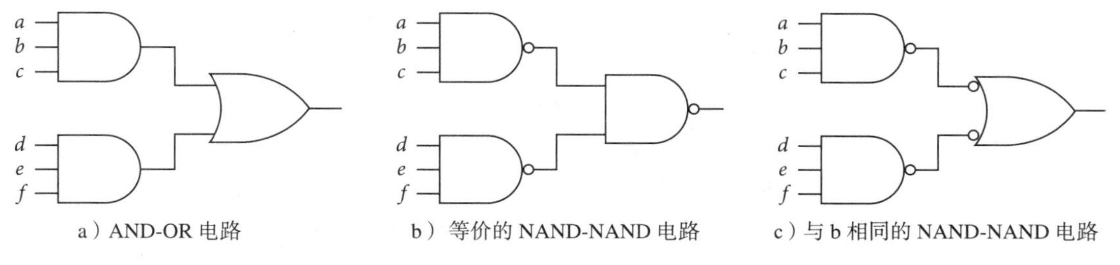

a）AND-OR 电路　　b）等价的 NAND-NAND 电路　　c）与 b 相同的 NAND-NAND 电路

图 10-22　一个 AND-OR 电路及其等价的 NAND-NAND 电路

图 10-22a 展示的是一个 AND-OR 电路，它有两个 AND 门和一个 OR 门。也可以完全用 NAND 门生成等价电路，如图 10-22b 所示。除了最后的 NAND 画成了反相输入的 OR 之外，图 10-22c 和图 10-22b 是一样的。这种画法可以明显看出 AND 运算后面的求补和 OR 运算前面的求补抵消了，门符号变成了和 AND-OR 电路中类似的形状，这有助于表达电路的含义。

不仅可以用 NAND 门来完全替换任意的 AND-OR 电路，而且可以通过把 NAND 输入连接到一起，由 NAND 门得到反相器，如图 10-23 所示。因为 NAND 用输入 a 和 b 生成 $(ab)'$，如果指定 $b=a$，那么门将生成 $(a\cdot a)'=a'$，即 a 的补。

从理论上来说，可以仅用 NAND 门构建任何组合电路。此外，NAND 门通常比 AND 门和 OR 门更容易制造，因此 NAND 门是目前集成电路中最常用的门。

当然，同样的原理也适用于对偶电路。两级电路的德 · 摩根定律是

$$(a+b+c)(d+e+f)=((a+b+c)'+(d+e+f)')'$$

这说明 OR-AND 电路等价于 NOR-NOR 电路。图 10-24 是图 10-22 的对偶电路。

596

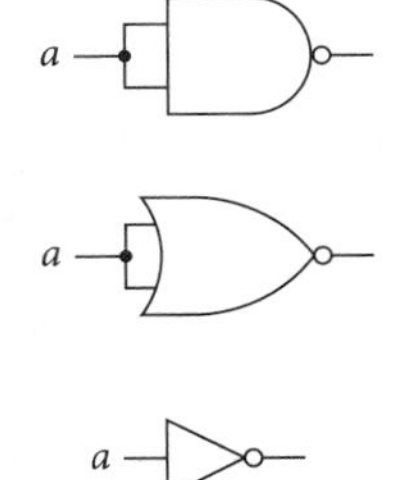

图 10-23　三个等价电路

适用于 NAND 电路的推理同样适用于 NOR 电路。任何组合电路都可以写成一个两级 OR-AND 电路，这个两级电路可以写成 NOR-NOR 电路。连接 NOR 的输入可以得到反相器。理论上仅用 NOR 门就可以构建任何组合电路。

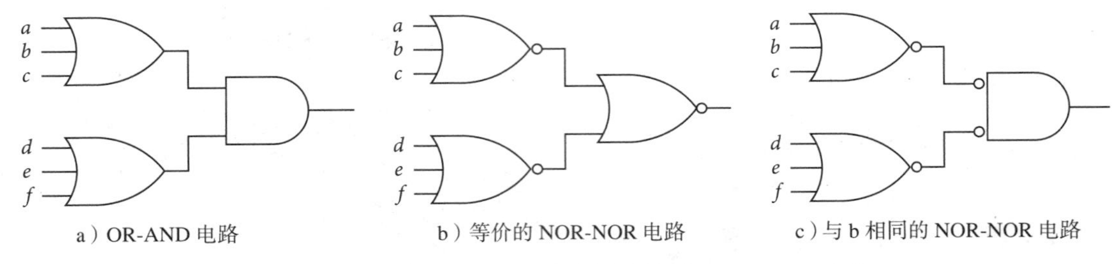

图 10-24　一个 OR-AND 电路及其等价的 NOR-NOR 电路

10.3　组合设计

两级电路的高速是其优于两级以上门电路的优势。有时候，在两级电路中减少门的数量并保持两级门延迟的处理速度是可行的。

例 10.19　布尔表达式

$$x(a,b,c,d)=a'bd'+a'c'd'+a'bc'd'$$

可以用吸收率简化为

$$x(a,b,c,d)=a'bd'+(a'c'd')+(a'c'd')b$$
$$=a'bd'+a'c'd'$$

这个表达式也对应于两级电路，但是它只需要两个三输入 AND 门和一个两输入 OR 门，而原始表达式对应的电路需要三个 AND 门和一个三输入 OR 门，其中一个 AND 门还需要四输入。■

用布尔代数来简化两级电路中门的数量并不总是简单明了的。本节给出一种图形化的方法来设计具有 3 个或 4 个变量且门数量尽可能少的两级门电路。

597

10.3.1　范式

上一节讲述了任何布尔表达式都能转换成一个两级 AND-OR 表达式。要简化两级电路，首先要使每个 AND 项只包含所有输入变量一次，这样的 AND 项称为极小项（minterm）。AND-OR 表达式总是可以转换成极小项的 OR。

例 10.20　考虑布尔表达式

$$x(a,b,c)=abc+a'bc+ab$$

因为前两个 AND 项包含所有三个变量，因此它们是极小项，但最后一个不是。转换过程如下：

$$x=abc+a'bc+ab$$
$$=abc+a'bc+ab(c+c')$$
$$=abc+a'bc+abc+abc'$$
$$=abc+a'bc+abc'$$

最后的表达式称为*范式*（canonical expression），因为它是没有重复的极小项的 OR。

范式中的每个极小项代表真值表里的一个 1，所以范式直接和真值表相关。范式及其对应真值表的方便的简化表示法叫作*西格玛表示法*（sigma notation），它由大写希腊字母西格玛（Σ）后面跟一组十进制数字组成，这些数字对应真值表中包含 1 的行，大写的西格玛代表 OR 运算。不言而喻，没有列出的行都是包含 0 的行。

例 10.21　在例 10.20 中，因为 x 的范式有 3 个极小项，因此它的真值表有 3 个 1。图 10-25 展示的是这个函数的真值表，每一行都标记有一个十进制数，对应于二进制数 abc。这个函数对应的西格玛表示为

$$x(a,b,c)=\sum(3,6,7)$$

因为第 3、6 和 7 行含有 1。■

行 (dec)	a	b	c	x
0	0	0	0	0
1	0	0	1	0
2	0	1	0	0
3	0	1	1	1
4	1	0	0	0
5	1	0	1	0
6	1	1	0	1
7	1	1	1	1

图 10-25　范式的真值表

598

对偶范式是一个 OR-AND 表达式，它的每一项只包含所有变量一次，没有重复的 OR 项。这个范式相应的表示法包含的是真值表中 0 组成的列表。这里使用大写希腊字母派（Π）表示 AND 运算，而不是西格玛。

例 10.22　前面例子的对偶范式为

$$x(a,b,c)=(a+b+c)(a+b+c')(a+b'+c)(a'+b+c)(a'+b+c')$$

用派表示法可以写成

$$x(a,b,c)=\Pi(0,1,2,4,5)$$

因为这 5 行在真值表里为 0。■

例 10.23　使用西格玛表示法，图 10-3 中 x 和 y 为

$$x(a,b,c)=\sum(1,3)$$
$$y(a,b,c)=\sum(3,4)$$

图 10-4 中函数 x 和 y 为

$$x(a,b,c,d)=\sum(5,7,13,15)$$
$$y(a,b,c,d)=\sum(4,5,12,13)$$ ■

西格玛和派表示法要比布尔范式和真值表更简洁。本节剩下的部分假设要简化的函数已经转换为它的唯一范式，或者说已经给定或确定了真值表。

10.3.2　三变量卡诺图

两级电路的简化是基于距离的概念。两个极小项之间的*距离*（distance）是它们不同之处的数量。

例 10.24　来看一下这个三变量函数的范式：

$$x(a,b,c)=a'bc+abc+abc'$$

极小项 $a'bc$ 和 abc 之间的距离是 1，这是因为 a' 和 a 是这两个极小项唯一不同的变量，两者中变量 b 和 c 是相同的。极小项 $a'bc$ 和 abc' 的距离是 2，这是因为 $a'bc$ 中的 a' 和 c 与 abc' 中的 a 和 c' 不相同。■

识别相邻极小项（adjacent minterm），即距离为 1 的极小项，是简化 AND-OR 表达式的关键。一旦找到两个相邻极小项，就可以用分配律提出公共项，再用取补和幂等性简化它。

599

例 10.25　可以像下面那样合并前两个极小项来简化例 10.24 中的表达式：

$$x(a, b, c)=a'bc + abc + abc'$$
$$=(a'+ a)bc + abc'$$
$$=bc + abc'$$

或者可以合并第二和第三个极小项，因为它们也是相邻的。

$$x(a, b, c)=a'bc + abc + abc'$$
$$=a'bc + ab(c + c')$$
$$=a'bc + ab$$

无论哪种方式都改进了电路。原表达式是一个有三个三输入 AND 门和一个三输入 OR 门的电路。两个简化表达式对应的电路都仅有两个 AND 门，其中之一仅有两个输入，以及一个仅有两输入的 OR 门。

识别相邻极小项是很容易的。为了得到更小的最终电路，有时候会临时使表达式更加复杂。当一个极小项和其他两个极小项相邻时就会发生这样的情况，可以用幂等性复制这个极小项，再把它和它的两个相邻极小项合并。■

例 10.26　在例 10.25 中可以首先用幂等性复制 abc，然后再和另两个极小项合并。

$$x(a, b, c)=a'bc + abc + abc'$$
$$=a'bc + abc + abc + abc'$$
$$=(a'+ a)bc + ab(c + c')$$
$$=bc + ab$$

这个结果要好于例 10.25 中的结果，因为两个 AND 门都只有两个输入。■

用布尔代数进行简化枯燥且容易出错。卡诺图是一个简化两级电路的工具，它能很容易地找出相邻极小项，确定需要用幂等性复制哪些项。卡诺图只是一个组织过的真值表，相邻的条目代表只有一个不同之处的极小项。

图 10-26a 展示的是一个三变量卡诺图。左上单元代表 abc=0，它的右边是代表 abc=001 的单元，再往右是代表 abc=011 的单元，接着是 abc=010。序列 000、001、011、010 保证了相邻单元只有 1 个不同。如果按照数字顺序排列单元 000、001、010、011 就不会有这种效果了，因为 001 和 010 的距离是 2。

600

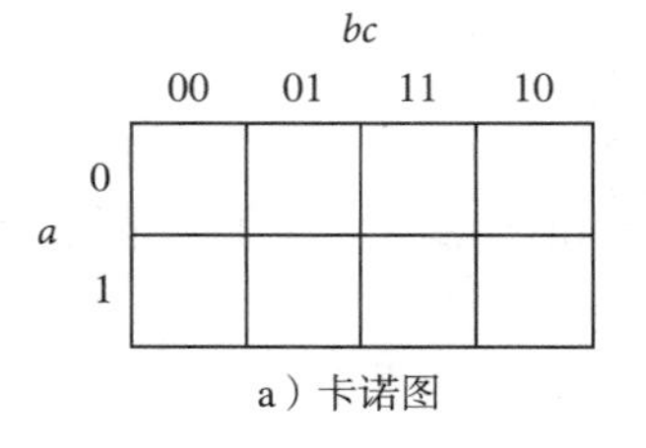

a）卡诺图

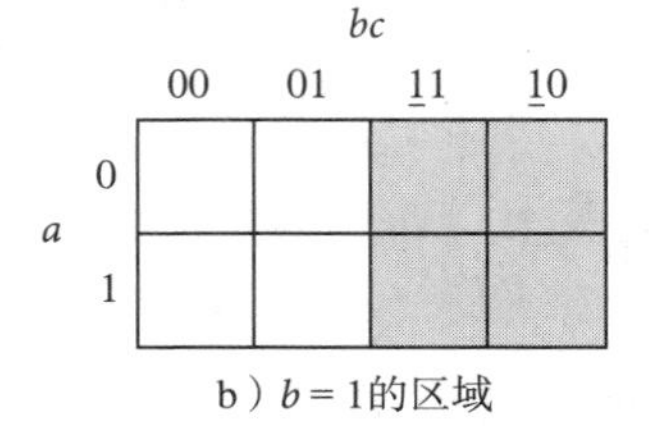

b）$b = 1$的区域

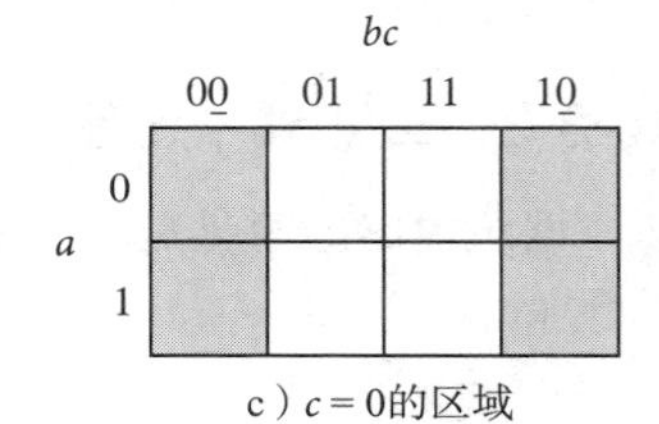

c）$c = 0$的区域

图 10-26　一个三变量函数的卡诺图

图中最上面的一行包含了真值表中 a=0 的条目，最下面一行包含了 a=1 的条目。每一列是 bc 的值，例如，第一列是 bc=00，第二列是 bc=01，最左边两列是 b=0，最右边两列是 b=1，如图 10-26b 所示。外边的两列是 c=0，中间的两列是 c=1，如图 10-26c 所示。

用布尔代数提取出相邻极小项的公共项相当于在卡诺图上将相邻单元组成一组。在对单元分组之后，通过检查卡诺图的区域可以写出简化项。

例 10.27 图 10-27a 展示的是范式

$$x(a, b, c)=a'bc + a'bc'$$

的卡诺图。

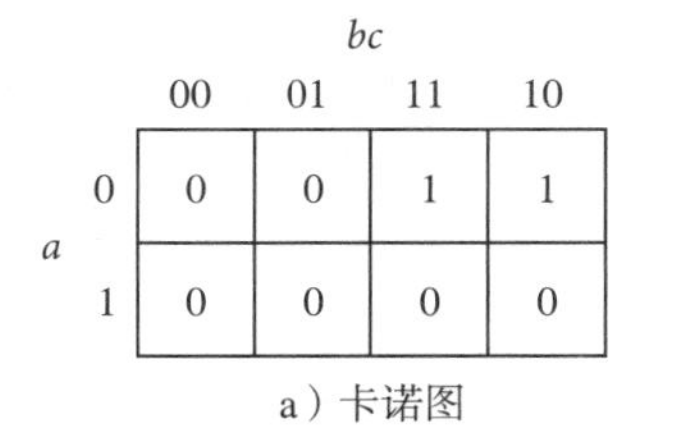

a）卡诺图

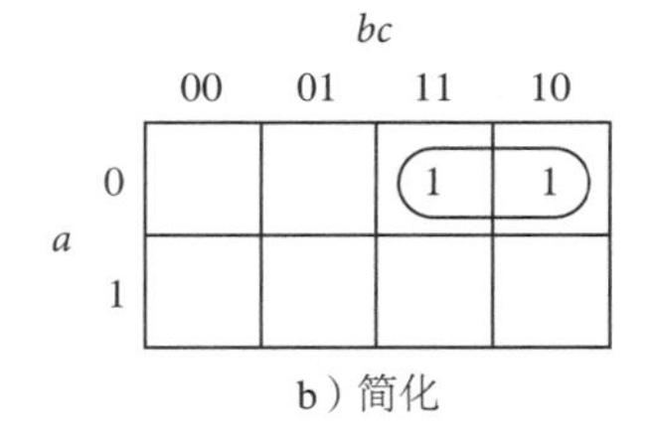

b）简化

图 10-27 例 10.27 中 AND-OR 表达式的卡诺图

abc=011 对应单元中的 1 是极小项 $a'bc$ 的真值表单元，abc=010 对应单元中的 1 是极小项 $a'bc'$ 的真值表单元。图 10-27b 是同样的卡诺图，只是为了清晰省略了 0。因为这两个 1 是相邻的，所以可以用椭圆把它们圈起来。椭圆覆盖的单元是 a=0 的行和 b=1 的列，因此是 ab=01 的区域，这对应于 $a'b$ 项，因此 $x(a, b, c)=a'b$。可以不用布尔代数，仅通过观察卡诺图就写出结果。■

例 10.28 图 10-28a 展示的是范式

$$x(a, b, c)=ab'c' + abc'$$

的卡诺图。

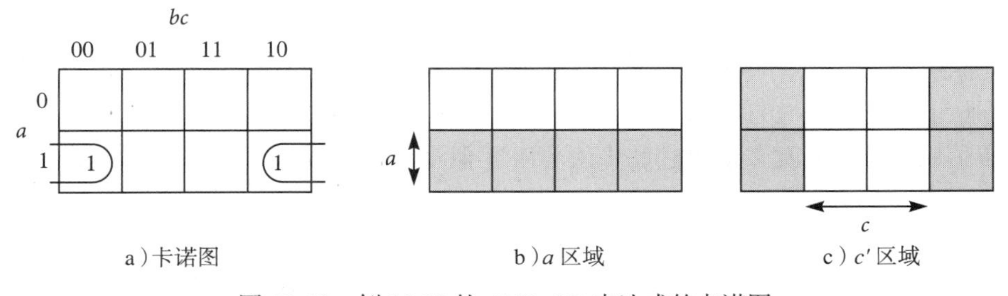

a）卡诺图 b）a 区域 c）c' 区域

图 10-28 例 10.28 的 AND-OR 表达式的卡诺图

看上去 $ab'c'$ 单元在左下角，abc' 单元在右下角，两者是不相邻的，但是实际上它们是相邻的。应该把卡诺图想象成环绕的，因此它的左边和右边是相邻的，这就是所谓的 Pac-Man 效应。在图中将一个椭圆画成了两个开放的半椭圆来表达卡诺图的这个属性。

这两个单元都位于 a=1 行和 c=0 列，如图 10-28b 和图 10-28c 所示。可以把两个单元想象成图中阴影区域的交集，这个区域是 ac=10。因此简化的函数是 $x(a, b, c)=ac'$。■ 601

用幂等属性增加一个极小项的副本，这样它可以和另两个极小项合并，对应于卡诺图中两个椭圆的重叠。如果 AND-OR 表达式中不止两个极小项，那么就可以随意把真值表中的 1 与多个组合使用。

例 10.29 图 10-29 展示的是

$$x(a, b, c)=a'bc + abc + abc'$$

的卡诺图，这是例 10.26 的范式。图 10-29a 展示的是合并第一和第二极小项的简化，图 10-29b 展示的是合并第二和第三极小项的简化，图 10-29c 中两个简化都用到了第二项，对应于两个椭圆的重叠。■

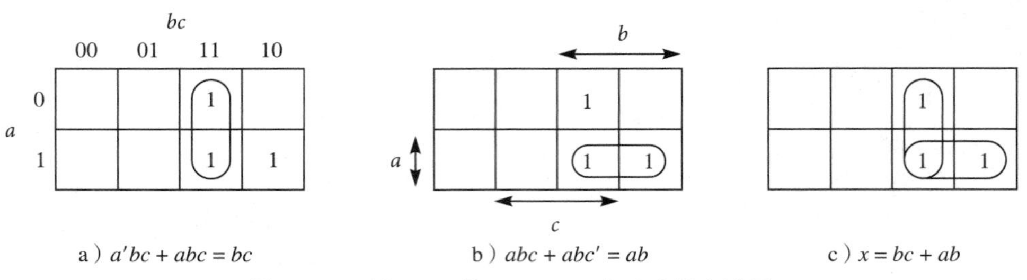

a）$a'bc + abc = bc$　　b）$abc + abc' = ab$　　c）$x = bc + ab$

图 10-29　例 10.26 的 AND-OR 表达式的卡诺图

当原始的真值表采用西格玛表示法时，可以在卡诺图中 1 的位置插入图 10-30 所示的十进制标号。

602

简化的过程就是要确定最好的一组椭圆来覆盖卡诺图中所有的 1。“最好”的意思是这组椭圆对应于一个两级电路，它有最少的门，每个门有最少的输入。椭圆的数量等于 AND 门的数量，一个椭圆覆盖的 1 越多，对应的 AND 门的输入就越少。所以要得到最少的椭圆数，每个椭圆要尽可能多地覆盖所有的 1 而不覆盖 0。允许 1 被多个椭圆覆盖。下面几个例子展示了确定椭圆的一般策略。

a \ bc	00	01	11	10
0	0	1	3	2
1	4	5	7	6

图 10-30　卡诺图极小项的十进制标号

例 10.30 图 10-31 展示的是一个简化时常见的错误。要简化

$$x(a, b, c)=\sum(0, 1, 5, 7)$$

可能首先想组合极小项 1 和 5，如图 10-31a 所示。一开始就这样做并不好，因为极小项 1 与 0 和 5 都相邻，极小项 5 与 1 和 7 都相邻。另一方面，极小项 0 只和 1 相邻。要用尽可能大的椭圆覆盖极小项 0，就必须将它和 1 组合。类似地，极小项 7 只和 5 相邻，要用尽可能大的椭圆覆盖它，就必须将它和 5 组合。

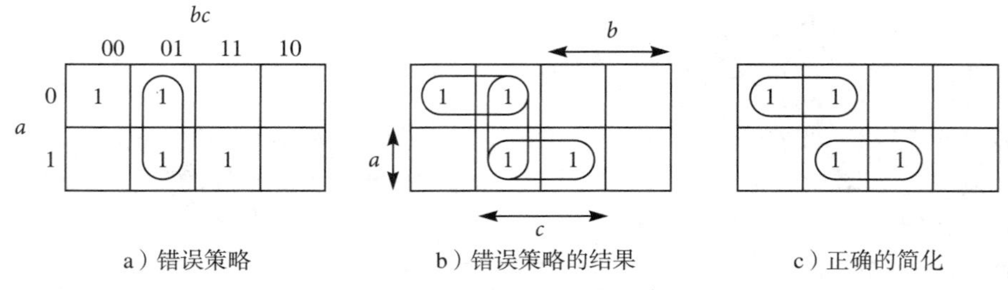

a）错误策略　　b）错误策略的结果　　c）正确的简化

图 10-31　一开始选择不好的结果

图 10-31b 展示的是这种极小项分组的结果，代表表达式

$$x(a, b, c)=\sum(0, 1, 5, 7)$$
$$=a'b'+ b'c + ac$$

这需要 3 个两输入 AND 门和 1 个三输入 OR 门。但第一个分组选择并不是必需的。图 10-31c 给出了正确的简化，它表示

$$x(a, b, c)=\sum(0, 1, 5, 7)$$
$$=a'b'+ac$$

这个实现只需要两个两输入 AND 门和一个两输入 OR 门。■ 603

前面的例子告诉我们一个经验法则，即从只有一个最近邻居的极小项开始分组，因为无论如何邻居必须和它们一起分组，这样可以节省一个不必要的邻居组成的分组。

另一个常见的错误是无法找到一个大的 1 的分组，如例 10.31 所示。

例 10.31 图 10-32a 展示的是一个三变量函数的简化

$$x(a, b, c)=\sum(0, 2, 4, 6, 7)$$
$$=b'c'+bc'+ab$$

它需要三个两输入 AND 门和一个三输入 OR 门。图 10-32b 是正确的简化，即

$$x(a, b, c)=c'+ab$$

这只需要一个两输入 AND 门和一个两输入 OR 门。■

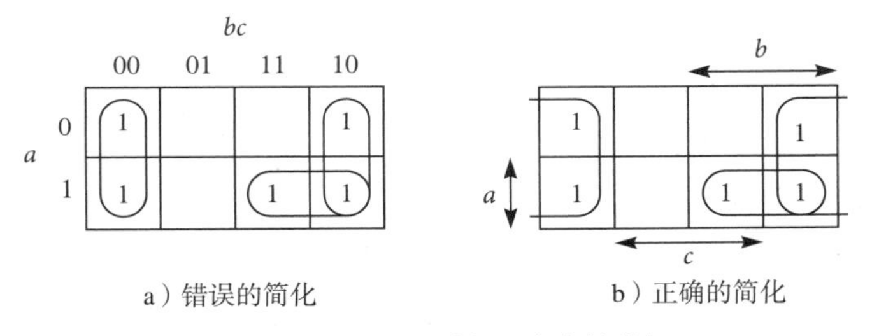

a）错误的简化　　b）正确的简化

图 10-32　无法识别出一个大的分组

在三变量问题中，四个 1 的分组相当于只有一个变量的 AND 项。因为一个组中 1 的个数一定是对应于 a、b、c 以及它们的补的区域的交集，因此组中 1 的数量一定是 2 的幂。例如，一个椭圆可以覆盖 1、2 或 4 个 1，但是绝不会是 3 或 5 个 1。

10.3.3　四变量卡诺图

四变量电路的简化遵循和三变量电路一样的步骤，除了卡诺图中条目的数量是三变量的两倍以外。图 10-33a 是单元的排列。不仅极小项 0 和 2 相邻、4 和 6 相邻，而且极小项 12 和 14、8 和 10 也相邻。同时，最上面一行的单元和最下面一行对应的单元也相邻，即极小项 0 和 8、1 和 9、3 和 11、2 和 10 相邻。

三变量卡诺图中每个单元有三个相邻单元。在四变量卡诺图中，每个单元有四个相邻单元。例如，与 10

604

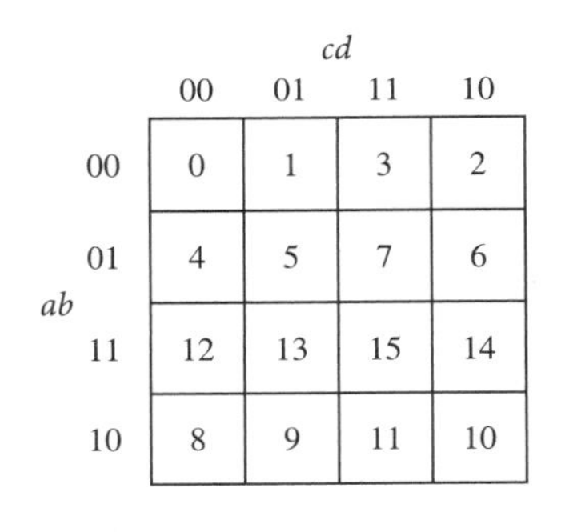

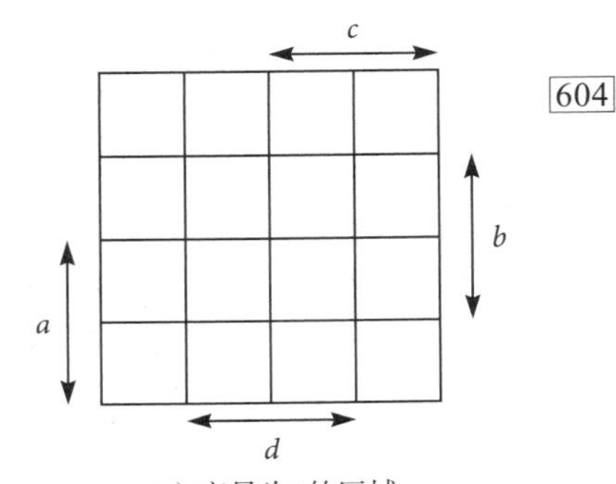

a）卡诺图中极小项的十进制标号　　b）变量为1的区域

图 10-33　四变量函数的卡诺图

相邻的是 2、8、11 和 14，与 4 相邻的是 0、5、6 和 12。

图 10-33b 展示的是变量为 1 的真值表区域。变量 a 在下面两行为 1，变量 b 在中间两行为 1，变量 c 在右边两列为 1，变量 d 在中间两列为 1。

例 10.32 图 10-34 展示的是对

$$x(a, b, c, d) = \sum (0, 1, 2, 5, 8, 9, 10, 13)$$
$$= c'd + b'd'$$

的简化。注意四个角上的单元可以被组合成 $b'd'$，卡诺图的第二列代表 $c'd$。■

例 10.33 图 10-35 展示的是

$$x(a, b, c, d) = \sum (0, 1, 2, 5, 8, 9, 10)$$
$$=a'c'd + b'c' + b'd'$$

的简化。和例 10.32 相比，尽管只少了一项，但是简化结果是完全不同的。

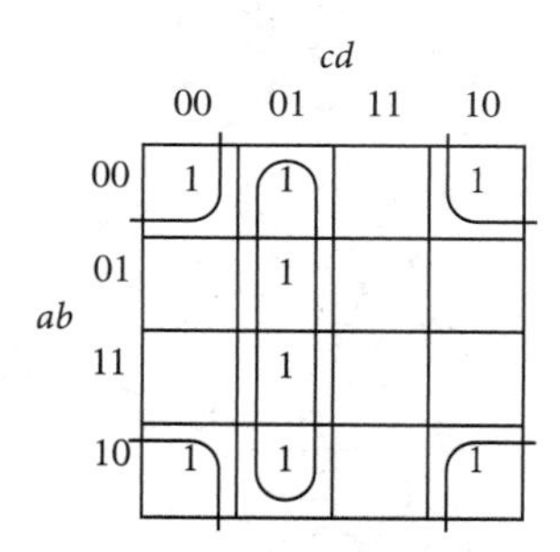

图 10-34　四变量函数的简化

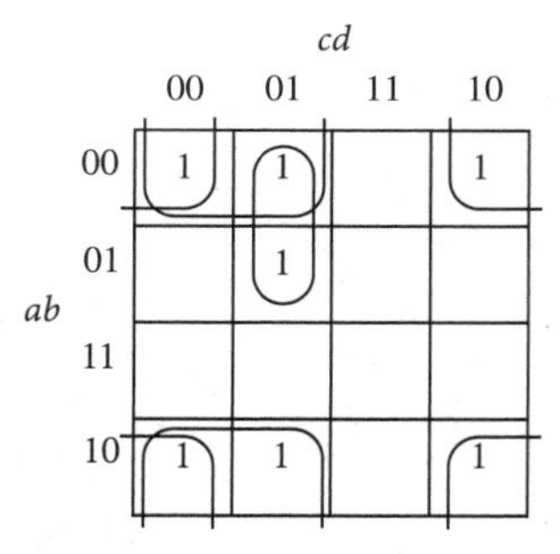

图 10-35　少了一项的图 10-34 表达式

605

极小项 5 只有一个相邻的 1，因此根据经验法则首先将它和极小项 1 组合，这个组合的 AND 项是 $a'c'd$，可以通过观察顶部两行（a'）、左边两列（c'）和中间两列（d）的交集来确定。

用最大的椭圆覆盖极小项 9 需要把它与 0、1 和 8 组合，而不是只与 8 组合，这个组合的 AND 项是 $b'c'$，可以通过观察顶部和底部行（b'）与左边两列（c'）的交集来确定。

剩下还没有被覆盖的 1 是极小项 2 和 10，和前面一样，它们与 0 和 8 组合。■

例 10.34 图 10-36 展示的简化结果可能不是唯一的。下面这个函数有两个合法的简化结果

$$x(a, b, c, d) = \sum (0, 4, 7, 8, 12, 13, 15)$$
$$= c'd' + bcd + abc'$$
$$= c'd' + bcd + abd$$

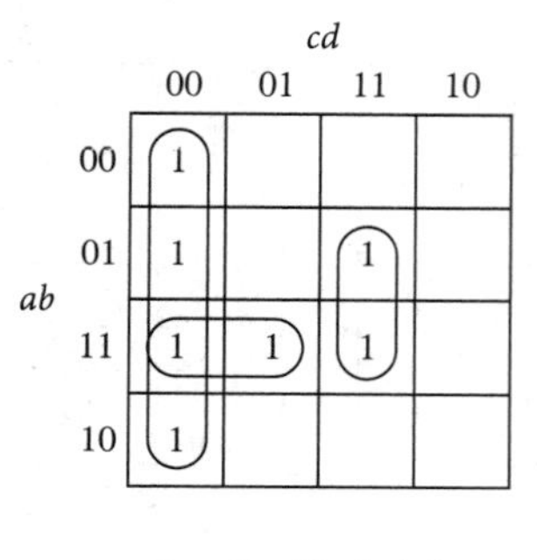

a）一种可能 的简化

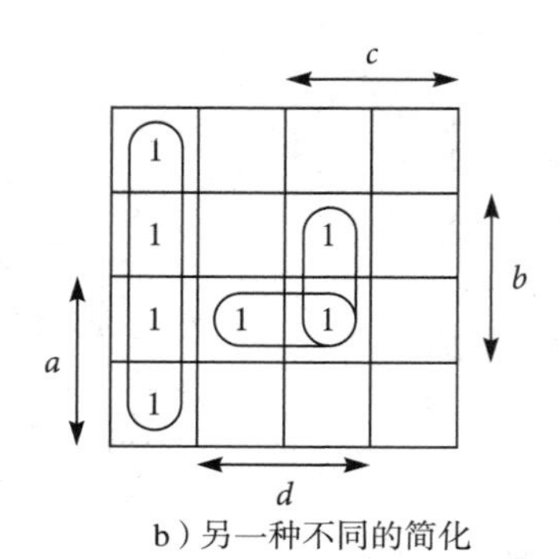

b）另一种不同的简化

图 10-36　两种不同的正确简化

首先应该组合的极小项是 7，因为它只有一个相邻项 1。极小项 0 必须和 4、8 和 12 组合，因为它没有其他可能的组合方式。这样就只剩下 13 了，它可以和 12 或者 15 组合。■

简化四变量函数并不总是简单明了的，有时候为了确定真正最小的结果，必须尝试几种不同的组合。

例 10.35 图 10-37 展示的就是这样的问题。该函数为

$$\sum(0, 1, 2, 3, 5, 6, 7, 8, 9, 12, 13, 14)$$

606

图 10-37a 是下面推理的结果。来看极小项 12，它所属的最大组是对应 ac' 的四项组，类似的极小项 6 所属的最大组合是四项组 $a'c$。给定这两个组合，可以把极小项 5 组合到 $c'd$ 中，极小项 0 组合到 $a'b'$ 中，极小项 14 组合到 bcd' 中。表达式

$$ac' + a'c + c'd + a'b' + bcd'$$

似乎是合理的，因为没有哪个组合看上去是冗余的，去掉任何一个椭圆都会有 1 没被覆盖到。

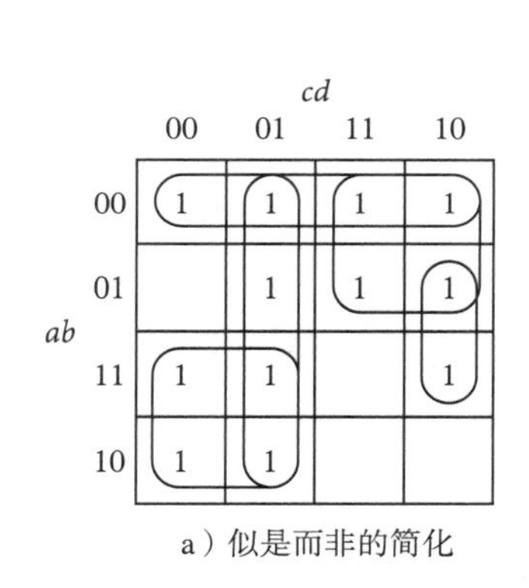

a）似是而非的简化

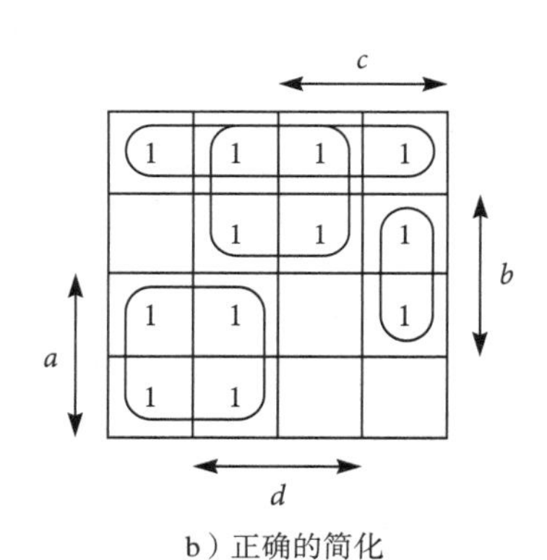

b）正确的简化

图 10-37　一个复杂的简化问题

给定前两组的选择，余下的三个组合可能都是最好的选择。问题就在于第二组的选择。

图 10-37b 是下面推理的结果。和前面一样，极小项 12 在组合 $a'c$ 中。现在来考虑极小项 14，它必须和 12 或者 6 组合。因为 12 已经被覆盖了，所以 14 和 6 组合。把剩下的 0、1、2、3、5、7 组合到一起是最有效的，如图 10-37b 所示。得到的表达式

$$ac' + a'd + a'b' + bcd'$$

比图 10-37a 少一个 AND 门。

这是一个麻烦的问题，因为通常应该用最大可能的组合来覆盖 1。然而通用的规则不适用于这个问题。一旦确定了组 ac'，就不该把极小项 6 放进最大的可能的组里了。

图 10-38　图 10-37 函数的另一种正确的简化

通过图 10-38 可以看到这个问题的解决方案不是唯一的，它首先把极小项 6 组合在 $a'c$ 中，接着把 14 和 12 组合，结果为

$$a'c + b'c' + c'd + abd'$$ ■

在面对一个复杂的卡诺图时，如何才能知道该怎样组合极小项呢？其实就是需要多练

习、推理和一点点试验。

10.3.4　对偶卡诺图

为了简化 OR-AND 表达式函数，可以简化 AND-OR 表达式形式的函数的补，使用德 · 摩根定律。

例 10.36　图 10-39 展示的是对图 10-29 中函数的补的简化。原函数是

$$x(a, b, c) = \sum(3, 6, 7)$$
$$= \Pi(0, 1, 2, 4, 5)$$

607

它的补如图所示简化为

$$x'(a, b, c) = \sum(0, 1, 2, 4, 5)$$
$$= b' + a'c'$$

a \ bc	00	01	11	10
0	1	1		1
1	1	1		

图 10-39　图 10-29 函数的补

简化后的 OR-AND 表达式的原函数是

$$x(a, b, c) = (x'(a, b, c))'$$
$$= (b' + a'c')'$$
$$= b(a + c)$$

简化的 AND-OR 表达式

$$x(a, b, c) = bc + ab$$

需要 3 个门，而这个表达式只需要两个门。■

在上面的例子中，用一个两级 NOR-NOR 电路而不是 NAND-NAND 电路来实现函数是很划算的。通常情况下，必须简化两种格式来确定哪个需要更少的门。

10.3.5　无关条件

有时候组合电路设计只是为了处理某些输入的组合，其他组合永远不会出现在输入中。即使这些条件出现我们也不关心输出是什么，所以这些组合称为无关条件（don't care condition）。

在简化过程中，无关条件会带来额外的灵活性。当存在无关条件时，可以随意设计电路产生 0 或 1 。通过有选择地让一些无关条件生成 1 ，另一些生成 0 ，这样可以改进简化结果。

例 10.37　图 10-40a 是不用无关条件进行简化

$$x(a, b, c) = \sum(2, 4, 6)$$
$$= bc' + ac'$$

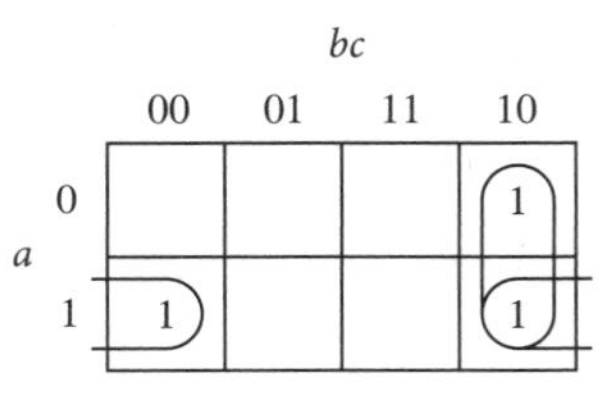

a）不使用无关条件的函数简化

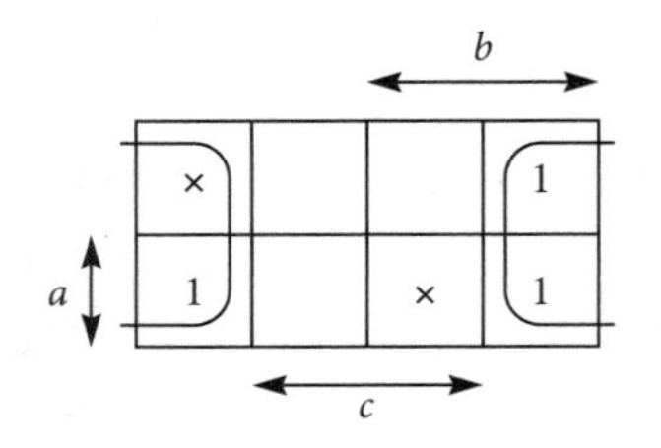

b）同样的函数使用无关条件的简化

图 10-40　无关条件

现在假设不用极小项 0 和 7 生成 0，在这个问题中，这两个极小项可以生成 0 也可以生

成 1。这个描述用符号表示为

$$x(a, b, c)=\sum(2, 4, 6)+d(0,\ 7)$$

这里在极小项标号前面的 d 代表无关条件。图 10-40b 的卡诺图中标记为“×”的单元就表示无关条件。

当用无关条件进行简化时，可以自由地覆盖或者不覆盖标记为“×”的单元。“×”就像通配符，把它看作 0 或 1 均可。在本例中，如果把极小项 0 看作 1，极小项 7 看作 0，简化的结果就是

608

$$\begin{aligned} x(a, b, c) &= \sum(2, 4, 6)+d(0, 7) \\ &= \sum(0, 2, 4, 6) \\ &= c' \end{aligned}$$

不用无关条件，这个函数需要两个 AND 门和一个 OR 门，如果使用无关条件，就不需要 AND 门或者 OR 门了。■

10.4　组合设备

本节讲述一些在计算机设计中普遍用到的组合设备。每个设备都可以被描述成一个黑盒子，有一个对应的真值表定义了输出和输入的关系。本节的所有设备都是组合设备，可以用两级 AND-OR 电路来实现。这里展示的一些实现用处理时间来换取更小的空间，即更少的门，可能不止两级。

10.4.1　视角

下面的几个设备有一条叫作使能（enable）的输入线。使能线就像设备的开关，如果使能线为 0，不管输入线的值是什么，输出线都是 0。此时，设备为关闭或禁用状态。如果使能线为 1，根据描述这个设备的函数，输出线由输入决定。此时，设备为打开或使能状态。

AND 门可以实现使能属性，如图 10-41a 所示。线 a 是一个组合电路（没有在图中显示）的一个输出，该电路需要一个使能线作为开关来控制其打开或关闭。可以将 a 送入一个 AND 门，并把该 AND 门的另一个输入用作使能线。

当使能线为 1 时，

$$\begin{aligned} x &= a \cdot (\text{enable}) \\ &= a \cdot 1 \\ &= a \end{aligned}$$

输出等于输入，如图 10-41b 所示。当使能线为 0 时，如图 10-41c 所示，不管输入是什么，

$$\begin{aligned} x &= a \cdot (\text{enable}) \\ &= a \cdot 0 \\ &= 0 \end{aligned}$$

609

实现使能属性不需要一个新的“使能门”，只需用一个不同的视角来看待我们熟悉的 AND 门。可以把输入 a 看作数据线，把使能线看作控制线。使能通过让数据完全不变地通过门或者阻止它通过门来控制数据。

另一个很有用的门是选择反相器（selective inverter）。输入有一条数据线和一条反相线。如果反相（invert）线为 1，那么输出是数据线的补；如果反相线为 0，输入不改变地通过门

到达输出。

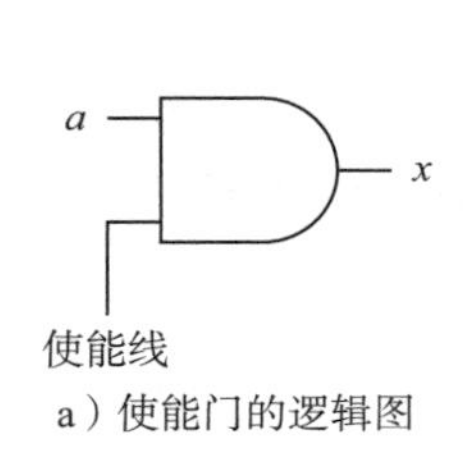

a）使能门的逻辑图

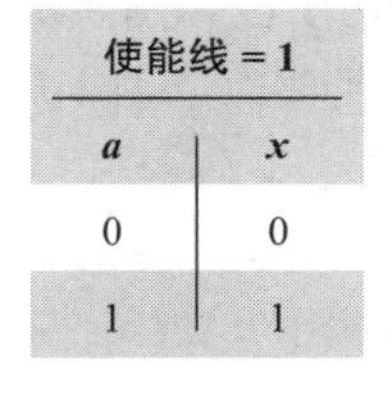

使能线 = 1	
a	***x***
0	0
1	1

b）设备打开时的真值表

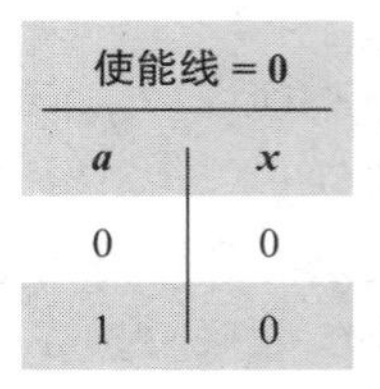

使能线 = 0	
a	***x***
0	0
1	0

c）设备关闭时的真值表

图 10-41　AND 的输入作为使能

从图 10-42a 可以看到选择反相器是一个 XOR 门，只不过换了一个和以往不一样的视角来看。当反相线为 1 时，

$$
\begin{aligned}
x &= a \oplus (\text{invert}) \\
&= a' \cdot (\text{invert}) + a \cdot (\text{invert})' \\
&= a' \cdot 1 + a \cdot 1' \\
&= a'
\end{aligned}
$$

输出等于数据输入的补，如图 10-42b 所示。当反相线为 0 时，

$$
\begin{aligned}
x &= a \oplus (\text{invert}) \\
&= a' \cdot (\text{invert}) + a \cdot (\text{invert})' \\
&= a' \cdot 0 + a \cdot 0' \\
&= a
\end{aligned}
$$

数据线不改变地通过这个门。

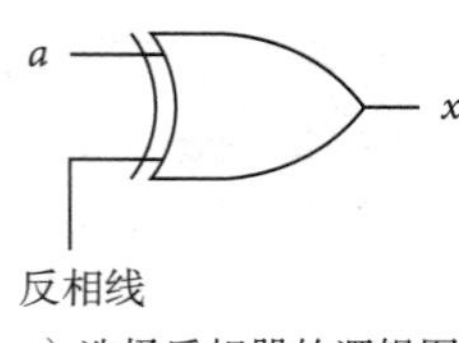

a）选择反相器的逻辑图

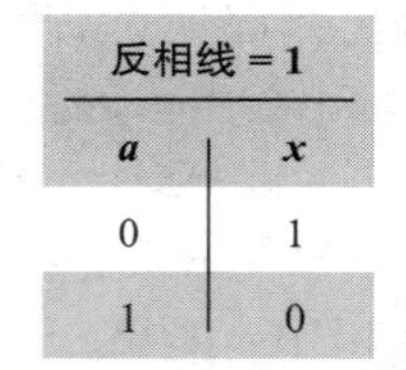

反相线 = 1	
a	***x***
0	1
1	0

b）反相器打开时的真值表

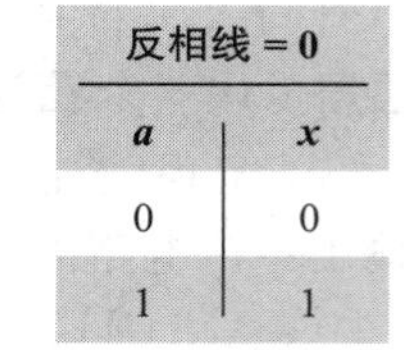

反相线 = 0	
a	***x***
0	0
1	1

c）反相器关闭时的真值表

图 10-42　XOR 的输入作为反相选择

10.4.2　复用器

复用器（multiplexer）是从几个数据输入中选择一个并送到唯一的数据输出的设备。控制线决定要让哪个数据输入通过。

图 10-43a 展示的是一个八输入复用器的框图。D0 ～ D7 是数据输入线，S2 ～ S0 是选择控制线，F 是唯一的输出线。

由于这个设备有 11 个输入，所以完整的真值表需要 2^{11} =2048 个条目。图 10-43b 是一个简略的真值表，第二个条目显示当选择线是 001 时，输出是 D1。也就是不管 D0 和 D2 ～ D7 为何值，如果 D1 为 1，F 就为 1，如果 D1 为 0，F 就为 0。

因为 n 条选择线可以选择 2^n 条数据线之一，所以复用器的数据输入的数量是 2 的幂。图 10-44 展示了一个四输入复用器的实现，它包含四条数据线 D0 ～ D3，和两条选择线 S1 和 S0。

610

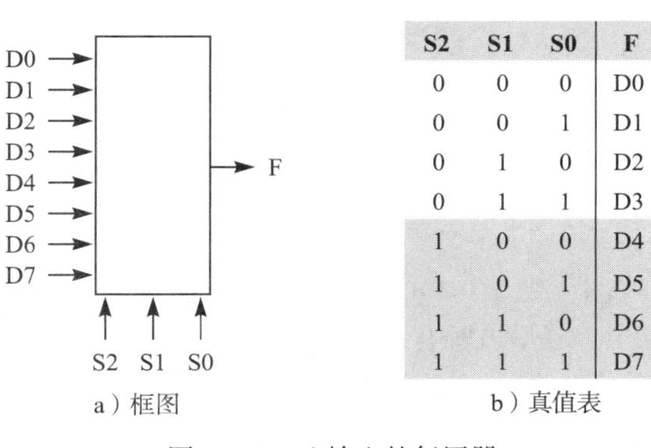

a）框图

S2	S1	S0	F
0	0	0	D0
0	0	1	D1
0	1	0	D2
0	1	1	D3
1	0	0	D4
1	0	1	D5
1	1	0	D6
1	1	1	D7

b）真值表

图 10-43　八输入的复用器

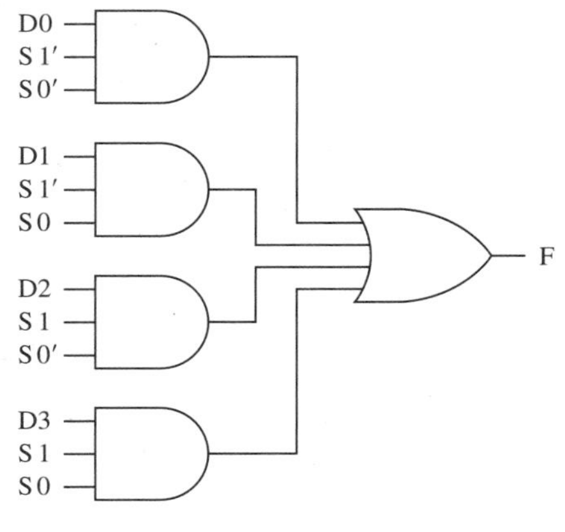

图 10-44　四输入复用器的实现

Pep/9 中 STWr 指令的实现是应用复用器的一个例子。这条指令把 CPU 两个寄存器之一的内容通过总线放进内存，CPU 用一个两输入复用器来进行选择，实现这个功能。选择线来自寄存器 r 字段，输入来自 A 和 X 寄存器，输出将会到达总线。

10.4.3　二进制译码器

译码器（decoder）以一个二进制数字作为输入，把几条数据输出线中的一个设置为 1，其余的设置为 0，而哪条数据线设为 1 取决于输入二进制数字的值。

图 10-45a 展示的是一个 2×4 二进制译码器的框图。S1 和 S0 是两位数字输入，D0 ～ D3 是四个输出，其中之一将会为 1；图 10-45b 是真值表。

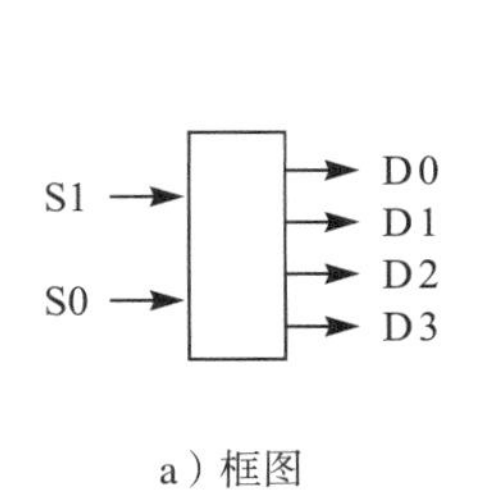

a）框图

S1	S0	D0	D1	D2	D3
0	0	1	0	0	0
0	1	0	1	0	0
1	0	0	0	1	0
1	1	0	0	0	1

b）真值表

图 10-45　2×4 的二进制译码器

611

因为 n 位数字会有 2^n 个值，所以译码器数据输出的数量是 2 的幂。图 10-46 展示的是一个 2×4 译码器的实现。其他可能的大小是 3×8 和 4×16。

一些译码器带有使能输入。图 10-47 是一个带使能输入的 2×4 译码器。当使能线为 1 时，设备像图 10-45b 那样正常运行。当使能线为 0 时，所有输出为 0。实现带使能功能的译码器要求每个 AND 门有一个附加的输入，细节情况作为章末的一道练习。

Pep/9 的 CPU 中有应用译码器的一个例子。一些指令有一个三位的寻址 aaa 字段，这个字段指定八种寻址方式之一。硬件有八个地址计算单元，每个方式对

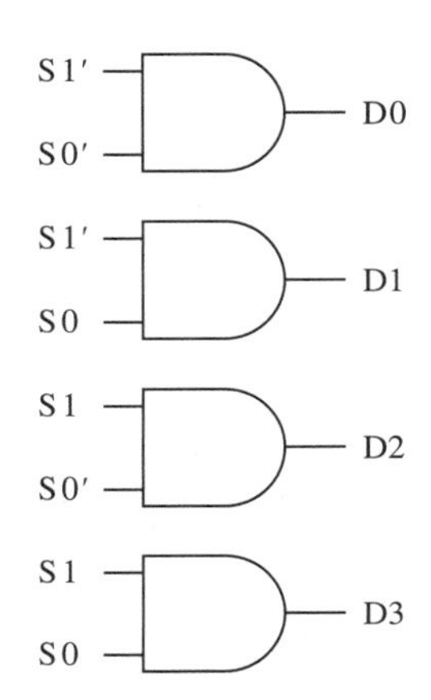

图 10-46　2×4 二进制译码器的实现

应一个。每个单元有一条使能线。三条 aaa 地址线输入到一个 3 × 8 译码器，该译码器的每条输出线将会使能八个地址计算单元中的一个。

10.4.4　多路分配器

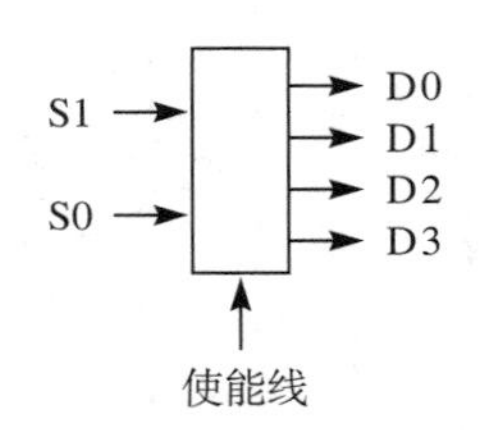

图 10-47　带使能输入的 2 × 4 二进制译码器

复用器是把几个数据输入值中的一个发送到唯一的输出线，*多路分配器*（demultiplexer）正好相反，它把唯一的输入值发送到几条输出线之一。

图 10-48a 是一个四输出多路分配器的框图，图 10-48b 是它的真值表。如果 S1 和 S0 为 01，那么除 D1 之外的所有输出线都是 0，D1 的值和数据输入线的值一致。

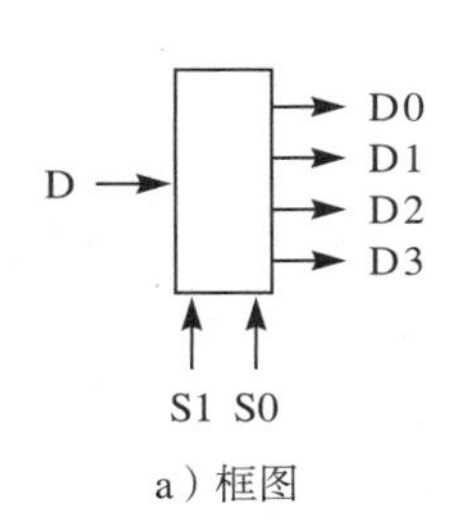

a）框图

S1	S0	D0	D1	D2	D3
0	0	D	0	0	0
0	1	0	D	0	0
1	0	0	0	D	0
1	1	0	0	0	D

b）真值表

图 10-48　四路输出的多路分配器

这个真值表类似于图 10-45b 的译码器的真值表。多路分配器实际上就是一个带使能功能的译码器，数据输入线 D 和使能线相连接。如果 D 为 0 则译码器被禁用，S1 和 S0 选择的数据输出线为 0；如果 D 为 1，译码器使能，选择的数据输出线为 1。在这两种情况中，选择的输出线与数据输入线的值都一样。这又是一个用不同的视角来思考组合设备得到一种非常有用的运算的例子。 612

10.4.5　加法器

思考下面的二进制加法

```
         1011
ADD      0011
C = 0    1110
V = 0
```

最低有效位（LSB）的和是 1 加上 1 等于 0，有一个 1 进位到下一列。要将两个数的最低有效位相加需要如图 10-49a 所示的*半加器*（half adder）。在图 10-49 中，A 代表第一个数的 LSB，B 代表第二个数的 LSB。本例中，一个输出是 Sum（和）0，另一个输出是 Carry（进位）1。图 10-49b 是真值表。Sum 和 XOR 函数一样，Carry 和 AND 函数一样。图 10-49c 部分是最直观的实现。

要得出 LSB 相邻列的和就需要一个有三个输入的组合电路：Cin、A 和 B，Cin 是来自于 LSB 的进位输入，A 和 B 是第一个数和第二个数的位，输出是 Sum 和 Cout，Cout 会送到下一列的全加器的 Cin。图 10-50a 是这个线路的框图，称为*全加器*（full adder）。图 10-50b 是它的真值表，如果三个输入的和是奇数，则 Sum 为 1；如果三个输入的和大于 1，则 Cout 为 1。

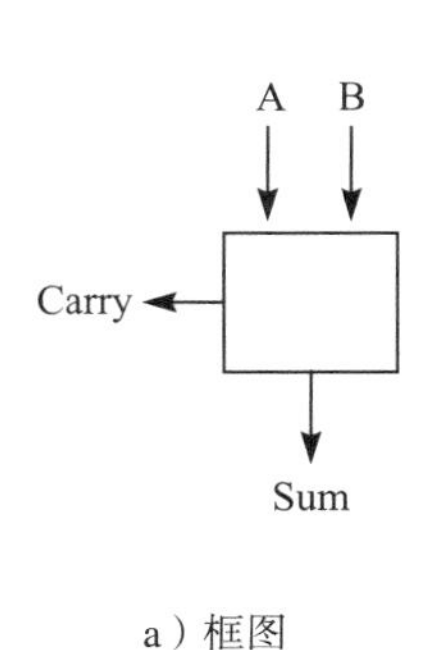

a）框图

A	B	Sum	Carry
0	0	0	0
0	1	1	0
1	0	1	0
1	1	0	1

b）真值表

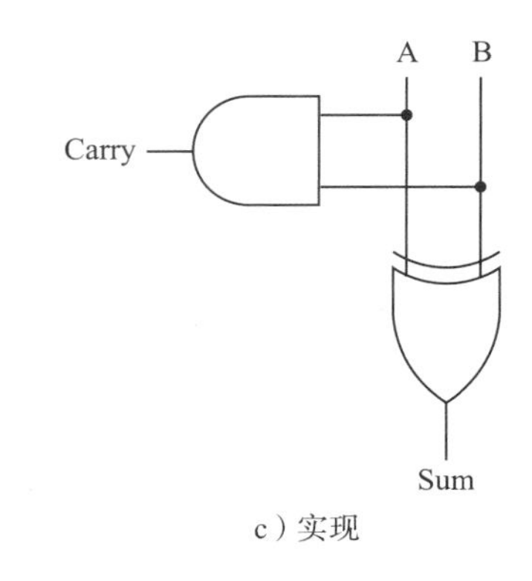

c）实现

图 10-49 半加器

图 10-51 展示的是一个全加器的实现，使用了两个半加器和一个 OR 门。第一个半加器将 A 和 B 相加，第二个半加器将第一个半加器的和与 Cin 相加，全加器的和是第二个半加器的和。如果第一个或第二个半加器有进位，则全加器就有进位。 613

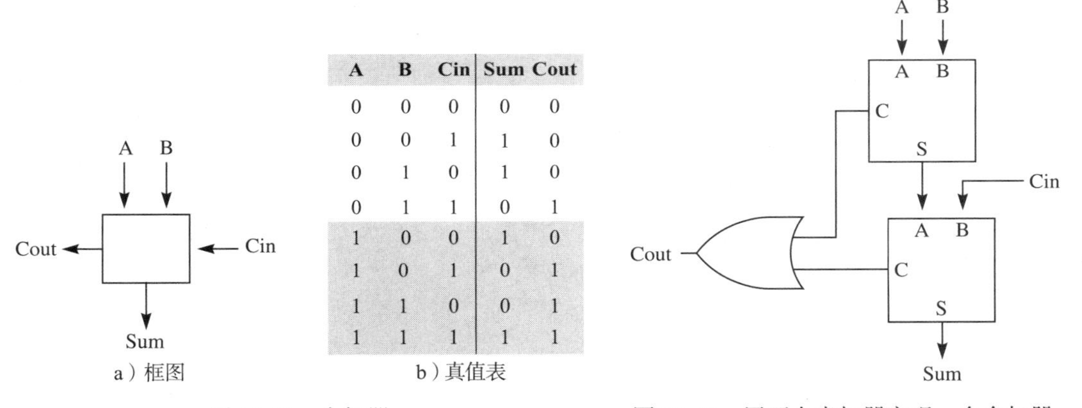

a）框图

A	B	Cin	Sum	Cout
0	0	0	0	0
0	0	1	1	0
0	1	0	1	0
0	1	1	0	1
1	0	0	1	0
1	0	1	0	1
1	1	0	0	1
1	1	1	1	1

b）真值表

图 10-50 全加器

图 10-51 用两个半加器实现一个全加器

要将两个 4 位数字相加就需要一个八输入电路，如图 10-52a 所示。A3 A2 A1 A0 是第一个数字的 4 位，A0 是 LSB，B3 ～ B0 是第二个数字的 4 位，S3 S2 S1 S0 是 4 位的和，Cout 是进位位。实现 4 位加法器可以使用一个用于 LSB 的半加器和三个全加器，剩下的每列一个全加器。因为从 LSB 开始的进位要像波浪一样向左边的列传递，所以这个实现称为**行波进位加法器**（ripple-carry adder）。图 10-52b 给出的就是这样的实现。

行波进位加法器的进位是最左边的全加器的 Cout。如果把整数当作无符号数，这个进位位就表明是否发生溢出。如果把整数当作二进制补码表示的有符号数，最左边的位是符号位，和它相邻的是数值最大的最高有效位。因此对于有符号数，倒数第二个全加器的 Cout 信号（本例中的 S2）是进位位。

V 位表示把数字看成有符号数时是否发生溢出。遇到下面两种情形之一时才可能发生溢出：

- A 和 B 都是正数，结果是负数。
- A 和 B 都是负数，结果是正数。

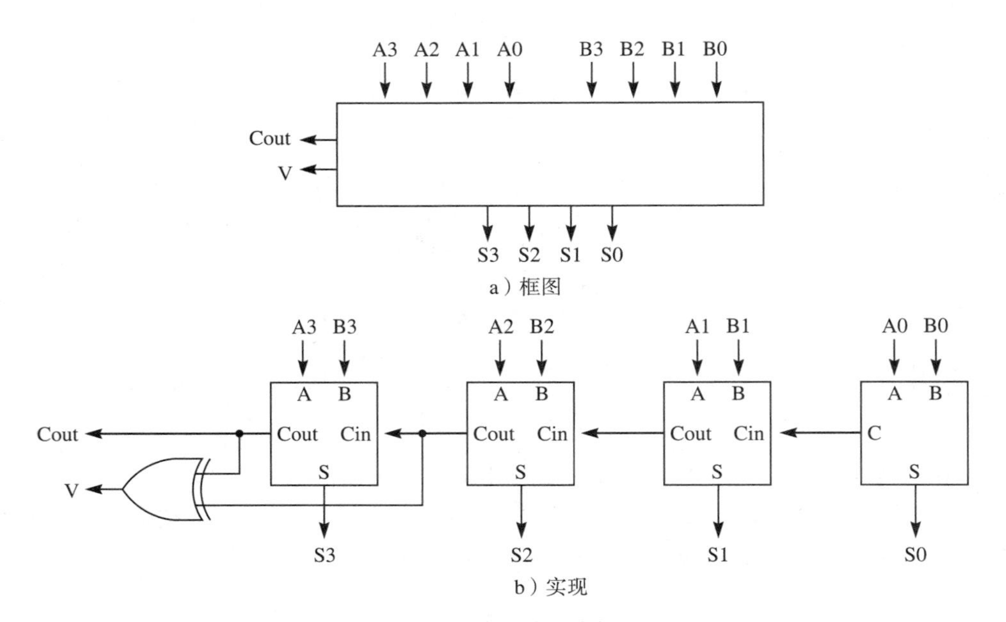

图 10-52　四位行波进位加法器

将两个符号不同的整数相加不会发生溢出。第一种情况中 A3 和 B3 都是 0，在倒数第二个全加器一定会有进位，这个进位将 S3 置为 1，最左边的全加器的 Cout 为 0。第二种情况中 A3 和 B3 都是 1，最左边的全加器一定有一个进位，倒数第二个全加器不会有进位，因为 S3 一定是 0。在这两种情况中，最左边全加器的进位不同于倒数第二个全加器的进位，但这正好是 XOR 函数。只有当它的两个输入不同时，它才为 1。因此可以用 XOR 门来计算 V 位，两个输入来自最左和倒数第二个全加器的 Cout 信号。

614

行波进位加法器最主要的缺点是进位必须传递经过所有全加器才能在输出产生有效的结果。由于加法是非常基础的数学运算，因此加法器电路得到了广泛研究。先行进位加法器通过在设计中加入一个先行进位单元，解决了行波进位加法器的速度劣势。更复杂的加法器超出了本书的讲述范围。

10.4.6　加法器 / 减法器

要用 A 减 B，可以按照加法器的思路设计一个减法器电路，只不过相应于加法的进位机制，它要有借位机制。不过，其实不需要构造一个独立的减法电路，把 B 取反后再和 A 相加更简单一些。回想一下第 3 章的二进制补码规则：

$$\text{NEG } x = 1 + \text{NOT } x$$

对一个数取反时，要把这个数的所有位取反，然后加 1。因此，要构建一个既是加法器又是减法器的电路，需要通过一种方法有选择地反转 B 的所有位，还需要通过一种方法有选择地将它加 1。幸运的是 XOR 门能够实现这个功能，因为可以把 XOR 门当作一个选择反相器。

615 ~ 616

图 10-53 展示的是一个基于这个思路的加法器 / 减法器电路。图 10-53a 中的框图和行波进位加法器框图相比，只是多了一个标识为 Sub 的控制线。当 Sub=0 时，电路作为一个加法器，当 Sub=1 时，这个电路是个减法器。

图 10-53b 是这个电路的实现。对于加法器电路，LSB 的运算只需要一个半加器，加法

器/减法器用一个全加器代替它。考虑 Sub=0 的情况，这样 LSB 的全加器的 Cin 为 0，就像是一个半加器。而且，对于上面四个 XOR 门，每个门的左边的输入也是 0，它使得 B 信号毫无改变地通过这些门。该电路计算 A 和 B 的和。

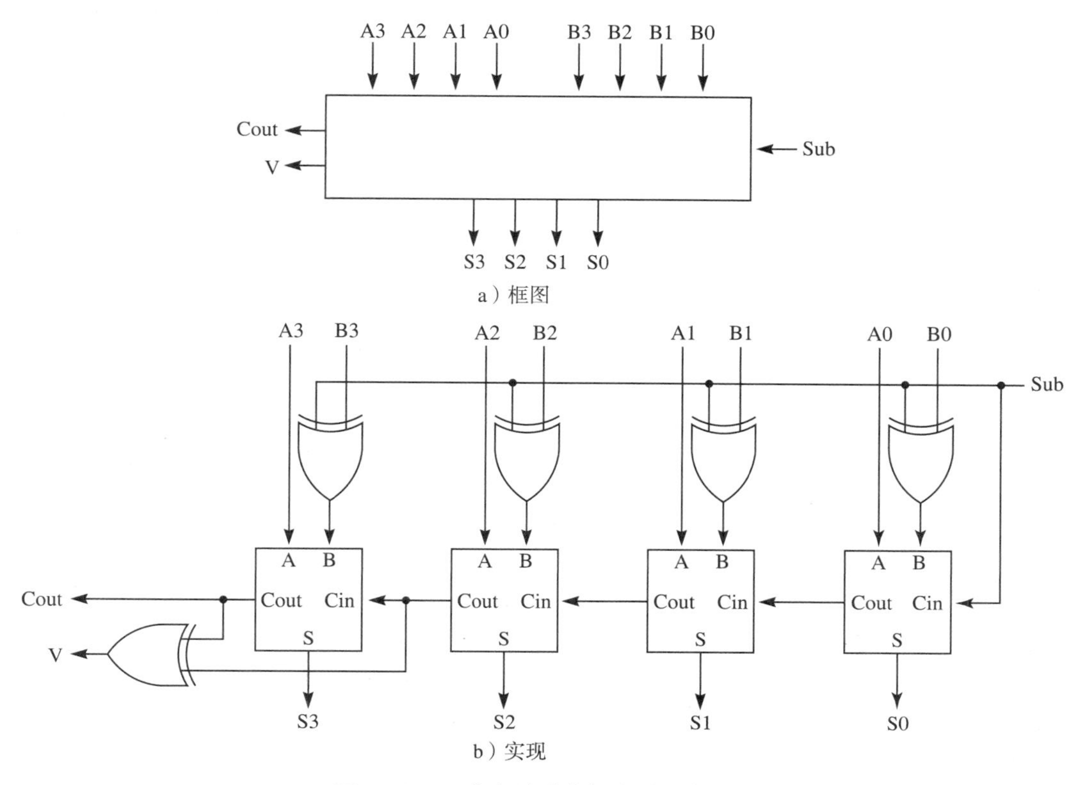

图 10-53 四位行波进位加法器/减法器

现在来考虑 Sub=1 的情况，由于上面四个 XOR 门左边的输入都是 1，因此 B 的所有位取反。而且，最低有效位的全加器的 Cin 是 1，将结果加 1。因此这个和是 A 加上 B 的反的和。

10.4.7 算术逻辑单元

Pep/9 的处理指令包括 ADDr、ANDr 和 ORr。加法是算术运算，然而 AND 和 OR 是逻辑运算。CPU 通常包括一个简单的组合电路，称为算术逻辑单元（Arithmetic Logic Unit，ALU），它会执行这些运算。

图 10-54 展示的是 Pep/9 CPU 的 ALU。线上有一条小斜线代表多于 1 个的控制线，斜线旁边的数字指明控制线的数量，标记为 ALU 的线代表四条线。ALU 总共有 21 条输入线：A 输入 8 条线，B 输入 8 条线，4 条线用于指定 ALU 执行的功能，还有一条 Cin 线。它有 12 条输出线：Result 8 条线，

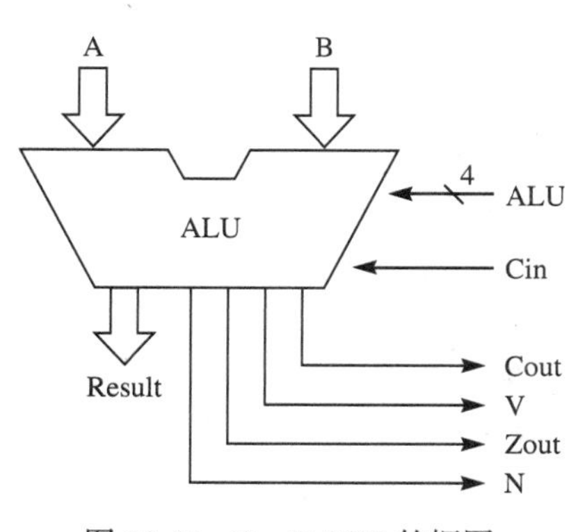

图 10-54 Pep/9 ALU 的框图

此外还有 4 条线对应 Result 的 NZVC 值。进位输出线标记为 Cout，区别于进位输入线 Cin。零输出线标识为 Zout，区别于 CPU 中另一个 Z，这个 Z 将在第 12 章中讲述。

4 条 ALU 控制线指定 ALU 将执行 16 种功能中的哪一个。图 10-55 列出了这 16 种功能，其中大多数直接对应 Pep/8 指令集中的运算。因为“+”符号通常用作逻辑 OR 运算，所以算术运算写成“plus”和“minus”。图中列出了每种运算对应的 NZVC 位的值。上横线是取反的另一种表示法，比如，NAND 的 $\overline{A \cdot B}$ 就等同于 (A·B)′。

ALU 控制线			状态位			
(bin)	(dec)	结果	N	Zout	V	Cout
0000	0	A	N	Z	0	0
0001	1	A 加 B	N	Z	V	C
0010	2	A 加 B 加 Cin	N	Z	V	C
0011	3	A 加 $\overline{B}$ 加 1	N	Z	V	C
0100	4	A 加 $\overline{B}$ 加 Cin	N	Z	V	C
0101	5	A · B	N	Z	0	0
0110	6	$\overline{A \cdot B}$	N	Z	0	0
0111	7	A + B	N	Z	0	0
1000	8	$\overline{A + B}$	N	Z	0	0
1001	9	A ⊕ B	N	Z	0	0
1010	10	$\overline{A}$	N	Z	0	0
1011	11	ASL A	N	Z	V	C
1100	12	ROL A	N	Z	V	C
1101	13	ASR A	N	Z	0	C
1110	14	ROR A	N	Z	0	C
1111	15	0	A<4>	A<5>	A<6>	A<7>

图 10-55　Pep/9 ALU 的 16 种功能

图 10-56 展示的是 ALU 的实现。可以看到从上面和右边进来的 21 条输入线和底部出来的 12 条输出线。从右边来的 4 条 ALU 线驱动一个 4 × 16 译码器。来回忆一下根据 ALU 输入值的情况，译码器输出线中的一条将会为 1，其余的都为 0。ALU 中的计算单元执行图 10-55 中的前 15 种功能，从译码器来的进入计算单元的 15 条输入线，其中的每一条都使能一个执行对应功能的组合电路。

618

该计算单元有 32 条输入线：A 输入 8 条，B 输入 8 条，Cin 一条，来自译码器的 15 条。它有 10 条输出线：计算结果 8 条，加上 V 和 C 各一条。N 和 Z 位的计算在计算单元之外。在图 10-56 中可以看到 N 位只是计算单元 Result 最高位的一个副本，Z 位是 Result 的 8 个位的 NOR。如果所有 8 个位都是 0，那么 NOR 门的输出为 1；如果其中之一或者更多的输入位为 1，那么 NOR 门的输出为 0，这正好是根据计算结果设置 Z 位的条件。

左下的方框是一组 12 个双输入的复用器，每个复用器的控制线连接到译码器的第 15 号线。这个控制线的功能如下：

- 如果线 15 为 1，则从左边来的 Result 和 NZVC 被送到输出。
- 如果线 15 为 0，则从右边来的 Result 和 NZVC 被送到输出。

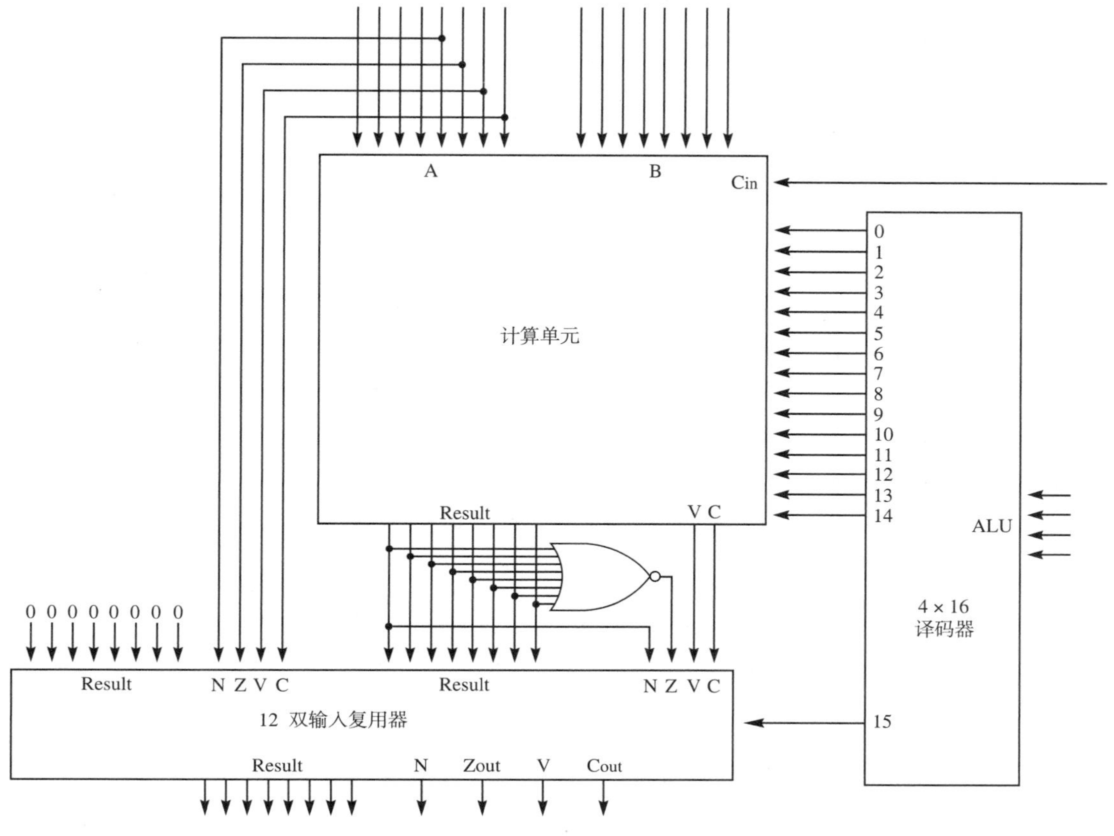

图 10-56 图 10-54 中 ALU 的实现

来看看图 10-56 如何计算图 10-55 的最后一个功能。如果 ALU 输入是 1111（bin），那么线 15 为 1，从左边来的 Result 和 NZVC 被送到 ALU 的输出。但是在图 10-56 中可以看到 Result 左边的位连接到 0，NZVC 来自 A 的低四位元组（半字节），这正是该功能要求的。

619
~
620

图 10-57 是图 10-56 计算单元的实现。它由一个 A 单元、一个算术单元和标号为逻辑单元 5 到逻辑单元 14 的 10 个逻辑单元组成。A 单元和每个逻辑单元都由译码器的 15 条线之一来使能。任何单元的使能线 E 如果为 0，那么不管这个单元的其他输入是什么，Result、V 和 C 的所有位都是 0。算术单元负责图 10-55 中功能 1、2、3 和 4 对应的算术运算的 Result、V 和 C 的计算，算术单元相应的控制线的标识分别为 d、e、f 和 g。如果 d、e、f 和 g 四个都为 0，那么不管算术单元的其他输入是什么，Result、V 和 C 的所有位都为 0。

计算单元的每个输出都连接到一个 12 输入的 OR 门。此 OR 门的其他 11 个输入是其他 11 个计算单元对应的输出线。例如，所有 12 个计算单元的 V 输出送到一个 OR 门。因为 11 个计算单元都一定是未使能的，确切地说每个 OR 门的 11 个输入都一定为 0，所以不一定为 0 的输入来自于被使能的单元。因为 0 是 OR 运算的零元

$$p \text{ OR } 0=p$$

所以被使能单元的输出会不改变地通过 OR 门。

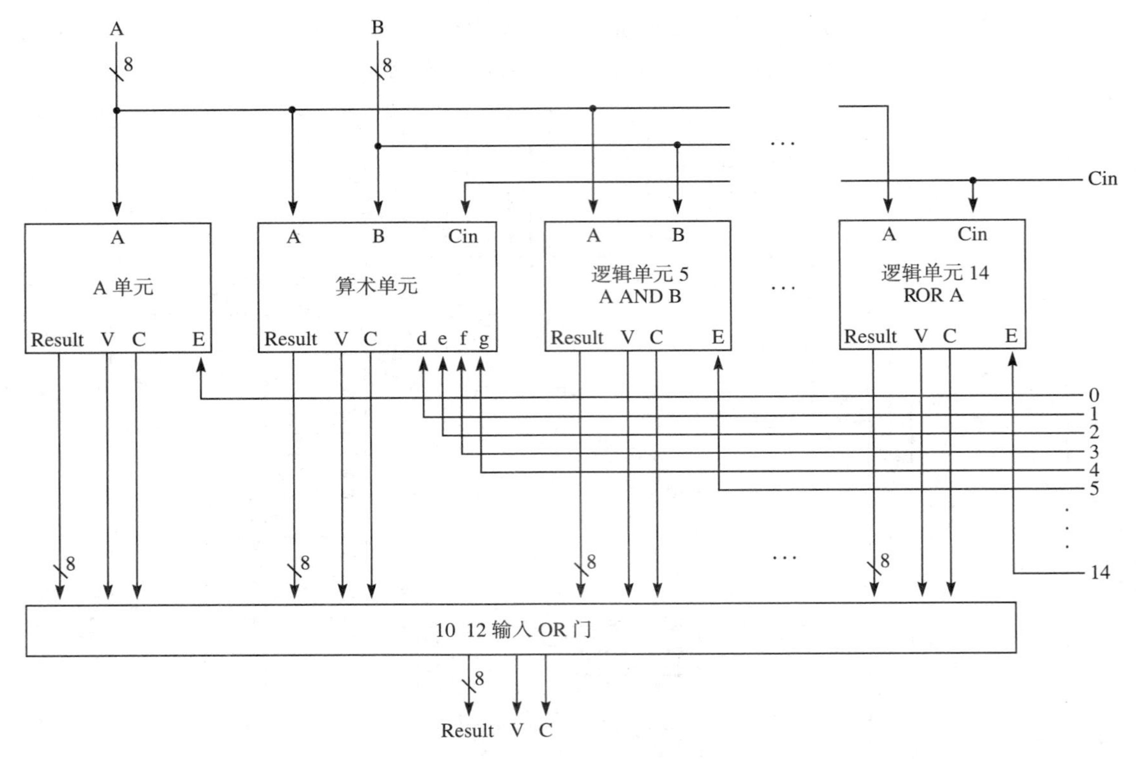

图 10-57　图 10-56 中计算单元的实现

图 10-58 是 A 单元的实现。它由 8 个两输入 AND 门组成，这些门是 8 位 A 信号的使能门。图 10-55 表明 V 和 C 应该为 0，因此 V 和 C 输出线在这个实现中都是 0。

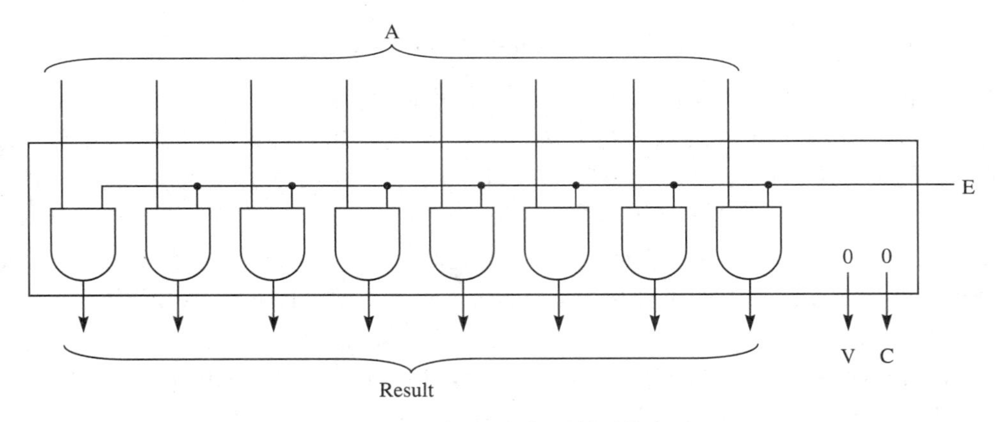

图 10-58　图 10-57 中 A 单元的实现

图 10-59 是算术单元的一种实现，它是图 10-53 的加法器 / 减法器电路的一个扩展，修改后能够处理两种额外情况：用两个 8 位运算来实现 16 位值的加减。图 10-60 展示的是怎样用两个 8 位运算来做 16 位运算。图 10-60a 中，16 位加法是这样的：对 A 和 B 的低字节执行

621

A plus B

然后对高字节执行

$$\text{A plus B plus Cin}$$

这里的 Cin 是低字节运算的 Cout。图 10-60b 中，16 位减法是这样的：对 A 和 B 的低字节执行

$$\text{A plus } \overline{\text{B}} \text{ plus 1}$$

然后对高字节执行

$$\text{A plus } \overline{\text{B}} \text{ plus Cin}$$

这里的 Cin 同样是低字节运算的 Cout。最后这个运算同样是依据在硬件上实现 A 减 B 就是把 A 加上 B 的补。低字节运算的进位是加法的进位而不是减法的，这也是为什么电路要加上而不是减去低字节运算的 Cin 的原因。

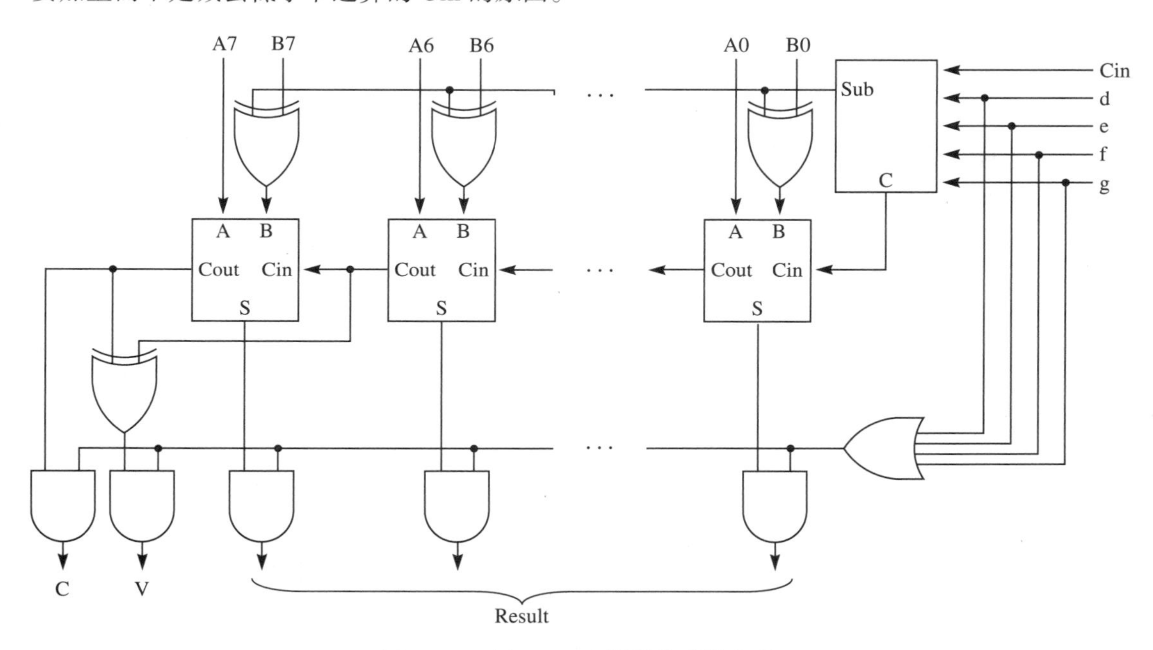

图 10-59　图 10-57 中算数单元的实现

622

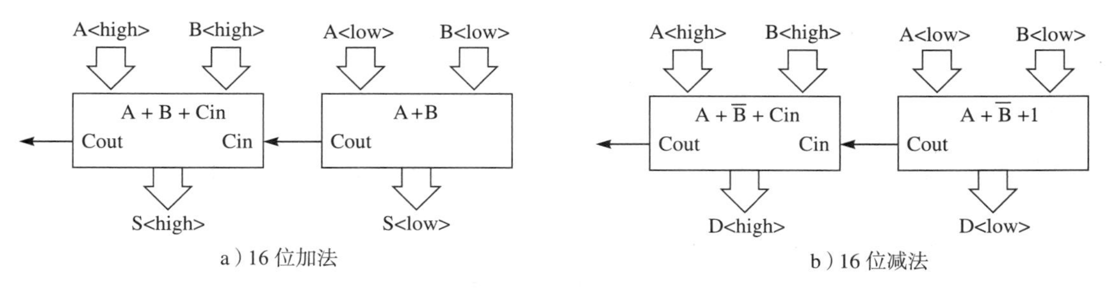

a）16 位加法　　b）16 位减法

图 10-60　用两个 8 位运算来实现 16 位运算

例 10.38　下面讲解硬件怎样处理 259−261。259（dec）作为一个 16 位数，其表示为 0000 0001 0000 0011，因此 A<high>=0000 0001，A<low>= 0000 0011。261（dec）作为一个 16 位数，其表示为 0000 0001 0000 0101，因此 B<high>=0000 0001，B<low>= 0000 0101。低字节相加是

0000 0011
1111 1010
ADD　1
C = 0　1111 1110

高字节相加是

0000 0001
1111 1110
ADD　0
C = 0　1111 1111
V = 0

最终的差是 1111 1111 1111 1110（bin）= −2（dec），和预期的一样。最终的 V 位由最后的进位和倒数第二个进位进行异或计算得出，结果如下：

$$0 \oplus 0=0$$ ■

例 10.39 下面讲解硬件怎样处理 261−259。这次，A<high>=0000 0001，A<low>= 0000 0101，B<high>=0000 0001，B<low>= 0000 0011。低字节相加是

0000 0101
1111 1100
ADD　1
C = 1　0000 0010

623

高字节相加是

0000 0001
1111 1110
ADD　1
C = 1　0000 0000
V = 0

最终的差是 0000 0000 0000 0010（bin）= 2（dec），和预期的一样。最终的 V 位由最后的进位和倒数第二个进位进行异或计算得出，结果如下：

$$1 \oplus 1=0$$ ■

图 10-59 右上部分的控制电路框控制该电路的功能，图 10-61 是它的真值表。将这个框和图 10-53 中控制加法器 / 减法器电路的 Sub 线进行比较，当加法器 / 减法器中的 Sub 为 0 时，B 不会被 XOR 门反转，低字节位计算的进位是 0；当 Sub 为 1 时，B 被反转，低字节位计算的进位是 1。这两个功能对图 10-61 的第一和第三行都是成立的，第二行用于高字节相加，最后一行用于高字节相减。

从理论上来讲，控制框的输出 Sub 和 C 是 d、e、f、g 和 Cin 的函数，然而通过观察真值表可以看到 Sub 可以表达为

$$Sub=f+g$$

C 可以表达为

$$C=(Cin+f)\cdot d'$$

两个表达都和 e 无关。

Function	d	e	f	g	Sub	C
A plus B	1	0	0	0	0	0
A plus B plus Cin	0	1	0	0	0	Cin
A plus $\overline{B}$ plus 1	0	0	1	0	1	1
A plus $\overline{B}$ plus Cin	0	0	0	1	1	Cin

图 10-61　图 10-59 中控制电路的真值表

算术单元的另一个要求是如果 d、e、f 和 g 都为 0，那么不管其他输入是什么，所有输出一定为 0。图 10-59 中四输入 OR 门的输出作为使能信号，当 d、e、f 和 g 之一为 1 时，它允许该单元的所有 10 个输出通过。 624

同样，16 位加法可以由先进行低字节的 8 位加法再进行高字节的 8 位加法来实现，移位和循环移位运算也可以由两个 8 位运算组成。图 10-62 展示了图 10-55 中 Pep/9 ALU 的移位和循环位移运算。虽然图 10-62 中没有显示，但是 ROL（循环左移）和 ASL（算术左移）运算都要设置 V 位。

图 10-62a 和图 10-62b 展示了 16 位算术右移的运算。首先是高字节的 8 位算术右移，这个移位运算复制符号位，并把高字节的低位移入 Cout。然后是低字节的循环右移操作，这个操作把高字节移位的 Cout 作为自己的 Cin，并把低位循环移入 Cout。

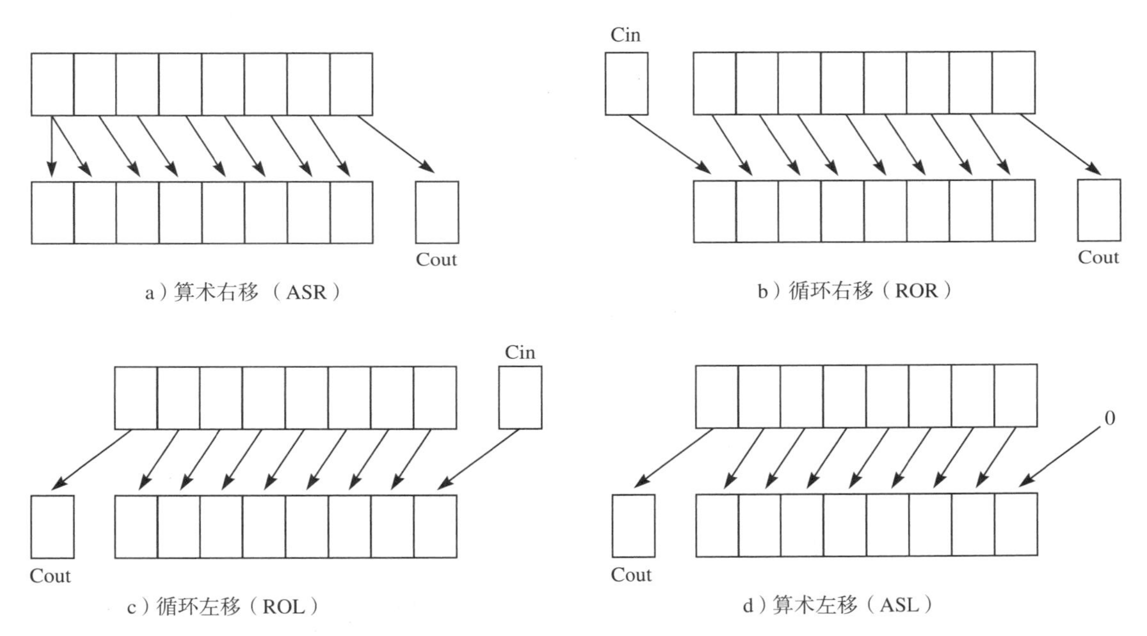

图 10-62 移位和循环移位运算规范

图 10-62c 和图 10-62d 展示了 16 位算术左移运算是从图 10-62d 中低字节算术左移开始的。Cout 得到最高有效位，在随后的高字节循环右移中用作 Cin（图 10-62c）。第二步说明在 ROL 运算时，为什么 ALU 要设置 V 位。图 5-2 显示在 Asmb5 层上 ROLr 指令不影响 V 位。但是，在 LG1 这个更低的抽象层上 ALU 要设置 V 位，原因是这个层次的 ROL 功能被用于实现更高层次上的 ASLr 指令。 625

逻辑单元 5 ～ 14 的实现留作练习。因为普通逻辑门就能实现逻辑运算，所以它们的实现很简单。

10.4.8 LG1 层的抽象

抽象数据类型（ADT）是 HOL6 层的一个重要设计工具。其思想是了解对 ADT 进行操作的函数和过程是做什么的，从而理解 ADT 的行为，而不必知道它们是怎样做的。一旦实现了一种操作，可以不理会实现细节而专注于解决更高抽象层次上的问题。

相同的原理在硬件层上也适用。本节中的每个组合设备都有框图和真值表来描述它们的功能。框图之于硬件就像 ADT 之于软件，它是一种抽象，指定输入和输出而隐藏实现细节。

硬件中更高层次的抽象可以通过构建框图定义的设备获得，这些框图的实现是更低抽象层次框图的互联。图 10-50 是个完美的例子，这个全加器模块用图 10-51 的半加器模块来实现。

硬件的最高抽象层次是我们反复看到的 Pep/9 计算机的框图。它有三个模块：磁盘、CPU 以及带内存映射的 I/O 设备的主存，它们之间用总线相连。在稍低的抽象层次，我们可以看到 CPU 中的寄存器，每个寄存器被描绘成一个模块。后面两章将逐步扩展到更高的抽象层次，直到 ISA3 层的 Pep/9 计算机。

本章小结

在组合电路中，输入决定输出。组合电路的三种表示方式是真值表、布尔代数表达式和逻辑图。这三种表示方式中，真值表位于最高抽象层次，它们指定电路的功能而不指定电路的实现。真值表列出了输入所有可能组合的输出，因此称为组合电路。

626　布尔代数的三种基本运算是 AND、OR 和 NOT。布尔代数的 10 个基本属性包括 5 个定律，交换律、结合律、分配律、恒等律和互补律以及它们的对偶属性，根据它们可以证明出很有用的布尔定理。另一个重要的定理是德・摩根定律，它展示了怎样对几个项的 AND 或 OR 进行 NOT。

一个布尔表达式对应一个逻辑图，逻辑图又对应电子门的连接。三个常见的门是 NAND（AND 后面跟 NOT）、NOR（OR 后面跟 NOT）和 XOR（exclusive OR）。两级电路可以将处理时间减到最少，但是可能比等价的多级电路需要更多的门。这是又一个重要的空间 / 时间折中的例证。卡诺图可以帮助减少实现两级组合电路的门的数量。

组合设备包括复用器、译码器、多路分配器、加法器和算术逻辑单元（ALU）。复用器从几个数据输入中选择一个传送到唯一的数据输出。译码器将一个二进制数作为输入，将几个数据输出线中的一个设为 1，其余的设为 0。多路分配器把几个数据输入值中的一个传送到唯一的输出线，逻辑上等同于一个有使能线的译码器。半加器实现的是两个位的相加，全加器是三位相加，其中一个是前一位相加的进位。减法器的工作原理是对第二个操作数取反，然后和第一个操作数相加。ALU 执行算术和逻辑功能。

练习

10.1 节

1. *（a）用布尔代数证明零元定理 $x + 1=1$，给出证明中每一步的解释。提示：用互补性来扩展左边的 1，然后使用幂等性。
   （b）给出（a）中的对偶证明。
2. （a）用布尔代数证明吸收律 $x + x \cdot y=x$，给出证明中每一步的解释。
   （b）给出（a）中的对偶证明。
3. （a）用布尔代数证明合意定理 $x \cdot y + x' \cdot z + y \cdot z = x \cdot y + x' \cdot z$，给出证明中每一步的解释。
   （b）给出（a）中的对偶证明。

627　*4. 用书中证明的对偶来证明德・摩根定律 $(a + b)' = a' \cdot b'$，给出证明中每一步的解释。

5. （a）根据两个变量的德・摩根定律，使用数学归纳法证明德・摩根定律的一般形式
   $(a_1 \cdot a_2 \cdot \cdots \cdot a_n)' = a_1' + a_2' + \cdots + a_n'$ 其中 $n \geq 2$
   （b）给出（a）中的对偶证明。

6.（a）用布尔代数证明 $(x+y)\cdot(x'+y)=y$，给出证明中每一步的解释。
（b）给出（a）中的对偶证明。
7.（a）用布尔代数证明 $(x+y)\cdot(y\cdot x')=x+y$，给出证明中每一步的解释。
（b）给出（a）中的对偶证明。
8. *（a）画出一个三输入 OR 门，它的布尔表达式和真值表如图 10-10 所示。
（b）用三输入 NAND 门来实现（a）中的要求。
（c）用三输入 NOR 门来实现（a）中的要求。
9. 用集合论来解释下面的布尔属性或定理：
*(a) $x+0=x$　(b) $x\cdot 1=x$　(c) $x+x'=1$　(d) $x\cdot x'=0$
(e) $x\cdot x=x$　(f) $x+x=x$　(g) $x\cdot 0=0$
10. *(a) 用 x、y 和 z 的重叠区域的文氏图来说明 OR 运算的结合律。画出下面的区域来表明区域（3）和区域（6）是一样的：
（1）$(x+y)$　（2）z　（3）$(x+y)+z$
（4）x　（5）$(y+x)$　（6）$x+(y+z)$
（b）给出（a）中的对偶。
11.（a）用 x、y 和 z 的重叠区域的文氏图来说明分配律。画出下面的区域来表明区域（3）和区域（6）是一样的：
（1）x　（2）$y\cdot z$　（3）$x+y\cdot z$
（4）$(x+y)$　（5）$(x+z)$　（6）$(x+y)\cdot(x+z)$
（b）给出（a）中的对偶。
12.（a）用 a 和 b 的重叠区域的文氏图来说明德·摩根定律。画出下面的区域来表明区域（2）和区域（5）是一样的：
（1）$a\cdot b$　（2）$(a\cdot b)'$　（3）a'　（4）b'　（5）$a'+b'$
（b）给出（a）中的对偶。
13. 虽然组合电路的一个布尔变量只能取两个值 1 或 0，但是布尔代数可以描述变量有四种可能取值的系统，这四种可能的取值是：0、1、A 和 B。这样的系统对应于 $\{a, b\}$ 的子集的描述：1=$\{a, b\}$（全集），A=$\{a\}$，B=$\{b\}$，而 0=$\{\ \}$（空集）。二输入 AND 和 OR 运算的真值表有 16 个条目而不是 4 个，求补的真值表有 4 个条目而不是 2 个。构造下述运算的真值表：

628

*（a）AND　（b）OR　（c）求补
14. 异或 NOR 门，写作 XNOR，等价于 XOR 后面跟一个反相器。
*（a）画出二输入 XNOR 门的符号。
（b）构造它的真值表。
（c）XNOR 也称作比较器，为什么？

10.2 节

15. 画出下列布尔表达式的非简略逻辑图。可以使用 XOR 门。
*（a）$((a')')'$　（b）$(((a')')')'$
*（c）$a'b+ab'$　（d）$ab+a'b'$
（e）$ab+ab'+a'b$　（f）$((ab\oplus b')'+a'b)'$
（g）$(a'bc+a)b$　（h）$(ab'c)'(ac)'$
（i）$((ab)'(b'c)'+a'b'c')'$　（j）$(a\oplus b+b'\oplus c')'$
（k）$(abc)'+(a'b'c')'$　（l）$(a+b)(a'+c)(b'+c')$
（m）$(a\oplus b)\oplus c+ab'c$　（n）$(((a+b)'+c)'+d)'$
（o）$(ab'+b'c+c)'$　（p）$((a+b')(b'+c)(c+d))'$

（q）$(((ab)'c)'d)'$　　（r）$(((a \oplus b)' \oplus c)' \oplus d)'$

16. 画出练习题 15 中布尔表达式的简略逻辑图。可以使用 XOR 门。
17. 构造练习题 15 中布尔表达式的真值表。
18. 写出图 10-63 中逻辑图的布尔表达式。

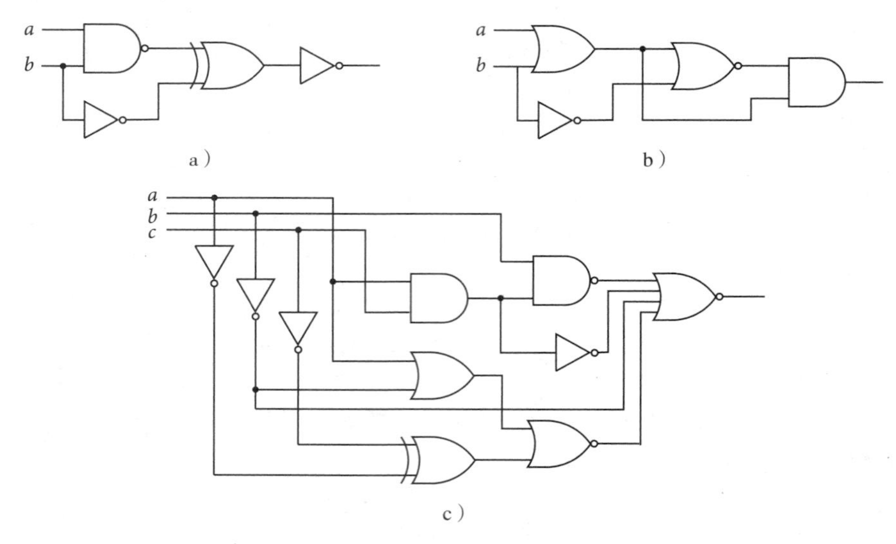

图 10-63　练习 18 的逻辑图

19. 写出下列功能或门的 AND-OR 布尔表达式：
 *（a）图 10-3 中的功能 y
 （b）图 10-4 中的功能 y
 （c）图 10-17 中的功能 x
 （d）图 10-7a 中的 NAND 门
 （e）图 10-7c 中 XOR 门
20. 写出下列功能或门的 OR-AND 布尔表达式：
 *（a）图 10-3 中的功能 y
 （b）图 10-17 中的功能 x
 （c）图 10-7b 中的 NOR 门
 （d）图 10-7c 中的 XOR 门

629

21. 使用布尔代数的属性和定理将下述表达式规约为不带括号的 AND-OR 表达式。得到的表达式不一定是唯一的。根据最终得到的表达式构造真值表，这是唯一的。
 *（a）$(a'b + ab')'$　　（b）$(ab + a'b')$
 （c）$(ab + ab' + a'b)'$　　*（d）$(ab \oplus b')' + ab$
 （e）$(a'bc + a)b$　　（f）$(ab'c)'(ac)'$
 （g）$(a \oplus b) \oplus c$　　（h）$a \oplus (b \oplus c)$
 （i）$(a + b)(a' + c)(b' + c')$　　（j）$((a + b)' + c)'$
*22. 为练习 21 中的表达式构造两级电路，仅使用 NAND 门。
23. 使用布尔代数的属性和定理将下述表达式规约为不带括号的 OR-AND 表达式。得到的表达式不一定是唯一的。根据最终得到的表达式构造真值表，这是唯一的。
 （a）$a'b + ab'$　　*（b）$ab + a'b'$
 （c）$ab + ab' + a'b$　　（d）$((ab \oplus b')' + ab)'$

(e) $(a'bc+a)b$　　(f) $(ab'c)'(ac)'$

(g) $(a \oplus b) \oplus c$　　(h) $a \oplus (b \oplus c)$

(i) $((a+b)(a'+c)(b'+c'))'$　　(j) $(a+b)'+c$

630

*24. 为练习 23 中的表达式构造两级电路，仅使用 NOR 门。

25. 画出一个两级电路的逻辑图，实现 XOR 功能但仅使用下述门：

*(a) 仅使用 NAND 门　　(b) 仅使用 NOR 门

26. 说明图 10-64 中的每个门是不是下面的门：

(1) AND 门　　(2) OR 门　　(3) NAND 门　　(4) NOR 门

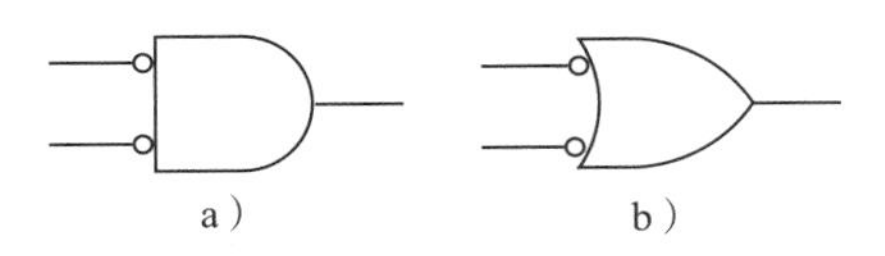

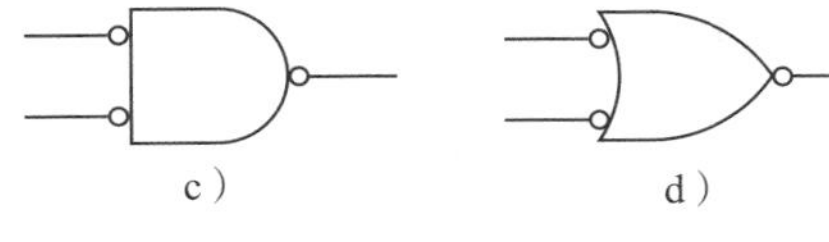

a)　b)　c)　d)

图 10-64　练习 26 的门

10.3 节

*27. 用西格玛表示法写出练习 21 中的每个功能。

*28. 用派表示法写出练习 23 中的每个功能。

29. 在图 10-3 中找出下述最小 AND-OR 表达式：

*(a) $x(a,b,c)$　　(b) $y(a,b,c)$

仅使用 NAND 门画出每个表达式的最小两级电路。

30. 在图 10-3 中找出下述最小 OR-AND 表达式：

*(a) $x(a,b,c)$　　(b) $y(a,b,c)$

仅使用 NOR 门画出每个表达式的最小两级电路。

31. 使用卡诺图找出 $x(a, b, c)$ 的最小 AND-OR 表达式：

*(a) $\sum(0, 4, 5, 7)$　　(b) $\sum(2, 3, 4, 6, 7)$　　(c) $\sum(0, 3, 5, 6)$

(d) $\sum(0, 1, 2, 3, 4, 6)$　　(e) $\sum(1, 2, 3, 4, 5)$　　(f) $\sum(1, 2, 3, 4, 5, 6, 7)$

(g) $\sum(0, 1, 2, 4, 6)$　　(h) $\sum(1, 4, 6, 7)$　　(i) $\sum(2, 3, 4, 5, 6)$

(j) $\sum(0, 2, 5)$

*32. 用派表示法写出练习 31 中的每个表达式，并用卡诺图找出它的最小 OR-AND 表达式。

33. 使用卡诺图找出 $x(a, b, c, d)$ 的最小 AND-OR 表达式：

*(a) $\sum(2, 3, 4, 5, 10, 12, 13)$

(b) $\sum(1, 5, 6, 7, 9, 12, 13, 15)$

(c) $\sum(0, 1, 2, 4, 6, 8, 10)$

(d) $\sum(7)$

(e) $\sum(2, 4, 5, 11, 13, 15)$

(f) $\sum(1, 2, 4, 5, 6, 7, 12, 15)$

631

(g) $\sum(1, 2, 4, 5, 6, 7, 8, 11, 12, 15)$

(h) $\sum(1, 7, 10, 12)$

(i) $\sum(0, 2, 3, 4, 5, 6, 8, 10, 11, 13)$

(j) $\sum(0, 1, 2, 3, 4, 5, 6, 10, 11, 13, 14, 15)$

(k) $\sum(0, 1, 2, 3, 4, 5, 6, 7, 8, 9, 10, 11, 12, 13, 14)$

*34. 用派表示法写出练习 33 中的每个表达式，并用卡诺图找出它的最小 OR-AND 表达式。

35. 使用无关条件用卡诺图找出 $x(a, b, c)$ 的最小 AND-OR 表达式。

*(a) $\sum(0, 6) + d(1, 3, 7)$　　(b) $\sum(5) + d(0, 2, 4, 6)$

(c) $\sum(1, 3) + d(0, 2, 4, 6)$　　(d) $\sum(0, 5, 7) + d(3, 4)$

(e) $\sum(1, 7) + d(2, 4)$　　(f) $\sum(4, 5, 6) + d(1, 2, 3, 7)$

36. 使用无关条件用卡诺图找出 $x(a, b, c, d)$ 的最小 AND-OR 表达式。

*(a) $\sum(5, 6) + d(2, 7, 9, 13, 14, 15)$

(b) $\sum(0, 3, 14) + d(2, 4, 7, 8, 10, 11, 13, 15)$

(c) $\sum(3, 4, 5, 10) + d(2, 11, 13, 15)$

(d) $\sum(5, 6, 12, 15) + d(0, 4, 10, 14)$

(e) $\sum(1, 6, 9, 12) + d(0, 2, 3, 4, 5, 7, 14, 15)$

(f) $\sum(0, 2, 3, 4) + d(8, 9, 10, 11, 13, 14, 15)$

(g) $\sum(2, 3, 10) + d(0, 4, 6, 7, 8, 9, 12, 14, 15)$

37. (a) 三变量的卡诺图中最小项 0 和 2 相邻、4 和 6 相邻。复制一份图 10-30，把卡诺图剪下来并围成圆柱状，使得相邻的最小项真正相邻。

(b) 要想使四变量卡诺图中的相邻最小项实际相邻，需要一个三维的圆环面（形状像一个甜甜圈）。用泥土或其他合适的材料，在上面刻上或写上图 10-33a 所示的单元和十进制标号。例如，标号为 2 的单元应该与标号 0、3、6 和 10 的单元相邻。

10.4 节

38. 把一条线当作数据线，另一条当作控制线，解释下列二输入门的操作：

*(a) OR　　(b) NAND

(c) NOR　　(d) XNOR

632

XNOR 的定义参见练习 14。

39. 画出八输入复用器的非简略逻辑图。

*40. 用五个四输入复用器构造一个 16 输入复用器。把 16 输入复用器画成一个大方框，有 16 条数据线，标号为 D0 ～ D15，还有 4 条选择线，标号为 S3 ～ S0。在这个大方框里，每个四输入复用器是一个小方框，数据线为 D0 ～ D3，选择线 S1 和 S0。画出实现大复用器需要的从小方框到外部线路的连接，以及方框之间的连接。解释你的电路是如何运行的。

41. 用两个不带使能的八输入复用器以及任何你需要的其他门来完成练习 40 的要求。解释你的电路是如何运行的。

42. *(a) 画出一个 3 × 8 二进制译码器的非简略逻辑图。

(b) 画出一个带使能输入的 2 × 4 二进制译码器的非简略逻辑图。

43. 用五个带使能输入的 2 × 4 二进制译码器构造一个不带使能输入的 4 × 16 二进制译码器。设备的输入可以是常数 1。使用练习 40 的画图规则对外部和内部线路进行标识。解释你的电路是如何运行的。

44. 用两个带使能输入的 3 × 8 二进制译码器和任何需要的其他门构造一个不带使能输入的 4 × 16 二进制译码器。使用练习 40 的画图规则对外部和内部线路进行标识。解释你的电路是如何运行的。

45. 实现一个如图 10-47 所示的带使能输入的 2 × 4 二进制译码器。画出你的电路的非简略图。

46. *(a) 画出图 10-51 中全加器的实现，给出半加器的 AND 和 XOR 门。

*(b) 从输入到输出最大的门延迟数是多少？

(c) 根据图 10-50b 的真值表，设计 Sum 和 Cout 的最小二级网络。

(d) 将（c）的设计与（a）的设计进行比较，计算门的数量和处理时间的变化百分比。计算结果如何说明空间 / 时间的折中问题？

47. (a) 画出图 10-52 的电路，包括半加器的 XOR、AND 和 OR 门。

*(b) 从输入到输出最大的门延迟数是多少？假设 XOR 门需要一个门延迟。这个问题需要仔细思考。

虽然该电路的进位是波浪式前进的，但还是假设所有八个输入都同时出现。

633

48. 修改图 10-52b，增加两个输出：N 位和 Z 位。
49. 实现一个带选择位 S 的四位 ASL 移位器，输入为 A3 A2 A1 A0，它代表一个四位数，A0 是 LSB，A3 是符号位。则输出是 B3 B2 B1 B0 和进位位 C。如果 S 为 1，则输出是输入的 ASL；如果 S 为 0，则输出与输入一致，C 为 0。
50. 为四位 ASR 移位器完成练习 49 的要求。
51. 图 10-65 的方块图是一个三输入二输出的组合开关电路。如果 s 为 0，则输入 a 直接送到 x，b 送到 y；如果 s 是 1，则两者交换，a 送到 y，b 送到 x。只用 AND、OR 和反相器门构造该电路。

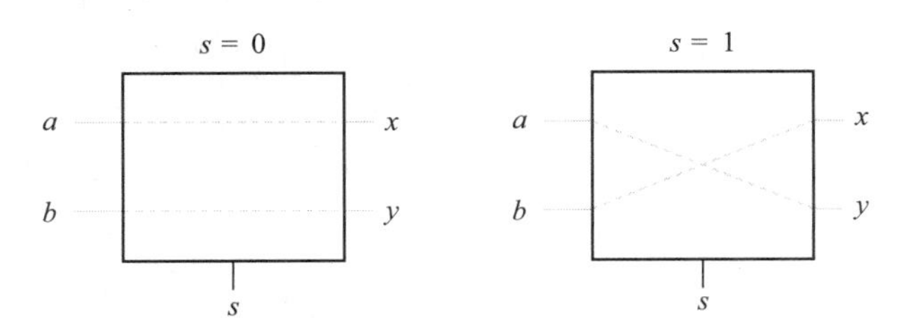

图 10-65　练习 51 的框图

52. 图 10-66 中的框图是一个四输入二输出的组合开关电路。如果 $s1\ s0$=00，输入 a 广播到 x 和 y；如果 $s1\ s0$=01，则输入 b 广播到 x 和 y；如果 $s1\ s0$=10，则 a 和 b 直接通过到 x 和 y；如果 $s1\ s0$=11，则 a 和 b 交换，a 送到 y，b 送到 x。只用 AND、OR 和反相器门构造该电路。
    (a) 使用卡诺图构造最小的 AND-OR 电路。
    (b) 使用卡诺图构造最小的 OR-AND 电路。

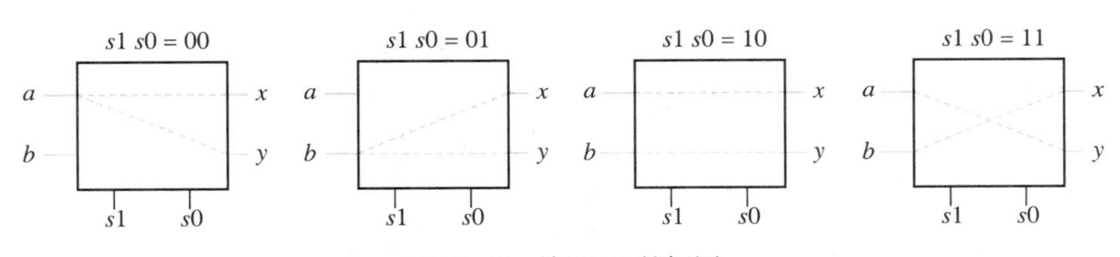

图 10-66　练习 52 的框图

53. 画出图 10-56 的 12 个二输入复用器，给出所有输入到输出到连接线。可以用省略号（⋯）表示八条数据线中间的六条。
54. 实现下面这些 Pep/9 ALU 的逻辑单元：
    (a) logic unit 5, A · B　　(b) logic unit 6, $\overline{A \cdot B}$
    (c) logic unit 7, A + B　　(d) logic unit 8, $\overline{A + B}$
    (e) logic unit 9, A ⊕ B　　(f) logic unit 10, $\overline{A}$
    (g) logic unit 11, ASL A　　(h) logic unit 12, ROL A
    (i) logic unit 13, ASR A　　(j) logic unit 14, ROR A
55. 画出图 10-59 中五输入二输出控制框的非简略实现。

634
～
636

第 11 章

Computer Systems, Fifth Edition

时序电路

第 10 章讨论了组合设备，它们在计算机设计中很常用。尽管如此，仅把组合电路互联起来是不可能构造出哪怕最小的计算机的。在所有提到的组合设备中，输出只取决于输入。当输入改变时，只需要几个门延迟时间，输出就会发生改变。

电路的状态（state）是时序电路区别于组合电路的特性，时序电路能记住它处在什么状态，换句话说就是它有记忆。时序电路的输出不仅取决于输入也取决于它的状态。

本章讲述怎样构建基本的时序元件，以及怎样连接它们以在更高抽象层次上形成有用的块，最后讲述一些设备，在下一章中会把这些设备连接起来构成 Pep/9 计算机。

11.1 锁存器与时钟触发器

时序设备由在第 10 章中讲述的同样的门构成，不过它有一种不同的连接方式——反馈（feedback）。在组合电路和描述它们的布尔表达式中，每个门的输出会连接到之前未连接过的门的输入。然而，反馈连接会形成回路或环路，一个或多个门的输出“反馈”到电路中前面的门的输入。

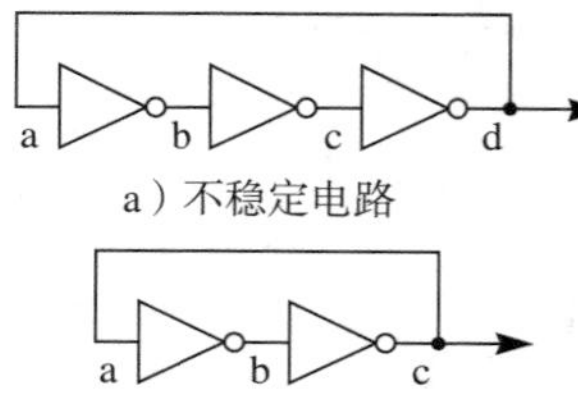

图 11-1 展示的是两个简单的有反馈连接的电路。图 11-1a 是一串三个反相器，最后一个反相器的输出反馈到第一个反相器的输入。要分析这个电路的行为，假定 d 点的值为 1。由于反馈回路把 d 连接到了 a 点，因此 a 点的值一定也是 1。一个门延迟后，b 点的值一定为 0（尽管为了简便起见我们在前面忽略了反相器的延迟，但在这个电路里必须要考虑延迟）。再经过一个门延迟后，c 点将为 1，在第三个门延迟后，d 将为 0。

a）不稳定电路

b）稳定电路

图 11-1　简单的反馈电路

现在的问题是分析开始时，我们假设 d 点为 1，现在它变为 0，经过三个门延迟后，它又变成了 1。这个电路会振荡，每隔几个门延迟，电路中每个点的值会在 1 和 0 之间来回变换。仅能保持几个门延迟时间不变的状态称为非稳态（unstable state）。

637 ~ 638

图 11-1b 中，如果假定 c 点的值为 1，那么 a 点将为 1，b 将为 0，c 将为 1，这和开头的假设是一致的。这样的状态是稳定的，电路中所有的点将永久地保持它们的值。

另一种可能的稳态是点 c 和 a 的值为 0，b 为 1。如果构建这样的一个电路，它会处于哪种状态呢？ c 点会是 0 还是 1 呢？和所有电子设备一样，门需要一个电源打开才能运行。如果构建图 11-1b 的电路并打开它，它的状态会随机建立。打开电路时，c 点有一半的机会为 0，一半的机会为 1。电路会一直保持电源打开时建立的那种状态。

11.1.1 SR 锁存器

为了实用，时序设备需要一种设置状态的机制。图 11-2 的 SR 锁存器（SR latch）就是这样一种设备。S 和 R 是它的两个输入，它的两个输出是 Q 和 $\overline{Q}$（读作 Q bar）。两个反馈连接是从 Q 到下面 NOR 的输入以及从 $\overline{Q}$ 到上面 NOR 的输入。

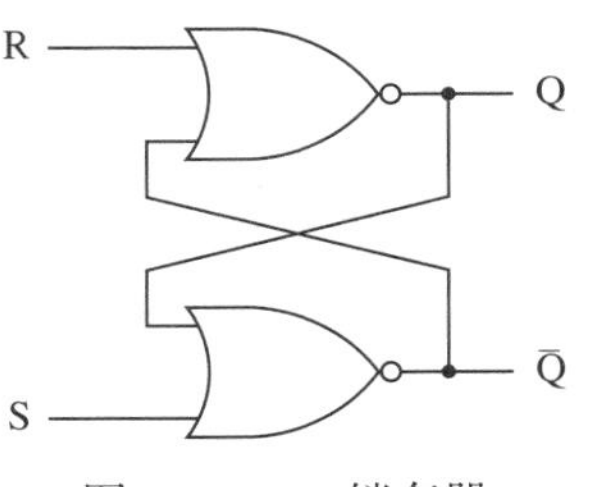

图 11-2　SR 锁存器

来看看稳态的可能性，假定 S 和 R 都是 0，Q 也是 0。下面门的两个输入都是 0，这使得 $\overline{Q}$ 为 1。上面 NOR 的两个输入为 0（R）和 1（$\overline{Q}$）。因此上面 NOR 的输出是 0，这和我们开头对 Q 的假设是一致的，因此当 SR=00 时，$Q\overline{Q}$=01 是稳态。

从这个稳态开始，思考一下如果将输入 S 变为 1 会发生什么。图 11-3 概括了这个事件序列。Tg 表示一个门延迟的时间间隔，通常是 2ns。

时间	S	R	Q	$\overline{Q}$	稳定性
初始	0	0	0	1	稳态
0	1	0	0	1	非稳态
T_g	1	0	0	0	非稳态
$2T_g$	1	0	1	0	稳态

图 11-3　在 SR 锁存器中将 S 变为 1

在时间 0，S 变为 1，这使得下面门的两个输入变为 1（S）和 0（Q）。一个门延迟后，这个变化的影响传播到 $\overline{Q}$，$\overline{Q}$ 变为 0。现在上面门的两个输入为 0（R）和 0（$\overline{Q}$）。再经过一个门延迟后，上面门的输出变为 1。现在下面门的两个输入为 1(S) 和 1（Q），这使得其输出为 0。

639

不过下面门的输出已经为 0，因此没有变化。因为沿着反馈连接跟踪得到一致的值，所以最后一个状态是稳定的。图 11-3 的中间两个状态是不稳定的，因为它们仅持续了几个门延迟的时间。

时间	S	R	Q	$\overline{Q}$	稳定性
初始	1	0	1	0	稳态
0	0	0	1	0	稳态

图 11-4　在 SR 锁存器中将 S 变回 0

如果把 S 改回 0 会怎么样呢？图 11-4 展示了这个事件序列。下面门的两个输入为 0（S）和 1（Q），所以它的输出为 0。它已经为 0 了，电路中也没有其他变化，所以该状态是稳定的。

从图 11-3 和图 11-4 可以看到，当 SR 锁存器处于稳态时，$\overline{Q}$ 总是 Q 的补。上面加一横是补的另一种常用的符号表示，等同于第 10 章中使用的一撇的符号表示。

将图 11-3 中第一个状态和图 11-4 中最后一个状态进行比较可以看到，两种情况中 SR 都等于 00，但是第一种情况的输出是 Q=0，第二种情况的输出是 Q=1。输出不仅取决于输入，也取决于锁存器的状态。

S 变为 1 又变回 0 的效果是将状态设置为 Q=1。如果锁存器以 SR=00 和状态 Q=1 开始，那么通过类似的分析可以看到把 R 变为 1 又变回 0 将会把状态重置为 Q=0。S 表示设置，R 表示重置。

SR 锁存器类似于墙上的电灯开关。将 S 变为 1 再变回 0 就像把开关推上打开电灯，将 R 变为 1 再变回 0 就像把开关拉下。如果开关已经是打开状态，那么再尝试打开它时不会发生什么改变，开关仍然是打开状态。类似情况，如果 Q 已经是 1 了，把 S 变为 1 再变回 0 时状态不会改变，Q 仍然为 1。

一般情况下 SR 锁存器的输入条件是 SR=00。要设置或重置锁存器，就要把 S 或者 R 变为 1 再变回 0。通常 S 和 R 不会同时为 1，如果 S 和 R 都是 1，那么 Q 和 $\overline{Q}$ 就会都为 0，$\overline{Q}$ 将不是 Q 的补。此外，如果将 SR=11 同时改为 SR=00，那么锁存器的状态是不可预知的。

640　一半的可能是 $Q\overline{Q}$=01，一半的可能会是 $Q\overline{Q}$=10。实际中不会出现 SR=11 的情况。

时序图（timing diagram）是当信号随时间变化时时序电路行为的图形化表示。图 11-5 是一个时序图，它展示了输出 Q 和 $\overline{Q}$ 随输入 S 和 R 的改变而改变，横轴是时间，纵轴是电压，高电平为 1，低电平为 0。

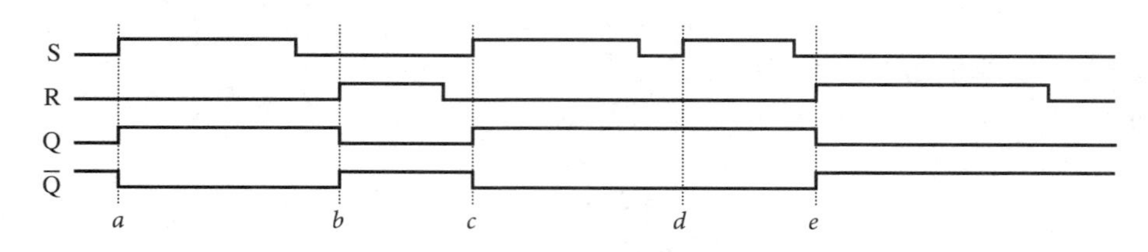

图 11-5　SR 锁存器的时序图

从这个时序图中我们可以看到初始状态 Q=0，在时间点 a，S 变为 1，Q 马上被设置为 1，$\overline{Q}$ 被设置为 0。图中显示变化是同时发生的。就像前面分析的一样，$\overline{Q}$ 将在 S 改变一个门延迟的时间之后才会变化，Q 将在这之后一个门延迟的时间再变化。这张时序图假设的时间比例尺太大，不能展示出像门延迟这样短的时间间隔。

当 S 变回 0 时，状态不改变。在时间点 b，R 变为 1 时，Q 重置为 0。当 S 在时间点 c 又变为 1 时，Q 被设置为 1。在时间点 d，S 从 0 变为 1，这不会改变锁存器的状态，因为 Q 已经是 1 了。在图中所有点处 $\overline{Q}$ 都是 Q 的反。

图 11-5 中显示的转换是瞬间完成的，而现实中没有什么可以不耗时就发生。如果放大时间比例尺，转换将会呈现为在每个点有一定坡度的、更加平缓的变化。可以把时序图中同时瞬间的转换看作一个高层次的抽象，它隐藏了低抽象层次的门延迟和平缓的坡度变化。

11.1.2　钟控 SR 触发器

计算机中的子系统由许多组合设备和时序设备组成。每个时序设备就像一个 SR 锁存器，处于两种状态之一。当计算机执行冯·诺依曼周期时，所有时序设备的状态随着时间而改变。要以有序的方式控制这一大堆设备，计算机就要维护一个时钟，并要求所有设备同时改变它们的状态。时钟始终持续生成脉冲序列，如图 11-6 所示，Ck 表示时钟脉冲（clock pulse）。

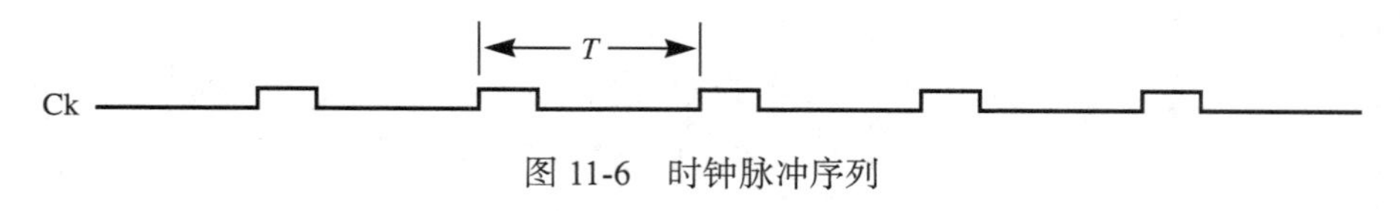

图 11-6　时钟脉冲序列

641　每个时序设备除了其他输入外，都有一个 Ck 输入。设备仅在时钟脉冲期间响应它的输入。脉冲之间的时间，图中用 *T* 表示，是时钟的周期（period）。周期越短，设备改变状态就越频繁，电路计算速度就越快。

图 11-7 是有时钟输入的 SR 锁存器，叫作触发器（flip-flop）。它由和图 11-2 所示同样的一对有反馈的 NOR 门组成，不过 SR 不是直接输入到 NOR 门，而是先通过两个作为使能端的 AND 门。图 11-7a 是框图，图 11-7b 是它的一种实现。注意这个框图使用的惯例是把 S 放在框图上面 Q 的对面，而实现中 S 在 $\overline{Q}$ 的对面。

在 Ck 为低电平期间，不管 S 和 R 的值是什么，NOR 门的输入都为 0。当 NOR 门的输入为 0 时，意味着锁存器不会改变状态。Ck 为高电平期间，S 和 R 不改变地通过使能门，设备按照图 11-2 的 SR 锁存器方式运行。除非 Ck 为高电平，否则 AND 门保护 NOR 门免受 S 和 R 的影响。图 11-8 给出了这个设备行为的时序图，$\overline{Q}$ 一直是 Q 的补，在本图中没有给出。

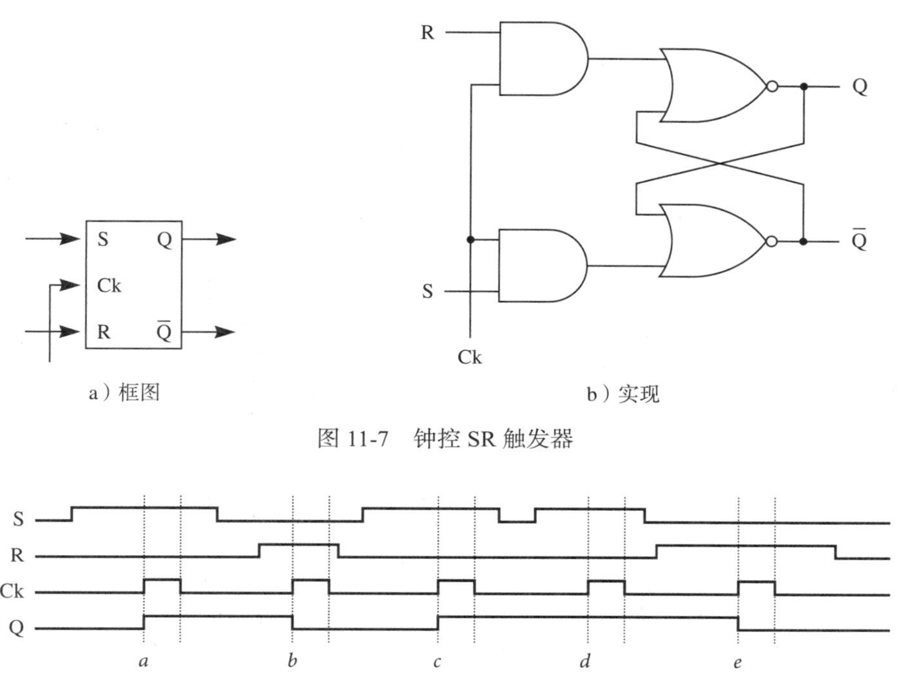

a）框图

b）实现

图 11-7 钟控 SR 触发器

图 11-8 钟控 SR 触发器的时序图

当 S 变为 1 时，这个改变不会影响 Q，因为时钟仍然是低电平。在时间点 a 时钟变为高电平，Ck 允许 SR=10 通过 AND 门，设置锁存器 Q=1。稍后当时钟变为低电平时，Ck 禁止 SR 输入锁存器。如果 R 在时间点 b 之前就变为 1，这不会影响锁存器的状态。只有在时间点 b，Ck 再次高电平时，R 才能重置锁存器。

642

时钟为高电平时，在一个时间间隔内，实际上是有可能让 S 和 R 做几次转换的，但是现实中不会发生这样的情况。电路的主要设计思路是，把 SR 输入设置成想要的转换，然后等待下一个时钟脉冲。当时钟脉冲到来时，状态可以根据 S 和 R 的值而改变。时钟变为低电平之后，电路给下一个脉冲准备 SR 值。

均匀分布的脉冲使任何状态改变只在均匀分布的时间间隔发生。图 11-8 的 S 和 R 输入与图 11-5 的输入一样，但是 Q 中相应的状态变化被时钟平滑了。时钟的作用就是使时间（时序图的横轴）数字化，同电子电路使电压信号（纵轴）数字化的方法一样。就像信号一定或者为高电平或者为低电平而绝不会是中间的情形一样，时序电路的状态改变一定发生在某个时钟脉冲或另一个时钟脉冲，绝不会在两个脉冲之间。

11.1.3 主从 SR 触发器

锁存器只有当时钟为高电平时才对 Ck 进行响应，所以图 11-7 的时钟触发器称为电平敏感的（level sensitive）。尽管这个设备会像预期的那样遵循时钟，但是它有一个严重的实际缺陷，图 11-9 说明了这个问题。

此图展示了 SR 设备的一种可能的互联情况。时序设备的输出包含一个穿过某个组合电路的反馈环，最终通向同一时序设备的输入，这是很常见的。图中有一个三输入两输出的组合电路，其中两个输入是 SR 时序设备的输出反馈。这个反馈环同时还是 NOR 门的反馈，图中没有在 SR 框中显示出来。

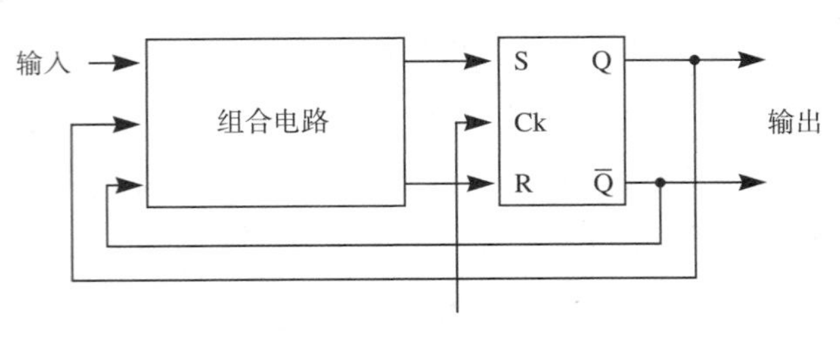

图 11-9　SR 设备的互联问题

643

想一想如果 SR 触发器是电平敏感的会发生什么。假设 SR 是 10，$Q\overline{Q}$ 是 01，时钟是低电平。因为时钟禁止 SR 进入 NOR 锁存器，所以 S 不会将 Q 设置为 1。现在假设时钟变为高电平，经过几个门延迟后，SR 将 Q 设置为 1。

现在想想 $Q\overline{Q}$ 的变化，在用同样的外部输入经过组合电路后，使 SR=01。如果 Ck 仍然为高电平，那么时钟将允许 SR 的值再经过几个门延迟后将 Q 重置为 0。不幸的是，$Q\overline{Q}$ 的值 01 将再次通过组合电路，把 SR 变为 10。

你应该认识到这个状况是不稳定的。每过几个门延迟，只要时钟是高电平，时序设备的反馈连接就使得 SR 触发器改变状态。时钟为高电平时，状态会改变成百上千次。当时钟在脉冲末端最后变成低电平时，不可能准确预测触发器处于什么状态。

因为穿过组合电路的反馈连接对于构建计算机子系统来说是必需的，所以我们需要时序设备不仅要限定在时钟脉冲期间才会改变状态，而且要避免受到反馈连接的进一步改变。设备需要对它的输入在极其短的时间内敏感，短到不管反馈通过组合电路并改变 SR 有多快，这个改变都不能再影响触发器的状态。

设计这样的设备有两种技术：边沿触发和主从。*边沿触发*（edge-triggered）触发器不会在时钟为高电平时对输入敏感，而是当时钟从低电平转换到高电平时对输入敏感。边沿触发触发器的实现要比主从触发器更难于理解，尽管它是两种技术中更常用的，但是在这里我们不进行讲解。了解这两类触发器都解决了反馈连接引发的同样的问题，这就足够了。

644

图 11-10 展示的是主从（master-slave）SR 触发器的实现，主触发器和从触发器都是电平敏感的钟控 SR 触发器。主触发器（$\overline{Q2}$）的 $\overline{Q}$ 输出连接从触发器（R2）的 R 输入，主触发器（Q2）的 Q 输出连接从触发器（S2）的 S 输入，Ck 连接主触发器的使能端，Ck 的补连接从触发器的使能端。主从触发器的框图和电平敏感的触发器是一样的。

主触发器是一个 SR 触发器，因此 Q2 和 $\overline{Q2}$ 将会一直互为补。Q2 连接从触发器的 S2，$\overline{Q2}$ 连接从触发器的 R2，那么时钟到达从触发器时，将根据主触发器的状态被设置或者重置。如果主触发器处于状态 Q2=1，那么将把从触发器也设置为 Q=1；如果主触发器处于状态 Q2=0，那么将把从触发器重置为 Q=0。使用主从这个术语就是因为时钟到达从触发器时，它会接受主触发器的状态。

645

门的阈值（threshold）是刚好能导致输出变化的输入信号值。要使主从电路正确地工作，主触发器的反相器和使能门必须具有特殊的阈值。反相器的阈值 V1 必须小于主使能门的阈值 V2。

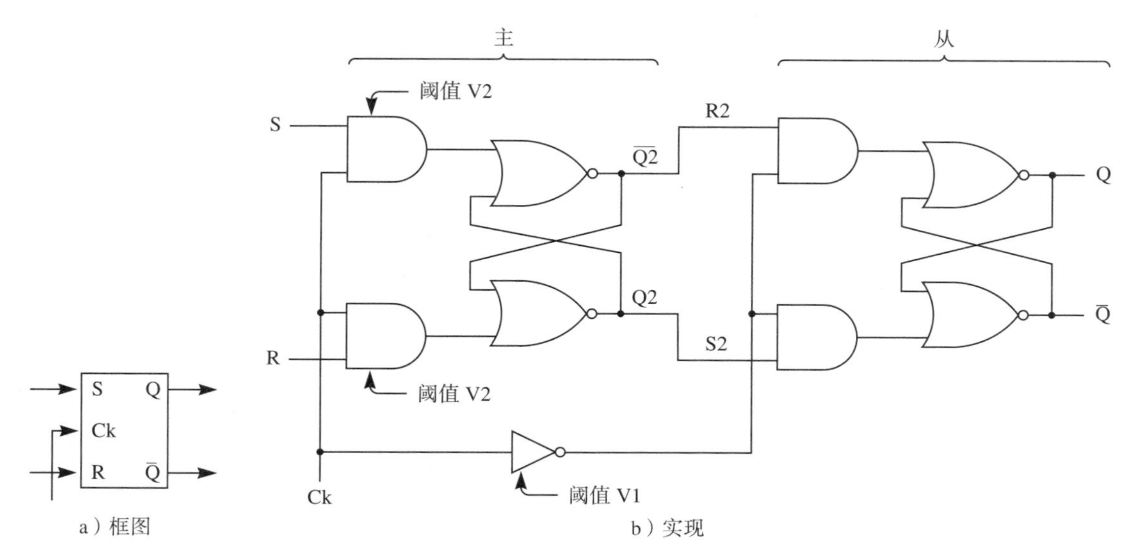

a）框图　　b）实现

图 11-10　主从 SR 触发器

图 11-11 展示了 V1 和 V2 与 Ck 在一个时钟脉冲内放大的时序图的关系 。时钟不是从低电平到高电平的瞬时转化，而是逐步增长，首先在时间点 t_1 到达 V1，接着在时间点 t_2 到达 V2，最后到达高电平。在下降的过程中，在时间点 t_3 经过 V2，在时间点 t_4 经过 V1。

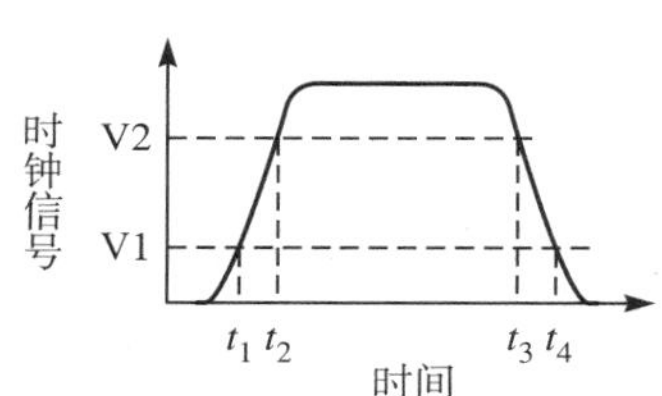

图 11-11　一个时钟脉冲的时序详解图

在脉冲开始向上转变前，主触发器是禁止输入的。不管 SR 的值是什么，主触发器将保持已有的状态。因为从触发器输入是使能的，所以反相器确保从输入连到主触发器，从触发器一定处于和主触发器相同的状态。

随着时钟信号的上升和下降，经过时间点 t_1、t_2、t_3 和 t_4，这个电路的效果如下：

- t_1：将从触发器与主触发器隔离开
- t_2：主触发器连接到输入
- t_3：主触发器和输入隔离开
- t_4：将从触发器连接到主触发器

在时间点 t_1，信号达到反相器的阈值，使反相器的输出由 1 变为 0。从触发器的使能门为 0，保护从触发器不受 S2 和 R2 的影响。不管从触发器在时间点 t_1 是什么状态，它都保持这个状态直到 Ck 超过阈值 V1。

在时间点 t_2，信号达到主触发器使能门的阈值，使主触发器对 SR 输入敏感。如果 SR 是 10，那么输入将会把主触发器设置为 Q2=1；如果 SR 为 01，那么输入将重置主触发器为 Q2=0；如果 SR 为 00，那么主触发器的状态将保持不变。如果主触发器的状态不变，那么它的新状态就不会影响从触发器，因为在时间点 t_1 从触发器和主触发器是隔离开的。

思考一下这样的安排是怎样让触发器免于受图 11-9 的反馈连接影响的。这个反馈基于从触发器的 $Q\overline{Q}$ 输出，主触发器的输入不会导致它发生改变。V1 小于 V2 确保了在主触发器变为对输入敏感之前，从触发器和主触发器是隔离的。就算穿过组合电路的门延迟是 0，反馈也不会影响从触发器的状态。

当 Ck 从高电平转变为低电平时，时钟在时间点 t_3 到达 V2。V2 是主触发器使能门的阈值，因此这时主触发器变得对输入敏感。因为 V2 比 V1 大，所以从触发器仍然免受主触发器的影响。

646

在时间点 t_4，时钟信号变成低于反相器的阈值，反相器的输出从 0 变为 1，将从触发器和主触发器相连。不管主触发器的状态是什么，从触发器都会被强制设置成这个状态。从触发器可能会改变状态。如果从触发器的输出反馈到主触发器的输入，这不会影响到主触发器，因为在时间点 t_3 主触发器和从触发器的输入是隔离开的。

主从电路的运行大致类似于宇宙飞船的减压舱。在飞船内，宇航员不需要穿太空服，而去飞船外进行太空行走则要穿上太空服进入有两个门的减压舱，这两个门初始是关闭的。

宇航员打开连接飞船和减压舱的内门进入减压舱，然后关上内门将减压舱和飞船隔离，接着打开外门，减压舱和太空就连上了，从外门出去后，再将外门关上。在任何时候两个门不会同时打开，如果这样，飞船的空气就会全部泄漏到太空里。

类似地，主从电路有两个门，一个门连接或隔离主触发器和输入，另一个门连接或隔离从触发器和主触发器。在任何时候两个门不会同时打开，即主触发器连接输入且从触发器连接主触发器。如果同时打开，反馈环会在电路中形成不稳定的状态。

图 11-12 是主从 SR 触发器行为的时序图。在时间点 t_4 从触发器连接主触发器，从触发器的状态 Q 发生改变，这发生在 Ck 从高到低的转变时期。

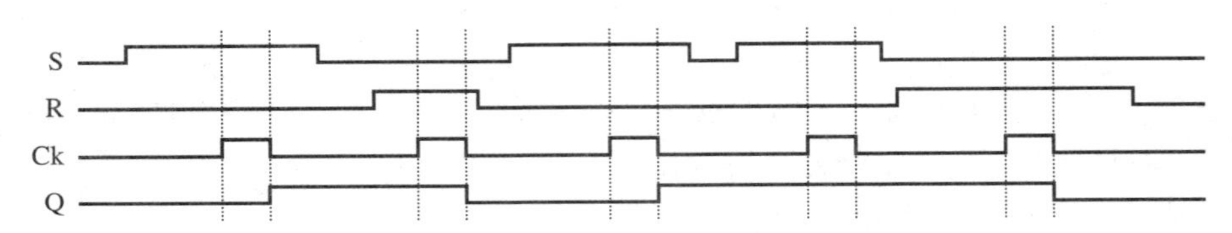

图 11-12　主从 SR 触发器的时序图

由于触发器不是组合电路，真值表不足以刻画它的行为，取而代之的是特征表（characteristic table），它说明了给定输入和初始状态在一个时钟脉冲后的状态。图 11-13 是 SR 触发器的特征表。

S(t)	R(t)	Q(t)	Q (t+1)	条件
0	0	0	0	无变化
0	0	1	1	
0	1	0	0	重置
0	1	1	0	
1	0	0	1	设置
1	0	1	1	
1	1	0	–	无定义
1	1	1	–	

图 11-13　SR 触发器的特征表

S(t) 和 R(t) 是在时钟脉冲之前时间点 t 的输入，Q(t) 是在时钟脉冲之前触发器的状态，Q(t + 1) 是脉冲之后的状态。从这个表可以看出，如果 SR 为 00，那么在时钟到达的时候，设备状态不会改变；如果 SR 为 01，设备设置为 Q=0；如果 SR 为 10，设备设置为 Q=1。如果时钟到达时 SR=11，那么无法预测设备是什么状态。

647

特征表实质上是一个状态变换表，类似于有限状态机的图 7-11。SR 触发器是一个有限状态机，有两种可能的状态，Q=0 和 Q=1。和任何有限状态机一样，它的行为可以用一个状态转换图来表示。图 11-14 是 SR 触发器的状态转换图。

圆圈表示状态机的状态，圆圈里是 Q 的值。转换用引起指定转换的 SR 值标记出来，例如从 Q=0 到 Q=1 的转换标记为 SR=10。

648

11.1.4 基本触发器

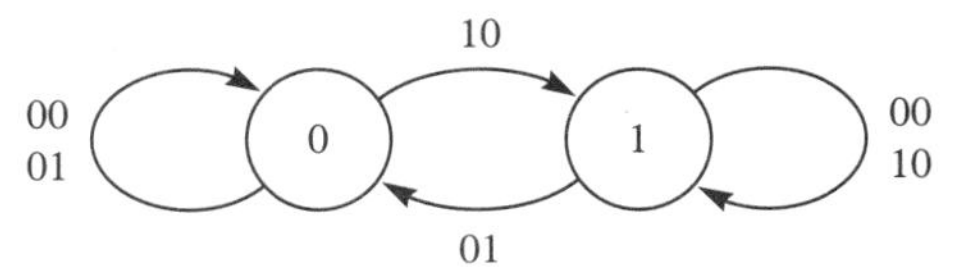

图 11-14 SR 触发器的状态转换图

下面是计算机设计中常用的四类触发器：

- SR 设置 / 重置
- JK 设置 / 重置 / 反转
- D 数据或延迟
- T 反转

前面一节介绍了怎样构建 SR 触发器，它的特征表定义了它的行为。其他三种触发器也有定义其各自行为的特征表，每一种都能由 SR 触发器加上几个其他的门构成。像 SR 触发器一样，其他触发器都有 Q 和 $\overline{Q}$ 输出。JK 触发器有两个输入，标号为 J 和 K，而不是 S 和 R。D 和 T 触发器都只有一个输入。

从 SR 触发器构建其他触发器有一个系统的过程。一般电路通常包含图 11-9 的结构，SR 触发器的输出 Q 和 $\overline{Q}$ 作为构建中设备的输出 Q 和 $\overline{Q}$。对于 JK 触发器，图 11-9 的输入线实际上是两条输入线，一条是 J 一条是 K。对于 D 触发器来说，唯一的输入线标记为 D，T 触发器的输入标记为 T。要设计每一个触发器，必须确定标记为组合电路的框中的逻辑门和它们的互联。

和任何组合电路设计一样，一旦确定了真值表形式中的输入和输出，那么就可以借助于卡诺图来构造最小的 AND-OR 电路。因此，第一步是写出图 11-9 中标记为组合电路的方框所需的输入和输出。确定电路描述的一个有用工具是图 11-15 中 SR 触发器的激励表（excitation table）。

Q(*t*)	Q(*t* + 1)	S(*t*)	R(*t*)
0	0	0	×
0	1	1	0
1	0	0	1
1	1	×	0

图 11-15 SR 触发器的激励表

649

对比激励表和图 11-13 的特征表，特征表告诉你给定当前输入和状态后接下来的状态是什么，但激励表告诉你如果想要得到某种转换，当前的输入必须是什么。下面讲述根据特征表怎样建立激励表。

表中第一个条目是 Q=0 到 Q=0 的转换，两种可能的输入 SR=00 和 SR=01 允许这种转换。SR 值为 00 是不改变的条件，SR 值为 01 是重置的条件，这两个条件都会使触发器做出从 Q=0 到 Q=0 的转换。这个条目中 R(*t*) 下面的“ × ”是一个无关条件的值，只要 S 为 0，不必关注 R 值是什么。不管 R 的值是什么，转换都是从 Q=0 到 Q=0。

表中第二个条目是从 Q=0 到 Q=1 的转换，这个转换发生的唯一方法是 SR 的输入为 10，即设置条件。类似地，第三个条目是从 Q=1 到 Q=0 的转换，这个转换只有在 SR 值为 01 时才会发生。

最后一个条目是从 Q=1 到 Q=1 的转换，允许这个转换的两种可能的输入条件：一个是 SR=00，即不改变条件；一个是 SR=10，即设置条件。无论 S 的值是什么，如果 R 为 0，那么这个转换将会发生。S(*t*) 下面的“ × ”说明了 S 的无关条件。

11.1.5　JK 触发器

JK 触发器解决了 SR 触发器中未定义的转换。J 输入像 S 一样设置设备，K 输入像 R 一样重置设备。但是当 JK=11 时，这个条件叫作*反转*条件。反转意味着从一个状态转换到另一个状态。在反转条件下，如果初始状态为 0，最终状态将为 1；如果初始状态为 1，最终状态将为 0。图 11-16 是 JK 触发器的框图和特征表。

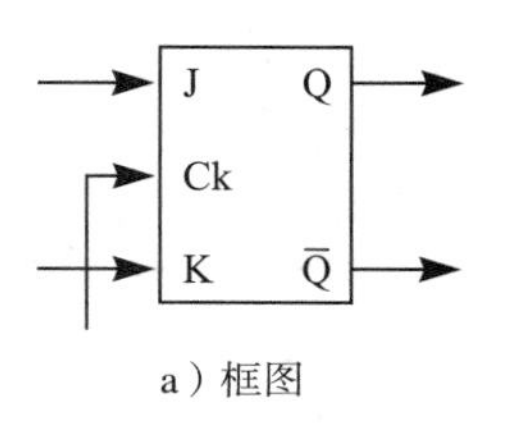

a）框图

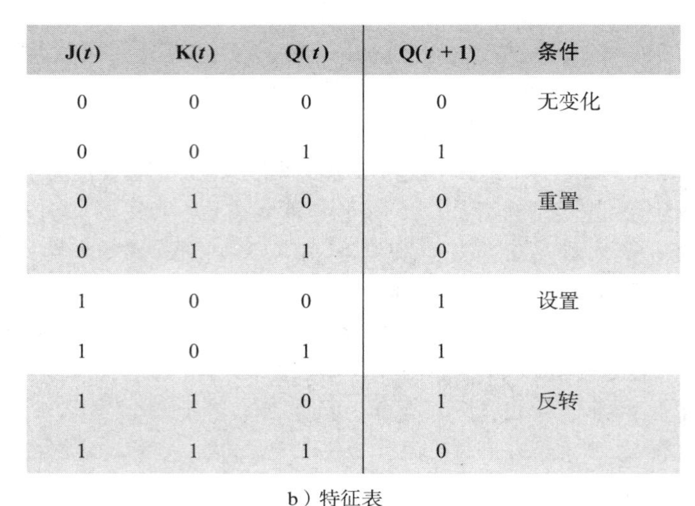

J(*t*)	K(*t*)	Q(*t*)	Q(*t* + 1)	条件
0	0	0	0	无变化
0	0	1	1	
0	1	0	0	重置
0	1	1	0	
1	0	0	1	设置
1	0	1	1	
1	1	0	1	反转
1	1	1	0	

b）特征表

图 11-16　JK 触发器

对于 JK 触发器，图 11-9 中标记为组合电路的方框有三个输入和两个输出。输入是 J、K 以及来自反馈连接的 Q。图 11-17 是相同的具有显示 J、K 输入的图。虚线框定义了一个三输入（J、K 和 Ck）二输出（Q 和 $\overline{Q}$）的 JK 触发器。Q 反馈在更低的抽象层次上，对 JK 触发器的用户来说是不可见的。图 11-17 显示只有一个出自 SR 触发器输出的反馈线 Q。SR 触发器的 $\overline{Q}$ 输出也可以是标记为组合电路方框的输入，只不过在设计组合电路时，始终认为输入信号及其补都是可用的。图 11-17 强调这个组合电路是三输入二输出的电路。输出是 S 和 R，它们都是三输入的函数，即，S=S(J, K, Q)，R=(J, K, Q)。所以用 SR 触发器构造 JK 触发器就要设计两个三输入的组合电路，一个用于 S，一个用于 R。

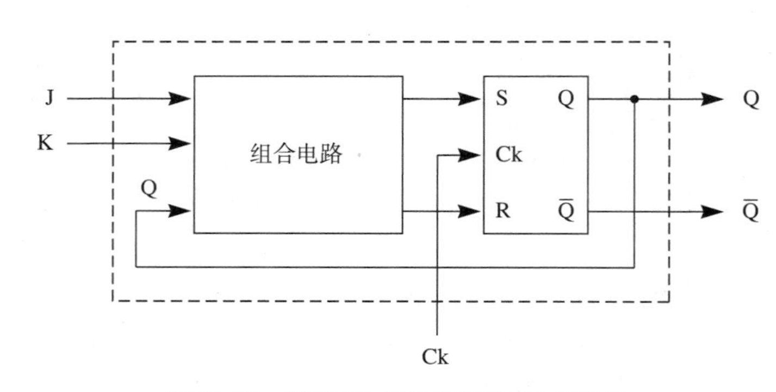

图 11-17　利用 SR 触发器构造 JK 触发器

650
~
651

首先，借助 SR 激励表写出图 11-18 的设计表。设计表告诉你给定 JK 触发器要做出的转换时，SR 触发器必需的输入。前三列列出了组合电路的三个输入所有可能的组合。

JK 的值最好排序，因为它们会显示在卡诺图中。第四列是时钟脉冲之后的 Q 值，每个 Q(t + 1) 的值来自于 JK 触发器的特征表。例如，在第三行中 JK=11，这是反转条件，所以初始状态 Q(t)=0 反转为 Q(t + 1)=1。最后两列来自于给定 Q(t) 和 Q(t + 1) 的 SR 触发器的激励表。例如，第三行是 Q(t)Q(t + 1)=01 的转换，激励表显示要实现这个转换，SR 必须为 10。

Q(t)	J(t)	K(t)	Q(t + 1)	S(t)	R(t)
0	0	0	0	0	×
0	0	1	0	0	×
0	1	1	1	1	0
0	1	0	1	1	0
1	0	0	1	×	0
1	0	1	0	0	1
1	1	1	0	0	1
1	1	0	1	×	0

图 11-18　用 SR 触发器构造 JK 触发器的设计表

下一步是写出这个函数的卡诺图。图 11-19a 中的条目来自于设计表中标号为 S(t) 的那一列，图 11-18b 中的条目来自于设计表的 R(t) 列。

通过检查卡诺图，可以写出 S 的最小 AND-OR 表达 $S=J\overline{Q}$，R 为 R=KQ。图 11-20 是完整的设计。可以用一个 SR 触发器和两个二输入 AND 门来实现 JK 触发器。考虑 JK 所有可能的值可以看出这个设计是怎样工作的。如果 JK=00，那么不管处于什么状态，SR=00，这个状态不会改变；如果 JK=11，Q=0，那么 SR=10，Q 将变为 1；如果初始 Q=1，那么 SR=01，Q 将会变为 0。两种情况下状态都会反转，对 JK=11 也是同样。你应该也能分析出对于 JK=01 和 JK=10，这个电路也会正常工作。

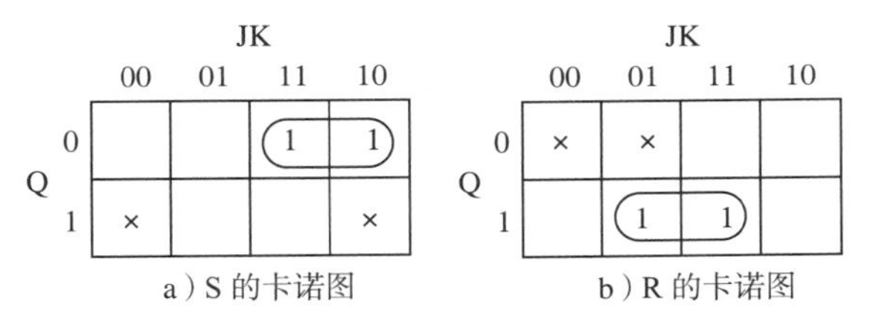

图 11-19　用 SR 触发器构造 JK 触发器的卡诺图

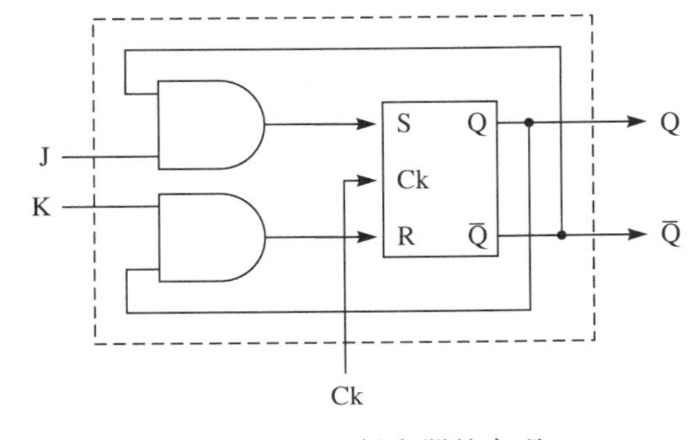

图 11-20　JK 触发器的实现

652

11.1.6　D 触发器

D 触发器是一个除了时钟之外只有一个输入 D 的数据触发器，图 11-21a 是它的框图，图 11-20b 是它的特征表。表中可以看到 Q(t + 1) 与 Q(t) 无关，它只取决于在时间点 t 的 D

值。D 触发器会存储该数据直到下个时钟脉冲。图 11-21c 展示的是时序图。这个触发器也叫作*延迟触发器*，因为在时序图中，Q 的形态和 D 是一样的，只是有一个时间延迟。

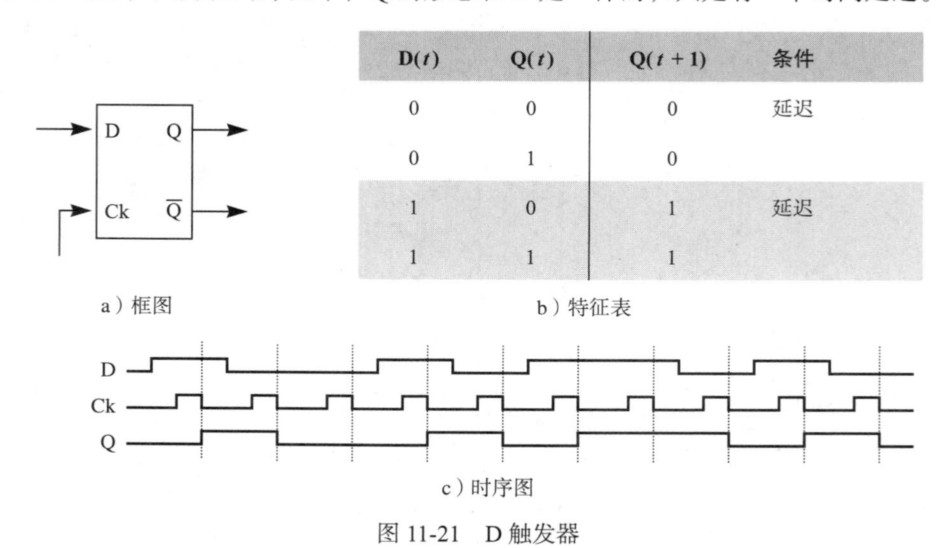

D(t)	Q(t)	Q(t + 1)	条件
0	0	0	延迟
0	1	0	
1	0	1	延迟
1	1	1	

a）框图

b）特征表

c）时序图

图 11-21　D 触发器

要从 SR 触发器构建一个 D 触发器，首先要写出设计表。因为除了 Q 以外只有一个输入，所以如图 11-22a 所示，表中只有四行。图 11-22b 和图 11-22c 展示的是卡诺图，只包含四个单元而不是八个。AND-OR 电路的简化得到 S=D 和 R=$\overline{D}$。

Q(t)	D(t)	Q(t + 1)	S(t)	R(t)
0	0	0	0	×
0	1	1	1	0
1	1	1	×	0
1	0	0	0	1

a）设计表

	D=0	D=1
Q=0		1
Q=1		×

b）S 的卡诺图

	D=0	D=1
Q=0	×	
Q=1	1	

c）R 的卡诺图

图 11-22　从 SR 触发器构造 D 触发器的设计表和卡诺图

图 11-23 是 D 触发器的实现，除了 SR 触发器，只需要一个反相器。这个实现方法没有像 JK 触发器的实现那样有来自 Q 或 $\overline{Q}$ 的反馈连接，这是因为下一个状态不依赖于当前的状态。

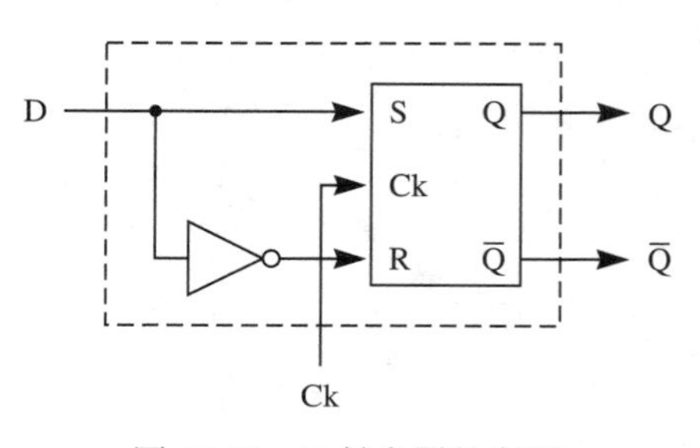

图 11-23　D 触发器的实现

11.1.7　T 触发器

T 触发器是一个反转触发器。和 D 触发器一样，除了时钟外，它只有一个输入 T。图 11-24a 是框图，图 11-24b 是特征表。T 输入就像一条控制线，指明是否进行选择性反转。如果 T 为 0，触发器不会改变状态；如果 T 为 1，触发器反转。T 触发器的实现作为章末的一道练习。

653 ~ 654

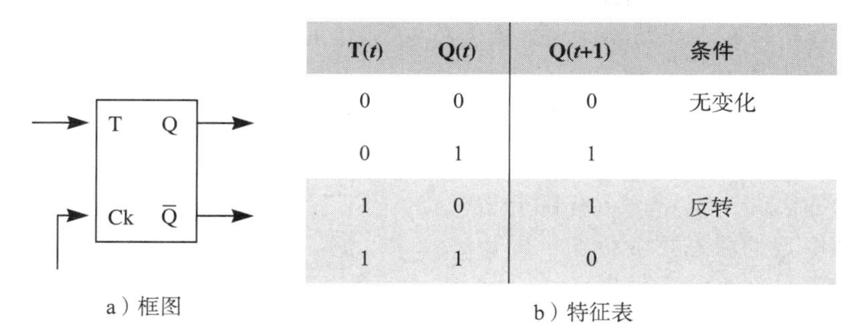

a）框图

T(t)	Q(t)	Q(t+1)	条件
0	0	0	无变化
0	1	1	
1	0	1	反转
1	1	0	

b）特征表

图 11-24 T 触发器

11.1.8 激励表

前面几节讲述了怎样用 SR 触发器和其他门构建 JK、D 和 T 触发器，也可以用同样的系统化过程从其他触发器来构建任何触发器。这看上去好像没什么意义，例如用 JK 触发器来构建 D 触发器，因为最开始我们是用 SR 触发器和两个额外的门来构建 JK 触发器的，而只需要一个 SR 触发器和一个反相器就能构造出 D 触发器。不过可以用任意触发器来构建其他触发器这一事实说明了所有触发器在能力上是等价的，即用某种触发器做的处理都可以用其他触发器以及几个额外的门来实现。

例如，假定有一个 JK 触发器，想构建一个 T 触发器，那么就要从 T 的特征表和 JK 的激励表写出设计表。通常来说，要从触发器 B 构建触发器 A，需要 A 的特征表和 B 的激励表。图 11-25 展示的是 JK、D 和 T 触发器的激励表。

Q(t)	Q(t+1)	J(t)	K(t)
0	0	0	×
0	1	1	×
1	0	×	1
1	1	×	0

a）JK 触发器

Q(t)	Q(t+1)	D(t)
0	0	0
0	1	1
1	0	0
1	1	1

b）D 触发器

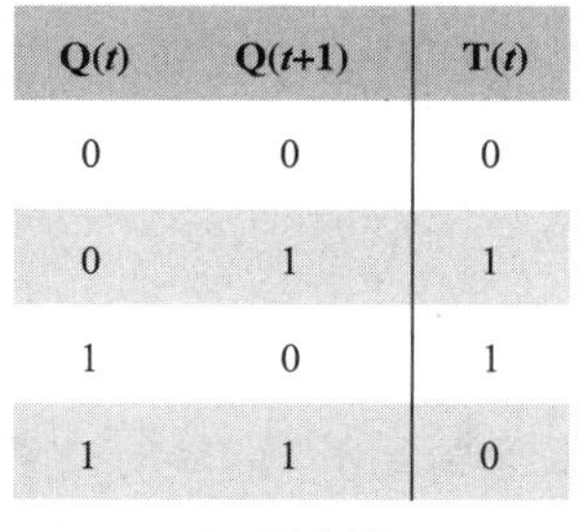

Q(t)	Q(t+1)	T(t)
0	0	0
0	1	1
1	0	1
1	1	0

c）T 触发器

图 11-25 JK、D 和 T 触发器的激励表

我们应该验证激励表的每个条目。例如 JK 表中第一个条目是 Q=0 到 Q=0 的转换。用与 SR 触发器一样的推理，如果 JK 为 00 或 01，就会发生该转换；因此 K(t) 下面是无关条件。第二个条目也有一个无关条件。在这两种情况下会发生从 Q=0 到 Q=1 转换。JK 可以为 10 设置条件，或者为 11 反转条件，两者都允许 Q 从 0 变为 1。

655

11.2 时序分析与设计

时序电路是门和触发器的互联。理论上可以把所有门组合进一个组合电路中，把所有触发器组合进一组状态寄存器（state register）中，如图 11-26 所示。这是图 11-9 的一个概括，它只包含一个状态寄存器，它的输出不需要来自组合电路的附加的门。

图 11-26 中的实线箭头表示一条或多条连接线，输入和输出线是到电路环境的外部连

接，从组合电路到状态寄存器的连线是到 SR、JK、D 或 T 触发器的输入线，反馈线是从触发器的 Q 和 $\overline{Q}$ 输出到组合电路。这个图假设状态寄存器组中的每个触发器都使用一个通用的时钟线（未在图中显示）。

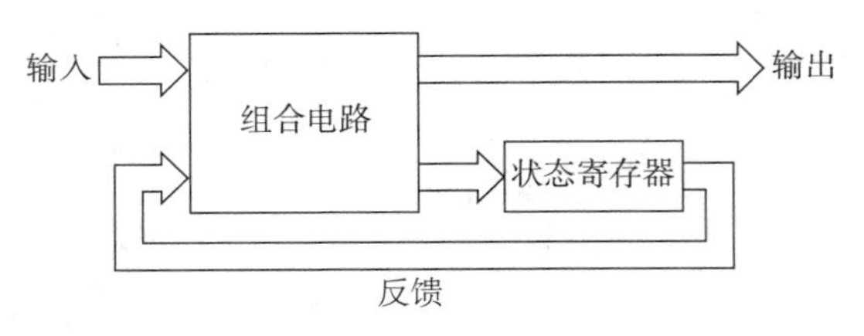

图 11-26　通用时序电路

在时钟脉冲之间，电路的组合部分根据外部输入和电路的状态形成输出，即每个触发器的状态。产生组合电路输出和状态寄存器输入所花费时间的多少取决于电路中门级的数量。Ck 周期被调整到足够长，以实现在下一个时钟脉冲之前允许输入通过组合电路直到输出。所有状态寄存器都是边沿触发或主从型的，以防止多次通过反馈环。

和图 11-14 一样，可以用状态转换图或与之对应的状态转换表来描述一个通用时序电路的行为。不同之处在于图 11-14 是一个有两种可能状态的设备，而图 11-26 是 n 个触发器。每个触发器有两种可能的状态，因此这个时序电路总共有 2^n 种状态。

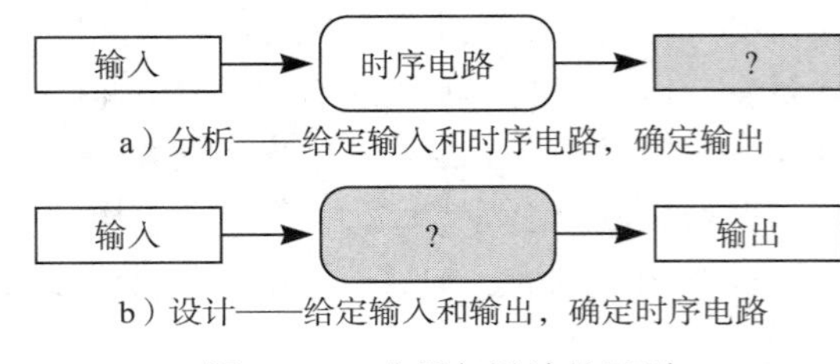

图 11-27　分析与设计的区别

硬件层的分析和设计之间的不同之处和软件层一样。656图 11-27 说明了这种不同。在分析中，输入和时序电路是给定的，要确定的是输出；而在设计中，输入和预期的输出是给定的，要确定的是时序电路。

下节展示了怎样由给定的时序电路和输入流来确定输出。总的思路是根据电路构建分析表，根据分析表就可以很容易地确定状态转换表、状态转换图和针对给定输入流的输出流。

11.2.1　时序分析问题

假设给定图 11-28 的电路，状态寄存器是两个 T 触发器，标识分别为 FFA 和 FFB，组合电路是两个 AND 门和一个 OR 门的组合，输入为 X1 和 X2，唯一的输出是 Y。反馈环包括标识为 A 从 FFA 的 Q 发出的线路与标识为 B 和 $\overline{B}$ 两条从 FFB 的 Q 和 $\overline{Q}$ 发出的线路。到 FFA 的输入标识为 TA，到 FFB 的输入标识为 TB。

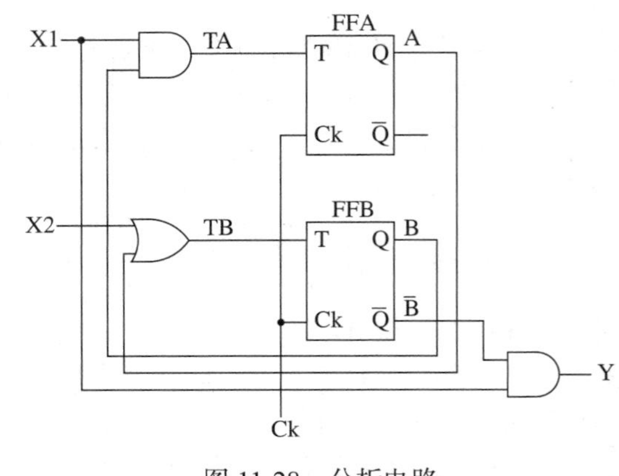

图 11-28　分析电路

因为有两个触发器，所以有四种可能的状态

AB = 00

AB = 01

AB = 10

AB = 11

在这里以 AB=01 为例，它意味着 FFA 的 Q=0 和 FFB 的 Q=1。有两个输入，因此

有四种可能的输入组合

X1 X2 = 00

X1 X2 = 01

X1 X2 = 10

X1 X2 = 11

657

问题来了。给定一个初始状态 AB 以及初始输入 X1 和 X2，a）初始输出是什么？ b）一个时钟脉冲后下一个状态将会是什么？因为有四种状态，每个状态有四种可能的输入组合，所以需要回答这些问题 16 遍。图 11-29 的分析表提供了一种回答这个问题的系统化工具。

A(*t*)	**B(*t*)**	**X1(*t*)**	**X2(*t*)**	**Y(*t*)**	**TA(*t*)**	**TB(*t*)**	**A(*t* + 1)**	**B(*t* + 1)**
0	0	0	0	0	0	0	0	0
0	0	0	1	0	0	1	0	1
0	0	1	0	1	0	0	0	0
0	0	1	1	1	0	1	0	1
0	1	0	0	0	0	0	0	1
0	1	0	1	0	0	1	0	0
0	1	1	0	0	1	0	1	1
0	1	1	1	0	1	1	1	0
1	0	0	0	0	0	1	1	1
1	0	0	1	0	0	1	1	1
1	0	1	0	1	0	1	1	1
1	0	1	1	1	0	1	1	1
1	1	0	0	0	0	1	1	0
1	1	0	1	0	0	1	1	0
1	1	1	0	0	1	1	0	0
1	1	1	1	0	1	1	0	0

图 11-29　图 11-28 所示电路的分析表

前 4 列是初始状态和初始输入所有可能组合的列表。根据图 11-28，Y(*t*)、TA(*t*) 和 TB(*t*) 的布尔表达式是

$Y(t)=X1(t)\cdot\overline{B}(t)$

$TA(t)=X1(t)\cdot B(t)$

$TB(t)=X2(t)+A(t)$

因此，X1(*t*) 列和 B(*t*) 列的补进行 AND 得到 Y(*t*) 列，X1(*t*) 列和 B(*t*) 列的 AND 得到 TA(*t*) 列，X2(*t*) 列和 A(*t*) 列的 OR 得到 TB(*t*) 列，根据 T 触发器的特征表，触发器的初始状态和它的初始输入可以计算出最后两列。

例 11.1　来看一下 B(*t* + 1) 列。在第一行中，根据 B(*t*) 列看到 FFB 的初始状态是 0，从 658 TB(*t*) 列可以看到触发器的输入为 0。根据图 11-24b T 触发器的特征表，0 是无关条件，因此状态保持一致，B(*t* + 1) 为 0。 ■

例 11.2　同样看这一列，来看第二行。根据 B(*t*) 列，FFB 的初始状态又是 0，这次根据 TB(*t*) 列，触发器的输入是 1。根据 T 触发器的特征表，1 是反转条件，因此状态反转，B(*t* + 1) 为 1。 ■

图 11-30 的状态转换表是从分析表选出几列并简单重新排列的结果。对于指定的初始状态 A(*t*)B(*t*) 和指定输入 X1(*t*)X2(*t*)，它列出了接下来的状态 A(*t* + 1)B(*t* + 1) 和初始输出 Y(*t*)。状态是一个有序对，表中的每个条目是下一个状态，后面跟着用逗号隔开的初始输出。

	X1(*t*) X2(*t*)			
A(*t*) B(*t*)	**00**	**01**	**10**	**11**
00	00, 0	01, 0	00, 1	01, 1
01	01, 0	00, 0	11, 0	10, 0
10	11, 0	11, 0	11, 1	11, 1
11	10, 0	10, 0	00, 0	00, 0
	A(*t* + 1) B(*t* + 1), Y(*t*)			

图 11-30　图 11-28 所示电路的状态转换表

相比于状态转换表，通常状态转换图更容易表明电路的行为。图 11-31 是根据状态转换表构造出的状态转换图。标准惯例是用输入的有序对来标识转换，输入有序对后面跟着用斜线隔开的初始输出。

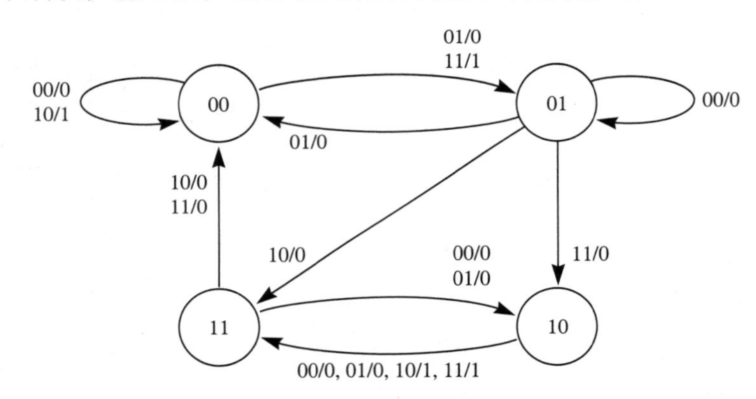

图 11-31　图 11-28 所示电路的状态转换图。转换标识为 X1(*t*)X2(*t*)/ Y(*t*)

659 ~ 660 为了从给定的输入流确定输出，假定从状态 AB=11 开始，输入下面的 X1 X2 值：

11, 11, 00, 10, 01

根据状态转换图，将转换到如下的状态

11, 00, 01, 01, 11, 10

并产生如下的输出

0, 1, 0, 0, 0

对包含其他触发器甚至不同类型触发器混合的时序电路，分析也是类似的。使用组合电路的知识，可以轻松确定输入和状态所有可能的组合下，每个触发器的输入。然后，根据每个触发器的特征表可以确定接下来是什么状态。通常来说，如果有 *m* 个输入和 *n* 个触发器，就需要分析 2^m2^n 个转换。

11.2.2 预设置与清除

前面谈到问题的输出序列假设触发器都是在 Q=1 这个状态。一个很自然的问题是：触发器怎样进入起始状态呢？实际上大多数触发器都有两个额外的输入，称为预设置（preset）和清除（clear）。这两个输入是异步的（asynchronous），即它们不依赖于函数的时钟脉冲便能工作。图 11-32 展示的是一个带异步预设置和清除输入的 SR 触发器的框图。

在通常的运行中，预设置和清除线都是 0。要把触发器状态初始化到 Q=1，就要把预设置设为 1 再变回 0；要把触发器初始化为 0，就要把清除设为 1 再变回 0。这两个输入中任一个只要为高电平就能起作用，不需要发送时钟脉冲。异步预设置和清除的实现作为章末的一道练习。

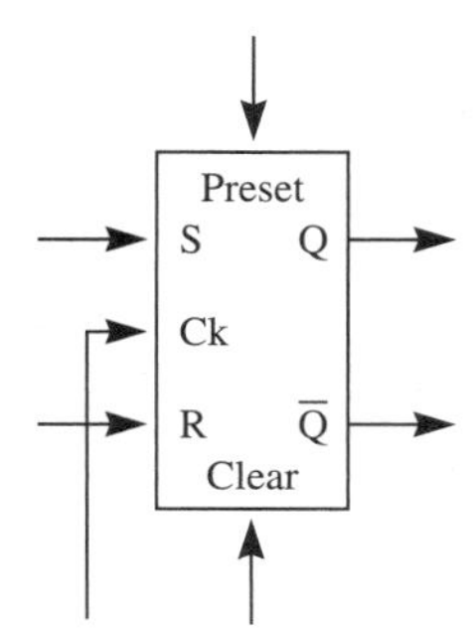

图 11-32 带异步预设置和清除的 SR 触发器的框图

11.2.3 时序设计

采用时序设计，电路的行为常常以状态转换图的形式给出，需要确定如何用最少数量的门来实现该电路。同时，问题的描述中也会给出时序电路中使用的状态寄存器要采用哪种类型的触发器。

设计过程包括三步。第一步，根据状态转换图将电路的转换制成设计表，对于初始状态和输入的每种组合列出初始输出和下一个状态。然后，根据激励表列出导致转换所需的触发器输入条件。

第二步，将每个触发器输入的条目转换到卡诺图。如果在设计表的制表过程中提前考虑，以和卡诺图一样的顺序列出这些条目，将有助于防止出错。利用卡诺图最小化表达式，设计出时序电路中组合电路的部分。 661

第三步，画出简化后的组合电路。每个触发器的输入来自于深度最多为两个门级的组合电路。可以把这个过程看作是由 SR 触发器构建 JK、D 和 T 触发器过程的一般性概括。

11.2.4 一个时序设计问题

这个例子说明的是设计过程。问题是要用 SR 触发器实现图 11-33 的状态转换图。和图 11-31 一样，转换标上了输入值 X1 X2 和初始输出 Y。状态圈中的值是第一个 SR 触发器 FFA 和第二个 SR 触发器 FFB 的 Q 值。

这个机器只有三种输入组合和四种状态，总共 12 种转换。输入的组合是 01、11 和 10。由于组合 00 预期不会发生，因此可以把它看成无关条件帮助进行最小化。

要实现有八个状态的有限状态机需要三个触发器，实现有 5 ～ 7 个状态的机器

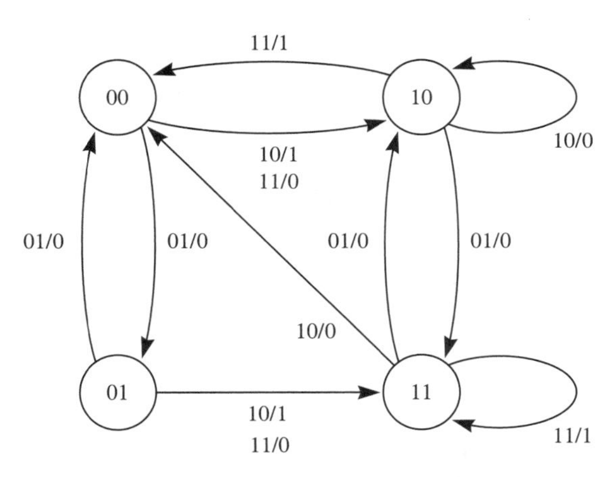

图 11-33 一个设计问题的状态转换图

也需要三个触发器，但是有些状态是预期不会发生的，可以看作无关状态。

图 11-34 是设计过程的第一步。左边四列是初始状态和输入所有可能的组合，中间三列是根据图 11-33 得出的初始输出和下一状态的简表。

662

初始状态		初始输入		初始输出	下一状态		触发器输入条件			
							FFA		FFB	
A(t)	B(t)	X1(t)	X2(t)	Y(t)	A(t + 1)	B(t + 1)	SA(t)	RA(t)	SB(t)	RB(t)
0	0	0	1	0	0	1	0	×	1	0
0	1	0	1	0	0	0	0	×	0	1
1	1	0	1	0	1	0	×	0	0	1
1	0	0	1	0	1	1	×	0	1	0
0	0	1	1	0	1	0	1	0	0	×
0	1	1	1	0	1	1	1	0	×	0
1	1	1	1	1	1	1	×	0	×	0
1	0	1	1	1	0	0	0	1	0	×
0	0	1	0	1	1	0	1	0	0	×
0	1	1	0	1	1	1	1	0	×	0
1	1	1	0	0	0	0	0	1	0	1
1	0	1	0	0	1	0	×	0	0	×

图 11-34　图 11-33 所示状态转换图的设计表

右边有四列是因为有两个 SR 触发器，每个触发器有两个输入。SA 是 FFA 的 S 输入，RA 是 FFA 的 R 输入，以此类推。产生给定转换的触发器输入条件来自图 11-15 的 SR 触发器激励表。

例如，来看一下第一行从 AB=00 到 AB=01 的转换。FFA 的转换是从 Q=0 到 Q=0，从激励表可以看到转换由 S 为 0 和 R 为无关条件引发。FFB 的转换是从 Q=0 到 Q=1，从激励表可以看到这个转换是由 SR 为 10 导致的。

下一步，考虑每个触发器的输入是一个四变量函数：初始状态、AB 和输入 X1 X2。要设计这个组合电路，每个触发器输入需要一个四变量卡诺图。图 11-35 是根据图 11-34 得出的卡诺图，图 11-35a 是输入 SA 的卡诺图，可以看到行的值是状态 AB，列的值是输入 X1 X2。请注意 X1 X2=00 的组合，卡诺图第一列是无关条件。

663

输出 Y 也是一个初始状态和输入的函数，需要一个卡诺图来最小化。每个卡诺图下面是它对应的最小化表达式。

图 11-36 是设计得出的时序电路。这个图是个简略的形式，并没有画出反馈连接。

完成设计后，你可能注意到图 11-35c 和图 11-35d 中，卡诺图的单元 8 是被覆盖的，所以看上去值为 1。而图 11-35a 和图 11-35b 没有覆盖这个单元，所以它的值看上去为 0，怎么会这样呢？它怎么会同时既为 0 又为 1 呢？卡诺图没有展现出对无关条件实际上会发生什么。图 11-33 的电路描述假设外部输入 X1 X2 来自某个未知的来源，组合 X1 X2=00 在实际中绝不会发生。因此单元 8 代表的组合，即 A B X1 X2=1000 绝不会发生。可以给这个组合选择任何你想要的电路行为方式，因为它根本不会发生。

664

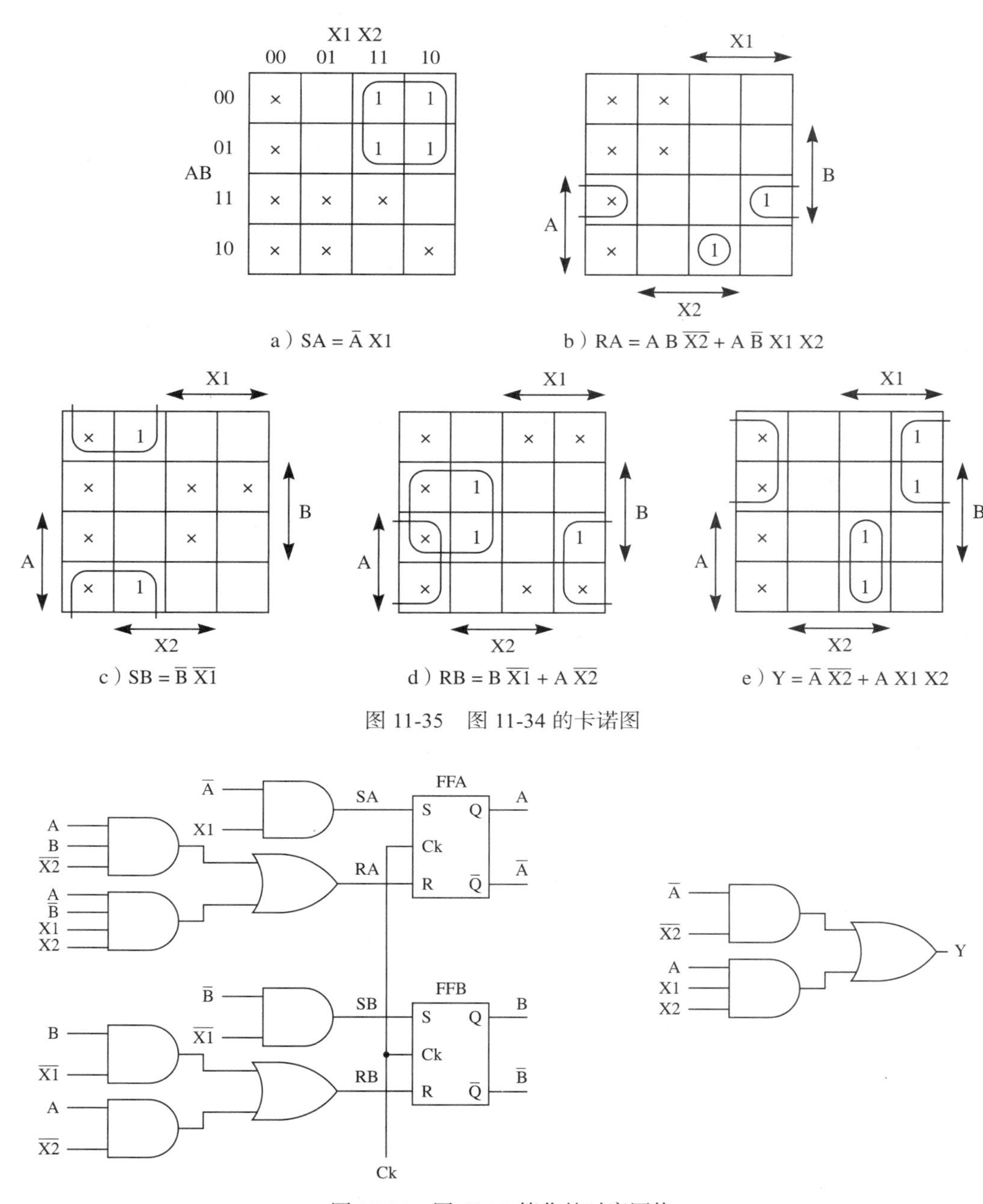

图 11-35　图 11-34 的卡诺图

图 11-36　图 11-33 简化的时序网络

如果需要设计一个状态数量不等于 2 的幂的状态机，也可以用同样的方式思考。比如说想设计一个五个状态的状态机，两个触发器就不够了，因为它们只能提供四个状态。使用三个触发器，可能有八种状态，但实际中只会有五个状态发生，其他三种可以是无关条件。在设计了这样一个电路后，从有用状态不能到达无用状态，但反之不然，即可能有从无用状态到有用状态的转换，但是这样的转换是无关的，因为不会发生这样的转换，类似于程序中的死代码。

这个例子中描述的设计过程有两个触发器和两个输入，卡诺图中总共有四个变量。设计三个触发器一个输入或者一个触发器三个输入也需要四变量卡诺图。一个触发器两个输入或者两个触发器一个输入的设计过程也是一样，只不过用三变量卡诺图就足够做最小化了。

一些时序电路需要最小化超过四个变量的组合电路。卡诺图不能很方便地处理这样大小的问题。可用系统化过程处理此类问题，其中最常见的是奎因－麦克拉斯基（Quine-McCluskey）方法，不过这些方法都超出了本书讨论的范围。

665

11.3　计算机子系统

计算机是一组互联的子系统，每个子系统是一个黑盒子，有定义良好的接口。有时候子系统由一个单独的集成电路组成，这种情况中接口是由物理封装的引脚的运行特性描述的。在更低的抽象层次上，这个子系统可以是集成电路内多个子系统的一部分。或者在更高的抽象层次上，该子系统可以是一个印制电路板，由几个集成电路组成。

不过实际上子系统也是在物理上实现的，总线把各个子系统连接在一起。总线可以是一条线路，从子系统的一个门的输出到另一个子系统的一个门的输入，或者它也可以是包含数据和控制信号的一组线路，就像图 4-1 Pep/9 中连接主存到 CPU 的总线。

11.3.1　寄存器

ISA3 层机器的一个基础部件是寄存器。你应该熟悉 Pep/9 CPU 中的 16 位寄存器，指令集包括操控寄存器内容的指令。图 11-37 展示的是一个 4 位寄存器的框图和实现。

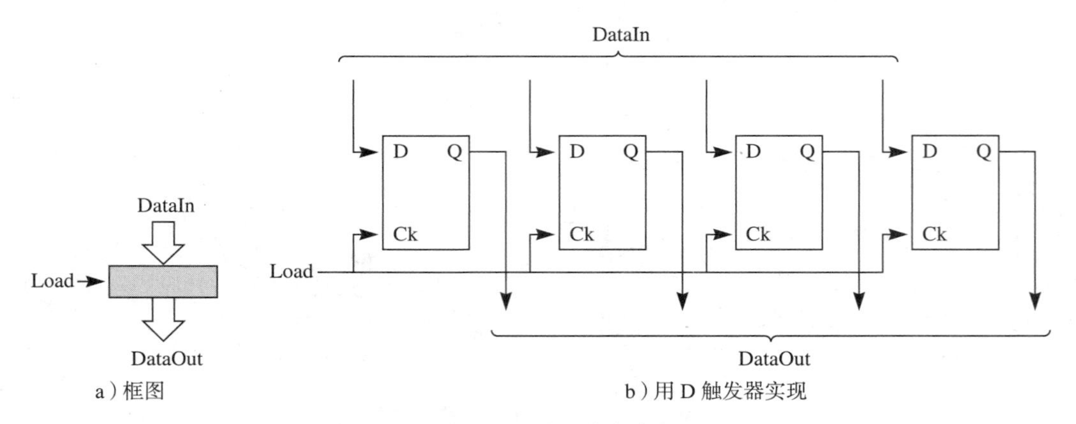

a）框图　　b）用 D 触发器实现

图 11-37　一个 4 位寄存器

666

这个寄存器有四个数据输入、四个数据输出和一个标记为 Load 的控制输入。框图中用一个宽箭头表示四个数据输入线，实现中每条数据线是单独画出来的。这个寄存器很简单，就是一组 D 触发器，每条数据输入线连接一个触发器的 D 输入，每条数据输出线连接一个触发器的 Q 输出，Load 输入连接所有触发器的时钟输入。从现在开始，用阴影来表示包含时序电路的图，以区别于组合电路。

寄存器的运行要把希望装入的值放到数据输入线上，然后给装入信号发送 1 再变回 0，借助于时钟把数据装入寄存器。所有四个值同时装入寄存器。如果每个触发器都是主从设备，那么在图 11-11 的时间点 t_4，当从触发器连接到主触发器时，将会出现输出。

在寄存器中每个 D 触发器是 1 位。一个 8 位寄存器有 8 个触发器，一个 16 位寄存器有 16 个触发器。触发器的数量不会影响装入操作的速度，因为每个触发器的装入是同时发生的。不管寄存器的位数是多少，它的框图都和图 11-37a 所示的一样。

11.3.2 总线

假设两个子系统 A 和 B 需要来回发送数据。连接它们最简单的方法是用两条单向总线：一条发送从 A 到 B 的数据，一条发送从 B 到 A 的数据。第一条总线是一组线路，每一条线从 A 的一个门输出到 B 的一个门输入。第二条总线的每一条线从 B 的一个门输出到 A 的一个门输入。

这样安排的问题是对于宽总线来说线路的数量太大。如果想同时发送 64 位，就需要两条单向总线，总共 128 条线路。若使用双向总线，这个数量就能减半，但损失的是速度。用两条单向总线，可以同时从 A 向 B 和从 B 向 A 发送数据，而双向总线则不可能做到。如果要改变总线上数据流的方向，还必须在发送数据之前付出一小段建立时间的代价。

图 11-38 展示了实现双向总线必须要解决的问题。AND 门表示作为寄存器一部分的主从触发器的主时钟使能门，NOR 门代表另一个寄存器的触发器的从 Q 输出门。要从 A 到 B 发送数据，那么门 2 的输出必须连到门 3 的输入。从 B 到 A 发送数据，门 4 的输出必须连到门 1 的输入。问题出在门 2 和门 4。总是可以把一个门的输出连到另一个门的输入，但是不能把两个门的输出连接到一起。假定门 2 想发送一个 1 到门 3，但同时门 4 的输出刚好为 0，它们的输出是冲突的，那么哪一个会占优呢？ 667

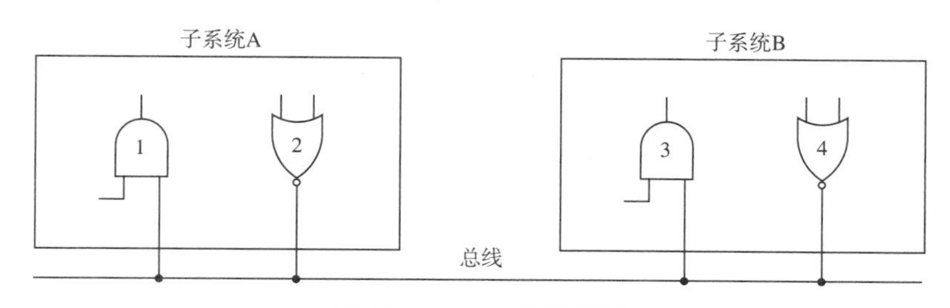

图 11-38 双向总线问题

答案取决于底层构造门的技术。对于一些逻辑门族，实际上可以把几个门的输出连接到一起，如果一个或多个门输出 1，那么公共的总线将传送 1。由于总线上的信号就像 OR 门的输出，因此称这种门具有线 –OR 属性（wired-OR property）。对于其他逻辑门族，把两个门的输出连接到一起会使电路崩溃，引发不可预知的灾难。即使线 -OR 门也仍然存在双向总线的问题。例如，如果门 2 想发送 0 到门 3，但是此时门 4 的输出碰巧是 1，那么门 3 就会错误地检测到一个 1。

为了使双向总线正常工作，需要找到一种方法，当门 2 往总线上放数据时让门 4 临时与总线断开连接，反之亦然。三态缓冲器可以精确地完成这个工作，它有一个数据输入，一个使能控制输入和一个输出。图 11-39 是三态缓冲器的真值表，这里的 E 是使能控制线，a 是输入，x 是输出。当设备使能时，输入不变地到达输出；当设备禁止时，输出实际上是和电路断开的。从电子学角度来讲，输出这时处于高阻抗的状态。因为输出可以有三种状态：0、1 和断开，因此这种设备叫作三态缓冲器。 668

E	a	x
0	0	断开
0	1	断开
1	0	0
1	1	1

图 11-39 三态缓冲器的真值表

图 11-40 展示的是三态缓冲器怎样解决双向总线问题。每个门的输出和总线之间有一个三态缓冲器。要从 A 到 B 发送数据，使能 A 中的三态缓冲器，禁止 B 中的三态缓冲器，反之亦然。要使这个机制能正确发挥作用，子系统必须协调工作，不能让它们的三态缓冲器同时使能。

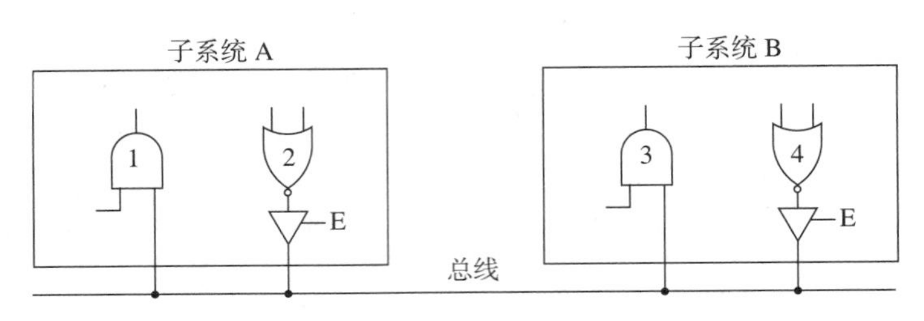

图 11-40　用三态缓冲器解决双向总线问题

11.3.3　内存子系统

内存子系统由几个集成电路内存芯片构成，图 11-41 展示的是两个内存芯片，每一个可以存储 512 位。内存芯片有一组标记从 A0 开始的地址线，一组表记从 D0 开始的数据线，一组标记为 CS、WE 和 OE 的控制线。数据线有两个箭头，表示它们应该连接到双向总线。图 11-41a 表明内存的位是 64 个八位的字。图中有 6 条地址线，因为 2^6=64，输入值的每种可能组合会访问一个独立的 8 位字。图 11-41b 展示的是同样数量的位被组织成 512 个一位的字。图中有 9 条地址线，因为 2^9=512。一般来说，有 2^n 个字的内存芯片就有 n 条地址线。为了保持例子简单，图 11-41 中芯片地址线和数据线的数量少到不切实际，现在制造的内存芯片都有上亿位。

669

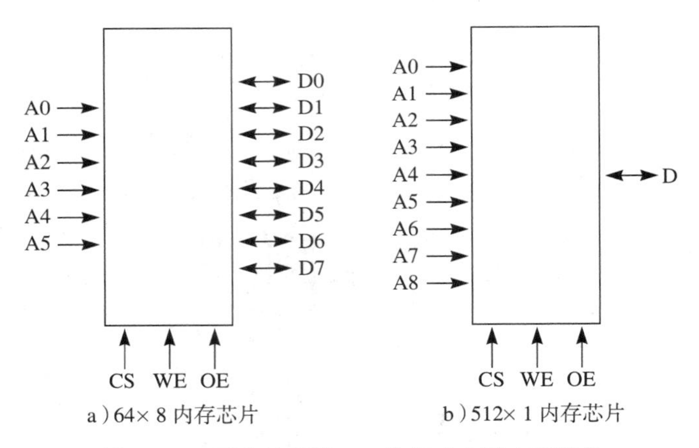

a）64× 8 内存芯片　b）512× 1 内存芯片

图 11-41　两个的存储 512 位集成电路内存芯片

控制线有如下作用：

- CS（chip select，芯片选择）使能或选择内存芯片。
- WE（write enable，写使能）把一个内存字写入或存储到芯片中。
- OE（output enable，输出使能）使能输出缓冲器，从芯片读取一个字。

要把一个字存储到芯片，就要把地址线设置为这个字要存储的地址，把数据线设置为想存储的值，把 CS 设置为 1 来选择这个芯片，再把 WE 设置为 1 来执行写入。从芯片中读取一个字，要把地址线设置为要读取的地址，把 CS 设置为 1 来选择该芯片，把 OE 设置为 1 使输出使能，这样想读取的数据就会出现在数据线上了。在实际中大多数芯片的控制线都是低电平有效的，即它们平常维持在表示为 1 的高电平，把它们设置成表示为 0 的低电平即可激活。为了例子简单，本书假定内存芯片的控制线为高电平有效。

图 11-42 是一个 4 × 2 位内存芯片的实现，它有两条地址线和两条数据线。存储 4 个 2 位的字，每位是一个 D 触发器。用阴影来表示时序设备以区别于组合设备。地址线驱动一个 2 × 4 译码器，它的某个输出为 1，其余三个为 0。译码器为 1 的那条输出线选择一行 D 触发器，这行触发器组成芯片要访问的字。

670

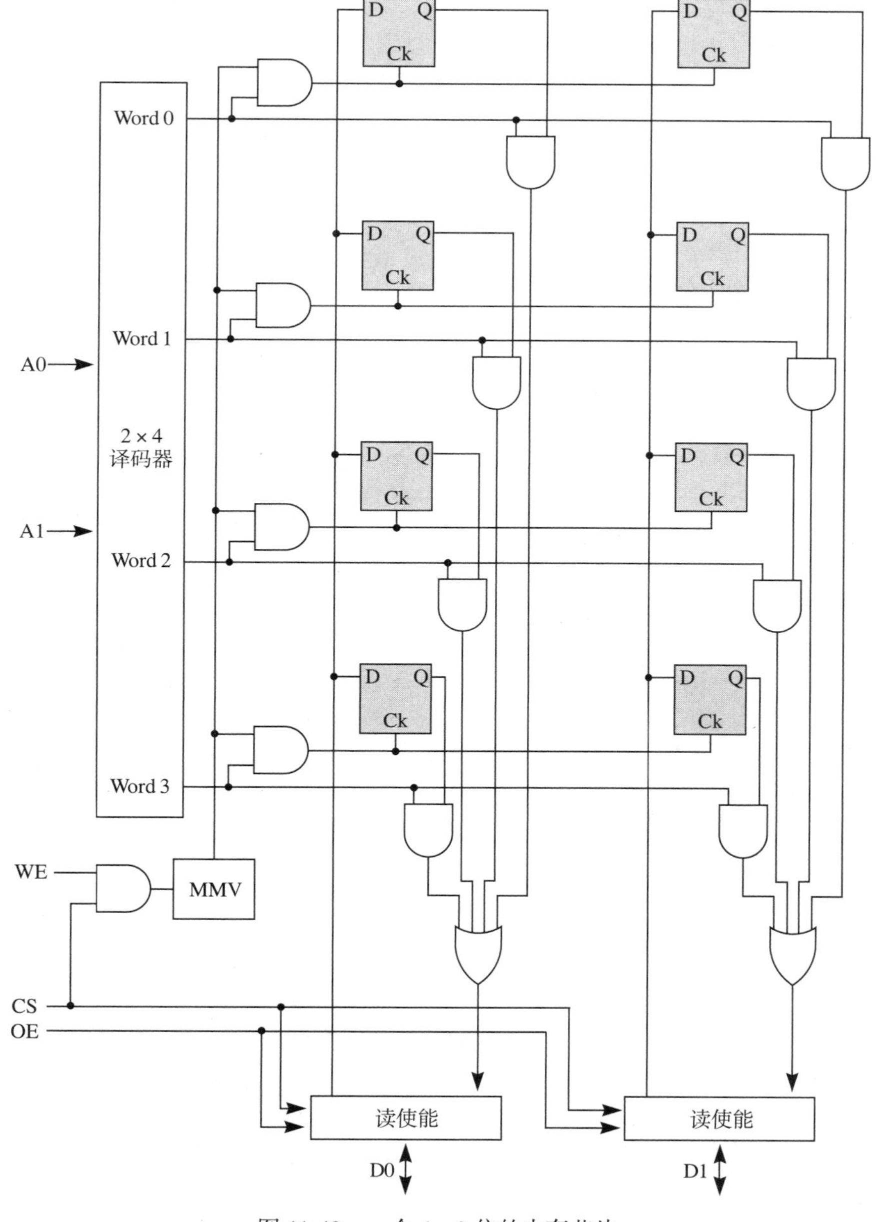

图 11-42　一个 4 × 2 位的内存芯片

671

标记为读使能的方框提供对双向总线的接口，图 11-43 是它的实现。DR 是数据读取线，来自于图 11-42 中的 OR 门，DW 是数据写入线，去往触发器的 D 输入，D 是到双向总线的数据接口。

图 11-44 是这个电路的真值表，芯片通常是下面三种模式之一：

- CS=0：芯片未被选中。
- CS=1，WE=1，OE=0：芯片被选中写入。
- CS=1，WE=0，OE=1：芯片被选中读取。

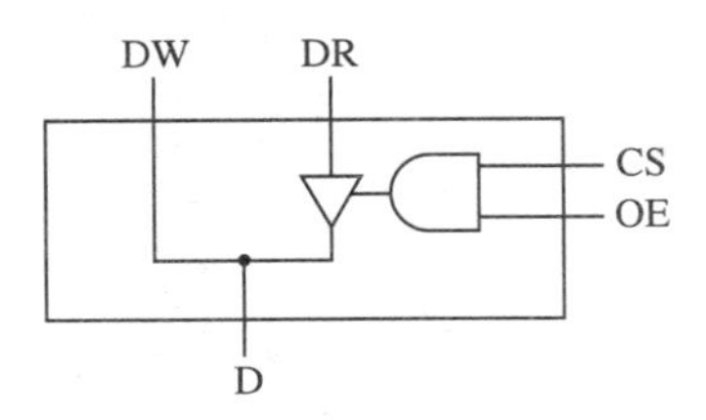

图 11-43　图 11-42 中标识为“读使能”方框的实现

CS	OE	操作
0	×	断开
1	0	断开
1	1	把 DR 连接到 D

图 11-44　“读使能”方框的真值表

不允许 WE 和 OE 同时都为 1。从真值表和它的实现可以看到当 CS 为 0 时，不管其他控制线如何，DR 总是从双向总线断开的；当 CS 为 1、OE 为 0 时，DR 也是断开的，这就是写入模式，这种情况下数据从双向总线送到 DW；当 CS 为 1、OE 为 1 时，三态缓冲器是使能的，数据从 DR 送到双向总线。

来看一下内存读取是怎样进行的，考虑一个场景：A1 A0 =10，CS=1，WE=0 和 OE=1。A1 A0 的值使得从译码器发出的标号为“字 2”的线为 1，其他字线为 0。“字 2”线使能连接第 2 行 D 触发器的 Q 输出的 AND 门，禁止连接其他所有行触发器输出的 AND 门。因此来自第二行的数据流过两个 OR 门到达“读使能”方框，进入双向总线。

672

内存的写入要借助于标记为 MMV 的方框，图 11-42 中 MMV 代表单稳多谐振荡器（monostable multivibrator）。假定 D 触发器是主从触发器的变种，存储需要一个 Ck 脉冲从低电平到高电平然后再从高变回低，如图 11-11 所示。单稳多谐振荡器就是一个提供这种脉冲的设备。图 11-45 展示的是有初始延迟的单稳多谐振荡器的时序图。当输入线升高时就会触发一个延迟电路，经过一个预设的时间间隔后，延迟电路触发单稳多谐振荡器，发出具有预设宽度的时钟脉冲。单稳多谐振荡器激活时会发出一个“单次”（one shot）脉冲，因此它也称为单次设备。

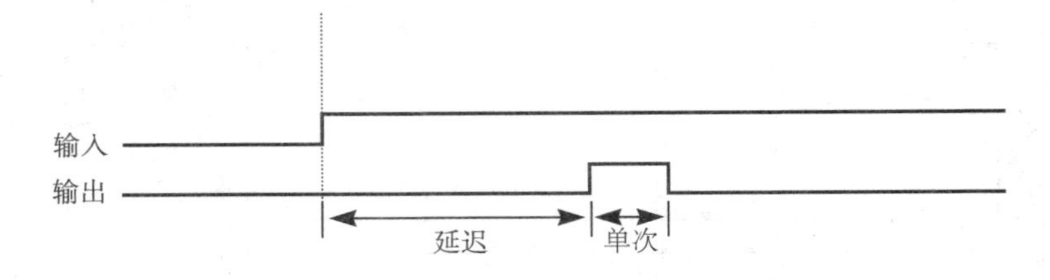

图 11-45　带初始延迟的单稳多谐振荡器的时序图

来看一看内存写入是如何进行的，考虑这样一个场景：A1 A0 =10，CS=1，WE=1 和 OE=0。假设地址线、数据线和控制线的设置是同时发生的，内存电路必须要等待地址信号传播过译码器，然后才能根据时钟脉冲把数据送入触发器。工程上设计 MMV 中的初始延迟，就是为了留出足够的时间使得在根据时钟送入数据之前译码器的输出能够设置好。“读使能”电路把来自双向总线的数据放到所有触发器的输入。不过当 MMV 发出时钟脉冲时，它连接的四个 AND 门中有三个将会禁止脉冲到达它们所在的行，脉冲只能到达“字 2”那一行，所以这是能存储数据的唯一的触发器。

市场上有几种类型的内存芯片，图 11-42 中的电路模型与称为*静态内存*（static memory）或 SRAM 的内存是最为相似的。实际上，主从 D 触发器并不是位存储器的基础，因为它使用了不必要的晶体管。许多静态 RAM 设备使用的电路是对图 11-1b 的修改，即一个由一对带反馈的反相器组成的稳定电路，它只需两个额外的晶体管来实现设置状态的机制。静态 RAM 的优势是速度，但由于每个位单元都需要几个晶体管，因此劣势是芯片尺寸。

为了克服静态内存尺寸的劣势，*动态内存*（dynamic memory）或 DRAM 的每个位单元只使用一个晶体管和一个电容，通过在电容上存储电荷来存储数据。由于这种位单元的尺寸小，因此 DRAM 芯片的存储容量要比 SRAM 芯片大很多。DRAM 的问题在于电容中的电荷在充满几毫秒之后会慢慢泄漏，在过多的电荷泄漏之前，内存子系统必须要从单元读取数据，如有必要还要给电容充回电荷。和预期的一样，刷新操作要花费时间，所以 DRAM 内存要比 SRAM 内存慢。

相比于读 / 写内存，*只读内存*（read-only memory）或 ROM 用于存储不会改变的数据。在工厂生产时，芯片的每个位单元的数据就设置好了，这种情况下用户向厂商提供要存储的位模式。除此之外，还有*可编程* ROM（programable ROM）或 PROM 芯片，允许用户编写位模式。这个过程通过有选择地断开内嵌在芯片内的一组保险丝来完成，是不可逆转的。为了解决不可逆转这个劣势，*可擦写* PROM（erasable PROM）或 EPROM 可以通过把电路曝光在紫外线下擦除整个芯片。EPROM 芯片封装在一个透明窗口下，这样电路可以暴露在射线中。要擦除 EPROM 芯片就必须把它从计算机中拿出来进行曝光，然后对整个芯片重新编程。*电子可擦除* PROM（electrically erasable PROM）或 EEPROM 允许用户用合适的电子信号组合来擦除单个单元，这样就不用把设备取出来，也不用重新编程。对单元进行编程的电路使用的电压不同于在芯片正常操作期间读取数据的电压，因此设计起来会更加复杂。

673

SRAM 和 DRAM 是易失的，也就是说关掉电路的电源时，数据就会丢失。ROM 设备是非易失的，因为它们维持数据不需要外部电源。*闪存*（flash memory）在手持消费设备中是非常受欢迎的，它是一种 EEPROM，具有设备掉电后仍然保持数据这个优势。对于闪存，用户可以读取单个单元，但是只能写入整个单元块。在写单元块之前，必须将其完全擦除。闪存卡由一组闪存芯片组成，闪存驱动器与之类似，只是接口电路使其看上去像一块硬盘。但它实际上并不是硬盘，也没有移动部件。相比于同样大小的硬盘，闪存驱动器速度更快，但存储的数据量要小很多。微硬盘和闪存技术在市场上相互竞争，厂商现在提供封装好的硬盘，它的接口使它表现得如同闪存，你可以把它插入数码相机来替代内存卡。现在有看上去像硬盘的闪存和看上去像闪存卡的硬盘，这是抽象在现实中得以运用的例证。

11.3.4 地址译码

单个内存芯片通常不能提供整个计算机所需的主存，必须把几个芯片组合成内存子系统才能提供足够的存储能力。大多数计算机是按字节寻址的，Pep/9 也是一样。像图 11-41a 那样的芯片对于这样的机器来说是非常方便的，因为芯片字的大小和 CPU 寻址单元的大小是一致的。

不过，假设有图 11-42 所示的一组 4 × 2 芯片，想把它用在 Pep/9 中。芯片的字大小为 2，CPU 的可寻址单元大小是 8，所以必须把四个 4 × 2 的芯片组合构成一个 4 × 8 的内存模块。图 11-46 给出了连接方式，可以看到这个模块的输入和输出线与一个 4 × 8 芯片的输入 / 输出线是完全一样的。内存中每个字节的位分布在四个芯片上，地址 A1 A0=01 的字节的每个位存储在所有四个芯片的第二行（字 1）。

674

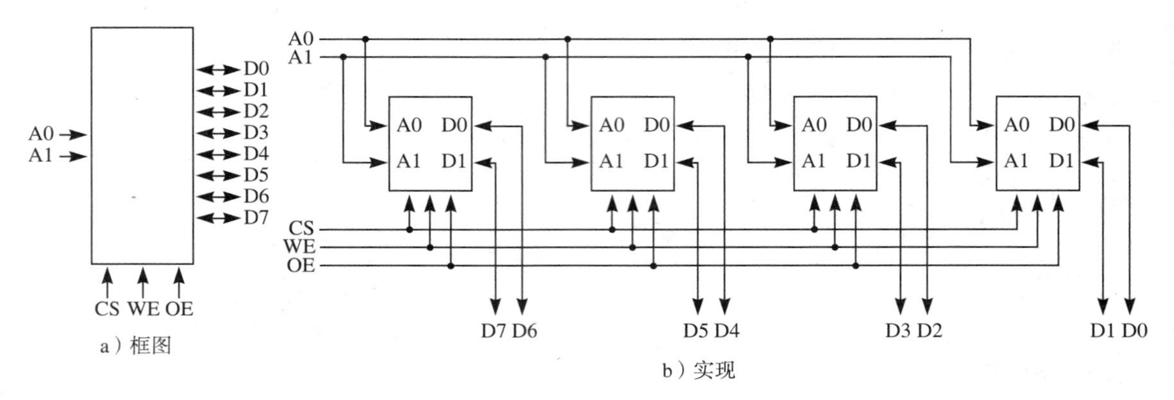

图 11-46　从四个 4 × 2 的内存芯片构造一个 4 × 8 的内存模块

类似地，要构建一个 512 × 8 的内存模块就需要 8 个图 11-41b 所示的芯片。为了获得高可靠性，单元为八位需要使用 11 个芯片，三个额外的芯片用于纠正一位错误编码，如同 9.4 节描述的那样。对于这样的 ECC 系统，每个字节的位将会分布于 11 个芯片。

这些例子展示了怎样把几个 $n \times m$ 芯片组合成一个 $n \times k$ 芯片模块，这里的 k 大于 m，通常来说，k 必须是 m 的倍数。可以简单地把 k/m 个芯片所有公用的地址线和控制线连接起来，把每个芯片的数据线分配给模块的数据线。

构建内存子系统的另一个问题是，现有几个 $n \times m$ 芯片，m 等于 CPU 可寻址单元的大小，想构建一个 $l \times m$ 的模块，这里的 l 大于 n。换句话说，如果有一套芯片，它的字大小等于 CPU 可寻址单元的大小，怎样连接它们并把内存加到计算机中呢？关键是要使用芯片选择线 CS，使得来自 CPU 的所有地址请求只能选择一个芯片。把内存芯片连接到地址总线的技术叫作*地址译码*，它有两种类型：全地址译码和部分地址译码。

图 11-47 展示的是一个有 8 条地址线、能存储 2^8 或 256 字节的 CPU 内存映射，为了保持例子简单，这个场景小得不切实际。有四个芯片需要连接进 CPU 的地址空间：安装在地址 0 的 64 字节 RAM，安装在地址 64 的 32 字节 RAM，安装在地址 208 的 8 端口 I/O 芯片和安装在地址 224 的 32 字节 ROM。

675

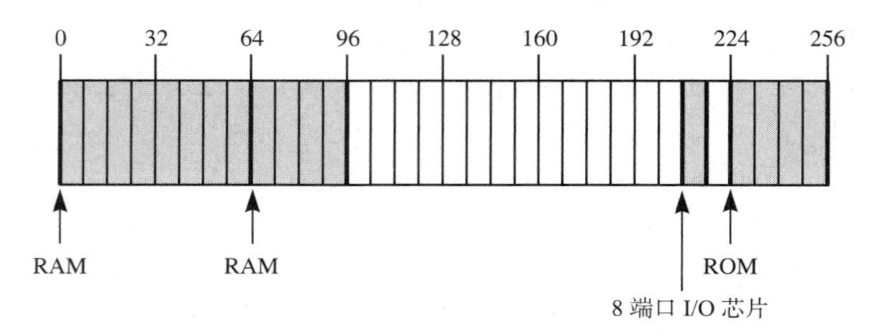

图 11-47　有八条地址线的 256 字节内存映射

8 端口内存映射 I/O 芯片对应于 Pep/9 中 charIn 和 charOut 处的输入和输出设备。实际上，每个 I/O 设备都会通过内存与控制寄存器和数据寄存器进行通信。例如，在图 11-47 中，键盘的控制寄存器可能位于芯片的地址 000 处，其数据寄存器位于地址 001 处。如果芯片连接到内存映射的地址 208，那么 CPU 就会看到键盘的控制寄存器在地址 208 处，而其数据寄存器就在地址 209 处。它就可以对地址 208 的控制寄存器执行 LDBA 来检测是否有按键被按下，如果是，就再对地址 209 执行 LDBA 以便从键盘缓冲区获取 ASCII 字符。为使内存映射 I/O 正常工作，系统需要电路能检测 I/O 设备映射到的内存地址的装入和存储是否已经完成。检测这类事件会激活必要的电路来控制 I/O 设备。

可以根据图 11-48 的表来确定怎样将芯片连接到地址总线。对于每个芯片，以二进制写出最小的地址，即芯片起始字节的地址，和最大地址，即芯片最后一个字节的地址。比较这两个位模式，就可以确定每个芯片对应地址范围的通用格式。例如，8 端口 I/O 芯片的通用地址是 1101 0xxx，这表示对应的地址范围从 1101 0000 到 1101 0111，每个字母 x 可以是 0 也可以是 1，所以当且仅当前 5 位数字是 11010 时，选中的一定是这个 8 端口 I/O 芯片。

676

设备	64 × 8 RAM	32 × 8 RAM	8端口 I/O	32 × 8 ROM
最小地址	0000 0000	0100 0000	1101 0000	1110 0000
最大地址	0011 1111	0101 1111	1101 0111	1111 1111
通用地址	00xx xxxx	010x xxxx	1101 0xxx	111x xxxx

图 11-48 对图 11-47 中内存映射做地址译码的表格

图 11-49 展示的是用全地址译码方式把芯片连接到地址总线。8 端口 I/O 的三条地址线连接到地址总线的三条最低位线上，5 条最高地址线通过一对反相器和一个 AND 门注入芯片选择端（图中对反相器做了简化，显示成 AND 门的反相输入）。从这个电路可以看出，当且仅当总线上地址的前五位为 11010 时，该 8 端口 I/O 芯片的芯片选择线将会是 1。

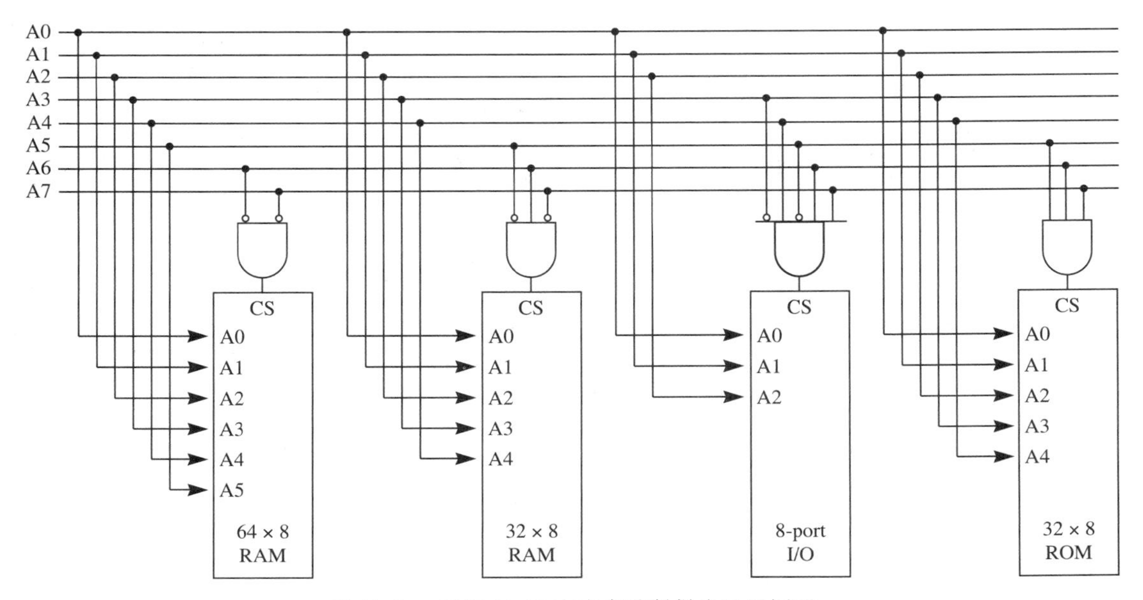

图 11-49 对图 11-47 中内存映射做全地址译码

为了保持图的简洁，在图中没有显示芯片的数据线。RAM 和 ROM 芯片的数据线都连接一个 8 位双向数据总线。图中也没有显示控制输入 WE 和 OE，它们连接内存模块公用的 WE 和 OE。

如果知道某个内存子系统绝不会通过增加更多内存进行升级，那么就可以使用部分地址译码。典型的场景是一个小型的不支持用户升级的计算机控制装置，它的主要思想是在译码电路中把门的数量减少到刚好满足系统访问设备的需要。

677

这种简化技术就是写出芯片的通用地址，每行一个，然后检查列。对于图 11-48 中的芯片，通用地址为

00xx xxxx, 64 × 8 RAM

010x xxxx, 32 × 8 RAM

1101 0xxx, 8-port I/O chip

111x xxxx, 32 × 8 ROM

来看看第一个芯片，检查通用地址的列，看如何用最少量的信息来唯一确定第一个芯片。可以看到第一个芯片的第二列对应地址线 A6 为 0，其他芯片的该位为 1，因此不管 A7 的值是什么，只要 A6 为 0，就可以选择第一个芯片。

现在来看第二个芯片，若用全地址译码就必须测试三条地址线：A7、A6 和 A5。只测试两条可以吗？例如，能测试 A7 A5=00 吗？不能，因为 A7 A6 A5=000 将会选择第一个芯片，那么会同时选择两个芯片。能测试 A6 A5=10 吗？不能，因为 A7 A6 A5 A4 A3=11010 会选择 8 端口 I/O 芯片，又有冲突。不过，通过观察所有列可以发现没有其他芯片的前两位为 01，因此可以通过测试 A7 A6=01 来选择第二个芯片。

通过类似的推理可以看到，可测试 A7 A6 A5=110 来选择第三个芯片，测试 A7 A6 A5=111 来选择第四个芯片。图 11-50 展示了简化的最终结果。相比于图 11-49，我们去掉了一个两输入 AND 门和三个反相器，将一个 AND 门的输入从 3 个减少到 2 个，另一个 AND 门的输入从 5 个减少到 3 个。

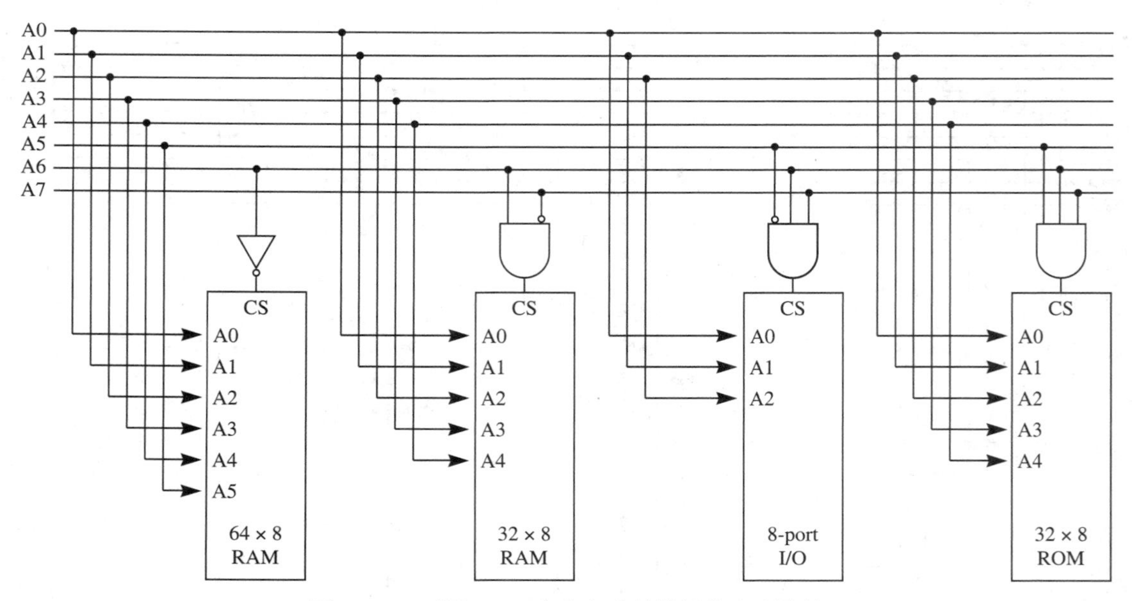

图 11-50 对图 11-47 中内存映射做部分地址译码

这自然会产生一个问题：图 11-49 和图 11-50 的内存模块行为有什么不同？当 CPU 访问图 11-47 内存映射的阴影区域之一时，没有任何不同。使用全地址译码时，如果 CPU 访问阴影区域之外的地址，则没有芯片被选中，数据总线上的数据是不可预测的。然而使用部分地址译码，CPU 可能会访问某个芯片。

来看 64×8 位的 RAM，它的通用地址为 00xx xxxx，如果 A6 为 0，它会被选中，分为两种情况：地址请求为 00xx xxxx 和 10xx xxxx。第一个地址范围是设计好的，但是第二个地址范围是部分地址译码的副作用，实际上是把一个物理设备映射到地址空间的两个区域，CPU 在地址 0 和 128 看到的是一个芯片的克隆。类似的推理显示 32×8 位 RAM 在地址 96 又复制了一次，8 端口 I/O 芯片在三个地方进行了复制。ROM 没有复制，因为对于全地址和部分地址译码，它的地址译码电路是一样的。图 11-51 展示的是部分地址译码的内存映射。

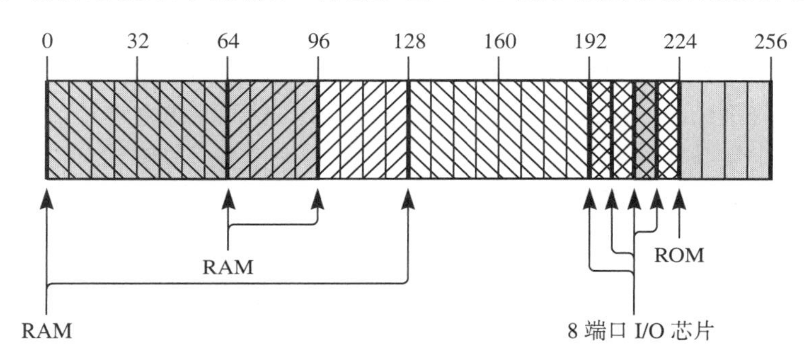

图 11-51 对图 11-49 进行部分地址译码的内存映射 678

使用部分地址译码时必须小心。在这个例子中，芯片以无缺口、无重复、完全填充内存映射的方式进行复制。如果你的译码在得到的映射中留下缺口，这不会带来什么危害。如果 CPU 访问的是缺口区域，那么没有芯片会被选中。然而如果你的译码产生了重复，那就意味着如果 CPU 要访问地址空间的这个区域，那么会有多个芯片被选中，这对系统是有害的。当然，可以假设 CPU 绝对不会访问这个区域，就像它可以访问真正的芯片就不会访问复制的芯片一样。但是怎么可以假设程序中不会有错误呢？

11.3.5 双端口寄存器组

在前一节介绍的所有内存子系统中，一组地址线对应的都只有一组数据线，这种组织结构对于计算机主存子系统来说是合适的，因为主存和 CPU 通常不在同一集成电路上。图 4-2 展示的是 Pep/9 CPU 中的寄存器，它们的组织结构很像内存子系统，但是位于 CPU 中的寄存器组里面。CPU 中的寄存器组在以下两方面不同于内存芯片的存储结构：

- 数据总线是单向而不是双向的
- 有两个而不是一个输出端口

图 11-52 展示的是地址从 0 ～ 31 的 32 个 8 位寄存器，前 5 个寄存器对 ISA 层的程序员是可见的。每个 16 位寄存器分成两个 8 位寄存器，这种划分对机器层的程序员是不可见的。

其余寄存器（地址从 11 ～ 31）对机器层程序员是不可见的。寄存器 11 ～ 21 用于存储临时变量；寄存器 22 ～ 31 是包含定值的只读寄存器，类似于 ROM，如果想存储，寄存器中的值不会改变，这些常量值以十六进制给出。只读寄存器实际上不是时序电路，因此没有用阴影表示。它们没有可以改变的状态，因此更像是组合电路。 679～680

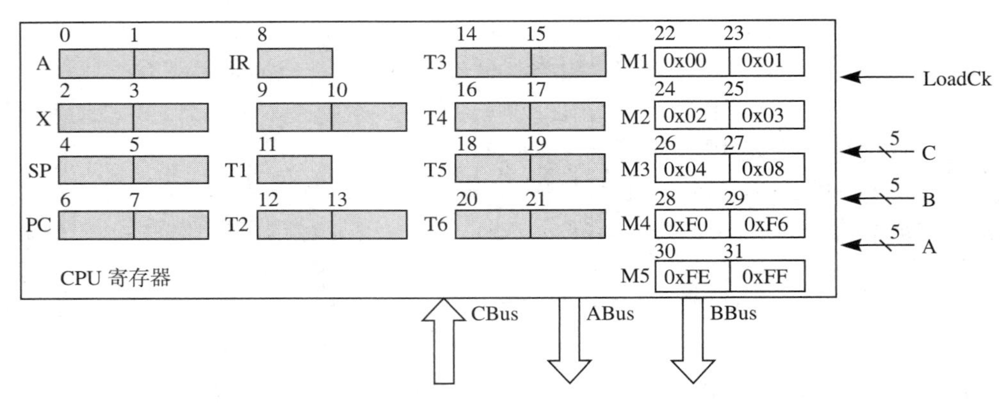

图 11-52　Pep/9CPU 中的 32 个 8 位寄存器

主存芯片有一组地址线和一组双向数据线，而寄存器组有三组地址 A、B 和 C，以及三条单向数据总线 ABus、BBus 和 CBus，ABus 和 BBus 是两个输出端口，CBus 是输入端口。每条数据总线都是 8 位宽，每组地址线都包含 5 条线路，能够访问 2^5 个寄存器中的任何一个。要把一个值存储到寄存器中，就要把寄存器的地址放到 C 上，把待存储的数据放到 CBus 上，给标记为 LoadCk 的控制线时钟信号。通过两个输出端口可以同时读取两个不同的寄存器，可以把一个地址放在 A 上，一个放在 B 上，来自这两个寄存器的数据将同时出现在 ABus 和 BBus 上。也允许把同一地址放在 A 和 B 上，这样来自同一个寄存器的数据将出现在 ABus 和 BBus 上。

681

图 11-53 展示的是双端口寄存器组的实现。输入遵循和主存芯片一样的基础组织结构，C 的 5 条地址线使译码器的一条输出线为 1，其余为 0。CBus 连接全部 32 个寄存器，当 LoadCk 控制线有脉冲时，CBus 上的值就随时钟信号存入某一个寄存器中。

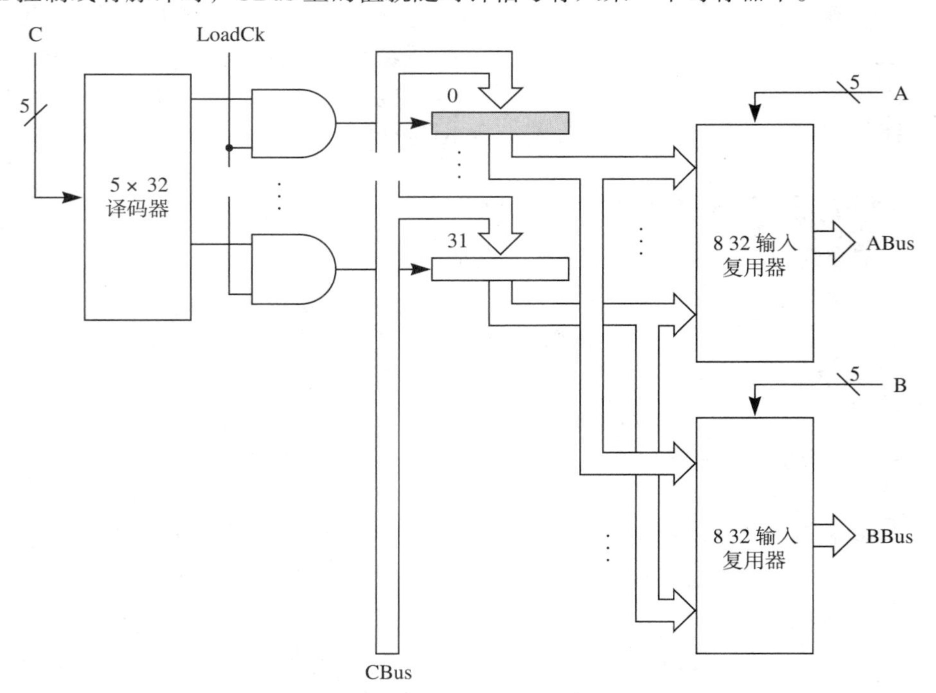

图 11-53　图 11-52 中双端口寄存器组的实现

两输出端口由两个 32 路输入复用器组成，每路可以发送 8 位的量。每个复用器是一组 8 个 32 输入复用器，类似于图 10-43 中的复用器。A 的 5 条线连接到第一个端口中所有 8 个复用器的 5 条选择线。第一个复用器负责选择和传送所有 32 个寄存器的第一位，第二个复用器负责选择和传送所有 32 个寄存器的第二位，以此类推。

本章小结

由带反馈环的逻辑门构建的时序电路可以记忆状态。四个基本时序设备是 SR 触发器（设置、重置）、JK 触发器、D 触发器（数据或延迟）和 T 触发器（反转）。SR 触发器的 S 输入把状态设置为 1，R 输入把状态重置为 0，SR=11 这种输入条件是未定义的。除了定义了 JK=11 这种条件并反转状态外，JK 的输入与 SR 一样。D 输入直接传送到状态。如果 T 输入为 1，那么状态反转，否则保持不变。每种触发器都可以构造成主从设备，以解决外部反馈引起的不稳定问题。

时序电路通常由一个组合电路组成，该组合电路的输出反馈到一组状态寄存器中，状态寄存器的输出又反馈到组合电路的输入。可以用状态转换图来描述时序电路的特性，状态转换图是有限状态机的一种表现形式。在分析时序电路时，输入和时序电路是给定的，要确定的是输出。

设计时序电路则是给定输入和期望的输出，要确定时序电路。激励表可以帮助进行设计。触发器的激励表由设备四种可能的状态改变（0 到 0、0 到 1、1 到 0、1 到 1）以及产生改变所需的输入条件组成。设计过程包括对产生给定状态转换图所必需的输入条件制表，然后设计组合电路来生成这些输入条件。

寄存器是一组 D 触发器。三态缓冲器可以用来实现双向总线。（从概念上说）内存芯片是一个 D 触发器的阵列，有一组地址线、数据线和控制线。控制线一般由芯片选择（CS）、写使能（WE）和输入使能（OE）组成。地址译码是一种使用 CS 线、由一组内存芯片构建内存模块的技术，部分地址译码会把选择电路中门的数量减到最少。Pep/9 CPU 中的双端口寄存器组实现了一些对 ISA 程序员可见的寄存器，也实现了对 ISA 程序员不可见的临时寄存器和常量寄存器。 682

练习

11.1 节

*1. 在什么情况下，一串任意数量的、带反馈环的反相器（如图 11-1 所示）会形成一个稳定的网络？

2. 构建类似于图 11-3 和图 11-4 的表，说明如果 SR 锁存器的起始状态为 Q=1，则 R 变为 1 又变回 0 会把它重置为 Q=0。

3. 在图 11-10 中定义下列点：（1）A 是上面主触发器 AND 门的输出。（2）B 是下面主触发器 AND 门的输出。（3）C 是反相器的输出。（4）D 是上面从锁存器 AND 门的输出。（5）E 是下面从锁存器 AND 门的输出。

   假定时钟脉冲到达前 SR=10，Q=0。做表展示出图 11-11 中下述每个间隔期间 A、B、C、D、E、R2、S2、Q 和 $\overline{Q}$ 的值，假设门延迟为 0。

   *（a）t_1 之前

   *（b）t_1 和 t_2 之间

   （c）t_2 和 t_3 之间

   （d）t_3 和 t_4 之间

（e）t_4 之后

4. 时钟脉冲达到前 SR=01 和 Q=1 的情况下再做一遍练习 3。

5. 画出下面触发器的类似图 11-14 的状态转换图：

（a）JK　　*（b）D　　（c）T

6. 把 D 输入替换为 T，画出 T 触发器的类似图 11-20c 的时序图。

7. 用 SR 触发器构建 T 触发器。

683

8. 本节展示了怎样用 SR 触发器和一些门构建 JK 触发器和 D 触发器。实际上任何触发器都可以用其他触发器和一些门来构成。用 JK 触发器构建下面的触发器：

*（a）D　　（b）SR　　（c）T

用 D 触发器构建下面的触发器：

（d）SR　　（e）JK　　（f）T

用 T 触发器构建下面的触发器：

（g）SR　　（h）JK　　（i）D

11.2 节

9. 图 11-10 是 SR 主从触发器的实现，把它修改为可提供如图 11-32 所示的异步预设置和清除输入。当预设置和清除都为 0 时，设备应该正常运行；当预设置为 1 时，主触发器的状态 Q2 和从触发器的状态 Q 都被强制为 0，无论时钟是 0 还是 1。当清除为 1 时，主状态 Q2 和从状态 Q 都被强制为 0。可以假设预设置和清除不会同时为 1。如果假设现有的 AND 和 OR 门有三个输入而不是两个输入，那么在设计电路时可以不使用额外的门。

10. 一个时序电路有两个 JK 触发器 FFA 和 FFB，两个输入 X1 和 X2，触发器输入为

$JA = X1\ B$　　　　$JB = X1\ \overline{A}$

$KA = X2 + X1\ A\overline{B}$　　　　$KB = X2 + X1\ A$

除了触发器状态外没有其他输出。画出它的时序电路的逻辑图和状态转换图。

11. 一个时序电路有一个 JK 触发器 FFA，一个 T 触发器 FFB，一个输入 X，触发器输入为

$J = X \oplus B$　　　　$T = X \oplus A$

$K = \overline{X}B$

输出为 Z=A B。画出它的时序电路的逻辑图和状态转换图。

12. 一个时序电路有两个 SR 触发器 FFA 和 FFB，两个输入 X1 和 X2，触发器输入为

$SA = X1$　　　　$SB = \overline{X1}\ \overline{X2}\ \overline{A}$

$RA = \overline{X1}\ X2$　　　　$RB = X1\ A + X2$

684

输出为 $Z = X1\ \overline{A}$。画出它的时序电路的逻辑图和状态转换图。

13. 用下列触发器设计图 11-33 的时序电路

*（a）D　　（b）T

14. 图 11-54 是一个有三个触发器和一个输入的时序电路的状态转换图。输入为 1 时以二进制加 1，输入为 0 时保持状态不变。用下面的触发器设计电路并画出逻辑图：

（a）JK　　（b）SR　　（c）D　　（d）T

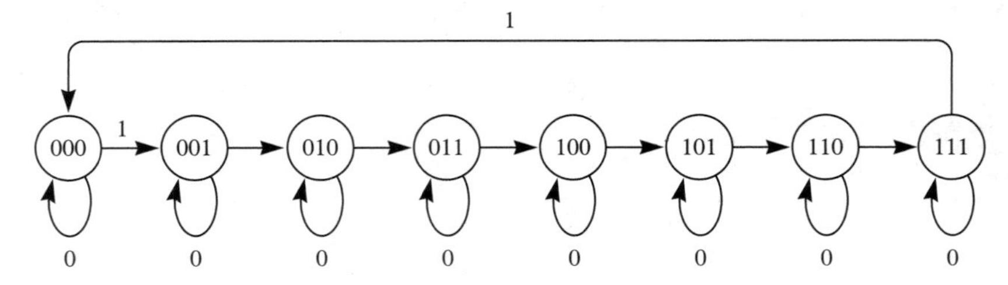

图 11-54　练习 14 的状态转换图

15. 图 11-55 是一个有三个触发器和一个输入的时序电路的状态转换图。输入为 1 时以二进制加 1，输入为 0 以二进制减 1。用下面的触发器设计电路并画出逻辑图：

*（a）JK　（b）SR　（c）D　（d）T

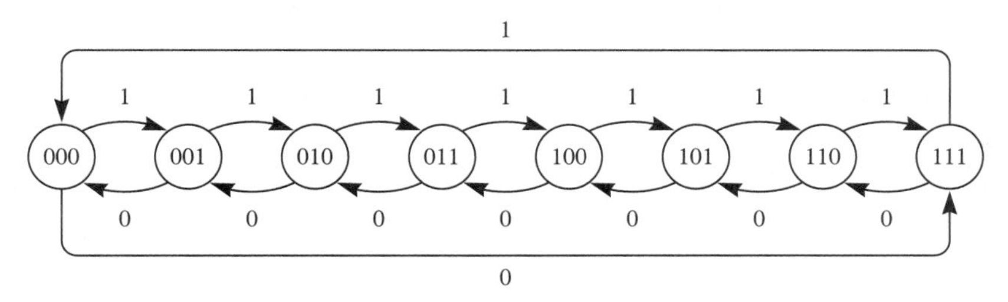

图 11-55　练习 15 的状态转换图

685

16. 图 11-56 是一个有两个触发器和两个输入的时序电路的状态转换图。输入为 01 时以二进制加 1，输入为 10 以二进制减 1，输入为 00 时状态不变，输入 11 绝对不会发生，可以看作无关条件。用下面的触发器设计电路并画出逻辑图：

（a）JK　（b）SR　（c）D　（d）T

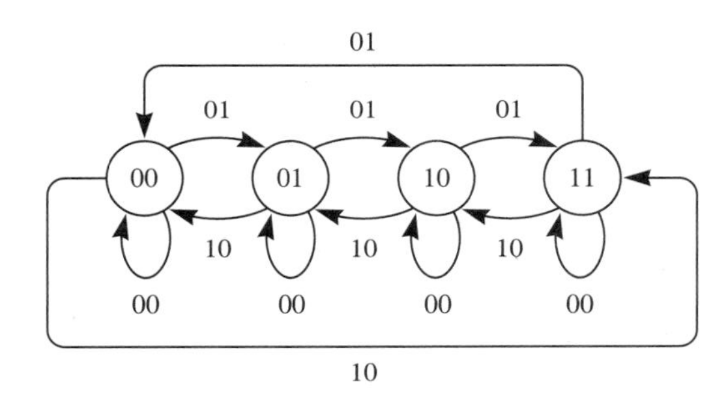

图 11-56　练习 16 的状态转换图

17. 图 11-57 是一个有三个触发器和一个输入的时序电路的状态转换图，它是一个三位右移寄存器。输入为 0 时，将 0 移入最高有效位。输入为 1 时，将 1 移入最高有效位。用下面的触发器设计电路并画出逻辑图：

（a）JK　（b）SR　（c）D　（d）T

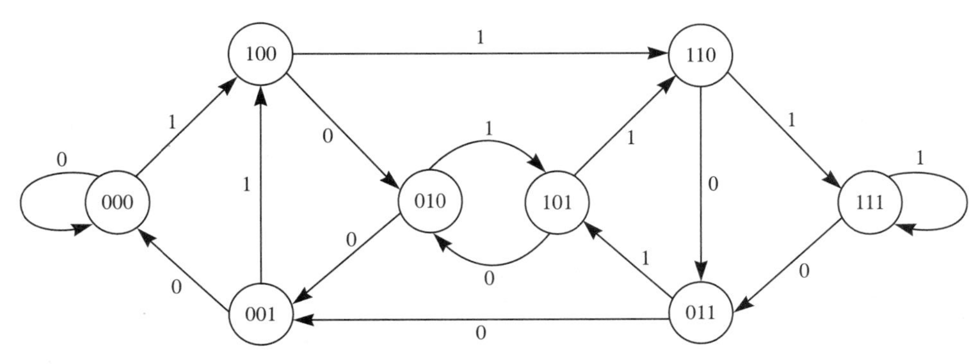

图 11-57　练习 17 的状态转换图

686

18. 一个时序电路有 6 个状态寄存器和三条输入线。

（a）它有多少种状态？

（b）每个状态有多少种转换？

（c）总共有多少种转换？

11.3 节

19.（a）图 11-42 的内存芯片里有多少个 AND 门，多少个 OR 门，多少个反相器？包括译码器中的门，但是不包括 D 触发器中的门。

（b）图 11-41a 的内存芯片中每种门有多少个？

（c）图 11-41b 的内存芯片中呢？

20. 在实际中，内存芯片的芯片选择线为低电平，这条线标记为 $\overline{CS}$ 而不是 CS。如果所有芯片上的芯片选择线都为低电平有效，图 11-49 会怎样改变？

21. 一个计算机系统的数据总线是 16 位宽。

（a）如果有一盒 1Ki × 1 动态 RAM 芯片，这台计算机最少有多少内存字节？

（b）如果将 1KiB 芯片配置成 256 × 4 的设备，那么（a）中问题的答案又是怎样？

22. 有一个 10 位地址总线的小型 CPU。需要连接一个 64 字节 PROM、一个 32 字节的 RAM 和一个有两条地址线的 4 端口 I/O 芯片。所有芯片的芯片选择为高电平有效。

（a）给出使用全地址译码时的连接，PROM 在地址 0，RAM 在地址 384，PIO 在地址 960。（这些地址都是十进制表示的。）

（b）芯片还是位于同样的位置，给出使用部分地址译码时的连接。给出使用部分地址译码时的内存映射，确保没有区域重叠。对于每个芯片，请说明（1）产生了多少克隆芯片？（2）每个克隆芯片的起始地址。

23. 说明图 11-53 上部的每个复用器是怎样连接的。可以使用省略号（...）。

687 ~ 688

24. 图 11-53 的双端口寄存器组有多少个 AND 门，多少个 OR 门，多少个反相器？包括构建译码器和复用器所需要的门，但不包括组成寄存器的 D 触发器中的门。

第七部分

Computer Systems, Fifth Edition

微代码（第2层）

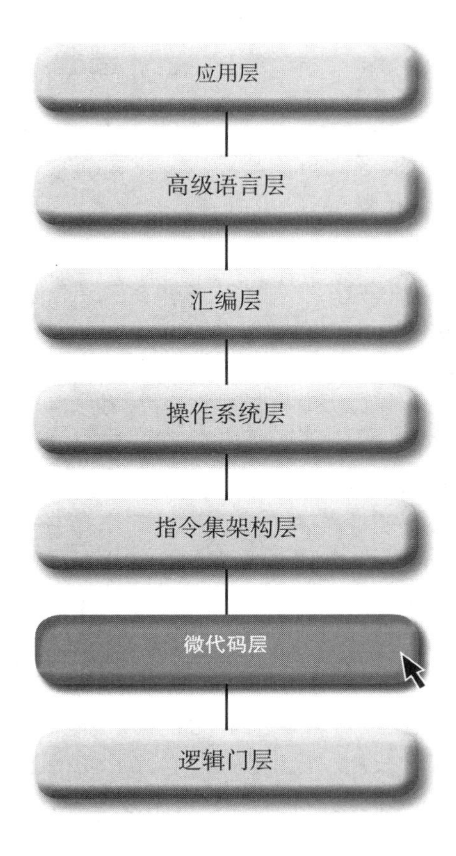

计算机组成

本书最后一章介绍 LG1 层组合电路和时序电路与 ISA3 层机器之间的关联，讲述如何连接 Mc2 抽象层的硬件设备以形成较高抽象层次上的黑盒子，最终构造出 Pep/9 计算机。

12.1 构建一个 ISA3 层机器

图 12-1 是 Pep/9 计算机的框图，可以看出 CPU 分成数据区和控制区。数据区从主存子系统和磁盘接收数据并向它们发送数据，控制区向数据区和计算机的其他部分发送控制信号。

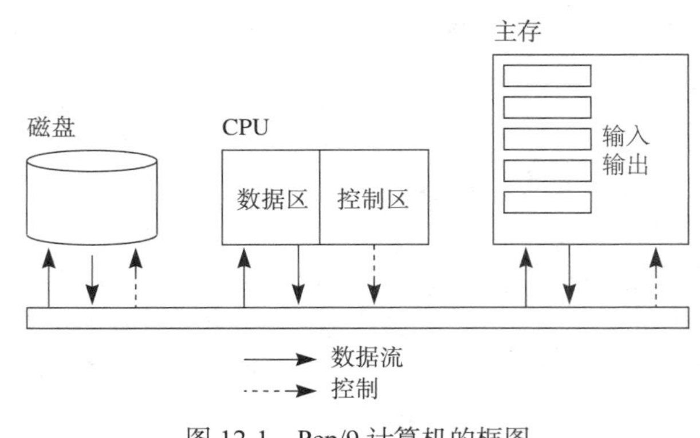

图 12-1 Pep/9 计算机的框图

12.1.1 CPU 数据区

图 12-2 是 Pep/9 CPU 的数据区。图中的时序设备标上了阴影，以区别于组合设备。图顶部的 CPU 寄存器与图 11-52 的双端口寄存器组一致。

690
~
692

图 12-2 中没有给出的控制区在数据区的右边，从右边来的控制线就发自控制区。控制线在图 12-1 中用虚线表示，在图 12-2 中用实线表示。有两类控制信号：组合电路控制和时钟脉冲。所有时钟脉冲的名字都以 Ck 结尾，用来使数据随着时钟进入寄存器或触发器。例如，MDRCk 是 MDR 的时钟输入。当有脉冲到达时，来自 MDRMux 的输入随时钟进入 MDR。

图 12-2 左边的总线就是图 12-1 中的主系统总线，主存和 I/O 设备都连接到总线上。它包括 8 条双向数据线、16 条地址线和 2 条控制线，2 条控制线在图的底部分别标识为 MemWrite 和 MemRead。MAR 是内存地址寄存器，它分为两部分：高位字节 MARA 和低位字节 MARB。标号为“MeM”的方框是一个 64KiB 的内存系统。总线的 16 位地址线是单向的，所以 MAR 的输出通过总线连接到内存子系统的地址端口输入上。MDR 是 8 位内存数据寄存器。数据总线是双向的，所以在 MDR 和总线之间有一组八个三态缓冲器（图中未画出），由 MemWrite 控制线使能。通过主系统总线，MemWrite 线和 MemRead 线分别与内存子系统的“写使能”（WE）线和“输出使能”（OE）线相连。图 12-2 中所有其他用宽箭头表示的总线都是八位单向数据总线，包括 ABus、BBus、CBus 和把主系统总线的数据线连接到标号为 MDRMux 的方框的总线。

每个复用器（AMux、CMux 和 MDRMux）都是一组八个二输入复用器，它们的控制线连接到一起形成图 12-2 中的一条控制线。例如，图中标号为 AMux 的控制线同时连接到标号为 AMux 的方框中八个复用器组的八条控制线。复用器控制线会按照如下方式让信号通过复用器：

- 复用器控制线为 0，则左边的输入通过到输出。
- 复用器控制线为 1，则右边的输入通过到输出。

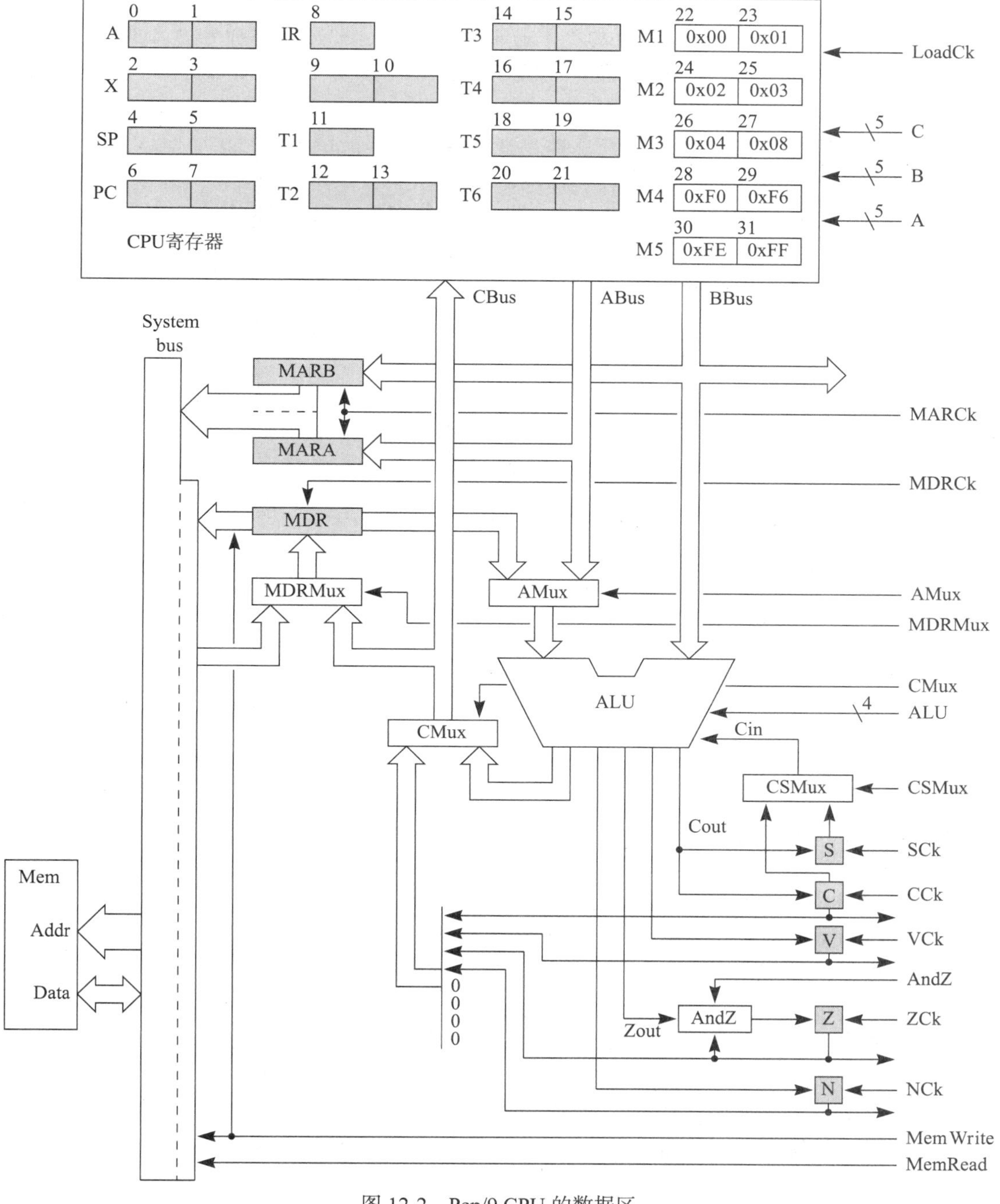

图 12-2 Pep/9 CPU 的数据区

例如，如果 MDRMux 控制线为 0，则 MDRMux 会把系统总线的内容送到 MDR；如果控制线为 1，就把 CBus 的数据送到 MDR。类似地，如果 AMux 控制线为 0，AMux 会把

MDR 的内容送到 ALU 的左边输入；否则就把来自 ABus 的数据送到 ALU 的左边输入。

CSMux 与其他多路复用器不同，它只切换一条线，而不是 8 条线。如果 CSMux 控制线为 0，多路复用器就把 S 位发送到 ALU 的 Cin 端；如果 CSMux 控制线为 1，多路复用器就把 C 位发送到 ALU 的 Cin 端。

693～694

标号为 ALU 的方框是图 10-54 的算术逻辑单元，通过图 12-2 中标号为 ALU 的四条控制线，提供图 10-55 列出的 16 种功能。状态位（N、Z、V 和 C）每个都是一个 D 触发器。例如，标号为 C 的方框是一个 D 触发器，存储进位位的值。该触发器的 D 输入来自 ALU 的 Cout 信号；触发器的 Q 输出既在顶部也在底部，顶部的线连接进入 ALU 的 Cin 输入；触发器的时钟输入是标号为 CCk 的控制信号。每个状态位的输出都反馈到进入 CMux 左边总线的低四位字节，高四位固化设置为 0。每个状态位的输出同时送到控制区。

标号为 S 的方框是影子进位位。作为 ISA3 层的进位位，C 位是程序员可见的。算术指令设置 C 位，而条件分支指令测试 C 位。但是在 ISA3 抽象层上，影子进位位 S 对程序员是不可见的。当 ALU 执行一个算术运算操作时，它可以通过 CSMux 从 C 位或 S 位得到其 Cin 输入。而系统也可以把 ALU 的 Cout 输出随时钟送到 C 位或 S 位。具体是哪个位则依赖于 Mc2 层上的计算是否会改变 ISA3 层上的程序进位。如果计算执行的是像 ADDA 这样的算术运算，就应该设置进位位，那么 ALU 的 Cout 就要随时钟送到 C 进位位。如果计算执行的是内部操作，比如递增程序计数器，那么 ALU 的 Cout 就要随时钟送到 S 影子进位位。

在 ISA 层，每个寄存器都是 16 位，但是 CPU 的内部数据通路只有 8 位宽。要执行 16 位数字的运算，在 Mc2 层就需要两个 8 位数字的运算。例如，如果结果的 16 位都为 0，那么 Z 位就必须设置为 1，也就是两个 8 位运算的 ALU 的 Zout 信号都为 1。标号为 ANDZ 的组合电路框帮助计算 Z 位，其输出是 Z 位的 D 触发器的输入，它有三个输入：来自控制区的 ANDZ 输入，来自 ALU 的 Zout 输出和来自 Z 位的 D 触发器的 Q 输出。图 12-3 给出的是这个组合电路框的真值表，它有两种运行模式：

- 如果 AndZ 控制线为 0，则 Zout 直接通过到输出。
- 如果 AndZ 控制线为 1，则 Zout 和 Z 进行 AND，结果送到输出。

输入			输出
AndZ	Z	Zout	
0	0	0	0
0	0	1	1
0	1	0	0
0	1	1	1
1	0	0	0
1	0	1	0
1	1	0	0
1	1	1	1

图 12-3　图 12-2 所示组合电路 AndZ 的真值表

因此 Z 位要么加载自 ALU 的 Zout 信号，要么加载自 Zout 信号和 Z 位当前值的 AND，选择哪个取决于来自控制区的 ANDZ 信号。AndZ 电路的实现作为章末的一道练习。

695

数据流是一个大循环，从顶部的 32 个 8 位寄存器开始，经过 ABus 和 BBus，再经过 AMux 到 ALU，最终经过 CMux 通过 CBus 回到 32 个寄存器组。来自主存的数据也可以通过系统总线加入这个循环，通过 MDRMux 到 MDR。从 MDR 数据可以经过 AMux、ALU 和 CMux 到达任一个 CPU 寄存器。要把 CPU 寄存器的内容送到内存，可以通过 ABus 和 AMux，穿过 ALU、CMux 和 MDRMux 进入 MDR，从 MDR 可以经过系统总线到达内存子系统。

控制区有 34 条控制输出线和 12 条输入线。34 条输出线控制数据在数据区里的流动，并指明要发生的处理。12 条输入线是来自 BBus 的 8 条线，以及来自状态位的 4 条线，控制区可以测试某些条件。本章后续内容会介绍控制区如何产生适当的控制信号。为了介绍数据区是如何工作的，现在假设可以在任何时刻把控制线设置为任何想要的值。

12.1.2　冯·诺依曼周期

Pep/9 计算机的核心是冯·诺依曼周期。图 12-2 中的数据区实现了冯·诺依曼周期，它其实不过是一种管道系统。房子里的水通过各种龙头和阀门控制的管道，同样，信号（实际上是电子）流过各种复用器控制的总线线路。在通路上，信号可以通过 ALU，在 ALU 按照需求对数据进行处理。本节介绍实现冯·诺依曼周期所需的控制信号，包括 Pep/9 指令集中某些典型指令的实现，其他指令的实现作为章末练习。 696

图 4-32 是在 ISA3 层执行程序所需步骤的伪代码描述。do 循环是冯·诺依曼周期。在 Mc2 层，虽然指令寄存器的操作数指示符部分是 16 位数字，但实际上 CPU 的数据区是对 8 位数字进行运算。CPU 分两步取操作数指示符，先取高位字节再取低位字节，取完每个字节之后，控制区会把 PC 加 1。图 12-4 是冯·诺依曼周期在 Mc2 层的伪代码描述。

```
do {
    Fetch the instruction specifier at address in PC
    PC ← PC + 1
    Decode the instruction specifier
    if (the instruction is not unary) {
        Fetch the high-order byte of the operand specifier as specified by PC
        PC ← PC + 1
        Fetch the low-order byte of the operand specifier as specified by PC
        PC ← PC + 1
    }
    Execute the instruction fetched
}
while ((the stop instruction does not execute) && (the instruction is legal))
```

图 12-4　冯·诺依曼执行周期的 Mc2 层伪代码描述

控制区把控制信号发到数据区以实现冯·诺依曼周期。图 12-5 是获取指令指示符和 PC 加 1 的控制序列。图中没有给出控制区确定指令是否是一元指令的方法。

图 12-5 中的每一个有编号的行都是一个 CPU 时钟周期，由一组控制信号组成，这些控制信号会注入组合设备，通常跟有一个时钟脉冲进入一个或多个寄存器。组合信号用等号表示，其持续时间必须足够长，使得数据能够到达寄存器，并在时钟的控制下存入寄存器。组合信号的设置是并发的，所以用逗号分隔开，逗号就是并发分隔符。组合信号和时钟信号用分号隔开，分号是时序分隔符，因为时钟脉冲是在设置了组合信号之后才施加的。注释用双斜杠（//）表示。 697

图 12-6 给出的时钟周期对应于图 12-5 中编号 1 ～ 5 的行。以秒为单位的时钟周期 T 是由以 Hz 为单位的系统时钟频率 f 决定的，$T=1/f$。在所有其他条件不变的情况下，计算机的频率越高（以 GHz 为单位进行衡量），一个时钟周期的时间就越短，计算机执行得就越快。所以是什么限制了 CPU 的速度呢？周期必须足够长，以允许信号通过组合电路并出现在寄存器的输入（寄存器是时序电路），然后下一个时钟脉冲才能到达。

```
// Fetch the instruction specifier and increment PC by 1

UnitPre: IR=0x000000, PC=0x00FF, Mem[0x00FF]=0xAB, S=0
UnitPost: IR=0xAB0000, PC=0x0100

// MAR <- PC.
1. A=6, B=7; MARCk
// Fetch instruction specifier.
2. MemRead
3. MemRead
4. MemRead, MDRMux=0; MDRCk
// IR <- instruction specifier.
5. AMux=0, ALU=0, CMux=1, C=8; LoadCk

// PC <- PC plus 1, low-order byte first.
6. A=7, B=23, AMux=1, ALU=1, CMux=1, C=7; SCk, LoadCk
7. A=6, B=22, AMux=1, CSMux=1, ALU=2, CMux=1, C=6; LoadCk
```

图 12-5　获取指令指示符和 PC 加 1 的控制信号

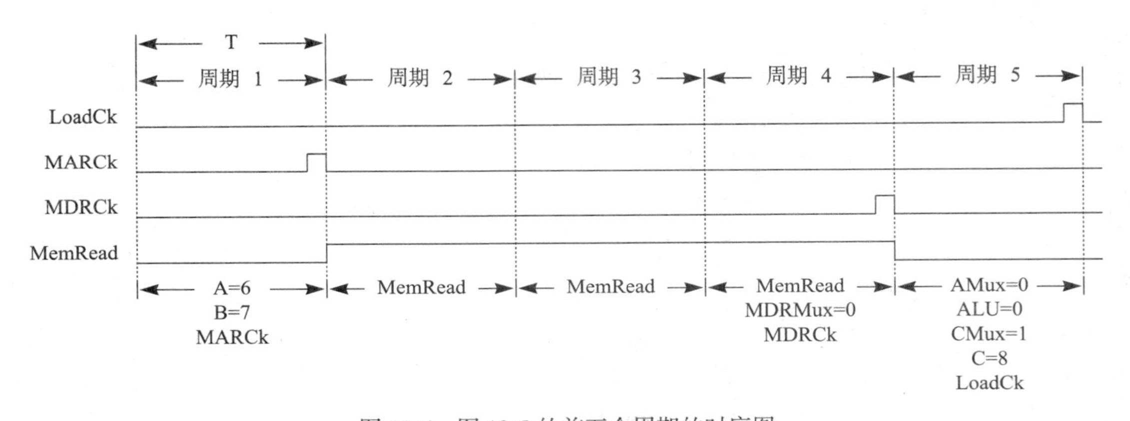

图 12-6　图 12-5 的前五个周期的时序图

例如，在图 12-6 中周期 1 开始的时候，A=6 把 5 条 A 线设置为 6（dec），即 00110（bin）；B=7 把 5 条 B 线设置为 7（dec），即 00111（bin）。图 12-2 显示，A=6 且 B=7 时访问 PC 的高字节和低字节。A 和 B 信号通过寄存器组中的组合寻址电路传播，以及 PC 的内容放到 ABus 和 BBus 上都需要时间。周期 *T* 要足够长，以便在图 12-6 所示周期 1 结束时 MARCk 时钟脉冲出现之前，这些信号能建立起来并出现在 MARA 和 MARB 的输入端。周期 1 结束时的时钟脉冲出现后，PC 的内容出现在 MARA 和 MARB 中。

698

在周期 2 开始时，来自 MARA 和 MARB 的地址信号开始沿系统总线传播到内存子系统。此时 MemRead 信号激活由地址译码电路选择的内存子系统中芯片上的 OE 线。内存子系统中的传播延迟太长，以至于在主系统总线上的数据可用之前通常会消耗很多个 CPU 周期。Pep/9 计算机模拟了这一事实，它要求在地址送入 MAR 之后，MemRead 有效信号要持续三个周期，因此，该信号在周期 2、3 和 4 被置为高电平。

在周期 4 结束时，由于同样的地址已经连续三个周期出现在内存地址寄存器（MAR）中，且 MemRead 也在这三个周期中被置为高电平，因此，从该内存地址来的数据就会出现在系统总线上。在周期 4 中，MDRMux=0 将 MDR 复用器线设为 0，这会使得系统总线上的数据经过复用器传送到内存数据寄存器（MDR）的输入端。周期 4 的 MDRCk 脉冲会随时钟把指令指示符送入 MDR。

周期 5 把指令指示符从 MDR 送入指令寄存器 IR，过程如下所述。首先，AMux=0 将 AMux 控制线设置为 0，这就把 MDR 送到了 AMux 复用器的输出。接下来，ALU=0 将 ALU 控制线设置为 0，这就使数据不改变地穿过 ALU，如图 10-55 所示。CMux=1 把数据从 ALU 送到 CBus，然后 C=8 把 C 设置为 8，这是用来指定指令寄存器的，如图 12-2 所示。最后，LoadCk 把 MDR 的内容送进指令寄存器。

699

在周期 5 中，图 12-6 显示了该周期结束时的 LoadCk 脉冲。时钟周期 T 必须足够长，以允许在 LoadCk 脉冲到达之前，MDR 的内容必须穿过复用器和 ALU。控制区设计者必须计算穿过这些组合电路的门延迟数量，以确定在时钟到达并送数据进入指令寄存器之前最少要等待多久。周期 T 要设置得足够长来适应这些门延迟。

周期 6 ～ 7 把 PC 加 1。在周期 6，A=7 把 PC 的低位字节放到 ABus；B=23 把常数 1 放到 BBus；AMux=1 选择让 ABus 通过复用器；ALU=1 选择算术逻辑单元的 A 加 B 功能，这样 ALU 会把 PC 的低位字节加 1；CMux=1 把和送到 CBus，而 C=7 把和送回 PC 的低位字节。在同一周期，SCk 把加法的进位送到影子进位 S 位。在 SCk 把 ALU 的 Cout 存储到 S，LoadCk 把 ALU 的结果存储到 PC 的低位字节之前，周期 T 要足够长以便让数据流过周期 6 中其他控制信号指定的组合设备。

如果 PC 的低位字节原来为 1111 111 (bin)，加 1 会导致向高位字节的进位。在周期 7，A=6 把 PC 的高位字节放到 ABus；B=22 把常数 0 放到 BBus；AMux=1 把 ABus 通过复用器传递到 ALU；CSMux=1 把保存的影子进位 S 位送入 ALU 的 Cin。ALU =2 选择 ALU 的 A 加 B 加 Cin 功能，把从低位字节来的保存的进位加到 PC 的高位字节上；CMux=1 把结果送到 CBus；C =6 使得 CBus 上的数据加载到 PC 的高位字节上，这个存储是借助 LoadCk 脉冲来完成的。

本书提供的 Pep/9 CPU 软件允许你编写如图 12-5 所示的控制序列，并模拟它们在 Pep/9 数据区上的执行。软件对由 UnitPre 和 UnitPost 语句指定序列的正确性提供单元测试。在控制序列执行前，UnitPre 语句可以把内存位置、寄存器组位置，以及状态位设置为任意值。在控制序列执行后，UnitPost 语句会测试内存位置、寄存器组位置或状态位的值。

例如，在图 12-5 中，UnitPre 语句把 IR 设置为全零，PC 设置为 00FF（hex），Mem[00FF] 设置为 AB（hex）(CPWX this, s 的指令指示符)，影子位 S 设置为 0。在这些初始条件下，获取指令指示符并将程序计数器加 1 会把 AB（hex）放入指令寄存器，并将程序计算器的值增加到 0100（hex）。由于 UnitPost 语句指定了这些数值，软件在控制序列模拟结束时对它们进行自动测试，并显示消息说明这些后置条件是否满足。

700

通过组合周期有可能减少图 12-5 中的周期数。图 12-7 中的控制序列与图 12-5 中的控制序列进行了相同的处理，但是只有 5 个周期，而不是 7 个周期。周期 1 把 PC 副本放入 MAR，这个原始的副本在周期 2、3、4 都会留在 MAR 中。因此，PC 的值在周期 2 和 3 都可以递增，且不用干扰 MAR 中的原始值。图 12-7 中的控制序列把图 12-5 中的周期 6 和周期 2 组合在了一起。在周期 2，图 12-5 中没有使用 ABus、BBus 和 CBus，因此在这个周期中，低位字节加 1 和系统等待内存读可以同时发生。同样，周期 7 与周期 3 也进行了组合。周期数从 7 减少到 5 使得时间节约了 2/7=29%。

```
// Fetch the instruction specifier and increment PC by 1

UnitPre: IR=0x000000, PC=0x00FF, Mem[0x00FF]=0xAB, S=0
UnitPost: IR=0xAB0000, PC=0x0100

// MAR <- PC.
1. A=6, B=7; MARCk
// Fetch instruction specifier, PC <- PC + 1.
2. MemRead, A=7, B=23, AMux=1, ALU=1, CMux=1, C=7; SCk, LoadCk
3. MemRead, A=6, B=22, AMux=1, CSMux=1, ALU=2, CMux=1, C=6; LoadCk
4. MemRead, MDRMux=0; MDRCk
// IR <- instruction specifier.
5. AMux=0, ALU=0, CMux=1, C=8; LoadCk
```

图 12-7　组合图 12-5 的周期

不能任意组合控制序列中的时钟周期，必须记住图 12-5 所示的控制序列中的每一个带编号的行都表示一个 CPU 周期。有些周期依赖于前一周期的结果。例如，不能把图 12-5 中的周期 4 和周期 5 组合到一起，因为周期 5 依赖于周期 4 的结果。周期 4 设置 MDR 的内容，而周期 5 要使用 MDR 的内容，所以周期 5 必须在周期 4 之后完成。

701

在计算机组成中硬件并发是一个很重要的问题。设计者总是保持警觉要利用硬件并发来提高性能。当然，实际中不会使用图 12-5 的七周期序列，因为图 12-7 所示的组合周期能够不增加电路就提高性能。

虽然这里没有给出控制区的细节，但是也可以想象它会检测刚刚取出的指令，看它是否是一元指令。控制区会把 B 设置为 8，把指令指示符放到 BBus 上进行检测。如果取出的指令不是一元的，那么控制区必须再获取操作数指示符，相应地增加 PC。获取操作数指示符和 PC 加 1 的控制序列是章末的一道练习。

取指之后，控制区会检测指令指示符，决定要执行哪一条 Pep/9 ISA3 指令。执行指令的控制信号不仅仅取决于操作码，还取决于寄存器 r 字段和寻址 aaa 字段。图 12-8 给出了每种寻址方式的操作数和操作数指示符（OprndSpec）之间的关系。

寻址方式	操作数
立即数	OprndSpec
直接	Mem[OprndSpec]
间接	Mem[Mem[OprndSpec]]
栈相对	Mem[SP + OprndSpec]
栈相对间接	Mem[Mem[SP + OprndSpec]]
变址	Mem[OprndSpec + X]
栈变址	Mem[SP + OprndSpec + X]
栈间接变址	Mem[Mem[SP + OprndSpec] + X]

图 12-8　Pep/9 计算机的寻址方式

方括号中的数字是内存地址。要执行一条指令，控制区必须提供让数据区计算内存地址的控制信号。例如，执行使用变址寻址方式的指令，控制区必须执行 16 位加法，用操作数指示符（寄存器 9 和 10）的内容加上 X（寄存器 2 和 3）。加法的结果之后会加载到 MAR，为 LDWr 指令的内存读或 STWr 指令的内存写做好准备。

702

图 12-5 中实现冯·诺依曼执行周期第一部分的控制序列看上去很像以某种低级编程语言编写的程序。序列是 Mc2 层的微代码语言。控制区设计者的任务是设计出这样的电路，对数据区编程以实现 ISA3 层（指令集架构层）的指令。

接下来的几个例子展示了执行某些有代表性的 ISA3 层指令所需的 Mc2 层控制序列。每个例子都假设指令已经取出，PC 也相应地增加了。程序中的每条语句都占一行，每行都有编号，每条语句包括一些组合信号，让数据通过复用器或选择 ALU 的功能，之后有一个或几个时钟脉冲来加载一些寄存器。记住，这个抽象层次（Mc2 层）上的程序由实现更高抽象层次（ISA3 层）上一条指令所需要的控制信号组成。

12.1.3　存储字节直接寻址指令

图 12-9 给出执行下面这条指令的控制序列

```
STBA there,d
```

这里 there 是一个符号。STBr 指令的 RTL 描述是

byte Oprnd ← r⟨8..15⟩

这条指令指明了采用直接寻址方式，所以操作数是 Mem[OprndSpec]，即操作数指示符是操作数在内存中的地址。该指令把累加器的最低有效字节存储到该地址对应的内存单元。状态位不受影响。

```
// STBA there,d
// RTL: byteOprnd <- A<8..15>
// Direct addressing: Oprnd = Mem[OprndSpec]

UnitPre: IR=0xF1000F, A=0x00AB
UnitPost: Mem[0x000F]=0xAB

// MAR <- OprndSpec.
1. A=9, B=10; MARCk
// Initiate write, MBR <- A<low>.
2. MemWrite, A=1, AMux=1, ALU=0, CMux=1, MDRMux=1; MDRCk
3. MemWrite
4. MemWrite
```

图 12-9　实现采用直接寻址存储字节指令的控制信号

这个例子和后面的其他例子一样，假设操作数指示符已经在指令寄存器中，也就是假设冯·诺依曼周期的取指、译码和 PC 加 1 部分已经完成。程序只给出了冯·诺依曼周期的执行部分。单元测试显示如果累加器的最低有效字节是 AB（hex）且操作数指示符为 000F（hex），那么语句执行后，Mem[000F] 就必然为 AB（hex）。

703

周期 1 把操作数指示符送到内存地址寄存器。A=9 把操作数指示符的高位字节送到 ABus，B=10 把操作数指示符的低位字节送到 BBus，而 MARCk 使得 ABus 和 BBus 随时钟送入 MAR 寄存器。

周期 2 把累加器的低位字节送进 MDR。A=1 把累加器的低位字节送到 ABus，AMux=1 使数据通过 AMux 进入 ALU，ALU=0 使数据不经改变地通过 ALU，CMux=1 使数据通过 CBus，MDRMux=1 使数据经过 MDRMux 到达 MDR，MDRCk 把数据锁存进 MDR 中。这个周期也会启动内存写。

周期 3 和 4 完成内存写，把 MDR 中的数据存储到 MAR 中地址对应的主存中。和内存读一样，内存写要求 MemWrite 线持续三个连续的周期，给内存子系统足够的时间从总线获

704 取数据地址。被传送的数据只需要在最后的内存写周期存在于 MDR 中。在 ISA 层，存储指令不影响状态位，所以 STBYTEA 的控制序列中没有周期会给 NCk、ZCk、VCk 或 CCk 脉冲。

12.1.4 总线协议

要获取指令指示符就需要通过系统总线从内存读取数据，要存储一个字节就需要通过系统总线向内存写入。实际上，计算机系统中的每个总线都有时序规范，系统中的其他组件必须遵守这个规范以便在总线上传输信息。

Pep/9 系统总线上的内存读总线协议需要三个连续的周期，MemRead 在每个周期都被置为有效。读操作必须遵循以下规范：

- 第一个 MemRead 周期之前，必须随时钟把地址送入 MAR。
- 在第三个 MemRead 周期中或之前，必须随时钟把数据从系统总线送入 MDR。
- 在第三个 MemRead 周期中，不能预计后续内存操作把新值随时钟送入 MAR。

你可能试图在第三个 MemRead 周期随时钟送入一个新地址，推测该地址在第三个周期结束时随时钟送到，那么它在前两个周期以及第三个周期的大部分时间里都应该在系统总线上。但是，系统总线协议不会允许这样的操作。

内存写总线协议需要三个连续的周期，MemWrite 在每个周期都被置为有效。写操作必须遵循以下规范：

- 第一个 MemWrite 周期之前，必须随时钟把地址送入 MAR。
- 在第一个或第二个 MemWrite 周期，必须随时钟把要写入的数据送入 MDR。
- 在第三个 MemWrite 周期中，可以预计后续内存写把一个新值随时钟送入 MDR。但是，不能预计后续内存操作把一个新地址随时钟送入 MAR。

图 12-9 显示，在周期 2 中要写入内存的数据值随时钟被送入 MDR。在周期 3，即第二个 MemWrite 周期可以很容易地随时钟送入 MDR。可能在第一个周期把数据送入 MDR，然后把地址送入 MAR，再然后启动内存写。但是这需要一个额外的周期。把数据随时钟送入 705 MBR 和一个 MemWrite 周期组合起来会更加高效。

12.1.5 存储字直接寻址指令

图 12-10 给出执行下面这条指令的控制序列

```
STWA there,d
```

这里 there 是一个符号。STWr 指令的 RTL 描述是

Oprnd ← r

STWA 与 STBA 之间的区别是：STWA 保存的是两个字节，而不是一个。由于多个字节是存放在连续地址中的，操作数指示符就是存放第一个字节的地址，微代码将这个地址加 1 就得 706 到第二个字节存储的地址。

除了两点不同之外，图 12-10 所示的周期 1 ～周期 4 与图 12-9 所示的一样。第一点，微代码存储的是累加器的高位字节（最左边），而不是低位字节。第二点，与周期 3 和周期 4 内存写并行，它把操作数指示符加 1 并存储到临时寄存器 T2。

周期 5 ～周期 8 把累加器的低位字节保存到寄存器 T2 中计算出来的地址所指向的内存单元。周期 5 把 T2 的内容送入 MAR，周期 6 把累加器的低位字节送入 MDR 并启动内存

写，周期 7 和周期 8 完成内存写。两个单元测试检查地址计算中可能的进位，第一测试内部进位是 1，第二个测试内部进位是 0。

```
// STWA there,d
// RTL: Oprnd <- A
// Direct addressing: Oprnd = Mem[OprndSpec]

UnitPre: IR=0xE100FF, A=0xABCD, S=0
UnitPost: Mem[0x00FF]=0xABCD

// UnitPre: IR=0xE101FE, A=0xABCD, S=1
// UnitPost: Mem[0x01FE]=0xABCD

// MAR <- OprndSpec.
1. A=9, B=10; MARCk
// Initiate write, MDR <- A<high>.
2. MemWrite, A=0, AMux=1, ALU=0, CMux=1, MDRMux=1; MDRCk
// Continue write, T2 <- OprndSpec + 1.
3. MemWrite, A=10, B=23, AMux=1, ALU=1, CMux=1, C=13; SCk, LoadCk
4. MemWrite, A=9, B=22, AMux=1, CSMux=1, ALU=2, CMux=1, C=12; LoadCk

// MAR <- T2.
5. A=12, B=13; MARCk
// Initiate write, MDR <- A<low>.
6. MemWrite, A=1, AMux=1, ALU=0, CMux=1, MDRMux=1; MDRCk
7. MemWrite
8. MemWrite
```

图 12-10　实现采用直接寻址存储字指令的控制信号

12.1.6　加法立即数寻址指令

图 12-9 给出实现下面这条指令的控制序列：

```
ADDA this,i
```

ADDr 的 RTL 表示为

r ← r + Oprnd ; N ← r < 0 , Z ← r = 0 , V ← { 溢出 } , C ← { 进位 }

这条指令把操作数加到寄存器 r，并把和存放在寄存器 r 中，在这种情况下就是累加器。因为该指令采用立即数寻址方式，因此操作数就是操作数指示符。和前面一样，本例假设已经获取了指令指示符，并且存放在指令寄存器中了。

这条指令会影响所有 4 个状态位。虽然累加器能存放 16 位值，不过 Pep/9 CPU 的数据区只能处理 8 位数字。要完成加法，控制序列必须先把低位字节相加，保存低位相加产生的影子进位，再把它和高位字节求和。如果把这个两字节的数字当作有符号整数，则当它为负时，N 会被设置为 1；否则把 N 清零。最高有效字节的符号位决定 N 的值。如果两字节的数字为全 0，那么 Z 被设置为 1；否则 Z 被清零。所以，和 N 位不同，高位和低位字节的值共同决定 Z 的值。

周期 1 把累加器的低位字节和操作数指示符的低位字节相加。A=1 把累加器的低位字节放到 ABus，而 B=10 把操作数指示符的低位字节放到 BBus。AMux=1 把 ABus 送到复用器，ALU=1 选择 ALU 的 A 加 B 功能，CMux=1 把和送到 CBus，C=1 把 ALU 的输出指向累加器的低位字节准备存储，LoadCk 使之随时钟存入累加器。在同一周期，AndZ=0 把 Zout 送到 AndZ 组合电路的输出，它又是一位寄存器 Z（一个 D 触发器）的输入。ZCk 把这个位锁存进 Z 位，同时 SCk 把进位锁存到影子进位位 S。

707

```
// ADDA this,i
// RTL: A <- A + Oprnd; N <- A<0, Z <- A=0, V <- {overflow}, C <- {carry}
// Immediate addressing: Oprnd = OprndSpec

UnitPre: IR=0x700FF0, A=0x0F11, N=1, Z=1, V=1, C=1, S=0
UnitPost: A=0x1F01, N=0, Z=0, V=0, C=0

// UnitPre: IR=0x707FF0, A=0x0F11, N=0, Z=1, V=0, C=1, S=0
// UnitPost: A=0x8F01, N=1, Z=0, V=1, C=0

// UnitPre: IR=0x70FF00, A=0xFFAB, N=0, Z=1, V=1, C=0, S=1
// UnitPost: A=0xFEAB, N=1, Z=0, V=0, C=1

// UnitPre: IR=0x70FF00, A=0x0100, N=1, Z=0, V=1, C=0, S=1
// UnitPost: A=0x0000, N=0, Z=1, V=0, C=1

// A<low> <- A<low> + Oprnd<low>, Save shadow carry.
1. A=1, B=10, AMux=1, ALU=1, AndZ=0, CMux=1, C=1; ZCk, SCk, LoadCk
// A<high> <- A<high> plus Oprnd<high> plus saved carry.
2. A=0, B=9, AMux=1, CSMux=1, ALU=2, AndZ=1, CMux=1, C=0; NCk, ZCk, VCk, CCk, LoadCk
```

图 12-11　实现使用立即数寻址方式的加法指令的控制信号

周期 2 把累加器的高位字节加上操作数指示符的高位字节。A=0 把累加器的高位字节放到 ABus，而 B=9 把操作数指示符的高位字节送到 BBus。CMux=1 把影子进位位 S 送到 ALU 的 Cin，AMux=1 使 ABus 经过复用器，ALU=2 选择 ALU 的 A 加 B 加 Cin 功能，CMux=1 把和送到 CBus，C=0 把它指向累加器的高位字节准备存储，LoadCk 会在时钟到来的时候把它送入寄存器。AndZ=1 把 ZoutANDZ 的结果送到 AndZ 组合电路的输出，它会作为 Z 位的输入。ZCk 把这个位锁存进状态位。当且仅当 Zout 和 Z 都为 1 时，Z 位的内容才会锁存为 1。Z 的值会随着周期 1 的 ZCk 被保存，当且仅当低位相加的和为全 0 的时候，它会继续保持为 1。所以，当且仅当和的 16 位都为 0 时，Z 的最终值为 1。其他 3 个状态位（N、V 和 C）反映的是高位相加的状态，它们在周期 2 随着 NCk、VCk 和 CCk 存储。

708

图 12-11 给出了这个 ISA3 指令实现的四个单元测试。每个单元测试都会得到状态位 NZVC 的不同最终值集合，激活测试的方法是取消测试注释。由于 ADDA 指令会影响全部四个状态位，因此它们的初始值被设置为最终状态下应有值的反。比如，在第二个单元测试中，状态位的最终值应该是 NZVC=1010，那么，该单元测试的初始值就是 NZVC=0101。

12.1.7　装入字间接寻址指令

图 12-12 给出执行下面这条指令的控制序列：

```
LDWX this,n
```

LDWr 的 RTL 表示为

$$r \leftarrow Oprnd ; N \leftarrow r < 0 , Z \leftarrow r = 0$$

这条指令从内存将两个字节装入变址寄存器。因为使用的是间接寻址方式，所以如图 12-8 所示，操作数是 Mem[Mem[OprndSpec]]，操作数指示符是操作数的地址的地址。控制序列必须从内存中取出一个字，把它作为操作数的地址，还需要再取一次才能得到操作数。

```
// LDWX this,n
// RTL: X <- Oprnd; N <- X<0, Z <- X=0
// Indirect addressing: Oprnd = Mem[Mem[OprndSpec]]

UnitPre: IR=0xCA0012, Mem[0x0012]=0x26D1, Mem[0x26D1]=0x53AC
UnitPre: N=1, Z=1, V=0, C=1, S=1
UnitPost: X=0x53AC, N=0, Z=0, V=0, C=1

// UnitPre: IR=0xCA0012, X=0xEEEE, Mem[0x0012]=0x00FF, Mem[0x00FF]=0x0000
// UnitPre: N=1, Z=0, V=1, C=0, S=1
// UnitPost: X=0x0000, N=0, Z=1, V=1, C=0

// T3<high> <- Mem[OprndSpec], T2 <- OprndSpec + 1.
1. A=9, B=10; MARCk
2. MemRead, A=10, B=23, AMux=1, ALU=1, CMux=1, C=13; SCk, LoadCk
3. MemRead, A=9, B=22, AMux=1, CSMux=1, ALU=2, CMux=1, C=12; LoadCk
4. MemRead, MDRMux=0; MDRCk
5. A=12, B=13, AMux=0, ALU=0, CMux=1, C=14; MARCk, LoadCk

// T3<low> <- Mem[T2].
6. MemRead
7. MemRead
8. MemRead, MDRMux=0; MDRCk
9. AMux=0, ALU=0, CMux=1, C=15; LoadCk

// Assert: T3 contains the address of the operand.
// X<high> <- Mem[T3], T4 <- T3 + 1.
10. A=14, B=15; MARCk
11. MemRead, A=15, B=23, AMux=1, ALU=1, CMux=1, C=17; SCk, LoadCk
12. MemRead, A=14, B=22, AMux=1, CSMux=1, ALU=2, CMux=1, C=16; LoadCk
13. MemRead, MDRMux=0; MDRCk
14. A=16, B=17, AMux=0, ALU=0, AndZ=0, CMux=1, C=2; NCk, ZCk, MARCk, LoadCk

// X<low> <- Mem[T4].
15. MemRead
16. MemRead
17. MemRead, MDRMux=0; MDRCk
18. AMux=0, ALU=0, AndZ=1, CMux=1, C=3; ZCk, LoadCk
```

图 12-12 实现使用间接寻址方式的装入字指令的控制信号

图 12-13 给出执行图 12-12 的控制序列的效果，假设符号 this 的值为 0012（hex），内存的初始值如地址 0012 和 26D1 所示。Mem[0012] 的值为 26D1（hex），这是操作数的地址。Mem[26D1] 是操作数，值为 53AC（hex），这条指令就是要把它装入变址寄存器。该图显示

了这个控制序列影响的每个寄存器的地址。指令寄存器的第一个字节 CA 是采用间接寻址的 LDWX 指令的指令指示符。

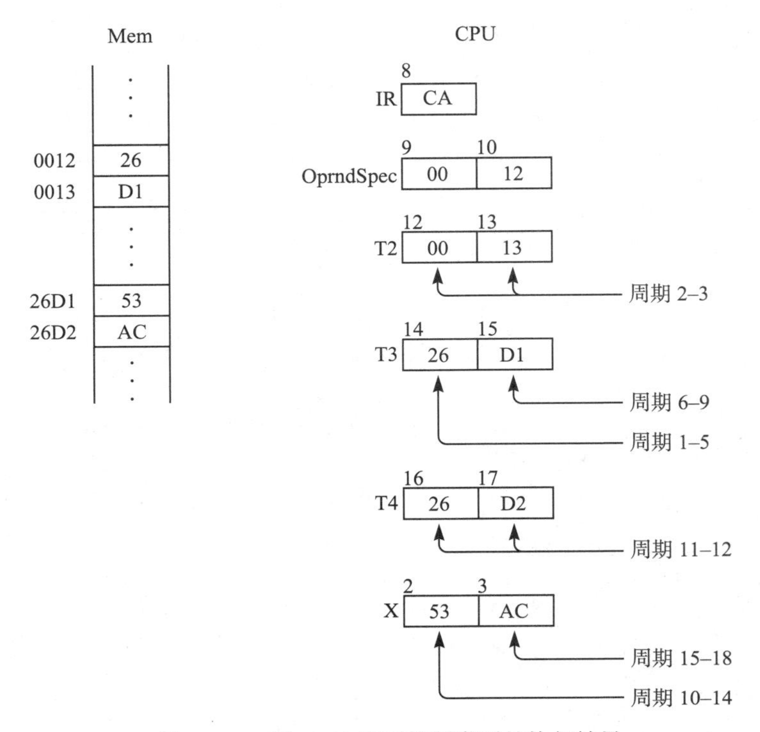

图 12-13　图 12-12 所示控制序列的执行结果

周期 1 ～ 5 把 Mem[OprndSpec] 传送到临时寄存器 T3 的高位字节。在周期 1，A=9 和 B=10 把操作数指示符分别放到 ABus 和 BBus，而 MARCk 用时钟把它们送进内存地址寄存器。在周期 2 发起一个内存读，周期 3 继续该操作，周期 4 会完成该操作。周期 5 按照通常的方式把数据从 MDR 送到 T3 的高位字节。

709～710

在内存读周期中，周期 2 ～ 3 在上述操作的同时，把操作数指示符加 1，并把结果存储在临时寄存器 T3 中。周期 2 把操作数指示符的低位字节加 1，周期 3 会把低位字节相加可能产生的进位考虑进高位字节加法中。周期 5 把 T2 中计算出来的值通过 ABus 和 BBus 送入 MAR，同时也通过 CBus 把 MDR 的值送入 T3。

周期 6 ～ 9 使用 T2 中计算出来的地址获取操作数地址的低位字节。周期 6 发起内存读，周期 7 继续内存读，周期 8 完成读并把这个字节从内存锁存进 MDR 中。周期 9 把这个字节从 MDR 经过 AMux 送进 T3 的低位字节。

此时，可以断言临时寄存器 T3 包含操作数的地址，本例中值为 26D1（hex）。最后，可以获取操作数的第一个字节，把它装入变址寄存器的第一个字节。周期 10 ～ 14 执行装入过程。LDWr 的 RTL 描述表明这条指令会影响 N 和 Z 位。N 位是由最高有效字节的符号位决定的。所以，周期 14 包括时钟脉冲 NCk，把经过 ALU 的字节存进 N 位。Z 位取决于两个字节的值，所以周期 14 还包括 AndZ=0 和 ZCk，以把 Zout 信号保存到 Z 寄存器。周期 11 和周期 12 增加 T3，并在内存读的同时把结果保存到 T4。

周期 15 ～ 18 把第二个字节放到变址寄存器。周期 18 包括 AndZ=1，这样来自低位字节的 Z 值（在周期 14 存储的）会和来自高位字节的 Zout 进行 AND，ZCk 会存储该指令装入的 16 位数字的正确的 Z 值。

第一个单元测试把这些值初始化为对应于图 12-13 的值。在这样的初始值下，Z 的最终值为 0，因为装入值不全为 0。第二个单元测试把两个全零字节装入变址寄存器，因此，Z 的最终值就是 1。当它增加 00FF（hex）时，第二个单元测试还要用影子进位位测试内部进位。

12.1.8　算术右移指令

图 12-14 给出执行这条一元指令的控制序列：

```
ASRA
```

ASRr 指令的 RTL 表示为

$C \leftarrow r\langle 15\rangle, r\langle 1..15\rangle \leftarrow r\langle 0..14\rangle; N \leftarrow r<0, Z \leftarrow r=0$

右移指令不可能溢出，因此 V 位不受 ASRr 的影响。ASRr 指令是一元的，没有内存访问，这使得控制序列很简短。

```
// ASRA
// RTL: C <- A<15>, A<1..15> <- A<0..14>; N <- A<0, Z <- A=0

UnitPre: IR=0x0C0000, A=0xFF01, N=1, Z=1, V=1, C=0, S=0
UnitPost: A=0xFF80, N=1, Z=0, V=1, C=1

// UnitPre: IR=0x0C0000, A=0x7E00, N=1, Z=1, V=0, C=0, S=1
// UnitPost: A=0x3F00, N=0, Z=0, V=0, C=0

// UnitPre: IR=0x0C0000, A=0x0001, N=1, Z=1, V=0, C=0, S=1
// UnitPost: A=0x0000, N=0, Z=1, V=0, C=1

// Arithmetic shift right of high-order byte.
1. A=0, AMux=1, ALU=13, AndZ=0, CMux=1, C=0; NCk, ZCk, SCk, LoadCk
// Rotate right of low-order byte.
2. A=1, AMux=1, CSMux=1, ALU=14, AndZ=1, CMux=1, C=1; ZCk, CCk, LoadCk
```

图 12-14　实现一元 ASRA 指令的控制信号

因为 ALU 只能计算 8 位数字，所以必须要把 16 位位移分解成两个 8 位运算。图 10-62 给出 ALU 执行的四个移位和循环操作。要做算术右移，控制序列对高位字节做算术右移，再对低位字节做循环右移。

周期 1 中，A=0 把累加器的高位字节放到 ABus，AMux=1 把它送到 ALU，ALU=13 选择算术右移运算，CMux=1 和 C=0 把结果送到累加器准备存储，而 LoadCk 会存储它。AndZ=0 把位移运算的 Zout 送到 Z 寄存器，而 ZCk 会存储它。NCk 会存储来自高位运算的 N 位，这是最终的值。SCk 会存储来自高位运算的影子进位 S 位，但这不是 C 的最终值。

周期 2 中，A=1 把累加器的低位字节放到 ABus，AMux=1 把它送到 ALU，CSMux=1 选择影子进位位作为 ALU 的 Cin 输入，ALU=14 选择循环右移运算，CMux=1 和 C=1 把结果送到累加器准备存储，而 LoadCk 会存储这个结果。AndZ 会使得 AndZ 组合电路执行

711 ~ 712

Zout 和 Z 的 AND 运算，ZCk 会把这个结果存储到 Z 中作为最终值。CCk 会存储 Cout 作为 C 的最终值。

图 12-14 给出了 ASRA 实现的三个单元测试。第一个测试当符号位和影子进位位为 1 时复制这两个状态位。第二个测试当符号位和影子进位位为 0 时复制这两个状态位。第三个测试最终结果为全 0 且 Z 位最终值为 1 时该实现的情况。在所有的三个单元测试中，V 位的值不变。

12.1.9　CPU 控制区

图 12-1 中的 CPU 划分为数据区和控制区。给定一个实现一条 ISA3 指令所需的控制信号序列，例如图 12-9 中实现 STBA 指令的序列，问题是该如何设计控制区来产生这样的信号序列呢？

微代码背后的理念是控制信号的序列实际上是一个程序。图 12-4 描述的是冯·诺依曼周期，看上去都很像一个 C 程序。设计控制区的一种方式是创建低层次的冯·诺依曼机器，就像 Mc2，即微代码抽象层，位于 ISA3 和 LG1 之间。像所有抽象层一样，这一层有自己的语言，包括一组微编程语句。控制区是一个单独的微机器，有自己的微内存 uMem 和自己的微程序计数器 uPC，以及自己的微指令寄存器 uIR。和 ISA3 层机器不同，Mc2 层的机器只有一个烧入 uMem ROM 当中的程序。一旦芯片制造完成，微程序就不可以改变了。这个程序包含一个循环，唯一的目的是实现 ISA3 的冯·诺依曼周期。

713 ~ 714

图 12-15 给出 Mc2 层用微代码实现的 Pep/9 的控制区，图 12-2 的数据区有 34 条来自右边的控制线，用以控制数据流，它们对应于图 12-15 中指向左边的 34 条控制线。图 12-2 中从数据区到控制区总共有 12 条数据线，8 条来自 BBus，4 条来自状态位，它们对应于图 12-15 来自左边的 12 条数据线。

微程序计数器包含下一条要执行的微指令的地址。uPC 是 k 位宽，所以可以指向 uMem 中 2^k 条指令中的任意一条。微指令是 n 位宽的，所以 uMem 中每个单元的宽度和 uIR 的宽度也都为 n。在 Mc2 层，没有理由要求微指令的宽度必须是 2 的幂。n 可以是你想要的任意奇怪的值。能这么灵活是因为 uMem 只包含指令不包含数据，指令和数据没有混合到一起，所以没必要要求内存单元的大小必须适合两者。

图 12-16 给出了微指令的指令格式。最右边的 34 位是控制信号，要发送到数据区；剩下的字段分为两部分：Branch（分支）字段和 Addr（地址）字段。ISA3 层的程序计数器每次加 1，因为正常的控制流把指令顺序存储在主存中并且顺序执行，所以唯一的变化是由于分支指令导致的 PC 变化。但是在 Mc2 层，uPC 的变化不是加 1，而是每条微指令包含计算下一条微指令地址的信息。Branch 字段指明如何计算下一条微指令的地址，Addr 字段包含用于计算的数据。

例如，如果下一条微指令不依赖于来自数据区的 12 条信号，那么 Branch 字段会表明这是一个无条件分支，Addr 将是下一条微指令的地址。实际上，每条指令都是一条分支指令。要按照顺序执行一组微指令，必须让每条微指令无条件分支转移到下一条微指令。图 12-15 的译码器 / 分支（decoder/branch）单元的作用是，当 Branch 字段表明是一个无条件分支时，就让 Addr 直接通过进入 uPC，无论来自数据区的 12 条线的值是什么。

715

举个例子来说明条件微分支指令的必要性——BRLT 的实现。BRLT 的 RTL 描述是

$$N = 1 \Rightarrow PC \leftarrow Oprnd$$

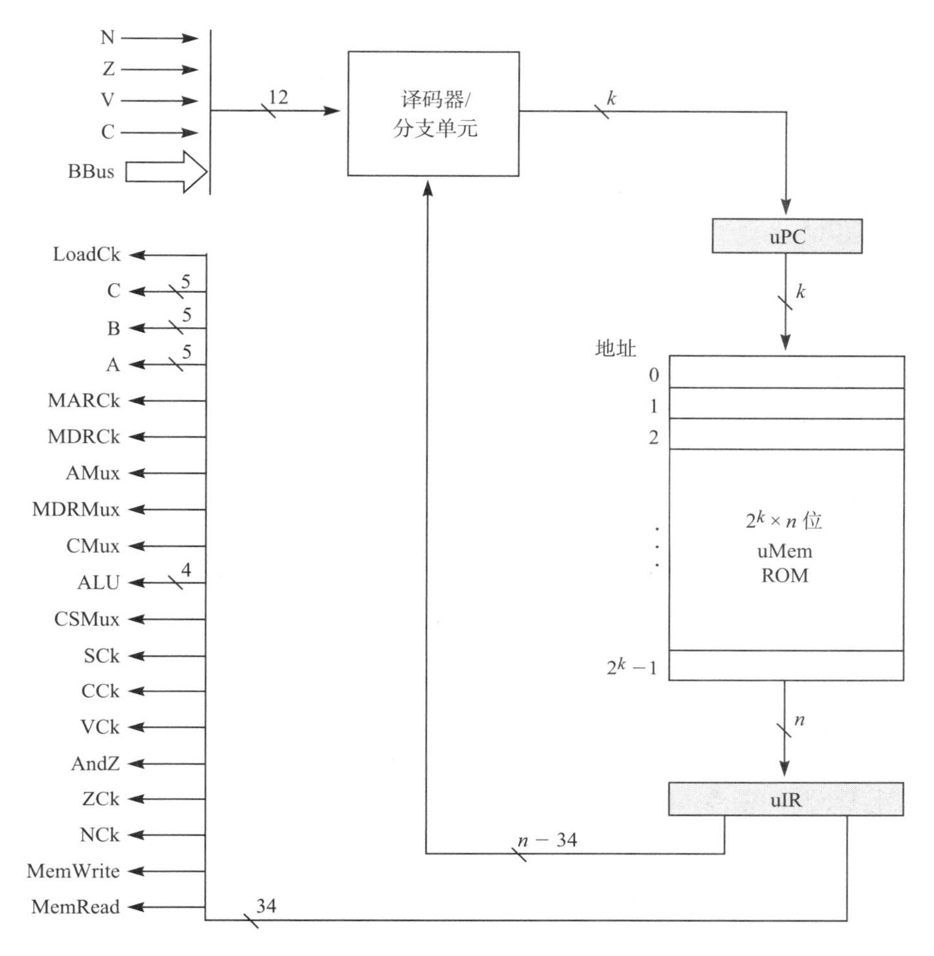

图 12-15 Pep/9 CPU 控制区的微代码实现

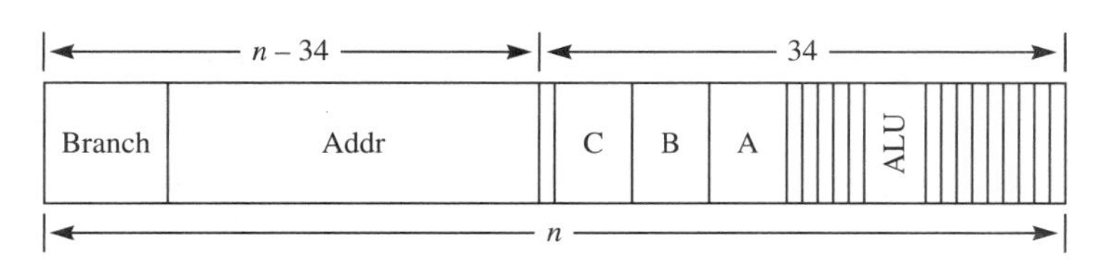

图 12-16 微指令的指令格式

如果N位是1，则PC获得操作数。要实现BRLT，微指令必须检查N位的值，要么什么都不做，要么分支跳转到另一组微指令序列，用操作数替代PC。这条微指令包含的Branch字段会指明下一个地址是用N和Addr一起计算得出的。如果N为0，计算会产生一个地址；如果N为1，会产生另一个地址。

通常来说，条件微分支需要根据Addr和判断条件依赖的、来自数据区的信号计算出下一条微指令的地址。最大的条件分支是决定要执行哪条ISA3指令的分支，换句话说，就是冯·诺依曼周期的译码部分。对ISA指令译码的微指令的B字段为8，这会把IR的第一个字节放到BBus。（IR的寄存器地址参见图12-2。）Branch字段会说明是指令译码，译码器/

分支单元会输出实现该指令的微指令序列中第一条微指令的地址。

微指令中 Branch 和 Addr 字段的细节，以及译码器 / 分支单元的实现不在本书讨论范围之内。虽然图 12-15 和图 12-16 省略了微代码层设计中很多实际问题，但还是能说明 Mc2 层的基本设计元素。

12.2　性能

从理论的角度，所有真实的冯·诺依曼计算机器的计算能力都是相同的。给定一种机制将有限容量的磁盘存储与一台机器相连接，这在计算能力上等价于图灵机。在计算能力方面，Pep/9 和世界上最大的超级计算机之间唯一的差别是计算占用的时间。为了计算出一个问题的解答，Pep/9 可能需要 100 万年，超级计算机可能只需要 1 毫秒，但是理论上它们可以做同样的事情。

从实际的角度，时间很重要。在所有其他条件相同的情况下，越快越好。虽然 LG1 层图 12-2 的数据区可以实现 ISA3 层的 Pep/9，问题是，速度有多快？提高性能的根本来源是空间 / 时间折中。硬件工程师可以通过增加芯片上的电路来减少计算时间，这就是增加空间。所有的计算中时间都包含了两个方面：一个是执行计算的时间，一个是在计算机系统组件之间传递信息的时间。

716

计算机系统提高性能的三种常用技术是：

- 增加数据总线的宽度
- 在 CPU 和内存子系统中插入高速缓存（cache）
- 用流水线增加硬件并行性

前两个技术减少了主存与 CPU 之间传递信息的时间。第三个技术减少了计算的执行时间。这三个技术都是通过在系统中增加空间来减少执行时间。本节介绍如何通过增加数据总线宽度以及使用高速缓存来提高性能，下一节将介绍 MIPS 机器的流水线设计。

12.2.1　数据总线宽度和内存对齐

减少主存与 CPU 之间传递信息所需时间最直接方法是增加总线的宽度。如果把数据总线宽度从 8 条增加到 16 条，那么每次内存读就可以从内存获取两个字节，而不是一个。图 12-12 展示了间接寻址装入指令的实现。周期 2 ～ 4 取得低位字节，周期 6 ～ 8 取得高位字节。如果数据总线有 16 条线，那么这两个字节就可以在一个包含三个而非六个周期的内存访问中被读出。

图 12-12 展示的系统总线中 16 条是地址线，8 条是数据线。为了适应地址总线的 16 位宽度，内存地址寄存器包含了两个部分：MARA 和 MARB。如果数据总线不是 8 条，而是 16 条，那么内存数据寄存器也必须有两个部分。图 12-17 展示了 Pep/9 CPU 的设计，其数据总线有 16 条。寄存器组与图 12-2 一样，图 12-17 没有显示；左边的内存子系统也没有显示。内存数据寄存器的两个部分是 MDREven 和 MDROdd。增加的空间来自于数据总线上额外的线以及额外的内存数据寄存器电路。这种空间的增加可能会减少计算时间。

如果系统被设计成按两字节大小来访问内存，主存就可以设计为按字寻址，而不是按字节寻址。早期，制造商设计了不同单元大小的内存子系统，其中的一些就是一个地址对应两个字节（一个字），而不是一个地址对应一个字节。不过到了现在，几乎所有的计算机内存都是按字节寻址的。

717

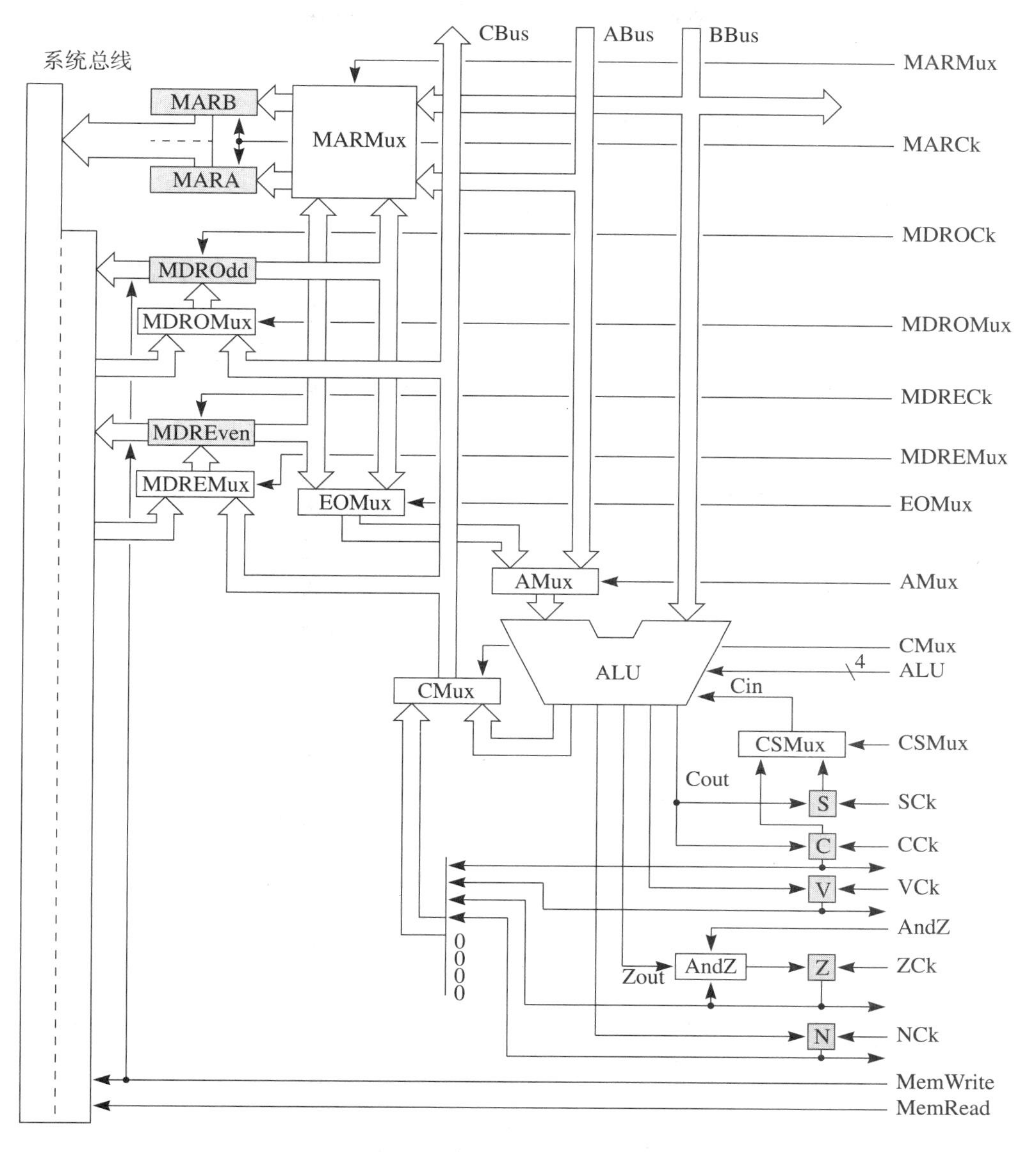

图 12-17　两字节数据总线的 Pep/9 CPU 的数据区

718

图 12-18 给出了内存子系统响应样例 CPU 请求向 CPU 传送数据的地址。如果 CPU 把 0AB6 放入 MAR，内存就会把 Mem[0AB6] 的内容送入 MDREven，把 Mem[0AB7] 的内容送入 MDROdd。也就是说，它传递的是被请求地址对应的字节和该地址后一个地址对应的字节。但是，如果 CPU 把 0AB7 放入 MAR，内存还是会把同样的两个字节送入相同的数据寄存器。这就表示，它传送的是被请求地址对应的字节和该地址前一个地址对应的字节。无论

CPU地址请求	被传送的	
	MDREven	MDROdd
0AB6	0AB6	0AB7
0AB7	0AB6	0AB7
0AB8	0AB8	0AB9
0AB9	0AB8	0AB9

图 12-18　用双字节数据总线从内存子系统向 CPU 传送的数据的地址

CPU内存请求地址是偶数还是奇数，偶地址的数据会被送入MDREven，奇地址的数据会被送入MDROdd。

图12-19展示了有8条数据总线的图12-2和有16条数据总线的图12-17所示芯片的内存引脚。两个引脚图一个明显的不同是：双字节总线用的是16条数据线，而单字节总线用的是8条数据线。另一个不同是图12-17b所示的双字节总线中没有低位地址线A0。为什么没有，因为它从没有被使用过。图12-18显示，来自0AB6的内存请求和来自0AB7的内存请求产生了相同的访问，即Mem[0AB6]送入MDREven，Mem[0AB7]送入MDROdd。0AB6（hex）的二进制表示为0000 1010 1011 0110（bin），0AB7（hex）的二进制表示为0000 1010 1011 0111（bin），所以最后一位A0与内存访问无关。实际上，地址线A0在总线上是不需要的，因此即使逻辑上是16条地址线，物理上却是15条地址线。

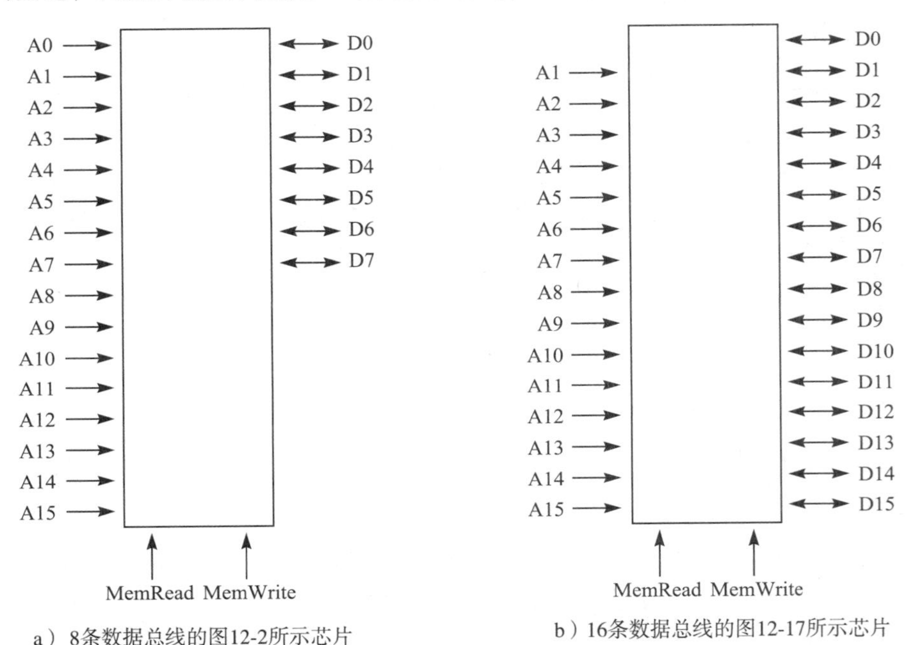

a）8条数据总线的图12-2所示芯片　　b）16条数据总线的图12-17所示芯片

图12-19　两个Pep/9主存芯片的引脚图

图12-2的单字节数据总线显示MDR输出连接到AMux输入，这样就可以让它加入到ABus-CBus数据循环中。但是对图12-17的双字节数据总线来说，这里有两个内存数据寄存器。EOMux即奇偶复用器，在这两个内存数据寄存器中选择一个并送入AMux输入端，由此进入ABus-CBus数据循环。它就像其他复用器一样工作，当EOMux控制值为0时，把MDREven输出送入AMux输入；当EOMux控制值为1时，把MDROdd输出送入AMux输入。

719

图12-17所示Pep/9 CPU设计的另一个性能特点是从MDR寄存器到MAR寄存器的另一条双字节数据路径。当一个内存地址从内存中读出，随后又要被送入MAR时，这条路径能缓解这种情况下的瓶颈。不同于每次一个字节从MDR寄存器传送地址，再通过寄存器组送达MAR，这条双字节数据路径允许只在一个周期内就把MDR的两个字节传送到MAR寄存器。标记为MARMux的方框是一个16位复用器，它受MARMux信号控制。控制信号规则如下：

- MARMux 控制线为 0 时，把 MDREven 送入 MARA，把 MDROdd 送入 MARB。
- MARMux 控制线为 1 时，把 ABus 送入 MARA，把 BBus 送入 MARB。

720

虽然把数据总线宽度从一个字节增加到两个字节会提高性能，但是这却会使得冯·诺依曼周期复杂化。对一个字节的数据总线来说，首先获取指令指示符，它是一个字节的。如果是非一元指令，接下来就获取操作数指示符，它是两个字节的。假设开始冯·诺依曼周期时程序被装入到地址 0000。执行内存读之后，指令指示符被送入 MDREven，之后的一个字节被送入 MDROdd。如果第一条指令是一元的，那么 MDROdd 中的字节就是下一条指令的指令指示符。如果第一条指令是非一元的，那么 MDROdd 中的字节就是操作数指示符的第一个字节。不论是哪种情况，高效的做法是把第二个字节存入寄存器组中的临时寄存器 T1 以备后用，而不需要再次从内存读出。

图 12-20 给出了获取指令指示符并将 PC 加 1 的控制序列。它与图 12-5 的微代码序列相似，只不过那个序列只需要 5 个周期。图 12-20 多出来的是周期 6，它预期下一次获取，把随后的一个字节存入寄存器 T1。

```
// Fetch the instruction specifier and increment PC by 1
// Assume: PC is even and pre-fetch the next byte

UnitPre: IR=0x000000, PC=0x00FE, Mem[0x00FE]=0xABCD, S=1
UnitPost: IR=0xAB0000, PC=0x00FF, T1=0xCD

// MAR <- PC.
1. A=6, B=7, MARMux=1; MARCk
// Initiate fetch, PC <- PC + 1.
2. MemRead, A=7, B=23, AMux=1, ALU=1, CMux=1, C=7; SCk, LoadCk
3. MemRead, A=6, B=22, AMux=1, CSMux=1, ALU=2, CMux=1, C=6; LoadCk
4. MemRead, MDREMux=0, MDROMux=0; MDRECk, MDROCk
// IR <- MDREven, T1 <- MDROdd.
5. EOMux=0, AMux=0, ALU=0, CMux=1, C=8; LoadCk
6. EOMux=1, AMux=0, ALU=0, CMux=1, C=11; LoadCk
```

图 12-20 用双字节数据总线的冯·诺依曼周期的取指和增加部分

只有知道前面的内存访问已经把指令指示符预取到寄存器 T1 时，取指令指示符才能节省时间。图 12-21 给出了这个场景下的控制序列。整个序列只有 3 个周期，完全不需要内存读。控制区很容易就能在周期开始的时候确定指令指示符是否已经预取。如果程序计数器是偶数，那么没有预取，就需要使用图 12-20 所示序列；如果 PC 是奇数，那么就使用图 12-21 所示序列。

721

获取操作数指示符也有类似的考虑。如果程序计数器是偶数，则没有字节被预取。控制区只需一次内存访问就可以获取操作数指示符的两个字节。如果程序计数器是奇数，那么操作数指示符的第一个字节已经被预取，同样只需要一次内存访问来取得操作数指示符的第二个字节并预取下一个指令指示符。另一个性能的提升是一次把 PC 加 2，而不是做两次加 1，后者对于单字节数据总线来说是必需的（如图 12-4 所示）。在这些场景下实现获取指令指示符的控制序列是本章结尾留给学生的一道习题。

```
// Fetch the instruction specifier and increment PC by 1
// Assume instruction specifier has been pre-fetched

UnitPre: IR=0x000000, PC=0x01FF, T1=0x12, S=0
UnitPost: IR=0x120000, PC=0x0200

// Fetch instruction specifier.
1. A=11, AMux=1, ALU=0, CMux=1, C=8; CCk

// PC <- PC plus 1.
2. A=7, B=23, AMux=1, ALU=1, CMux=1, C=7; SCk, LoadCk
3. A=6, B=22, AMux=1, CSMux=1, ALU=2, CMux=1, C=6; LoadCk
```

图 12-21　预取指令指示符后冯·诺依曼周期的取指和增加部分

12.2.2　内存对齐

使用寄存器T1存储预取的字节提高了冯·诺依曼周期中取指部分的性能。而最大化冯·诺依曼周期中执行部分的性能则需要数据和程序语句的内存对齐。比如，图12-22a显示了图5-27所示程序的代码片段。全局变量exam1存储在固定地址0003处，考虑执行LDWA指令，该指令把存储在0003的数值装入累加器。由于0003是奇数，那么CPU从地址发出的内存请求就要把Mem[0002]送入MDREven，把Mem[0003]送入MDROdd。即使这次访问会从内存装入两个字节，但它只能把exam1的第一个字节装入内存数据寄存器。CPU只能使用MDROdd中的数值，因而需要进行第二次内存访问以获取Mem[0004]中的数值。由于仍然需要两次内存访问，所以双字节数据总线的优势没有发挥出来。

722

```
0000   120009          BR       main
              bonus:   .EQUATE  10
0003   0000   exam1:   .BLOCK   2
0005   0000   exam2:   .BLOCK   2
0007   0000   score:   .BLOCK   2
              ;
0009   310003 main:    DECI     exam1,d
000C   310005          DECI     exam2,d
000F   C10003          LDWA     exam1,d
0012   610005          ADDA     exam2,d
```

a）无数据对齐

```
0000   12000A          BR       main
              bonus:   .EQUATE  10
0003   00              .ALIGN   2
0004   0000   exam1:   .BLOCK   2
0006   0000   exam2:   .BLOCK   2
0008   0000   score:   .BLOCK   2
              ;
000A   310004 main:    DECI     exam1,d
000D   310006          DECI     exam2,d
0010   C10004          LDWA     exam1,d
0013   610006          ADDA     exam2,d
```

b）有数据对齐

图 12-22　图5-26所示程序的数据对齐

如果exam1的第一个字节是存储在偶地址的，那么只需一次内存访问就可以取得它的两个字节。图12-22b显示了相同的程序，但在exam1的声明之前插入了一条额外的.ALIGN点命令。.ALIGN点命令的作用是在必要的时候插入一个零字节以便让下一行生成代码开始于偶地址。图12-22b中对齐点命令产生的这个额外字节使得exam1存储到0004，而不是0003。对这段程序，LDWA指令让CPU请求一个从0004开始的内存访问，这就使得Mem[0004]送入MDREven，Mem[0005]送入MDROdd，仅需一次内存访问就可以装入这个整数的值。

汇编语言的对齐命令采用的整数参数是 2 的幂。图 12-22b 中，对齐命令是

```
.ALIGN 2
```

723

参数 2 在代码中插入足够多的零字节来使得下一行代码开始于偶地址，即这个地址可以被 2 整除。假设设计了四字节数据总线来进一步提高性能，那么就需要 4 个内存数据寄存器：MDR0、MDR1、MDR2 和 MDR3。图 12-17 中的 EOMux 将会是一个 4 输入的复用器，控制线也会是两条，而不是一条。图 12-17b 所示的内存芯片将会有 32 条数据线，而不是 16 条，缺失的地址线是 A0 和 A1，而不仅仅是 A0。对齐命令

```
.ALIGN 4
```

将会插入足够多的零字节使得下一行代码开始于能被 4 整除的地址。同样，对齐命令

```
.ALIGN 8
```

将会插入足够多的零字节使得下一行代码开始于能被 8 整除的地址，以适应于 8 字节的数据总线。

图 12-22 显示了当全局变量存储在内存固定位置时，对齐命令如何使得性能最大化。存储在运行时栈的局部变量和参数也同样需要这个优化技术。使用双字节数据总线时，栈指针的初始值对齐于偶地址。编译器必须生成汇编语言代码，可能会填充零字节以便让每一个变量在内存中都对齐于偶地址边界。比如，8.2 节描述过的陷阱机制显示了系统栈上的进程控制块。对于双字节数据总线，即使指令指示符只有一个字节长，它也会存储在一个填充了一个零字节的双字节单元中。每个寄存器都存储在偶地址上，NZVC 位也存储在一个双字节单元中，其中填充了一个零字节。

图 12-23 显示了间接寻址的字装入指令的实现，使用了双字节总线设计。单元测试假定操作数指示符是 0012，这个是偶数；Mem[0012] 的值是 26D2，这也是个偶数，因此假设数据对齐于双字节边界。周期 5 给出了如何在一个周期内把 MDR 中的两个字节内容都送入 MAR。对比图 12-12，它用单字节总线实现同样的指令，图 12-23 只需要两次内存访问，而不是四次，它的周期总数是 10 而不是 18。相比原来的 18 个周期，它节省了 8 个周期，即 44%。

```
// LDWX this,n
// RTL: X <- Oprnd; N <- X<0, Z <- X=0
// Indirect addressing: Oprnd = Mem[Mem[OprndSpec]]

UnitPre: IR=0xCA0012, Mem[0x0012]=0x26D2, Mem[0x26D2]=0x53AC
UnitPre: N=1, Z=1, V=0, C=1
UnitPost: X=0x53AC, N=0, Z=0, V=0, C=1

// MDR <- Mem[OprndSpec].
1. A=9, B=10, MARMux=1; MARCk
2. MemRead
3. MemRead
4. MemRead, MDROMux=0, MDREMux=0; MDROCk, MDRECk

// MAR <- MDR.
```

图 12-23 用双字节总线实现间接寻址的字装入指令

```
5. MARMux=0; MARCk

// MDR <- two-byte operand.
6. MemRead
7. MemRead
8. MemRead, MDROMux=0, MDREMux=0; MDROCk, MDRECk

// X <- MDR, high-order first.
9. EOMux=0, AMux=0, ALU=0, AndZ=0, CMux=1, C=2; NCk, ZCk, LoadCk
10. EOMux=1, AMux=0, ALU=0, AndZ=1, CMux=1, C=3; ZCk, LoadCk
```

图 12-23 （续）

用图 12-17 所示的双字节数据总线正确执行程序就需要在内存中对齐某些程序语句。使用宽总线时，分支语句会带来问题，因为它们改变了程序计数器的值。图 12-21 显示了 PC 为奇数时冯·诺依曼周期的取指部分。硬件假定指令指示符被预取并存入寄存器 T1。假设程序分支的目标语句存储在奇地址，要执行目标指令的冯·诺依曼周期，硬件将会访问 T1 来获取指令指示符，即使该指示符并未被预取。为了让使用这种硬件的程序能正确工作，分支指令的目标语句定义的每一个符号都必须定位在偶地址。当分支发生后，程序计数器将变成偶数。图 12-20 所示的取指序列会正确执行并取得目标指令的指令指示符。

724

图 12-24 给出了图 6.8 中程序所需的程序对齐。图 12-24a 显示到 main 的初始分支会分支到位于 0003 的指令，这是个奇地址。图 12-24b 中的 .ALIGN 语句解决了这个问题，它强制主程序代码开始于 0004，这是偶地址。必须在每个函数（包括 main）的开头都插入 .ALIGN 语句。该程序还有两个其他的分支目标：if 和 endif。要强制这些语句位于偶地址，汇编器必须在每个目标指令的前面插入非一元无操作指令 NOP0。在 Pep/9 中，NOP0 指令是一条陷阱指令，因此会导致性能大幅下降，从而抵消了宽数据总线带来的好处。所有真实的处理器都有原生的无操作指令，这些指令在一个周期内执行用于程序语句对齐。

```
0000   120003          BR      main
              limit:   .EQUATE 100
              num:     .EQUATE 0
              ;
0003   580002 main:    SUBSP   2,i
0006   330000          DECI    num,s
0009   C30000 if:      LDWA    num,s
000C   A00064          CPWA    limit,i
000F   160018          BRLT    else
0012   49001F          STRO    msg1,d
0015   12001B          BR      endIf
0018   490025 else:    STRO    msg2,d
001B   500002 endIf:   ADDSP   2,i
001E   00              STOP
```

a）无程序对齐

```
0000   120004          BR      main
              limit:   .EQUATE 100
              num:     .EQUATE 0
              ;
0003   00              .ALIGN  2
0004   580002 main:    SUBSP   2,i
0007   330000          DECI    num,s
000A   C30000 if:      LDWA    num,s
000D   A00064          CPWA    limit,i
0010   16001A          BRLT    else
0013   490022          STRO    msg1,d
0016   12001E          BR      endIf
0019   26              NOP0
001A   490028 else:    STRO    msg2,d
001D   26              NOP0
001E   500002 endIf:   ADDSP   2,i
0021   00              STOP
```

b）有程序对齐

图 12-24 图 6-8 中程序的程序对齐

另外两条修改程序计数器的语句是 call 和 ret。call 语句是三字节的指令，把已增加过的程序计数器入运行时栈当作返回地址。ret 语句分支到该地址。因此，call 语句后面的地址必须是偶地址。那么，每个 call 语句都会在奇地址，永远不能成为分支指令的目标。要修复包含分支到 call 语句的程序，就必须使得分支指向 call 之前的，位于偶地址的无操作指令。

725~726

12.2.3 *n* 位计算机的定义

得到普遍接受的“*n* 位计算机”的意思是 *n* 为 MAR 和在 ISA3 层可见的 CPU 寄存器的位数。因为 ISA3 层可见的寄存器可以存放地址，它们的宽度通常和 MAR 一样，所以这个定义没有歧义。比如，Pep/9 显然是个 16 位计算机，因为 ISA3 层上用于存储数据的可见寄存器如累加器和变址寄存器，是 16 位单元。此外，存储地址的寄存器如程序计数器和栈指针，也是 16 位单元。

关于这个定义的疑虑经常出现在市场上。*n* 位计算机的 CPU 数据区不一定有 *n* 位数据总线，LG1 层的寄存器组中的寄存器也不一定有 *n* 位。这些宽度都可以小于 *n*。Pep/9 就是这种计算机的一个例子，虽然它是一个 16 位机器，但 ABus、BBus 和 CBus 的宽度只有 8 位。在 Mc2 层上，寄存器组中的寄存器也只有 8 位宽。

一个经典的例子是 1964 年开始的 IBM 360 系列，这是第一个计算机系列，它们的模型具有同样的 ISA3 指令集和寄存器。它是 32 位机器，但是根据模型的不同，CPU 中的数据总线可以是 8 位、16 位和 32 位。因为 LG1 层细节对 ISA3 层的程序员是隐藏的，所以在系列中某个模型上编写和调试的所有软件都可以在另一个模型上运行，无须改变。唯一可以感觉到的模型之间的区别是以执行时间测量的性能。这个概念在当时是革命性的，基于抽象层次的概念提升了计算机的设计。

n 位计算机的主系统总线也不一定有 *n* 条地址线，MAR 的宽度确定了系统最多能访问的可寻址字节数上限。如图 12-25 所示，一个 *n* 字节的计算机可以访问 2^n 个字节。例如，Pep/9 有 16 位 MAR，因此最多可以访问 2^{16} 个字节，相当于 64KiB。

MAR 宽度	可寻址字节数量
8	256
16	64 Ki
32	4 Gi
64	17,179,869,184 Gi

图 12-25 最大内存访问限制是 MAR 宽度的函数

现在许多笔记本计算机都有 64 位处理器，理论上最大主存容量为 2^{64} 个字节，或 17 179 869 184GiB。因为物理上是不可能安装这么大的主存，所以这样的系统只是告知一个最大的主存容量，并在系统中设计相应的地址总线条数。例如，假设计算机制造商发布了 64 位计算机，可以安装的最大内存容量为 32GiB。由于 CPU 是 64 位处理器，其内部 MAR 是 64 位宽。但是为了节省电路板上的空间，制造商设计的系统总线只有 35 条地址线与 MAR 的 A0 ～ A34 连接。MAR 的 A35 ～ A63 是没有连接的。而 2^{35} 个字节是 32GiB，所以这个产品允许用户安装的最大内存容量就是 32GiB。

727

主系统总线的数据线条数甚至可能大于 *n*。例如，Pep/9 是 16 位计算机，但可以有 32 位宽的数据总线，每次内存读都可以取得 8 个字节。图 12-20 所示的微代码序列预取额外字节来消除之后对内存访问的需求，与之类似，8 字节内存访问中所有未被使用的字节都可以存储在 CPU 中，以便消除未来可能的一些内存访问。预取比需要更多的数据来消除未来的内存访问是下一小节描述的高速缓存的基础。

如果内部寄存器、内部总线以及系统总线上的数据 / 地址总线的宽度都是一样的，那么，增加这个宽度就能提高性能。可以看到增加这些组件的宽度对芯片大小有很大影响。所有的电路，包括 ALU、复用器和寄存器，都必须增加以和更大的宽度匹配。计算机的历史显示总线和寄存器在不断地变宽。图 12-26 展示的是 Intel CPU 如何把总线宽度从 4 位增加至 64 位。4004 是第一个片上微处理器，第一个 Intel 64 位处理器是 Pentium 4 芯片的一个版本。市场正在完成从 32 位机器到 64 位机器的过渡。目前，大多数台式机和笔记本电脑都是 64 位处理器，而大多数移动设备都是 32 位处理器。

芯片	日期	寄存器宽度
4004	1971	4-bit
8008	1972	8-bit
8086	1978	16-bit
80386	1985	32-bit
x86-64	2004	64-bit

图 12-26　寄存器 / 总线宽度的演进

带来这种变化的原因可能仅仅是技术以一种稳定的速度在发展。Gordon Moore，Intel 的创始人，在 1965 年观察到集成电路上晶体管的密度每年都会翻番，而且在可预见的未来还会继续如此。这个速度现在有些减缓了，所谓的摩尔定律是指集成电路上晶体管的密度每 18 个月会翻番。这个速度不会永远保持，因为这种变小化最终会到达原子的尺度，而原子是无法再分割的了。人们一直在热烈讨论摩尔定律具体什么时候会停止，许多人预测它会消亡，结果发现它还在继续。

728

推动 64 位计算机的最大动力是因为多媒体应用和大型数据库需要大于 4 GiB 的地址空间。64 位计算机可能是最后的诉求，因为 64 位地址线可以访问 160 亿 GiB。从一代到下一代的增长不是线性的，而是指数性的。曾经有很多年，32 位计算机有 32 位的 MAR，但是主存总线只有 24 条地址线，高位的 8 个地址位被忽略。用户可以在这样的机器上安装最多 16MiB（2^{24}）内存，这在当时已经足够大了。未来在 64 位计算机上也是一样的，根据市场需要，外部地址线的数量会小于 MAR 的内部宽度。

12.2.4　高速缓存

Pep/9 控制序列要求内存读和写需要 3 个周期，因为通过主系统总线访问内存子系统要花费额外的时间。虽然这个要求使得模型更现实，但是实际上主存访问时间和 CPU 周期时间之间速度的不匹配要更严重。假设主存访问需要 10 个周期而不是 3 个周期，想象一下控制序列看上去会像什么样子：很多个 MemReads 周期。大部分时间中 CPU 在等待内存读，浪费了本来可以用来推进作业执行的周期。

但是如果可以预测未来呢？如果提前知道程序需要从内存来的哪个字，那么可以设立一个更贵、速度更高的小存储器，使其紧邻着 CPU，称为*高速缓存*（cache），提前从主存取出指令和数据，从而可以立即为数据区所用。当然，没有人能预测未来，所以这种机制是不可能的。不过，即使不能 100% 准确地预测未来，如果能达到 95% 的准确率呢？当预测准确时，访问高速缓存的时间几乎是立即的。如果预测准确的比率足够高，节约的时间比就会很可观了。

问题是如何进行预测。假设能够监控地址线和 CPU 在执行典型任务时的所有内存请求，那么会发现地址序列是完全随机的吗？也就是给定一个地址请求后，可以预期下一个请求与这一个邻近吗？或者预期它与这个请求的距离是完全随机的？

729

预期连续的内存请求会彼此接近是基于内存中存储的两样东西，原因也有两个。首先，CPU 会在冯·诺依曼周期的取指部分访问指令，只要没有分支指令要执行距离远的指令，CPU 就会请求聚集在一起的指令。其次，CPU 必须访问来自内存的数据。不过第 6 章中的汇编语言程序都会把它们的数据在内存中聚集存放。应用程序和堆存放在内存低地址，操作系统和运行时栈存放在高地址。不过也应该注意到，在某些时间段访问会集中在邻近的地方。

内存访问并不是随机的，这个现象称为*引用局部性*（locality of reference）。如果内存访问是完全随机的，那么高速缓存就完全没有用，因为无法预测要从内存读哪些字节，也就无从预先装入。幸运的是典型的访问会展现出两类局部性：

- *空间局部性*：与之前请求过的地址邻近的地址很有可能在临近的未来再被请求。
- *时间局部性*：之前请求过的地址本身在临近的未来很有可能再被请求。

时间局部性来自于程序中经常使用的循环。

当 CPU 请求来自于内存的装入时，高速缓存子系统首先查看所请求的数据是否已经装入高速缓存，这个事件称为*高速缓存命中*（cache hit），如果是这样，就直接传送数据。如果不是，则发生*高速缓存不命中*（cache miss）事件，需从主存取出数据，CPU 必须等待更长的时间。当数据最终到达时，会被装入高速缓存并送给 CPU。因为数据刚刚被请求过，所以有很高的概率在不远的将来再被请求。把这样的数据保存在高速缓存中利用了时间局部性。不仅把所请求的数据放进高速缓存，还把所请求的字节附近的一些字节也装入其中，这利用了空间局部性。虽然装入了一些没有被请求的字节，但这是基于对未来的预测进行的预先装入。在不远的将来访问它们的概率很高，因为它们的地址与前面访问过字节的地址距离很近。

为什么不用像高速缓存这样的高速电路构建主存，把它放在高速缓存的位置，也就不需要高速缓存了？这是因为高速内存电路需要在芯片上占用太多面积。最快和最慢的内存技术之间有巨大的大小和速度的差别，这是经典的空间 / 时间折中。每个存储单元的空间越大，内存操作的速度就越快。

内存技术在这两种极端之间提供了多种设计，其中在 CPU 和主存子系统之间使用三层高速缓存是最典型的情况：

- 分离的 L1 指令和数据高速缓存：最小、最快、距离 CPU 最近。
- 统一的 L2 高速缓存：在 L1 和 L3 高速缓存之间。
- 统一的 L3 高速缓存：最大、最慢、距离 CPU 最远。

730 ~ 731

图 12-27 给出了一个四核 CPU 中的三层高速缓存结构。图中，虚线表示单个封装的边界，单个封装是指安装在计算机系统电路板上的单个部件。L1 高速缓存比 L2 高速缓存更小更快，L2 高速缓存又比 L3 高速缓存更小更快，而 L3 又比主存子系统更小更快。L1 高速缓存的典型大小是 32KiB 或 64KiB。（说明一下 Pep/9 有多小，它的整个内存正好能装进一个典型的 L1 高速缓存中。）L1 高速缓存必须按照 CPU 的速度运行，L2 高速缓存的速度通常是 L1 的 1/2 或 1/4，时间是后者的 2 ～ 4 倍。L3 通常又比 L2 慢和大了 4 到 8 倍。与主存相邻的高速缓存也被称为*最后一级高速缓存*。有些设计完全省略了 L3 高速缓存，而其他设计则有三层以上的高速缓存。

CPU 会区分冯·诺依曼周期的取指令和取操作数的取数据。因此，L1 高速缓存分成了指令高速缓存和数据高速缓存。L1 高速缓存收到来自 CPU 的内存请求，如果高速缓存不命中，再把请求传递到L2缓存。L2高速缓存被称为高速，因为它对指令和数据不做区分，混合存储。每个内核都有自己的L2高速缓存。如果L2缓存不命中，就再传递到L3。L3高速缓存是所有内核共享的统一高速缓存，如果L3不命中，就传递到主存子系统。

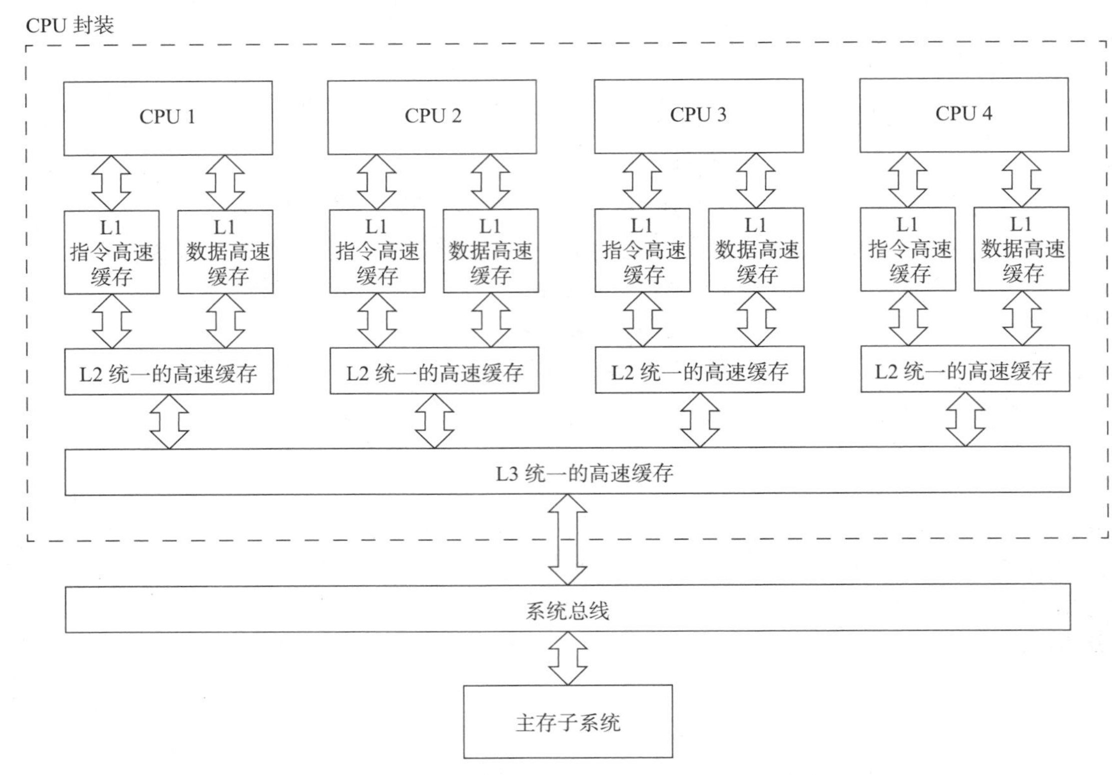

图 12-27　一个典型计算机系统中的三层高速缓存结构

有两种高速缓存设计方法：

- 直接映射高速缓存。
- 组相联高速缓存。

两者中比较简单的是直接映射高速缓存，图12-28是一个例子。和前面的例子一样，这个例子小得不切实际，以帮助进行描述。

这个例子是一个具有16条地址线和2^{16}=64KiB主存的系统。内存被划分成16字节的块，称为高速缓存行。当发生高速缓存不命中时，系统不仅会装入所请求的字节，还会装入包含这个被请求的字节所在高速缓存行的所有16个字节。高速缓存是一个有8个单元的小型存储器，地址从0～7。每个单元分为三个字段：有效位（Valid）、标签（Tag）和数据（Data）。数据字段是高速缓存单元的一部分，存放来自内存的高速缓存行的副本。有效位字段是一位，如果高速缓存单元包含有效的来自内存的高速缓存行，那么该位为1，否则为0。

地址字段分为三个部分：标签（Tag）、行（Line）和字节（Byte）。字节字段是4位，对应于2^4=16，所以高速缓存的每一行有16个字节。行字段是3位，对应于2^3=8，所以高速缓存中有8个单元。标签字段包含16位地址剩下的位，所以它有16−3−4=9位。高速缓存单元包含来自地址的标签字段和来自内存的数据。在这个例子中，每个高速缓存单元占用一共1 + 9 + 128=138位。因为高速缓存中有8个单元，所以总共有138 × 8 = 1104位。

732

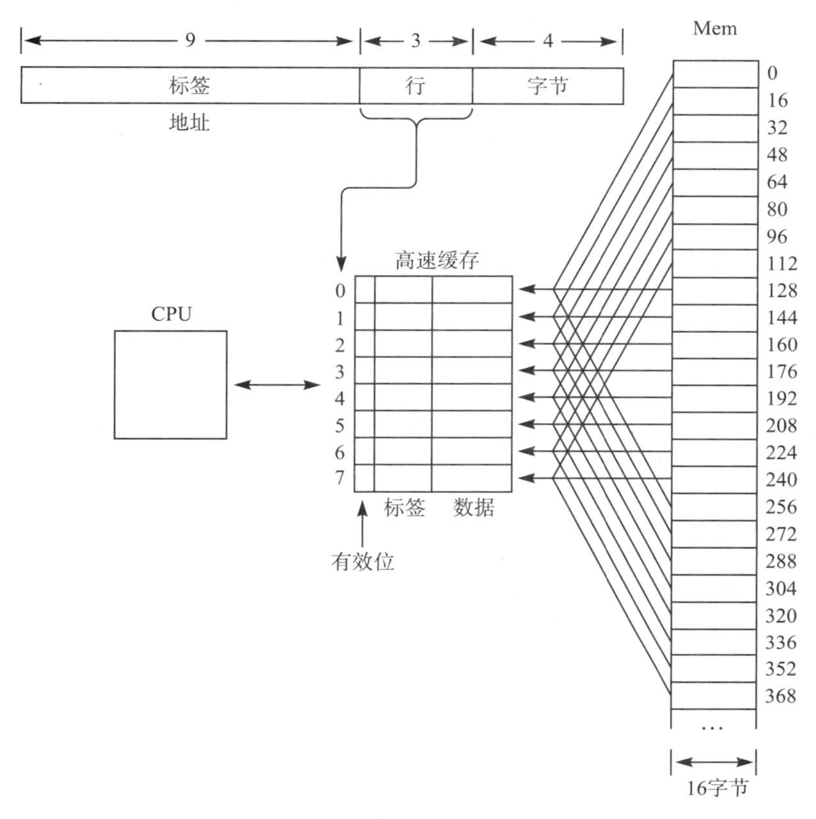

图 12-28　直接映射高速缓存

图 12-29 给出了直接映射高速缓存操作的伪代码描述。当系统启动后，会把高速缓存中的所有有效位设置为 0。第一次内存请求将不命中。来自内存的高速缓存行的地址被装入地址标签字段，最后 4 位被设置为 0；从内存取出该行，并存在高速缓存单元中，设置有效位为 1；还会从地址中提取出标签字段并存储。

```
Extract the Line field from the CPU memory address request
Retrieve the Valid/Tag/Data cache entry from the Line row
if (Valid == 0) {
    Cache miss, memory fetch
} else if (Tag from cache != Tag from memory request) {
    Cache miss, memory fetch
} else {
    Cache hit, use Data field from cache
}
```

图 12-29　直接映射高速缓存操作的伪代码描述

如果另一个请求要求同一行中的字节则会命中。系统从该地址提取出行字段，查看高速缓存中的该行，确定有效位为 1，请求的标签字段与高速缓存单元的标签一致。系统从高速缓存单元的数据部分取出该字节或者字，并送到 CPU，不需要读内存。如果有效位为 1，但是标签字段不匹配，就是不命中，需要进行内存请求，新的标签和数据字段替代同一高速缓存单元中旧的标签和数据字段。

733

例 12.1 CPU 请求地址 3519（dec）的字节。标签字段的 9 位是什么？字节字段的 4 位是什么？数据会存储在高速缓存的哪个单元？转换为二进制并抽取出相应的字段得到

3519（dec）=000011011 011 1111（bin）

标签字段的 9 位是 000011011，字节字段的 4 位是 1111，而数据存储在高速缓存中的地址是 011（bin）=3（dec）。 ■

图 12-28 给出内存在地址 16,144,272,…的块，它们都在竞争高速缓存中的同一个位置，即地址为 1 的条目。由于标签字段有 9 位，因此高速缓存中每个条目在内存中都有 2^9=512 块竞争，而每个条目每次只能放下一块。有一种请求模式会导致很高的命中率，这个模式是在内存中两个固定的区域之间来回访问。一个例子是一个程序有几个指针，指向 Pep/9 内存高地址的运行时栈和内存低地址的堆。访问指针和它们指向的单元的程序就会具有上述访问模式。如果指针和它们指向的单元的地址有同样的行字段，不命中率就会急剧升高。

组相联高速缓存用于减轻这个问题。并不是每个高速缓存条目都只能存放来自内存的一个高速缓存行，而是可以存放多个行。图 12-30a 描述的是一个四路组相联高速缓存，把图 12-29 中的高速缓存复制了四次，任何时候都允许一组最多四个具有相同行字段的内存块存放在高速缓存中。这个访问电路比直接映射高速缓存的电路更复杂。对于每个读请求，硬件必须并行地检查高速缓存单元的四个部分，如果有匹配的，就返回行字段匹配的那一个。

734

图 12-33b 给出了读电路的细节。有等号的圆圈是比较器，如果输入相等，就输出 1，否则输出 0。这里的 128 复用器组比通常的简单。四输入复用器通常有两个选择线需要译码，但是这个复用器的四条选择线已经译码了。标号为“命中”的输出在命中时为 1，此时，标号为“数据”的输出是来自高速缓存行的数据，该行的标签字段和请求的地址的标签字段相同。否则，命中输出为 0。

使用组相联高速缓存的另一个麻烦是当高速缓存不命中发生时，缓存单元的四个部分都是被占用的，需要做出决定。问题是，四个部分中的哪一个该被来自内存的新数据覆盖呢？一项技术是最近最少被使用（LRU）算法。在一个两路组相联高速缓存中，每个缓存单元只需要再增加一位，就可记录哪个单元最近最少被使用。但是在一个四路组相联高速缓存中，要记录最近最少被使用就复杂得多了。必须维护按照使用顺序排列的四个条目列表，而且每次高速缓存请求都要更新这个列表。四路高速缓存的一种近似 LRU 方法是使用三位，一位表明哪个组最近最少被使用，每个组内的位表明该组中哪个条目最近最少被使用。

无论高速缓存是直接映射还是组相联，系统设计者都必须决定如何处理有高速缓存情况下的内存写。高速缓存命中时，有两种可能性：

- 通写（write through）：每个写请求会更新高速缓存和相应的内存块。
- 回写（write back）：写请求只更新高速缓存中的副本。对内存的写只有在该高速缓存行被替换时才发生。

图 12-31 描述了这两种可能性。通写是比较简单的设计，当系统要写内存时，CPU 会继续处理。当高速缓存行需要被替换时，内存中的值保证已经是最近的更新了。这样做的问题是，当写请求突发时，总线上的流量会很大。回写策略降低了总线流量，否则这些总线流量可能会影响其他想使用主系统总线的部件的性能。不过在任何给定的时刻，内存中不一定具有变量当前值的最新副本。同时，当要替换某个高速缓存行时，会有一定的延迟，因为要先更新内存，才能把新数据装入高速缓存。通过设计可使高速缓存命中率很高，这样的事件不会经常发生。

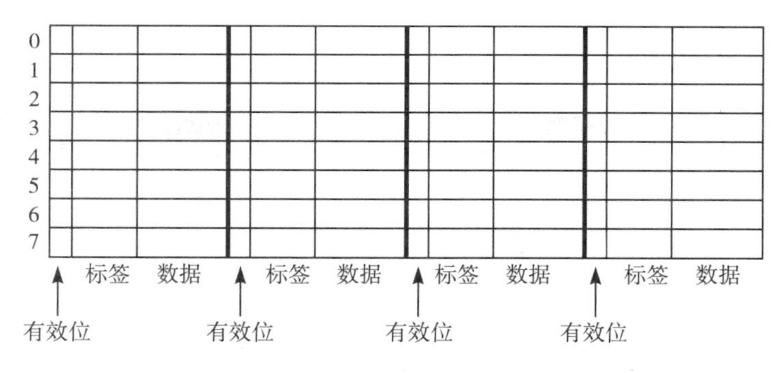

a）高速缓存存储器的框图

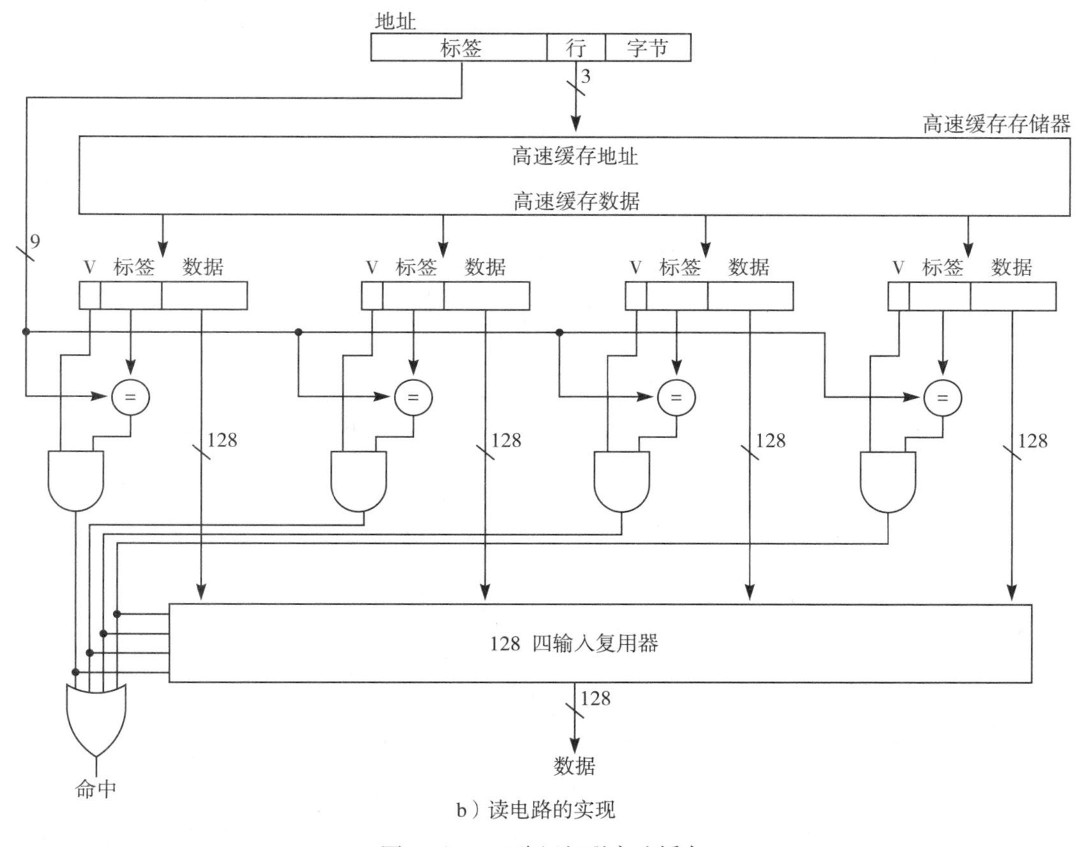

b）读电路的实现

图 12-30　四路组相联高速缓存

735 ~ 736

关于高速缓存另一个要解决的问题是当高速缓存不命中时，该如何处理写请求。一种称为写分配的策略把块从内存装入高速缓存，可能会替换另一个高速缓存行，然后按照正常的高速缓存写策略更新这一行。若不采用写分配，就会绕过高速缓存发起一个内存写。这里的主要思想是 CPU 可以继续处理过程，内存写可以并发地完成。

图 12-32 给出的是使用和不使用写分配的高速缓存写策略。虽然每种高速缓存不命中时的写策略可以和任意一种高速缓存命中时的写策略组合，但是写分配通常和高速缓存命中时的回写一起使用，而通写高速缓存通常不使用写分配，以保持设计简单。大多数高速缓存的设计选择要么是图 12-31a 和图 12-32a，要么是图 12-31b 和图 12-32b。

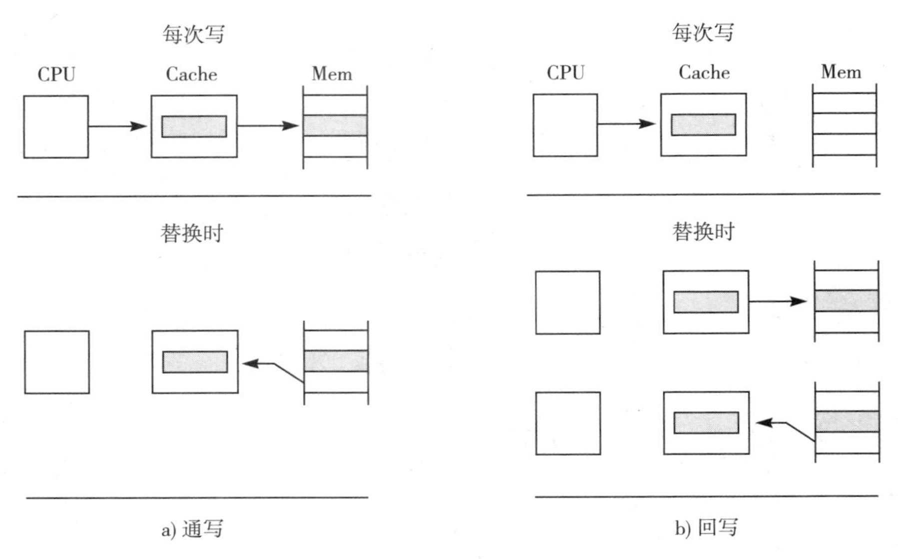

a) 通写　　b) 回写

图 12-31　高速缓存命中时的高速缓存写策略

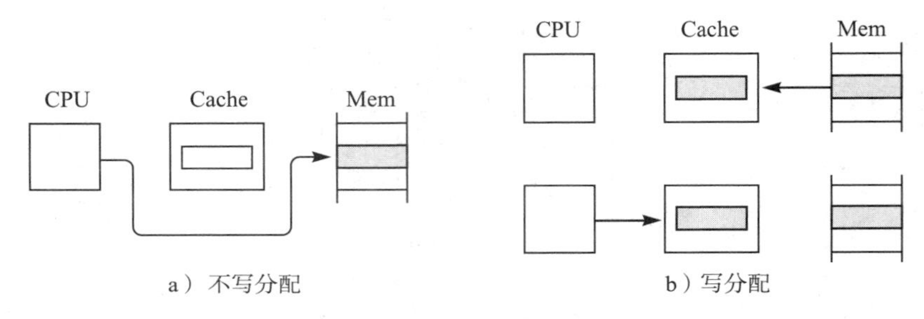

a）不写分配　　b）写分配

图 12-32　高速缓存不命中时的高速缓存写策略

如果你读过 9.2 节中有关虚拟内存的讨论，那么有关高速缓冲存储器的讨论应该听起来很耳熟。虚拟内存背后的动机也是一样的，即较小的主存和存储在硬盘上的可执行程序的大小之间的不匹配，而高速缓存背后的动机是较小的高速缓存和主存大小之间的不匹配。虚拟内存中的 LRU 页替换策略对应于高速缓存行的 LRU 替换策略。高速缓存之于主存就像主存之于磁盘。在这两种情况中，都有一个跨越两层的*内存层次结构*（memory hierarchy），包括一个小但高速的内存子系统和必须与之接口的一个大但慢速的内存子系统。两个层次结构中设计方案都依赖于引用局部性。两个领域中的设计有共同的问题和解决方案，这不是巧合。这些原理是普适的，另一个证明是软件中的哈希表数据结构。在图 12-28 中可以看出从主存到高速缓存的映射实际上是一个哈希函数。组相联高速缓存甚至看上去就很像哈希表，它通过链表解决冲突，只不过链表的长度有上限。

737

12.2.5　系统性能公式

衡量一台机器性能的最终指标是它执行起来有多快。图 12-33 中的系统性的方式说明机器执行程序的时间是三个因子的乘积。公式中使用的“指令”指的是 ISA3 层的指令，使用的“周期”指的是冯·诺依曼周期。

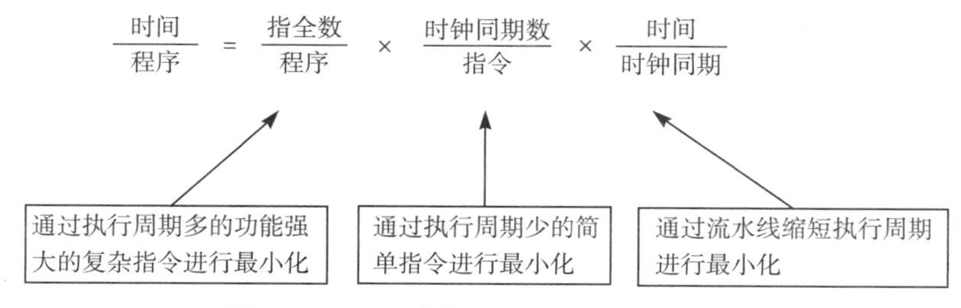

图 12-33 冯·诺依曼机器的系统性能公式

前两个因子之间有关联，但是与第三个因子无关。第一个因子下降通常会导致第二个因子上升，反之亦然。也就是说，如果设计 ISA3 机器的方法导致执行一个给定程序的指令数减少，那么通常会付出执行每条指令的周期数增加的代价。反过来，如果设计 ISA3 机器导致每条指令使用的周期数尽可能少，通常就必须让指令尽量简单，就会使得执行一个给定的程序需要更多的指令。

公式中的第三个因子是基于并行性的，需要重新组织控制区，使得集成电路上更多的子系统能够并发地运行。不过，它和前面两个因子之间没有折中关系。可以在设计中引入流水线，降低每个周期的时间，每个程序所需的时间都会降低，而不管是选择以第二个因子为代价减小第一个因子，还是以第一个因子为代价减小第二个因子。

12.2.6 RISC 与 CISC

在计算历史的早期，设计者的注意力集中于第一个因子。采用这种方法的部分原因是主存的成本太高。程序需要尽可能小，才能装进可用的内存中。指令集和寻址方式的设计需使编译器能很容易地从 HOL6 翻译到 Asmb5。Pep/9 就是这种设计的示例。而这里主要是出于教学的原因，而不是因为主存有限。汇编语言用于讲授计算机系统中典型抽象层次之间的翻译原理。翻译过程简单的话，这些原理学习起来就容易。

在 20 世纪 80 年代早期，计算领域发生了变化。硬件变得越来越便宜，内存子系统变得越来越大。一些设计者，著名的有 IBM 的 John Cocke、UC Berkeley 的 David Patterson 和 Stanford 的 John Hennessy，开始宣扬基于以增加第一个因子、降低第二个因子为基础的设计。他们的设计特点是 ISA3 指令的个数很少，寻址方式也较少。这种设计的名称是精简指令集计算机（Reduced Instruction Set Computer，RISC）。与之相对的旧设计开始称作复杂指令集计算机（Complex Instruction Set Computer，CISC）。

下面列出了 RISC 设计原则，其中的第一条是其他各条必须遵守的主要原则。

1. 除了装入和存储指令外，每条 ISA3 层指令都在一个周期内执行。
2. 控制区没有微代码。
3. 每条 ISA3 层指令都用相同的长度。
4. 只有几种简单的寻址方式。
5. 所有的算术逻辑运算完全在 CPU 内发生。
6. 数据区是为了深度流水线设计的。

738～739

Pep/9 虽然是个小型处理器，但它是复杂指令集计算机。

第一条 RISC 设计原则是：除了装入和存储指令外，每条 ISA3 层指令都在一个周期内执行。系统性能公式中的第二个因子表明，可以通过最小化单条指令的周期数来最大程度减少程序的执行时间。RISC 设计原则把这种技术推向极致，使第二个因子正好等于 1。RISC 机器的每条 ISA3 层指令都是在一个周期内执行的，甚至包含了冯·诺依曼周期的取指部分和增加部分。

第二条 RISC 设计原则是：控制区没有微代码。图 12-15 显示了 CISC 机器 Pep/9 的控制区。Pep/9 的一条 ISA3 层指令执行需要多个周期，因此，它的控制区必须传送一系列的控制信号到数据区。RISC 机器则完全省略了 Mc2 层，因为不再需要用一系列的控制信号来驱动数据区。

第三条 RISC 设计原则是：每条 ISA3 层指令都用相同的长度。Pep/9 的冯·诺依曼周期的取指部分取到指令指示符，确定指令是否为一元的，如果不是，就去取操作数指示符。因此，取指过程必然花费一个以上的周期。如果每条指令都必须在一个周期内执行，那么所有指令的长度就必须相同。

第四条 RISC 设计原则是：只有几种简单的寻址方式。Pep/9 有八种寻址方式，如图 12-8 所示。在这八种方式中，RISC 机器不能有复杂方式：间接寻址、栈相对间接寻址以及栈间接变址寻址，因为这些模式需要多次内存读取。由硬件 Mc2 层提供的操作数地址计算必须由软件编译器提供。例如，如果一个 HOL6 层程序的数据结构需要栈间接变址寻址，编译器就必须在 ISA3 层生成代码计算 Mem[SP+OprndSped+X]，因为这不由 Mc2 层的硬件来提供。因此，RISC 机器的应用程序代码量大于 CISC 机器中相同应用程序的代码量。

第五条 RISC 设计原则是：所有的算术逻辑运算完全在 CPU 内发生。考虑直接寻址的 Pep/9 ADDA 指令，它把 Mem[OprndSpec] 和累加器相加，和数存回累加器。加法运算需要访问内存，它会消耗多个内存访问周期。为了最大限度减少内存访问，RISC 机器用大量的通用寄存器组来替代少量的专用寄存器组。处理器用寄存器寻址来执行算术和逻辑运算。

740

例如，Pep/9 把

```
x = y + z;
```

翻译为汇编语言代码

```
LDWA y,d
ADDA z,d
STWA x,d
```

其中，x，y，z 是存储在内存固定位置的全局变量。上述三条汇编语言语句都需要内存访问。这种翻译模式使得 Pep/9 成为所谓的*累加器机器*。在 RISC 机器中，与之等价的代码是

```
LDW r1,y,d     ;Load y into register r1
LDW r2,z,d     ;Load z into register r2
ADD r3,r1,r2 ;Add r1 + r2 and put the sum in r3
STW r3,x,d     ;Store register r3 into x
```

其中，r1，r2 和 r3 是来自大量通用寄存器组的三个寄存器。ADD 指令使用寄存器寻址方式，不需要内存访问。这种翻译模式使得 RISC 处理器成为所谓的*装入 / 存储机器*。

上面的例子看起来 RISC 机器上的执行时间可能会增加，因为仍然有三次内存访问以及一次加法。从长远来看，相对 CISC，RISC 机器的内存访问是最小化的，因为大寄存器组对最近使用过的变量就好像高速缓存一样。编译器为一组最近使用过的变量维护一个内部符号表，变量第一次被访问时，编译器为它分配一个寄存器。当函数执行算术和逻辑运算需要这些变量时，只需要使用寄存器副本，不需要进行内存访问。生成代码只在必要的时候才把变

量值存储到内存，比如，执行 return 语句的时候。

第六条 RISC 设计原则是：数据区是为了深度流水线设计的。这个原则不是 RISC 处理器所独有的，CISC 处理器也使用流水线来缩短周期。但是，简单的指令集和少量的简单寻址方式使得 RISC 处理器能更加高效地实现深度流水线。

741

x86 系统的微代码

Intel 和 AMD 制造的 x86 处理器是市场上使用最广泛的 CISC 处理器，其内部设计的细节，包括 Mc2 层微代码控制单元的设计是专有的，被认为是公司秘密。这些公司甚至对芯片上的微代码进行了加密，以便将其隐藏起来。不过，通过有限的出版物和逆向工程技术，我们还是了解了部分设计。

现代 x86 芯片只把微代码用于 ISA3 指令集中那些复杂的指令。仅需几个周期的简单指令直接在硬件中用有限状态机来实现，该硬件可以输出固定长度的类 RISC 操作（ROP）。更复杂的指令则使用完整的 Mc2 抽象层。

图 12-34 展示了 AMD 芯片实现复杂的 movsb 指令的微代码序列，该指令的助记符代表的是串字节传送（move string byte）。这是一条 ISA3 层指令，它把一串 ASCII 字节从一个内存位置复制到另一个位置。它使用 x86 寄存器组中的两个变址寄存器：ESI 源变址寄存器和 EDI 目的变址寄存器，以及 ECX 寄存器用于字节计数。CPU 还有一个方向标志，该标志可以被汇编语言程序员置 1 和清 0。使用 movsb 指令时，程序员首先要把源串的地址送入 ESI，把目的地址送入 EDI，把字节计数值送入 ECX，并根据复制的方向是从左到右还是从右到左，把方向标志置 1 或清 0。然后，只需执行 ISA3 层的 movsb 指令就可以利用 Mc2 微代码层的循环实现整个的复制。

```
1. LDDF                  ;load direction flag to latch in functional unit
2. OR ecx, ecx           ;test if ECX is zero
3. JZ end                ;terminate string move if ECX is zero
loop:
4. MOVFM+ tmp0, [esi]    ;move to tmp data from source and inc/dec ESI
5. MOVTM+ [edi], tmp0    ;move the data to destination and inc/dec EDI
6. DECXJNZ loop          ;dec ECX and repeat until zero
end:
7. EXIT
```

图 12-34　movsb 指令的 AMD 微代码

图 12-34 中的微代码比 Pep/9 微代码更符号化。举个例子，在 ECX 寄存器为全 0 的时候，周期 2 的微代码指令把 Z 位置 1。它对 ECX 寄存器自身使用 OR 运算，并根据执行结果设置 Z 位。测试变址寄存器的高位字节并据此设置 Z 位的等效 Pep/9 微代码序列如下所示

```
2. A=2, B=2, AMux=1, ALU=7, AndZ=0; ZCk
```

在 Pep/9 版本中，寄存器的数字地址 2 是必需的，而 AMD 版本的微代码中使用的是符号名 ecx。Pep/9 微代码要求 ALU 控制线为数值 7 来选定 OR 运算，而 AMD 版本的微代码中使用的是符号名 OR。Pep/9 版本需要显式的复用器控制值和时钟脉冲，而在 AMD 微代码中，这些信号都是隐含的，AMD 微汇编器在翻译微代码时必须生成这些控制信号和控制值。

742

12.3 MIPS 机器

从20世纪80年代以来，几乎所有新设计的CPU都是RISC机器，其中最著名的有两种：其一是ARM芯片，在手机和平板电脑市场占据主导；其二是MIPS芯片，基于Stanford设计，用在服务器和任天堂的游戏控制器中。MIPS是microprocessor without interlocked pipeline stages（无联锁流水线阶段微处理器）的缩写。不过，还有一种CISC设计继续主导着台式机和笔记本电脑市场，那就是Intel的x86-64系列处理器，图12-26中列出的最新芯片系列。它能够继续主导主要是因为与系列中以前的所有芯片都兼容。把应用程序和操作系统迁移到具有不同ISA3指令和寻址方式的芯片上代价是很高的。而且，CISC设计者采用了RISC的理念，对RISC核进行了一层抽象，核的细节隐藏在更低的层次上，并且在ISA3层实现了CISC机器。

12.3.1 寄存器组

MIPS机器是商用制造的装入/存储机器的经典例子，它是一个32位机器，CPU中有32个32位寄存器。64位的MIPS也有32个寄存器，但是每个寄存器都是64位宽。图12-35按比例画出了32位MIPS CPU中的寄存器和Pep/9中的寄存器。

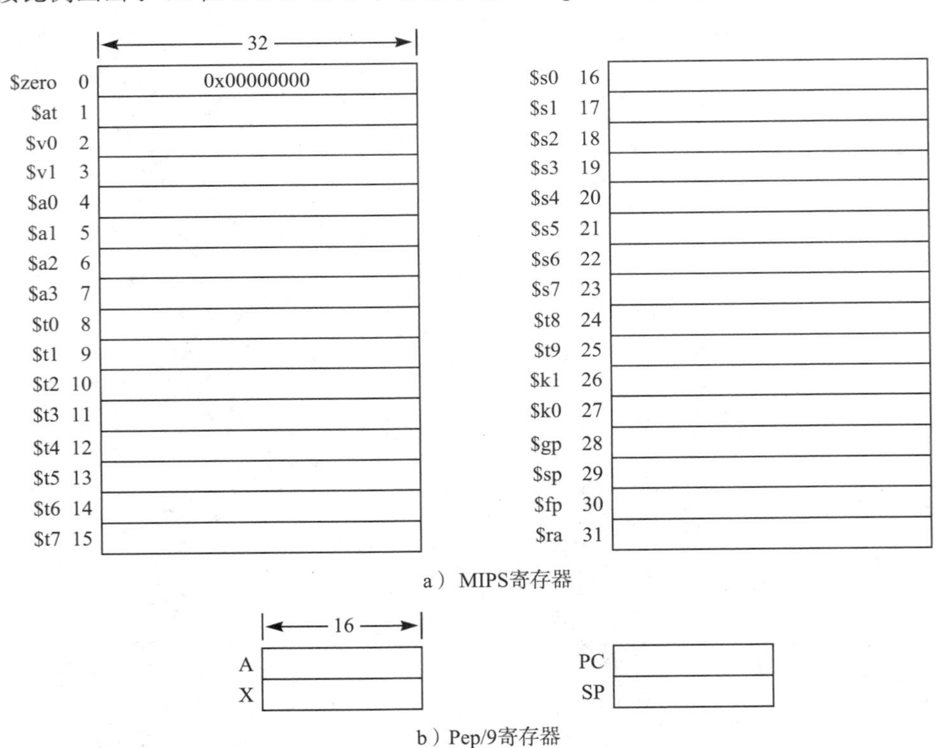

图12-35 32位MIPS和Pep/9 CPU寄存器比较

每个寄存器都有一个特殊的汇编命名，以$符号开头。$0是一个常数0寄存器，类似于图12-2中的寄存器22，不过它在ISA3层是可见的。$v0和$v1用于子例程返回值，$a0～$a3用于子例程的参数，类似于6.5节中操作符malloc的调用协议。以$t开头的寄存器是临时的，在函数调用之间不会保留，而以$a开头的寄存器会保存起来，在函数调用之间得以保留。$k 寄存器预留给操作系统内核，$gp 是全局指针，$sp 是栈指针，$fp 是帧指针，而 $ra 是返回地址。

和大多数微处理器相比，Pep/9 是很小的机器。图 12-25 表明 MIPS CPU 寄存器的总位数是 Pep/9 CPU 寄存器的 16 倍，这还不算 MIPS 拥有的另一组浮点寄存器，而 Pep/9 没有浮点寄存器。即使数量上有这么大的差距，从两个方面来说 MIPS 还是比 Pep/9 更简单：它有更少的寻址方式，以及它的指令长度都是一样的，即 4 个字节。为了提高性能，内存对齐问题要求每条指令的第一个字节必须存储在能被 4 整除的地址处。图 12-36 展示了 MIPS 机器的冯·诺依曼周期。没有 if 语句来确定指令的大小。

```
do {
    Fetch the instruction at the address in PC
    PC ← PC + 4
    Decode the instruction specifier
    Execute the instruction fetched
}
while (true)
```

图 12-36 MIPS 冯·诺依曼执行周期的伪代码描述

743

图 12-36 中 MIPS 的冯·诺依曼周期是一个无限循环，这比 Pep/9 的循环更实际。实际机器没有 STOP 指令，因为当一个应用程序结束后操作系统会继续执行。

12.3.2 寻址方式

相比 Pep/9 的八种寻址方式，MIPS 只有五种寻址方式，如图 12-37 所示。五种寻址方式适用于三种指令类型：I 型、R 型和 J 型。图 12-38 展示了每种寻址方式的指令格式。使用立即数寻址、基址寻址和 PC 相对寻址的是 I 型指令。用寄存器寻址的是 R 型指令，用伪直接寻址的是 J 型指令。MIPS 指令总是有一个 6 位的操作码来指示指令，还有一个或多个操作数指示符。如果有 rs 字段，它总是在位 6 ～ 10 处，rt 字段总是在位 11 ～ 15 处，rd 字段总是在位 16 ～ 20 处。本章指定的位序从最左边的位，即位 0 开始，从左到右进行编号以便与 Pep/9 表示法一致。标准的 MIPS 表示法把最右边的位当作位 0，从右到左进行位编号。

寻址方式	指令类型	操作数		
		目的	源	源
立即数	I 型	Reg[rt]	Reg[rs]	SE(im)
寄存器	R 型	Reg[rd]	Reg[rs]	Reg[rt]
装入基址	I 型	Reg[rt]	Mem[Reg[rb] + SE(im)]	
存储基址	I 型	Mem[Reg[rb] + SE(im)]	Reg[rt]	
PC相对	I 型	PC	PC + 4	SE(im × 4)
伪直接	J 型	PC	(PC + 4) ⟨0..3⟩ : (ta × 4)	

图 12-37 MIPS 寻址方式

744 ～ 745

因为图 12-35a 的寄存器组中有 32 个寄存器，而 2^5 是 32，因此需要 5 位来访问这些寄存器。标准 MIPS 表示法用标号 rs、rt 和 rd 表示指令的 5 位寄存器字段。图 12-37 显示 rs 总是表示源寄存器，rd 总是表示目的寄存器，而代表目标寄存器的 rt 则既可以是源寄存器也可以是目的寄存器。图 12-37 中的符号 Reg 代表的是寄存器，类似的 Mem 代表的是内存，

Reg[r] 表示寄存器 r 的内容。比如，若执行一条立即数寻址的指令，图 12-37 就把 Reg[r] 显示为目的操作数。如果图 12-38a 中 5 位 rt 字段的值位 10011（bin），即 19（dec），那么目的寄存器 $s3 将包含操作的结果，因为 $s3 就是图 12-35 中的寄存器 19。

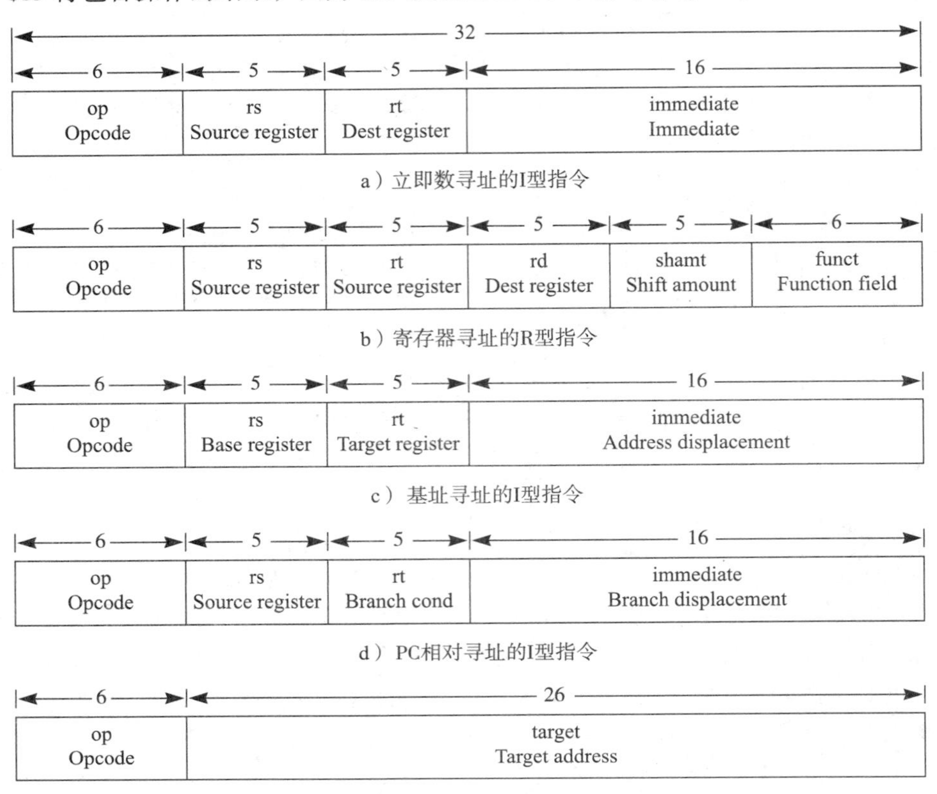

746

图 12-38　与寻址方式对应的 MIPS 指令格式

函数 SE(im) 是立即数操作数的符号扩展。如果 16 位操作数的符号位是 0，表示这个量是个正数，那么，16 位操作数扩展为 32 位就需要添加 16 个前置 0。如果 16 位量的符号位是 1，那么扩展 16 位操作数就需要添加 16 个前置 1。例如，16 位量 7C9B（hex）会扩展成 32 位量 00007C9B（hex），而 8C9B（hex）则会扩展成 FFFF8C9B（hex）。符号扩展不会改变操作数的十进制值。

图 12-38a 显示了立即数寻址的指令格式。立即数操作数不会是 32 位，因为它必然是 32 位指令的一部分。它会符号扩展到 32 位，并与一个源操作数 Reg[rs] 组合，结果放入 Reg[rt]。使用立即数寻址时，rt 是目的寄存器。

图 12-38b 显示了寄存器寻址的指令格式。所有的算术和逻辑运算都使用带有源寄存器和目的寄存器的寄存器寻址。比如，一条指令可以把两个不同的变量相加，并将结果放入第三个变量。功能字段实际上是扩展操作码，如果操作码字段是 000000（bin），指令就使用寄存器寻址，而功能字段决定运算。例如，如果功能字段是 100000，那么运算就是加法；如果该字段是 100010，那么运算就是减法。Pep/9 的移位指令只能向左或向右移动一位，MIPS 处理器则可以在一个周期内将寄存器移位多次。移位量字段指明有多少位需要移动。使用寄存器寻址时，rt 是源寄存器。

图12-38显示了基址寻址的指令格式。在所有的寻址方式中，这种寻址方式是唯一会访问主存的。rs字段指定基址寄存器，在图12-37中写作rb。指令把符号扩展的立即数字段与基址寄存器内容相加计算出内存地址。对装入指令而言，内存是源，寄存器rt是目的；对存储指令而言，寄存器rt是源，内存是目的。

图12-38d显示了PC相对寻址的指令格式。条件分支指令使用这种寻址方式来改变程序计数器。如果分支条件满足，就用如下规则修改程序计数器

$$PC \leftarrow (PC + 4) + SE(im \times 4)$$

MIPS指令为32位长，因此当它们存储在主存中时要对齐四字节边界。由于永远不会访问未对齐的指令，所以，立即数操作数乘以4，即相当于左移2位。移位的操作数进行符号扩展，并加上程序计数器中已增加过的值。加到PC上的数值是一个18位的有符号数，即16位立即数操作数再左移2位。这个18位有符号数的范围时 -2^{17} 到（$2^{17}-1$）。因此，使用PC相对寻址可以分支到距离当前PC前后128KiB的范围内。想要分支范围超越这个限制就需要使用其他寻址方式，大多数条件分支都在这个限制范围内。例如，符号endFor和与其对应的for符号就相距不远，因为循环体通常都小于128KiB。

747

图12-38d显示rt字段指定分支条件。PC相对寻址中的rt字段是扩展操作码的另一个例子。如果6位操作码字段的值为000001，那么指令就是条件分支，而rt字段就指明条件。举个例子，假如rt字段是00000，则条件就是rs小于零；但是，如果rt字段是00001，则条件就是rs大于等于零。有些条件分支指令的6位操作码字段不是000001。

所有处理器都有使用某种形式的PC相对寻址的分支指令。第6章给出了x86架构下PC相对寻址的例子。Pep/9不需要PC相对寻址，因为所有应用程序装入内存时都是从地址0000开始的，汇编器能知道每个全局变量和程序指令的绝对内存地址，并相应地计算每个符号的值。在Pep/9中，到endFor的分支使用该符号作为指令的绝对地址。

在实际中，操作系统要同时管理多个进程，这些进程的代码分散在整个内存映射的各个位置。汇编器很难在翻译的时候知道内存中哪里的程序要被装入和执行，因此，直接寻址很少被使用。当MIPS汇编器遇见到endFor的分支时，它会计算从定义该符号到使用该符号之间间隔的字节数，并由此生成PC相对分支中的立即数值。不论程序被装入到内存的哪个位置，符号定义与使用之间的字节数不会发生变化，因此，代码可以正确地执行。同样的概念也用于Pep/9的栈相对寻址，局部变量的内存位置由该变量对栈指针的偏移量来指定。在PC相对寻址中，偏移量是相对于程序计数器的，而不是相对于栈指针的。

图12-38e显示的指令格式是使用伪直接寻址的无条件分支指令j，j代表的是跳转（jump）。程序计数器的修改规则如下：

$$PC \leftarrow (PC + 4)\langle 0..3\rangle : (ta \times 4)$$

748

数值ta是26位的目标地址，左移2位后长度变为28位。规则中的冒号是连接运算符。增加后的程序计数器值的最低4位连接上由目标地址移位后形成的28位，就产生了PC的32位地址。

使用伪直接寻址方式会被限制在由程序计数器低4位指定的十六分之一的内存映射中。PC相对寻址和伪直接寻址都不允许无限制地访问整个4GiB地址空间。MIPS提供用基址寻址的寄存器跳转指令jr来访问整个地址空间的任意地址。程序计数器的修改规则如下

$$PC \leftarrow Reg[rb]$$

其中，rb是图12-38c所示rs字段中的基址寄存器。这条指令要求程序员在执行无条件分支之前计算地址并将其送入基址寄存器。

12.3.3　指令集

图12-39是一些MIPS指令的总结。第一列是MIPS汇编语言指令的助记符。标记为sssss和ttttt的操作数指示符是5位的源寄存器字段，标记为ddddd的为5位目标寄存器字段，而标记为bbbbb的是5位基址寄存器字段。内容为i字符的字段是立即数操作数指示符，对加法，立即数做符号扩展，对AND和OR，立即数做零扩展。内容为a字符的字段是地址操作数指示符，在地址计算中作为符号扩展偏移量。标记为hhhhh的操作数指示符是移位指令的5位位移量。

助记符	含义	二进制指令编码							
add	加法	0000	00ss	ssst	tttt	dddd	d000	0010	0000
addi	立即数加法	0010	00ss	sssd	dddd	iiii	iiii	iiii	iiii
sub	减法	0000	00ss	ssst	tttt	dddd	d000	0010	0010
and	按位AND	0000	00ss	ssst	tttt	dddd	d000	0010	0100
andi	按位立即数AND	0011	00ss	sssd	dddd	iiii	iiii	iiii	iiii
or	按位OR	0000	00ss	ssst	tttt	dddd	d000	0010	0101
ori	按位立即数OR	0011	01ss	sssd	dddd	iiii	iiii	iiii	iiii
sll	逻辑左移	0000	0000	000t	tttt	dddd	dhhh	hh00	0000
sra	算术右移	0000	0000	000t	tttt	dddd	dhhh	hh00	0011
srl	逻辑右移	0000	0000	000t	tttt	dddd	dhhh	hh00	0010
lb	字节装入	1000	00bb	bbbd	dddd	aaaa	aaaa	aaaa	aaaa
lw	字装入	1000	11bb	bbbd	dddd	aaaa	aaaa	aaaa	aaaa
lui	立即数高位装入	0011	1100	000d	dddd	iiii	iiii	iiii	iiii
sb	字节存储	1010	00bb	bbbt	tttt	aaaa	aaaa	aaaa	aaaa
sw	字存储	1010	11bb	bbbt	tttt	aaaa	aaaa	aaaa	aaaa
beq	相等则分支	0001	00ss	ssst	tttt	aaaa	aaaa	aaaa	aaaa
bgez	大于等于0则分支	0000	01ss	sss0	0001	aaaa	aaaa	aaaa	aaaa
bgtz	大于0则分支	0001	11ss	sss0	0000	aaaa	aaaa	aaaa	aaaa
blez	小于等于0则分支	0001	10ss	sss0	0000	aaaa	aaaa	aaaa	aaaa
bltz	小于0则分支	0000	01ss	sss0	0000	aaaa	aaaa	aaaa	aaaa
bne	不相等则分支	0001	01ss	ssst	tttt	aaaa	aaaa	aaaa	aaaa
j	跳转	0000	10aa	aaaa	aaaa	aaaa	aaaa	aaaa	aaaa
jr	寄存器跳转	0000	00bb	bbb0	0000	0000	0000	0000	1000

图12-39　MIPS指令集中的一些指令

下面的一些例子是C语言代码片段及翻译后的MIPS汇编语言。MIPS处理器用包含32个寄存器的寄存器组来高速缓存变量。当第一次访问变量时，编译器会把一个寄存器与这个值关联起来，之后的访问会使用寄存器中的变量副本而不是再次访问内存。在Pep/9中，全局变量存储在内存，有固定的绝对地址；在MIPS中，全局变量可以相对于全局指针$gp来访问。

例 12.2 图 5-27 声明了三个全局变量 exam1、exam2 和 score，以及一个等于 10 的常量 bonus。C 语言编译器把三个全局变量放在距离 $gp 偏移量为 0、4、8 的位置上，并把它们与寄存器组中的寄存器 $s1、$s2 和 $s3 关联起来。C 语句

749～750

```
score = (exam1 + exam2) / 2 + bonus;
```

翻译的 MIPS 汇编语言为

```
lw $s1,0($gp)    # Load exam1 into register $s1
lw $s2,4($gp)    # Load exam2 into register $s2
add $s3,$s1,$s2  # Register $s3 gets exam1 + exam2
sra $s3,$s3,1    # Shift right register $s3 one bit
addi $s3,$s3,10  # Register $s3 gets $s3 + 10
sw $s3,8($gp)    # score gets $s3
```

注释以符号“#”开始。在 MIPS 汇编语言中，助记符后面的第一个参数通常是目的操作数。比如，一条 lw 指令中，$s1 是目的寄存器；在 add 指令中，$s3 是目的寄存器。sw 指令是这个通用规则的一个例外。lw 指令的 RTL 描述为

Reg[rt] ← Mem[Reg[rb] + SE(im)]

sw 指令的描述为

Mem[Reg[rb] + SE(im)] ← Reg[rt]

在这两条指令中，基址寄存器 $gp 在括号内，前面是以十进制表示的立即数操作数。add 指令的 RTL 描述是

Reg[rd] ← Reg[rs] + Reg[rt]

其中，目的寄存器 rd 是 $s3，源寄存器 rs 是 $s1，目标寄存器 rt 是 $s2。助记符 addi 代表的是 add immediate（立即数加法），显然要使用立即数寻址。上述指令翻译为如下的机器语言

```
100011 11100 10001 0000000000000000
100011 11100 10010 0000000000000100
000000 10001 10010 10011 00000100000
000000 00000 10011 10011 00001 000011
001000 10011 10011 0000000000001010
101011 11100 10011 0000000000001000
```

对基址寻址，图 12-38c 显示基址寄存器字段在操作码字段旁边。上面的 lw 和 sw 指令把 $gp 作为基址寄存器。图 12-35 中 $gp 是寄存器 28（dec）=11100（bin），在上述机器码中它是操作码字段后面的寄存器字段。对使用寄存器寻址的 add 指令来说，机器码中的字段顺序是 rs、rt 和 rd，与图 12-38b 一致，而在汇编代码中的顺序是 rd、rs 和 rt，目的字段排在第一个。在图 12-35 中，可以找到下列全局变量在前面机器码中的二进制字段：

751

- $s1 是寄存器 17（dec）=10001（bin）
- $s2 是寄存器 18（dec）=10010（bin）
- $s3 是寄存器 19（dec）=10011（bin）

把整个数组都存储在寄存器组中是不可能的，因为大多数数组的元素数量远远超过了可用寄存器的数量。在处理数组的时候，C 语言编译器把数组第一个元素的地址与一个寄存器关联起来，然后使用基址寻址访问该数组中的元素。Pep/9 用变址寻址来访问数组元素，操

作数用下面的式子来指定

Oprnd = Mem[OprndSpec + X]

Pep/9 与 MIPS 之间一个明显的区别就是用寄存器来访问数组元素。在 Pep/9 中，寄存器 X 包含的是变址值；在 MIPS 机器中，寄存器 rb 包含的是数组第一个元素的地址，换句话说，数组的基址。这就是为什么寄存器 rb 被称为*基址寄存器*，这种寻址方式被称为*基址寻址*。

例 12.3 假设 C 编译器把 $s1 和数组 a、$s2 和变量 g、$s3 和数组 b 关联起来，把下面的语句

```
a[2] = g + b[3];
```

翻译成 MIPS 汇编语言

```
lw $t0,12($s3)  # Register $t0 gets b[3]
add $t0,$s2,$t0 # Register $t0 gets g + b[3]
sw $t0,8($s1)   # a[2] gets g + b[3]
```

装入指令地址字段为 12，因为它要访问 b[3]，每个字是 4 字节，所以 3 × 4=12。类似地，存储指令的地址字段是 8，因为索引值在 a[2]。这些指令的机器语言翻译是

```
100011 10011 01000 0000000000001100
000000 10010 01000 01000 00000 100000
101011 10001 01000 0000000000001000
```

图 12-35 表明 $t0 是寄存器 8(dec)=01000(bin)，$s3 是寄存器 19(dec)=10011(bin)，$s2 是寄存器 18(dec)=10010(bin)，而 $s1 是寄存器 17(dec)=10001(bin)。 ■

752

如果想要访问一个下标为变量的数组元素，情况就更复杂一些。与 Pep/9 不同，MIPS 没有变址寄存器。所以，编译器必须生成代码，把索引值加到数组第一个元素的地址，获得想要引用元素的地址。在 Pep/9 中，这个加法运算是在 Mc2 层用变址寻址自动完成的。但是装入 / 存储机器的设计哲学是拥有较少的寻址方式，付出的代价是程序需要更多语句。

在 Pep/9 中，一个字有 2 个字节，所以索引必须左移一次，相当于乘以 2。在 MIPS 中，一个字是 4 个字节，所以索引要左移两次，相当于乘以 4。MIPS 指令 sll 用于*逻辑左移*，用图 12-38b 中的 shamt 字段指定位移的量。

例 12.4 把 $s0 的内容左移 7 位并把结果放到 $t2 中的 MIPS 汇编语言语句是

```
sll $t2,$s0,7
```

机器语言的翻译是

```
000000 00000 10000 01010 00111 000000
```

第一个字段是操作码；这条指令没有使用第二个字段，因此都被设置为 0；第三个字段是 rt 字段，表明 $s0，寄存器 16(dec)=10000；第四个是 rd 字段，表明 $t2，寄存器 10(dec)=01010(bin)；第五个是 shamt 字段，表明移位的数量；最后一个是 funct 字段，和操作码一起表明是 sll 指令。 ■

例 12.5 假设 C 编译器把 $s0 和变量 i、$s1 和数组 a 以及 $s2 和变量 g 关联起来，把下面的语句

```
g = a[i];
```

翻译成 MIPS 汇编语言如下：

```
sll $t0,$s0,2    # $t0 gets $s0 times 4
add $t0,$s1,$t0  # $t0 gets the address of a[i]
lw $s2,0($t0)    # $s2 gets a[i]
```

注意装入指令的地址字段是 0。

和 Pep/9 一样，MIPS 机器的寄存器组中有一个栈寄存器 $sp。和 Pep/9 不同，MIPS 没有特殊的 ADDSP 指令，因为 addi 指令可以访问寄存器组 32 个寄存器中的任意一个，包括 $sp。要在运行时栈上分配存储空间，执行带负立即数的 addi，并把 $sp 作为源和目的寄存器。

753

例 12.6　在运行时栈上分配 4 字节存储，要执行

```
addi $sp,$sp,-4 # $sp <- $sp - 4
```

这里的 −4 不是地址，而是立即数操作数。机器语言翻译为

```
001000 11101 11101 1111111111111100
```

这里 $sp 是寄存器 29。■

你可能已经注意到 addi 指令有一个限制。常数字段只有 16 位宽，而 MIPS 是 32 位机器，使用立即数寻址应该能加一个 32 位的常数。这里是装入 / 存储体系结构哲学的又一个示例，其主要目标就是寻址方式较少的简单指令。Pep/9 设计允许指令宽度不同，也就是一元指令和非一元指令宽度可以不同。图 12-4 展示了这样的设计决定怎样使得冯·诺依曼周期的取指部分更复杂：硬件必须取出指令指示符，对它译码以决定是否需要取操作数指示符。这种复杂化是与装入 / 存储哲学相违背的，后者要求指令简单，能够很快地译码出来。这样的简化目标要求所有的指令长度相同。

但是，如果所有的指令都是 32 位宽，那么一条指令又怎么可能包含一个 32 位的立即数常数呢？那样指令格式中就没有操作码的地方了。这里利用了降低图 12-33 中的第二个因素，而代价是增加第一个因素。解决 32 位立即数常数的方法是要求执行两条指令。为了做到这点，MIPS 提供了 lui 指令，意思是装入立即数高位，它把一个寄存器的高 16 位设置为它的立即数操作数，并且把低位设置为全 0。第二条指令会设置低 16 位，通常是使用 ok 立即数指令 ori。

例 12.7　假设编译器把寄存器 $s2 与变量 g 关联起来，把 C 语句

```
g = 491521;
```

翻译成 MIPS 汇编语言

```
lui $s2,0x0007
ori $s2,$s2,0x8001
```

754

十进制数 491 521 的二进制需要不止 16 位，491 521(dec) = 0007 8001(hex)。■

12.3.4　MIPS 的计算机组成

图 12-40 展示的是 MIPS CPU 的数据区，标识为“寄存器组”的方块是图 12-35a 中的双端口 32 位寄存器组。数据区的基本组成结构和图 12-2 的 Pep/9 的数据部分一致，ABus

和 BBus 送到主 ALU，ALU 的输出通过 CBus 最终到达 CPU 寄存器组。组成中最大的不同是路径中的 L1 指令和数据高速缓存。因为大多数高速缓存的命中率都在 90% 之上，所以我们可以假设内存读和写以 CPU 全速度在进行，没有 MemRead 和 MemWrite 延迟，除了偶尔发生缓存不命中的时候。ABus、BBus、CBus、进出 ALU 的总线、L1 数据高速缓存、JMux、PCMux 以及 CMux 复用器都是 32 位的。

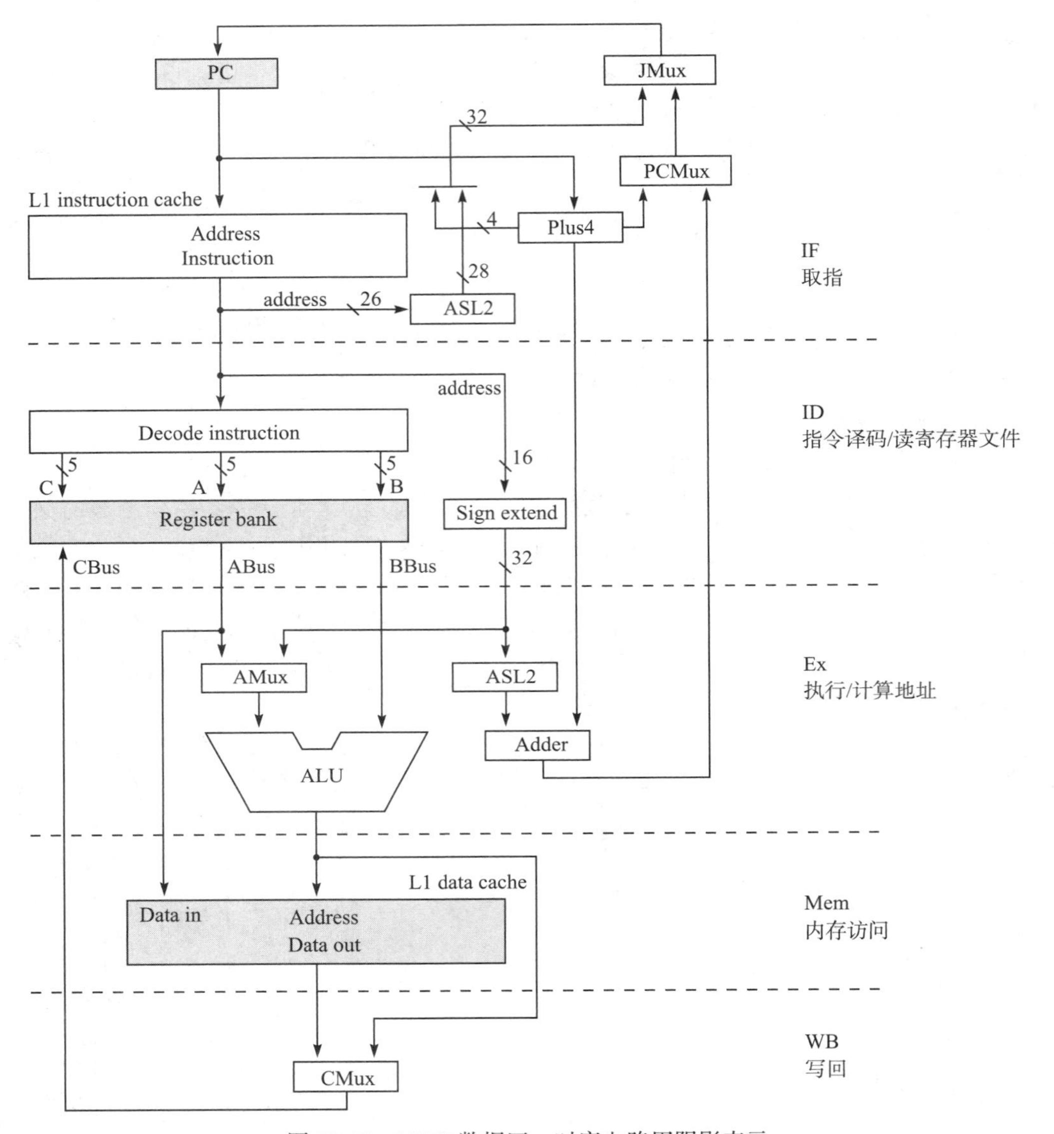

图 12-40　MIPS 数据区。时序电路用阴影表示

和 Pep/9 不同，程序计数器不是寄存器组中的通用寄存器之一，相反，它实际上是指向 L1 指令高速缓存的内存地址寄存器，除了程序计数器自身外没有单独的 MAR。类似的，ALU 的输出实际上是指向 L1 数据高速缓存的内存地址寄存器，也不存在单独的 MDR，相反，ABus 实际上是指向 L1 数据高速缓存的内存数据寄存器。

CPU 不会写指令高速缓存，只会请求从 PC 指定的地址读。高速缓存子系统在命中时会立即从高速缓存中送出指令，不命中时会延迟 CPU，最终从 L2 高速缓存读到指令，写入 L1 高速缓存，并通知 CPU 可以继续了。因为 CPU 决不会写指令高速缓存，所以 CPU 把高速缓存当作组合电路，这是图 12-40 中指令高速缓存没有画阴影的原因。

RISC 机器的主要设计目标是每条 ISA3 层指令都在一个冯·诺依曼周期内执行，包括周期的取指和增加部分。程序计数器下一个值的计算必须与周期执行部分的计算并发进行。数据区包含了一组专用组合电路，用于与 ALU 并发运行的程序计数器。ASL2 单元的输出是算术左移 2 位；符号扩展（Sign extend）单元根据 16 位输入得到符号扩展的 32 位输出。Plus4 单元固化为把 4 加到一个 32 位数上，其下边和右边的输出是 32 位的和，但其左边的输出是和的最高 4 位。由于所有的指令都正好是 4 个字节，因此，冯·诺依曼周期的增加部分比 Pep/9 要简单一些，可以用这些专用硬件单元来实现，而不需要占用主 ALU 或消耗周期。

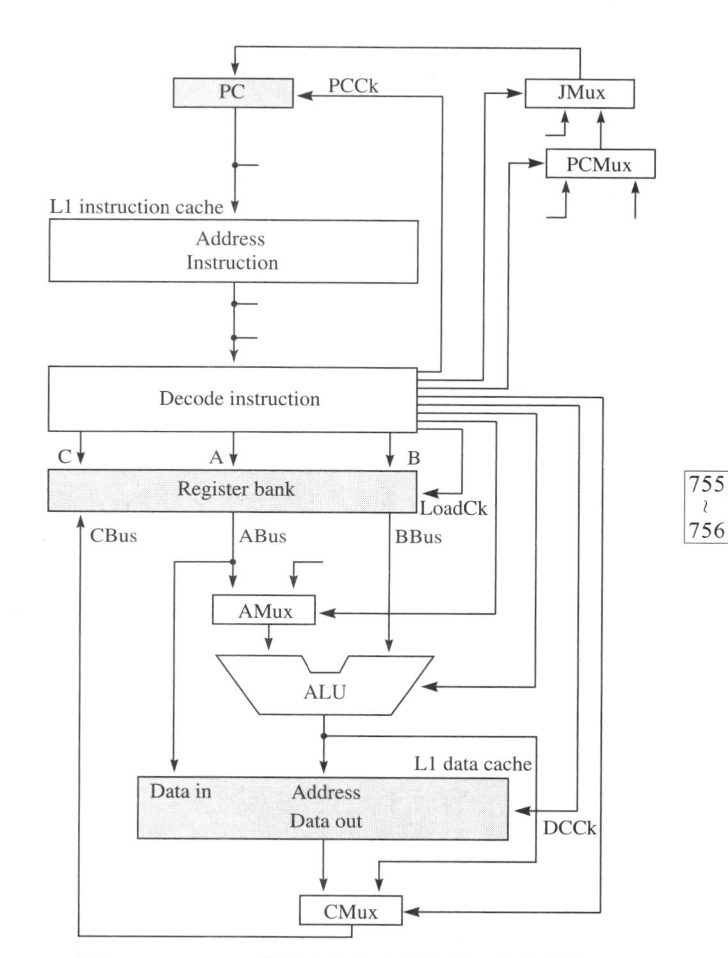

图 12-41　MIPS 数据区中来自译码单元的控制信号

755
~
756

图 12-40 中标记为译码指令的方块是一个电路，其 32 位输入是当前执行指令的所有位。MIPS 没有 Mc2 层来发出一系列的控制信号，译码单元对应于 CISC 机器中的控制部分，并输出单周期控制信号来实现指令。其下边的输出是三个 5 位字段 A、B 和 C，它们进入寄存器组，对应于图 12-2 所示的 Pep/9 寄存器组中的 A、B、C 控制信号。图 12-41 隐藏了图 12-40 中的专用硬件单元，显示了译码单元的其他控制输出。除了 A、B、C 输出之外，还有如下 8 个控制信号：

- JMux 控制：如果为 0，选择左输入；如果为 1，选择 PCMux。
- PCMux 控制：如果为 0，选择 Plus4；如果为 1，选择 Adder。
- AMux 控制：如果为 0，选择 ABus；如果为 1，选择符号扩展。
- CMux 控制：如果为 0，选择数据输出；如果为 1，选择 ALU。
- ALU 控制：多线功能选择。
- PCCk：程序计数器的时钟脉冲。
- LoadCk：写寄存器组的时钟脉冲。
- DCCk：写 L1 数据高速缓存的时钟脉冲。

为了一致性，多路复用器控制信号遵循了 Pep/9 的惯例。具体说来，0 控制信号选择左输入，1 控制信号选择右输入。实际的 MIPS 硬件与这个惯例不同，MIPS 硬件文档也与硬件单元的命名约定不同，本文使用该命名约定以便与 Pep/9 系统保持一致。

每个周期 PC 都会收到时钟信号并驱动主循环。寄存器组和数据高速缓存并不总是接受时钟，这取决于在执行的指令。下面的例子给出了实现某些 ISA3 层 MIPS 指令的译码单元控制信号。

例 12.8 跳转指令使用伪直接寻址。图 12-40 中 IF 部分的 ASL 方框把地址左移两位，再把结果与增加后的 PC 值的前 4 位（高 4 位）连接。这是使用专用硬件单元实现图 12-37 所示的伪直接寻址方式。跳转指令需要如下控制信号：

757~758

```
1. JMux=0; PCCk
```

在周期开始执行前，PC 是跳转指令的地址，26 位地址字段送到 ASL2 的输入，增加过的 PC 的前 4 位和 ASL2 的输出连接，送到 JMux，JMux 的输出送到 PC。时钟脉冲到达时会更新 PC。■

与 Pep/9 不同，MIPS 处理器的条件分支指令没有 NZVC 状态位，相反，比较总是在寄存器组中的两个寄存器之间进行，其中的一个可能是 $zero 寄存器。要测试算术运算指令的溢出，程序使用的指令就要能在溢出时产生一个陷阱；否则，就使用无符号指令，这种指令在溢出时不产生陷阱。比如，add 指令在溢出时会触发一个系统陷阱，而 addu 指令，即无符号加法，实现同样的操作，但在溢出时不产生陷阱。

例 12.9 条件分支指令根据条件以两种方式中的一种来改变程序计数器的值。译码单元比较两个寄存器，根据测试的结果输出不同的控制信号。如果不进行分支，其输出为：

```
1. PCMux=0, JMux=1; PCCk
```

在周期开始执行前，PC 是条件分支指令的地址，来自 Plus4 的已增加过的值送到 PCMux，通过 JMux 后，随时钟进入 PC。如果进行分支，其输出为：

```
1. PCMux=1, JMux=1; PCCk
```

在周期开始执行前，PC 是条件分支指令的地址，16 位地址字段送入 Ex 部分的 ASL2 的输入，ASL2 输出和增加过的 PC 送到 Ex 部分的加法器，加法器的输出送到 PCMux，PCMux 的输出送到 JMux，而 JMux 的输出送到 PC。时钟脉冲到达时会更新 PC。■

数据区中组成部分的组织方式有助于存储指令。ABus 提供了一条路径，从寄存器组直接到 L1 数据高速缓存的数据输入。此外，主 ALU 的输出连接数据高速缓存的地址线。因此，存储指令的地址计算的加法是由主 ALU 而不是专用硬件单元完成的。PC 更新和数据写回数据高速缓存同时进行。

例 12.10 字存储指令 sw 的 RTL 描述为

759

Mem[Reg[rb] + SE(im)] ← Reg[rt]

因为这条指令要更新 PC 并写内存，所以这个周期同时需要时钟脉冲 PCCk 和 DCCk。控制信号是

```
1. PCMux=0, JMux=1, A=rt, AMux=1, B=rb, ALU=A plus B;
PCCk, DCCk
```

PCMux=0 和 JMux=1 信号只把增加过的 PC 送到 PC。A=rt 信号把 rt 源寄存器的内容送

到 ABus，作为要送到高速缓存的数据。AMux=1 信号选择把指令的地址字段作为 ALU 的左输入，B =rb 信号把基址寄存器送到 BBus，作为 ALU 的右输入。选择加法功能，地址计算的结果送到数据高速缓存的地址线。

寄存器指令用主 ALU 完成处理，但是不写内存。因此，ALU 的输出有一条通过 CMux 到寄存器组的路径。和存储指令一样，PC 和寄存器组的更新是同时发生的。

例 12.11 加法指令 add 的 RTL 描述为

$$Reg[rd] \leftarrow Reg[rs] + Reg[rt]$$

因为它要更新 PC 和写寄存器组，所以这个周期同时需要时钟脉冲 PCCk 和 LoadCk。控制信号是

```
1. PCMux=0, JMux=1, A=rs, AMux=0, B=rt, ALU=A plus B,
   CMux=1, C=rd; PCCk, LoadCk
```

PCMux=0 和 JMux=1 信号把增加过的 PC 送到 PC。A=rs 信号把 rs 源寄存器的内容放到 ABus，AMux=0 信号会把它当作数据通过 AMux 送到高速缓存。B=rt 信号把基址寄存器送到 BBus，作为 ALU 的右输入。选择加法功能，用 CMux=1 信号把结果通过 CMux 送到 CBus。信号 C=rd 对寄存器组寻址，地址为目标寄存器 rd。■

装入指令的控制信号作为章末练习。

12.3.5 流水线

PC 在周期开始时变化，数据必须按照下列顺序通过组合电路传播：

- IF：指令高速缓存，Plus4 加法器，移位器和复用器。
- ID：译码指令方框，寄存器组，符号扩展方框。
- Ex：AMux，ASL2 移位器，ALU，加法器。
- Mem：数据高速缓存。
- WB：CMux，寄存器组的地址译码器。

760

CPU 设计者必须把时钟周期设置得足够长，使得数据送到时序电路（PC、寄存器组和数据高速缓存），然后时钟会把数据写入时序电路。图 12-42 给出了几条指令逐条执行的时间线。方框代表每个阶段的传播时间。

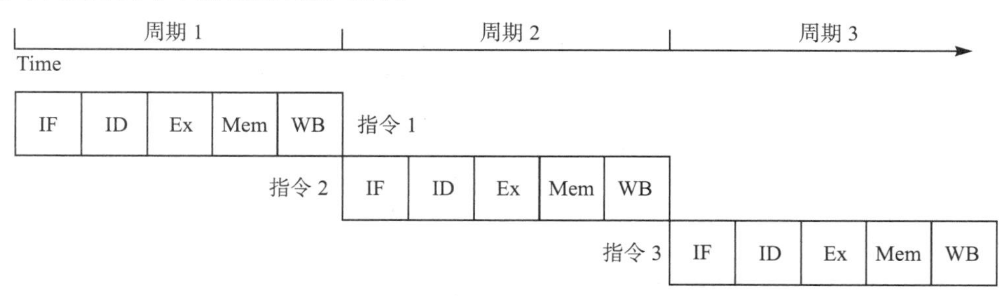

图 12-42 不使用流水线的指令执行

图 12-42 中的情况类似于一个要制造家具的工匠，他的作坊用所有工具来做三件事：切割木头、装配和上漆。因为只有一位工匠，所以他会按照这样的顺序来制造家具，然后一件一件地做。如果再有两位工匠，便有几种方法来增加每天能完成的家具数量。其他工匠如果有自己的工具，那么三个工匠可以并发工作，同时为三件家具切割木头、装配和上漆。单位

时间的输出确实会是原来的三倍，但是额外的工具也是一笔开销。

一种更经济的替代方法是确认当某人正在用螺丝和胶水进行装配时，切割木头的工具可以用于制造下一件家具。类似地，当第一件家具上漆时，第二件在组装中，第三件则正在切割中。应该可以看出，这种组织结构是工厂装配线线的基本架构。

761

对应于工具的资源是上面列出的五个方面的组合电路：取指、指令译码 / 寄存器文件读、执行 / 地址计算、内存访问和写回。CPU 流水线的理念是把执行一条指令花费的周期数增加为原来的 5 倍，但是把每个周期的时间降低为原来的 1/5。初看上去这样做没有什么好处，但是把指令和指令的执行重叠起来，就能获得并行性，增加每秒执行的指令数。

要实现这个想法需要对图 12-40 的数据路径做一些修改。每个阶段的结果必须保存，以作为下一阶段的输入。在这五个阶段之间的边界要放一组寄存器，如图 12-43 所示。在每个新的缩短了的周期结束前，每条要送到下个阶段的数据路径的数据都要存放在边界寄存器中。

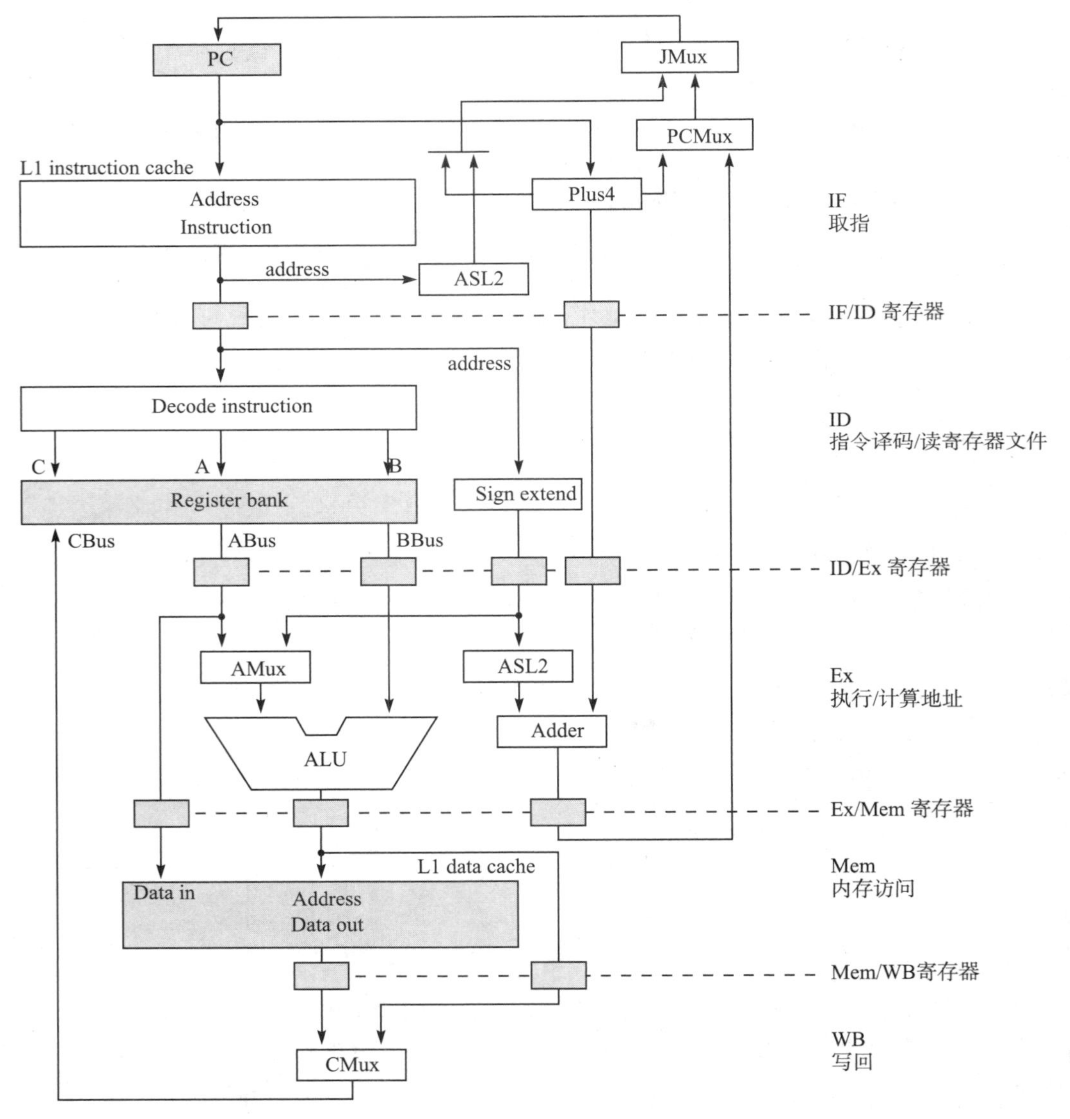

图 12-43　使用流水线的 MIPS 数据区

只有当每个阶段的传播时延完全相等时，周期时间才能刚好降低为原来的 1/5。实际上这些周期只是大致相等，所以新周期时间是所有缩短过的阶段中延迟最长的阶段的传播时间。实现流水线要选择把边界寄存器放在哪里，设计者必须设法均匀划分这些阶段。

图 12-44 展示了流水线是如何工作的。起始时流水线是空的。在周期 1，第一条指令取指。在周期 2，第二条指令取指，同时第一条指令译码和读寄存器组。在周期 3，第三条指令取指，同时第二条指令译码和读寄存器组，第一条指令执行，以此类推。这样做能带来加速是因为这使得更多电路部件可同时使用。流水线就是一种形式的并行。理论上，对于一个完美的有五个阶段的流水线，当流水线充满时，每秒执行的指令数能提高五倍。

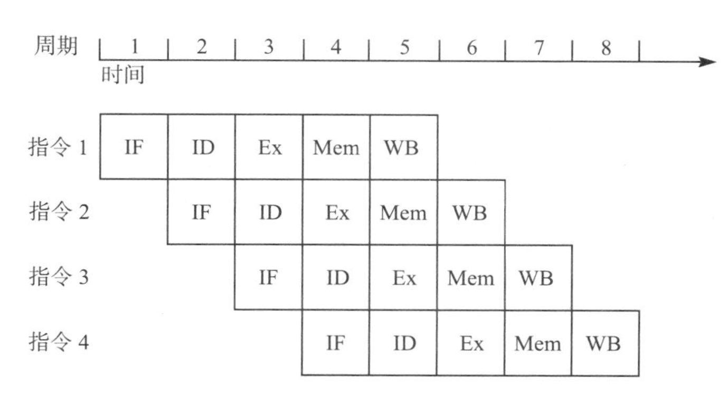

图 12-44　使用流水线时的指令执行

这是好消息，不过也有坏消息，有些问题会破坏这个看上去很美好的画面。这样的问题分为两类，称为冒险（hazard）：

- 控制冒险，来自无条件和条件分支。
- 数据冒险，来自指令间的数据依赖。

这两种冒险都是由于有指令不能在流水线的某个阶段执行完任务，因为它需要前面尚未执行完毕指令的结果。冒险会导致这条指令不能继续，只能停顿，这在流水线中造成了一个气泡，必须将其清除，然后才可能达到峰值性能。

762
~
763

图 12-45a 展示的是没有冒险时流水线从起始时的执行。第一行第二组五个方块表示要执行的第 6 条指令，第二行的第二组表示第 7 条指令，以此类推。从第 5 个周期开始，这个流水线就开始以峰值性能运行了。

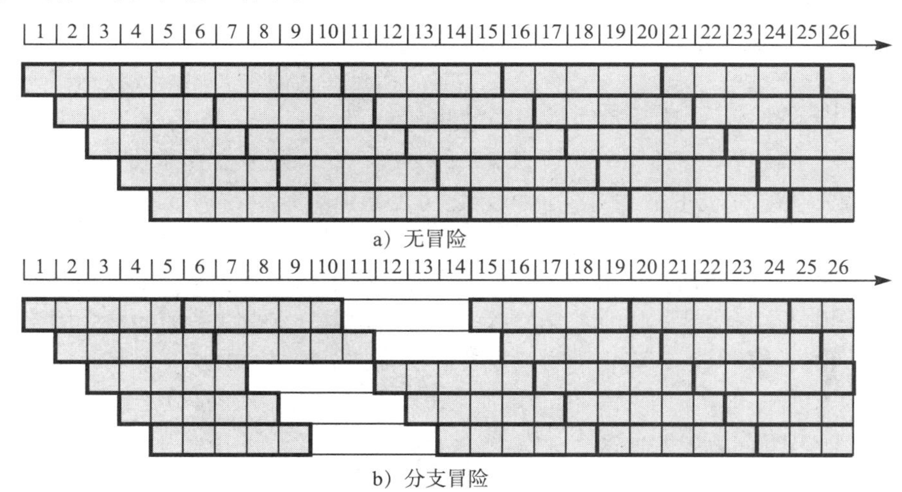

a）无冒险

b）分支冒险

图 12-45　冒险对流水线的影响

考虑分支指令执行时会发生什么。设指令 7 是一条分支指令，它从周期 7 第二行开始。假设更新过的程序计数器要到这条指令完成时才能为第二条指令所用，那么指令 8 及其后面的指令都必须停顿。图 12-45b 中气泡是未加阴影的。结果看上去就像流水线必须在周期 12 重新开始。图 12-46 显示分支指令占到 MIPS 机器上典型程序中 15% 的执行语句。所以大概每 7 条指令就要延迟四个周期。

764

指令	频率
算术	50%
装入/存储	35%
分支	15%

图 12-46　MIPS 指令的执行频率

有几种方法可降低控制冒险带来的性能处罚。图 12-45b 假设分支指令的结果要到写回阶段之后才能得到，但是实际上分支指令不改变寄存器组。所以，假设下一条指令被延迟了，要降低气泡的长度，系统就必须消除分支指令的写回阶段。增加额外的控制硬件可以把气泡的长度从四个周期减少到三个。

对条件分支另外还有一个机会能降低冒险的影响。假设增加额外的控制硬件，分支的处罚是 3 个周期，而计算机执行下面这个 MIPS 程序：

```
beq $s1,$s2,4
add $s3,$s3,$s4
sub $s5,$s5,$s6
andi $s7,$s7,15
sll $s0,$s0,2
ori $s3,$s3,1
```

第一条指令是如果相等分支，地址字段是 4，这意味着这个分支是到下一条指令之后的第四条指令。所以，如果选择了该分支，就会是 ori 指令。如果没有选择分支，接下来会执行 add。

从图 12-45b 中可以看到浪费了很多并行性。随着气泡被冲洗出流水线，很多阶段都是空闲的。在等待 beq 的结果时，不知道是否该执行 add、sub 和 andi。不过还是可以假设分支不发生而执行它们。如果实际上没有选择分支，那么就刚好消除了气泡；如果选择了分支，从气泡延迟的角度来说，也不会比不执行 beq 后面的指令更差，在那种情况下，是把气泡冲出流水线。

这样做的问题是需要电路来清理如果假设错误而选择了分支之后留下的坏影响。必须记录好中间的所有指令，在发现分支是否跳转之前，不允许它们永久地修改数据高速缓存或寄存器组。当发现不选择分支时，就可以提交这些改变了。

765

假设分支不会跳转是一种原始的预测未来的方法，这就好像去看赛马时总是把赌注压在同一匹马上而不管它之前的战绩如何。可以让历史指引选择，这种技术称为*动态分支预测*（dynamic branch prediction）。在分支语句执行的同时记录这个分支是跳转还是不跳转，如果跳转，则记录它的目的地址，下次这条指令执行时，就预测会发生同样的结果。如果上一次跳转了，那就用分支目的处的指令填充流水线，否则就用分支指令后面的指令填充流水线。

上述方法称为*一位分支预测*，因为只需要一位就能记录某个分支是跳转还是不跳转。一位存储单元定义了一个有两个状态的有限状态机，两个状态分别对应于预测分支是否会跳转。图 12-47 给出的就是这个有限状态机。

还是用赛马的比喻，可能你不应该这么快改变要把赌注放在哪匹马上。假设有一匹马你已经连续押注三次并且都赢了，第四次，另一匹马赢了。你真的想要只根据这一次结果而不管以前的历史，就把赌注压到另一匹马上？这类似于程序中有嵌套的循环时发生的情况。假设内循环每执行四次，外循环执行一次。编译器用条件分支翻译内循环的代码，这个分支会连续跳转四次，然后会不跳转一次，终止这次循环。下面是分支选择序列和基于图 12-47 的一位动态预测结果。

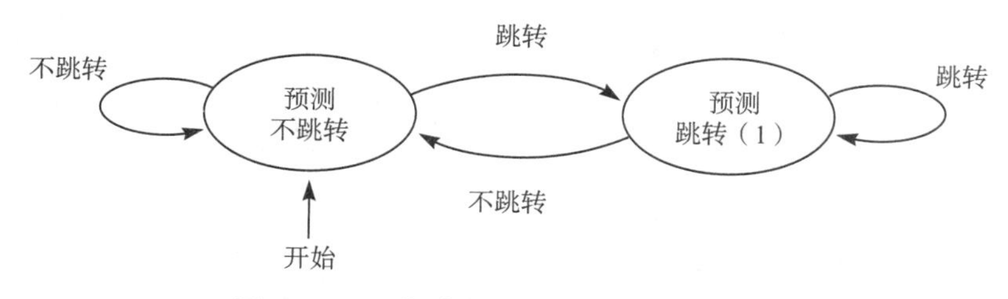

图 12-47 一位动态分支预测的状态转换图

跳转： Y Y Y Y N Y Y Y Y N Y Y Y Y N Y Y Y Y N
预测： N Y Y Y Y N Y Y Y Y N Y Y Y Y N Y Y Y Y
不正确：x x x x x x x x

采用一位动态分支预测，对于每次外循环，内循环的分支总是会被预测错误两次。

要克服这个不足，常见的做法是采用两位来预测下一个分支，其思想是如果分支有多次跳转，然后遇到一次不跳转，那么不用立即改变预测；改变的条件是有两次连续的不跳转。图 12-48 显示共有四种状态。两个带阴影的状态是连续有两个一样的分支类型时的状态：前面两次分支都跳转或者都不跳转。两个没有阴影的状态表示前面两次分支结果不同。如果是连续的分支跳转，就处于状态 00。如果下一个分支是不跳转，则进入状态 01，但是仍然预测此后的分支会跳转。图 12-48 的有限状态机按照上述分支序列执行的结果表明，从外层循环开始每次预测都是正确的。 766

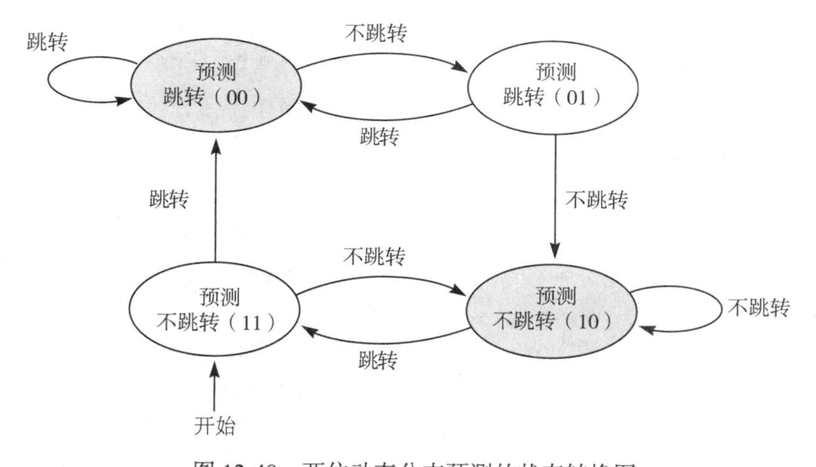

图 12-48 两位动态分支预测的状态转换图

另一项技术用于深度流水线，在深度流水线上如果分支预测错误，处罚会更严重。这项技术是复制流水线，有两份程序计数器、取指电路和所有其余部分。译码一条分支指令时，启动这两条流水线，其中一条装入假设分支不跳转的指令，另一条装入假设分支跳转的指令。如果发现哪条流水线是正确的，就丢掉另一条，继续执行正确的。这个解决方案很昂贵，但不管分支是跳转还是不跳转，都没有气泡。

当一条指令需要前面指令的结果时，就必须停顿直到得到该结果，此时数据冒险就发生了。这种是写后读（Read-After-Write，RAW）冒险，下面的代码序列就是这样一个例子：

```
add $s2,$s2,$s3 # write $s2
sub $s4,$s4,$s2 # read $s2
```

767

add 指令改变 $s2 的值，这个值用在 sub 指令。图 12-43 表明 add 指令会在写回阶段 WB 结束时更新 $s2 的值。然后，sub 指令会在它的指令译码 / 寄存器文件读阶段 ID 结束时从寄存器组读出。图 12-49a 显示了没有 RAW 冒险的两条指令，图 12-49b 给出了有数据冒险时这两条指令该如何重叠。sub 指令的 ID 阶段必须在 add 指令的 WB 阶段之后。结果是 sub 指令必须停顿，产生三个周期的气泡。

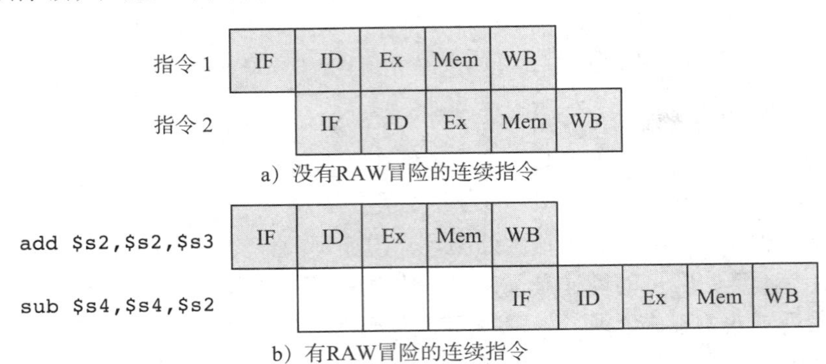

a）没有RAW冒险的连续指令

b）有RAW冒险的连续指令

图 12-49　RAW 数据冒险对流水线的影响

如果在 add 和 sub 之间有另外一条指令没有冒险，就只有两个周期的气泡。如果它们之间有两条没有冒险的指令，气泡就会减少到一个周期，而如果有三条，就没有气泡了。观察到这些就有一种可能的方法。如果能够在附近找到一些没有冒险而且无论分支结果如何都会执行的指令，为什么不乱序执行它们，把它们插入到 add 和 sub 指令之间填充气泡呢？反对这样做的理由是改变指令执行的顺序可能会改变算法的结果。在有些情况中是这样，但是也不全是。如果一个代码块中有很多算术运算，则优化编译器会分析数据依赖，重新调整语句，减少流水线中气泡的数量，而又不改变算法的结果。同样，一个汇编语言程序员也可以做同样的事情。

这是一个抽象付出代价的例子。一层抽象本意是通过隐藏低层的细节简化某一层上的计算。如果汇编语言程序员或编译器设计者不了解 LG1 层流水线的细节，就能生成对 ISA3 层最方便的语句顺序，那么，事情当然会更容易。增加一层抽象总是会带来性能损失。问题是简化带来的好处能不能弥补性能损失。使用 LG1 层的具体细节是为了平衡性能的简化抽象。这样平衡的另一个例子是在设计 ISA3 程序时考虑高速缓存子系统的属性。

768

另一项称为*数据转发*（data forwarding）的技术能减轻数据冒险。图 12-43 表明来自 ALU 的加法指令的结果会在 Ex 阶段结束时随时钟进入一个 Ex/Mem 边界寄存器。对于加法指令，只需在 Mem 阶段结束时把结果送入 Mem/WB 边界寄存器，最终在 WB 阶段结束时进入寄存器组。如果在包含 add 结果的 Ex/Mem 寄存器和一个 ID/Ex 寄存器（sub 从这个寄存器获取来自寄存器组的 add 运算结果）之间建立一条路径，那么对图 12-49b 唯一要做的调整就是让 sub 的 ID 阶段在 add 的 Ex 阶段之后。这样做还是会有一个气泡，但是只有一个周期。

超标量（superscalar）设计利用的是如果两条指令没有数据依赖，那么它们就能并行执行。图 12-50 给出了两种方法。图 12-50a 表明可以建立两条独立的流水线，它有一个速度足够快的取指单元，能够一个周期取出多条指令，还能够每个周期并发地发射两条指令。这样调度比较复杂，因为要管理跨两条流水线的数据依赖。

769

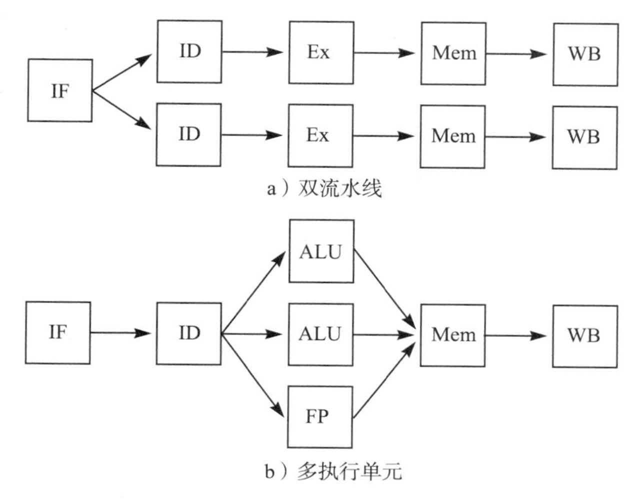

a）双流水线

b）多执行单元

图 12-50　超标量机器

图 12-50b 是基于这样一个事实，执行单元 Ex 通常是执行链中最薄弱的一环，因为它的传播延迟比流水线中其他阶段要长。和整数处理电路相比，浮点单元尤其耗时。图中标识为 FP 的方框是一个浮点单元，实现的是 IEEE 754。每个执行单元可能比流水线中其他阶段慢三倍。但是，如果它们的输入 / 输出能错开，并且能并行工作，执行阶段就不会拖慢整个流水线。

超标量机器中，指令调度器必须考虑其他类型的数据冒险。当一条指令在前面一条指令读一个寄存器之后写这个寄存器，就会发生读后写（Write-After-Read，WAR）冒险。下面是一个 MIPS 代码的例子。

```
add $s3,$s3,$s2 # read $s2
sub $s2,$s4,$s5 # write $s2
```

在图 12-43 的流水线化的机器中，这个序列没有冒险，因为 add 在 ID 阶段结束时把 $s2 随时钟送入 ID/Ex 寄存器中，而 sub 会在 WB 阶段结束时写这个寄存器。超标量机器会为了减少气泡调整这些指令的顺序，所以它可能先启动 sub 指令，然后再启动 add。如果这样做的话，必须确保 sub 的 WB 阶段在 add 的 ID 阶段之后到达。

在完美的流水线中，使用 k 阶段流水线会把时钟频率增加为原来的 k 倍，性能也提高为原来的 k 倍。那为什么不能把这种设计发挥到极致，让一个周期等于一个门延迟呢？因为由控制冒险和数据冒险引起的复杂性会降低性能，无法得到完美的结果。总会到一个点，增加流水线的长度和增加频率会降低性能。

但是提升时钟频率还有一个好处：广告。个人电脑的时钟频率是消费者决定购买哪一种电脑时的重要因素。*时钟频率神话*是说两台具有不同时钟频率值的机器，时钟频率更高的机器性能也更高。你现在应该能明白为什么这个神话不是真的了。增加流水线中阶段的数量会提高频率，但是也会增加冒险带来的性能处罚。问题是设计是否能有效战胜这些处罚。使用时钟频率作为衡量性能的唯一度量还忽略了图12-33中性能公式因素之间的相互作用。终极问题不仅是CPU每秒包含多少周期，还有每个周期能做多少有效工作来执行程序。

770

计算历史发展到的现在，流水线技术已经到达一个平台期。虽然商用CPU芯片的时钟速度还在提升，但是提升速度已经大不如前。摩尔定律依然有效，数字电路工程师能够在芯片的每平方毫米提供更多的门，但是CPU设计的当前趋势是使用额外的电路简单地复制整个CPU，在一个封装中装进多个CPU核。这种趋势未来还会加剧。这意味着软件设计者要面临更大的挑战，要使用像8.3节介绍过的那些并行编程技术来利用多核CPU芯片提供的能力。

12.4 结论

Pep/9说明的是冯·诺依曼计算机的基本本质。数据区由组合电路和时序电路组成，是一个大的有限状态机。数据区的输入包括来自主存的输入和来自控制区的控制信号，数据区的输出也送往主存和控制区。每当控制区向状态寄存器发送时钟脉冲时，状态机就转换到一个不同的状态。

在真实的计算机中，状态的数量非常大，但还是有限的。图12-2中的Pep/9数据区有25个可写的8位寄存器和5个状态位，对于总共205位存储，有2^{205}个状态。有8个输入来自主系统总线的数据线，34个控制输入来自控制区，每个状态的转移数是2^{42}。考虑作为一个有限状态机，该机器转移的总数是2^{205}乘以2^{42}，即$2^{247}=10^{74}$。地球上原子的个数估计只有10^{50}，而Pep/9只是一台很小的计算机！在最基本的层面上，无论系统多么复杂，计算都不过是执行一个有外围存储的有限状态机。

12.4.1 模型简化

Pep/9计算机说明了真实的冯·诺依曼机器背后的基本组织思想。当然，还是进行了很多简化以使机器简单易懂。

有一个低层细节与实际硬件实现中有所不同，那就是在整个集成电路中使用的是边沿触发的触发器，而不是主从触发器。这两种触发器都能解决反馈问题。因为主从原理比边沿触发原理更容易理解，所以描述中全都使用的是主从触发器。

771

另一个简化是使用主系统总线的CPU和主存之间的接口。在真实的计算机中，时序约束要更复杂，不是简单地把地址放到总线上，使MemRead保持有效且等待3周期，并假设数据就能够随时钟送进MDR中。一次内存访问要求不止两个周期，相关协议更详细地说明地址线必须保持有效的时长，以及数据必须随时钟送入CPU寄存器中的确切时间。

有关主系统总线的另一个问题是它是如何在CPU、内存和外围设备之间共享。实际中，CPU并不总是控制着总线。相反，如果同时有多个设备想要使用总线，总线会使用自己的处理器在竞争的设备之间进行仲裁。一个例子是使用*直接内存访问*（Direct Memory Access，DMA），数据从磁盘直接通过总线送到主存，不受CPU控制。DMA的优点是CPU能够把它的周期用在执行程序的有用工作上，而不必分心控制外围设备。

其他一些超出本书讨论范围的议题包括汇编器宏、链接器、流行的外围总线（比如USB和Thumder bolt）、超级计算机以及整个计算机网络领域。学习计算机网络时，你会发现抽象是核心。计算机系统被设计为抽象层次，每一层的细节都向上一层隐藏，因特网通信协议也是这样设计的。每一抽象层的存在都只做一件事情，向更高的一层提供服务，而隐藏如何提供服务的细节。

12.4.2　全局架构

现在考虑从 App7 层一直向下到 LG1 层的整个结构。假设用户从 App7 的一个应用程序向数据库系统输入数据。她想录入一个数值，所以敲出这个值，并执行回车命令。这样一个看似无害的举动后面发生了什么呢？

C 程序员编写的数据库系统包括输入数值的过程。这个 C 程序编译成汇编语言，然后又被汇编成机器语言。编译器设计者编写编译器，而汇编器设计者编写汇编器。编译器和汇编器是自动翻译器，都包含词法分析阶段、语法分析阶和代码生成阶段，其中词法分析阶段是基于有限状态机的。

在数值输入过程中，C 程序员也使用有限状态机。编译器把过程中每条 C 语句翻译成多条汇编语言语句。不过汇编器会把每条汇编语言语句翻译成一条机器语言语句。所以处理用户回车命令的代码会扩展成多条 C 命令，而每条 C 命令又会扩展成多条 ISA3 层命令。 772

然后，每个 ISA3 层命令会被翻译成控制区信号来获取和执行指令。每个控制信号输入一个复用器或某个其他组合设备，或者这个信号是一个脉冲，让一个值随着时钟进入状态寄存器。时序电路也受有限状态机的规则管理。

每个寄存器都是一个触发器阵列，每个触发器都是一对以主从原理设计的锁存器。每个锁存器都是一对 NOR 门以及简单的交叉耦合反馈连接。数据区的每个组合部件都是很少几种类型的门的互联。每个门的行为都受布尔代数定律的控制。最终，用户的回车命令被翻译成电子信号，在各个门中流动。

如果在多道程序设计系统中执行，用户的回车命令可能会被操作系统中断。回车命令可能会产生缺页，这种情况下操作系统可能需要执行页替换算法，确定要把哪一页复制回磁盘。

当然，这些事件都是在用户对系统低层毫不知情的情况下发生的。任何一层的设计缺陷都会减缓处理，用户会感知到并且抱怨计算机。记住，从 App7 到 LG1，整个系统设计都受到基本的空间 / 时间折中的制约。

LG1 层上通过某个复用器的一个门的信号和 App7 层上执行回车命令的用户之间的关联看起来很遥远，但是它真实存在。实际上有上百万的门在协同工作来执行用户的任务。这么多设备能够被组织成一台有用的机器正是得益于把系统构造成不同的抽象层次。

每个抽象层次都只有少量的简单概念，这真的很惊人。在 LG1 层，只用 NAND 或者 NOR 门就足以构造任何组合电路。只有四种基本的触发器类型，它们都可以用 SR 触发器实现。简单的冯・诺依曼周期是机器运行背后 ISA3 层的控制力量。在 OS4 层，进程是一个运行着的程序，可以通过存储它的进程控制块来中断它。Asmb5 层的汇编语言是到机器语言的一对一简单翻译。HOL6 层的高级语言是到低级语言的一对多翻译。

有限状态机的概念在整个层次结构中随处可见。有限状态机是自动翻译器词法分析的基础，也用来描述时序电路。进程控制块存储着进程的状态。 773

所有科学都以简单和结构化作为目标。在自然科学中，人们致力于发现自然法则，用最少的数学定律或概念来解释大多数现象。计算机科学家也发现简单是控制复杂的关键。能建造出像计算机这样复杂的机器，完全是因为在每个抽象层次只需要简单的概念来控制它的行为。

本章小结

中央处理器单元（CPU）分为数据区和控制区。数据区有一个寄存器组，部分或全部对ISA3层程序员可见。处理是一个循环，来自寄存器组的数据通过ABus和Bbus，通过ALU，再通过CBus返回寄存器组。内存地址寄存器指定地址处的数据通过主系统总线和内存数据寄存器从内存注入循环中。

控制区的功能是向数据区发送控制信号序列，实现ISA3指令集。机器由冯·诺依曼周期控制：取指、译码、增加、执行和重复。在像Pep/9这样的CISC机器中，控制信号必须引导数据区取操作数，由于寻址方式复杂，这可能要花费很多周期。像MIPS这样的RISC机器则寻址方式较少，指令比较简单，使得每条指令的执行都只需要一个周期。

提高性能可能来自于三个方面：增加数据总线的宽度、在CPU和主存之间插入高速缓存，以及使用流水线。这三种途径全部都建立在基本的空间/时间折中基础上。

增加数据总线宽度需要把更多空间用于总线上的连线、额外的数据寄存器以及CPU数据区的总线。增加的空间可能会减少主存与CPU之间数据传递的时间。所有的计算机内存都是字节寻址的，利用比一个字节更宽的总线来提高并行性需要在汇编语言中使用数据和程序的内存对齐。

高速缓冲存储器解决的是CPU的快速和主存的慢速之间极端不匹配的问题。高速缓存是一个小的高速内存单元，包含一部分很可能被CPU访问的主存数据的副本。它依赖于所有真实程序中都会表现出的引用的空间和时间局部性。

774

所有性能提升都基于下面这个性能公式中执行时间的3个组成部分：

$$\frac{\text{时间}}{\text{程序}}=\frac{\text{指令数}}{\text{程序}}\times\frac{\text{时钟周期数}}{\text{程序}}\times\frac{\text{时间}}{\text{时钟周期}}$$

CISC机器会降低第一个因素，代价是提高第二个因素。RISC机器，或者称为装入/存储机器会降低第二个因素，代价是提高第一个因素。这两种组织方法都会用第三个因素来提高性能，主要是通过流水线。

具有复杂指令和较多寻址方式的计算机在计算历史早期比较流行。它们的特征之一就是Mc2层抽象，这层抽象中控制区有自己的微内存、微程序计数器和微指令寄存器。控制区的微程序产生实现ISA3指令集的控制序列。装入/存储计算机的特性是没有Mc2层抽象，因为它的每条简单指令都能在一个周期内实现。

流水线类似于工厂里的装配线。要实现流水线就要划分周期，在数据区的数据路径上插入边界寄存器。效果是增加了每条指令的周期数，但是相应地降低了时钟周期。当流水线充满的时候，借助于流水线固有的并行性，能够实现每个周期执行一条指令。不过，控制冒险和数据冒险会降低性能，不能达到理论上的理想值。处理冒险的技术包括分支预测、指令重排序以及数据转发。超标量机器通过复制流水线或执行单元来实现更高的并行性。

练习

12.1节

1. 画出MDR和主存总线之间的全部8位总线，给出三态缓冲器以及到MemWrite线的连接。
2. 设计图12-2的三输入单输出组合电路ANDZ：

775

(a) 用卡诺图简化AND-OR电路；

（b）用卡诺图简化 OR-AND 电路；
（c）哪种设计较好？

3. 图 12-7 把图 12-5 中的周期 6 和周期 2 合并，周期 7 和周期 3 合并，以加速冯·诺依曼周期。可以把周期 6 和周期 3 合并，周期 7 和周期 4 合并吗？为什么？
4. 图 12-7 把图 12-5 中的周期 6 和周期 2 合并，周期 7 和周期 3 合并，以加速冯·诺依曼周期。可以把周期 6 和周期 4 合并，周期 7 和周期 5 合并吗？为什么？

12.2 节

*5. 书中预测不需要从 64 位计算机转变到 128 位计算机，因为我们不会需要大于 160 亿 GiB 的主存。硅晶体是一个由 0.5 nm 的方瓦片组成的平面，每个瓦片由两个原子组成。
（a）假设可以制造一个内存，密度高到硅原子平面上每个原子存储 1 位（忽略线的互联问题），要存储 64 位机器可以寻址的最大字节数，正方形芯片的边长应该是多少？给出计算过程。
（b）这个计算能支撑前面的预测吗？为什么？

6. 对于图 12-28 的高速缓存，CPU 请求在地址 4675(dec) 的字节。
（a）标签字段的 9 位是什么？
（b）字节字段的 4 位是什么？
（c）存储这个数据的高速缓存单元是哪个？

7. CPU 可以寻址 16 MiB 的主存，使用直接映射高速缓存，其中存储着 256 个 8 字节的高速缓存行。
（a）一个内存地址需要几位？
（b）地址的字节字段需要多少位？
（c）地址的行字段需要多少位？
（d）地址的标签字段需要多少位？
（e）每个高速缓存条目的数据字段需要多少位？
（f）每个高速缓存条目的所有字段一共要多少位？
（g）整个高速缓存总共需要多少位？

8. 练习 7 的 CPU 使用的是两路组相联高速缓存，带有 256 个 8 字节高速缓存行。每个高速缓存条目需要多少位？

9. 图 12-30 中，(a) 画出比较器的实现，比较器就是里面有一个等号的圆圈。（提示：考虑 XOR 后面跟一个反相器的真值表，有时称为 XNOR 门。）
（b）画出 128 个四输入复用器的输入 / 输出连接。
（c）画出 128 个四输入复用器中一个的实现。在本练习的 (a)(b) 的两个部分都可以使用省略号（...）。

776

10. 直接映射高速缓存是高速缓存设计的一个极端，组相联排在中间，另一个极端是全相联高速缓存（fully-associative cache），实际上就是图 12-29a 的高速缓存里只有一个条目，地址的行字段为 0，也就是没有行字段，地址中只有标签字段和字节字段。
（a）图 12-29 中，不是有 8 个高速缓存单元，每个 4 行，而是可以用同样的位数，只有 1 个高速缓存单元，该单元有 32 行。与图 12-29 中的高速缓存相比，这种设计的命中率会提高吗？为什么？
（b）对于（a）中的高速缓存，读电路中需要多少个比较器？

11. 假设 CPU 可以寻址 1 MB 的主存，使用全相联映射高速缓存（参见练习 10），其中有 16 个 32 字节的高速缓存行。
（a）一个内存地址需要几位？
（b）地址的字节字段需要多少位？
（c）地址的标签字段需要多少位？
（d）每个高速缓存条目的数据字段需要多少位？
（e）整个高速缓存总共需要多少位？

12.3节

*12.（a）假设MIPS机器的C编译器把$s4和数组a、$s5和变量g、$s6和数组b联系在一起 。它会把语句

```
a[4] = g + b[5];
```

翻译成什么MIPS汇编语言呢？

（b）写出（a）中指令的机器语言翻译。

13.（a）写出MIPS汇编语言语句，把寄存器$s2的内容左移9位，并把结果放到$t5中。

777

（b）写出（a）中指令的机器语言翻译。

14.（a）假设MIPS机器的C编译器把$s4和变量g、$s5和数组a、$s6和变量i联系在一起。该如何把语句g=a[i]翻译成MIPS汇编语言呢？

（b）写出（a）中指令的机器语言翻译。

15.（a）假设MIPS机器的C编译器把$s4和变量g、$s5和数组a、$s6和变量i联系在一起。该如何把语句a[i]=g翻译成MIPS汇编语言呢？

（b）写出（a）中指令的机器语言翻译。

16.（a）假设MIPS机器的C编译器把$s4和变量g、$s5和数组a、$s6和变量i联系在一起。该如何把语句g=a[i+3]翻译成MIPS汇编语言呢？

（b）写出（a）中指令的机器语言翻译。

17.（a）假设MIPS机器的C编译器把$s5和数组a、$s6和变量i联系在一起。该如何把语句a[i]=a[i+1]翻译成MIPS汇编语言呢？

（b）写出（a）中指令的机器语言翻译。

18.（a）写出MIPS汇编语言语句，在运行时栈上分配12字节的存储空间。

（b）写出（a）中指令的机器语言翻译。

19.（a）假设MIPS机器的C编译器把$s5和数组g联系在一起。该如何把语句g=529371翻译成MIPS汇编语言呢？

（b）写出（a）中指令的机器语言翻译。

20.（a）lw指令的RTL描述是什么？

（b）对图12-40，写出执行lw指令的控制信号。

21. 图12-43中，（a）两个IF/ID边界寄存器中每个有多少位？

（b）四个ID/Ex边界寄存器中每个有多少位？

（c）三个Ex/Mem边界寄存器中每个有多少位？

（d）两个Mem/WB边界寄存器中每个有多少位？

778

22. 对于图12-45b，在下表中检查每个周期空闲的电路，列出每个周期空闲的电路总数。

周期	7	8	9	10	11	12	13	14	15	16
IF										
ID										
Ex										
Mem										
WB										
空闲数										

23. 假设图12-45a的五阶段流水线15%的时间在执行分支，每个分支导致接下来要执行的指令停顿直到分支完成，如图12-45b所示。

（a）和没有气泡的理想流水线相比，周期数增加的百分比是多少？

(b) 假设 n 阶段流水线 $x\%$ 的时间执行分支，每个分支导致接下来要执行的指令停顿直到分支完成。和没有气泡的理想流水线相比，周期数增加的百分比是多少？

24. 书中提到在假设下一条指令会被延迟的情况下，可以消除无条件分支的写回阶段。
    (a) 使用这样的设计，画出图 12-45b 的周期 7 ～ 16。
    (b) 对于该设计完成练习 22 的表格。
25. (a) 图 12-47 中，对于一位动态分支预测，什么样的跳转结果会导致错误预测比率最高？最大比率是多少？
    (b) 图 12-48 中，对于两位动态分支预测，什么样的跳转结果会导致错误预测比率最高？最大比率是多少？
26. 构建图 12-48 的单输入有限状态机，实现两位动态分支预测，用卡诺图简化电路。
    (a) 使用两个 SR 触发器。
    (b) 使用两个 JK 触发器。
    (c) 使用两个 D 触发器。
    (d) 使用两个 T 触发器。
27. 图 12-48 所示的分支预测有限状态机只有在连续两次进行了分支时才从预测不分支转换为预测分支（从预测分支转换为预测不分支的条件与之类似）。
    (a) 画出有限状态机，它只在连续三次进行了分支时才从预测不分支转换为预测分支（从预测分支转换为预测不分支的条件与之类似）。
    (b) 实现这个机器需要多少预测位？

779

编程题

本章中的习题是编写控制序列来实现 Mc2 层上的 ISA3 指令。对每道习题，请在 Pep/9 模拟器中编写实现代码。该应用程序的帮助功能对每道习题都有单元测试，必须使用它来测试你的实现。所有的习题请尽可能使用最少的周期。

12.1 节

28. 用单字节数据总线编写控制序列实现冯·诺依曼周期来获取操作数指示符，并相应的增加 PC。假设指令指示符已经取出，且控制部分已经确定了该指令是非一元的。
29. 用单字节数据总线编写控制序列实现下列一元 ISA3 指令。假设指令已经被取出，且程序计数器已经增加。
    *(a) `MOVSPA`　　(b) `MOVFLGA`
    (c) `MOVAFLG`　　(d) `NOTA`
    (e) `NEGA`　　(f) `ROLA`
    (g) `RORA`
30. 用单字节数据总线编写控制序列实现 ASLA 指令，该指令对累加器做算术左移，并把结果放回累加器中。ISA3 层 ASLA 指令的 RTL 描述表示它会设置 V 位，当数字被解释为有符号数时设置这个位表示有溢出，这与 ASRA 不同。在 Mc2 层上，ASLA 指令实现的过程是先对低位字节执行 ASL，再对高位字节执行 ROL。虽然 ROL 操作不会设置 ISA3 层的 V 位，但是图 10-55 显示出 ROL 的 ALU 功能确实在 Mc2 层计算了 V 位。因此，在 ROL 操作中可以访问来自 ALU 的 V 输出。假设指令已经被取出且程序计数器已经增加。

780

31. 用单字节数据总线编写控制序列实现下列非一元 ISA3 指令。假设指令已经被取出，且程序计数器已经增加。注意操作数已经在指令寄存器（IR）中。
    *(a) `SUBA this,i`　　(b) `ANDA this,i`
    (c) `ORA this,i`　　(d) `CPWA this,i`

（e）CPBA this,i　　（f）LDWA this,i

（g）LDBA this,i

32. 用单字节数据总线编写控制序列实现下列非一元 ISA3 指令。假设指令已经被取出，且程序计数器已经增加。

*（a）LDWA here,d　　（b）LDWA here,s

（c）LDWA here,sf　　（d）LDWA here,x

（e）LDWA here,sx　　（f）LDWA here,sfx

（g）STWA there,n　　（h）STWA there,s

（i）STWA there,sf　　（j）STWA there,x

（k）STWA there,sx　　（l）STWA there,sfx

33. 用单字节数据总线编写控制序列实现下列 ISA3 控制指令。假设指令已经被取出，且程序计数器已经增加。由于 DECO 是个陷阱指令，因此，其寻址方式与实现无关。所有的陷阱指令在 ISA3 层的实现都是相同的。

（a）BR main　　（b）BR guessJT,x

（c）CALL alpha　　（d）RET

（e）DECO 0x0003,d　　（f）RETTR

12.2 节

34. 用双字节数据总线编写控制序列实现冯·诺依曼周期来获取操作数指示符，并相应的增加 PC。

（a）假设程序计数器是偶数值，则操作数指示符的第一个字节还未被预取。

（b）假设程序计数器是奇数值，则操作数指示符的第一个字节已经被预取，继续预取后续的指令指示符。

35. 用双字节数据总线编写控制序列实现习题 32 的 ISA3 指令。假设所有地址和字操作数都对齐于偶地址边界。与单字节数据总线所需周期数进行比较，并计算双字节数据总线节省周期数的百分比。

36. 用双字节数据总线编写控制序列实现习题 33 的 ISA3 指令。假设所有地址和字操作数都对齐于偶地址边界。与单字节数据总线所需周期数进行比较，并计算双字节数据总线节省周期数的百分比。小题（e）是陷阱指令，小题（f）是从陷阱返回的指令，它们都假设有对齐的系统栈。Pep/9 CPU 模拟器提供了对齐系统栈的修改过的 RTL 描述以及通用单元测试。

37. 插入 .ALIGN 点命令和 NOP0 指令，使得下列 Pep/9 汇编语言程序对齐双字节数据总线的 Pep/9 处理器。记住，所有的 CALL 语句都必须位于奇地址，以便让返回地址位于偶地址。未对齐的原始程序的源代码由 Pep/9 应用程序的帮助工具提供。测试你编写的对齐程序。

（a）图 5-22

（b）图 6-10

（c）图 6-12

（d）图 6-18

（e）图 6-21

781～782

Pep/9 体系结构

本附录总结了 Pep/9 计算机的体系结构。

	0	1	2	3	4	5	6	7	8	9	A	B	C	D	E	F
0_	0	1	2	3	4	5	6	7	8	9	10	11	12	13	14	15
1_	16	17	18	19	20	21	22	23	24	25	26	27	28	29	30	31
2_	32	33	34	35	36	37	38	39	40	41	42	43	44	45	46	47
3_	48	49	50	51	52	53	54	55	56	57	58	59	60	61	62	63
4_	64	65	66	67	68	69	70	71	72	73	74	75	76	77	78	79
5_	80	81	82	83	84	85	86	87	88	89	90	91	92	93	94	95
6_	96	97	98	99	100	101	102	103	104	105	106	107	108	109	110	111
7_	112	113	114	115	116	117	118	119	120	121	122	123	124	125	126	127
8_	128	129	130	131	132	133	134	135	136	137	138	139	140	141	142	143
9_	144	145	146	147	148	149	150	151	152	153	154	155	156	157	158	159
A_	160	161	162	163	164	165	166	167	168	169	170	171	172	173	174	175
B_	176	177	178	179	180	181	182	183	184	185	186	187	188	189	190	191
C_	192	193	194	195	196	197	198	199	200	201	202	203	204	205	206	207
D_	208	209	210	211	212	213	214	215	216	217	218	219	220	221	222	223
E_	224	225	226	227	228	229	230	231	232	233	234	235	236	237	238	239
F_	240	241	242	243	244	245	246	247	248	249	250	251	252	253	254	255

图 A-1　十六进制转换表

十六进制	二进制	十六进制	二进制	十六进制	二进制	十六进制	二进制
0	0000	4	0100	8	1000	C	1100
1	0001	5	0101	9	1001	D	1101
2	0010	6	0110	A	1010	E	1110
3	0011	7	0111	B	1011	F	1111

图 A-2　十六进制和二进制的关系

字符	二进制	十六进制	字符	二进制	十六进制	字符	二进制	十六进制	字符	二进制	十六进制
NUL	000 0000	00	SP	010 0000	20	@	100 0000	40	`	110 0000	60
SOH	000 0001	01	!	010 0001	21	A	100 0001	41	a	110 0001	61
STX	000 0010	02	"	010 0010	22	B	100 0010	42	b	110 0010	62
ETX	000 0011	03	#	010 0011	23	C	100 0011	43	c	110 0011	63
EOT	000 0100	04	$	010 0100	24	D	100 0100	44	d	110 0100	64
ENQ	000 0101	05	%	010 0101	25	E	100 0101	45	e	110 0101	65
ACK	000 0110	06	&	010 0110	26	F	100 0110	46	f	110 0110	66
BEL	000 0111	07	'	010 0111	27	G	100 0111	47	g	110 0111	67
BS	000 1000	08	(	010 1000	28	H	100 1000	48	h	110 1000	68
HT	000 1001	09	)	010 1001	29	I	100 1001	49	i	110 1001	69
LF	000 1010	0A	*	010 1010	2A	J	100 1010	4A	j	110 1010	6A
VT	000 1011	0B	+	010 1011	2B	K	100 1011	4B	k	110 1011	6B
FF	000 1100	0C	,	010 1100	2C	L	100 1100	4C	l	110 1100	6C
CR	000 1101	0D	-	010 1101	2D	M	100 1101	4D	m	110 1101	6D
SO	000 1110	0E	.	010 1110	2E	N	100 1110	4E	n	110 1110	6E
SI	000 1111	0F	/	010 1111	2F	O	100 1111	4F	o	110 1111	6F
DLE	001 0000	10	0	011 0000	30	P	101 0000	50	p	111 0000	70
DC1	001 0001	11	1	011 0001	31	Q	101 0001	51	q	111 0001	71
DC2	001 0010	12	2	011 0010	32	R	101 0010	52	r	111 0010	72
DC3	001 0011	13	3	011 0011	33	S	101 0011	53	s	111 0011	73
DC4	001 0100	14	4	011 0100	34	T	101 0100	54	t	111 0100	74
NAK	001 0101	15	5	011 0101	35	U	101 0101	55	u	111 0101	75
SYN	001 0110	16	6	011 0110	36	V	101 0110	56	v	111 0110	76
ETB	001 0111	17	7	011 0111	37	W	101 0111	57	w	111 0111	77
CAN	001 1000	18	8	011 1000	38	X	101 1000	58	x	111 1000	78
EM	001 1001	19	9	011 1001	39	Y	101 1001	59	y	111 1001	79
SUB	001 1010	1A	:	011 1010	3A	Z	101 1010	5A	z	111 1010	7A
ESC	001 1011	1B	;	011 1011	3B	[	101 1011	5B	{	111 1011	7B
FS	001 1100	1C	<	011 1100	3C	\	101 1100	5C	|	111 1100	7C
GS	001 1101	1D	=	011 1101	3D	]	101 1101	5D	}	111 1101	7D
RS	001 1110	1E	>	011 1110	3E	^	101 1110	5E	~	111 1110	7E
US	001 1111	1F	?	011 1111	3F	_	101 1111	5F	DEL	111 1111	7F

控制符的缩写

NUL	空字符	FF	换页	CAN	取消
SOH	标题开始	CR	回车	EM	介质中断
STX	正文开始	SO	不用切换	SUB	替补
ETX	正文结束	SI	启用切换	ESC	换码（溢出）
EOT	传输结束	DLE	数据链路转义	FS	文件分隔符
ENQ	请求	DC1	设备控制 1	GS	分组符
ACK	收到通知	DC2	设备控制 2	RS	记录分离符
BEL	响铃	DC3	设备控制 3	US	单元分隔符
BS	退格	DC4	设备控制 4	SP	空格
HT	水平制表符	NAK	拒绝接收	DEL	删除
LF	换行	SYN	同步空闲		
VT	垂直制表符	ETB	传输块结束		

图 A-3　美国信息交换标准代码（ASCII）

中央处理单元（CPU）

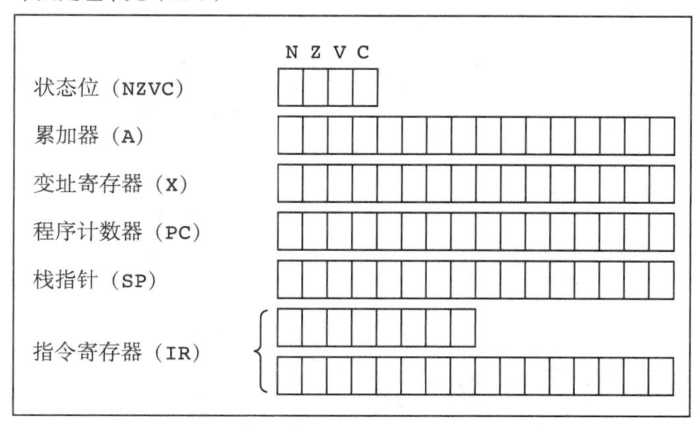

图 A-4　Pep/9 计算机的中央处理单元

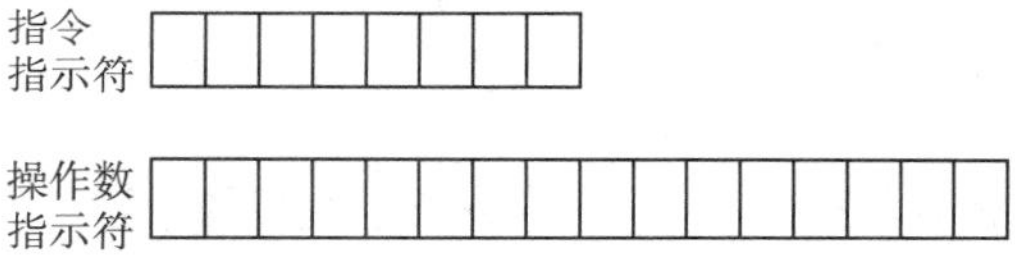

指令指示符

操作数指示符

a）非一元指令的两个部分

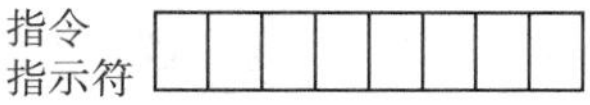

指令指示符

b）一元指令

图 A-5　Pep/9 指令格式

aaa	寻址方式
000	立即数
001	直接
010	间接
011	栈相对
100	栈相对间接
101	变址
110	栈变址
111	栈间接变址

a）寻址aaa字段

a	寻址方式
0	立即数
1	变址

b）寻址 a 字段

r	寻址方式
0	累加器 A
1	变址寄存器 X

c）寄存器 r 字段

图 A-6　Pep/9 指令指示符字段

寻址方式	aaa	字符	操作数
立即数	000	i	OprndSpec
直接	001	d	Mem[OprndSpec]
间接	010	n	Mem[Mem[OprndSpec]]
栈相对	011	s	Mem[SP+OprndSpec]
栈相对间接	100	sf	Mem[Mem[SP+OprndSpec]]
变址	101	x	Mem[OprndSpec+X]
栈变址	110	sx	Mem[SP+OprndSpec+X]
栈间接变址	111	sfx	Mem[Mem[SP+OprndSpec]+X]

图 A-7　Pep/9 寻址方式

指令指示符	助记符	指令	寻址方式	状态位
0000 0000	STOP	停止执行	U	
0000 0001	RET	从CALL返回	U	
0000 0010	RETTR	从陷阱返回	U	
0000 0011	MOVSPA	把SP传送到A	U	
0000 0100	MOVFLGA	把NZVC标志传送到A(12..15)	U	
0000 0101	MOVAFLG	把A(12..15)传送到NZVC标志	U	
0000 011r	NOTr	按位反转r	U	NZ
0000 100r	NEGr	对r取反	U	NZV
0000 101r	ASLr	算术左移r	U	NZVC
0000 110r	ASRr	算术右移r	U	NZC
0000 111r	ROLr	循环左移r	U	C
0001 000r	RORr	循环右移r	U	C
0001 001a	BR	无条件分支	i, x	
0001 010a	BRLE	小于等于分支	i, x	
0001 011a	BRLT	小于分支	i, x	
0001 100a	BREQ	等于分支	i, x	
0001 101a	BRNE	不等于分支	i, x	
0001 110a	BRGE	大于等于分支	i, x	
0001 111a	BRGT	大于分支	i, x	
0010 000a	BRV	如果V为1，则分支	i, x	
0010 001a	BRC	如果C为1，则分支	i, x	
0010 010a	CALL	调用子例程	i, x	

图 A-8　Asmb5 层的 Pep/9 指令集

指令指示符	助记符	指令	寻址方式	状态位
0010 011n	NOPn	一元空操作陷阱	U	
0010 1aaa	NOP	非一元空操作陷阱	i	
0011 0aaa	DECI	十进制输入陷阱	d, n, s, sf, x, sx, sfx	NZV
0011 1aaa	DECO	十进制输出陷阱	i, d, n, s, sf, x, sx, sfx	
0100 0aaa	HEXO	十六进制输出陷阱	i, d, n, s, sf, x, sx, sfx	
0100 1aaa	STRO	字符串输出陷阱	d, n, s, sf, x	
0101 0aaa	ADDSP	加到栈指针（SP）上	i, d, n, s, sf, x, sx, sfx	NZVC
0101 1aaa	SUBSP	从栈指针（SP）减去	i, d, n, s, sf, x, sx, sfx	NZVC
0110 raaa	ADDr	加到r上	i, d, n, s, sf, x, sx, sfx	NZVC
0111 raaa	SUBr	从r减去	i, d, n, s, sf, x, sx, sfx	NZVC
1000 raaa	ANDr	与r按位AND	i, d, n, s, sf, x, sx, sfx	NZ
1001 raaa	ORr	与r按位OR	i, d, n, s, sf, x, sx, sfx	NZ
1010 raaa	CPWr	与r进行字比较	i, d, n, s, sf, x, sx, sfx	NZVC
1011 raaa	CPBr	与r（8..15）进行字节比较	i, d, n, s, sf, x, sx, sfx	NZVC
1100 raaa	LDWr	从主存加载字到r	i, d, n, s, sf, x, sx, sfx	NZ
1101 raaa	LDBr	从主存加载字节到r（8..15）	i, d, n, s, sf, x, sx, sfx	NZ
1110 raaa	STWr	从r存储字到主存	d, n, s, sf, x, sx, sfx	
1111 raaa	STBr	从r（8..15）存储字节到主存	d, n, s, sf, x, sx, sfx	

图 A-8 （续）

伪操作	汇编器指示
.ADDRSS	符号的地址
.ALIGN	填充以对齐内存边界
.ASCII	ASCLL字节字符串
.BLOCK	零字节块
.BURN	启动ROM烧入
.BYTE	一个字节值
.END	汇编器标记
.EQUATE	将一个符号等同于一个常量值
.WORD	一个字值

图 A-9 Pep/9 汇编语言的伪操作

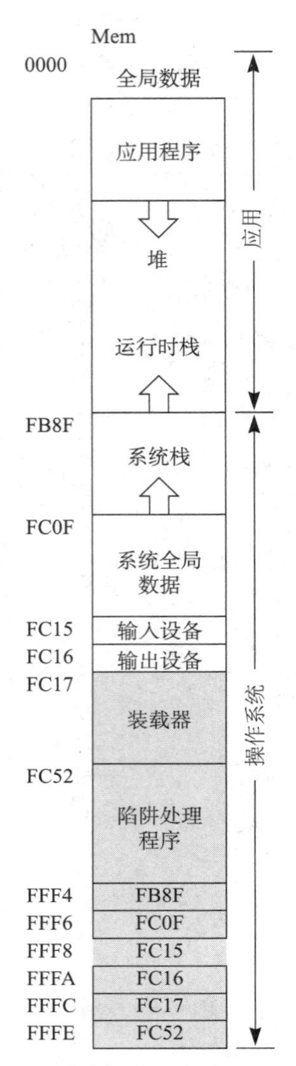

图 A-10　Pep/9 的内存映射，阴影部分是 ROM

指令	寄存器传送语言说明
STOP	停止执行
RET	PC ← Mem[SP] ; SP ← SP + 2
RETTR	NZVC ← Mem[SP]⟨4..7⟩ ; A ← Mem[SP + 1] ; X ← Mem[SP + 3] ; PC ← Mem[SP + 5] ; SP ← Mem[SP + 7]
MOVSPA	A ← SP
MOVFLGA	A⟨8..11⟩ ← 0 , A⟨12..15⟩ ← NZVC
MOVAFLG	NZVC ← A⟨12..15⟩
NOTr	r ← ¬ r ; N ← r < 0 , Z ← r = 0
NEGr	r ← −r ; N ← r < 0 , Z ← r = 0 , V ← {*overflow*}
ASLr	C ← r⟨0⟩ , r⟨0..14⟩ ← r⟨1..15⟩ , r⟨15⟩ ← 0 ; N ← r < 0 , Z ← r = 0 , V ← {*overflow*}
ASRr	C ← r⟨15⟩ , r⟨1..15⟩ ← r⟨0..14⟩ ; N ← r < 0 , Z ← r = 0

图 A-11　Pep/9 指令的 RTL 描述

指令	寄存器传送语言说明
ROLr	$C \leftarrow r\langle 0 \rangle$, $r\langle 0..14 \rangle \leftarrow r\langle 1..15 \rangle$, $r\langle 15 \rangle \leftarrow C$
RORr	$C \leftarrow r\langle 15 \rangle$, $r\langle 1..15 \rangle \leftarrow r\langle 0..14 \rangle$, $r\langle 0 \rangle \leftarrow C$
BR	$PC \leftarrow Oprnd$
BRLE	$N = 1 \vee Z = 1 \Rightarrow PC \leftarrow Oprnd$
BRLT	$N = 1 \Rightarrow PC \leftarrow Oprnd$
BREQ	$Z = 1 \Rightarrow PC \leftarrow Oprnd$
BRNE	$Z = 0 \Rightarrow PC \leftarrow Oprnd$
BRGE	$N = 0 \Rightarrow PC \leftarrow Oprnd$
BRGT	$N = 0 \wedge Z = 0 \Rightarrow PC \leftarrow Oprnd$
BRV	$V = 1 \Rightarrow PC \leftarrow Oprnd$
BRC	$C = 1 \Rightarrow PC \leftarrow Oprnd$
CALL	$SP \leftarrow SP - 2$; $Mem[SP] \leftarrow PC$; $PC \leftarrow Oprnd$
NOPn	陷阱：一元空操作
NOP	陷阱：非一空无操作
DECI	陷阱:$Oprnd \leftarrow$ {*decimal input*}
DECO	陷阱:{*decimal output*} $\leftarrow Oprnd$
HEXO	陷阱:{*hexadecimal output*} $\leftarrow Oprnd$
STRO	陷阱:{*string output*} $\leftarrow Oprnd$
ADDSP	$SP \leftarrow SP + Oprnd$
SUBSP	$SP \leftarrow SP - Oprnd$
ADDr	$r \leftarrow r + Oprnd$; $N \leftarrow r < 0$, $Z \leftarrow r = 0$, $V \leftarrow$ {*overflow*} , $C \leftarrow$ {*carry*}
SUBr	$r \leftarrow r - Oprnd$; $N \leftarrow r < 0$, $Z \leftarrow r = 0$, $V \leftarrow$ {*overflow*} , $C \leftarrow$ {*carry*}
ANDr	$r \leftarrow r \wedge Oprnd$; $N \leftarrow r < 0$, $Z \leftarrow r = 0$
ORr	$r \leftarrow r \vee Oprnd$; $N \leftarrow r < 0$, $Z \leftarrow r = 0$
CPWr	$T \leftarrow r - Oprnd$; $N \leftarrow T < 0$, $Z \leftarrow T = 0$, $V \leftarrow$ {*overflow*} , $C \leftarrow$ {*carry*} ; $N \leftarrow N \oplus V$
CPBr	$T \leftarrow r\langle 8..15 \rangle -$ byte $Oprnd$; $N \leftarrow T < 0$, $Z \leftarrow T = 0$, $V \leftarrow 0$, $C \leftarrow 0$
LDWr	$r \leftarrow Oprnd$; $N \leftarrow r < 0$, $Z \leftarrow r = 0$
LDBr	$r\langle 8..15 \rangle \leftarrow$ byte $Oprnd$; $N \leftarrow 0$, $Z \leftarrow r\langle 8..15 \rangle = 0$
STWr	$Oprnd \leftarrow r$
STBr	byte $Oprnd \leftarrow r\langle 8..15 \rangle$
Trap	$T \leftarrow Mem[FFF6]$; $Mem[T - 1] \leftarrow IR\langle 0..7 \rangle$; $Mem[T - 3] \leftarrow SP$; $Mem[T - 5] \leftarrow PC$; $Mem[T - 7] \leftarrow X$; $Mem[T - 9] \leftarrow A$; $Mem[T - 10]\langle 4..7 \rangle \leftarrow NZVC$; $SP \leftarrow T - 10$; $PC \leftarrow Mem[FFFE]$

图 A-11 （续）

ALU 控制		结果	状态位			
二进制	十进制		N	Zout	V	Cout
0000	0	A	N	Z	0	0
0001	1	A plus B	N	Z	V	C
0010	2	A plus B plus Cin	N	Z	V	C
0011	3	A plus $\overline{B}$ plus 1	N	Z	V	C
0100	4	A plus $\overline{B}$ plus Cin	N	Z	V	C
0101	5	$A \cdot B$	N	Z	0	0
0110	6	$\overline{A \cdot B}$	N	Z	0	0
0111	7	$A + B$	N	Z	0	0
1000	8	$\overline{A + B}$	N	Z	0	0
1001	9	$A \oplus B$	N	Z	0	0
1010	10	$\overline{A}$	N	Z	0	0
1011	11	ASL A	N	Z	V	C
1100	12	ROL A	N	Z	V	C
1101	13	ASR A	N	Z	0	C
1110	14	ROR A	N	Z	0	C
1111	15	0	A<4>	A<5>	A<6>	A<7>

图 A-12　Pep/9 ALU 的 16 个函数

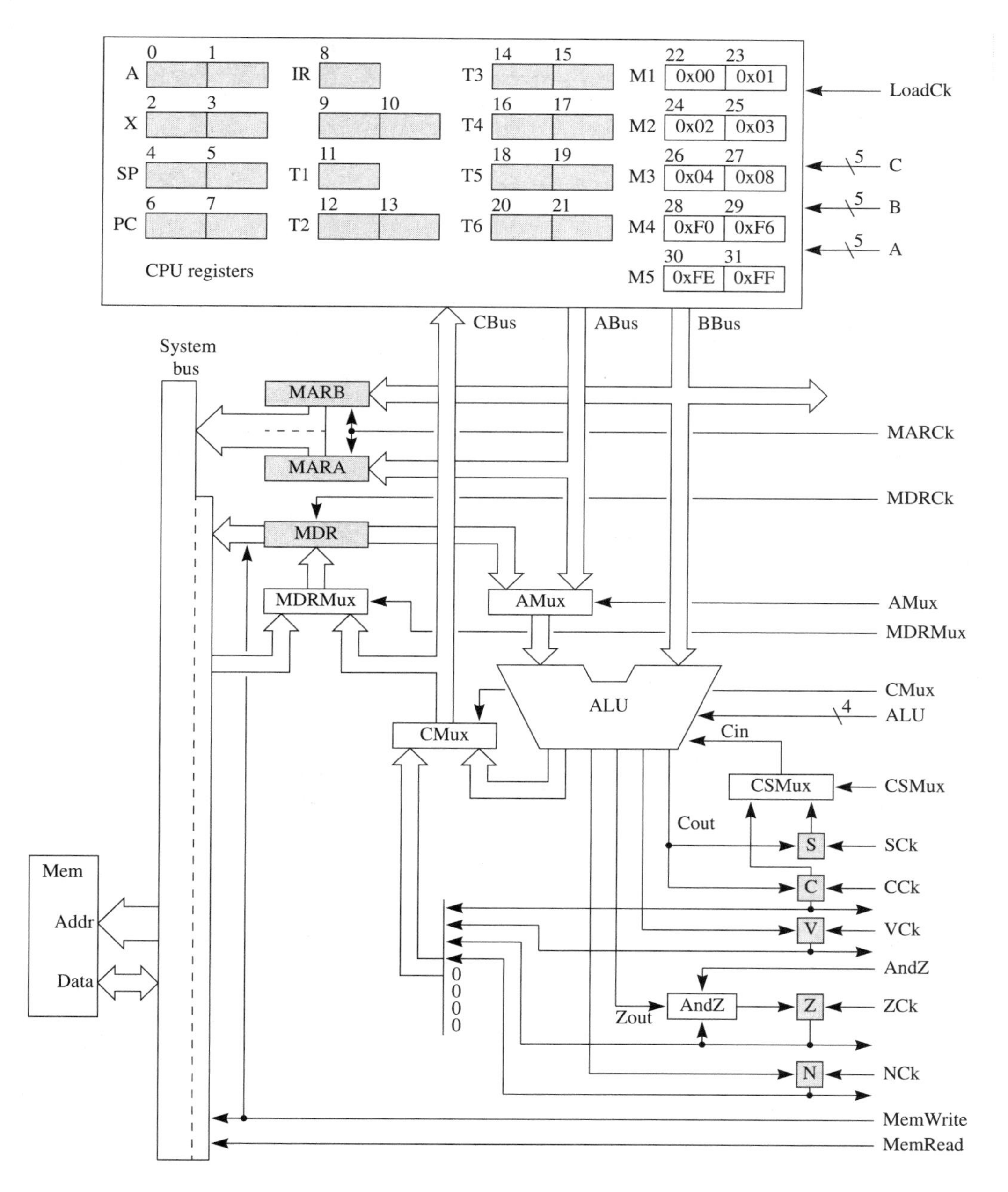

图 A-13 Pep/9 CPU 的数据部分

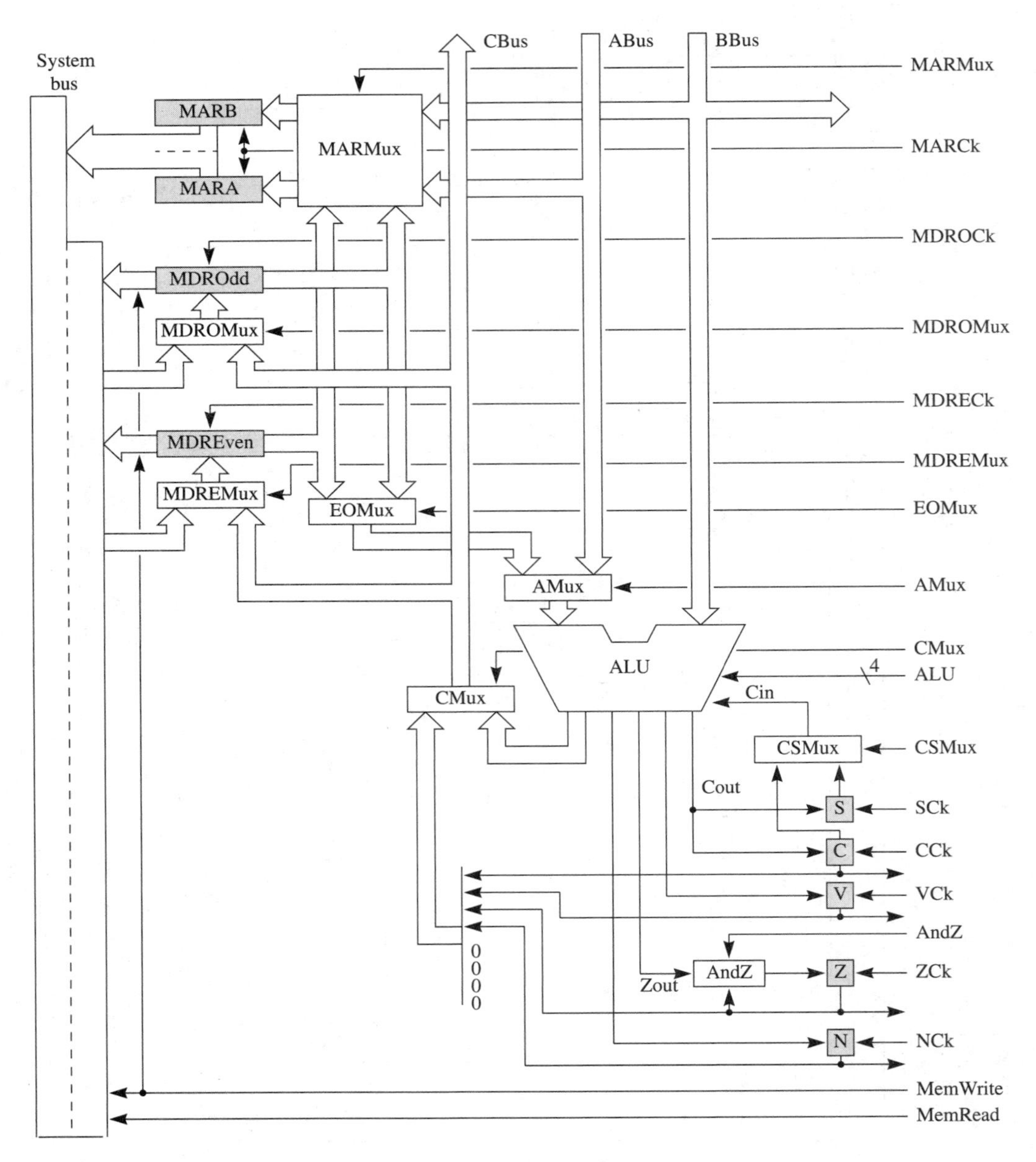

图 A-14　具有双字节数据总线的 Pep/9 CPU

部分练习参考答案

第 1 章

2.（a）11110，不包括 Khan

3.（a）

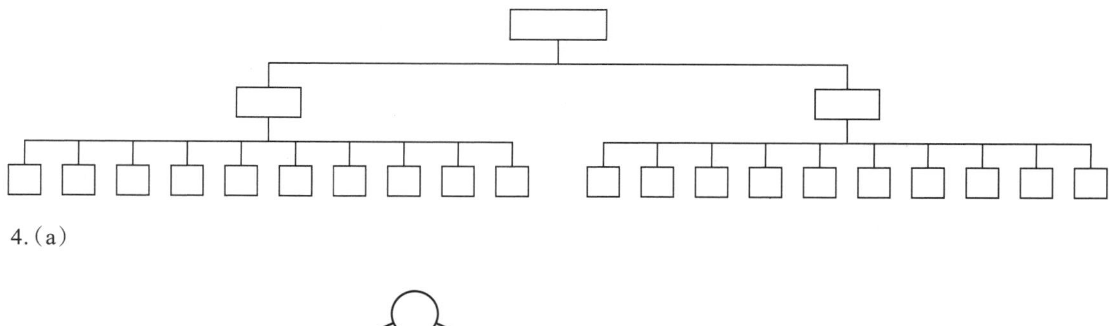

4.（a）

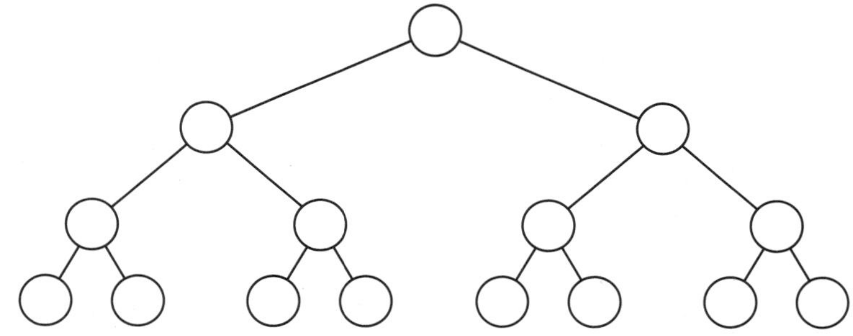

（b）31

9. 43 毫秒

12. 每秒 32 位

15.（a）1936 位　　　　（b）152 个字符

21.

Temp5

F.Name	F.Major	F.State
Ron	Math	OR

Temp6

S.Name	S.Class	S.Major	S.State
Beth	Soph	Hist	TX
Allison	Soph	Math	AZ

22.（a）
```
select Sor where S.Name = Beth giving Temp
project Temp over S.State giving Result
```

第 2 章

1.（a）调用了 4 次

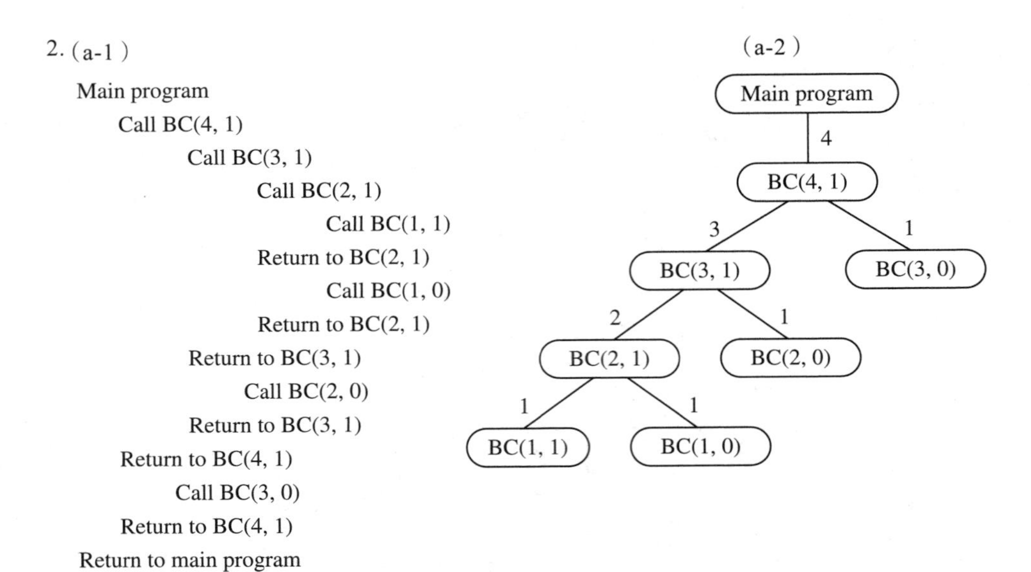

2.（a-1）

Main program
　　Call BC(4, 1)
　　　　Call BC(3, 1)
　　　　　　Call BC(2, 1)
　　　　　　　　Call BC(1, 1)
　　　　　　Return to BC(2, 1)
　　　　　　　　Call BC(1, 0)
　　　　　　Return to BC(2, 1)
　　　　Return to BC(3, 1)
　　　　　　Call BC(2, 0)
　　　　Return to BC(3, 1)
　　Return to BC(4, 1)
　　　　Call BC(3, 0)
　　Return to BC(4, 1)
Return to main program

（a-3）被调用了 7 次

（a-4）最多有 5 个栈帧

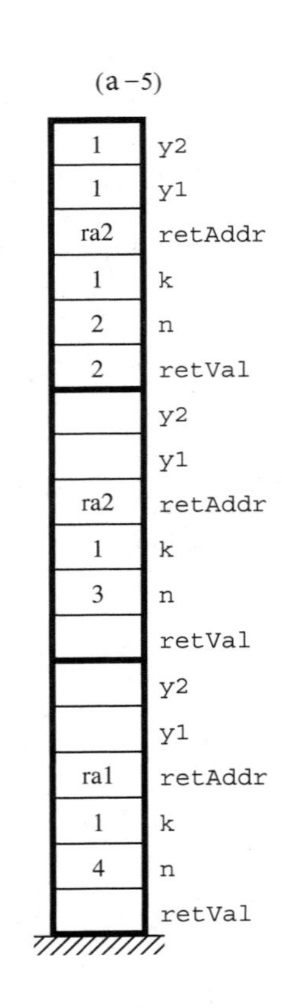

第 3 章

1.（a）八进制：267, 270, 271, 272, 273, 274, 275, 276, 277, 300, 301

（b）三进制：2102, 2110, 2111, 2112, 2120, 2121, 2122, 2200, 2201, 2202, 2210

（c）二进制：10101, 10110, 10111, 11000, 11001, 11010, 11011, 11100, 11101, 11110, 11111

（d）五进制：2433, 2434, 2440, 2441, 2442, 2443, 2444, 3000, 3001, 3002

3.（a）18 （b）6 （c）11 （d）8 （e）31 （f）85

5.（a）11001 （b）10000 （c）1 （d）1110 （e）101 （f）101001

7.（a）00 ～ 11 (bin)，0 ～ 3 (dec) （b）000 ～ 111 (bin)，0 ～ 7 (dec)

8.（a）111 0100, C = 0 （b）001 0000, C = 1

（c）111 1110, C = 1 （d）000 0000, C = 0

11.（a）$7 \times 8^4 + 0 \times 8^3 + 1 \times 8^2 + 4 \times 8^1 + 6 \times 8^0$

13.（a）011 0001 （b）110 0101

（c）000 0000 （d）100 0000 （e）111 1111

（f）111 1110 （g）100 0000 ～ 011 1111 (bin)，−64 ～ 63 (dec)

15.（a）29 （b）−43 （c）−4 （d）1 （e）−64 （f）−63

17.（a）011 1001, NZVC = 0000 （b）000 0110, NZVC = 0001

（c）001 1011, NZVC = 0011 （d）101 0110, NZVC = 1001

（e）100 0001, NZVC = 1011 （f）111 0100, NZVC = 1000

19.（a）10 ～ 01 (bin)，−2 ～ 1 (dec)

（b）100 ～ 011 (bin)，−4 ～ 3(dec)

20.（a）010 1000, NZ = 00 （b）000 0101, NZ = 00 （c）110 1110, NZ = 10

（d）101 1111, NZ=10 （e）100 0110, NZ = 10 （f）101 1010, NZ = 10

（g）101 0100 （h）001 0101

22.（a）24 (dec) = 001 1000 (bin)

ASL 001 1000 = 011 0000 (bin) = 48 (dec), NZVC = 0000

ASR 001 1000 = 000 1100 (bin) = 12 (dec), NZC = 000

（b）37 (dec) = 010 0101 (bin)

ASL 010 0101 = 100 1010 (bin) = −54 (dec), NZVC = 1010

ASR 010 0101 = 001 0010 (bin) = 18 (dec), NZC = 001

（c）−26 (dec) = 110 0110 (bin)

ASL 110 0110 = 100 1100 (bin) = −52 (dec), NZVC = 1001

ASR 110 0110 = 111 0011 (bin) = −13 (dec), NZC = 100

（d）1 (dec) = 000 0001 (bin)

ASL 000 0001 = 000 0010 (bin) = 2 (dec), NZVC = 0000

ASR 000 0001 = 000 0000 (bin) = 0 (dec), NZC = 011

（e）0 (dec) = 000 0000 (bin)

ASL 000 0000 = 000 0000 (bin) = 0 (dec), NZVC = 0100

ASR 000 0000 = 000 0000 (bin) = 0 (dec), NZC = 010

（f）−1 (dec) = 111 1111 (bin)

ASL 111 1111 = 111 1110 (bin) = −2 (dec), NZVC = 1001

ASR 111 1111 = 111 1111 (bin) = −1 (dec), NZC = 101

25.（a）C = 1, ROL 010 1101 = 101 1011, C = 0

（b）C = 0, ROL 010 1101 = 101 1010, C = 0

（c）C = 1, ROR 010 1101 = 101 0110, C = 1

（d）C = 0, ROR 010 1101 = 001 0110, C = 1

28.（a）3AB7, 3AB8, 3AB9, 3ABA, 3ABB, 3ABC

29.（a）11,614

30.（a）68CF

32.（a）5D (hex) = 101 1101 (bin) = −35 (dec)

（b）2F (hex) = 010 1111 (bin) = 47 (dec)

（c）40 (hex) = 100 0000 (bin) = −256 (dec)

34.（a）−27 (dec) = 110 0101 (bin) = 65 (hex)

（b）63 (dec) = 011 1111 (bin) = 3F (hex)

（c）−1 (dec) = 111 1111 (bin) = 7F (hex)

36. Have a nice day!

38. 101 0000 110 0001 111 1001 010 0000 010 0100
011 0000 010 1110 011 1001 011 0010

40.（a）D5 82

43.（a）八进制数字表示 3 位。

44.（a）6.640625　（b）0.046875　（c）1.0

46.（a）1101.00101　（b）0.000101　（c）0.1001100110011 . . .

50.（a）−12.5 (dec) = −1100.1 (bin), 存储为 1 110 1001

51.（a）0.90625

53.（a）1.0×2^6

第 4 章

1.（a）65 536 字节　（b）32 768 字　（c）524 288 位

（d）92 位　（e）大 5699 倍

3. 对指令 6AF82C

（a）opcode = 0110

（b）与寄存器 r 相加

（c）r = 1

（d）变址寄存器 X

（e）aaa = 010

(f) 间接寻址

（g）OprndSpec = F82C

对指令 D623D0

（a）opcode = 1101

（b）从内存装入一个字节到寄存器 r

（c）r = 0

（d）累加器 A

（e）aaa = 110

（f）栈变址寻址

（g）OprndSpec = 23D0

5.	A	X	Mem[0A3F]	Mem[0A41]
原始内容	19AC	FE20	FF00	103D
（a）C1= 累加器字装入	FF00	FE20	FF00	103D
（b）D1= 累加器字节装入	19FF	FE20	FF00	103D
（c）D9= 变址寄存器字节装入	19AC	FE10	FF00	103D
（d）F1= 累加器字节存储	19AC	FE20	FF00	AC3D
（e）E9= 变址寄存器字存储	19AC	FE20	FE20	103D
（f）79= 从变址寄存器减去	19AC	EDE3	FF00	103D
（g）71= 从累加器减去	1AAC	FE20	FF00	103D

（续）

	A	X	Mem[0A3F]	Mem[0A41]
(h) 91=OR 累加器	FFAC	FE20	FF00	103D
(i) 07= 反转变址寄存器	19AC	01DF	FF00	103D

9. (a) `M`

第 5 章

1. (a) `ORX 0xEF2A,n`　(b) `MOVSPA`　(c) `LDBA 0x003D,sfx`
3. (a) `0A`　(b) `33 00 0F`　(c) `1A 01 E6`
5. (a) `42 65 61 72 00`　(b) `F8`　(c) `03 16`
7. mug
10.
```
-57
72
0048
Hi
```
12. (a) 目标代码为：
```
38 00 6D D0 00 0A F1 FC 16 38 6D 6D D0 00 0A F1
FC 16 D0 00 26 F1 FC 16 00 zz
```
输出为：
```
109
28013
&
```
13. 目标代码为：
```
12 00 05 00 09 39 00 03 00 zz
```
符号 here 的值为 0003 (hex)，符号 there 的值为 0005 (hex)
15. 符号 this 的值为 0000 (hex)，输出是 4100。输出来自十六进制输出指令，该指令输出了自己的指令指示符以及操作数指示符的第一个字节。
18. 编译器用它的符号表来存储每个变量的类型，每当遇到表达式或赋值语句时，编译器就会查询符号表，验证类型是否兼容。

第 6 章

3. 因为无论控制来自 0009 的 STWA 还是循环底部的 BR，j 的当前值都会放在累加器中。在循环底部的 BR 之前，累加器用于 j 的增加，因此当 CPWA 执行时，j 的当前值仍然会在累加器中。
6.

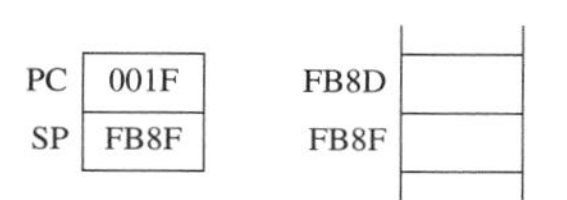

(a) 执行第二条 CALL 之前

PC 0003　SP FB8D　FB8D 001F　FB8F

(b) 执行第二条 CALL 之后

8. 分支地址计算如下：

Oprnd = Mem[OprndSpec + X]
　　= Mem[0013 + 8]
　　= Mem[001B]
　　= 4900

从程序代码中无法看出 4900 处的内容是什么，假设它们为全 0，那么冯·诺依曼周期就会盲目地把地址 4900 处的 00 解释为 STOP 指令。

第 7 章

1. 计算机科学的基本问题是：什么能够自动化？

3. (a)

<identifier>

⇒ <identifier> <digit>	Rule 3
⇒ <identifier> 3	Rule 9
⇒ <identifier> <digit> 3	Rule 3
⇒ <identifier> 23	Rule 8
⇒ <identifier> <digit> 23	Rule 3
⇒ <identifier> 123	Rule 7
⇒ <identifier> <letter> 123	Rule 2
⇒ <identifier> c123	Rule 6
⇒ <identifier> <letter> c123	Rule 2
⇒ <identifier> bc123	Rule 5
⇒ <letter> bc123	Rule 1
⇒ abc123	Rule 4

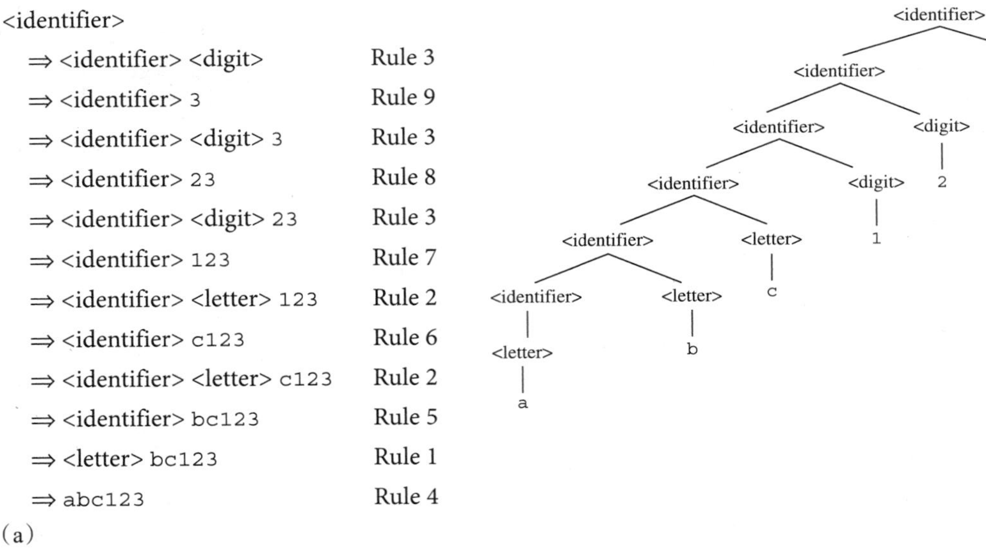

4. (a)

I	⇒ FM	Rule 1
	⇒ -M	Rule 3
	⇒ -d	Rule 6

5. (a)

A	⇒ abC	Rule 2
	⇒ abc	Rule 5

6. (a)

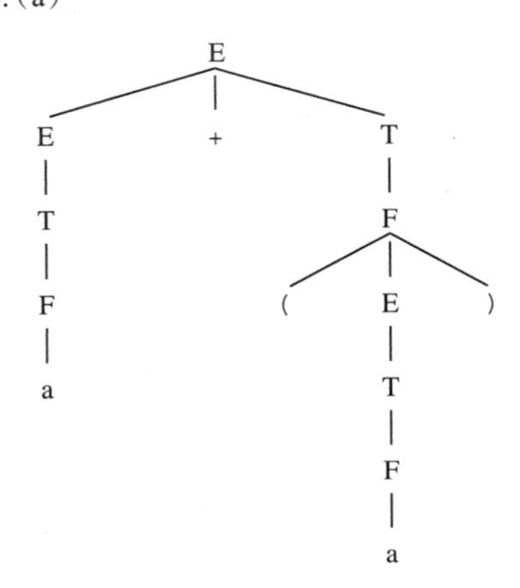

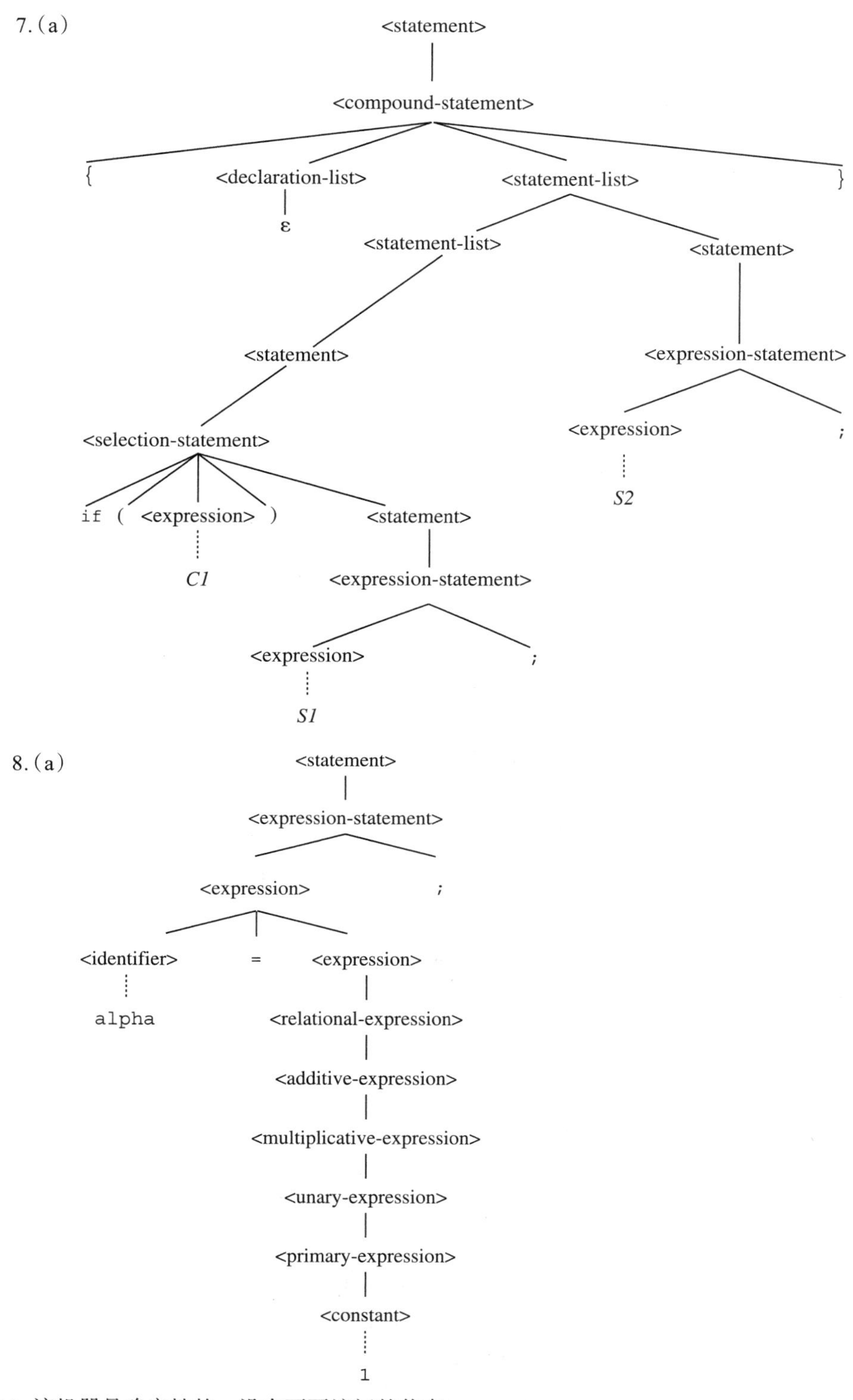

11. 该机器是确定性的，没有不可访问的状态。

13.(a)

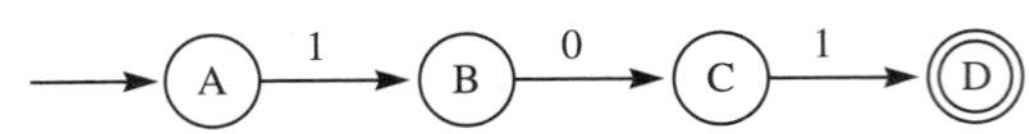

第 8 章

2.(a) 36 (hex)，是第 30 个字节中 6 对应的 ASCII 码，6C

4.(a) 31（hex)，被中断指令的指令指示符

5.(a) 39（hex)，被中断指令的指令指示符

6.(a) 49（hex)，被中断指令的指令指示符

7.(a) 0003(hex),ASCII 字符 3 的数值。(b)0007(hex),ASCII 字符 7 的数值。(c)0000(hex),init 的值，起始状态。

8. 提示：第一个字符输入是 ASCII 的连接符字符。

9.(a) 0025 (hex)，即 37 (dec)。

(b) 0025（hex)，没有取反，因为它已经是非负的了。

(c) FF78 的 CALL 是用于写 100 的位置。累加器的值还是 0025（hex)，即 37 (dec)，因为 37 mod 100 就是 37。

18.(a) 算法不能保证互斥。假设 P1 和 P2 都在它们各自的其余部分中，enter1 和 enter2 均为假。P1 可以执行它的 while 循环测试，然后被中断，此后 P2 会执行它的 while 循环测试。然后它们可能把各自的 enter 变量赋值为真，同时进入临界区。

20.(a) S=0，没有被阻塞的进程。

22.(a) 算法能保证互斥。如果完全删除信号量 t，就可以得到图 8-20 的算法，该算法能够保证互斥，而不用考虑算法中存在的任何其他代码。

24.(a) 不再能保证互斥。能找到一个序列使得 P1 和 P2 同时进入它们的临界区吗？不过，不会出现死锁。

25.

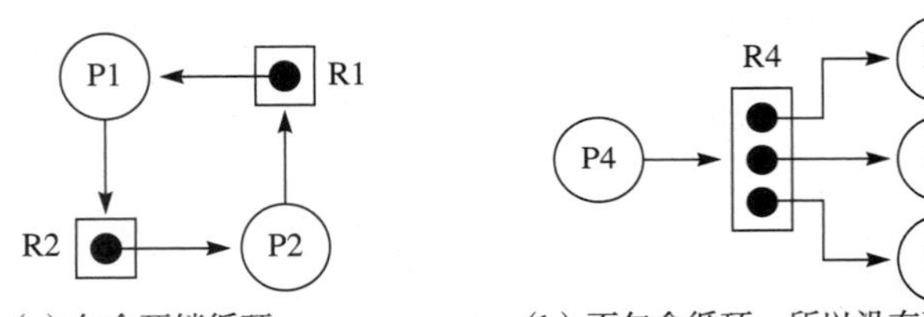

(a) 包含死锁循环　　(b) 不包含循环，所以没有死锁

第 9 章

2.(a) 一个边界寄存器就足够了，因为每次只能有一个进程在执行。如果用户进程试图访问逻辑地址空间外的内存位置，硬件必须中断页表的访问，因为该页不在主存中。操作系统必须跟踪每个进程的边界值。

4.(a) 2^{12} 或 4098 字节。

6. 那些脏位值为 N 的页，也就是帧 2、5 和 6 中的页。

8. 一个分配了三帧的作业的页访问序列的起始是 1，2，3，1，4，2，…，对这个序列 FIFO 有四次缺页，LRU 有五次缺页。能继续完成这个序列使得 FIFO 在这个特殊的情况下更好吗？

10. 产生五次缺页，相比之下 FIFO 是七次，LRU 是六次。可以跟踪该算法验证这张图。

11.(a) 提示：最糟的情况是读 / 写头刚好经过块的起始位置。因此，磁盘必须完整转一圈。可以从 RPM 数算出这个时间。

12.(a) 四个数据位　　(b) 一个奇偶位

16.(a) 错误发生在位置 2。纠正后的码字是 1101 1010 1001。

第 10 章

1.（a）

$$x + 1$$
$$= \quad 〈互补律〉$$
$$x+(x+x')$$
$$= \quad 〈结合律〉$$
$$(x+x)+x'$$
$$= \quad 〈幂等律〉$$
$$x+x'$$
$$= \quad 〈互补律〉$$
$$1$$

4. 要证明 $a+b$ 的补是 $a' \cdot b'$，必须证明

$$(a+b) \cdot (a' \cdot b') = 0 \text{ 和 } (a+b) + (a' \cdot b') = 1$$

证明的第一部分如下：

$$(a+b) \cdot (a \cdot b)$$
$$= \quad 〈交换律〉$$
$$(a' \cdot b') \cdot (a+b)$$
$$= \quad 〈分配律〉$$
$$(a' \cdot b') \cdot a+(a'+b') \cdot b$$
$$= \quad 〈交换律，结合律〉$$
$$b' \cdot (a \cdot a')+a' \cdot (b \cdot b')$$
$$= \quad 〈互补律〉$$
$$b' \cdot 0+a' \cdot 0$$
$$= \quad 〈零元定律，x \cdot 0=0〉$$
$$0 + 0$$
$$= \quad 〈幂等律〉$$
$$0$$

8.（a）

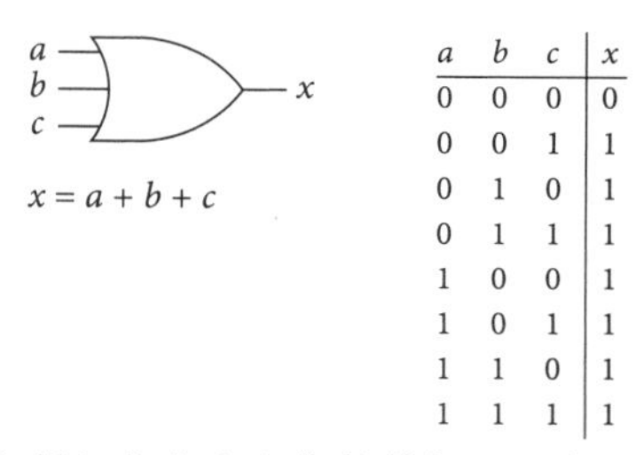

a	b	c	x
0	0	0	0
0	0	1	1
0	1	0	1
0	1	1	1
1	0	0	1
1	0	1	1
1	1	0	1
1	1	1	1

9.（a）任何集合和空集的并都是它自己。

10.（a）

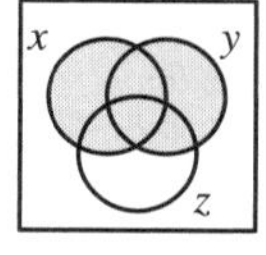

(1) $(x + y)$

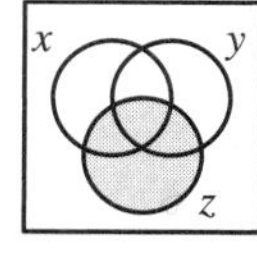

(2) z

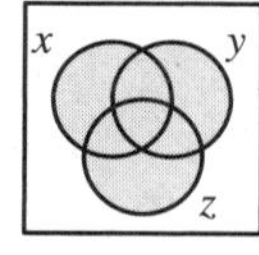

(3) $(x + y) + z$

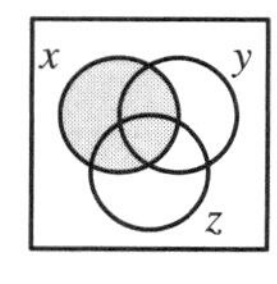

(4) x

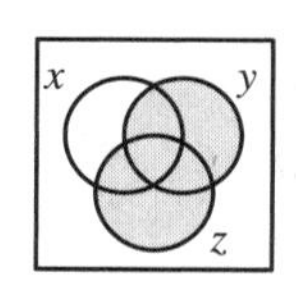

(5) $y + z$

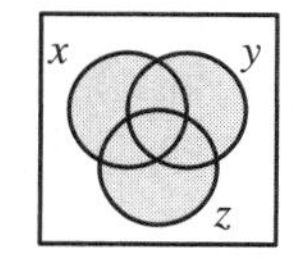

(6) $x + (y + z)$

13.（a）

x	y	x AND y
0	0	0
0	A	0
0	B	0
0	0	0
A	1	0
A	0	A
A	A	0
A	B	A
B	1	0
B	0	0
B	A	B
B	B	B
1	1	0
1	A	A
1	B	B
1	1	1

14.（a） a b x

15.（a） a $((a')')'$

（c）

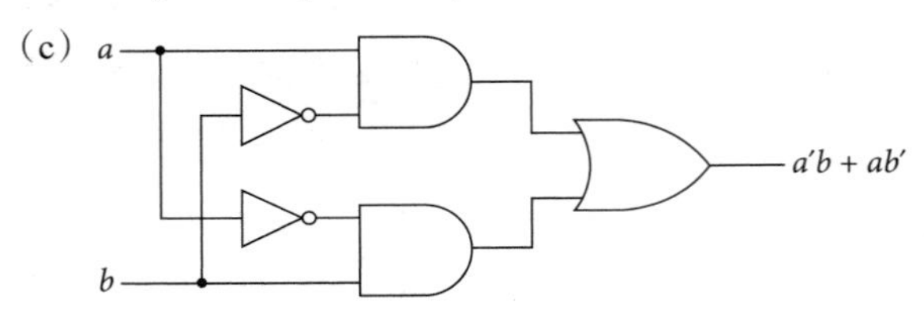

19.（a）$y(a, b, c) = a'bc + ab'c'$

20.（a）$y(a, b, c)=(a+b+c)(a+b+c')(a+b'+c)(a'+b+c')(a'+b'+c)(a'+b'+c')$

21.（a）$ab+a'b$　　（d）$a'b+ab$

a	b	21(a)	21(d)
0	0	1	0
0	1	0	1
1	0	0	0
1	1	1	1

22.（a）

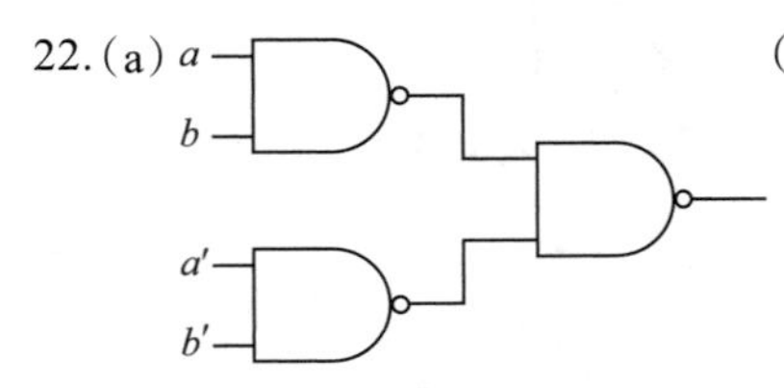

（b）

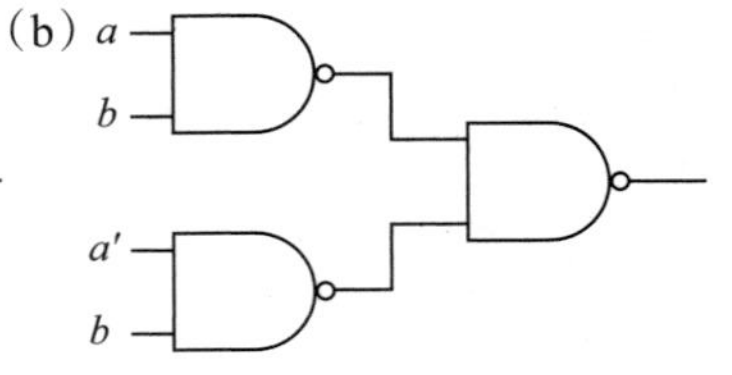

23.（b）$(a'+b)(a+b')$

a	b	
0	0	1
0	1	0
1	0	0
1	1	1

24.（b）

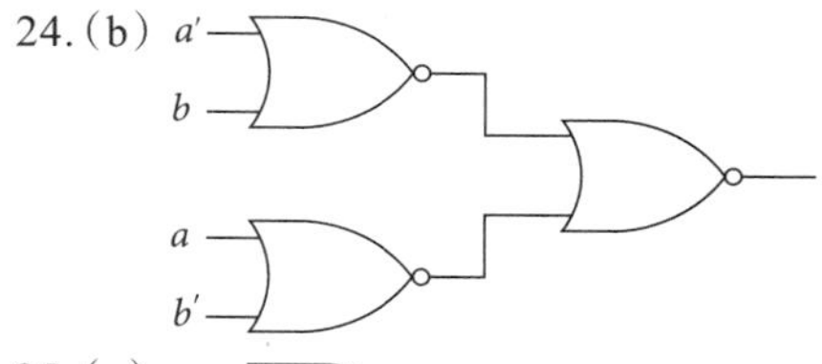

25.（a）

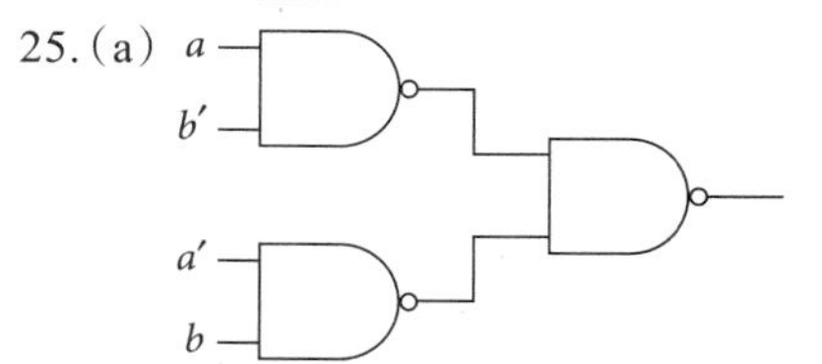

27.（a）$\Sigma(0,3)$ （d）$\Sigma(1,3)$

28.（b）$\Pi(1,2)$

29.（a）$x = a'c$

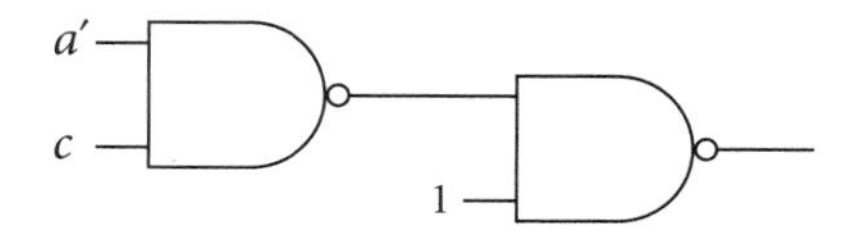

30.（a）$x = (a')(c)$

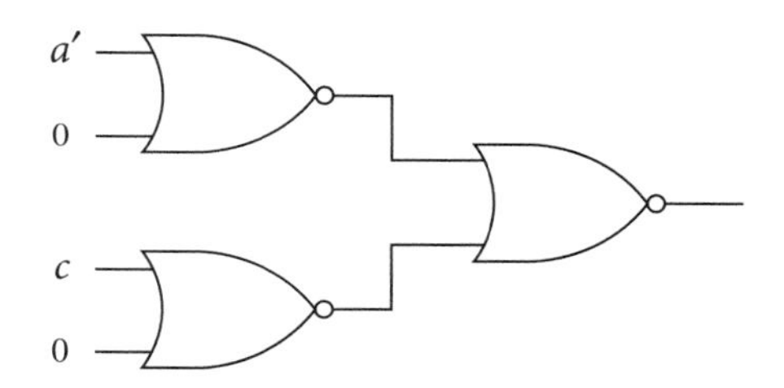

31.（a）$x(a, b, c) = ac + b'c'$

32.（a）$x(a, b, c) = \Pi(1, 2, 3, 6) = (a + c')(b' + c)$

33.（a）$x(a, b, c, d) = bc' + a'b'c + b'cd'$

34.（a）$\Pi(0, 1, 6, 7, 8, 9, 11, 14, 15)$, $x(a, b, c, d) = (b + c)(b' + c')$
$(a' + c' + d')$ or $x(a, b, c, d) = (b + c)(b' + c')(a' + b + d')$

35.（a）$x(a, b, c) = a'b' + ab$

36.（a）$x(a, b, c, d) = bc + bd$

38.（a）控制线作为使能，当控制线为 0 时，数据会不改变地通过；当控制线为 1 时，会禁止输出，输出被设置为 1，无论数据输入是什么。

40.

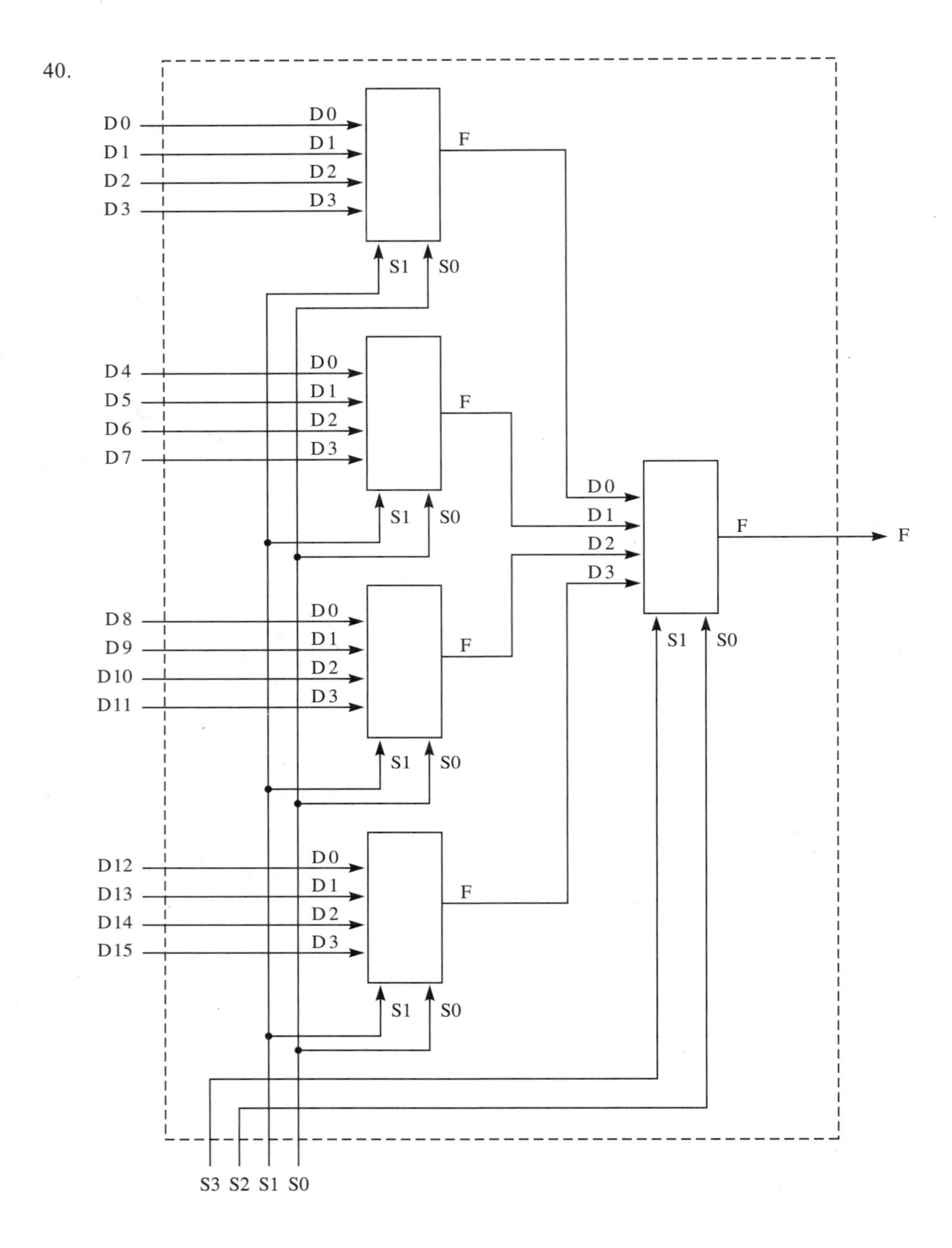
D0
D1
D2
D3
D4
D5
D6
D7
D8
D9
D10
D11
D12
D13
D14
D15
D0
D1
D2
D3
F
S1
S0
S3 S2 S1 S0

42.（a）

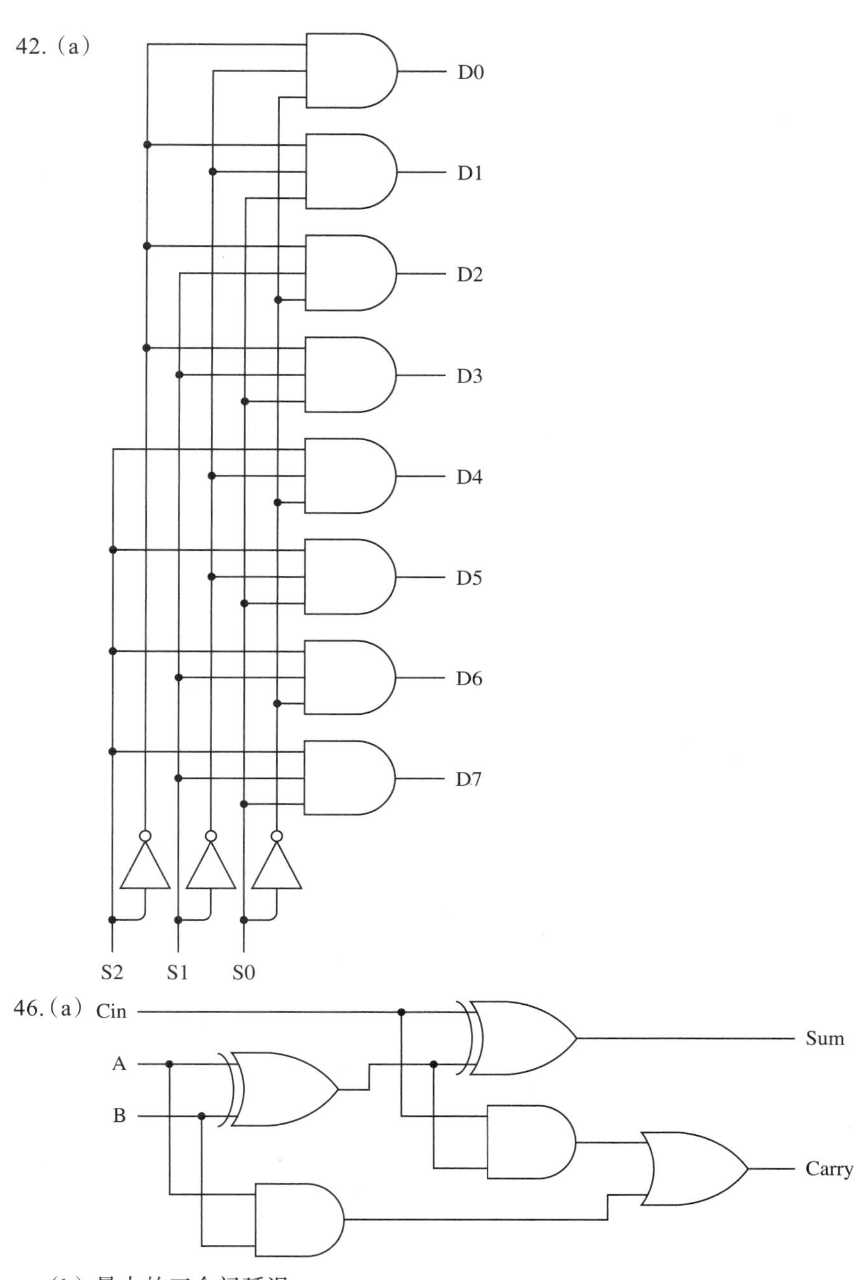

46.（a）

（b）最大的三个门延迟

47.（b）提示：如果看一下图 10-52，全加器有 3 个门延迟，半加器有一个门延迟，所以整个的门延迟是 10。不过，其实比这个数值小。

第 11 章

1. 如果有偶数个反相器，网络会稳定。

3.

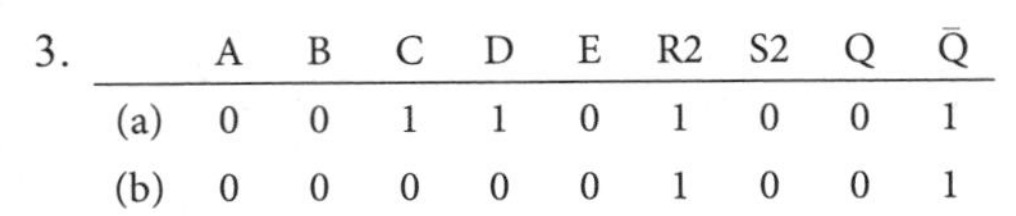

	A	B	C	D	E	R2	S2	Q	$\bar{Q}$
(a)	0	0	1	1	0	1	0	0	1
(b)	0	0	0	0	0	1	0	0	1

5.（b）

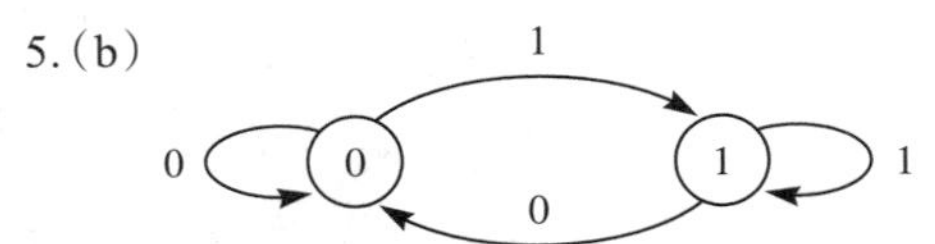

8.（a）

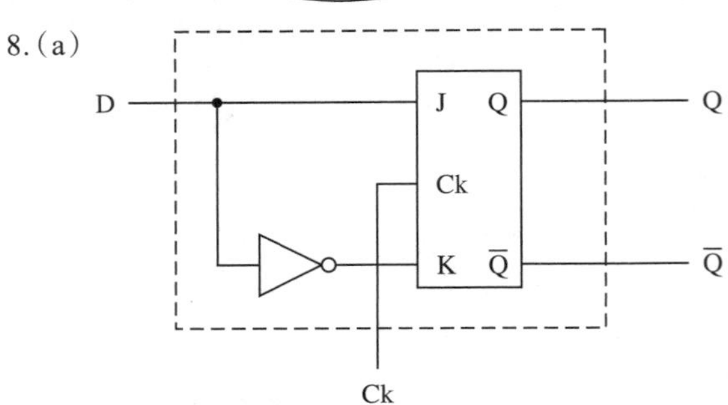

13.（a）$DA=A\,\overline{X1}+\overline{A}\,X1+A\,B\,\overline{X2}+B\,X1\,X2$

$DB=\overline{B}\,\overline{X1}+B\,X1\,X2+\overline{A}\,B\,X1$

$Y=\overline{A}\,X2+A\,X1\,X2$

15.（a）$JA=\overline{B}\,\overline{C}\,\overline{X}+B\,C\,X$　　$KA=\overline{B}\,\overline{C}\,\overline{X}+B\,C\,X$

$JB=\overline{C}\,\overline{X}+C\,X$　　$KB=\overline{C}\,\overline{X}+C\,X$

$JC=1$　　$KC=1$

第 12 章

5. 提示：（a）使用 160 亿 GiB 等于 16×1024^6 字节，芯片面积是 4.3×4.3 平方米，但是必须给出计算过程。（b）是的，但是必须给出解释。

12.（a）
```
lw $t0,20($s6)   # Register $t0 gets b[5]
add $t0,$s5,$t0 # Register $t0 gets g + b[5]
sw $t0,16($s4)   # a[2] gets g + b[5]
```
（b）
```
100011 10110 01000 0000000000010100
000000 10101 01000 01000 00000 100000
101011 10100 01000 0000000000010000
```

索　　引

索引中的页码为英文原书页码，与书中页边标注的页码一致。

A

B

D

E

F

G

H

I

J

K

L

N

O

P

Q

R

S

T

W

X

Z

推荐阅读

计算机系统：系统架构与操作系统的高度集成

作者：Umakishore Ramachandran译者：陈文光
ISBN：978-7-111-50636-2 定价：99.00元

计算机组成与设计：硬件/软件接口（原书第5版 · ARM版）

作者：David A. Patterson),John L. Hennessy 译者：陈微
ISBN：978-7-111-60894-3 定价：139.00元

计算机组成与设计：硬件/软件接口（原书第5版）

作者：David A. Patterson,John L. Hennessy 译者：王党辉 康继昌 安建峰 等
ISBN：978-7-111-50482-5 定价：99.00元

计算机组成与设计：硬件/软件接口（原书第5版 · RISC-V版）

作者：David A.Patterson, John L.Hennessy 译者：易江芳
预计2019年9月出版

推荐阅读

操作系统概念（原书第9版）

作者：[美] 亚伯拉罕·西尔伯沙茨 彼得·B. 高尔文 格雷格·加涅
译者：郑扣根 唐杰 李善平 ISBN：978-7-111-60436-5 定价：99.00元

操作系统概念精要（原书第2版）

作者：[美] 亚伯拉罕·西尔伯沙茨 彼得·B. 高尔文 格雷格·加涅 著
译者:郑扣根 唐杰 李善平 ISBN：978-7-111-60648-2 定价：95.00元

现代操作系统（原书第4版）

作者：[荷] 安德鲁 S. 塔嫩鲍姆 赫伯特·博斯
译者：陈向群 马洪兵 等 ISBN：978-7-111-57369-2 定价：89.00元

操作系统实用教程：螺旋方法

作者：[美] 拉米兹·埃尔玛斯瑞 A. 吉尔·卡里克 戴维·莱文
译者：翟高寿 ISBN：978-7-111-55843-9 定价：79.00元